Dieter Hochstädter

Statistische Methodenlehre

Ein Lehrbuch für Wirtschafts- und Sozialwissenschaftler

8. überarbeitete Auflage 1996

Verlag
Harri Deutsch

Die Deutsche Bibliothek - CIP-Einheitsaufnahme

Hochstädter, Dieter:
Statistische Methodenlehre : ein Lehrbuch für Wirtschafts- und Sozialwissenschaftler / Dieter Hochstädter. - 8., überarb. Aufl. - Frankfurt am Main ; Thun : 1996
ISBN 3-8171-1490-7

ISBN 3-8171-1490-7

8. überarbeitete Auflage 1996

Druck: Fuldaer Verlagsanstalt GmbH, Fulda

VORWORT ZUR 7. AUFLAGE

Die vorliegende neue Auflage der "Einführung in die statistische Methodenlehre" wurde um zwei neue Teilbereiche ergänzt. Zum einen wurde im Kapitel 7 der Abschnitt "Maßgrößen für den Zusammenhang bei nicht-metrisch skalierten Merkmalen" eingefügt. Dies erschien mir notwendig, da eine große Anzahl der in den Wirtschafts- und Sozialwissenschaften benötigten Merkmale nicht-metrisch skaliert erhoben werden und daher die alleinige Kenntnis des (metrisch-skalierten) Korrelationskoeffizienten von Bravais-Pearson nicht ausreicht. Zum anderen wurde im Kapitel 16 bei den statistischen Testverfahren ein kurzer Abschnitt über verteilungsfreie (nicht-parametrische) Testverfahren eingefügt. Auch dies erschien mir notwendig, da die Voraussetzungen der "klassischen" Testverfahren (Normalverteilung bzw. großer Stichprobenumfang) in der Praxis nicht immer erfüllt sind. Damit erscheint mir der dargestellte Stoff jetzt abgerundet und die Änderung des Titels in "Lehrbuch der statistischen Methodenlehre" gerechtfertigt.

Das Manuskript wurde auf WORD 5.0 umgestellt und der Ausdruck mit einem HP-Laserdrucker erfolgte in einer anderen Schrifttype, von der ich hoffe, daß sie besser lesbar ist und dem Buch ein besseres "Layout" verleiht.

Erneut wurden einige Fehler aus dem Text ausgemerzt, doch befürchte ich, daß bei der notwendig gewordenen Umstellung erneut Fehler erzeugt wurden.

Frankfurt/Main, im Juli 1991 Dieter Hochstädter

VORWORT ZUR 8. AUFLAGE

Die Änderungen gegenüber der 7. Auflage beschränken sich darauf, den Inhalt des Kapitels 16 neu zu ordnen, ohne ihn zu verändern. Ferner wurden vorhandene Fehler korrigiert. Dem Verlag Harri Deutsch danke ich für die Mitarbeit bei der Erstellung dieser Auflage.

61350 Bad Homburg v.d.H., im Dezember 1995 Dieter Hochstädter

VORWORT ZUR 5. AUFLAGE

Die "Methodenlehre der Statistik" hat sich als Begleittext meiner Statistikvorlesung für Wirtschaftswissenschaftler an der Universität Frankfurt seit mehreren Jahren bestens bewährt. Mittlerweile erscheint das Buch in der 5. Auflage und gegenüber der ersten Auflage aus dem Jahr 1977 hat es mehrere Überarbeitungen und Erweiterungen gegeben.

Mit dieser fünften Auflage, die auch mit einem Wechsel des Verlages verbunden war, sind einige wesentliche Änderungen und Erweiterungen verbunden. So wurde im Kapitel 8 die Neufassung des Indexes des produzierenden Gewerbes, so wie er 1980 vom Statistischen Bundesamt vorgenommen wurde, in den Text neu aufgenommen. Im Kapitel 14 werden jetzt die drei wichtigsten Testverteilungen behandelt. Dies hat zur Folge, daß in den Kapiteln 15 und 16 mit Hilfe dieser Testverteilungen eine Reihe von Konfidenzintervallen berechnet und Signifikanztests geprüft werden. Im Anhang wurden ausführliche, mit dem Computer berechnete Tabellen aller im Buch verwendeten Verteilungen hinzugefügt.

Obwohl der sachliche Inhalt beträchtlich erweitert wurde, spiegelt sich dies nicht im Seitenumfang des Buches wieder. Dies wurde dadurch erreicht, daß der gesamte Text erstmalig von mir mit Hilfe des Textverarbeitungsprogramms "Textstar" der Firma OMNITEX in Rheinfelden über eine Olivetti M24 auf Diskette bzw. Plattenspeicher erstellt wurde. Der Ausdruck erfolgte mit dem Drucker SR 10/15 der Firma STAR.

Beim anschließenden mühevollen Korrekturlesen waren mir mein wissenschaftlicher Mitarbeiter Herr Dipl. Kaufmann Ludwig Wenger und meine studentische Hilfskraft Herr Henning Ahnert behilflich. Meine Hoffnung besteht darin, daß nicht allzu viele Fehler bei der Korrektur übersehen wurden.

Dem Verlag Harri Deutsch möchte ich für das große Entgegenkommen bei der Herausgabe und Preisgestaltung des Buches danken.

Frankfurt/Main, im November 1986 Dieter Hochstädter

VORWORT ZUR 6. AUFLAGE

Die erforderliche neue Auflage mußte mit einem anderen Textverarbeitungssystem erstellt werden. Ich habe mich für WORD 4.0 entschieden, und ich hoffe, daß es mir gelungen ist, ein ansprechendes Druckbild herzustellen, das auch ein einprägsames Lesen des Textes ermöglicht.

Einige Fehler der alten Auflage habe ich ausgemerzt, aber sicher sind - auch bedingt durch die Umstellung - wieder neue hinzugekommen, die trotz eifrigen Korrekturlesens noch nicht entdeckt wurden. Ich bitte dafür um Nachsicht.

Herrn Priv.-Doz. Dr. Elart von Collani von der Universität Würzburg danke ich für einige Hinweise, die ich gern berücksichtigt habe.

Ebenfalls möchte ich mich bei meiner Mitarbeiterin Frau Ulrike Kaiser, meiner Sekretärin Frau Sibylle Lasczyk sowie den studentischen Hilfskräften Herrn Henning Ahnert und Herrn Stefan Brandt für die vielen Hinweise beim Korrekturlesen bedanken.

Erneut kann ich nur hoffen, daß nicht zu viele Fehler unentdeckt geblieben sind und somit die Konvergenz gegen eine brauchbare und richtige Fassung gesichert ist.

Frankfurt/Main, im November 1988 Dieter Hochstädter

Inhaltsverzeichnis

1. Einführung: Was versteht man unter Statistik? 1

2. Statistische Massen: Ihre Einheiten und Merkmale 13

2.1 Statistische Massen und ihre Einheiten 13
2.2 Statistische Merkmale und ihre Ausprägungen 15
2.3 Klassifizierung der Merkmale 17

3. Die statistische Erhebung 21

3.1 Erhebungsarten 21
3.2 Erhebungstechnik 23

4. Die statistische Aufbereitung 25

4.1 Technik der Aufbereitung 25
4.2 Gruppenbildung 28
4.2.1 Allgemeines 28
4.2.2 Gruppenbildung bei (sachlich-)qualitativen Merkmalen 29
4.2.3 Gruppenbildung bei (sachlich-)quantitativen Merkmalen 31

5. Darstellung von eindimensionalen Häufigkeitsverteilungen . . . 35

5.1 Eindimensionale Häufigkeitsverteilung qualitativer Merkmale 35
5.1.1 Die Häufigkeitstabelle 35
5.1.2 Die graphische Darstellung 37

5.2 Eindimensionale Häufigkeitsverteilung quantitativ-diskreter Merkmale 39
5.2.1 Die Häufigkeitstabelle 40
5.2.2 Die graphische Darstellung 41
5.2.3 Berechnung von Anteilswerten 42

5.3 Eindimensionale Häufigkeitsverteilung quantitativ-stetiger Merkmale 43
5.3.1 Die graphische Darstellung 47
5.3.2 Die Häufigkeitstabelle 50
5.3.3 Beispiel zur Histogrammdarstellung zweier Häufigkeitsverteilungen 51

5.3.4 Berechnung von Anteilswerten innerhalb einer Klasse 53
5.3.5 Übergang zu einer kontinuierlichen Kurve 55

6. Beschreibung eindimensionaler Häufigkeitsverteilungen quantitativer Merkmale durch Verteilungsmaßzahlen 57

6.1 Lageparameter 57
6.1.1 Der Median (Zentralwert) Z 58
6.1.2 Der Modalwert (Modus, häufigster Wert) 60
6.1.3 Das arithmetische Mittel (AM) 61
6.1.4 Das geometrische Mittel (GM) 67
6.1.5 Das harmonische Mittel (HM) 69

6.2 Streuungs-Parameter 71
6.2.1 Die Spannweite (range) R 72
6.2.2 Das Konzept der p-Quantile 73
6.2.3 Die durchschnittlichen absoluten Abweichungen (mean absolute deviation MAD) 76
6.2.4 Varianz und daraus abgeleitete Streuungsparameter 77
6.2.4.1 Definition und Bestimmung aus ungruppiertem Datenmaterial 77
6.2.4.2 Bestimmung aus gruppiertem Datenmaterial (Streuungszerlegungssatz) 79
6.2.5 Der Variationskoeffizient 84
6.2.6 Das Konzept der Momente 85

6.3 Die Konzentration einer Verteilung (Lorenzkurve) 87

Übungsaufgaben zu den Kapiteln 5 und 6 91

7. Darstellung und Beschreibung von mehrdimensionalen Häufigkeitsverteilungen 103

7.1 Allgemeine Grundbegriffe und Darstellungsweisen 104

7.2 Randhäufigkeitsfunktion oder marginale Verteilungen. 106

7.3 Bedingte Verteilungen. Der Begriff statistischen Unabhängigkeit 108
7.4 Zweidimensionale Häufigkeitsverteilungen quantitativer Merkmale 112

7.4.1 Die Regressionsrechnung bei ungruppiertem Datenmaterial 112
7.4.1.1 Berechnung der Parameter b_0 und b_1 der empirischen Regressionsgeraden nach der Methode der kleinsten Quadrate für ungruppiertes Datenmaterial 117
7.4.2 Die Regressionsrechnung bei gruppiertem Datenmaterial 121
7.4.2.1 Berechnung der Parameter b_0 und b_1 der empirischen Regressionsgeraden nach der Methode der kleinsten Quadrate für gruppiertes Datenmaterial 123

7.5 Maßgrößen für den Zusammenhang zweier Merkmale 128
7.5.1 Zusammenhang zwischen metrisch-skalierten Merkmalen 131
7.5.1.1 Der Korrelationskoeffizient r nach Bravais-Pearson 131
7.5.1.2 Die Streuungszerlegung 134
7.5.1.3 Das Bestimtheitsmaß B 136
7.5.1.4 Zusammenhang zwischen dem Bestimmtheitsmaß B und dem Korrelationskoeffizienten r 137
7.5.2 Zusammenhang zwischen nominal-skalierten Merkmalen 138
7.5.2.1 Der Phi-Koeffizient (Φ) 138
7.5.2.2 Der Kontingenzkoeffizient C nach Pearson 143
7.5.2.3 Der punktbiseriale oder Zweizeilenkoeffizient r_{pbis} 147
7.5.3 Zusammenhang zwischen ordinal-skalierten Merkmalen 151
7.5.3.1 Der Rangkorrelationskoeffizient R nach Spearman 152
7.5.3.2 Der Rangkorrelationskoeffizinet τ (Tau) nach Kendall 158
7.5.3.3 Der biseriale Rangkorrelationskoeffizient r_{rbis} 161

Übungsaufgaben zum Kapitel 7 165

8. Maß- und Indexzahlen. 171

8.1 Verhältniszahlen 172
8.1.1 Gliederungszahlen 172
8.1.2 Beziehungszahlen. 175
8.1.3 Sonderform von Verhältnis- und Beziehungszahlen 177
8.1.4 Meßziffern. 178
8.1.5 Meßziffernreihen. 179
8.1.6 Umbasierung von Meßziffernreihen. 181

8.2 Standardisierung. 184

8.3 Indexzahlen 191

8.3.1 Preisindizes 192
8.3.2 Preisindex für die Lebenshaltung 198
8.3.3 Weitere Preisindizes 203
8.3.4 Deflationierung mit Hilfe von Preisindizes 206

8.4 Mengen- und Volumenindizes 208
8.4.1 Einfacher Index der Outputmengen 208
8.4.2 Einfacher Index der Umsätze 208
8.4.3 Volumenindizes 209
8.4.4 Produktionsindizes des Produzierenden Gewerbes 210
8.4.4.1 Die Nettoproduktionsindizes 210

Übungsaufgaben zum Kapitel 8 225

9. Bestands- und Bewegungsmassen 235

9.1 Abgrenzung der Begriffe 235

9.2 Fortschreibungsmodelle 238
9.2.1 Der Durchschnittsbestand in einem Fortschreibungsmodell 239
9.2.2 Kennziffern für Fortschreibungsmodelle 241

9.3 Bestandsmassen 245
9.3.1 Erhebungsmöglichkeiten 245
9.3.2 Die demographische Struktur einer Bevölkerung 248
9.3.2.1 Gliederung nach dem Geschlecht 248
9.3.2.2 Gliederung nach dem Alter 252
9.3.2.3 Gliederung der Bevölkerung nach der Erwerbsbeteiligung und dem Lebensunterhalt 258

9.4 Bewegungsmassen 262

9.4.1 Die zeitliche Veränderung einer Bevölkerungsstruktur 262

1. Die Generationen-Sterbetafel 265
2. Die Perioden-Sterbetafel 267

Abgekürzte Sterbetafel 1970/72 (männlich) 273
Abgekürzte Sterbetafel 1970/72 (weiblich) 275

Übungsaufgaben zum Kapitel 9 277

10. Zeitreihenanalyse 285

10.1 Bewegungskomponenten von Zeitreihen 285

10.2 Bestimmung der glatten Komponente einer Zeitreihe 291
10.2.1 Methode der kleinsten Quadrate 291
10.2.2 Methode der gleitenden Durchschnitte 297
10.2.3 Methode der gewichteten gleitenden Durchschnitte 303
10.2.4 Verfahren der exponentiellen Glättung 304
10.2.4.1 Allgemeine Einführung 304
10.2.4.2 Zufällige Schwankungen um eine horizontale Komponente 305
10.2.4.3 Berücksichtigung eines Trendparameters 310

10.3 Saisonbereinigung von Zeitreihen 313
10.3.1 bei additiver Verknüpfung 315
10.3.1.1 Phasendurchschnittsverfahren 315
10.3.2 bei multiplikativer Verknüpfung 321
10.3.2.1 Phasendurchschnittsverfahren 321
10.3.2.2 Gliedzifferverfahren nach Person 325

10.4 Übersicht über die Bestimmung der Komponenten einer Zeitreihe 329
10.4.1 simultane Bestimmung 329
10.4.2 sukzessive Bestimmung 329

Übungsaufgaben zum Kapitel 10 331

11. Teilerhebungen 339

11.1 Total- und Teilerhebungen 339

11.2 Auswahlverfahren 340

11.3 Stichprobenerhebungen 342
11.3.1 Das einfache Stichprobenverfahren 342
11.3.2 Das geschichtete Stichprobenverfahren 346
11.3.3 Die Klumpenstichprobe 349
11.3.4 Mehrstufige Stichprobenverfahren 350

11.4 Induktive und deduktive Schlußweise 351

12. Grundzüge der Wahrscheinlichkeitsrechnung 353

12.1 Der Begriff des zufälligen Ereignisses 353

12.2 Der Begriff der Wahrscheinlichkeit 356
12.2.1 Die klassische Definition der Wahrscheinlichkeit nach Laplace . . . 356
12.2.2 Beispiele zur Berechnung von Wahrscheinlichkeiten 358
12.2.3 Kritik an dem Laplace'schen Wahrscheinlichkeitsbegriff 362
12.2.4 Die Häufigkeitsdefinition der Wahrscheinlichkeit nach von R. Mises 366

12.3 Grundlagen der Wahrscheinlichkeitstheorie 367
12.3.1 Das Rechnen mit zufälligen Ereignissen 368
12.3.2 Das Axiomensystem von Kolmogorov 373
12.3.3 Die Bestimmung von Wahrscheinlichkeiten 378
a) die empirische Bestimmung 378
b) die logische Bestimmung 379
c) die subjektive Bestimmung 379
12.3.4 Bedingte Wahrscheinlichkeiten und
stochastisch unabhängige Ereignisse 380
12.3.5 Totale (vollständige) Wahrscheinlichkeit 385
12.3.6 Der Satz von Bayes 389

Übungsaufgaben zum Kapitel 12 393

13. Zufallsvariable und Wahrscheinlichkeitsverteilungen 403

13.1 Begriff der Zufallsvariablen 403

13.2 Wahrscheinlichkeitsverteilungen 406
13.2.1 Die Verteilungsfunktion F(x) 407
13.2.2 Die Wahrscheinlichkeitsfunktion p(x) 410
13.2.3 Die Wahrscheinlichkeitsdichte oder Dichtefunktion f(x) 412

13.3 Momente von Wahrscheinlichkeitsverteilungen 416
13.3.1 Der Erwartungswert 417
13.3.2 Die Varianz 420
13.3.3 Das Konzept der Momente von Wahrscheinlichkeitsverteilungen . . . 422

13.4 Zweidimensionale Wahrscheinlichkeitsverteilungen 424
13.4.1 Wahrscheinlichkeitsverteilungen 425
13.4.2 Momente der gemeinsamen Verteilung und der Randverteilungen .. 434
13.4.3 Berechnung des Erwartungswertes und der Varianz für die lineare Verknüpfungen von zwei Zufallsvariablen 436

Übungsaufgaben zum Kapitel 13 440

14. Einige spezielle Wahrscheinlichkeitsverteilungen 447

14.1 Die Binomialverteilung (BV) 449
14.1.1 Wahrscheinlichkeitsfunktion und -verteilung 449
14.1.2 Graphische Darstellung 454
14.1.3 Momente der Binomialverteilung 456
14.1.4 Anwendungen der Binomialverteilung 458

14.2 Die Hypergeometrische Verteilung (HV) 459
14.2.1 Wahrscheinlichkeitsfunktion und -verteilung 459
14.2.2 Momente der hypergeometrischen Verteilung 461
14.2.3 Vergleich der hypergeometrischen Verteilung mit der Binomialverteilung 461
14.2.4 Beispiele für die Anwendung der hypergeometrischen Verteilung ... 463

14.3 Die Poissonverteilung (PV) 465
14.3.1 Wahrscheinlichkeitsfunktion und -verteilung 465
14.3.2 Anwendungen der Poissonverteilung 468
14.3.3 Vergleich der Poissonverteilung mit der Binomialverteilung 469

14.4 Die Normalverteilung (NV) 471
14.4.1 Die zweiparametrige Schar von Normalverteilungen, die standardisierte Normalverteilung 472
14.4.2 Das Rechnen mit normalverteilten Zufallsvariablen 476
14.4.3 Die Normalverteilung als Näherungslösung für bestimmte Verteilungstypen 485
14.4.3.1 Approximation der Binomialverteilung 486
14.4.3.2 Approximation der Poissonverteilung 488
14.4.3.3 Approximation der Hypergeometischen Verteilung 491
14.4.4 Lineare Funktionen mehrerer normal verteilter Zufallsvariablen 492
14.4.5 Der zentrale Grenzwertsatz 496

14.5 Die Chi-Quadrat Verteilung ... 496

14.6 Die Studentverteilung (t-Verteilung) ... 499

14.7 Die F-Verteilung ... 501

Übungsaufgaben zum Kapitel 14 ... 503

15. Einführung in die Schätztheorie ... 511

15.1 Grundlagen der Punktschätzung ... 512
15.1.1 Der Begriff der Schätzfunktion ... 512
15.1.2 Wünschenswerte Eigenschaften von Schätzfunktionen ... 514
15.1.2.1 Die Erwartungstreue ... 514
15.1.2.2 Die asymptotische Erwartungstreue ... 518
15.1.2.3 Die absolute Effizienz ... 519
15.1.2.4 Die Konsistenz ... 520
15.1.2.5 Die Suffizienz ... 521
15.1.2.6 Die Robustheit ... 521
15.1.3 Methoden zur Konstruktion von Schätzfunktionen ... 521
15.1.3.1 Die Momentenmethode ... 522
15.1.3.2 Die Maximum-Likelihood Methode ... 522
15.1.3.3 Anwendung der Maximum-Likelihood Methode ... 524
15.1.3.4 Kleinste-Quadrate-Methode ... 529

15.2 Grundlagen der Intervallschätzung ... 531

15.2.1 Schwankungsintervall für den Mittelwert $\bar{X}$ ... 533
15.2.2 Konfidenzintervall für den Erwartungswert μ einer Normalverteilung bei großem Stichprobenumfang n ... 535
15.2.3 Konfidenzintervall für den Erwartungswert μ bei unbekannter Varianz σ^2 und kleinem Stichprobenumfang n ... 540
15.2.4 Konfidenzintervall für den Anteilswert P einer binomialverteilten Zufallsvariablen X ... 542
15.2.5 Konfidenzintervall für den Anteilswert P einer hypergeometrisch verteilten Zufallsvariablen X ... 544
15.2.6 Übersicht zur Berechnung von symmetrischen Konfidenzintervallen zur Sicherheitswahrscheinlichkeit $1-\alpha$ für den Erwartungswert μ_X einer Zufallsvariablen X ... 545

15.2.7 Konfidenzintervall für die Differenz zweier Erwartungswerte 551
15.2.8 Konfidenzintervall für die Varianz einer
normalverteilten Grundgesamtheit 555
15.2.9 Konfidenzintervall für den Quotienten zweier Varianzen
aus normalverteilten Grundgesamtheiten 556

15.3 Der Stichprobenumfang 559

Übungsaufgaben zum Kapitel 15 563

16. Einführung in die Testtheorie 571

16.1 Grundbegriffe der Testtheorie.................................. 571
16.1.1 Die statistische Hypothese.................................. 571
16.1.2 Formen der statistischen Hypothesen 571
16.1.3 Der statistische Test.. 573
16.2 Fehlermöglichkeiten bei statistischen Tests..................... 573
16.3 Das Prinzip eines statistischen Testes.......................... 576

A. Verteilungsgebundene Testverfahren 578
1. Der Ein-Stichproben Fall 579
2. Der Zwei-Stichproben Fall 579
16.4 Parametertests 580
Entscheidungsmöglichkeiten bei einem ein- bzw. zweiseitigen Test: 581
16.4.1 Signifikanztest für den Erwartungswert μ_X
bei großem Stichprobenumfang n 582
16.4.2 Signifikanztest für den Erwartungswert μ_X
bei kleinem Stichprobenumfang n 589
16.4.3 Übersicht über die Testverfahren für den
Erwartungswert μ_X einer normalverteilter Zufallsvariablen X 590
16.4.4 Signifikanztest für den Anteilswert P 592
16.4.5 Übersicht über die Testverfahren für den Erwartungswert μ_X
einer Bernoulli-verteilten Zufallsvariablen X, mit dem Anteilswert P 595
16.4.6 Signifikanztest für die Varianz σ^2 599
16.4.7 Signifikanztest für die Differenz zweier Erwartungswerte $\mu_X - \mu_Y$ .. 602
16.4.8 Übersicht über die Testverfahren für die Differenz
zweier Erwartungswerte $\mu_X - \mu_Y$: 604
1. Die beiden Zufallsvariablen X und Y seien normalverteilt 606
2. Die beiden Zufallsvariablen X und Y seien beliebig verteilt 610

16.4.9 Signifikanztest für die Differenz zweier binomialverteilter Anteilswerte $P_X - P_Y$ 611
16.4.10 Signifikanztest für den Quotienten zweier Varianzen σ_X^2/σ_Y^2 aus normalverteilten Grundgesamtheiten 615
Tabelle 16.3: Übersicht über die behandelten Signifikanztests 618

16.5 Alternativtest 619
16.6 Die Gütefunktion eines statistischen Testes 625

B. Verteilungsfreie Testverfahren 634

1. Nichtparametrisch oder verteilungsfrei? 634
2. Die Güte bzw. Effizienz dieser Verfahren 639

16.7 Anpassungstests (Ein-Stichproben Fall) 640
16.7.1 Der Chi-Quadrat Anpassungstest 641
16.7.2 Der Kolmogorov-Smirnov Anpassungstest 645
16.8 Unabhängigkeitstests (Ein-Stichproben Fall) 649
16.8.1 Der Chi-Quadrat Unabhängigkeitstest 649
16.9 Homogenitätstests (Zwei-Stichproben Fall) 652
16.9.1 Der Chi-Quadrat Homogenitätstest 653
16.9.2 Der Kolmogorov-Smirnov Homogenitätstest 655
16.10 Der Vorzeichentest (oder kurz: Zeichentest) 657
16.11 Der Vorzeichen-Rang Test (nach Wilcoxon) 661
16.11.1 Ein-Stichproben Fall 661
16.11.2 Zwei-Stichproben Fall 665
16.12 Der U-Test von Mann und Whitney (Zwei-Stichproben Fall) 668

Übungsaufgaben zum Kapitel 16 675

Anhang

Tabellen:

1. Binomialverteilung 693
2. Poissonverteilung 699
3. Standard-Normalverteilung 702
4. χ^2 - Verteilung 708
5. t - Verteilung 712
6. F - Verteilung für 1 - α = .90 714
7. F - Verteilung für 1 - α = .95 719
8. F - Verteilung für 1 - α = .99 724

Einschub zu Kapitel 16:
Allgemeine Hinweise zur Formulierung von Hypothesen 730

Literaturverzeichnis 733

Stichwortverzeichnis 749

1. Einführung:

Was versteht man unter Statistik?

In der landläufigen Meinung wird dem Begriff "Statistik" oft nur eine vage Bedeutung zugeordnet, die häufig mit der Aufzählung von mehr oder weniger wichtigen Zahlenkolonnen in Verbindung gebracht wird. Besonders kluge Mitbürger wissen dann bestenfalls noch zu berichten, daß sich mit Hilfe eben dieser "Statistik" alles beweisen lasse, was gerade erwünscht werde oder sich als notwendig erweise.

Bereits in diesem Zusammenhang sollte vor falschen Schlußfolgerungen aus statistischen Erhebungen gewarnt werden. Die Gefahr der Manipulation bei der Interpretation von statistisch erhobenem Datenmaterial ist sehr groß und besonders leicht zu führen, wenn man die Einzelschritte der Analyse nicht nachvollziehen bzw. verstehen kann. Bekannt ist in diesem Zusammenhang die beliebte "Steigerungsformel":

Lüge - gemeine Lüge - Statistik

Daher ist eine gute Kenntnis der statistischen Methoden sehr wichtig, um im Kampf der Interessengruppen nicht zu unterliegen und Manipulationen bzw. Unsauberheiten als solche frühzeitig zu erkennen und zu entlarven.

Zieht man zur Information ein Lexikon zu Rate, so findet man als Erklärung, daß die Statistik eine

methodische Hilfswissenschaft

sei, die dazu diene, sog. "**Massenerscheinungen**" zahlenmäßig zu erfassen und einer Untersuchung zugänglich zu machen. Diese Erklärung trifft aber nur teilweise zu. Allerdings besteht **ein** Aufgabengebiet der Statistik darin, durch Zählungen und Messungen die quantitativen Aspekte dieser sog. "Massenerscheinungen" numerisch zu beschreiben. Dabei ist allerdings bereits der Begriff "Massenerscheinung" leider ein recht unpräziser Oberbegriff.

In diesem Sinne ist etwa die jährlich veröffentlichte Statistik einer abgelaufenen Bundesliga-Saison im Fußball zu verstehen. Hier werden Angaben veröffentlicht über die Zahl der zahlenden Zuschauer, der verhängten und verwandelten Strafstöße, der verteilten roten und gelben Verwarnungskarten und so weiter.

Grundsätzlich stellt die Statistik eine **Sammlung von quantitativen Methoden** dar, die zur **Beschreibung und Analyse** dieser sog. "**Massenerscheinungen**" dienen soll.

Dieser Methodenschatz ist unabhängig von der jeweils bezogenen Sachwissenschaft. Trotzdem gibt es gewisse Unterschiede in den jeweiligen Anwendungen und leider oft auch in der Namensgebung (Bezeichnungsweise).

So gesehen ist die Ausage richtig:

Die Statistik ist eine Hilfswissenschaft!

Merke:

Nicht die Statistik ist schlecht, sondern die Kenntnis ihrer Methoden ist oft mangelhaft und ihre Anwendung und Interpretation durch Gruppeninteressen beeinflußt.

Die **Methodenlehre der Statistik** stellt das benötigte Instrumentarium zur Verfügung, um Informationen über diese Massenerscheinungen adäquat zu reduzieren, um mit ihrer Hilfe das Zahlenmaterial so zu komprimieren, daß die wichtigsten Informationen sichtbar werden. Eine Einführung in die Statistik muß daher zunächst eine Übersicht über diese Methoden liefern.

Bezieht sich das erhobene Datenmaterial auf ökonomische Tatbestände, spricht man von **Wirtschaftsstatistik**. Oft unterteilt man diesen Zweig der Statistik in Wirtschaftsstatistik einerseits und Bevölkerungsstatistik andererseits. Letztere besitzt ihren Schwerpunkt in der Beobachtung von Struktur und Entwicklung der Bevölkerung als Basis für die Bevölkerungswissenschaft.

Bezüglich der Bereiche des öffentlichen Lebens bilden die jährlich herausgegebenen Statistischen Jahrbücher eines Landes eine typische und hervorragende Sammlung von einzelnen "Statistiken". Werden diese Zählungen und Erhebungen durch amtliche Stellen durchgeführt, dann spricht man von der **amtlichen Statistik**. Ihre Ergebnisse werden von den zuständigen Ämtern, dem Statistischen Bundesamt, den Statistischen Landesämtern und den städtischen statistischen Ämtern veröffentlicht.

Daneben existieren aber auch private Statistiken. Zu ihnen zählen Betriebsstatistiken einzelner Unternehmungen und die Statistiken von wirtschaftswissenschaftlichen Forschungsinstituten (IFO in München, DIW in West-Berlin), sowie von Wirtschaftsverbänden (IHK) und einigen gesellschaftlichen Gruppen (Arbeitgeberverbände, Gewerkschaften). Diese sind außerordentlich wichtig, um Aussagen über die Entwicklung des Wirtschaftslebens eines Landes zu erhalten. Man spricht von der sog. **nichtamtlichen Statistik**.

Mit dem Namen "Statistik" sind im deutschen Sprachgebrauch zwei Bedeutungen verbunden, die in der englischen Sprache genauer getrennt werden, nämlich

1) eine wissenschaftliche Betätigung, d.h. eine Wissenschaft, im englischen "**statistics**",

sowie

2) das Ergebnis dieser wissenschaftlichen Betätigung, im englischen "**statistic**".

Unter letzteren versteht man:

Statistik der Ehescheidungen,
Statistik der Tariflöhne,
Statistik der Verkehrsunfälle,
Statistik der Erzeugerpreise, u.s.w.

Die Einsatzmöglichkeiten dieser quantitativen statistischen Methoden ist ohne einen Bezug auf eine Realwissenschaft (Sachwissenschaft) nicht denkbar und ihr Anwendungsgebiet reicht von den Naturwissenschaften (Physik, Astronomie, Biologie) über die Gesellschafts- und Geisteswissenschaften (Soziologie, Geschichte) sowie Medizin bis zu den Wirtschaftswissenschaften (sowohl Nationalökonomie als auch Mikroökonomie).

Die Statistik möchte sowohl **Global-Aussagen** über diese Massenerscheinungen gewinnen als auch die Fülle der verfügbaren bzw. erhobenen Informationen verdichtet, d.h. komprimiert, darstellen, und so die wichtigsten Informationen erkennbar darstellen.

Bei den Aussagen über die sog. Massenerscheinungen werden die Objekte anonymisiert, d.h. Aussagen bezüglich einzelner Objekte interessieren nicht und sind in der Regel auch nicht mehr erkennbar.

Was im Einzelfall einer statistischen Untersuchung wichtig ist, hängt von der jeweiligen Problemstellung bzw. dem Untersuchungsziel der Erhebung ab.

Eines der wichtigen Ziele einer statistischen Untersuchung ist der Versuch, Entscheidungshilfen zu liefern und zwar sowohl im Bereich der Politik, der Verwaltung als auch der Unternehmensführung (Gewerkschaften, Arbeitgeberverbände, Parteien, Geschäftspartnern, Regierung etc.).

Eine Besonderheit bei der wirtschaftswissenschaftlichen Anwendung von statistischen Untersuchungen ist das sog.

"Adäquationsproblem".

Beim Übergang von einer fachwissenschaftlichen Aufgabenstellung zum konkreten Ansatz oder einer Analyse einer statistischen Untersuchung tritt stets das **Adäquationsproblem** auf. Darunter versteht man den Vorgang, daß ein (möglicherweise unpräziser) Begriff aus der Sachwissenschaft zunächst klar abgegrenzt (bzw. definiert) werden muß, um die quantitativen Methoden der Statistik anwenden zu können.

Beispiele:

1. Begriff: **Was ist ein Verkehrstoter?**

In den verschiedenen Ländern gibt es unterschiedliche (zeitliche) Abgrenzungen, z.B.

Portugal: während des Unfalls am Unfallort bzw. beim Transport ins Krankenhaus,

Österreich: zusätzlich innerhalb von 3 Tagen,

B R D: zusätzlich innerhalb von 30 Tagen,

U S A: zusätzlich innerhalb eines Jahres.

2. Begriff: Volkszählung: **Was ist ein Einwohner?**

Nach welchem Prinzip wird die statistische Masse "**Bevölkerung**" abgegrenzt? Grundsätzlich gibt es zwei Möglichkeiten:

a) nach dem Anwesenheitsprinzip (früher) oder

b) nach dem Wohnortprinzip (heute).

In typischen Urlaubsgebieten würden sich bei der Einwohnerzahl große Unterschiede ergeben, z.B.

Garmisch-Partenkirchen (im Winter) oder Sylt (im Sommer).

3. Begriff: "**arbeitslos**".

In der Statistik der BRD gelten als "arbeitslos": Arbeitssuchende zwischen 15 und 65 Jahren, die im Bundesgebiet wohnen und sich beim zuständigen Arbeitsamt als Arbeitssuchende gemeldet haben. Eine Beschäftigung von mindestens 20 Stunden pro Woche suchen, nicht oder weniger als 20 Wochenstunden erwerbstätig sind und der Arbeitsvermittlung ständig zur Verfügung stehen. Ferner nicht in der Ausbildung stehen, nicht arbeitsunfähig sind, kein Altersruhegeld oder Erwerbsunfähigkeitsrente beziehen.

Unterscheidung:

theoretische Statistik <——> praktische Statistik

Als **theoretische Statistik** bezeichnet man den Teil, der in allen Anwendungsgebieten gemeinsam enthalten ist (theoretischer Kern).

Die **praktische Statistik** beschäftigt sich mit der Fragestellung: Wie komme ich zu meinen statistischen Erhebungszahlen?

Die **Methodenlehre der Statistik** stellt das benötigte Instrumentarium zur Verfügung. Dieser zur Verfügung gestellte Methodenschatz ist unabhängig von der jeweils bezogenen Sachwissenschaft. Trotzdem gibt es gewisse Unterschiede in den jeweiligen Anwendungen und leider oft auch in der Namensgebung (Bezeichnungsweise).

Es ist üblich, die Gewinnung von statistischer Information **ohne** Verwendung der Wahrscheinlichkeitsrechnung als "**beschreibende Statistik**", diejenige **mit** ihrer Verwendung als "**schließende Statistik**" zu bezeichnen. Andererseits scheint eine solche starre Abgrenzung nicht immer möglich zu sein.

Man kann zwei Erkenntnisziele der Statistik unterscheiden:

deskriptive Statistik <——— > schließende Statistik

Die **deskriptive Statistik** beschränkt sich auf die reine **Beschreibung** der erhobenen Massenerscheinung. Ihr Gegenstand sind Umfang, Gliederung, graphische Darstellung oder zeitliche Entwicklung des erhobenen Datenmaterials sowie die Verhältnisse verschiedener Massen zueinander zu zeigen.

Die **schließende Statistik** versucht aus den Beobachtungen allgemeingültige Aussagen zu erhalten. Dazu verwendet sie vor allem den Schluß von einer **bekannten** Teilmasse (Stichprobe) auf die **unbekannte** Grundgesamtheit. Ihr Gegenstand ist die Schätzung von unbekannten (Verteilungs-)Parametern und das Prüfen von (Grundgesamtheits)-Hypothesen. Grundlage dazu bildet die **Wahrscheinlichkeitsrechnung**.

Man kann eine andere Unterteilung der Statistik nach ihren Zielsetzungen vornehmen. Soll die Statistik nur dazu dienen, um bestimmte räumlich und/oder zeitlich fixierte Tatsachen zu beschreiben, dann spricht man von **statistischer Deskription**. Ziel der deskriptiven Statistik ist es, die Daten, die eine empirische Untersuchung liefert, möglichst so übersichtlich zu präsentieren, daß wesentliche Informationen schnell aufgenommen werden können. Will man dagegen die Erhebungsdaten verwenden, um allgemeine Regelmäßigkeiten zu erkennen, die nicht nur für die speziellen Erhebungsfälle gelten, sondern allgemeine Gültigkeit besitzen, dann spricht man von **statistischer Inferenz**. Zur Gewinnung von Inferenzaussagen bedient man sich in der Regel der Methoden der schließenden Statistik. Man interpretiert das beobachtete empirische Zahlenmaterial als Stichprobe aus einer unendlich großen statistischen Masse, in der eine hypothetische Aussage allgemeine Gültigkeit besitzen soll. Die Inferenz-Statistik führt dann durch Überprüfung dieser Hypothese zu einer allgemeingültigen Aussage. In der Literatur werden schließende Statistik und statistische Inferenz oft als gleichbedeutende Begriffe verwendet.

Das Arbeitsprogramm der amtlichen Statistik:

Beschäftigt man sich mit empirischer Wirtschaftsbeobachtung und -forschung, dann ist es nützlich, das konkrete Arbeitsprogramm der **amtlichen Statistik** zu kennen.

Für die Statistik in der Bundesrepublik Deutschland ist ein solcher Katalog der Statistiken in der Broschüre "Das Arbeitsgebiet der Bundesstatistik" enthalten, herausgegeben vom Statistischen Bundesamt [im Verlag Metzler-Poeschel, Stuttgart 1981]. Es umfaßt eine Fülle von Statistiken über alle allgemein interessierenden Fachgebiete. Ihre Schwerpunkte liegen im Bereich der Bevölkerung, der Bildung, der Erwerbstätigkeit, den Sozialleistungen des Staates und der volkswirtschaftlichen Gesamtrechnung.

Bei der Erstellung von Statistiken unterscheidet man zwischen **Voll- und Teilerhebungen**.

Bei einer **Vollerhebung** werden alle Einheiten einer Grundgesamtheit in die statistischen Beobachtungen einbezogen. Hierzu gehören die Volks- und Berufszählungen, wie auch Landwirtschaftszählungen, Arbeitsstätten- und Wohnungszählungen. Solche Zählungen sind sehr aufwendig und werden daher nur in großen Zeitabständen (etwa alle 10 Jahre, eine UNO-Empfehlung) durchgeführt. Letzte Volkszählung in der BRD am 25.5.1987.

Bei einer **Teilerhebung** (**Stichprobe**) wird nur ein Teil der Einheiten der jeweiligen Grundgesamtheit in die statistische Beobachtung eingeschlossen. Allerdings muß dieser Teil so ausgewählt werden, daß die Auswahl hinsichtlich der interessierenden Untersuchungsmerkmale möglichst **repräsentativ** ist. Eine solche Auswahl kann auf verschiedene Weisen erfolgen. Man unterscheidet eine **bewußte Auswahl** von einer **zufallsgesteuerten Auswahl**.

Eine bewußte Auswahl stellen beispielsweise das **Quotenverfahren** und das **Abschneideverfahren** dar.

Das **Abschneideverfahren** wird dann angewandt, wenn Einheiten mit sehr unterschiedlichen Merkmalsausprägungen vorliegen. Ein Beispiel stellt etwa die monatliche Industriestatistik dar. Bei dieser werden nur Betriebe mit mehr als 20 Beschäftigten erfaßt. Mit dieser Auswahl erfaßt man etwa 90 % des Gesamtumsatzes aller Betriebe.

Von einer **zufallsgesteuerten Auswahl** spricht man dann, wenn jede Einheit der Grundgesamtheit die gleiche Chance besitzt, in die Stichprobe zu gelangen. Dieses Verfahren hat den Vorteil, daß der durch die Beschränkung auf nur einen Teil der Grundgesamtheit entstehende Fehler bzw. Unsicherheitsbereich mittels der auf der Wahrscheinlichkeitstheorie basierenden Stichprobentheorie gemessen bzw. berechnet werden kann.

Die für die Bundesstatistik maßgeblichen organisatorischen, rechtlichen und materiellen Regelungen sind in dem "Gesetz über die Statistik für Bundeszwecke vom 3.9.1953 (BStatG)" enthalten. Neufassung von 1978, veröffentlicht am 14.3.1980 im Bundesgesetzblatt.

Bundesstatistiken dürfen nur durchgeführt und erstellt werden, wenn sie durch eine Rechtsgrundlage abgesichert sind. Die Befragten sind bei Bundesstatistiken fast immer zur Auskunft verpflichtet; Auskunftsverweigerungen stellen eine Ordnungswidrigkeit dar.

In einigen Punkten liegt die Zuständigkeit für die amtliche Statistik nicht bei den Statistischen Ämtern, sondern bei **Fachbehörden**:

Beispiele: Die Bundesanstalt für Arbeit in Nürnberg ist für die Arbeitsmarktstatistik,

die Bundesbank und die Landeszentralbanken sind für die Bankenstatistik (Geld- Kredit-, Kapitalmarkt- und Zahlungsbilanzstatistik), und

das Kraftfahrtbundesamt in Flensburg für die Verkehrsstatistik zuständig.

Diese **regionale Dezentralisierung** der amtlichen Statistik hat zur Folge, daß der Schwerpunkt der praktischen Arbeit bei den elf Statistischen Landesämtern liegt. Je nach Größe des Bundeslandes besitzen diese Landesämter unterschiedliche Arbeitskapazitäten:

Beispiele: Bremen mit etwa 170 Mitarbeitern,
Nordrhein-Westfalen mit etwa 1 630 Mitarbeitern.

Wichtige Quellenwerke für die praktische Arbeit:

1. **Veröffentlichungsverzeichnis des Statistischen Bundesamtes**

   erscheint jährlich und enthält alle lieferbaren Titel (Verlag Metzler-Poeschel, Stuttgart).

2. **Statistisches Jahrbuch für die Bundesrepublik Deutschland**

   erscheint jährlich im Spätsommer/Herbst im Verlag Metzler-Poeschel, Stuttgart.

3. Informationen über das Arbeitsprogramm der Bundesstatistik sind enthalten in

"Das Arbeitsgebiet der Bundesstatistik"

sowie

"Katalog der Statistiken zum Arbeitsgebiet der Bundesstatistik"

(erscheint in unregelmäßigen Abständen ebenfalls im Verlag Metzler-Poeschel, Stuttgart, zuletzt 1988)

4. Die Monatszeitschrift

"Wirtschaft und Statistik"

(Verlag Metzler-Poeschel, Stuttgart) bringt verbale Darstellungen über wichtige neue Ergebnisse von Statistiken. Ein Zahlenspiegel enthält die jeweils neuesten Daten der Bundesstatistik.

5. Veröffentlichungen der Statistischen Landesämter.
Zusammenfassende Übersicht in

"Verzeichnis der Veröffentlichungen der Statistischen Landesämter 1961 bis 1975"

6. Statistische Ämter einzelner Großstädte geben eigene Veröffentlichungen heraus.
Vom Deutschen Städtetag wird das

"Statistisches Jahrbuch der deutschen Gemeinden"

herausgegeben. Es erscheint im Verlag J.P. Bachem in Köln, zuletzt 1986.

7. Von der Deutschen Statistischen Gesellschaft wird das

"Allgemeine Statistische Archiv"

im Verlag Vandenhoeck & Ruprecht in Göttingen herausgegeben.

Jährlich erscheinen 4 Hefte, die überwiegend Beiträge zu methodischen Fragen und Probleme der Statistik enthalten, sowie einen Abdruck der auf der Jahrestagung der Gesellschaft gehaltenen Referate (Heft 1).

8. Verschieden Fachserien:

herausgegeben vom Statistischen Bundesamt im Verlag Metzler-Poeschel, Stuttgart.

9. Monatsberiche der Deutschen Bundesbank (Textteil und Tabellenteil) sowie Statistische Beihefte zu diesen Monatberichten:

Folgende Reihen liegen vor:

Reihe 1: Bankenstatistik und Bankengruppen,
Reihe 2: Wertpapierstatistik,
Reihe 3: Zahlungsbilanzstatistik,
Reihe 4: Saisonbereinigte Wirtschaftszahlen,
Reihe 5: Die Währungen der Welt.

herausgegeben von der Deutschen Bundesbank im Selbstverlag.

10. Von der Bundesanstalt für Arbeit in Nürnberg werden monatlich

Amtliche Nachrichten

mit der Arbeitsmarktstatistik der Arbeitsämter, insbesondere der Statistik der Arbeitslosen und der offenen Stellen herausgegeben.

11. Vom Bundesministerium für Ernährung, Landwirtschaft und Forsten wird das

Statistische Jahrbuch über Ernährung, Landwirtschaft und Forsten in der BRD

im Verlag Paul Parey (Hamburg- Berlin) herausgegeben.

12. Für die ehemalige Deutsche Demokratische Republik wurde ein

"Statistisches Jahrbuch der DDR"

von der Staatlichen Zentralverwaltung für Statistik im Staatsverlag der DDR, Berlin herausgegeben.

13. Internationale Statistik:

a) Veröffentlichungen der Europäischen Gemeinschaft:

"Eurostat"

herausgegeben vom Statistischen Amt der Europäischen Gemeinschaft in Brüssel. (mit statistischen Grundzahlen für die Gemeinschaft, sowie Vergleichszahlen für wichtige Länder außerhalb der EG, erscheint jährlich).

Ferner Fachserien mit 8 Themenkreisen.

b) Veröffentlichungen des Statistischen Amtes der Vereinten Nationen:

"Statistical Yearbook",

"Demographic Yearbook",

"Yearbook of National Accounts Statistics",

"Yearbook of International Trade Statistics".

c) Sonderorganisationen der UNO geben fachorientierte Veröffentlichungen heraus.

Beispiele:

W H O (= World Health Organisation), mit Sitz in Genf

I L O (= Internationales Arbeitsamt), mit Sitz in Genf

"Yearbook of Labour Statistics"

F A O (= Food and Agrigulture Organisation, Welternährungsrat) mit Sitz in Rom.

"Yearbook of Food and Agricultural Statistics"

d) Internationaler Währungsfond (IMF):

"**Balance of Payments Statistics**" (monatlich),

"**International Financial Statistics**" (monatlich).

Am Beginn der statistischen Untersuchung einer Massenerscheinung, d.h. einer Anzahl von Objekten, die sich unter einem gemeinsamen Oberbegriff zusammenfassen lassen, steht zunächst das Problem der Erhebung des benötigten Datenmaterials. Dazu muß man zunächst aus der Menge aller möglichen Objekte das Erhebungsfeld abgrenzen. Damit will man absichern, daß man nur diejenigen Objekte erfaßt, die für die betreffende Untersuchung relevant sind. Die Menge dieser Objekte wird als **statistische Masse** bezeichnet und ihre einzelnen Objekte als **Elemente**. Man erhält die Elemente der statistischen Masse durch Definition einer Reihe von Unterscheidungsmerkmalen, die an sämtlichen Elementen der statistischen Masse festgestellt werden können. Ein Beispiel für eine statistische Masse bilden etwa alle weiblichen Arbeitnehmer in der BRD, die zu einem bestimmten Zeitpunkt arbeitslos waren. Diese statistischen Massen bilden den Untersuchungsgegenstand der Statistik.

Nach der Definition der statistischen Masse kann man mit der Erhebung des Zahlenmaterials beginnen. Das Ergebnis ist das sogenannte **Urmaterial**. Dieses Urmaterial ist in der Regel für eine Weiterverarbeitung noch nicht geeignet, da es zu umfangreich und oftmals auch zu unübersichtlich ist. Man muß daher dieses Urmaterial noch aufbereiten, d.h. man wird entweder für die gesamte statistische Masse oder für Teilmassen davon bestimmte Maßzahlen berechnen, und diese in sogenannten **Aufbereitungstabellen** darstellen. Obwohl auf dieser Stufe noch recht detaillierte Angaben erfolgen, wird das Urmaterial bereits konzentriert dargestellt. Diese verdichtete Darstellung wird allerdings durch einen Informationsverlust erkauft. Je konzentrierter die Darstellung erfolgt, desto größer ist dabei auch der Informationsverlust. Um die so verdichteten Ergebnisse für bestimmte Untersuchungszwecke nutzbar zu machen, bedarf es meistens noch einer weiteren Informationsverdichtung. Dieser Schritt wird als **Auswertung** bezeichnet. Er liefert Informationen in Form von Zahlenangaben über den Umfang, die Struktur und bestimmte quantitative Eigenschaften der untersuchten statistischen Masse.

Bei den bisherigen Überlegungen wurde unterstellt, daß es möglich sei, alle Einheiten der zu untersuchenden statistischen Masse vollständig zu erfassen. Man spricht in diesem Zusammenhang von einer **Totalerhebung**. Oftmals ist aber eine solche nicht durchführbar, entweder weil die damit verbundenen Kosten zu hoch sind, die zur Verfügung stehende Zeit nicht ausreicht, oder erhebungstechnische Schwierigkeiten eine Erfassung aller Einheiten der statistischen Masse unmöglich machen. Man begnügt sich in einem solchen Fall mit der Erhebung eines ausgewählten Teils der Einheiten der statistischen Masse. Man spricht dann von einer **Teilerhebung**. In einem solchen Fall ist es notwendig, daß die Statistik aufgrund der Kenntnisse über die ausgewählten Einheiten auch Informationen bezüglich aller Einheiten der statistischen Masse liefert. Dies ist allerdings nur dann möglich, wenn die ausgewählten Einheiten zufällig aus der Menge der Einheiten der statistischen Masse ausgewählt wurden. Die benötigten theoretischen Grundlagen werden von der Wahrscheinlichkeitsrechnung zur Verfügung gestellt.

2. Statistische Massen: Ihre Einheiten und Merkmale

2.1 Statistische Massen und ihre Einheiten

Die Statistik beschäftigt sich mit der Untersuchung von Massenerscheinungen. Ihr Ziel besteht in der Gewinnung von zahlenmäßigen Aussagen über diese. Damit derartige Informationen über den gewünschten Untersuchungsgegenstand durch gezielte Beobachtung gewonnen werden können, ist eine genaue Abgrenzung der **statistischen Masse** erforderlich.

Unter einer statistischen Masse versteht man ein Kollektiv von **wohlunterschiedenen, gleichartigen** Einheiten, die man auch als **statistische Einheiten** bezeichnet. Ihre Anzahl bezeichnet man als den **Umfang** der betreffenden statistischen Masse. Er stellt eine nichtnegative ganze Zahl dar, die auch den Wert Null annehmen kann. Für die Existenz einer statistischen Masse ist es somit unerheblich, ob sie mindestens ein Element enthält oder leer ist. So kann beispielsweise die statistische Masse "Zahl der Geburten an einem bestimmten Tag, an einem bestimmten Ort" durchaus leer sein, d.h. keine statistische Einheit enthalten. Jede Teilmenge von Elementen einer statistischen Masse bildet wiederum eine statistische Masse.

Die statistischen Einheiten stellen die **Merkmalsträger** der Untersuchung dar, deren Eigenschaften festgestellt werden sollen. Bei diesen Einheiten muß es sich um reale, klar voneinander abgrenzbare und damit auch abzählbare Objekte handeln. Statistische Einheiten können somit unter anderem Personen, Institutionen, Ereignisse und Vorgänge sein, deren Merkmale untersucht werden sollen. Solche **(Erhebungs-) Merkmale** können etwa das Alter oder Geschlecht von bestimmten Personen, die Beschäftigtenzahl in Betrieben oder auch der Preis von getätigten Verkäufen sein. Es ist allerdings auch möglich, daß man eine hypothetische Gesamtheit als statistische Masse definiert. Deren Einheiten sind dann nur gedachte Elemente, die real nicht existieren müssen, deren Vorhandensein aber möglich sein kann. Diejenigen statistischen Einheiten, die in einer statistischen Masse zusammengefaßt werden, müssen gegeneinander exakt abgegrenzt sein, andererseits sollen sie aber auch gleichartig sein, um sie von den Einheiten einer anderen statistischen Masse zu unterscheiden.

Die Forderung nach **Wohlunterschiedenheit** bedeutet, daß die Einheiten einer statistischen Masse eindeutig gegeneinander abgegrenzt sein müssen. Insbesondere darf nicht eine Einheit eine andere ganz oder teilweise enthalten. Die Bedingung der **Gleichartigkeit** verlangt, daß sämtliche Einheiten einer statistischen Masse unter einen gemeinsamen Oberbegriff fallen. Dies wird dadurch erreicht, daß man bestimmte räumliche, zeitliche und sachliche Merkmale festlegt und verlangt, daß alle Einheiten hinsichtlich dieser Merkmale übereinstimmen. Diese Abgrenzungen erfolgen mit Hilfe von **Unterscheidungsmerkmalen** (Begriffsmerkmale, kollektivbestimmte Merkmale).

Alle statistischen Einheiten einer statistischen Masse stimmen bezüglich dieser **Unterscheidungsmerkmale** überein. Sie können sich jedoch bezüglich anderer Merkmale unterscheiden, von denen einige beobachtet werden sollen (**Erhebungsmerkmale**) und andere in dem betreffenden Untersuchungszusammenhang überhaupt nicht interessieren.

Die **geographische (räumliche)** und **zeitliche** Abgrenzung ist erforderlich, weil sonst die Gesamtheit der zu erhebenden Einheiten unbestimmt bleibt (z.B. Befragung der Weltbevölkerung über alle Zeiten). In einer Volkszählung sind z.B. das Gebiet (1. Wohnsitz im Gebiet der BRD) und ein Stichtag (z.B. 25.5.87) als Erhebungsmerkmale festzulegen. Damit haben alle Ergebnisse eine räumlich und zeitlich begrenzte Gültigkeit. Die Wahl der räumlichen und zeitlichen Abgrenzung muß mit dem Untersuchungsziel abgestimmt sein.

Bei der sachlichen Abgrenzung tritt das Problem auf, daß die von den Fachwissenschaften gelieferten Begriffe zur Definition der zu untersuchenden Objekte oft einen so hohen Abstraktionsgrad aufweisen, daß sie zur Abgrenzung der statistischen Masse nicht verwendet werden können. Sie besitzen einen idealtypischen Charakter. Der Statistiker ist deshalb gezwungen, einen operationalen Begriff zu finden, der einerseits von dem idealtypischen Begriff der Fachwissenschaft nicht stark abweicht und andererseits praktikabel genug ist, um eine Erhebung der Merkmalsausprägungen der statistischen Einheiten zu ermöglichen. Diese Schwierigkeit wird als das für die sozialwissenschaftliche Statistik charakteristische **Adäquationsproblem** bezeichnet (vgl. Kapitel 1).

Beispielsweise wird in der Wirtschaftstheorie als Haushalt diejenige Wirtschaftseinheit definiert, die einen einheitlichen Verbrauchsplan aufstellt. In der Realität wird jedoch nur selten eine Gruppe von Personen, die in einem Haushalt vereinigt sind, alle Kaufentscheidungen gemeinsam treffen. Somit erscheint diese Definition des Haushaltes wenig praktikabel. In der Statistik werden, etwa bei einer Volkszählung, alle diejenigen Personen als zu einem Haushalt gehörig gezählt, die in der gleichen Wohnung leben und ihren Lebensunterhalt überwiegend gemeinsam bestreiten.

Bei der **Definition von statistischen Massen** sind *zeitliche, geographische und sachliche* Abgrenzungen erforderlich. Bezüglich der zeitlichen Abgrenzung sind zwei verschiedene Formen denkbar. Die statistische Masse kann entweder für einen bestimmten **Zeitpunkt** oder für einen **Zeitraum** definiert sein. Entsprechend unterscheidet man zwischen einer **Bestandsmasse** und einer **Bewegungsmasse**.

Eine **Bestandsmasse** ist jeweils nur für einen bestimmten **Zeitpunkt** definiert, etwa die Wohnbevölkerung in der BRD am 25.5.87 oder die Zahl der in der BRD am 1.1.83 zugelassenen PKW. Bestandsmassen lassen sich natürlich auch für verschiedene Zeitpunkte erfassen. Auf diese Weise erhält man ein Bild von der zeitlichen Entwicklung des zu untersuchenden Merkmals. Verschieden von den Bestandsmassen sind die **Bewegungsmassen.** Diese sind für einen **Zeitraum** definiert.

Beispiele für Bewegungsmassen (die auch Ereignismassen genannt werden) sind Geburten, Sterbefälle, Eheschließungen oder Gerichtsurteile im Jahre 1970 in der BRD. Korrespondierende Bestands- und Bewegungsmassen können benutzt werden, um den Bewegungsablauf einer bestimmten Erscheinung von zeitlicher Dauer besser als durch eine Folge von Bestandsmassen an bestimmten Stichtagen zu beschreiben. Eine Bestandsmasse zum Zeitpunkt $t = 0$, $B(t_0)$, läßt sich mit Hilfe der Bewegungsmassen für Zugänge (Z) und Abgänge (A) auf den Zeitpunkt $t > t_0$, $B(t)$, fortschreiben mittels der Beziehung

$$B(t) = B(t_0) + Z(t-t_0) - A(t-t_0).$$

Dabei wurden die Zu- bzw. Abgangsmengen für das Intervall $(t_0,t]$ mit $Z(t - t_0)$ bzw. $A(t - t_0)$ bezeichnet. Man bezeichnet diesen Vorgang als **Bestandsfortschreibung.**

2.2 Statistische Merkmale und ihre Ausprägungen

Die Merkmale der statistischen Einheiten dienen einerseits zur Abgrenzung der statistischen Masse, zum anderen zur Gewinnung von Informationen über diese Einheiten bezüglich des Untersuchungsgegenstandes. Die Merkmale, die zur Abgrenzung einer statistischen Masse dienen, werden **Unterscheidungsmerkmale** genannt. Alle anderen Merkmale, die ebenfalls erhoben werden, bezeichnet man als **Erhebungsmerkmale.**

Sodann muß man zwischen **Merkmal** und **Merkmalsausprägung** unterscheiden. Jedes Merkmal besitzt in der Regel mehrere Merkmalsausprägungen. Dabei muß aber die für die Untersuchung relevante Ausprägung auch feststellbar sein.

Beispiele:

1. Als statistische Einheit werde der Haushalt betrachtet. Dann ist ein Merkmal die Haushaltsgröße und die Merkmalsausprägungen können "1 Person", "2 Personen", "3 Personen", "4 und mehr Personen" sein.

2. Betrachtet man als statistische Masse den Bestand an PKW in der BRD an einem bestimmten Stichtag, dann kann ein Merkmal die Ausstattung mit dem ABS-Bremsensystem sein. Die Merkmalsausprägungen sind dann "vorhanden" bzw. "nicht vorhanden".

3. Sei die Wohnbevölkerung in der BRD am 25.5.87 die statistische Masse, dann besitzt diese beispielsweise das Merkmal "Geschlecht" mit den Ausprägungen "männlich" und "weiblich" oder das Merkmal "Alter" mit der Ausprägung "Alter nach Jahren".

Die Forderung, daß die Einteilung der statistischen Masse erschöpfend sein soll, bedingt in der Praxis die Einführung von sog. "**Restgruppen**" bei den Merkmalsausprägungen. Betrachtet man etwa das Merkmal "Religionszugehörigkeit", dann wird man neben den Hauptgruppen röm.-kath., evangelisch, ... zweckmäßig viele weitere kleinere Gemeinschaften zur Gruppe "sonstige" zusammenfassen. Ferner wird man die Gruppen "ohne Bekenntnis" und "Bekenntnis unbekannt" einführen, um tatsächlich alle Personen der betreffenden statistischen Masse zu erfassen.

Durch ein Merkmal wird eine statistische Masse in **Teilmengen** zerlegt. Die Einheiten, denen eine bestimmte Merkmalsausprägung zugeordnet werden kann, bilden eine Teilmenge der ursprünglichen statistischen Masse. Das System aller Teilmengen, das durch die Betrachtung aller Merkmalsausprägungen eines Merkmals erzeugt wird, bildet eine Zerlegung der ursprünglichen statistischen Masse. Jede Einheit kommt in **einer** Teilmenge vor, und verschiedene Teilmengen haben keine Einheit gemeinsam. Man spricht auch von einer **disjunkten Klasseneinteilung** der Einheiten der statistischen Masse.

Eine Teilmenge der statistischen Masse der "Wohnbevölkerung" wäre etwa die Menge der "erwerbstätigen Personen", die durch das Merkmal "Erwerbskonzept" aus dieser statistischen Masse ausgesondert wird. Eine solche Teilmenge kann nun selbst wieder als statistische Masse aufgefaßt werden, die etwa nach dem Merkmal "Beruf" weiter aufgegliedert werden kann.

2.3 Klassifizierung der Merkmale

Die statistischen Merkmale lassen sich in verschiedener Hinsicht klassifizieren. Eine mögliche Einteilung ist:

räumliche Merkmale,
zeitliche Merkmale,
(sachlich–)qualitative Merkmale,
(sachlich–)quantitative Merkmale.

Räumliche Merkmale dienen als **Unterscheidungsmerkmale** zur räumlichen (geographischen) Abgrenzung der Einheiten (Beispiel: an einem bestimmten Stichtag immatrikulierte Studenten an der Universität Frankfurt). Sie können allerdings auch **Erhebungsmerkmale** sein (Beispiel: Geburtsort dieser Studenten). Analoges gilt für **zeitliche Merkmale**.

Qualitative Merkmale, die ebenfalls notwendig sind zur Abgrenzung einer statistischen Masse, dienen vorwiegend zur Aufgliederung nach vielen Gesichtspunkten.

Beispiel für **qualitative** Merkmale sind:

- *Geschlecht*
- *Familienstand*
- *Beruf*
- *Betriebsart*
- *Warenart*
- *Automarke.*

Kennzeichen für qualitative Merkmale ist, daß sie außer der Klasseneinteilung, die ja jedes Merkmal induziert, keine weiteren Relationen unter den Elementen der statistischen Masse anzeigen. Grundsätzlich ist durch die Angabe der Liste der Merkmalsausprägungen alles wesentliche gesagt.

Eine zu einem qualitativen Merkmal gehörige Liste von Merkmalsausprägungen nennt man **Systematik**. Die Konstruktion von geeigneten Systematiken ist eine der schwierigsten Aufgaben der praktischen Statistik.

Sind nur zwei Ausprägungen vorhanden, sei es von der Natur der Sache (Geschlecht: männlich – weiblich) oder aufgrund von begrifflichen Festlegungen (Beispiel Klausurergebnisse: bestanden – nicht bestanden) so spricht man von **Alternativmerkmalen.**

Eine weitere Kennzeichnung qualitativer Merkmale erfolgt durch die Unterscheidung in **häufbare** und **nicht häufbare** Merkmale.

Bei häufbaren Merkmalen kann eine statistische Einheit gleichzeitig mehrere Ausprägungen dieses Merkmals besitzen.

Beispiele:

häufbare Merkmale : Beruf, Wohnsitz,
nicht häufbare Merkmale : Geschlecht, Religionszugehörigkeit.

Quantitative Merkmale sind solche, deren Ausprägungen reelle Zahlen sind (Beispiele: Umsatzhöhe, Haushaltsgröße, Einkommen, Produktionsmenge). Quantitative Merkmale sind somit **nicht** häufbar. Quantitative Merkmale können dazu dienen, die statistischen Einheiten nach der Größe der Merkmalsausprägung anzuordnen und Einheiten zu gruppieren. Ferner kann man Merkmalssummen bilden sowie Mittelwerte, Streuungsmaße und andere Maßzahlen berechnen. Ist ein quantitatives Merkmal einmal genau definiert (z.B. das Einkommen), treten Abgrenzungsschwierigkeiten zwischen den möglichen Ausprägungen, wie sie bei den qualitativen Merkmalen existieren, nicht auf.

Die Zahlen, die bei quantitativen Merkmalen als Ausprägungen möglich sind, können solche mit verschieden hohem **Informationsgehalt** sein.

Dabei hängt die Qualität der Messung davon ab, wie gut die Eigenschaften durch Zahlen ausgedrückt werden können. Die Meßlatte, auf der die Ausprägungen abgetragen werden, heißt Skala. Je nachdem, auf welche Weise die Eigenschaften eines Objektes in Zahlen gemessen werden können, unterscheidet man Skalen mit unterschiedlichen Meßniveaus

1. **Nominalskala,**
2. **Ordinalskala,**
3. **Intervallskala,**
4. **Verhältnisskala.**

Die **Nominalskala** stellt die einfachste Form des Messens dar. Sie dient hauptsächlich zur Klassifizierung der Merkmalsausprägungen. Die Zahlen erlauben **keinerlei** rechnerische Transformationen, sie dienen lediglich zur Kodifizierung. Man könnte an ihrer Stelle auch andere Symbole verwenden (Beispiel: männlich = 0, weiblich = 1).

Das nächste Meßniveau wird als **Ordinalskala** bezeichnet. Sie ermöglicht es, eine Rangordnung der Objekte mit Hilfe von ordinalen Zahlen (Rangwerten) aufzustellen. Diese Rangordnung sagt nichts über die Abstände zwischen den einzelnen Objekten aus. Somit kann man aus einer Ordinalskala nicht ablesen, um wieviel ein Objekt besser (oder höher) eingeschätzt wird als ein anderes Objekt (Beispiel: Tabellenplatz in der Bundesliga).

Das nächsthöhere Meßniveau stellt die **Intervallskala** dar. Diese weist gleichgroße Skalenabschnitte aus, beispielsweise wird beim Thermometer der Abstand zwischen Gefrier- und Siedepunkt des Wassers in einhundert gleich große Abschnitte eingeteilt.

Die **Verhältnisskala** stellt das höchste Meßniveau dar. Sie unterscheidet sich von der Intervallskala dadurch, daß zusätzlich ein natürlicher Bezugspunkt existiert (Beispiel: der Unterschied zwischen 100 DM und 200 DM ist genauso groß wie der Unterschied zwischen 800 DM und 900 DM).

Nominal- und Ordinalskala bezeichnet man auch als **Topologische Skala** oder als **nicht-metrische Skalen.** Intervall- und Verhältnisskalen dagegen auch als **Kardinalskala** oder als **metrische Skalen.**

Eine andere, wichtige Art der Unterteilung quantitativer Merkmale ist diejenige in **diskrete, stetige und quasi-stetige** (oder approximativ-stetige).

Diskrete Merkmale sind solche, bei denen sich die einzelnen Ausprägungen immer um ganze, nicht mehr teilbare Größen unterscheiden (Beispiele: Kinderzahl pro Familie, Beschäftigte je Betrieb).

Stetige Merkmale sind solche, bei denen die Ausprägungen in einem gewissen Bereich (Intervall) alle reellen Zahlen annehmen können, gleichgültig ob die Meßgenauigkeit ausreicht oder nicht (Beispiele: Körpergröße, Körpergewicht, Lebensalter).

Approximativ-stetige Merkmale liegen dann vor, wenn quantitative diskrete Merkmale zahlreiche mögliche Ausprägungen in einem relativ begrenzten Intervall besitzen (Beispiel: Geldgrößen werden oft wie stetige Merkmale behandelt).

Skalentypen

nicht-metrisch		metrisch	
Nominalskala	**Ordinalskala**	**Intervallskala**	**Verhältnisskala**
Merkmalsausprägungen bilden keine natürliche Reihenfolge.	Merkmalsausprägungen bilden eine natürliche Rangordnung, allerdings sind die Abstände nicht quantifizierbar.	Merkmalsausprägungen bilden eine natürliche Reihenfolge, deren Abstände quantifizierbar sind. Bezugspunkt der Skala kann willkürlich festgelegt werden.	Wie bei der Intervallskala, allerdings existiert ein absoluter Bezugspunkt.
mögliche Aussagen zwischen den einzelnen Merkmalen:			
Gleichheit Verschiedenheit	größer/kleiner Relationen	Gleichheit von Differenzen	Gleichheit von Verhältnissen
mögliche Rechenoperationen zwischen den einzelnen Merkmalen:			
Bilden von Häufigkeiten	Ermittlung des Median	Addition und Subtraktion	Division und Multiplikation
Beispiele für die verschiedenen Skalentypen:			
Telefonnummern Krankheitsklassifikation	Bundesligatabellen, Windstärken	Temperatur Kalenderzeit	Längenmessung Gewichtsmessung

Tabelle 2.1: Skalentypen und ihre Meßniveaus

3. Die statistische Erhebung

Die Erhebung ist der erste Schritt zur Gewinnung von statistischem Datenmaterial. Die Vorbereitung und Durchführung einer statistischen Erhebung hängt sehr wesentlich von der speziellen Aufgabenstellung ab. Gemeinsam ist allen, daß bei einer vorbestimmten Menge von Merkmalsträgern (Untersuchungseinheiten oder Objekten) eine Anzahl von Merkmalen erhoben und deren Ausprägungen erfaßt werden müssen. Wert und Aussagefähigkeit dieses Zahlenmaterials hängen wesentlich von der Güte der Planung und Durchführung der Erhebung ab.

Man kann vier Ablaufphasen bei der Durchführung einer statistischen Erhebung unterscheiden:

1. Vorbereitung und Planung,
2. Datenerhebung,
3. Datenaufbereitung und
4. Analyse des Datenmaterials, sowie Veröffentlichung der Ergebnisse.

Im Zuge der Vorbereitung muß die oftmals sehr allgemein gehaltene Aufgabenstellung zunächst in fachlicher, zeitlicher und räumlicher Hinsicht konkretisiert werden. Dabei ist das Adäquationsproblem zu beachten. Sodann muß die statistische Masse (= Grundgesamtheit) abgegrenzt werden. Falls diese wegen Abgrenzungsproblemen nicht erfaßt werden kann, wird ihr in der praktischen Statistik die Erhebungsgesamtheit gleichgestellt. Möglicherweise muß die Erstellung eines Fragbogens geplant werden.

Sodann muß man bei der Datenerfassung unterscheiden zwischen der **Erhebungsart** und der **Erhebungstechnik**.

3.1 Erhebungsarten

Man unterscheidet Einzel- und Mehrzweckerhebungen, primärstatistische und sekundärstatistische Erhebungen, Voll- und Teilerhebungen.

Primärstatistische Erhebungen sind solche, bei denen die Erfassung der Einheiten und die Feststellung der Ausprägungen der Erhebungsmerkmale unmittelbar und ausschließlich zu statistischen Zwecken erfolgt.

Sekundärstatistische Erhebungen sind solche, bei denen bereits vorhandene, zunächst für andere, überwiegend nicht-statistische Zwecke gesammelte Daten, etwa für die Einkommenssteuer, nachträglich für statistische Zwecke ausgewertet werden. Hier werden allerdings die begrifflichen Abgrenzungen vom primären (ursprünglichen) Erfassungszweck bestimmt.

Je nachdem, ob sich die statistische Erhebung auf ein oder mehrere Untersuchungsziele erstreckt, unterscheidet man **Einzel- und Mehrzweckerhebungen.** Bei einer primärstatistischen Einzweckerhebung gelingt es eher, die statistischen Einheiten und ihre Merkmale dem Untersuchungsziel entsprechend abzugrenzen als bei Mehrzweckerhebungen und bei sekundärstatistischen Erhebungen. Die begrifflichen Abgrenzungen und das Frageprogramm sind in diesen Fällen nicht oder nur teilweise auf das bestimmte statistische Untersuchungsziel ausgerichtet, so daß sich daraus erhebliche Schwierigkeiten für die Auswertung ergeben können. Allerdings liegen die Kosten einer sekundärstatistischen Erhebung in vielen Fällen unter denen einer entsprechenden primärstatistischen. Dies gilt besonders bei der Erhebung von Bewegungsmassen, etwa bei den Geburten, den Sterbefällen und den Unfalltoten, deren laufende primärstatistische Erhebung zu hohe Kosten verursachen würde. Man verwendet daher in diesen Fällen Daten aus sekundärstatistischen Erhebungen. Dagegen werden bei der Erhebung von Bestandsmassen oft primärstatistische Erhebungen bevorzugt.

Unter einer **Totalerhebung** versteht man die Erfassung aller Einheiten der statistischen Masse, dagegen unter einer **Teilerhebung** nur die Erfassung eines Teils ihrer Einheiten. Bei einer Teilerhebung sollen im allgemeinen Informationen über wenige Einheiten der statistischen Masse zu Aussagen über die Gesamtheit der statistischen Masse führen. Zu diesem Zweck ist es allerdings erforderlich, daß die Teilerhebung bezüglich der Gesamtheit "repräsentativ" ist, d.h. ein möglichst gutes Abbild der Gesamtheit darstellt. Eine ausführliche Behandlung von Teilerhebungen, insbesondere von Stichprobenerhebungen folgt in einem späteren Abschnitt (Kapitel 11).

Ob eine Total- oder Teilerhebung durchgeführt werden soll, richtet sich u.a. nach Art und Umfang der statistischen Masse und der zu erhebenden Merkmale, sowie nach den maximal zulässigen Kosten der Erhebung.

3.2. Erhebungstechnik

Da die Vollerhebung den Grenzfall einer Teilerhebung darstellt, wird im folgenden von einer primärstatistischen Teilerhebung ausgegangen. Die Feststellung der Merkmalsausprägungen der Erhebungseinheiten erfolgt durch Beobachtung (Augenschein, z.B. in der Qualitätskontrolle) bzw. durch mündliche oder schriftliche Befragung (insbesondere in den Wirtschafts- und Sozialwissenschaften). Die Qualität des Erhebungsmaterials hängt von der sorgfältigen Planung und Überwachung der Erhebungsarbeit ab. Vor der Durchführung der eigentlichen Erhebung müssen drei Probleme gelöst werden:

(i) Die eindeutige und adäquate Abgrenzung der Untersuchungseinheiten (statistische Einheiten). Hierzu gehört auch die Erstellung einer **Erhebungsgrundlage**, z.B. ein Stadtplan, eine Einwohnerkartei, eine Beschäftigtenkartei, eine Studentenkartei, eine Adressenkartei aus früheren Erhebungen oder dergleichen.

(ii) Die eindeutige und adäquate Wahl und Abgrenzung der zu erhebenden Merkmalsausprägungen.

(iii) Die Wahl der richtigen Erhebungs- (Befragungs-)methode sowie die textliche Klarheit der Erhebungsformulare bzw. Fragebögen.

Hierbei sind folgende Regeln zu beachten:

1. Umfang und Übersichtlichkeit sind so zu wählen, daß Aussicht auf eine hohe Antwortquote besteht. (Einmalige Befragungen gestatten größeren Fragenumfang als mehrmalige Befragungen; je mehr Befragte, desto weniger Fragen; bei Beantwortungszwang sind mehr Fragen möglich). Um eine hohe Antwortquote zu erreichen, sollte man auf den Zweck der Untersuchung hinweisen und den Auskunftsschutz zusichern.

2. Die Identifizierung der Einheiten für Rückfragen muß möglich sein.

3. Fragen nach leicht feststellbaren Tatsachen ergeben zuverlässigere Anworten als Fragen nach Meinungen oder Wünschen. Die Schwierigkeiten, die bei solchen Fragen auftreten können, kann man eventuell mit indirekten statt mit direkten Fragen umgehen.

4. Kontrollfragen sind häufig nützlich.
   (Beispiele: Können Kinder verheiratet sein?
   Können Jugendliche Altersrenten beziehen?)

5. Es muß entschieden werden, ob offene oder geschlossene Fragen gestellt werden sollen.

   Bei der **offenen Frage** ist der Befragte in der Gestaltung seiner Antwort frei. Bei der geschlossenen Frage werden dem Befragten eine Reihe von Antwortmöglichkeiten vorgegeben, von denen er eine oder mehrere kennzeichnen soll. Vor allem, wenn man noch wenig über die Antwortmöglichkeiten weiß, ist die offene Frage von Vorteil. Schwierigkeiten bereitet jedoch oft die Aufbereitung.

   Die **geschlossene Frage** verlangt mehr Vorbereitungszeit. Es muß eine eindeutige Zuordnung zwischen allen in Wirklichkeit vorkommenden Modalitäten und denen im Fragebogen vorgesehenen bestehen. Die geschlossene Frage erleichtert dann jedoch einmal dem Befragten die Beantwortung (Erhöhung der Antwortquote!), zum anderen auch ganz erheblich die Auswertung.

6. Die **mündliche Befragung** erlaubt schwierige Fragen und eine bessere Beurteilung des Wahrheitsgehaltes der Antworten als die schriftliche Befragung. Die mündliche Befragung liefert meist auch höhere Antwortquoten, obwohl auch die Gefahr der Verzerrung der Antworten durch Interviewerbeeinflussung besteht. (Interviewer-Bias). Der große Nachteil der mündlichen Befragung sind die erheblich höheren Kosten. Sie ist deshalb praktisch nur bei Teilerhebungen in Betracht zu ziehen.

Das Ergebnis einer statistischen Erhebung ist das sog. **Urmaterial.** Es besteht entweder aus der Menge der ausgefüllten Fragebögen (Primärstatistik) oder aus der Menge der ausgefüllten Zählblätter (Sekundärstatistik). Dieses Urmaterial muß nun zur Verwendung für statistische Zwecke aufbereitet werden.

4. Die statistische Aufbereitung

4.1 Technik der Aufbereitung

Die Aufbereitung ist derjenige Verfahrensabschnitt, der vom Urmaterial (individuelle Fragebögen oder individuelle Zählblätter) zu den Ergebnistabellen führt. Das Ziel der Aufbereitung besteht darin, die in den Zählpapieren (Fragebogen ect.) enthaltenen Individualkenntnisse in anonyme Gruppenkenntnisse, etwa in Form von Tabellen, Dateien oder Graphiken zu transformieren. Die Aufbereitung besteht im allgemeinen aus den folgenden vier Verfahrensabschnitten:

(i) Prüfen des Urmaterials auf Vollständigkeit, Widerspruchsfreiheit und Glaubwürdigkeit,

Widersprüche aus sozialen Gesetzmäßigkeiten:

Kann ein 80-jähriger von Beruf "Student" sein?

Sollte es doch richtig sein, dann muß sich ein Kontrolleur von der Richtigkeit überzeugen.

Widersprüche aus ökonomischen Gesetzmäßigkeiten:

Kann ein Großbetrieb mit mehreren hundert Beschäftigten einen Jahresumsatz von unter 1.000,-- DM aufweisen?

Widersprüche aus gesetzlichen Begebenheiten:

Können 3-jährige verwitwet sein?
Können 8-jährige verheiratet sein?

Widersprüche aus institutionellen Gegebenheiten:

Kann ein katholischer Pfarrer verheiratet sein?

(ii) Verschlüsseln von qualitativen Merkmalsausprägungen (Signieren),

Bei Verwendung von elektronischen Datenverarbeitungsanlagen erfordert die Verschlüsselung aller Merkmalsausprägungen eine Codierung in der Sprache dieser Maschinen. Diese erfolgt in der Regel nach dem dekadischen System, d.h. unter ausschließlicher Verwendung der Ziffern von 0 bis 9. Bei Merkmalen mit nur wenigen Ausprägungen ist diese Signierung einfach. Beispielsweise für das Merkmal "Geschlecht" mit den beiden Ausprägungen

männlich = 1, weiblich = 2.

Oder für das Merkmal "Familienstand" mit den Ausprägungen

ledig = 1,
verheiratet = 2,
geschieden = 3,
verwitwet = 4.

Bei Merkmalen mit einer großen Anzahl von Ausprägungen, wie z.B. "Arbeitsstätte", "Beruf", "Waren", "Krankheit" etc. sind mehrstellige Schlüsselnummern erforderlich.

Beispielsweise die "Systematik der Wirtschaftszweige" in der BRD. Sie besteht aus fünfstelligen Schlüsselzahlen. Dabei bezeichnet die erste Ziffer 10 Abteilungen, die zweite Ziffer 40 Unterabteilungen, die dritte Ziffer 209 Gruppen, die vierte Ziffer 612 Untergruppen und die fünfte Ziffer 1064 Klassen.

Beispiel:	2....	=	Abteilung 2: Verarbeitendes Gewerbe (ohne Baugewerbe),
	27...	=	Unterabteilung 27: Leder-, Textil- und Bekleidungsgewerbe,
	276..	=	Gruppe 276: Bekleidungsgewerbe,
	2761.	=	Untergruppe 2761: Herstellung von Oberbekleidung,

27612 = Klasse 27612:
Herrenmaßschneiderei.

(iii) Übertragen von Informationen auf Datenträger, z.B. Disketten und/oder Magnetbänder.

(iv) Sortieren des Urmaterials nach Maßgabe der Merkmalsausprägungen (Gruppenbildung) und Auszählen der Elemente sowie evtl. Aufsummieren von quantitativen Merkmalen.

Die Besetzungszahlen (Häufigkeiten) aller gebildeten Gruppen (einschließlich Kombinationsgruppen) und evtl. die gewonnenen Merkmalssummen werden in Tabellenform präsentiert. Bei einer großen Zahl von Merkmalen und bei vielen Merkmalsausprägungen einzelner Merkmale ist es praktisch nicht möglich, neben allen einfachen auch alle denkbaren Kombinationsgruppen zu bilden. Es muß deshalb im Zuge der Aufbereitung entschieden werden, für welche Kombinationsgruppen Ergebnisse bereit gestellt werden sollen. In einer Tabelle lassen sich bis zu vier Merkmale kombinieren. Oft wird eine Verminderung des Aufwandes dadurch erzielt, daß in einzelnen Tabellen die originären Ausprägungen eines Merkmals teilweise zusammengefaßt werden. So kann man z.B. Altersjahre zu Altersjahrzehnten zusammenfassen. Dabei ist jedoch zu bedenken, daß eine nachträgliche Feststellung von Besetzungszahlen oder Merkmalssummen für in die Aufbereitung einbezogene Gruppen nicht mehr ohne weiteres, sondern nur unter Rückgriff auf das Urmaterial möglich ist.

Einige Hinweise zur Tabellentechnik:

(i) Jede Tabelle sollte eine ausreichend informierende Überschrift haben.

(ii) Kopfzeile und Vorspalte enthalten die zur Gruppenbildung verwendeten Merkmalsausprägungen. Die Anordnung der in der Tabelle kombinierten Merkmale ist für die Interpretation der Tabelle nicht gleichgültig.

(iii) Es sollten möglichst alle Zwischensummen gebildet werden.

(iv) Kein Tabellenfeld darf leer bleiben.

(v) Erläuterung von Besonderheiten in präzisen Fußnoten.

4.2 Gruppenbildung

4.2.1 Allgemeines

Jede Zusammenfassung des Urmaterials in Gruppen ist mit einem Informationsverlust verbunden, der darin besteht, daß die in einer Gruppe zusammengefaßten statistischen Einheiten nicht mehr unterschieden werden können. Jedoch gewinnt gruppiertes Material an Übersichtlichkeit bezüglich der Darstellung.

Als Grundsatz jeder Gruppenbildung gilt:

Gleichartige Einheiten sollen in einer Gruppe (Klasse) zusammen gefaßt werden, verschiedenartige Einheiten sollen unterschiedlichen Gruppen zugeordnet werden. Die Definition von Gleichartigkeit sollte sich aus der fachwissenschaftlichen Fragestellung ergeben.

Die Aufgliederung in Teilmassen erlaubt die Heraushebung von sachlich bedeutsamen Zusammenhängen. Dies gelingt umso besser, je homogener die gebildeten Teilmengen bezüglich des Untersuchungszieles sind. Möchte man beispielsweise die Sterbeverhältnisse der Bevölkerung eines Landes untersuchen, so scheint eine Gruppenbildung bezüglich des ausgeübten Berufes sinnvoll zu sein. Doch wäre es dabei sicherlich falsch, wenn man Berufe wie Bergmann und Verwaltungsangestellter in einer Gruppe zusammenfassen würde, da diese bezüglich ihrer Sterblichkeit sicherlich keinem ähnlichen Bedingungskomplex unterliegen, so daß mögliche Zusammenhänge oder Abhängigkeiten bei einer solchen Gruppenbildung nicht erkannt werden können.

Häufig wird auch ein Vergleich mit einem anderen Datenmaterial, etwa aus einem früheren Zeitraum, gefordert. Dann ist die Bildung gleicher Gruppen für beide Datenmengen erforderlich. Deshalb sollten in Mehrzweckuntersuchungen möglichst enge Gruppen gebildet werden, um die Informationsverluste bei verschiedenen Untersuchungen gering zu halten.

Je nach Art des Merkmals lassen sich verschiedene Möglichkeiten der Gruppenbildung unterscheiden:

(i) Gruppen aufgrund *geographischer Merkmale*,

(ii) Gruppen aufgrund *zeitlicher Merkmale*,

(iii) Gruppen aufgrund *(sachlich–)qualitativer Merkmale* und

(iv) Gruppen aufgrund *(sachlich–)quantitativer Merkmale*.

An dieser Stelle soll nur die Gruppenbildung aufgrund der letzten beiden Merkmale näher betrachtet werden, da die Gruppenbildung für die ersten beiden Merkmale relativ leicht und unproblematisch ist.

4.2.2 Gruppenbildung bei (sachlich-)qualitativen Merkmalen

Eine Aufgliederung der statistischen Masse in Gruppen ist dann relativ einfach, wenn es sich um Merkmale handelt, die nur wenige Ausprägungen besitzen, wie dies beim Merkmal "Geschlecht" der Fall ist. Die Gruppenbildung wird schwieriger, wenn zahlreiche Merkmalsausprägungen existieren, so daß es unmöglich wird, für jede Ausprägung eine eigene Gruppe zu bilden. Man muß dann verschiedene Ausprägungen zu einer Gruppe zusammenfassen. In diesen Fällen erscheint der Aufbau einer möglicherweise **mehrstufigen, systematischen Klassifikation** erforderlich. Dabei muß man darauf achten, daß jede Einheit der statistischen Masse eindeutig einer und nur einer Gruppe zugeordnet werden kann. Durch die Aufnahme der Gruppe "Sonstige" in die Klassifikation kann man notfalls immer erreichen, daß alle Einheiten genau einer Gruppe zugeordnet werden können.

Ein Beispiel für eine Klassifikation ist die **mehrstufige Berufsklassifikation,** die eine Gliederung der Berufe nach Bereichen, Abschnitten, Gruppen, Ordnungen und Klassen vorsieht. Die kleinste Einheit stellt dabei die Berufsklasse dar. Diese wird gebildet durch eine Zusammenfassung von Berufen mit verwandten Tätigkeiten. Die größte Einheit bildet der Berufsbereich. Beim Aufbau einer solchen Systematik muß man, wenn sie realisierbar sein soll, nach einem einzigen Gliederungsprinzip vorgehen. Ist dies nicht möglich, dann sollte man zumindest auf jeder Stufe ein Kriterium der Aufgliederung benutzen. Bei der Berufssystematik wird allerdings dieses Prinzip nicht eingehalten, denn hier werden verschiedene Ordnungsmerkmale gleichzeitig eingesetzt. So erfolgt die Gliederung gleichzeitig nach dem Erzeugnis, dem verarbeiteten Rohstoff, der Tätigkeit, der Branche, dem Produktionsverfahren und anderem.

Besondere Probleme ergeben sich bei der **Gruppenbildung von häufbaren Merkmalen.** Darunter versteht man Merkmale, die gleichzeitig mehrere Ausprägungen annehmen können. Als Beispiel eines häufbaren Merkmals sei *"Finanzierung des Studiums"* genannt.

Es existieren prinzipiell vier verschiedene Formen der Gruppenbildung bei häufbaren Merkmalen:

(i) **Bildung aller Kombinationsgruppen:**

Hier wird für jede mögliche Ausprägungskombination eine eigene Gruppe gebildet. Für das Beispiel "Finanzierung des Studiums" ergibt dies möglicherweise die folgenden Gruppen "Stipendium", "Werkarbeit", "Eltern", "Stipendium und Werkarbeit", "Stipendium und Eltern", "Werkarbeit und Eltern", usw. Dieses Prinzip läßt sich dann anwenden, wenn alle in der Realität existierenden Möglichkeiten überschaubar sind und ihre Bedeutung aufgezeigt werden soll. Diese Vorgehensweise wird dann problematisch, wenn die Zahl der existierenden Merkmalskombinationen sehr groß und somit unübersichtlich ist. In einem solchen Fall verwendet man das Prinzip der Zuordnung nach dem Schwerpunkt.

(ii) **Bildung nach dem Schwerpunkt:**

Die Einheiten werden dabei derjenigen Gruppe zugeordnet, deren Merkmalsausprägung das größte Gewicht besitzt. Eine solche Zuordnung wird natürlich dann problematisch, wenn kein eindeutiger Schwerpunkt der Merkmalsausprägung bestimmt werden kann. Ebenfalls muß berücksichtigt werden, daß bei einer solchen Zuordnung ein nicht unbeträchtlicher Informationsverlust in Kauf genommen werden muß. Finanziert ein Student beispielsweise sein Studium etwa zu 40 % durch ein Stipendium, zu 30 % durch Werkarbeit und die restlichen 30 % durch finanzielle Hilfe seiner Eltern, dann müßte er bei einer Schwerpunkt-Zuordnung der Gruppe "Stipendium" zugeordnet werden.

(iii) **Bildung durch prozentuale Aufteilung:**

Bei dieser Gruppenbildung wird jede statistische Einheit entsprechend den Anteilen der auftretenden Merkmalsausprägungen aufgeteilt und den entsprechenden Gruppen zugeordnet. Dieses Verfahren wird problematisch, wenn die Einheiten der statistischen Masse nicht teilbar sind. Soll etwa die Beschäftigtenzahl der Industrie gegliedert nach Industriezweigen ermittelt werden, dann muß man Unternehmen, deren Produktion in verschiedene Industriezweige fallen würde, in Teilbetriebe entsprechend den Industriezweigen aufgliedern und die Beschäftigten diesen Teilbetrieben zuordnen. Aber auch hier wird die Zuordnung problematisch, wenn keine Eindeutigkeit gegeben ist, wie es etwa bei den Beschäftigten der gemeinsamen Verwaltung der Fall ist.

(iv) **Bildung durch Auszählung aller Fälle:**

Diese Gruppierung wird vorgenommen, wenn eine prozentuale Aufteilung erwünscht ist, jedoch wegen der Unteilbarkeit nicht durchführbar ist. In diesem Fall werden dann die Einheiten in allen Gruppen ausgewiesen, in denen sie auftreten. Dies hat dann natürlich zur Folge, daß die Zahl der insgesamt in allen Gruppen auftretenden Fälle die Zahl der Einheiten der statistischen Masse übersteigt.

4.2.3 Gruppenbildung bei (sachlich-)quantitativen Merkmalen

Bei quantitativen Merkmalen ist eine Gruppenbildung einfacher als bei qualitativen Merkmalen, da hier die möglichen Merkmalsausprägungen nach einem eindeutigen Prinzip geordnet werden können. Das Problem der Gruppenbildung liegt hier im wesentlichen in der Bestimmung der Grenzen der Merkmalsausprägungen, die zu einer Gruppe zusammengefaßt werden sollen.

Für die Gruppenbildung bei **quantitativ-diskreten Merkmalen** gilt das gleiche wie bei den qualitativen Merkmalen, wenn die Anzahl der Merkmalsausprägungen klein ist. Andernfalls werden sie wie quantitativ-stetige Merkmale behandelt.

Bei **quantitativ-stetigen Merkmalen** fehlt die typische Abgrenzung der einzelnen Merkmalsausprägungen. Man muß daher unter Berücksichtigung sachlicher Gesichtspunkte versuchen, eine künstliche Klasseneinteilung zu erhalten. Dabei sollten die Grenzpunkte der einzelnen Gruppen so festgelegt werden, daß jeweils solche Einheiten in einer Gruppe zusammengefaßt werden, die zueinander ähnlich und von eigener ökonomischer Bedeutung sind. Die Abgrenzung dient dazu, Gruppen zu bilden, in denen Teilmassen mit bestimmten qualitativen Eigenschaften zusammengefaßt werden. Beispielsweise können Größenklassen bei landwirtschaftlichen Betrieben bestimmte Betriebstypen kennzeichnen. Dies hat aber auch zur Folge, daß Größenklassen mit gleicher Klassenbreite nur selten dem Untersuchungszweck entsprechen.

Ein Beispiel einer solchen Einteilung wird im Agrarbericht 1985 der Bundesregierung gegeben. Man versucht dort, eine Gliederung der landwirtschaftlichen Betriebe nach sozialökonomischen Kriterien durchzuführen. Zunächst wird eine Gliederung der Betriebe nach dem Erwerbscharakter vorgenommen. Dabei unterscheidet man Haupterwerbsbetriebe von Nebenerwerbsbetrieben. Von einem Haupterwerbsbetrieb spricht man dann, wenn das außerbetriebliche Erwerbseinkommen des Betriebsinhabers weniger als 50 % des gesamten Erwerbseinkommens beträgt. Entsprechend sind Nebenerwerbsbetriebe solche Betriebe, bei denen der Anteil des außerbetrieblichen Erwerbseinkommens des Betriebsinhabers am gesamten Erwerbseinkommen mindestens 50 % beträgt. Die Haupterwerbsbetriebe werden sodann noch in Vollerwerbsbetriebe und Zuerwerbsbetriebe untergliedert. Von einem Zuerwerbsbetrieb spricht man dann, wenn bei einem Haupterwerbsbetrieb der Anteil des außerbetrieblichen Erwerbseinkommen mindestens 10 %, aber weniger als 50 % des Gesamterwerbseinkommens beträgt. Als Vollerwerbsbetrieb wird ein Haupterwerbsbetrieb dann bezeichnet, wenn der Anteil des außerbetrieblichen Erwerbseinkommens des Betriebsinhabers weniger als 10 % beträgt.

Für die Erhebung wurden sodann die Betriebe nach Betriebsgrößen unterteilt. Diese Unterteilung erfolgte nach dem **Standardbetriebseinkommen (StBE).** Darunter versteht man ein unter Verwendung statistischer Quellen und modellmäßigen Annahmen anhand betrieblicher Angaben berechnetes Einkommen zur Kennzeichnung der wirtschaftlichen Größe der Betriebe. Es entspricht in etwa dem Konzept der **Nettowertschöpfung zu Faktorkosten,** dies bedeutet, daß die gezahlten Löhne, Pachten und Schuldzinsen nicht vom StBE abgezogen und die vom Betriebsinhaber empfangenen Pachten und Zinsen nicht hinzugerechnet werden. Die Abgrenzung der in die Stichprobe einbezogenen Betriebe erfolgt dann durch die Bildung der folgenden künstlichen Klassen:

1. Vollerwerbsbetriebe

a) kleine, unter 30 TDM Standardbetriebseinkommen,
b) mittlere, zwischen 30 und 50 TDM Standardbetriebseinkommen,
c) größere, über 50 TDM Standardbetriebseinkommen.

2. Zuerwerbsbetriebe

3. Nebenerwerbsbetriebe

a) unter 5 TDM Standardbetriebseinkommen,
b) über 5 TDM Standardbetriebseinkommen.

Durch die Schaffung dieser künstlichen Klasseneinteilung hofft man, innerhalb der gewählten Klassen bezüglich der Untersuchungsziele einigermaßen einheitliche Betriebe zu erfassen. Es muß allerdings gesagt werden, daß die Klasseneinteilung sehr stark durch das Untersuchungsziel bestimmt wird. Es ist durchaus denkbar, daß diese dargestellte Klasseneinteilung bezüglich anderer Untersuchungsziele durchaus ungeeignet wäre.

Fehlen solche sachlichen Kriterien, dann erfolgt die Klasseneinteilung nach rein formalen Kriterien. Man wählt dann etwa die Grenzen so, daß die Klassenbreite entweder absolut oder relativ für alle Klassen gleich wird. Die Größenklassen müssen allerdings so festgelegt werden, daß sichergestellt ist, daß jede Merkmalsausprägung genau einer Klasse angehört. Damit soll einmal erreicht werden, daß die Größenklassen das gesamte Urmaterial ausschöpfen, d.h. die Randklassen müssen auch die extremen Merkmalsausprägungen einschließen. Zum anderen sollen die Größenklassen zueinander disjunkt sein, d.h. sie dürfen sich weder überschneiden noch dürfen Lücken zwischen aufeinanderfolgenden Klassen entstehen.

5. Darstellung von eindimensionalen Häufigkeitsverteilungen

Im folgenden werde eine statistische Masse betrachtet, bei der nur ein Merkmal von Interesse ist. Es sollen die Darstellungsmöglichkeiten für die beobachteten Häufigkeiten der Merkmalsausprägungen dieses Merkmals untersucht werden. Dazu bieten sich eine Darstellung in Tabellenform und eine graphische Darstellung an, wobei zwischen qualitativen und quantitativen Merkmalen unterschieden werden muß.

5.1 Eindimensionale Häufigkeitsverteilung qualitativer Merkmale

5.1.1 Die Häufigkeitstabelle

Es werde eine statistische Masse betrachtet, die aus n statistischen Einheiten besteht, die alle ein bestimmtes qualitatives Merkmal A besitzen. Dieses Merkmal möge k verschiedene Merkmalsausprägungen $A_1, A_2, \ldots, A_k$ aufweisen. Dabei sollen die Merkmalsausprägungen so gewählt sein, daß dadurch eine Klasseneinteilung der statistischen Masse erfolgt, d.h. eine statistische Einheit besitzt eine und nur eine der k verschiedenen Merkmalsausprägungen. Die Menge der statistischen Einheiten, welche die Merkmalsausprägung A_i besitzen, soll als Klasse i bezeichnet werden.

Man definiert

Definition: Die Anzahl der statistischen Einheiten der Klasse i wird ihre **absolute Häufigkeit** genannt und mit $n(A_i)$ oder n_i bezeichnet. Es gilt

$$\sum_{i=1}^{k} n(A_i) = \sum_{i=1}^{k} n_i = n.$$

Allerdings eignet sich die absolute Häufigkeit wenig zu Vergleichszwecken, da ihr numerischer Wert vom Umfang der statistischen Masse abhängt. Daher führt man den Begriff der **relativen Häufigkeit** ein, der die absolute Häufigkeit jeder Klasse auf die Gesamtzahl der Beobachtungen bezieht:

Definition: Als **relative Häufigkeit** der Klasse i bezeichnet man die Größe

$$(5.1) \quad h(A_i) = h_i = \frac{n_i}{n} \quad \left(\frac{\text{absolute Häufigkeit der Klasse i}}{\text{Umfang der statistischen Masse}} \right).$$

Es gilt

$$\sum_{i=1}^{k} h(A_i) = \sum_{i=1}^{k} h_i = 1.$$

Die tabellarische Darstellung der Häufigkeiten qualitativer Merkmale erfolgt in der Form

Merkmalsausprägung	absolute Häufigkeit	relative Häufigkeit
A_1	n_1	h_1
$\vdots$	$\vdots$	$\vdots$
A_i	n_i	h_i
$\vdots$	$\vdots$	$\vdots$
A_k	n_k	h_k
Summe	n	1

Beispiel 5.1: Zahl der Privathaushalte aufgegliedert nach Zahl der Personen im früheren Bundesgebiet und im Gebiet des vereinigten Deutschlands für 1990 (Quelle: Statistisches Jahrbuch 1992, Seite 69)

	Privat-haushalte insgesamt n	davon mit .... Personen 1 n_1 / h_1	2 n_2 / h_2	3 n_3 / h_3	4 n_4 / h_4	5 und mehr n_5 / h_5
früheres Bundesgebiet						
13.9.1950	16 650	3 229	4 209	3 833	2 692	2 687
$h_i = n_i/n$		*0,1939*	*0,2528*	*0,2302*	*0,1617*	*0,1614*
6.6.1961	19 460	4 010	5 156	4 389	3 118	2 787
$h_i = n_i/n$		*0,2061*	*0,2650*	*0,2255*	*0,1602*	*0,1432*
27.5.1970	21 991	5 527	5 959	4 314	3 351	2 839
$h_i = n_i/n$		*0,2513*	*0,2710*	*0,1962*	*0,1524*	*0,1291*
25.5.1987	26 218	8 767	7 451	4 643	3 600	1 757
$h_i = n_i/n$		*0,2061*	*0,2650*	*0,2255*	*0,1602*	*0,1432*
April 1990	28 175	9 849	8 520	4 712	3 602	1 493
$h_i = n_i/n$		*0,3496*	*0,3024*	*0,1672*	*0,1278*	*0,0530*
vereinigtes Deutschland						
1990	34 827	11 745	10 505	6 100	4 684	1 794
$h_i = n_i/n$		*0,3372*	*0,3016*	*0,1752*	*0,1345*	*0,0515*

5.1.2 Die graphische Darstellung

Bei dieser unterscheidet man grundsätzlich zwischen der Darstellung als **Stabdiagramm** und als **Kreisdiagramm**.

Beim Kreisdiagramm werden die relativen Häufigkeiten h_i dargestellt, wobei als Darstellungsmittel die Größe des Mittelpunktwinkels α_i dient: $\alpha_i = h(A_i) \cdot 360^o$. Beim Stabdiagramm können dagegen sowohl die absoluten Häufigkeiten n_i als auch die relativen Häufigkeiten n_i/n dargestellt werden. Als Darstellungsmittel dient die Stabhöhe. Aus Gründen der deutlicheren Darstellung kann man auch Rechtecke anstelle der Stäbe wählen. Man spricht dann auch von einem **Säulendiagramm**, wobei man jedoch darauf achten sollte, daß die Rechtecke nicht aneinander stoßen.

Beispiel 5.1: Graphische Darstellung der Zahl der Privathaushalte aufgegliedert nach Zahl der Personen im Gebiet der früheren Bundesrepublik von 1950 bis 1990 und im vereinten Deutschland für 1990

Privathaushalte nach Zahl der Personen, früheres Bundesgebiet, 13.9.1950:

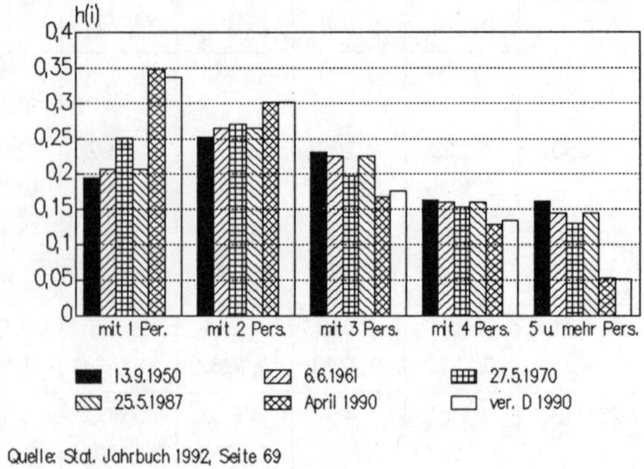

Abbildung 5.1: Säulendiagramm für das Beispiel 5.1

Privathaushalte nach Zahl der Personen, vereintes Deutschland, April 1990:

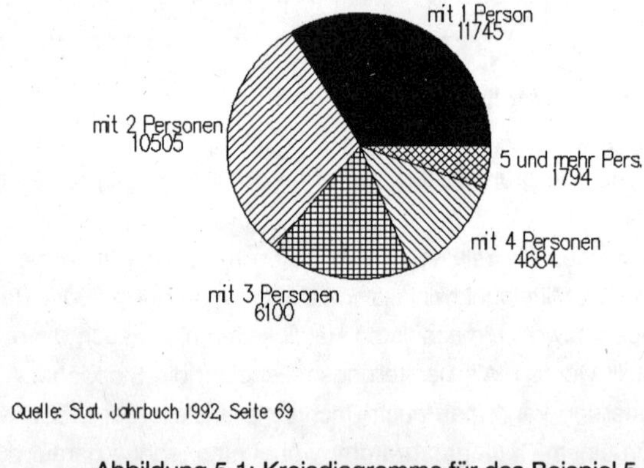

Abbildung 5.1: Kreisdiagramme für das Beispiel 5.1

5.2 Eindimensionale Häufigkeitsverteilung quantitativ-diskreter Merkmale

Von einem quantitativen Merkmal X spricht man dann, wenn für die verschiedenen Merkmalsausprägungen x_i alle reellen Zahlen möglich sind. Man spricht dann auch vom Merkmalswert x_i. Sind dagegen nur ganz bestimmte, isolierte Zahlenwerte möglich, dann spricht man von einem quantitativ-diskreten Merkmal. Der häufigste Fall ist dabei der, daß die Merkmalswerte nichtnegative ganze Zahlen sind.

Beispiele: *Anzahl der Personen in einem Haushalt,*
Anzahl der Verkäufe eines bestimmten Produktes,
Anzahl der Beschäftigten in einem Betrieb.

Die Anzahl der statistischen Einheiten mit den Merkmalswerten x_i wird mit $n(x_i)$ bezeichnet, sie gibt die **absolute Häufigkeit** dieser Merkmalsausprägung an. Nach Division durch den Umfang n der statistischen Masse erhält man wieder die **relative Häufigkeit** dieser Merkmalsausprägung

$$h(x_i) = \frac{n(x_i)}{n} .$$

Man kann $h(x_i)$ als eine diskrete Funktion auffassen, deren Definitionsbereich durch die einzelnen Merkmalswerte x_i gegeben ist.

Man spricht daher auch von der **Häufigkeitsfunktion h(x)**.

Quantitative Merkmale besitzen häufig sehr viele Merkmalswerte, so daß man nicht für sämtliche Merkmalsausprägungen die absoluten oder relativen Häufigkeiten angeben kann. In der Regel ist daher eine Zusammenfassung zu Gruppen (Größenklassen) erforderlich. Die Besetzungszahlen der einzelnen Größenklassen sind dann die absoluten Häufigkeiten und die Quotienten aus den Besetzungszahlen und dem Umfang der statistischen Masse die relativen Häufigkeiten.

Bei quantitativen Merkmalen gibt die Differenz zweier Merkmalsausprägungen ihren Abstand an. Es ist daher üblich, Anteile auch für mehrere Merkmalsausprägungen zu errechnen. Man spricht dann von kumulierten Häufigkeiten. Interessiert man sich etwa für die Summe der statistischen Einheiten, deren Merkmalswerte x kleiner oder höchstens gleich einem vorgegebenen Wert x_i sind, dann erhält man

a) für die kumulierte absolute Häufigkeit

$$n(x \leq x_i) = n_1 + n_2 + \ldots + n_i = \sum_{j=1}^{i} n_j,$$

b) für die kumulierte relative Häufigkeit

$$h(x \leq x_i) = h(x_1) + h(x_2) + \ldots + h(x_i) = \sum_{j=1}^{i} h(x_j).$$

Man bezeichnet die kumulierte relative Häufigkeit mit

$$F(x_i) = h(x \leq x_i)$$

und spricht von der **Verteilungsfunktion des Merkmals X** in der statistischen Masse.

Definition: Als **Verteilungsfunktion $F(x_i)$** des Merkmals X wird die kumulierte relative Häufigkeit derjenigen statistischen Einheiten bezeichnet, deren Merkmalswerte x kleiner oder gleich x_i sind, d.h.

(5.2) $$F(x_i) = h(x \leq x_i) = \sum_{j=1}^{i} h(x_j) = \sum_{j=1}^{i} \frac{n_j}{n}.$$

Wenn man nun die Verteilungsfunktion $F(x_i)$ kennt, kann man die Häufigkeitsfunktion $h(x_i)$ durch Differenzenbildung bestimmen.
Es gilt

(5.3) $$\frac{n_i}{n} = h(x_i) = F(x_i) - F(x_{i-1}).$$

5.2.1 Die Häufigkeitstabelle

Diese unterscheidet sich gegenüber derjenigen für qualitative Merkmale nur durch eine zusätzliche Spalte für die Verteilungsfunktion $F(x_i)$. Der Aufbau läßt sich an dem folgenden Beispiel erkennen.

Beispiel 5.2: Bewohnte Wohneinheiten in Wohngebäuden 1985
(Quelle: Statistisches Jahrbuch, 1989, S. 211)

Zahl der Personen x_i	absolute Häufigkeit $n(x_i) = n_i$	relative Häufigkeit $h(x_i) = \frac{n_i}{n}$	Verteilungsfunktion $F(x_i)$
1	1 752,2	0,1828	0,1828
2	2 952,8	0,3081	0,4909
3	2 024,2	0,2112	0,7021
4	1 866,6	0,1947	0,8968
5 u. mehr	989,0	0,1032	1,0000
Summe	9 584,8	1,0000	

Aus der relativen Häufigkeit ergibt sich u.a., daß 1985 18,28 % aller bewohnter Wohnungen von Einzelpersonen bewohnt waren und 10,32 % aller bewohnter Wohnungen von 5 und mehr Personen bewohnt waren.

Aus der Verteilungsfunktion folgt, daß fast die Hälfte aller Wohnungen, nämlich 49,09 %, im Jahre 1985 von zwei und weniger Personen bewohnt wurden.

5.2.2 Die graphische Darstellung

Als graphische Darstellung bietet sich wieder das **Stabdiagramm** an, bei dem die relativen Häufigkeiten n_i/n durch die Länge der Stäbe als Funktion der Merkmalswerte x_i dargestellt werden.

Daneben bietet sich als zweite graphische Darstellung die **Verteilungsfunktion** $F(x_i)$ an. Diese wird durch eine Treppenfunktion dargestellt, wobei man beachten muß, daß an den Sprungstellen immer der obere Wert der Verteilungsfunktion an der Stelle x_i dargestellt wird.

Die Treppenfunktion zeigt, daß die Verteilungsfunktion für die Zwischenwerte (nicht vorkommende Merkmalswerte) identisch ist mit dem Wert der Verteilungsfunktion für den nächstkleineren vorkommenden Merkmalswert, d.h.

$$F(x) = F(x_i) \text{ für } x_i \leq x < x_{i+1}.$$

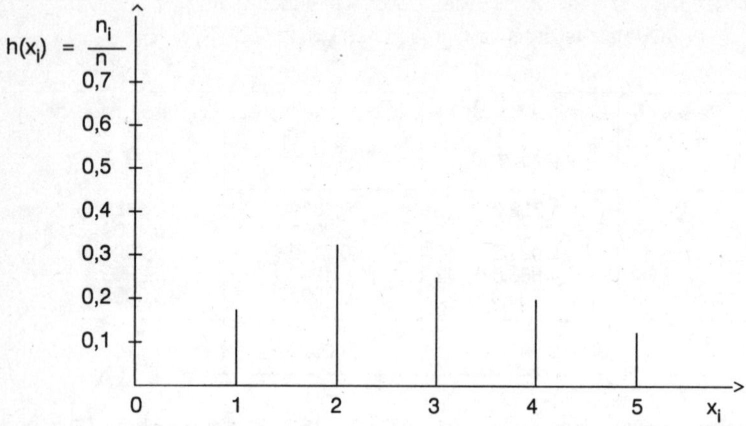

Abbildung 5.3: Stabdiagramm für das Beispiel 5.2

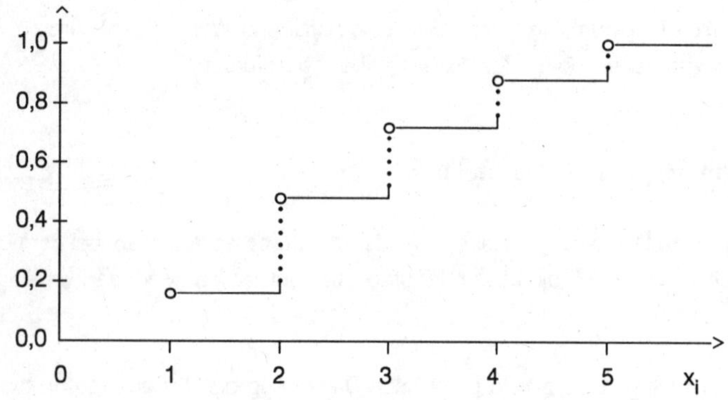

Abbildung 5.4: Verteilungsfunktion für das Beispiel 5.2

5.2.3 Berechnung von Anteilswerten

Bei einer großen Zahl von Merkmalswerten erlaubt die Verteilungsfunktion eine einfache Berechnung von beliebigen relativen Häufigkeiten (Anteilswerten). Das Verfahren soll durch die Beantwortung der folgenden beiden Fragen erläutert werden:

1. Frage: In wieviel Prozent der Wohnungen wohnen weniger als 3 Personen?

Gesucht ist $h(x < 3)$.

Antwort:
$h(x < 3) = h(x \leq 2) = F(2) = 0{,}4909$,
d.h. in 49,09 % der Wohnungen.

2. Frage: In wieviel Prozent der Wohnungen wohnen mehr als eine, aber weniger als 5 Personen?

Gesucht ist $h(1 < x < 5)$.

Antwort:
$$h(1 < x < 5) = h(1 < x \leq 4) = h(x \leq 4) - h(x \leq 1)$$
$$= F(4) - F(1) = 0{,}8968 - 0{,}1828 = 0{,}7141,$$
d.h. in 71,41 % der Wohnungen.

5.3 Eindimensionale Häufigkeitsverteilung quantitativ-stetiger Merkmale

Wenn in einem gewissen Intervall grundsätzlich alle reellen Zahlen als Merkmalswerte vorkommen können, gleichgültig ob die Meßgenauigkeit ausreicht, um dies festzustellen, dann spricht man von einem **quantitativ-stetigen** Merkmal.

Beispiele: *Lebensalter und Körpergröße von Personen,*
Geschwindigkeit eines Automobils,
Kohlenstoffgehalt von Stahllegierungen.

Quantitativ-diskrete Merkmale mit zahlreichen Merkmalswerten, z.B. Geldgrößen, werden in der Praxis häufig wie stetige Merkmale behandelt. Man spricht dann von **approximativ-stetigen Merkmalen**. Zum Beispiel kann man das Einkommen eines Haushalts als ein approximativ-stetiges Merkmal ansehen. Zwar ist das Einkommen in der kleinsten Einheit diskret, aber diese diskrete Darstellung in Pfennigbeträgen ist nicht aussagefähig. Daher behandelt man das Einkommen wie ein stetiges Merkmal.

Es liegt im Wesen eines stetigen Merkmals, daß zwei gleiche Merkmalswerte praktisch nicht beobachtet werden können, vorausgesetzt, man kann eine beliebige Meßgenauigkeit erzielen. Um trotzdem eine Darstellung der Häufigkeit von quantitativ-stetigen Merkmalen zu erhalten, muß man die Merkmalswerte zu Klassen zusammenfassen. Dies hat zur Folge, daß man die absoluten und relativen Häufigkeiten nur für diese Klassen, jedoch nicht für die einzelnen Merkmalswerte angeben kann. Diese Klassenbildung für die Merkmalswerte wird im wesentlichen durch das Untersuchungsziel bestimmt, etwa:

a) Bei einem Vergleich mit anderen Häufigkeitsverteilungen wählt man zweckmäßigerweise gleiche Klassen für alle zu vergleichenden Verteilungen.

b) Bei der Konstruktion der Klassengrenzen und bei der Einordnung sollte die Existenz der Urlistenintervalle berücksichtigt werden. Dabei gibt es prinzipiell zwei Möglichkeiten: entweder wählt man die Klassengrenzen so, daß sie mit den Grenzen der Urlistenintervalle zusammenfallen, oder man wählt die Klassengrenzen als runde Zahlen.

Beispiel 5.3: Ein Hersteller von Stahlblechen wählt zur Überprüfung einer neuinstallierten Walzmaschine 20 Stahlbleche zufällig aus und ermittelt ihre Stärke (Angaben in mm, auf eine Kommastelle gerundet):

4,9 5,3 5,2 5,4 5,5 5,1 5,6 4,8 5,4 5,1 4,9 4,8 5,6 5,3 5,8 5,5 5,6 5,9 5,4 5,2

b_1) Klassengrenzen identisch mit denen der Urlistenintervallen

Urliste mit Intervallen:

——)[——X——)[——X——)[——X——)[——X——)[——X——)[——X——)[——X
4,8 4,9 5,0 5,1 5,2 5,3 5,4

——)[——X——)[——X——)[——X——)[——X——)[——X——)[
5,5 5,6 5,7 5,8 5,9

neue Klasseneinteilung:

——)[————X————)[————X————)[————X——
4,75 4,9 5,05 5,2 5,35 5,5

————)[————X——
5,65 5,8

Klassengrenzen e_i	Schreibweise	Klassenmitten c_i	Häufigkeit abs. n_i	Häufigkeit relative $h(x_i)$	$F(x_i^o)$	$f(x_i) = \frac{h(x_i)}{\Delta x_i}$
[4,75;5,05)	4,8 - 5,0	4,9	4	0,20	0,20	2/3
[5,05;5,35)	5,1 - 5,3	5,2	6	0,30	0,50	1
[5,35;5,65)	5,4 - 5,6	5,5	8	0,40	0,90	4/3
[5,65;5,95)	5,7 - 5,9	5,8	2	0,10	1,00	1/3
		Summe	20	1,00		

$c_i = \frac{e_{i-1} + e_i}{2}$ (= Klassenmitten),

n_i : absolute Häufigkeit, $F(x_i^o)$: Verteilungsfunktion,

$h(x_i)$: relative Häufigkeit, $f(x_i)$: Häufigkeitsdichte.

b_2) Klassengrenzen sind runde Zahlen, sie fallen mit den Klassenmitten der Urlistenintervalle zusammen.

Urliste mit Intervallen:

)[——X——)[——X——)[——X——)[——X——)[——X——)[——X——)[——X——)[
4,7 4,8 4,9 5,0 5,1 5,2 5,3
——X——)[——X——)[——X——)[——X——)[——X——
5,4 5,5 5,6 5,7 5,8

neue Klasseneinteilung:

——)(————X————)(————X————)(————X
4,7 4,85 5,0 5,15 5,3 5,45
————)(————X——
5,6 5,75

Klassengrenzen e_i	Klassenmitten c_i	absolute Häufigkeit n_i	relative Häufigkeit $h(x_i)$	Verteilungsfunktion $F(x_i^o)$	Häufigkeitsdichte $f(x_i) = \frac{h(x_i)}{\Delta x_i}$
(4,7;5,0)	4,85	4	0,20	0,20	2/3
(5,0;5,3)	5,15	5	0,25	0,45	5/6
(5,3;5,6)	5,45	7	0,35	0,80	1 1/6
(5,6;5,9)	5,75	4	0,20	1,00	2/3
	Summe	20	1,00		

Diese Möglichkeit bietet oft den Vorteil der einfachen Klassenbildung, hat dafür aber den Nachteil, daß gewisse Meßwerte auf die Klassengrenzen zu fallen scheinen. Tatsächlich lagert sich ein Urlistenintervall so um die Klassengrenzen, daß je eine Hälfte unterhalb und oberhalb der Klassengrenze zu liegen kommt. Man kann dann so vorgehen, daß alle Werte der Urliste, die auf die Klassengrenzen zu fallen scheinen, der Reihe nach alternierend mit "+" und "–" bezeichnet und die mit "+" bezeichneten der oberen benachbarten Klasse, die mit "–" bezeichneten der unteren benachbarten Klasse zugeordnet werden:

4,9 +5,3 5,2 5,4 5,5 5,1 +5,6 4,8 5,4 5,1 4,9 4,8 –5,6 –5,3 5,8
5,5 +5,6 5,9 5,4 5,2

c) Als Faustregel für die Anzahl der zu bildenden Klassen gilt, daß man nicht mehr als $\sqrt{n}$ Klassen bilden sollte. Im allgemeinen kommt man mit 5 bis 20 Klassen aus. Liegt die Klasseneinteilung vor, dann kann man die Häufigkeiten für die einzelnen Klassen ermitteln.

Definition: Die **Häufigkeitsfunktion quantitativ-stetiger** Merkmale ist die Funktion

(5.4) $h(x_i) = h_i = h(x_{i-1}^o = x_i^u \leq x < x_i^o)$,

diese ordnet jeder Klasse i von Merkmalswerten eine bestimmte relative Häufigkeit n_i/n zu.

Dabei bedeuten:

x_i^u : Untergrenze der Klasse i,

x_i^o : Obergrenze der Klasse i,
n_i : Zahl der beobachteten Merkmalswerte im Intervall $[x_i^u, x_i^o)$

Definition: Als **Verteilungsfunktion $F(x_i^o)$** des quantitativ-stetigen Merkmals werde die kumulierte relative Häufigkeit derjenigen statistischen Einheiten bezeichnet, deren Merkmalswerte x kleiner als x_i^o (bzw. x_{i+1}^u) sind, d.h.

$$F(x_i^o) = h(x < x_i^o) = h(x < x_{i+1}^u).$$

5.3.1 Die graphische Darstellung

Für die graphische Darstellung eines quantitativ-stetigen Merkmals bietet sich das **Histogramm** an. Als **Darstellungsmittel** dient dabei die **Fläche der Rechtecke**, deren Basis durch die Klassenbreite des quantitativ-stetigen Merkmals gegeben ist. Die Höhe der Rechtecke muß dann so normiert werden, daß die Rechteckflächen für verschiedene Klassenbreiten tatsächlich die betreffenden relativen Häufigkeiten darstellen, und zum anderen die Fläche des Histogramms für verschiedene Verteilungen gleich groß wird. Letzteres ist erforderlich, um die Histogramme verschiedener Häufigkeitsverteilungen miteinander vergleichen zu können.

Die Normierungsvorschrift verlangt nun, daß die Rechteckfläche RF_i gleich der relativen Häufigkeit wird, d.h.

$$RF_i = \frac{n_i}{n}.$$

Bezeichnet man die Ordinatenhöhe der Rechtecke des Histogramms der i-ten Klasse mit $f(x_i)$ und die zugehörige Klassenbreite mit d_i, dann muß gelten

$$RF_i = f(x_i) \cdot d_i = f(x_i) \cdot \Delta x_i,$$

wobei $d_i = \Delta x_i = x_i^o - x_i^u$ gesetzt wurde.

Man erhält

$$h(x_i) = \frac{n_i}{n} = f(x_i) \cdot \Delta x_i.$$

Daraus läßt sich die richtige Ordinatenhöhe $f(x_i)$ berechnen zu

(5.5) $$f(x_i) = \frac{n_i}{n \cdot \Delta x_i} = \frac{h(x_i)}{\Delta x_i} .$$

Im Gegensatz zur Häufigkeitsfunktion $h(x_i)$ bezeichnet man $f(x_i)$ als **Häufigkeitsdichte**. Es zeigt sich, daß diese Normierung zur Folge hat, daß die Gesamtfläche unter dem Histogramm sich zu eins addiert.

Es gilt

$$\sum_{i=1}^{k} f(x_i) \cdot \Delta x_i = \sum_{i=1}^{k} \frac{h(x_i)}{\Delta x_i} \cdot \Delta x_i = \sum_{i=1}^{k} h(x_i) = 1.$$

(k = Zahl der Klassen).

Dadurch hat man erreicht, daß verschiedene Häufigkeitsverteilungen miteinander verglichen werden können, denn es ist nun gewährleistet, daß alle Histogramme den gleichen Flächeninhalt einschließen. (siehe Abb. 5.7 und 5.8).

Verbindet man die Mitten der oberen Rechteckbegrenzungen miteinander, so erhält man das sogenannte Häufigkeitspolygon. Um dieses an den Enden abzuschließen, benutzt man an der unteren und oberen Grenze des Histogramms je ein Intervall der gleichen Breite wie die benachbarten Rechtecke des Histogramms. Man verwendet dann diese Intervallmitten zum Abschluß des Häufigkeitspolygons. Im Fall gleicher Klassenbreiten wird erreicht, daß die Gesamtfläche unter dem Häufigkeitspolygon gleich der Gesamtfläche unter dem Histogramm wird. Beachtet werden muß, daß die Histogrammdarstellung innerhalb der einzelnen Klassen eine Gleichverteilung der Merkmalswerte der statistischen Einheiten voraussetzt.

$F(x_i) = h(x_i)/\Delta x_i$

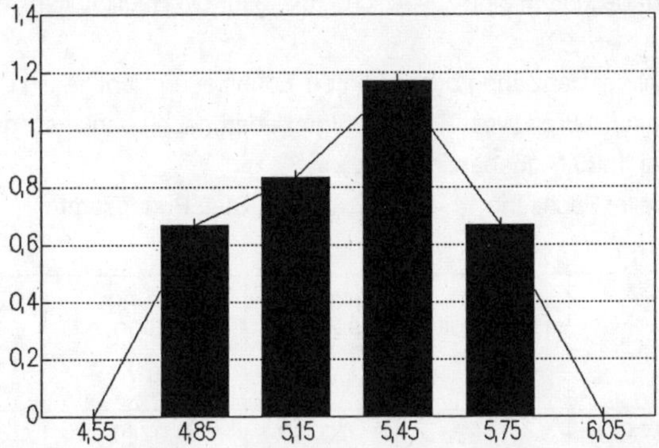

Abbildung 5.5: Histogramm und Häufigkeitspolygon für das Beispiel 5.3

Die graphische Darstellung der Verteilungsfunktion wird als Polygonzug konstruiert. Die Koordinaten der Eckpunkte sind die oberen Klassengrenzen und die zugehörigen Werte $F(x_i^o)$. Die gradlinige Verbindung der Eckpunkte impliziert wieder die Annahme der Gleichverteilung der Merkmalswerte innerhalb der Klassen. Würde man die Klassenbreite kontinuierlich verkleinern, dann würde der Polygonzug schließlich in eine stetige Kurve übergehen.

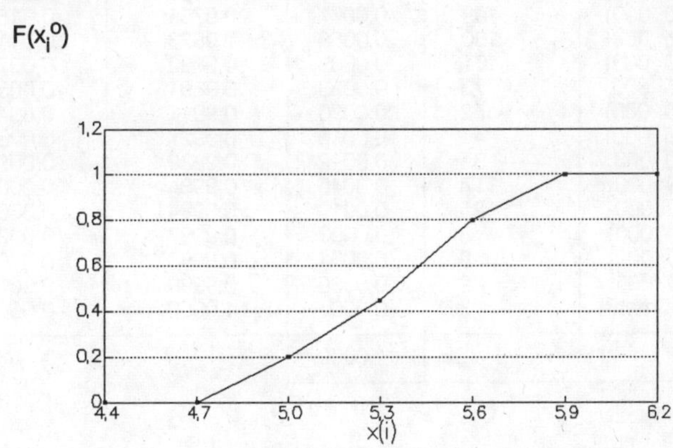

Abbildung 5.6: Verteilungsfunktion $F(x_i^o)$ für das Beispiel 5.3

5.3.2 Häufigkeitstabelle

Die tabellarische Darstellung quantitativ-stetiger Merkmale wird daher gegenüber den bisherigen Häufigkeitstabellen um eine zusätzliche Spalte für die Häufigkeitsdichte erweitert.

Beispiel 5.4: Zahl der ganzjährig beschäftigten Lohnsteuerpflichtigen in der BRD (einschließlich West-Berlin) aufgegliedert nach Lohnklassen für das Jahr 1980 (Angaben in 1 000).
Quelle: Fachserie 14, Reihe 7.3, 1980, Stat. Bundesamt.

Lohnklasse (in DM) $x_i^u \leq x < x_i^o$	absolute Häufigkeit n_i	relative Häufigkeit $h(x_i)$	Verteilungs-funktion $F(x_i^o)$	Häufigkeits-dichte $f(x_i) \cdot 10^{-4}$
[0; 2 400)	1 928	0,0749	0,0749	0.3122
[2 400; 4 800)	1 337	0,0520	0,1269	0.2165
[4 800; 7 200)	1 003	0,0390	0,1659	0,1624
[7 200; 9 600)	928	0,0361	0,2019	0,1503
[9 600; 12 000)	939	0,0365	0,2384	0,1521
[12 000; 16 000)	1 760	0,0684	0,3068	0,1710
[16 000; 20 000)	1 695	0,0659	0,3727	0,1647
[20 000; 25 000)	2 573	0,1000	0,4727	0,2000
[25 000; 30 000)	3 329	0,1294	0,6021	0,2588
[30 000; 36 000)	3 788	0,1472	0,7493	0,2454
[36 000; 40 000)	1 809	0,0703	0,8196	0,1758
[40 000; 45 000)	1 480	0,0575	0,8771	0,1150
[45 000; 50 000)	977	0,0380	0,9151	0,0759
[50 000; 55 000)	650	0,0253	0,9403	0,0505
[55 000; 60 000)	434	0,0169	0,9572	0,0337
[60 000; 65 000)	297	0,0115	0,9688	0,0231
[65 000; 70 000)	199	0,0077	0,9765	0,0155
[70 000; 75 000)	150	0,0058	0,9823	0,0117
[75 000; 80 000)	101	0,0039	0,9862	0,0079
[80 000; 85 000)	73	0,0028	0,9891	0,0057
[85 000; 90 000)	52	0,0020	0,9911	0,0040
[90 000; 95 000)	41	0,0016	0,9927	0,0032
[95 000; 100 000)	31	0,0012	0,9939	0,0024
[100 000; 150 000)	117	0,0045	0,9984	0,0009
[150 000; 200 000)	25	0,0010	0,9994	0,0002
[200 000; 250 000)	8	0,0003	0,9997	0,0001
[250 000; 300 000)	3	0,0001	0,9998	0,0000
[300 000; 350 000)	2	0,0000	0,9999	0,0000
[350 000 und mehr)	3	0,0001	1,0000	0,0000
Summe	25 732	1,0000		

5.3.3 Beispiel zur Histogrammdarstellung zweier Häufigkeitsverteilungen

Beispiel 5.5: Zahl der ganzjährig beschäftigten Lohnsteuerpflichtigen des Beispiels 5.4; aufgegliedert nach Lohnklassen für die männlichen und weiblichen Arbeitnehmer (Angaben in 1 000).

a) männliche Arbeitnehmer

Lohnklasse (in DM) $x_i^u \leq x < x_i^o$	absolute Häufigkeit n_i	relative Häufigkeit $h(x_i)$	Verteilungs-funktion $F(x_i^o)$	Häufigkeits-dichte $f(x_i) \cdot 10^{-4}$
[0; 2 400)	876	0,0554	0,0554	0,2309
[2 400; 4 800)	571	0,0361	0,0915	0,1505
[4 800; 7 200)	434	0,0275	0,1190	0,1144
[7 200; 9 600)	397	0,0251	0,1441	0,1046
[9 600; 12 000)	290	0,0183	0,1624	0,0764
[12 000; 16 000)	496	0,0314	0,1938	0,0784
[16 000; 20 000)	595	0,0376	0,2314	0,0941
[20 000; 25 000)	1 249	0,0790	0,3104	0,1580
[25 000; 30 000)	2 240	0,1417	0,4521	0,2834
[30 000; 36 000)	3 022	0,1912	0,6433	0,3186
[36 000; 40 000)	1 513	0,0957	0,7390	0,2393
[40 000; 45 000)	1 254	0,0793	0,8183	0,1586
[45 000; 50 000)	847	0,0536	0,8719	0,1072
[50 000; 55 000)	581	0,0368	0,9087	0,0735
[55 000; 60 000)	400	0,0253	0,9340	0,0506
[60 000; 65 000)	276	0,0175	0,9515	0,0349
[65 000; 70 000)	188	0,0119	0,9634	0,0238
[70 000; 75 000)	141	0,0089	0,9723	0,0178
[75 000; 80 000)	97	0,0061	0,9784	0,0123
[80 000; 85 000)	70	0,0044	0,9828	0,0089
[85 000; 90 000)	50	0,0032	0,9860	0,0063
[90 000; 95 000)	39	0,0025	0,9885	0,0049
[95 000; 100 000)	30	0,0019	0,9904	0,0038
[100 000; 150 000)	113	0,0071	0,9975	0,0014
[150 000; 200 000)	24	0,0015	0,9990	0,0003
[200 000; 250 000)	8	0,0005	0,9995	0,0001
[250 000; 300 000)	3	0,0002	0,9997	0,0000
[300 000; 350 000)	2	0,0001	0,9998	0,0000
[350 000 und mehr)	3	0,0002	1,0000	0,0000
Summe	15 810	1,0000		

b) weibliche Arbeitnehmer

Lohnklasse (in DM) $x_i^u \leq x < x_i^o$	absolute Häufigkeit n_i	relative Häufigkeit $h(x_i)$	Verteilungs-funktion $F(x_i^o)$	Häufigkeits-dichte $f(x_i) \cdot 10^{-4}$
[0; 2 400)	1 052	0,1060	0,1060	0,4418
[2 400; 4 800)	765	0,0771	0,1831	0,3213
[4 800; 7 200)	570	0,0574	0,2405	0,2394
[7 200; 9 600)	531	0,0535	0,2940	0,2230
[9 600; 12 000)	649	0,0654	0,3594	0,2725
[12 000; 16 000)	1 264	0,1274	0,4868	0,3185
[16 000; 20 000)	1 099	0,1108	0,5976	0,2769
[20 000; 25 000)	1 324	0,1334	0,7310	0,2669
[25 000; 30 000)	1 089	0,1098	0,8408	0,2195
[30 000; 36 000)	767	0,0773	0,9181	0,1288
[36 000; 40 000)	296	0,0298	0,9479	0,0746
[40 000; 45 000)	226	0,0228	0,9707	0,0456
[45 000; 50 000)	130	0,0131	0,9838	0,0262
[50 000; 55 000)	70	0,0071	0,9909	0,0141
[55 000; 60 000)	34	0,0034	0,9943	0,0069
[60 000; 65 000)	21	0,0021	0,9964	0,0042
[65 000; 70 000)	10	0,0010	0,9974	0,0020
[70 000; 75 000)	9	0,0009	0,9983	0,0018
[75 000; 80 000)	4	0,0004	0,9987	0,0008
[80 000; 85 000)	3	0,0003	0,9990	0,0006
[85 000; 150 000)	8	0,0008	0,9998	0,0016
[150 000 und mehr)	1	0,0001	0,9999	0,0002
Summe	9 922	0,9999		

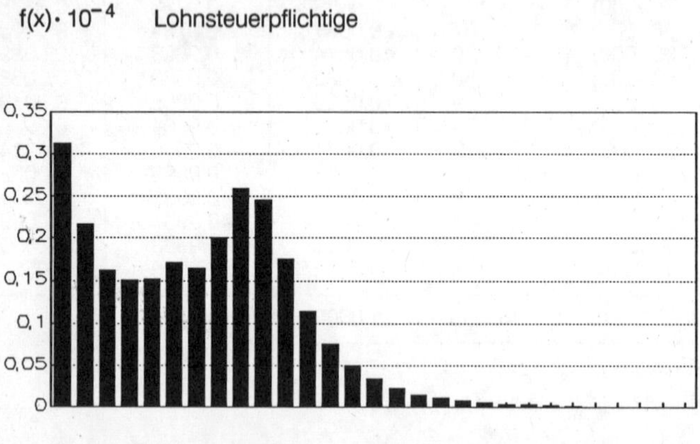

Abb. 5.7: Histogramm-Darstellung des Beispiels 5.4

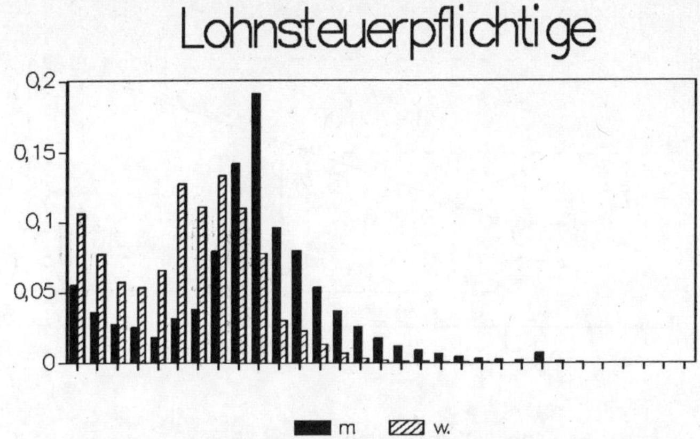

Abb. 5.7: Histogramm–Darstellung des Beispiels 5.5

5.3.4 Berechnung von Anteilswerten innerhalb einer Klasse

Mit Hilfe der Häufigkeitsfunktion $h(x_i)$ lassen sich Anteilswerte für die einzelnen Klassen berechnen. Möchte man Anteile für die Merkmalswerte innerhalb einzelner Klassen bestimmen, dann kann man diese, bei Annahme der Gleichverteilung der Merkmalswerte innerhalb der einzelnen Klassen, durch lineare Interpolation der Verteilungsfunktion F(x) erhalten.

1) **Allgemeine Fragestellung:**
Wieviel Prozent der statistischen Einheiten besitzen einen Merkmalswert kleiner oder gleich x?

Spezielle Fragestellung:

Wieviel Prozent der Stahlbleche besitzen eine Stärke von weniger als 5,2 mm?

Gegeben: $x = 5{,}2$;
Gesucht: $h(x \leq 5{,}2) = F(5{,}2)$

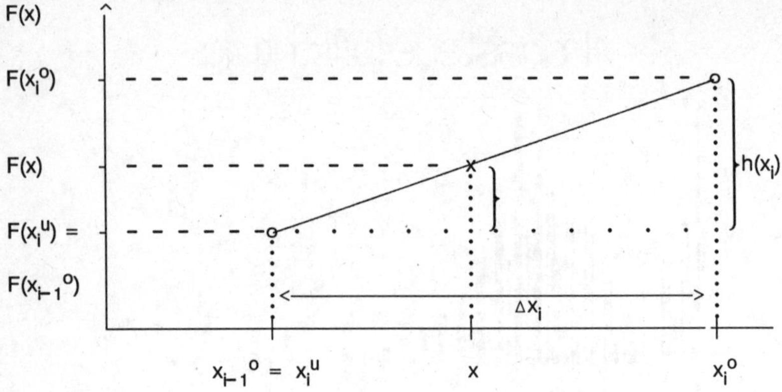

Abb. 5.9: Zur Interpolation von F(x)

Es gilt

$$\tan \alpha = \frac{h(x_i)}{\Delta x_i} = f(x_i), \qquad \text{mit} \qquad \Delta x_i = x_i^o - x_i^u.$$

Allgemein gilt (2. Strahlensatz):

$$\frac{F(x) - F(x_i^u)}{h(x_i)} = \frac{x - x_i^u}{\Delta x_i}.$$

Daraus kann man F(x) bestimmen und erhält

$$\text{(5.6)} \qquad F(x) = F(x_i^u) + \frac{x - x_i^u}{\Delta x_i} \cdot h(x_i) = F(x_i^u) + (x - x_i^u) \cdot f(x_i).$$

Speziell ergibt sich

$$F(5{,}2) = 0{,}2 + (5{,}2 - 5{,}0) \cdot \frac{0{,}25}{0{,}30} = 0{,}2 + 0{,}2 \cdot \frac{5}{6} = 0{,}2 + 0{,}17 = 0{,}37,$$

d.h. 37 % der Stahlbleche besitzen eine Stärke von weniger als 5,2 mm.

2) **Allgemeine Feststellung:**
Wieviel Prozent der statistischen Einheiten besitzen einen Merkmalswert der zwischen den Werten a und b liegt?

Spezielle Fragestellung:
Wieviel Prozent der Stahlbleche besitzen eine Stärke zwischen 5,4 mm und 5,6 mm?

Man beachte, daß wegen der unterstellten beliebigen Meßgenauigkeit bei quantitativ-stetigen Merkmalen nicht mehr zwischen "größer" und "größer gleich" unterschieden werden muß. Daher lautet die Fragestellung:

Gegeben : a = 5,4 mm und b = 5,6 mm ;
Gesucht : $h(5{,}4 < x < 5{,}6) = h(5{,}4 \leq x \leq 5{,}6) = F(5{,}6) - F(5{,}4)$.

Der Wert $F(5{,}6) = 0{,}80$ kann unmittelbar aus der Häufigkeitstabelle abgelesen werden, dagegen muß der Wert für $F(5{,}4)$ durch Interpolation bestimmt werden. Man erhält

$$F(5{,}4) = F(x_i^u) + (x - x_i^u) \cdot \frac{h(x_i)}{\Delta x_i} = F(5{,}3) + (5{,}4 - 5{,}3) \cdot \frac{0{,}35}{0{,}30}$$

$$= 0{,}45 + 0{,}1 \cdot \frac{7}{6} = 0{,}45 + 0{,}12 = 0{,}57.$$

Somit erhält man

$$F(5{,}6) - F(5{,}4) = 0{,}80 - 0{,}57 = 0{,}23,$$

d.h. 23 % der Stahlbleche besitzen eine Stärke, die zwischen 5,4 mm und 5,6 mm liegt.

5.3.5 Übergang zu einer kontinuierlichen Kurve

Durch die Einteilung der Merkmalswerte des quantitativ-stetigen Merkmals in verschiedene Größenklassen mit einer positiven Klassenbreite ergab sich als graphische Darstellung der Verteilungsfunktion bzw. der Häufigkeitsdichte ein Polygonzug.

Erhöht man die Zahl der Größenklassen k, dann hat dies eine Verkleinerung der Klassenbreiten d_i und damit schmalere Rechtecke des Histogramms zur Folge.

Erhöht man mit k ——> ∞ auch den Umfang der statistischen Masse, d.h. n ——> ∞, dann erhält man als Grenzübergang aus dem Polygonzug des Histogramms einen kontinuierlichen (stetigen) Kurvenzug. Zu jedem Merkmalswert x gehört jetzt ein Wert der Häufigkeitsdichte f(x), der sich in der Regel von seinen Nachbarwerten unterscheidet. Bei einer endlichen Zahl von Größenklassen mit einer positiven Klassenbreite wurde dagegen der Wert für die Häufigkeitsdichte vereinfachend als konstant angenommen. Dies bedeutet für die Darstellung des quantitativ-stetigen Merkmals in Form von Größenklassen einen Informationsverlust, den man bewußt in Kauf nehmen muß.

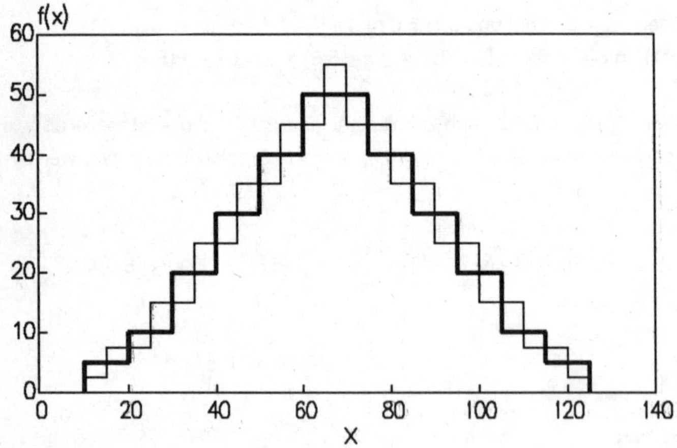

Abb. 5.10: Darstellung des Histogramms bei Vergrößerung der Klassenzahl

6. Beschreibung eindimensionaler Häufigkeitsverteilungen quantitativer Merkmale durch Verteilungsmaßzahlen

Tabellen und Schaubilder geben einen Überblick und eine erste Auskunft über das Wesen der Häufigkeitsverteilung in dem Beobachtungsmaterial. Besonders bei umfangreichem Beobachtungsmaterial ist man nicht immer an der Angabe der vollständigen Häufigkeitsverteilung interessiert, sondern man möchte die Gesamtheit der beobachteten empirischen Daten in einer stärker verdichteten Form darstellen. Man sucht nach einigen wenigen Zahlenwerten, die das Beobachtungsmaterial so verdichten, daß man auf eine detaillierte Widergabe aller erhobenen Zahlenwerte verzichten kann. Diese repräsentativen Maßzahlen sollen die Struktur der Häufigkeitsverteilung so charakterisieren, daß alle Besonderheiten deutlich hervorgehoben werden und zugleich Vergleiche mit anderen Verteilungen ermöglicht werden. Dazu eignen sich die sogenannten Verteilungsmaßzahlen (oder Verteilungsparameter), die man auch als statistische Parameter bezeichnet. Zu ihnen zählt man die Mittelwerte, die Maßzahlen für die Streuung und auch für die Schiefe und Wölbung einer Verteilung. Sie sind neben der graphischen Darstellung das wirksamste Instrument zum vergleichenden Studium von Häufigkeitsverteilungen. An Präzision der Aussage vermögen sie das anschauliche Mittel der graphischen Darstellung meist zu übertreffen, ihre Definition setzt allerdings voraus, daß es sich um quantitative Merkmale handelt, deren Merkmalsausprägungen durch Merkmalswerte dargestellt werden. Betrachtet man nochmals die graphische Darstellung der Häufigkeitsdichte der Männer- und Frauenlöhne, dann bieten sich folgende Fragen an:

a) Sind die Frauenlöhne im Durchschnitt niedriger als die Männerlöhne?
b) Streuen die Männerlöhne relativ stärker als die Frauenlöhne?
c) Beide Verteilungen sind schief, bei welcher Verteilung ist die Schiefe stärker ausgeprägt?
d) Welche der beiden Verteilungen ist steiler?
e) Welche der Verteilung zeigt eine stärkere Konzentration der Löhne?

In diesen Fragen werden Begriffe verwendet, die zunächst noch präzisiert werden müssen, bevor eine Antwort gegeben werden kann.

6.1 Lageparameter

Ein Lageparameter bezeichnet eine Stelle der Merkmalsachse, an der die Merkmalswerte einer statistischen Masse **im Mittel** lokalisiert sind. Diese Lokalisation läßt sich auf verschiedene Weise messen, entsprechend wurden auch verschiedene Lageparameter definiert.

6.1.1 Der Median (Zentralwert) Z

Der Definition des Medians (Zentralwertes) liegt folgende Idee zugrunde:

Ordnet man die Merkmalswerte x_i eines mindestens ordinal-skaliert erhobenen Merkmals X nach ihrer Größe, dann entsteht eine Rangfolge. Den mittleren Merkmalswert dieser Rangfolge bezeichnet man als **Median**. Er besitzt die Eigenschaft, daß oberhalb und unterhalb von ihm gleichviele Merkmalswerte liegen. Dies besagt, daß der Median Z derjenige Wert ist, der eine der Größe nach geordnete Rangfolge von Merkmalswerten halbiert.

Definition: Es seien n beliebige Merkmalswerte $x_1, x_2, \ldots, x_n$ gegeben.

Diese Zahlen werden ihrer Größe nach geordnet, d.h.

$x_{(1)} \leq x_{(2)} \leq \ldots \leq x_{(n)}$. Dabei bedeuten

$x_{(1)}$ der kleinste Merkmalswert,

.
.
.

$x_{(i)}$ der i-te Merkmalswert in der geordneten Reihe,

.
.
.

$x_{(n)}$ der größte Merkmalswert.

Als **Median Z** definiert man

(6.1)
$$\begin{cases} \text{a) } Z := x_{\left(\frac{n+1}{2}\right)}, & \text{falls n ungerade, d.h. } n = 2k+1, \\ \text{b) } Z := \frac{1}{2} \cdot [x_{\left(\frac{n}{2}\right)} + x_{\left(\frac{n}{2}+1\right)}], & \text{falls n gerade, d.h. } n = 2k. \end{cases}$$

Diese Unterscheidung ist notwendig, da nur für "n ungerade" eine Zahl aus der Reihe der Merkmalswerte die Funktion des Medians übernehmen kann. Für "n gerade" besitzt man ein zentrales Intervall, und jeder Wert dieses Intervalls kann die Funktion des Medians übernehmen.

Beispiel 6.1: In einem Unternehmen der eisenverarbeitenden Industrie wurden in einer Abteilung die Monatsgehälter der männlichen und weiblichen Angestellten ermittelt (in DM):

männliche Arbeitnehmer: 1650, 2030, 1840, 1520, 1670, 1740, 1840, 1590.

weibliche Arbeitnehmer: 1710, 1960, 2570, 1490, 1820.

Man ordnet die Gehälter nach ihrer Größe:

männlich, n_M = 8: 1520, 1590, 1650, 1670, 1740, 1840, 1840, 2030.
weiblich, n_W = 5: 1490, 1710, 1820, 1960, 2570.

männliche und weibliche Arbeitnehmer zusammen, n = 13:
1490, 1520, 1590, 1650, 1670, 1710, 1740, 1820, 1840, 1840, 1960, 2030, 2570.

Man erhält

$$Z_M = \frac{1}{2}[x_{(4)} + x_{(5)}] = \frac{1}{2}(1670 + 1740) = 1705,$$

$$Z_W = x_{(3)} = 1820,$$

$$Z_{M+W} = x_{(7)} = 1740.$$

Man erkennt aus diesem Ergebnis, daß es im allgemeinen nicht möglich ist, den Median einer zusammengefaßten Grundgesamtheit aus den Medianen der einzelnen Teilgesamtheiten zu berechnen.

Liegt das Zahlenmaterial in gruppierter Form vor, so bestimmt man den Median Z approximativ mit Hilfe der Verteilungsfunktion F(x) über die Beziehung

$$h(x \leq Z) = F(Z) = 0{,}5. \tag{6.2}$$

Bei quantitativ-stetigen Merkmalen besitzt der Median eine sehr anschauliche Bedeutung:

Es gibt genau einen Wert, der die Fläche des Histogramms halbiert, d.h. unterhalb und oberhalb dessen je die Hälfte der Fläche liegt.

Eigenschaften des Medians:

Bei der Konstruktion des Medians wird aus einer nach der Größe geordneten Zahlenreihe lediglich der Wert ausgewählt, der genau in der Mitte dieser Reihe liegt. Dies bedeutet, daß der Median von den extremen Merkmalswerten (Ausreißer) einer Verteilung unbeeinflußt bleibt. Der Median ist nur abhängig von der Größe des in der Mitte der Zahlenreihe gelegenen Merkmalswertes.

Betrachtet man die Funktion

$$g(Y) = \sum_{i=1}^{n} |x_i - Y| ,$$

dann kann man zeigen, daß diese Funktion an der Stelle Y = Z ein Minimum annimmt. Dies bedeutet, daß die Summe der absoluten Abweichungen der Merkmalswerte vom Median geringer ist als von irgendeinem anderen Wert.

Ein "Median-Element" kann bereits für **Rangmerkmale** gefunden werden, daher eignet sich dieser Lageparameter vor allem für deskriptive Zwecke, wenn ein <u>nicht</u> quantitatives Merkmal in eine Rangordnung gebracht werden soll.

6.1.2 Der Modalwert (Modus, häufigster Wert)

Als Modalwert der Verteilung eines Merkmals bezeichnet man denjenigen Merkmalswert, der am häufigsten auftritt. Bei einer Definition muß man zwischen diskreten und stetigen Merkmalen unterscheiden.

Definition:	Der **Modalwert D** eines diskreten Merkmals ist derjenige Merkmalswert x, für den die relative Häufigkeit h(x) ihr Maximum annimmt.

Bei einem stetigen Merkmal besitzt man eine Darstellung des Zahlenmaterials in Größenklassen. Man kann daher a priori nicht von einem Modalwert sprechen.

Definition:	Die Klasse mit der größten Häufigkeitsdichte f(x) heißt **modale Klasse**, ihre Klassenmitte definiert man als **Modalwert D**.

Man beachte, daß der Modalwert nur dann ein vernünftiger Lageparameter ist, wenn die Verteilung eingipflig (unimodal) ist. Bei anderen Verteilungsformen (mehrgipflig, U-förmig, abfallend) hat der Modalwert keinen Sinn.

Beispiel 5.5: a) Männerlöhne:
modale Klasse: [30 000 - 36 000),
Modalwert D = 33 000

b) Frauenlöhne:
modale Klasse: [12 000 - 16 000),
Modalwert D = 14 000.

6.1.3 Das arithmetische Mittel (AM)

Definition: Es seien n beliebige Merkmalswerte $x_1, x_2, \ldots, x_n$ gegeben.

Als **arithmetisches Mittel** $\bar{x}$ wird die Größe

(6.3) $$\bar{x} := \frac{1}{n} \cdot (x_1 + x_2 + \ldots + x_n) = \frac{1}{n} \sum_{i=1}^{n} x_i$$

definiert.

Beispiel 6.1: Arithmetisches Mittel für die Angestelltengehälter der männlichen und weiblichen Arbeitnehmer:

$$\bar{x}_W = \frac{1}{5} \cdot (1\,710 + 1\,960 + 2\,570 + 1\,490 + 1\,820)$$

$$= \frac{1}{5} \cdot 9\,550 = 1\,910.$$

$$\bar{x}_M = \frac{1}{8} \cdot (1\,650 + 2\,030 + 1\,840 + 1\,520 + 1\,670 + 1\,740 + 1\,840 + 1\,590)$$

$$= \frac{1}{8} \cdot 13\,880 = 1\,735.$$

Zur Bestimmung des arithmetischen Mittels $\bar{x}$ werden **alle** Merkmalswerte x_i verwendet. Dies bedeutet, daß die gesamte Information aus einer statistischen Masse verwendet wird.

Besonders bei **extensiven Merkmalen** - dies sind solche Merkmale, bei denen **die Summe der Merkmalswerte einen interpretierbaren Sinn aufweist** - besitzt das arithmetische Mittel eine anschauliche Bedeutung. Es ist sinnvoll, von einem durchschnittlichen Seifenverbrauch zu sprechen, darunter versteht man eine gleichmäßige Aufteilung des gesamten Seifenverbrauchs auf alle beteiligten Personen. Man spricht auch von der sog. **Ersatzwerteigenschaft** des arithmetischen Mittels. Aus der Definition folgt unmittelbar

$$n \cdot \bar{x} = \sum_{i=1}^{n} x_i .$$

Dies bedeutet: Wenn man in einer statistischen Masse statt der einzelnen Merkmalswerte x_i ihr arithmetisches Mittel $\bar{x}$ wählt und mit dem Umfang dieser statistischen Masse multipliziert, dann führt dies zum gleichen Ergebnis wie die Summierung aller Merkmalswerte dieser statistischen Masse.

Additionssatz für Mittelwerte:

Um das arithmetische Mittel nach der Formel $\bar{x} = \frac{1}{n} \sum_{i=1}^{n} x_i$ zu berechnen, müßte man die Urliste mit den einzelnen Merkmalswerten besitzen. Oft liegt allerdings das Beobachtungsmaterial nur noch in **gruppierter Form** (Klassenbildung) vor. Angenommen, das Urmaterial sei bereits in k Klassen zusammengefaßt worden. Um das arithmetische Mittel zu berechnen, benötigt man die Summe der Merkmalswerte aller Einheiten der statistischen Masse. Bezeichnet man mit $\bar{x}_i$ das AM der Merkmalswerte in der i-ten Klasse, dann erhält man folgende Zusammenfassung:

$\bar{x}_1$ kommt n_1 mal vor, dies ergibt die Merkmalssumme	$n_1 \bar{x}_1$,
$\bar{x}_2$ kommt n_2 mal vor, dies ergibt die Merkmalssumme	$n_2 \bar{x}_2$,
. . . .	
. . . .	
$\bar{x}_k$ kommt n_k mal vor, dies ergibt die Merkmalssumme	$n_k \bar{x}_k$,
Summe: n	Merkmalssumme : S

$$S = \sum_{i=1}^{k} n_i \cdot \bar{x}_i .$$

Das arithmetische Mittel bestimmt sich dann wie folgt:

$$\bar{x} = \frac{n_1\bar{x}_1 + n_2\bar{x}_2 + \ldots + n_k\bar{x}_k}{n_1 + n_2 + \ldots + n_k} = \frac{\sum_{i=1}^{k} n_i\bar{x}_i}{\sum_{i=1}^{k} n_i} = \frac{1}{n} \sum_{i=1}^{k} n_i\bar{x}_i .$$

Dies führt zur der folgenden

Definition: Das **arithmetische Mittel** bei **gruppiertem Datenmaterial** läßt sich wie folgt darstellen:

(6.4) $$\bar{x} = \sum_{i=1}^{k} \frac{n_i}{n} \bar{x}_i = \sum_{i=1}^{k} h(x_i)\,\bar{x}_i.$$

Man erkennt, daß sich das arithmetische Mittel $\bar{x}$ bei **gruppiertem Datenmaterial als gewogener Durchschnitt der arithmetischen Mittel der einzelnen Klassen darstellen läßt**. Die dabei auftretenden Gewichtungsfaktoren entsprechen den relativen Häufigkeiten $h(x_i)$ der Klassen.

Beispiel 6.1: Berechnung des AM für die Monatsgehälter der männlichen und weiblichen Arbeitnehmer

a) direkte Berechnung:

$$\bar{x}_{(m+w)} = \frac{1}{13} \cdot 23\ 430 = 1\ 802{,}31.$$

b) als gewogenes AM aus $\bar{x}_m$ und $\bar{x}_w$:

$$\bar{x}_{(m+w)} = \frac{8}{13} \cdot \bar{x}_m + \frac{5}{13} \cdot \bar{x}_w$$

$$= \frac{8}{13} \cdot 1\ 735 + \frac{5}{13} \cdot 1\ 910$$

$$= 1\ 067{,}69 + 734{,}62 = 1\ 802{,}31.$$

Oftmals sind allerdings die arithmetischen Mittel der einzelnen Klassen **nicht bekannt**, beispielsweise wenn das statistische Material nur gruppiert veröffentlicht wurde. Man muß dann anstelle von x_i die Klassenmitte x_i^m verwenden. Die Berechnungsformel lautet dann

(6.5) $$\bar{x} \approx \frac{1}{n} \sum_{i=1}^{k} n_i x_i^m = \sum_{i=1}^{k} h(x_i) x_i^m.$$

Aus der approximativen Beziehung wird eine exakte Gleichung, wenn die Klassenmitten x_i^m mit den arithmetischen Mitteln $\bar{x}_i$ der Klassen übereinstimmen.

Beispiel 5.5: Man bestimme die AM der Männer- und Frauenjahresgehälter anhand des gruppierten Datenmaterials des Beispiels

a) Männergehälter:

$$\begin{aligned}\bar{x}_M &= 0{,}0554 \cdot 1\,200 + 0{,}0361 \cdot 3\,600 + 0{,}0275 \cdot 6\,000\\ &+ 0{,}0251 \cdot 8\,400 + 0{,}0183 \cdot 10\,800 + 0{,}0314 \cdot 14\,000\\ &+ 0{,}0376 \cdot 18\,000 + 0{,}0790 \cdot 22\,500 + 0{,}1417 \cdot 27\,500\\ &+ 0{,}1912 \cdot 33\,000 + 0{,}0957 \cdot 38\,000 + 0{,}0793 \cdot 42\,500\\ &+ 0{,}0536 \cdot 47\,500 + 0{,}0368 \cdot 52\,500 + 0{,}0253 \cdot 57\,500\\ &+ 0{,}0175 \cdot 62\,500 + 0{,}0119 \cdot 67\,500 + 0{,}0089 \cdot 72\,500\\ &+ 0{,}0061 \cdot 77\,500 + 0{,}0044 \cdot 82\,500 + 0{,}0032 \cdot 87\,500\\ &+ 0{,}0025 \cdot 92\,500 + 0{,}0019 \cdot 97\,500 + 0{,}0071 \cdot 125\,000\\ &+ 0{,}0015 \cdot 175\,000 + 0{,}0005 \cdot 225\,000 + 0{,}0002 \cdot 275\,000\\ &+ 0{,}0001 \cdot 325\,000\\ &= 32\,234{,}27.\end{aligned}$$

b) Frauengehälter:

$$\begin{aligned}\bar{x}_W &= 0{,}1060 \cdot 1\,200 + 0{,}0771 \cdot 3\,600 + 0{,}0574 \cdot 6\,000\\ &+ 0{,}0535 \cdot 8\,400 + 0{,}0654 \cdot 10\,800 + 0{,}1274 \cdot 14\,000\\ &+ 0{,}1108 \cdot 18\,000 + 0{,}1334 \cdot 22\,500 + 0{,}1098 \cdot 27\,500\\ &+ 0{,}0773 \cdot 33\,000 + 0{,}0298 \cdot 38\,000 + 0{,}0228 \cdot 42\,500\\ &+ 0{,}0131 \cdot 47\,500 + 0{,}0071 \cdot 52\,500 + 0{,}0034 \cdot 57\,500\\ &+ 0{,}0021 \cdot 62\,500 + 0{,}0010 \cdot 67\,500 + 0{,}0009 \cdot 72\,500\\ &+ 0{,}0004 \cdot 77\,500 + 0{,}0003 \cdot 82\,500 + 0{,}0008 \cdot 117\,500\\ &= 17\,960{,}43.\end{aligned}$$

Folgende Eigenschaften des arithmetischen Mittelwertes lassen sich nachweisen:

a) Die Summe der Abweichungen der Merkmalswerte vom arithmetischen Mittelwert $\bar{x}$ ist gleich Null

$$\sum_{i=1}^{n} (x_i - \bar{x}) = \sum_{i=1}^{n} x_i - n \cdot \bar{x} = n \cdot \bar{x} - n \cdot \bar{x} = 0.$$

b) Die Quadratsummen der Abweichungen der Merkmalswerte vom arithmetischem Mittelwert $\bar{x}$ ist kleiner als von jedem anderen beliebigen Wert a, d.h.

$$\sum_{i=1}^{n} (x_i - \bar{x})^2 \longrightarrow \text{Min.}$$

Um dies nachzuweisen, bildet man die Quadratsumme der Abweichungen von einem beliebigen Wert a,

$$f(a) = \sum_{i=1}^{n} (x_i - a)^2.$$

Die Funktion f(a) wird dann minimiert, d.h. man bildet

$$f'(a) = -2 \cdot \sum_{i=1}^{n} (x_i - a).$$

Man setzt diese Ableitung gleich Null und bestimmt den zugehörigen Wert von a. Aus $f'(a) = 0$ folgt

$$\sum_{i=1}^{n} (x_i - a) = 0, \qquad \sum_{i=1}^{n} x_i - n \cdot a = 0, \qquad a = \frac{1}{n} \cdot \sum_{i=1}^{n} x_i = \bar{x}.$$

Die Quadratsumme der Abweichungen wird **minimal**, falls die Abweichungen vom arithmetischen Mittelwert $\bar{x}$ gemessen werden.

Der arithmetische Mittelwert besitzt die folgenden Bedeutungen:

1. Das AM ist immer dann der adäquate Mittelwert, wenn die **Ersatzwerteigenschaft** betont werden soll.
2. Das AM ist als Lageparameter dann geeignet, wenn die Verteilung **eingipflig** und **näherungsweise symmetrisch** ist. Dann fallen Modalwert D, Zentralwert Z und arithmetischer Mittelwert $\bar{x}$ in etwa zusammen.
3. Die absolute und relative Änderung des AM einer Verteilung im Zeitablauf ist charakteristisch für die Veränderung der gesamten Verteilung, wenn die Form der Verteilung in etwa konstant bleibt. Analoges gilt für den Vergleich mehrerer Verteilungen mit annähernd gleicher Verteilungsform.

4. Bei eingipflig nichtsymmetrischen Verteilungen ist das AM **kein** sehr charakteristischer Lageparameter. Vor allem extrem hohe Werte bei rechts-schiefen (links-steilen) Verteilungen bewirken oftmals, daß das AM merklich oberhalb der stärksten Massierung der Merkmalswerte (Modalwert D) und auch oberhalb des mittleren Niveaus (Zentralwert Z) liegt.

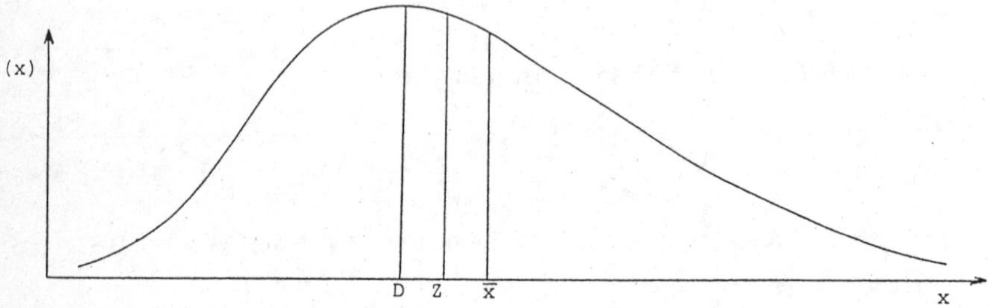

Abbildung 6.1: Lageparameter bei einer rechts-schiefen (links-steilen) Verteilung

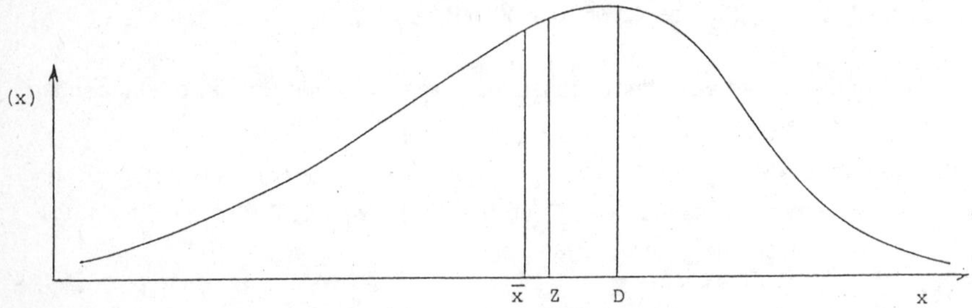

Abbildung 6.2: Lageparameter bei einer links-schiefen (rechts-steilen) Verteilung

6.1.4 Das geometrische Mittel (GM)

Bei der Mittlung von **multiplikativ** verknüpften Merkmalswerten, etwa Wachstumsraten, erweist sich das geometrische Mittel sinnvoller als das arithmetische Mittel.

Definition: Es seien $x_1, x_2, \ldots, x_n$ beliebige, nicht-negative Merkmalswerte. Als **geometrisches Mittel (GM)** definiert man die Größe

(6.6) $$GM := \sqrt[n]{x_1 \cdot x_2 \cdot \ldots \cdot x_2} = \sqrt[n]{\prod_{i=1}^{n} x_i}\,.$$

Logarithmiert man diese Beziehung, dann erhält man

$$\log GM = \frac{1}{n} \cdot (\log x_1 + \log x_2 + \ldots + \log x_n)$$

$$= \frac{1}{n} \cdot \sum_{i=1}^{n} \log x_i.$$

Zwischen den beiden Mittelwerten besteht folgender Zusammenhang: Der Logarithmus des GM ist gleich dem AM der Logarithmen der einzelnen Merkmalswerte.

Beispiel 6.2: Entwicklung der Ausfuhrüberschüsse für die BRD (in Mill. DM), Quelle: Fachserie 7, Reihe 1, 1989

Jahr	1980	1981	1982	1983	1984	1985	1986	1987	1988
absolute Zahlen	8 947	27 720	51 277	42 089	53 966	73 353	112 619	117 735	128 045
Veränderung gegenüber dem Vorjahr (Wachstumsfaktor)		3,0982	1,8498	0,8208	1,2822	1,3592	1,5353	1,0454	1,0876

$$\prod_{i=1}^{8} x_i = 3{,}0982 \cdot 1{,}8498 \cdot 0{,}8208 \cdot 1{,}2822 \cdot 1{,}3592 \cdot 1{,}5353 \cdot 1{,}0454 \cdot$$
$$\cdot\ 1{,}0876 = 14{,}3105.$$

$$GM = \sqrt[8]{14{,}3105} = 1{,}3946,$$

$$AM = \frac{1}{8} \cdot \sum_{i=1}^{8} x_i = \frac{1}{8} \cdot (3{,}0982 + 1{,}8498 + 0{,}8208 + 1{,}2822 + 1{,}3592 +$$
$$+\ 1{,}5353 + 1{,}0454 + 1{,}0876) = \frac{1}{8} \cdot 12{,}0785 = 1{,}5098.$$

Das geometrische Mittel der jährlichen Steigerungen des Ausfuhrüberschusses beträgt 1,3946, d.h. eine konstante jährliche Erhöhung von 39,46 % im Zeitraum 1980 bis 1988 hätte zur gleichen Erhöhung des Ausfuhrüberschusses geführt.

Berechnet man aus den jährlichen Ausfuhrsteigerungen das arithmetische Mittel, dann hätte sich, bezogen auf das Basisjahr 1980, eine konstante jährliche Erhöhung von 50,98% ergeben. Würde man diese jährliche Steigerung auf das Basisjahr 1980 anwenden, dann hätte man für das Jahr 1988 den Wert 108 066 erhalten und damit den tatsächlichen Wert von 128 045 beträchtlich unterschätzt.

Beispiel 6.3 (gewichtetes geometrisches Mittel):

In einem Unternehmen wurde festgestellt, daß die monatliche Umsatzsteigerung eines Jahres für die Dauer von fünf Monaten mit dem Faktor $q_1 = 1{,}11$, während drei Monate mit dem Faktor $q_2 = 1{,}08$ und während der restlichen vier Monate mit dem Faktor $q_3 = 1{,}14$ erfolgte. Wie groß war der durchschnittliche Wachstumsfaktor während des gesamten Jahres?

Um diesen Wert zu berechnen benötigt man das gewichtete geometrische Mittel

$$GM\ (\text{gewichtet}) = q_1^{w_1} \cdot q_2^{w_2} \cdot \ldots \cdot q_n^{w_n}, \quad \text{mit} \quad \sum_{i=1}^{n} w_i = 1.$$

Für unser Beispiel ergibt sich

$$\begin{aligned} GM\ (\text{gewichtet}) &= (1{,}11)^{5/12} \cdot (1{,}08)^{3/12} \cdot (1{,}14)^{4/12} \\ &= 1{,}0444 \cdot 1{,}0194 \cdot 1{,}0446 \\ &= 1{,}1121. \end{aligned}$$

Dies bedeutet, daß man die gleiche jährliche Umsatzsteigerung erhalten hätte, wenn eine konstante monatliche Steigerung mit q = 1,1121 erfolgt wäre.

Als **grobe Faustregel** kann man sagen:

Das GM sollte immer dann verwendet werden, wenn die Unterschiede zwischen den Merkmalswerten nicht durch die Differenz, sondern durch das Verhältnis charakterisiert werden.

6.1.5 Das harmonische Mittel (HM)

Bei einigen recht speziellen Sachzusammenhängen kann es sinnvoll sein, das harmonische Mittel als Lageparameter zu verwenden.

Definition: Seien $x_1, x_2, \ldots, x_n$ beliebige positive Merkmalswerte. Man definiert die Größe

(6.7) $$HM := \frac{n}{\frac{1}{x_1} + \frac{1}{x_2} + \ldots + \frac{1}{x_n}} = \frac{n}{\sum_{i=1}^{n} \frac{1}{x_i}}$$

als **harmonisches Mittel** der n Merkmalswerte.

Wegen $\frac{1}{HM} = \frac{1}{n} \cdot \sum_{i=1}^{n} \frac{1}{x_i}$ ist der Reziprokwert des HM gleich dem AM der Reziprokwerte der gegebenen Merkmalswerte.

Das HM wird bei der Mittlung von Brüchen mit konstantem Zähler verwendet, wie sie etwa bei Geschwindigkeiten (konstante Entfernung dividiert durch die Zeit), bei Preisen oder bei Verhältniszahlen auftreten.

Beispiel 6.4 (harmonisches Mittel):

Jemand kauft am 1. Tag für 10 DM Orangen, das Stück zu 0,50 DM (p_1 = 0,5) und am 2. Tag ebenfalls für 10 DM Orangen, doch diesmal das Stück zu 0,40 DM (p_2 = 0,4). Welcher durchschnittliche Preis $\bar{p}$ ist für die Orangen bezahlt worden?

Die Antwort des arithmetischen Mittels, nämlich $(1/2) \cdot (p_1 + p_2) = 0{,}45$, ist natürlich **falsch**, da man ja am 2. Tag für den gleichen Betrag mehr Früchte erwerben konnte!

Man muß vielmehr das **harmonische Mittel** bilden, nämlich

$$HM = \frac{2}{1/0{,}5 + 1/0{,}4} = 0{,}44 \text{ DM.}$$

Natürlich hätte man diesen Wert auch über das gewichtete arithmetische Mittel ausrechnen können. Dazu muß man aber zunächst ausrechnen, daß man am 1. Tag 20 Orangen und am 2. Tag 25 Orangen jeweils für 10 DM , also insgesamt 45 Orangen, erhalten hat.

$$\text{Gewichtetes AM} = \frac{20}{45} \cdot 0{,}5 + \frac{25}{45} \cdot 0{,}4 = \frac{20}{45} = 0{,}44 \text{ DM.}$$

Der Lösungsweg über das harmonische Mittel ist allerdings nur möglich, wenn die Geldsumme (hier 10 DM) an beiden Tagen die gleiche ist. Wenn diese Voraussetzung nicht mehr erfüllt ist, muß man mit gewichteten Mittelwerten arbeiten.

Beispiel 6.5 (gewichtetes harmonisches Mittel):

Jetzt werden wieder am 1. Tag für 10 DM Orangen gekauft, das Stück zu 0,50 DM (p_1 = 0,5), aber am 2. Tag kauft man für 20 DM Orangen, das Stück zu 0,40 DM (p_2 = 0,4). Wie groß ist jetzt der durchschnittliche Preis $\bar{p}$?
Man wendet das gewichtete harmonische Mittel nach der Formel

$$\text{gewichtetes HM} = \frac{1}{\Sigma(w_i/p_i)}$$

an, wobei w_i die Gewichte bezeichnet, mit der Eigenschaft $\sum_{i=1}^{n} w_i = 1$.

Für unser Beispiel erhält man mit $w_1 = 1/3$ und $w_2 = 2/3$

$$\bar{p} = \frac{1}{1/3 : 1/2 + 2/3 : 2/5} = \frac{1}{2/3 + 5/3} = \frac{1}{7/3} = 3/7 = 0{,}42857.$$

Auch diesen Wert hätte man natürlich über das gewichtete arithmetische Mittel berechnen können. Am 1. Tag hat man 20 und am 2. Tag 50 Orangen gekauft. Somit ergibt sich

$$\text{gewichtetes AM} = \frac{2}{7} \cdot 0{,}5 + \frac{5}{7} \cdot 0{,}4 = 3/7 = 0{,}42857.$$

6.2 Streuungs - Parameter

Obwohl Durchschnitte (d.h. Mittelwerte) die in der täglichen Praxis am häufigsten verwendeten Verteilungsparameter sind, liefern sie nur eine unvollständige Beschreibung einer Häufigkeitsverteilung. Durch sie wird nämlich keine Aussage über die Abweichung der einzelnen Merkmalswerte von dem betreffenden Lageparameter gegeben. Maßzahlen, die eine Aussage über die Abweichung der einzelnen Merkmalswerte von ihrem Lageparameter geben, bezeichnet man als Streuungsparameter. Die Bedeutung dieser Parameter soll an dem folgendem Beispiel deutlich gemacht werden.

Beispiel 6.6: Die Güte eines Garnes hängt von der Reißfestigkeit des Fadens ab. Faden brüche treten auf, wenn die Reißfestigkeit des Fadens eine gewisse Toleranzgrenze unterschreitet. Es werden zwei Garnsorten A und B miteinander verglichen, für die vom Produzenten $\bar{x}_B < \bar{x}_A$ garantiert wird. Trotzdem kann, wie aus der Abb. 6.3 zu ersehen ist, das Garn B besser sein als das Garn A, wenn infolge der starken Streuung des Garnes A ein größerer Anteil der Merkmalswerte unterhalb der geforderten Toleranzgrenze liegt.

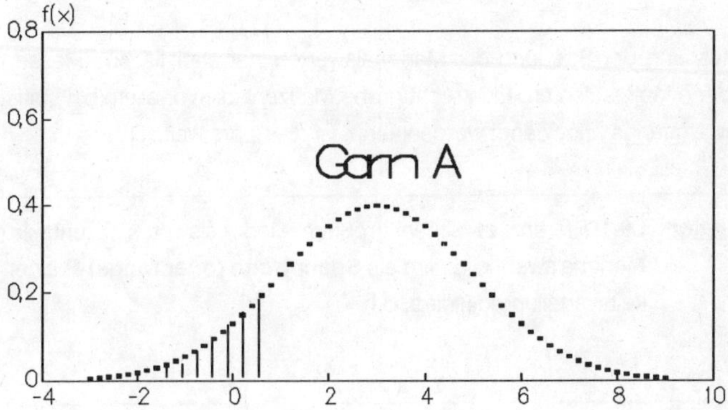

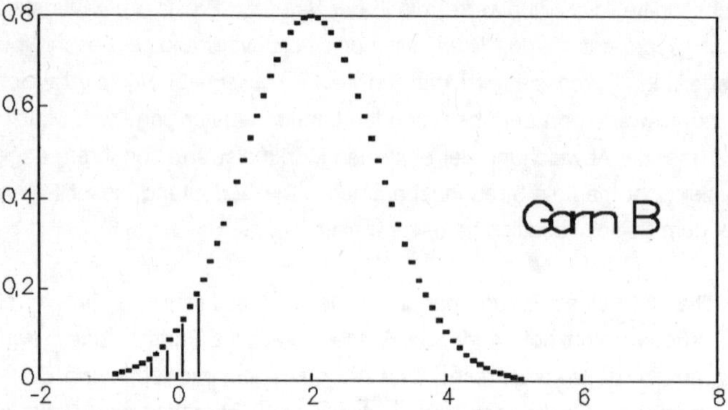

Abbildung 6.3: Häufigkeitsdichte der Reißfestigkeit zweier Garnsorten mit $\bar{x}_B < \bar{x}_A$

6.2.1 Die Spannweite (range) R

Zur Messung der Streuung der Merkmalswerte einer statistischen Masse bieten sich verschiedene Maßzahlen an. Eine recht grobe Maßzahl, die vor allem bei statistischen Massen kleinen Umfangs angewandt werden kann, ist die Spannweite R.

Definition: Die Differenz zwischen größtem Merkmalswert x_{max} und kleinstem Merkmalswert x_{min} wird als **Spannweite (oder range) R** einer Häufigkeitsverteilung definiert, d.h.

(6.8) $$R := x_{max} - x_{min}.$$

Die Spannweite hängt also von den Randwerten der Verteilung ab und reagiert daher besonders auf "Ausreißer". Da aber nur zwei Werte der Verteilung in die Berechnung der Spannweite eingehen, nämlich die beiden Extremwerte, besitzt sie nur einen geringen Informationsgehalt und ihre Aussagekraft ist relativ gering.

Beispiel 5.3: Für die Zahlenreihe der Stahlblechstärken werden, ausgehend von den ersten beiden Zahlen, durch Vergrößern der statistischen Masse eine Folge von Spannweiten berechnet. Man erhält

Umfang der statistischen Masse n	Spannweite R
2	5,3 - 4,9 = 0,4
12	5,6 - 4,8 = 0,8
15	5,8 - 4,8 = 1,0
20	5,9 - 4,8 = 1,1

Aus diesem Beispiel erkennt man, das der Wert der Spannweite R auch vom Umfang n der statistischen Masse abhängt.

6.2.2 Das Konzept der p-Quantile

Man kann eine Verallgemeinerung des Median Z als Streuungsparameter einführen. Der Medianwert Z stellt diejenige Zahl dar, durch den die Fläche unter der Häufigkeitsdichte (bzw. der Häufigkeitsverteilung) halbiert wird. Man kann nun allgemein Zahlen betrachten, durch die der p-te Teil der Fläche unter der Häufigkeitsdichte (bzw. der Häufigkeitsverteilung) abgetrennt wird (vgl. Abb. 6.4).

Definition: Das **p-Quantil** (auch p %-Quantil) der Verteilungsfunktion F(x) wird durch die Beziehung

$$F(x_p) := p, \quad \text{bzw.} \quad x_p := F^{-1}(p)$$

definiert.

Um das p-Quantil bei gruppiertem Datenmaterial zu berechnen, löst man die Interpolationsformel (5.6)

$$F(x_p) = F(x_i^u) + (x_p - x_i^u) \cdot f(x_i)$$

nach x_p auf und erhält

(6.10) $$x_p = x_i^u + \frac{F(x_p) - F(x_i^u)}{f(x_i)} .$$

Für p = 0,5 erhält man als spezielles Quantil den Median Z, der als Lageparameter Verwendung findet. Um die p-Quantile als Streuungsparameter zu verwenden, benutzt man die Differenz zweier p-Quantile, da diese ein sehr anschauliches Bild von der Lage und der

Größe des Streuungsbereiches liefern. Es hat sich eingebürgert, den sog. **Quartilsabstand (QA)** als Streuungsparameter zu verwenden. Dieser ist definiert als der halbe Abstand zwischen dem 25 %– und dem 75 %– Quantil, d.h.

(6.11) $$QA = \frac{1}{2}\,(x_{0,75} - x_{0,25}),$$

mit $F(x_{0,75}) = 0{,}75$ und $F(x_{0,25}) = 0{,}25$. In diesem, durch den **Quartilsabstand** bestimmten Intervall, liegen die mittleren 50 % aller Merkmalswerte.

Man kann die Aufgabe zur Bestimmung des Quartilsabstandes auch wie folgt formulieren:

Gesucht werden die beiden Quantile (oder Prozentpunkte) a und b derart, daß $F(b) = 0{,}75$, $F(a) = 0{,}25$ und

$$F(b) - F(a) = h(a \le x \le b) = 0{,}5$$

ist. Der Quartilsabstand ergibt sich dann zu

$$QA = \frac{1}{2} \cdot (b - a).$$

Der Quartilsabstand wird somit von den Extremwerten der Verteilung nicht beeinflußt. Bei einer **nichtsymmetrischen** Verteilung sind die Abweichungen zwischen dem Median Z und den beiden Quantilen des Quartilsabstandes **ungleich**.

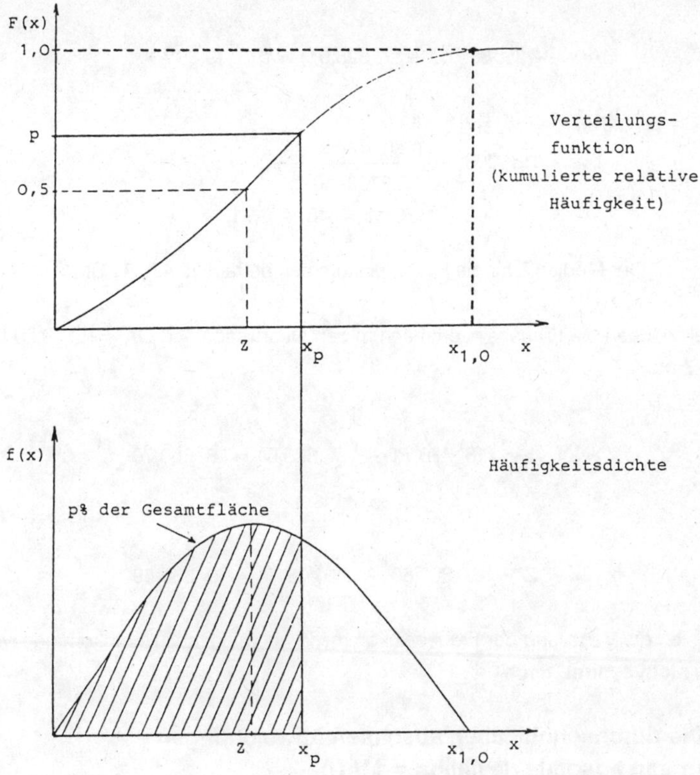

Abbildung 6.4: Veranschaulichung des Konzepts der p-Quantile

Beispiel 5.5: Es soll der Quartilsabstand für die Fraueneinkommen bestimmt werden. Unter Benutzung der Interpolationsformel (6.10) erhält man

a) $F(x_{0,75}) = 0{,}75,$

$$x_{0,75} = 25\ 000 + \frac{0{,}75 - 0{,}731}{0{,}2195 \cdot 10^{-4}}$$

$$= 25\ 000 + 865{,}60 = 25\ 865{,}60.$$

b) $F(x_{0,25}) = 0{,}25,$

$$x_{0,25} = 7\ 200 + \frac{0{,}25 - 0{,}2405}{0{,}2230 \cdot 10^{-4}}$$

$$= 7\ 200 + 426{,}01 = 7\ 626{,}01.$$

Damit erhält man für den Quartilsabstand

$$QA = \frac{1}{2} \cdot (25\ 865{,}60 - 7\ 626{,}01) = 9\ 119{,}80.$$

c) $F(Z) = F(x_{0,50}) = 0{,}50,$

$$Z = 16\ 000 + \frac{0{,}50 - 0{,}4868}{0{,}2769 \cdot 10^{-4}}$$

$$= 16\ 000 + 476{,}71 = 16\ 476{,}71.$$

Der Median Z für die Fraueneinkommen beträgt 16 476,71 DM.

Im Mittel weichen die Fraueneinkommen um den Quartilsabstand QA = 9 119,80 DM vom Median Z ab.
Wegen

$$Z - x_{0,25} = 16\ 476{,}71 - 7\ 626{,}01 = 8\ 850{,}70$$

und

$$x_{0,75} - Z = 25\ 865{,}60 - 16\ 476{,}71 = 9\ 388{,}89$$

erweist sich die Verteilung der Fraueneinkommen (wie übrigens alle Einkommensverteilungen) als **nicht symmetrisch**.

6.2.3 Die durchschnittlichen absoluten Abweichungen (mean absolute deviation = MAD)

Definition: Als **durchschnittliche absolute Abweichung** der Merkmalswerte $x_1, x_2, \ldots, x_n$ von einem bestimmten Wert c definiert man die Größe

(6.12) $$d_c := \frac{1}{n} \sum_{i=1}^{n} |x_i - c| .$$

Für c kann man sowohl den Median Z als auch das arithmetische Mittel $\bar{x}$ verwenden. Beide Größen, sowohl d_Z als auch $d_{\bar{x}}$ werden als Streuungsparameter verwendet.

Beispiel 6.1: Für die Gehälter der weiblichen Arbeitnehmer in dem betrachteten Unternehmen sollen d_Z und $d_{\bar{x}}$ bestimmt werden.

a) Bestimmung von d_Z:

$$Z_W = 1820,$$

$$x_i = 1490,\ 1710,\ 1820,\ 1960,\ 2570,$$

$$|x_i - Z| = 330,\ 110,\ 0,\ 140,\ 750,$$

$$d_Z = \frac{1}{5} \cdot (330 + 110 + 0 + 140 + 750),$$

$$= \frac{1}{5} \cdot 1\,330 = 266.$$

b) Bestimmung von $d_{\bar{x}}$:

$$\bar{x}_W = 1\,910$$

$$|x_i - \bar{x}| = 420,\ 200,\ 90,\ 50,\ 660,$$

$$d_{\bar{x}} = \frac{1}{5} \cdot (420 + 200 + 90 + 50 + 660),$$

$$= \frac{1}{5} \cdot 1\,420 = 284.$$

Es zeigt sich, daß

$$d_{\bar{x}} > d_Z$$

ist. Diese Beziehung gilt allgemein: der Median ist unter allen möglichen Lageparametern derjenige, der den kleinsten Wert für die durchschnittliche absolute Abweichung ergibt **(Minimumeigenschaft des Medians)**.

6.2.4 Varianz und daraus abgeleitete Streuungsparameter

6.2.4.1 Definition und Bestimmung bei ungruppiertem Datenmaterial

Die Varianz ist (neben der Standardabweichung) der am häufigsten verwendete Streuungsparameter. Ihre Bedeutung beruht auf theoretischen Überlegungen der Wahrscheinlichkeitstheorie.

Definition: Es seien $x_1, x_2, \ldots, x_n$ beliebige Ausprägungen des Merkmales X einer statistischen Masse.

Als **empirische Varianz s_X^2** definiert man bei **ungruppiertem Datenmaterial** die Größe

(6.13) $$s_X^2 := \frac{1}{n} \sum_{i=1}^{n} (x_i - \bar{x})^2.$$

Man bezeichnet die Varianz auch als Streuung, da sie die mittlere quadratische Abweichung vom arithmetischen Mittel x angibt. Die Varianz s_X^2 besitzt die Dimension eines Quadrates der Maßeinheit des Merkmals X. Will man mit einer Maßzahl arbeiten, die die gleiche Dimension wie der Merkmalswert besitzt, dann verwendet man die positive Quadratwurzel aus der Varianz.

Definition: Man bezeichnet die Größe

(6.14) $$s_X := +\sqrt{s_X^2} := +\sqrt{\frac{1}{n} \sum_{i=1}^{n} (x_i - \bar{x})^2}$$

als die **empirische Standardabweichung** der Merkmalswerte $x_1, x_2, \ldots, x_n$.

Der Begriff der Standardabweichung entspricht dem anschaulichen Begriff der Streuung eher als die Varianz. Wird die Abweichung jedes Einzelwertes vom Mittelwert verdoppelt, dann verdoppelt sich auch die Standardabweichung, während sich die Varianz dagegen vervierfacht. Dies bedeutet aber auch, daß größere Abweichungen vom arithmetischen Mittelwert x in der Varianz stärker gewichtet werden als bei der Standardabweichung.

Beispiel 6.1: Berechnung der Varianz und der Standardabweichung der Gehälter der weiblichen Arbeitnehmer (ungruppierte Daten):

$$\bar{x}_W = 1\,910.$$
$$x_i = 1\,490,\ 1\,710,\ 1\,820,\ 1\,960,\ 2\,570,$$
$$x_i - \bar{x} = -420,\ -200,\ -90,\ 50,\ 660,$$
$$(x_i - \bar{x})^2 = 176\,400,\ 40\,000,\ 8\,100,\ 2\,500,\ 435\,600,$$
$$s_X^2 = \frac{1}{5} \cdot (176\,400 + 40\,000 + 8\,100 + 2\,500 + 435\,600),$$
$$= \frac{1}{5} \cdot 662\,600 = 132\,520.$$

$$s_X = +\sqrt{132\ 520} = 364{,}03.$$

Die Berechnung der Varianz (und damit auch der Standardabweichung) für **ungruppiertes Datenmaterial** läßt sich durch die folgende Umformung wesentlich vereinfachen:

$$s_X^2 = \frac{1}{n} \cdot \sum_{i=1}^{n} (x_i - \bar{x})^2 = \frac{1}{n} \cdot \sum_{i=1}^{n} (x_i^2 - 2 \cdot \bar{x} \cdot x_i + \bar{x}^2)$$

$$= \frac{1}{n} \cdot \sum_{i=1}^{n} x_i^2 - 2 \cdot \bar{x} \cdot \frac{1}{n} \sum_{i=1}^{n} x_i + \bar{x}^2$$

(6.15)
$$= \frac{1}{n} \sum_{i=1}^{n} x_i^2 - \bar{x}^2.$$

6.2.4.2 Bestimmung aus gruppiertem Datenmaterial (Streuungszerlegungssatz)

Faßt man das Beobachtungsmaterial zu k Klassen zusammen, so kann man jeden Merkmalswert des ungruppierten Materials durch einen doppelten Index x_{ij} kennzeichnen. Der erste Index i bezeichnet die Klasse, der der Merkmalswert angehört (i = 1,2,. . . . ,k). Der zweite Index j bezeichnet den Merkmalswert innerhalb der Klasse i (j = 1,2,. . . . ,n_i; wobei n_i die Anzahl der statistischen Einheiten in der Klasse i bezeichnet).

Die gesamte Streuung aller Merkmalswerte läßt sich nun als Doppelsumme schreiben, indem man einmal über alle k Klassen und dann innerhalb jeder Klasse über alle statistischen Einheiten summiert.
Man erhält

$$s_X^2 = \frac{1}{n} \sum_{i=1}^{k} \sum_{j=1}^{n_i} (x_{ij} - \bar{x})^2.$$

Durch Umformung ergibt sich daraus

$$s_X^2 = \frac{1}{n} \sum_{i=1}^{k} \sum_{j=1}^{n_i} [(x_{ij} - \bar{x}_i) + (\bar{x}_i - \bar{x})]^2$$

$$= \frac{1}{n} \sum_{i=1}^{k} \sum_{j=1}^{n_i} [(x_{ij} - \bar{x}_i)^2 + 2(x_{ij} - \bar{x}_i)(\bar{x}_i - \bar{x}) + (\bar{x}_i - \bar{x})^2]$$

$$= \frac{1}{n} \sum_{i=1}^{k} \sum_{j=1}^{n_i} (x_{ij} - \bar{x}_i)^2 + \frac{2}{n} \sum_{i=1}^{k} \left\{ (\bar{x}_i - \bar{x}) \cdot \sum_{j=1}^{n_i} (x_{ij} - \bar{x}_i) \right\}$$

$$+ \frac{1}{n} \sum_{i=1}^{k} \sum_{j=1}^{n_i} (\bar{x}_i - \bar{x})^2.$$

Dabei bedeutet $\bar{x}_i$ das arithmetische Mittel der Merkmalswerte in der i-ten Klasse, d.h.

$$\bar{x}_i = \frac{1}{n_i} \cdot \sum_{j=1}^{n_i} x_{ij}.$$

Wegen

$$\sum_{j=1}^{n_i} (x_{ij} - \bar{x}_i) = \sum_{j=1}^{n_i} x_{ij} - n_i \bar{x}_i = \sum_{j=1}^{n_i} x_{ij} - \sum_{j=1}^{n_i} x_{ij} = 0$$

folgt

$$s_X^2 = \frac{1}{n} \cdot \sum_{i=1}^{k} n_i \cdot \frac{\sum_{j=1}^{n_i} (x_{ij} - \bar{x}_i)^2}{n_i} + \frac{1}{n} \cdot \sum_{i=1}^{k} n_i \cdot (\bar{x}_i - \bar{x})^2.$$

Führt man die Größe

$$s_i^2 = \frac{1}{n_i} \cdot \sum_{j=1}^{n_i} (x_{ij} - \bar{x}_i)^2$$

ein, die die Varianz in der i-ten Größenklasse bezeichnet, dann läßt sich die Gesamtvarianz s_X^2 der Merkmalswerte in zwei Summanden wie folgt zerlegen (sog. **Streuungszerlegungssatz**):

$$s_X^2 = \frac{1}{n} \cdot \sum_{i=1}^{k} n_i s_i^2 + \frac{1}{n} \cdot \sum_{i=1}^{k} n_i (\bar{x}_i - \bar{x})^2$$

$$= \sum_{i=1}^{k} h_i \cdot s_i^2 + \sum_{i=1}^{k} h_i \cdot (\bar{x}_i - \bar{x})^2.$$

Der erste Summand ist das gewogene arithmetische Mittel der Varianzen der einzelnen Größenklassen, man bezeichnet ihn auch als die durchschnittliche **interne Streuung**.

Der zweite Summand stellt die Varianz der Mittelwerte der Klassen dar, man bezeichnet ihn auch als durchschnittliche **externe Streuung**.

Sind die einzelnen Merkmalswerte x_{ij} in den Klassen und die arithmetischen Mittel der Klassen $\bar{x}_i$ unbekannt, dann läßt sich nur die externe Streuung unter Verwendung der Klassenmitten x_i^m anstelle der arithmetischen Mittel der Größenklassen $\bar{x}_i$ berechnen. Damit erhält man als Berechnungsformel der Varianz für **gruppiertes Material** den approximativen Ausdruck

$$s_X^2 \approx \sum_{i=1}^{k} h_i(x_i^m - \bar{x})^2.$$

Dieser Ausdruck läßt sich noch vereinfachen zu

$$s_X^2 = \sum_{i=1}^{k} h_i \cdot (x_i^m)^2 - \bar{x}^2.$$

Es gilt nämlich

$$s_X^2 = \sum_{i=1}^{k} h_i(x_i^m - \bar{x})^2 = \sum_{i=1}^{k} \left\{ h_i(x_i^m)^2 - 2h_i \cdot \bar{x} \cdot x_i^m + h_i \bar{x}^2 \right\}$$

$$= \sum_{i=1}^{k} h_i(x_i^m)^2 - 2 \cdot \bar{x} \cdot \sum_{i=1}^{k} h_i x_i^m + \bar{x}^2 \cdot \sum_{i=1}^{k} h_i.$$

Wegen $\sum_{i=1}^{k} h_i x_i^m = \bar{x}$ und $\sum_{i=1}^{k} h_i = 1$ folgt unmittelbar

$$s_X^2 = \sum_{i=1}^{k} h_i(x_i^m)^2 - 2 \cdot \bar{x}^2 + \bar{x}^2 = \sum_{i=1}^{k} h_i(x_i^m)^2 - \bar{x}^2.$$

Dieses Streuungsmaß für **gruppiertes Datenmaterial** ist unter zwei Bedingungen mit der Gesamtstreuung des **ungruppierten Datenmaterials** identisch, nämlich dann, wenn

a) die interne Streuung gleich Null ist, d.h. in jeder Klasse nur **ein** Wert existiert, und

b) wenn dieser eine Wert mit der Klassenmitte x_i^m zusammenfällt.

Beide Bedingungen sind in der Regel nur für quantitativ-diskrete Merkmale erfüllt, die je Klasse nur einen Merkmalswert aufweisen. Die Varianz in den Klassen sowie die Abweichung zwischen dem arithmetischen Mittel der Klasse $\bar{x}_i$ und der Klassenmitte x_i^m bilden den Informationsverlust, der bei der Berechnung der Varianz entsteht, wenn man gruppiertes Datenmaterial verwendet.

Beispiel 5.5: Berechnung der Varianz und der Standardabweichung für die Einkommen der männlichen und weiblichen Arbeitnehmer

a) männliche Arbeitnehmer:

$x_i^u \leq x < x_i^o$	n_i	$h(x_i)$	x_i^m	$h_i x_i^m$	$(x_i^m)^2 \cdot 10^6$	$h_i(x_i^m)^2 \cdot 10^6$
[0; 2 400)	876	0,0554	1 200	66,48	1,44	0,0797
[2 400; 4 800)	571	0,0361	3 600	129,96	12,96	0,4678
[4 800; 7 200)	434	0,0275	6 000	165,00	36,00	0,9900
[7 200; 9 600)	397	0,0251	8 400	210,84	70,56	1,7710
[9 600; 12 000)	290	0,0183	10 800	197,64	116,64	2,1345
[12 000; 16 000)	496	0,0314	14 000	439,60	196,00	6,1544
[16 000; 20 000)	595	0,0376	18 000	676,80	324,00	12,1824
[20 000; 25 000)	1249	0,0790	22 500	1777,50	506,25	39,9937
[25 000; 30 000)	2240	0,1417	27 500	3896,75	756,25	107,1606
[30 000; 36 000)	3022	0,1912	33 000	6309,60	1 089,00	208,2168
[36 000; 40 000)	1513	0,0957	38 000	3636,60	1 444,00	138,1908
[40 000; 45 000)	1254	0,0793	42 500	3370,25	1 806,25	143,2356
[45 000; 50 000)	847	0,0536	47 500	2546,00	2 256,25	120,9350
[50 000; 55 000)	581	0,0368	52 500	1932,00	2 756,25	101,4300
[55 000; 60 000)	400	0,0253	57 500	1454,75	3 306,25	83,6481
[60 000; 65 000)	276	0,0175	62 500	1093,75	3 906,25	68,3593
[65 000; 70 000)	188	0,0119	67 500	803,25	4 556,25	54,2194
[70 000; 75 000)	141	0,0089	72 500	645,25	5 256,25	46,7806
[75 000; 80 000)	97	0,0061	77 500	472,75	6 006,25	36,6381
[80 000; 85 000)	70	0,0044	82 500	363,00	6 806,25	29,9475
[85 000; 90 000)	50	0,0032	87 500	280,00	7 656,25	24,5000
[90 000; 95 000)	39	0,0025	92 500	231,25	8 556,25	21,3906
[95 000; 100 000)	30	0,0019	97 500	185,25	9 506,25	18,0619
[100 000; 150 000)	113	0,0071	125 000	887,50	15 625,00	110,9375
[150 000; 200 000)	24	0,0015	175 000	262,50	30 625,00	45,9375
[200 000; 250 000)	8	0,0005	225 000	112,50	50 625,00	25,3125
[250 000; 300 000)	3	0,0002	275 000	55,00	75 625,00	15,1250
[300 000; 350 000)	2	0,0001	325 000	32,50	105 625,00	10,5625
[350 000 und mehr)	3	0,0002				
Summe	1810	1,0000	$\bar{x}$ = 32 234,27		Summe	1474,3632

$$s_X^2 = 1\,474\,363\,200 - (32\,234{,}27)^2$$
$$= 1\,474\,363\,200 - 1\,039\,048\,162$$
$$= 435\,315\,038.$$
$$s_X = 20\,864{,}20.$$

b) weibliche Arbeitnehmer:

Lohnklasse	n_i	h_i	x_i^m	$h_i x_i^m$	$(x_i^m)^2 \cdot 10^6$	$h_i(x_i^m)^2 \cdot 10^6$
[0 ; 2400)	1 052	0,1060	1 200	127,20	1,44	0,15264
[2400; 4800)	765	0,0771	3 600	277,56	12,96	0,99922
[4800; 7200)	570	0,0574	6 000	344,40	36,00	2,06640
[7200; 9600)	531	0,0535	8 400	449,40	70,56	3,77496
[9600; 12000)	649	0,0654	10 800	706,32	116,64	7,62826
[12000; 16000)	1 264	0,1274	14 000	1 783,60	196,00	24,97040
[16000; 20000)	1 099	0,1108	18 000	1 994,40	324,00	35,89920
[20000; 25000)	1 324	0,1334	22 500	3 001,50	506,25	67,53375
[25000; 30000)	1 089	0,1098	27 500	3 019,50	756,25	83,03625
[30000; 36000)	767	0,0773	33 000	2 550,90	1 089,00	84,17970
[36000; 40000)	296	0,0298	38 000	1 132,40	1 444,00	43,03120
[40000; 45000)	226	0,0228	42 500	969,00	1 806,25	41,18250
[45000; 50000)	130	0,0131	47 500	622,25	2 256,25	29,55688
[50000; 55000)	70	0,0071	52 500	372,75	2 756,25	19,56938
[55000; 60000)	34	0,0034	57 500	195,50	3 306,25	11,24125
[60000; 65000)	21	0,0021	62 500	131,25	3 906,35	8,20313
[65000; 70000)	10	0,0010	67 500	67,50	4 556,25	4,55625
[70000; 75000)	9	0,0009	72 500	65,25	5 256,25	4,73063
[75000; 80000)	4	0,0004	77 500	31,00	6 006,25	2,40250
[80000; 85000)	3	0,0003	82 500	24,75	6 806,25	2,04188
[85000;150000)	8	0,0008	117 500	94,00	13 806,25	0,11045
[150000; ∞)	1	0,0001				
Summe	9922	0,9999	$\bar{x}$ = 17 960,43		Summe	487,80135

$$\begin{aligned} s_X^2 &= 487\ 801\ 350 - (17\ 960{,}43)^2 \\ &= 487\ 801\ 350 - 322\ 577\ 045{,}8 \\ &= 165\ 224\ 304{,}20. \\ s_X &= 12\ 853{,}96. \end{aligned}$$

Wenn man die mittlere quadratische Abweichung nicht von dem arithmetischen Mittel $\bar{x}$, sondern von einem beliebigen anderen Wert a der Verteilung bestimmt, kann man die **Minimaleigenschaft der Varianz** s_X^2 zeigen. Es gilt

$$\frac{1}{n} \cdot \sum_{i=1}^{n} (x_i - a)^2 = \frac{1}{n} \cdot \sum_{i=1}^{n} \left[(x_i - \bar{x}) + (\bar{x} - a)\right]^2$$

$$= \frac{1}{n} \cdot \sum_{i=1}^{n} \left\{(x_i - \bar{x})^2 + 2(\bar{x} - a) \cdot (x_i - \bar{x}) + (\bar{x} - a)^2\right\}$$

$$= \frac{1}{n} \cdot \sum_{i=1}^{n} (x_i - \bar{x})^2 + 2(\bar{x} - a) \cdot \frac{1}{n} \cdot \sum_{i=1}^{n} (x_i - \bar{x}) + (\bar{x} - a)^2.$$

Wegen $\frac{1}{n} \cdot \sum_{i=1}^{n} (x_i - \bar{x}) = \frac{1}{n} \cdot \sum_{i=1}^{n} x_i - \frac{1}{n} \cdot n \cdot \bar{x} = 0$ erhält man

$$\frac{1}{n} \sum_{i=1}^{n} (x_i - a)^2 = s_X^2 + (\bar{x} - a)^2.$$

Man bezeichnet diese Beziehung als **Streuungsverschiebungssatz**. Aus ihm folgt unmittelbar, daß die mittlere quadratische Abweichung von einer beliebigen Konstanten a immer größer ist als diejenige vom arithmetischen Mittel $\bar{x}$.

6.2.5 Der Variationskoeffizient

Beim Vergleich von verschiedenen Häufigkeitsverteilungen interessiert man sich oft nur für eine "relative Streuung", worunter man **die Relation einer Streuungsmaßzahl zu einer Lagemaßzahl** versteht. Da die Standardabweichung in der gleichen Maßeinheit wie das arithmetische Mittel gemessen wird, kann man das Verhältnis dieser beiden Größen betrachten.

Definition: Der **Variationskoeffizient V** wird gegeben durch den Quotienten

(6.18) $$V = \frac{s_X}{\bar{X}} \cdot 100.$$

Der Variationskoeffizient ist eine dimensionslose Größe, daher ist diese Verhältniszahl besonders geeignet, wenn die Merkmalswerte in verschiedenen Dimensionen gemessen wurden. **Er eignet sich als Maßzahl zum Vergleich der Streuungen zweier quantitativer Merkmale.** Er ist **nicht** zu empfehlen, wenn die Merkmalswerte auch negative Zahlen sein können, da dann das arithmetische Mittel nahe bei Null liegen kann und man so beliebig große Werte für den Variationskoeffizienten erhalten kann.

Beispiel 6.7: Bei Preiserhebungen in München und Paris ergaben sich für eine spezielle Wurstsorte folgende Werte

Stadt	Durchschnittspreis	Standard-abweichung	Variations-koeffizient
München	2,64 DM	0,15 DM	5,7
Paris	5,55 FF	0,42 FF	7,6

Daraus ist zu ersehen, daß die Streuung der Preise in der Münchener Preisstatistik kleiner ist als in der Pariser Preisstatistik. Dieser Vergleich kann aufgrund des dimensionslosen Variationskoeffizienten trotz verschiedener Währungen unmittelbar vorgenommen werden.

6.2.6 Das Konzept der Momente

Die beim arithmetischen Mittel und der Varianz angewandte Methode zur Darstellung einer eindimensionalen Häufigkeitsverteilung läßt sich verallgemeinern. Man bezeichnet die durchschnittlichen potenzierten Abweichungen der Merkmalswerte von einem beliebigen Bezugspunkt als Momente.

Definition: Es seien n beliebige Merkmalswerte $x_1, x_2, \ldots, x_n$, ein beliebiger Bezugspunkt a und eine ganze Zahl $r \geq 0$ gegeben.
Als das **r-te Moment der Merkmalswerte um den Bezugspunkt a** definiert man die Größe

(6.19) $$m_r(a) = \frac{1}{n} \sum_{i=1}^{n} (x_i - a)^r.$$

In der Regel werden allerdings nur die Momente um den Bezugspunkt Null und das arithmetische Mittel $\bar{x}$ zur Darstellung von Verteilungen verwendet.
Allgemein spricht man vom

gewöhnlichen Moment, wenn $a = 0$, und vom

zentralen Moment, wenn $a = \bar{x}$

gesetzt wird. Man verwendet die folgende abkürzende Schreibweise

$$m_r(0) = m_r' \quad \text{sowie} \quad m_r(\bar{x}) = m_r$$

und erhält

Definition: a) **Das gewöhnliche r-te Moment** lautet

(6.20) $$m_r' = \frac{1}{n} \sum_{i=1}^{n} x_i^r,$$

b) **das zentrale r-te Moment** lautet

(6.21) $$m_r = \frac{1}{n} \sum_{i=1}^{n} (x_i - \bar{x})^r.$$

Zwei der bisher verwendeten Maßzahlen sind Spezialfälle des allgemeinen Momentenbegriffs, nämlich

1) das gewöhnliche 1-te Moment

$$m_1' = \frac{1}{n} \sum_{i=1}^{n} x_i = \bar{x}$$

als **arithmetisches Mittel** und

2) das zentrale 2-te Moment

$$m_2 = \frac{1}{n} \sum_{i=1}^{n} (x_i - \bar{x})^2 = s_X^2$$

als **empirische Varianz**.

3) Das zentrale 3-te Moment

$$m_3 = \frac{1}{n} \sum_{i=1}^{n} (x_i - \bar{x})^3$$

wird als Maßzahl für die **Schiefe einer Verteilung** verwendet.

Linkssteile (bzw. rechtssteile) Verteilungen besitzen ein positives (bzw. negatives) zentrales 3-tes Moment m_3.

Beim Beispiel 5.5 erhält man die beiden Werte

a) männliche Arbeitnehmer: $m_3 = 1{,}829 \cdot 10^{14}$,

b) weibliche Arbeitnehmer: $m_3 = 9{,}446 \cdot 10^{13}$.

Somit sind beide Einkommensverteilungen linkssteil, d.h. die geringeren Einkommensklassen sind stärker besetzt.

Zwischen den zentralen und gewöhnlichen Momenten existieren feste Beziehungen, z.B. gilt

(6.22) $$s_X^2 = m_2 = m_2' - (m_1')^2 = \frac{1}{n} \cdot \sum x_i^2 - \bar{x}^2.$$

Man kann eine Verteilung durch die Gesamtheit aller Momente, wenn sie existieren, vollständig beschreiben.

6.3 Die Konzentration einer Verteilung (Lorenzkurve)

Streuungsmaße liefern eine Aussage darüber, wie die Merkmalswerte der Einheiten einer statistischen Masse zueinander, speziell zum arithmetischen Mittel $\bar{x}$, liegen. Bei vielen praktischen Anwendungen interessiert man sich aber für die Aufteilung der gesamten Merkmalssummen $\Sigma n_i x_i$ (bzw. $\Sigma n_i x_i^m$) auf die statistischen Einheiten, man spricht von einer **Konzentrationsaussage**.

Streuungsaussage (Häufigkeits- oder Verteilungsaussage):

14,72% der Lohnsteuerpflichtigen beziehen einen jährlichen Bruttolohn zwischen 30 000 DM und 36 000 DM.

Konzentrationsaussage:

125 004 000 DM, dies sind 18,17 % der gesamten Bruttolohnsumme aller Lohnsteuerpflichtigen (= 687 840 900), konzentrieren sich auf 14,72 % aller Lohnsteuerpflichtigen.

Zunächst soll der noch relativ ungenaue Ausdruck der Konzentration einer Verteilung präzisiert werden. Neben der kumulierten relativen Häufigkeit der Merkmalswerte [der Verteilungsfunktion $F(x_i)$] bestimmt man noch die kumulierte Summe der relativen Merkmalssummen $MS(x_i)$.

Beispiel 5.4: Bruttolohn der ganzjährig beschäftigten Lohnsteuerpflichtigen in der BRD (einschließlich West-Berlin)

Lohnklasse $x_i^u \le x < x_i^o$	n_i	h_i	x_i^m	$n_i x_i^m \cdot 10^6$	$\frac{n_i \cdot x_i^m}{n \cdot \bar{x}}$	$MS(x_i)$
[0 ; 2 400)	1 928	0,0749	1 200	2,3136	0,0036	0,0036
[2 400; 4 800)	1 337	0,0520	3 600	4,8132	0,0069	0,0103
[4 800; 7 200)	1 003	0,0390	6 000	6,0180	0,0087	0,0191
[7 200; 9 600)	928	0,0361	8 400	7,7952	0,0113	0,0304
[9 600; 12 000)	939	0,0365	10 800	10,1412	0,0147	0,0452
[12 000; 16 000)	1 760	0,0684	14 000	24,6400	0,0358	0,0810
[16 000; 20 000)	1 695	0,0659	18 000	30,5100	0,0443	0,1254
[20 000; 25 000)	2 573	0,1000	22 500	57,8925	0,0842	0,2095
[25 000; 30 000)	3 329	0,1294	27 500	91,5475	0,1331	0,3426
[30 000; 36 000)	3 788	0,1472	33 000	125,0040	0,1817	0,5244
[36 000; 40 000)	1 809	0,0703	38 000	68,7420	0,0999	0,6243
[40 000; 45 000)	1 480	0,0575	42 500	62,9000	0,0914	0,7157
[45 000; 50 000)	977	0,0380	47 500	46,4075	0,0675	0,7832
[50 000; 55 000)	650	0,0253	52 500	34,1250	0,0496	0,8328
[55 000; 60 000)	434	0,0169	57 500	24,9550	0,0363	0,8691
[60 000; 65 000)	297	0,0115	62 500	18,5625	0,0270	0,8961
[65 000; 70 000)	199	0,0077	67 500	13,4325	0,0195	0,9156
[70 000; 75 000)	150	0,0058	72 500	10,8750	0,0158	0,9314
[75 000; 80 000)	101	0,0039	77 500	7,8275	0,0114	0,9428
[80 000; 85 000)	73	0,0028	82 500	6,0225	0,0087	0,9515
[85 000; 90 000)	52	0,0020	87 500	4,5500	0,0066	0,9582
[90 000; 95 000)	41	0,0016	92 500	3,7925	0,0055	0,9637
[95 000;100 000)	31	0,0012	97 500	3,0225	0,0044	0,9681
[100 000;150 000)	117	0,0045	125 000	14,6250	0,0213	0,9894
[150 000;200 000)	25	0,0010	175 000	4,3750	0,0063	0,9957
[200 000;250 000)	8	0,0003	225 000	1,8000	0,0026	0,9983
[250 000;300 000)	3	0,0001	275 000	0,8250	0,0012	0,9995
[300 000;350 000)	2	0,0000	325 000	0,3250	0,0005	1,0000
[350 000; ∞)	3	0,0001				
Summe 25732	1,0000		$n \cdot \bar{x}$ =	687,8409	1,0000	

Man definiert

$$MS(x_0) = 0,$$

$$MS(x_i) = \begin{cases} \dfrac{\sum_{j=1}^{i} n_j x_j}{\sum_{j=1}^{n} n_j x_j} & \text{für ungruppiertes (diskretes) Datenmaterial,} \\[2ex] \dfrac{\sum_{j=1}^{i} n_j x_j^m}{n \cdot \bar{x}} & \text{für gruppiertes (stetiges) Datenmaterial.} \end{cases}$$

Der Streckenzug, der die Punkte [$F(x_i)$; $MS(x_i)$] miteinander verbindet, heißt die **Lorenzkurve** der Konzentration.

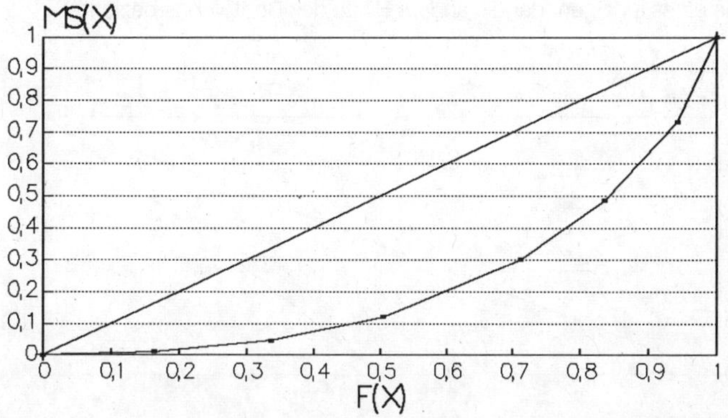

Abbildung: 6.5: Lorenzkurve für den Bruttolohn der ganzjährig beschäftigten Lohnsteuerpflichtigen in der BRD (einschl. West-Berlin), 1980.

Im Falle der vollständigen Nichtkonzentration liegen alle Punkte auf der Diagonalen des Quadrates mit der Seitenlänge eins. Die Fläche zwischen Diagonale und Lorenzkurve wird um so größer, je stärker die Konzentration der Verteilung des Merkmales ist. Maximale Konzentration wird erreicht, wenn die Lorenzkurve mit den beiden Quadratseiten zusammenfällt. Es liegt daher nahe, das Verhältnis der zwischen Diagonale und Lorenzkurve eingeschlossenen Fläche zur maximal möglichen Fläche (= 1/2) als Maß für die Konzentration zu wählen. Häufig wird das **Ginische Konzentrationverhältnis K** verwendet.

Definition:

$$K := \frac{\text{Fläche zwischen Lorenzkurve und Diagonale}}{\text{Fläche des Dreiecks unter der Diagonalen}}$$

$$= 2 \cdot (\text{Fläche zwischen Lorenzkurve und Diagonale}).$$

Für den Vergleich zweier Verteilungen ist jedoch das Ginische Konzentrationsmaß nur geeignet, wenn sich die zugehörigen Lorenzkurven nicht schneiden. Denn durch seine Definition wird den folgenden beiden Sachverhalten das gleiche Konzentrationsmaß zugeordnet (siehe Abbildung 6.6):

A: Auf die eine Hälfte der Lohnbezieher entfällt ein Bruttolohn von Null, während die andere Hälfte der Lohnbezieher alle den gleichen Bruttolohn erhalten.

B: Die Hälfte des gesamten Bruttolohns entfällt gleichmäßig auf alle Lohnempfänger mit Ausnahme eines einzigen, der die andere Hälfte des Bruttolohns bezieht.

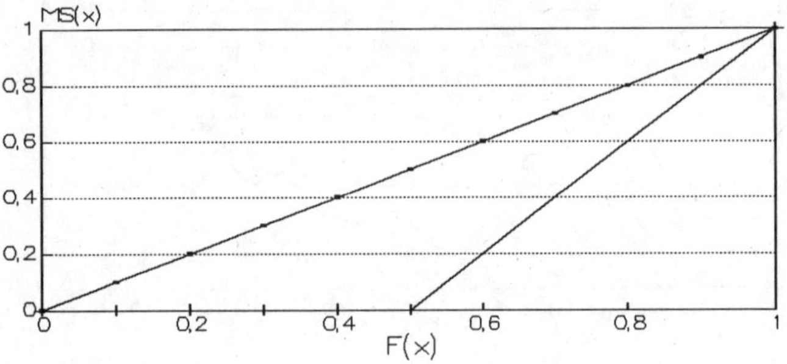

Sachverhalt A

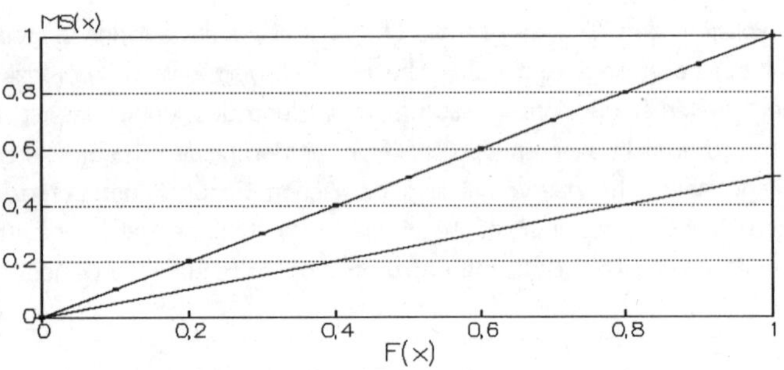

Sachverhalt B

Abbildung 6.6: Zwei verschiedene Sachverhalte (A und B) mit dem gleichen Ginischen Konzentrationsmaß.

Das Ginische Konzentrationsmaß ist daher nur bedingt aussagefähig und sollte ohne zusätzliche Angaben, z.B. eine graphische Darstellung der Lorenzkurve, nicht verwendet werden.

Übungsaufgaben zu den Kapitel 5 und 6

Aufgabe 1:

In einer deutschen Großstadt wurden 1 000 Einzelhandelsunternehmen nach ihrem Umsatz befragt. Aus den ermittelten Werten wurde folgende Tabelle aufgestellt:

Umsatz in 1 000 DM	Anzahl der Einzelhandels-unternehmen
[0; 10)	200
[10; 50)	300
[50; 100)	250
[100; 230)	250

1. a) Bestimmen Sie die relativen Häufigkeiten, die Verteilungsfunktion und die Häufigkeitsdichte. Stellen Sie die Häufigkeitsverteilung, die Verteilungsfunktion und die Häufigkeitsdichte graphisch dar. Erklären Sie den Unterschied zwischen der Häufigkeitsfunktion und der Häufigkeitsdichte.

   b) Ermitteln Sie den Gesamtumsatz der Einzelhandelsunternehmen.

   c) Wieviel Prozent der Einzelhandelsunternehmen erreichen einen Umsatz von höchstens 40 000 DM ?

   d) Welcher Umsatz wird von 60 % der Einzelhandelsunternehmen nicht überschritten?

   e) Bestimmen Sie den Quartilsabstand und interpretieren Sie die errechneten Werte.

2. a) Berechnen Sie Modus, Median und arithmetisches Mittel und interpretieren Sie die errechneten Werte. Welche Aussage können Sie aufgrund dieser Werte über die Form der Verteilung treffen?

   b) Ermitteln Sie die Varianz und die Standardabweichung.

   c) Bestimmen sie den Variabilitätskoeffizienten.

3. a) Berechnen Sie die Werte der Lorenzkurve und stellen Sie die errechneten Werte graphisch dar.

   b) Welchen Anteil an der Merkmalssumme haben 20 (75) % der Merkmalswerte?

   c) Was versteht man unter dem Ginischen Konzentrationsverhältnis? Halten Sie es für ein geeignetes Konzentrationsmaß?

1. b) 70 000 000 DM; c) 42,5 %; d) 70 000 DM; e) 41,66.
2. a) D = 5 000 DM; Z = 50 000 DM; $\bar{x}$ = 70 000 DM;
   b) s^2 = 3 587,5; c) V = 85,5653.
3. b) 1,4 % (41,1 %).

Aufgabe 2:

Ein Fertighaushersteller hat festgehalten, wieviele Reklamationen in seinen 10 Niederlassungen innerhalb des letzten Vierteljahres eingegangen sind. Er ermittelte die folgenden Daten:

1; 5; 7; 8; 10; 12; 14; 17; 22; 24.

a) Ermitteln Sie den Median und interpretieren sie diesen Wert.

b) Geben Sie die Spannweite R (range) der Gesamtverteilung an. Was besagt dieser Wert?

c) Zur besseren Übersicht wurde das Datenmaterial in der folgenden Klasseneinteilung zusammengefaßt:

[0; 4) Reklamationen,
[4; 8) Reklamationen,
[8; 16) Reklamationen,
[16; 26) Reklamationen.

Bestimmen Sie die absoluten und relativen Häufigkeiten.

d) Ermitteln Sie das arithmetische Mittel einer jeden Klasse und daraus das arithmetische Mittel der Gesamtverteilung.

e) Ermitteln Sie die Varianz der Gesamtverteilung,

- mit Hilfe des unter d) errechneten arithmetischen Mittels,
- unter Verwendung der Klassenmitten,
- mittels der Einzelwerte.

Wie erklären sich die Unterschiede?

a) Z = 11. b) R = 23.

d) $\bar{x}_1 = 1$; $\bar{x}_2 = 6$; $\bar{x}_3 = 11$; $\bar{x}_4 = 21$; $\bar{x} = 12$.

e) 1. $s^2 = 44$; 2. $s^2 = 41{,}25$; 3. $s^2 = 48{,}8$.

Aufgabe 3:

Berechnen Sie aus den nachfolgend gegebenen Daten die durchschnittliche jährliche Änderung der Ausfuhr der BRD für den Zeitraum 1973/80. Folgende Entwicklung der Ausfuhr der BRD wurde beobachtet:

Periode	Änderung der Ausfuhr
1973/74	+ 29 %
1974/75	– 4 %
1975/76	+ 16 %
1976/77	+ 7 %
1977/78	+ 4 %
1978/79	+ 10 %
1979/80	+ 11 %

p = 10,025 %.

Aufgabe 4:

1. Zeigen Sie, daß folgendes gilt:

a) $\sum_{i=1}^{n} (x_i - c) = 0$ für $c = \bar{x}$,

b) $\sum_{i=1}^{n} (x_i - c)^2 = \text{Minimum}$ für $c = \bar{x}$,

c) $\frac{1}{n} \sum_{i=1}^{k} \bar{x}_i \cdot n_i = \bar{x}$ mit $\bar{x} = \frac{1}{n_i} \cdot \sum_{j=1}^{n_i} x_{ij}$ und $n = k \cdot n_i$.

2. Beweisen Sie, daß folgende Beziehung gilt

$$\frac{1}{n} \sum_{i=1}^{n} (x_i - \bar{x})^2 = \frac{1}{n} \sum_{i=1}^{n} x_i^2 - \bar{x}^2.$$

3. Beweisen Sie, daß folgende Beziehung gilt (**Streuungszerlegungssatz**):

$$s^2 = \frac{1}{n} \cdot \sum_{i=1}^{k} \sum_{j=1}^{n_i} (x_{ij} - \bar{x})^2 =$$

$$= \frac{1}{n} \cdot \sum_{i=1}^{k} \frac{1}{n_i} \sum_{j=1}^{n_i} (x_{ij} - \bar{x}_i)^2 \cdot n_i + \frac{1}{n} \cdot \sum_{i=1}^{k} (\bar{x}_i - \bar{x})^2 \cdot n_i.$$

Anleitung:

Erweitern Sie $\sum_{j=1}^{n_i} (x_{ij} - \bar{x})^2$ zu $\sum_{j=1}^{n_i} [(x_{ij} - \bar{x}_i) + (\bar{x}_i - \bar{x})]^2$.

Aufgabe 5:

In einem Unternehmen wurden folgende männliche und weibliche Arbeitnehmer (in 1 000) zu den folgenden Bruttomonatslöhnen beschäftigt:

Bruttomonatslohn in 100 DM	Anzahl der männlichen Arbeitnehmer	Anzahl der weiblichen Arbeitnehmer
[7 ; 10)	3	5
[10 ; 16)	6	10
[16 ; 22)	10	15
[22 ; 28)	20	6
[28 ; 34)	12	2
[34 ; 40)	9	2

a) Bestimmen Sie die relativen Häufigkeiten, die Häufigkeitsdichte und die Verteilungsfunktion jeweils für die männlichen und weiblichen Arbeitnehmer (Tabelle!).

b) Wieviel Prozent der männlichen Arbeitnehmer haben einen Bruttolohn von höchstens 2 500 DM?

c) Wieviel Prozent der weiblichen Arbeitnehmer haben einen Bruttolohn zwischen 1 300 DM und 2 500 DM?

d) Welcher Bruttomonatslohn wird von 50 % der männlichen Arbeitnehmer nicht überschritten?

e) Zwischen welchen Einkommenswerten findet man die mittleren 50 % der weiblichen Arbeitnehmer?

f) Berechnen Sie die arithmetischen Mittel und Mediane der Bruttomonatslöhne der männlichen und weiblichen Arbeitnehmer.

g) Berechnen Sie aus den unter f) bestimmten AM den durchschnittlichen Bruttomonatslohn eines Arbeitnehmers in dem betrachteten Unternehmen.

b) 48,33 %. c) 57,5 %. d) x = 2 529,99 e) a = 1 300; b = 2 200.
f) $\bar{x}_M$ = 2 437,50; Z_M = 2 529,99; $\bar{x}_W$ = 1 858,75; Z_W = 1 800.
g) $\bar{x}_{ges.}$ = 2 242.

Aufgabe 6:

Zur Beurteilung der konjunkturellen Lage seiner Branche macht ein Industrieverband eine Umfrage unter den 200 ihm angehörenden Unternehmen zur Feststellung des Auftragsbestandes.

Auftragsbestand in 1 000 DM	Anteil der Unternehmen mit einem Auftragsbestand von . . . . bis unter . . . . DM
[0 ; 100)	0,06
[100 ; 200)	0,08
[200 ; 400)	0,24
[400 ; 800)	0,30
[800 ; 1 600)	0,22
[1 600 ; 3 000)	0,10

a) Bestimmen und skizzieren Sie die Häufigkeitsdichte und die Verteilungsfunktion.

b) Ermitteln Sie den Gesamtwert des Auftragsbestandes der Unternehmen des Industriezweiges.

c) Bestimmen Sie den Modus der Verteilung.

d) Berechnen Sie den Median (Zentralwert).

e) Bei wieviel Prozent der Unternehmen liegt der Auftragsbestand zwischen 400 000 DM und 1 Mio. DM?

f) Berechnen Sie den Quartilsabstand.

b) GB = 152 200. c) D = 300. d) Z = 560. e) 35,5%.
f) QA = 381,44.

Aufgabe 7:

Bei einer Wohnungszählung wurde in einem Wohnviertel eine Stichprobe von n = 20 Wohnungen gezogen und folgendes Ergebnis festgestellt (es wurden nur ganze Räume gezählt):

Zahl der Wohnräume x_i	relative Häufigkeit der Familien mit x_i Wohnräumen
1	0,1
2	0,3
3 - 4	0,4
5 - 8	0,2

a) Berechnen Sie die durchschnittliche Zahl der Wohnräume. Später wurden als zusätzliche Information die Originalwerte gegeben:

2; 8; 1; 2; 6; 2; 8; 5; 4; 2; 3; 1; 4; 3; 4; 2; 4; 3; 2; 4.

b) Bestimmen Sie den Zentralwert der Stichprobe.

c) Bestimmen Sie den Modus der Stichprobe.

d) Wie groß ist die durchschnittliche Wohnraumzahl? Wie erklären Sie die unterschiedlichen Ergebnisse von a) und d)?

e) Welche Aussagen über die Form der Verteilung kann man aus den errechneten Werten von Z (= Zentralwert), D (= Modus) und dem AM (= arithmetischen Mittel) treffen?

a) $\bar{x} = 3{,}4$. b) Z = 3. c) D = 2. d) $\bar{x} = 3{,}5$. e) D < Z < AM (linkssteil).

Aufgabe 8:

Bei einer Untersuchung der Brenndauer eines neuen Glühlampentyps ergaben sich folgende Werte:

Brenndauer in Stunden	Anzahl der Glühlampen
[500 ; 1 000)	12
[1 000 ; 2 000)	22
[2 000 ; 3 000)	41
[3 000 ; 4 000)	19
[4 000 ; 6 000)	6

a) Berechnen Sie den Median, den Modus und das arithmetische Mittel. Interpretieren Sie die errechneten Werte.

b) Berechnen Sie den Quartilsabstand.

c) Berechnen Sie die Standardabweichung und erklären Sie die Bedeutung dieses Wertes.

d) Bestimmen Sie den Variabilitätskoeffizienten.

a) Z = 2 390; D = 2 500; $\bar{x}$ = 2 410. b) QA = 704,55.
c) s = 1 069,77. d) V = 44,3886.

Aufgabe 9:

In einem Unternehmen wurden im 1. Halbjahr eines Jahres 20 Krankheitsfälle registriert. Bei der Feststellung der Krankheitsdauer erhielt man folgende Werte:

Krankheitsdauer in Tagen	n_i
[1 ; 5]	8
[6 ; 10]	6
[11 ; 15]	4
[16 ; 20]	2

a) 1. Berechnen Sie die Häufigkeitsverteilung.

2. Berechnen Sie die durchschnittliche Krankheitsdauer.

3. Ermitteln Sie die Varianz der Verteilung.

b) Als zusätzliche Information wurden später die folgenden Originalwerte für die Krankheitsdauer in Tagen gegeben:

1; 2; 3; 3; 3; 4; 4; 5; 6; 7; 7; 7; 8; 9; 11; 12; 12; 13; 16; 17.

1. Berechnen Sie das arithmetische Mittel der Verteilung unter Verwendung der Originalwerte. Wie ist der Unterschied zwischen diesem und dem unter a) 2. errechneten arithmetischen Mittel zu erklären? Unter welcher Voraussetzung stimmen die so berechneten arithmetischen Mittel überein?

2. Bestimmen Sie den Median der Verteilung und geben Sie eine Interpretation.

3. Geben Sie die Spannweite (range) der Verteilung an. Was besagt dieser Wert und wie ist die Aussagekraft dieses Maßes zu beurteilen?

4. Berechnet man die Varianz der Verteilung unter Verwendung der Originalwerte, so erhält man $s^2 = 20{,}75$.

Warum ist die unter a) 3. berechnete Varianz nur ein Näherungswert für die gesuchte Varianz der Verteilung?

a) 2. $\bar{x} = 8$; 3. $s^2 = 25$.
b) 1. $\bar{x} = 7{,}5$; 2. $Z = 7$; 3. $R = 16$.

Aufgabe 10:

Ein Einzelhandelsunternehmen hat die Jahresumsätze seiner einzelnen Filialgeschäfte ermittelt. Dabei ergaben sich folgende gerundete Umsätze pro Filialgeschäft (Angaben in 100 000 DM)

20; 4; 8; 16; 16; 3; 12; 8; 13; 18; 15; 6; 8; 9; 14; 14; 9; 10; 11; 6.

1. a) Bestimmen Sie das arithmetische Mittel, den Median und den Modus und interpretieren Sie die Ergebnisse.

   b) Welche Aussage kann man aus den errechneten Werten von arithmetischem Mittel, Median und Modus über die Form der Verteilung treffen?

   c) Berechnen Sie die Varianz für den gesamten Konzern.

2. Zur besseren Übersicht wurde das Datenmaterial später in folgende Umsatzklassen (Angaben in 100 000 DM) zusammengefaßt:

   [2,5 ; 7,5)]
   [7,5 ; 12,5)]
   [12,5 ; 17,5)]
   [17,5 ; 22,5)]

   a) Berechnen Sie die absoluten Häufigkeiten jeder Umsatzklasse.

   b) Bestimmen Sie aus diesem gruppierten Material den durchschnittlichen Umsatz für den gesamten Einzelhandelskonzern.

   c) Wie ist der Unterschied zwischen diesem und dem unter 1.a) errechneten arithmetischen Mittel zu erklären? Unter welcher Voraussetzung stimmen die so berechneten arithmetischen Mittel überein?

   d) Berechnen Sie den durchschnittlichen Umsatz der Filialen jeder der Umsatzklassen.

e) Berechnen Sie die interne und externe Streuung und die Standardabweichung für den gesamten Konzern. Der Berechnung sind die unter 2. d) ermittelten arithmetischen Mittel der einzelnen Klassen zugrundezulegen. Interpretieren Sie die errechneten Ergebnisse.

1. a) $\bar{x} = 11$; $Z = 10{,}5$; $D = 8$. b) $D < Z < AM$. c) $s_X^2 = 20{,}9$.

2. b) $\bar{x} = 11{,}5$; d) $\bar{x}_1 = 4{,}75$; $\bar{x}_2 = 9{,}375$; $\bar{x}_3 = 14{,}67$; $\bar{x}_4 = 19$.

e) $s_1^2 = 1{,}6875$; $s_2^2 = 1{,}984375$; $s_3^2 = 1{,}2222$; $s_4^2 = 1$.

Aufgabe 11:

Für das Bruttosozialprodukt der BRD ergaben sich in den Jahren 1976 bis 1980 folgende Wachstumsraten

Jahr	Veränderungen gegenüber dem Vorjahr in %
1976	8,7
1977	6,7
1978	7,5
1979	8,5
1980	6,9

Berechnen Sie die durchschnittlichen jährlichen Änderungen des Bruttosozialproduktes für den Zeitraum 1976 - 1980.

$p = 7{,}65692$.

Aufgabe 12:

Die 12 200 Unternehmen des Bauhauptgewerbes in der BRD mit 20 und mehr Beschäftigten lassen sich in folgende Größenklassen aufteilen:

Beschäftigte	Zahl der Unternehmen
[20; 50)	7 750
[50; 100)	2 820
[100; 200)	1 100
[200; 500)	460
[500; 1 000)	70
Summe	12 200

a) Geben Sie die durchschnittliche Zahl der Beschäftigten der Unternehmen im Bauhauptgewerbe an.

b) Berechnen Sie den Quartilsabstand.

c) Errechnen Sie die Werte der Lorenzkurve und stellen Sie diese graphisch dar.

d) Welchen Anteil an der Merkmalssumme haben 60 % der Merkmalswerte?

e) Was versteht man unter dem Ginischen Konzentrationsverhältnis? Halten Sie es für ein geeignetes Konzentrationsmaß? (Begründung).

a) $\bar{x}$ = 70,5942. b) QA = 21,5083. d) 30 %.

7. Darstellung und Beschreibung von mehrdimensionalen Häufigkeitsverteilungen

Mehrdimensionale Häufigkeitsverteilungen werden benötigt, um die Zusammenhänge zwischen mehreren Merkmalen von Elementen einer statistischen Masse zu beschreiben. Mehrdimensionale Häufigkeitsverteilungen sind ein wichtiges Instrument der beschreibenden Statistik. Ihr Studium dient vor allem dazu, Zusammenhänge bzw. Abhängigkeiten zwischen mehreren verschiedenen Merkmalen einer statistischen Masse aufzudecken. Daraus ergeben sich die folgenden Fragestellungen:

(a) Existiert ein Zusammenhang zwischen den Merkmalen?
(b) Wenn ja, wie stark ist dieser Zusammenhang?
(c) Läßt sich ein existierender Zusammenhang funktional beschreiben?

Zu (a): Es gibt zwei Möglichkeiten, diese Frage zu beantworten. Einmal kann man beschreiben, wie das Beobachtungsmaterial strukturiert ist. Man zeigt dabei auf, wie bei bestimmten Ausprägungen des einen Merkmals die Ausprägungen des anderen Merkmals aussehen. Zum anderen kann man die zweidimensionale Häufigkeitsverteilung als einen empirischen Befund auffassen, der einen allgemein gültigen Zusammenhang darstellt. Dazu faßt man die Beobachtungswerte als eine Stichprobe aus einer Grundgesamtheit auf. Man versucht dann, aufgrund des beobachteten Zusammenhangs in der Stichprobe auf einen in der Grundgesamtheit existierenden Zusammenhang zu schließen.

Zu (b): Diese Frage wird bei **qualitativen Merkmalen** durch die **Kontingenzmaße** (nominal-skaliertes Merkmal) bzw. durch die Assoziationsmaße (ordinal-skaliertes Merkmal) und bei **quantitativen Merkmalen** durch die **Korrelationsrechnung** beantwortet.

Zu (c): Diese Frage kann bei qualitativen Merkmalen nur beschränkt beantwortet werden. Bei **quantitativen Merkmalen** wird sie durch die **Regressionsrechnung** beantwortet.

7.1 Allgemeine Begriffe und Darstellungsweise

Im folgenden werden der einfacheren Darstellung wegen nur statistische Einheiten mit zwei Merkmalen betrachtet. Diese beiden Merkmale werden mit A und B bezeichnet und mögen die Merkmalsausprägungen

$$\text{Merkmal A} = (A_1, A_2, \ldots, A_k) \text{ und Merkmal B} = (B_1, B_2, \ldots, B_m)$$

besitzen. Es lassen sich nun die Methoden, die zur Beschreibung eindimensionaler Verteilungen angewendet wurden, analog übertragen und erweitern.

Definition:	Die Menge der Elemente, die zugleich die Merkmalsausprägungen A_i und B_j besitzen, bezeichnet man als die **Klasse (A_i,B_j)** oder kurz (i,j).

Durch diese Einteilung der statistischen Einheiten in die Klassen (A_i,B_j) bzw. (i,j) wird eine disjunkte Zerlegung der Grundgesamtheit induziert. Man bezeichnet diese Zerlegung als zweidimensionales Merkmal A x B:

$$A \times B = (A_1B_1, A_1B_2, \ldots, A_1B_m; \ldots\ldots; A_kB_1, A_kB_2, \ldots, A_kB_m)$$

Definition:	Die Anzahl der Elemente in der Klasse (i,j) nennt man die **absolute Häufigkeit** der Klasse (i,j) und bezeichnet sie mit $n(A_i,B_j)$ oder kurz n_{ij}. Es gilt $\sum_{i=1}^{k} \sum_{j=1}^{m} n_{ij} = n.$

Der allgemeine Aufbau der Tabelle für das zweidimensionale Merkmal A x B besitzt die folgende Form:

Merkmal A $1 \le i \le k$	Merkmal B $1 \le j \le m$	Spalte der Zeilensummen
	$B_1 \quad B_2 \; \cdots \; B_j \; \cdots \; B_m$	$n_i = \sum_{j=1}^{m} n_{ij}$
A_1	$n_{11} \quad n_{12} \; \cdots \; n_{1j} \; \cdots \; n_{1m}$	$n_{1\cdot}$
A_2	$n_{21} \quad n_{22} \; \cdots \; n_{2j} \; \cdots \; n_{2m}$	$n_{2\cdot}$
$\vdots$	$\vdots$	$\vdots$
A_i	$n_{i1} \quad n_{i2} \; \cdots \; n_{ij} \; \cdots \; n_{im}$	$n_{i\cdot}$
$\vdots$	$\vdots$	$\vdots$
A_k	$n_{k1} \quad n_{k2} \; \cdots \; n_{kj} \; \cdots \; n_{km}$	$n_{k\cdot}$
Zeile der Spaltensummen $n_{\cdot j} = \sum_{i=1}^{k} n_{ij}$	$n_{\cdot 1} \quad n_{\cdot 2} \; \cdots \; n_{\cdot j} \; \cdots \; n_{\cdot m}$	n

Tabelle 7.1: Tabellarische Darstellung des zweidimensionalen Merkmales A x B mit

$$n_i = \sum_{j=1}^{m} n_{ij} \quad \text{und} \quad n_{\cdot j} = \sum_{i=1}^{k} n_{ij}.$$

Beispiel 7.1: Privathaushalte in der ehem. BRD (April 1990) nach Familienstand (A) und Geschlecht (B) des Haushaltungsvorstandes (Angaben in 1 000), Quelle: Statistisches Jahrbuch 1992, Seite 69.

Merkmal A		Merkmal B männlich (B_1)	weiblich (B_2)	Zeilensumme von A $\sum_{j=1}^{2} n_{ij}$
ledig	(A_1)	n_{11} = 3 015	n_{12} = 2 522	$n_{1\cdot}$ = 5 537
verheiratet	(A_2)	n_{21} = 15 310	n_{22} = 769	$n_{2\cdot}$ = 16 079
verwitwet	(A_3)	n_{31} = 664	n_{32} = 3 833	$n_{3\cdot}$ = 4 497
geschieden	(A_4)	n_{41} = 815	n_{42} = 1 247	$n_{4\cdot}$ = 2 062
Spaltensumme von B	$\sum_{i=1}^{4} n_{ij}$	$n_{\cdot 1}$ = 19 804	$n_{\cdot 2}$ = 8 371	n = 28 175

Wie im eindimensionalen Fall kann man die absoluten Häufigkeiten in relative Häufigkeiten umrechnen und erhält dann eine zweidimensionale Verteilung von relativen Häufigkeiten, die als Häufigkeitsfunktion (auch Häufigkeitsverteilung) bezeichnet wird.

Definition: Die **relative Häufigkeit** der Klasse (i,j) wird gegeben durch die Häufigkeitsfunktion

(7.1) $$h(A_i,B_j) = h_{ij} = \frac{n(A_i,B_j)}{n} = \frac{n_{ij}}{n}.$$

Es gilt $\sum_{i=1}^{k} \sum_{j=1}^{m} h_{ij} = 1.$

7.2 Randhäufigkeitsfunktion oder marginale Häufigkeiten

Die Tabelle der absoluten Häufigkeiten des zweidimensionalen Merkmals A x B erlaubt es, an den Rändern der Tabelle die beiden Verteilungen abzulesen, die sich ergeben, wenn man jedes Merkmal für sich allein betrachtet. Dazu werden zunächst Zeilen- und Spaltensummen eingeführt.

Definition: Die **Zeilensummen** sind gegeben durch

(7.2) $$n_{i\cdot} = \sum_{j=1}^{m} n_{ij} \quad (i = 1,2,\ldots,k)$$

und die **Spaltensummen** durch

(7.3) $$n_{\cdot j} = \sum_{i=1}^{k} n_{ij} \quad (j = 1,2,\ldots,m).$$

Es gilt

$$\sum_{i=1}^{k} n_{i\cdot} = n \text{ und } \sum_{j=1}^{m} n_{\cdot j} = n.$$

Dabei werden die Summen von absoluten und relativen Häufigkeiten immer so bezeichnet, daß man den Summationsindex durch einen Punkt ersetzt.

Definition:	Als **Randhäufigkeitsfunktion** (oder **marginale Häufigkeiten**) des Merkmals A x B bezeichnet man die durch die einzelnen Merkmale (A bzw. B) gegebenen eindimensionalen Häufigkeitsfunktionen (bzw. -verteilungen).

Tabellendarstellung:

Merkmal A	absolute Häufigkeit	relative Häufigkeit	Merkmal B	absolute Häufigkeit	relative Häufigkeit
A_1	$n_{1\cdot}$	$h_{1\cdot}$	B_1	$n_{\cdot 1}$	$h_{\cdot 1}$
$\vdots$	$\vdots$	$\vdots$	$\vdots$	$\vdots$	$\vdots$
A_i	$n_{i\cdot}$	$h_{i\cdot}$	B_j	$n_{\cdot j}$	$h_{\cdot j}$
$\vdots$	$\vdots$	$\vdots$	$\vdots$	$\vdots$	$\vdots$
A_k	$n_{k\cdot}$	$h_{k\cdot}$	B_m	$n_{\cdot m}$	$h_{\cdot m}$

Man bezeichnet die Menge der Elemente, die die Eigenschaft A_i bzw. B_j haben, als die marginale Klasse $(i,\cdot)$ bzw. $(\cdot,j)$ oder (A_i) bzw. (B_j). Die Zeilensumme $n_{i\cdot}$ und die Spaltensumme $n_{\cdot j}$ bezeichnet man als marginale Häufigkeiten. Die marginalen relativen Häufigkeiten werden dann gegeben durch

(7.4) $$h_{i\cdot} = \frac{n_{i\cdot}}{n}; \quad h_{\cdot j} = \frac{n_{\cdot j}}{n}.$$

Beispiel 7.1 (Fortsetzung):

A_1	$n_{1\cdot}$ = 5 537	$h_{1\cdot}$ = 0,1965
A_2	$n_{2\cdot}$ = 16 079	$h_{2\cdot}$ = 0,5707
A_3	$n_{3\cdot}$ = 4 497	$h_{3\cdot}$ = 0,1596
A_4	$n_{4\cdot}$ = 2 062	$h_{4\cdot}$ = 0,0732

B_1	$n_{\cdot 1}$ = 19 803	$h_{\cdot 1}$ = 0,7029
B_2	$n_{\cdot 2}$ = 8 372	$h_{\cdot 2}$ = 0,2971

7.3 Bedingte Verteilungen - Der Begriff der statistischen Unabhängigkeit

Neben der Spaltensumme und der Zeilensumme geben auch die einzelnen Zeilen und Spalten der zweidimensionalen Tabelle Anlaß zur Betrachtung. So wird z.B. durch das Merkmal B die Grundgesamtheit in die marginalen Klassen (B_1), (B_2), ... , (B_m) zerlegt. Man kann nun jede Klasse wiederum als eine Grundgesamtheit auffassen, die durch das Merkmal A in k Klassen zerlegt wird. Dies bedeutet, daß man jeder Klasse (B_j) wieder eine Verteilung zuordnen kann.

Definition:	Es sei $n_{\bullet j} \neq 0$. Die Zerlegung der Klasse (B_j), die man durch das Merkmal A erhält, wenn man die entsprechenden absoluten Häufigkeiten durch die zugehörige Spaltensumme $n_{\bullet j}$ dividiert, bezeichnet man als die **bedingte Verteilung von A, gegeben B_j**. Das auf die Klasse (B_j) bezogene Merkmal A bezeichnet man als das **bedingte Merkmal $A \vert B_j$**.

Analog kann man durch die Vertauschung der Rollen von A und B die bedingte Verteilung von B, gegeben A_i und das bedingte Merkmal $B \vert A_i$ definieren.

Verteilung von $A \vert B_j$ mit $n_{\bullet j} \neq 0$			Verteilung von $B \vert A_i$ mit $n_{i\bullet} \neq 0$		
Merkmal	absolute Häufigkeit	bedingte relative Häufigkeit	Merkmal	absolute Häufigkeit	bedingte relative Häufigkeit
A_1	n_{1j}	$h_{1\vert j}$	B_1	n_{i1}	$h_{1\vert i}$
.	.	.	.	.	.
.	.	.	.	.	.
A_i	n_{ij}	$h_{i\vert j}$	B_j	n_{ij}	$h_{j\vert i}$
.	.	.	.	.	.
.	.	.	.	.	.
A_k	n_{kj}	$h_{k\vert j}$	B_m	n_{im}	$h_{m\vert i}$
Σ	$n_{\bullet j}$	1	Σ	$n_{i\bullet}$	1

Die bedingten relativen Häufigkeiten werden wie folgt bestimmt

(7.5) $$h(A_i|\,B_j) = h_{i|\,j} = \frac{n(A_i,B_j)}{n(B_j)} = \frac{n_{ij}}{n_{\bullet j}},$$

(7.6) $$h(B_j|\,A_i) = h_{j|\,i} = \frac{n(A_i,\,B_j)}{n(A_i)} = \frac{n_{ij}}{n_{i\bullet}}.$$

Beispiel 7.1 (Fortsetzung):

Verteilung von $A\|\,B_1$ $n_{\bullet 1} = 19\,803 \neq 0$			Verteilung von $A\|\,B_2$ $n_{\bullet 2} = 8\,371 \neq 0$		
A_1	$n_{11} =$ 3 015	$h_{1\|\,1} = 0{,}1522$	A_1	$n_{12} =$ 2 522	$h_{1\|\,2} = 0{,}3013$
A_2	$n_{21} =$ 15 310	$h_{2\|\,1} = 0{,}7731$	A_2	$n_{22} =$ 769	$h_{2\|\,2} = 0{,}0919$
A_3	$n_{31} =$ 664	$h_{3\|\,1} = 0{,}0335$	A_3	$n_{32} =$ 3 833	$h_{3\|\,2} = 0{,}4579$
A_4	$n_{41} =$ 815	$h_{4\|\,1} = 0{,}0412$	A_4	$n_{42} =$ 1 247	$h_{4\|\,2} = 0{,}1490$
	$n_{\bullet 1} =$ 19 803	$\Sigma = 1{,}0000$		$n_{\bullet 2} =$ 8 371	$\Sigma = 1{,}0001$

Die bedingten Verteilungen liefern nur dann mehr Informationen, wenn sie sich (untereinander) unterscheiden. Sind alle bedingten Verteilungen gleich, dann sind sie auch identisch mit der Randverteilung, d.h. der eindimensionalen Verteilung des zu untersuchenden Merkmals. Diesen Fall bezeichnet man als statistische Unabhängigkeit, da die relativen Häufigkeiten des einen Merkmals unabhängig davon sind, welche speziellen Merkmalsausprägungen des anderen Merkmals als Bedingung angenommen wurden.

Definition: Die beiden bedingten Häufigkeitsverteilungen $A|\,B_j$ und $A|\,B_r$ **sind gleich**, wenn alle bedingten relativen Häufigkeiten gleich sind, d.h. wenn

(7.7) $$h_{i|\,j} = h_{i|\,r} \quad \text{für } i = 1,2,\ldots,k.$$

Definition: Das Merkmal A heißt **statistisch unabhängig** vom Merkmal B, wenn **alle** bedingten Verteilungen von $A|\,B_j$, für $j = 1,2,\ldots,m$, **gleich sind**.

Formal gilt dann

$$h(A_i|\,B_1) = h(A_i|\,B_2) = \ldots\ldots = h(A_i|\,B_m) = h(A_i) = \frac{n(A_i)}{n} = \frac{n_{i\bullet}}{n},$$

für i = 1,2,. . . . ,k.

Unter Berücksichtigung von (7.5) gilt somit bei statistischer Unabhängigkeit

(7.8) $$\frac{n_{ij}}{n_{\bullet j}} = \frac{n_{i\bullet}}{n} \quad ===> \quad n_{ij} = \frac{n_{i\bullet} \cdot n_{\bullet j}}{n}.$$

Daraus folgt

$$\frac{n(A_i, B_j)}{n} = \frac{n(A_i)}{n} \cdot \frac{n(B_j)}{n}, \quad \text{bzw.}$$

(7.9) $$h(A_i, B_j) = h(A_i) \cdot h(B_j).$$

Aus dieser Darstellung lassen sich die folgenden Aussagen über statistisch unabhängige Merkmale herleiten:

(i) Ist das Merkmal A vom Merkmal B statistisch unabhängig, dann ist auch das Merkmal B vom Merkmal A unabhängig. Die Unabhängigkeit ist also eine **symmetrische Beziehung**.

(ii) Sind die beiden Merkmale A und B voneinander statistisch unabhängig, so sind die bedingten Häufigkeitsverteilungen **gleich** der zugehörigen Randverteilung.

(iii) Sind die beiden Merkmale A und B voneinander statistisch unabhängig, dann ist die zweidimensionale Häufigkeitsverteilung A x B durch die Vorgabe der beiden Randverteilungen von A und B eindeutig bestimmt.

Beispiel 7.2: Gliederung der Wohnbevölkerung der ehem. BRD im April 1990 nach der Beteiligung am Erwerbsleben und dem Geschlecht (absolute Zahlen in 1000). Quelle: Statistisches Jahrbuch der BRD 1992, S. 109.

Tabelle 7.2:

Beteiligung am Erwerbsleben	Geschlecht männlich	weiblich	Zeilensumme
Erwerbspersonen	18 528	12 777	31 305
Nichterwerbspersonen	11 945	19 812	31 757
Spaltensumme	30 473	32 589	63 062

Die Frage: "Wie gliedert sich die Beteiligung der männlichen und weiblichen Personen am Erwerbsleben auf?" wird durch die bedingten Verteilungen beantwortet.

Tabelle 7.3: Bedingte Verteilungen (Angaben in Prozent)

von 100 Personen, die das Geschlecht . . . . , hatten, waren	Geschlecht männlich	weiblich	Randverteilung
Erwerbspersonen	60,80	39,21	49,64
Nichterwerbspersonen	39,20	60,79	50,36
Summe	100,00	100,00	100,00

Wäre die Beteiligung am Erwerbsleben unabhängig vom Geschlecht, so müßte die Randverteilung gleich den prozentualen Besetzungszahlen für die einzelnen Geschlechter sein.

Tabelle 7.4: Fiktive Verteilung der Beteiligung am Erwerbsleben bei Unabhängigkeit vom Geschlecht (Angaben in Prozent; gerundet)

von 100 Personen, die das Geschlecht . . . . hatten, waren	Geschlecht männlich	weiblich	Randverteilung
Erwerbspersonen	49,64	49,64	49,64
Nichterwerbspersonen	50,36	50,36	50,36
Summe	100,00	100,00	100,00

Tabelle 7.5: Fiktive Verteilung der Beteiligung am Erwerbsleben bei Unabhängigkeit vom Geschlecht (Angaben in absoluten Zahlen)

Beteiligung am Erwerbsleben	Geschlecht		
	männlich	weiblich	Zeilensumme
Erwerbspersonen	15 127	16 177	31 305
Nichterwerbspersonen	15 346	16 412	31 757
Spaltensumme	30 473	32 589	63 062

7.4 Zweidimensionale Häufigkeitsverteilung quantitativer Merkmale

Bei den beiden Merkmalen, nach denen die statistische Masse aufgegliedert wird, kann es sich wieder um qualitative oder quantitative Merkmale handeln. Dabei hängen die statistischen Auswertungsmöglichkeiten sehr stark von der Art dieser Merkmale ab. Wenn mindestens eines der beiden Merkmale ein qualitatives ist, sind der weiteren Auswertungsmöglichkeit sehr enge Grenzen gesetzt. Man kann noch Maßzahlen berechnen, die den Grad des Zusammenhangs zwischen den beiden Merkmalen messen sollen. Es handelt sich dabei um die Assoziations- und Kontingenzmaße. Bei quantitativen Merkmalen kann über die Berechnung eines Korrelationskoeffizienten als Maß für den Zusammenhang eine Funktionalisierung desselben erfolgen. Da bei ökonomischen Zusammenhängen häufig quantitative Merkmale im Vordergrund stehen, soll zunächst auf dieses Skalenniveau eingegangen werden. Im folgenden wird daher zunächst unterstellt, daß es sich bei beiden Merkmalen um quantitative handelt. Ihre weitere statistische Auswertung erfolgt mit Hilfe der Regressions- und Korrelationsrechnung.

7.4.1 Die Regressionsrechnung bei ungruppiertem Datenmaterial

Die beiden quantitativen Merkmale sollen jetzt mit X und Y bezeichnet werden, und es seien n Beobachtungpaare von Merkmalsausprägungen

$$(x_1,y_1),\ (x_2,y_2),\ \ldots,\ (x_n,y_n)$$

gegeben. Folgendes Beispiel soll betrachtet werden:

Beispiel 7.3: In einem Handelsunternehmen wurde zu den Angebotspreisen X die Absatzmenge Y beobachtet (n = 20):

Angebotspreis X (DM pro kg)	1.54	1.55	1.55	1.56	1.57	1.58	1.59	1.60
Absatzmenge Y (kg)	325	300	375	350	400	300	325	350

X	1.60	1.62	1.63	1.63	1.64	1.65	1.65	1.66	1.66	1.70	1.70	1.72
Y	300	325	275	350	300	325	300	250	275	250	225	200

Die beobachteten Wertepaare können durch Punkte im (X,Y)-Koordinatensystem dargestellt werden. Man spricht von einem Streudiagramm (Abb. 7.1). Dieses Streudiagramm läßt offensichtlich einen Zusammenhang, und zwar einen negativen, erkennen, d.h. mit steigenden Angebotspreisen sinkt die abgesetzte Menge.

Will man genauere Aussagen über die Form des Zusammenhanges der beiden statistischen Merkmale X und Y machen, dann muß man eine mathematische Funktion finden, die den Verlauf der empirischen Regressionskurve möglichst gut approximiert. Dabei erweist es sich als nachteilig, wenn das Beobachtungsmaterial bereits in **gruppierter Form** vorliegt, da dadurch **nur jeder Klassenmitte ein bedingter Mittelwert** zugeordnet werden kann. Dies bedeutet aber einen wesentlichen Informationsverlust, denn es werden mehrere verschiedene Beobachtungswerte zu einem **Klassenmitten-Wert** zusammengefaßt. Wenn irgendmöglich, sollte man daher zur Bestimmung der mathematischen Form des Zusammenhanges auf das Urmaterial zurückgreifen. Es werde daher im folgenden angenommen, daß die Merkmalswerte in ungruppierter Form vorliegen, d.h. das Wertepaar (x_i, y_i) stellt eine einzelne Merkmalsausprägung der beiden Merkmale X und Y dar.

Man unterstellt nun eine bestimmte theoretische Modellannahme bezüglich des Zusammenhangs der beiden quantitativen Merkmale. Die einfachste Annahme fordert einen linearen Zusammenhang, d.h. die Abhängigkeit der beiden Merkmale lasse sich durch die Gerade

(7.10) $$Y' = b_0 + b_1 X$$

darstellen. Die beiden Parameter b_0 und b_1 der Geradengleichung müssen nun numerisch so bestimmt werden, daß sich die ergebende Gerade den Beobachtungswerten **möglichst gut anpaßt**. Zunächst muß allerdings noch geklärt werden, was unter dem "**Begriff der möglichst guten Anpassung**" zu verstehen ist.

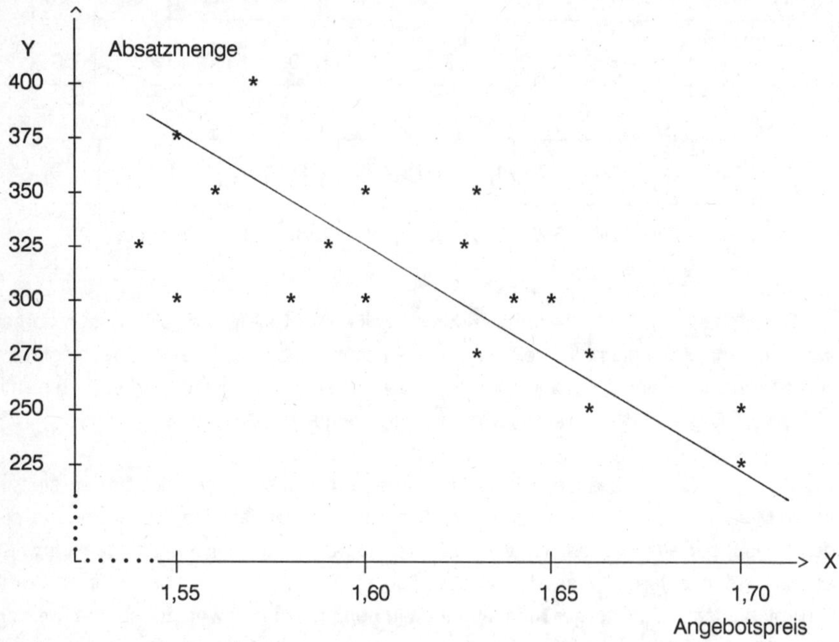

Abb. 7.1: Streudiagramm für die Daten des Beispiels 7.3

Die Güte der Anpassung kann durch die Abweichungen der Beobachtungswerte y_i von den zugehörigen, durch die Regressionsgerade festgelegten Werten y_i' bestimmt werden. Dabei werden die Abweichungen durch den vertikalen Abstand e_i der Punkte y_i und y_i' gemessen, d.h.

$$e_i = y_i - y_i' = y_i - (b_0 + b_1 x_i).$$

Es muß nun ein Kriterium für die beste Anpassung der Regressionsgeraden an die Beobachtungspunkte gewählt werden.

Die einfachste Möglichkeit, eine Regressionsgerade den Beobachtungswerten anzupassen, besteht darin, die Gerade so durch die Punktwolke hindurch zu legen, daß der Grenzwert der Summe aller Abweichungen möglichst klein, d.h.

$$\lim_{n \to \infty} \sum_{i=1}^{n} e_i = \lim_{n \to \infty} \sum_{i=1}^{n} (y_i - y_i') \longrightarrow \text{Min}$$

wird (n = Zahl der Beobachtungswerte).

Da die Abweichungen e_i jedoch verschiedene Vorzeichen besitzen, ist diese Summe als Kriterium ungeeignet, da sich beträchtliche Abweichungen der Beobachtungswerte von der Regressionsgeraden zu Null addieren können (vgl. Abb. 7.2a und 7.2b).

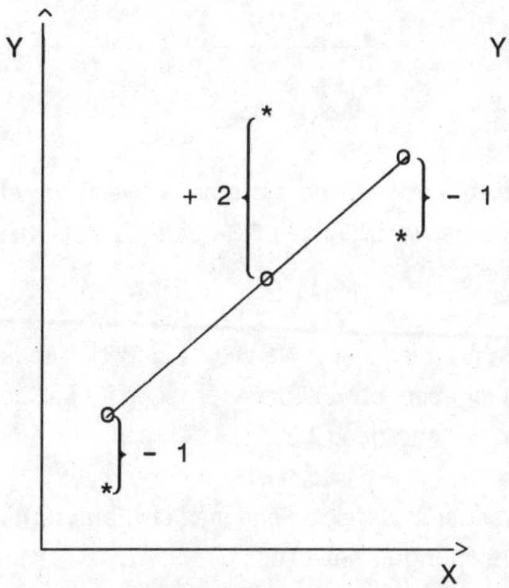

Abb. 7.2a

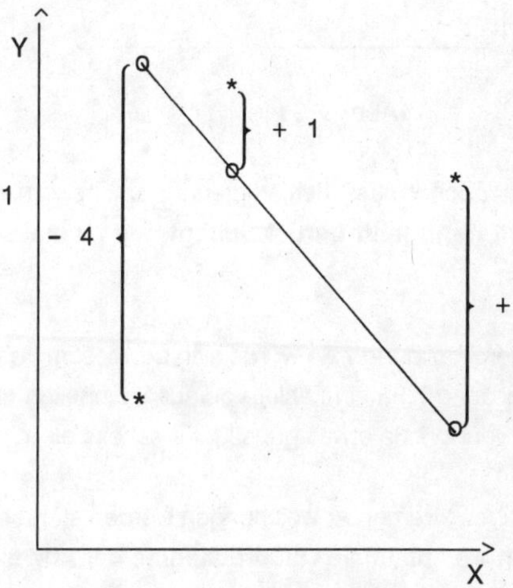

Abb. 7.2b

Es bietet sich daher an, anstelle der Summe der Differenzen ($y_i - y_i'$) die Summe ihrer Absolutbeträge als Fehlerkriterium zu wählen, d.h.

$$\sum_{i=1}^{n} |e_i| = \sum_{i=1}^{n} |y_i - y_i'| \longrightarrow \text{Min.}$$

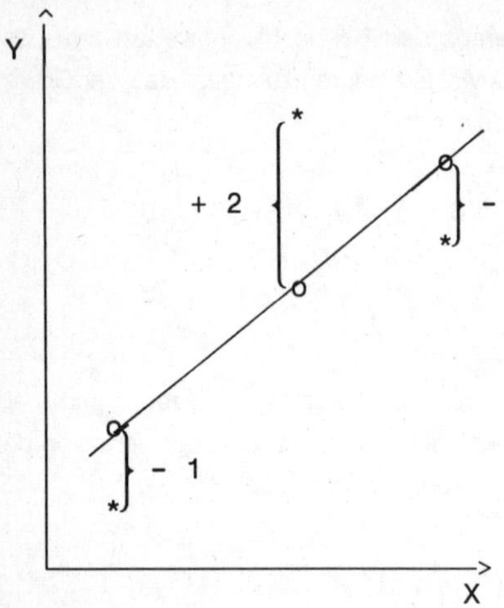

Abb. 7.3a

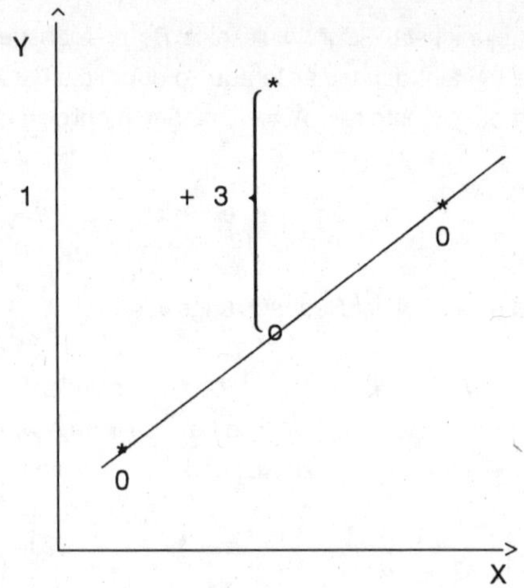

Abb. 7.3b

Aber auch dieses Fehlerkriterium erscheint nicht ideal, **da es extreme Abweichungen nicht genügend berücksichtigt**, wie man aus den Abbildungen 7.3a und 7.3b ersehen kann.

In der Abbildung 7.3a würde sich bei diesem Fehlerkriterium ein Wert von 4, dagegen in der Abbildung 7.3b ein Fehler von nur 3 Einheiten ergeben, obwohl die Anpassung im Fall der Abbildung 7.3a etwas günstiger erscheint als in der Abbildung 7.3b.

Solche extremen Abweichungen werden stärker berücksichtigt, wenn man als **Fehlerkriterium** die "**minimale Quadratsumme der Abweichungen**" wählt, d.h.

(7.11) $$\sum_{i=1}^{n} e_i^2 = \sum_{i=1}^{n} (y_i - y_i')^2 \longrightarrow \text{Min.}$$

In diesem Fall ergibt sich für das Fehlerkriterium in der Abbildung 7.3a der Wert 6 und in der Abbildung 7.3b der Wert 9 Einheiten. Dieses Fehlerkriterium, die sogenannte "**Methode der kleinsten Quadrate**", ist das gebräuchlichste Kriterium, auf das wir uns im folgenden beschränken wollen.

7.4.1.1 Berechnung der Parameter b_0 und b_1 der empirischen Regressionsgerade nach der Methode der kleinsten Quadrate für ungruppiertes Datenmaterial

Wir gehen davon aus, daß n Beobachtungspunkte (x_i,y_i), i = 1, 2,. . . . . n, gegeben sind. Es erweist sich für die Rechnungen als nützlich, mittels Zentrierung die folgenden Koordinatentransformationen vorzunehmen

(7.12) $\qquad (x_i, y_i) \longrightarrow (x_i^*, y_i^*),$

mit $\quad x_i^* = x_i - \bar{x}, \quad$ wobei $\quad \bar{x} = \frac{1}{n} \sum_{i=1}^{n} x_i,$

und $\quad y_i^* = y_i - \bar{y}, \quad$ wobei $\quad \bar{y} = \frac{1}{n} \sum_{i=1}^{n} y_i$ ist.

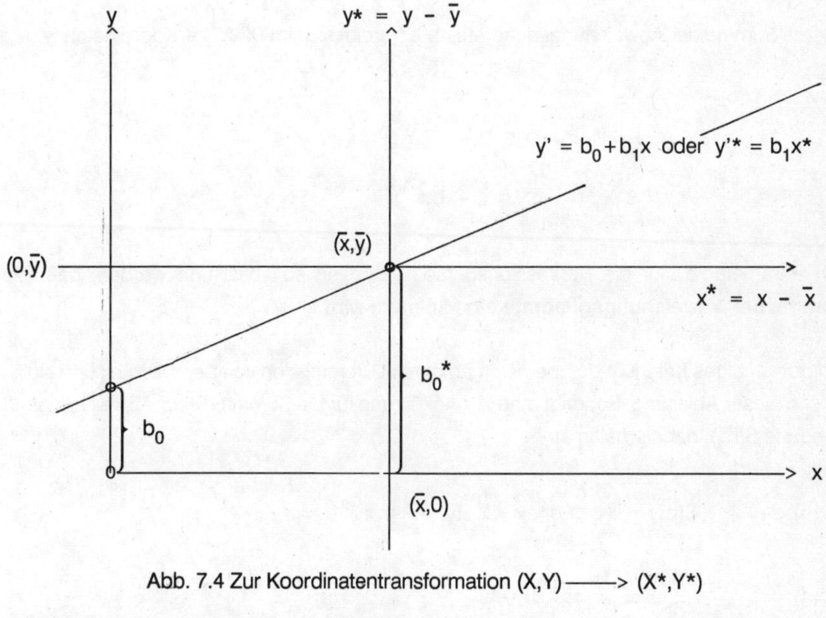

Abb. 7.4 Zur Koordinatentransformation (X,Y) ——> (X*,Y*)

Dies bedeutet graphisch eine Verschiebung des Koordinatensystems derart, daß der Ursprung des neuen Koordinatensystems aus dem Punkt (0,0) in den Punkt $(\bar{x}, \bar{y})$ - gemessen im alten Koordinatensystem - verschoben wird.

Die Gleichung der empirischen Regressionsgeraden lautet dann im

(7.13) (X,Y) - Koordinatensystem: $Y' = b_0 + b_1 X$, und im

(7.14) (X^*, Y^*) - Koordinatensystem: $Y'^* = b_1 X^*$.

Dies bedeutet, daß die Regressionsgerade im (X^*, Y^*)-Koordinatensystem durch den Koordinatenursprung verläuft. Dies war zu erwarten, da sie im ursprünglichen (x,y)-Koordinatensystem immer durch den Punkt $(\overline{x}, \overline{y})$ verläuft.

Die Größe b_0 kann aus der Beziehung (vgl. Abb. 7.4)

$$b_0 = \overline{y} - b_1 \overline{x}$$

berechnet werden.

Für die Summe der Abweichungsquadrate $\sum_{i=1}^{n} e_i^2$ ergibt sich im (X^*, Y^*) - Koordinatensystem

$$e_i = y_i^* - y_i'^* = y_i^* - b_1 x_i^*,$$

$$\sum_{i=1}^{n} e_i^2 = \sum_{i=1}^{n} (y_i^* - b_1 x_i^*)^2.$$

Der Parameter b_1 für die Regressionsgerade soll dann so bestimmt werden, daß die **Summe der Abweichungsquadrate ein Minimum wird**.

Ein notwendiges Kriterium dafür erhält man durch Differentiation von Σe_i^2 nach b_1 und Nullsetzen dieser Ableitung. Schreibt man zur Abkürzung für die Summe dieser Abweichungsquadrate $S(b_1)$, dann erhält man

(7.15) $$S(b_1) = \sum_{i=1}^{n} e_i^2 = \sum_{i=1}^{n} (y_i^* - b_1 x^*)^2$$

(7.16) $$\frac{dS(b_1)}{db_1} = -2 \sum_{i=1}^{n} (y_i^* - b_1 x_i^*) \cdot x_i^* = 0.$$

Auflösen dieser Beziehung nach b_1 ergibt

$$\sum_{i=1}^{n} y_i^* x_i^* - b_1 \sum_{i=1}^{n} (x_i^*)^2 = 0$$

$$b_1 \sum_{i=1}^{n} (x_i^*)^2 = \sum_{i=1}^{n} y_i^* x_i^*$$

(7.17) $$b_1 = \frac{\Sigma y_i^* x_i^*}{\Sigma (x_i^*)^2}.$$

Beispiel 7.3: Für die Daten dieses Beispiels sollen die Parameter der Regressionsgeraden bestimmt werden, durch welche die Abhängigkeit der Absatzmenge vom Angebotspreis dargestellt wird.

Tabelle 7.6: Rechentabelle zur Bestimmung der Parameter der Regressionsgeraden

x_i	x_i^*	$(x_i^*)^2$	y_i	y_i^*	$(y_i^*)^2$	$x_i^* \cdot y_i^*$
1,54	- 0,08	0,0064	325	20	400	- 1,60
1,55	- 0,07	0,0049	300	- 5	25	0,35
1,55	- 0,07	0,0049	375	70	4 900	- 4,90
1,56	- 0,06	0,0036	350	45	2 025	- 2,70
1,57	- 0,05	0,0025	400	95	9 025	- 4,75
1,58	- 0,04	0,0016	300	- 5	25	0,20
1,59	- 0,03	0,0009	325	20	400	- 0,60
1,60	- 0,02	0,0004	350	45	2 025	- 0,90
1,60	- 0,02	0,0004	300	- 5	25	0,10
1,62	0,00	0,0000	325	20	400	0,00
1,63	0,01	0,0001	275	- 30	900	- 0,30
1,63	0,01	0,0001	350	45	2 025	0,45
1,64	0,02	0,0004	300	- 5	25	- 0,10
1,65	0,03	0,0009	325	20	400	0,60
1,65	0,03	0,0009	300	- 5	25	- 0,15
1,66	0,04	0,0016	250	- 55	3 025	- 2,20
1,66	0,04	0,0016	275	- 30	900	- 1,20
1,70	0,08	0,0064	250	- 55	3 025	- 4,40
1,70	0,08	0,0064	225	- 80	6 400	- 6,40
1,72	0,10	0,0100	200	-105	11 025	-10,50
Σ 32,40	0,00	0,054	6100	0	47 000	-39,00

$\bar{x} = 1{,}62$ $\bar{y} = 305$

$$b_1 = \frac{\Sigma x_i^* y_i^*}{\Sigma (x_i^*)^2} = -\frac{39{,}00}{0{,}054} = -\ 722{,}22,$$

$$b_0 = \bar{y} - b_1 \bar{x} = 305 + 722{,}22 \cdot 1{,}62 = 1\ 475{,}00.$$

Damit lautet die gesuchte Regressionsgerade

a) $Y' = 1\ 475{,}00 - 722{,}22 \cdot X$ im (X,Y)-Koordinatensystem der Beobachtungswerte und

b) $Y'^* = -\ 722{,}22 \cdot X^*$ im (X^*,Y^*)-Koordinatensystem der zentrierten Werte.

Der Wert b_1 gibt die Steigung der Regressionsgeraden an, er kann wie folgt gedeutet werden:

Wenn der Angebotspreis um eine Einheit (= 1 DM) erhöht würde, hätte dies einen Rückgang der Absatzmenge von durchschnittlich 722,22 Einheiten (= 722,22 kg) zur Folge. Da jedoch das Beobachtungsmaterial nicht einen Bereich von 1 DM überdeckt, sondern nur von 1,54 DM bis 1,72 DM reicht, also einen Bereich von 18 Pfennig überdeckt, ist eine solche Interpretation falsch. Eine richtige Interpretation würde besagen, wenn man den Angebotspreis im Bereich zwischen 1,54 DM und 1,72 DM um 1 Pfennig (bzw. 10 Pfennig) erhöht, würde dies einen Rückgang der Absatzmenge um durchschnittlich 7,22 kg (bzw. 72,22 kg) zur Folge haben. Eine analoge Aussage gilt, wenn man den Angebotspreis im gleichen Intervall senken würde.

Ebenfalls könnte man den Wert für b_0 interpretieren, falls der zugehörige Abszissenwert zum Wertebereich des Beobachtungsmaterials gehören würde. Er würde diejenige Absatzmenge bedeuten, die bei einer Senkung des Angebotspreises auf Null abgesetzt würde. Da der Angebotspreis von Null aber nicht zum Bereich des Beobachtungsmaterials gehört, ist eine sinnvolle Interpretation der Größe b_0 in diesem Beispiel nicht möglich.

Allgemein muß man feststellen, daß die Regressionsgerade nur für einen bestimmten, vom Problem festgelegten Bereich der Abszisse aussagefähig ist.

Neben der **empirischen Varianz** für das Merkmal X, d.h.

$$\text{(7.19)} \qquad Var(X) = s_X^2 = \frac{1}{n} \sum_{i=1}^{n} (x_i - \bar{x})^2 = \frac{1}{n} \sum_{i=1}^{n} (x_i^*)^2$$

kann man eine **empirische Kovarianz** zwischen den beiden Merkmal X und Y wie folgt definieren

$$\text{(7.20)} \qquad Cov(X,Y) = s_{XY} = \frac{1}{n} \sum_{i=1}^{n} (x_i - \bar{x}) \cdot (y_i - \bar{y}) = \frac{1}{n} \sum_{i=1}^{n} x_i^* y_i^* .$$

Dann läßt sich der Wert für den Regressionsparameter b_1 auch durch die folgende Beziehung bestimmen

$$\text{(7.21)} \qquad b_1 = \frac{\Sigma x_i^* y_i^*}{\Sigma (x_i^*)^2} = \frac{\frac{1}{n} \Sigma x_i^* y_i^*}{\frac{1}{n} \Sigma (x_i^*)^2} = \frac{s_{XY}}{s_X^2} = \frac{Cov(X,Y)}{Var(X)} .$$

7.4.2 Die Regressionsrechnung bei gruppiertem Datenmaterial

Oft bedingen entweder der Umfang des Zahlenmaterials oder das Erhebungsverfahren eine Aufteilung der Merkmalsausprägungen in Klassen. Das folgende Beispiel soll zeigen, wie man in einem solchen Fall die empirische Regressionsgerade berechnet.

Beispiel 7.4 [E. Weber, 1980, Seite 68]:

Für n = 648 Männer im Alter von 20 bis 25 Jahren wurden jeweils die Körpergröße X und das Körpergewicht Y ermittelt. Das Ergebnis läßt sich in der Tabelle 7.7 darstellen.

Tabelle 7.7: Darstellung des Beobachtungsmaterials mittels einer Häufigkeitstafel

Körpergewicht Y (in kg) k Gewichtsklassen ($1 \leq i \leq k$)		Körpergröße X (in cm) l Größenklassen ($1 \leq j \leq l$)								Spalte der Zeilensummen
		[155,5 - 159,5)	[159,5 - 163,5)	[163,5 - 167,5)	[167,5 - 171,5)	[171,5 - 175,5)	[175,5 - 179,5)	[179,5 - 183,5)	[183,5 - 187,5)	
	x^m	157,5	161,5	165,5	169,5	173,5	177,5	181,5	185,5	$n_{i\cdot}$
	y^m									
[51,5-56,5)	54	9	23	13	4	1				50
[56,5-61,5)	59	10	31	51	40	7	1			140
[61,5-66,5)	64	3	12	51	72	44	9	3		194
[66,5-71,5)	69		3	17	42	55	37	11	3	168
[71,5-76,5)	74		2	4	10	21	18	12	1	68
[76,5-81,5)	79				1	8	5	3	2	19
[81,5-86,5)	84					3	1	2	2	8
[86,5-91,5)	89							1		1
Zeile der Spaltensummen	$n_{\cdot j}$	22	71	136	169	139	71	32	8	648

Aus der Spalte der Zeilensummen dieser Tabelle kann man beispielsweise ablesen, daß 68 Männer ein Körpergewicht zwischen 71,5 und 76,5 kg haben. Ebenso kann man aus der Zeile der Spaltensummen ablesen, daß die Körpergröße von 139 Männern zwischen 171,5 und 175,5 cm lag. Man kann aber aus der Tabelle auch ersehen, daß es nur 21 Männer gab, die gleichzeitig ein Gewicht zwischen 71,5 und 76,5 kg und eine Körpergröße zwischen 171,5 und 175,5 cm besaßen.

Die Tabelle läßt nun einen gewissen Zusammenhang zwischen den beiden Merkmalen X und Y vermuten. Man sieht, daß mit zunehmender Merkmalsausprägung des X-Wertes auch die zugehörigen Ausprägungen des Y-Wertes zunehmen.

Um diesen Zusammenhang näher zu untersuchen, betrachten wir zu einem festen x_j^m-Wert die zugehörige bedingte Häufigkeitsverteilung der y_i-Werte

$$(7.23) \qquad h(y_i \mid x_j^m) = \frac{n(x_j^m, y_i^m)}{n(x_j^m)} = \frac{n_{ij}}{n_{\cdot j}}.$$

Man bestimmt dann den bedingten Mittelwert der y^m-Werte bei gegebenem x_j^m (= $\overline{y} \mid x_j^m$) mittels der Beziehung

$$(7.24) \qquad \overline{y} \mid x_j^m := \overline{y}_j = \sum_{i=1}^{k} y_i^m \frac{n_{ij}}{n_{\cdot j}}.$$

Für $x_j^m = 157{,}5$ erhält man

$$\overline{y}_{157,5} = 54 \cdot \frac{9}{22} + 59 \cdot \frac{10}{22} + 64 \cdot \frac{3}{22} = 57{,}64.$$

Ebenso lassen sich auch die anderen bedingten Mittelwerte berechnen:

	x_j^m	157,5	161,5	165,5	169,5	173,5	177,5	181,5	185,5
$\overline{y}_j =$	$\overline{y} \mid x_j^m$	57,64	59,07	62,09	64,50	68,46	70,41	72,91	75,88

Analog kann man zu einem festen y_i^m-Wert für die zugehörige bedingte Häufigkeitsverteilung $h(x_j \mid y_i^m) = \frac{n_{ij}}{n_{i\cdot}}$ den bedingten Mittelwert $\overline{x} \mid y_i^m = \overline{x}_i$ bestimmen.

Dabei ergibt sich

	y_i^m	54	59	64	69	74	79	84	89
$\overline{x}_i =$	$\overline{x} \mid y_i^m$	162,70	165,67	169,23	173,10	174,74	176,87	179,00	181,50

Man kann nun die Punktepaare (x_j^m, $\overline{y}_j$) und ($\overline{x}_i$,y_i^m) in ein (X,Y)-Koordinatensystem eintragen und aufeinanderfolgende Punkte jeweils durch eine Gerade miteinander verbinden (vgl. Abb. 7.6). Man bezeichnet die beiden Polygonzüge $\overline{y}_j = f(x_j^m)$ und $\overline{x}_i = g(y_i^m)$ als empirische Regressionskurven. Wenn man genügend Beobachtungswerte besitzt und die Zahl der Klassen derart vergrößert, daß die Klassenbreiten gegen Null streben, erhält man anstelle der Polygonzüge stetige Kurvenzüge.

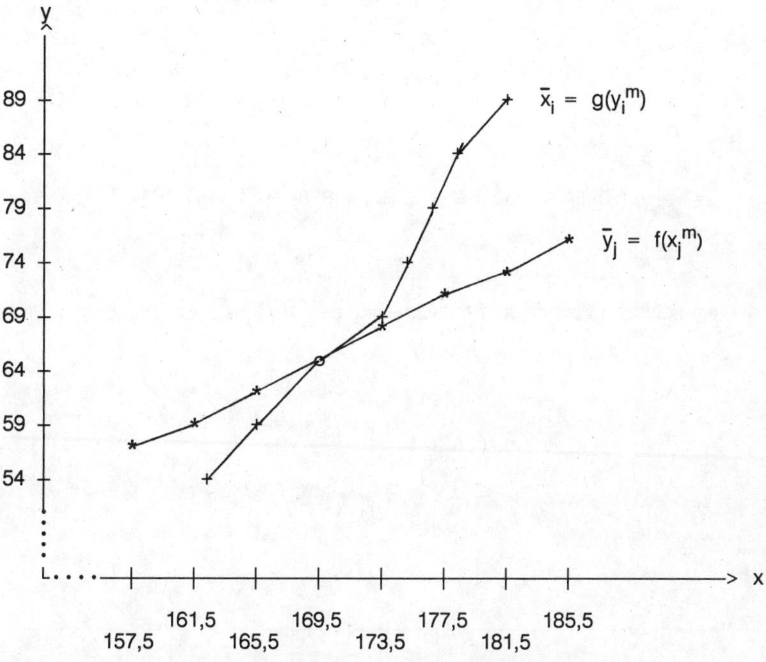

Abbildung 7.6: Zusammenhang zwischen Körpergröße X und Körpergewicht Y

7.4.2.1 Berechnung der Parameter b_0 und b_1 der empirischen Regressionsgeraden bei gruppiertem Datenmaterial

Als approximatives Substitut für die empirische Regressionsgerade $Y' = f(X) = a_0 + a_1X$ berechnet man $Y' = f(X^m) = b_0 + b_1X^m$. Um letztere zu bestimmen, muß man jetzt beachten, daß die einzelnen Wertepaare (x_j^m , $\overline{y}_j$) verschiedene Bedeutung besitzen, je nachdem wie groß die Besetzungszahl der zugehörigen Randverteilung ist. So muß etwa das Wertepaar (181,5;72,91) viermal so stark berücksichtigt werden wie das Wertepaar (185,5;75,88), da sich die entsprechenden Besetzungszahlen der Randverteilung wie 32 : 8 verhalten.

Um die Parameter der Regressionsgeraden zu bestimmen, benötigt man die Mittelwerte $\overline{x}$ und $\overline{y}$ der Randverteilungen. Aus der Korrelationstabelle erhält man mit Hilfe der Spalten- bzw. Zeilensummen

(7.25) $$\overline{x} = \frac{1}{n} \sum_{j=1}^{l} n_{.j} \cdot x_j^m$$

$$= \frac{1}{648} (22 \cdot 157{,}5 + 71 \cdot 161{,}5 + \ldots + 32 \cdot 181{,}5 + 8 \cdot 185{,}5)$$

$$= 169{,}90,$$

(7.26) $$\overline{y} = \frac{1}{n} \sum_{i=1}^{k} n_{i.} \cdot y_i^m$$

$$= \frac{1}{648} (50 \cdot 54 + 140 \cdot 59 + \ldots + 8 \cdot 84 + 1 \cdot 89)$$

$$= 65{,}22.$$

Ferner ist die empirische Varianz der Randverteilung des Merkmals X zu berechnen. Diese lautet

$$\mathrm{Var}(X^m) = \frac{1}{n} \sum_{j=1}^{l} n_{.j} \cdot (x_j^m - \overline{x})^2$$

(7.27) $$= \frac{1}{n} \sum_{j=1}^{l} n_{.j} \cdot (x_j^{m*})^2.$$

Man erhält

x_j^m	157,5	161,5	165,5	169,5	173,5	177,5	181,5	185,5
x_j^{m*}	- 12,4	- 8,4	- 4,4	- 0,4	3,6	7,6	11,6	15,6
$(x_j^{m*})^2$	153,76	70,56	19,36	0,16	12,96	57,76	134,56	243,36
$n_{.j}(x_j^{m*})^2$	3382,72	5009,76	2632,96	27,04	1801,44	4100,96	4305,92	1946,88

$$\sum_{j=1}^{l} n_{.j} \cdot (x_j^{m*})^2 = 23\,207{,}68,$$

$$\mathrm{Var}(X^m) = 35{,}81.$$

Schließlich benötigt man noch die empirische Kovarianz zwischen der Randverteilung des Merkmals X und dem bedingten Mittelwert $\overline{Y}$.
Diese lautet

(7.28) $$\mathrm{Cov}(X^m, \overline{Y}) = \frac{1}{n} \sum_{j=1}^{l} n_{\cdot j} \cdot x_j^{m*} \cdot \overline{y}_j^{*}.$$

Man erhält

x_j^{m*}	$n_{\cdot j}$	$\overline{y}_j^*$	$n_{\cdot j} \cdot x^{m*} \cdot \overline{y}_j^*$
- 12,4	22	- 7,58	2 067,824
- 8,4	71	- 6,15	3 667,860
- 4,4	136	- 3,13	1 872,992
- 0,4	169	- 0,72	48,672
3,6	139	3,24	1 621,296
7,6	71	5,19	2 800,524
11,6	32	7,69	2 854,528
15,6	8	10,66	1 330,368
		Σ	16 264,064

$$\sum_{j=1}^{l} n_{\cdot j} \cdot x^{m*} \cdot \overline{y}_j^{*} = 16\ 264{,}064$$

$$\mathrm{Cov}(X^m, \overline{Y}) = \frac{1}{648} \cdot 16\ 264{,}064 = 25{,}10.$$

Damit ist man in der Lage, die Parameter der Regressionsgeraden zu bestimmen. Man erhält

(7.29) $$b_1 = \frac{\mathrm{Cov}(X^m, \overline{Y})}{\mathrm{Var}(X^m)} = \frac{25{,}10}{35{,}81} = 0{,}70,$$

(7.30) $$b_0 = \overline{y} - b_1 \overline{x} = 65{,}22 - 0{,}70 \cdot 169{,}9 = -\ 53{,}71.$$

Die Regressionsgerade lautet somit

$$\overline{Y}' = -\ 53{,}71 + 0{,}70\ X^m.$$

Unter der Annahme, daß die durch die Gruppierung entstandenen Ungenauigkeiten sich im Mittel ausgleichen, erhält man für den linearen Zusammenhang zwischen Körpergröße X und Körpergewicht Y

$$Y' = f(X) = -\ 53{,}71 + 0{,}70\ X.$$

Man besitzt nun eine Beziehung, die es erlaubt, zu einem vorgegebenen Wert der Körpergröße X den zugehörigen Wert für das Körpergewicht Y' zu berechnen, z.B.

Körpergröße x_j (cm)	170	172	175	178	180
berechnetes Körpergewicht y_j' (kg)	65,29	66,69	68,79	70,89	72,29

Auf analoge Weise kann man die Regressionsgerade

$$\overline{X}' = g(Y^m) = c_0 + c_1 Y^m$$

bestimmen, die den Zusammenhang zwischen dem Körpergewicht Y und dem Wert für die Körpergröße X' darstellt.

Dazu benötigt man jetzt die empirische Varianz der Randverteilung des Merkmales Y und die empirische Kovarianz zwischen der Randverteilung des Merkmales Y und dem bedingten Mittelwert $\overline{X}$.
Diese ergibt sich zu

$n_{i.}$	$\overline{x}_i$	y_i^m	y_i^{m*}	$(y_i^{m*})^2$	$n_{i.} (y_i^{m*})^2$	$n_{i.} y_i^{m*} \cdot \overline{x}_i^*$
50	- 7,20	54	- 11,22	125,89	6 294,70	4 039,20
140	- 4,23	59	- 6,22	38,69	5 416,60	3 683,484
194	- 0,67	64	- 1,22	1,49	289,06	158,576
168	3,20	69	3,78	14,29	2 400,72	2 032,128
68	4,84	74	8,78	77,09	5 242,12	2 889,674
19	6,97	79	13,78	189,89	3 607,91	1 824,885
8	9,10	84	18,78	352,69	2 821,52	1 367,184
1	11,60	89	23,78	565,49	565,49	275,848
				Σ	26 638,12	16 270,979

$$\sum_{i=1}^{k} n_{i\cdot}\,(y_i^{m*})^2 = 26\ 638{,}12,$$

$$\mathrm{Var}(Y^m) = 41{,}1082.$$

$$\sum_{i=1}^{k} n_{i\cdot}\,y_i^{m*}\cdot\bar{x}_i = 16\ 270{,}979,$$

$$\mathrm{Cov}(\bar{X},Y^m) = 25{,}11.$$

Für die Parameter der Regressionsgeraden erhält man

$$c_1 = \frac{\mathrm{Cov}(\bar{X},Y^m)}{\mathrm{Var}(Y^m)} = \frac{25{,}11}{41{,}11} = 0{,}6108,$$

$$c_0 = \bar{x} - c_1\,\bar{y} = 169{,}90 - 0{,}6108\cdot 65{,}22 = 130{,}0636.$$

Damit lautet die Regressionsgerade

$$\bar{X}' = 130{,}06 + 0{,}61\cdot Y^m.$$

Unterstellt man auch hier, daß sich die durch die Gruppierung entstandenen Ungenauigkeiten im Mittel ausgleichen, so erhält man für den linearen Zusammenhang zwischen Körpergewicht Y und Körpergröße X die Beziehung

$$X' = g(Y) = c_0 + c_1 Y.$$

Diese Beziehung erlaubt es, zu jedem sinnvollen Wert für das Körpergewicht Y den dazugehörigen Wert für die Körpergröße X' zu berechnen.

Betrachtet man speziell die Mittelwerte aus allen Daten des Beobachtungsmaterials, nämlich

$$\bar{x} = 169{,}90 \quad \text{und} \quad \bar{y} = 65{,}22,$$

so kann man zeigen, daß die Koordinaten dieses Punktes beiden Regressionsgeraden genügen. Diese Aussage gilt allgemein:

Die beiden Regressionsgeraden Y' = f(X) und X' = g(Y) schneiden sich immer im Punkt $(\bar{x},\bar{y})$.

7.5 Maßgrößen für den Zusammenhang zweier Merkmale

Um den Grad des Zusammenhanges zwischen verschiedenen Merkmalsausprägungen von Maßgrößen darzustellen, werden in der statistischen Literatur verschiedene Maßgrößen verwendet, die als **Kontingenz-, Assoziations- und Korrelationsmaße** bezeichnet werden. Leider wird aber diese Bezeichnungsweise in der Literatur nicht einheitlich verwendet. Sehr häufig spricht man, wenn man die Art des Zusamenhanges meint, bei

nominal-skalierten Merkmalen von **Kontingenz**, bei
ordinal-skalierten Merkmalen von **Assoziation** und bei
intervall- bzw. verhältnis-skalierten Merkmalen von **Korrelation**.

Wichtiger als diese **nicht einheitliche Benennung** des Zusammenhanges ist aber die Befolgung ihrer **meßtheoretischen Voraussetzungen**.

Aus den Ausprägungen zweier **metrisch skalierter** Merkmale X und Y läßt sich der Korrelationskoeffizient nach Bravais-Pearson r_{xy} als Maßgröße für ihren **linearen** Zusammenhang berechnen.

Liegen die qualitativen Merkmale **nominal-skaliert** vor, dann kann der Zusammenhang zwischen ihnen durch ein Kontingenzmaß bestimmt werden.

Es hängt vom Skalentyp ab, in dem die Beobachtungswerte gemessen wurden, welchen Koeffizienten man als Maßgröße verwenden darf:

1. Sind beide Merkmale **dichotom erhoben**, d.h. besitzen beide nur jeweils zwei Merkmalsausprägungen, nämlich "0" oder "1", dann lassen sich die beobachteten Häufigkeiten der Merkmalsausprägungen auf eine Vierfelder-Tafel verteilen. Aus einer solchen Vierfelder-Tafel kann man die folgenden Maßgrößen berechnen:

   a) den **Phi-Koeffizienten** Φ (Punkt 7.5.2.1), wenn beide Merkmale nur zwei **echte** Alternativen besitzen (**echt dichotom**), oder

   b) den **tetrachorischen Koeffizienten** r_{tet}, wenn die Merkmale aus normal-verteilten Grundgesamtheiten stammen und aus erhebungstechnischen Gründen dichotom vorliegen (**künstlich dichotom**).

2. Wenn beide **nominal-skaliert** erhobenen Merkmale mehrere Merkmalsausprägungen aufweisen (**polytom**), dann berechnet man den **Kontingenzkoeffizienten C nach Pearson** (Punkt 7.5.2.2).

3. Wurde ein Merkmal dichotom, d.h. nur mit den beiden Ausprägungen "0" oder "1", das andere jedoch auf einem anderen Skalenniveau erhoben, dann berechnet man einen sog. **biserialen** (Zwei-Zeilen-) **Koeffizienten**, nämlich entweder

   a) den **biserialen Koeffizienten r_{bis}**, wenn ein Merkmal metrisch-skaliert und das qualitative Merkmal einer normal-verteilten Grundgesamtheit entstammt, d.h. "künstlich" dichotom erhoben wurde, oder

   b) den **punktbiserialen Koeffizienten r_{pbis}**, wenn ein Merkmal "echt" dichotom und das andere metrisch-skaliert erhoben wurde oder

   c) den **biserialen Rangkorrelationskoeffizienten r_{rbis}**, wenn das eine Merkmal "echt" dichotom und das andere Merkmal ordinal-skaliert erhoben wurde. Eine Darstellung findet sich im Abschnitt 7.5.3, da für sein Verständnis zunächst auf die Behandlung ordinal-skaliert erhobenen Datenmaterials eingegangen werden muß.

Tabellarische Übersicht:

Skalierung des Merkmals Y	Skalierung des Merkmals X				
	nominal-skaliert			ordinal-skaliert	intervall- bzw. verhältnis-skaliert
	dichotom ("echt")	dichotom ("künstlich")	polytom		
dichotom (echt)	7.5.2.1 Phi-Koeffizient Φ	7.6.1		7.5.3.3	7.5.2.3
dichotom (künstlich)	7.6.1	tetrachorischer Koeffizient r_{tet}		7.6.2	biserialer Koeffizient r_{bis}
polytom			7.5.2.2 Kontingenzkoeffizient C nach Pearson		
ordinal skaliert	7.5.3.3 biserialer Rangkorrelations-Koeffizient r_{rbis}	7.6.2		7.5.3.1 Rangkorrelationskoeffizient R nach Spearman 7.5.3.2 Rangkorrelationskoeffizient τ (Tau) nach Kendall	7.6.3
intervall- bzw. verhältnis-skaliert	7.5.2.3 punktbiserialer Koeffizient r_{pbis}	biserialer Koeffizient r_{bis}		7.6.3	7.5.1.1 Korrelationskoeffizient r_{xy} nach Bravais-Pearson

Anmerkung:

Der Begriff "**dichotom (künstlich)**" besagt, daß dem Merkmal in der Grundgesamtheit eine Normalverteilung zugrundeliegt. Aber die vorliegenden Daten geben nur eine Auskunft darüber, ob die betreffende Merkmalsausprägung oberhalb ("1") oder unterhalb ("0") eines bestimmten Punktes der Normalverteilung liegt.

(Beispiel: Das Ergebnis einer Klausur wird zunächst durch eine Punktetabelle bewertet. Als Resultat wird dann aber nur angegeben, ob die Klausur bestanden (= 1) oder nicht bestanden (= 0) worden ist.)

Der Begriff "**polytom**" besagt, daß das nominal-skaliert erhobene Merkmal mehr als zwei Ausprägungen besitzt.

7.5.1 Zusammenhang zwischen metrisch-skalierten Merkmalen

Die Regressionsrechnung liefert im Fall der Einfachregression eine Aussage über die Zahlenwerte der Regressionskoeffizienten b_0 und b_1. Ein Maß für die **Güte der Anpassung** der Regressionsgeraden an die Beobachtungswerte liefert die Korrelationsrechnung. Je enger sich die Beobachtungswerte um die Regressionsgerade scharen, umso strammer ist der Zusammenhang zwischen den beobachteten Variablen. Im folgenden soll eine geeignete Maßzahl zur Messung der Strammheit dieses Zusammenhangs zwischen den Variablen behandelt werden.

7.5.1.1 Der Korrelationskoeffizient r nach Bravais-Pearson

Es liegen n Beobachtungswerte (x_i,y_i), i = 1,2,. . . . ,n, vor, die in ein sogenanntes Streudiagramm eingetragen werden (vgl. Abb. 7.7). Um eine Maßzahl zu bestimmen, empfiehlt es sich wieder, zu zentrierten Werten überzugehen, d.h. es wird das Koordinatensystem parallel zu sich selbst verschoben, so daß der ursprüngliche Nullpunkt mit dem Punkt $(\bar{x}, \bar{y})$ zusammenfällt. Dies bedeutet, daß man folgende Koordinatentransformation durchführt:

(7.12) $x_i^* = x_i - \bar{x}$ und $y_i^* = y_i - \bar{y}$ mit $\bar{x} = \frac{1}{n} \Sigma x_i$ und $\bar{y} = \frac{1}{n} \Sigma y_i$.

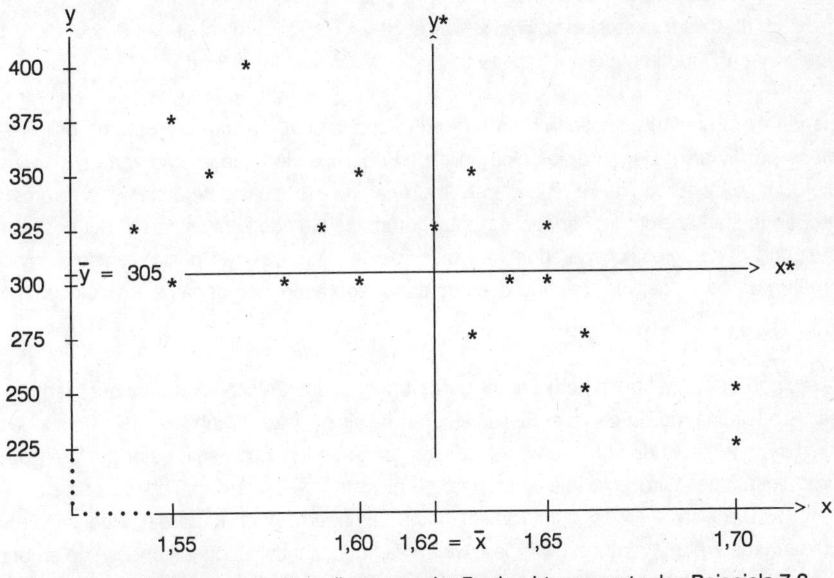

Abbildung: 7.7: Streudiagramm der Beobachtungswerte des Beispiels 7.3

Wenn in unserem Beispiel der Angebotspreis allein die Absatzmenge bestimmen würde, so lägen alle Beobachtungspunkte auf einer Geraden, die durch den Punkt $(\overline{x},\overline{y})$ gehen müßte. Wenn dagegen der Angebotspreis ohne jeden Einfluß auf die Absatzmenge wäre, würden die Beobachtungspunkte willkürlich über die vier Quadranten des zentrierten Koordinatensystems verteilt liegen.

Ist dagegen der Angebotspreis einer der Einflüsse, die die Absatzmenge bestimmen, dann werden zwar die Punkte in allen Quadranten liegen, aber die Verteilung über die vier Quadranten wird nicht zufällig sein. In unserem Beispiel liegen die Punkte größtenteils im II. und IV. Quadranten. In solchen Fällen spricht man von einer negativen Korrelation. Liegen die Punkte aber größtenteils im I. und III. Quadranten, ist also die Absatzmenge im allgemeinen mit steigendem Angebotspreis größer geworden, so spricht man von einer positiven Korrelation.

Als Maß für die Strammheit des Zusammenhanges zwischen den Merkmalen X und Y kommen nun verschiedene Kriterien in Betracht.

1. Kriterium: $\Sigma\ x_i{}^*y_i{}^*$:

Im I. Quadranten sind sowohl $x_i{}^*$ als auch $y_i{}^*$ positiv und somit ist auch das Produkt $x_i{}^*y_i{}^*$ positiv. Im II. Quadranten ist $x_i{}^*$ negativ und $y_i{}^*$ positiv und somit ist das Produkt $x_i{}^*y_i{}^*$ negativ. Im III. Quadranten sind sowohl $x_i{}^*$ als auch $y_i{}^*$ negativ und somit das Produkt $x_i{}^*y_i{}^*$ positiv. Im IV. Quadranten ist $x_i{}^*$ positiv und $y_i{}^*$ negativ, somit das Produkt $x_i{}^*y_i{}^*$ negativ.

Liegen alle Punkte hauptsächlich im I. und III. Quadranten, so wird die Summe der Produkte positiv sein. Liegen die Punkte willkürlich über die vier Quadranten verteilt, so wird die Summe der Produkte $x_i{}^*y_i{}^*$ gegen Null streben. Die Produktsumme $\Sigma x_i{}^*y_i{}^*$ wird umso größer, je stärker sich die Beobachtungpunkte um die Gerade konzentrieren. Bei positiver Steigung der Regressionsgeraden wird die Produktsumme $\Sigma x_i{}^*y_i{}^*$ positiv, entsprechend erhält man bei negativer Steigung der Regressionsgeraden eine negative Produktsumme $\Sigma\ x_i{}^*y_i{}^*$.

Allerdings ist $\Sigma\ x_i{}^*y_i{}^*$ noch **kein brauchbares Maß** für eine Entscheidung, da der Wert dieser Produktsumme durch **zwei** Einflußfaktoren bestimmt wird. Wenn man die Maßeinheit für die Merkmalswerte von x_i und y_i verändert, dann ändert sich damit auch der Wert der Produktsumme. Wird etwa die Absatzmenge nicht in kg sondern in Tonnen gemessen, dann würde sich der Wert der Produktsumme verringern. Auch kann der Wert der Produktsumme erhöht (verringert) werden, wenn man die Zahl der Beobachtungswerte erhöht (bzw. verringert).

2. Kriterium:

Daher muß die Größe $\Sigma\ x_i^* y_i^*$ normiert werden. Die Unabhängigkeit von der Maßeinheit für die Merkmalswerte von x_i und y_i erreicht man durch die Transformation

(7.31) $$\tilde{\tilde{x}}_i = \frac{x_i^*}{s_X} = \frac{x_i - \overline{x}}{s_X}, \quad \text{mit} \quad s_X^2 = \frac{1}{n} \sum_{i=1}^{n} (x_i - \overline{x})^2,$$

und

(7.32) $$\tilde{\tilde{y}}_i = \frac{y_i^*}{s_Y} = \frac{y_i - \overline{y}}{s_Y}, \quad \text{mit} \quad s_Y^2 = \frac{1}{n} \sum_{i=1}^{n} (y_i - \overline{y})^2.$$

Die sich auf diese Weise ergebende Produktsumme $\Sigma\,\tilde{\tilde{x}}_i\tilde{\tilde{y}}_i$ hängt jedoch noch **vom Stichprobenumfang n** ab. Diesen berücksichtigt man, indem man $\Sigma\,\tilde{\tilde{x}}_i\tilde{\tilde{y}}_i$ noch durch n dividiert.

Damit erhält man die Größe

(7.33) $$r = \frac{1}{n} \cdot \Sigma\, \tilde{\tilde{x}}_i\, \tilde{\tilde{y}}_i,$$

die man den **Korrelationskoeffizienten** (**nach Bravais und Pearson**) nennt. Sie ist ein Maß für die Strammheit des Zusammenhanges zwischen den Merkmalen X und Y.

Man kann zeigen, daß r nur Werte zwischen −1 und +1 annehmen kann, d.h.

$$-1 \leq r \leq +1.$$

Liegt der Wert von r nahe bei −1 bzw. bei +1, dann besteht ein sehr enger negativer bzw. positiver linearer Zusammenhang zwischen X und Y. Liegt der Wert von r nahe bei Null, dann besteht kein wesentlicher linearer Zusammenhang zwischen X und Y.
Der Korrelationskoeffizient r läßt sich einfacher berechnen, wenn man ihn im (x_i^*, y_i^*)–Koordinatensystem angibt, d.h.

$$r = \frac{1}{n} \cdot \Sigma\, \tilde{\tilde{x}}_i \tilde{\tilde{y}}_i = \frac{\Sigma (x_i - \overline{x})(y_i - \overline{y})}{n \cdot \sqrt{\frac{1}{n} \cdot \Sigma (x_i - \overline{x})^2} \cdot \sqrt{\frac{1}{n} \cdot \Sigma (y_i - \overline{y})^2}},$$

$$= \frac{\Sigma x_i^* y_i^*}{\sqrt{\Sigma (x_i^*)^2 \cdot \Sigma (y_i^*)^2}} = \frac{Cov(X,Y)}{\sqrt{Var(X) \cdot Var(Y)}}.$$

7.5.1.2 Die Streuungszerlegung

Wenn man eine Aussage über den Erfolg der Regressionsrechnung treffen will, dann betrachtet man die Abweichung der Werte y_i von ihrem Mittelwert $\overline{y}$. Will man eine Aussage über einen Wert y_i treffen, ohne den exakten Wert von x_i zu kennen, dann kann man den Wert des arithmetischen Mittels $\overline{y}$ wählen. Dabei macht man jedoch einen Fehler, der umso größer wird, je weiter der unbekannte Wert x_i vom Mittelwert $\overline{x}$ abweicht. Dieser Fehler wird durch die Differenz $(y_i - \overline{y})$ gemessen (vgl. Abb. 7.8).

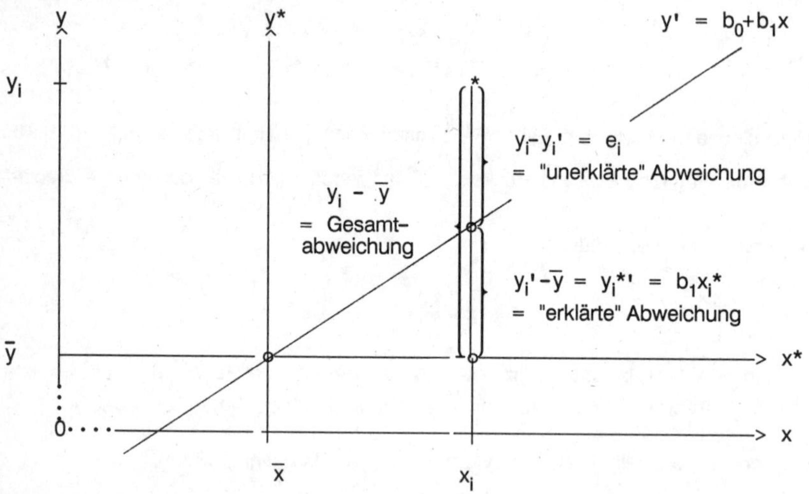

Abbildung 7.8: Zur Zerlegung der Abweichungen der Beobachtungswerte von der Regressionsgeraden

Diese Abweichung wird nun durch die Regressionsgerade in zwei Summanden zerlegt, in den Teil $y_i' - \overline{y}$, der durch die Regression "erklärt" wird, und in den verbleibenden Teil $y_i - y_i'$, der "unerklärt" bleibt. Man kann somit die gesamte Abweichung $y_i - \overline{y}$ für beliebiges i wie folgt zerlegen

$$(y_i - \overline{y}) = (y_i' - \overline{y}) + (y_i - y_i').$$

gesamte = "erklärte" + "unerklärte" Abweichung.

Summiert man über alle Beobachtungswerte, so erhält man

$$\sum_{i=1}^{n}(y_i - \overline{y}) = \sum_{i=1}^{n}(y_i' - \overline{y}) + \sum_{i=1}^{n}(y_i - y_i').$$

Diese Gleichung gilt auch dann noch, wenn die Summanden einzeln quadriert werden, d.h.

(7.34) $$\sum_{i=1}^{n} (y_i - \overline{y})^2 = \sum_{i=1}^{n} (y_i' - \overline{y})^2 + \sum_{i=1}^{n} (y_i - y_i')^2.$$

Beweis:

$$\sum_{i=1}^{n} (y_i - \overline{y})^2 = \sum_{i=1}^{n} \left\{(y_i' - \overline{y}) + (y_i - y_i')\right\}^2$$

$$= \sum_{i=1}^{n} (y_i' - \overline{y})^2 + 2\cdot \sum_{i=1}^{n} (y_i' - \overline{y})(y_i - y_i') + \sum_{i=1}^{n} (y_i - y_i')^2.$$

Wenn die Behauptung gelten soll, muß das mittlere Glied gleich Null sein. Berücksichtigt man die Gültigkeit von

(7.14) $$y_i' - \overline{y} = y_i'^* = b_1 x_i^* \quad \text{und}$$

(7.16) $$\sum_{i=1}^{n} x_i^* \cdot (y_i^* - b_1 x_i^*) = 0,$$

sowie $y_i - y_i' = y_i^* - y_i'^*$, dann erhält man für das mittlere Glied

$$2\cdot\Sigma(y_i' - \overline{y})(y_i - y_i') = 2\cdot\Sigma\, b_1 x_i^* \cdot (y_i - y_i'),$$

$$= 2\cdot b_1 \cdot \Sigma\, x_i^* \cdot (y_i^* - y_i'^*),$$

$$= 2\cdot b_1 \cdot \Sigma\, x_i^* \cdot (y_i^* - b_1 x_i^*) = 0.$$

Damit ist die Behauptung bewiesen.

Die Summe der quadrierten Abweichungen der Beobachtungswerte y_i von ihrem Mittelwert $\overline{y}$ läßt sich somit zerlegen in eine durch die Regressionsgerade **erklärte quadratische Abweichung** $(y_i' - \overline{y})^2$ und in eine bei dieser Regression **nicht erklärte quadratische Abweichung**, das sog. Restglied $(y_i - y_i')^2 = e_i^2$. Je kleiner diese unerklärte quadratische Abweichung ist, umso besser paßt sich die Regressionsgerade den Beobachtungswerten y_i an.

Die Beziehung der Streuungszerlegung läßt sich auch in der Form schreiben:

(7.35) $$\sum_{i=1}^{n} (y_i - \overline{y})^2 = b_1^2 \sum_{i=1}^{n} (x_i^*)^2 + \sum_{i=1}^{n} e_i^2.$$

gesamte **erklärte** **unerklärte**
Abweichung **Abweichung**

7.5.1.3 Das Bestimmtheitsmaß B

Ausgehend von der bei der Streuungszerlegung erhaltenen Beziehung

$$(7.34)\qquad \sum_{i=1}^{n} (y_i - \overline{y})^2 = \sum_{i=1}^{n} (y_i' - \overline{y})^2 + \sum_{i=1}^{n} (y_i - y_i')^2$$

läßt sich ein anderes Maß für die Strammheit des Zusamenhanges ermitteln. Nach Division durch n erhält man

$$(7.36)\qquad \frac{1}{n}\sum_{i=1}^{n} (y_i - \overline{y})^2 = \frac{1}{n}\sum_{i=1}^{n} (y_i' - \overline{y})^2 + \frac{1}{n}\sum_{i=1}^{n} (y_i - y_i')^2.$$

$$\{ s_Y^2 = s_{Y'}^2 + s_E^2 \}$$

Der Ausdruck auf der linken Seite des Gleichheitszeichens stellt **die empirische Varianz s_Y^2 der Beobachtungswerte** y_i und der erste Summand auf der rechten Seite **die empirische Varianz** $s_Y'^2$ aus der Abhängigkeit des Merkmales Y vom Merkmal X dar. Die Größe s_E^2 läßt sich dagegen aus der Abhängigkeit des Merkmales Y von anderen außer X wirkenden Merkmalen sowie dem Zufall deuten. Daher der Name **Reststreuung** oder **Residualabweichung** für s_E^2. Je größer nun $s_{Y'}^2$ gegenüber s_E^2 ist, desto stärker wird die Gesamtvarianz durch die Abhängigkeit des Merkmales Y von dem Merkmals X bestimmt. Es erscheint daher vernünftig, den Quotienten $s_{Y'}^2 / s_Y^2$ zu bilden, der den Anteil der durch die Regression erklärten Varianz an der beobachteten Gesamtvarianz angibt.

Je größer der Teil der Gesamtvarianz ist, der durch $s_{Y'}^2$ bedingt wird, desto besser paßt sich die Regressionsgerade den beobachteten Werten an. Man bezeichnet daher diesen Quotienten als **Bestimmtheitsmaß $B_{Y,X}$**, also

$$(7.37)\qquad B_{Y,X} = \frac{s_{Y'}^2}{s_Y^2}.$$

Man kann zeigen, daß für $B_{Y,X}$ gilt

$$0 \leq B_{Y,X} \leq 1.$$

Je näher $B_{Y,X}$ bei 1 liegt, umso besser paßt sich die Regression den Beobachtungswerten an.

7.5.1.4 Zusammenhang zwischen Bestimmtheitsmaß B und dem Korrelationskoeffizienten r

Es gilt

(7.38) $$\frac{s_{Y'}^2}{s_Y^2} = B_{Y,X} = r^2.$$

Beweis:

$$B_{Y,X} = \frac{s_{Y'}^2}{s_Y^2} = \frac{\frac{1}{n}\cdot\Sigma(y_i'^*)^2}{\frac{1}{n}\cdot\Sigma(y_i^*)^2} = \frac{\Sigma(y_i'^*)^2}{\Sigma(y_i^*)^2}.$$

Wegen $y_i'^* = b_1 x_i^*$ und $b_1 = \dfrac{\Sigma x_i^* y_i^*}{\Sigma(x_i^*)^2}$ folgt unmittelbar

$$B = \frac{b_1^2\cdot\Sigma(x_i^*)^2}{\Sigma(y_i^*)^2} = \frac{(\Sigma x_i^* y_i^*)^2\cdot\Sigma(x_i^*)^2}{[\Sigma(x_i^*)^2]^2\cdot\Sigma(y_i^*)^2} = \frac{(\Sigma x_i^* y_i^*)^2}{\Sigma(x_i^*)^2\cdot\Sigma(y_i^*)^2} = r^2.$$

Damit verfügt man mit dem Bestimmtheitsmaß B und dem Korrelationskoeffizienten r über zwei Kriterien für die Güte einer Regression, die allerdings auf den gleichen Überlegungen beruhen. Man erhält also **keine zusätzliche Information**, wenn man nach der Berechnung des Korrelationskoeffizienten zusätzlich noch das Bestimmtheitsmaß bestimmt. Auch muß man beachten, daß das Bestimmtheitsmaß nur eine Entscheidung darüber treffen kann, ob ein **linearer** Zusammenhang vorliegt oder nicht. Ob dieser Zusammenhang positiv oder negativ ist, läßt sich mit Hilfe des Bestimmtheitsmaßes nicht entscheiden.

Beispiel 7.3: Für die Daten dieses Beispiels ergeben sich folgende Werte für den Korrelationskoeffizienten und das Bestimmtheitsmaß

$$r = \frac{\Sigma\, x_i^* y_i^*}{\sqrt{\Sigma(x_i^*)^2\cdot\Sigma(y_i^*)^2}} = \frac{-\ 39{,}00}{\sqrt{0{,}054\cdot 47\ 000}} = -\ 0{,}77,$$

$$B = r^2 = 0{,}599.$$

Beispiel 7.4: Für dieses Beispiel soll der Wert des Korrelationskoeffizienten und des Bestimmtheitsmaßes für die beiden empirischen Regressionsgeraden bestimmt werden

a) $\overline{Y}' = f(X^m), \quad \overline{Y}' = -\ 53{,}71 + 0{,}70 \cdot X^m,$

$$r = \frac{Cov(X^m, \overline{Y})}{\sqrt{Var(X^m) \cdot Var(Y^m)}} = \frac{25{,}10}{\sqrt{35{,}81 \cdot 41{,}11}} = 0{,}654,$$

$B_{\overline{Y}, X^m} = r^2 = 0{,}428.$

b) $\overline{X}' = g(Y^m), \quad \overline{X}' = -\ 130{,}12 + 0{,}61 \cdot Y^m,$

$$r = \frac{Cov(\overline{X}, Y^m)}{\sqrt{Var(X^m) \cdot Var(Y^m)}} = \frac{25{,}11}{\sqrt{35{,}81 \cdot 41{,}11}} = 0{,}654,$$

$B_{\overline{X}, Y^m} = r^2 = 0{,}428.$

7.5.2 Zusammenhang zwischen nominal-skalierten Merkmalen

7.5.2.1 Der Phi-Koeffizient (Φ)

Wenn beide Merkmale dichotom erhoben wurden, lassen sich die beobachteten Häufigkeiten der Merkmalsausprägungen wie folgt auf eine Vierfelder-Tafel verteilen:

		Ausprägung des Merkmals A 0	 1	Zeilensumme Σ
Ausprägung des Merkmals B	1	n_{11}	n_{12}	$n_{1\cdot}$
	0	n_{21}	n_{22}	$n_{2\cdot}$
Spaltensumme	Σ	$n_{\cdot 1}$	$n_{\cdot 2}$	n

Dabei kann die (0–1)-Codierung der Merkmalsausprägungen beliebig vorgenommen werden.

Eine Maßgröße für den linearen Zusammenhang zwischen **zwei metrisch-skaliert erhobenen Merkmalen X und Y** liefert der Korrelationskoeffizient r_{xy} nach Bravais-Pearson (vgl. Abschnitt 7.5.1). Ein entsprechender Produkt-Moment Koeffizient läßt sich auch für

dichotome Daten berechnen. Man bezeichnet ihn als **Phi-Koeffizienten** (**Φ**) und definiert ihn als

$$\Phi = \text{Phi} = \frac{p_{xy} - p_x \cdot p_y}{\sqrt{p_x \cdot q_x \cdot p_y \cdot q_y}} .$$

Hierbei bedeuten:

p_x := $(n_{\cdot 2})/n$, d.h. Anteil der Objekte, die beim Merkmal A die Ausprägung "1" besitzen (Anzahl der Objekte, dividiert durch den Stichprobenumfang n),

q_x := $(n_{\cdot 1})/n$, d.h. Anteil der Objekte, die beim Merkmal A die Ausprägung "0" besitzen (Anzahl der Objekte, dividiert durch den Stichprobenumfang n),

p_y := $(n_{1\cdot})/n$, d.h. Anteil der Objekte, die beim Merkmal B die Ausprägung "1" besitzen (Anzahl der Objekte, dividiert durch den Stichprobenumfang n),

q_y := $(n_{2\cdot})/n$, d.h. Anteil der Objekte, die beim Merkmal B die Ausprägung "0" besitzen (Anzahl der Objekte, dividiert durch den Stichprobenumfang n),

p_{xy} := n_{12}/n, d.h. Anteil der Objekte, die bei den Merkmalen A und B jeweils die Ausprägung "1" besitzen (Anzahl der Objekte, dividiert durch den Stichprobenumfang n).

Basierend auf der oben eingeführten Vierfeldertafel läßt sich die Berechnung des Phi-Koeffizienten vereinfachen:

$$\Phi = \text{Phi} = \frac{p_{xy} - p_x \cdot p_y}{\sqrt{p_x \cdot q_x \cdot p_y \cdot q_y}} = \frac{\frac{n_{12}}{n} - \frac{n_{\cdot 2}}{n} \cdot \frac{n_{1\cdot}}{n}}{\sqrt{\frac{n_{\cdot 2}}{n} \cdot \frac{n_{\cdot 1}}{n} \cdot \frac{n_{1\cdot}}{n} \cdot \frac{n_{2\cdot}}{n}}}$$

$$= \frac{\frac{n_{12}}{n} - \frac{n_{\cdot 1} \cdot n_{\cdot 2}}{n^2}}{\frac{1}{n^2} \cdot \sqrt{n_{\cdot 1} \cdot n_{\cdot 2} \cdot n_{1\cdot} \cdot n_{2\cdot}}} = \frac{n \cdot n_{12} - n_{\cdot 2} \cdot n_{1\cdot}}{\sqrt{n_{\cdot 1} \cdot n_{\cdot 2} \cdot n_{1\cdot} \cdot n_{2\cdot}}} .$$

Wegen $n = n_{11} + n_{12} + n_{21} + n_{22}$; $n_{\cdot 2} = n_{12} + n_{22}$ und $n_{1\cdot} = n_{11} + n_{12}$ folgt

$$\Phi = \frac{n_{12} \cdot (n_{11} + n_{12} + n_{21} + n_{22}) - (n_{12} + n_{22}) \cdot (n_{11} + n_{12})}{\sqrt{n_{\cdot 1} \cdot n_{\cdot 2} \cdot n_{1\cdot} \cdot n_{2\cdot}}}$$

$$= \frac{n_{11}n_{12} + n_{12}^2 + n_{12}n_{21} + n_{12}n_{22} - n_{11}n_{12} - n_{11}n_{22} - n_{12}^2 - n_{12}n_{22}}{\sqrt{n_{.1} \cdot n_{.2} \cdot n_{1.} \cdot n_{2.}}}$$

$$= \frac{n_{12}n_{21} - n_{11}n_{22}}{\sqrt{n_{.1} \cdot n_{.2} \cdot n_{1.} \cdot n_{2.}}} \; .$$

Der Phi-(Φ)-Koeffizient läßt sich nicht so einfach interpretieren wie der Korrelationskoeffizient r, der grundsätzlich alle Werte zwischen den beiden Extrema -1 und +1 annehmen kann, wobei das Vorzeichen eine Aussage über die Richtung des linearen Zusammenhanges gibt.

Im Gegensatz dazu liegt der Wertebereich des Phi-(Φ)-Koeffizienten nicht fest. Er muß vielmehr für jeden speziellen Anwendungsfall neu bestimmt werden. Seine beiden möglichen Extrema werden durch die jeweils gegebenen Randverteilungen $\{n_{1.}, n_{2.}, n_{.1}$ und $n_{.2}\}$ bestimmt.

Ebenfalls erlaubt sein Vorzeichen keine Aussage über die Richtung des Zusammenhanges, da es von der Anordnung der Merkmale und ihren Ausprägungen in der Vierfeldertafel abhängt, über die keine strengen Regeln existieren.

1. Um einen normierten Phi-(Φ)-Koeffizienten zu berechnen, müssen zunächst die beiden Extrema Φ_{min} und Φ_{max} bei gegebener Randverteilung berechnet werden. Ist ein Feld in der Vierfelder-Tafel mit einer Null besetzt, so ist das dafür berechnete Φ bereits ein Extremwert.

   Anderenfalls setzt man das am **schwächsten besetzte Feld** auf Null und ändert die übrigen Tafelfelder so, daß die Randverteilung unverändert bleibt. Der sich daraus ergebende Φ-Wert ist ein gesuchter Extremwert. Den anderen Extremwert erhält man, wenn man das am **schwächsten besetzte Feld** so groß werden läßt, wie es die zugehörige Randverteilung ermöglicht. Der sich hieraus ergebende Φ-Wert ist der andere gesuchte Extremwert. Welcher Wert das Maximum und welcher das Minimum liefert, hängt von der Aufteilung der Merkmale und ihrer Ausprägungen auf die Zeilen und Spalten der Vierfelder-Tafel ab.

   Anhand eines einfachen Zahlenbeispieles soll dieser Vorgang erläutert werden:

1. Ausgangs-Vierfelder-Tafel:

		A: 0	A: 1	Σ
B	1	5	15	20
	0	35	45	80
	Σ	40	60	100

$\Phi = 0{,}1531.$

1a. veränderte Tafel: Man setzt das am schwächsten besetzte Feld auf Null:

		A: 0	A: 1	Σ
B	1	0	20	20
	0	40	40	80
	Σ	40	60	100

$\Phi = 0{,}4082 = \Phi_{max}.$

1b. veränderte Tafel: Man besetzte das schwächste Feld mit dem maximal möglichen Wert:

		A: 0	A: 1	Σ
B	1	20	0	20
	0	20	60	80
	Σ	40	60	100

$\Phi = -\ 0{,}6124 = \Phi_{min}.$

Man stellt fest, daß für eine Vierfelder-Tafel mit der gegebenen Randverteilung $\{n_{1.} = 20, n_{2.} = 80, n_{.1} = 40$ und $n_{.2} = 60\}$ der Phi-Koeffizient nur Werte aus dem Intervall

$$-\ 0{,}6124 \le \Phi \le 0{,}4082$$

annehmen kann.

2. Eine **allgemeine** Berechnungsformel für den **maximalen** Phi-Koeffizienten lautet

$$\Phi_{max} = \sqrt{\frac{p_y}{q_y} \cdot \frac{q_x}{p_x}}, \quad \text{mit } p_x \ge p_y,$$

wobei wie oben

$p_x := n_{.2}/n;\ p_y := n_{1.}/n,$ und $q_x := n_{.1}/n;\ q_y := n_{2.}/n$ bedeuten.

Eine **allgemeine** Berechnungsformel für den **minimalen** Phi-Koeffizienten lautet entsprechend

$$\Phi_{min} = -\sqrt{\frac{p_x}{q_x} \cdot \frac{p_y}{q_y}}, \quad \text{mit } p_x \geq p_y.$$

Für unser Beispiel erhält man mit $p_x = 0{,}60$; $p_y = 0{,}20$; $q_x = 0{,}40$ und $q_y = 0{,}80$:

$$\Phi_{max} = \sqrt{\frac{0{,}20}{0{,}80} \cdot \frac{0{,}40}{0{,}60}} = 0{,}4082 \text{ und}$$

$$\Phi_{min} = -\sqrt{\frac{0{,}60}{0{,}40} \cdot \frac{0{,}20}{0{,}80}} = -0{,}6124.$$

Mit Kenntnis dieser möglichen Extremwerte läßt sich der Phi-Koeffizient relativieren, indem man den Quotienten aus dem berechneten und dem maximalen bzw. minimalem Phi-Koeffizienten bildet. Man erhält

(7.39) $$\Phi_{korr} = \frac{\Phi}{\Phi_{max}}, \quad \text{falls } \Phi > 0 \text{ und}$$

(7.40) $$\Phi_{korr} = \frac{\Phi}{|\Phi_{min}|}, \quad \text{falls } \Phi < 0.$$

Für unser Beispiel erhält man $\Phi_{korr} = \frac{0{,}1531}{0{,}4082} = 0{,}37506$.

Dieser **korrigierte Phi-Koeffizient** eignet sich allerdings nur als Maßgröße im Vergleich mit anderen Koeffizienten für **Datenmaterial** mit gleichem Stichprobenumfang, das mit dem gleichen Erhebungsverfahren gewonnen wurde. Dann kann man mit seiner Hilfe Aussagen darüber treffen, ob der Zusammenhang in verschiedenen Stichproben Unterschiede aufweist. Als einzelner, isolierter Wert ist auch der korrigierte Phi-Koeffizient **wenig aussagefähig**.

3. In der Praxis verwendet man zur Berechnung des korrigierten Phi-Koeffizienten die von Cole [1949] vorgeschlagenen Formeln. Sie lauten

(7.41) $$\Phi_{korr} = \frac{n_{12}n_{21} - n_{11}n_{22}}{n \cdot \text{Min}(n_{11}, n_{22}) + (n_{12}n_{21} - n_{11}n_{22})},$$

$$\text{falls } \Phi \geq 0, \text{ d.h. } n_{12}n_{21} \geq n_{11}n_{22},$$

bzw.

$$(7.42)\quad \Phi_{korr} = \frac{n_{12}n_{21} - n_{11}n_{22}}{n \cdot \text{Min}(n_{12},n_{21}) - (n_{12}n_{21} - n_{11}n_{22})},$$

falls $\Phi < 0$, d.h. $n_{12}n_{21} < n_{11}n_{22}$.

Für unser Beispiel erhält man wegen $\Phi = 0{,}1531 > 0$

$$\Phi_{korr} = \frac{525 - 225}{100 \cdot \text{Min}\{5;45\} + (525 - 225)} = \frac{300}{500 + 300} = 0{,}375.$$

7.5.2.2 Der Kontingenzkoeffizient C nach Pearson

Wenn zwei qualitative Merkmale A und B **nominal-skaliert** und mit mehr als zwei Kategorien erhoben sind, ist der Kontingenz-Koeffizient C nach Pearson eine geeignete Maßzahl zur Beurteilung des Zusammenhanges.

Die Merkmale können dabei mehrfach gestuft auftreten, d.h. die zugehörige Mehrfelder-Tafel kann in beliebiger Größe und Form (quadratisch oder rechteckig) auftreten. Angenommen, das Merkmal A besitze k verschiedene Ausprägungen und das Merkmal B besitze m verschiedene Ausprägungen. Dann lassen sich diese Ausprägungen in einer Kontingenztafel der Dimension (k x m) anordnen.

Zwei Kontingenztafeln und die zugehörigen Kontingenzkoeffizienten C lassen sich allerdings nur dann miteinander vergleichen, wenn die zugehörigen Dimensionen der Tafeln gleich groß sind. Die einzelnen Merkmalsausprägungen (Kategorien) müssen nicht auf eine bestimmte Weise (Zeilen und Spalten) angeordnet sein, der sich ergebende Kontingenz-Koeffizient hat unabhängig von dieser Anordnung immer denselben positiven numerischen Wert.

Vorgehensweise:

Man ordnet die absoluten Häufigkeiten der einzelnen Merkmalsausprägungen in einer Kontingenz-Tafel der Dimension (k x m) wie folgt an:

Merkmal A	Merkmal B							Zeilen-summe
	B_1	B_2	·	·	B_j	·	·	B_m	
A_1	n_{11}	n_{12}	·	·	n_{1j}	·	·	n_{1m}	$n_{1\cdot}$
A_2	n_{21}	n_{22}	·	·	n_{2j}	·	·	n_{2m}	$n_{2\cdot}$
·	·	·	·	·	·	·	·	·	·
A_i	n_{i1}	n_{i2}	·	·	n_{ij}	·	·	n_{im}	$n_{i\cdot}$
·	·	·	·	·	·	·	·	·	·
A_k	n_{k1}	n_{k2}	·	·	n_{kj}	·	·	n_{km}	$n_{k\cdot}$
Spalten-summe	$n_{\cdot 1}$	$n_{\cdot 2}$	·	·	$n_{\cdot j}$	·	·	$n_{\cdot m}$	n

Der Kontingenz-Koeffizient C beruht auf der Abweichung der **beobachteten Häufigkeit** und der bei statistischer Unabhängigkeit **erwarteten Häufigkeit** in jedem Tafelfeld. Letztere berechnet sich für jedes Tafelfeld nach der Rechenvorschrift: "Zeilensumme, multipliziert mit der Spaltensumme, geteilt durch die Gesamtsumme".

Der Kontingenz-Koeffizient C läßt sich nach folgender Formel berechnen:

$$C = \sqrt{\frac{S^2}{n + S^2}}, \quad \text{mit} \quad S^2 = \sum_{i=1}^{k} \sum_{j=1}^{m} \frac{(n_{ij} - n \cdot \hat{p}_{ij})^2}{n \cdot \hat{p}_{ij}},$$

$$\text{wobei} \quad \hat{p}_{ij} = \frac{n_{i\cdot}}{n} \cdot \frac{n_{\cdot j}}{n} = \frac{1}{n^2} \sum_{i=1}^{k} n_{ij} \cdot \sum_{j=1}^{m} n_{ij} \quad \text{ist.}$$

Numerisches Beispiel:

Es sei folgende (3 x 3)-Kontingenz-Tafel beobachtet worden:

Merkmal A	Merkmal B B_1	B_2	B_3	Zeilensumme
A_1	11	66	107	184
A_2	136	633	739	1 508
A_3	60	148	94	302
Spaltensumme	207	847	940	1 994

Um S^2 zu berechnen, benötigt man die bei statistischer Unabhängigkeit für jedes Tafelfeld erwartete Häufigkeit. Nach der Rechenvorschrift: "Zeilensumme multipliziert mit der Spaltensumme, geteilt durch die Gesamtsumme" erhält man beispielsweise für das Tafelfeld A_1B_3:

$$\frac{184 \cdot 940}{1\ 994} = 86{,}74.$$

Die gesamte Berechnung einschließlich der von S^2, läßt sich in der folgenden Tabelle zusammenfassen:

Tafelfeld	Häufigkeit beobach- tete n_{ij}	erwar- tete $n \cdot \hat{p}_{ij}$	$n_{ij} - n \cdot \hat{p}_{ij}$	$(n_{ij} - n \cdot \hat{p}_{ij})^2$	$\frac{(n_{ij} - n \cdot \hat{p}_{ij})^2}{n \cdot \hat{p}_{ij}}$
A_1B_1	11	19,10	- 8,10	65,61	3,4351
A_1B_2	66	78,16	- 12,16	147,87	1,8918
A_1B_3	107	86,74	20,26	410,47	4,7322
A_2B_1	136	156,55	- 20,55	422,30	2,6976
A_2B_2	633	640,56	- 7,56	57,15	0,0892
A_2B_3	739	710,89	28,11	790,17	1,1115
A_3B_1	60	31,35	28,65	820,82	26,1825
A_3B_2	148	128,28	19,72	388,88	3,0315
A_3B_3	94	142,37	- 48,37	2 339,66	16,4336
Summe	1 994	1 994	0,0		S^2 = 59,6050

Um den Kontingenz-Koeffizienten zu berechnen, bestimmt man die Größe

$$C = \sqrt{\frac{S^2}{n + S^2}} = \sqrt{\frac{59{,}6050}{1994 + 59{,}6050}} = 0{,}1704.$$

Dabei fällt auf, daß dieser Wert relativ niedrig ausfällt. Bei der Interpretation des Kontingenz-Koeffizienten ist allerdings zu beachten, daß dieser isoliert betrachtet wenig Aussagekraft besitzt. Erst aus dem Vergleich mehrerer Kenngrößen aus Stichproben, die sich bezüglich definierbarer Eigenschaften unterscheiden, lassen sich Erkenntnisse gewinnen.

Der Kontingenz-Koeffizient C kann theoretisch Werte zwischen 0 und +1 annehmen. Das Maximum hängt jedoch von der Größe der zugrundeliegenden Tafel ab. Wenn die Dimension der Tafel über alle Grenzen wächst, strebt C gegen +1. Für quadratische Tafeln läßt sich der maximale Wert von C berechnen. Es gilt

$$C_{max} = \sqrt{\frac{k - 1}{k}}\,.$$

Dabei bedeutet k die Dimension der Tafel. Somit ergibt sich bei einer (3 x 3)-Tafel ein maximaler Wert für C von C_{max} = 0,816.

Dies ist bei der Interpretation des Kontingenz-Koeffizienten zu berücksichtigen. Die folgende Tabelle gibt einen Überblick über das maximale C bei verschiedenen quadratischen Mehrfelder-Tafeln:

k	2	3	4	5	6	7	8	9
C_{max}	0,707	0,816	0,866	0,894	0,913	0,926	0,935	0,943

Für rechteckige Tafeln kann man eine grobe Schätzung für C_{max} angeben, indem man die obigen Tabellenwerte mittelt. Für eine (2 x 3)-Tafel ergibt sich somit

$$C_{max} = \frac{0{,}707 + 0{,}816}{2} = 0{,}7615.$$

Um die C-Werte, die für verschieden große Kontingenztafeln berechnet wurden, miteinander vergleichen zu können, empfiehlt es sich, sie auf die entsprechenden maximal möglichen C-Werte zu beziehen. Der so korrigierte Kontingenzkoeffizient lautet dann

$$C_{korr} = \frac{C}{C_{max}}.$$

Für das Beispiel erhält man

$$C_{korr} = \frac{C}{C_{max}} = \frac{0{,}1704}{0{,}816} = 0{,}2088.$$

Der Wert des korrigierten Kontingenzkoeffizienten liegt numerisch zwischen 0 und 1 und ist von der Tafelgröße unabhängig.

7.5.2.3 Der punktbiseriale oder Zweizeilenkoeffizient r_{pbis}

Es wird jetzt angenommen, daß beide Merkmale **nicht** übereinstimmend skaliert sind. Ein Merkmal, etwa X, soll **mindestens intervall-skaliert** sein, während das andere, etwa A, dichotom, d.h. mit zwei Merkmalsausprägungen, skaliert ist. In einem solchen Fall wäre es unzweckmäßig, die Ausprägungen des Merkmals X auf zwei Klassen zu reduzieren, um dann eine Auswertung mittels einer Vierfelder-Tabelle vorzunehmen. Der dadurch entstehende Informationsverlust läßt sich vermeiden, wenn man einen sog. **biserialen Koeffizienten** berechnet.

Im folgenden soll nur ein solcher Koeffizient behandelt werden, nämlich der **punkt-biseriale Koeffizient r_{pbis}**. Dieser Koeffizient wird aus Tabellen mit zwei Zeilen (biserial) berechnet.

Im Abschnitt 7.5.3.3 folgt der ähnlich konstruierte **biseriale Rangkorrelationskoeffizient**, bei dem das Merkmal X ordinal-skaliert und das Merkmal A dichotom gemessen wurden.

Beispiel:

In einer Prüfung sei die erzielte Punktzahl X bei der Lösung einer Mathematikaufgabe ein metrisch-skaliertes Merkmal, mit s Merkmalsausprägungen. Es werde jetzt gefragt, ob die Lösung dieser Aufgabe von dem Merkmal Geschlecht (= A) des Kandidaten abhängt. Dieses ist dichotom, wobei männlich mit "0" und weiblich mit "1" verschlüsselt wird.

Die n Beobachtungswerte der beiden Merkmalsausprägungen lassen sich in dem folgenden Tableau darstellen:

X		x_1	x_2	· · ·	x_j	· · ·	x_s	Σ
A	0	n_{01}	n_{02}	· ·	n_{0j}	· ·	n_{0s}	$n_{0\cdot}$
	1	n_{11}	n_{12}	· ·	n_{1j}	· ·	n_{1s}	$n_{1\cdot}$
Σ		$n_{\cdot 1}$	$n_{\cdot 2}$	· ·	$n_{\cdot j}$	· ·	$n_{\cdot s}$	n

Dabei bezeichnen:

n_{ij} : die absolute Häufigkeit (= Anzahl der Objekte) des Beobachtungspaares $(A_i;x_j)$, mit $A_1 = 1$ oder $A_0 = 0$.

$n_{i\cdot}$: die absolute Häufigkeit (= Anzahl der Objekte) der Realisation der Merkmalsausprägung "A_i" bei dem Merkmal A,

und

$n_{\cdot j}$: die absolute Häufigkeit (= Anzahl der Objekte) der Realisation der Merkmalsausprägung "x_j" bei dem Merkmal X.

Zur Berechnung des **punkt-biserialen Koeffizienten** stehen drei äquivalente Formeln zur Verfügung, von denen diejenige ausgewählt werden kann, aus der sich der Koeffizient für das konkret vorliegende Datenmaterial am bequemsten berechnen läßt:

$$\text{(7.43)} \qquad r_{pbis} = \frac{\bar{x}_{1\cdot} - \bar{x}_{0\cdot}}{s_x} \cdot \sqrt{\frac{n_{1\cdot} \cdot n_{0\cdot}}{n \cdot (n-1)}} \, ,$$

$$\text{(7.44)} \qquad = \frac{\bar{x}_{1\cdot} - \bar{x}}{s_x} \cdot \sqrt{\frac{n_{1\cdot} \cdot n}{n_{0\cdot} \cdot (n-1)}} \, ,$$

$$\text{(7.45)} \qquad = \frac{\bar{x} - \bar{x}_{0\cdot}}{s_x} \cdot \sqrt{\frac{n_{0\cdot} \cdot n}{n_{1\cdot} \cdot (n-1)}} \, ,$$

darin bedeuten:

$\bar{x}_{0\cdot} = \frac{1}{n_{0\cdot}} \sum_{j=1}^{s} n_{0j} x_j$ arithmetisches Mittel der Merkmalsausprägungen des Merkmals X bei den Objekten, die in dem Merkmal A als Merkmalsausprägung den Wert 0 besitzen,

$\bar{x}_{1\cdot} = \frac{1}{n_{1\cdot}} \sum_{j=1}^{s} n_{1j} x_j$ arithmetisches Mittel der Merkmalsausprägungen des Merkmals X bei den Objekten, die in dem Merkmal A als Merkmalsausprägung den Wert 1 besitzen,

$\bar{x} = \frac{1}{n} \sum_{j=1}^{s} n_{\cdot j} x_j$ arithmetisches Mittel der Merkmalsausprägungen des Merkmals X an allen n Objekten,

$s_x = \sqrt{\frac{1}{n-1} \cdot \sum_{i=1}^{n} (x_i - \bar{x})^2}$ Standardabweichung der Merkmalsausprägungen des Merkmals X an allen n Objekten,

$n_{0\cdot}$: Anzahl der Objekte, die beim Merkmal A die Ausprägung 0 besitzen,

$n_{1\cdot}$: Anzahl der Objekte, die beim Merkmal A die Ausprägung 1 besitzen,

$n = n_{0\cdot} + n_{1\cdot}$: Gesamtzahl aller Objekte.

Das Vorzeichen des punkt-biserialen Koeffizienten hängt davon ab, wie die beiden Klassen des dichotomen Merkmals A angeordnet sind. Da es hierfür keine verbindlichen Regeln gibt, können daher aus dem Vorzeichen nur im Zusammenhang mit der inhaltlichen Bedeutung der gewählten (0–1)-Codierung Schlüsse über die Richtung des Zusammenhanges gezogen werden.

Numerisches Beispiel:

Es seien folgende Daten beobachtet worden:

Objekt Nr.																
1	2	3	4	5	6	7	8	9	10	11	12	13	14	15	16	17
Punktwert (Merkmal X)																
26	21	25	24	29	28	28	23	31	29	24	27	22	22	29	30	21
Geschlecht (dichotomes Merkmal A: m = 0 und w = 1)																
0	0	1	0	1	1	1	0	1	1	0	1	0	0	1	1	0

Somit erhält man für dieses Beispiel: (n = 17)

$\overline{x}_{0\cdot} = 22{,}88;\ \overline{x}_{1\cdot} = 28{,}44;\ \overline{x} = 25{,}82;\ s_x = 3{,}32;\ n_{0\cdot} = 8;\ n_{1\cdot} = 9.$

Der punkt-biseriale Koeffizient werde nach den drei angegebenen Formeln berechnet zu

$$(7.46)\qquad r_{pbis} = \frac{28{,}44 - 22{,}88}{3{,}32} \cdot \sqrt{\frac{9 \cdot 8}{17 \cdot 16}} = +\ 0{,}86,$$

$$(7.47)\qquad r_{pbis} = \frac{28{,}44 - 25{,}82}{3{,}32} \cdot \sqrt{\frac{9 \cdot 17}{8 \cdot 16}} = +\ 0{,}86,$$

$$(7.48)\qquad r_{pbis} = \frac{25{,}82 - 22{,}88}{3{,}32} \cdot \sqrt{\frac{8 \cdot 17}{9 \cdot 16}} = +\ 0{,}86.$$

Man erkennt, daß in diesem Beispiel ein relativ starker Zusammenhang zwischen dem Geschlecht und dem Punktergebnis besteht. Das Vorzeichen kann allerdings nicht unmittelbar interpretiert werden, da die Verschlüsselung des dichotomen Merkmals A willkürlich erfolgte. Um die Richtung des Zusammenhanges zu interpretieren, muß die Verschlüsselung des dichotomen Merkmals A berücksichtigt werden. Man kann sonst lediglich folgern, daß hohe Werte von X mit hohen Werten von A verbunden sind.

Mit der hier verwendeten Verschlüsselung (0 = männlich; 1 = weiblich) besagt der Koeffizient, daß Frauen im Mittel höhere Punktzahlen aufweisen als Männer.

7.5.3 Zusammenhang zwischen ordinal-skalierten Merkmalen

Sind die beiden Merkmale A und B **mindestens ordinal-skaliert** gemessen, d.h. liegen die Ausprägungen als Rangdaten vor, dann bieten sich zur Beschreibung der Stärke des Zusammenhanges grundsätzlich zwei verschiedene Methoden zur Konstruktion einer Maßgröße in Form eines Rangkorrelationskoeffizienten an. Diese beiden Methoden kann man nach ihrem Konstruktionsprinzip unterscheiden:

1. Einerseits kann man die beobachteten Rangplätze der Merkmalswerte als metrisch-skalierte Meßwerte behandeln und so aufgrund einer **Niveau-Progression** den Rangplatzdifferenzen gleiche Abstände zuordnen, um eine Maßgröße zu berechnen.

2. Andererseits kann man aufgrund beobachteter **Vertauschungen (= Diskordanzen)** und **Übereinstimmungen (= Konkordanzen)** im paarweisen Objektvergleich zwischen den Rangfolgen der Merkmalsausprägungen eine Maßgröße berechnen.

Für jede dieser beiden Konstruktionsmethoden finden sich in der Literatur Beispiele, etwa

1. der bekanntere, weil ältere **Rangkorrelationskoeffizient R von Spearman** (Prinzip der Niveau-Progression),

2. der zu Unrecht weniger gebräuchliche **Rangkorrelationskoeffizient τ (Tau) von Kendall** (Prinzip der Konkordanzen und Diskordanzen) und

3. der **biseriale Rangkorrelationskoeffizient r_{rbis}** (Prinzip der Konkordanzen und Diskordanzen) für den Fall eines dichotomen und eines ordinal-skalierten Merkmales.

Dabei lassen sich folgende beiden Unterscheidungskriterien feststellen

1. Die Berechnung des **Spearman'schen Korrelationskoeffizienten R** beruht auf **dem Prinzip der Differenzenbildung** zwischen entsprechenden Rangplätzen der Merkmalsausprägungen von A und B, mit der Summe der quadrierten Differenzen der Rangplatzpaare als Kriterium.

2. Die Berechnung des **Kendall'schen Rangkorrelationskoeffizienten τ (Tau)** und des **biserialen Rangkorrelationskoeffizienten r_{rbis}** beruht auf **dem Prinzip des Abzählens von Vertauschungen (= Diskordanzen) und Übereinstimmungen (= Konkordanzen)** im paarweisen Objektvergleich zwischen den beiden Rangfolgen der Merkmalsausprägungen von A und B.

Diskussion dieser Rangkorrelationskoeffizienten:

Ein Hauptgrund für die Verbreitung und Verwendung des Spearman'schen Rangkorrelationskoeffizienten R ist gleichzeitig auch sein größter Nachteil. Da sich die Formel zur Berechnung des Rangkorrelationskoeffizienten R arithmetisch aus dem Bravais-Pearson'schen Korrelationskoeffizienten r herleiten läßt, erkennt man leicht, daß die Rangplätze des ordinal-skalierten Merkmals **wie metrisch-skalierte Meßwerte** behandelt werden. Damit besitzt dieser Koeffizient **den Nachteil einer Niveau-Progression:** Die Rangplätze der ordinal-skaliert erhobenen Daten werden als äquidistant (mit gleichen Abständen gemessen) behandelt. Diese Annahme trifft jedoch bei Rangfolgen nur zufällig zu. Dies besonders dann nicht, wenn sog. "Ausreißer-Differenzen" am Anfang und am Ende der Rangfolge vorliegen. Stillschweigend bedeutet die Niveau-Progression auch, daß die Voraussetzung einer bivariaten Normalverteilung des Merkmals in der Grundgesamtheit für den Korrelationskoeffizienten erfüllt sein muß. Auch die Problematik von Verbundwerten (gleiche Rangplätze für verschiedene Beobachtungswerte) erscheint nicht befriedigend gelöst.

Die meisten dieser Nachteile vermeidet der **Rangkorrelationskoeffizient τ (Tau) von Kendall**, der jedoch wesentlich aufwendiger zu berechnen ist. Eine parallele Verwendung beider Maße ist nicht erlaubt. Man muß sich **vor** der Datenerhebung für eines der beiden Verfahren entscheiden. Nur wenn man an einem rein deskriptiven Vergleich von Rangkorrelationskoeffizienten interessiert ist und "von Hand" rechen muß, sollte man dem Koeffizienten R von Spearman den Vorzug geben.

Der biseriale Rangkorrelationskoeffizient besitzt die gleichen Vorzüge wie τ **(Tau)**, er ist auf den Fall eines dichotomen und eines ordinal-skalierten Merkmales anzuwenden.

7.5.3.1 Der Rangkorrelationskoeffizient R nach Spearman

Interpretiert man ordinal-skaliert erhobene Daten metrisch, dann erhält man aus dem Bravais-Pearson'schen Korrelationskoeffizienten r nach einigen arithmetischen Umformungen den Spearman'schen Rangkorrelationskoeffizienten R. In der Literatur wird er häufig mit ρ bezeichnet. Da aber griechische Buchstaben für die Parameter der Grundgesamtheit reserviert sind, soll hier die Bezeichnung R verwendet werden, denn der Rangkorrelationskoeffizient ist eine für ein Stichprobenergebnis berechnete Größe.

Angenommen, es werden n Objekte bezüglich der Beobachtungswerte zweier Merkmale A und B in eine Rangordnung gebracht. Dann stellt der Rangkorrelationskoeffizient R eine Maßgröße dar, um die Beziehung zwischen den beiden Merkmalen darzustellen. Dabei können die n Objekte entweder zu verschiedenen Zeitpunkten beobachtet oder die Ausprägungen der beiden Merkmale zum gleichen Zeitpunkt an verschiedenen Personen erhoben worden sein.

Der Rangkorrelationskoeffizient R wird berechnet nach der Formel

$$R = 1 - \frac{6 \cdot \Sigma\ d_i^2}{n \cdot (n^2 - 1)}\ , \quad \text{für } 1 \leq i \leq n.$$

Dabei bedeuten

d_i: die Differenz des Rangplatzpaares ($A_i - B_i$) und
n : die Anzahl der Rangplätze.

Falls Bindungen, d.h. gleiche Ränge auftreten, kann diese Formel **nicht verwendet werden**. Bei kleinem n (etwa $n < 5$) ist dieser Korrelationskoeffizient sehr unsicher und daher nicht genügend aussagefähig. Bei großen n (etwa $n > 30$) bereitet die Herstellung einer Rangfolge häufig erhebliche Schwierigkeiten.

Der Rangkorrelationskoeffizient R kann algebraisch sehr leicht aus dem Bravais-Pearson'schen Korrelationskoeffizienten r abgeleitet werden. Er stellt somit nichts anderes dar als einen Korrelationskoeffizienten, der auf Rangdaten bzw. auf in Rangdaten transformierte Meßwerte angewandt wird.

Der Rangkorrelationskoeffizient R ist für den gleichen Wertebereich definiert wie der Korrelationskoeffizient r, nämlich $-1 \leq R \leq +1$. Er liefert auch die gleiche Information über den Grad des Zusammenhanges, nur eben jetzt zwischen ordinal-skalierten Merkmalen.

Falls metrisch-skaliertes Datenmaterial mit n Differenzen $d_i = i$ (für $i = 1,2,\ldots,n$) vorliegt, dann gilt $r = R$.

Sind dagegen allgemein n metrische Beobachtungspaare (X_i,Y_i), $i = 1,2,\ldots,n$ gegeben, und berechnet man r aus den metrischen Daten und R aus ihren Rangplätzen, so läßt sich nach Pearson [1907] zeigen, daß für wachsendes n ("Faustregel" $n \geq 100$) asymptotisch die Beziehung gilt

$$r_{xy} = 2 \cdot \sin\left(\frac{\pi}{6} \cdot R\right).$$

Für $n \geq 100$ kann daher entweder r oder auch R vorgegeben werden, um die andere Größe mittels dieser Beziehung zu berechnen.

Numerisches Beispiel:

Für eine Gruppe von 12 Bewerbern wird von zwei verschiedenen Abteilungsleitern (A und B) ein Einstellungsgutachten auf der Basis einer Punkttabelle erstellt. Es wird gefragt, ob die beiden Gutachten übereinstimmen.

Folgende Datenkonstellation wurde erstellt:

Kandidat i	Bewertung A_i	R_{A_i}	Bewertung B_i	R_{B_i}	Differenz der Rangplätze $d_i = R_{A_i} - R_{B_i}$	d_i^2
1	82	2	42	3	- 1	1
2	98	6	46	4	2	4
3	87	5	39	2	3	9
4	40	1	37	1	0	0
5	116	10	65	8	2	4
6	113	9	88	11	- 2	4
7	111	8	86	10	- 2	4
8	83	3	56	6	- 3	9
9	85	4	62	7	- 3	9
10	126	12	92	12	0	0
11	106	7	54	5	2	4
12	117	11	81	9	2	4
Summe	1 164	78	748	78	0	52

Die Spalten der beiden Rangfolgen müssen sich zu $n \cdot (n+1)/2$ summieren. Ebenso muß sich die Summe der Rangplatzdifferenzen zu Null addieren. Diese beiden Kontrollen erweisen sich besonders bei längeren Rechnungen als sehr nützlich und hilfreich.

Für den Rangkorrelationskoeffizienten erhält man

$$R = 1 - \frac{6 \cdot \Sigma\, d_i^2}{n \cdot (n^2 - 1)} = 1 - \frac{6 \cdot 52}{12 \cdot 143} = +\ 0{,}8182.$$

Es besteht somit ein positiver Zusammenhang zwischen beiden Einstufungen.

Den gleichen numerischen Wert hätte man erhalten, wenn man den Bravais-Pearson'schen Korrelationskoeffizienten auf die Rangwerte R_A und R_B angewandt hätte. Der Korrelationskoeffizient lautet dann

$$r(R_A, R_B) = \frac{\Sigma\, R_{A_{i*}} \cdot R_{B_{i*}}}{\sqrt{\Sigma (R_{A_{i*}})^2 \cdot \Sigma (R_{B_{i*}})^2}}.$$

Mit

$$\Sigma(R_{A_{i*}})^2 = \Sigma R^2_{A_i} - \frac{1}{n}\cdot(\Sigma R_{A_i})^2 = 650 - \frac{1}{12}\cdot(78)^2 = 143 \quad \text{und}$$

$$\Sigma(R_{B_{i*}})^2 = \Sigma R^2_{B_i} - \frac{1}{n}\cdot(\Sigma R_{B_i})^2 = 650 - \frac{1}{12}\cdot(78)^2 = 143 \quad \text{sowie}$$

$$\Sigma R_{A_{i*}}\cdot R_{B_{i*}} = \Sigma R_{A_i}\cdot R_{B_i} - \frac{\Sigma R_{A_i}\cdot\Sigma R_{B_i}}{n} = 624 - \frac{78\cdot 78}{12} = 117$$

erhält man

$$r(R_A, R_B) = \frac{\Sigma R_{A_{i*}}\cdot R_{B_{i*}}}{\sqrt{\Sigma(R_{A_{i*}})^2\cdot\Sigma(R_{B_{i*}})^2}} = \frac{117}{\sqrt{143\cdot 143}} = \frac{117}{143} = 0{,}8182.$$

Würde man allerdings den Bravais–Pearson'schen Korrelationskoeffizienten auf die beobachteten Bewertungen anwenden, wird man einen anderen numerischen Wert erhalten, nämlich

$$r_{xy} = \frac{n\cdot\Sigma A_iB_i - (\Sigma A_i)\cdot(\Sigma B_i)}{\sqrt{[n\cdot\Sigma A_i^2 - (\Sigma A_i)^2]\cdot[n\cdot\Sigma B_i^2 - (\Sigma B_i)^2]}}$$

$$= \frac{12\cdot 76\,566 - 1\,164\cdot 748}{\sqrt{[12\cdot 118\,958 - 1\,354\,896]\cdot[12\cdot 51\,056 - 559\,504]}}.$$

$$= \frac{918\,792 - 870\,672}{\sqrt{72\,600\cdot 53\,168}} = \frac{48\,120}{62\,128{,}8725} = 0{,}7745.$$

Damit hat man für das gleiche Datenmaterial zwei verschiedene Zusammenhangmaße erhalten, die nach der oben angegebenen Beziehung von Pearson wie folgt zusammenhängen müßten

$$r_{xy} = 0{,}7745 \overset{?}{=} 2\cdot\sin\left(\frac{\pi}{6}\cdot 0{,}8182\right) = 0{,}8308.$$

Es zeigt sich allerdings deutlich, daß die beiden auf diese Weise erhaltenen Werte nicht übereinstimmen. Der Grund dafür ist darin zu suchen, daß der Zusammenhang "für wachsendes n" bzw. für "n $\geq$ 100" gilt, was hier wegen n = 12 nicht erfüllt ist.

Verbundwerte:

Besonders bei größerem Umfang des Beobachtungsmaterials kann es leicht vorkommen, daß zwei oder mehr Objekte mit dem gleichen Punktwert bei einem Merkmal belegt werden. In diesem Fall wird den entsprechenden Objekten ein durchschnittlicher Rangwert zugeordnet, der aus den Rangwerten gebildet wird, den die Objekte erhalten hätten, wenn keine Verbundwerte vorhanden gewesen wären.

Ist der Anteil der Verbundwerte in dem Beobachtungsmaterial hinreichend groß, muß man ihren Effekt durch einen Korrekturfaktor in der Berechnungsformel für R berücksichtigen:

Der Effekt von Verbundwerten in den Ausprägungen des Merkmals A besteht darin, daß die Quadratsumme ΣA^2 kleiner wird als $(n^3 - n)/12$.

Der entsprechende Merkmalswert wird deshalb mit einem Korrekturfaktor $T = (t^3 - t)/12$ bereinigt, wobei t die Anzahl der für einen bestimmten Rang beobachteten Verbundwerte bedeutet.

Damit erhält man für die korrigierte Quadratsumme den Wert

$$\Sigma A_i'^2 = \frac{n^3 - n}{12} - \Sigma T_A$$

wobei ΣT_A bedeutet, daß für alle Gruppen mit Verbundwerten die entsprechenden T-Werte addiert werden müssen.

Treten somit sehr viele Verbundwerte auf, so modifiziert sich die Formel für den Rangkorrelationskoeffizienten zu

$$R = \frac{\Sigma A_i'^2 + \Sigma B_i'^2 - \Sigma d_i^2}{2 \cdot \sqrt{\Sigma A_i'^2 \; \Sigma B_i'^2}} .$$

Numerisches Beispiel mit Verbundwerten:

Das Beobachtungsmaterial des Beispieles liege jetzt so verändert vor, daß Bindungen auftreten:

Kandidat i	Bewertung A_i	R_{A_i}	Bewertung B_i	R_{B_i}	Differenz der Rangplätze $d_i = R_{A_i} - R_{B_i}$	d_i^2
1	82	1,5	42	3	- 1,5	2,25
2	82	1,5	46	4	- 2,5	6,25
3	87	3,5	39	2	1,5	2,25
4	87	3,5	37	1	2,5	6,25
5	96	5	65	8	- 3,0	9,00
6	97	6	88	11	- 5,0	25,00
7	111	7	86	10	- 3,0	9,00
8	113	8	56	6	2,0	4,00
9	115	9	62	7	2,0	4,00
10	126	10,5	92	12	- 1,5	2,25
11	126	10,5	54	5	- 5,5	30,25
12	127	12	81	9	3,0	9,00
Summe		78		78	- 11,0	109,50

Wegen des hohen Anteils an Verbundwerten bei dem Merkmal A muß zur Berechnung des Rangkorrelationskoeffizienten **die korrigierte Formel** verwendet werden.

Dazu werden zunächst die Quadratsummen $\Sigma A_i{}'^2$ und $\Sigma B_i{}'^2$ berechnet.

Beim Merkmal A existieren drei Gruppen mit jeweils zwei Verbundwerten in jeder Gruppe, d.h. t = 2. Somit erhält man

$$\Sigma A_i{}'^2 = \frac{n^3 - n}{12} - \Sigma T_A = \frac{12^3 - 12}{12} - 3 \cdot \left(\frac{2^3 - 2}{12}\right)$$
$$= 143 - 1{,}5 = 141{,}5.$$

Da bei dem Merkmal B keine Verbundwerte auftreten, muß ihre Quadratsumme nicht korrigiert berechnet werden. Man erhält somit

$$\Sigma B_i^2 = \frac{n^3 - n}{12} = \frac{12^3 - 12}{12} = 143.$$

Damit ergibt sich der Rangkorrelationskoeffizient zu

$$R = \frac{\Sigma A_i{}'^2 + \Sigma B_i^2 - \Sigma d_i^2}{2 \cdot \sqrt{\Sigma A_i{}'^2 \, \Sigma B_i^2}} = \frac{141{,}5 + 143 - 109{,}5}{2 \cdot \sqrt{141{,}5 \cdot 143}} = 0{,}616.$$

7.5.3.2 Der Rangkorrelationskoeffizient τ (Tau) nach Kendall

Wegen der mit einer **Niveauprogression** verbundenen Problematik wurde versucht, Zusammenhangmaße zu konstruieren, die lediglich die Eigenschaften der Ordinalskala verwenden.

Der Rangkorrelationskoeffizient τ von Kendall wird auf den gleichen Datentyp angewandt wie der Rangkorrelationskoeffizient R von Spearman, d.h. beide Merkmale A und B müssen **mindestens ordinal-skaliert** vorliegen. Dann stellt τ eine Maßgröße für den Zusammenhang zwischen den Rangordnungen der Beobachtungswerte der Merkmalsausprägungen bei den beiden Merkmalen A und B dar.

Es wird angenommen, daß n voneinander unabhängige Objekte gegeben sind, die als Zufallsstichprobe aus einer unbekannten Grundgesamtheit stammen. An jedem Objekt werden die Merkmalsausprägungen der beiden stetigen Merkmale A und B ordinal-skaliert beobachtet.

Vorgehensweise:

Das Verfahren zur Berechnung einer Maßgröße beruht auf **dem Prinzip des Abzählens von Vertauschungen (= Diskordanzen) und Übereinstimmungen (= Konkordanzen)** im paarweisen Objektvergleich zwischen den beiden Rangfolgen der Merkmalsausprägungen von A und B.

Dazu verwendet man die Ordnung, die jeweils zwischen zwei Paaren von Beobachtungswerten herrschen kann. Für zwei Beobachtungspaare (A_i,B_i) und (A_j,B_j) sind dabei insgesamt die folgenden Kombinationen von Ordnungsrelationen möglich:

1. $\{A_i < A_j;\ B_i < B_j\}$ oder $\{A_i > A_j;\ B_i > B_j\}$,

   d.h. bezüglich beider Merkmalsausprägungen liegt die **gleiche Ordnung** vor (= **Konkordanz**).

2. $\{A_i < A_j;\ B_i > B_j\}$ oder $\{A_i > A_j;\ B_i < B_j\}$,

   d.h. bezüglich beider Merkmalsausprägungen liegt eine **entgegengesetzte Ordnung** vor (= **Diskordanz**).

3. $\{A_i = A_j;\ B_i > B_j\}$ oder $\{A_i = A_j;\ B_i < B_j\}$,

   d.h. bezüglich der Merkmalsausprägungen **von A** liegt **Gleichheit** vor.

4. $\{A_i > A_j;\ B_i = B_j\}$ oder $\{A_i < A_j;\ B_i = B_j\}$,

   d.h. bezüglich der Merkmalsausprägugen **von B** liegt **Gleichheit** vor.

5. $\{A_i = A_j;\ B_i = B_j\}$,

   d.h. bezüglich **beider** Merkmalsausprägungen liegt **Gleichheit** vor.

Daraus kann man folgende Definition für die Begriffe **Konkordanz** und **Diskordanz** bei ordinal meßbaren Merkmalen aufstellen:

> **Definition:** Bei gegebenen Paaren von ordinal gemessenen Merkmalswerten spricht man von **Konkordanz**, wenn für beide Merkmale die **gleiche** Ordnungsrelation vorliegt.
> Liegt eine **entgegengesetzte** Ordnungsrelation vor, spricht man von **Diskordanz**.

Bei insgesamt n Beobachtungspaaren (A_i,B_i), $i = 1,2,\ldots,n$ kann nun jedes der n Paare mit den (n–1) übrigen Paaren verglichen werden. Dabei wurde jeder Paarvergleich doppelt vorgenommen, da einmal der Index i mit j und zum anderen der Index j mit i verglichen wird. Insgesamt erhält man $n(n-1)/2$ unterschiedliche Paarvergleiche.

Man kann für das Ergebnis dieser Paarvergleiche die folgende abkürzende Schreibweise einführen:

n_k: Anzahl der konkordanten Paare,
n_d: Anzahl der diskordanten Paare,
n_a: Anzahl der Paare, bei denen nur bezüglich des Merkmals A Gleichheit herrscht,
n_b: Anzahl der Paare, bei denen nur bezüglich des Merkmals B Gleichheit herrscht,
n_{ab}: Anzahl der Paare, bei denen bezüglich beider Merkmale A und B Gleichheit herrscht.

Es gilt dann offensichtlich

$$n_k + n_d + n_a + n_b + n_{ab} = n(n-1)/2.$$

Beispiel:

Angenommen, es seien die vier Objekte (O_1,O_2,O_3,O_4) von zwei Gutachtern (A und B) in die folgende Rangordnung gebracht worden:

Objekte	O_1	O_2	O_3	O_4
Urteil von A	3	4	2	1
Urteil von B	3	1	4	2

Zur Bestimmung der Anzahl der Inversionen bzw. Proversionen bestimmt man für jedes Objektpaar die Rangfolge beider Gutachter. Im Falle der Übereinstimmung beider Urteile (**Kondordanz**) ordnet man den Wert "+1" zu, im Fall der Vertauschung (**Diskordanz**) ordnet man den Wert "-1" zu.

Diese Bestimmung ergibt für unser Beispiel:

Objekt-paar	Rangfolge von A	B	Wert	Vertauschung (Diskordanz)	Übereinstimmung (Konkordanz)
(O_1, O_2)	<<	>>	- 1	x	
(O_1, O_3)	>>	<<	- 1	x	
(O_1, O_4)	>>	>>	+ 1		x
(O_2, O_3)	>>	<<	- 1	x	
(O_2, O_4)	>>	<<	- 1	x	
(O_3, O_4)	>>	>>	+ 1		x
	Summen		- 2	$n_d = 4$	$n_k = 2$

"<<" heißt "wird **nicht** präferiert gegenüber",
">>" heißt "wird präferiert gegenüber".

Als Kendall-Summe definiert man die Größe

$$S = \frac{n(n-1)}{2} - 2 \cdot n_d.$$

Sie nimmt ihr Maximum für $n_d = 0$ an, d.h. wenn die Anzahl der der Vertauschungen (**Diskordanzen**) gleich Null ist, somit

$$S_{max} = \frac{n(n-1)}{2}.$$

Um für den Rangkorrelationskoeffizienten τ - analog zu r und R - einen Wert zwischen -1 und +1 zu erhalten, wird die Kendall-Summe mit S_{max} normiert.

Man erhält als **Definition** den **Rangkorrelationskoeffizienten τ (Tau) nach Kendall**

$$\tau = \frac{S}{S_{max}} = 1 - \frac{4 \cdot n_d}{n(n-1)}.$$

Für das Beispiel ergibt sich mit

$$\tau = -\frac{1}{3} = -0{,}3333$$

ein schwacher negativer Zusammenhang.

Beachtet werden muß, daß τ (wie auch R und r) nur den monotonen Anteil des Zusammenhanges zwischen den Merkmalen A und B widerspiegelt. Dies bedeutet, daß $\tau = 0$ sein kann, obwohl ein nicht-monotoner (etwa U-förmiger) Zusammenhang zwischen den beiden Zufallsvariablen vorhanden ist.

Beachtet werden muß ferner, daß die angegebene Berechnungsformel für τ nur dann gilt, wenn **keine Verbundwerte**, d.h. keine Ranggleichheiten in den Rangplatzfolgen von A **und** B auftreten. Anderenfalls unterscheidet man die Behandlungen von Bindungen **in einer** oder **in beiden** Rangfolgen. Für Einzelheiten sei auf die Literatur verwiesen [etwa Röhr, Lohse, Ludwig Seite 162ff].

7.5.3.3 Der biseriale Rangkorrelationskoeffizient r_{rbis}

Ist ein Merkmal (etwa A) dichotom, d.h. nur mit den beiden Merkmalsausprägungen "0" und "1" erhoben worden, während das andere Merkmal (etwa B) ordinal-skaliert gemessen wurde, so ist der **biseriale Rangkorrelationskoeffizient** das geeignete Zusammenhangsmaß.

Seine Anwendung soll an dem folgenden Beispiel erläutert werden:

An 10 Personen wurde vor ihrer Einstellung für eine bestimmte Tätigkeit ein Eignungstest vorgenommen. Das Ergebnis bestand in einer Rangordnung der Kandidaten, wobei Rang 10 "beste Eignung" und Rang 1 "schlechteste Eignung" bedeutete. Dies ergibt das ordinalskalierte Merkmal B. Nach Ablauf einer gewissen Zeitspanne wurde überprüft, ob die Personen weiterhin noch mit der gleichen Tätigkeit beschäftigt waren oder nicht. Falls "ja", wurde ihren eine "1", falls nicht, eine "0" zugeordnet. Dies ergab das dichotome Merkmal A.

Folgendes Zahlenmaterial wurde beobachtet:

Person i	Merkmal B	Merkmal A	Ränge in B nach A = 1	A = 0
1	1	0		1
2	10	1	10	
3	2	0		2
4	9	1	9	
5	5	0		5
6	8	0		8
7	4	1	4	
8	7	1	7	
9	3	0		3
10	6	0		6

Um den biserialen Rangkorrelationskoeffizienten zu bestimmen, ordnet man die Ränge der Merkmalsausprägungen von B entsprechend der Werte für das Merkmal A wie in der Tabelle angegeben an.

Danach bestimmt man die Anzahl der "Übereinstimmungen" bzw. "Vertauschungen" in dieser geordneten Rangfolge des Merkmals B. Dabei verwendet man folgende Begriffsdefinitionen

a) als "**Übereinstimmung**" (= **Konkordanz**) wird für jeden Rang in der Spalte für A = 1 ausgezählt, wie viele Ränge in der Spalte für A = 0 unterhalb dieses Ranges liegen, und

b) als "**Vertauschung**" (= **Diskordan**z) zählt man für die Spalte A = 0 die Anzahl der Ränge, die in der Spalte für A = 1 unterhalb dieses Ranges liegen.

Person i	geordnete Ränge in B für A = 1	A = 0	Überein- stimmung (Kon- kordanz)	Vertau- schung (Dis- kordanz)
2	10		6	
4	9		6	
6		8		2
8	7		5	
10		6		1
5		5		1
7	4		3	
9		3		
3		2		
1		1		
	$n_1 = 4$	$n_0 = 6$	$n_k = 20$	$n_d = 4$

Daraus berechnet sich der biseriale Rangkorrelationskoeffizient wie folgt:

$$r_{rbis} = \frac{n_k - n_d}{n_0 \cdot n_1}.$$

Für unser Beispiel erhält man

$$r_{rbis} = \frac{n_k - n_d}{n_0 \cdot n_1} = \frac{20 - 4}{6 \cdot 4} = + 0{,}6667.$$

Wenn **keine Verbundwerte** vorliegen, muß zur Rechenkontrolle

$$n_k + n_d = n_0 \cdot n_1$$

erfüllt sein, d.h. im Beispiel $20 + 4 = 24 = 6 \cdot 4$.

Bei der Interpretation des Vorzeichens des erhaltenen Wertes ist zu beachten, daß dieses einmal davon abhängt, wie die (0–1) Verschlüsselung des dichotomen Merkmals A erfolgte, und zum anderen, welcher Merkmalsausprägung dem ordinalen Merkmal B der Rang 1 bzw. der Rang n zugewiesen wurde.

Bezogen auf das Beispiel bedeutet das positive Vorzeichen, daß diejenigen, die nach dem betrachteten Zeitraum noch beschäftigt waren, bei der Einstellung im Eignungstest eine höhere Einstufung erzielt hatten.

7.6 Kombination von Meßniveaus ohne speziellen Zusammenhang-Koeffizienten

In der aufgestellten tabellarischen Übersicht (Seite 130) sind einige Felder leer geblieben, weil für diese Kombinationen von Meßniveaus in der Literatur keine eigenständigen Zusammenhangmaße existieren.

Für die folgenden drei Fälle wird empfohlen, wie folgt vorzugehen [vgl. Diehl/Kohr, "Deskriptive Statistik" Frankfurt 1987, S. 296]:

1. Merkmal X sei "echt" dichotom und Merkmal Y sei "künstlich" dichotom erhoben. Hier ist es sinnvoll, die unterstellte Normalverteilung beim Merkmal Y zu ignorieren und den **Phi-Koeffizienten** zu berechnen.

2. Das Merkmal X sei "künstlich" dichotom und das Merkmal Y ordinal-skaliert erhoben worden. Hier empfiehlt es sich, das Merkmal X als "echt" dichotom zu behandeln und den **biserialen Rangkorrelationskoeffizienten** (Punkt 7.5.3.3) zu berechnen.

3. Das Merkmal X sei ordinal-skaliert und das Merkmal Y intervall- oder verhältnis-skaliert erhoben worden. Hier ist es sinnvoll, die erhobenen Y-Werte in Rangdaten zu transformieren und einen **Rangkorrelationskoeffizienten** (entweder nach Spearman oder Kendall) zu berechnen.

Übungsaufgaben zu Kapitel 7

Aufgabe 1:

Aufgliederung von n = 50 Unternehmen nach Umsatz und Aufwendungen für Forschung und Entwicklung in Mio. DM.

Umsatz in Mio. DM	Aufwendungen für Forschung und Entwicklung in Mio. DM [0;10)	[10;20)	[20;30)	[30;40)	[40;50)
[0 ; 200)	2	3	1	–	–
[200 ; 400)	2	6	3	1	–
[400 ; 600)	1	4	5	4	–
[600 ; 800)	–	2	4	3	2
[800 ; 1 000)	–	–	1	2	4

a) Berechnen Sie die zweidimensionalen relativen Häufigkeiten.

b) Ermitteln Sie die Zeilen- und Spaltensummen und erläutern Sie, warum man sie auch als eindimensionale Häufigkeitsverteilungen bezeichnen kann.

c) Bestimmen Sie die Randverteilungen $h_{\cdot j}$ und $h_{i\cdot}$. Welchen Zusammenhang unterstellen Sie dabei zwischen dem Umsatz und den Aufwendungen für Forschung und Entwicklung?

d) Berechnen Sie für die unter c) angegebene Kausalität die bedingten Mittelwerte. (Gehen Sie bei der Berechnung der bedingten Mittelwerte jeweils von den Klassenmitten aus.)

e) Erklären Sie den Begriff der statistischen Unabhängigkeit und geben Sie an, ob diese im vorliegenden Fall zutrifft.

d)

x_j^m	5	15	25	35	45
$\bar{y}_j$	260,0	366,6	513,9	620,0	833,4

Aufgabe 2:

Bei einer Untersuchung über den Zusammenhang zwischen dem monatlichen Haushaltsnettoeinkommen der Haushalte mit Haus- und Grundbesitz (X) und den jährlichen Ausgaben für Zinsen und Tilgungen (Y) ergab sich das in der folgenden Tabelle zusammengestellte Datenmaterial

y = Ausgaben für Zinsen und Tilgungen pro Jahr (in 1 000 DM)	X = monatliches Haushaltsnettoeinkommen der Haushalte mit Haus- und Grundbesitz (in 100 DM)				
	[0;8)	[8;12)	[12;18)	[18;25)	[25;100)
[0 ; 2)	160	125	75	30	10
[2 ; 3)	80	70	60	25	5
[3 ; 4)	15	30	30	10	5
[4 ; 5)	10	15	30	20	5
[5 ; 6)	10	20	30	20	10
[6 ; 8)	5	10	25	45	15

a) Berechnen sie die Zeilen- und Spaltensummen $n_{i.}$ und $n_{.j}$ sowie die beiden Randverteilungen $h_{.j}$ und $h_{i.}$.

b) Stellen Sie die Tabelle der bedingten relativen Häufigkeiten auf. (Gehen Sie bei der Berechnung der bedingten Häufigkeiten von den Klassenmitten aus!)
Welche Kausalbeziehung unterstellen Sie dabei?

c) Wie unterscheiden sich die relativen und die bedingten relativen Häufigkeiten bei zweidimensionalen Merkmalen?
Erklären Sie den Unterschied.

d) Sind die beiden Merkmale statistisch unabhängig?
Begründen Sie Ihre Antwort.

Aufgabe 3:

Für sechs Unternehmen eines Wirtschaftszweiges soll untersucht werden, welcher Zusammenhang zwischen Umsatz und Werbeaufwendungen besteht. In einem bestimmten Jahr wurden folgende Umsätze und Werbeaufwendungen (in Mio. DM) festgestellt:

Umsatz	Werbeaufwendungen
80	3
100	6
150	7
160	9
240	15
290	20

a) Welches ist in diesem Fall das abhängige und welches das unabhängige Merkmal?

b) Bestimmen Sie die Koeffizienten b_0 und b_1 der Regressionsgeraden. Interpretieren Sie die errechneten Werte.

c) Geben Sie an, wie hoch im Durchschnitt der Umsatz aller Unternehmen ist, wenn ihre Werbeaufwendungen 12 Mio. DM betragen.

d) Wie und warum nimmt man bei der Berechnung des Regressionskoeffizienten eine Koordinatentransformation vor?

e) Durch welchen Punkt verläuft jede nach der Methode der kleinsten Quadrate berechnete Regressionsgerade?
Welche Koordinaten (x,y) besitzt dieser Punkt im vorliegenden Fall?

f) Bestimmen Sie den Korrelationskoeffizienten und das Bestimmtheitsmaß. Interpretieren Sie die Ergebnisse.
Welche der beiden Maßgrößen halten Sie für aussagefähiger?

b) b_0 = 43,5; b_1 = 12,65. c) y' = 195,3. f) r = 0,9878; B = 0,9757.

Aufgabe 4:

In der folgenden Tabelle werden der Wareneingang und der Absatz eines Großhandelsunternehmens dargestellt. Das Unternehmen will den Zusammenhang zwischen Wareneingang (X) und Absatz (Y) (beide in Mio. DM gemessen) in den hier berücksichtigten 10 aufeinanderfolgenden Zeitpunkten untersuchen:

x_i	102	101	105	106	109	107	104	103	102	101
y_i	113	112	114	115	118	117	115	113	112	111

a) Berechnen Sie aus diesen Daten die Werte der Regressionskoeffizienten b_0 und b_1 nach der Methode der kleinsten Quadrate und interpretieren Sie das Ergebnis der Rechnung.

b) Wie groß ist in diesem Fall die Gesamtvarianz des Warenabsatzes? Welcher Anteil davon wird durch die Regressionsfunktion erklärt? Wie groß ist die Reststreuung?

c) Angenommen, man möchte jetzt vom Absatz auf den Wareneingang schließen und berechnet die fiktive Funktion

$$X' = -27{,}33 + 1{,}152\,Y.$$

Man erhält dann eine von der ersten Funktion abweichende Gerade. In welchem Punkt schneiden sich beide Geraden?

d) Angenommen, Sie betrachten eine zweidimensionale Häufigkeitsverteilung. Die beiden Merkmale X (mit $\bar{x} = 20$ und $s_X^2 = 25$) und Y (mit $\bar{y} = 30$ und $s_Y^2 = 100$) korrelieren mit $r = 0{,}6$.
Berechnen Sie die Regressionsfunktion $Y' = b_0 + b_1X$.

a) $b_0 = 30{,}48$; $b_1 = 0{,}8030$. b) $s_Y^2 = 4{,}6$ Mio.; $s_{Y'}^2 = 4{,}2557$ Mio.; $s_E^2 = 0{,}3443$ Mio.

c) $(\bar{x},\bar{y}) = (104,114)$. d) $b_0 = 6$; $b_1 = 1{,}2$.

Aufgabe 5:

Stellen Sie fest, ob die folgenden Behauptungen zutreffen (mit Begründung bzw. Beweis):

a) $\sum_{i=1}^{n} x_i^* y_i^* = \sum_{i=1}^{n} x_i^* y_i^*$, b) $\sum_{i=1}^{n} (y_i'^2 - y)^2 = b_1 \sum_{i=1}^{n} (x_i^*)^2$,

c) $r^2 = b_1^2 \cdot \dfrac{s_X^2}{s_Y^2}$.

Aufgabe 6:

Bei einer Befragung von 140 Haushalten wurde das monatliche Haushaltsnettoeinkommen und die durchschnittlichen monatlichen Ersparnisse erhoben. Dabei ergab sich folgende Verteilung der Haushalte:

monatliche Ersparnisse Y (in 100 DM)	monatliches Haushaltsnettoeinkommen X (in 100 DM) [8;10)	[10;14)	[14;18)	[18;26)	RV
[0 ; 2)	15	-	-	-	15
[2 ; 4)	5	20	20	-	45
[4 ; 6)	-	20	30	10	60
[6 ; 8)	-	-	10	10	20
RV	20	40	60	20	140

1. a) Welchen Zusammenhang unterstellen Sie zwischen den durchschnittlichen monatlichen Ersparnissen und dem monatlichen Haushaltsnettoeinkommen?

   b) Berechnen Sie für die unter a) angegebene Kausalität die bedingten Mittelwerte.

   Interpretieren Sie einen der errechneten Werte.

2. a) Bestimmen Sie mit Hilfe der Methode der kleinsten Quadrate die Regressionskoeffizienten b_0 und b_1.

   b) Wie groß ist die monatliche Ersparnis, wenn im Durchschnitt das monatliche Haushaltsnettoeinkommen 1 500 DM beträgt?

   c) Ermitteln Sie den Korrelationskoeffizienten.

1.b)

x_j^m	9	12	16	22
$\bar{y}_j$	1,5	4	4,67	6

2. a) $b_0 = -0{,}21$; $b_1 = 0{,}3$. b) 429,00 DM. c) $r = 0{,}68$.

Aufgabe 7:

Ein neugegründetes Unternehmen verzeichnete in den ersten fünf Monaten folgende Gewinnentwicklung:

Monat	Umsatz in 1 000 DM	Gewinn in 1 000 DM
April	100	- 20
Mai	120	- 20
Juni	120	- 10
Juli	140	- 2
August	200	- 1

a) Bestimmen Sie die empirische Regressionsgleichung für den Gewinn in Abhängigkeit vom Umsatz und interpretieren Sie das Ergebnis Ihrer Berechnungen.

b) Bei welchem Umsatz kann das Unternehmen damit rechnen, die Verlustzone zu verlassen?

c) Steht der unter b) erhalten Schätzwert mit dem vorliegenden Daten in Einklang? (Begründung).

a) b_0 = - 36,5135; b_1 = 0,1905; b) 191,631.

8. Maß- und Indexzahlen

Die Grundidee, die zur Konstruktion von Maßzahlen führt, besteht darin, Sachverhalte durch Zahlen zu charakterisieren, um sie einem Vergleich zugänglich zu machen. Die dabei auftretenden Schwierigkeiten bestehen darin, daß oft **verschiedene Maßzahlen** zur Charakterisierung **eines Sachverhaltes** denkbar sind. Bei der Konstruktion und Interpretation dieser Maßzahlen muß man stets von der materiellen Fragestellung ausgehen und die im Hinblick darauf sinnvollste Maßzahl auswählen. Die Konstruktion solcher Maßzahlen soll an den folgenden Beispielen gezeigt werden:

1. Es soll eine Maßzahl konstruiert werden, die es ermöglicht, Aussagen über die **Unfallgefährdung** bei Bahn–, Auto–, Flug– und Schiffsreisen zu treffen. Bevor man diese Maßzahl konstruiert, muß zunächst geklärt werden, ob nur die Zahl der verletzten Reisenden oder nur die Zahl der tödlich verlaufenden Unfälle berücksichtigt werden soll. Flugzeugunfälle verlaufen bekanntlich mit einer größeren Wahrscheinlichkeit tödlich als etwa Unfälle bei der Bahn. Sodann liefert die Angabe der Zahl der Verunglückten bezüglich der Unfallgefährdung keine Vergleichsmöglichkeit, da die Zahl der Benutzer der einzelnen Verkehrsmittel unterschiedlich groß ist. Folgende Maßzahl

   $$\frac{\text{Anzahl der Unfallbeteiligten}}{\text{Anzahl der Benutzer}}$$

   liefert ebenfalls keine befriedigende Vergleichsmöglichkeit, da hierbei die Länge der Reise nicht berücksichtigt wird. Eine bessere Vergleichsmöglichkeit würde durch die Maßzahl

   $$\frac{\text{Anzahl der Unfallbeteiligten}}{\text{Personenkilometer}}$$

   erreicht werden. Doch auch diese Maßzahl erscheint für bestimmte Fragestellungen nicht geeignet. So erscheint es wenig sinnvoll, kurze Bahn– bzw. Autoreisen des täglichen Berufsverkehrs mit längeren Flugreisen zu vergleichen. Diesem Einwand könnte man dadurch begegnen, daß man Maßzahlen nur für bestimmte Reisestrecken oder Reisezeiten konstruiert. Allerdings gibt es kaum statistische Erhebungen, die einen solchen detaillierten Vergleich ermöglichen.

2. Den Grad der Motorisierung verschiedener Länder kann man durch die Bildung einer Maßzahl für die Kraftfahrzeugdichte untereinander vergleichbar machen. Je nach der für den betreffenden Vergleich wesentlichen Fragestellung lassen sich verschiedene Maßzahlen konstruieren, die sich dadurch unterscheiden, daß man die Zahl der Kraftfahrzeuge K auf eine andere Bezugsmasse bezieht. Mögliche Bezugsmassen wären

beispielsweise die Einwohnerzahl E, die Fläche des betreffenden Landes F oder die Länge des Straßennetzes S. Vergleicht man die so gebildeten Maßzahlen

$$\frac{K}{E}; \quad \frac{K}{F} \text{ und } \frac{K}{S}$$

für eine Zahl von Ländern, so ergibt sich für jede Maßzahl eine völlig unterschiedliche Rangordnung der einzelnen Länder. Ein dünn besiedeltes Land schneidet beispielsweise viel günstiger ab, wenn K nicht auf die Fläche F sondern auf die Einwohnerzahl E bezogen wird. Beim Vergleich von Maßzahlen muß daher streng darauf geachtet werden, daß nur Maßzahlen miteinander verglichen werden, die sich auf die gleiche Bezugsmasse beziehen.

Die Maßzahlen lassen sich untergliedern in **Verhältniszahlen**, die als Quotient zweier Zahlen gebildet werden, in **Indexzahlen**, die durch Standardisierung von Verhältniszahlen gewonnen werden und in **Verteilungsmaßzahlen**, die durch allgemeine Funktionen gebildet werden. Letztere wurden bereits im Kapitel 6 besprochen.

8.1 Verhältniszahlen

Eine einfache Klasse von Maßzahlen bilden die sog. **Verhältniszahlen**. Diese werden als Quotient gebildet, bei dem der Umfang einer statistischen Teilmasse in Relation gesetzt wird zum Umfang einer übergeordneten statistischen Bezugsmasse. Es ist üblich, die Verhältniszahlen nach der logischen Beziehung zwischen Zähler und Nenner wie folgt weiter zu untergliedern:

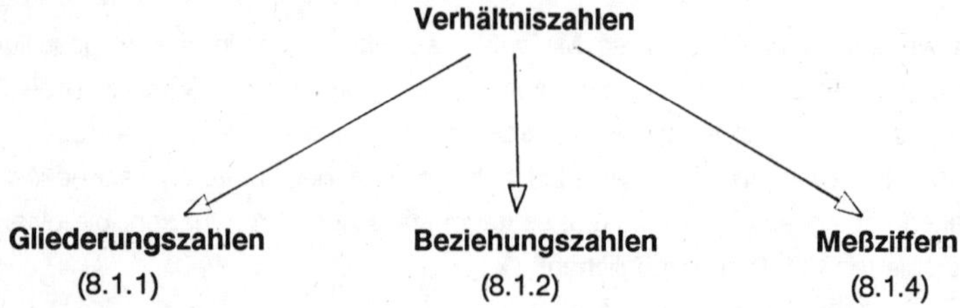

8.1.1 Gliederungszahlen

Wird der Umfang einer statistischen Teilmasse in Relation zum Umfang einer statistischen Gesamtmasse gesetzt, so spricht man von einer **Gliederungszahl**

$$\text{Gliederungszahl} := \frac{\text{Teilmasse}}{\text{Gesamtmasse}} \cdot 100.$$

Sie wird auch als **Quoten-, Anteils- oder Prozentzahl** bezeichnet.

Beispiele für Gliederungszahlen sind etwa

$$\text{Erwerbsquote} = \frac{\text{Anzahl der Erwerbspersonen}}{\text{Wohnbevölkerung}} \cdot 100,$$

$$\text{Erwerbslosenquote} = \frac{\text{Anzahl der Erwerbslosen}}{\text{Anzahl der Erwerbspersonen}} \cdot 100.$$

Alle **relativen Häufigkeiten** h_i, die bei der Betrachtung von Häufigkeitsverteilungen auftreten, können als Gliederungszahlen aufgefaßt werden. Die Gliederungszahl gibt das Gewicht und damit die Bedeutung an, die die Teilgröße bezogen auf die Gesamtgröße besitzt. Die Bildung von Gliederungszahlen soll an dem folgenden Beispiel gezeigt werden:

Beispiel 8.1: Die statistische Masse "Export" der ehem. BRD soll für die Jahre 1983, 1986 und 1987 nach Erdteilen gegliedert werden.
(Quelle: Statistisches Jahrbuch der BRD 1990, Internationale Übersichten, S. 706.)

	Export 1983		Export 1986		Export 1987	
Erdteil	Mill. DM	%	Mill. DM	%	Mill. DM	%
Europa	258 500	72,33	287 000	74,51	283 300	73,81
Afrika	19 700	5,51	15 200	3,95	13 300	3,47
Amerika	36 700	10,27	35 400	9,19	34 600	9,02
Asien	40 600	11,36	45 400	11,79	50 600	13,18
Australien mit Ozeanien	1 900	0,53	2 200	0,57	2 000	0,52
Welt	357 400	100,00	385 200	100,01	383 800	100,00

Daß Verhältniszahlen auch fehlinterpretiert werden können, soll das folgende Beispiel zeigen:

Beispiel 8.2: Eine beliebte Maßzahl zur Charakterisierung der Exportwirtschaft eines Landes ist die Exportquote (bzw. Außenhandelskoeffizient), definiert als

$$\text{Exportquote} = \frac{\text{Ausfuhrwert}}{\text{Bruttosozialprodukt}} \cdot 100$$

Für einige ausgewählte Länder ergibt sich für das Jahr 1983 folgendes Bild:

	Bruttosozial-produkt zu Marktpreisen (in Mrd. DM)	Ausfuhr (in Mrd. DM)	Export-quote
Bundesrepublik	1 400,4	314,5	22,5
Frankreich	1 401,8	179,3	12,8
Italien	595,0	132,0	22,2
Belgien/Luxemburg	203,4	102,9	50,6
Niederlande	272,5	116,4	42,7
Dänemark	119,1	26,7	22,4
Großbritannien/Nordirland	740,1	166,2	22,5
Republik Irland	26,7	13,1	49,1
Japan	1 846,8	188,1	10,2
USA	4 346,3	332,7	7,7
EG-Staaten (zusammen)	4 759,0	1 051,1	22,1
EG-Staaten ohne Handel zwischen den EG-Staaten	4 759,0	487,5	10,2

Es zeigt sich, daß die Exportquote im allgemeinen um so größer ist, je kleiner das Land ist.

Eine richtige Interpretation dieser Zahlen würde besagen, daß die Wirtschaft eines kleineren Landes stärker von der internationalen Wirtschaftslage abhängt als die eines größeren Landes.

Eine **Fehlinterpretation** würde darin bestehen, aufgrund verschiedener Werte der Exportquote Rückschlüsse auf die internationale Konkurrenzfähigkeit der einzelnen Länder zu ziehen. Man sieht, daß die Größe eines Wirtschaftsgebietes bei dieser Maßzahl eine Rolle spielt. Faßt man nämlich zwei Gebiete bei sonst gleichbleibenden Verhältnissen zusammen, so muß die Exportquote des zusammengefaßten Gebietes kleiner sein als die gewogene Exportquote aus beiden Ländern, da die zwischen den beiden Gebieten fließenden Exportströme wegfallen. Würde man im obigen Beispiel die EG-Länder zu einer Einheit zusammenfassen, und betrachtet die Ausfuhr der EG, dann fällt der Handel zwischen den EG-Länder weg, und es würde sich als gemeinsame Exportquote 10,2 ergeben, gegenüber einem Wert von 22,1, den man erhält, wenn man den Handel zwischen den EG-Staaten als Außenhandel mitrechnen würde.

Bei der Interpretation von Gliederungszahlen sollte folgendes beachtet werden:

1. Vergleicht man die Gliederungszahlen verschiedener Zeitpunkte oder –räume miteinander, so darf aus einer bestimmten Veränderung der Anteilswerte nicht auf eine gleichlaufende Veränderung der absoluten Zahlen geschlossen werden. So ging beispielsweise der Anteil Afrikas am Export der BRD zwischen 1979 und 1983 von 7,01 % auf 5,5 % zurück, der absolute Wert stieg dagegen von 18 800 Mill. DM auf 19 700 Mill. DM an. Dieses Ergebnis ist dadurch zu erklären, daß der Exportanteil anderer Erdteile, etwa Europa oder Amerika, stärker gestiegen ist als der Export nach Afrika.

   Man muß daher bei Gliederungszahlen auch die absoluten Werte angeben, da die Anteilswerte allein zu falschen Schlüssen verleiten können.

2. Oft werden Gliederungszahlen fälschlicherweise zur Messung der Intensität einer Erscheinung verwendet. Darauf soll im nächsten Abschnitt (Beispiel 8.2) eingegangen werden.

8.1.2 Beziehungszahlen

Während bei den Gliederungszahlen gleichartige Massen miteinander verglichen werden, dienen die **Beziehungszahlen zum Vergleich** verschiedenartiger, aber in einer **sachlich sinnvollen Beziehung** zueinander stehender Größen. Die Beziehungszahlen werden oft in **Verursachungs**- und **Entsprechungszahlen** unterteilt.

Bei den **Verursachungszahlen** wird eine **Bewegungsmasse** auf die zugehörige **Bestandsmasse** bezogen. **Bewegungsmassen** beziehen sich auf einen bestimmten **Zeitraum**, etwa ein Jahr oder einen Monat. Dagegen werden **Bestandsmassen** auf einen festen **Zeitpunkt** bezogen. Die in einem Jahr Lebendgeborenen stellen eine Bewegungsmasse dar. Um eine Geburtenziffer als Beziehungszahl zu definieren, benötigt man den zugehörigen Bevölkerungsbestand zu einem bestimmten Zeitpunkt. Da dieser jedoch meist nur für den Beginn eines Jahres bekannt ist, bildet man aus den Werten zweier aufeinanderfolgender Jahre das arithmetische Mittel und benutzt diese Größe als zugehörige Bestandsmasse:

$$\text{allgemeine Geburtenziffer} := \frac{\text{Zahl der Lebendgeborenen eines Jahres}}{\text{mittlerer Bestand der Bevölkerung des Jahres}} \cdot 100.$$

Analoge Überlegungen gelten für die Bildung einer allgemeinen Sterbeziffer. Man bezeichnet diese Verursachungszahlen auch als **Häufigkeitsziffern**, weil sie die Häufigkeit einer Bewegungsmasse zu einer Bestandsmasse angeben. Weitere Beispiele sind:

$$\frac{\text{Verkehrsunfälle}}{\text{Anzahl der Kraftfahrzeuge}} \quad \text{sowie} \quad \frac{\text{Anzahl der Konkurse}}{\text{Anzahl der Betriebe}} \; .$$

Alle übrigen Beziehungszahlen werden Entsprechungszahlen genannt.

Beispiele für Entsprechungszahlen sind:

$$\text{Bevölkerungsdichte} = \frac{\text{Wohnbevölkerung}}{\text{Fläche in km}^2} \; ,$$

$$\text{Hektarertrag} = \frac{\text{Ernteertrag}}{\text{Anbaufläche in Hektar}} \; ,$$

$$\text{Kapitalintensität} = \frac{\text{Anlagevermögen}}{\text{Anzahl der Beschäftigten}} \; ,$$

$$\text{Arbeitsproduktivität} = \frac{\text{reale Wertschöpfung}}{\text{Arbeitseinsatz}} \; .$$

Diese Beispiele zeigen, daß eine strenge Trennung zwischen Verursachungszahlen und Entsprechungszahlen nicht immer möglich ist.

Auch muß vor einer **fälschlichen Verwendung** von Gliederungszahlen (8.1.1) an Stelle von Beziehungszahlen (8.1.2) gewarnt werden. Das folgende Beispiel soll dies deutlich machen:

Beispiel 8.3:

In einer Wirtschaftszeitung wurde festgestellt, daß es 1979: 5 483 Konkurse gab. Davon entfielen 154 Konkurse, also 3 %, auf den Wirtschaftszweig Holz–, Papier– und Druckgewerbe. Diese **Gliederungszahl** sollte auf eine besonders gute wirtschaftliche Lage des Holz–, Papier– und Druckgewerbes hinweisen. Will man jedoch die Zahl der Konkurse als Indikator für die wirtschaftliche Lage einer Branche verwenden, so muß man diese Zahl zur Anzahl der Betriebe dieser Branche in Beziehung setzen, also eine <u>Beziehungszahl</u> (hier Verursachungszahl) berechnen. Für dieses Beispiel erhält man

$$\frac{\text{Anzahl der Konkurse}}{\text{Anzahl der Betriebe}} = \begin{cases} \text{3 \% für das Holz–, Papier– und Druckgewerbe,} \\ \text{1 \% für das gesamte Handwerk.} \end{cases}$$

Es zeigt sich, daß die Intensität der Konkurse im Holz–, Papier– und Druckgewerbe, auf die es bei der Beurteilung der wirtschaftlichen Lage dieser Branche ankommt, wesentlich höher ist als im gesamten Bereich der Handwerksunternehmen.

8.1.3 Sonderform von Verhältnis- und Beziehungszahlen

Bei der Konstruktion von Verhältnis– und Beziehungszahlen muß man besonders darauf achten, daß ihr Aussagegehalt wesentlich von der **Wahl der Bezugsgröße** abhängt. So hat die Bevölkerungsdichte einen ganz verschiedenen Aussagegehalt, je nachdem, ob man die Bevölkerung auf die Gesamtfläche eines Landes oder nur auf die kultivierte Fläche bezieht. Die Beziehungszahl ist um so aussagekräftiger, je stärker der sachlogische Zusammenhang zwischen Zähler und Nenner ist.

Beispiel 8.4:

Ägypten besitzt eine Bevölkerungsdichte von 47,0 Einwohner/km^2, wenn man als Bezugsgröße die Gesamtfläche des Staates wählt. (Zum Vergleich: BRD 246,0 Einwohner/km^2). Wählt man jedoch als Bezugsgröße die kultivierte Fläche des Staates, so ergibt sich für Ägypten eine Bevölkerungsdichte von 810,3 Einwohner/km^2.

Verhältnis- bzw. Beziehungszahlen, bei denen der Nenner von gewissen unbeteiligten Teilmassen bereinigt wurde, heißen **spezifische** Verhältnis- bzw. Beziehungszahlen.

Man kann etwa die beiden Ehescheidungsziffern unterscheiden:

$$\textbf{allgemeine}\ \text{Ehescheidungsziffer} = \frac{\text{Ehescheidungen}}{10\,000\ \text{Einwohner}},$$

$$\textbf{spezifische}\ \text{Ehescheidungsziffer} = \frac{\text{Ehescheidungen}}{10\,000\ \text{bestehende Ehen}}.$$

Ebenfalls kann man die folgenden beiden Erwerbsquoten unterscheiden:

$$\textbf{allgemeine}\ \text{Erwerbsquote} = \frac{\text{Anzahl der Erwerbspersonen}}{\text{Wohnbevölkerung}} \cdot 100$$

$$\textbf{spezifische}\ \text{Erwerbsquote} = \frac{\text{Anzahl der Erwerbspersonen}}{\text{Wohnbevölkerung im Alter zwischen 15 und 65 Jahren}} \cdot 100$$

Daneben kann man noch sogenannte **besondere** Verhältnis– bzw. Beziehungszahlen unterscheiden. Von einer solchen spricht man dann, wenn man nach dem gleichen Kriterium die Zählermasse und die Bezugsmasse des Nenners in Teilmassen aufspaltet und das Verhältnis einer Zählerteilmasse zur zugehörigen Nennerteilmasse bildet.

Ein **Beispiel für eine besondere Verhältniszahl** ist die Größe

$$\frac{\text{Anzahl der Gestorbenen der Alterklasse x eines bestimmten Kalenderjahres}}{\text{Mittlerer Bevölkerungsbestand der Altersklasse x des gleichen Kalenderjahres}} \cdot 100 .$$

Man nennt diese besondere Verhältniszahl zur besseren Unterscheidung auch **altersspezifische Sterbeziffer**, obwohl diese Bezeichnung nicht streng exakt ist.

Ein weiteres Beispiel für eine besondere Verhältniszahl ist die **besondere Heiratsziffer**

$$\frac{\text{Zahl der eheschließenden Männer im Alter von 25 bis unter 26 Jahren}}{\text{Mittlerer Bestand an ledigen Männern im Alter von 25 bis unter 26 Jahren}} \cdot 1000 .$$

8.1.4 Meßziffern

Bei diesen werden mehrere gleichartige **metrisch skalierte Größen**, die sich meist durch einen wechselnden Erhebungszeitpunkt oder eine wechselnde Erhebungsperiode unterscheiden, zueinander ins Verhältnis gesetzt. Dabei wird die im Nenner stehende Bezugsmasse als **Basis** bezeichnet. Meßziffern werden überwiegend zum Zeitvergleich benutzt, und geben an, auf das Wievielfache sich eine interessierende Größe in dem betreffenden Zeitraum, bezogen auf eine Basisgröße, verändert hat.

Beispiel 8.5: Die Entwicklung des Güterumschlags in einigen ausgewählten Seehäfen der BRD soll bezüglich der Ein– und Ausladungen anhand des folgenden Datenmaterials untersucht werden
(Quelle: Statistisches Jahrbuch der BRD, 1981, S. 296):

1. Angaben in absoluten Zahlen (in 1 000 t)

Hafen	1978 insgesamt	1978 Einladungen	1978 Ausladungen	1979 insgesamt	1979 Einladungen	1979 Ausladungen
Lübeck	6 249,2	2 296,6	3 952,6	6 876,4	2 661,6	4 214,8
Kiel	1 548,6	410,5	1 138,1	1 504,4	428,0	1 076,4
Hamburg	53 332,2	14 373,7	38 958,5	61 246,4	15 219,7	46 026,7
Cuxhaven	320,9	38,5	282,4	378,1	33,5	344,6
Wilhelmshaven	31 127,8	3 160,3	27 967,5	34 734,4	2 793,0	31 941,4

2. Meßziffern für 1979 (Basis 1978 = 100)

Hafen	insgesamt	Einladungen	Ausladungen
Lübeck	110,0	115,9	106,6
Kiel	97,1	104,3	94,6
Hamburg	114,8	105,9	118,1
Cuxhaven	117,8	87,0	122,0
Wilhelms-haven	111,6	88,4	114,2

Meist wählt man als Basis der Meßziffer die Zahl 100. Vergleicht man allerdings sehr unterschiedliche Größen miteinander, so wählt man als Basis besser die Zahl 1.

Beispiel 8.6: Vergleicht man den Güterumschlag des Hamburger Hafens mit dem von Cuxhaven für das Jahr 1979, so erhält man

Basis Cuxhaven 1979 = 100 : Hamburg 16 202,8
Basis Cuxhaven 1979 = 1 : Hamburg 162,03.

Man wird nun nicht sagen, der Güterumschlag Hamburgs betrage 16 202,8 % des Güterumschlags von Cuxhaven, sondern wird sagen, der Güterumschlag Hamburgs betrug im Jahre 1979 das 162,03-fache des Güterumschlags von Cuxhaven.

Wird die Änderung der Meßziffer in Prozenten einer festen Basis angegeben, so spricht man oft von **Prozentpunkten**. Besitzt eine Meßziffer den Wert 200 %, so bedeutet eine Steigerung um 10 Prozentpunkte eine Steigerung auf 210 %. Dies stellt eine **Steigerung der Meßziffer** um 5 % dar. Zu beachten ist ferner, daß eine Steigerung der Meßziffer um 10 % und eine darauffolgende Senkung um 10 % nicht zur Wiederherstellung des alten Zustandes führt, z.B.:

Ausgangspunkt 100 %; eine 10 % Steigerung führt zu 110 %;
Ausgangspunkt 110 %; eine 10 % Senkung führt zu 99 %.

8.1.5 Meßziffernreihen

Liegt eine **Zeitreihe von Beobachtungswerten** vor, und möchte man die zeitliche Entwicklung durch eine Meßziffer charakterisieren, so kann man die Meßziffer bezogen auf einen **Basiszeitpunkt** angeben.

Für eine beobachtete Zeitreihe

$$x_0,\ x_1,\ x_2,\ \cdots\ x_{t-1},\ x_t,\ x_{t+1},\ \cdots$$

wird der Quotient

$$I_{0,t} = \frac{x_t}{x_0} \cdot 100 \qquad (8.1)$$

als Meßziffer von x bezogen auf die **Basis 0** bezeichnet. Man spricht auch von einer **einfachen Indexzahl**.

Es bezeichnet

x_t : den absoluten Wert zum Zeitpunkt t,
x_0 : den absoluten Wert zum Zeitpunkt 0,
0 : den Basiszeitpunkt bzw. die Basisperiode,
t : den Berichtszeitpunkt bzw. die Berichtsperiode.

Die Wahl des Basiszeitpunktes bzw. der Basisperiode ist entscheidend für die Aussagekraft einer Meßziffernreihe. Formal kann man jeden beliebigen Zeitpunkt als Basis wählen, allerdings eignen sich aus sachlichen Erwägungen nicht alle Zeitpunkte als Basis. Der zeitliche Verlauf der Meßziffernreihe wird ein völlig verschiedenes Aussehen haben, je nachdem, ob man einen besonders niedrigen oder einen besonders hohen absoluten Wert als Basiswert gewählt hat. Der Grundzug der zeitlichen Entwicklung wird von der Wahl der Basis nicht beeinflußt. Werden dagegen zwei oder mehrere Meßziffernreihen miteinander verglichen, so kann ihre gegenseitige Lage sehr wohl von der Wahl der Basis beeinflußt werden.

Beispiel 8.7: Bildung einer Meßziffernreihe

Jahr	Produktion	Meßziffer Basis Jahr 1 = 100	Meßziffer Basis Jahr 6 = 100	Kettenmeßziffer
1	2 400	100	55	1,0000
2	2 800	117	64	1,1667
3	3 000	125	68	1,0714
4	3 600	150	82	1,2000
5	4 200	175	96	1,1667
6	4 400	183	100	1,0476

Es kann jeder Zeitpunkt als Basis gewählt werden. Wählt man das Jahr 1 als Basis, dann zeigt die Reihe der Meßwerte eine Steigerung von 83 Prozentpunkten in den sechs Jahren.

Wählt man dagegen das Jahr 6 als Basis, dann ergibt sich rein rechnerisch eine Steigerung von 45 Prozentpunkten.

Man sollte als Basisperiode nicht einen Zeitpunkt oder – raum wählen, der durch **singuläre Ereignisse** beeinflußt worden ist. Die tatsächliche prozentuale Entwicklung einer Zeitreihe von Beobachtungswerten erhält man, wenn man sog. **Kettenmeßziffern** bildet, bei denen stets der in der Reihe vorhergehende Wert als Basis gewählt wird, d.h.

$$\frac{x_1}{x_0}, \frac{x_2}{x_1}, \frac{x_3}{x_2}, \ldots, \frac{x_t}{x_{t-1}}, \frac{x_{t+1}}{x_t}, \ldots .$$

8.1.6 Umbasierung von Meßziffernreihen

Oft erweist es sich als notwendig oder wünschenswert, eine gegebene Reihe von Meßziffern, die auf eine bestimmte Basis bezogen wird, etwa den Zeitpunkt 0, auf **eine andere Basis umzurechnen**. Meist werden aber die absoluten Werte der Reihe nicht bekannt sein, sondern nur die Meßziffernreihe

$$I_{0,1}, I_{0,2}, \ldots, I_{0,t_1}, \ldots, I_{0,t}, \ldots .$$

Es muß daher ein Verfahren angegeben werden, das die **Umbasierung ohne Kenntnis** der absoluten Werte erlaubt. Wegen

$$(8.2) \qquad I_{t_1,t} = \frac{x_t}{x_{t_1}} \cdot 100 = \frac{(x_t/x_0) \cdot 100}{(x_{t_1}/x_0) \cdot 100} \cdot 100 = \frac{I_{0,t}}{I_{0,t_1}} \cdot 100$$

bildet man die Meßziffernreihe

$$I_{t_1,1} = \frac{I_{0,1}}{I_{0,t_1}} \cdot 100; \quad I_{t_1,2} = \frac{I_{0,2}}{I_{0,t_1}} \cdot 100; \quad \ldots ; \quad I_{t_1,t} = \frac{I_{0,t}}{I_{0,t_1}} \cdot 100.$$

Üblicherweise werden auch diese umbasierten Meßziffern wieder in Prozent angegeben.

Beispiel 8.8: Entwicklung der Zahl der Erwerbstätigen in der BRD (mit West–Berlin) von 1960 bis 1980.
Quelle: Statistisches Jahrbuch der BRD, 1981, S.96.

Jahr	Jahresdurchschnitt in 1 000	Erwerbstätige in der BDR mit West-Berlin			
		1960=100	1962=100	1970=100	1974=100
1960	26 247	100,00	98,34	98,42	100,12
1962	26 690	101,69	100,00	100,08	101,81
1964	26 753	101,93	100,24	100,32	102,05
1966	26 801	102,11	100,42	100,50	102,24
1968	25 968	98,94	97,29	97,38	99,06
1970	26 668	101,60	99,92	100,00	101,73
1972	26 655	101,55	99,87	99,95	101,68
1974	26 215	99,88	98,22	98,30	100,00
1976	25 088	95,58	94,00	94,08	95,71
1978	25 230	96,13	94,53	94,61	96,24
1979	25 573	97,43	95,81	95,89	97,55
1980	25 795	98,28	96,65	96,73	98,40

Die Umbasierung von 1970 = 100 auf 1974 = 100 erfolgt für das Jahr 1976 durch Anwendung der Beziehung

$$I_{74,76} = \frac{I_{70,76}}{I_{70,74}} \cdot 100 = \frac{94{,}08}{98{,}30} \cdot 100 = 95{,}71.$$

Diese Beziehung für die Umbasierung läßt sich auch als Kettenformel

(8.3) $$I_{0,t} = I_{0,t_1} \cdot I_{t_1,t}/100$$

schreiben. Man bezeichnet diesen Vorgang als **Verkettung** und sieht, daß Umbasierung und Verkettung zueinander **inverse** Operationen darstellen. Die Verkettung dient in etwa dazu, eine durchlaufende Reihe von Meßziffern (einfache Indexzahlen) zu erhalten. Ist eine Meßziffernreihe jeweils auf der Basis der vorhergehenden Periode (als Kettenmeßziffer) berechnet, etwa als Wachstumsrate, dann kann man aus diesen Daten nicht ohne weiteres auf die Entwicklung schließen. Mit Hilfe der Verkettung ist es möglich, diese Entwicklung darzustellen.

Beispiel zur Verkettung von Meßziffern (einfachen Indexzahlen):

a) Gegeben sei die Wachstumsrate des Umsatzes eines Produktes in zwei aufeinanderfolgenden Jahren

$$I_{0,1} = \frac{x_1}{x_0} \cdot 100 = 106 \quad \text{und} \quad I_{1,2} = \frac{x_2}{x_1} \cdot 100 = 104.$$

Es soll $I_{0,2} = \frac{x_2}{x_0} \cdot 100$ berechnet werden

$$I_{0,2} = \frac{I_{0,1} \cdot I_{1,2}}{100} = \frac{106 \cdot 104}{100} = 110{,}24.$$

Damit lautet die Meßziffernreihe

$$I_{0,0} = 100; \quad I_{0,1} = 106; \quad I_{0,2} = 110{,}24.$$

b) In der Praxis tritt oft der Fall auf, daß eine Meßziffernreihe A mit dem Beobachtungszeitpunkt t_1 abbricht und man die Entwicklung mit einer analogen Meßziffernreihe B fortsetzen möchte. Dazu bildet man eine verkettete Meßziffer (einfache Indexzahl) $I^V_{0,t}$ durch Anwendung der Kettenformel

(8.4) $$I^V_{0,t} = I_{0,t_1}(A) \cdot I_{t_1,t}(B)/100.$$

Bei der Verkettung zweier Meßziffernreihen wird unterstellt, daß die Entwicklung der beiden Reihen den gleichen Verlauf genommen hätte, eine Annahme, die in der Praxis oft nur approximativ erfüllt sein dürfte.

Möchte man die Steigerung der Anzahl der Erwerbstätigen von 1950 an für das Gebiet der BRD mit West-Berlin verfolgen, so steht für die Zeit vor 1960 nur eine Meßziffer für das Gebiet ohne West-Berlin zur Verfügung. Für das Jahr 1960 aber liegen Daten mit West-Berlin vor:

Jahres-durchschnitt	Erwerbstätige BRD ohne West-Berlin in 1 000	1950 = 100
1950	20 376	100,0
1960	25 223	123,79

Will man nun etwa den Wert des Jahres 1976 auf die Basis von 1950 bezogen berechnen, d.h. $I_{50,76}$, dann benötigt man die beiden Werte $I_{50,60}$ und $I_{60,76}$. Den Wert $I_{50,60}$ erhält man aus der Meßziffernreihe ohne West-Berlin und den Wert $I_{60,76}$ aus der Reihe mit West-Berlin zu

$$I_{50,60}(\text{ohne West-Berlin}) = 123{,}79,$$

$$I_{60,76}(\text{mit West-Berlin}) = 95{,}58.$$

Als verkettete Meßziffer für das Gebiet mit West-Berlin erhält man somit

$$I^{V}_{50,76} = I_{50,60} \cdot I_{60,76}/100 = 123{,}79 \cdot 95{,}58/100 = 118{,}32.$$

Unterstellt man in der Bundesrepublik ohne West-Berlin vor 1960 die gleiche Entwicklung wie nach 1960 (einschl. West-Berlin), dann wäre im Jahre 1976 die Zahl der Erwerbstätigen gegenüber 1950 um 18,32 % gestiegen.

Die Notwendigkeit der Verkettung von Meßziffernreihen wird sich später – besonders bei der Preisstatistik – als notwendig erweisen.

8.2 Standardisierung

Verhältniszahlen wurden konstruiert, um bestimmte Sachverhalte durch Zahlen zu charakterisieren und so Vergleichen zugänglich zu machen. Allerdings genügt der Vergleich zweier beliebiger Verhältniszahlen oft nicht, um einen Sachverhalt befriedigend zu erklären. Man muß bei der Konstruktion der betreffenden Verhältniszahl gewisse Bedingungen erfüllen. Die folgenden Beispiele sollen dies deutlich machen.

Beispiel 8.9:

Im Rahmen der Einkommens- und Verbrauchsstichprobe für die BRD des Jahres 1978 ergab sich bei Haushalten mit einem Kind für den Anteil der Ernährungsausgaben

– bei Beamtenhaushalten	26,01 %,
– bei Angestelltenhaushalten	27,85 % und
– bei Arbeiterhaushalten	33,77 %.

Nun ist bekannt, daß der **prozentuale Anteil** der Ausgaben für Ernährung **mit steigendem Einkommen fällt**. Man kann daher den Unterschied dieser prozentualen Anteile durch die verschieden hohen Einkommen bei Beamten-, Angestellten- und Arbeiterhaushalten erklären. Trotzdem bleibt die Frage offen, ob die gesamte Differenz durch den Faktor Einkommen erklärt werden kann oder ob daneben noch weitere Faktoren existieren, die diesen Unterschied mitbestimmen können.

Um diese Frage zu beantworten, könnte man untersuchen, wie groß der prozentuale Anteil der Ausgaben für Ernährung bei den Beamtenhaushalten wäre, wenn bei ihnen die gleiche Einkommensverteilung vorliegen würde wie bei den Angestellten- oder den Arbeiterhaushalten, vorausgesetzt, sie würden ihre eigenen einkommensspezifischen Ausgaben beibehalten. Dazu benötigt man für verschiedene Einkommensverhältnisse Angaben über die Aufgliederung der Ernährungsausgaben bei den verschiedenen Haushaltstypen.

Die folgende Tabelle 8.1 gibt eine solche Aufgliederung für einige ausgewählte monatliche Einkommen. Dabei bezeichnen E_0^i die Einkommen und A_0^i die Ausgaben für Ernährung der Beamtenhaushalte der i-ten Einkommensklasse. E_1^i und A_1^i bezeichnen die entsprechenden Größen für die Angestelltenhaushalte und E_2^i sowie A_2^i diejenigen für die Arbeiterhaushalte.

Tabelle 8.1: Einkommen und Ausgaben für Nahrungs- und Genußmittel von Beamten-, Angestellten- und Arbeiterhaushalten.
Quelle: EVS 1978, FS 15, Heft 1, S. 50-86 und Heft 3, S. 211-265.

	Anteil der Ausgaben für Nahrungs- und Genußmittel der Haushalte insgesamt			Aufgliederung der Gesamthaushalte nach Einkommensklassen in %		
monatliches Einkommen pro Haushalt i	Beamte $\frac{A_0^i}{E_0^i}\cdot 100$	Angestellte $\frac{A_1^i}{E_1^i}\cdot 100$	Arbeiter $\frac{A_2^i}{E_2^i}\cdot 100$	Beamte g_0^i	Angestellte g_1^i	Arbeiter g_2^i
[0; 1200) 1)	39,7	39,6	42,8	1,2	5,7	9,2
[1200; 1800)	33,1	32,9	38,0	12,4	21,6	36,7
[1800; 2000)	31,6	30,6	34,9	7,9	8,7	11,4
[2000; 2200)	28,5	30,0	32,6	9,5	8,4	10,0
[2200; 2500)	27,6	28,6	30,1	13,7	12,3	11,8
[2500; 3000)	26,3	26,5	27,9	19,0	16,2	11,2
[3000; 4000)	22,5	23,2	24,7	26,8	19,1	8,0
[4000; 5000)	19,4	19,6	*	7,3	5,4	1,5
[5000; 20000)	*	*	*	2,1	2,6	0,0
	26,01	27,85	33,77	99,9	100,0	99,9

*) keine Angaben,
1) 600,-- DM als Existenzminimum vorgegeben.

Die Tabelle zeigt, daß sowohl bei allen Einkommensklassen i als auch bei den einzelnen Haushaltstypen ein Unterschied im Anteil der Ernährungsausgaben existiert.

Um eine Maßgröße zu konstruieren, die den Durchschnitt eines Haushaltstyps für alle Klassen i liefert, muß dieser Klasseneinfluß künstlich eliminiert werden. Dazu ordnet man jeder

Klasse i ein bestimmtes Gewicht g^i zu. Dies muß, wenn m verschiedene Klassen existieren, die Eigenschaft

$$\sum_{i=1}^{m} g^i = 1$$

besitzen.

Für g^i wählt man **den prozentualen Anteil der Haushalte** dieses Typs in der Klasse i am Gesamteinkommen dieses Haushaltstyps. Als Maßgröße bildet man **das gewichtete arithmetische Mittel** der Ernährungsausgaben für alle Klassen, d.h.

Beamte:

$$\frac{1}{100} \sum_{i=1}^{m} g_0^i \cdot \frac{A_0^i}{E_0^i} = \frac{1}{100} \left[39{,}7 \cdot 1{,}2 + 33{,}1 \cdot 12{,}4 + 31{,}6 \cdot 7{,}9 + 28{,}5 \cdot 9{,}5 + 27{,}6 \cdot 13{,}7 + 26{,}3 \cdot 19{,}0 + 22{,}5 \cdot 26{,}8 + 19{,}4 \cdot 7{,}3\right] = 26{,}01.$$

Angestellte:

$$\frac{1}{100} \sum_{i=1}^{m} g_1^i \cdot \frac{A_1^i}{E_1^i} = \frac{1}{100} \left[39{,}6 \cdot 5{,}7 + 32{,}9 \cdot 21{,}6 + 30{,}6 \cdot 8{,}7 + 30{,}0 \cdot 8{,}4 + 28{,}6 \cdot 12{,}3 + 26{,}5 \cdot 16{,}2 + 23{,}2 \cdot 19{,}1 + 19{,}6 \cdot 5{,}4\right] = 27{,}85.$$

Arbeiter:

$$\frac{1}{100} \sum_{i=1}^{m} g_2^i \cdot \frac{A_2^i}{E_2^i} = \frac{1}{100} \left[42{,}8 \cdot 9{,}2 + 38{,}0 \cdot 36{,}7 + 34{,}9 \cdot 11{,}4 + 32{,}6 \cdot 10{,}0 + 30{,}1 \cdot 11{,}8 + 27{,}9 \cdot 11{,}2 + 24{,}7 \cdot 8{,}0\right] = 33{,}77.$$

Im allgemeinen wird diese Maßgröße von der speziellen Wahl der Gewichte g^i, in diesem Fall von der **speziellen Einkommensverteilung**, abhängen.

Möchte man für einen bestimmten Haushaltstyp eine Vergleichsgröße konstruieren, bei der auch dieser Einfluß ausgeschaltet ist, muß man seine Anteile der Ernährungsausgaben auf eine zum **Standard erhobene Einkommensverteilung** beziehen. Man kann etwa die Einkommensverteilung der Arbeiterhaushalte zum Standard wählen. Will man nun eine Maßgröße für Ernährungsausgaben eines bestimmten Haushaltstyps berechnen, die sich auf dieses Standardeinkommen bezieht, muß man für seine Anteile A_i/E_i das gewichtete arithmetische Mittel über alle Klassen i mit Hilfe der Gewichte g^i bilden, d.h.

(8.5)
$$\sum_{i=1}^{m} g_2{}^i \cdot \frac{A^i}{E^i}.$$

Die auf diese Weise erhaltene Verhältniszahl bezeichnet man als standardisiert und den Vorgang als **Standardisierung**. Man bildet auf diese Weise die beiden standardisierten Größen

Beamten-haushalte:
$$\frac{1}{100}\sum_{i=1}^{m} g_2{}^i \cdot \frac{A_0{}^i}{E_0{}^i} = \frac{1}{100}\Big[39{,}7 \cdot 9{,}2 + 33{,}1 \cdot 36{,}7 + 31{,}6 \cdot 11{,}4$$
$$+ 28{,}5 \cdot 10{,}0 + 27{,}6 \cdot 11{,}8 + 26{,}3 \cdot 11{,}2$$
$$+ 22{,}5 \cdot 8{,}0 + 19{,}4 \cdot 1{,}5\Big] = 30{,}55.$$

Angestellten-haushalte:
$$\frac{1}{100}\sum_{i=1}^{m} g_2{}^i \cdot \frac{A_1{}^i}{E_1{}^i} = \frac{1}{100}\Big[39{,}6 \cdot 9{,}2 + 32{,}9 \cdot 36{,}7 + 30{,}6 \cdot 11{,}4$$
$$+ 30{,}0 \cdot 10{,}0 + 28{,}6 \cdot 11{,}8 + 26{,}5 \cdot 11{,}2$$
$$+ 23{,}1\ 8{,}0 + 19{,}6\ 1{,}5\Big] = 30{,}70.$$

Diese beiden Ergebnisse besagen:

Wenn man bei den Beamten und den Angestellten die gleiche Einkommensverteilung auf die Klassen i wie bei den Arbeitern unterstellt, dann würden die Beamten durchschnittlich 30,55 % und die Angestellten 30,70 % ihres Einkommens für Ernährung ausgeben. Damit bleibt bei den Beamten noch eine echte Differenz von 3,22 % und bei den Angestellten von 3,07 %, die sich **nicht** durch die unterschiedliche Einkommensverteilung der einzelnen Haushaltstypen erklären läßt. Dieser Unterschied muß daher einem gruppentypischen Verhalten der betreffenden Haushalte zugeschrieben werden.

Beispiel 8.10:

Zur Messung der Sterbeintensität eines Landes wird häufig die **allgemeine Sterbeziffer m** verwendet:

$$(8.6) \qquad m := \frac{\text{Gestorbene eines Jahres } (=D)}{\text{mittlerer Bestand der Bevölkerung dieses Jahres } (=P)} \cdot 1000$$

Diese **allgemeine Beziehungszahl** sei für ein Land A gleich 14 und für ein Land B gleich 13 (vgl. Tabelle 8.2). Man möchte natürlich die Ursachen für diesen Unterschied ergründen. Man könnte zunächst geneigt sein, aus der höheren Sterbeintensität im Land A auf ungünstigere Lebensbedingungen als im Land B zu schließen, die sich etwa aus einer schlechteren ärztlichen Versorgung oder einem ungünstigeren Klima ergeben könnten.

Allerdings wird diese Verhältniszahl auch von anderen Faktoren, wie dem Verhältnis von Frauen und Männern an der Gesamtbevölkerung und der Altersstruktur beeinflußt. Will man nun die für den Unterschied kausalen Faktoren ermitteln, so tritt, im Gegensatz zu den Naturwissenschaften, bei denen durch wiederholte Experimente der kausale Faktor bestimmter Erscheinungen ermittelt werden kann, in den Wirtschafts- und Sozialwissenschaften an die Stelle des Experiments die zweckentsprechende Aufgliederung der Daten in homogenere Teilmassen und die Eliminierung von störenden Einflußfaktoren.

Analog zur allgemeinen Sterbeziffer m können für jede Altersklasse x **besondere Sterbeziffern**, sog. **altersspezifische Sterbeziffern** m_x, definiert werden:

$$(8.7) \quad m_x := \frac{\text{Zahl der Gestorbenen im Alter x eines Jahres } (= D_x)}{\text{mittlerer Bestand der Bevölkerung im Alter x dieses Jahres } (= P_x)} \cdot 1000.$$

Diese **altersspezifische Sterbeziffer** wird für die einzelnen Altersklassen unterschiedlich groß ausfallen. Man kann nun **die allgemeine Sterbeziffer als gewogenes arithmetisches Mittel der besonderen Sterbeziffer berechnen**, wobei als Gewichte die Anteile der Bevölkerung in den verschiedenen Altersklassen an der Gesamtbevölkerung benutzt werden.

Tabelle 8.2: Bevölkerungsstruktur und altersspezifische Sterbeziffern für die Länder A und B

Altersgruppe	Land A			Land B		
	$P_x(A)$	$D_x(A)$	$m_x(A)$	$P_x(B)$	$D_x(B)$	$m_x(B)$
[0 ; 15)	2 000	28	14	6 000	96	16
[15 ; 65)	6 000	30	5	12 000	84	7
[65 ; ∞)	2 000	82	41	2 000	80	40
Summe	10 000	140	•	20 000	260	•

Für das Land A kann man die allgemeine Sterbeziffer m aus den altersspezifischen Sterbeziffern m_x (**besondere Verhältniszahl**) als gewichtetes arithmetisches Mittel wie folgt berechnen:

$$m(A) = \sum_x \frac{P_x(A)}{P(A)} \cdot m_x(A) = \frac{2\,000}{10\,000} \cdot 14 + \frac{6\,000}{10\,000} \cdot 5 + \frac{2\,000}{10\,000} \cdot 41 = 14.$$

$$m(B) = \sum_x \frac{P_x(B)}{P(B)} \cdot m_x(B) = 13.$$

Es lassen sich nun zwei Faktoren unterscheiden, die für die Höhe der allgemeinen Sterbeziffer verantwortlich sind: Die Altersstruktur (**Struktureffekt**) als **Gewichtungsfaktor** und die altersspezifischen Sterbeziffern (**Sacheffekt**), d.h. die Sterbeintensität in den einzelnen Altersklassen.

In ähnlicher Form werden auch andere Verhältniszahlen, wie z.B. die allgemeine Erwerbsquote oder die allgemeine Fruchtbarkeitsziffer von einem **Sacheffekt (besondere Verhältniszahl**) und von einem **Struktureffekt** (**Gewichte**) beeinflußt. Will man nun die aufgrund des Sacheffekts bestehenden Unterschiede zweier Verhältniszahlen verschiedener Zeitpunkte oder Länder ermitteln, dann ist der Struktureffekt zu eliminieren, indem zur Berechnung der Verhältniszahlen die besonderen Verhältniszahlen mit den gleichen Gewichten bewertet werden (**standardisierte Verhältniszahl**). Interessiert man sich hingegen dafür, welchen Einfluß der Struktureffekt auf die allgemeinen Verhältniszahlen hat, so wird der Sacheffekt eliminiert, indem die unterschiedlichen Gewichte mit den gleichen besonderen Verhältniszahlen multipliziert werden (**erwartungsgemäße Verhältniszahl**).

Definition der **standardisierten** Verhältniszahl:

> Eine **standardisierte Verhältniszahl** erhält man als ein gewogenes arithmetisches Mittel aus den besonderen Verhältniszahlen, wobei als Gewichte der Struktureffekt des gewählten Standards auftritt.

Definition der **erwartungsgemäßen** Verhältniszahl:

> Eine erwartungsgemäße Verhältniszahl erhält man als ein gewogenes arithmetisches Mittel aus den unterschiedlichen Anteilen des Struktureffektes, wobei als Gewichte die besonderen Verhältniszahlen (Sacheffekt) des gewählten Standards verwendet werden.

Tabelle 8.3: Berechnung von allgemeinen, standardisierten und erwartungsgemäßen Verhältniszahlen (Beispiel: Sterbeziffern)

Art der Verhältniszahl	Land A	Land B
allgemeine	$m(A) = \Sigma \frac{P_x(A)}{P(A)} \cdot m_x(A)$	$m(B) = \sum_x \frac{P_x(B)}{P(B)} \cdot m_x(B)$
standardisierte	Struktur (Gewichte) des Landes B wird konstant gehalten $m_B^{ST}(A) = \sum_x \frac{P_x(B)}{P(B)} \cdot m_x(A)$	Struktur (Gewichte) des Landes A wird konstant gehalten $m_A^{ST}(B) = \sum_x \frac{P_x(A)}{P(A)} \cdot m_x(B)$
erwartungsgemäße	Sachkomponente (besondere Verhältniszahl) des Landes B wird konstant gehalten $m_B^{EW}(A) = \sum_x \frac{P_x(A)}{P(A)} \cdot m_x(B)$	Sachkomponente (besondere Verhältniszahl) des Landes A wird konstant gehalten $m_A^{EW}(B) = \sum_x \frac{P_x(B)}{P(B)} \cdot m_x(A)$

Für das Land A wird nun eine **standardisierte Sterbeziffer** $m_B^{ST}(A)$ auf der Basis der Bevölkerungsstruktur des Landes B berechnet, d.h. die altersspezifischen Sterbeziffern des Landes A; $m_x(A)$; werden mit den Bevölkerungsanteilen der einzelnen Alterklassen des Landes B; $P_x(B)/P(B)$; gewichtet:

$$(8.8) \qquad m_B^{ST}(A) = \sum_x \frac{P_x(B)}{P(B)} \cdot m_x(A)$$

$$= 14 \cdot \frac{6\,000}{20\,000} + 5 \cdot \frac{12\,000}{20\,000} + 41 \cdot \frac{2\,000}{20\,000} = 11{,}3.$$

Hätte das Land A die gleiche Bevölkerungsstruktur wie das Land B, dann ergäbe sich aufgrund der Sterbeintensitäten in den einzelnen Altersklassen in Land A also eine allgemeine Sterbeziffer von 11,3, die damit unter der von Land B liegt.

Analog könnte man auch für das Land B eine **standardisierte Sterbeziffer**, $m_A^{ST}(B)$, berechnen, die den Wert 15,4 ergäbe. Dies zeigt, daß allein aufgrund der günstigeren Altersstruktur im Land B die allgemeine Sterbeziffer einen geringeren Wert als im Land A aufweist und es voreilig gewesen wäre, daraus sofort auf ungünstigere Lebensbedingungen im Land A zu schließen. Als Maß für die Sterbeintensität eines Landes ist demnach die allgemeine Sterbeziffer kaum geeignet.

8.3 Indexzahlen

Bisher wurde nur eine einzelne Meßziffernreihe betrachtet. Es handelt sich dabei um Werte einer ökonomischen Größe im Zeitablauf, die auf einen festen Basiswert dieser Gruppe bezogen sind. Dabei enthält der **Nenner dieser Größe den Bezugszeitpunkt** und der **Zähler den Berichtszeitpunkt**. Man spricht auch von einer **einfachen Indexzahl**.

Häufig möchte man jedoch die durchschnittliche Veränderung einer Vielzahl von Meßziffernreihen durch eine einzige globale, alle Reihen erfassende Meßziffer beschreiben. Solche Meßziffern bezeichnet man als Indexzahlen oder zum Unterschied zur einfachen auch als **zusammengesetzte Indexzahl**. Die wichtigsten in der Ökonomie verwendeten Indexzahlen lassen sich untergliedern in:

a) Preisindizes,
b) Umsatzindizes und
c) Mengenindizes.

Man kann etwa die Frage stellen: Um wieviel Prozent sind die Kosten der Lebenshaltung eines Berichtsjahres, verglichen mit einem Basisjahr, durchschnittlich gestiegen? Hier wird jetzt nach der zeitlichen Veränderung einer Reihe von einzelnen Sachverhalten gefragt, da sich die Lebenshaltungskosten zusammensetzen aus einer Vielzahl von mit ihren Preisen bewerteten Einzelprodukten.

Die Lebenshaltungskosten können sich nun aufgrund von Preis– und Mengenänderungen gegenüber dem Basisjahr verändert haben. Man kann sich nun dafür interessieren, welchen Einfluß die Preis– bzw Mengenänderungen auf die Lebenshaltungskosten ausgeübt haben. Dementsprechend kann man Preis– und Mengenindizes berechnen.

Die Berechnung dieser Indexzahlen basiert auf der Methode der **Standardisierung**. Interessiert man sich für den Einfluß der Preisentwicklung der Lebenshaltungskosten, so dient als Ausgangspunkt ein bestimmtes **Verbrauchsschema**, d.h. die Aufstellung eines bestimmten Standardverbrauchs. Man bestimmt dann die Preise dieses Standardverbrauchs zu verschiedenen Zeitpunkten und vergleicht sie miteinander. Diese Standardisierung auf einen fiktiven Standardverbrauch ist notwendig, um einen Index zu erhalten, der nur von Preisänderungen und nicht auch von Änderungen der Verbrauchsgewohnheiten beeinflußt wird.

8.3.1 Preisindizes

Die Konstruktion eines Preisindexes soll anhand eines fiktiven Beispiels gezeigt werden.

Beispiel 8.11: In den Jahren 1980 und 1982 wurden von einem bestimmten Produkt von den Typen A, B und C die folgenden Mengen produziert und zu den angegebenen Preisen abgesetzt:

Produktart	Preise in DM		produzierte Menge in Mio. Stück	
	1980	1982	1980	1982
Typ A	11	13	0,8	1,8
Typ B	11	12	2,5	0,8
Typ C	10	11	1,8	2,0
		Summe	5,1	4,6

Basisperiode 0 : 1980, Berichtsperiode t : 1982

Möchte man nun die Frage beantworten, wie sich die Preise (produzierte Mengen) des Berichtsjahres gegenüber dem Basisjahr geändert haben, so führt diese Fragestellung auf die Angabe eines Preis– (bzw. Mengen–)indexes. Die Konstruktion einer solchen Indexzahl soll für den Preisindex gezeigt werden.

Die Preismeßziffern

$$I_{0,t}(p^i) = \frac{p_t^i}{p_0^i} \cdot 100$$

(der hochgestellte Index i bezeichnet die Produkttype) ergeben sich für die einzelnen Typen zu

$$\text{Typ A:} \quad I_{80,82}(p^A) = \frac{13}{11} \cdot 100 = 118{,}18,$$

$$\text{Typ B:} \quad I_{80,82}(p^B) = \frac{12}{11} \cdot 100 = 109{,}09,$$

$$\text{Typ C:} \quad I_{80,82}(p^C) = \frac{11}{10} \cdot 100 = 110{,}0.$$

Der Konstruktion einer einheitlichen Indexzahl für die Preisentwicklung können nun verschiedene Überlegungen zugrunde liegen.

1. Man wählt das gewöhnliche arithmetische Mittel der einzelnen Preismeßziffern:

$$I_{0,t}(p) = \frac{1}{3} \cdot (118{,}18 + 109{,}09 + 110{,}0) = 112{,}42,$$

allgemein

$$I_{0,t}(p) = \frac{1}{n} \cdot \sum_{i=1}^{n} I_{0,t}(p^i).$$

Diese Indexzahl ist allerdings wenig aussagefähig. Bei einer Preissteigerung würde logischerweise auch dieser Index steigen. Um die unterschiedliche mengenmäßige Bedeutung der einzelnen Produkte zu berücksichtigen, sollte eine Gewichtung mit den jeweiligen Mengen erfolgen.

2. Man wählt als Index das Verhältnis der jeweiligen Durchschnittspreise:
Die Durchschnittspreise ergeben sich für Berichts- und Basisjahr zu

$$1980: \quad \frac{11 \cdot 0{,}8 + 11 \cdot 2{,}5 + 10 \cdot 1{,}8}{5{,}1} = 10{,}65,$$

$$1982: \quad \frac{13 \cdot 1{,}8 + 12 \cdot 0{,}8 + 11 \cdot 2{,}0}{4{,}6} = 11{,}96.$$

Daraus ergibt sich für den Index

$$I_{0,t}(p) = \frac{\text{Durchschnittspreis 1982}}{\text{Durchschnittspreis 1980}} = \frac{11{,}96}{10{,}65} \cdot 100 = 112{,}3.$$

Dieser Index besagt, daß der Durchschnittspreis der tatsächlich produzierten Mengen um 12,3 % gestiegen ist.

Allgemein lautet dieses Prinzip

$$I_{0,t}(p) = \frac{\sum_{i=1}^{n} p_t^i q_t^i}{\sum_{i=1}^{n} p_0^i q_0^i} \cdot \frac{\sum_{i=1}^{n} q_0^i}{\sum_{i=1}^{n} q_t^i} \cdot 100$$

$$\left(= \frac{\text{Meßziffer der Gesamtumsatzänderung}}{\text{Meßziffer der Gesamtmengenänderung}} \right).$$

Diese Art der Berechnung ist allerdings nur möglich, wenn alle Mengen in den **gleichen Maßeinheiten** gemessen werden können, was nicht immer gewährleistet werden kann.

3. Man wählt als Index wieder das Verhältnis der Durchschnittspreise, wobei man als **Bezugsmasse** die (konstante) Menge der **Basisperiode** wählt.

Allgemein lautet dieses Prinzip

(8.9) $$I^L_{0,t}(p) = \frac{\sum_{i=1}^{n} p_t^i q_t^i}{\sum_{i=1}^{n} p_0^i q_0^i} \cdot 100.$$

Diesen Index bezeichnet man als **Preisindex nach Laspeyres**. Man erhält

$$I^L_{0,t}(p) = \frac{13 \cdot 0{,}8 + 12 \cdot 2{,}5 + 11 \cdot 1{,}8}{11 \cdot 0{,}8 + 11 \cdot 2{,}5 + 10 \cdot 1{,}8} \cdot 100 = \frac{60{,}2}{54{,}3} \cdot 100 = 110{,}86.$$

Diese Maßzahl erweist sich tatsächlich als ein echter Mittelwert der einzelnen Preismeßziffern.

4. Man bildet den Index als ein gewogenes arithmetisches Mittel aus den einzelnen Preismeßziffern.
Allgemein lautet dieses Prinzip

(8.10) $$I^L_{0,t}(p) = \sum_{i=1}^{n} \beta_i \cdot I_{0,t}(p^i), \quad \text{mit} \sum_{i=1}^{n} \beta_i = 1.$$

Wählt man nun die Gewichtsfaktoren β_i gleich den Umsatzanteilen der Basisperiode 0, d.h.

$$(8.11)\qquad \beta_i = \frac{p_0^i q_0^i}{\sum\limits_{i=1}^{n} p_0^i q_0^i},$$

dann ergibt sich

$$I^L_{0,t}(p) = \sum_{i=1}^{n} \beta_i \cdot I_{0,t}(p^i) = \frac{\sum\limits_{i=1}^{n} p_0^i q_0^i \cdot I_{0,t}(p^i)}{\sum\limits_{i=1}^{n} p_0^i q_0^i}$$

$$= \frac{\sum\limits_{i=1}^{n} p_0^i q_0^i \cdot \frac{p_t^i}{p_0^i} \cdot 100}{\sum\limits_{i=1}^{n} p_0^i q_0^i} = \frac{\sum\limits_{i=1}^{n} p_t^i q_0^i}{\sum\limits_{i=1}^{n} p_0^i q_0^i} \cdot 100. \qquad (8.9)$$

Man erhält auf diese Weise das gleiche Ergebnis wie unter Punkt 3. Allerdings erlaubt diese Herleitung eine interessante Interpretation. Betrachtet man die Produktionsmengen der Basisperiode als Warenkorb $(q_0^1, q_0^2, \ldots, q_0^n)$, dann wird der Wert dieses Warenkorbes einmal für die Preise der Basisperiode p_0^i und einmal für die Preise der Berichtsperiode p_t^i ermittelt.

Diese Berechnungsweise hat den Vorteil, daß man unter Konstanthaltung des Wägungsschemas mit Hilfe der Preismeßziffern relativ einfach für jede Periode den Preisindex berechnen kann.

Es werden jetzt beliebig große Warenkörbe mit ihren zugehörigen Preisen betrachtet

Warenkorb $(q_t^1, q_t^2, \ldots\ldots, q_t^n)$,

Preise $(p_t^1, p_t^2, \ldots\ldots, p_t^n)$.

Man kann diese Warenkörbe auf verschiedene Weise zur Konstruktion von Preisindizes verwenden.

1. Der Preisindex von **Laspeyres**

$$(8.9)\qquad I^L_{0,t}(p) = \frac{\sum\limits_{i=1}^{n} p_t^i q_0^i}{\sum\limits_{i=1}^{n} p_0^i q_0^i} \cdot 100.$$

Dies bedeutet, daß der Warenkorb einmal für die **Basisperiode 0** bestimmt und im weiteren zeitlichen Verlauf konstant gehalten wird. Damit werden Substitutionen von Gütern, die im zeitlichen Verlauf vorgenommen werden, durch diesen Index nicht berücksichtigt.

2. Der Preisindex von **Paasche**

$$(8.12) \qquad I^P_{0,t}(p) = \frac{\sum\limits_{i=1}^{n} p_t^i q_t^i}{\sum\limits_{i=1}^{n} p_0^i q_t^i} \cdot 100.$$

Bei diesem Preisindex wird der Warenkorb für die jeweilige **Berichtsperiode t** bestimmt und sein Preis ins Verhältnis gesetzt zum Preis dieses Warenkorbes in der Basisperiode 0. Der Warenkorb, der zur Berechnung dieses Preisindex herangezogen wird, ändert sich somit im zeitlichen Verlauf.

Fortsetzung des Beispiels 8.11:

$$I^P_{0,t}(p) = \frac{13 \cdot 1{,}8 + 12 \cdot 0{,}8 + 11 \cdot 2{,}0}{11 \cdot 1{,}8 + 11 \cdot 0{,}8 + 10 \cdot 2{,}0} \cdot 100 = \frac{55}{48{,}6} \cdot 100 = 113{,}2.$$

Aufgrund von Preissteigerungen hätte sich der Umsatz der drei Typen 1982 um 13,2 % gegenüber 1980 erhöht, wenn die Absatzmengen von 1982 auch 1980 vorgelegen hätten.

Der Preisindex nach Paasche läßt sich auch – wie der Preisindex nach Laspeyres – als ein gewogenes arithmetisches Mittel der einzelnen Preismeßziffern darstellen, in der Form

$$(8.13) \qquad I^P_{0,t}(p) = \frac{1}{\sum\limits_{i=1}^{n} \beta_i' \cdot \frac{1}{I_{0,t}(p^i)}}, \qquad \text{mit (8.14)} \quad \beta_i' = \frac{p_t^i q_t^i}{\sum\limits_{i=1}^{n} p_t^i q_t^i}.$$

Einige Beispiele für Preisindizes sind

- **Preisindex für die Lebenshaltung,**
- **Preisindex für die Einzelhandelspreise,**
- **Preisindex für die Import- und Exportpreise,**
- **Lohnindex, der als Preisindex der Arbeit interpretiert werden kann.**

Die **Indexformeln nach Laspeyres** können in der Praxis leicht berechnet werden, da die Gewichte nur einmal für die Basisperiode bestimmt werden müssen, denn sie sind für jede Berichtsperiode gleich.

Der wichtigste Vorteil von Indexzahlen nach Laspeyres liegt in der direkten Vergleichbarkeit der Zahlen einer Indexreihe, die nach diesem Schema berechnet wurden.

Dieser Vorteil ist jedoch gleichzeitig auch ein Nachteil. Bei der Verwendung dieser konstanten Gewichte wird angenommen, daß sich nur ein Faktor (etwa der Preis) ändert, der andere (die Verbrauchsmengen) jedoch konstant bleibt. Diese Annahme ist allerdings höchst unrealistisch.

Wenn Basisjahr und Berichtsjahr weit auseinanderliegen, muß angenommen werden, daß der Laspeyres-Index unexakt ist, da die konstanten Gewichte der Basisperiode weder den Preiswandel noch die Mengenänderung exakt erfassen. Meist zeigt der Laspeyres-Index bei wirtschaftlichen Zeitreihen die Entwicklung überhöht an.

Der Grund dafür liegt in der Preis-Mengen Elastizität. Bei Preiserhöhungen wandern die Käuferschichten von Produkten, die preiselastisch sind, ab, und diese Güter werden durch Produkte substituiert, deren Preise konstant geblieben oder weniger stark angestiegen sind. Eine solche Entwicklung kann jedoch der Laspeyres-Index nicht erfassen, da bei ihm die Gewichtungsfaktoren konstant sind.

Die **Indexformeln nach Paasche** haben den Vorteil, daß sie die Realität, d.h. die Situation zum gegenwärtigen Zeitpunkt besser widerspiegeln.

Ihrer Anwendung stehen jedoch große praktische Schwierigkeiten entgegen. Es müssen nämlich sowohl der Preis als auch die Menge in der Berichtsperiode bestimmt werden. Dies hat den Nachteil, daß der Arbeitsaufwand und somit auch die Kosten bei der Ermittlung wesentlich höher liegen als beim Laspeyres-Index. Ein weiterer Nachteil des Paasche-Indexes liegt darin, daß kein **direkter Vergleich** aller Indexwerte einer zeitlichen Entwicklung mehr möglich ist.

Durch die im Zeitablauf notwendige Aktualisierung der Warenkörbe wird es notwendig, Reihen von Indexzahlen, bezogen auf verschiedene Basisperioden, miteinander zu verketten. Der Vorgang der Verkettung von einfachen Indexzahlen wurde im Abschnitt 8.1.6 behandelt. Man kann diesen Vorgang der Verkettung auf zusammengesetzte Indexzahlen, etwa den Laspeyres-Preisindex, anwenden

$$I^L_{0,t}(p) = I^L_{0,t_1}(p) \cdot I^L_{t_1,t}(p)/100.$$

Die Erfüllung dieser Bedingungen wurde von I. Fisher [The Making of Index Numbers, 1. Auflage 1922, 3. Auflage 1927, Boston/New-York] als **Rundprobe** ('circular test') bezeichnet und lautet in seiner allgemeinen Form

$$I^L_{0,t}(p) = I^L_{0,1}(p) \cdot I^L_{1,2}(p) \cdot \ldots \cdot I^L_{t-1,t}(p).$$

Man kann nun allgemein zeigen, daß weder die Indexzahlen nach Laspeyres noch die nach Paasche dieser Rundprobe genügen. Dies bedeutet streng genommen, daß weder Laspeyres- noch Paasche-Indizes verkettet werden dürften. In der Praxis wird jedoch gegen diese theoretische Erkenntnis verstoßen, d.h. man verkettet solche Indexreihen, da die erhaltenen Ergebnisse eine für die meisten Anwendungen ausreichende Genauigkeit besitzen. I. Fisher hat versucht, die denkbaren Indexformeln durch eine Reihe von Forderungen, die von dem Index erfüllt werden müssen, auf einige wenige Indizes zu reduzieren. Er definierte einen sog. **Idealindex** als geometrisches Mittel aus den Indexzahlen von Paasche und Laspeyres. Doch auch dieser erfüllte nicht alle aufgestellten Forderungen gleichzeitig. Er erfüllte die Bedingungen der sog. **Faktorumkehrprobe** und der sog. **Zeitumkehrprobe**, jedoch **nicht die Rundprobe**. Ein Index, der der sog. Rundprobe genügt, ist die **Indexformel nach Lowe**. Für einen Preisindex ist diese in der Form

$$I^{Lowe}_{0,t}(p) = \frac{\sum\limits_{i=1}^{n} p_t \bar{q}}{\sum\limits_{i=1}^{n} p_0 \bar{q}}$$

definiert, wobei etwa für die Wahl der Mengen $\bar{q}$ das arithmetische Mittel aus allen Perioden zwischen Berichts- und Basisperiode gewählt wird, d.h.

$$\bar{q} = \frac{1}{t+1}(q_0 + q_1 + \ldots + q_t).$$

Eine Übersicht über verschiedene ökonomische Indexformeln und ihre formalen theoretischen Eigenschaften findet sich bei W. Eichhorn, R. Henn, O. Opitz, R.W. Shepard (Hrsg.): 'Theory and Applications of Economic Indices', Würzburg 1978.

8.3.2 Preisindizes für die Lebenshaltung

Dieser Preisindex soll die Auswirkungen von Preisänderungen auf die Kosten der Lebenshaltung bestimmter Verbrauchergruppen messen. Diese Indexzahl bezieht sich auf einen bestimmten Warenkorb, der die Verbrauchsgewohnheiten von gewissen Bevölkerungsgruppen eines Landes repräsentieren soll. Der Inhalt des Warenkorbes wird mit Hilfe von Wirtschaftlichkeitsrechnungen für eine Stichprobe aus den Haushalten der betreffenden Bevölkerungsgruppe bestimmt. Aus den detaillierten Aufschreibungen dieser Haushalte lassen sich für die Berichtsperiode die durchschnittlichen Ausgaben für die einzelnen Produkte und für den gesamten Warenkorb berechnen. Daraus werden dann die Gewichtungsfaktoren für die einzelnen Produkte des Warenkorbes bestimmt. Diese Gewichtungsfaktoren werden normalerweise während eines Zeitraums von 5 bis 10 Jahren konstant gehalten, um sie dann den gewandelten Verbrauchsgewohnheiten anzupassen. Der sich ergebende Warenkorb wird in Bedarfsgruppen untergliedert und man berechnet Preisindizes auch für die einzelnen Bedarfsgruppen. Als Bedarfsgruppe kommen etwa in Frage: Ernährung, Getränke und Tabakwaren, Wohnung, Heizung und Beleuchtung, Hausrat, Bekleidung, Reinigung und Körperpflege, Bildung und Unterhaltung, Verkehr.

Vom Statistischen Bundesamt werden mehrere Preisindizes für die Lebenshaltung nach Laspeyres bestimmt, die sich bezüglich des verwendeten Warenkorbes unterscheiden. Es sind dies:

1. Ein Preisindex für die Lebenshaltung aller Haushalte, bei dem die Ausgabenanteile für die einzelnen Produkte des Warenkorbes anhand einer Stichprobe repräsentativ für alle Haushalte ermittelt werden,

2. ein Preisindex für einen 4-Personen-Haushalt von Angestellten und Beamten mit höherem Einkommen,

3. ein Preisindex für einen 4-Personen-Haushalt von Arbeitnehmern mit mittlerem Einkommen,

4. ein Preisindex für einen 2-Personen-Haushalt von Renten- und Sozialhilfeempfängern mit geringem Einkommen,

5. ein Preisindex für die einfache Lebenshaltung eines Kindes.

Tabellarische Übersicht der Preisindizes für die Lebenshaltung auf der Basis 1980:

	Mitglieder	Zusammen-setzung	Verbrauchsangaben je Monat und Haushalt im Basisjahr 1980
1. Alle privaten Haushalte	2,4		2 665 (1976: 2 326 1970: 1 294 1962: 740)
2. Haushalte von Angestellten und Beamten mit höherem Einkommen (städtische Haushalte)	4	2 Erwachsene 2 Kinder	4 148 (1976: 3 298 1970: 1 996 1962: 1 528)
3. Arbeitnehmerhaushalte *) mit mittlerem Einkommen (städtische Haushalte, Haushaltsvorstand Alleinverdiener)	4	2 Erwachsene 2 Kinder	2 575 (1976: 2 053 1970: 1 157 1962: 742)
4. Haushalte von Renten- und Sozialhilfeempfängern	2	2 ältere Erwachsene	1 192 (1976: 889 1970: 532 1962: 310)

*) durchgehende Reihen seit 1918/19

Quelle: Statistisches Bundesamt, Fachserie 17, Reihe 7, Preise und Preisindizes für die Lebenshaltung, 1980

Bei der Berechnung der Preisindizes ergeben sich einige Schwierigkeiten. So ist der Preis für eine bestimmte Ware oder Dienstleistung keine feste Größe. Um der örtlichen Differenzierung Rechnung zu tragen, werden in Orten verschiedener Gemeindegrößenklassen Preise erhoben unter weitgehender Berücksichtigung der effektiven Verteilung der Bevölkerung auf die einzelnen Ortsgrößen. Auch die Qualität der Produkte muß eindeutig festgelegt sein. Hier ergibt sich eine weitere Schwierigkeit, die besonders bei technischen Produkten auftritt, nämlich das Problem der Erfassung von Qualitätsänderungen, die teilweise in steigenden Preisen zum Ausdruck kommen. Wenn ein Produkt gleichzeitig in zwei verschiedenen Qualitäten auf dem Markt gehandelt wird, versucht man, durch eine Verkettung der Preismeßzahlen den Qualitätsunterschied auszuschalten.

Beispiel 8.12:

Im Jahre 1965 waren statt der heute üblichen Drehstromlichtmaschinen für Kraftfahrzeuge nur Gleichstromlichtmaschinen auf dem Markt, die jedoch 1976 fast völlig vom Markt verschwunden waren. Zur Ausschaltung der Qualitätsänderung kann man die Preise einer Periode (hier: Dezember 1975), in der beide Aggregate marktgängig waren, als Nutzenunterschiede für den Verbraucher interpretieren und wie folgt verketten:

	Gleichstromlichtmaschine	Drehstromlichtmaschine
1965	76,90 DM = 100,0	
Dez. 1975	98,50 DM = 128,1	134,60 DM = 128,1
Jan. 1976		142,10 DM = 135,2

Im Verkettungszeitpunkt werden beide Preismeßzahlen gleichgesetzt. Ab Jan. 1976 wird nur noch der Preis der Drehstromlichtmaschine berücksichtigt. Dabei wird zusätzlich unterstellt, daß die Preisentwicklung des neuen Modells approximativ mit derjenigen übereinstimmt, die sich ohne Modellwechsel für dieses Gut ergeben hätte.

Zusammensetzung des Warenkorbes für den Preisindex der Lebenshaltung aller privaten Haushalte:

	Anteile der Hauptgruppen an den Warenkörben				
	1962	1970	1976	1980	1985
Nahrungs- und Genußmittel	39,85	33,33	26,67	24,93	22,99
Kleidung, Schuhe	11,96	10,08	8,64	8,19	6,95
Wohnungsmiete	10,99	12,62	13,33	14,82	17,78
Elektrizität, Gas, Brennstoff	4,14	4,59	4,91	6,51	7,25
übrige Waren und Dienstleistungen für die Haushaltsführung	11,71	11,36	10,01	9,36	7,22
Verkehrszwecke und Nachrichtenübermittlung	7,75	10,54	14,71	14,26	14,40
Körper- und Gesundheitspflege	3,43	4,04	4,26	4,05	4,10
Bildungs- und Unterhaltungszwecke, Freizeit	6,43	6,07	7,87	8,47	8,37
sonstige Waren und Dienstleistungen für die persönliche Ausstattung	3,75	7,38	9,60	9,40	10,94
Summe	100,01	100,01	100,00	99,99	100,00

Quelle: Statistisches Jahrbuch für die BRD 1970 (S. 430), 1976 (S. 457–458), 1981 (S. 505–507).

Umfang des Warenkorbes für alle privaten Haushalte:

1898:	16	Nahrungsmittel,
1934:	116	Positionen,
1962:	879	Positionen,
1970:	899	Waren und Dienstleistungen,
1976:	778	Waren und Dienstleistungen,
1980:	800	Waren und Dienstleistungen.

Neufestsetzung der Warenkörbe nach Kriegsende:

1950, 1958, 1962, 1970, 1976, 1980.

1950:	**keine** Fernseher, Autos, Plastikartikel, dafür: Kernseife, Kaffee-Ersatz, Brennholz.
1958 neu:	Suppenhühner, Schallplatten, elektr. Haushaltsgeräte.
1970 neu:	Farbfernseher, Stereoanlagen, Geschirrspülmaschinen.
1976 neu:	Quarzuhren, Taschenrechner, Herrenlederjacken, Pizza-Fertiggerichte.
1980 neu:	Uhren-Radio, Video-Recorder, Video-Band, Sofortbild-Kamera, Telekassette.

Der zugrundeliegende Warenkorb wird über einen längeren Zeitraum konstant gehalten, also auch innerhalb eines Jahres. In der Praxis weisen jedoch die tatsächlich gekauften Mengen beträchtliche Saisonschwankungen auf. Im Sommer wird viel mehr Gemüse und Obst gekauft als im Winter, dafür verbraucht man im Winter mehr Kohle, Gas und Strom. Gewisse Saisonschwankungen in den gekauften Mengen werden auch durch saisonale Preisschwankungen induziert. Wenn man in einem solchen Fall die Menge konstant hält, ergibt sich für den Preisindex eine Saisonschwankung, die keine reale Bedeutung besitzt.

Beispiel 8.13:

Ein Institut für Wirtschaftsforschung berechnete bis 1960 einen Preisindex für die Lebenshaltung, indem der Gemüseverbrauch durch eine das ganze Jahr hindurch konstant gehaltene Menge von Rotkraut repräsentiert wurde. Das Ergebnis war eine Saisonschwankung des Indexes mit einer Amplitude von 6 %. Da die durchschnittliche jährliche Steigerung des Indexes zu jener Zeit etwa 3 bis 4 % betrug, wurde die Entwicklung von dieser Saisonschwankung überdeckt. Es müssen daher besondere Maßnahmen getroffen werden, um Saisonschwankungen zu eliminieren. Man unterscheidet:

a) Maßnahmen bezüglich des **Gewichtungsschemas**:

Alle Waren mit saisonabhängigen Preisen werden vernachlässigt,
oder
man gibt den Waren mit saisonabhängigen Preisen einen variablen Gewichtungsfaktor.

b) Maßnahmen bezüglich der **Preise**:

Man bereinigt die Preisreihen von den Saisonschwankungen,
oder
man schreibt die jährlichen Durchschnittspreise der Waren mit Hilfe von Preisen ähnlicher, nicht saisonabhängiger Waren fort.

Beispiel 8.14:

Übergang der Preise für Kartoffeln von der alten Ernte auf Kartoffeln der neuen Ernte:

1970:	April	Mai	Juni
	96 : 4,	80 : 20,	50 : 50.
1976:	April	Mai	
	80 : 20,	50 : 50.	

8.3.3 Weitere Preisindizes

Neben dem Preisindex für die Lebenshaltung werden noch andere Preisindizes von den Statistischen Ämtern berechnet. So etwa Indizes für die Erzeugerpreise landwirtschaftlicher und industrieller Produkte, für die Preise im Wohnungsbau und für die Großhandelspreise.

Der **Preisindex für den Einzelhandel** soll die Entwicklung der Preise im Einzelhandel wiedergeben. Dabei ist zu beachten, daß dieser Index nicht identisch ist mit dem Preisindex der Lebenshaltung. Zum einen werden im Einzelhandel zahlreiche Güter abgesetzt, die nicht im Warenkorb des Lebenshaltungsindexes enthalten sind, zum anderen sind im Einzelhandelsindex auch Verkäufe enthalten, die nicht an private Haushalte erfolgen. Schließlich umfaßt der Lebenshaltungsindex zahlreiche Waren und vor allem Dienstleistungen, die nicht über den Einzelhandel bezogen werden. Bei der Berechnung des Indexes werden die vom Einzelhandel abgesetzten Mengen als Gewichtungsfaktoren verwendet, dabei werden gewisse schwer erfaßbare Bereiche (wie etwa der Kunsthandel) nicht berücksichtigt.

Bei der Berechnung von **Indizes für die Großhandelspreise** wurden als Gewichtungsfaktoren lange Zeit die vom Großhandel in einem bestimmten Basisjahr umgesetzten Mengen gewählt. Gegen eine derartige Berechnung des Indexes sind jedoch Bedenken vorgebracht worden, da hierbei der Index von Umständen beeinflußt wird, die mit dem Niveau der Großhandelspreise nichts zu tun haben. Beispielsweise würde eine Preissteigerung bei Wolle den Index der Großhandelspreise gleichzeitig auf mehreren Stufen beeinflussen. Sie würde bei den Preisen der Wolle, des Garns, des Gewebes und der fertigen Kleidung berücksichtigt werden. Auch ist die Größe des Gewichtungsfaktors, mit dem der Preis des Garnes im Index berücksichtigt wird, von mehr oder weniger zufälligen Bedingungen abhängig, etwa davon, wie oft Spinnereien und Webereien in einem Unternehmen vereinigt sind.

Man ist daher dazu übergegangen, einen allgemeinen Großhandelspreisindex mit einem solch unklaren Aussagegehalt nicht mehr zu berechnen, sondern statt dessen sog. Sektorindizes zu bestimmen. Solche Sektoren können die Textilindustrie, die Landwirtschaft, die Industrie allgemein oder Teilbereiche davon sein. Man kann für jeden Sektor einen Index für die Einsatzpreise und einen für die Ausstoßpreise berechnen. Der Gewichtungsfaktor der Einsatzpreise sind jene Mengen, die innerhalb der Basisperiode von diesem Sektor gekauft wurden, und der Gewichtungsfaktor der Ausstoßpreise die Mengen, die innerhalb der Basisperiode von diesem Sektor verkauft wurden. Der Index der Ausstoßpreise für den Sektor der Textilindustrie enthält daher Garne nur insoweit, als sie an andere Sektoren verkauft werden, nicht jedoch wenn sie innerhalb des Sektors der Textilindustrie weiterverarbeitet werden.

Der Index der Brutto-Arbeitsverdienste der Industriearbeiter ist ebenfalls ein Preisindex, da der Lohn das Entgelt für geleistete Arbeit darstellt. Dabei ergeben sich verschiedene Indexreihen, je nachdem, ob man Bruttostunden- oder Bruttowochenverdienste betrachtet. Als Gewichtungsschema bei dem Index der Wochenlöhne dient dabei eine Standardstruktur, die entsprechend der Zahl der Arbeiter in den einzelnen Berufsgruppen aufgestellt wurde. Bezieht sich der Index auf die Stundenlöhne, dann wird eine sog. Zahl der Arbeiterstunden (= Summe der Arbeiterstunden aller Arbeiter der betreffenden Berufsgruppe innerhalb eines bestimmten Zeitraumes) als Gewichtungsfaktor gewählt.

Neben Lohnindizes mit starrem Gewichtungsschema werden auch sog. Lohnsummenindizes berechnet und für verschiedene Zeitpunkte miteinander verglichen. Sie dienen als Indikatoren für Änderungen des Masseneinkommens. Allerdings geben diese Indizes keinen Aufschluß über eine Änderung des Lohnniveaus, da sie ja nicht nur von einer Änderung der Löhne, sondern auch von einer Umschichtung in der Struktur der Arbeiterschaft beeinflußt werden.

Man kann **Preisindizes zur Berechnung von Kaufkraftparitäten** verwenden. Angenommen, ein Bürger der BRD habe festgestellt, daß er mit einem Betrag von 1 800 DM den Lebensunterhalt für sich und seine Familie einen Monat lang bestreiten kann. Es wäre nun falsch, zu glauben, er könne unter Beibehaltung seiner bisherigen Lebensführung mit 1 532 sfr (oder 6 207 dkr) einen Monat lang in der Schweiz (oder in Dänemark) leben. Die Valutaparität (100 sfr = 117,50 DM oder 100 dkr = 29 DM) ist nämlich kein echter Maßstab für die tatsächliche Kaufkraftparität. Um diese zu ermitteln, geht man von einem bestimmten Standardverbrauch aus, in der Regel wird der Warenkorb des Lebenshaltungsindexes gewählt. Man ermittelt dann, wieviel die Füllung desselben Warenkorbes im Land A und im Vergleichsland B kostet. Bildet man den Quotienten aus den Aufwendungen A/B, dann erhält man eine Kaufkraftparität, die angibt, wie viele Währungseinheiten im Land A einer Währungseinheit im Land B entsprechen.

Beispiel für Kaufkraftvergleiche:

A: Angenommen, ein deutscher Standardwarenkorb kostet

in den USA $\Sigma p_{US} q_D$ = 720 $,
in der BRD $\Sigma p_D q_D$ = 1 800 DM.

Die Kaufkraftparität ergibt sich als Quotient

$$VG(= \text{Verbrauchergeldparität})_{D,US} = \frac{720}{1\,800} = 0{,}40,$$

d.h. 1 DM entspricht 0,40 $, und 1 $ entspricht 2,50 DM.

B: Angenommen, ein amerikanischer Standardwarenkorb kostet

in der BRD $\Sigma p_D q_{US}$ = 2 065 DM,
in den USA $\Sigma p_{US} q_{US}$ = 620 $.

Man erhält dann

$$VG\ (= \text{Verbrauchergeldparität})_{US,D} = \frac{2\,065}{620} = 3{,}33,$$

d.h. 1 $ entspricht 3,33 DM, und 1 DM entspricht 0,30 $.

Will man aus beiden Größen den Mittelwert bilden, so muß man das geometrische Mittel wählen. Man erhält

$$1\ \$ \mathrel{\hat{=}} 2{,}89\ \text{DM};\ 1\ \text{DM} \mathrel{\hat{=}} 0{,}35\ \$.$$

Ebenfalls kann man einen **Index der Reallöhne** berechnen, indem man einen Lohnindex durch einen Index der Verbraucherpreise (bei einem internationalen Vergleich durch die entsprechende Kaufkraftparität) dividiert. Dies läßt sich wie folgt zeigen:

Es sei L_t der Durchschnittslohn zum Zeitpunkt t und Q_t der Wert des festen Warenkorbes zum Zeitpunkt t. Dann ist L_t/L_0 der Lohnindex und Q_t/Q_0 der Preisindex bezogen auf den Basiszeitpunkt 0. Unter der vereinfachenden Annahme, daß $L_0 = Q_0$ ist, d.h. zum Basiszeitpunkt entspreche der Wert des Warenkorbes genau dem Durchschnittslohn, erhält man für den Reallohnindex

$$\frac{L_t}{L_0} : \frac{Q_t}{Q_0} = \frac{L_t}{Q_t} .$$

Dieser gibt an, wie oft man zum Zeitpunkt t mit dem Durchschnittslohn L den Warenkorb kaufen kann, den man zum Zeitpunkt 0 genau einmal kaufen konnte.

8.3.4 Deflationierung mit Hilfe von Preisindizes

Eine Anwendung finden Preisindizes bei der **Deflationierung von nominalen Wertgrößen**. Dabei möchte man tatsächliche Wertgrößen, die durch Preis- und Mengenänderungen beeinflußt sind, von den Preisänderungen bereinigen, indem man die Preise künstlich konstant hält. Man möchte die Preismeßziffer eines Beobachtungszeitraumes t, nämlich $\Sigma\ p_t^i q_t^i$, für die Mengen $(q_t^1, q_t^2, \ldots, q_t^n)$ in eine fiktive Größe $\Sigma\ p_0^i q_t^i$ umrechnen, wobei die Mengen der Beobachtungsperiode t mit den Preisen der Basisperiode 0 bewertet sind.

Die entstandene preisbereinigte Größe $\Sigma\ p_0^i q_t^i$ soll dann mit der tatsächlichen Größe $\Sigma\ p_0^i q_0^i$ der Basisperiode 0 verglichen werden.

Man spricht vom **realen Verbrauch der Beobachtungsperiode t**, wenn man den mengenmäßigen Verbrauch der Periode t mit den konstant gehaltenen Preisen der Basisperiode 0 bewertet.

Man erhält die gewünschten realen Größen, indem man durch den Preisindex von Paasche dividiert:

$$(8.15) \qquad \sum_{i=1}^{n} p_t^i q_t^i : I^P_{0,t}(p) = \sum_{i=1}^{n} p_t^i q_t^i \cdot \frac{\sum_{i=1}^{n} p_0^i q_t^i}{\sum_{i=1}^{n} p_t^i q_t^i} = \sum_{i=1}^{n} p_0^i q_t^i .$$

Die preisbereinigte Größe $\Sigma\, p_0^i q_t^i$ gibt an, wie groß die Ausgaben in der Beobachtungsperiode t tatsächlich gewesen wären, wenn sich zwischen Beobachtungs- und Basisperiode **nur die Mengen, nicht aber die Preise** geändert hätten.

Fortsetzung des Beispiels 8.11:

Von zwei weiteren Produkttypen D und E sei lediglich der Gesamtumsatz in den Jahren 1980 (90 Mill. DM) und 1982 (100 Mill. DM) bekannt. Man möchte aber wissen, wie groß die Umsatzänderungen zwischen 1980 und 1982 ohne Preissteigerungen gewesen wären. Zu diesem Zweck benötigt man den Umsatz von 1982 zu konstanten Preisen, d.h. zu Preisen von 1980. Sind diese, was hier unterstellt werden soll, für beide Produkttypen nicht bekannt, dann läßt sich der Umsatz von 1982 mit Hilfe des für die anderen drei Produkttypen bekannten Wertes berechnen

$$I^P_{80,82}(p) = \frac{\sum\limits_{i=A,B,C} p_{82}^i q_{82}^i}{\sum\limits_{i=A,B,C} p_{80}^i q_{82}^i} \cdot 100 = \frac{23{,}4 + 9{,}6 + 22{,}0}{19{,}8 + 8{,}8 + 20{,}0} \cdot 100$$

$$= \frac{55}{48{,}6} \cdot 100 = 113{,}2,$$

$$\sum_{i=D,E} p_{82}^i q_{82}^i = 100 \text{ Mill. DM.}$$

$$\left[\sum_{i=D,E} p_{82}^i q_{82}^i : I^P_{80,82}(p)\right] \cdot 100 = [100 : 113{,}2] \cdot 100 = 88{,}34.$$

Unter der Annahme, daß die beiden Produkttypen eine Preisentwicklung aufweisen, die dem berechneten Paasche-Preisindex entspricht, hätte sich der reale Umsatz von 1980 bis 1982 von 90 Mill. DM auf 88,34 Mill. DM, also um 1,66 Mill. DM verringert.

Um eine **Deflationierung** vornehmen zu können, benötigt man also einen **Paasche-Preisindex**. Für die Verbrauchspreise wird von der amtlichen Statistik der BRD allerdings nur ein Laspeyres-Preisindex ausgewiesen. Man kann daher den **realen Verbrauch nur approximativ durch Division mit dem Laspeyres-Preisindex** bestimmen.

8.4 Mengen- und Volumenindizes

Wenn die Frage beantwortet werden soll, um wieviel Prozent die Ausfuhr der BRD in einem Berichtsjahr t gegenüber einem Basisjahr 0 gestiegen ist, dann soll die Antwort durch einen Mengenindex für den Export gegeben werden. Wie soll ein solcher Index konstruiert werden? Aus den Zollbegleitpapieren kann man für jede Warenart (Zollposition) die Werte q_0 und q_t für die Mengen sowie p_0 und p_t für die Erlöse je Mengeneinheit im Basis- und Berichtsjahr ermitteln. Diese Werte kann man nun zur Konstruktion von Meßziffern und sodann von Indexzahlen verwenden.

8.4.1 Einfacher Index der Outputmengen

Man könnte die Meßziffer

$$I_{0,t}(q) = \frac{\sum_i q_t^i}{\sum_i q_0^i} \cdot 100$$

als Index verwenden. Diese Größe wird als **Outputindex** bezeichnet. Sie kann nur dann berechnet werden, wenn alle Produkte in den **gleichen Mengeneinheiten** gemessen werden können. Es hat aber wenig Sinn, Lokomotiven, Arzneimittel, optische Geräte, Kohle und andere Wirtschaftsgüter zu addieren. Außerdem berücksichtigt dieser Index nicht die unterschiedlichen Preise der Güter und damit ihre starke unterschiedliche wirtschaftliche Bedeutung.

8.4.2 Einfacher Index der Umsätze

Berücksichtigt man die jeweils erzielten Preise, so kann man den Umsatzindex

$$I_{0,t}(pq) = \frac{\sum_i p_t^i q_t^i}{\sum_i p_0^i q_0^i} \cdot 100 \qquad (8.16)$$

bilden. Dieser berücksichtigt **nicht** die **mengenmäßige**, **sondern** die **wertmäßige Entwicklung des Outputs**, die sich sowohl aus der Mengen- als auch aus der Preisänderung zusammensetzt. Eine Steigerung des Umsatzindexes braucht daher keine echte Produktionssteigerung anzuzeigen, sie kann allein durch Preisänderungen hervorgerufen sein.

8.4.3 Volumenindizes

Sowohl der Output- als auch der Umsatzindex machen entgegengesetzte Fehler, wenn man sie als Maßzahl für eine Mengenänderung betrachtet. Der Outputindex ermöglicht keine Zusammenfassung von Mengeneinheiten unterschiedlicher Dimensionen. Daher wird eine Bewertung der Mengen erforderlich. Der Umsatzindex nimmt zwar eine solche Bewertung vor, berücksichtigt aber auch Preisänderungen. Man wird daher versuchen, eine Indexkonstruktion **mit konstanten Preisen** vorzunehmen.

a) **Volumenindex nach Laspeyres**

Bei diesem verwendet man als Gewichtungsfaktoren **die Preise der Basisperiode**

$$(8.17) \qquad I^L_{0,t}(q) = \frac{\sum_i p_0^i q_t^i}{\sum_i p_0^i q_0^i} \cdot 100.$$

b) **Volumenindex nach Paasche**

Bei diesem verwendet man als Gewichtungsfaktoren **die Preise der Berichtsperiode**

$$(8.18) \qquad I^P_{0,t}(q) = \frac{\sum_i p_t^i q_t^i}{\sum_i p_t^i q_0^i} \cdot 100.$$

Beide Volumenindizes messen **mengenmäßige Änderungen** von Warenkörben **zu konstanten Preisen**. Ihre Benennung ist in der Literatur nicht einheitlich. Um sie gegen die Umsatzindizes abzugrenzen, sollte man sie als Volumenindizes bezeichnen. Man findet allerdings in der Literatur auch die Bezeichnung Mengenindizes.

Man kann festhalten: **Volumenindizes besitzen im Zähler und Nenner unterschiedliche q-Werte, dagegen als Gewichtungsfaktoren gleiche p-Werte. Preisindizes dagegen besitzen im Zähler und Nenner verschiedene p-Werte, die mit gleichen q-Werten gewichtet werden.**

8.4.4 Produktionsindizes des Produzierenden Gewerbes

Zu den wichtigsten Indikatoren der kurzfristigen Konjunkturbeobachtung gehören die **Indizes des Produzierenden Gewerbes**. Sie werden je nach Zielsetzung auf verschiedene Weise berechnet. Die Aufgabe der Nettoproduktionsindizes ist es, die von Preisänderungen nicht beeinflußte Beschreibung der monatlichen Entwicklung der Eigenleistungsgrößen (Nettoproduktion) des Basisjahres zu messen.

Die statistischen Einheiten sind die Unternehmen und Betriebe, für die, institutionell nach Wirtschaftszweigen geordnet, ein gewogener **Produktionsindex für Unternehmen** berechnet wird. Konzeptionell sind die Produktionsindizes **Volumenindizes nach Laspeyres**. Man unterscheidet aufgrund der verschiedenen Gewichtungsmöglichkeiten **Brutto-** von **Nettoproduktionsindizes**. Mit den Bruttoproduktionsindizes kann die Entwicklung ausgewählter Gütergruppen (Endprodukte) beschrieben werden. Nettoproduktionsindizes haben gegenüber den Bruttoproduktionsindizes den Vorteil, Doppelzählungen von Produktionsleistungen auf den verschiedenen Verarbeitungsstufen auszuschließen. Aus diesem Grund haben Nettoproduktionsindizes die weitaus größere Bedeutung in der Beurteilung des Produzierenden Gewerbes.

8.4.4.1 Die Nettoproduktionsindizes

In der früheren Fassung des Nettoproduktionsindexes wurden die Unternehmen und Betriebe nur nach ihrem wirtschaftlichen Schwerpunkt in einen der Wirtschaftszweige zusammengefaßt. Durch die zunehmende horizontale und vertikale Diversifikation der Unternehmen und Betriebe sind viele nicht mehr ausschließlich einem Wirtschaftszweig zuzuordnen. Dies ergab zwangsläufig ungenaue Meßergebnisse in der statistischen Aufbereitung. Um diese sogenannten "Fremdbeimischungen" der Unternehmen und Betriebe besser berücksichtigen zu können, führte das Statistische Bundesamt bei der Umbasierung des Nettoproduktionsindexes auf das neue Basisjahr 1980 als zusätzliche Disaggregationsmöglichkeit der Wirtschaftszweige den Begriff der "**fachlichen Unternehmensteile**" ein.

Durch die statistische Einheit "fachlicher Unternehmensteil" ist ein Teil eines Unternehmens festgelegt, das eine einzige Tätigkeit ausübt. Hierbei sind die Tätigkeiten durch die Art der hergestellten Güter charakterisiert und werden anhand der **Sy**stematik des **Pro**duzierenden Gewerbes (**SYPRO**) definiert. Die Verwendung fachlicher Unternehmensteile ermöglicht aufbereitete Ergebnisse **im Sinne homogener Produktionsprozesse**, während bei einer nach ihrem wirtschaftlichen Schwerpunkt erhobenen Einheit (Unternehmen, Betriebe) auch branchenfremde Bereiche erfaßt sind, die unter dem wirtschaftlichen Schwerpunkt subsummiert werden.

Die Datenbasis der amtlichen Statistik bezieht sich auf Unternehmen mit mehr als 100 Beschäftigten. Bei Unternehmen mit weniger als 100 Beschäftigten wird eine Aufteilung in fachliche Unternehmensteile als vernachlässigbar angesehen. Aus dieser Sicht ist der Nettoproduktionsindex der Wirtschaftszweige nach fachlichen Unternehmensteilen der kleinste Baustein in der statistischen Aufbereitung. Diesem Index liegen die 4–Steller (Wirtschaftszweige) der **SYPRO** zugrunde. In der **SYPRO** ist genau definiert, welche ausgewählten Erzeugnisse (z.B. Maschinenbauerzeugnisse) der institutionell abgegrenzten Wirtschaftshauptgruppe (Maschinenbau) zuzuordnen sind. Sie enthält (siehe Statistisches Bundesamt, Fachserie 4, Produzierendes Gewerbe, Reihe 3.2)

5 Wirtschaftshauptgruppen	1-Steller (siehe Abb. 8.3),
42 Wirtschaftsgruppen	2-Steller (siehe Abb. 8.1) und
254 Wirtschaftszweige	4-Steller.

Die Wirtschaftszweigindizes werden dann, unter Berücksichtigung eines noch zu beschreibenden Gewichtungsverfahrens, zu dem **Gesamtnettoproduktionsindex für fachliche Unternehmensteile** $NPI_{0,t}(FU)$ aggregiert. Dieser Index wird also durch die zugrundeliegenden **homogenen Produktionseinheiten** charakterisiert. Die Produktionsheterogenität der Unternehmen (Produktionspalette) kann durch diesen Index **nicht** interpretiert werden. Aus diesem Grund wird vom Statistischen Bundesamt **ein weiterer Nettoproduktionsindex**, und zwar **auf der Basis der Unternehmen** $NPI_{0,t}(U)$, berechnet.

Mit diesem kann die Entwicklung der Produktionsleistung aller Unternehmen, die nach ihrem Produktionsschwerpunkt einem bestimmten Wirtschaftszweig zugeordnet sind bzw. in der aggregierten Form für das gesamte Produzierende Gewerbe, beurteilt werden.

Um nun unverfälschte Indizes für den Output der einzelnen Wirtschaftszweige zu erhalten, darf man die produzierten Mengen nicht mit den Verkaufspreisen des Basisjahres gewichten. Man muß vielmehr den Wert der Vorleistungen anderer Wirtschaftszweige vom Verkaufspreis in Abzug bringen und die so erhaltenen Nettoproduktionswerte pro Mengeneinheit als Gewichtungsfaktor wählen.

Wirtschaftsgruppen (2-Steller)

Nummer	Bezeichnung	Nummer	Bezeichnug
10	Elektrizitäts-, Gas-, Fernwärme- und Wasserversorgung	40	Chemische Industrie
		50	Herstellung von Büromaschinen, Datenverarbeitungsgeräten und -einrichtungen
21	Bergbau		
22	Mineralölverarbeitung		
24	Herstellung und Verarbeitung von Spalt- und Brutstoffen	51	Feinkeramik
		52	Herstellung und Verarbeitung von Glas
25	Gewinnung und Verarbeitung von Steinen und Erden	53	Holzbearbeitung
		54	Holzverarbeitung
		55	Zellstoff- u. Holzschliff, Papier- und Pappeerzeugung
27	Eisenschaffende Industrie	56	Papier- und Pappeverarbeitung
28	NE-Metallerzeugung, NE-Metallhalbzeugwerke	57	Druckerei, Vervielfältigung
29	Gießerei		
30	Ziehereien, Kaltwalzwerke, Stahlverformung	58	Herstellung von Kunststoffwaren
		59	Gummiverarbeitung
31	Stahl- und Leichtmetallbau, Schienenfahrzeugbau	61	Ledererzeugung
		62	Lederverarbeitung
32	Maschinenbau	63	Textilgewerbe
33	Straßenfahrzeugbau, Reparatur von Kraftfahrzeugen usw.	64	Bekleidungsgewerbe
		65	Reparatur von Gebrauchsgütern (ohne elektr. Geräte für den Haushalt)
34	Schiffbau	68	Ernährungsgewerbe
35	Luft- und Raumfahrzeugbau	69	Tabakverarbeitung
36	Elektrotechnik, Reparatur von elektrischen Geräten für den Haushalt	72	Hoch- und Tiefbau
		73	Spezialbau
		74	Stukkateurgewerbe, Gipserei, Verputzerei
37	Feinmechanik, Optik, Herstellung von Uhren	75	Zimmerei, Dachdeckerei
38	Herstellung von Eisenblech und Metallwaren	76	Bauinstallation
39	Herstellung von Musikinstrumenten, Spielwaren, Schmuck, Füllhaltern	77	Ausbaugewerbe (ohne Bauinstallation)

Abb. 8.1: Auszug aus der "Systematik der Wirtschaftszweige", Ausgabe 1979, Fassung für die Statistik im Produzierenden Gewerbe (**SYPRO**)

Quelle: "Das Arbeitsgebiet der Bundesstatistik 1981" Hrsg.: Statistisches Bundesamt, S. 429

Abb. 8.2: Produktionskonto eines Unternehmens bzw. fachlichen Unternehmensteils im Produzierenden Gewerbe
Quelle: WISTA 2/84, S. 128

<table>
<tr><th>Ertrag (output)</th><th></th><th colspan="4">Aufwand (input)</th></tr>
<tr><td rowspan="2">Umsatz
aus eigenen Erzeugnissen und
aus industriellen/handwerklichen
Dienstleistungen</td><td rowspan="8">Brutto-
produk-
tionswert</td><td colspan="4">Verbrauch
an von anderen Unternehmen
bezogenen Roh-, Hilfs- und Betriebsstoffen</td></tr>
<tr><td colspan="4">Verbrauch
an von anderen fachlichen Teilen <u>desselben</u> Unternehmens
bezogenen Roh-, Hilfs- und Betriebsstoffen</td></tr>
<tr><td rowspan="2">Bestandsveränderugen
an unfertigen und fertigen
Erzeugnissen aus eigener
Produktion</td><td colspan="4">Kosten
für von anderen Unternehmen
ausgeführte Lohnarbeiten</td></tr>
<tr><td colspan="4">Kosten
für von von anderen fachlichen Teilen <u>desselben</u> Unternehmens
ausgeführte Lohnarbeiten</td></tr>
<tr><td rowspan="5">Selbsterstellte Anlagen
(einschießlich Gebäude und
selbstdurchgeführter Groß-
reparaturen) soweit aktiviert</td><td rowspan="4">Netto-
produk-
tionswert</td><td colspan="3">Kosten
für durch andere Unternehmen ausgeführte
Reparaturen, Instandhaltungen, Montagen usw.</td></tr>
<tr><td colspan="3">Kosten
für durch andere fachliche Teile <u>desselben</u> Unternehmens
ausgeführte Reparaturen, Instandhaltungen, Montagen usw.</td></tr>
<tr><td rowspan="2">Census
Value
Added</td><td colspan="2">Mieten und Pachten
Sonstige Kosten</td></tr>
<tr><td>Brutto-
wert-
schöpfung
zu Markt
preisen</td><td>Verbrauchsteuern
Sonstige indirekte Steuern
abzgl. Subventionen für
die laufende Produktion
Abschreibungen</td></tr>
<tr><td>BPW</td><td>NPW</td><td>CVA</td><td>BMS$_M$</td><td>NWS$_F$ Nettowertschöpfung zu Faktorkosten</td></tr>
</table>

Das sog. Produktionskonto (siehe Abb. 8.2) eines Unternehmens enthält jedoch auch Elemente, die nicht zum Produzierenden Gewerbe gehören. Es sind dies Tätigkeiten des Handels und sonstiger nichtindustrieller/nichthandwerklicher Art. Bei der Berechnung der Indizes muß dies mit berücksichtigt werden.

In Abb. 8.2 sind die Unterscheidungsmerkmale zwischen fachlichen Unternehmensteilen und Unternehmen kursiv gedruckt. Man erkennt, daß durch die Untergliederung in fachliche Unternehmensteile das Produktionskonto verlängert wird. Bei Produktionskonten, die sich ausschließlich auf Unternehmen beziehen, bleiben die Verflechtungen der einzelnen fachlichen Unternehmensteile unberücksichtigt. Weiterhin ergibt sich aus dem Produktionskonto, daß der Nettoproduktionswert als Gewichtungsgröße für den Nettoproduktionsindex fachlicher Unternehmensteile nicht geeignet ist, da er noch die innerhalb des Unternehmens auftretenden Kosten für sonstige industrielle/handwerkliche Dienstleistungen wie Reparaturen und Instandhaltungen enthält. Aus diesem Grund wird als neue Wertschöpfungsgröße der **Census-Value-Added (CVA)** eingeführt, bei dem alle Transaktionen zwischen den fachlichen Einheiten saldiert sind und der ohne Doppelzählungen von den fachlichen Unternehmensteilen zum Unternehmenswert additionsfähig ist.

Die im Basisjahr festgestellte Verteilung des CVA auf die einzelnen Wirtschaftszweige stellt die Struktur der Gewichtungskoeffizienten dar. Diese Verteilung des CVA auf die einzelnen Wirtschaftszweige soll anhand der Abbildung 8.3 gezeigt werden.

Die in dieser Abbildung erhobenen Werte sind auf die Ebene der Wirtschaftshauptgruppen (1-Steller der SYPRO), aggregiert in Mill. DM, gemessen. Die Punkte in der Matrix bedeuten CVA-Werte kleiner als die gewählte Maßeinheit bzw. die unterhalb der Erhebungsgrenzen lagen, der waagerechte Strich keine Verflechtung. Aus diesem Grund sind die Randwerte marginal verschieden zu den Summen der Zahlenbesetzungen.

		Wirtschaftshauptgruppen **fachlicher Unternehmensteile**					
		B	G	I	V	N	Σ
Wirtschafts-hauptgruppen **für Unternehmen**	B	13 392	311	·	·	–	13 750
	G	5 201	127 733	4 165	3 559	200	140 858
	I	·	5 243	223 963	2 114	·	231 404
	V	·	1 531	1 270	78 456	·	81 260
	N	·	228	·	·	49 898	50 252
	Σ	18 681	135 045	229 453	84 246	50 099	517 524

CVA : in Mill. DM für 1980

B : Bergbau

G : Grundstoff- und Produktionsgütergewerbe

I : Investitionsgüter produzierendes Gewerbe

V : Verbrauchsgüter produzierendes Gewerbe

N : Nahrungs- und Genußmittelgewerbe

Abb. 8.3: CVA bei fachlichen Unternehmensteilen nach Hauptgruppen der Unternehmen und der fachlichen Unternehmensteile für 1980 (ohne Bauhauptgewerbe und Elektrizitäts- und Gasversorgung)

Aus dieser Verflechtungsmatrix ist zu ersehen, daß überwiegend in den Wirtschaftshauptgruppen nach fachlichen Unternehmensteilen, die auch gleichzeitig den Schwerpunkt in der Wirtschaftshauptgruppe besitzen (Hauptdiagonale), ein hoher CVA-Wert erzielt wurde. So wurden von den 18 681 Mill. DM CVA im Bergbau nach fachlichen Unternehmensteilen 13 392 Mill. DM (= 71,69 %) CVA von Unternehmen mit Schwerpunkt Bergbau erwirtschaftet, während 5 201 Mill. DM (= 28,28 %) des CVA von fachlichen Unternehmensteilen des Bergbaus in Unternehmen mit dem Schwerpunkt Grundstoff- und Produktionsgütergewerbe erwirtschaftet wurden.

Wirtschafts-hauptgruppen	Bruttowert-schöpfung zu Marktpreisen (ohne MWSt.) %	Census Value Added %	Art und Zahl Fortschreibungsreihen			
			Güterausstoß			Arbeits-stunden
			Mengen	Werte	Umsatz	
Bergbau	2,31	3,12	11	-	-	-
Grundstoff- und Produktions-gütergewerbe	21,89	23,10	207	52	4	-
Investitionsgüter produzierendes Gewerbe	37,01	37,57	31	523	7	3
Verbrauchsgüter produzierendes Gewerbe	12,97	13,34	50	85	11	-
Nahrungs- und Genußmittel-gewerbe	9,48	8,55	55	4	6	-
Bauhauptge-werbe	10,26	9,11	-	-	-	2
Elektrizitäts- und Gasver-sorgung	6,08	5,21	*	*	*	*
Summe	100,00	100,00				

* : keine Angabe

Tabelle 8.3: Gewichtung und Art der Fortschreibungsreihen im Index der Nettoproduktion für das Produzierende Gewerbe (Basis 1980).
Quelle: Statistisches Bundesamt, Fachserie 4, Reihe 2.1

Da für fachliche Unternehmensteile keine empirisch ermittelten Wirtschaftsgrößen vorliegen, werden die Ergebnisse durch ein mathematisches Schätzverfahren (Mittelwertschätzung) erzeugt. In dem Schätzverfahren werden im wesentlichen für die in der Stichprobe erfaßten Unternehmen (56 000) der jährlichen Kostenstrukturerhebung die Anteile des CVA am Bruttoproduktionswert für jeden Wirtschaftszweig nach fachlichen Unternehmensteilen berechnet.

In der zweiten Stufe werden die Nettoquoten an die Bruttoproduktionswerte der fachlichen Teile der nicht in der Kostenstrukturerhebung erfaßten Unternehmen hochgerechnet. Der CVA aller Unternehmen eines Wirtschaftszweiges (4-Steller der SYPRO) setzt sich also zusammen aus dem **Teil der Wertschöpfung (CVA) im schwerpunktbestimmenden fachlichen Unternehmensteil** und der **Wertschöpfung (CVA) in den übrigen fachlichen Teilen** (Fremdbeimischung).

Wir nehmen nun an, daß in den k Wirtschaftszweigen jeweils n_k Unternehmen bzw. n_k fachliche Unternehmensteile zusammengefaßt sind. Da die monatlichen Daten des CVA nicht erhoben werden können, müssen für ausgewählte Erzeugnisse die jeweiligen Produktionsmengen, Umsätze oder Arbeitsstunden fortgeschrieben werden.

Hierbei unterstellt die Fortschreibung durch Produktionsmengen keinerlei Qualitätsänderungen der ausgewählten homogenen Güter. Liegen der Fortschreibung Wertgrößen zugrunde, müssen diese durch Deflationierung mit dem Paasche-Preisindex bereinigt werden. Die erforderlichen Paasche-Preisindizes können aber nicht erhoben werden. Aus diesem Grund wird ersatzweise mit den Laspeyres-Preisindizes deflationiert. Die mögliche Ungenauigkeit wird durch die stark disaggregierte Deflationierung abgeschwächt.

Der Ausgangspunkt ist **der Umsatzindex des j-ten ausgewählten Erzeugnisses** ($j = 1, \ldots, n_i$) **des i-ten fachlichen Unternehmensteils** ($i = 1, \ldots, n_k$) **im k-ten Wirtschaftszweig**

$$I_{0,t}(p_k^i q_k^i) = \frac{\sum_{j=1}^{n_i} p_{kt}^{i(j)} q_{kt}^{i(j)}}{\sum_{j=1}^{n_i} p_{k0}^{i(j)} q_{k0}^{i(j)}} \cdot 100 \quad \text{für } 1 \leq k \leq s.$$

Dieser wird nun mit dem entsprechenden Laspeyres-Preisindex deflationiert, und man erhält die preisbereinigte Fortschreibungsreihe des i-ten fachlichen Unternehmensteils im k-ten Wirtschaftszweig für die Berichtsperiode t

(8.19) $$[I_{0,t}(p_k^i q_k^i) : I^L_{0,t}(p_k^i)] \cdot 100 =$$

$$= \frac{\sum_{j=1}^{n_i} p_{kt}^{i(j)} q_{kt}^{i(j)}}{\sum_{j=1}^{n_i} p_{k0}^{i(j)} q_{k0}^{i(j)}} : \frac{\sum_{j=1}^{n_i} p_{kt}^{i(j)} q_{k0}^{i(j)}}{\sum_{j=1}^{n_i} p_{k0}^{i(j)} q_{k0}^{i(j)}} \cdot 100 = \frac{\sum_{j=1}^{n_i} p_{kt}^{i(j)} q_{kt}^{i(j)}}{\sum_{j=1}^{n_i} p_{kt}^{i(j)} q_{k0}^{i(j)}} \cdot 100$$

$$= I^P_{0,t}(q_k^i) = f^i_{t;k}.$$

Im nächsten Schritt werden die einzelnen **Fortschreibungsmeßzahlen** mit den Anteilen der Bruttoproduktionswerte der Fortschreibungsreihe am gesamten Bruttoproduktionswert aller Fortschreibungsreihen des Wirtschaftszweiges gewichtet. Bezeichnet man mit $b_{0;k}^{\ i}$ die **Bruttoproduktionswerte des i-ten fachlichen Unternehmensteils im k-ten Wirtschaftszweig der Basisperiode 0**, so ergeben sich die Gewichte $\beta_k^{\ i}$ als Quotient

$$\beta_k^{\ i} = \frac{b^i_{0;k}}{\sum_{i=1}^{n_k} b^i_{0;k}}, \quad \text{wobei} \quad \sum_{i=1}^{n_k} \beta_k^{\ i} = 1.$$

Mit diesen sog. "**Einzelgewichten**" werden die zugehörigen Fortschreibungsreihen des Wirtschaftszweiges zu dem Wirtschaftszweigindex fachlicher Unternehmensteile (4-Steller SYPRO) zusammengewogen (vgl. Abb. 8.4)

(8.20) $$I_{0,t}(FU)_k = \sum_{i=1}^{n_k} \beta_k^{\ i} f^i_{t;k} .$$

Falls Unterlagen über die Bruttoproduktionswerte nicht vorliegen, oder aus anderen Gründen nicht beschafft oder verwendet werden können, werden sie durch andere Fortschreibungsreihen, etwa Produktionsmenge und Umsatz ersetzt (vgl. Tab. 8.3).

Die $I_{0,t}(FU)_k$ Werte werden durch die Gewichte mit den Anteilen des CVA des Wirtschaftszweiges am Gesamt-CVA, die "**Zweiggewichtung**" (vgl. Abb. 8.4), über die Indizes für Wirtschaftsgruppen (2-Steller) und die Wirtschaftshauptgruppen (1-Steller) zu dem Nettoproduktionsindex für fachliche Unternehmensteile aggregiert. Das Gewichtungsschema des Statistischen Bundesamtes für die CVA der Wirtschaftshauptgruppen kann aus Tabelle 8.3 entnommen werden. Mit $c(FU)_k$ soll die Größe bezeichnet werden, die sich als Anteil des CVA des k-ten Wirtschaftszweiges am Gesamt-CVA ergibt. Dabei wird die Struktur des Basisjahres zugrunde gelegt, d.h.

$$c(FU)_k = \frac{CVA_{0;k}}{\sum_{k=1}^{s} CVA_{0;k}}, \quad \text{mit} \sum_{k=1}^{s} c(FU)_k = 1.$$

Abb. 8.4: Bildungsstruktur der Nettoproduktionsindizes für Wirtschaftsgruppen und des Gesamtindexes für Unternehmen auf der Basis 1980,
Quelle: WISTA, 12/83, S. 933

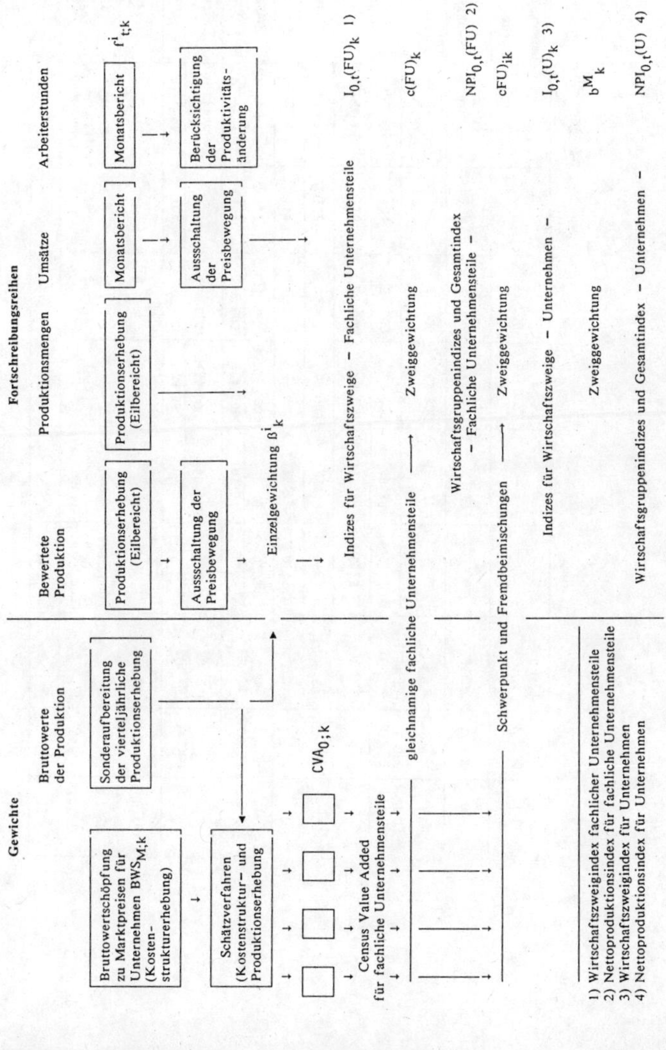

Beispiel 8.15a: Berechnung des Nettoproduktionsindexes für das Ernährungs- und Tabakverarbeitungsgewerbe auf der Basis von fachlichen Unternehmensteilen

1	2	3	4	5	6	7	8	9	10	11
Wirtschaftsgruppe	Wirtschaftszweig	ausgewählte Erzeugnisse in dem FU	Preisindex 1980	BPW 1980	BPW 1983	Fortschreibungsziffer	Gewichtung BPW 1980	Index	CVA 1980	Anteil 1980
2-Steller	4-Steller		$I^L_{80,83}(p)$	$b^i_{80;k}$	$b^i_{83;k}$	$f^i_{83;k}$	β^i_k	$I_{80,83}(FU)_k$		$c(FU)_k$
Ernährungsgewerbe	Herstellung von Backwaren	Brot	108	25 000	28 850	106,85	0,17	135,12	140000	0,06
		andere Backwaren	110	120 000	186 000	140,91	0,83			
	Schlachtungen	Wurst	109	112 000	124 000	101,57	0,05	130,74	2100000	0,85
		Fleischwaren	112	2 025 000	3 000 000	132,28	0,95			
	Brauerei	Pils	114	45 000	65 000	126,71	0,35	109,80	102 000	0,04
		Export	112	55 000	50 000	81,17	0,42			
		andere Biersorten	110	30 000	45 000	136,36	0,23			
	Mineralbrunnen	Limonaden	104	50 000	60 000	115,38	0,44	139,12	76 000	0,03
		Mineralwasser	103	40 000	65 000	157,77	0,56			
Tabakverarbeitung	Tabakverarbeitung	Tabakerzeugnisse	120	50 000	55 000	91,67	1,00	91,67	42 000	0,02
Ernährungs- und Tabakverarbeitungsgewerbe zusammen				2 552 000	3 678 850				2460000	1,00

BPW := Bruttoproduktionswert

Der **Nettoproduktionsindex für fachliche Unternehmensteile** $NPI_{0,t}(FU)$ wird nun als **gewogenes arithmetisches Mittel** berechnet

$$(8.21) \qquad NPI_{0,t}(FU) = \sum_{k=1}^{s} c(FU)_k \cdot I_{0,t}(FU)_k.$$

Am Beispiel 8.15a von ausgewählten fachlichen Teilen des gegenüber der amtlichen Statistik verkürzten Ernährungs- und Tabakverarbeitungsgewerbes soll mit Hilfe fiktiver Zahlen gezeigt werden, wie man den Index der industriellen Nettoproduktion dieser Wirtschaftsgruppe auf Basis fachlicher Unternehmensteile berechnet.

So betrug der Bruttoproduktionswert des fachlichen Unternehmensteiles "Brot" im Berichtsjahr 1983: 28 850 Mill. DM und im Basisjahr 1980: 25 000 Mill. DM. Um die Fortschreibungsmeßziffer für den fachlichen Unternehmensteil "Brot" bilden zu können, wird der Umsatzindex für diesen fachlichen Teil berechnet und mit dem Laspeyres Preisindex des Basisjahres deflationiert

$$f_{83;k} = \left[\left(\frac{28\ 850}{25\ 000} \cdot 100 \right) : 108 \right] \cdot 100 = 106{,}85.$$

Der Anteil des Bruttoproduktionswertes des fachlichen Teiles "Brot" am Gesamtbruttoproduktionswert des Wirtschaftszweiges "Backwaren" beträgt für das Basisjahr 1980: 17 %. Die Gewichtung der Fortschreibungsmeßziffern aller fachlichen Teile "Backwaren" mit ihren jeweiligen Bruttoproduktionswertanteilen des Basisjahres führt zu dem Nettoproduktionsindex für den Wirtschaftszweig "Backwaren" nach fachlichen Unternehmensteilen

$$I_{80,83}(FU)_k = 0{,}17 \cdot 106{,}85 + 0{,}83 \cdot 140{,}91 = 135{,}12.$$

Bildet man wiederum ein gewogenes arithmetisches Mittel mit den Wirtschaftszweigindizes, so erhält man den Nettoproduktionsindex fachlicher Unternehmensteile für die ausgewählten fachlichen Teile der Wirtschaftsgruppe Ernährungs- und Tabakverarbeitungsgewerbe. Als Gewichtungsstruktur werden die Anteile des entsprechenden CVA verwendet

$$NPI_{80,83}(FU) = 0{,}06 \cdot 135{,}12 + 0{,}85 \cdot 130{,}74 + 0{,}04 \cdot 109{,}80 + 0{,}03 \cdot 139{,}12$$
$$+ 0{,}02 \cdot 91{,}67 = 129{,}64.$$

Dies besagt, daß die durchschnittliche mengenmäßige Produktion dieser Wirtschaftsgruppe **nach fachlichen Unternehmensteilen** von 1980 bis 1983 um 29,64 % gesteigert wurde.

Die Indizes für fachliche Unternehmensteile beschreiben aber nur eine Richtung der wirtschaftlichen Entwicklung des Produzierenden Gewerbes. Die Heterogenität der Unternehmensstruktur (Produktionspalette) wird dadurch jedoch nicht berücksichtigt. Allerdings kann die detaillierte Kenntnis über die fachlichen Unternehmensteile auch für die Entwicklung im schwerpunktbestimmenden fachlichen Teil benutzt werden. Hierzu wird der Anteil der CVA nach dem Schwerpunkt des Wirtschaftszweiges am Gesamt CVA des Wirtschaftszweiges mit dem Nettoproduktionsindex der entsprechenden Wirtschaftszweige für fachliche Unternehmensteile gewichtet (vgl. Abb. 8.4)

$$(8.22) \qquad I_{0,t}(U)_k = \sum_{i=1}^{n_k} c(U)_{ik} \cdot I_{0,t}(FU)_i, \quad \text{mit} \quad \sum_{i=1}^{n_k} c(U)_{ik} = 1.$$

Um den Gesamtnettoproduktionsindex für Unternehmen $NPI_{0,t}(U)$ aus den Wirtschaftszweigindizes bilden zu können, wird als "Zweiggewichtung" jetzt der Anteil der Bruttowertschöpfung zu Marktpreisen des Basisjahres des Wirtschaftszweiges ($BWS_{M;k}$) an der Gesamtbruttowertschöpfung zu Marktpreisen des Basisjahres gewählt (vgl. Abb. 8.4). Das **Gewichtungsschema der Wirtschaftshauptgruppen** kann wiederum aus Tabelle 8.3 entnommen werden

$$b_k^M = \frac{BWS_{M;k}}{\sum_{k=1}^{s} BWS_{M;k}}, \quad \text{mit} \quad \sum_{k=1}^{s} b_k^M = 1.$$

Eine Gewichtung durch die CVA's wäre an dieser Stelle nicht gerechtfertigt, da interne Verflechtungen auf Unternehmensniveau saldiert werden können. Der **Nettoproduktionsindex nach Unternehmen** ergibt sich nun als **gewogenes arithmetisches Mittel** der Wirtschaftszweigindizes nach Unternehmen und den entsprechenden Anteilen der Bruttowertschöpfung zu Marktpreisen

$$(8.23) \qquad NPI_{0,t}(U) = \sum_{k=1}^{s} b_k^M \cdot I_{0,t}(U)_k.$$

Für das fiktive Beispiel 8.15 soll nun als Teil b) auch der Nettoproduktionsindex für Unternehmen berechnet werden. Aus dem Beispiel 8.15b) erkennt man, daß die Unternehmen des Backwarengewerbes nicht nur in ihrem schwerpunktbestimmenden Unternehmensteil tätig sind, sondern auch z.B. Tabakerzeugnisse herstellen. Dies muß bei der Gewichtung der Wirtschaftszweigindizes berücksichtigt werden. Der Wirtschaftszweigindex nach Unternehmen des Backgewerbes ergibt sich zu

$$I_{80,83}(U)_k = (0{,}451 + 0{,}521) \cdot 135{,}12 + 0{,}028 \cdot 91{,}67 = 133{,}90.$$

Die einzelnen Wirtschaftszweigindizes werden mit ihrem Anteil an der Bruttowertschöpfung zu Marktpreisen zu dem Nettoproduktionsindex der Unternehmen des Ernährungs- und Tabakverarbeitungsgewerbes zusammengewogen

$$NPI_{80,83}(U) = 0{,}06 \cdot 133{,}9 + 0{,}87 \cdot 130{,}75 + 0{,}03 \cdot 108{,}42$$

$$+ 0{,}03 \cdot 138{,}36 + 0{,}01 \cdot 93{,}81 = 130{,}13.$$

Dieser Index besagt, daß die durchschnittliche mengenmäßige Produktion dieser Wirtschaftsgruppe **nach Unternehmen** von 1980 bis 1983 um 30,13 % gesteigert wurde.

Das Beispiel 8.15 zeigt, daß beide Indizes zu unterschiedlichen Ergebnissen führen. Allerdings ermöglicht nur die disaggregierte Analyse des neuen Indexsystems die volle Breite der Interpretationsmöglichkeiten. In den Bewegungskomponenten des Unternehmensindex sind alle fachlichen Unternehmensteile dieses Wirtschaftszweiges vorhanden. Die Voraussetzung für einen divergierenden Verlauf von Unternehmens-Index und Fachlichen-Unternehmensteile-Index ist eine heterogene Unternehmensstruktur, d.h. nennenswerte Teile der Wertschöpfung werden außerhalb des wirtschaftlichen Schwerpunktes erwirtschaftet. Dies ist zwar eine notwendige, jedoch keine hinreichende Bedingung. Entscheidend ist vielmehr, daß die Entwicklung der "Fremdbeimischungen" des Unternehmens möglichst gleichmäßig in eine andere Richtung zeigt, als der Fachliche-Unternehmensteile-Index des wirtschaftlichen Schwerpunktes.

Unterschiedliche Entwicklungen zeigen, welchen konjunkturell und strukturell bedingten Einflüssen die für das Basisjahr festgelegte Branchenkonstellation unterliegt und wie sich diese auf das gesamte Unternehmensergebnis auswirken.

Beispiel 8.15b: Berechnung des Nettoproduktionsindexes ausgewählter Erzeugnisse des Ernährungs- und Tabakverarbeitungsgewerbes auf der Basis von Unternehmen

1	2	3	4	5	6	7	8	9
Wirtschaftsgruppe	Wirtschaftszweig	ausgewählte Erzeugnisse in Unternehmen	CVA 1980	Anteil 1980	Index	Index	BWS_M 1980	Anteil
2-Steller	4-Steller	Herstellung von		$c(U)_{ik}$	$I_{80,83}(FU_k)$	$I_{80,83}(U)$		b_k^M
Ernährungsgewerbe	Unternehmen des Backwarengewerbes	Brot	65 000	0,451	135,12	133,90	130 000	0,06
		andere Backwaren	75 000	0,521	135,12			
		Tabakerzeugnisse	4 000	0,028	91,67			
	Unternehmen des Schlachtgewerbes	Wurst	1 000 000	0,476	130,74	130,75	2 000 000	0,87
		Fleischwaren	1 100 000	0,523	130,74			
		Mineralwasser	1 000	0,001	139,12			
	Unternehmen des Brauereigewerbes	Pils	16 000	0,154	109,80	108,42	80 000	0,03
		andere Biere	80 000	0,770	109,80			
		Tabakerzeugnisse	8 000	0,076	91,67			
	Mineralbrunnen	Limonaden	45 000	0,584	139,12	138,36	73 000	0,03
		Mineralwasser	30 000	0,390	139,12			
		Brauereien	2 000	0,026	109,80			
Tabakverarbeitungsgewerbe	Unternehmen des Tabakverarbeitungsgewerbe	Tabakerzeugnisse	30 000	0,882	91,67	93,81	26 000	0,01
		Brauereierzeugnisse	4 000	0,118	109,80			
Ernährungs- und Tabakverarbeitungsgewerbe zusammen			2 460 000				2 309 000	1,00

BPW_M := Bruttoproduktionswert zu Marktpreisen

Übungsaufgaben zu Kapitel 8

Aufgabe 1:

Zahlenangaben aus dem Statistischen Jahrbuch für die BRD:

– Wohnbevölkerung in der BRD in 1 000:

	1974	1979
Jahresdurchschnitt:	62 054	61 359
am Jahresende :	61 991	61 439
davon männlich :	29 605	29 317

– Erwerbspersonen in der BRD in 1 000:

am 1.4.1980:	27 640
davon männlich:	17 161

– Eheschließungen in 1 000:	345
– Fläche der BRD in qkm:	248 667

Konstruieren Sie im Ansatz aus diesen Zahlenangaben je ein sinnvolles Beispiel für:

a) eine Gliederungszahl,
b) eine Beziehungszahl,
c) eine Meßziffer.

Erklären Sie jeweils, was die so gebildeten Zahlen aussagen!

a) 0,6209. b) 0,478; 5,62; 247,07. c) 98,88.

Aufgabe 2:

1. Nehmen sie an, die Arbeitslosenstatistik vom September 1980 hätte ergeben, daß von allen Arbeitslosen 60 % Teilzeitkräfte waren. Können Sie daraus schließen, daß Teilzeitkräfte in Zeiten eines konjunkturellen Abschwunges eher entlassen werden als Vollbeschäftigte?

2. Der Benzinverbrauch pro zugelassenem Kraftfahrzeug ist in der BRD in den letzten Jahren gefallen. Kann man daraus schließen, daß in der BRD weniger gefahren wurde als früher?

3. Im Land A betrug der Anteil der Insolvenzen des Produzierenden Gewerbes an der Gesamtheit aller Insolvenzen 20 %, im Land B waren es 16,8 %. Bezogen auf 1 000 der Gesamtzahl der Unternehmen betrug die Zahl der Insolvenzen im Produzierenden Gewerbe in demselben Jahr im Land A 40 und im Land B 60.

   a) Um welche Art von Verhältniszahl handelt es sich hier?
   b) Welche Zahlen muß man vergleichen, wenn man feststellen will, in welchem Land die Zahl der Insolvenzen in Prozent größer war?
   c) Geben Sie an, wie hoch der Anteil der Insolvenzen im Land A und im Land B waren.

3. c) 0,2; 0,357.

Aufgabe 3:

Die Preisentwicklung eines bestimmten Kraftfahrzeuges wird durch die folgenden Meßziffernreihen angegeben

	I	II
1980	100	
1981	120	
1982	130	100
1983		120
1984		140
1985		160

a) Berechnen Sie für I und II die verkettete Meßziffernreihe.
b) Interpretieren Sie jeweils einen der berechneten Werte.
c) Wie groß war die Preissteigerung von 1982 auf 1983?
d) Welche Annahme treffen Sie bei der Verkettung?
e) In welchen Jahren waren die Preissteigerungen gleich groß?

c) 120. e) 1980/81; 1982/83.

Aufgabe 4:

Gesamtumsatz und Auslandsumsatz eines Unternehmens der Maschinenbauindustrie nach Maschinentypen 1980 und 1985 in Mio. DM:

Maschinen-typ	Auslandsumsatz 1980	Auslandsumsatz 1985	Gesamtumsatz 1980	Gesamtumsatz 1985
A	120	240	200	400
B	40	0	200	100
Σ	160	240	400	500

Definition: $\text{Exportquote} = \dfrac{\text{Auslandsumsatz (= Export)}}{\text{Gesamtumsatz}}$.

a) Berechnen Sie die allgemeine Exportquote des Unternehmens für 1980 und für 1985. Welche sachliche Aussage gewinnt man aus dem Vergleich der beiden Zahlenwerte?

b) Berechnen Sie die besonderen Exportquoten für die beiden Maschinentypen, ebenfalls für beide Jahre. Was besagt diesmal der Zeitvergleich?

c) Wie erklärt sich der scheinbare Widerspruch zwischen den Aussagen a) und b)?

d) Berechnen Sie eine standardisierte Exportquote für 1985 und zwar so, daß sie mit der allgemeinen Exportquote von 1980 sinnvoll vergleichbar ist. Welche Aussage liefert der Vergleich?

a) 0,40; 0,48. b) 0,60; 0,20; 0,60; 0,0. d) 0,30.

Aufgabe 5:

In einem Land A wurden folgende Beschäftigten- und Arbeitslosenzahlen für die Jahre 1982 und 1984 ermittelt:

Altersstufe	1982 mittlere Beschäftigtenzahl	Arbeitslose	1984 mittlere Beschäftigtenzahl	Arbeitslose
[20 ; 30)	400	40	200	24
[30 ; 45)	800	48	1 000	100
[45 ; 65)	600	42	400	50
Summe	1 800	130	1 600	174

$$\text{Arbeitslosenziffer (ALZ)} = \frac{\text{Zahl der Arbeitslosen}}{\text{mittlere Beschäftigtenzahl}} .$$

a) Berechnen Sie die allgemeine Arbeitslosenziffer für den Zeitraum 1982 und 1984.

Um welche Art von Verhältniszahl handelt es sich dabei?

b) Berechnen Sie die besonderen Arbeitslosenziffern und geben Sie an, welcher Zusammenhang zwischen den **besonderen** Arbeitslosenziffern und der **allgemeinen** Arbeitslosenziffer besteht.

c) Welche Aussage liefert der Vergleich der besonderen Arbeitslosenziffern der Altersstufen [20;30) und [45;65) für die Jahre 1982 und 1984?

d) Berechnen Sie die Arbeitslosenziffer für 1984, wenn sich nur die Beschäftigtenstruktur verändert hätte und nicht die Arbeitslosenziffer von 1982.

a) 0,072; 0,109. d) 0,0675.

Aufgabe 6:

In einem Kaufhaus wurden die Preise in den verschiedenen Abteilungen im Zeitablauf folgendermaßen geändert:

Abteilung	Preise in DM		Umsatz in 100 000 DM	
	p_0	p_t	$p_0 \cdot q_0$	$p_t \cdot q_t$
	1980	1982	1980	1982
I	80	85	40	
II	150	190	80	
III	210	200	120	
IV	50	60	70	
			Σ 310	

Der Umsatz in den Abteilungen I und II hat sich von 1980 bis 1982 um 20 %, in der Abteilung III um 10 % erhöht und in der Abteilung IV um 30 % verringert.

a) Berechnen Sie den Umsatz von 1982 für alle 4 Abteilungen.

b) Berechnen Sie die Preisindizes nach Laspeyres und Paasche und erklären Sie ihre Unterschiede.

c) Zeigen Sie, daß allgemein gilt

$$\frac{I_{0,t}(pq)}{I^L_{0,t}(p)} = I^P_{0,t}(q) \quad \text{mit} \quad I_{0,t}(pq) = \frac{\sum_i p_t^i q_t^i}{\sum_i p_0^i q_0^i} .$$

d) Berechnen Sie den Mengenindex nach Laspeyres und interpretieren Sie ihn.

a) 325. b) 1,103; 1,081. d) 0,96965.

Aufgabe 7:

In einem Land A ist der Preisindex für die Lebenshaltung während der letzten 10 Jahre von 220 auf 308 gestiegen, in einem Land B dagegen von 140 auf 179,2.

a) Kann man aus diesen Angaben schließen, in welchem Land das Preisniveau höher ist? Begründen Sie Ihre Antwort.

b) In welchem Land sind die Preise stärker gestiegen? Wie groß ist der Unterschied?

c) Wie groß waren die beiden mittleren prozentualen Preissteigerungen pro Jahr in beiden Ländern?

b) 140; 128. c) 1,0342; 1,0250.

Aufgabe 8:

Ein Unternehmer handelt mit drei Gütern A,B und C. Die Umsätze dieser drei Güter für die Jahre 1982 und 1983 sowie die zugehörigen Preismeßziffern sind der nachstehenden Tabelle zu entnehmen:

Gut	Umsatz in 1 000 DM 1982	1983	Preismeßziffern $I_{82,83}(p^i)$
A	20	35	1,8
B	25	30	1,5
C	75	85	1,1

a) Berechnen Sie den Preisindex nach Laspeyres für 1983 auf der Basis 1982 für die Güter und interpretieren Sie das Ergebnis.

b) Zeigen Sie, daß sich durch Division des Umsatzindexes $\frac{\Sigma\ p_t q_t}{\Sigma\ p_0 q_0}$ durch den Preisindex von Laspeyres der Volumenindex nach Paasche ergibt.

Berechnen Sie den Paasche-Volumenindex auf diese Weise.

c) Der Preisindex nach Laspeyres der drei Güter für das Jahr 1982 auf der Basis 1976 beträgt 113.
Berechnen Sie einen Index für 1983 auf der Basis 1976.
Welche Annahme unterliegt der Rechnung?

d) Was versteht man unter Deflationierung?
Zeigen Sie den formelmäßigen Zusammenhang.

e) Berechnen Sie den Umsatz von 1983, wenn sich von 1982 auf 1983 nur die Mengen geändert hätten.

a) 130. b) 96,2. c) 146,9. e) 1,1672.

Aufgabe 9:

a) Wie unterscheidet sich sachlich die Aufgliederung eines Unternehmens in Werke und Betriebe einerseits von der Aufgliederung in fachliche Unternehmensteile andererseits?

b) Was verstehen Sie unter dem Census Value Added?

c) Wodurch unterscheidet sich der Census Value Added vom Nettoproduktionswert (NPW)? Worin liegt sein Vorteil gegenüber dem NPW als Gewichtungsindex für die Berechnung der NPI fachlicher Unternehmensteile?

d) Eine abgelegene Südseeinsel wendet zur Berechnung des NPI das in der BRD sei 1983 angewandte Verfahren an. In ihrer SYPRO (Systematik des Produzierenden Gewerbes) finden sich unter der Wirtschaftsgruppe 31 = Holzverarbeitung die Wirtschaftszweige 3110 = Bootsbau, 3120 = Hüttenbau und 3130 = sonstige Holzverarbeitung. Aus der jüngsten CVA-Berechnung ergibt sich die folgende Verflechtungsmatrix:

		. . . nach fachlichen Unternehmensteilen			
		Bootsbau = 3110	Hüttenbau = 3120	sonstige Holzverarbeitung = 3130	Summe
. . . nach Unter-mehmen	Bootsbau = 3110	600	80	90	770
	Hüttenbau = 3120	30	200	30	260
	sonstige Holzverarbeitung = 3130	20	70	300	390
	Summe	650	350	420	1 420

Tabelle 1: CVA 1975 in Mio. Inseldollar (I$)

1. Interpretieren Sie einen der Werte dieser Matrix.

2. Berechnen Sie unter Verwendung der untenstehenden Wirtschaftszweigdaten beide Nettoproduktionsindizes der Wirtschaftsgruppe "Holzverarbeitung" für das Berichtsjahr 1980 auf der Basis von 1975.

Erläutern Sie die unterschiedlichen Ergebnisse.

Wirtschaftsgruppe **nach fachlichen Unternehmensteilen**:

Wirtschaftsgruppe	Wirtschaftszweige	ausgewählte Erzeugnisse in FU	BPW in 1 000 I$ 1975	BPW in 1 000 I$ 1980	Preisindex 1975=100	Fortschreibungsreihen 1975	Fortschreibungsreihen 1980
						Anzahl der Boote	
31	3110	a	300	·		30	40
		b	400	·		20	25
		c	50	·		15	18
						Umsatz in 1 000	
	3120	d	1000	·	104	1400	1600
		e	4000	·	102	4900	5000
		f	8000	·	103	8400	8200
	3130	g	20	·	116	200	200
		h	80	120	118	·	·
		i	90	110	112	·	·

Die Bruttowertschöpfung zu Marktpreisen (BWS_M) betrug in 1975 nach Unternehmen:

Wirtschaftszweig	3110	3120	3130
BWS_M	600	180	220 (in Mio. I$).

d) 116,4437; 117,1213.

Aufgabe 10:

Ein Computer-Versand setzte in den Jahren 1986 und 1987 die nachfolgend aufgeführten Mengen an XT- und AT-Geräten ab, wobei jeweils 2 bzw. 3 Ausstattungstypen unterschieden werden konnten.

		Menge		Preis (DM)	
		1986	1987	1986	1987
XT	XT1	6	9	4.500	2.000
	XT2	2	4	5.000	2.100
AT	AT1	10	20	10.000	5.000
	AT2	12	50	10.050	6.000
	AT3	13	30	12.300	6.800

a) Berechnen Sie für alle aufgeführten Geräte den Preisindex nach Laspeyres!

b) Berechnen Sie die Volumenindices für XT- und AT-Geräte getrennt nach Paasche.

c) Wodurch unterscheiden sich die beiden Indizes und welche Konsequenz hat dieser Unterschied auf ihre praktische Anwendung?

d) Um wieviel Prozent hat sich der Gesamtwert der abgesetzten Geräte verändert?

e) Erklären Sie **verbal** die Begriffe "Umbasieren" und "Verketten".

a) 54,28 %; b) 162,93 %, 287,07 %; d) 15,66 %.

9. Bestands- und Bewegungsmassen

9.1 Abgrenzung der Begriffe

Im folgenden sollen zeitliche Veränderungen einer statistischen Masse untersucht werden. Eine statistische Masse, deren Einheiten sich auf einen bestimmten Zeitpunkt beziehen, bezeichnet man als eine **Bestandsmasse**. Zu ihrer Erfassung muß ein bestimmter Stichtag festgelegt werden. So stellt etwa die Bevölkerung der BRD am 1. Januar eines beliebigen Jahres eine Bestandsmasse dar. Es werden alle an diesem Tag existierenden Einheiten der statistischen Masse erfaßt. Im Gegensatz dazu werden **Bewegungsmassen** auf einen bestimmten Zeitraum bezogen. Erfaßt werden dann alle Einheiten der statistischen Masse, die während dieses Zeitraums zur statistischen Masse gehören. Jeder Bestandsmasse sind zwei Bewegungsmassen zugeordnet, nämlich die **Zugangs-** und die **Abgangsmasse**.

Beispiel 9.1:

a) Die Bestandsmasse Lagerbestand erfährt durch die beiden Bewegungsmassen Lagerzugang und Lagerabgang eine zeitliche Veränderung.

b) Die Bestandsmasse der Studenten einer Universität wird durch die beiden Bewegungsmassen Immatrikulation und Exmatrikulation verändert.

c) Die Bestandsmasse Bevölkerung wird durch die beiden Zugangsmassen Geborene und Zuwanderungen sowie die beiden Abgangsmassen Gestorbene und Auswanderungen verändert.

Die Beziehung zwischen einer Bestands- und einer Bewegungsmasse läßt sich durch das sog. "**Becker'sche Schema**" darstellen. Bei diesem wird jeder Einheit der Bewegungsmasse eine sog. Verweillinie zugeordnet. Eine Einheit, die zum Zeitpunkt t' in die Bestandsmasse eintritt und zum Zeitpunkt t'' > t' wieder austritt, gehört der statistischen Masse während der Zeit $t^* = t'' - t' > 0$ an. Man nennt die Zeit t^* die Verweildauer der Einheit. Um die Verweillinien verschiedener Einheiten voneinander zu trennen, trägt man sie nicht auf der als Zeitachse gewählten Abszisse des Koordinatensystems auf. Man zieht sie dadurch auseinander, daß man ihre Zugangszeit t' auch auf der Ordinate des Koordinatensystems abträgt. Dadurch liegen die Punkte aller Zugangszeiten auf einer um 45° geneigten Geraden durch den Koordinatenursprung. Die Verweillinien selbst verlaufen im Abstand t' parallel zur Zeitachse (vgl. Abb.9.1).

Zeichnet man im Becker'schen Schema durch den Zeitpunkt $\tilde{t}$ eine Senkrechte zur Zeitachse, so erhält man eine Momentaufnahme der Bestandsmasse. Alle Einheiten, die zum Zeitpunkt $\tilde{t}$ der Bestandsmasse angehören, sind dadurch gekennzeichnet, daß ihre Verweillinie von dem Lot geschnitten wird.

Grundsätzlich muß man zwischen **geschlossenen** und **offenen** Massen unterscheiden. Eine Masse heißt geschlossen, wenn es zwei Zeitpunkte t' und t'', mit t' < t'', derart gibt, daß keine ihrer Einheiten vor dem Zeitpunkt t' in die Masse eingetreten ist und keine Einheit die Masse nach dem Zeitpunkt t'' verläßt. Eine Masse, die nicht geschlossen ist, bezeichnet man als offen. Entsprechend unterscheidet man auch halbseitig offene Massen (vgl. Abb. 9.2).

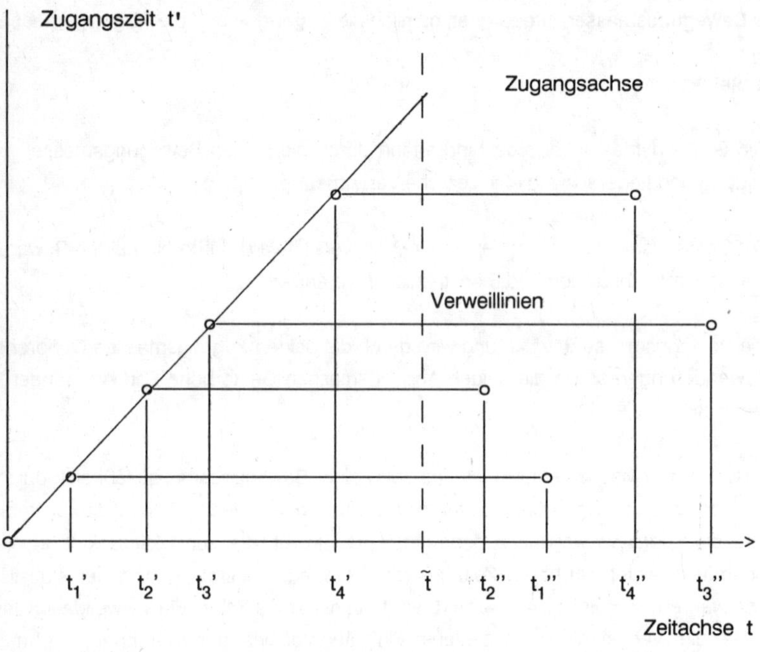

Abb. 9.1: Becker'sches Schema

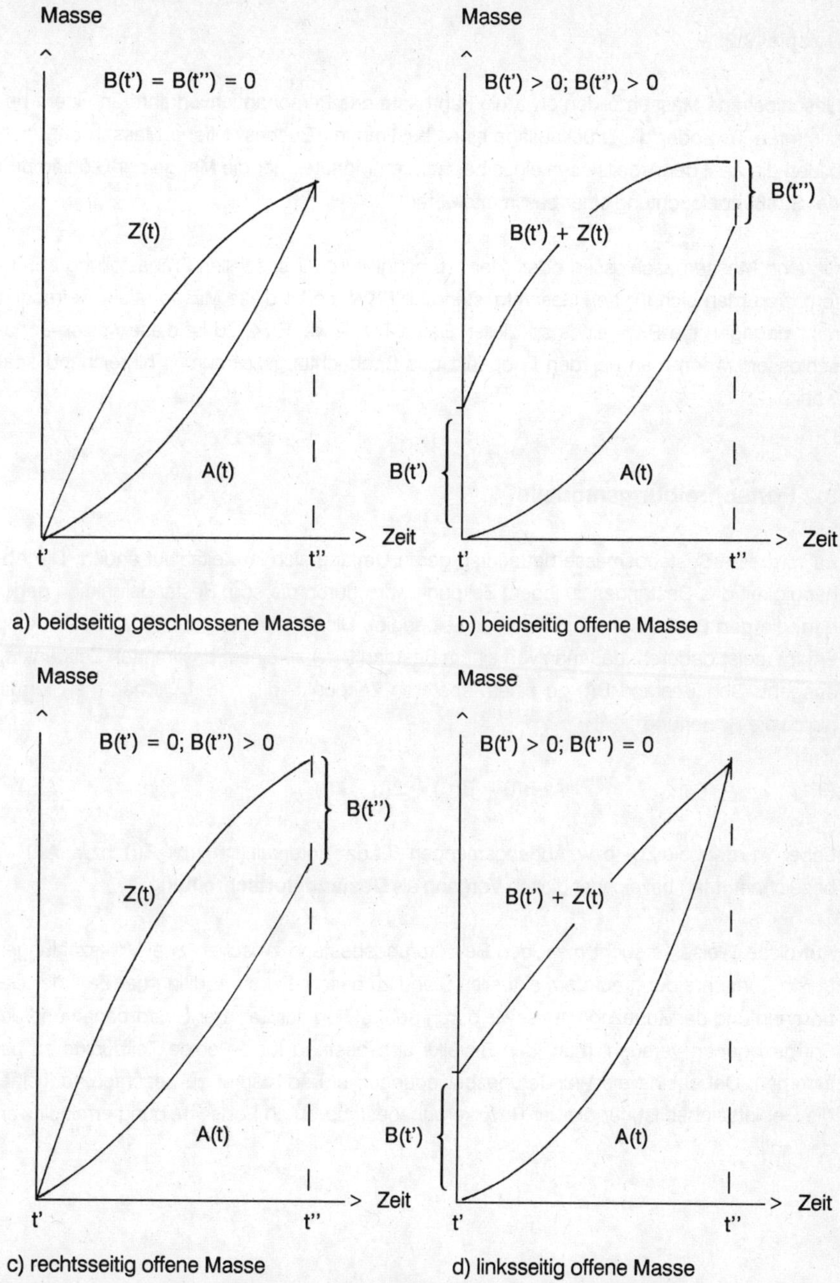

Abb. 9.2: Beispiele für offene und geschlossene Massen

Beispiel 9.2:

Geschlossene Massen bilden etwa die Fahrgäste des Personennahverkehrs an einem bestimmten Tag oder die Druckauflage eines bestimmten Buches. Offene Massen dagegen bilden die Zahl der Arbeitslosen eines bestimmten Monats oder die Menge der Glühlampen der Straßenbeleuchtung einer bestimmten Stadt.

Ob eine Masse geschlossen oder offen ist, hängt von der speziellen Fragestellung ab. Interessiert man sich für den Gesamtbestand an PKW, so ist diese Masse offen. Betrachtet man dagegen die PKW eines speziellen Baujahres, etwa 1974, so ist diese Masse abgeschlossen, wenn man nur den Endpunkt des Beobachtungszeitraumes hinreichend spät wählt.

9.2 Fortschreibungsmodelle

Es wird eine Bestandsmasse betrachtet, deren Umfang sich im Zeitablauf ändert. Die Abhängigkeit des Bestandes zu jedem Zeitpunkt wird durch die sog. Bestandsfunktion gegeben, die den Bestand als Funktion der Zeit angibt. Die Bestimmung der Bestandsfunktion erfolgt meist dadurch, daß man von einem Bestand $B(t_0)$ zu einem bestimmten Zeitpunkt t_0 ausgeht. Den Bestand $B(t)$ zu einem späteren Zeitpunkt, d.h. $t > t_0$, erhält man formal durch die Beziehung

$$B(t) = B(t_0) + Z(t) - A(t), \tag{9.1}$$

dabei wurden die Zu- bzw. Abgangsmengen für das Intervall $(t_0,t]$ mit $Z(t)$ bzw. $A(t)$ bezeichnet. Man bezeichnet diesen Vorgang als **Bestandsfortschreibung**.

Auf diese Weise versucht man, den Bevölkerungsbestand zwischen zwei Volkszählungen durch Fortschreibung auf dem aktuellen Stand zu halten. Durch Addition der Zahl der Geborenen und der Zugezogenen sowie durch Subtraktion der Zahl der Gestorbenen und der Fortgezogenen versucht man, den Bevölkerungsbestand für beliebige Zeitpunkte zu bestimmen. Dabei sind die Wanderungsbewegungen um so stärker zu beachten, je kleiner die Gebietseinheit ist, für die der Bevölkerungsbestand durch Fortschreibung ermittelt werden soll.

Durch die laufende Erfassung der Zu- und Abgänge einer Bestandsmasse kann man Aussagen machen über die Verweildauer der statistischen Einheiten in der Bestandsmasse. Darunter versteht man die Zeitspanne, die zwischen dem Zugang und dem Abgang der Einheit aus der Bestandsmasse verstreicht. Dabei muß man folgende Fallunterscheidungen treffen:

a) Es sind nur Angaben über die Gesamtzahl der Zu- und Abgänge sowie über die Bestände verfügbar. Man ist dann nur in der Lage, Aussagen über die mittlere Verweildauer zu machen.

b) Es sind Angaben über den Zu- und Abgang jeder einzelnen Einheit verfügbar. In diesem Fall kann man auch Aussagen über die Verteilung der Verweildauer treffen.

Wenn man nicht an der individuellen Verweildauer der einzelnen Einheiten einer Bestandsmasse interessiert ist, spricht man von einem **Fortschreibungsmodell**. Bei diesem unterstellt man, daß jeweils die Einheiten mit der längsten Verweildauer aus dem Bestand zuerst ausscheiden.

9.2.1 Der Durchschnittsbestand in einem Fortschreibungsmodell

Der Einfachheit halber werde $t_0 = 0$ und $t = T$ angenommen, d.h. als Beobachtungszeitraum werde das Intervall (0,T] betrachtet. Die durchschnittlichen Zu- und Abgangsmengen pro Zeiteinheit ergeben sich für den Beobachtungszeitraum zu

(9.2) $$\bar{Z} = \frac{1}{T}\, Z(T) \quad \text{bzw.} \quad \bar{A} = \frac{1}{T}\, A(T).$$

Um den Durchschnittsbestand des Beobachtungszeitraumes (0,T] zu berechnen, benötigt man den Begriff des **Zeitmengenbestandes** M_Z.

Sein Wert wird durch die Fläche gegeben, die für den Beobachtungszeitraum von der Zu- und Abgangsfunktion eingeschlossen wird (vgl. Abb. 9.3).

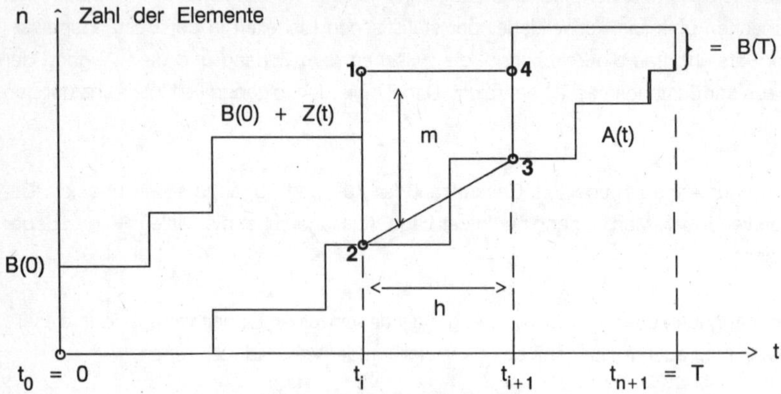

Abb. 9.3: Zum Begriff des Zeitmengenbestandes M_Z:
Fläche des Trapezes: $F_{1234} = m \cdot h$, wobei $h = t_{i+1} - t_i$ und
$m = \frac{B(t_{i+1}) + B(t_i)}{2}$ ist. Somit ergibt sich für die Fläche:

$$F_{1234} = \frac{1}{2} \cdot [B(t_{i+1}) + B(t_i)] \cdot (t_{i+1} - t_i).$$

Bei der praktischen Berechnung der **Bestandsfunktion B(t)** wird unterstellt, daß während des Beobachtungszeitraumes nur zu endlich vielen Zeitpunkten eine Veränderung beobachtet wird. Gegeben seien die Bestände

$$B(t_0) = B(0), B(t_1), B(t_2), \ldots, B(t_n), B(t_{n+1}) = B(T)$$

für die Zeitpunkte

$$t_0 = 0, t_1, t_2, \ldots, t_n, t_{n+1} = T.$$

Der Verlauf der Bestandsfunktion B(t) zwischen zwei aufeinanderfolgenden Beobachtungszeitpunkten t_i und t_{i+1} soll durch eine Gerade approximiert werden. Der Flächeninhalt des sich dann ergebenden Trapezes zwischen t_i und t_{i+1} ergibt sich somit zu

$$\frac{B(t_i) + B(t_{i+1})}{2} \cdot (t_{i+1} - t_i).$$

Für den Wert des Zeitmengenbestandes M_Z erhält man somit

(9.3) $$M_Z = \sum_{i=0}^{n} \frac{B(t_i) + B(t_{i+1})}{2} \cdot (t_{i+1} - t_i),$$

mit $t_{n+1} = T$. Den Durchschnittsbestand $\bar{B}$ erhält man dann aus

$$\bar{B} = \frac{1}{T} \cdot M_Z = \frac{1}{2T} \sum_{i=0}^{n} \left[B(t_i) + B(t_{i+1}) \right] \cdot (t_{i+1} - t_i).$$

Die Zeitpunkte t_i werden so gewählt, daß $\Delta t_i = t_{i+1} - t_i = \text{const.}$ ist für alle i = 0, 1, 2,. . . ,n.

Wegen $T = (n+1) \cdot c$ erhält man dann für den Durchschnittsbestand

$$\bar{B} = \frac{1}{2(n+1)c} \sum_{i=0}^{n} c \cdot \left[B(t_i) + B(t_{i+1}) \right]$$

$$= \frac{1}{2(n+1)} \left[B(0) + 2 \cdot B(t_1) + 2 \cdot B(t_2) + \ldots. + 2 \cdot B(t_n) + B(T) \right]$$

(9.4) $$= \frac{1}{n+1} \left[\frac{1}{2} \cdot B(0) + \sum_{i=1}^{n} B(t_i) + \frac{1}{2} \cdot B(T) \right].$$

Durch diese Beziehung wird der Durchschnittsbestand als ein gewichtetes arithmetisches Mittel bestimmt.

9.2.2 Kennziffern für Fortschreibungsmodelle

Fortschreibungsmodelle werden bei der praktischen Anwendung häufig durch Kennziffern beschrieben. Einige davon sollen jetzt näher betrachtet werden.

Als **Zugangsziffer Z^*** wird die durchschnittliche Zugangsmenge pro Zeiteinheit, bezogen auf den Durchschnittsbestand während des Beobachtungszeitraumes bezeichnet. Sie beträgt somit

(9.5) $$Z^* = \bar{Z} / \bar{B}.$$

Analog wird eine **Abgangsziffer A^*** definiert als

(9.6) $$A^* = \bar{A} / \bar{B}.$$

Eine wichtige Kennziffer zur Beschreibung eines Fortschreibungsmodells ist die **Verweildauerziffer V^***. Sie gibt die durchschnittliche Verweildauer einer statistischen Einheit in der Bestandsmasse an. Ihr Wert läßt sich für einen gegebenen Beobachtungszeitraum aus den Zugangs-, den Abgangsmengen und dem Durchschnittsbestand für diesen Zeitraum berechnen.

Zunächst werde der Fall einer beidseitig abgeschlossenen Bestandsmasse betrachtet. Für diese gilt bekanntlich $B(0) = B(T) = 0$. Der Zeitmengenbestand M_Z gibt die Summe der Verweilzeiten aller statistischen Einheiten der Bestandsmasse im Beobachtungszeitraum (0,T] an. Die Anzahl der Einheiten wird durch $Z(T)$ bzw. $A(T)$ gegeben.

Damit ergibt sich die Verweildauerziffer V^* zu

(9.7) $$V^* = \frac{M_Z}{Z(T)} = \frac{M_Z}{A(T)} .$$

Wenn die Bestandsmasse an mindestens einer Stelle nicht abgeschlossen ist, dann ist die Verweildauer gewisser Elemente nur teilweise bekannt. Wenn $B(0) > 0$ ist, dann gehören der Bestandsmasse auch Einheiten an, deren Zeitpunkt des Zugangs vor dem betreffenden Beobachtungszeitraum liegt und deren gesamte Verweildauer somit nicht bekannt wäre. Analoges gilt, wenn $B(T) > 0$ ist, denn dann kennt man von den Einheiten des Endbestandes die gesamte Verweildauer nicht, da der Zeitpunkt ihres Ausscheidens nach dem Beobachtungszeitraum liegt.

Es werde nun eine beidseitig offene Bestandsmasse betrachtet, d.h. $B(0) > 0$ und $B(T) > 0$. Man nimmt nun an, daß die Einheiten des Anfangsbestandes $B(0)$ im Durchschnitt bereits den λ-ten Teil, $0 \leq \lambda \leq 1$, ihrer mittleren Verweildauer V^* hinter sich haben. Ebenfalls wird unterstellt, daß die Einheiten des Endbestandes $B(T)$ im Durchschnitt noch eine restliche Verweildauer von $(1-\lambda) \cdot V^*$ vor sich haben. Somit erhält man einen Schätzwert für die Summe der Verweilzeiten aller Einheiten, die im Beobachtungszeitraum (0,T] einmal dem Bestand angehört haben, durch die Größe

$$\lambda \cdot V^* \cdot B(0) + M_Z + (1-\lambda) \cdot V^* \cdot B(T).$$

Die Gesamtheit der Einheiten läßt sich auch wie folgt schreiben

$$B(0) + Z(T) = A(T) + B(T) = \lambda\ [B(0) + Z(T)] + (1-\lambda)\ [A(T) + B(T)] .$$

Damit ergibt sich die mittlere Verweildauer V^* zu

$$V^* = \frac{\lambda \cdot V^* \cdot B(0) + M_Z + (1-\lambda) \cdot V^* \cdot B(T)}{\lambda \cdot [B(0) + Z(T)] + (1-\lambda) \cdot [A(T) + B(T)]} .$$

Multiplikation mit dem Nenner ergibt

$$\lambda \cdot V^* \cdot B(0) + \lambda \cdot V^* \cdot Z(T) + (1-\lambda) \cdot V^* \cdot A(T) + (1-\lambda) \cdot V^* \cdot B(T)$$
$$= \lambda \cdot V^* \cdot B(0) + M_Z + (1-\lambda) \cdot V^* \cdot B(T),$$

woraus folgt

$$(9.8) \qquad V^* = \frac{M_Z}{\lambda \cdot Z(T) + (1-\lambda) \cdot A(T)} .$$

Wenn man den Ausdruck (9.8) durch T dividiert, kann man die Verweildauerziffer V^* wie folgt umschreiben

$$(9.9) \qquad V^* = \frac{\bar{B}}{\lambda \cdot \bar{Z} + (1-\lambda) \cdot \bar{A}} ,$$

bzw., wenn man Zähler und Nenner durch $\bar{B}$ dividiert

$$(9.10) \qquad V^* = \frac{1}{\lambda \cdot Z^* + (1-\lambda) \cdot A^*} .$$

Aus dieser Beziehung erkennt man unmittelbar, daß es einen Zusammenhang gibt zwischen der Verweildauer V^*, der Zugangsziffer Z^* und der Abgangsziffer A^*.

Um die Verweildauer V^* aus einem Beobachtungsmaterial numerisch zu bestimmen, müssen Annahmen bezüglich des Parameters λ getroffen werden. Man kann, wenn $B(0) + B(T) > 0$ ist,

$$(9.11) \qquad \lambda = \frac{B(0)}{B(0) + B(T)}$$

wählen.

Wenn $0,5 \leq \lambda \leq 1$ ist, folgt für die Verweildauerziffer V^* nach Einsetzen von $\lambda = 0,5$ und $\lambda = 1$ die Beziehung

$$\frac{2 \cdot \bar{B}}{\bar{Z} + \bar{A}} \leq V^* \leq \frac{\bar{B}}{\bar{Z}} .$$

Eine weitere Kennziffer eines Fortschreibungsmodells ist die **Umschlagziffer** U^*. Sie gibt Auskunft darüber, wie oft im Durchschnitt der Bestand während eines Beobachtungszeitraums erneuert wird. Für einen Beobachtungszeitraum der Länge T erhält man

$$(9.12) \qquad U^* = \frac{T}{V^*} = T[\lambda \cdot Z^* + (1-\lambda) \cdot A^*].$$

Beispiel 9.3: Fiktives Beispiel zur Berechnung der Kennziffern eines Lagerbestand-Fortschreibungsmodells

Zeit t_j	Lagerbestand am Quartalsende $B(t_j)$	Abgang während des Quartals $A(t_j)$	Zugang während des Quartals $Z(t_j)$
4. Quartal 1981	200	.	.
1. Quartal 1982	20	280	100
2. Quartal 1982	212	908	1 100
3. Quartal 1982	32	1 280	1 100
4. Quartal 1982	42	390	400
Summe		2 858	2 700

Die Berechnung der Kennziffern soll auf das Quartal bezogen werden. Man erhält

$$\bar{A} = \frac{2\ 858}{4} = 714{,}5$$

d.h. im Durchschnitt sind im Jahr 1982 714,5 Einheiten pro Quartal dem Lager entnommen worden.

$$Z(t) = B(t) - B(t_0) + A(t) = 42 - 200 + 2\,858 = 2700,$$

$$\bar{Z} = \frac{2\ 700}{4} = 675,$$

d.h. im Durchschnitt sind im Jahr 1982 675 Einheiten pro Quartal eingelagert worden.

$$M_Z = 100 + 20 + 212 + 32 + 21 = 385,$$

$$\bar{B} = \frac{385}{4} = 96{,}25,$$

d.h. der durchschnittliche Lagerbestand im Jahr 1982 betrug 96,25 Einheiten, bezogen auf ein Quartal.

$$Z^* = \frac{\bar{Z}}{\bar{B}} = \frac{675}{96{,}25} = 7{,}013; \qquad A^* = \frac{\bar{A}}{\bar{B}} = \frac{714{,}5}{96{,}25} = 7{,}4234.$$

Diese beiden Kennziffern besagen, daß die auf das Quartal bezogenen durchschnittlichen Zugänge das 7,013-fache und die durchschnittlichen Abgänge das 7,4234-fache des durchschnittlichen Lagerbestandes betrugen.

$$\lambda = \frac{200}{200 + 42} = 0{,}83,$$

$$V^* = \frac{1}{\lambda \cdot Z^* + (1-\lambda) \cdot A^*} = \frac{1}{0{,}83 \cdot 7{,}013 + 0{,}17 \cdot 7{,}4234} = \frac{1}{7{,}0828} = 0{,}1412,$$

d.h. die mittlere Verweildauer des Durchschnittsbestandes im Lager beträgt das 0,1412-fache eines Quartals. Unterstellt man, ein Quartal habe 90 Tage, dann sind dies 12,78 Tage.

$$U^* = \frac{T}{V^*} = \frac{4}{0{,}1412} = 28{,}3312,$$

d.h. im Mittel wurde der durchschnittliche Lagerbestand im Jahr 1982 insgesamt 28,3312–mal erneuert.

9.3 Bestandsmassen

9.3.1 Erhebungsmöglichkeiten

Die Bevölkerung der BRD stellt für einen bestimmten Stichtag eine Bestandsmasse dar. Die Erfassung dieses Bevölkerungsbestandes kann **primärstatistisch** durch Zählungen oder **sekundärstatistisch** aus Unterlagen (Karteien) von registrierenden Behörden (Einwohnermeldeämter, Standesämter) erfolgen.

Durch **periodische Totalerhebungen** kann man zwar Zustandsbilder des jeweiligen Bevölkerungsbestandes erhalten. Man kann daraus jedoch keine Rückschlüsse ziehen, wie dieser Zustand erreicht wurde und auf welche Weise bestimmte Bevölkerungsgruppen daran beteiligt waren. Oft ist man aber aus Zwecken der Analyse an den Umschichtungsvorgängen selbst interessiert. Man unterscheidet bezüglich der Aufbereitung und Auswertung von personen- und zeitbezogenen Daten zwei Möglichkeiten:

a) Querschnittsanalysen

Bei diesen werden **Bestandserhebungen zu bestimmten Zeitpunkten** durchgeführt. Dadurch kann allerdings der Strukturwandel nur in beschränkter Weise aufgedeckt werden. Durch wiederholte Bestandserhebungen versucht man dann, auf die Bewegungsvorgänge zu schließen. Es ist zwar möglich, daß bei diesen wiederholten Erhebungen dieselben Personen erfaßt werden, doch lassen sich die von ihnen an den **verschiedenen Stichtagen gemachten Angaben nicht miteinander vergleichen**.

b) Längsschnittsanalysen

Diese beruhen darauf, daß man an einer bestimmten Personengruppe, die durch ein **gemeinsames Ereignis** charakterisiert ist, etwa das gleiche Geburtsjahr oder das gleiche Immatrikulationssemester, eine längerfristige Beobachtung durchführt. Eine solche Personengruppe, die durch ein gemeinsames Ereignis (z.B. gleiches Geburtsjahr, Immatrikulationssemester oder Heiratsjahr) charakterisiert wird, bezeichnet man als eine **Kohorte**.

c) Panelanalysen

Unter einem Panel versteht man eine kombinierte Querschnitts- und Längsschnittanalyse:

Zu verschiedenen Zeitpunkten werden an den gleichen Erhebungseinheiten wiederholt Erhebungen zu dem gleichen Fragenkomplex durchgeführt.

Es handelt sich somit um eine zeitliche Abfolge von personell verbundenen Querschnittsanalysen.

Die Wirtschafts- und Sozialforschung in der Bundesrepublik Deutschland war in der Vergangenheit vorwiegend auf Querschnittserhebungen angewiesen, deren Ergebnisse oftmals nur in aggregierter Form zur Verfügung standen.

Um über eine reine Beschreibung der erhobenen Daten hinauszugehen und individuelle Verhaltensweisen und -änderungen sowie Zusammenhänge untersuchen zu können, werden jedoch zusätzliche Längsschnittsanalysen benötigt, die individuelle Entwicklungen der Verhaltensweisen widerspiegeln. Zum erstenmal wird für die Bundesrepublik Deutschland seit 1984 vom Sonderforschungsbereich 3 an den Universitäten Frankfurt/Main und Mannheim mit dem "sozioökonomischen Panel" eine solche Datenbasis durch jährliche Erhebungen (= Panelwellen) erstellt. Diese enthalten Angaben zur Veränderung der Haushaltszusammensetzung, der Erwerbsbeteiligung und der beruflichen Mobilität, zu Einkommensverläufen, Wohnsituation und regionaler Mobilität.

Entsprechend der relativ kurzen Zeitspanne, in der diese Paneldaten erst zur Verfügung stehen, sind die Analysemethoden zur Auswertung dieser kombinierten Querschnitts- und Längsschnitterhebungen erst in den Anfängen erforscht.

Der Bevölkerungsbestand kann primärstatistisch durch eine Volkszählung, die eine Totalerhebung darstellt, an einem bestimmten Stichtag ermittelt werden. Zunächst muß jedoch der Begriff der Bevölkerung klar abgegrenzt werden. Früher verstand man darunter die **ortsanwesende Bevölkerung**. Im Zeichen fortschreitender Mobilität erwies sich dieser Begriff jedoch als wenig brauchbar. Man legt daher heute den **Begriff der Wohnbevölkerung** zugrunde. Um eine Zuordnung von Personen zur Wohnbevölkerung zu erhalten, unterscheidet man für jedes Zählgebiet drei Bevölkerungsgruppen, von denen nur die ersten beiden zur Wohnbevölkerung gezählt werden:

a) Personen mit **nur einem Wohnsitz**, der im Zählgebiet liegt,

b) Personen mit **mehr als einem Wohnsitz**, von denen einer im Zählgebiet liegt, und die sich überwiegend im Zählgebiet aufhalten, insbesondere, wenn sie von dort ihrem Beruf oder ihrer Ausbildung nachgehen,

c) Personen mit **mehr als einem Wohnsitz**, von denen einer im Zählgebiet liegt, die sich aber überwiegend außerhalb des Zählgebietes aufhalten.

Volkszählungen sind das älteste und bekannteste Verfahren einer statistischen Erhebung. Merkmale, die bei fast allen Volkszählungen erfaßt werden, sind

1. Geschlecht,
2. Alter (Datum der Geburt),
3. Familienstand,
4. Religionszugehörigkeit,
5. Staatsangehörigkeit,
6. Stellung zum (Beteiligung am) Erwerbsleben,
7. Beruf (ausgeübte Tätigkeit),
8. Stellung im Beruf,
9. Wirtschaftszweig (wirtschaftliche Gliederung der Erwerbstätigen).

Wegen des mit einer Volkszählung verbundenen großen Aufwandes können diese Erhebungen nur in größeren zeitlichen Abständen durchgeführt werden. Einer UNO-Empfehlung folgend sollen Volkszählungen in einem 10-Jahresabstand durchgeführt werden. Demzufolge wurden die letzten Volkszählungen in der BRD an den Stichtagen 13.9.1950, 6.6.1961, 27.5.1970 und 24.5.1987 durchgeführt.

Um den langen Zeitraum zwischen zwei Volkszählungen zu überbrücken, wurde 1957 in der BRD eine "Repräsentativerhebung der Bevölkerung und des Erwerbslebens", kurz "**Mikrozensus**" genannt, eingeführt. Dabei handelt es sich um eine vierteljährliche Stichprobenerhebung, die dreimal mit einem Auswahlsatz von 0,1 % und einmal mit einem Auswahlsatz von 1 % durchgeführt wird. Gefragt werden alle im Grundprogramm einer

Volkszählung vorkommenden Merkmale. Damit kann der Mikrozensus als eine "kleine" Volkszählung aufgefaßt werden.

Er ist als laufende Stichprobenerhebung vor allem wegen seines erwerbsstatistischen Fragenkomplexes für die Wirtschaftsforschung wichtig. Auch eignet er sich zur Beobachtung von Umschichtungsvorgängen, weil die durch den Zensus erfaßten Haushalte wiederholt befragt werden, und zwar maximal zwölfmal, d.h. drei Jahre lang. Dies wird durch den Auswahlmodus des Zensus gewährleistet, der jedes Jahr ein Drittel der Auswahleinheiten planmäßig durch neue ersetzt.

9.3.2 Die demographische Struktur einer Bevölkerung

Unter der demographischen Struktur einer Bevölkerung versteht man ihre Aufgliederung nach demographischen Merkmalen. Dabei wird die Zusammensetzung einer Bevölkerung aus Subpopulationen durch die Häufigkeitsverteilung der Individuen bezüglich eines oder mehrerer demographischer Merkmale beschrieben. Von besonderer Wichtigkeit sind dabei die Merkmale **Geschlecht und Alter**. Daneben interessieren je nach Problemstellung noch die Merkmale **Familienstand, Religionszugehörigkeit, Erwerbstätigkeit, Stellung im Beruf** und andere.

Man kann eine Bevölkerung als eine Masse von Individuen (statistische Einheiten) auffassen. Jedes Individuum tritt einmal in die Masse ein (**Zugang**), verweilt eine gewisse Zeit in ihr (**Verweildauer**) und verläßt sie wieder (**Abgang**). Wegen dieser zeitlichen Veränderung einer Bevölkerungsstruktur muß man einen zeitlichen Bezugspunkt angeben, auf den man sich beziehen muß, wenn man bestimmte Aussagen über den Aufbau der Bevölkerung machen will. Man kann sich etwa für die Zusammensetzung der Bevölkerung zu einem bestimmten Zeitpunkt interessieren. Eine solche Momentaufnahme kann dann als Grundlage für Bevölkerungsvorausschätzungen dienen.

Es sollen hier im folgenden die Merkmale **Geschlecht**, **Alter** und **Erwerbstätigkeit** als Gliederungsmerkmale einer Bevölkerungsstruktur betrachtet werden.

9.3.2.1 Gliederung nach dem Geschlecht

Teilt man den Bevölkerungsbestand P zu einem festen Zeitpunkt in Männer (M) und Frauen (F) auf, d.h.

$$P = M + F,$$

dann kann man den Anteil eines Geschlechtes an der Gesamtbevölkerung durch die **Gliederungszahlen** M/P bzw. F/P wiedergeben. In vielen Bevölkerungen läßt sich ein Frauenüberschuß beobachten, der durch die **Beziehungszahl**

(9.13) $$\sigma = \frac{F}{M} \cdot 1000,$$

bezeichnet als **Sexualproportion** der Geamtbevölkerung, ausgedrückt werden kann.

Tabelle 9.1: Für das Deutsche Reich bzw. die BRD betrug diese Sexualproportion (Quelle: verschiedene Statistische Jahrbücher für das Deutsche Reich und die BRD)

a) Deutsches Reich

Zeitpunkt	1.12.1890	1.12.1910	16.6.1925	17.5.1939
σ	1040	1026	1067	1044

b) Gebiet der früheren Bundesrepublik Deutschland

Zeitpunkt	13.9.1950	6.6.1961	27.5.1970	1973	1986	1987	1988
σ	1142	1127	1101	1090	1089	1083	1085

Zeitpunkt	1989	1990	1991	1992	1993	1994	1995
σ	1076	1067	1067	1060	1058		

Wie kommen nun solche unterschiedlichen Werte für die Sexualproportion zustande? Dafür gibt es hauptsächlich zwei biologische Gegebenheiten, nämlich

a) die **Sexualproportion der Neugeborenen und**
b) die **unterschiedliche Sterblichkeit der Geschlechter**.

Zu a):

Es werden immer mehr Knaben als Mädchen geboren, wobei sich das Verhältnis über einen längeren Zeitraum als sehr konstant erweist.

Tabelle 9.2: Anteil der Knabengeburten an den Gesamtgeburten in der früheren BRD (Lebendgeboren)

Jahr	1971	1972	1973	1974	1975	1976	1977	1978	1979
$\frac{K}{K+M} \cdot 100$	51,43	51,39	51,32	51,32	51,48	51,32	51,48	51,41	51,24
Jahr	1980	1981	1982	1983	1984	1985	1986	1987	1988
$\frac{K}{K+M} \cdot 100$	51,32	51,34	51,40	51,37	51,37	51,27	51,27	51,46	51,41
Jahr	1989	1990	1991	1992	1993	1994	1995	1996	1997
$\frac{K}{K+M} \cdot 100$	51,29	51,38	51,34	51,27	51,27	51,36			

Zu b):

In fast allen Staaten der Erde und in allen Altersgruppen ist die Sterblichkeit der Frauen geringer als die der Männer. Auf diese Weise wird der durch die höhere Geburtenzahl bestehende anfängliche Knabenüberschuß durch die höhere geschlechtsspezifische Sterblichkeit allmählich aufgezehrt, um schließlich in einen Frauenüberschuß überzugehen.

Um diese Erscheinung darzustellen, verwendet man bezüglich eines Geburtsjahres (einer Kohorte) eine besondere Beziehungszahl, nämlich die **altersspezifische Sexualproportion** σ_x, die wie folgt definiert ist

(9.14)
$$\sigma_x = \frac{F_x}{M_x} \cdot 1\,000,$$

wobei F_x: die Anzahl der Frauen im Alter [x,x+1),

M_x: die Anzahl der Männer im Alter [x,x+1) und

$x = 0,1,2,....$ die Altersvariable bezeichnen.

Für kleine Werte von x wird σ_x Werte unter 1 000 annehmen, um dann für große Werte von x, etwa ab $x \geq 45$, auf Werte über 1 000 zu steigen.

Da eine solche Längsschnittsanalyse praktisch kaum durchführbar ist, geht man zu einer Querschnittsanalyse der Bevölkerung über. Dabei unterstellt man, daß die Sexualproportion der Neugeborenen und auch die geschlechtsspezifische Sterblichkeit zeitlich konstant seien. Dann kann man die oben definierten altersspezifischen Sexualproportionen σ_X auf einen festen Zeitpunkt beziehen, mit der inhaltlichen Interpretation, daß sie sich auf einen Bevölkerungsquerschnitt beziehen.

Tabelle 9.3: Altersspezifische Sexualproportionen σ_X (Frauen auf 1 000 Männer) für die frühere BRD

Altersgruppe x / Zeitpunkt	unter 6	6 bis 15	15 bis 18	18 bis 21	21 bis 45	45 bis 60	60 bis 65	über 65
13. 9.1950	954	962	980	962	1 253	1 205	1 301	1 237
6. 6.1961	951	952	962	947	1 085	1 263	1 297	1 505
27. 5.1970	952	950	955	955	943	1 373	1 359	1 589
31.12.1979	954	953	945	946	945	1 140	1 516	1 768
31.12.1988	948	948	947	957	956	968	1 241	1 932
31.12.1991	949	949	945	953	935	980	1 095	1 944

Ein weiterer Faktor, der die Sexualproportion σ beeinflußt, ist **das unterschiedliche Wanderungsverhalten der beiden Geschlechter**. Typische Einwanderungsländer, wie beispielsweise Australien, weisen einen Männerüberschuß auf, da Wanderungen überwiegend von Männern vorgenommen werden.

Betrachtet man die Entwicklung der Sexualproportion σ in Deutschland über einen längeren Zeitraum, so fallen einige typische Schwankungen ins Auge.

Tabelle 9.4: Zeitliche Entwicklung der Sexualproportion σ für die deutsche Gesamtbevölkerung

a) Gebiet des Deutschen Reiches

Jahr	1871	1880	1890	1900	1910	1919	1925	1933	1939
σ	1037	1039	1040	1032	1026	1093	1067	1058	1044

b) Gebiet der früheren Bundesrepublik Deutschland

Jahr	1939	1946	1950	1956	1961	1966	1970	1973	1978
σ	1034	1229	1142	1133	1127	1105	1101	1090	1099

Jahr	1979	1980	1988	1989	1990	1991	1992	1993	1994
σ	1096	1092	1080	1076	1068	1067			

Der Rückgang des Frauenüberschusses bis zum Jahr 1910 beruht im wesentlichen auf dem stärkeren Absinken der Säuglingssterblichkeit bei den männlichen Geborenen. Das starke Ansteigen des Frauenüberschusses nach den beiden Weltkriegen ist auf die stärkeren Verluste der Männer zurückzuführen.

9.3.2.2 Gliederung nach dem Alter

Das Lebensalter stellt das wichtigste demographische Merkmal dar, nach dem eine gegebene Bevölkerung gegliedert werden kann, da die Fortpflanzungstätigkeit und die Sterblichkeit und damit das Bevölkerungswachstum eng mit dem Lebensalter verbunden sind.

Das Lebensalter einer Person ist die Zeitdauer, die von der Geburt bis zum jeweiligen Stichtag verstrichen ist. Man kann diese Größe exakt angeben, beispielsweise 2 Jahre und 42 Tage = 2,115 Jahre. In der Regel werden aber ganzzahlige Werte zur Angabe des Lebensalters verwendet. Da das Alter ein quantitativ-stetiges Merkmal ist, benötigt man zur Beschreibung von Altersangaben von Bevölkerungen eine Klasseneinteilung. Am einfachsten ist die Bildung von Einjahres-Klassen:

$$x := [x, x+1), \quad x = 0,1,2,\ldots.$$

In dieser Klasse sind alle Personen zusammengefaßt, die x vollendete Lebensjahre zählen.

Man kann aber auch andere Klasseneinteilungen wählen, etwa Fünfjahres-Klassen:

$$x := [x, x+5), \quad x = 0,5,10,\ldots.$$

Das bekannteste Darstellungsmittel für die Altersstruktur einer Bevölkerung sind die **Alterspyramiden**. Diese Darstellung läßt Faktoren erkennen, die den Altersaufbau der Bevölkerung in der Vergangenheit beeinflußten.

Ausgangspunkt bildet ein Koordinatensystem, auf dessen Ordinatenachse die Altersklassen (etwa in Jahresintervallen) aufgetragen werden. Auf der Abszissenachse mißt man den zu den Altersklassen an einem Stichtag beobachteten Personenbestand. Der Umfang der Bestände wird für jede Altersgruppe als Rechteckfläche dargestellt, dessen Länge propor-

ander, so erhält man ein Histogramm der Altersverteilung der Bevölkerung. Dieser Altersaufbau soll mit der Geschlechtsaufgliederung kombiniert werden. Daher wird jedes Rechteck in zwei Teilrechtecke zerlegt, deren Flächen (Längen bei gleicher Klassenbreite) proportional zum Bestand der entsprechenden geschlechtsspezifischen Altersklassen sind. Zur Alterspyramide gelangt man dadurch, daß man diese Teilrechtecke nach beiden Seiten der Ordinatenachse aufträgt. Hierbei pflegt man **das männliche Geschlecht auf der linken** und **das weibliche Geschlecht auf der rechten Seite** der Ordinatenachse abzutragen.

Obwohl solche Alterspyramiden verschiedene Formen besitzen können, haben sie gewisse Charakteristika gemeinsam. Je höher die Altersklasse, desto weiter liegt das Geburtsjahr zurück. Da ein Geburtsjahrgang bis zum heutigen Tag der Sterblichkeit um so länger ausgesetzt war, je weiter er zurückliegt, verjüngt sich daher die Pyramide nach oben hin.

Die Schnelligkeit dieser Verjüngung, d.h. die Besetzungszahlen der oberen Altersklassen hängen von Art und Umfang der Sterblichkeit, der Fruchtbarkeit und der Wanderungen der Bevölkerung ab.

Ein weiteres Merkmal ist die Unsymmetrie der beiden Pyramidenflügel. Während in den jüngeren Altersklassen das männliche Geschlecht überwiegt, gleicht sich dies mit steigendem Alter aus und geht schließlich in einen Frauenüberschuß über. Man kann drei Grundtypen von Alterspyramiden unterscheiden. Dazu wird angenommen, daß sich die Sterblichkeit im Zeitablauf nicht ändert und daß keine Wanderungen stattfinden.

a) Glockenförmiger Altersaufbau:

Es wird angenommen, daß die **jährlichen Geburtenzahlen approximativ konstant** sind. Da weiter zurückliegende Geburtenjahrgänge länger der Sterblichkeit ausgesetzt sind, verjüngt sich der Altersaufbau ständig nach oben immer mehr.

b) Pyramidenförmiger Altersaufbau:

Es wird angenommen, daß die **absoluten Geburtenzahlen jährlich zunehmen**. Dadurch erfolgt eine verstärkte Verjüngung nach oben, da die höheren Altersjahrgänge nicht nur länger der Sterblichkeit ausgesetzt sind, sondern auch noch aus schwächer besetzten Geburtsjahrgängen stammen.

c) Urnenförmiger Altersaufbau:

Jetzt wird angenommen, daß die **Zahl der Geburten ständig abnimmt**. Weiter zurückliegende Jahrgänge sind zwar umfangreicher, unterliegen aber länger der Sterblichkeit, daher können die Sterblichkeitseinflüsse, die zu einer Verjüngung führen, aufgehoben oder sogar überkompensiert werden. Es entsteht eine Art Urnenform der Alterspyramide.

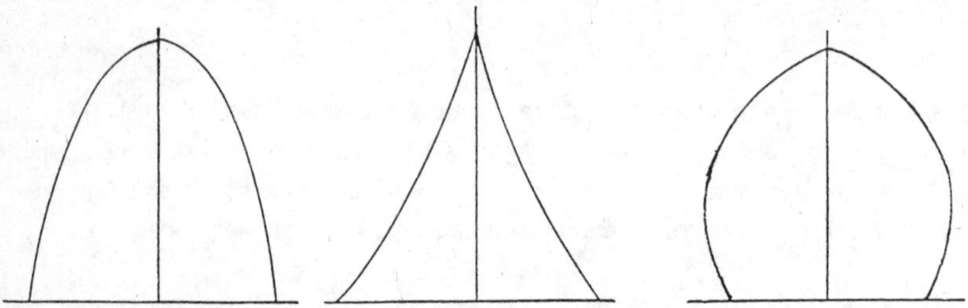

a) **glockenförmig** b) **pyramidenförmig** c) **urnenförmig**

Abb. 9.4: Verschiedene Formen des Altersaufbaus einer Bevölkerung

Die Auswirkungen einiger spezieller Einflüsse auf den Altersaufbau soll anhand der Alterspyramide für die BRD gezeigt werden. Durch die allmähliche Abnahme der Sterblichkeit wird eine Aufblähung des mittleren und oberen Pyramidenteils bedingt. Das Absinken der Fruchtbarkeit der Bevölkerung führt zu einer Verschmälerung der Pyramidenbasis. Anhand der Alterspyramiden läßt sich der Einfluß einiger historischer Ereignisse auf die Bevölkerungsentwicklung erkennen. So lassen sich sowohl die vermehrten Sterbefälle infolge der Kriegsjahre (besonders der männlichen Bevölkerung) als auch der Geburtenrückgang während der Weltwirtschaftskrise und der beiden Weltkriege als Einbuchtungen in der Pyramide erkennen. Ebenfalls deutlich erkennbar ist der Geburtenrückgang infolge des "Pillenknicks".

Abb. 9.5: Alterspyramide der Wohnbevölkerung der BRD am 31. 12.1993

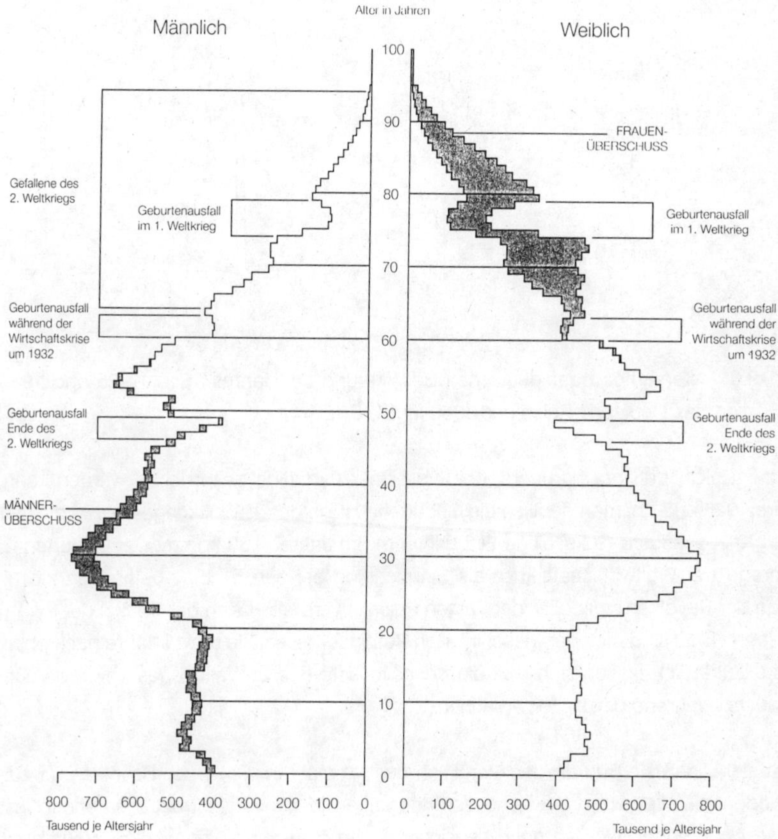

Die Bevölkerungsentwicklung des deutschen Volkes läßt sich durch den Vergleich der Alterspyramiden verschiedener Jahre sehr schön verfolgen.

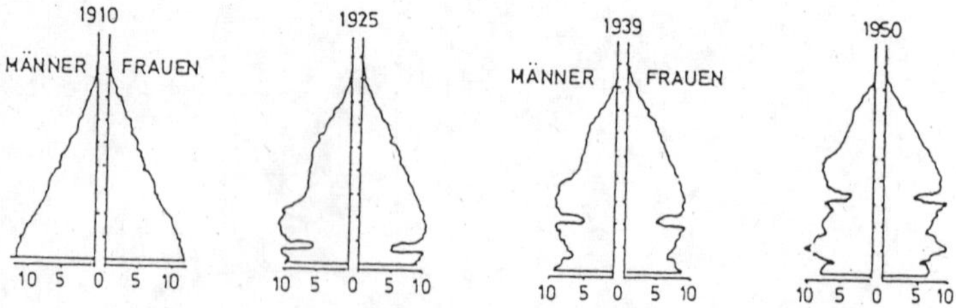

Abb. 9.6: Altersaufbau der deutschen Bevölkerung der Jahres 1910, 1925 und 1939 für das Deutsche Reich und 1950 für die BRD.

Es zeigt sich, daß nur im Jahre 1910 von einer Pyramide gesprochen werden kann. Im Jahre 1925 erkennt man deutlich die Geburtenausfälle des 1. Weltkrieges sowie die männlichen Kriegsverluste (linksseitige Einbuchtung). Im Jahre 1939 kommt der Geburtenausfall während der Weltwirtschaftskrise als Einbuchtung bei den 5- bis 10-jährigen hinzu. Als Folge der Bevölkerungspolitik des Dritten Reiches verbreitert sich der Sockel der Pyramide. Im Jahre 1950 sind die eben geschilderten Besonderheiten alle um 11 Jahre nach oben gerückt. Zusätzlich lassen sich jetzt die Kriegsverluste des 2. Weltkrieges sowie der Geburtenausfall während dieser Zeit erkennen.

Man sieht, daß sich durch den Vergleich der Alterspyramiden einer Bevölkerung zu verschiedenen Zeitpunkten deutliche Veränderungen in der Altersstruktur erkennen lassen. Diese Änderungen werden noch deutlicher, wenn man nur einige wenige größere Altersgruppen betrachtet. Auf diese Weise läßt sich deutlich der Effekt einer ständigen Zunahme der Überalterung der deutschen Bevölkerung erkennen.

Tabelle 9.5: Altersaufbau der deutschen Bevölkerung:
1890, 1910, 1925 und 1939: Gebiet des Deutschen Reiches,
1950, 1960, 1972 1979 und 1988: Gebiet der Bundesrepublik

	1890	1910	1925	1939	1950	1960	1972	1979	1988
unter 6	15,4%	14,3%	11,4%	9,7%	8,2%	9,5%	8,2%	5,7%	6,1%
[6 - 10)	8,8%	9,1%	4,4%	5,6%	6,3%	5,7%	6,7%	4,7%	3,9%
[10 - 14)	8,8%	8,6%	7,9%	6,2%	7,4%	5,5%	6,3%	6,4%	3,8%
[14 - 20)	11,9%	11,6%	12,5%	10,4%	8,9%	8,1%	8,2%	10,1%	7,3%
[20 - 45)	34,3%	36,1%	38,8%	39,0%	35,8%	34,3%	34,8%	35,8%	37,4%
[45 - 65)	15,6%	15,3%	19,3%	21,2%	24,1%	26,3%	22,1%	21,7%	26,1%
über 65	5,1%	5,0%	5,7%	7,9%	9,3%	10,6%	13,7%	15,6%	15,4%

kumulierte Häufigkeiten

	1890	1910	1925	1939	1950	1960	1972	1979	1988
unter 6	15,4%	14,3%	11,4%	9,7%	8,2%	9,5%	8,2%	5,7%	6,1%
[6 - 10)	24,2%	23,4%	15,8%	15,3%	14,5%	15,1%	14,9%	10,4%	10,0%
[10 - 14)	33,0%	32,0%	23,7%	21,5%	21,9%	20,7%	21,2%	16,8%	13,8%
[14 - 20)	44,9%	43,6%	36,2%	31,9%	30,8%	28,8%	29,4%	26,9%	21,1%
[20 - 45)	79,3%	79,7%	75,0%	70,9%	66,6%	63,1%	64,2%	62,7%	58,5%
[45 - 65)	94,9%	95,0%	94,3%	92,1%	90,7%	89,4%	86,3%	84,4%	84,6%
über 65)	100,0%	100,0%	100,0%	100,0%	100,0%	100,0%	100,0%	100,0%	100,0%

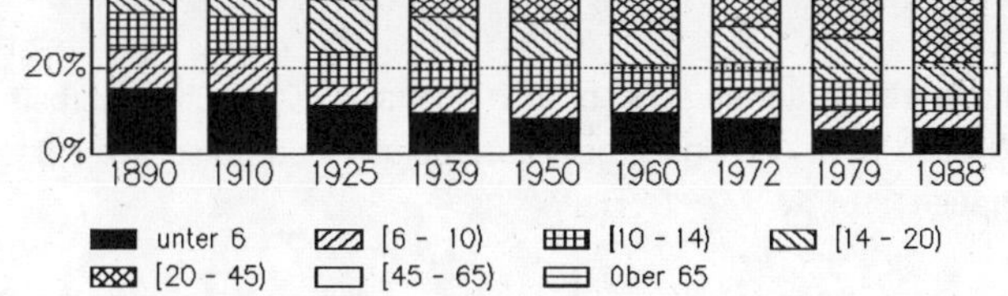

Abb. 9.7: Altersaufbau der deutschen Bevölkerung
Gebiet des Deutschen Reiches: 1890, 1910, 1925 und 1939;
Gebiet der Bundesrepublik: 1950, 1960, 1972, 1979 und 1988.

9.3.2.3 Gliederung der Bevölkerung nach der Erwerbsbeteiligung und dem Lebensunterhalt

Seit der Volkszählung 1961 wird die Stellung zum Erwerbsleben der Bevölkerung der BRD nach zwei verschiedenen Ordnungskriterien gegliedert: dem Erwerbs- und dem Unterhaltskonzept.

Das **Erwerbskonzept** gliedert die Personen nach der Beteiligung am Erwerbsleben wie folgt:

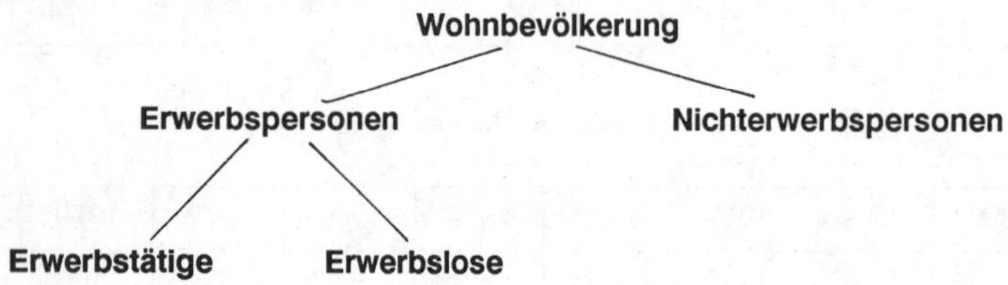

Erwerbstätige sind Personen, die irgendeinem Erwerb nachgehen. Es fallen in diese Gruppe alle Personen, die überhaupt am volkswirtschaftlichen Produktionsprozeß beteiligt sind, unabhängig vom Umfang ihrer Tätigkeit und unabhängig davon, ob die Tätigkeit der Bestreitung ihres Lebensunterhalts dient.

Als **Erwerbslose** werden diejenige Personen bezeichnet, die **keiner** Erwerbstätigkeit nachgehen, jedoch eine solche Tätigkeit suchen. Von ihnen zu unterscheiden sind die Arbeitslosen. Hierunter fallen alle Personen, die ein Arbeitsgesuch beim Arbeitsamt gestellt haben und zur Zeit keine oder nur eine geringfügige Nebentätigkeit ausüben. Es ist demnach möglich, daß eine Person arbeitslos, aber nicht erwerbslos ist. Andererseits ist es auch möglich, daß ein Erwerbsloser nicht arbeitslos ist (noch nicht schulentlassene Stellensuchende).

Unter **Nichterwerbspersonen** versteht man normalerweise nicht erwerbstätige und sich gegenwärtig auch nicht um eine Arbeitsstelle bemühende Personen, z.B. "Schulkinder", "Nur-Hausfrauen".

Nach dem **Unterhaltskonzept** wird die Bevölkerung nach den Hauptunterhaltsquellen gegliedert in:

Personen mit überwiegendem Unterhalt durch:

- **Erwerbstätigkeit,**
- **Arbeitslosenunterstützung,**
- **Rente und dergleichen (Sozialhilfe, Vermögen) und**
- **Angehörige.**

Die Kombination des Erwerbs- und Unterhaltskonzeptes vermittelt Aufschlüsse darüber, wie hoch der Anteil der Erwerbspersonen an der Bevölkerung ist und wie sich die Hauptunterhaltsstruktur der Erwerbstätigen, Erwerbslosen und Nichterwerbspersonen unterscheidet (vgl. Tabelle 9.6).

Die Bevölkerung ist in der **Summenspalte nach dem Erwerbskonzept** und in der **Summenzeile nach dem Unterhaltskonzept** gegliedert. In der Summenspalte wird angegeben, daß 43,42 % der Bevölkerung im Jahre 1982 zu ihrem Lebensunterhalt durch eigene Erwerbstätigkeit beitragen. Man bezeichnet diese **Gliederungszahl** als **allgemeine Erwerbsquote**, weil sie den Anteil der Erwerbspersonen an der Wohnbevölkerung angibt.

$$\text{allgemeine Erwerbsquote} := \frac{\text{Zahl der Erwerbspersonen}}{\text{Wohnbevölkerung}} \cdot 100$$

Allerdings lebt ein Teil dieser Erwerbspersonen nicht von dem Entgelt für ihre Tätigkeit, sondern von Rente und dergleichen bzw. von Angehörigen, was bedeutet, daß die soziale Belastung der Personen, die überwiegend ihren Lebensunterhalt aus Erwerbstätigkeit beziehen, wesentlich höher ist. **Auf einen hauptberuflich Erwerbstätigen** entfielen

$$1972{:}\ \frac{43{,}29}{40{,}12} = 1{,}08; \quad 1980{:}\ \frac{40{,}09}{40{,}27} = 1{,}00; \quad 1982{:}\ \frac{38{,}72}{40{,}17} = 0{,}96$$

Angehörige und

$$1972{:}\ \frac{16{,}44}{40{,}12} = 0{,}41; \quad 1980{:}\ \frac{19{,}00}{40{,}27} = 0{,}47; \quad 1982{:}\ \frac{9{,}68}{40{,}17} = 0{,}49$$

berufslose Rentenempfänger.

Zur Kennzeichnung der Erwerbsintensität eignet sich als **besondere Gliederungszahl** die **spezifische Erwerbsquote** besser als die allgemeine Erwerbsquote

$$\text{spezifische Erwerbsquote} := \frac{\text{Zahl der Erwerbspersonen}}{\text{Bevölkerung im Alter von 15–65 J.}} \cdot 100$$

Da aber Geschlecht, Alter und Familienstand ebenfalls wichtige Faktoren für die Größe der allgemeinen Erwerbsquote darstellen, erscheint eine Berechnung von besonderen Erwerbssquoten für eine so gegliederte Bevölkerung sinnvoll. Diese besonderen Erwerbsquoten hängen wiederum maßgeblich von der Wirtschaftsstruktur ab (etwa dem Anteil der Landwirtschaft oder der Erwerbstätigkeit der Frauen), von gesetzlichen Bestimmungen (Altersgrenze, Sozialversicherung, Verbot der Kinderarbeit), von der Ausbildungsdauer und den Ausbildungsmöglichkeiten. So wird sich die Erwerbsbeteiligung in den unteren Altersklassen zwischen Männern und Frauen nicht wesentlich unterscheiden. Mit zunehmendem Alter wird jedoch der Anteil der erwerbstätigen Frauen zurückgehen, während der Anteil der Männer zunächst ansteigt, um mit dem 40. Lebensjahr einen Höhepunkt zu erreichen, und dann allmählich abfällt.

Alter	Erwerbsquoten (in %) 1972		Erwerbsquoten (in %) 1980		Erwerbsquoten (in %) 1987	
	männlich	weiblich	männlich	weiblich	männlich	weiblich
[15 - 20)	62,1	60,4	48,5	41,4	43,4	37,7
[20 - 25)	83,6	67,0	82,0	71,1	81,6	74,5
[25 - 30)	93,0	53,4	90,2	62,5	86,9	65,2
[30 - 35)	98,1	48,1	97,3	56,2	95,0	58,8
[35 - 40)	98,7	48,5	98,3	55,4	96,9	59,0
[40 - 45)	98,4	50,0	98,1	54,9	96,9	59,9
[45 - 50)	96,7	50,7	96,8	52,2	96,1	56,1
[50 - 55)	93,9	46,5	93,3	47,1	92,8	49,5
[55 - 60)	86,2	36,0	82,3	38,7	80,6	37,9
[60 - 65)	68,5	17,7	44,2	13,0	34,4	9,9
[über 65	15,0	5,7	7,4	3,0	4,2	1,5
insgesamt	77,5	39,1	58,4	32,6	60,8	35,1

Tabelle 9.7: Alters- und geschlechtsspezifische Erwerbsquoten im April 1972 (Statistisches Jahrbuch 1974, S. 135) und im April 1980 (Statistisches Jahrbuch 1981, S. 94), Volkszählung 1987.

Tabelle 9.6: Gliederung der Bevölkerung der BRD (einschl. West-Berlin) nach der Beteiligung am Erwerbsleben und nach der überwiegenden Unterhaltsquelle

Beteiligung am Erwerbsleben	Personen mit überwiegendem Lebensunterhalt durch (absolute Zahlen in 1 000)														
	Erwerbstätigkeit			Arbeitslosengeld und -hilfe			Rente und dergleich.			Angehörige			S u m m e		
	1972	1980	1982	1972	1980	1982	1972	1980	1982	1972	1980	1982	1972	1980	1982
Erwerbstätige	24 716	24 772	24 769	2	3	6	509	365	395	1 633	1 734	1 664	26 860	26 874	26 774
Erwerbslose	x	x	x	94	388	887	41	129	208	72	249	475	207	766	1 560
Nichterwerbspersonen	x	x	x	x	x	x	9 577	11 195	11 590	24 961	22 682	21 736	34 538	33 877	33 326
Summe	24 716	24 772	24 769	96	391	893	10 127	11 689	12 133	26 666	24 662	23 875	61 605	61 517	61 660
Gliederung nach der Unterhaltsquelle	von 100 Personen mit überwiegendem Lebensunterhalt durch . . . . waren														
	1972	1980	1982	1972	1980	1982	1972	1980	1982	1972	1980	1982	1972	1980	1982
Erwerbstätige	100,00	100,00	100,00	2,08	0,77	0,68	5,03	1,12	2,76	6,12	7,03	6,97	43,60	43,69	43,42
Erwerbslose	x	x	x	97,92	99,23	99,32	0,40	1,10	1,71	0,27	1,01	1,99	0,34	1,25	2,53
Nichterwerbspersonen	x	x	x	x	x	x	94,57	95,77	95,52	93,61	91,97	91,04	56,06	55,07	54,05
Summe	100,00	100,00	100,00	100,00	100,00	100,00	100,00	99,99	99,99	100,00	100,01	100,00	100,00	100,01	100,00
Gliederung nach Beteiligung am Erwerbsleben	von 100 Personen nach der Beteiligung am Erwerbsleben entfielen auf die Gruppe nach dem überwiegendem Lebensunterhalt														
	1972	1980	1982	1972	1980	1982	1972	1980	1982	1972	1980	1982	1972	1980	1982
Erwerbstätige	92,02	92,18	92,51	0,01	0,01	0,02	1,90	1,36	1,25	6,08	6,45	6,21	100,00	100,00	99,99
Erwerbslose	x	x	x	45,41	50,65	56,22	19,81	16,84	13,33	34,78	32,51	30,45	100,00	100,00	100,00
Nichterwerbspersonen	x	x	x	x	x	x	27,73	33,05	34,78	72,27	66,95	65,22	100,00	100,00	100,00
Summe	40,12	40,27	40,17	0,16	0,64	1,43	16,44	19,00	19,68	43,29	40,09	38,72	100,01	100,00	100,00

9.4 Bewegungsmassen

9.4.1 Die zeitliche Veränderung einer Bevölkerungsstruktur

Während im vorigen Abschnitt der **Zustand einer Bevölkerung zu einem bestimmten Zeitpunkt** beschrieben wurde, soll jetzt untersucht werden, welche Prozesse **die zeitlichen Veränderungen einer Bevölkerungsstruktur** bewirken. Die drei wichtigsten Prozesse, die eine zeitliche Veränderung der Bevölkerungsstruktur bewirken, sind die **Sterblichkeit**, die **Fruchtbarkeit** und die **Heirat**. Daneben gibt es noch eine Reihe weiterer Faktoren, die eine zeitliche Veränderung bewirken, etwa die **geographische Mobilität**, die **Arbeitsmobilität**, die **Haushaltsbildung** und **-auflösung**, die **Gesundheit** und andere. Im folgenden soll nur der Einfluß der Sterblichkeit näher untersucht werden, da dies der am einfachsten zu analysierende demographische Vorgang ist.

Zunächst muß eine Möglichkeit angegeben werden, um die Intensität der Sterblichkeit zu messen. Dazu wird eine Beziehungszahl konstruiert, indem man die Anzahl der Ereignisse für einen bestimmten Zeitraum auf die Anzahl derjenigen Einheiten bezieht, bei denen diese Ereignisse eintreten können. Man wird also **Sterbeziffern** konstruieren, indem man die Gestorbenen eines Jahres auf 1.000 Personen der Gesamtbevölkerung zur Jahresmitte bezieht, also

(8.6)
$$m := \frac{D}{P} \cdot 1\,000,$$

mit

D := Anzahl der Gestorbenen in einem bestimmten Kalenderjahr

P := Bevölkerungsbestand zur Jahresmitte eines bestimmten Kalenderjahres

Diese Sterbeziffer wird als "**rohe Sterbeziffer**" bezeichnet, weil sie sich auf die undifferenzierte Gesamtbevölkerung bezieht. Früher waren rohe Sterbeziffern um 40 normal, während sie heute in den entwickelten Ländern ungefähr zwischen 7 und 15 liegen. Die rohen Sterbeziffern haben den Vorteil, daß sie sich relativ leicht ermitteln lassen, besitzen allerdings den Nachteil, daß durch diese Beziehungszahl verschiedene Bevölkerungsgruppen mit unterschiedlicher Sterbeneigung vermengt werden. Verfolgt man die zeitliche Entwicklung roher Sterbeziffern für die Bevölkerung eines bestimmten Gebietes, so fällt ihre sinkende Tendenz auf.

Beispiel 9.4: Entwicklung der rohen Sterbeziffern für Schweden

Jahr	1750	1820	1865	1910	1950
rohe Sterbeziffer m	30	25	20	15	10

Der Rückgang der Sterblichkeit beruht im wesentlichen auf medizinischen und ökonomischen Fortschritten.

Beispiel 9.5: Entwicklung der rohen Sterbeziffern in Deutschland

a) Gebiet des Deutschen Reiches

Jahr	1845	1860	1880	1900	1910	1920	1930	1939
m	25,3	23,2	26,0	22,1	16,2	15,1	11,0	12,3

b) Gebiet der früheren Bundesrepublik

Jahr	1946	1950	1954	1958	1960	1962	1966	1968
m	13,0	10,5	10,7	11,0	11,6	12,3	11,5	12,2

Jahr	1969	1970	1975	1976	1980	1988
m	12,2	12,1	12,1	11,9	11,6	11,2

Dieses Beispiel zeigt eine steigende Tendenz der rohen Sterbeziffern in der BRD zwischen 1950 und 1969. Man könnte nun vermuten, daß die Sterbeintensität in diesem Zeitraum in der BRD gestiegen sei. Dies ist aber ein Trugschluß, denn die ansteigenden Sterbeziffern sind auf die **fortschreitende Überalterung** der Bevölkerung in der BRD zurückzuführen. Um den Einfluß der Altersstruktur der Bevölkerung zu eliminieren, kann man entweder auf **eine bestimmte Bevölkerungsstruktur standardisieren** oder man muß von den rohen Sterbeziffern zu **spezifischen Sterbeziffern** übergehen. Diese beziehen sich auf bestimmte Subpopulationen der Bevölkerung, die bezüglich ihrer Sterbeintensität relativ homogen sind. Wählt man etwa die **Bevölkerungsstruktur des Jahres 1970 als Standard**, so ergibt sich für die Entwicklung dieser standardisierten Sterbeziffer folgende Zeitreihe

Jahr	1950	1960	1969	1970	1975	1980	1988
rohe Sterbeziffer	10,5	11,6	12,2	12,1	12,1	11,6	11,2
standardisierte Sterbeziffer	13,6	13,0	12,4	12,1	11,4	9,9	8,3

Die wichtigste spezifische Sterbeziffer erhält man durch eine Unterteilung der Bevölkerung in Altersklassen. Dies führt zu den **altersspezifischen** Sterbeziffern

(8.7)
$$m_x := \frac{D_x}{P_x} \cdot 1\,000,$$

mit

D_x := Anzahl der Gestorbenen der Altersklasse x in einem bestimmten Kalenderjahr,
P_x := Bevölkerungsbestand der Altersklasse x zur Jahresmitte eines bestimmten Kalenderjahres und
m_x := altersspezifische Sterbeziffer der x-ten Altersklasse.

Die altersspezifischen Sterbeziffern zeigen in Abhängigkeit vom Alter x einen charakteristischen U-förmigen Verlauf. Beginnend mit dem ersten Lebensjahr sinken die Sterbeziffern rasch bis zu einem Minimum, das ungefähr im zehnten Lebensjahr erreicht wird. Danach steigt die Sterbeziffer zunächst langsam wieder an, um in den höheren Altersklassen, etwa vom sechzigsten Lebensjahr an, stark anzusteigen (vgl. Abb. 9.8).

Ein wichtiges Hilfsmittel zur Beschreibung der Lebensgeschichte eines Geburtsjahrganges von Personen (einer Kohorte) bilden **die Sterbetafeln**. Sie stellen eine Art Protokoll über den durch die Sterblichkeit bedingten Abbau der Ausgangskohorte dar. Sterbetafeln sollen die folgenden Fragen beantworten:

a) Wie kann die Wahrscheinlichkeit abgeschätzt werden, ausgehend von einem vorgegebenem Alter mindestens ein höheres Alter zu erreichen?

b) Wie groß ist die Wahrscheinlichkeit einer x-jährigen Person, innerhalb des nächsten Altersjahres zu sterben?

c) Wieviel Jahre kann eine x-jährige Person erwarten, noch am Leben zu bleiben?
Speziell: Wie groß ist die Lebenserwartung eines Neugeborenen?

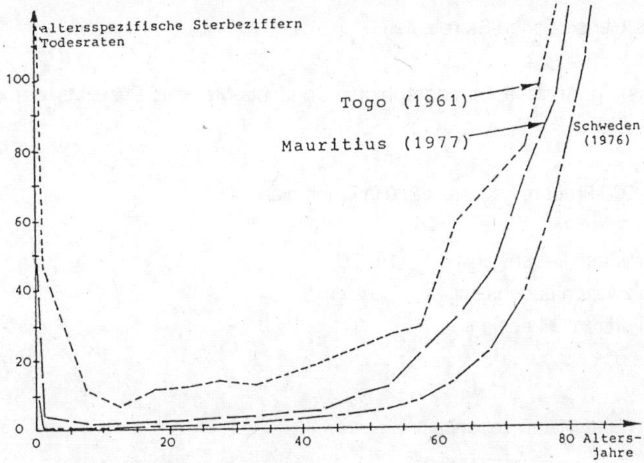

Abb. 9.8: Altersspezifische Sterbeziffern
(Quelle: Demographic Yearbook, UN, 1978, Tab. 20) rohe Sterbeziffern für Togo (1961): 29,0; Mauritius (1977): 7,9; Schweden (1976): 11,0.

Die Beantwortung dieser Fragen ist von großer theoretischer und praktischer Bedeutung. Voraussagen über den zukünftigen Bevölkerungsbestand hängen vom Überlebensverhalten der einzelnen Individuen ab. Für Versicherungsgesellschaften sind diese Fragen wesentlich für die Tarifgestaltung.

Grundsätzlich gibt es zwei Möglichkeiten für die Aufstellung von Sterbetafeln:

1. Die Generationen-Sterbetafel

Bei diesem Verfahren betrachtet man eine effektive Ausgangsgesamtheit, etwa eine Kohorte von l_0 im Laufe des Kalenderjahres t_0 geborener Individuen. Diese Kohorte wird bis zu ihrem völligen Verschwinden beobachtet. Dabei unterstellt man, daß die Kohorte abgeschlossen sei gegenüber Ein- und Auswanderungen, d.h. **man kann die Kohorte nur durch den Tod verlassen**. Hierbei handelt es sich um eine **echte Längsschnittanalyse**, und die Generationen-Sterbetafel kann erst dann erstellt werden, wenn alle Kohortenmitglieder gestorben sind. Damit dürfte diese Möglichkeit für die Erstellung einer Sterbetafel **praktisch nicht gangbar sein**, da einmal der Beobachtungszeitraum zu lang ist, zum anderen sich über diesen langen Zeitraum hinweg die Sterblichkeitsverhältnisse geändert haben. Für viele andere statistische Zwecke ist jedoch der Grundgedanke der Kohortenanalyse durchaus sinnvoll.

Beispiel 9.6: (Generationen-Sterbetafel)

Nach R. Pressat [L'Analyse Démographique. Concepts-Méthods-Résultats, deuxième édition, Paris 1969].

Von l_0 = 100 000 Frauen, geboren 1820 in Frankreich,

starben	im ersten Lebensjahr	15 270,
	im zweiten Lebensjahr	5 253,
	im dritten Lebensjahr	2 941,
	. . . .	,
	. . . .	,
	im hundertsten Lebensjahr	14.

Bestimmung der überlebenden Frauen:

$$l_0 = 100\ 000,$$
$$l_1 = l_0 - d_0 = 100\ 000 - 15\ 270 = 84\ 730,$$
$$l_2 = l_1 - d_1 = 84\ 730 - 5\ 253 = 79\ 477,$$
$$l_3 = l_2 - d_2 = 79\ 477 - 2\ 941 = 76\ 536,$$

.

.

.

usw.

Die **altersspezifischen einjährigen Sterbewahrscheinlichkeiten** q_x berechnen sich daraus wie folgt:

$$q_0 = \frac{d_0}{l_0} = \frac{15\ 270}{100\ 000} = 0{,}1527,$$

$$q_1 = \frac{d_1}{l_1} = \frac{5\ 253}{84\ 730} = 0{,}0620,$$

$$q_2 = \frac{d_2}{l_2} = \frac{2\ 941}{79\ 477} = 0{,}0370,$$

.

.

usw.

2. Die Perioden-Sterbetafel

Dies ist der weitaus häufiger verwendete Typ einer Sterbetafel. Es handelt sich hierbei um eine Querschnittsanalyse, bei der die Sterbeverhältnisse eines relativ kurzen Zeitraumes analysiert werden. Die Perioden-Sterbetafel beantwortet die Frage:

> Wie würden sich die augenblicklichen Sterbeverhältnisse auf die Überlebenswahrscheinlichkeiten einer hypothetischen Kohorte auswirken?

Um eine Perioden-Sterbetafel zu erstellen, geht man von den in einem Kalenderjahr herrschenden Sterblichkeitsverhältnissen aus. Diese werden durch die **altersspezifischen Sterbeziffern m_x** gekennzeichnet. Ihre Anwendung auf das Überlebensverhalten einer fiktiven Kohorte ergibt die Perioden-Sterbetafel. Um einer Entstellung durch den Zufall vorzubeugen, wählt man in der Regel drei benachbarte Jahre als Beobachtungszeitraum zur Bestimmung der altersspezifischen Sterbeziffern.

Um eine Sterbetafel aufstellen zu können, benötigt man die **einjährigen altersspezifischen Sterbewahrscheinlichkeiten**:

> q_x := einjährige altersspezifische Sterbewahrscheinlichkeit, daß eine Person im Alter von genau x Jahren vor Erreichen des (x+1)-ten Jahres stirbt.

Wenn man die Werte für q_x kennt, kann man von der Kohorte l_0 ausgehend die jeweiligen Überlebenden des Alters x bestimmen.

Man kann die Gesamtheit der Kohorte l_0 = 100 000 als Überlebende im Alter von x = 0 Jahren betrachten. Von diesen stirbt bis zum Alter von einem Jahr (x = 1) die Teilgesamtheit $d_0 = l_0 \cdot q_0$. Die Größe d_0 bezeichnet somit die im Altersintervall [0,1) aufgetretenen Sterbefälle. Die Anzahl der Überlebenden beträgt $l_1 = l_0 - d_0$. Definiert man die Größe $p_0 = 1 - q_0$ als einjährige altersspezifische Überlebenswahrscheinlichkeit, dann kann man l_1 auch in der Form $l_1 = l_0 \cdot p_0$ erhalten.

Allgemein bezeichnet

> d_x := die Anzahl der im Alter [x,x+1) gestorbenen Personen, und
> l_x := die Anzahl der Personen, die mindestens das Alter x erreichen

Es gilt dann

(9.16) $$d_x = l_x q_x \quad \text{und}$$

(9.17) $$l_{x+1} = l_x - d_x = l_x - l_x q_x = l_x(1 - q_x) = l_x p_x .$$

Da alle Menschen einmal sterben müssen, gilt $\sum_{x=0}^{w} d_x = l_0$, wobei w das maximal mögliche Alter bezeichnet. Ausgehend von l_0 läßt sich mit Hilfe der Größen d_x, l_x und $q_x = d_x/l_x$ das Überlebens- und Sterbeverhalten einer Generation vollständig beschreiben. In der Regel sind aber nicht die altersspezifischen einjährigen Sterbewahrscheinlichkeiten q_x bekannt, sondern nur die altersspezifischen Sterbeziffern m_x. Es müssen also zunächst die Werte q_x aus den Werten für m_x bestimmt werden. Man bezeichnet mit

E_x :=	die Anzahl der Personen der beobachteten Bevölkerung, die das exakte Alter x erreichen.

Die einjährige altersspezifische Sterbewahrscheinlichkeit q_x bezieht die Todesfälle, welche E_x Personen im Altersintervall [x,x+1) erleiden, auf diese Personenmenge. Die Anzahl dieser Todesfälle kann man durch D_x (= Anzahl der Todesfälle in der Altersgruppe x) approximieren und erhält somit

(9.18) $$q_x = \frac{D_x}{E_x} .$$

Unter der Annahme, daß die Todesfälle im Altersintervall [x,x+1) gleichmäßig verteilt sind, läßt sich die Größe E_x ersetzen durch

$$E_x = P_x + \frac{1}{2} D_x .$$

P_x stellt den **Bevölkerungsbestand der Altersgruppe x zur Jahresmitte** dar. Zu diesem kommen noch diejenigen Personen hinzu, die in der ersten Hälfte des Jahres gestorben sind. Setzt man dies ein, so erhält man

$$q_x = \frac{D_x}{E_x} = \frac{D_x}{P_x + \frac{1}{2} D_x} = \frac{D_x/P_x}{1 + \frac{1}{2}(D_x/P_x)} = \frac{m_x}{1 + \frac{1}{2} \cdot m_x} .$$

Ein Vergleich zeigt, daß die altersspezifische Sterbeziffer m_x größer ist als die entsprechende einjährige altersspezifische Sterbewahrscheinlichkeit q_x. Der Grund dafür besteht darin, daß im Nenner von m_x jene Personen fehlen, die im ersten Halbjahr sterben, jedoch im Nenner von q_x eingeschlossen sind, **d.h. im Nenner von m_x stehen im Durchschnitt (x + 1/2)-jährige Personen, während im Nenner von q_x genau x-jährige Personen stehen**.

Es wird sodann eine weitere, sich auf das Intervall [x,x+1) beziehende Sterbetafelfunktion definiert. Es bezeichne

L_x := die Anzahl der von allen überlebenden x-jährigen Personen bis zum Alter x+1 durchlebten Jahre.

Man bezeichnet L_x auch als die Anzahl der im Intervall [x,x+1) verlebten Personenjahre und kann L_x so als durchschnittliche Anzahl von Personen im Alter [x,x+1) interpretieren. Alle Personen l_x, die das Alter x erreicht hatten und auch ihren (x+1)-ten Geburtstag erleben, tragen zur Größe L_x ein volles Lebensjahr bei. Es sterben aber d_x Personen vor Erreichen ihres (x+1)-ten Geburtstages. Unter der Annahme, daß die Todesfälle gleichmäßig verteilt sind, leben diese Personen im Durchschnitt ein halbes Jahr.

Man erhält somit

$$L_x = 1 \cdot l_{x+1} + \frac{1}{2}\, d_x, \quad \text{und wegen } d_x = l_x - l_{x+1} \text{ folgt}$$

(9.19)
$$L_x = l_{x+1} + \frac{1}{2}\,(l_x - l_{x+1}) = \frac{1}{2}\,(l_x + l_{x+1}) = \frac{1}{2}\, l_x + \frac{1}{2}\,(l_x - d_x) = l_x - \frac{1}{2}\, d_x.$$

Es bezeichnet

T_x := die Gesamtzahl der von den Überlebenden des Alters x noch zu durchlebenden Jahren.

T_x ist dann gleich der Summe der Größen $L_x, L_{x+1}, L_{x+2}, \ldots$, d.h

(9.20)
$$T_x := \sum_{y=x}^{w} L_y,$$

wobei w wieder das maximal mögliche Alter bezeichnet. Man kann die Größe T_0 auch als gewichtetes arithmetisches Mittel aus den Klassenmitten x_i^m und den zugehörigen Werten $d_x = l_x q_x$ in der Form

$$T_0 = \sum_{i=0}^{w} d_i x_i^m$$

berechnen. Dividiert man die Größe T_x durch die Anzahl der Überlebenden des Alters x, nämlich l_x, dann erhält man

$$(9.21) \qquad e_x = \frac{T_x}{l_x},$$

die **durchschnittliche Lebenserwartung** einer x-jährigen Person.

Dies stellt die mittlere Anzahl von Jahren dar, die eine zur Zeit x-jährige Person noch bis zu ihrem Tod erleben wird.

Wegen $L_x = \frac{1}{2}(l_x + l_{x+1})$ läßt sich die Größe T_x wie folgt berechnen

$$T_x = \frac{1}{2} l_x + \sum_{y=x+1}^{w} l_y.$$

Damit läßt sich die durchschnittliche zukünftige Lebenserwartung einer x-jährigen Person in der Form

$$e_x = \frac{T_x}{l_x} = \frac{1}{2} + \frac{1}{l_x} \cdot \sum_{y=x+1}^{w} l_y$$

berechnen. Speziell für einen Neugeborenen erhält man

$$e_0 = \frac{1}{2} + \frac{1}{l_0} \cdot \sum_{y=1}^{w} l_y.$$

Eine Übersicht über die höchsten und niedrigsten mittleren Lebenserwartungen von Neugeborenen in verschiedenen Ländern dieser Erde zeigt die folgende Übersicht [Quelle: UN, Demographic Yearbook 1978, Seite 396–417]:

weiblich		männlich	
Island	79,2	Island	73,0
Norwegen	78,42	Japan	72,15
Niederlande	78,4	Norwegen	72,12
Schweden	77,75	Schweden	72,10
Japan	77,35	Niederlande	72,0
.		.	
.		.	
.		.	
.		.	
Laos	41,8	Guinea	39,4
Afghanistan	40,7	East Timor	39,2
Bhutan	40,5	Laos	39,1
Äthiopien	40,1	Jemen	40,4
Jemen	42,5	Äthiopien	37,0
Togo	28,5	Togo	31,6

Tabelle 9.7: Werte von e_0 für verschiedene Länder

Beispiel 9.7: (Perioden-Sterbetafel)

Gegeben seien die folgenden einjährigen altersspezifischen Sterbewahrscheinlichkeiten

$q_0 = 0{,}0353$; $q_1 = 0{,}0023$; $q_2 = 0{,}0014$; $q_3 = 0{,}0010$;
$q_4 = 0{,}0009$; $q_5 = 0{,}0008$; $q_6 = 0{,}0007$.

1. Aus diesen Angaben soll die Perioden-Sterbetafel bestimmt werden. Man erhält

vollendetes Alter	Überlebende im Alter x	Gestorbene im Alter x bis unter x+1	Sterbe- wahrscheinlichkeit vom Alter x bis x+1	Über- lebens- wahrscheinlichkeit vom Alter x bis x+1	Anzahl der von den Überlebenden im Alter x bis x+1 durchlebten Jahre
x	$l_x = l_{x-1} p_{x-1}$	$d_x = l_x - l_{x+1} = l_x \cdot q_x$	q_x	$p_x = 1 - q_x$	$L_x = l_x - \frac{1}{2} d_x$
0	100 000	3 530	0,0353	0,9647	98 235
1	96 470	222	0,0023	0,9977	96 359
2	96 248	135	0,0014	0,9986	96 181
3	96 113	96	0,0010	0,9990	96 065
4	96 017	86	0,0009	0,9991	95 974
5	95 931	77	0,0008	0,9992	95 893
6	95 854	67	0,0007	0,9993	95 821
7	95 787				

2. Wie groß ist die Wahrscheinlichkeit, daß ein neugeborenes Kind mindestens sechs Jahre alt wird?

$$p(6|\,0) = \frac{l_6}{l_0} = \frac{95\ 854}{100\ 000} = 0{,}95854, \quad \text{d.h. } 95{,}85\ \%.$$

3. Wie groß ist die Wahrscheinlichkeit, daß ein [0,1)-jähriges Kind sechs Jahre später für einen Schuleintritt in Frage kommt

$$\frac{L_6}{L_0} = \frac{95\ 821}{98\ 235} = 0{,}97542,$$

d.h. 97,54 % der [0,1)-jährigen Kinder erreichen das vollendete 6. Lebensjahr.

Der Unterschied zwischen Teil 2 und Teil 3 des Beispieles besteht darin, daß im 2. Teil ein **Zeitpunkt** betrachtet wird, während im 3. Teil die Größen auf einen **Zeitraum** bezogen sind.

Tabelle 9.8m: Abgekürzte Sterbetafel 1986/88
für das Gebiet der früheren Bundesrepublik (Männlich)
Quelle: Statistisches Jahrbuch 1991, Seite 82/83

Alter	Sterbe- Wahrscheinlichkeit vom Alter x bis x+1	Über- lebens- Wahrscheinlichkeit vom Alter x bis x+1	Überle- bende im Alter x	Gestorbene im Alter x bis unter x+1	von den Überlebenden im Alter x bis zum Alter x+1 durchlebte Jahre	von den Überlebenden im Alter x insgesamt noch zu durchlebende Jahre	Durchschnitt- liche Lebenser- wartung im Alter x in Jahren
x	q_x	p_x	l_x	d_x	L_x	$e_x \cdot l_x$	e_x
0	0,00925273	0,99071939	100 000	925	99 246	7 213 112	72,21
1	0,00070529	0,99926379	99 075	70	99 035	7 113 866	71,88
2	0,00049307	0,99952490	99 005	49	98 975	7 014 830	70,93
3	0,00035540	0,99966280	98 956	35	98 935	6 915 855	69,97
4	0,00030589	0,99968762	98 921	30	98 903	6 816 919	68,99
5	0,00029097	0,99970426	98 891	29	98 873	6 718 016	68,02
6	0,00027641	0,99972561	98 862	27	98 845	6 619 143	67,03
7	0,00025775	0,99973686	98 835	25	98 818	6 520 298	66,05
8	0,00023576	0,99976761	98 809	23	98 794	6 421 480	65,07
9	0,00021668	0,99978331	98 786	21	98 772	6 322 686	64,09
10	0,00020463	0,99979779	98 764	20	98 751	6 223 914	63,10
11	0,00020218	0,99979518	98 744	20	98 731	6 125 163	62,11
12	0,00020926	0,99978047	98 724	21	98 710	6 026 433	61,12
13	0,00023283	0,99976945	98 704	23	98 688	5 927 723	60,14
14	0,00029344	0,99970918	98 681	29	98 662	5 829 035	59,15
15	0,00040200	0,99959831	98 652	40	98 628	5 730 373	58,17
16	0,00055634	0,99944175	98 612	55	98 580	5 631 745	57,19
17	0,00075125	0,99929053	98 557	74	98 518	5 533 165	56,22
18	0,00095645	0,99897042	98 483	94	98 432	5 434 647	55,26
19	0,00106913	0,99893938	98 389	105	98 329	5 336 214	54,32
20	0,00110194	0,99890544	98 284	108	98 224	5 237 885	53,37
21	0,00109139	0,99898491	98 175	107	98 120	5 139 661	52,43
22	0,00106503	0,99899055	98 068	104	98 021	5 041 541	51,49
23	0,00103813	0,99897361	97 964	102	97 921	4 943 521	50,54
24	0,00101645	0,99899315	97 862	99	97 821	4 845 600	49,60
25	0,00100325	0,99900492	97 763	98	97 723	4 747 779	48,65
26	0,00100130	0,99901928	97 664	98	97 627	4 650 055	47,69
27	0,00101285	0,99899830	97 567	99	97 530	4 552 429	46,74
28	0,00103836	0,99900423	97 468	101	97 433	4 454 899	45,79
29	0,00107643	0,99890658	97 367	105	97 331	4 357 466	44,84
30	0,00112194	0,99885394	97 262	109	97 222	4 260 135	43,88
31	0,00117247	0,99885207	97 153	114	97 110	4 162 913	42,93
32	0,00122951	0,99874207	97 039	119	96 994	4 065 803	41,98
33	0,00129498	0,99874293	96 920	126	96 872	3 968 809	41,03
34	0,00137346	0,99866115	96 794	133	96 746	3 871 938	40,09
35	0,00146739	0,99853800	96 661	142	96 610	3 775 192	39,14
36	0,00157643	0,99839945	96 519	152	96 462	3 678 582	38,20
37	0,00170033	0,99828219	96 367	164	96 302	3 582 119	37,26
38	0,00184126	0,99816201	96 203	177	96 131	3 485 817	36,32
39	0,00200292	0,99793326	96 026	192	95 943	3 389 686	35,39
40	0,00218931	0,99793130	95 834	210	95 745	3 293 742	34,46
41	0,00240516	0,99745636	95 624	230	95 524	3 197 997	33,53
42	0,00265040	0,99734351	95 394	253	95 276	3 102 473	32,61
43	0,00292755	0,99707122	95 141	279	95 010	3 007 197	31,69
44	0,00323949	0,99674190	94 863	307	94 716	2 912 187	30,79

Tabelle 9.8m: **Abgekürzte Sterbetafel 1986/88** (Männlich)

Alter	Sterbe–	Über-lebens–	Überle-bende im Alter x	Gestorbene im Alter x bis unter x+1	von den Überlebenden im Alter x bis zum Alter x+1 durchlebte	insgesamt noch zu durchlebende	Durchschnitt-liche Lebenser-wartung im Alter x in Jahren
	Wahrscheinlichkeit vom Alter x bis x+1				Jahre		
x	q_x	p_x	l_x	d_x	L_x	$e_x \cdot l_x$	e_x
45	0,00356568	0,99643432	94 561	337	94 393	2 817 471	29,80
46	0,00418173	0,99581827	94 224	394	94 027	2 723 078	28,90
47	0,00444642	0,99555358	93 830	417	93 622	2 629 051	28,02
48	0,00493768	0,99506232	93 413	461	93 182	2 535 429	27,14
49	0,00525019	0,99474981	92 952	488	92 708	2 442 246	26,27
50	0,00600277	0,99399723	92 464	555	92 186	2 349 539	25,41
51	0,00666991	0,99333009	91 909	613	91 602	2 257 352	24,56
52	0,00730383	0,99269617	91 296	667	90 962	2 165 750	23,72
53	0,00835418	0,99164582	90 629	757	90 250	2 074 788	22,89
54	0,00913242	0,99086758	89 872	821	89 461	1 984 537	22,08
55	0,01005289	0,98994711	89 051	895	88 603	1 895 076	21,28
56	0,01110881	0,98889119	88 156	979	87 666	1 806 472	20,49
57	0,01237407	0,98762593	87 177	1 079	86 637	1 718 806	19,72
58	0,01331095	0,98668905	86 098	1 146	85 525	1 632 169	18,96
59	0,01459213	0,98540787	84 952	1 240	84 332	1 546 644	18,21
60	0,01596555	0,98403445	83 712	1 337	83 044	1 462 312	17,47
61	0,01726477	0,98273523	82 376	1 422	81 665	1 379 268	16,74
62	0,01894876	0,98105124	80 953	1 534	80 186	1 297 604	16,03
63	0,02083370	0,97916630	79 419	1 655	78 592	1 217 417	15,33
64	0,02250682	0,97749316	77 765	1 750	76 890	1 138 825	14,64
65	0,02476852	0,97523148	76 015	1 883	75 073	1 061 935	13,97
66	0,02816668	0,97183332	74 132	2 088	73 088	986 862	13,31
67	0,02897599	0,97102401	72 044	2 088	71 000	913 774	12,68
68	0,03487678	0,96512322	69 956	2 440	68 736	842 774	12,05
69	0,03524674	0,96475326	67 516	2 380	66 327	774 038	11,46
70	0,03865511	0,96134489	65 137	2 518	63 878	707 712	10,87
71	0,04503865	0,95496135	62 619	2 820	61 209	643 834	10,28
72	0,04672489	0,95327511	59 799	2 794	58 402	582 625	9,74
73	0,05337239	0,94662761	57 004	3 042	55 483	524 224	9,20
74	0,05754589	0,94245411	53 962	3 105	52 409	468 740	8,69
75	0,06411811	0,93588189	50 857	3 261	49 226	416 331	8,19
76	0,07095343	0,92904657	47 596	3 377	45 907	367 105	7,71
77	0,07813303	0,92186697	44 219	3 455	42 491	321 197	7,26
78	0,08564457	0,91435543	40 764	3 491	39 018	278 706	6,84
79	0,09436618	0,90563382	37 273	3 517	35 514	239 688	6,43
80	0,10242774	0,89757226	33 755	3 457	32 027	204 174	6,05
81	0,11325344	0,88674656	30 298	3 431	28 582	172 147	5,68
82	0,12359235	0,87640765	26 867	3 320	25 206	143 565	5,34
83	0,13474829	0,86525171	23 546	3 173	21 960	118 359	5,03
84	0,14469385	0,85530615	20 373	2 948	18 899	96 399	4,73
85	0,15633896	0,84366104	17 425	2 724	16 063	77 500	4,45
86	0,17068131	0,82931869	14 701	2 509	13 447	61 436	4,18
87	0,18325258	0,81674742	12 192	2 234	11 075	47 990	3,94
88	0,19913841	0,80086159	9 958	1 983	8 966	36 915	3,71
89	0,20720712	0,79279288	7 975	1 652	7 149	27 949	3,50
90	1,00000000	0,00000000	6 322	6 322	20 800	20 800	3,29

Tabelle 9.8w: Agekürzte Sterbetafel 1986/88
für das Gebiet der früheren Bundesrepublik (Weiblich)
Quelle: Statistisches Jahrbuch 1991, Seite 82/83

Alter	Sterbe- Wahrscheinlichkeit vom Alter x bis x+1	Über- lebens- Wahrscheinlichkeit vom Alter x bis x+1	Überle- bende im Alter x	Gestorbene im Alter x bis unter x+1	von den Überlebenden im Alter x bis zum Alter x+1 durchlebte Jahre	von den Überlebenden im Alter x insgesamt noch zu durchlebende Jahre	Durchschnitt- liche Lebenser- wartung im Alter x in Jahren
x	q_x	p_x	l_x	d_x	L_x	$e_x \cdot l_x$	e_x
0	0,00928061	0,99071939	100 000	702	99 246	7 213 112	78,68
1	0,00073621	0,99926379	99 298	58	99 035	7 113 866	78,23
2	0,00047510	0,99952490	99 241	40	98 975	7 014 830	77,28
3	0,00033720	0,99966280	99 201	27	98 935	6 915 855	76,31
4	0,00031238	0,99968762	99 174	20	98 903	6 816 919	75,33
5	0,00029574	0,99970426	99 153	18	98 873	6 718 016	74,35
6	0,00027439	0,99972561	99 136	17	98 845	6 619 143	73,36
7	0,00026314	0,99973686	99 119	16	98 818	6 520 298	72,37
8	0,00023239	0,99976761	99 103	15	98 794	6 421 480	71,38
9	0,00021669	0,99978331	99 088	15	98 772	6 322 686	70,39
10	0,00020221	0,99979779	99 073	14	98 751	6 223 914	69,40
11	0,00020482	0,99979518	99 058	14	98 731	6 125 163	68,41
12	0,00021953	0,99978047	99 044	15	98 710	6 026 433	67,42
13	0,00023055	0,99976945	99 029	16	98 688	5 927 723	66,43
14	0,00029082	0,99970918	99 013	18	98 662	5 829 035	65,45
15	0,00040169	0,99959831	98 995	21	98 628	5 730 373	64,46
16	0,00055825	0,99944175	98 974	26	98 580	5 631 745	63,47
17	0,00070947	0,99929053	98 947	31	98 518	5 533 165	62,49
18	0,00102958	0,99897042	98 916	36	98 432	5 434 647	61,51
19	0,00106062	0,99893938	98 881	38	98 329	5 336 214	60,53
20	0,00109456	0,99890544	98 843	38	98 224	5 237 885	59,55
21	0,00101509	0,99898491	98 806	37	98 120	5 139 661	58,57
22	0,00100945	0,99899055	98 768	37	98 021	5 041 541	57,60
23	0,00102639	0,99897361	98 731	37	97 921	4 943 521	56,62
24	0,00100685	0,99899315	98 694	38	97 821	4 845 600	55,64
25	0,00099508	0,99900492	98 657	38	97 723	4 747 779	54,66
26	0,00098072	0,99901928	98 619	40	97 627	4 650 055	53,68
27	0,00100170	0,99899830	98 579	42	97 530	4 552 429	52,70
28	0,00099577	0,99900423	98 538	44	97 433	4 454 899	51,72
29	0,00109342	0,99890658	98 493	47	97 331	4 357 466	50,75
30	0,00114606	0,99885394	98 446	51	97 222	4 260 135	49,77
31	0,00114793	0,99885207	98 395	55	97 110	4 162 913	48,80
32	0,00125793	0,99874207	98 340	60	96 994	4 065 803	47,82
33	0,00125707	0,99874293	98 280	64	96 872	3 968 809	46,85
34	0,00133885	0,99866115	98 216	70	96 746	3 871 938	45,88
35	0,00146200	0,99853800	98 146	76	96 610	3 775 192	44,91
36	0,00160055	0,99839945	98 071	83	96 462	3 678 582	43,95
37	0,0171781	0,99828219	97 988	91	96 302	3 582 119	42,99
38	0,00183799	0,99816201	97 896	101	96 131	3 485 817	42,03
39	0,00206674	0,99793326	97 796	111	95 943	3 389 686	41,07
40	0,00206870	0,99793130	97 685	121	95 745	3 293 742	40,11
41	0,00254364	0,99745636	97 564	133	95 524	3 197 997	39,16
42	0,00265649	0,99734351	97 431	145	95 276	3 102 473	38,22
43	0,00292878	0,99707122	97 286	159	95 010	3 007 197	37,27
44	0,00325810	0,99674190	97 127	173	94 716	2 912 187	36,33

Tabelle 9.9w: Abgekürzte Sterbetafel 1986/88 (Weiblich)

Alter	Sterbe-	Über-lebens-	Überle-bende im Alter x	Gestorbene im Alter x bis unter x+1	von den Überlebenden im Alter x bis zum Alter x+1 durchlebte	von den Überlebenden im Alter x insgesamt noch zu durchlebende	Durchschnitt-liche Lebenser-wartung im Alter x in Jahren
	Wahrscheinlichkeit vom Alter x bis x+1				Jahre		
x	q_x	p_x	l_x	d_x	L_x	$e_x \cdot l_x$	e_x
45	0,00192867	0,99807133	96 948	187	96 855	3 429 284	35,37
46	0,00219557	0,99780443	96 761	212	96 655	3 332 429	34,44
47	0,00221125	0,99778875	96 549	213	96 442	3 235 773	33,51
48	0,00251055	0,99748945	96 335	242	96 215	3 139 331	32,59
49	0,00267079	0,99732921	96 094	257	95 965	3 043 117	31,67
50	0,00300160	0,99699840	95 837	288	95 693	2 947 151	30,75
51	0,00317073	0,99682927	95 549	303	95 398	2 851 458	29,84
52	0,00345682	0,99654318	95 246	329	95 082	2 756 060	28,94
53	0,00390897	0,99609103	94 917	371	94 732	2 660 979	28,03
54	0,00420184	0,99579816	94 546	397	94 347	2 566 247	27,14
55	0,00455614	0,99544386	94 149	429	93 934	2 471 900	26,26
56	0,00512355	0,99487645	93 720	480	93 480	2 377 965	25,37
57	0,00534350	0,99465650	93 240	498	92 991	2 284 485	24,50
58	0,00609518	0,99390482	92 741	565	92 459	2 191 495	23,63
59	0,00649223	0,99350777	92 176	598	91 877	2 099 036	22,77
60	0,00730181	0,99269819	91 578	669	91 243	2 007 159	21,92
61	0,00799031	0,99200969	90 909	726	90 546	1 915 916	21,08
62	0,00879733	0,99120267	90 183	793	89 786	1 825 370	20,24
63	0,00965439	0,99034561	89 389	863	88 958	1 735 584	19,42
64	0,01060949	0,98939051	88 526	939	88 057	1 646 626	18,60
65	0,01176625	0,98823375	87 587	1 031	87 072	1 558 569	17,79
66	0,01352085	0,98647915	86 557	1 170	85 971	1 471 497	17,00
67	0,01419704	0,98580296	85 386	1 212	84 780	1 385 526	16,23
68	0,01734402	0,98265598	84 174	1 460	83 444	1 300 746	15,45
69	0,01766930	0,98233070	82 714	1 461	81 983	1 217 302	14,72
70	0,01947710	0,98052290	81 253	1 583	80 461	1 135 319	13,97
71	0,02287850	0,97712150	79 670	1 823	78 759	1 054 857	13,24
72	0,02402498	0,97597502	77 847	1 870	76 912	976 099	12,54
73	0,02786133	0,97213867	75 977	2 117	74 919	899 187	11,83
74	0,03133487	0,96866513	73 860	2 314	72 703	824 268	11,16
75	0,03516595	0,96483405	71 546	2 516	70 288	751 565	10,50
76	0,04017144	0,95982856	69 030	2 773	67 643	681 277	9,87
77	0,04542660	0,95457340	66 257	3 010	64 752	613 634	9,26
78	0,05147703	0,94852297	63 247	3 256	61 619	548 882	8,68
79	0,05769102	0,94230898	59 991	3 461	58 261	487 263	8,12
80	0,06581333	0,93418667	56 530	3 720	54 670	429 002	7,59
81	0,07488094	0,92511906	52 810	3 954	50 833	374 332	7,09
82	0,08305324	0,91694676	48 855	4 058	46 827	323 500	6,62
83	0,09309595	0,90690405	44 798	4 170	42 713	276 673	6,18
84	0,10428932	0,89571068	40 627	4 237	38 509	233 961	5,76
85	0,11584917	0,88415083	36 390	4 216	34 282	195 452	5,37
86	0,12782698	0,87217302	32 174	4 113	30 118	161 170	5,01
87	0,14262771	0,85737229	28 062	4 002	26 061	131 052	4,67
88	0,15802947	0,84197053	24 059	3 802	22 158	104 991	4,36
89	0,17303228	0,82696772	20 257	3 505	18 505	82 833	4,09
90	1,00000000	0,00000000	16 752	16 752	64 328	64 328	3,84

Übungsaufgaben zu Kapitel 9

Aufgabe 1:

1. Natürliche Bevölkerungsentwicklung und Wanderungen in der BRD (Angaben in 1 000). (Quelle: Statistisches Jahrbuch, 1981, S.68 und 77)

Jahr	Überschuß der Geborenen(+) Gestorbenen(-)	Überschuß der Zu- (+) bzw. Fortgezogenen (-)
1976	- 13,0	- 72,2
1977	- 12,3	32,7
1978	- 14,7	115,4
1979	- 13,0	246,0
1980	- 9,4	311,9

Der Bevölkerungsbestand der BRD betrug am 31.12.1975 ca. 61 645 000.

a) Erläutern Sie die Begriffe Bestands- und Bewegungsmasse und geben Sie an, welche Erhebungsmöglichkeiten von Bestandsmassen Sie kennen.

Erläutern Sie den Begriff der Bevölkerung.

b) Ermitteln Sie mittels Bestandsfortschreibung den Bevölkerungsbestand der BRD am 31.12.1977.

c) Die durch die Volkszählung am 27.5.1970 festgestellte Einwohnerzahl lag um 1,4 % unter dem zum gleichen Stichtag fortgeschriebenen Bevölkerungsbestand auf der Basis der Volkszählung 1961.

Wie erklären Sie sich diesen Unterschied?

2. Die Bevölkerung der Erde betrug

1971: 3,706 Mio.

1980: 4,415 Mio.

a) Berechnen Sie die durchschnittliche jährliche Wachstumsrate der Erdbevölkerung in der Zeit von 1971 bis 1980.

b) Extrapolieren Sie den Bevölkerungsbestand bis 1990.
Welche Annahmen treffen Sie bei diesem Verfahren?

1.b) 61 580 200. 2.a) 1,01964. b) 5259,597; 5362,896; 5468,230.

Aufgabe 2:

Im Fertigungslager eines Betriebes wurden während des Jahres 1979/80 die folgenden Zu- und Abgänge einer bestimmten Güterart verzeichnet:

Monat	Zugänge Stück	Abgänge Stück
Juli	36	35
Aug.	43	55
Sept.	39	63
Okt.	27	57
Nov.	29	125
Dez.	33	115
Jan.	33	16
Febr.	35	17
März	31	13
April	30	20
Mai	42	20
Juni	42	28

Der Bestand am 30. Juni betrug 270 Stück.

a) Stellen Sie die Zugangs- und Abgangslinie graphisch dar.

b) Wie groß war der Bestand am 31. März 1980?

c) War der durchschnittliche Lagerbestand im Zeitraum Juli 79 - Dez. 79 höher oder niedriger als während der gesamten Periode?

d) Ermitteln Sie die Verweildauerziffer und geben Sie an, welcher Zusammenhang zwischen der Verweildauerziffer und dem Durchschnittsbestand besteht.

e) Geben Sie an, wie groß die Umschlagsziffer dieses Jahres ist und erläutern Sie, was diese Ziffer in diesem Fall bedeutet.

f) Berechnen Sie die mittlere Zu- und Abgangsmenge pro Monat und die Zu- und Abgangsziffer. Interpretieren Sie die errechneten Werte.

b) 80. c) 204,58; 141. d) 0,68; 3,63. e) 3,31. f) 47; 35; 0,333; 0,248.

Aufgabe 3:

a) Das Statistische Bundesamt hatte im Jahre 1995 für die Bundesrepublik Deutschland für den 31.12.1993 folgenden Altersaufbau veröffentlicht.

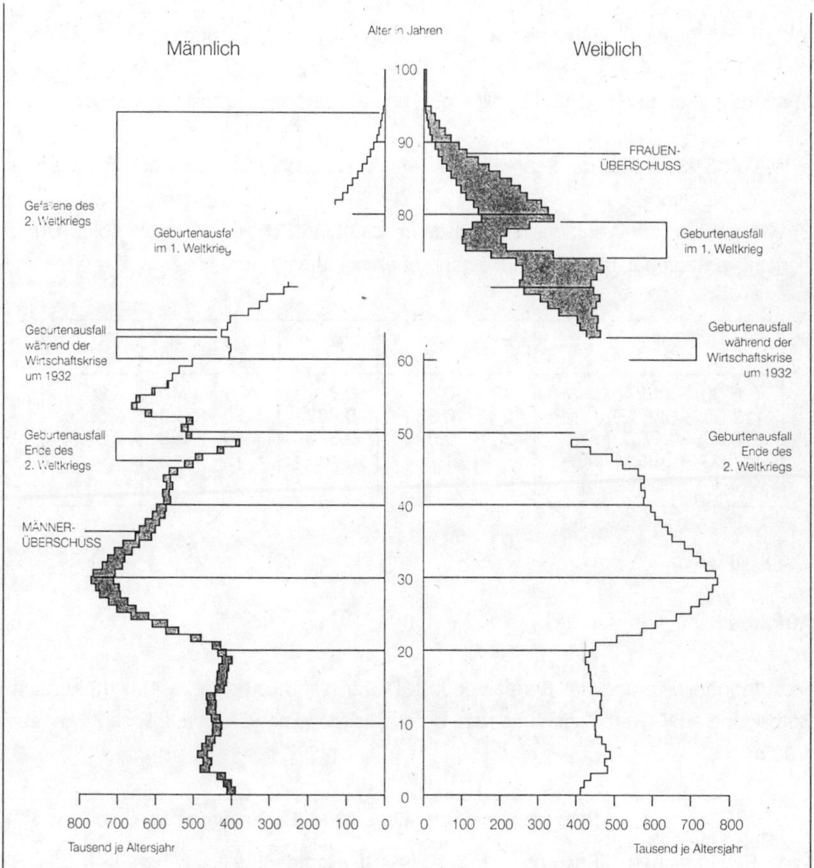

Abb.: Altersaufbau der Wohnbevölkerung am 31.12.1993

a) Erläutern Sie die Besonderheiten dieses Altersaufbaus im Hinblick auf ihre Ursache und Wirkungen und geben Sie die typischen Formen des Altersaufbaus an.

b) Prognostizieren Sie einen Bevölkerungsaufbau für das Jahr 2000.

Welche Annahmen treffen Sie dabei?

Aufgabe 4:

Ein Lebensmittelhändler kauft um 6.00 Uhr 100 Schalen mit Erdbeeren auf dem Großmarkt ein. Erfahrungsgemäß hat er bis 12.00 Uhr 40 Schalen, um 15.00 Uhr insgesamt 60 und um 17.00 Uhr insgesamt 85 und bei Geschäftsschluß alle Schalen verkauft.

a) Erstellen Sie eine "Sterbetafel" mit den Spalten x, q_x, p_x, l_x, d_x und L_x.

b) Interpretieren Sie p_x, l_x und L_x allgemein und auf diese Fragestellung bezogen.

c) Wie groß ist die Zahl der Schälchen, die er von 12.00 bis 15.00 Uhr noch im Laden hat?

d) Wie groß ist die Wahrscheinlichkeit dafür, daß eine Schale, die er bis 15.00 Uhr noch nicht verkauft hat, bis 17.00 Uhr einen Abnehmer findet?

a)

Zeit	x	q_x	p_x	l_x	d_x	L_x
(6.00 - 12.00)	1	0,4	0,6	100	40	80
(12.00 - 15.00)	2	0,333	0,667	60	20	50
(15.00 - 17.00)	3	0,625	0,375	40	25	27,5
(17.00 - Geschäfts-schluß)	4	1	0	15	15	

c) 50; d) 0,625.

Aufgabe 5:

Die Wohnbevölkerung der Bundesrepublik Deutschland ließ sich im April 1980 nach der Beteiligung am Erwerbsleben und dem Unterhaltskonzept wie folgt aufgliedern (Angaben in 1 000):

Beteiligung am Erwerbsleben	Personen mit überwiegendem Lebensunterhalt durch				
	Erwerbs-tätigkeit	Arbeits-losengeld	Rente und dergleichen	Ange-hörige	Summe
Erwerbstätige	24 772	-	365	1 734	26 871
Erwerbslose	-	388	129	249	766
Nichterwerbs-personen	-	-	11 195	22 682	33 877
Wohnbevölkerung	24 772	388	11 689	24 665	61 514

a) Berechnen Sie, wie groß der Anteil der Erwerbspersonen an den Personen ist, die ihren Lebensunterhalt überwiegend durch Rente und dergleichen bestreiten.

b) Welcher Anteil der Erwerbspersonen bestreitet seinen Lebensunterhalt vorwiegend aus den Einkünften seiner Angehörigen?

c) Berechnen Sie die allgemeine Erwerbsquote. Halten Sie diese Zahl zur Kennzeichnung der sozialen Belastung der arbeitenden Bevölkerung für sinnvoll oder läßt sich aus obigem Zahlenmaterial eine geeignetere Maßzahl bestimmen?

Begründen Sie Ihre Antwort.

d) Die Zahl der Arbeitslosen betrug Ende Sept. 1980 ca. 822 701. Wie lassen sich die Unterschiede zwischen der Zahl der Arbeitsbeitslosen und der Erwerbslosen erklären?

a) 4,23 %. b) 7,18 %. c) 44,93 %; 40,27 %.

Aufgabe 6:

Ein Bundesland der BRD wies in den Jahren 1971 und 1981 folgende Altersgliederung der Erwerbspersonen und der Wohnbevölkerung auf (Angaben in 100 000):

Alter	Erwerbspersonen		Wohnbevölkerung	
	1971	1981	1971	1981
[0; 15)	0,0	0,0	25,0	30,0
[15; 25)	8,0	7,2	10,0	12,0
[25; 45)	21,0	22,4	30,0	32,0
[45; 65)	12,0	12,0	20,0	20,0
über 65	3,0	1,6	15,0	16,0

a) Berechnen Sie die allgemeine Erwerbsquote dieses Bundeslandes in den Jahren 1971 und 1981.

b) Ermitteln Sie die altersspezifische Erwerbsquoten für 1981.

c) Zeigen Sie, daß sich die allgemeine Erwerbsquote als gewogenes arithmetisches Mittel der besonderen Erwerbsquoten darstellen läßt.

d) Berechnen Sie die standardisierte Erwerbsquote für das Jahr 1981 auf der Basis der Altersstruktur von 1971.
Interpretieren Sie das errechnete Ergebnis.

a) 39,28 %; 44,00 %. b) 0 %; 60,0 %; 70,0 %, 60,0 %, 10,0 %. d) 40,5 %.

Aufgabe 7:

a) Erklären Sie den Unterschied zwischen Sterbewahrscheinlichkeit und Sterbeziffer.

b) Welcher Zusammenhang besteht zwischen der allgemeinen Sterbeziffer und der Abgangsziffer im Fortschreibungsmodell?

Aufgabe 8:

1980 wurden in der BRD 318 480 männliche Kinder geboren. Beantworten sie unter Verwendung der Werte aus der Sterbetafel von 1970/72 (Tabelle 9.8) folgende Fragen:

a) Berechnen Sie die durchschnittliche Anzahl der männlichen Personen, die sich im zweiten Lebensjahr befinden werden.

b) Wie groß ist die Zahl der männlichen Personen, die sich im Alter von 5 bis unter 6 Jahren befinden werden?

c) Bestimmen Sie die Zahl der männlichen Personen, die im Laufe des Jahres 1986 den sechsten Geburtstag erleben werden.

d) Bestimmen Sie die mittlere zukünftige Lebenserwartung von 9–jährigen Knaben.

a) 315 309. b) 3148928. c) 314 843. d) 64,01.

Aufgabe 9:

Ein Hersteller von hochwertigen Präzisionswerkzeugen weiß aus Erfahrung, daß von 100 neu hergestellten Werkzeugen 20 bereits im ersten Jahr ihrer Nutzung verschrottet werden müssen, 40 im zweiten Jahr und die restlichen 40 im dritten Jahr.

a) Erstellen Sie eine Sterbetafel für diese Präzisionswerkzeuge mit den Spalten x, q_x, p_x, l_x und d_x.

b) Wie groß ist die Wahrscheinlichkeit dafür, daß ein Werkzeug, das eine einjährige Nutzung bereits hinter sich hat, im folgenden (zweiten) Jahr verschrottet werden muß?

c) Ein Unternehmen kauft 10 000 dieser Werkzeuge. Wie groß ist der Ersatzbedarf dieses Unternehmens in den nächsten 2 Jahren, wenn alle defekten Werkzeuge am Ende eines Jahres durch neue ersetzt werden müssen?

b) 0,5. c) 6 400.

Aufgabe 10:

Gegeben sei die folgende Statistik für Sterbefälle:

Alter x	Anzahl der Männer, die in den Jahren 1951-60 ihren x-ten Geburtstag erreichten (in Mio.) l_x	Anzahl der Männer, der Spalte (2), die vor Erreichen des (x+10)-ten Geburtstages sterben (in Mio.) d_x
[0;10)	5	0,40
[10;20)		0,04
[20;30)		0,08
[30;40)		0,10
[40;50)		0,24
[50;60)		0,36
[60;70)		0,80
[70;80)		0,58
[80;90)		0,91
[90,100)		1,49

Berechnen Sie anhand dieser Tabelle:

a) die Sterbe- und Überlebenswahrscheinlichkeiten der x-jährigen Männer,

b) die Sterbewahrscheinlichkeiten eines Neugeborenen in den einzelnen Altersklassen,

c) das Altersintervall, in dem ein Neugeborener, nachdem er es erreicht hat, mit der größten Wahrscheinlichkeit stirbt und seine mittlere Lebenserwartung.

d) Weshalb spricht man davon, daß bei der Sterbetafel Ergebnisse einer Querschnittsanalyse längsschnittanalytisch interpretiert werden?

c) [90;100); 70,62.

10. Zeitreihenanalyse

10.1 Bewegungskomponenten von Zeitreihen

Von einer Zeitreihe spricht man, wenn man den gleichen Sachverhalt, etwa die Kohleförderung einer bestimmten Zeche oder die Ausgaben eines bestimmten Haushaltes für Nahrungsmittel, über einen längeren Zeitraum beobachtet und zu bestimmten, oftmals äquidistanten Zeitpunkten einen Beobachtungswert registriert. Beispiele für ökonomische Größen, die über einen längeren Zeitraum beobachtet werden, sind beispielsweise Absatzmengen, Preise, Einkommen, Konsumausgaben, Bevölkerungszahlen, Geburtenziffern, Preisindizes und viele andere Größen. Die Aufgabe der Analyse besteht dann darin, eine solche beobachtete Zeitreihe auf gewisse Gesetzmäßigkeiten zu untersuchen.

Dies geschieht,

a) um die zeitliche Entwicklung verschiedener Tatbestände miteinander zu vergleichen,

b) um Aussagen zu gewinnen über Zeitpunkte des Beobachtungsintervalls, für die **kein** Wert beobachtet wurde (**Interpolation**), und

c) um Aussagen zu treffen über Zeitpunkte, die **außerhalb des Beobachtungsintervalls** liegen (**Extrapolation, Prognose**).

Ein Verfahren, um solche Gesetzmäßigkeiten aufzuzeigen, haben wir bereits mit der Regressions- und Korrelationsrechnung im Kapitel 7.4 kennengelernt. Bei dieser Methode wird versucht, die zeitliche Entwicklung einer ökonomischen Variablen mit Hilfe von anderen ökonomischen Einflußgrößen zu erklären. Man spricht von einer **multivariablen Zeitreihenanalyse**.

Eine andere Möglichkeit besteht nun darin, eine beobachtete Zeitreihe auf gewisse eigenständige Gesetzmäßigkeiten zu untersuchen, ohne andere ökonomische Einflußfaktoren zu berücksichtigen. Durch eine solche Analyse einer Folge von Beobachtungswerten wird daher nur das zeitliche Verhalten der beobachteten Größe selbst untersucht. Man spricht in diesem Zusammenhang von einer **univariablen Zeitreihenanalyse**.

Im Rahmen dieses Kapitels soll **nur** auf die **univariable Zeitreihenanalyse** eingegangen werden.

Hat man eine Folge von Beobachtungswerten vorliegen, dann bietet sich zunächst eine graphische Darstellung der Beobachtungsbefunde im gewöhnlichen rechtwinkligen Koordinatensystem an. Auf der Abszisse werden die Zeitpunkte bzw. das Zeitintervall abgetragen und auf der Ordinate die beobachteten Merkmalswerte. Eine solche graphische Darstellung erlaubt noch keine exakten analytischen Rückschlüsse auf den Aufbau einer Zeitreihe. Der **graphische Vergleich** vieler solcher Zeitreihen sowie wirtschaftstheoretische Überlegungen haben jedoch zur Vorstellung geführt, daß eine Zeitreihe durch das Zusammenwirken mehrerer zeitlicher Bewegungskomponenten entsteht. Daher hat es sich eingebürgert, die folgenden einzelnen Komponenten voneinander zu unterscheiden:

a) eine **Trend-Komponente** m_T, durch die eine **langfristige** Grundrichtung der zeitlichen Entwicklung erfaßt werden soll,

b) eine **zyklische Komponente** z_T, durch die **mittelfristige**, sich periodisch wiederholende Einflüsse, insbesondere konjunkturelle Schwankungen, erfaßt werden sollen, die mit einer mehrjährigen, aber nicht völlig konstant bleibenden Periode den Trend überlagern,

c) eine **saisonale Komponente** s_T, durch die jahreszeitliche Ereignisse erfaßt werden sollen, die mit einer **konstanten jährlichen Periode** auftreten und dem Trend und der zyklischen Komponente überlagert sind. Diese saisonalen Schwankungen sind etwa durch institutionelle Ursachen begründet, wie beispielsweise Jahreszeiten, Feiertage, Urlaubszeiten, Steuertermin usw.,

d) eine **zufällige Rest-Komponente** r_T, durch die alle Schwankungen der beobachteten Zeitreihe erfaßt werden sollen, die nicht durch die drei bereits genannten systematischen Komponenten erfaßt und gedeutet worden sind. Von diesen zufälligen Schwankungen wird postuliert, daß ihr Mittelwert Null ist. Außerdem hängt die Größe der Restkomponente von dem Verfahren ab, nach welchem die anderen Komponenten bestimmt worden sind.

Da eine klare Trennung von Trend- und zyklischer Konjunkturkomponente oftmals nicht exakt möglich ist, werden beide meistens zu einer **glatten Komponente** g_T, zusammengefaßt. Allerdings treten bei ökonomischen Zeitreihen die einzelnen systematischen Bewegungskomponenten nicht isoliert, sondern miteinander vermischt auf. Bei der Analyse einer solchen Zeitreihe stellt sich daher das Problem, wie sich die Zeitreihenwerte aus den einzelnen systematischen Komponenten zusammensetzen. Bezeichnet man die Beobachtungswerte für die Zeitpunkte $T = 1,2,\ldots,n$ mit Y_T, dann fordert das einfachste Modell eine **additive Verknüpfung** der einzelnen Komponenten

(10.1) $$Y_T = g_T + s_T + r_T. \qquad (T = 1,2,\ldots,n)$$

Eine solche Verknüpfung erscheint immer dann sinnvoll, wenn die saisonale Komponente einen Ausschlag aufweist, der unabhängig vom Niveau der glatten Komponente g_T der Zeitreihe Y_T ist. Allerdings wird man bei vielen ökonomischen Zeitreihen beobachten, daß der Wert der Saisonkomponente vom Niveau der glatten Komponente abhängt, d.h. wenn die glatte Komponente steigt, werden auch die Saisonausschläge größer. Wird eine solche Erscheinung beobachtet, dann erscheint eine **multiplikative Verknüpfung** der einzelnen Komponenten vernünftiger, d.h.

(10.2) $$Y_T = g_T \cdot s_T \cdot r_T \qquad (T = 1,2,\ldots,n)$$

(vergleiche Abb. 10.1a und 10.1b).

Wenn $Y_T > 0$ ist, kann dieser Ansatz durch Logarithmieren auf den additiven Ansatz zurückgeführt werden, nämlich

$$\log Y_T = \log g_T + \log s_T + \log r_T.$$

Dies bedeutet, daß man von einer additiven Verknüpfung der Logarithmen der einzelnen Komponenten ausgehen kann. Modelle, in denen sowohl additive als auch multiplikative Verknüpfungen gleichzeitig auftreten, sollen im folgenden nicht behandelt werden.

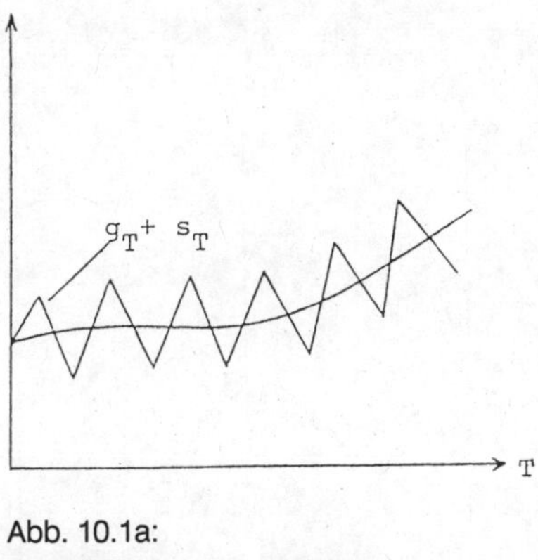

Abb. 10.1a:
glatte und Saisonkomponente
bei additiver Verknüpfung

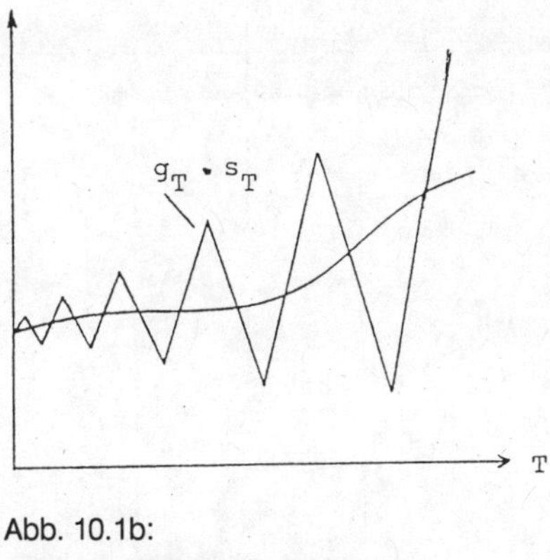

Abb. 10.1b:
glatte und Saisonkomponente
bei multiplikativer Verknüpfung

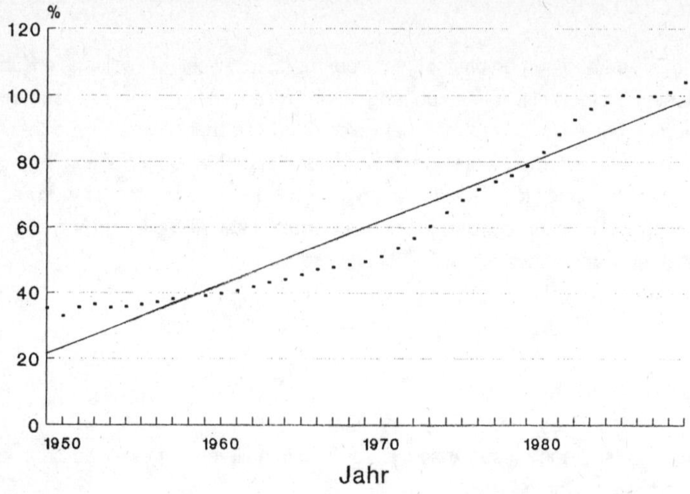

Abb. 10.2: Zeitliche Entwicklung des Preisindexes für die Lebenshaltung in der BRD. Beispiel für eine Zeitreihe mit Trendkomponente (Basis 1980). Quelle: Statistisches Jahrbuch, 1984

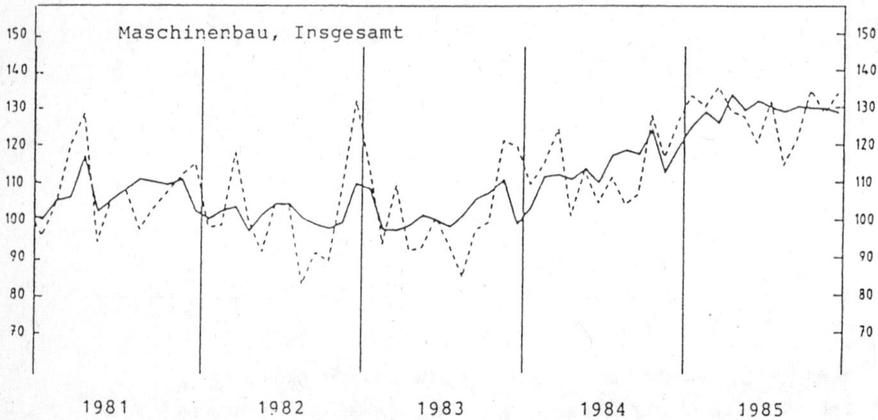

Abb. 10.3: Auftragseingang beim Maschinenbau (Originalwerte und saisonbereinigte Werte) Quelle: Fachserie 4, Reihe 2.2 des Statistischen Bundesamtes 12/85

Abb. 10.4: Zeitliche Entwicklung des durchschnittlichen Milchertrages pro Kuh und Monat in der BRD. Beispiel für eine Zeitreihe mit einer Saisonkomponente von fester Periodenlänge. Quelle: Fachserie 3, Reihe 4.2.2 des Statistischen Bundesamtes

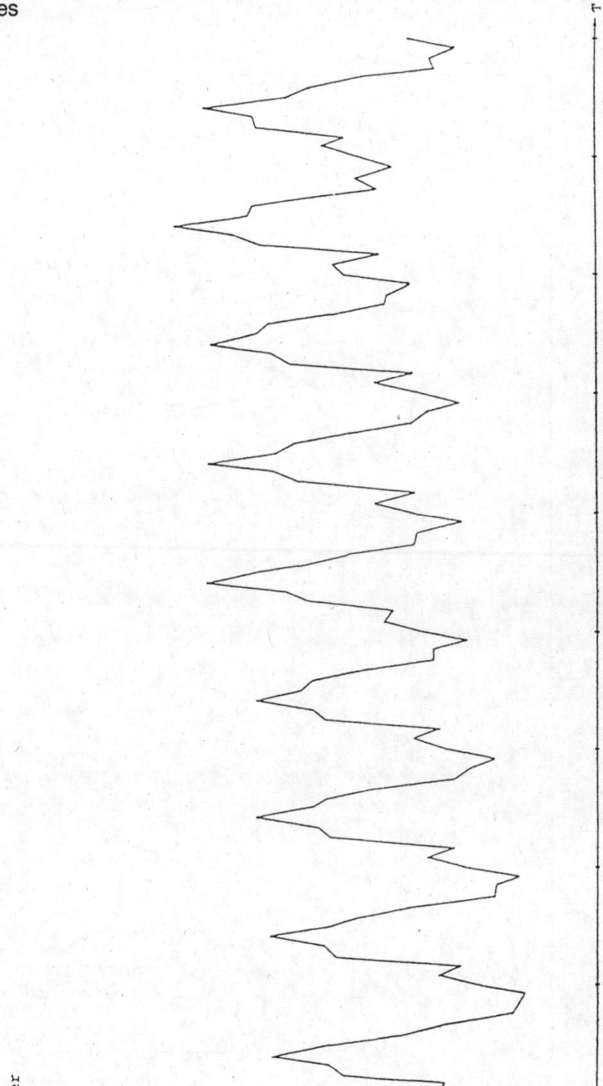

Abb. 10.5: Zeitliche Entwicklung des Schweinebestandes in der BRD. Beispiel für eine Zeitreihe mit Trend- und saisonaler Komponente. Quelle: Fachserie 3, Reihe 4.1 des Statistischen Bundesamtes

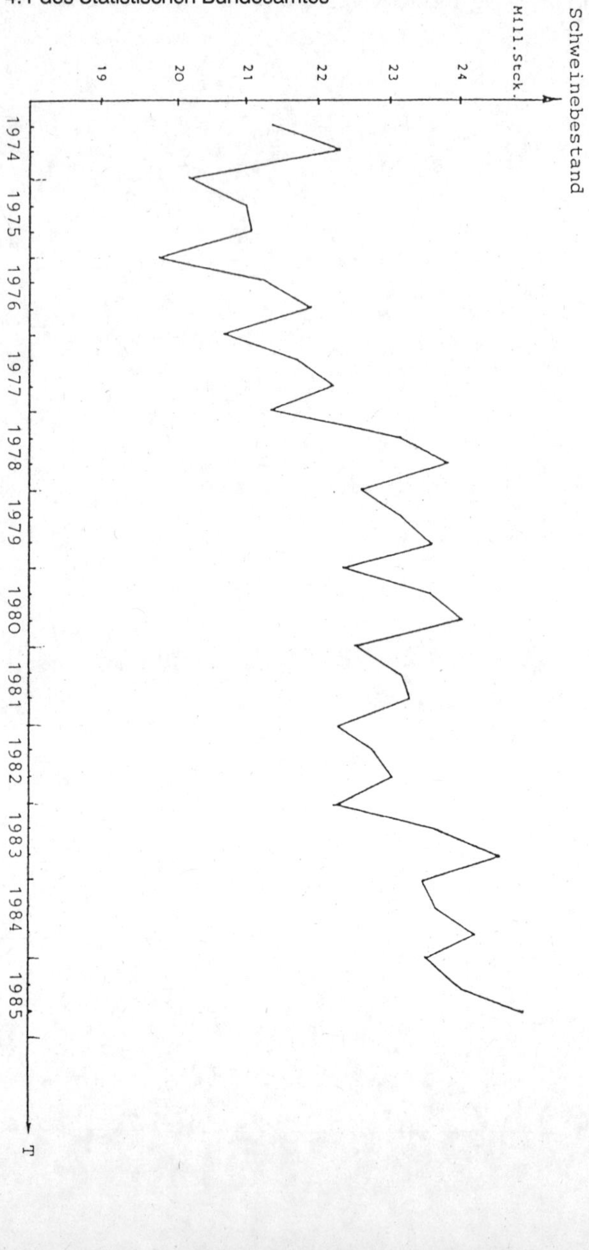

Stellt man außer der Art der Verknüpfung keine weiteren Forderungen an die einzelnen Bewegungskomponenten der Zeitreihe, so ist bezüglich der Zerlegung wenig festgelegt. Fordert man dagegen die Erfüllung exakter Bedingungen, etwa der Art, daß die glatte Komponente durch eine Gerade darstellbar sei und die Saisonkomponente eine starre, sich jedes Jahr wiederholbare Form besitze, dann werden dadurch alle anderen Bewegungserscheinungen der Zeitreihe in die Restkomponente gedrängt, die dann sicher nicht mehr nur zufällige Schwankungen enthält, sondern auch noch gewisse Reste der glatten und saisonalen Komponente. Man sollte daher, bevor man versucht, eine Zeitreihe durch Zerlegung zu analysieren, erst aufgrund von sachlichen Überlegungen prüfen, ob die unterstellten Modellannahmen annähernd erfüllt werden.

10.2 Bestimmung der glatten Komponente einer Zeitreihe

Zunächst werde ein einfaches Modell betrachtet, bei dem eine glatte Komponente additiv nur von einer Restkomponente überlagert wird, d.h.

$$Y_T = g_T + r_T.$$

Die Aufgabe besteht dann darin, die glatte Komponente g_T dieser Zeitreihe aus einer gegebenen Menge von n Beobachtungswerten zu schätzen, d.h. man will die zeitliche Entwicklung von zufälligen Schwankungen bereinigt darstellen. Dazu stehen im wesentlichen **zwei Methoden** zur Verfügung.

10.2.1 Die Methode der kleinsten Quadrate

Bei dieser Methode wird unterstellt, daß die glatte Komponente nur den Trend enthält und dieser durch einen bestimmten Funktionstyp dargestellt werden kann. Man kann etwa annehmen, daß sich der Trend durch ein Polynom k-ter Ordnung,

$$g_T = b_0 + b_1 T + b_2 T^2 + \ldots . + b_k T^k,$$

hinreichend genau darstellen läßt. Dann kann man die unbekannten Koeffizienten b_i, i = 0,1,. . . . ,k, nach der Methode der kleinsten Quadrate schätzen. Allerdings läßt sich durch einen solchen Polynomansatz nur der Trend erfassen, nicht die allgemeinere glatte Komponente, bei der ja noch die zyklische Konjunkturkomponente berücksichtigt wird.

Der **einfachste** Fall liegt vor, wenn die Trendkomponente eine **lineare Funktion** der Zeit T ist, d.h.

(10.3) $$g_T = b_0 + b_1T.$$

Ein solcher Ansatz ist dann vertretbar, wenn die Zeitreihenwerte pro Zeiteinheit um den gleichen Betrag zunehmen. Ist allerdings der Trend der Zeitreihenwerte durch abnehmende absolute Zuwachsraten pro Zeiteinheit gekennzeichnet, dann sollte die Trendkomponente durch einen in g_T **quadratischen Ansatz** erfaßt werden, d.h.

$$g_T^2 = b_0 + b_1T.$$

Ein **Exponentialansatz** für den Trend in der Form

$$g_T = b_0(b_1)^T \quad \text{bzw.} \quad \log g_T = \log b_0 + T \cdot \log b_1$$

erscheint dann angemessen, wenn der Zeitreihenwert Y_T einen konstanten prozentualen Anstieg pro Zeiteinheit aufweist.

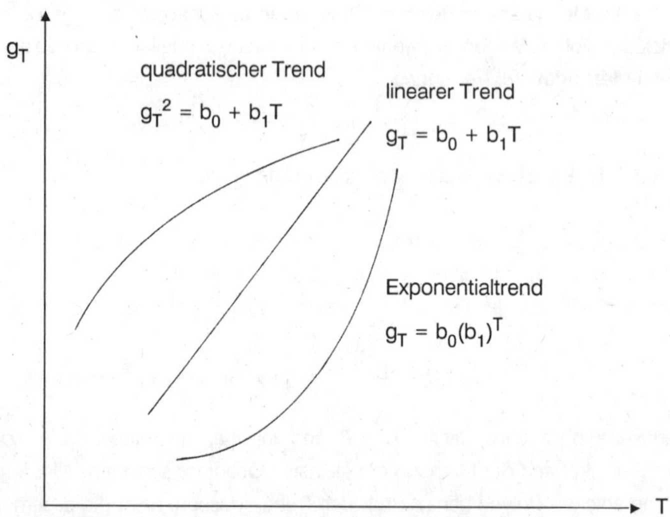

Abb. 10.6: Verschiedene Trendverläufe

Zunächst nimmt man eine Transformation der Zeitkomponente T_i derart vor, daß die transformierte Zeitkomponente T_i^* der Bedingung

$$\sum_{i=1}^{n} T_i^* = 0$$

genügt, wobei n die Zahl der Beobachtungswerte angibt.

Zweckmäßigerweise transformiert man die ursprünglichen Zeitkomponenten T_i so, daß die transformierten Werte T_i^* nur **ganzzahlige** Werte annehmen. Bei einer äquidistanten Zeitreihe wird dies durch folgende Transformation erreicht

$$T_i^* = \begin{cases} T_i - \bar{T} & \text{bei ungeradem } n, \text{ d.h. } n = 2k+1, \\ 2(T_i - \bar{T}) & \text{bei geradem } n, \quad \text{d.h. } n = 2k. \end{cases}$$

Da $n = 43$ eine ungerade Zahl ($n = 2k+1$) ist, wird die Transformation der Zeitkomponente mittels der Beziehung

$$T_i^* = T_i - \bar{T}$$

vorgenommen. Für $\bar{T}$ erhält man den Wert

$$\bar{T} = 1970{,}0.$$

Für $T_i = 1949$ ergibt diese Transformation beispielsweise

$$T^*_{1949} = 1949 - 1970{,}0 = -21.$$

Für den Parameter b_1 der Trendgeraden

(10.4) $$g_T^* = b_1 T^*$$

erhält man nach der Methode der kleinsten Quadrate den Wert

$$b_1 = \frac{\sum_{i=1}^{n} g_i^* T_i^*}{\sum_{i=1}^{n} (T_i^*)^2} = \frac{\sum_{i=1}^{n} (Y_i - \bar{Y}) T_i^*}{\sum_{i=1}^{n} (T_i^*)^2} .$$

Diese Beziehung läßt sich wie folgt zerlegen

$$b_1 = \frac{\sum_{i=1}^{n} Y_i T_i^*}{\sum_{i=1}^{n} (T_i^*)^2} - \frac{\bar{Y} \sum_{i=1}^{n} T_i^*}{\sum_{i=1}^{n} (T_i^*)^2} .$$

Wegen $\sum_{i=1}^{n} T_i^* = 0$ vereinfacht sich diese Beziehung zu

$$(10.5) \qquad b_1 = \frac{\sum_{i=1}^{n} Y_i T_i^*}{\sum_{i=1}^{n} (T_i^*)^2} .$$

Aus den Werten der Tabelle 10.1 erhält man für die Parameter der Trendgeraden

$$b_1 = \frac{13\ 048{,}2}{6\ 622} = 1{,}97043,$$

$$b_0^* = \bar{Y} = \frac{2\ 682{,}6}{43} = 62{,}3860.$$

Somit lautet die Trendgerade in transformierten Zeitkoordinaten

$$g_T^* = b_0^* + b_1 \cdot T_i^* = 62{,}3860 + 1{,}97043 \cdot T_i^*.$$

Tabelle 10.1: Rechentabelle zur Bestimmung der Trendgeraden für den Preisindex der Lebenshaltung in der BRD für den Zeitraum von 1949 bis 1989 (n = 43); 4 Personen Arbeitnehmerhaushalt mit mittlerem Einkommen des alleinverdienenden Haushaltsvorstandes (2 Kinder, mindestens eins unter 15 Jahren).

Jahr T_i	transformierte Zeitkoordinate $T_i^* = T_i - \bar{T}$	Index der Lebenshaltung Y_i	$Y_i T_i^*$	$(T_i^*)^2$
1949	- 21	35,2	- 739,2	441
1950	- 20	33,0	- 660,0	400
1951	- 19	35,5	- 674,5	361
1952	- 18	36,3	- 653,4	324
1953	- 17	35,6	- 605,2	289
1954	- 16	35,7	- 571,2	256
1955	- 15	36,3	- 544,5	225
1956	- 14	37,2	- 520,8	196
1957	- 13	38,0	- 494,0	169
1958	- 12	38,8	- 465,6	144
1959	- 11	39,1	- 430,1	121
1960	- 10	39,7	- 397,0	100
1961	- 9	40,7	- 366,3	81
1962	- 8	41,8	- 334,4	64
1963	- 7	43,1	- 301,7	49
1964	- 6	44,1	- 264,6	36
1965	- 5	45,6	- 228,0	25
1966	- 4	47,2	- 188,8	16
1967	- 3	47,9	- 143,7	9
1968	- 2	48,5	- 97,0	4
1969	- 1	49,5	- 49,5	1
1970	0	51,1	0,0	0
1971	1	53,7	53,7	1
1972	2	56,6	113,2	4
1973	3	60,4	181,2	9
1974	4	64,5	258,0	16
1975	5	68,4	342,0	25
1976	6	71,5	429,0	36
1977	7	73,9	517,3	49
1978	8	75,8	606,4	64
1979	9	78,7	708,3	81
1980	10	82,8	828,0	100
1981	11	88,1	969,1	121
1982	12	92,7	1 112,4	144
1983	13	95,8	1 245,4	169
1984	14	98,0	1 372,0	196
1985	15	100,0	1 500,0	225
1986	16	99,8	1 596,8	256
1987	17	99,9	1 698,3	289
1988	18	101,0	1 818,0	324
1989	19	103,9	1 974,1	361
1990	20	106,7	2 134,0	400
1991	21	110,5	2 320,5	441
Summe	0	2 682,6	13 048,2	6 622

$\bar{T}$ = 1970,0

Bei der Retransformation in die ursprünglichen Zeitkoordinaten muß die Fallunterscheidung zwischen einer geraden und einer ungeraden Anzahl von Beobachtungswerten beachtet werden.

Im Fall einer "ungeraden" Anzahl von Beobachtungswerten, d.h. n = 2k + 1, folgt aus

$$g_T = b_0{}^* + b_1 T_i{}^* = b_0{}^* + b_1(T_i - \overline{T})$$

für die Koeffizienten

$$b_0 = b_0{}^* - b_1 T,$$

so daß

$$g_T = b_0 + b_1 \overline{T} \text{ gilt.}$$

Im Fall einer "geraden" Anzahl von Beobachtungswerten, d.h. n = 2k, erhält man aus

$$g_t = b_0{}^* + b_1 T_i{}^* = b_0{}^* + b_1 \cdot 2(T_i - \overline{T})$$

die Koeffizienten im retransformierten Koordinatensystem zu

$$b_0 = b_0{}^* - 2 \cdot b_1 \overline{T} \quad \text{und} \quad b_1 = 2 \cdot b_1{}^*.$$

Für unser Beispiel mit n = 2k + 1 = 43 Beobachtungswerten folgt daraus

$$g_T = 62{,}3860 + 1{,}9704 \cdot (T_i - 1970{,}0) = -3\,819{,}3611 + 1{,}97043 \cdot T_i.$$

Will man diese Trendgerade verwenden, um den Preisindex der Lebenshaltung für das Jahr 1992 zu extrapolieren, so würde man den Wert

$$g_{1992} = 105{,}7355$$

erhalten. Dieser Wert wird mit Sicherheit den wahren Wert beträchtlich unterschätzen. Aus der Abbildung 10.7 erkennt man, daß der Anstieg dieses Indexes etwa seit 1985 unterproportional erfolgt, so daß die Annahme einer Trendgeraden mit konstanter Steigung für den gesamten Zeitraum spätestens seit etwa 1970 nicht mehr gerechtfertigt erscheint (vergleiche Abb. 10.7).

Gegen die Methode der kleinsten Quadrate zur Trendbestimmung kann unter anderem eingewendet werden, daß ihre Anwendung nur dann möglich ist, wenn man bereits eine klare Vorstellung über den Funktionstyp besitzt, der die Trendrichtung beschreibt.

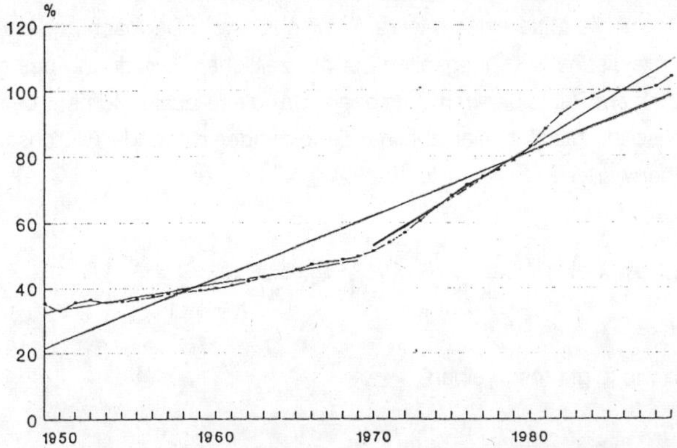

Abb. 10.7: Trendgerade nach der KQ-Methode für den Preisindex der Lebenshaltung in der BRD von 1949 bis 1989 sowie für die Zeiträume von 1949 bis 1969 und 1970 bis 1989 getrennt

10.2.2 Die Methode der gleitenden Durchschnitte

Neben der Methode der kleinsten Quadrate wurden früher sehr häufig sog. **gleitende Durchschnitte** verwendet, um bei einer Zeitreihe der Form

$$Y_T = g_T + r_T$$

die Restschwankungen auszuschalten.

Es sei eine Zeitreihe mit den Beobachtungswerten Y_T zu den Zeitpunkten $T = 1,2,....,n$ gegeben. Man bildet aus jeweils 2k + 1 zeitlich aufeinanderfolgenden Beobachtungswerten das arithmetische Mittel

$$(10.6) \qquad D_j(2k+1) = \frac{1}{2k+1} \sum_{h=-k}^{+k} Y_{j+h}, \quad \text{für } j = k+1, k+2,...., n-k.$$

Die Größe $D_j(2k+1)$ bezeichnet man als **(2k+1)-gliedrigen gleitenden Durchschnitt**, wobei k eine natürliche Zahl ist, deren Wahl noch näher spezifiziert werden muß. Der Wert $D_j(2k+1)$ bezieht sich auf den Beobachtungswert zum Zeitpunkt $T = j$, der in der Mitte der

Folge $Y_{j-k}, \ldots, Y_j, \ldots, Y_{j+k}$ liegt. Aus diesem Grund empfiehlt es sich, für die Berechnung eines gleitenden Durchschnittes eine ungerade Zahl von Zeitreihenwerten (2k+1) zu wählen, denn dann bezieht sich der errechnete gleitende Durchschnitt auf einen Beobachtungszeitpunkt. Bei einer geraden Anzahl von Zeitreihenwerten (2k) bezieht sich der gleitende Durchschnitt auf die Mitte eines Intervalls zwischen zwei Beobachtungszeitpunkten, wodurch gewisse praktische Schwierigkeiten bei der zeitlichen Zuordnung des gleitenden Durchschnittes zu einem Zeitreihenwert entstehen. Um diese auszuräumen, definiert man $D_j(2k)$ als arithmetisches Mittel zweier aufeinanderfolgender gleitender Durchschnitte aus jeweils (2k) Zeitreihenwerten

$$D_j(2k) = \frac{1}{2} \cdot \left[\frac{1}{2k} \cdot \sum_{h=-k}^{k-1} Y_{j+h} + \frac{1}{2k} \cdot \sum_{h=-k+1}^{k} Y_{j+h} \right].$$

Dies läßt sich auch wie folgt umschreiben

$$(10.7) \qquad D_j(2k) = \frac{1}{2k} \cdot \left[\frac{1}{2} Y_{j-k} + \sum_{h=-k+1}^{k-1} Y_{j+h} + \frac{1}{2} Y_{j+k} \right].$$

In dieser Teilfolge $Y_{j-k}, \ldots, Y_j, \ldots, Y_{j+k}$ gibt es genau einen in der Mitte liegenden Beobachtungswert Y_j, auf dessen Zeitkomponente T = j sich der gleitende Durchschnitt bezieht.

Die praktische Berechnung der gleitenden Durchschnitte erweist sich als numerisch relativ einfach. Man kann nämlich den (2k+1)-gliedrigen gleitenden Durchschnitt $D_{j+1}(2k+1)$ für den Zeitpunkt T = j+1 aus dem gleitenden Durchschnitt $D_j(2k+1)$ für den Zeitpunkt T = j berechnen.

Aus der Definition erhält man

$$\begin{aligned} D_{j+1}(2k+1) &= \frac{1}{2k+1} \sum_{h=-k}^{+k} Y_{j+h+1} \\ &= \frac{1}{2k+1} (Y_{j-k+1} + Y_{j-k+2} + Y_{j-k+3} + \ldots \\ &\quad \ldots + Y_{j+k-1} + Y_{j+k} + Y_{j+k+1} + Y_{j-k} - Y_{j-k}) \\ &= \frac{1}{2k+1} (Y_{j+k+1} - Y_{j-k}) + \frac{1}{2k+1} \sum_{h=-k}^{+k} Y_{j+h} \end{aligned}$$

$$(10.8) \qquad = D_j(2k+1) + \frac{1}{2k+1} (Y_{j+k+1} - Y_{j-k}).$$

Man sieht, daß man den gleitenden Durchschnitt $D_{j+1}(2k+1)$ aus dem vorherigen gleitenden Durchschnitt $D_j(2k+1)$ erhalten kann, indem man den 1/(2k+1)-ten Teil des nächsten

Zeitreihenwertes Y_{j+k+1} addiert und den $1/((2k+1)$-ten Teil des ältesten Zeitreihenwertes Y_{j-k} subtrahiert.

Das Verfahren der gleitenden Durchschnitte ist das älteste Verfahren zur Analyse von Zeitreihen. Es besitzt allerdings einen entscheidenden Nachteil. Wenn man für eine Zeitreihe von n Beobachtungswerten

$$Y_1, \ldots, Y_k, Y_{k+1}, \ldots, Y_{n-k}, Y_{n-k+1}, \ldots, Y_n$$

$(2k+1)$-gliedrige gleitende Durchschnitte berechnet, dann gehen am Anfang die Werte Y_1, ..., Y_k und am Ende die Werte $Y_{n-k+1}, \ldots, Y_n$ verloren. Es lassen sich nämlich aus n Beobachtungswerten nur $n-2k$ gleitende Durchschnitte aus $(2k+1)$ Gliedern berechnen, wobei sich der letzte gleitende Durchschnitt auf den Zeitpunkt $T = n-k$ bezieht. Dies hat zur Folge, daß sich die mittels der Methode der gleitenden Durchschnitte bestimmte Trendkomponente kaum für Prognosezwecke eignet, es sei denn, die Zeitreihe setzt sich nur aus zufälligen Schwankungen r_T um einen konstanten Niveauwert, d.h.

$$g_T = a_0,$$

zusammen.

Bevor eine Berechnung mittels der Methode der gleitenden Durchschnitte durchgeführt werden kann, muß noch die Zahl k festgelegt werden, die bestimmt, wieviele Zeitreihenwerte in die Berechnung des gleitenden Durchschnittes eingehen. Diese Wahl hängt sowohl von der Größe der zufälligen Schwankungen als auch vom Verlauf der glatten Komponente ab. Die Zeitreihenwerte lassen sich wie folgt zerlegen

$$Y_T = g_T + r_T.$$

Es wird angenommen, daß sich die glatte Komponente nur langsam und stetig ändert und die zufälligen Schwankungen den Mittelwert Null besitzen, d.h. $\bar{r} = 0$. Bildet man für diese Zeitreihe $(2k+1)$-gliedrige gleitende Durchschnitte, so erhält man

$$D_T(2k+1) = \bar{g}_T(2k+1) + \bar{r}_T(2k+1).$$

Dabei stellt $\bar{r}_T(2k+1)$ das arithmetische Mittel aus den (2k+1) Werten $r_{T-k}, \ldots, r_{T-1}, r_T, r_{T+1}, \ldots, r_{t+k}$ dar. Wegen der Annahme, daß $\bar{r} = 0$ ist, wird der Mittelwert $\bar{r}_T(2k+1)$ um so näher bei Null liegen, je größer die Gliederzahl (2k+1) ist. Um die zufällige Komponente soweit wie möglich auszuschalten, empfiehlt es sich also, die Gliederzahl möglichst groß zu wählen, so daß praktisch

$$D_T(2k+1) = \bar{g}_T(2k+1)$$

gilt. Der Wert $\bar{g}_T(2k+1)$ stellt dann eine Approximation für die glatte Komponente g_T dar.

Man sollte aber darauf achten, daß die Gliederzahl (2k+1) nicht so groß gewählt wird, daß dadurch die glatte Komponente so stark geglättet wird, daß konjunkturelle Schwankungen durch den gleitenden Durchschnitt abgeschliffen werden.

Dazu muß man wissen, daß der (2k+1)-gliedrige gleitende Durchschnitt $g_T(2k+1)$ nach der Methode der kleinsten Quadrate bestimmt werden kann, indem man den Kurvenverlauf durch (2k+1) Beobachtungswerte der Zeitreihe durch eine Gerade approximiert. Während bisher bei der Methode der kleinsten Quadrate der gesamte Kurvenverlauf durch einen angenommenen Funktionstyp approximiert wurde, wird bei der Methode der gleitenden Durchschnitte jeweils nur ein kleines Stück der Kurve durch eine Gerade approximiert. Um den (2k+1)-gliedrigen gleitenden Durchschnitt $D_T(2k+1)$ zu berechnen, wird eine Gerade durch die Zeitreihenwerte Y_{T-k} bis Y_{T+k} gelegt. Der Wert, den diese Gerade für den Zeitpunkt T annimmt, nämlich $D_T(2k+1)$, ergibt eine Approximation für den Zeitreihenwert Y_T. Um den gleitenden Durchschnitt $D_{T+1}(2k+1)$ zu berechnen, legt man eine Gerade durch die Zeitreihenwerte Y_{T-k+1} bis Y_{T+k+1}. Der Wert, den diese Gerade für den Zeitpunkt (T+1) annimmt, ergibt eine Approximation für den Zeitreihenwert Y_{T+1}.

Aus diesen Überlegungen ersieht man, daß die Approximation nach der Methode der gleitenden Durchschnitte flexibler auf Änderungen im Verlauf der glatten Komponente reagieren kann als die Methode der kleinsten Quadrate. Andererseits liefert die Methode der kleinsten Quadrate eine bessere Approximation, wenn die glatte Komponente g_T fast keine Krümmung aufweist. Aus diesen Gründen läßt sich als **Faustregel** ableiten:

a) Bei Kurvenverläufen mit schwacher Krümmung und starker zufälliger Komponente r_T empfiehlt es sich, eine große Gliederzahl zu wählen.

b) Bei Kurvenverläufen mit starker Krümmung und schwacher zufälliger Komponente r_T empfiehlt es sich, eine kleine Gliederzahl zu wählen.

Die Methode der gleitenden Durchschnitte beruht darauf, daß man den beobachteten Kurvenverlauf der Zeitreihe jeweils stückweise durch eine Gerade approximiert. Den Nachteil dieses Verfahrens, daß Kurvenstellen mit starker Krümmung geglättet werden, könnte man nun dadurch abzumildern versuchen, daß man die Approximation nicht durch eine Gerade, sondern eine Kurve höherer Ordnung vornimmt. Es läßt sich zeigen, daß eine solche Approximation ebenfalls auf gleitende Durchschnitte führt, bei denen allerdings eine Gewichtung der einzelnen Beobachtungswerte vorgenommen wird, die zur Berechnung des gleitenden Durchschnittes benötigt werden. Neben der Schwierigkeit bei der Feststellung der einzelnen Gewichtungsfaktoren besitzen die gewichteten gleitenden Durchschnitte den Nachteil, daß ihre numerische Berechnung wesentlich komplizierter ist.

Beispiel 10.2:

Der zeitliche Verlauf der Entwicklung des Preisindexes für die Lebenshaltung in der BRD für den Zeitraum von 1948 bis 1991 soll anhand eines 3-gliedrigen gleitenden Durchschnittes aufgezeigt werden.

Tabelle 10.2: Arbeitstabelle zur Berechnung der 3-gliedrigen gleitenden Durchschnitte

T	1948	1949	1950	1951	1952	1953	1954	1955	1956
Y_T	35,6	35,2	33,0	35,5	36,3	35,6	35,7	36,3	37,2
$s_j = \sum_{h=-1}^{+1} Y_{j+h}$		103,8	103,7	104,8	107,4	107,6	107,6	109,2	111,5
$D_j(3) = \frac{1}{3} s_j$		34,6	34,57	34,93	35,8	35,87	35,87	36,4	37,17

1957	1958	1959	1960	1961	1962	1963	1964	1965	1966	1967
38,0	38,8	39,1	39,7	40,7	41,8	43,1	44,1	45,6	47,2	47,9
114,0	115,9	117,6	119,5	122,2	125,6	129,0	132,8	136,9	140,7	143,6
38,00	38,63	39,2	39,83	40,73	41,87	43,0	44,27	45,63	46,9	47,87

1968	1969	1970	1971	1972	1973	1974	1975	1976	1977	1978
48,5	49,5	51,1	53,7	56,6	60,4	64,5	68,4	71,5	73,9	75,8
145,9	149,1	154,3	161,4	170,7	181,5	193,3	204.4	213,8	221,2	228,4
48,63	49,7	51,43	53,8	56,9	60,5	64,43	68,13	71,27	73,73	76,13

1979	1980	1981	1982	1983	1984	1985	1986	1987
78,7	82,8	88,1	92,7	95,8	98,0	100,0	99,8	99,9
237,3	249,6	263,6	276,6	286,5	293,8	297,8	299,7	300,7
79,1	83,2	87,87	92,2	95,5	97,93	92,27	99,9	100,23

1988	1989	1990	1991	1992	1993	1994	1995	1996
101,0	103,9	106,7	110,5	114,9				
304,8	311,6	321,1	332,1					
101,6	103,87	107,03	110,7					

Man erkennt, daß sich die 3-gliedrigen gleitenden Durchschnitte dem Kurvenverlauf des Preisindexes recht gut anpassen. Allerdings erweist es sich als sehr problematisch, mittels dieser gleitenden Durchschnitte eine Prognose für das Jahr 1992 zu treffen. Man könnte etwa den linearen Anstieg zwischen 1990 und 1991

$$\Delta D_{90,91} = D_{1991}(3) - D_{1990}(3) = 3{,}67$$

verwenden, um die Jahre 1992 und 1993 zu extrapolieren. Dies würde ergeben

$$Y_{1992} = 114{,}37 \text{ und } Y_{1993} = 118{,}04.$$

Der tatsächlich beobachtete Wert, entnommen aus dem Statistischen Jahrbuch 1993, ergab

$$Y_{1992} = 114{,}9.$$

Dies bedeutet, daß die Entwicklung des Preisindexes für die Lebenshaltung für das Jahr 1992 durch eine lineare glatte Komponente unterschätzt wird. Der Wert von 114,9 zeigt einen Wandel in der Entwicklung dieses Indexes an. Dieser plötzliche stärkere Anstieg läßt sich mit einem solchen Prognoseverfahren nicht nachvollziehen. Es ist daher zu vermuten, daß auch ein für 1993 prognostizierter Wert kaum der Realität entsprechen wird.

10.2.3 Die Methode der gewichteten gleitenden Durchschnitte

Um die gleitenden Durchschnitte besser für Prognosezwecke verwenden zu können, kann man eine Gewichtung der einzelnen Zeitreihenwerte entsprechend ihrem Informationsgehalt einführen. Die Idee besteht darin, jeden Zeitreihenwert, der in den gleitenden Durchschnitt eingeht, mit einem Gewichtsfaktor zu multiplizieren, der den proportionalen Anteil an Information wiedergeben soll, mit dem dieser Zeitreihenwert bei der Bildung des Mittelwertes berücksichtigt werden soll, d.h.

$$GD_T = k_0 Y_T + k_1 Y_{T-1} + k_2 Y_{T-2} + \ldots + k_i Y_{T-i} + \ldots ,$$

beispielsweise etwa

$$GD_T = 0{,}3 \cdot Y_T + 0{,}25 \cdot Y_{T-1} + 0{,}2 \cdot Y_{T-2} + 0{,}15 \cdot Y_{T-3} + 0{,}1 \cdot Y_{T-4}.$$

Dabei müssen die Gewichtsfaktoren so normiert sein, daß gilt

$$\sum_{\text{alle } i} k_i = 1.$$

Die Schwierigkeit bei dieser Methode besteht allerdings in der Bestimmung der einzelnen Gewichtsfaktoren. Dabei wird nicht gefordert, daß die Gewichtsfaktoren notwendig alle positiv sein müssen.

Die praktische Durchführung dieser Methode der gewichteten gleitenden Durchschnitte hat den zusätzlichen Nachteil, daß neben allen Beobachtungswerten, die zur Bildung des Durchschnittes benötigt werden, auch noch genau so viele Gewichtsfaktoren gespeichert werden müssen.

Aus allen diesen Gründen kann die Methode der gleitenden Durchschnitte weder in der ungewichteten noch in der gewichteten Form für Prognosezwecke uneingeschränkt empfohlen werden.

10.2.4 Das Verfahren der exponentiellen Glättung

10.2.4.1 Allgemeine Einführung

Angenommen, man besitzt die einzelnen Beobachtungswerte der Vergangenheit nicht mehr, sondern nur noch den zuletzt aus N Beobachtungswerten berechneten Mittelwert $\bar{Y}_T$. Nach der Beobachtung eines neuen Wertes Y_{T+1} möchte man jetzt den neuen Mittelwert $\bar{Y}_{T+1}$ berechnen. Der bekannte Ansatz zur Fortschreibung des gleitenden Durchschnittes

$$\bar{Y}_{T+1} = \bar{Y}_T + (1/N) \cdot [Y_{T+1} - Y_{T-N+1}]$$

läßt sich jetzt nicht mehr anwenden, da der Wert Y_{T-N+1} nicht mehr bekannt ist. Statt dessen kann man aber diesen fehlenden Wert Y_{T-N+1} durch einen Schätzwert ersetzen, und zwar durch den noch bekannten Mittelwert $\hat{\bar{Y}}_T$. Dadurch erhält man einen Schätzwert $\bar{Y}_{T+1}$ für den neuen Mittelwert, nämlich

$$\hat{\bar{Y}}_{T+1} = \bar{Y}_T + (1/N) \cdot [Y_{T+1} - \bar{Y}_T] = (1/N) \cdot Y_{T+1} + [1 - (1/N)] \cdot \bar{Y}_T.$$

Durch diese Beziehung wird ein Verfahren definiert, das man auf eine Menge von aufeinanderfolgenden Beobachtungswerten anwenden kann. Ersetzt man die Größe 1/N durch einen Reaktionsparameter α und bezeichnet man die erhaltenen Werte nicht mehr mit Y, sondern mit **G** (= **Glättung**), so erhält man für beliebige Werte von T die Beziehung

$$G_{T+1}(Y) = \alpha \cdot Y_{T+1} + (1 - \alpha) \cdot G_T(Y).$$

Für den Reaktionsparameter α soll gelten $0 < \alpha < 1$. Das durch diese Beziehung definierte Verfahren bezeichnet man als **exponentielle Glättung**.

Es läßt sich verbal wie folgt interpretieren:

Neuer Mittelwert = α · neuer Beobachtungswert + $(1 - \alpha)$ · alter Mittelwert.

Man kann diese Beziehung auch wie folgt schreiben

$$G_{T+1}(Y) = G_T(Y) + \alpha [Y_{T+1} - G_T(Y)].$$

In dieser Form läßt sich das Verfahren wie folgt verbal interpretieren:

Neuer Mittelwert = alter Mittelwert + $\alpha \cdot$ Abweichung des jüngsten Beobachtungswertes vom alten Mittelwert.

10.2.4.2 Zufällige Schwankungen um eine horizontale Komponente

Wenn den Beobachtungswerten eine Zeitreihe der Form

$$Y_T = g_T + r_T$$

zugrunde liegt und die glatte Komponente sich aus zufälligen Schwankungen r_T um eine horizontale Komponente von konstantem Niveau a_0 zusammensetzt, d.h.

$$Y_T = a_0 + r_T,$$

dann läßt sich eine Vorhersage zur Zeit T für 1 Periode im voraus darstellen durch

$$\hat{Y}_{T+1} = a_0 = G_T(Y) = \alpha \cdot Y_T + (1-\alpha) \cdot G_{T-1}(Y) = G_{T-1}(y) + \alpha [Y_T - G_{T-1}(y)].$$

Der mit der exponentiellen Glättung errechnete neue Wert ist somit kein gleitender Mittelwert mehr, sondern ein **fortgeschriebener** Mittelwert. Durch sukzessives rückwärtiges Einsetzen erhält man

$$\begin{aligned} G_T(Y) &= \alpha \cdot Y_T + (1-\alpha)[\alpha \cdot Y_{T-1} + (1-\alpha) \cdot G_{T-2}(Y)] \\ &= \alpha \cdot Y_T + \alpha \cdot (1-\alpha) Y_{T-1} + (1-\alpha)^2 [\alpha \cdot Y_{T-2} + (1-\alpha) \cdot G_{T-3}(Y)] \\ &= \alpha \cdot Y_T + \alpha \cdot (1-\alpha) Y_{T-1} + \alpha (1-\alpha)^2 Y_{T-2} + \ldots + \alpha (1-\alpha)^n Y_{T-n} + \ldots \\ &= \alpha \sum_{i=0}^{n} (1-\alpha)^i Y_{T-i}. \end{aligned}$$

Für theoretische Untersuchungen setzt man aus Gründen der Vereinfachung voraus, daß von den Beobachtungswerten Y_T die gesamte Vergangenheit bekannt ist. Man kann dann schreiben

$$G_T(Y) = \alpha \sum_{i=0}^{\infty} (1-\alpha)^i Y_{T-i}.$$

Damit setzt sich der exponentiell geglättete Wert $G_T(Y)$ aus einer Linearkombination aller vergangenen Beobachtungswerte zusammen. Die Gewichtsfaktoren, mit denen die einzelnen Beobachtungswerte dabei gewichtet werden, fallen geometrisch mit dem Alter des Beobachtungswertes. Aus der Tabelle 10.3 kann man die Werte der Gewichtsfaktoren für verschiedene Werte des Reaktionsparameters α ersehen.

Tabelle 10.3: Die Gewichtsfaktoren für die Beobachtungswerte bei verschiedenen Werten für den Reaktionsparameter α

α	0,1	0,2	0,3	0,4	0,5
T	0,1	0,2	0,3	0,4	0,5
T-1	0,09	0,16	0,21	0,24	0,25
T-2	0,081	0,128	0,147	0,144	0,125
T-3	0,0729	0,1024	0,1029	0,0864	0,0625
T-4	0,06561	0,08192	0,07203	0,05184	0,03125
T-5	0,059049	0,065536	0,050421	0,031104	0,015625

Man erkennt, daß der jüngste Beobachtungswert mit dem Faktor α gewichtet wird, der eine Periode zurückliegende Beobachtungswert mit dem Faktor $\alpha \cdot (1-\alpha)$ und der i Perioden zurückliegende Beobachtungswert mit dem Faktor $\alpha \cdot (1-\alpha)^i$.

Wegen $0 < \alpha < 1$ gilt $\alpha(1-\alpha)^{i+1} < \alpha(1-\alpha)^i$. Somit nehmen die Gewichtsfaktoren monoton nach einer geometrischen Reihe ab. Man kann nun leicht zeigen, daß sich die Gewichtsfaktoren zu eins addieren und somit die Bedingung für einen Mittelwert erfüllen. Dazu betrachtet man die unendliche geometrische Reihe

$$a + aq + aq^2 + \ldots\ldots + aq^i + \ldots\ldots = a \sum_{i=1}^{\infty} q^i = \frac{a}{1-q} .$$

Setzt man nun $a = \alpha$ und $q = 1-\alpha$, dann stellt die linke Seite die Summe der Gewichtsfaktoren dar, und die rechte Seite ergibt den Wert eins, d.h.

$$\sum_{i=0}^{\infty} \alpha(1-\alpha)^i = 1.$$

Durch die Wahl des Wertes für den Reaktionsparameter α kann man die Verteilung der Gewichte auf die einzelnen Beobachtungswerte beeinflussen. Ein kleiner Wert für α; etwa $\alpha = 0{,}1$; bedingt eine fast gleichmäßige Verteilung der Gewichtsfaktoren über einen längeren Zeitraum. Ein großer Wert für den Reaktionsparameter dagegen, etwa $\alpha = 0{,}5$, bewirkt eine Anhäufung der Gewichtsfaktoren auf die jüngsten Beobachtungsperioden. Die Auswirkungen einer solchen Gewichtsverteilung bestehen bei einem kleinen Wert von α in einer sehr langsamen Anpassung des Mittelwertes an Änderungen im Kurvenverlauf. Man sagt, das System reagiert "träge". Der Vorteil eines solchen Systemes besteht jedoch darin, daß es auf zufällige Schwankungen kaum reagiert.

Andererseits führt ein größerer Wert für den Reaktionsparameter α zu einer schnelleren Anpassung an den Verlauf der jüngsten Beobachtungswerte, aber auch zu einem nervösen Reagieren auf zufällige Schwankungen dieser Beobachtungswerte.

Eine Vorstellung von dem unterschiedlichen Einfluß der Vergangenheitswerte bei dieser Mittelwertbildung für verschiedene Werte des Reaktionsparameters α liefert die folgende Überlegung:

Das Alter der augenblicklichen Beobachtung sei gleich Null, das Alter der vorherigen Beobachtung sei gleich eins, das Alter der Beobachtung, die davor gemacht wurde, sei gleich zwei, usw. Bei dem Verfahren der gleitenden Durchschnitte werden die jüngsten N Beobachtungswerte, die zur Bildung des Durchschnittes herangezogen werden, alle mit dem gleichen Gewichtsfaktor 1/N belegt. Alle Beobachtungswerte, die davor liegen, werden mit dem Gewichtsfaktor Null belegt. Es werde sodann ein durchschnittliches Alter für diejenigen Beobachtungswerte definiert, die den gleitenden Durchschnitt bilden. Dieses ist gleich

$$t_D = \frac{0 + 1 + 2 + \; . \; . \; . \; . \; . + (N-1)}{N} = \frac{N-1}{2} \; .$$

Bei der exponentiellen Glättung wird dagegen ein Beobachtungswert, der vor i Perioden gemacht wurde, mit dem Gewichtsfaktor $\alpha \beta^i$ belegt, wobei $\beta = 1-\alpha$ ist. Somit ergibt sich für das durchschnittliche Alter der Beobachtungswerte bei der exponentiellen Glättung

$$t_G = 0 \cdot \alpha + 1 \cdot \alpha\beta + 2 \cdot \alpha\beta^2 + \; . \; . \; . \; . + i \cdot \alpha\beta^i + \; . \; . \; . \; .$$

$$= \alpha \sum_{i=0}^{\infty} i \cdot \beta^i = \alpha \cdot \frac{\beta}{(1-\beta)^2} = \alpha \, \frac{\beta}{\alpha^2} = \frac{\beta}{\alpha} \; .$$

Falls der Wert für α nicht aus anderen Überlegungen folgt, hat man damit eine Möglichkeit, den Reaktionsparameter einer exponentiellen Glättung so zu wählen, daß das durchschnittliche Alter der Beobachtungswerte gleich dem entsprechenden Wert bei einem gleitenden Durchschnitt ist, der aus N Beobachtungswerten gebildet wurde.

Man setzt

$$\frac{\beta}{\alpha} = \frac{1-\alpha}{\alpha} = \frac{N-1}{2} \quad \text{und erhält} \quad \alpha = \frac{2}{N+1}\,.$$

Aus der Tabelle 10.4 kann man den Zusammenhang zwischen den Werten des Reaktionsparameters α und der Zahl der Perioden entnehmen, die in die entsprechende Bestimmung des gleichaltrigen gleitenden Durchschnittes eingehen würde. Besitzt man daher eine Idee über die Zahl der Beobachtungswerte, die man bei einer Bestimmung mittels des gleitenden Durchschnittes wählen würde, dann kann man aus dieser Tabelle den entsprechenden Wert für den Reaktionsparameter α entnehmen.

Tabelle 10.4: Zusammenhang zwischen dem Wert des Reaktionsparameters α und der Anzahl N der Beobachtungswerte für den gleitenden Durchschnitt bei gleichem durchschnittlichem Alter

N	3	4	5	6	9	12
α	0,500	0,400	0,333	0,286	0,200	0,154

N	18	19	24	39	52	199
α	0,105	0,100	0,080	0,050	0,038	0,010

In diesem Zusammenhang interessiert die Frage nach einem optimalen Wert für den Reaktionsparameter α. Ein allgemeines theoretisches Verfahren zur Bestimmung eines optimalen α gibt es nicht. In der Praxis wird diese Größe meist durch die Analyse einer bereits vorhandenen Menge von Beobachtungswerten erhalten. Durch Simulation mit verschiedenen Werten für den Reaktionsparameter α wird dann derjenige bestimmt, der für die Vergangenheit die beste Anpassung ergeben hat. Mit dem so bestimmten Wert für α beginnt man dann die Prognose.

Neben einem Wert für den Reaktionsparameter benötigt man für die Initialisierung der exponentiellen Glättung noch einen Startwert für $G_0(Y)$.

Für ein Modell mit zufälligen Schwankungen um eine horizontale Komponente, $Y_T = a_0 + r_T$, bei dem nur der Koeffizient a_0 zu schätzen ist, wählt man als Startwert $G_0(Y)$ den einfachen Durchschnitt der letzten N Beobachtungen

$$G_0(Y) = \frac{1}{N} \sum_{i=1}^{N} x_{t-i}.$$

Liegen dagegen keine Vergangenheitswerte vor, so kann man diesen Startwert entweder durch Vergleich mit ähnlichen Zeitreihen erhalten, oder einen willkürlichen, intuitiv begründeten Startwert annehmen. Man kann dann hoffen, daß im Laufe der exponentiellen Glättung diese Startwerte sich den "wahren" Koeffizientenwerten nähern. Allerdings wird bei diesem Verfahren der Anfangswert mit einem hohen Gewicht versehen, und so der Einfluß dieses doch recht willkürlich gewählten Anfangswertes sehr stark bleiben. Wählt man etwa als Reaktionsparameter $\alpha = 0{,}1$, so verteilen sich die Gewichte auf die einzelnen Beobachtungswerte der ersten Iterationen wie Tabelle 3 zeigt:

Iteration	Beobachtungswerte				
	t_0	t_0+1	t_0+2	t_0+3	t_0+4
1	.900	.100			
2	.810	.090	.100		
3	.729	.081	.090	.100	
4	.656	.073	.081	.090	.100

Tabelle 3: Verteilung der Gewichtungsfaktoren auf die ersten Iterationen

Einige heuristische Überlegungen sind dabei hilfreich:

1. Vorsicht bei zu kleinen Werten von α, da dadurch das Risiko vergrößert wird, eventuell auftretende Änderungen im Verlauf der Zeitreihe zu spät zu erkennen.

2. Es sind Fälle denkbar, in denen sogar ein negativer Wert für α kurzfristig eine bessere Vorhersage liefern würde. Dies wäre dann der Fall, wenn der Kurvenverlauf alternierend ist, d.h. große und kleine Werte sich zyklisch abwechseln würden. Aber auch hier ist Vorsicht geboten, denn ein solches System ist sehr labil. Folgen mehrere Perioden mit großen negativen Werten aufeinander, so wird der geglättete Mittelwert und damit auch die Prognose negativ. In einem solchen Fall kann kein positiver Zeitreihenwert eine Rückkehr in den positiven Bereich bewirken.

3. Erwartet man eine Änderung in der Struktur der Zeitreihe, ohne genau zu wissen, wie diese erfolgen wird, dann kann eine vorübergehende Erhöhung des Wertes für den Reaktionsparameter α eine schnellere Anpassung an diese Änderung bewirken. Sobald jedoch der Zeitreihenverlauf auf das alte Niveau zurückgekehrt ist, muß wieder mit dem alten Wert von α gearbeitet werden. In einem solchen Fall genügt es zu wissen, daß eine Änderung erfolgen wird. Die Richtung, in der diese Änderung erfolgen wird, muß dabei nicht bekannt sein.

10.2.4.3 Berücksichtigung eines Trendparameters

Enthält die den Beobachtungswerten zugrunde liegende Zeitreihe einen Trendparameter, so hinkt der exponentiell geglättete Mittelwert $G_T(Y)$ hinter der Zeitreihenentwicklung her, weil zu seiner Berechnung auch Daten früherer Beobachtungsperioden beitragen. Selbst eine Vergrößerung des Reaktionsparameters α läßt diesen Lag nicht verschwinden. Man muß vielmehr den Mittelwert korrigieren, und zwar um den Betrag, um den er hinter der Entwicklung herhinkt. Dazu bestimmt man die Differenz zwischen dem exponentiell geglätteten Mittelwert und dem tatsächlichen Beobachtungswert. Angenommen, die glatte Komponente der Zeitreihe besitze den Trendanstieg b, dann lautet der Modellansatz

$$Y_T = g_T + r_T = a_0 + b \cdot T + r_T,$$

und eine zum Zeitpunkt T getroffene Prognose für den Zeitpunkt T+i lautet

$$\hat{Y}_{t+i} = a_0 + i \cdot b.$$

Der Ansatz der exponentiellen Glättung würde ergeben

$$\begin{aligned} G_T(Y) &= \alpha \cdot Y_T + (1-\alpha) \cdot G_{T-1}(Y) \\ &= \alpha \sum_{i=0}^{\infty} (1-\alpha)^i Y_{T-i} \\ &= \alpha \sum_{i=0}^{\infty} (1-\alpha)^i \cdot [a_0 - i \cdot b] \\ &= a_0 \cdot \sum_{i=0}^{\infty} \alpha(1-\alpha)^i - b \cdot \sum_{i=0}^{\infty} \alpha \cdot i(1-\alpha)^i. \end{aligned}$$

Wegen $\sum_{i=0}^{\infty} \alpha(1-\alpha)^i = 1$ erhält man

$$G_T(Y) = a_0 - X, \quad \text{bzw. } a_0 = G_T(Y) + X,$$

mit

$$X = b \cdot \sum_{i=0}^{\infty} \alpha \cdot i(1-\alpha)^i$$

als Betrag, um den die Größe $G_T(Y)$ hinter a_0 zurückbleibt. Diese Größe wurde im Abschnitt 10.2.4.2 mit t_G, dem durchschnittlichen Alter der Beobachtungswerte bei der exponentiellen Glättung, bezeichnet. Die Größe dieses Betrages kann man wie folgt berechnen

$$\begin{aligned} X &= b[\alpha(1-\alpha) + 2\alpha(1-\alpha)^2 + 3\alpha(1-\alpha)^3 + \ldots\ldots], \\ (1-\alpha)X &= b[\qquad\qquad \alpha(1-\alpha)^2 + 2\alpha(1-\alpha)^3 + \ldots\ldots]. \end{aligned}$$

Durch Subtraktion dieser beiden Gleichungen erhält man

$$\alpha X = b[\alpha(1-\alpha) + \alpha(1-\alpha)^2 + \alpha(1-\alpha)^3 + \ldots\ldots]$$

$$= b \sum_{i=1}^{\infty} \alpha(1-\alpha)^i = b(1-\alpha) \sum_{i=0}^{\infty} \alpha(1-\alpha)^i = b(1-\alpha),$$

letzteres wegen $\sum_{i=0}^{\infty} \alpha(1-\alpha)^i = 1.$

Somit ergibt sich

$$X = \frac{1-\alpha}{\alpha} \cdot b.$$

Die Schätzung der Konstanten a_0 muß also um diesen additiven Faktor X korrigiert werden. Man erhält also

$$\hat{a}_0 = G_T(Y) + \frac{1-\alpha}{\alpha} \cdot b.$$

Allerdings ist in diesem Schätzwert noch die Größe b enthalten, der Trendanstieg der Zeitreihe. Dieser Wert ist zunächst noch **nicht bekannt**. Man muß daher einen Schätzwert $\hat{b}$ bestimmen. Für eine zum Zeitpunkt T für i Perioden im voraus getroffene Prognose erhält man damit

$$\hat{Y}_{T+i} = \hat{a}_0 + i \cdot \hat{b}$$

$$= G_T(Y) + \frac{1-\alpha}{\alpha} \cdot \hat{b} + i \cdot \hat{b}.$$

Speziell für i = 1 erhält man

$$\hat{Y}_{T+1} = G_T(Y) + \frac{1-\alpha}{\alpha} \cdot \hat{b} + \hat{b} = G_T(Y) + \frac{1}{\alpha} \cdot \hat{b}.$$

$G_T(Y)$ soll fortan als exponentiell geglätteter Mittelwert **erster Ordnung** und mit $G_T^{(1)}(Y)$ bezeichnet werden.

Man kann nun die exponentielle Glättung auf den bereits geglätteten Wert $G_T^{(1)}(Y)$ anwenden und erhält dann einen **zweifach exponentiell geglätteten Mittelwert**, nämlich

$$G\,[G_T^{(1)}(Y)] = G_T^{(2)}(Y) = \alpha \cdot G_T^{(1)}(Y) + (1-\alpha) \cdot G_{T-1}^{(2)}(Y).$$

Man spricht von einer **exponentiellen Glättung zweiter Ordnung**.

Man kann nun zeigen, daß der zweifach exponentiell geglättete Mittelwert $G_T^{(2)}(Y)$ hinter dem einfach exponentiell geglätteten Mittelwert $G_T^{(1)}(Y)$ ebenfalls um den Betrag X zurückbleibt. Dadurch ist es möglich, den Schätzwert für a_0 einfacher zu berechnen, nämlich als

$$\begin{aligned}\hat{a}_0 &= G_T^{(1)}(Y) + [G_T^{(1)}(Y) - G_T^{(2)}(Y)] \\ &= 2 \cdot G_T^{(1)}(Y) - G_T^{(2)}(Y).\end{aligned}$$

Einen Schätzwert für b erhält man, wenn man die Beziehung

$$\hat{a}_0 = G_T^{(1)}(Y) + \frac{1-\alpha}{\alpha} \cdot \hat{b}$$

nach $\hat{b}$ auflöst. Dies ergibt

$$\frac{1-\alpha}{\alpha} \hat{b} = \hat{a}_0 - G_T^{(1)}(Y) = 2 \cdot G_T^{(1)}(Y) - G_T^{(2)}(Y) - G_T^{(1)}(Y) = G_T^{(1)}(Y) - G_T^{(2)}(Y)$$

und somit

$$\hat{b} = \frac{\alpha}{1-\alpha} [G_T^{(1)}(Y) - G_T^{(2)}(Y)] .$$

Man kann also durch Bilden von exponentiell geglätteten Werten erster und zweiter Ordnung Schätzwerte für die Koeffizienten a_0 und b eines Zeitreihenmodells mit Trendparameter erhalten.

Speziell für eine Prognose zum Zeitpunkt T für die nächste Periode T+1 erhält man den Wert

$$\begin{aligned}\hat{Y}_{T+1} &= \hat{a}_0 + 1 \cdot \hat{b} \\ &= 2 \cdot G_T^{(1)}(Y) - G_T^{(2)}(Y) + \frac{\alpha}{1-\alpha} [G_T^{(1)}(Y) - G_T^{(2)}(Y)] \\ &= G_T^{(1)}(Y) + \frac{1}{1-\alpha} [G_T^{(1)}(Y) - G_T^{(2)}(Y)] .\end{aligned}$$

Besitzt man Schätzwerte für die Koeffizienten des Modells, so kann man aus ihnen die Startwerte $G_0^{(1)}(Y)$ und $G_0^{(2)}(Y)$ recht einfach bestimmen.

Für den Fall n = 1 ergibt sich beispielsweise, wenn man die beiden Beziehungen

$$a_0 = 2G_0^{(1)}(x) - G_0^{(2)}(x),$$

$$\hat{b} = \frac{\alpha}{1-\alpha} \cdot \left[G_0^{(1)}(x) - G_0^{(2)}(x) \right],$$

nach $G_0^{(1)}(x)$ und $G_0^{(2)}(x)$ auflöst

$$G_0^{(1)}(x) = \hat{a}_0 - \frac{1-\alpha}{\alpha}\, \hat{b},$$

$$G_0^{(2)}(x) = \hat{a}_0 - \frac{2(1-\alpha)}{\alpha}\, \hat{b}.$$

Es erhebt sich allerdings die Frage, wie man die Schätzwerte für a_0 und b erhält. Hat man Beobachtungswerte aus der Vergangenheit vorliegen, so kann man diese Schätzwerte durch eine Kleinstquadratschätzung erhalten.

10.3 Saisonbereinigung von Zeitreihen

Man unterstellt jetzt, daß den Beobachtungswerten ein Modell der Form

$$Y_T = f(g_T, s_T, r_T)$$

zugrunde liegt. Will man bei einer solchen Zeitreihe die zufällige Komponente r_T ausschalten, d.h. die Anteile g_T und s_T möglichst unverzerrt darstellen, dann muß man **die Methode der gewichteten gleitenden Durchschnitte** anwenden, da wegen der saisonalen Komponente die Zeitreihe Stellen mit starker Krümmung aufweist.

Allerdings besteht das Interesse bei der Analyse von Zeitreihen mit einer saisonalen Komponente oftmals nicht in der Ausschaltung der zufälligen Komponente r_T, sondern in der Elimination des Saisoneinflusses s_T. Man ist also hauptsächlich an der Darstellung der Anteile der Komponenten g_T und r_T interessiert, d.h. man möchte eine Vorstellung davon bekommen, wie sich die Zeitreihe entwickelt hätte, wenn ihr Verlauf nicht von saisonalen Einflüssen überlagert worden wäre. So ist man beim monatlichen Preisindex für die Lebenshaltung nicht an jährlich wiederkehrenden, saisonbedingten Schwankungen interessiert, sondern man möchte wissen, wie sich der Index langfristig entwickelt.

Bevor man jedoch versucht, die Beobachtungswerte von einem eventuell vorhandenen Saisoneinfluß zu bereinigen, müßte man zunächst prüfen, ob nicht Teile der saisonalen Schwankung künstlich erzeugt worden sind. So können beispielsweise gewisse regelmäßig wiederkehrende Schwankungen durch die Struktur unseres Kalenders hervorgerufen worden sein. Bekanntlich besitzen die einzelnen Monate zwischen 28 und 31 Kalendertage, wodurch Schwankungen bis zu 10 % hervorgerufen werden können, was sich etwa bei der Angabe der Zahl der Geburten pro Monat bemerkbar macht. Hier empfiehlt es sich, entweder die Angaben auf Kalendertage zu beziehen oder eine Umrechnung auf Normalmonate mit 30 Kalendertagen vorzunehmen.

Bei Daten aus dem Wirtschaftsleben ist meist die Zahl der Arbeitstage und nicht der Kalendertage entscheidend. Auch hier gibt es in den einzelnen Kalendermonaten Schwankungen bis zu 26 % (Januar mit 23 gegenüber Mai mit 17 Arbeitstagen). Eine Angabe von Daten, bezogen auf Arbeitstage, kann zu einer klareren Darstellung der Saisonkomponente führen, doch muß dabei sichergestellt sein, daß in dem betreffenden Erhebungssektor fehlende Arbeitstage nicht durch Überstunden oder Sonderschichten nachgeholt wurden. Besondere Probleme sind bei Zeitreihen zu berücksichtigen, die sich auf Umsatzdaten beziehen. Hier erweist sich eine Angabe, bezogen auf monatliche Arbeitstage, oftmals als nicht zweckmäßig, da der monatliche Umsatz in manchen Branchen von der Zahl der Feiertage und der Wochenenden abhängt. Ein zusätzliches Problem ergibt sich auch aus der Lage der beweglichen Feiertage Ostern und Pfingsten, die in verschiedenen Jahren in verschiedene Monate fallen können und somit die Struktur der Saisonkomponente verändern.

Bevor man daher bei einer Zeitreihe eine Saisonbereinigung vornimmt, sollte man zweckmäßigerweise die Beobachtungswerte vom Einfluß dieser störenden Faktoren, den sog. **Kalenderunregelmäßigkeiten**, bereinigen.

Im folgenden soll eine Zeitreihe mit einer starren, d.h. zeitunabhängigen Saisonkomponente und einer konstanten Periode der Länge λ, d.h. $s_T = s_{T+\lambda}$, betrachtet werden. Wenn die Saisonkomponente eine Jahresperiode besitzt, dann beträgt $\lambda = 12$. Besteht die Zeitreihe aus Monatsdaten mit einer Quartalsperiode, dann beträgt $\lambda = 4$.

Angenommen, die vorliegenden Beobachtungswerte umfassen k vollständige Saisonperioden, d.h. $n = k \cdot \lambda$. Dann können die Beobachtungswerte übersichtlicher in einem Tableau angeordnet werden, bei dem Werte, die sich auf den gleichen Zeitpunkt verschiedener Saisonperioden beziehen, in den Spalten untereinander angeordnet sind

$$\begin{array}{ccccccc} Y_1, & Y_2, & . & . & . & . & Y_\lambda, \\ Y_{\lambda+1}, & Y_{\lambda+2}, & . & . & . & . & Y_{2\cdot\lambda}, \\ \vdots & \vdots & \vdots & \vdots & \vdots & \vdots & \vdots \\ Y_{(k-1)\cdot\lambda+1}, & Y_{(k-1)\cdot\lambda+2}, & . & . & . & . & Y_{k\cdot\lambda} = Y_n. \end{array}$$

Diese Anordnung läßt eine Doppelindizierung der Beobachtungswerte Y_T als vernünftig erscheinen, nämlich

$$Y_{ij} \text{ mit } 1 \leq i \leq k \text{ und } 1 \leq j \leq \lambda,$$

wobei der erste Index i die Periode und der zweite Index j den Zeitpunkt innerhalb einer Periode bezeichnet.

Das Ziel der folgenden Überlegungen besteht darin, eine saisonbereinigte Reihe zu bestimmen. Dazu ist zunächst die **Saisonfigur** zu ermitteln, um mit ihrer Kenntnis danach die saisonbereinigten Werte zu berechnen. Je nach der Verknüpfungsart der einzelnen Komponenten bieten sich verschiedene Verfahren an.

10.3.1 Saisonbereinigung bei additiver Verknüpfung

Es wird jetzt eine Zeitreihe aus äquidistanten Beobachtungswerten vom Typ

(10.1) $\qquad Y_T = g_T + s_T + r_T, \qquad 1 \leq T \leq n,$

bzw.

(10.9) $\qquad Y_{ij} = g_{ij} + s_{ij} + r_{ij}, \qquad 1 \leq i \leq k,\ 1 \leq j \leq \lambda \ \text{ und } \ n = k\cdot\lambda$

betrachtet.

10.3.1.1 Das Phasendurchschnittsverfahren

Wenn sich die glatte Komponente der Zeitreihe für jeweils $(\lambda + 1)$ aufeinanderfolgende Werte durch eine Gerade approximieren läßt, dann kann man durch Bildung von λ-gliedrigen gleitenden Durchschnitten der Form

$$(10.10) \qquad D_{ij}(\lambda) \text{ für } \begin{cases} ij = \frac{\lambda}{2} + \frac{1}{2}; \ \frac{\lambda}{2} + \frac{3}{2}; \ldots; \ n - \frac{\lambda}{2} + \frac{1}{2} & \text{falls } \lambda \text{ ungerade} \\ ij = \frac{\lambda}{2} + 1; \ \frac{\lambda}{2} + 2; \ldots; \ n - \frac{\lambda}{2} & \text{falls } \lambda \text{ gerade} \end{cases}$$

die Saisonkomponente aus den Zeitreihenwerten ausschalten. Wegen der Annahme einer konstanten Saisonperiode der Länge λ ist der λ-gliedrige gleitende Durchschnitt der Saisonkomponente, $s_{ij}(\lambda)$, für jeden Zeitpunkt T = ij gleich Null. Man erhält daher

$$D_{ij}(\lambda) = \bar{g}_{ij}(\lambda) + \bar{s}_{ij}(\lambda) + \bar{r}_{ij}(\lambda) = \bar{g}_{ij}(\lambda) + \bar{r}_{ij}(\lambda).$$

Wegen der Annahme, daß die Restkomponente r_{ij} den Mittelwert Null besitzen soll, d.h. $\bar{r}_{ij} = 0$, kann man unterstellen, daß $\bar{r}_{ij}(\lambda)$ approximativ gleich Null ist. Somit stellt die Folge der $D_{ij}(\lambda)$-Werte approximativ die glatte Komponente g_{ij} der Zeitreihe dar. Die Analyse der Zeitreihe läßt sich noch vertiefen. Dazu bildet man die Differenz aus den Beobachtungswerten Y_{ij} und den zugehörigen λ-gliedrigen gleitenden Durchschnitten $D_{ij}(\lambda)$

$$d_{ij} = Y_{ij} - D_{ij}(\lambda) = (g_{ij} + s_{ij} + r_{ij}) - [\bar{g}_{ij}(\lambda) + \bar{r}_{ij}(\lambda)]$$

$$= [g_{ij} - \bar{g}_{ij}(\lambda)] + s_{ij} + r_{ij} - \bar{r}_{ij}(\lambda).$$

Wegen $\bar{g}_{ij}(\lambda) \approx g_{ij}$ und $\bar{r}_{ij}(\lambda) \approx 0$ folgt

$$(10.11) \qquad d_{ij} = Y_{ij} - D_{ij}(\lambda) \approx s_{ij} + r_{ij}.$$

Die Folge dieser Differenzen d_{ij} stellt somit approximativ die Summe aus saisonaler und Restkomponente dar.

Diese Differenzen d_{ij} kann man verwenden, um Saisonindexziffern zu bestimmen, mit deren Hilfe man dann eine saisonbereinigte Zeitreihe berechnen kann. Die Bestimmung der Saisonindexziffern erfolgt mit Hilfe des sog. **Phasendurchschnittsverfahrens**, das voraussetzt, daß die Zeitreihe keine glatte Komponente mehr besitzt, d.h. daß $g_{ij} = 0$ ist.

Für die weitere Analyse wird diese Doppelindexschreibweise verwendet.

Man vergleicht nun für einen festen Saisonzeitpunkt j die Differenzen

$$d_{1j}, d_{2j}, \ldots\ldots d_{kj}$$

miteinander. Wegen

$$s_{1j} = s_{2j} = \ldots\ldots = s_{kj}$$

dürfen die Werte dieser Differenzen nur zufällige Schwankungen um einen gemeinsamen Wert aufweisen. Man bildet nun für jeden einzelnen Saisonzeitpunkt j das arithmetische Mittel dieser Differenzen über alle Perioden, d.h.

(10.13) $$\bar{d}_j = \frac{1}{k} \sum_{i=1}^{k} d_{ij} = \frac{1}{k} \sum_{i=1}^{k} \left[Y_{ij} - D_{ij}(\lambda) \right].$$

Um sich gegenüber möglichen Ausreißern unter den d_{ij}-Werten zu schützen, kann man auch anstelle des arithmetischen Mittels den Median $Z(d_j)$ wählen. Für eine konstante Saisonperiode muß die Summe dieser arithmetischen Mittelwerte über eine Periodenlänge Null ergeben, d.h.

$$\sum_{j=1}^{\lambda} \bar{d}_j = 0.$$

Dies wird jedoch - auch wegen noch verbliebener Restschwankungen - meist nicht genau der Fall sein. Daher müssen die d_j-Werte noch so normiert werden, daß diese Summe Null ergibt. Dazu bildet man

(10.14) $$\bar{d} = \frac{1}{\lambda} \sum_{j=1}^{\lambda} \bar{d}_j = \frac{1}{\lambda \cdot k} \sum_{i=1}^{k} \sum_{j=1}^{\lambda} d_{ij}$$

und korrigiert die $\bar{d}_j$-Werte wie folgt

(10.15) $$S_j^* = \bar{d}_j - \bar{d}.$$

Die Werte S_j^* bezeichnet man als **Saisonindexziffern**. Sie geben für den jeweiligen Zeitpunkt j der Periode den Einfluß der Saisonkomponente an. Wenn man diese Größe von den entsprechenden Beobachtungswerten Y_{ij} subtrahiert, erhält man sog. **saisonbereinigte Beobachtungswerte**

(10.16) $$Y_{ij} - S_j^*.$$

Diese ergeben eine Approximation für die Summe aus glatter und zufälliger Komponente der Zeitreihe.

Die Bestimmung von Saisonindexziffern ist unbedingt erforderlich, wenn man eine Zeitreihe analysieren will, die eine saisonale Komponente besitzt.

Beispiel 10.3:

Für den durchschnittlichen Milchertrag pro Kuh und Monat in der BRD sollen für den Zeitraum von 1976 bis 1984 einschließlich Saisonindexziffern und saisonbereinigte Werte durch die Bildung von 12-gliedrigen gleitenden Durchschnitten bestimmt werden.

(Quelle: Fachserie 3, Land- und Forstwirtschaft, Reihe 4.2.2, Statistisches Bundesamt, Wiesbaden)

Tabelle 10.3: Ausgangsdaten für das Beispiel 10.3

	1976	1977	1978	1979	1980	1981	1982	1983	1984
Jan.	332	333	339	346	361	364	364	387	393
Febr	329	321	325	331	355	345	345	362	381
März	382	386	389	390	402	405	410	427	429
Apr.	389	391	396	398	413	419	420	440	430
Mai	418	422	429	429	454	453	451	471	465
Juni	388	389	397	404	429	417	427	433	412
Juli	353	375	390	399	404	408	422	430	398
Aug.	331	347	365	370	379	377	387	398	370
Sept	295	305	324	334	345	347	359	365	332
Okt.	292	303	317	335	343	338	359	374	335
Nov.	288	291	305	318	320	321	347	356	323
Dez.	311	319	328	342	344	346	371	376	347

Tabelle 10.4: 12-gliedrige gleitende Durchschnitte für das Beispiel 10.3

	1976	1977	1978	1979	1980	1981	1982	1983	1984
Jan.	·	343,58	351,87	360,96	376,21	378,33	380,08	397,42	399,42
Febr	·	345,17	353,25	361,54	376,79	378,42	381,08	398,21	396,92
März	·	346,25	354,79	362,17	377,62	378,42	378,00	398,92	394,37
Apr.	·	347,12	356,17	363,33	378,42	378,29	383,37	399,79	391,37
Mai	·	347,71	357,33	364,62	378,83	378,12	385,33	400,79	388,37
Juni	·	348,17	358,29	365,75	379,00	378,25	387,46	401,37	385,79
Juli	342,38	348,75	358,96	366,96	379,21	378,33	389,46	401,83	·
Aug.	342,08	349,17	359,50	368,58	378,92	378,33	391,12	402,87	·
Sept	341,92	349,46	359,79	370,08	378,62	378,54	392,54	403,75	·
Okt.	342,17	349,79	359,92	371,21	379,00	378,79	394,08	403,42	·
Nov.	342,42	350,29	360,00	372,87	379,21	378,75	395,75	402,75	·
Dez.	342,62	350,92	360,29	374,96	378,67	379,08	396,83	401,62	·

Tabelle 10.5: d_{ij}–, $\bar{d}_j$– und S_j*–Werte für das Beispiel 10.3

	1976	1977	1978	1979	1980	1981	1982	1983	1984	$\bar{d}_j$
Jan.	•	- 10,58	- 12,87	- 14,96	- 15,21	- 14,33	- 16,08	- 10,42	- 6,42	- 12,61
Feb.	•	- 24,17	- 28,25	- 30,54	- 21,79	- 33,42	- 36,08	- 36,21	- 15,92	- 28,30
März	•	39,75	34,21	27,83	24,38	26,58	28,00	28,08	34,63	30,43
Apr.	•	43,88	39,83	34,67	34,58	40,71	36,63	40,21	38,63	38,64
Mai	•	74,29	71,67	64,38	75,17	74,88	65,67	70,21	76,63	71,61
Juni	•	40,83	38,71	38,25	50,00	38,75	39,54	31,63	26,21	37,99
Juli	10,62	26,25	31,04	32,04	24,79	29,67	32,54	28,17	•	26,89
Aug.	- 11,08	- 2,17	5,50	1,42	0,08	- 1,33	- 4,12	- 4,87	•	- 2,07
Sep.	- 46,92	- 44,46	- 35,79	- 36,08	- 33,62	- 31,54	- 33,54	- 38,75	•	- 37,59
Okt.	- 50,17	- 46,79	- 42,92	- 36,21	- 36,00	- 40,79	- 35,08	- 29,42	•	- 39,67
Nov.	- 54,42	- 59,29	- 55,00	- 54,87	- 59,21	- 57,75	- 48,75	- 46,75	•	- 54,51
Dez.	- 31,62	- 31,92	- 32,29	- 32,96	- 34,67	- 33,08	- 25,83	- 25,63	•	- 30,00

Σ - 0,189

$$\bar{d} = \frac{1}{12}\sum_{j=1}^{12}\bar{d}_j = \frac{1}{12}\cdot(-\ 0{,}189) = -\ 0{,}0152$$

	Jan.	Febr.	März	April	Mai	Juni
S_j*	- 12,63	- 28,31	30,45	38,66	71,63	38,01
	Juli	**Aug.**	**Sept.**	**Okt.**	**Nov.**	**Dez.**
S_j*	26,91	- 2,05	- 37,57	- 39,65	- 54,49	- 30,98

Tabelle 10.6: Saisonbereinigte Werte (Y_{ij} - S_j*) für das Beispiel 10.3

	1976	1977	1978	1979	1980	1981	1982	1983	1984
Jan.	344,59	345,59	351,59	358,59	373,59	376,59	376,59	399,59	405,59
Febr	357,28	349,28	353,28	359,28	383,28	373,28	373,28	390,28	409,28
März	351,55	355,55	358,55	359,55	371,55	374,55	379,55	396,55	398,55
Apr.	350,34	352,34	357,34	359,34	374,34	380,34	381,34	401,34	391,34
Mai	346,38	350,38	357,38	357,38	382,38	381,38	379,38	399,38	393,38
Juni	350,00	351,00	358,00	366,00	391,00	379,00	389,00	395,00	374,00
Juli	326,06	348,09	363,09	372,09	377,09	381,09	395,09	403,09	371,09
Aug.	333,06	349,06	367,06	372,06	381,06	379,06	389,06	400,06	372,06
Sep.	332,57	342,57	361,57	371,57	382,57	384,57	396,57	402,57	369,57
Okt.	331,66	342,66	356,66	374,66	382,66	377,66	398,66	413,66	374,66
Nov.	342,49	345,49	359,49	372,49	374,49	375,49	401,49	410,49	377,49
Dez.	341,98	349,98	358,98	372,98	374,98	376,98	401,98	406,98	377,98

Abb. 10.8: Kurvenverlauf für den durchschnittlichen monatlichen Milchertrag pro Kuh und die dazugehörige Kurve der saisonbereinigten Werte

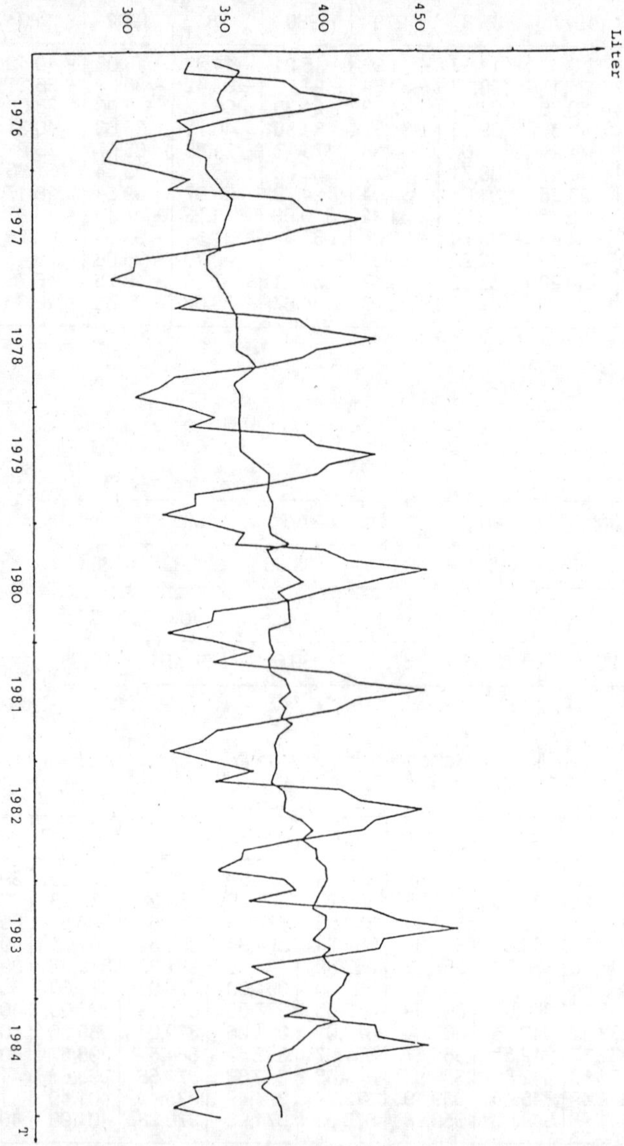

10.3.2 Saisonbereinigung bei multiplikativer Verknüpfung

Es wurde im vorigen Abschnitt ein Verfahren angegeben, wie man bei einer additiven Verknüpfung der Komponenten, nach Ausschaltung des Einflusses der glatten Komponenten mittels gleitender Durchschnitte, die Saisonindexziffern berechnen kann. Falls eine multiplikative Verknüpfung der Komponenten vorliegt, d.h.

$$Y_T = g_T \cdot s_T \cdot r_T \text{ bzw. } Y_{ij} = g_{ij} \cdot s_{ij} \cdot r_{ij},$$

kann man zur Berechnung der Saisonindexziffern das **Gliedziffernverfahren von Person** oder das Phasendurchschnittsverfahren verwenden, das bereits im vorigen Abschnitt behandelt wurde.

10.3.2.1 Das Phasendurchschnittsverfahren

Da die Voraussetzung des Phasendurchschnittsverfahrens über die fehlende glatte Komponente von den meisten Zeitreihen recht selten erfüllt ist, bedeutet dies, daß man zunächst die glatte Komponente, etwa mit Hilfe von gleitenden Durchschnitten, auszuschalten hat. Da diese multiplikativ mit den anderen Komponenten verknüpft ist, bildet man aus den Beobachtungswerten Y_{ij} und den λ-gliedrigen gleitenden Mittelwerten $D_{ij}(\lambda)$ durch Division die trendbereinigten Werte d_{ij}

(10.17) $$d_{ij} = \frac{Y_{ij}}{D_{ij}(\lambda)} \cdot$$

Diese Werte kann man sich wieder in einem rechteckigen Tableau derart angeordnet denken, daß die Werte d_{ij}, die sich auf den gleichen Zeitpunkt j ($j = 1,2,\ldots,\lambda$) einer Saisonperiode beziehen, spaltenweise untereinander stehen. Man bildet dann für jede Spalte entweder das arithmetische Mittel

(10.13) $$\bar{d}_j = \frac{1}{k} \sum_{i=1}^{k} d_{ij} \qquad (j = 1,2,\ldots,\lambda)$$

oder, um sich gegen Ausreißerwerte zu schützen, den Median $Z(d_j)$ aus den k Werten einer Spalte.

Das arithmetische Mittel $\bar{d}$ für alle Werte d_{ij} der Zeitreihe kann man aus den Spaltenmittelwerten wie folgt erhalten

(10.14) $$\bar{d} = \frac{1}{\lambda} \sum_{j=1}^{\lambda} \bar{d}_j = \frac{1}{\lambda \cdot k} \sum_{i=1}^{k} \sum_{j=1}^{\lambda} d_{ij}.$$

Bei einer konstanten Saisonfigur muß das Mittel dieser arithmetischen Mittelwerte über eine Periodenlänge den Wert eins ergeben. Dies wird jedoch im allgemeinen nicht erfüllt sein.

Daher müssen analog zum Verfahren beim additiven Modell die $\bar{d}_j$–Werte noch so normiert werden, daß ihr arithmetisches Mittel eins ergibt.

Die **Saisonindexziffer** S_j^* erhält man dadurch, daß man die Spaltenmittelwerte $\bar{d}_j$ [bzw. den Spaltenmedian $Z(d_j)$] auf den Mittelwert der Trendabweichungen der gesamten Zeit-Zeitreihe $\bar{d}$ bezieht und den Quotienten mit 100 multipliziert

(10.18) $$S_j^* = \frac{\bar{d}_j}{\bar{d}} \cdot 100 \qquad (\text{für } j = 1,2,\ldots,\lambda).$$

Diese Saisonindexziffern geben für jeden Zeitpunkt j einer Saisonperiode die durchschnittliche Abweichung der Beobachtungswerte dieses Zeitpunktes vom Trend der Zeitreihe an, bezogen auf den Mittelwert der Trendabweichungen der gesamten Zeitreihe. Um eine saisonbereinigte Zeitreihe zu erhalten, müssen die Beobachtungswerte jedes Zeitpunktes j einer Periode durch die zugehörige Saisonindexziffer S_j^* dividiert werden, d.h.

(10.19) $$\frac{Y_{ij}}{S_j^*} \cdot 100.$$

Beispiel 10.4:

Für den Schweinebestand in der BRD sollen für die Jahre 1974 bis 1980 (siehe Tabelle 10.7) durch Bildung von 3–gliedrigen gleitenden Durchschnitten $D_{ij}(3)$ (siehe Tabelle 10.8) die trendbereinigten Werte d_{ij} bestimmt werden. Durch Anwendung des Phasendurchschnittsverfahrens sollen aus diesen d_{ij}–Werten die Saisonindexziffern S_j^* und sodann eine Zeitreihe mit saisonbereinigten Werten ermittelt werden.

Tabelle 10.7: Ausgangsdaten für das Beispiel 10.4 (Angaben in 1 000)
Quelle: Fachserie 3, Reihe 4 1979: S. 4 und 10, 1984: S. 16 und 475.

Jahr	Bestand im Monat April	August	Dezember
1974	21 363,3	22 334,4	20 233,7
1975	21 011,8	21 098,7	19 805,1
1976	21 199,1	21 874,8	20 589,2
1977	21 754,2	22 261,1	21 386,3
1978	23 197,4	23 872,0	22 641,0
1979	23 247,3	23 646,9	22 373,8
1980	23 632,7	24 065,7	22 553,4
1981	23 273,5	23 338,7	22 310,3
1982	22 814,1	23 090,7	22 477,8
1983	23 744,0	24 669,4	23 449,3
1984	23 683,7	24 190,6	23 616,8
1985	23 965,3	24 813,3	•

Tabelle 10.8: 3–gliedrige gleitende Durchschnitte

Jahr	durchschnittlicher Bestand im Monat April	August	Dezember
1974	•	21 310,47	21 193,30
1975	20 781,40	20 638,53	20 700,97
1976	20 959,67	21 221,03	21 406,07
1977	21 534,83	21 800,53	22 281,60
1978	22 818,57	23 236,80	23 253,43
1979	23 178,40	23 089,33	23 217,80
1980	23 357,40	23 417,27	23 297,53
1981	23 055,20	22 974,17	22 821,03
1982	22 738,37	22 794,20	23 104,17
1983	23 630,40	23 954,23	23 934,13
1984	23 774,53	23 830,37	23 924,23
1985	24 131,80	•	•

Tabelle 10.9: $d_{ij} = \frac{Y_{ij}}{D_{ij}(3)}$ – Werte und Saisonindexziffern S_j^* für das Beispiel 10.4

Jahr	April	August	Dezember
1974	·	1,0481	0,9547
1975	1,0111	1,0223	0,9567
1976	1,0114	1,0309	0,9618
1977	1,0102	1,0211	0,9598
1978	1,0166	1,0273	0,9737
1979	1,0030	1,0242	0,9637
1980	1,0118	1,0277	0,9681
1981	1,0095	1,0159	0,9776
1982	1,0033	1,0130	0,9729
1983	1,0048	1,0299	0,9797
1984	0,9962	1,0151	0,9871
1985	0,9931	·	·
Summe	11,0710	11,2755	10,6558
$\bar{d}_j$	1,0064	1,0250	0,9687
S_j^*	100,6367	102,4966	96,8668

$\bar{d} = 1{,}000033$

Tabelle 10.10: Saisonbereinigte Werte $\frac{Y_{ij}}{S_j^*} \cdot 100$

Jahr	April	August	Dezember
1974	21 227,77	21 790,48	20 888,47
1975	20 878,50	20 584,87	20 446,00
1976	21 064,61	21 342,07	21 255,48
1977	21 616,18	21 718,96	22 078,37
1978	23 050,23	23 290,63	23 373,68
1979	23 099,81	23 071,02	23 097,83
1980	23 482,77	23 479,61	23 283,24
1981	23 125,85	22 770,32	23 032,27
1982	22 669,36	22 528,36	23 205,20
1983	23 593,36	24 068,61	24 208,13
1984	23 533,44	23 601,47	24 381,06
1985	23 813,26	24 209,01	·

10.3.2.2 Das Gliedzifferverfahren nach Person

Das Verfahren setzt eine Saisonkomponente mit einer konstanten Periode der Länge λ voraus. Zunächst muß auch hier der Einfluß der glatten Komponente g_j eliminiert werden. Dies geschieht nicht wie bisher mit Hilfe der Bestimmung gleitender Durchschnitte, sondern durch den sukzessiven Vergleich zweier aufeinanderfolgender Zeitreihenwerte.

Das Verfahren läßt sich wie folgt darstellen:

1. Für jeden Saisonzeitpunkt j einer Periode i bestimmt man eine Zahl q_{ij} als Quotient aus den Beobachtungswerten der Zeitpunkte j und j–1 multipliziert mit 100, d.h.

$$(10.20) \qquad q_{ij} = \frac{Y_{ij}}{Y_{ij-1}} \cdot 100 \qquad \text{(i: Periode, j: Saison).}$$

2. Aus den Werten q_{ij} wird für jeden Zeitpunkt einer Periode i eine Gliedziffer g_j entweder als arithmetisches Mittel oder als Median über alle Perioden i gebildet, d.h.

$$g_j = \frac{1}{k} \sum_{i=1}^{k} q_{ij} \quad \text{oder} \quad Z(q_j) \quad (j = 1,2,\ldots,\lambda).$$

   Auf diese Weise erhält man Gliedziffern, die für jeden Zeitpunkt die durchschnittliche Veränderung der Zeitreihenwerte gegenüber dem vorherigen Zeitpunkt in Indexform angeben.

   Man möchte aber wissen, wie sich die durchschnittlichen Saisonwerte für alle Zeitpunkte zu ihrem Durchschnitt verhalten. Daher werden im nächsten Schritt zunächst alle Gliedziffern auf eine gemeinsame Basis bezogen.

3. Dies erfolgt durch sukzessive Bildung folgender **Kettenmeßziffern** K_j

$$K_1 = g_1,$$

$$K_j = \frac{K_{j-1} \cdot g_j}{100} \qquad \text{(für } j = 2,3,\ldots,\lambda\text{).}$$

   Da die erste Gliedziffer einer Periode auf den letzten Zeitpunkt der Vorperiode bezogen ist, erhält man auf diese Weise Indexziffern, die alle auf diesen Zeitpunkt als Basis bezogen sind.

4. Wird durch diese Prozedur die Saisonbewegung vollständig erfaßt, dann muß $K_\lambda = 100$ sein. Auch dies wird nicht genau zutreffen, man bildet daher **korrigierte Kettenmeßziffern** K_j' wie folgt

$$K_j' = \frac{K_j}{d^j}, \quad \text{mit} \quad d = \sqrt[\lambda]{D} \quad \text{und} \quad D = \frac{K_\lambda}{100} \quad (\text{für } j = 1,2,\ldots, \lambda).$$

5. Die gesuchten **Saisonindexziffern** S_j^* erhält man, wenn man die korrigierten Kettenmeßziffern auf ihren Durchschnitt bezieht und mit 100 multipliziert, d.h.

$$S_j^* = \frac{K_j'}{\bar{K}'} \cdot 100, \quad \text{mit } \bar{K}' = \frac{1}{\lambda} \sum_{j=1}^{\lambda} K_j' \quad (\text{für } j = 1,2,\ldots, \lambda).$$

Beispiel 10.5:

Für die Daten des Beispiels 10.4 (siehe Tabelle 10.7) soll mittels des Gliedzifferverfahrens von Person eine saisonbereinigte Zeitreihe bestimmt werden.

Tabelle 10.11: q_{ij} Werte, Gliedziffern g_j, Kettenmeßziffern K_j, korrigierte Kettenmeßziffern K_j' und Saisonindexziffern S_j^* für das Beispiel 10.5

Jahr	April	August	Dezember
1975	103,85	100,41	93,87
1976	107,04	103,19	94,12
1977	105,66	102,33	96,07
1978	108,47	102,91	94,84
1979	102,68	101,72	94,62
1980	105,63	101,83	93,72
1981	103,19	100,28	95,59
1982	102,26	101,21	97,35
1983	105,63	103,90	95,05
1984	101,00	102,14	97,63
1985	101,48	103,54	•
g_j = AM	104,26	102,13	95,29
K_j	104,26	106,48	101,47
D = 1,0147; d = $\sqrt[3]{1{,}0147}$ = 1,0049			
K_j'	103,76	105,46	100,00
$\bar{K}'$ = 103,07			
S_j^*	100,67	102,31	97,02
$g_j = Z_j(q_{ij})$	103,85	102,14	94,95

Tabelle 10.12: Saisonbereinigte Werte $\frac{Y_{ij}}{S_j^*} \cdot 100$ für das Beispiel 10.5

Jahr	April	August	Dezember
1975	20 872,96	20 621,36	20 413,41
1976	21 059,02	21 379,90	21 221,59
1977	21 610,45	21 757,46	22 043,18
1978	23 044,11	23 331,92	23 336,42
1979	23 093,68	23 111,91	23 061,01
1980	23 476,54	23 521,24	23 246,12
1981	23 119,71	22 810,68	22 995,56
1982	22 663,35	22 568,30	23 168,20
1983	23 587,10	24 111,28	24 169,54
1984	23 527,20	23 646,31	24 342,19
1985	23 806,94	24 251,92	•

Abb. 10.9: Kurvenverlauf für den Schweinebestand in den Monaten April, August und Dezember in der BRD, zugehörige Kurve der 3-gliedrigen gleitenden Durchschnitte und der nach dem Gliedzifferverfahren von Person saisonbereinigten Kurve

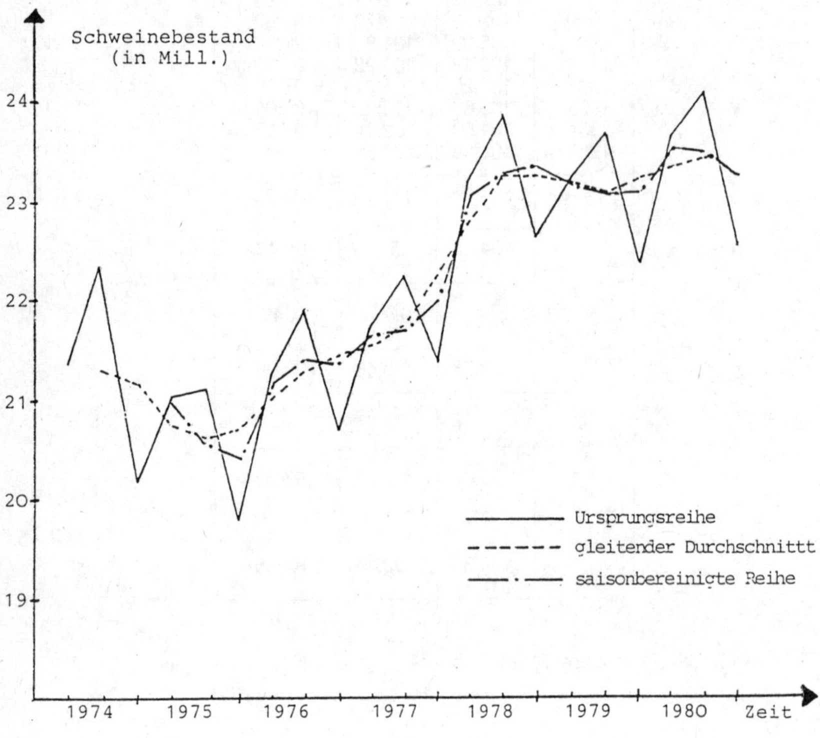

10.4 Übersicht über die Bestimmung der einzelnen Komponenten einer Zeitreihe

Bei den bisher betrachteten Verfahren zur Bestimmung der Komponenten einer Zeitreihe wurde jeweils nur eine einzelne Komponente bestimmt, während die anderen als nicht existent angesehen wurden. Wenn nun eine Zeitreihe von der Form

(10.1) $$Y_T = g_T + s_T + r_T$$

gegeben ist, so erhebt sich die Frage, wie die einzelnen Komponenten aus einem vorgegebenem Beobachtungsmaterial isoliert werden können. Es bieten sich prinzipiell zwei Möglichkeiten der Bestimmungen:

10.4.1 Simultane Bestimmung

Man kann eine simultane Bestimmung der verschiedenen Komponenten vornehmen. Dies würde bedeuten, daß man die glatte Komponente etwa durch einen Polynomansatz von der Form

(10.3) $$g_T = b_0 + b_1 T$$

und die saisonale Komponente durch eine Kombination von trigonometrischen Funktionen etwa in der Form

$$s_T = c \cdot \sin \omega T + d \cdot \cos \omega T$$

ansetzt. Mit Hilfe der Methode der kleinsten Quadrate kann man dann die Werte der Parameter b_0, b_1, c und d bestimmen.

10.4.2 Sukzessive Bestimmung

In der Praxis wird man die Zerlegung der Zeitreihe in ihre Komponenten sukzessiv vornehmen, indem man die Komponenten einzeln bestimmt und vor der Bestimmung der nächsten Komponenten die Zeitreihe bezüglich des Einflusses der bereits bestimmten Komponenten bereinigt. Es gibt prinzipiell viele Möglichkeiten, eine solche sukzessive Bestimmung vorzunehmen.

Eine Möglichkeit wäre die folgende Vorgehensweise:

1. Bestimmung der glatten Komponente g_{ij} nach der Methode der gleitenden Durchschnitte.

2. Bereinigung der Originalzeitreihe vom Einfluß der glatten Komponente, d.h. man bildet

   a) im additiven Modell $$d_{ij} = Y_{ij} - D_{ij}(\lambda), \qquad (10.12)$$

   b) im multiplikativen Modell $$d_{ij} = Y_{ij}/D_{ij}(\lambda).$$

3. Bestimmung von Saisonindexziffern S_j^* aus den bereinigten Werten d_{ij}

   a) im additiven Modell $$S_j^* = \bar{d}_j - \bar{d} = \frac{1}{k}\sum_{i=1}^{k} d_{ij} - \frac{1}{\lambda \cdot k}\sum_{i=1}^{k}\sum_{j=1}^{\lambda} d_{ij}, \qquad (10.15)$$

   b) im multiplikativen Modell $$S_j^* = \frac{\lambda \sum_{i=1}^{k} d_{ij}}{\sum_{i=1}^{k}\sum_{j=1}^{\lambda} d_{ij}} \; . \qquad (10.18)$$

4. Bestimmung von saisonbereinigten Werten aus den Daten der Originalzeitreihe

   a) im additiven Modell $$Y_{ij} - S_j^*, \qquad (10.16)$$

   b) im multiplikativen Modell $$(Y_{ij}/S_j^*) \cdot 100. \qquad (10.19)$$

5. Bestimmung der Restkomponente durch Elimination des Saisoneinflusses aus den um die glatte Komponente bereinigten Originalwerten

   a) im additiven Modell $$d_{ij} - S_j^*$$

   b) im multiplikativen Modell $$(d_{ij}/S_j^*) \cdot 100.$$

Die sukzessive Vorgehensweise bei der Zerlegung einer Zeitreihe in ihre einzelnen Komponenten bietet Ansätze zur Kritik, da man im einzelnen nicht überschauen kann, welche Auswirkungen die einzelnen Bestimmungen auf die jeweils nicht berücksichtigten Komponenten besitzen.

Übungsaufgaben zu Kapitel 10

Aufgabe 1: (additive Überlagerung)

Die folgende Übersicht zeigt die Entwicklung der Produktionsindizes für das Tiefbaugewerbe im Zeitraum von 1977 bis 1980

Quartal	1977	1978	1979	1980
I	70,1	69,3	63,9	82,4
II	101,8	113,0	119,0	120,0
III	107,0	117,5	127,3	122,2
IV	99,4	108,0	119,1	104,3

a) Stellen Sie die Zeitreihe graphisch dar.

b) Geben Sie an, welche Komponenten die Zeitreihe enthält und welches Verfahren Sie aufgrund der Struktur der Zeitreihe bei der Zerlegung verwenden.

c) Bestimmen Sie die trendbereinigte Reihe und erläutern Sie die Vor- und Nachteile des zur Trendbereinigung verwendeten Verfahrens.

d) Bestimmen Sie die Saisonfigur und interpretieren Sie die errechneten Werte.

e) Berechnen Sie die saisonbereinigten Werte für 1980.

c) 12,52; 3,62; - 29,19; 12,12; 16,22; 6,65; - 39,43; 13,06; 17,66; 7,02; - 29,17; 10,92.
d) - 32,765; 11,865; 15,305; 5,595.
e) 115,165; 108,135; 106,895; 98,705.

Aufgabe 2: (Methode der kleinsten Quadrate)

Bestand an Kraftfahrzeugen 1974 - 1980 (Stichtag 1.7.)

Jahr	Kfz in Mio.
1974	20,4
1975	21,0
1976	22,3
1977	23,5
1978	24,8
1979	26,3
1980	27,1

a) Bestimmen Sie den Trend der Zeitreihe mit Hilfe der Methode der kleinsten Quadrate. Welche Überlegungen sind vor der Anwendung des Verfahrens anzustellen? Erscheint Ihnen die Anwendung dieses Verfahrens zur Trendbestimmung in diesem Fall sinnvoll?

b) Prognostizieren Sie unter Verwendung der berechneten Trendfunktion den Bestand an Kraftfahrzeugen in den Jahren 1981 und 1982. Wie beurteilen Sie die Güte der Prognose?

c) Berechnen Sie die dreigliedrigen gleitenden Durchschnitte.

d) Was spricht bei der Berechnung gleitender Durchschnitte für einen möglichst langen, was für einen möglichst kurzen gleitenden Durchschnitt?

a) 23,63; 1,2. b) 28,43; 29,63. c) 21,23; 22,27; 23,53; 24,87; 26,07.

Aufgabe 3:

Ein Unternehmen der Bekleidungsindustrie verzeichnete für die Zeit von 1977 bis 1980 folgende Umsätze:

Zeit	Umsätze in 100 000 DM			
	1977	1978	1979	1980
Jan. - Febr.	11	17	28	33
März - April	20	23	31	35
Mai - Juni	17	21	28	34
Juli - Aug.	18	23	31	38
Sept. - Okt.	21	29	33	40
Nov. - Dez.	28	39	48	60

a) Berechnen Sie mit Hilfe des Phasendurchschnittsverfahrens die Saisonindexziffern und erklären Sie die Bedeutung der einzelnen Rechenschritte.

b) Welche Annahme treffen Sie dabei über die Verknüpfung der Komponenten dieser Zeitreihe?

a) 87,4; 98,5; 86,4; 90,5; 101,5; 135,7.

Aufgabe 4:

Gegeben sei die folgende Zeitreihe: Die Zahl der Neuzulassungen von Personen- und Kombinationskraftwagen in der BRD (Angaben in 1 000)

Jahr	Jan. - April	Mai - Aug.	Sept. - Dez.
1974	601	597	494
1975	726	698	681
1976	882	723	707
1977	960	830	767
1978	988	984	791

a) Geben Sie an, welche Annahme man über den Zusammenhang der Komponenten in diesem Fall macht.

b) Zur Zerlegung dieser Zeitreihe in ihre Komponenten nach dem Gliedzifferverfahren werden zunächst für die einzelnen Abschnitte Kettenmeßziffern berechnet:

Jahr	I	II	III
1974		99,33	82,75
1975		96,14	97,56
1976		81,97	97,79
1977	135,79	86,46	
1978	128,81	99,56	

Berechnen Sie – soweit möglich – die noch fehlenden Werte.

c) Ermitteln Sie die Saisonindexziffern und erläutern Sie, welche Bedeutung die zur Berechnung notwendigen Rechenabschnitte haben.

b) 146,96; 129,52; 92,41; 80,39. c) 112,811; 100,35; 86,84.

Aufgabe 5: (additive Überlagerung)

1. a) Geben Sie an, welche Komponenten eine Zeitreihe enthalten kann, und erläutern Sie diese.

   b) Erklären Sie die sachlichen Unterschiede zwischen einer multiplikativen und einer additiven Verknüpfung der Komponenten (evtl. mit Hilfe einer Zeichnung).

2. Die Entwicklung des Bierausstoßes in der BRD von 1977 - 1980 in 1 000 hl ist aus nachstehender Tabelle zu entnehmen:

Jahr	Quartal I	II	III	IV
1977	21 832	24 930	24 870	21 643
1978	20 886	24 739	24 042	21 989
1979	20 348	25 019	23 958	22 298
1980	21 017	24 483	24 578	22 231

Bei der Zerlegung obiger Zeitreihe in ihre einzelnen Komponenten wurde von einem additiven Modell ausgegangen. Dabei ergaben sich folgende 4-gliedrige gleitende Durchschnitte:

Jahr	Quartal I	II	III	IV
1977	•	•	23 200,50	23 058,38
1978	22 931,00	22 870,75	22 846,75	22 814,50
1979	22 839,00	22 867,13	22 989,38	23 006,00
1980			•	•

a) Bestimmen Sie die fehlenden 4-gliedrigen gleitenden Durchschnitte.

b) Warum verwendet man bei der Schätzung der glatten Komponente der Zeitreihe nicht die Methode der kleinsten Quadrate?

c) In der nachstehenden Tabelle sind die Werte der trendbereinigten Zeitreihe gegeben. Berechnen Sie die fehlenden Werte.

Jahr	Quartal I	II	III	IV
1977	•	•	1 669,50	− 1 415,38
1978	− 2 045,00	1 868,25	1 195,25	− 825,50
1979	− 2 491,00	2 151,87	968,62	− 708,00
1980			•	•

d) Bestimmen Sie die Saisonindexziffern und die saisonbereinigte Zeitreihe für das Jahr 1980.

2a) 23 016,50; 23 085,63. c) − 2 178,50; 1 805,83.
d) − 2 159,04; 1 825,29; 1 277,79; − 982,96;
23 176,04; 22 657,71; 23 280,75; 23 194,50.

Aufgabe 6:

Es soll die Entwicklung der Anzahl der Wohnräume in Frankfurt am Main mit 6 und mehr qm Fläche in den Jahren 1971 bis 1979 untersucht werden [1]:

Jahr	1971	1972	1973	1974	1975	1976	1977	1978	1979
Wohnräume (in 1 000)	955	995	1 008	1 022	1 032	1 043	1 083	1 086	1 090

[1] Daten entnommen aus: Statistisches Jahrbuch der Stadt Frankfurt am Main, 1980.

a) Welche Komponenten enthält die Zeitreihe?

b) Berechnen Sie 3-gliedrige gleitende Durchschnitte und geben Sie an, welche Komponente durch die Bildung von gleitenden Durchschnitten eliminiert werden kann.

c) Ermitteln Sie mit Hilfe der Methode der kleinsten Quadrate den Trend dieser Zeitreihe. Schildern Sie die Nachteile dieses Verfahrens und vergleichen Sie es mit der Methode der gleitenden Durchschnitte.

b) 986,0; 1 008,3; 1 020,7; 1 032,3; 1 052,7; 1 070,7; 1 086,3. c) 989,9; 9.

Aufgabe 7: (multiplikative Überlagerung)

Die folgende Tabelle enthält die Entwicklung des Umsatzes des Bergbaues in der BRD von 1977 bis 1980 in Mrd. DM:

	1977	1978	1979	1980
I	7,2	7,6	8,8	9,5
II	6,9	7,4	8,8	8,9
III	7,9	8,0	9,8	10,5

a) Stellen Sie diese Zeitreihe graphisch dar.

b) Halten Sie es für sinnvoll, die Saisonschwankungen dieser Zeitreihe durch das Phasendurchschnittsverfahren zu isolieren?

c) Bildung von 3-gliedrigen gleitenden Durchschnitten

	1977	1978	1979	1980
I	•	?	?	?
II	?	7,7	9,1	9,6
III	?	8,1	9,4	•

Berechnen Sie die noch fehlenden Werte.
Erläutern Sie die Vor- und Nachteile der Methode der gleitenden Durchschnitte und vergleichen Sie dieses Verfahren mit der Methode der kleinsten Quadrate.

d) Berechnung der trendbereinigten Werte

	1977	1978	1979	1980
I	•	?	?	?
II	?	0,96	0,97	0,93
III	?	0,99	1,04	•

Berechnen Sie die noch fehlenden Werte.

e) Bestimmen Sie die Saisonindexziffern.

f) In der folgenden Tabelle sind die saisonbereinigten Werte angegeben.

	1977	1978	1979	1980
I	?	?	8,63	9,31
II	?	7,79	9,26	9,37
III	?	?	?	?

Berechnen Sie die noch fehlenden Werte und interpretieren Sie diese.

c) 7,3; 7,5; 7,6; 8,5; 9,4. d) 0,95; 1,05; 1,00; 1,04; 1,01.
e) 102; 95; 103. f) 7,06; 7,26; 7,67; 7,45; 7,77; 9,52; 10,20.

Aufgabe 8:

Die Ausgaben von Devisen deutscher Urlauber im Reiseverkehr nach Spanien betrugen in den Jahren 1970 - 1974:

Quartal	1970	1971	1972	1973	1974
I	17	16	27	28	33
II	33	53	64	77	102
III	51	78	109	117	167
IV	13	31	41	47	64

a) Geben Sie an, welche Komponenten diese Zeitreihe enthält und welche Verfahren Sie aufgrund der Struktur der Zeitreihe für eine Saisonbereinigung verwenden können.

b) Berechnen Sie die durchschnittliche Veränderung der Zeitreihenwerte gegenüber dem vorherigen Zeitpunkt in Indexform.
Um welche Maßgrößen handelt es sich hier?

c) Ermitteln Sie die Saisonindexziffern und erläutern Sie, auf welche Weise man aus den Kettenmeßziffern die Saisonindexziffern erhält.

d) Bestimmen Sie für das Jahr 1974 die saisonbereinigten Werte dieser Zeitreihe.

e) Geben Sie einen Überblick über die Verfahren der Zeitreihenanalyse mit ihren Voraussetzungen.
Erklären Sie, welche Arten der Bestimmung der einzelnen Komponenten einer Zeitreihe Sie kennen.

b) 194,1; 154,5; 25,5; 123,1; 331,3; 147,2; 39,7; 87,1; 237,0;
170,3; 37,6; 68,3; 275,0; 152,0; 40,2; 70,2; 309,1; 163,7; 38,3.

c) 47,71; 119,16; 174,17; 58,96.

d) 69,17; 85,60; 95,88; 108,55.

11. Teilerhebungen

11.1 Total- und Teilerhebungen

Im Kapitel 3 war festgestellt worden, daß eine statistische Erhebung entweder als Totalerhebung oder als Teilerhebung durchgeführt werden kann. Bei der Teilerhebung wird aus der Gesamtheit der zu untersuchenden statistischen Einheiten, die man als **Grundgesamtheit** bezeichnet, nur eine Teilmenge ausgewählt. Teilerhebungen spielen heute eine viel größere Rolle als Totalerhebungen. Ihre wesentlichen Vorteile sind Kosten– und Zeitersparnisse sowohl bei der Erhebung als auch bei der Auswertung des Datenmaterials, so daß die Ergebnisse früher zur Verfügung stehen. Zudem kann eine Teilerhebung auch gründlicher durchgeführt werden als eine Totalerhebung. Trotzdem ist nicht zu erwarten, daß auf Totalerhebungen völlig verzichtet werden kann, da nur sie zuverlässige Unterlagen über die Grundgesamtheit liefern. Diese Kenntnisse können dann verwendet werden, um Auswahlpläne für Teilerhebungen zu erhalten, die im Zeitablauf überprüft werden müssen.

Die Ergebnisse über die Eigenschaften der Einheiten der Teilerhebung werden verwendet, um Rückschlüsse über die Eigenschaften der Einheiten der Grundgesamtheit zu ziehen. Dies ist aber nur dann sinnvoll, wenn die Auswahl der Einheiten aus der Grundgesamtheit so erfolgt, daß sie repräsentativ ist. Liefert die Teilerhebung ein vergröbertes, aber nicht entstellendes Abbild der Grundgesamtheit, dann spricht man von einer Stichprobenerhebung oder kurz von einer Stichprobe. Ihre Erhebung bildet im wesentlichen den Gegenstand dieses Kapitels.

Die statistischen Probleme, die bei Stichprobenerhebungen auftreten, können in den folgenden drei Fragestellungen zusammengefaßt werden:

1. Wie sollen die Einheiten der Stichprobe aus den Einheiten der Grundgesamtheit ausgewählt werden?

2. Wie groß soll der Umfang der Stichprobe gewählt werden?

3. Wie genau stellen die aus der Stichprobe gewonnenen Ergebnisse den wahren Sachverhalt in der Grundgesamtheit dar?

Die Beantwortung dieser Fragen erfolgt im Rahmen der Stichprobentheorie. Die erste Frage wird in diesem, die beiden anderen in den folgenden Kapiteln einführend behandelt.

11.2 Auswahlverfahren

Das Auswahlverfahren, nach dem die Einheiten der Grundgesamtheit für die Stichprobe ausgewählt werden, hängt davon ab, welche Informationen man über die Grundgesamtheit gewinnen will. Angenommen, es soll das verfügbare Einkommen der privaten Haushalte in der BRD für ein bestimmtes Jahr, etwa 1982, untersucht werden, dann bieten sich unter anderem folgende Untersuchungsziele an:

1. Man kann nach der Verteilung der Haushalte bezüglich der Höhe ihres verfügbaren Einkommens fragen,

2. man kann nach dem durchschnittlichen verfügbaren Einkommen pro Haushalt fragen oder

3. man kann die verfügbaren Einkommen der Haushalte unterteilen nach dem Erwerbskonzept und das verfügbare Einkommen der selbständigen mit dem der unselbständigen Haushalte vergleichen.

Je nachdem, welches Untersuchungsziel man verfolgt, werden andere Ansprüche an die Stichprobe gestellt. Beim ersten Untersuchungsziel wird man von der Stichprobe verlangen, daß sie eine getreue Darstellung der Verteilung der Höhe der verschiedenen Einkommen der Grundgesamtheit wiedergibt. Interessiert man sich dagegen für das zweite Untersuchungsziel, so ist es durchaus denkbar, daß man eine Stichprobenzusammensetzung wählt, die bezüglich der Verteilung der Einkommen verzerrt ist, jedoch das durchschnittliche Einkommen genauer repräsentiert als andere Stichproben.

Ist man dagegen am dritten Untersuchungsziel interessiert, so muß man darauf achten, daß die Proportion der beiden Gruppen in der Stichprobe derjenigen entspricht, die in der Grundgesamtheit gilt.

Ist das Untersuchungsziel vorgegeben, muß man das Prinzip festlegen, nach welchem diejenigen Einheiten der Grundgesamtheit ausgewählt werden, die in die Stichprobe gelangen sollen. Prinzipiell kann man zwischen zwei Möglichkeiten der Auswahl unterscheiden:

1. Prinzip der Zufallsauswahl und
2. Prinzip der bewußten Auswahl.

Beim Prinzip der Zufallsauswahl wird ein Auswahlverfahren angewendet, bei dem jede Einheit der Grundgesamtheit die gleiche Chance besitzt in die Stichprobe zu gelangen. Diese Forderung hat zur Folge, daß man den "Fehler" berechnen kann, der dadurch entsteht, daß man nicht die Grundgesamtheit als Ganzes, sondern nur einen Teil davon in die Erhebung einbezieht. Bei einer nach dem Prinzip der Zufallsauswahl erhaltenen Stichprobe ist man aufgrund des Stichprobenergebnisses in der Lage, den Bereich abzugrenzen, in dem die wahren Werte der Grundgesamtheit mit einem vorgegebenen Sicherheitsgrad liegen. Eine solche Aussage kann zwar nicht mit absoluter Sicherheit gegeben werden, aber man kann den Sicherheitsgrad beliebig vergrößern. Dies hat allerdings zur Folge, daß der Bereich, in dem der wahre Wert der Grundgesamtheit liegt, größer wird, d.h. die Aussage wird mit steigendem Sicherheitsgrad unschärfer.

Stichprobenerhebungen nach dem Prinzip der Zufallsauswahl sind somit Teilerhebungen, bei denen der Fehler, der durch die Beschränkung auf einen Teil der Grundgesamtheit entsteht, berechenbar ist. Dies wird durch die Wahrscheinlichkeitsrechnung und die mathematische Statistik ermöglicht, mit denen wir uns daher vom nächsten Kapitel an eingehender beschäftigen werden.

Beim Prinzip der bewußten Auswahl werden die Einheiten der Grundgesamtheit nach gewissen Vorkenntnissen über ihre Zusammensetzung ausgewählt. Diese Auswahl der Stichprobenelemente erfolgt nicht nach zufälligen Kriterien, sondern ihre Bestimmung wird gezielt vorgenommen.

Ein Verfahren der bewußten Auswahl ist das sog. **Quotenverfahren**. Angenommen, es soll die Meinung der Bevölkerung zu einer bestimmten politischen Fragestellung erkundet werden. Unterstellt man dabei, daß diese Meinung von der Konfession, dem Geschlecht und dem Alter der Bevölkerung beeinflußt wird, dann kann man wie folgt vorgehen:

Aus anderen Erhebungen kennt man die prozentualen Anteile der verschiedenen Konfessionen und der beiden Geschlechter an der Gesamtbevölkerung. Ebenfalls sei die Aufteilung der Gesamtbevölkerung auf die einzelnen Altersklassen bekannt. Man stellt dann den Interviewern die Aufgabe, die Befragung der vorgesehenen Bevölkerungsgruppen so vorzunehmen, daß die sich ergebende Stichprobe bezüglich der Verteilung von Konfession, Geschlecht und Aufteilung auf die einzelnen Altersgruppen ein genaues Spiegelbild der Grundgesamtheit ergibt. Im Rahmen dieser vorgegebenen "Quoten" besitzen die Interviewer völlig freie Hand, welche Einheiten der Grundgesamtheit sie in die Stichprobe aufnehmen und welche nicht.

Ein weiteres Verfahren der bewußten Auswahl ist die sog. **Teilerhebung nach dem Konzentrationsprinzip**. Sie wird insbesondere dann verwendet, wenn es weniger um einzelne Einheiten als vielmehr um summierte quantitative Merkmale geht. Die Einheiten, die nur einen unbedeutenden Beitrag zur Merkmalssumme liefern, erfaßt man nicht, um Erhebungskosten zu sparen. Ein Beispiel hierfür ist die monatliche Industriestatistik in der BRD, bei der nur Betriebe mit mehr als 10 Beschäftigten erfaßt werden. Dabei werden 58 % der Betriebe erfaßt und man erhält so Angaben über 98 % der Beschäftigten und der Umsätze der Industrie. Es handelt sich hierbei allerdings um eine nichtrepräsentative Teilerhebung.

Es erscheint nun theoretisch denkbar, obwohl es von der Praxis nicht bestätigt wird, daß eine solche bewußte Auswahl zu genaueren Ergebnissen führt als eine reine Zufallsauswahl. Entscheidend ist jedoch die Tatsache, daß man nur bei einer Auswahl nach dem Prinzip des Zufalls in der Lage ist, mit Hilfe der Wahrscheinlichkeitsrechnung Angaben über die Genauigkeit der Ergebnisse bezüglich der Grundgesamtheit zu berechnen. Im folgenden soll daher bei einer Stichprobe immer unterstellt werden, daß ihre Einheiten nach dem Prinzip der Zufallsauswahl aus der Grundgesamtheit bestimmt werden.

Zunächst sollen die Methoden erläutert werden, nach der eine Auswahl der Stichprobenelemente nach dem Zufallsprinzip erfolgen kann.

11.3 Stichprobenerhebungen

11.3.1 Das einfache Stichprobenverfahren

Das Prinzip der einfachen Stichprobe kann anhand des nachstehenden Beispiels erläutert werden:

Als Grundgesamtheit werde die Wohnbevölkerung eines bestimmten Gebietes zu einem bestimmten Zeitpunkt betrachtet. Es soll die Geschlechterproportion dieser Bevölkerung bestimmt werden. Die Grundgesamtheit besteht aus N Einwohnern. Daraus werden nach dem Zufallsprinzip n ($n \leq N$) Einwohner als Stichprobe ausgewählt. Aufgrund der Geschlechterproportion dieser Stichprobe wird dann auf die entsprechende Proportion in der Grundgesamtheit geschlossen. Wenn jede Einheit der Grundgesamtheit die gleiche Chance besitzt, in die Stichprobe zu gelangen, spricht man von einer einfachen Stichprobe oder auch von einer reinen bzw. uneingeschränkten Zufallsauswahl.

Wie kann man nun erreichen, daß jede Einheit der Grundgesamtheit die gleiche Chance besitzt, als Stichprobenelement ausgewählt zu werden? Zunächst sei festgestellt, daß damit keine Auswahl "aufs Geratewohl" gemeint ist, denn eine solche garantiert keine reine Zufallsauswahl.

Um die Meinung der Bevölkerung einer Großstadt zu einem bestimmten Problem zu erforschen, genügt es keineswegs, sich an einem belebten Platz dieser Großstadt aufzustellen und die vorbeigehenden Menschen nach ihrer Meinung zu einem bestimmten Problem zu befragen. Selbst wenn man dies über einen längeren Zeitraum durchführt, ist damit nicht gesichert, daß alle Bewohner dieser Stadt die gleiche Chance besitzen, gefragt zu werden.

Ein Möglichkeit, jeder Einheit der statistischen Grundgesamtheit die gleiche Chance zu bieten, in die Stichprobe zu gelangen, kann man mit Hilfe von **Zufallszahlen** erreichen. Diese entnimmt man speziellen Tabellen, in denen mehrstellige Zufallszahlen in regelloser Folge aufgelistet sind, so daß sich kein Bildungsgesetz angeben läßt, nach dem aufeinanderfolgende Zahlen berechnet werden können. Auf die verschiedenen Möglichkeiten, solche Zufallszahlen zu erzeugen, soll hier nicht näher eingegangen werden.

Nehmen wir nun an, daß ein Adressenverzeichnis einer Bevölkerungsgrundgesamtheit zur Verfügung steht. Man kann dann diese Adressen durchnummerieren, etwa von 1 bis N. Dann beginnt man an einer beliebigen Stelle der Tabelle der Zufallszahlen und sucht - in einer beliebigen Richtung der Tabelle fortschreitend - diejenigen Adressen aus der Kartei heraus, deren Nummer durch die Zufallszahl bestimmt wird. Auf diese Weise fährt man fort, bis der gewünschte Stichprobenumfang erreicht ist. Handelt es sich beispielsweise bei der Adressenkartei um fünfstellige Adressennummern und liegt nur eine zweistellige Tabelle von Zufallszahlen vor, dann kann man durch Kombination aufeinanderfolgender Zufallszahlen fünfstellige Zahlen erhalten. Beispielsweise erhält man aus den zweistelligen Zufallszahlen

31 13 63 21 08 97 38 35 34 29

durch Kombination die fünfstelligen Zufallszahlen

31136 32108 97383 53429.

Allerdings ist auch bei der Verwendung von Zufallszahlen die Erstellung einer exakten Zufallsauswahl relativ mühsam. Daher werden in der Praxis manchmal Auswahlverfahren angewendet, die zwar keine Zufallsauswahl im strengen Sinne garantieren, aber für praktische Zwecke zufriedenstellende Stichproben liefern. Ist beispielsweise die Durchnumerierung der einzelnen Adresskarten nicht durchführbar, so kann man das folgende Auswahlverfahren anwenden. Aus einer Grundgesamtheit von N = 100 000 Einheiten soll eine Stichprobe vom Umfang n = 5 000 gezogen werden. Man kann mit einer zufällig ausgewählten einstelligen Zufallszahl beginnen, etwa der Zahl 6, und dann jede 20-te Adresskarte aus der Grundgesamtheit ziehen. Wenn die Anordnung der Adresskarten mit dem Untersuchungsmerkmal korreliert ist, kann ein solches systematisches Auswahlverfahren allerdings zu groben Verfälschungen der Stichprobenresultate bezüglich der Grundgesamtheit führen. Je enger dieser Zusammenhang ist, desto größer ist die Gefahr einer Verzerrung des Stichprobenergebnisses. Ein Beispiel aus der Literatur mag dies verdeutlichen.

Beispiel 11.1 [Blind]:

Es soll die durchschnittliche Miethöhe einer Gemeinde geschätzt werden. Zu diesem Zweck wird aus dem Verzeichnis der Wohnungen der Gemeinde, das nach Stadtteilen, Straßen und Häusern geordnet ist, jede 10. Wohnung ausgewählt. Bei der Festlegung des Intervalls zwischen den auszuzählenden Einheiten ist darauf zu achten, ob etwa in gewissen Zyklen hohe und niedrige Mieten miteinander abwechseln, z.B. in Siedlungen mit einheitlichen Haustypen mit jeweils 10 Wohnungen. Man könnte somit bei der Entnahme nur Wohnungen eines bestimmten Typs, z.B. Dach- oder Erdgeschoßwohnungen, auswählen.

Man muß daher darauf achten, ob es in der Grundgesamtheit bestimmte periodische Erscheinungen gibt, die für die Erhebungsmerkmale von Bedeutung sind. Wenn dies der Fall ist, darf die Länge einer solchen Periode nicht mit dem Abstand zweier aufeinanderfolgender Elemente der Grundgesamtheit übereinstimmen, die für die Stichprobe ausgewählt werden sollen.

Ein weiteres Verfahren, eine zufällige Auswahl aus der Grundgesamtheit zu erhalten, ist das sog. Schlußziffernverfahren. Bei diesem wird gefordert, daß die Grundgesamtheit von 1 bis N durchnumeriert ist, wobei die Einheiten nicht dieser Zahlenfolge entsprechend geordnet sein müssen. Möchte man aus der Grundgesamtheit eine 10 %-ige Stichprobe ziehen, so wird man alle Einheiten mit einer zufällig gewählten Endziffer, etwa 3, aus der Grundgesamtheit auswählen. Möchte man einen Auswahlsatz von 5 % erzielen, so kann man aus einer Tabelle mit zweistelligen Zufallszahlen fünf aufeinanderfolgende Zufallszahlen, etwa

14, 66, 12, 87 und 22

auswählen.

Es werden dann alle Einheiten der Grundgesamtheit mit diesen Endziffern in die Stichprobe gewählt. Bei der Anwendung dieses Schlußziffernverfahrens muß auf jeden Fall gewährleistet sein, daß die Grundgesamtheit nicht gruppenweise, jeweils wieder mit 1 beginnend, durchnumeriert wurde. Sind nämlich diese Gruppen sehr klein, dann werden die ersten Schlußziffern häufiger vertreten sein als die übrigen und die Stichprobe wird kein repräsentatives Abbild der Grundgesamtheit darstellen.

Es gibt allerdings auch Fälle, bei denen eine Auswahl nach den bisher geschilderten Zufallsprinzipien nicht möglich ist, etwa weil die Eintragungen in verschiedenen Karteien erfolgten, die sich nicht in ihrer Gesamtheit durchnumerieren lassen. In diesem Fall muß ein Auswahlverfahren angewandt werden, welches es erlaubt, eine zufällige Auswahl aus allen voneinander getrennt geführten Karteien zu ziehen. Dies läßt sich dadurch erreichen, daß man alle Einheiten in die Stichprobe aufnimmt, die ein bestimmtes Merkmal aufweisen. Dieses Merkmal sollte allerdings mit dem Erhebungsmerkmal in keinem Zusammenhang stehen, damit die Stichprobenauswahl keine Verzerrungen gegenüber der Grundgesamtheit aufweist. Es bieten sich eine Auswahl nach dem Geburtstag oder dem Anfangsbuchstaben des Familiennamens an. Allerdings hängt die Zugehörigkeit zu einer bestimmten Bevölkerungsgruppe oft mit dem Namen zusammen. In der Bundesrepublik ist dies beispielsweise bei den Heimatvertriebenen oder den Ausländern der Fall. Daher sollte man statt eines einzelnen Anfangsbuchstabens besser mehrere Buchstabenkombinationen wählen. Dies Verfahren setzt allerdings voraus, daß man den proportionalen Anteil dieser Buchstabenkombination in der Grundgesamtheit kennt.

Beispiel 11.2 [Schott, 1923, Seite 44]:

Von den alphabetisch geordneten Familienbögen der Stadt Mannheim aus dem Anfang des 19. Jahrhunderts wurden willkürlich die mit den Anfangsbuchstaben A, B und M beginnenden Familiennamen herausgezogen und bezüglich der Kinderzahl pro Familie untersucht. Eine parallel dazu durchgeführte Auszählung sämtlicher Familienbögen bezüglich der Kinderzahl pro Familie zeigte jedoch weit größere Differenzen zwischen dem Stichprobenergebnis und dem wahren Sachverhalt in der Grundgesamtheit als es theoretisch zulässig gewesen wäre. Eine genauere Nachforschung ergab, daß sich unter den ausgewählten Anfangsbuchstaben relativ viele jüdische Familiennamen befanden und die jüdischen Ehen zu jener Zeit in Mannheim viel kinderreicher als die christlichen Ehen waren.

11.3.2 Das geschichtete Stichprobenverfahren

Das geschilderte Verfahren der einfachen Stichprobe erweist sich immer dann als angemessen, **wenn die Grundgesamtheit homogen ist**. Nun sind derartige homogene Grundgesamtheiten in der Wirtschafts- und Sozialstatistik relativ selten zu finden. **Liegt eine inhomogene Grundgesamtheit vor**, dann kann man diese in **homogenere Teilgesamtheiten** aufteilen, die in der Stichprobentheorie als **Schichten** bezeichnet werden. Es kann nämlich nachgewiesen werden, daß diese geschichtete Stichprobenerhebung wesentlich bessere Ergebnisse liefert als eine reine Zufallsauswahl.

Beispiel 11.3:

Um bei landwirtschaftlichen Betriebserhebungen schneller zu vorläufigen Ergebnissen zu gelangen, entnimmt man der Grundgesamtheit, gebildet aus allen eingegangenen Erhebungsbögen, eine Stichprobe und wertet diese aus. Bezüglich der Untersuchungsmerkmale Bodennutzung, Viehbestand, Arbeitskräfte, Maschinen usw. handelt es sich um eine stark inhomogene Grundgesamtheit. Daher bildet man aus ihr mehrere Schichten, in der Hoffnung auf diese Weise homogenere Teilgesamtheiten zu erhalten, in denen die zu untersuchenden Merkmalswerte nicht mehr so stark streuen wie in der ursprünglichen Grundgesamtheit. Eine mögliche Schichtenbildung sieht etwa die folgenden fünf Klassen vor:

Nr. der Schicht	Landwirtschaftliche Nutzfläche in ha	Auswahlsatz
1	[0,5; 5)	2 %
2	[5 ; 20)	5 %
3	[20 ; 50)	10 %
4	[50 ;200)	20 %
5	[200 ; ∞)	100 %

Bei der Bestimmung des Auswahlsatzes für die einzelnen Schichten geht man von der Überlegung aus, daß die 1. Schicht besonders stark besetzt sein wird und außerdem die Streuung der Untersuchungsmerkmale in ihr nicht besonders groß sein wird.

Später wird gezeigt werden, daß die Güte einer Stichprobenerhebung um so besser wird, je größer der Stichprobenumfang und je homogener die entsprechende Grundgesamtheit ist. Es genügt daher, bei der ersten Schicht einen relativ geringen Auswahlsatz zu wählen. Dagegen ist die fünfte Schicht sowohl schwach besetzt als auch relativ inhomogen. Daher empfiehlt es sich, diese voll in die Stichprobenerhebung aufzunehmen.

Bei einer nach dem Prinzip des geschichteten Stichprobenverfahrens bestimmten Auswahl hat nun nicht mehr jede Einheit der Grundgesamtheit die gleiche Chance, in die Auswahl zu gelangen. Jedoch kann man nach Festlegung des Auswahlsatzes für die einzelnen Schichten diese Chancen berechnen. Man fordert nun, daß jede Einheit der Grundgesamtheit eine berechenbare, von Null verschiedene Chance besitzt, in die Stichprobe zu gelangen.

Wenn man sich für eine geschichtete Stichprobe entschieden hat und der Stichprobenumfang n festgelegt worden ist, bleiben bezüglich der Erhebung noch zwei Probleme zu klären, nämlich

1. Wie soll der Stichprobenumfang n auf die einzelnen Schichten aufgeteilt werden?

2. Wie sollen in der Grundgesamtheit die einzelnen Schichten abgegrenzt werden?

Angenommen, die Grundgesamtheit sei in j verschiedene Schichten aufgeteilt, dann muß für jede Schicht i, i = 1,2,. . . . ,j, mit N_i Einheiten

$$N = \sum_{i=1}^{j} N_i$$

die Anzahl der Elemente n_i festgelegt werden, die aus dieser Schicht in die Stichprobe gelangen sollen. Dabei müssen lediglich die beiden Bedingungen

$$\sum_{i=1}^{j} n_i = n \qquad \text{und} \qquad n_i \leq N_i$$

berücksichtigt werden.

Prinzipiell unterscheidet man zwei mögliche Aufteilungen:

1. die **proportionale** Aufteilung und
2. die **bestmögliche** (oder **optimale**) Aufteilung.

Bezeichnet man den Anteil der Einheiten der i-ten Schicht an der gesamten Grundgesamtheit mit p_i, d.h. $p_i = N_i/N$, dann besagt die proportionale Aufteilung, daß man aus der i-ten Schicht $n_i = np_i = n \cdot N_i/N$ Einheiten auswählt. Eine proportionale Aufteilung ist immer dann brauchbar, wenn innerhalb der einzelnen Schichten keine allzu großen Unterschiede bezüglich des Untersuchungsmerkmals bei den einzelnen Einheiten zu erwarten sind. Theoretisch läßt sich allerdings zeigen, daß die proportionale Aufteilung bei gegebenem n nicht die kleinste Varianz des Stichprobenergebnisses bezüglich des Untersuchungsmerkmals liefert.

Man kann daher eine **optimale Aufteilung** bestimmen, die bei gegebenem n **diese Varianz minimiert**. Dazu müssen allerdings die Varianzen des Untersuchungsmerkmals in den einzelnen Schichten bekannt sein. Wegen dieser Abhängigkeit der optimalen Aufteilung von den Varianzen in den einzelnen Schichten erhält man im allgemeinen für jedes Untersuchungsmerkmal eine andere optimale Aufteilung. Will man mehrere Merkmale der Grundgesamtheit gleichzeitig untersuchen, muß man daher entweder die optimale Aufteilung bezüglich eines Merkmals wählen oder sich auf eine proportionale Aufteilung der Stichprobeneinheiten beschränken.

Die Schichtenbildung in der Grundgesamtheit sollte so vorgenommen werden, daß diejenigen Elemente der Grundgesamtheit zu einer Schicht zusammengefaßt werden, die bezüglich der Untersuchungsmerkmale die geringste Streuung aufweisen. Dieses Ziel kann man etwa dadurch erreichen, daß man einen Zusammenhang zwischen den Schichtungsmerkmalen und den Untersuchungsmerkmalen herstellt.

Ein mögliches Schichtungsmerkmal ist eine gebietsmäßige Aufgliederung der Grundgesamtheit. Eine solche bietet sich dann an, wenn die Zählpapiere von umfangreicheren Erhebungen (etwa Volkszählungen) bereits geographisch geordnet vorliegen. Dabei erweist sich die regionale Schichtung einer stichprobenweisen Aufbereitung von Volks- und Berufszählungen weniger wirksam bei den Volkszählungsmerkmalen (Geschlecht, Familienstand, Altersgruppen) als bei den Berufszählungsmerkmalen (Berufsgruppe, Wirtschaftszweig, soziale Stellung). Dies liegt darin begründet, daß die einzelnen Gebiete (z.B. Kreise, Stadtteile) hinsichtlich der Berufszählungsmerkmale in sich einheitlicher sind als unter dem Gesichtspunkt der meisten Volkszählungsmerkmale (eine Ausnahme bildet dabei das Merkmal Religion). Ein anderes Schichtungsmerkmal ist die Größenklassengliederung, für die das Beispiel 11.3 eine Anwendung darstellt.

11.3.3 Die Klumpenstichprobe

Die Klumpenstichprobe wird angewandt, um den mit der Auswahl einer großen Zahl einzelner Einheiten verbundenen Aufwand zu verringern. Der Vorteil der Klumpenauswahl besteht in einer wesentlichen Vereinfachung der Erhebung, weil alle Einheiten eines Klumpens auf einmal erfaßt werden können, wodurch große Zeit- und Kostenersparnisse erzielt werden. Diese Auswahl kommt insbesondere in Frage, wenn nur für die Klumpen und nicht für die Untersuchungseinheiten eine Auswahlgrundlage vorliegt (vgl. das Beispiel aus der Qualitätskontrolle im Abschnitt 11.3.4).

Bei einer Klumpenstichprobe wird also die Grundgesamtheit in m - nicht notwendig umfanggleiche - Klumpen aufgeteilt, daraus eine bestimmte Anzahl von Klumpen zufällig ausgewählt und diese mit allen ihren Einheiten in die Stichprobe einbezogen. Man beachte den Unterschied zwischen einer Schichten- und einer Klumpenstichprobe: Aus der in Teilmengen zerlegten Grundgesamtheit wird bei der Schichtenstichprobe jede Schicht in die Stichprobenerhebung einbezogen. Innerhalb jeder Schicht wird dann durch Zufallsauswahl bestimmt, welche Einheiten in die Stichprobe einbezogen werden. Anders dagegen bei der Klumpenstichprobe. Bei dieser werden durch Zufallsauswahl die Klumpen bestimmt, die in die Erhebung einbezogen werden sollen. Bezüglich der ausgewählten Klumpen erfolgt dann eine Totalerhebung aller Einheiten. Unterteilt man eine Grundgesamtheit in Klumpen, so darf jede Untersuchungseinheit einem und nur einem Klumpen angehören. In der Praxis ist es wichtig, diese Klumpenaufteilung so vorzunehmen, daß relativ einfach die Zugehörigkeit der Einheiten der Grundgesamtheit zu den einzelnen Klumpen ermittelt werden kann.

Bei der Zerlegung der Grundgesamtheit in Klumpen sollte man darauf achten, daß die einzelnen Klumpen in sich bezüglich des Untersuchungsmerkmals möglichst inhomogen sind, d.h. möglichst verschiedene Merkmalsausprägungen besitzen. Auch dies ist ein Gegensatz zur Schichtenstichprobe, bei der die einzelnen Schichten in sich möglichst homogen sein sollten. Der Grund für diesen Unterschied ist offensichtlich. Das Prinzip der Klumpenstichprobe kann an dem folgenden Beispiel deutlich gemacht werden.

Beispiel 11.4:

In einer Großstadt soll eine Erhebung im Interviewverfahren durchgeführt werden über die Zahl der Haushalte, die ein Farbfernsehgerät besitzen, und deren Haushaltsnettoeinkommen. Es stellt sich die Frage, wie man eine Stichprobe von Haushalten dieser Stadt gewinnt. Es wäre denkbar, alle Haushalte zu befragen und auf diese Weise eine Liste der Zahl der Haushalte in der Grundgesamtheit mit einem Farbfernsehgerät anzufertigen. Dieses Verfahren wäre jedoch viel zu kostspielig und zu zeitaufwendig. Man wählt daher folgende Vorgehensweise: Das gesamte Stadtgebiet wird in Teilflächen aufgegliedert, die man von 1 bis k durchnumeriert. Aus diesen Teilflächen wählt man dann eine bestimmte Anzahl zufällig aus. Diese zufällig ausgewählten Teilflächen bilden die Stichprobe. In dieser werden alle Haushalte, die ein Farbfernsehgerät besitzen, interviewt. Diese geschilderte Methode bezeichnet man als Flächenstichprobenverfahren. Sie stellt einen Spezialfall der Klumpenstichprobe dar.

11.3.4 Mehrstufige Stichprobenverfahren

Das kennzeichnende Merkmal eines mehrstufigen Stichprobenverfahrens besteht darin, daß eine Reihe von Zufallsauswahlen nacheinander durchgeführt werden, wobei der Umfang der Teilgesamtheiten mit wachsender Stufenzahl immer kleiner wird. Das Klumpenstichprobenverfahren läßt sich beispielsweise zu einem zweistufigen Verfahren erweitern, wenn man nach der zufälligen Auswahl der Klumpen nicht alle Einheiten dieser ausgewählten Klumpen in die Erhebung einbezieht, sondern erneut eine zufällige Auswahl unter den Einheiten trifft.

Die mehrstufigen Stichprobenverfahren werden häufig in der statistischen Qualitätskontrolle angewandt, um die Güter einer Produktion zu testen. Angenommen, die von einem Produzenten gelieferte Ware ist in Kisten verpackt. Dann wählt der Konsument auf der ersten Stufe eine bestimmte Anzahl von Kisten zufällig aus und auf der zweiten Stufe werden aus der in diesen Kisten befindlichen Artikel erneut einige zufällig ausgewählt. Nur diese Artikel werden dann vom Konsumenten auf ihre Qualität getestet. Aufgrund dieses Testergebnisses schließt dieser dann auf die Qualität der vom Produzenten gelieferten Gesamtpartie und entscheidet, ob die Gesamtheit der gelieferten Ware seinen Qualitätsansprüchen genügt oder nicht.

Eine weitere Anwendungsmöglichkeit von mehrstufigen Stichprobenverfahren bietet beispielsweise die landwirtschaftliche Statistik. Wird kurz vor der Ernte ein Überblick über den zu erwartenden Ernteertrag für ein bestimmtes Bundesland gewünscht, dann wählt man auf der ersten Stufe nach dem Zufallsprinzip Dörfer dieses Landes aus. Auf der zweiten Stufe werden aus jeder dieser ausgewählten Landgemeinden zufällig eine bestimmte Anzahl von bäuerlichen Betrieben ausgewählt. Auf der dritten Stufe werden unter diesen ausgewählten Betrieben wieder zufällig eine bestimmte Anzahl von Feldern ausgewählt, auf denen das gewünschte Getreide angebaut wird. Von den so in die Endauswahl gelangten Feldern werden nach bestimmten Vorschriften 5 Proben im Ausmaß von jeweils nur 1 qm abgeerntet und deren Ernteertrag bestimmt. Auf diese Weise erhält man einen Schätzwert für den zu erwartenden durchschnittlichen Ernteertrag pro qm. Dieser Wert wird dann auf die gesamte Anbaufläche hochgerechnet.

11.4 Induktive und deduktive Schlußweise in der Statistik

Bisher haben wir uns vorwiegend mit dem Problem beschäftigt, wie aus einer Grundgesamtheit diejenigen Einheiten auszuwählen sind, die durch eine Stichprobenerhebung erfaßt werden sollen. Die sich bei einer Stichprobenerhebung ergebenden statistischen Probleme sind damit aber noch nicht erschöpft. Stichprobenerhebungen werden durchgeführt, um Aussagen über die Eigenschaften der Merkmale von statistischen Einheiten einer Grundgesamtheit treffen zu können. Nachdem die Stichprobe festgelegt worden ist, wird man die Kenngrößen für die Untersuchungsmerkmale innerhalb der Stichprobe bestimmen, etwa den Mittelwert, die Varianz oder die Verteilung innerhalb der Stichprobenelemente. Nun ist man aber nicht an der Größe dieser Werte innerhalb der Stichprobe interessiert, sondern man möchte aufgrund dieser Stichprobenergebnisse Rückschlüsse auf die Eigenschaften der betreffenden Untersuchungsmerkmale in der unbekannten Grundgesamtheit ziehen.

Um solche Aussagen zu treffen, benötigt man jedoch zunächst Kenntnisse der Wahrscheinlichkeitsrechnung. Diese beschäftigt sich mit der sog. deduktiven Schlußweise der Statistik. Sie geht von einer Grundgesamtheit aus, deren Eigenschaften bezüglich gewisser Untersuchungsmerkmale bekannt sind. Man schließt dabei von der bekannten Grundgesamtheit auf die unbekannte Stichprobe. Aufgrund der Grundgesamtheitseigenschaften werden sodann Aussagen über die Eigenschaften der betreffenden Untersuchungsmerkmale in der zu ziehenden Stichprobe getroffen.

Für die praktische Anwendung der statistischen Methoden ist jedoch die umgekehrte Schlußweise wichtiger und interessanter. Meistens sind die Eigenschaften der Untersuchungsmerkmale in der Grundgesamtheit nicht bekannt. Um über sie Aussagen treffen zu können, versucht man aufgrund von Stichprobenergebnissen auf die Eigenschaften der Untersuchungsmerkmale in der unbekannten Grundgesamtheit zu schließen. Man spricht in diesem Zusammenhang von der induktiven Schlußweise der Statistik (vgl. Abb. 11.1). Diese hat die Aufgabe, aufgrund von bekannten Stichprobenergebnissen die folgenden beiden Probleme zu behandeln:

1. Die Schätzung von Kenngrößen für die Untersuchungsmerkmale unbekannter Grundgesamtheiten sowie die Angabe von Vertrauensbereichen (sog. Konfidenzintervallen) für diese Größen zu vorgegebenen Sicherheitswahrscheinlichkeiten aufgrund von Stichprobenergebnissen (**Schätztheorie, Kapitel 15**).

2. Die statistische Prüfung von Hypothesen bezüglich vorgegebener Eigenschaften von Untersuchungsmerkmalen in der unbekannten Grundgesamtheit aufgrund von beobachteten Stichprobenergebnissen (**Testtheorie, Kapitel 16**).

Damit ist die weitere Vorgehensweise festgelegt. Zunächst muß man sich mit der Wahrscheinlichkeitsrechnung vertraut machen, um die deduktive Schlußweise der Statistik zu verstehen (Kapitel 12 bis 14). Danach wird, um Stichprobenerhebungen auswerten zu können, die induktive Schlußweise in Form einer Einführung in die Schätz- und Testtheorie behandelt.

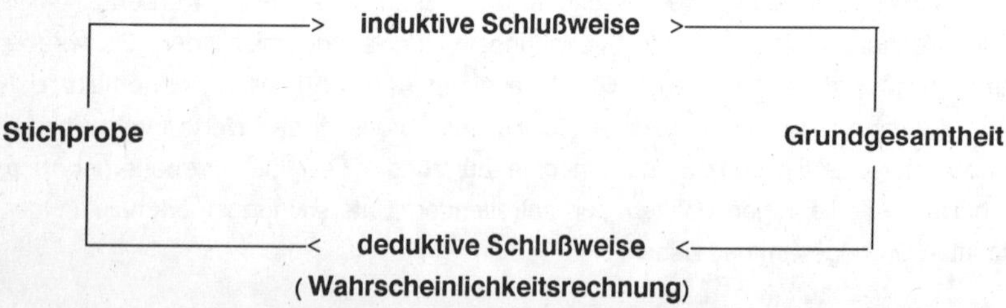

Abb. 11.1: Die beiden Schlußweisen in der Statistik

12. Grundzüge der Wahrscheinlichkeitsrechnung

Im vorigen Kapitel war gesagt worden, daß es mit Hilfe der Wahrscheinlichkeitsrechnung möglich ist, Abschätzungen zu bestimmen, die angeben, wie weit beobachtete Stichprobennergebnisse von den entsprechenden Kenngrößen der Grundgesamtheit abweichen können. Voraussetzung für die Möglichkeit solcher Abschätzungen ist die Tatsache, daß die Einheiten der Stichprobe **zufällig** aus der Grundgesamtheit ausgewählt wurden. Die Wahrscheinlichkeitsrechnung beschäftigt sich mit der Untersuchung von Gesetzmäßigkeiten im Verhalten von **zufälligen Ereignissen**. Es werden daher in diesem Kapitel **die grundlegenden Begriffe und Methoden der Wahrscheinlichkeitsrechnung** behandelt.

12.1 Der Begriff des zufälligen Ereignisses

Grundlegende Begriffe der Wahrscheinlichkeitsrechnung sind das **Zufallsexperiment** und das **zufällige Ereignis**. Unter genau definierten und konstant gehaltenen Bedingungen werde eine Serie von Experimenten durchgeführt: etwa das Werfen einer Münze oder das Ziehen einer Karte aus einem Kartenspiel. Nun unterstellt man, daß es sich um solche Experimente handelt, bei denen es nicht mit absoluter Sicherheit möglich ist, ihr Ergebnis vorherzusagen.

Man könnte definieren:

Als **Zufallsexperiment** bezeichnet man einen Vorgang, der nach einer bestimmten Vorschrift ausgeführt wird, der beliebig oft wiederholbar ist und dessen Ergebnisse vom Zufall abhängen, d.h. im voraus nicht eindeutig bestimmt werden können. Ferner sollen sich die Ergebnisse bei mehrmaliger Wiederholung des Versuches nicht gegenseitig beeinflussen.

Anstatt vom Eintreffen des Ergebnisses eines durchgeführten Experimentes spricht man auch von der **Realisation** eines bestimmten Ereignisses. Kann bei einem Ereignis nicht mit absoluter Sicherheit auf seine Realisierung geschlossen werden, dann spricht man von einem **zufälligen Ereignis**. Diese Bezeichnung besagt, daß es vom Zufall abhängt, ob das betreffende Ereignis realisiert wird oder nicht.

Man könnte definieren:

Ein **zufälliges Ereignis** ist ein solches Ereignis, das bei einem unter festliegenden Bedingungen durchgeführten Versuch eintreten kann, aber nicht eintreten muß.

Den Versuch, dessen Realisierung zu einem zufälligen Ereignis führt, bezeichnet man als **Zufallsexperiment**. Um zu zeigen, wie man solche zufälligen Ereignisse numerisch erfassen kann, sollen - gedanklich - zwei altbekannte Zufallsexperimente durchgeführt werden.

Beispiel 12.1:

Bei vielen Gesellschaftsspielen werden Würfel verwendet, dabei wird bei einigen Spielen einer bestimmten Augenzahl eine besondere Bedeutung zugeordnet. Etwa spielt die "sechs" eine solche Sonderrolle. Anhand eines Zufallsexperimentes soll daher untersucht werden, wie häufig das Ereignis "Würfeln einer sechs" eintritt. Angenommen, es werden nacheinander 200 Würfe durchgeführt und dabei die folgenden Realisierungen des gewünschten Ereignisses beobachtet

Gesamtzahl der Würfe	20	40	60	80	100	120	140	160	180	200
absolute Häufigkeit	2	5	11	14	18	21	23	26	30	33
relative Häufigkeit	1/10 = 0,100	1/8 = 0,125	11/60 ≈ 0,183	7/40 = 0,175	9/50 = 0,180	21/120 = 0,175	23/140 ≈ 0,164	13/80 ≈ 0,163	1/6 ≈ 0,167	33/200 = 0,165

Beispiel 12.2:

Es werde eine Münze geworfen. Man interessiert sich nun dafür, welche der beiden Seiten - Wappen oder Zahl - nach dem Wurf oben liegt. Angenommen, für das Eintreffen des Ereignisses "Wappen liegt oben" werden bei einer Serie von Würfen folgende Realisationen beobachtet:

Gesamtzahl der Würfe	100	500	1 000	5 000	10 000
absolute Häufigkeit	54	257	491	2 517	4 980
relative Häufigkeit	0,540	0,514	0,491	0,503	0,498

Man erkennt, daß sich die relative Häufigkeit der Realisierungen mit wachsender Gesamtzahl der Würfe einem bestimmten Wert nähert, der ungefähr bei 0,17 liegt. Dieser Wert, dem sich die relative Häufigkeit mit wachsender Gesamtzahl der Würfe (= Stichprobenumfang) nähert, läßt sich unter bestimmten Voraussetzungen auch ohne langwierige Zufallsexperimente rechnerisch ermitteln.

Die absolute Häufigkeit zeigt an, daß die Abweichungen von der "erwarteten" Hälfte der Gesamtzahl der Würfe mit zunehmender Gesamtzahl immer größer werden. Bezogen auf die Gesamtzahl der durchgeführten Würfe (relative Häufigkeit) nähern sich die Ergebnisse jedoch mit wachsender Gesamtzahl der Würfe immer mehr dem "erwarteten" Wert 0,5.

Grundsätzlich sind die Ergebnisse dieser beiden Zufallsexperimente nicht besonders verwunderlich. Geht man davon aus, daß Münze und Würfel noch solide deutsche Wertarbeit repräsentieren, dann müßten beide völlig symmetrisch aufgebaut sein, d.h. keine der beiden Seiten dürfte ein Übergewicht besitzen. Unter diesen Voraussetzungen existiert kein Grund zu der Annahme, daß eine der Seiten bei der Realisierung bevorzugt werden sollte. Anders sähe das Ergebnis aus, wenn man eine Seite zusätzlich durch einen Bleizusatz beschwerte. Da sich jedoch in der Realität Münzen bzw. Würfel beim Werfen nicht immer so exakt verhalten, wie man es von ihnen in einem Modellversuch erwartet (z.B. wegen der verschiedenen Umwelteinflüsse), geht man gedanklich von einer idealen Münze bzw. von einem idealen Würfel aus. Darunter versteht man nicht nur, daß der betreffende Gegenstand völlig ausbalanciert sein soll, sondern man versteht darunter auch, daß beim mehrfachen Werfen stets die gleichen äußeren Bedingungen herrschen. Bei einer idealen Münze treten dann die beiden zufälligen Ereignisse "Wappen" {W} und "Zahl" {Z} prinzipiell gleich oft auf. Man sagt auch beide zufälligen Ereignisse sind "**gleich möglich**".

Der Begriff "gleich möglich" meint, daß jedes Element die gleiche Chance besitzt, realisiert zu werden. In der **klassischen Wahrscheinlichkeitsdefinition** wird daher gefordert, daß es a priori keinen Grund gibt, eines der Elementarereignisse als bevorzugt zu betrachten. Damit stützt man sich auf das "**Prinzip vom unzureichenden Grund**", d.h. es ist keine Ursache zu erkennen, die auf die Realisierung eines bestimmten Elementarereignisses besonders hinweisen würde.

Bei dem Zufallsexperiment mit dem idealen Würfel würde nun keine Augenzahl gegenüber einer anderen bevorzugt. Bei jedem Wurf mit dem idealen Würfel kann also jede der sechs möglichen Augenzahlen gleich häufig realisiert werden. Auch in diesem Fall spricht man von **gleich möglichen zufälligen Ereignissen**.

In der Wahrscheinlichkeitsrechnung ist es üblich, zur Beschreibung von zufälligen Ereignissen die Mengenschreibweise zu verwenden. {W} bedeutet das zufällige Ereignis "Wappen liegt oben" und {6} bedeutet das zufällige Ereignis "Würfeln einer 6". In diesen beiden Fällen handelt es sich jeweils um sog. **einelementige Ereignismengen**.

Die Menge aller möglichen Ergebnisse eines Zufallsexperimentes wird als "**Menge der Elementarereignisse**" bezeichnet. Jedes ihrer Elemente, d.h. jedes einzelne mögliche Ergebnis des Zufallsexperimentes wird als **Elementarereignis** bezeichnet.

12.2 Der Begriff der Wahrscheinlichkeit

12.2.1 Die klassische Definition der Wahrscheinlichkeit nach Laplace

Im folgenden wird angenommen, daß die Menge der Elementarereignisse endlich sei, sie umfasse etwa n Elementarereignisse. Ferner werden folgende Voraussetzungen getroffen:

1. **Die Elementarereignisse schließen einander aus**, d.h. als Ergebnis eines Zufallsexperimentes kann nur ein Elementarereignis realisiert werden.

2. **Alle Elementarereignisse seien gleich möglich**, d.h. jedes Elementarereignis besitzt die gleiche Chance, realisiert zu werden.

3. **Genau eines der möglichen Elementarereignisse tritt** als Realisation des durchgeführten Zufallsexperimentes ein.

In solchen Fällen kann man den Wert berechnen, dem sich die relative Häufigkeit mit wachsender Zahl der durchgeführten Realisierungen des Zufallsexperimentes nähert.

Die Menge der Elementarereignisse kann nun in zwei zueinander **elementfremde** (disjunkte) Teilmengen aufgeteilt werden. Die erste Teilmenge umfaßt diejenigen Elementarereignisse, deren Realisierung gleichbedeutend ist mit der Realisierung des betrachteten zufälligen Ereignisses. Die zu dieser Teilmenge gehörenden Elementarereignisse bezeichnet man als "**günstig**" bezüglich des betrachteten zufälligen Ereignisses. Ihre Anzahl bezeichnet man mit g. Zur zweiten Teilmenge gehören diejenigen Elementarereignisse, deren Realisierung das Nichteintreten des betrachteten zufälligen Ereignisses darstellt. Da die beiden Teilmengen zueinander disjunkt sind beträgt ihre Anzahl $n-g$.

Das Zufallsexperiment "Würfeln mit einem idealen Würfel und Feststellen der gewürfelten Augenzahl" besitzt sechs gleichmögliche Elementarereignisse. Man sagt auch, das Zufallsexperiment besitzt eine sechselementige **Elementarereignismenge**. Interessiert man sich nun für das zufällige Ereignis "Würfeln einer sechs", dann stellt dieses Elementarereignis ein für unsere Fragestellung günstiges Elementarereignis dar. Die übrigen Elementarereignisse sind dann bezüglich unserer Fragestellung ungünstig. Man kann nun den Wert berechnen, gegen den die relative Häufigkeit mit wachsender Zahl der durchgeführten Realisationen des Zufallsexperimentes strebt. Diesen erhält man als den Quotienten aus der Zahl der günstigen zur Zahl der überhaupt möglichen Elementarereignisse.

1. **Beispiel 12.1**: Ereignis: "Würfeln einer 6"

$$\frac{\text{Anzahl der günstigen Elementarereignisse}}{\text{Anzahl der möglichen Elementarereignisse}} = \frac{g}{n} = \frac{1}{6} \approx 0{,}167.$$

2. **Beispiel 12.2**: Ereignis: "Wappen liegt oben"

$$\frac{\text{Anzahl der günstigen Elementarereignisse}}{\text{Anzahl der möglichen Elementarereignisse}} = \frac{g}{n} = \frac{1}{2} = 0{,}5.$$

Unter der **Voraussetzung der Gleichmöglichkeit** aller Elementarereignisse läßt sich dieser Zahlenwert berechnen. Damit kann man für ein Zufallsexperiment drei verschiedene Zahlenwerte bestimmen:

(i) Die **absolute Häufigkeit**, die angibt, wie oft das günstige Elementarereignis bei einer Serie von Realisationen aufgetreten ist.

(ii) Die **relative Häufigkeit**, die das Verhältnis von beobachteter absoluter Häufigkeit des günstigen Elementarereignisses zur Gesamtzahl aller möglicher Realisationen des Zufallsexperimentes angibt.

(iii) Die **Wahrscheinlichkeit**, die angibt, mit welcher relativen Häufigkeit bei einem idealen Zufallsexperiment mit dem Auftreten des günstigen Elementarereignisses zu rechnen ist.

Dieser dritte Wert, die Wahrscheinlichkeit, ist ein rein rechnerisches Ergebnis. Unter der Voraussetzung der Gleichmöglichkeit aller möglicher Elementarereignisse und deren Endlichkeit bildet man für das gewünschte zufällige Ereignis A den Quotienten

$$\boxed{\frac{\text{Anzahl der günstigen Elementarereignisse}}{\text{Anzahl der möglichen Elementarereignisse}}}$$

und bezeichnet diesen Wert als die Wahrscheinlichkeit des zufälligen Ereignisses A

$$\text{Prob}\{A\} = \frac{g}{n} \; . \tag{12.1}$$

Diese **Definition der Wahrscheinlichkeit** stammt von Jakob Bernoulli (1654 - 1705) und Pierre Simon Laplace (1749 - 1827). Jedem Elementarereignis wird damit als Wahrscheinlichkeit eine Zahl zwischen Null und eins, $0 \leq \text{Prob}\{A\} \leq 1$, zugeordnet. Ein unmögliches Ereignis besitzt die Wahrscheinlichkeit Null, ein absolut sicheres Ereignis die Wahrscheinlichkeit eins. Diese Definition der Wahrscheinlichkeit besitzt natürlich nur dann einen Sinn, wenn alle möglichen Elementarereignisse **gleichmöglich** sind, und sie läßt sich nur berechnen, wenn die Zahl aller Elementarereignisse **endlich** ist.

12.2.2 Beispiele zur Berechnung von Wahrscheinlichkeiten

Beispiel 12.3:

Von einem Monarchen aus früherer Zeit wird berichtet, daß er alle eines Verbrechens Verdächtige zunächst einmal einsperren ließ. Im Gefängnis wurden dann dem Inhaftierten zwei Urnen vorgehalten. Die eine Urne enthielt schwarze, die andere Urne gleich viele weiße Kugeln. Mit verbundenen Augen mußten die Gefangenen eine Urne wählen und daraus eine Kugel ziehen. War die gezogene Kugel schwarz, so bedeutete dies "schuldig" und damit Gefangenschaft. War die gezogene Kugel weiß, so wurde der Inhaftierte in die Freiheit entlassen.

Der Monarch hielt dieses Verfahren natürlich für gerecht, zeigte ihm doch die Erfahrung seiner langen Herrschaft, daß etwa die Hälfte der Inhaftierten wieder entlassen wurde. Eines Tages geriet der König jedoch in arge Bedrängnis. Ein Inhaftierter äußerte einen besonderen Wunsch. Bevor er eine Kugel ziehen sollte, wolle er die Kugeln in den beiden Urnen ein wenig umsortieren, ohne jedoch beim Umsortieren die Zahl der schwarzen und weißen Kugeln zu verändern. Da sich der Monarch nun keine Blöße geben wollte, stimmte er zu. Was sollte auch schon passieren, zumal die Zahl der schwarzen und weißen Kugel gleich blieb? Darauf nahm der Gefangene aus der Urne mit den weißen Kugeln alle bis auf eine heraus und mischte sie in die Urne mit den schwarzen Kugeln. Danach ließ er sich die Augen verbinden, wählte eine Urne aus, zog aus dieser eine Kugel: Sie war weiß! Damit wurde er in die Freiheit entlassen. Seit dieser Zeit hatte der Monarch keine rechte Freude mehr an seiner "Rechtssprechung". War er von dem Inhaftierten hereingelegt worden, oder war es Zufall, daß der Gefangene eine weiße Kugel zog?

Betrachten wir die Lösungen der beiden Situationen:

1. Normalfall:

In diesem Fall ist die Entscheidung über Freiheit oder Gefängnis bereits dann gefallen, wenn die Urne gewählt wurde, da ja jede Urne nur eine Sorte von Kugeln enthält. Man erhält somit

$$\frac{\text{Anzahl der günstigen Ereignisse}}{\text{Anzahl der möglichen Ereignisse}} = \frac{g}{n} = \frac{1}{2} = 0{,}5.$$

Über einen längeren Zeitraum wird also die Hälfte der Inhaftierten in die Freiheit entlassen, während die andere Hälfte im Gefängnis bleiben muß.

2. Fall des listigen Gefangenen:

Durch das Mischen der Kugeln sind Verhältnisse geschaffen worden, die im Augenblick noch nicht vollständig rechnerisch erfaßt werden können. Dennoch kann man sich überlegen, ob der listige Gefangene einen Vorteil gegenüber seinen Mitgefangenen erzielt hat.

Zunächst muß zwischen beiden Urnen entschieden werden. Mit der Wahrscheinlichkeit 1/2 wird die Urne mit der weißen Kugel gezogen, dies ist keine Veränderung gegenüber dem Normalfall. Hat jedoch der listige Gefangene die Urne mit dem Kugelgemisch gewählt, die Wahrscheinlichkeit dafür ist ebenfalls 1/2, dann ist für ihn noch nicht jede Hoffnung verloren, denn diese Urne enthält ja neben schwarzen auch noch weiße Kugeln. Wenn ursprünglich in jeder Urne n Kugeln enthalten waren, so sind in dieser Urne neben n schwarzen noch (n–1) weiße Kugeln enthalten. Die Wahrscheinlichkeit, aus dieser Urne ebenfalls eine weiße Kugel zu ziehen, beträgt für unseren listigen Gefangenen ebenfalls nochmals fast 1/2, nämlich

$$\frac{\text{Anzahl der günstigen Ereignisse}}{\text{Anzahl der möglichen Ereignisse}} = \frac{g}{n} = \frac{n-1}{2n-1} \approx 0{,}5.$$

Der listige Gefangene hat sich auf diese Weise gegenüber seinen Mitgefangenen zwar einen Vorteil geschaffen, jedoch absolut sicher ist auch dieses System nicht. Der Monarch kann sich damit trösten, daß es noch immer vom Zufall abhängt, ob der Gefangene freigelassen werden muß oder nicht, allerdings hat der listige Gefangene seine Chancen auf diese Weise aufgebessert. Wie groß diese Aufbesserung numerisch ist, kann erst zu einem späteren Zeitpunkt exakt bestimmt werden.

Beispiel 12.4:

Antoine Gombaud Chevalier de Méré, Sieur des Baussay (1607 - 1684) ist deshalb in die Geschichte eingegangen, weil er sich eines Tages bei seinem Freund Blaise Pascal über die Mathematik beklagte: Ihre Ergebnisse schienen mit den Erfahrungen des praktischen Lebens nicht übereinzustimmen.

Das "praktische Leben" bestand für den Chevalier im Würfelspiel. Man spielte mit einem Würfel, und die Bank des Herrn de Méré gewann, wenn der Spieler bei vier Würfen wenigstens eine sechs warf. Auf diese Weise soll Chevalier de Méré über einen längeren Zeitraum ein Vermögen gewonnen haben.

Eines Tages nun dachte sich unser Chevalier eine Variante dieses Glückspieles aus: Es sollte 24 mal mit zwei Würfeln gewürfelt werden, und die Bank des Herrn de Méré gewinnt, sobald der Spieler eine doppelte sechs würfelt. Herr von Méré meinte, daß die Chancen die gleichen seien wie bei dem vorigen Spiel. Die Zahl der Würfe betrug beim ersten Spiel vier und die Zahl der Elementarereignisse sechs. Beim zweiten Spiel betrug die Zahl der Würfe 24 und die Zahl der Elementarereignisse $6 \cdot 6 = 36$. Bei beiden Spielen beträgt somit das Verhältnis "Zahl der Würfe zur Zahl der Elementarereignisse" jeweils vier zu sechs.

Die Spielpraxis zeigte aber, daß beim zweiten Spiel die Bank öfter verlor als die Spieler und der Chevalier hatte in kurzer Zeit sein zuvor gewonnenes Vermögen wieder verspielt. Wie läßt sich diese Beobachtung mit Hilfe der Wahrscheinlichkeitsrechnung erklären?

1. Spiel:

Die Wahrscheinlichkeit, bei einem Wurf mit einem Würfel eine sechs zu würfeln, beträgt $1/6$, die Wahrscheinlichkeit keine sechs zu würfeln demnach $5/6$.

Würfelt der Spieler zweimal, so gibt es für ihn $5 \cdot 5 = 25$ günstige Elementarereignisse bei insgesamt $6 \cdot 6 = 36$ Elementarereignissen. Die Wahrscheinlichkeit für den Spieler, bei zwei Versuchen keine sechs zu würfeln, beträgt somit

$$\frac{5 \cdot 5}{6 \cdot 6} = \frac{25}{36} = 0{,}6944.$$

Analog erhält man die Wahrscheinlichkeit, bei vier Würfen keine sechs zu würfeln, zu

$$\frac{5 \cdot 5 \cdot 5 \cdot 5}{6 \cdot 6 \cdot 6 \cdot 6} = \frac{625}{1\ 296} \approx 0{,}4823 < 0{,}5.$$

Man erkennt, daß dieses Spiel langfristig für den Spieler ungünstig ist, und somit für die Bank ein lohnendes Geschäft darstellt.

2. Spiel:

Es werde zunächst die Wahrscheinlichkeit bestimmt, bei einem Wurf eine doppelte sechs zu werfen. Bei insgesamt 36 Elementarereignissen ist nur ein einziges günstig, d.h. die Wahrscheinlichkeit beträgt 1/36, und die Wahrscheinlichkeit keine doppelte sechs zu würfeln demnach 35/36. Bei insgesamt 24 Würfen beträgt somit die Wahrscheinlichkeit, keine doppelte sechs zu würfeln,

$$\left(\frac{35}{36}\right)^{24} \approx 0{,}508 > 0{,}5.$$

Dies bedeutet, daß, aus der Sicht des Spielers gesehen, dieses Spiel langfristig für ihn günstiger ist als für die Bank. Daher ist es für einen Kenner der Wahrscheinlichkeitsrechnung auch nicht erstaunlich, daß der Chevalier mit diesem Spiel sein zuvor gewonnenes Vermögen wieder verlor.

Beispiel 12.5:

Mit einer Münze werden nacheinander 2 Würfe ausgeführt. Wie groß ist die Wahrscheinlichkeit, daß bei den beiden Würfen **mindestens** einmal das Ereignis "Wappen" erscheint?

Der berühmte französische Mathematiker und Philosoph d'Alembert (1717 - 1783) hat durch folgenden Fehlschluß diese Aufgabe falsch gelöst: Wenn man "Glück" hat und beim 1. Wurf schon Wappen {W} oben liegt, braucht man die Münze nicht ein zweites Mal zu werfen, weil das Merkmal bereits eingetreten ist. Auf diese Weise erhielt er die folgenden drei Elementarereignisse: {W;ZW;ZZ}. Von diesen sind nur die ersten beiden für unser Merkmal günstig. Damit kam d'Alembert zu der Lösung

$$\text{Prob}\{M\} = \frac{g}{n} = \frac{2}{3}.$$

Schon rein äußerlich hätte ihm auffallen müssen, daß das erste Elementarereignis {W} und die beiden anderen {ZW} und {ZZ} lauten. Das ist mathematisch gesehen unsymmetrisch und inhomogen. Diese drei von ihm aufgezeigten Fälle sind eben **nicht gleichmöglich**. Vielmehr besteht das von ihm angenommene Ereignis {W} seinerseits aus den beiden gleichmöglichen Elementarereignissen {WW} und {WZ}. Diese sind im Vergleich zu den beiden bereits als richtig erkannten Fällen {ZW} und {ZZ} gleichwertig und gleichmöglich. Somit ergibt sich für die Grundgesamtheit

$$G = \{(WW), (WZ), (ZW), (ZZ)\}.$$

Davon sind die ersten drei für das Merkmal günstig, woraus als richtige Lösung folgt

$$\text{Prob}\{M\} = \frac{g}{n} = \frac{3}{4} \;.$$

12.2.3 Kritik am Laplace'schen Wahrscheinlichkeitsbegriff

Die sog. "**klassische Definition der Wahrscheinlichkeit**" ist allerdings wenig befriedigend und im weiteren Verlauf der Entwicklung der Wissenschaft heftig kritisiert worden. Ein Kritikpunkt wendet sich sowohl gegen die geforderte Endlichkeit als auch die Möglichkeit der Abzählbarkeit der Menge der Elementarereignisse. Nicht immer besteht die Möglichkeit, die Zahl der Elementarereignisse eindeutig festzustellen. Will man z. B. die Wahrscheinlichkeit der Geburt eines Knabens bestimmen, so ist es nicht ohne weiteres möglich, die Menge der Elementarereignisse eindeutig zu bestimmen. Ähnlich verhält es sich mit der Sterbewahrscheinlichkeit. Die Zahl der Personen, die in einem bestimmten Alter, etwa mit 50 Jahren, sterben, ist unter gegebenen Bedingungen relativ konstant. Man könnte vermuten, daß die relative Häufigkeit der gestorbenen 50–jährigen Personen als Stichprobe aus einer theoretischen Grundgesamtheit aufgefaßt werden kann. Es erscheint jedoch völlig unmöglich, die Menge der Elementarereignisse zu definieren. Trotzdem wendet man auf solche Fälle mit Erfolg die Wahrscheinlichkeitsrechnung an, denn die Lebensversicherungen sind auf solche Berechnungen angewiesen.

Eine erste Erweiterung des Wahrscheinlichkeitsbegriffes erfolgte durch die Theorie der sog. "**geometrischen Wahrscheinlichkeiten**". Es werde ein Kreis B betrachtet, in dem ein kleinerer Kreis A eingezeichnet ist (vgl. Abb. 12.1). Es werde zufällig ein Punkt auf der Fläche des Kreises B ausgewählt und nach der Wahrscheinlichkeit gefragt, daß dieser Punkt auf der Fläche des Kreises A liegt. Zufällige Auswahl bedeutet in diesem Fall, daß bei einer großen Zahl derartiger Auswahlen jeder Punkt gleich häufig ausgewählt wird. Das betreffende günstige Ereignis besteht darin, daß ein solcher zufällig ausgewählter Punkt auf der Fläche des kleineren Kreises A liegt. Die Menge aller Elementarereignisse wird durch die Fläche des Kreises B und die Menge der günstigen Elementarereignisse von der Fläche des kleineren Kreises A gebildet.

Wie definiert man nun den Umfang der Menge der Elementarereignisse, deren Umfang nicht endlich ist? Dazu konstruiert man zunächst ein Modell mit einer endlichen Menge von Elementarereignissen und gelangt dann mittels Grenzübergang zum Modell mit einer unendlichen Menge von Elementarereignissen.

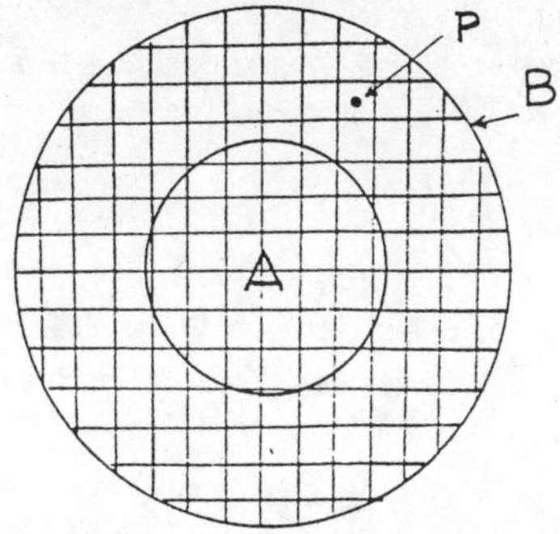

Abb. 12.1: Zum Begriff der geometrischen Wahrscheinlichkeiten

In unserem Beispiel wird die Fläche des großen Kreises B mit einer endlichen Zahl von Quadraten gleicher Fläche überdeckt. Man betrachtet dann diejenigen Quadrate, die sich vollständig auf der Fläche des Kreises B befinden. Sie bilden die Menge aller Elementarereignisse. Die Wahrscheinlichkeit, daß sich ein zufällig ausgewähltes Quadrat vollständig auf der Fläche des kleineren Kreises A befindet, ist gleich dem Verhältnis der Zahl der Quadrate, die sich vollkommen auf der Fläche des kleineren Kreises A befinden zu der Gesamtzahl der Quadrate, die sich vollkommen auf der Fläche des Kreises B befinden. Jetzt möge sich die Zahl der Quadrate unbegrenzt vergrößern. Dies bedeutet, daß die Fläche jedes einzelnen Quadrates gegen Null strebt, die vereinigte Fläche aller Quadrate strebt jedoch als Grenzwert gegen die Fläche des großen Kreises B. Die Summe derjenigen Quadrate, die sich vollständig auf der Fläche des kleineren Kreises A befinden, strebt gegen die Fläche des kleineren Kreises A. Das Verhältnis der Zahl der Quadrate auf dem kleineren Kreis A zur Gesamtzahl aller Quadrate strebt als Grenzwert gegen das Verhältnis der Fläche des Kreises A zur Fläche des Kreises B. Man erhält

$$\lim_{n \to \infty} \frac{g}{n} = \frac{\text{Fläche des Kreises A}}{\text{Fläche des Kreises B}} .$$

Dieser Grenzwert stellt die Wahrscheinlichkeit dar, daß ein zufällig ausgewählter Punkt aus der Fläche des großen Kreises B auch auf der Fläche des kleinen Kreises A liegt. Diese Definition der Wahrscheinlichkeit besitzt jedoch den Nachteil, daß es oft mehr als eine Möglichkeit der Grenzwertbildung gibt. Dies hat zur Folge, daß der Zahlenwert dieser geometrischen Wahrscheinlichkeit vom gewählten Verfahren des Grenzüberganges abhängt.

Ein **weiterer Kritikpunkt** gegen die klassische Definition der Wahrscheinlichkeit besteht darin, daß man den nicht definierten Begriff der "**Gleichmöglichkeit**" benutzt, um den Begriff der Wahrscheinlichkeit zu definieren. Damit liegt ein **Zirkelschluß in der Begriffsbildung** vor. Außerdem erweist sich der Begriff der Gleichmöglichkeit bei manchen

Ereignissen als problematisch. Dies soll anhand des sog. "**Bertrand'schen Paradoxon**" erläutert werden.

Beispiel 12.6:

In einem Kreis werde zufällig eine Sehne gezogen. Wie groß ist die Wahrscheinlichkeit, daß diese Sehne länger ist als die Seite des dem Kreis einbeschriebenen gleichseitigen Dreiecks?

Um das Problem zu behandeln, bieten sich mehrere Lösungswege an, von denen drei betrachtet werden sollen (vgl. Abb. 12.2).

1. Aus Symmetriegründen ist die Richtung der zufällig ausgewählten Sehne gleichgültig. Man gebe daher einen beliebigen Durchmesser des Kreises vor und betrachte nur solche Sehnen, die senkrecht auf diesem Durchmesser stehen. Diejenigen Sehnen, die zwischen - 1/2 und + 1/2 den Durchmesser schneiden, sind länger als die Seite des einbeschriebenen gleichseitigen Dreiecks. Die Länge der Strecke (- 1/2; + 1/2) beträgt 1, die des Durchmessers 2. Somit ergibt sich die gesuchte Wahrscheinlichkeit zu Prob = 1/2 (Abb. 12.2a).

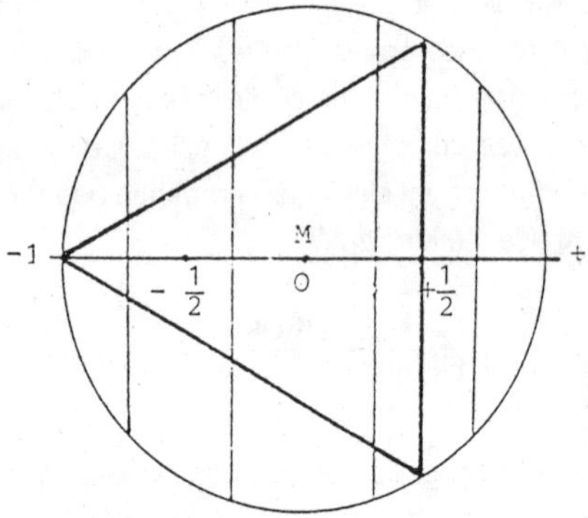

Abb. 12.2a: Erste Möglichkeit der Sehnenkonstruktion

2. Aus Symmetriegründen kann man einen beliebigen Punkt P auf dem Rand des Kreises wählen und alle von diesem Punkt P ausgehenden Sehnen betrachten. Günstig im Sinne der Aufgabenstellung sind die Sehnen, die im Inneren des mittleren Winkels von 60° verlaufen, den man erhält, wenn man im Punkt P an den Kreis die Tangenten zieht und den so im Punkt P erhaltenen gestreckten Winkel drittelt. Für die ungünstigen Ereignisse bieten sich die beiden Randwinkel von jeweils 60° an. Somit ergibt sich für die gesuchte Wahrscheinlichkeit der Wert Prob = 1/3 (Abb. 12.2b).

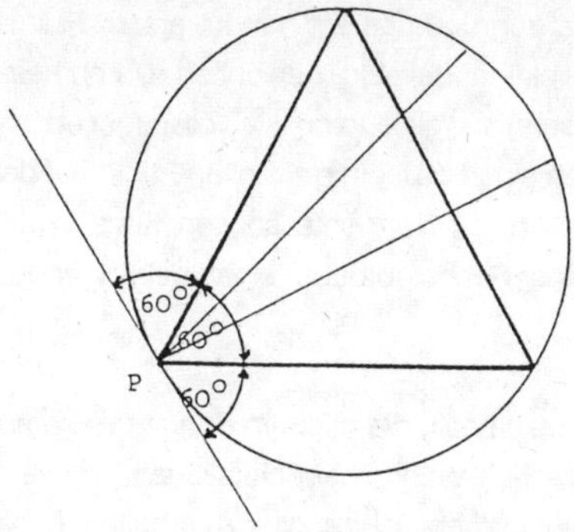

Abb. 12.2b: Zweite Möglichkeit der Sehnenkonstruktion

3. Ein Punkt der Kreisfläche werde willkürlich ausgewählt. Durch ihn werde die Sehne so gezogen, daß er Sehnenmittelpunkt wird. Damit die Sehne länger wird als die Seite, muß ihr Mittelpunkt im Inneren des konzentrischen Kreises mit dem Radius r/2 liegen. Damit ergibt sich für die Wahrscheinlichkeit der Wert

$$\text{Prob} = \frac{\pi (r/2)^2}{\pi r^2} = \frac{1}{4} .$$

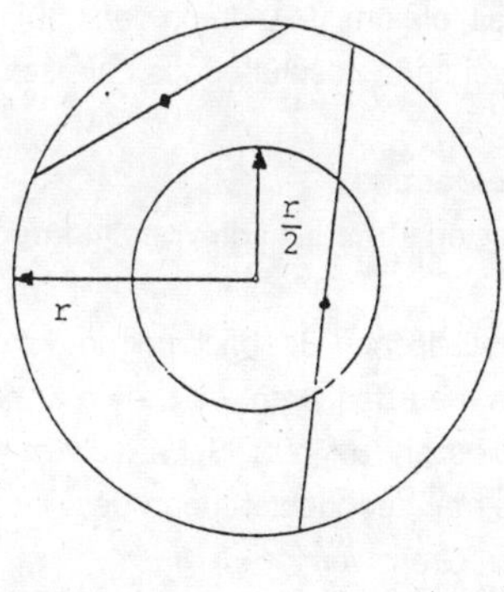

Abb. 12.2c: Dritte Möglichkeit der Sehnenkonstruktion

Dieser Widerspruch entsteht dadurch, daß man verschiedene Vorstellungen vom Begriff der "Gleichmöglichkeit" zugrunde gelegt hat. Im ersten Fall wird das Zeichnen einer Sehne senkrecht zu einem beliebig gewählten Durchmesser durch beliebige Punkte dieses Durchmessers als gleichmöglich vorausgesetzt, im zweiten Fall das Zeichnen einer Sehne durch einen beliebig gewählten Punkt auf dem Rand des Kreises in einem beliebigen Winkel α zur Tangente an den Kreis in diesem Punkt und im dritten Fall das Zeichnen einer Sehne so durch einen beliebigen Kreispunkt, daß dieser Sehnenmittelpunkt wird.

Dieses Beispiel zeigt die Problematik, die mit dem Begriff "gleichmöglich" und damit mit den Grundlagen des klassischen Wahrscheinlichkeitsbegriffes verbunden ist. Um eine exakte Definition des Begriffes Wahrscheinlichkeit zu erhalten, bedarf es daher weiterer bzw. anderer Überlegungen. Aus den bisherigen Interpretationen kann als gemeinsame Aussage nur festgestellt werden, daß durch den Begriff der Wahrscheinlichkeit jedem zufälligen Ereignis eine Zahl zwischen Null und eins zugeordnet wird.

12.2.4 Die Häufigkeitsdefinition der Wahrscheinlichkeit nach R. von Mises (Begriff der statistischen Wahrscheinlichkeit)

Die klassische Definition der Wahrscheinlichkeit geht von der Analyse der Bedingungen für das Auftreten von Elementarereignissen aus. Diese Analyse besteht im Vergleich der Realisierungen des jeweiligen Ereignisses mit dem Zufallsprozeß, bei dem eine endliche oder unendliche Zahl von Elementarereignissen existiert. Von diesen sind dann nur eine bestimmte Anzahl für das Eintreffen des Ereignisses günstig. Bei der häufigkeitstheoretischen Definition der Wahrscheinlichkeit, die um 1930 durch den deutschen Mathematiker Richard von Mises erfolgte, wird von zwei Annahmen über das Zufallsexperiment ausgegangen:

1. Es sei **beliebig oft wiederholbar** und
2. die einzelnen Realisationen seien **stochastisch voneinander unabhängig**.

Man untersucht nun die bei statistischen Beobachtungen aufgetretene relative Häufigkeit. Als Wahrscheinlichkeit definiert man den Grenzwert, dem diese relative Häufigkeit bei beliebig vergrößerter Beobachtungszahl zustrebt. Sei n die Anzahl der Beobachtungen und werde das Ereignis A dabei g-mal beobachtet, dann definiert von Mises als Wahrscheinlichkeit für dieses Ereignis A den Grenzwert

$$\mathrm{Prob}\{A\} = \lim_{n \to \infty} \frac{g}{n} = \lim_{n \to \infty} h_n(A).$$

(lies: statistische Wahrscheinlichkeit für das Ereignis A).

Es werde beim Zufallsexperiment "Werfen einer Münze" die relative Häufigkeit für das Eintreffen des Ereignisses "Wappen liegt oben" {W} beobachtet. Bei ständiger Erhöhung der Zahl der Beobachtungen wird man feststellen, daß sich die beobachtete relative Häufigkeit für das Ereignis {W} immer mehr dem Wert 0,5 nähert. Man sagt dann, die Wahrscheinlichkeit für das Eintreffen des Ereignisses {W} betrage 0,5.

Die **Problematik dieser Definition** besteht darin, daß die Voraussetzung verwendet wird, **die relative Häufigkeit strebe gegen einen Grenzwert**, der unabhängig vom Grenzübergang ist. Die Richtigkeit einer solchen Annahme kann aber nicht durch eine endliche Anzahl von Beobachtungen bestätigt werden.

12.3 Grundlagen der Wahrscheinlichkeitstheorie

In der modernen Wahrscheinlichkeitstheorie werden die zufälligen Ereignisse als Mengen aufgefaßt und die Wahrscheinlichkeit eines zufälligen Ereignisses als Maß auf dieser Menge definiert. Grundlage der 1933 von dem Russen Kolmogorov entwickelten Wahrscheinlichkeitstheorie bildet daher die **Mengenlehre**. Es wurde bereits von der Menge der Elementarereignisse eines Zufallsexperimentes gesprochen, wobei bisher gefordert wurde, daß diese Menge aus einer endlichen Anzahl von Elementen besteht. Die Endlichkeit wird im folgenden nicht mehr unbedingt gefordert. Die Gesamtheit aller Elementarereignisse E_i eines Zufallsexperimentes (oder Zufallsprozesses) werde zu einer **Grundgesamtheit G** zusammengefaßt.

Beispiel 12.7:

Beim Werfen eines Würfels sind insgesamt sechs Elementarereignisse möglich. Diese werden zur Grundgesamtheit G dieses Zufallsprozesses zusammengefaßt, also

$$G = \{E_1, E_2, \dots, E_G\}.$$

Aus diesen Elementarereignissen lassen sich weitere, sog. zusammengesetzte Ereignisse bilden, etwa

$$A_1 = \{\text{Werfen einer ungeraden Zahl}\} \text{ oder}$$

$$A_2 = \{\text{Werfen einer Zahl kleiner als drei}\}.$$

Jedes dieser Ereignisse ist aus bestimmten (einelementigen) Elementarereignissen zusammengesetzt, nämlich

$$A_1 = \{E_1, E_3, E_5\},$$

$$A_2 = \{E_1, E_2\}.$$

Falls zur Bildung eines Ereignisses A das Elementarereignis E_i benötigt wird, schreibt man $E_i \in A$ und liest "E_i ist Element von A". Dagegen bedeutet $E_i \notin A$, "E_i ist kein Element von A". Für unsere Beispiele gilt:

$$E_3 \in A_1, \text{ jedoch } E_3 \notin A_2.$$

Die Grundgesamtheit G wird auch als Ereignisraum oder Stichprobenraum bezeichnet. Dabei wird das Wort "Raum" nicht im Sinne eines dreidimensionalen Körpers gebraucht, sondern in der abstrakten Bedeutung zur Kennzeichnung von Mengen.

Man kann auch die gesamte Grundgesamtheit G eines Zufallsprozesses als Ereignis auffassen, es ist dies das sog. **sichere Ereignis**, denn eines der in der Grundgesamtheit enthaltenen Elementarereignisse muß mit absoluter Sicherheit eintreffen. Betrachtet man beim Werfen eines Würfels als Ereignis die vollständige Grundgesamtheit, so wird dieses Ereignis bei jedem Wurf mit Sicherheit realisiert. Ebenso kann man ein Ereignis definieren, das keine Elementarereignisse des betreffenden Zufallsprozesses enthält. Man spricht dann von einem **unmöglichen Ereignis**, da es nie realisiert werden kann. Beim Werfen eines Würfels kann man etwa das Ereignis "Werfen einer Zahl größer als sechs" definieren. Dieses Ereignis kann nie realisiert werden, da es kein Elementarereignis der Grundgesamtheit enthält.

12.3.1 Das Rechnen mit zufälligen Ereignissen

Zunächst besteht die Notwendigkeit, Verknüpfungen zwischen verschiedenen Ereignissen zu definieren. Da die Ereignisse als Mengen aufgefaßt werden, bieten sich hierzu die Regeln der Mengenlehre an. Im folgenden werden vier Rechenoperationen und eine Relation eingeführt. Die Rechenoperationen gestatten es, aus gegebenen Ereignissen neue zu berechnen, während die Relation Aussagen über die Beziehung zwischen verschiedenen Ereignissen enthält.

A. Rechenoperationen:

1. Komplementbildung

Gegeben sei das Ereignis A. Das Ereignis $\overline{A}$ (lies: "**nicht A**") tritt dann ein, wenn das Ereignis A nicht eintritt. Also

(12.4) $$\overline{A} = \{E_i |\ E_i \in G;\ E_i \notin A\}.$$

Mit $\overline{A}$ werden alle diejenigen Elementarereignisse E_i der Grundgesamtheit G erfaßt, die nicht in A liegen.

2. Vereinigung

Gegeben seien die beiden Ereignisse A und B. Das Ereignis A U B (lies: "**A oder B**") ist dasjenige Ereignis, das eintritt, wenn entweder das Ereignis A oder das Ereignis B oder beide Ereignisse eintreffen. Also

(12.5) $$A \cup B = \{E_i |\ E_i \in G;\ E_i \in A \textbf{ oder } E_i \in B\}.$$

A U B heißt auch die **Vereinigung** der beiden Ereignisse A und B. Sie umfaßt diejenigen Elementarereignisse der Grundgesamtheit G, die in **mindestens** einem der beiden Ereignisse A oder B enthalten sind.

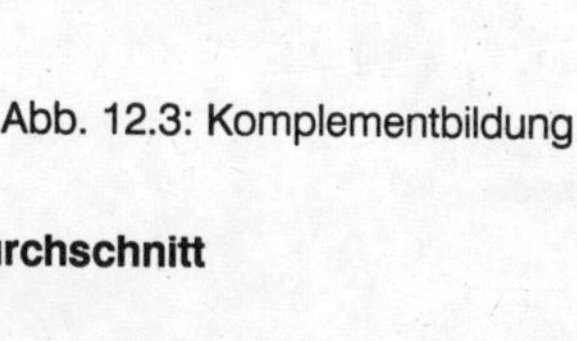

Abb. 12.3: Komplementbildung

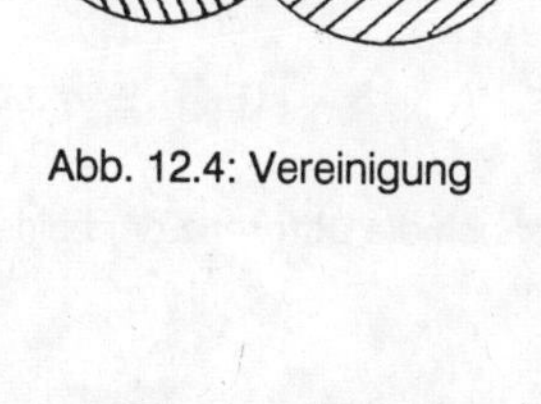

Abb. 12.4: Vereinigung

3. Durchschnitt

Gegeben seien die beiden Ereignisse A und B. Das Ereignis A ∩ B, auch AB geschrieben, (lies: "**A und B**") ist dasjenige Ereignis, das eintritt, wenn **sowohl A als auch B** eintreten.

Also

(12.6) $$A \cap B = \{E_i | \; E_i \in G; E_i \in A \textbf{ und } E_i \in B\}.$$

$A \cap B$ heißt auch der **Durchschnitt** der beiden Ereignisse A und B. Es enthält diejenigen Elementarereignisse der Grundgesamtheit G, die in den beiden Ereignissen A und B **gleichzeitig** enthalten sind.

Wenn $A \cap B = \varnothing$ ist, d.h. es existiert kein Elementarereignis E_i, das sowohl zu A als auch gleichzeitig zu B gehört, dann heißen die beiden Ereignisse A und B zueinander **disjunkt**.

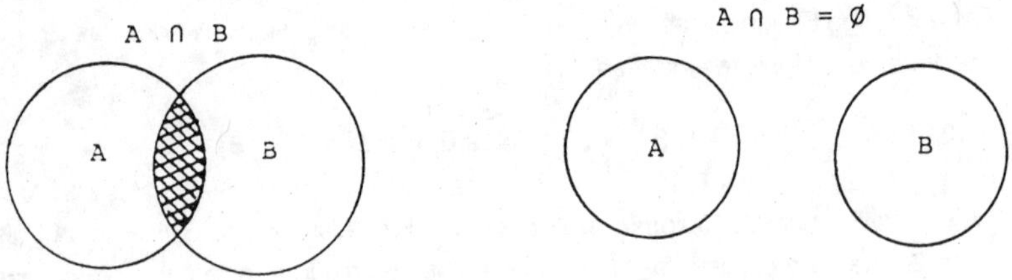

Abb. 12.5: Durchschnitt

4. Differenz

Gegeben seien die beiden Ereignisse A und B. Das Ereignis A − B, auch $A \setminus B$ geschrieben, (lies: "**A ohne B**") ist dasjenige Ereignis, welches aus denjenigen Elementarereignissen der Grundgesamtheit G gebildet wird, die in A, jedoch nicht in B enthalten sind. Also

(12.7) $$A \setminus B = \{E_i \; | \; E_i \in G; E_i \in A \text{ und } E_i \notin B\}.$$

$A \setminus B$ heißt auch die **Differenz** der beiden Ereignisse.

B. Relationen

1. Enthaltensein

Gegeben seien die beiden Ereignisse A und B. Man kann die Relation zwischen diesen beiden Ereignissen in der Form $A \subseteq B$, auch $A \subset B$, (lies: "**B enthält A**") darstellen, wenn alle Ereignisse, die in A enthalten sind gleichzeitig auch in B enthalten sind. Man kann sie in der Form $B \subseteq A$, auch $B \subset A$, (lies: "**A enthält B**") darstellen, wenn alle Ereignisse, die in B enthalten sind, gleichzeitig auch in A enthalten sind.

Diese Rechenoperationen und Relationen lassen sich graphisch durch die sog. "**Eulerschen Kreise**", auch **Venn-Diagramme** genannt, darstellen (Abb. 12.3 bis 12.7).

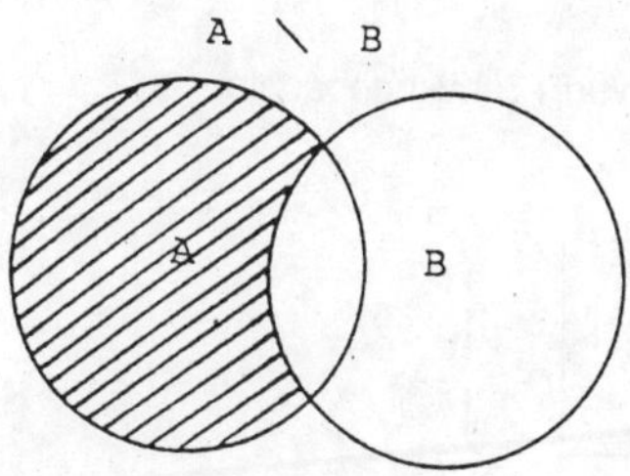

Abb. 12.6: Differenz

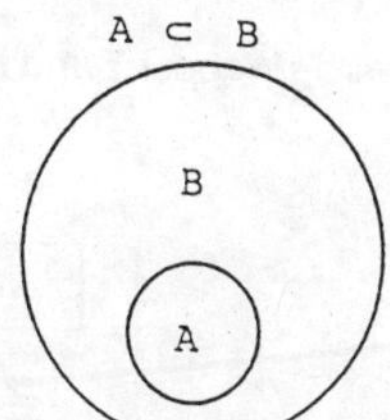

Abb. 12.7: Enthaltensein

Beispiel 12.8:

Als Zufallsexperiment werde das zweimalige Werfen einer idealen Münze mit den beiden Seiten {Zahl} und {Wappen} betrachtet. Die Grundgesamtheit G besteht aus den vier zweielementigen Elementarereignissen

$$G = \{(W,W); (W,Z); (Z,W); (Z,Z)\}.$$

Es werden nun die beiden Ereignisse definiert

$A = \{(W,W); (W,Z)\}$, im ersten Wurf werde {Wappen} beobachtet,

$B = \{(W,Z); (Z,Z)\}$, im zweiten Wurf werde {Zahl} beobachtet.

Es sollen die zu A und B komplementären Ereignisse A und B konstruiert werden

$\overline{A} = \{(Z,W); (Z,Z)\}$, im ersten Wurf werde {Zahl} beobachtet,

$\overline{B} = \{(W,W); (Z,W)\}$, im zweiten Wurf werde {Wappen} beobachtet.

Die Vereinigung beider Ereignisse liefert das Ergebnis

$$A \cup B = \{(W,W); (W,Z); (Z,Z)\},$$

beim ersten Wurf wird {Wappen} **oder** beim zweiten Wurf {Zahl} beobachtet.

Als Durchschnitt der beiden Ereignisse erhält man

$$A \cap B = \{(W,Z)\},$$

beim ersten Wurf wird {Wappen} **und** beim zweiten Wurf {Zahl} beobachtet.

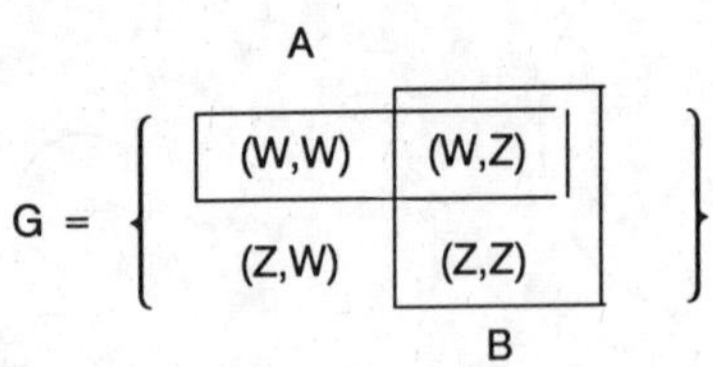

Abb. 12.8 Darstellung des Beispieles 12.8

Als **sichere Ereignisse** ergeben sich die beiden **Vereinigungen**

$$A \cup \overline{A} = G \quad \text{und} \quad B \cup \overline{B} = G,$$

und als **unmögliche Ereignisse** die beiden **Durchschnitte**

$$A \cap \overline{A} = \emptyset \quad \text{und} \quad B \cap \overline{B} = \emptyset.$$

Es wird noch der Begriff der **Zerlegung** eines Ereignisses B in eine Menge von Ereignissen $A_1, A_2, \ldots, A_n$ eingeführt:

Definition: Eine Menge von Ereignissen $A_1, A_2, \ldots, A_n$ heißt eine **vollständige Zerlegung** des Ereignisses B, wenn die Ereignisse A_i paarweise **zueinander disjunkt** sind und ihre Vereinigung das Ereignis B ergibt, d.h. wenn gilt

a) $A_i \cap A_j = \emptyset$ für $i,j = 1,2,\ldots,n;\ i \neq j$,

b) $A_1 \cup A_2 \cup \ldots \cup A_n = B$,

c) $A_i \neq \emptyset$ für $i = 1,2,\ldots,n$.

12.3.2 Das Axiomensystem von Kolmogorov

Um die grundlegenden Darstellungen der Wahrscheinlichkeitstheorie von Kolmogorov zu verstehen, benötigt man sowohl Kenntnisse der Mengenlehre als auch der Theorie der reellen Funktionen. Da diese hier nicht vorausgesetzt werden können, soll nur das Axiomensystem angegeben werden, aus dem dann auf deduktivem Wege die gesamte Wahrscheinlichkeitstheorie abgeleitet werden kann. Axiome sind nicht beweisbare Aussagen, die nach Gesichtspunkten der Zweckmäßigkeit aufgestellt werden und von denen lediglich gefordert wird, daß das aus ihnen gebildete Axiomensystem in sich widerspruchsfrei ist.

Axiom I: Jedem zufälligen Ereignis A wird eine bestimmte Zahl Prob{A} zugeordnet, für die gilt

(12.8) $$0 \leq \text{Prob}\{A\} \leq 1. \qquad \textbf{(Nichtnegativität)}$$

Diese Zahl heißt die Wahrscheinlichkeit des zufälligen Ereignisses A.

Axiom II: Die Wahrscheinlichkeit des sicheren Ereignisses ist gleich 1, d.h.

(12.9) $$\text{Prob}\{G\} = 1. \qquad \textbf{(Normierung)}$$

Axiom III: Die Wahrscheinlichkeit der Vereinigung von endlich oder abzählbar unendlich vielen zufälligen Ereignissen, die paarweise zueinander disjunkt sind, ist gleich der Summe der Wahrscheinlichkeiten dieser Ereignisse

$$\mathrm{Prob}\{A_1 \cup A_2 \cup \ldots \cup A_n \cup \ldots\} =$$

$$= \mathrm{Prob}\{A_1\} + \mathrm{Prob}\{A_2\} + \ldots + \mathrm{Prob}\{A_n\} + \ldots$$

bzw.

(12.10) $$\mathrm{Prob}\{\bigcup_{i=1}^{\infty} A_i\} = \sum_{i=1}^{\infty} \mathrm{Prob}\{A_i\}.$$ **(Additivität)**

Aus diesem Axiomensystem folgen alle weiteren Eigenschaften für die Wahrscheinlichkeit. Wenn für zwei zufällige Ereignisse A und B die Realisation $A \subseteq B$ gilt, dann folgt die Ungleichung

$$\mathrm{Prob}\{A\} \leq \mathrm{Prob}\{B\},$$

d.h. die Wahrscheinlichkeit des zufälligen Ereignisses A ist nicht größer als die Wahrscheinlichkeit des zufälligen Ereignisses B.

Das Axiomensystem von Kolmogorov kann als **Definition der Wahrscheinlichkeit zufälliger Ereignisse** angesehen werden. Allerdings ist diese Definition sehr allgemein gehalten und sagt nichts darüber aus, wie man in einem konkreten Falle die Wahrscheinlichkeit für ein bestimmtes zufälliges Ereignis berechnen kann.

Es lassen sich nun aus dem Axiomensystem einige weitere einfache Folgerungen ableiten:

1. Für jedes Ereignis A gilt

   (12.11) $$\mathrm{Prob}\{A\} = 1 - \mathrm{Prob}\{\overline{A}\}.$$

   Nach Definition sind die beiden Ereignisse A und $\overline{A}$ disjunkt, und ihre Vereinigung ergibt die Grundgesamtheit G

   $$A \cap \overline{A} = \emptyset \text{ und } A \cup \overline{A} = G.$$

   Wegen Axiom 2 und 3 gilt

   $$\mathrm{Prob}\{A\} + \mathrm{Prob}\{\overline{A}\} = \mathrm{Prob}\{A \cup \overline{A}\} = \mathrm{Prob}\{G\} = 1.$$

Die Wahrscheinlichkeiten für ein Ereignis A und dessen Komplement $\overline{A}$ addieren sich zu 1. Man nennt 1 - Prob{A} auch die Gegenwahrscheinlichkeit des Ereignisses A.

2. Es gilt

(12.12) $$\text{Prob}\{\emptyset\} = 0.$$

Für das sichere Ereignis G gilt $\overline{G} = \emptyset$. Die Gegenwahrscheinlichkeit für das sichere Ereignis liefert dann die obige Behauptung

$$\emptyset \cup G = G,$$

$$\text{Prob}\{\emptyset\} + \text{Prob}\{G\} = \text{Prob}\{G\},$$

$$\text{Prob}\ \{\emptyset\} = 0.$$

3. Wahrscheinlichkeit für Differenzereignisse:

Es seien A und B zwei beliebige Ereignisse, dann gilt für die Wahrscheinlichkeit ihrer Differenzereignisse

(12.13)
$$\text{Prob}\{A \setminus B\} = \text{Prob}\{A\} - \text{Prob}\{A \cap B\},$$
$$\text{Prob}\{B \setminus A\} = \text{Prob}\{B\} - \text{Prob}\{B \cap A\}.$$

4. Additionssatz für nicht-disjunkte Ereignisse:

Es seien A und B zwei nicht notwendig disjunkte Ereignisse. Dann besagt der Additionssatz für die Wahrscheinlichkeit zweier beliebiger Ereignisse

(12.14) $$\text{Prob}\{A \cup B\} = \text{Prob}\{A\} + \text{Prob}\{B\} - \text{Prob}\{A \cap B\}.$$

Um die Gültigkeit dieser Beziehung zu beweisen, zerlegt man zunächst das **zusammengesetzte Ereignis** $A \cup B$ in die beiden **zueinander disjunkten Ereignisse** A und $\overline{A} \cap B$,

$$A \cup B = A \cup (\overline{A} \cap B),$$

(12.15) $\quad \text{Prob}\{A \cup B\} = \text{Prob}\{A \cup (\bar{A} \cap B)\} = \text{Prob}\{A\} + \text{Prob}\{\bar{A} \cap B\}.$

Um die Wahrscheinlichkeit $\text{Prob}\{\bar{A} \cap B\}$ zu bestimmen, stellt man B in der Form

$$B = (\bar{A} \cap B) \cup (A \cap B)$$

dar. Da die beiden Ereignisse $\bar{A} \cap B$ und $A \cap B$ **zueinander disjunkt** sind, folgt für die Wahrscheinlichkeit

$$\text{Prob}\{B\} = \text{Prob}\{(\bar{A} \cap B) \cup (A \cap B)\} = \text{Prob}\{\bar{A} \cap B\} + \text{Prob}\{A \cap B\}.$$

Also ist

$$\text{Prob}\{\bar{A} \cap B\} = \text{Prob}\{B\} - \text{Prob}\{A \cap B\},$$

und damit ergibt sich die Behauptung

$$\text{Prob}\{A \cup B\} = \text{Prob}\{A\} + \text{Prob}\{B\} - \text{Prob}\{A \cap B\}.$$

Es werde noch der Spezialfall betrachtet, daß die beiden Ereignisse A und B **zueinander disjunkt** sind, d.h. $A \cap B = \emptyset$.

Dann reduziert sich der Additionssatz auf die Aussage des Axiom III:

(12.16) $\quad \text{Prob}\{A \cup B\} = \text{Prob}\{A\} + \text{Prob}\{B\}.$

Der Additionssatz kann auf mehr als zwei nicht-disjunkte Ereignisse erweitert werden. Für **drei beliebige Ereignise** A, B und C lautet er etwa

$$\text{Prob}\{A \cup B \cup C\} = \text{Prob}\{A\} + \text{Prob}\{B\} + \text{Prob}\{C\}$$

$$- \text{Prob}\{A \cap B\} - \text{Prob}\{A \cap C\} - \text{Prob}\{B \cap C\} + \text{Prob}\{A \cap B \cap C\}.$$

Beispiel 12.9:

Eine Würfelbude auf dem Münchener Oktoberfest bietet folgendes Glückspiel an: Aus einer Urne mit sechs Kugeln, die von 1 bis 6 durchnumeriert sind, darf der Spieler zweimal eine Kugel ziehen. Dabei soll die erste Kugel nach dem Ziehen wieder in die Urne zurückgelegt werden. Gewonnen haben diejenigen Spieler, die mit beiden Kugeln zusammen genau die

Summe "acht" erreichen, alle anderen Spieler verlieren ihren Einsatz. Das Gewinnereignis soll mit A bezeichnet werden. Es fragt sich nun, ob dieses Spiel fair ist. Bevor eine Antwort auf diese Frage gegeben werden kann, müßten zuerst Spieleinsatz und die Gewinnsumme festgelegt werden. Wir wollen jedoch zunächst nur die Gewinnwahrscheinlichkeiten des Spieles betrachten.

Die Grundgesamtheit für dieses Spiel besteht aus insgesamt 36 Elementarereignissen. Man kann diese Grundgesamtheit anschaulich in einem quadratischen Tableau darstellen (vgl. Abb. 12.9). Von diesen 36 Elementarereignissen erweisen sich insgesamt fünf für den Spieler als günstig. Bezeichnet man dieses Gewinnereignis mit A, dann wird es gegeben durch die Teilmenge

$$A = \{(2,6); (3,5); (4,4); (5,3); (6,2)\}.$$

Damit beträgt die Wahrscheinlichkeit, bei diesem Spiel zu gewinnen, wenn jedem Elementarereignis die Wahrscheinlichkeit 1/36 zugeordnet wird:

$$\begin{aligned} \text{Prob}\{A\} &= \text{Prob}\{(2,6) \cup (3,5) \cup (4,4) \cup (5,3) \cup (6,2)\} \\ &= \text{Prob}\{2,6\} + \text{Prob}\{3,5\} + \text{Prob}\{4,4\} + \text{Prob}\{5,3\} + \text{Prob}\{6,2\} \\ &= 1/36 + 1/36 + 1/36 + 1/36 + 1/36 = 5/36 \approx 0{,}1389. \end{aligned}$$

1. Kugel	2. Kugel 1	2	3	4	5	6
1	(1;1)	(1;2)	(1;3)	(1;4)	(1;5)	(1;6)
2	(2;1)	(2;2)	(2;3)	(2;4)	(2;5)	(2;6)
3	(3;1)	(3;2)	(3;3)	(3;4)	(3;5)	(3;6)
4	(4;1)	(4;2)	(4;3)	(4;4)	(4;5)	(4;6)
5	(5;1)	(5;2)	(5;3)	(5;4)	(5;5)	(5;6)
6	(6;1)	(6;2)	(6;3)	(6;4)	(6;5)	(6;6)

Abb. 12.9: Grundgesamtheit des Beispieles 12.9

Dieses Spiel ist somit aus der Sicht des Spielers dann zu empfehlen, wenn bei einem Einsatz von 5 DM pro Spiel die Gewinnsumme mindestens 36 DM beträgt.

Im darauffolgenden Jahr ist vom Besitzer der Würfelbude der Gewinnplan geändert worden. Es wird jetzt nicht mehr ein Hauptgewinn, sondern es werden mehrere kleinere Gewinne ausgezahlt. Jetzt hat der Spieler gewonnen, wenn er mit beiden Kugeln einen Summenwert von mindestens 10 erzielt {Ereignis A} oder zwei gleiche Zahlen zieht {Ereignis B}. Wie hat sich dadurch die Gewinnwahrscheinlichkeit für den Spieler verändert?

Man könnte wie folgt argumentieren: Für das Merkmal "A = Summenwert mindestens 10" ergeben sich 6 günstige Ereignisse, und für das Merkmal "B = zwei gleiche Zahlen" nochmals 6 günstige Ereignisse. Die Wahrscheinlichkeit könnte man dann wie folgt berechnen:

$$\text{Prob}\{A \cup B\} = \text{Prob}\{A\} + \text{Prob}\{B\} = 6/36 + 6/36 = 1/3 \approx 0{,}3333.$$

Damit hätte sich die Gewinnwahrscheinlichkeit für den Spieler beträchtlich erhöht. **Doch leider ist diese Berechnung falsch!**

Aus der Abbildung 12.9 erkennt man sofort, daß die beiden Ereignisse "A = Summenwert mindestens 10" und "B = zwei gleiche Zahlen" nicht zueinander disjunkt sind, d.h. $\text{Prob}\{(A \cap B\} \neq 0\}$. Die beiden Elementarereignisse (5,5) und (6,6) gehören nämlich beiden Ereignissen an. Will man daher die Wahrscheinlichkeit mit Hilfe des Additionssatzes berechnen, muß man diese Tatsache berücksichtigen.

Somit lautet die richtige Lösung

$$\text{Prob}\{A \cup B\} = \text{Prob}\{A\} + \text{Prob}\{B\} - \text{Prob}\{A \cap B\}$$

$$= 6/36 + 6/36 - 2/36 = 5/18 \approx 0{,}2778.$$

Wenn also dieses zweite Spiel für den Spieler empfehlenswert sein soll, muß bei einem Einsatz von 5 DM pro Spiel jetzt die Gewinnsumme mindestens 18 DM betragen.

12.3.3 Die Bestimmung von Wahrscheinlichkeiten

a) die empirische Bestimmung

In empirischen Situationen mißt man die relative Häufigkeit, mit der ein zufälliges Ereignis eintritt. Das Verhältnis

$$\frac{\text{Anzahl der Realisationen}}{\text{Anzahl der durchgeführten Versuche}}$$

stellt eine Maßgröße für die Wahrscheinlichkeit dieser Realisationen dar. Dieser numerische Wert hängt natürlich von den Versuchs- bzw. von den Erhebungsbedingungen ab. Man spricht daher von

objektiven a posteriori Wahrscheinlichkeiten.

Sie sind erst nach der Durchführung der Versuche bzw. der Erhebungen berechenbar.

b) die logische Bestimmung

In einigen Situationen läßt sich die Wahrscheinlichkeit ohne Versuche bzw. Erhebungen allein aufgrund von logischen Überlegungen bestimmen. Nach dem Prinzip vom unzureichenden Grund (Laplace) [man hat keinen zureichenden Grund, einem Ereignis eine größere Chance zuzumessen] ist die Wahrscheinlichkeit für das Eintreten eines bestimmten zufälligen Ereignisses gleich dem Verhältnis

$$\frac{\text{Anzahl der für das Ereignis günstigen Fälle}}{\text{Gesamtzahl der gleichmöglichen Fälle}} = \frac{g}{n} .$$

Die so ermittelten Wahrscheinlichkeiten nennt man auch

objektive a priori Wahrscheinlichkeiten,

da sie nach objektiven Kriterien bestimmt werden, bevor ein Versuch bzw. eine Erhebung durchgeführt wurde.

c) die subjektive Bestimmung

Eine Reihe von Wahrscheinlichkeitstheoretikern möchte Wahrscheinlichkeiten **auf subjektiver Basis** bestimmen. Dies gilt besonders für die **Entscheidungstheoretiker**. Ein Teil der Subjektivisten möchte die Wahrscheinlichkeiten direkt aufgrund eigener Ansichten und Einsichten bestimmen (etwa: mit der Wahrscheinlichkeit von 1/4 wird es morgen regnen), ein anderer Teil indirekt über Wetten oder Lotterien. Wenn ich bei gleichem Einsatz die Wette, daß beim einmaligen Werfen eines Würfels eine gerade Augenzahl erreicht wird, der Wette vorziehe, daß es morgen regnen wird, dann ist meine subjektive Wahrscheinlichkeit, daß es morgen regnen wird, kleiner als 1/2.

Durch weitere hypothetische Wetten läßt sich dann der Bereich der subjektiven Wahrscheinlichkeit, daß es morgen regnen wird, eingrenzen. Allerdings haben die Vertreter der subjektiven Wahrscheinlichkeit bisher noch keine volle Anerkennung gefunden. Wenn es allerdings nicht möglich ist, gleich mögliche Elementarereignisse zu formulieren, und auch kein empirischer Befund vorliegt, erscheint diese Möglichkeit der Bestimmung sogenannter

subjektiver a priori Wahrscheinlichkeiten

attraktiv.

12.3.4 Bedingte Wahrscheinlichkeiten und stochastisch unabhängige Ereignisse

Bei der Anwendung der Wahrscheinlichkeitsrechnung tritt das Problem auf, ob gewisse Ereignisse **voneinander unabhängig sind oder nicht**. Es wird das Problem des Ziehens einer Kugel aus einer Urne betrachtet. Angenommen, die Urne enthalte n Kugeln, von denen m schwarz und n−m weiß sind. Die Wahrscheinlichkeit des zufälligen Ereignisses "Ziehen einer Kugel und Feststellung ihrer Farbe" soll bestimmt werden.

Es müssen nun grundsätzlich zwei verschiedene Sachverhalte unterschieden werden. Zum einen wird die gezogene Kugel anschließend wieder in die Urne zurückgelegt und der Urneninhalt danach wieder gut durchgemischt, um die äußeren Bedingungen des Zufallsexperimentes nicht zu verändern. Dadurch sind die Ergebnisse einer Folge von Realisationen des zufälligen Ereignisses **voneinander stochastisch unabhängig**. Zufällige Ereignisse heißen somit **stochastisch unabhängig**, wenn sie unter festen Bedingungen wiederholbar sind und der Einfluß der vorherigen Realisation vernachlässigt werden kann. Die zu solchen zufälligen Ereignissen gehörenden Wahrscheinlichkeiten heißen **unbedingte Wahrscheinlichkeiten**.

Zum anderen wird die einmal gezogene Kugel **nicht** wieder in die Urne zurückgelegt. Jetzt liegt ein anderer Sachverhalt vor, da die Verhältnisse vor jeder Realisation des Zufallsexperimentes nicht mehr die gleichen sind, sie hängen vielmehr von den jeweils bereits vorausgegangenen Realisationen ab. In diesem Fall spricht man von **stochastisch abhängigen zufälligen Ereignissen** und bezeichnet die zugehörigen Wahrscheinlichkeiten als **bedingt**. Man kann nach der Wahrscheinlichkeit des Eintreffens eines bestimmten zweiten Ereignisses fragen, unter der Bedingung, daß bereits ein bestimmtes erstes Ereignis eingetroffen ist. In diesem Fall bezieht man die Anzahl der günstigen Ereignisse nicht auf die Gesamtheit aller möglichen Elementarereignisse, sondern nur auf die Anzahl der unter den gegebenen Bedingungen möglichen Elementarereignisse.

Beispiel 12.10:

In einer Urne befinden sich zwei weiße und eine schwarze Kugel.

a) **Fragestellung bei unabhängigen Ereignissen**, d.h. **mit Zurücklegen** der gezogenen Kugel:

Wie groß ist die Wahrscheinlichkeit, eine weiße (bzw. eine schwarze) Kugel zu ziehen?

Bei jedem Zug beträgt die Wahrscheinlichkeit, eine weiße (bzw. eine schwarze) Kugel zu ziehen, 2/3 (bzw. 1/3), unabhängig davon, wieviele Realisationen bereits durchgeführt wurden.

b) **Fragestellung bei abhängigen Ereignissen**, d.h. **ohne Zurücklegen** der gezogenen Kugel:

Wie groß ist die Wahrscheinlichkeit, beim zweiten Zug eine weiße Kugel zu ziehen, vorausgesetzt, beim ersten Zug ist ebenfalls eine weiße Kugel gezogen worden?

Zum Zwecke der Unterscheidung werden die beiden weißen Kugeln mit W_1 und W_2, sowie die schwarze Kugel mit S bezeichnet.

Zunächst werde die **Grundgesamtheit G** aller Elementarereignisse aufgestellt

$$G = \{(W_1,W_2); (W_1,S); (W_2,W_1); (W_2,S); (S,W_1); (S,W_2)\}.$$

Sodann werden die folgenden beiden Ereignisse definiert:

Ereignis A = {Beim ersten Zug wird eine weiße Kugel gezogen},

Ereignis B = {Beim zweiten Zug wird eine weiße Kugel gezogen}.

Für den Fall des **Ziehens ohne Zurücklegen** bestehen diese beiden Ereignisse aus den folgenden Elementarereignissen

$$A = \{(W_1,W_2); (W_1,S); (W_2W_1); (W_2,S)\},$$

$$B = \{(W_1,W_2); (W_2,W_1); (S,W_1); (S,W_2)\}.$$

Nun betrachtet man das Ereignis B unter der zusätzlichen Bedingung, daß das Ereignis A bereits eingetroffen ist. Dieses neue Ereignis schreibt man B| A (gelesen: B gegeben

A). Um seine Wahrscheinlichkeit zu berechnen, betrachtet man das Verhältnis der Zahl der günstigen zu der Zahl der möglichen Ereignisse. Die Zahl der möglichen Ereignisse wird von den Elementarereignissen des Ereignisses A gebildet. Aus den Elementarereignissen des Ereignisses B werden die für das Ereignis B| A günstigen Fälle entnommen. Diese erhält man als Durchschnitt der beiden Ereignisse A und B, es sind dies die beiden Elementarereignisse (W_1,W_2) und (W_2,W_1). Somit erhält man die Wahrscheinlichkeit

$$\text{Prob}\{B|\,A\} = \frac{\text{Prob}\{B \cap A\}}{\text{Prob}\{A\}} = \frac{2/6}{4/6} = \frac{2}{4} = \frac{1}{2}\,.$$

Dieses Beispiel gibt Anlaß zu der folgenden **Definition der bedingten Wahrscheinlichkeit**:

> **Definition**: Gegeben seien die beiden Ereignisse A und B. Es sei $\text{Prob}\{A\} \neq 0$. Dann nennt man die Größe
>
> (12.17) $$\text{Prob}\{B|\,A\} = \frac{\text{Prob}\{B \cap A\}}{\text{Prob}\{A\}}$$
>
> die **bedingte Wahrscheinlichkeit** des Ereignisses B unter der Bedingung, daß das Ereignis A bereits eingetroffen ist.

Analog gilt für $\text{Prob}\{B\} \neq 0$

$$\text{Prob}\{A|\,B\} = \frac{\text{Prob}\{A \cap B\}}{\text{Prob}\{B\}}\,.$$

Aus der Definition der bedingten Wahrscheinlichkeit folgt unmittelbar der **allgemeine Multiplikationssatz der Wahrscheinlichkeiten für beliebige Ereignisse**:

> **Definition:** Es seien zwei **beliebige, nichtdisjunkte** Ereignisse A und B gegeben. Ferner sei mindestens eine der bedingten Wahrscheinlichkeiten $\text{Prob}\{A|\,B\}$ oder $\text{Prob}\{B|\,A\}$ bekannt.
> Dann gilt für die Wahrscheinlichkeit des Ereignisses $A \cap B$
>
> (12.18) $$\text{Prob}\{A \cap B\} = \text{Prob}\{A\} \cdot \text{Prob}\{B|\,A\} = \text{Prob}\{B\} \cdot \text{Prob}\{A|\,B\}.$$

Dieser Multiplikationssatz läßt sich ohne Schwierigkeiten auf den Fall mehrerer Ereignisse erweitern. Für den Fall von **drei nicht-disjunkten Ereignissen** lautet er

$$\text{Prob}\{A \cap B \cap C\} = \text{Prob}\{A\} \cdot \text{Prob}\{B|\,A\} \cdot \text{Prob}\{C|\,A \cap B\}.$$

Beispiel 12.11:

10 % der Bevölkerung seien in einem gegebenen Zeitraum im Durchschnitt von einer Krankheit befallen, $\text{Prob}\{E_1\} = 0{,}10$. Von diesen Erkrankten mögen in der Regel 8 % sterben, $\text{Prob}\{E_2 | E_1\} = 0{,}08$. Die Wahrscheinlichkeit dafür, daß eine Person der betrachteten Bevölkerung in dem gegebenen Zeitraum erkrankt und an dieser Krankheit stirbt, $\text{Prob}\{E_1 \cap E_2\}$, ergibt sich dann zu

$$\text{Prob}\{E_1 \cap E_2\} = \text{Prob}\{E_1\} \cdot \text{Prob}\{E_2 | E_1\} = 0{,}1 \cdot 0{,}08 = 0{,}008,$$

d.h. die Wahrscheinlichkeit, daß eine Person aus der Gesamtbevölkerung an dieser Krankheit stirbt, beträgt 0,8 %.

Beispiel 12.12:

Von einer anderen Krankheit mögen 20 % der Bevölkerung infiziert sein (E_1), von denen beispielsweise 30 % erkranken ($E_2 | E_1$), und von diesen sterben schließlich 5 % ($E_3 | E_1 \cap E_2$).

$$\text{Prob}\{E_1 \cap E_2 \cap E_3\} = \text{Prob}\{E_1\} \cdot \text{Prob}\{E_2 | E_1\} \cdot \text{Prob}\{E_3 | E_1 \cap E_2\}$$

$$= 0{,}20 \cdot 0{,}30 \cdot 0{,}05 = 0{,}003,$$

d.h. die Wahrscheinlichkeit, daß eine Person aus der Gesamtbevölkerung an dieser Krankheit stirbt, beträgt 0,3 %.

Bei der **stochastischen Unabhängigkeit** zweier Ereignisse A und B fordert man, daß die bedingte Wahrscheinlichkeit $\text{Prob}\{B | A\}$ für das Eintreffen des Ereignisses B unabhängig davon ist, ob das Ereignis A oder $\bar{A}$ bereits eingetroffen ist, also

$$\text{Prob}\{B | A\} = \text{Prob}\{B | \bar{A}\} = \text{Prob}\{B\} \text{ gilt.}$$

Die Information über das Eintreffen des Ereignisses A ändert somit nichts an der Wahrscheinlichkeitsaussage bezüglich des Ereignisses B. Man sagt "B sei von A unabhängig". Diese Beziehung ist symmetrisch, d.h. wenn sie erfüllt ist, gilt auch die Aussage "A ist von B unabhängig".

Aus

$$\text{Prob}\{B | A\} = \text{Prob}\{B\}$$

und dem Multiplikationssatz für nichtdisjunkte Ereignisse

$$\text{Prob}\{A \cap B\} = \text{Prob}\{A\} \cdot \text{Prob}\{B|\,A\}$$

folgt somit

$$\text{Prob}\{A \cap B\} = \text{Prob}\{A\} \cdot \text{Prob}\{B\} = \text{Prob}\{B\} \cdot \text{Prob}\{A\}.$$

Diese Beziehung wird zur **Definition der stochastischen Unabhängigkeit** benutzt.

Definition: **(Multiplikationssatz für unabhängige Ereignisse)**
Die beiden Ereignisse A und B heißen **stochastisch unabhängig,** wenn

(12.19) $$\text{Prob}\{A \cap B\} = \text{Prob}\{A\} \cdot \text{Prob}\{B\}$$

gilt.

Gegenüber der Beziehung $\text{Prob}\{B|\,A\} = \text{Prob}\{B\}$ hat diese Unabhängigkeitsdefinition (12.19) den Vorteil, daß sie

a) symmetrisch in den beiden Ereignissen A und B ist,
b) die Voraussetzungen $\text{Prob}\{A\} \neq 0$ und $\text{Prob}\{B\} \neq 0$ nicht benötigt.

Beispiel 12.13:

Eine ideale Münze werde zweimal hintereinander geworfen. Man möchte wissen, mit welcher Wahrscheinlichkeit in beiden Würfen das {Wappen} oben liegt.

1. Lösungsmöglichkeit

1a) Baumdiagramm:

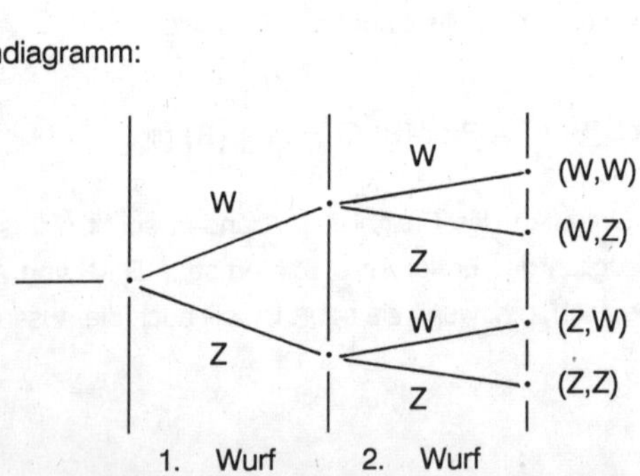

1b) Tabelle:

		2. Wurf	
		W	Z
1. Wurf	W	(W,W)	(W,Z)
	Z	(Z,W)	(Z,Z)

Somit besteht die Grundgesamtheit aus vier möglichen Elementarereignissen, die unter der Vorausetzung eines idealen Zufallsexperimentes gleich wahrscheinlich sind. Diese vier Elementarereignisse schließen sich gegenseitig aus, und für das gewünschte Ereignis ist nur eines davon günstig. Somit ergibt sich für die Wahrscheinlichkeit

$$\text{Prob}\{W,W\} = 1/4.$$

2. Lösungsmöglichkeit

Da die vier Elementarereignisse der Grundgesamtheit voneinander unabhängig sind, kann man den entsprechenden Multiplikationssatz anwenden. Man erhält

$$\text{Prob}\{W,W\} = \text{Prob}\{W\} \cdot \text{Prob}\{W\} = 1/2 \cdot 1/2 = 1/4.$$

12.3.5 Totale (vollständige) Wahrscheinlichkeit

In der Praxis sind häufig **bedingte Wahrscheinlichkeiten bekannt**, und es sollen mit ihrer Hilfe **unbedingte Wahrscheinlichkeiten berechnet** werden. Ein wichtiges Hilfsmittel dazu ist der folgende **Satz von der totalen (vollständigen) Wahrscheinlichkeit**:

Die Ereignisse $A_1, A_2, \ldots, A_n$ bilden eine vollständige Zerlegung der Grundgesamtheit G, wobei $\text{Prob}\{A_i\} \neq 0$ für $i = 1,2,\ldots,n$ ist. Dann gilt für ein beliebiges Ereignis $B \subseteq G$

(12.20) $$\text{Prob}\{B\} = \text{Prob}\{B|\,A_1\} \cdot \text{Prob}\{A_1\} + \ldots\ldots + \text{Prob}\{B|\,A_n\} \cdot \text{Prob}\{A_n\}$$

$$= \sum_{i=1}^{n} \text{Prob}\{B|\,A_i\} \cdot \text{Prob}\{A_i\}.$$

Berücksichtigt man, daß die Ereignisse A_i paarweise zueinander disjunkt sind und damit auch die Ereignisse $B \cap A_i$, dann läßt sich das Ereignis B zerlegen in

(12.21) $$B = \bigcup_{i=1}^{n} (B \cap A_i)$$

(vgl. Abb. 12.10). Daraus ergibt sich für die Wahrscheinlichkeit

$$\text{Prob}\{B\} = \text{Prob}\left[\bigcup_{i=1}^{n} (B \cap A_i)\right]$$

$$= \sum_{i=1}^{n} \text{Prob}\{B \cap A_i\} = \sum_{i=1}^{n} \text{Prob}\{B|\,A_i\} \cdot \text{Prob}\{A_i\}.$$

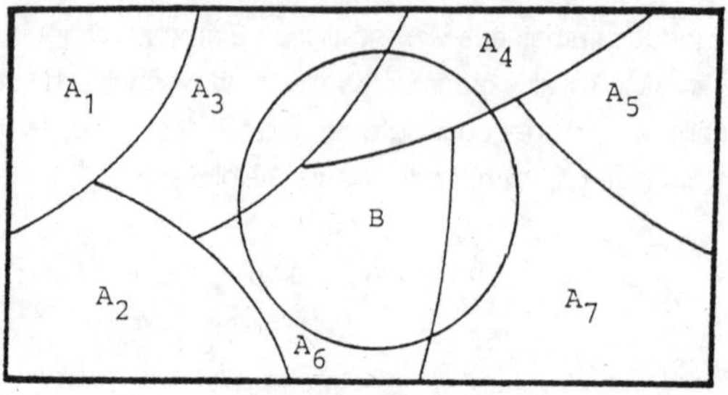

$$B = (B \cap A_3) \cup (B \cap A_4) \cup (B \cap A_6) \cup (B \cap A_7)$$

Abb. 12.10: Darstellung des Ereignisses B mit Hilfe der Ereignisse A_i

Beispiel 12.14:

Wie groß ist die Wahrscheinlichkeit, aus einer Urne mit zwei weißen und einer schwarzen Kugel beim zweiten Zug eine weiße Kugel zu ziehen, wenn die erste gezogene Kugel **nicht zurückgelegt** wurde?

Man betrachte die beiden Ereignisse

A = {Beim ersten Zug wird eine weiße Kugel gezogen},
C = {Beim ersten Zug wird eine schwarze Kugel gezogen}.

Diese beiden Ereignisse bilden eine Zerlegung der Grundgesamtheit

$$A \cup C = G \text{ und } A \cap C = \emptyset.$$

Die Wahrscheinlichkeit des Ereignisses

B = {Beim zweiten Zug wird eine weiße Kugel gezogen}

läßt sich dann mit Hilfe des Satzes von der totalen Wahrscheinlichkeit berechnen:

$$\text{Prob}\{B\} = \text{Prob}\{A\} \cdot \text{Prob}\{B|\,A\} + \text{Prob}\{C\} \cdot \text{Prob}\{B|\,C\}.$$

Nun ist

$$\text{Prob}\{A\} = 2/3,\ \text{Prob}\{B|\,A\} = 1/2,\ \text{Prob}\{C\} = 1/3,\ \text{Prob}\{B|\,C\} = 1.$$

Somit ergibt sich

$$\text{Prob}\{B\} = 2/3 \cdot 1/2 + 1/3 \cdot 1 = 2/3.$$

Man könnte nun argumentieren, daß dieser Weg recht umständlich erscheint, denn man hätte dasselbe Ergebnis viel einfacher erhalten können.

Die Grundgesamtheit für das Ziehen von Kugeln **ohne Zurücklegen** umfaßt für dieses Beispiel die folgenden sechs Elementarereignisse

$$G = \{(W_1,W_2);\ (W_2,W_1);\ (W_1,S);\ (W_2,S);\ (S,W_1);\ (S,W_2)\}.$$

Die Zahl der günstigen Fälle, beim zweiten Zug eine weiße Kugel zu ziehen, umfaßt vier Elementarereignisse, nämlich

$$(W_1,W_2);\ (W_2,W_1);\ (S,W_1);\ (S,W_2).$$

Damit ergibt sich als Wahrscheinlichkeit für das Ereignis B

$$\text{Prob}\{B\} = g/n = 4/6 = 2/3.$$

Beim Ziehen einer Kugel aus einer Urne mit wenigen Kugeln läßt sich die Wahrscheinlichkeit unmittelbar erkennen. Bei der Lösung unserer Aufgabe bestand die Hauptarbeit in der vollständigen Aufzählung der Elementarereignisse der Grundgesamtheit G. Bei umfangreicheren Beispielen kann allerdings die vollständige Aufzählung der Elementarereignisse des Stichprobenraumes mühsam werden.

Beispiel 12.15:

Man bestimme die Wahrscheinlichkeit, daß in einem gut gemischten Kartenspiel aus 52 Karten Herz As und Herz König nebeneinander liegen.

Das Ereignis, dessen Wahrscheinlichkeit gesucht wird, werde mit A bezeichnet. "Gut gemischt" ist eine Symmetrieannahme, so daß folgende Ereignisse betrachtet werden können:

$$B_1 = \{\text{Herz-As liegt am oberen Ende des Paketes}\},$$
$$B_2 = \{\text{Herz-As liegt im Inneren des Paketes}\},$$
$$B_3 = \{\text{Herz-As liegt am unteren Ende des Paketes}\}.$$

B_1, B_2 und B_3 bilden eine vollständige Zerlegung der Grundgesamtheit G. Für die unbedingten und bedingten Wahrscheinlichkeiten erhält man

$$\text{Prob}\{B_1\} = 1/52,\ \text{Prob}\{B_2\} = 50/52,\ \text{Prob}\{B_3\} = 1/52,$$

$$\text{Prob}\{A|\ B_1\} = 1/51,\ \text{Prob}\{A|\ B_2\} = 2/51,\ \text{Prob}\{A|\ B_3\} = 1/51.$$

Somit

$$\text{Prob}\{A\} = \text{Prob}\{B_1\}\cdot \text{Prob}\{A|\ B_1\} + \text{Prob}\{B_2\}\cdot \text{Prob}\{A|\ B_2\} + \text{Prob}\{B_3\}\cdot \text{Prob}\{A|\ B_3\}$$

$$= 1/52 \cdot 1/51 + 50/52 \cdot 2/51 + 1/52 \cdot 1/51 = 102/(51\cdot 52) = 1/26.$$

Hätte man die gesamte Grundgesamtheit, d.h. alle möglichen Lagen der Karten aufzählen wollen, so hätte man $8{,}066\cdot 10^{67}$ Elementarereignisse berücksichtigen müssen.

Beispiel 12.16 (Fortsetzung des Beispieles 12.3 von Seite 358):

Betrachten wir erneut den Fall des listigen Gefangenen, denn wir sind jetzt in der Lage, die Aufbesserung seiner Chancen exakt zu bestimmen. Er hatte die Kugeln so ausgetauscht, daß in der einen Urne (U_1) nur eine weiße Kugeln enthalten war, während in der anderen Urne (U_2) der Anteil der weißen Kugeln $(n-1)/(2n-1)$ betrug. Zunächst soll eine der beiden Urnen (entweder U_1 oder U_2) ausgewählt werden. Die Wahrscheinlichkeiten dafür betragen

$$\text{Prob}\{U_1\} = 1/2,\ \text{Prob}\{U_2\} = 1/2.$$

Wird die Urne U_2 ausgewählt, dann beträgt die Wahrscheinlichkeit, eine weiße Kugel zu ziehen

$$\text{Prob}\{W|\ U_2\} = (n-1)/(2n-1).$$

Die totale Wahrscheinlichkeit für den listigen Gefangenen, eine weiße Kugel zu ziehen, ergibt sich somit zu

$$\text{Prob}\{W\} = \text{Prob}\{U_1\} \cdot \text{Prob}\{W|\,U_1\} + \text{Prob}\{U_2\} \cdot \text{Prob}\{W|\,U_2\}$$

$$= \frac{1}{2} \cdot 1 + \frac{1}{2} \cdot \frac{n-1}{2n-1} = \frac{2n-1+n-1}{4n-2} = \frac{3n-2}{4n-2}\,,$$

mit $$\lim_{n \to \infty} \frac{3n-2}{4n-2} = \frac{3}{4}\,.$$

Für eine hinreichend große Gesamtzahl von Kugeln nähert sich somit die Wahrscheinlichkeit für den listigen Gefangenen, frei zu kommen, dem Wert 3/4. Dies bedeutet, daß er seine Chancen maximal um 25% aufbessern kann.

12.3.6 Der Satz von Bayes

Eine Anwendung finden die bedingten Wahrscheinlichkeiten in dem **Satz von Bayes**, der in speziellen Bereichen der Statistik eine wichtige Rolle spielt.

Es seien die zufälligen Ereignisse $A_1, A_2, \ldots, A_n$ gegeben, die eine **vollständige Zerlegung der Grundgesamtheit G** darstellen mögen. Die unbedingten Wahrscheinlichkeiten dieser Ereignisse

$$\text{Prob}\{A_1\}, \text{Prob}\{A_2\}, \ldots, \text{Prob}\{A_n\}$$

seien bekannt und werden als **a priori Wahrscheinlichkeiten** bezeichnet. Ferner sei ein zufälliges Ereignis B mit $\text{Prob}\{B\} > 0$ gegeben, und die bedingten Wahrscheinlichkeiten dieses Ereignisses

$$\text{Prob}\{B|\,A_1\}, \text{Prob}\{B|\,A_2\}, \ldots, \text{Prob}\{B|\,A_n\}$$

seien beobachtet worden.

Gesucht werden die bedingten Wahrscheinlichkeiten

$$\text{Prob}\{A_1|\,B\}, \text{Prob}\{A_2|\,B\}, \ldots, \text{Prob}\{A_n|\,B\},$$

die als **a posteriori Wahrscheinlichkeiten** bezeichnet werden, da die unbedingten Wahrscheinlichkeiten für die A_i revidiert werden durch die Zusatzinformation, daß das Ereignis B eingetroffen ist.

Aus der Definition der bedingten Wahrscheinlichkeit

(12.17) $$\text{Prob}\{A_i | B\} = \frac{\text{Prob}\{A_i \cap B\}}{\text{Prob}\{B\}}$$

folgt wegen

(12.19) $$\text{Prob}\{A_i \cap B\} = \text{Prob}\{A_i\} \cdot \text{Prob}\{B | A_i\}$$

(**Multiplikationssatz für nichtdisjunkte Ereignisse**) und

(12.20) $$\text{Prob}\{B\} = \sum_{j=1}^{n} \text{Prob}\{A_j\} \cdot \text{Prob}\{B | A_j\}$$

(**Satz von der totalen oder vollständigen Wahrscheinlichkeit**) die Beziehung

(12.22) $$\text{Prob}\{A_i | B\} = \frac{\text{Prob}\{A_i\} \cdot \text{Prob}\{B | A_i\}}{\sum_{j=1}^{n} \text{Prob}\{A_j\} \cdot \text{Prob}\{B | A_j\}}$$

(**Satz von Bayes**).

Beispiel 12.17:

In einem Betrieb wird ein bestimmtes Produkt auf zwei verschiedenen Maschinen A und B hergestellt. Es ist bekannt, daß 20 % der Tagesproduktion auf die Maschine A und 80 % auf die Maschine B entfallen. Ferner sei bekannt, daß die Maschine A 5 % Ausschuß und die Maschine B 2 % Ausschuß produziert.

Es werde ein Produkt zufällig der Tagesproduktion entnommen, das sich als defekt herausstellt. Wie groß ist die Wahrscheinlichkeit, daß dieses Produkt auf der Maschine A (bzw. auf der Maschine B) produziert wurde?

Es werden die folgenden zufälligen Ereignisse definiert

A = {Das Produkt wurde auf der Maschine A hergestellt},
B = {Das Produkt wurde auf der Maschine B hergestellt},
D = {Das Produkt ist defekt}.

Es ist

$Prob\{A\}$ der Anteil der Maschine A an der Tagesproduktion.

$Prob\{B\}$ der Anteil der Maschine B an der Tagesproduktion.

Dies sind die Wahrscheinlichkeiten, die man einem Produkt vor Beginn der Produktion - also "a priori" - zuordnet, auf einer der beiden Maschinen hergestellt zu werden.

Ferner kennt man die Güte, mit der die einzelnen Maschinen arbeiten, d.h. man kennt

$Prob\{D|A\}$, als die Wahrscheinlichkeit, mit der die Maschine A defekte Produkte erzeugt,

und

$Prob\{D|B\}$, als die Wahrscheinlichkeit, mit der die Maschine B defekte Produkte erzeugt.

Hat man der Tagesproduktion ein Produkt zufällig entnommen und festgestellt, daß dieses defekt ist, dann möchte man nach Kenntnis dieses Befundes - also "a posteriori" - eine Wahrscheinlichkeitsaussage treffen, auf welcher Maschine dieses defekte Produkt hergestellt wurde. Man interessiert sich also für

$Prob\{A|D\}$, die Wahrscheinlichkeit, daß das defekte Produkt auf der Maschine A hergestellt wurde, und

$Prob\{B|D\}$, die Wahrscheinlichkeit, daß das defekte Produkt auf der Maschine B hergestellt wurde.

Gegeben sind

$$Prob\{A\} = 0{,}20 \text{ und } Prob\{B\} = 0{,}80.$$

Ferner sind bekannt

$$Prob\{D|A\} = 0{,}05 \text{ und } Prob\{D|B\} = 0{,}02.$$

Gesucht werden die beiden bedingten Wahrscheinlichkeiten

$$Prob\{A|D\} \text{ und } Prob\{B|D\}.$$

Die Anwendung des Satzes von Bayes ergibt

$$Prob\{A|D\} = \frac{Prob\{A\} \cdot Prob\{D|A\}}{Prob\{A\} \cdot Prob\{D|A\} + Prob\{B\} \cdot Prob\{D|B\}}$$

$$= \frac{0,20 \cdot 0,05}{0,20 \cdot 0,05 + 0,80 \cdot 0,02} = 0,38,$$

$$\text{Prob}\{B|\,D\} = \frac{\text{Prob}\{B\}\cdot \text{Prob}\{D|\,B\}}{\text{Prob}\{A\}\cdot \text{Prob}\{D|\,A\} + \text{Prob}\{B\}\cdot \text{Prob}\{D|\,B\}}$$

$$= \frac{0,80 \cdot 0,02}{0,20 \cdot 0,05 + 0,80 \cdot 0,02} = 0,62.$$

Die Wahrscheinlichkeit, daß ein defektes Produkt auf der Maschine A hergestellt wurde, beträgt 38 %, und für die Herstellung auf der Maschine B 62 %.

Beispiel 12.18:

Auf einem Tisch stehen 10 Urnen. In der Urne I befinden sich 7 schwarze und 3 weiße Kugeln. In den Urnen II bis X jeweils 4 schwarze und 6 weiße Kugeln.
Eine der 10 Urnen werde zufällig ausgewählt und aus ihr eine Kugel gezogen. Diese sei schwarz. Wie groß ist die Wahrscheinlichkeit, daß diese gezogene Kugel aus der Urne I, bzw. aus einer der Urnen II bis X gezogen wurde?

Folgende Ereignisse werden definiert:

E = {Die gezogene Kugel sei schwarz},
A_1 = {Die gezogene Kugel stamme aus der Urne I},
A_2 = {Die gezogene Kugel stamme aus einer der Urnen II bis X}.

Es sind gegeben:

$\text{Prob}\{A_1\} = 0,10$; $\text{Prob}\{A_2\} = 0,90$; $\text{Prob}\{E|\,A_1\} = 0,70$; $\text{Prob}\{E|\,A_2\} = 0,40$.

Damit läßt sich berechnen:

$$\text{Prob}\{A_1|\,E\} = \frac{\text{Prob}\{A_1\}\cdot \text{Prob}\{E|\,A_1\}}{\text{Prob}\{A_1\}\cdot \text{Prob}\{E|\,A_1\} + \text{Prob}\{A_2\}\cdot \text{Prob}\{E|\,A_2\}}$$

$$= \frac{0,10\cdot 0,70}{0,10\cdot 0,70 + 0,90\cdot 0,40} = 0,1628,$$

d.h. wenn eine schwarze Kugel gezogen wird, stammt diese mit einer Wahrscheinlichkeit von 16,28 % aus der Urne I.

Übungsaufgaben zu Kapitel 12

Aufgabe 1:

Eine Münze werde dreimal geworfen.

a) Erläutern sie an diesem Beispiel die Begriffe

- **Elementarereignis**
- **Grundgesamtheit**

und geben Sie an, aus welchen Elementarereignissen die Grundgesamtheit besteht.

b) Nehmen Sie an, Sie erhalten bei dreimaligem Werfen als Ergebnis die Reihenfolge "Zahl - Wappen - Wappen".

Bestimmen Sie die relative Häufigkeit für das Ereignis "Wappen" bei dieser Reihenfolge und geben Sie an, wie sich die relative Häufigkeit dieses Ereignisses mit steigendem Stichprobenumfang veränden wird, wenn man Folgen von dreimaligen Würfen betrachtet.

c) Erläutern Sie den Wahrscheinlichkeitsbegriff von Laplace und bestimmen Sie diese Wahrscheinlichkeit für das unter b) angegebene Ereignis.

Welche Annahme treffen Sie dabei?

d) Berechnen Sie die Wahrscheinlichkeit, folgende Ergebnisse zu erhalten:

1. Folge "Wappen - Zahl - Wappen" und "Zahl - Zahl - Zahl".
2. Gesamtergebnis "Anzahl der Zahlwürfe ist größer als Anzahl der Wappenwürfe".
3. Mehr Zahl- als Wappenwürfe zu erhalten, wenn mindestens ein Wappenwurf gesichert sein soll.
4. Mehr Zahl- als Wappenwürfe zu erhalten, wenn weniger als 2 Wappenwürfe gesichert sein sollen.

c) 1/2. d) 1. 1/8; 1/8. 2. 1/2. 3. 3/7. 4. 1.

Aufgabe 2:

Wie groß sind die Wahscheinlichkeiten,

a) aus einer Urne mit 100 Gewinnlosen und 400 Nieten einen Gewinn zu ziehen?
b) aus 32 Skatkarten ein As (den Kreuzbuben) zu ziehen?
c) daß eine vierstellige Quadratzahl mit 5 (mit 9) endet?

a) 1/5; b) 1/8; (1/32); c) 7/68; (14/68).

Aufgabe 3:

Bei einem Pferderennen mit 4 Pferden A, B, C und D sollen der Sieger und der Zweitplacierte vorausgesagt werden.

a) Wie groß ist die Wahrscheinlichkeit, daß
1. A der Sieger ist ?
2. die Reihenfolge BC gilt ?

b) Die 4 Pferde treffen am nächsten Tag bei einem weiteren Rennen erneut aufeinander. Wie groß ist die Wahrscheinlichkeit, daß an beiden Tagen
1. A der Sieger ist?
2. die Reihenfolge AD gilt?
3. die Reihenfolge ACDB gilt?

a) 1/4; 1/12; b) 1/16; 1/144; 1/576.

Aufgabe 4:

Ein vollständiges Ereignissystem bestehe aus den Ereignissen A, B, C und D. Das Ereignis A kann zusammen mit dem Ereignis B auftreten, wobei jedoch A und B voneinander unabhängig sind. Alle anderen Ereignisse schließen sich gegenseitig aus.

Es sei $\text{Prob}\{A\} = 0{,}3$, $\text{Prob}\{C\} = 0{,}2$, und $\text{Prob}\{D\} = 0{,}15$.
Berechnen Sie $\text{Prob}\{B\}$ und $\text{Prob}\{A \cap B\}$.

0,5; 0,15.

Aufgabe 5:

Die drei Nahverkehrsgesellschaften U, S und T einer Großstadt wollen aus Rationalisierungsgründen fusionieren.

Die folgenden Anteile der Bevölkerung sind als Benutzer dieser öffentlichen Verkehrsmittel bekannt:

$Prob\{U\} = 0{,}40$; $Prob\{S\} = 0{,}30$; $Prob\{T\} = 0{,}15$;
$Prob\{U \cap S\} = 0{,}08$; $Prob\{U \cap T\} = 0{,}02$; $Prob\{S \cap T\} = 0{,}05$;
$Prob\{U \cap S \cap T\} = 0{,}01$.

Es soll eine Befragung unter den Benutzern durchgeführt werden, wie groß die Wahrscheinlichkeit dafür ist, daß eine zufällig ausgewählte Person:

a) kein Verkehrsmittel der Gesellschaft U,
b) ein Verkehrsmittel der Gesellschaften S oder T,
c) keine Verkehrsmittel der drei fusionierenden Gesellschaften,
d) höchstens Verkehrsmittel von zwei der drei Gesellschaften,
e) Verkehrsmittel von zwei und mehr Gesellschaften

benutzt.

a) 0,6; b) 0,4; c) 0,29; d) 0,99; e) 0,13.

Aufgabe 6:

In der Abteilung Qualitätssicherung eines Betriebes für Stellringe wird ein Posten von 1 000 Erzeugnissen untersucht, die unter gleichen produktionstechnischen Bedingungen hergestellt wurden. Dabei erwiesen sich 900 als normgerecht, die verschiedenen Qualitätsstufen zugeordnet werden können, 18 gehören der Qualitätsstufe I und 90 der Qualitätsstufe II an.

1. a) Wie groß ist die Wahrscheinlichkeit, einen der Norm entsprechenden Stellring zu erhalten?
   b) Bestimmen Sie die Wahrscheinlichkeit, daß ein normgerechter Stellring entweder der Qualitätsstufe I oder II angehört.

2. Bei der Qualitätssicherung dieses Erzeugnisses wird ein Kontrollsystem angewandt, das 98 % der normgerechten Stellringe als normgerecht und 95 % der nicht normgerechten Erzeugnisse als nicht normgerecht ausweist.

   a) Geben Sie die Wahrscheinlichkeit an, daß ein Stellring als normgerecht ausgewiesen wird, obwohl er tatsächlich nicht der Norm entspricht.

   b) Berechnen Sie die Wahrscheinlichkeit, daß ein Stellring normgerecht ist, wenn er von der Kontrolle auch als normgerecht ausgewiesen wurde.

   c) Erläutern Sie an diesem Beispiel den Satz von der totalen Wahrscheinlichkeit.

1. a) 0,9; b) 0,12; 2. a) 0,05; b) 0,994.

Aufgabe 7:

Ein Verlagshaus weiß aus Erfahrung, daß 40 % der männlichen und 30 % der weiblichen Bevölkerung seine Tageszeitung liest. Der Anteil der weiblichen Bevölkerung an der Gesamtbevölkerung beträgt 40 %.

1. Wie groß ist die Wahrscheinlichkeit, daß eine aus der Gesamtbevölkerung zufällig ausgewählte Person

   a) diese Zeitung liest?
   b) männlich ist, wenn man weiß, daß die Person diese Zeitung liest?
   c) diese Zeitung liest und weiblich ist?

2. Sind die beiden Ereignisse

   - eine zufällig ausgewählte Person liest diese Zeitung, und
   - eine zufällig augewählte Person ist männlich

   stochastisch voneinander unabhängig?

1. a) 0,36; b) 0,667; c) 0,12.

Aufgabe 8:

10 % der Angestellten einer Gesellschaft haben eine kaufmännische Lehre absolviert. 70 % dieser Personen arbeiten in der Verwaltung dieses Unternehmens. Von denen, die keine kaufmännische Lehre absolviert haben, arbeiten 30 % in der Verwaltung.

a) Wie groß ist die Wahrscheinlichkeit, daß ein zufällig ausgewählter Angestellter in der Verwaltung arbeitet?

b) Berechnen Sie die Wahrscheinlichkeit dafür, daß ein zufällig ausgewählter Angestellter, der in der Verwaltung beschäftigt ist, eine kaufmännische Lehre besitzt.

a) 0,34; b) 0,21.

Aufgabe 9:

1. Gegeben sind Prob{A} = 0,5, Prob{B} = 0,3 und Prob{A ∩ B} = 0,2. Man berechne:

   a) Prob[A ∩ {$\bar{A}$ U B}],

   b) Prob[A U { $\bar{A}$ ∩ B}] und

   c) Prob[{A ∩ B} U { $\bar{A}$ ∩ $\bar{B}$}].

2. Zwei ideale Würfel werden geworfen:

   a) Man untersuche die stochastische Abhängigkeit der folgenden Ereignisse:

   A = {Der erste Würfel zeigt eine gerade Augenzahl},
   B = {Der zweite Würfel zeigt eine ungerade Augenzahl}.

   b) Man berechne Prob{C| A} und Prob{C| B}, wenn das Ereignis

   C = {Die Summe der beiden Augenzahlen ist durch drei teilbar}

   darstellt.
   Kann man aus diesen beiden Ergebnissen auf die Unabhängigkeit von C bezüglich der Ereignisse A und B schließen?

1. a) 0,2; b) 0,6; c) 0,6. 2. b) 0,33; 0,33.

Aufgabe 10:

Zwei Bogenschützen A und B schießen auf Zielscheiben. Die Trefferwahrscheinlichkeit von A beträgt 80 %, die von B 60 %.

1. Wie groß ist die Wahrscheinlichkeit dafür, daß A bei zweimaligem Schießen keinen Treffer erzielt?

2. Mit welcher Wahrscheinlichkeit erzielt B bei zwei Versuchen mindestens einen Treffer?

3. Wie groß ist die Wahrscheinlichkeit dafür, daß B bei zwei Versuchen genau einen Treffer erzielt?

4. A und B schießen auf die gleiche Zielscheibe, wobei A doppelt so häufig schießt wie B.

   a) Wie groß ist dann die Trefferwahrscheinlichkeit ?

   b) Wie groß ist die Wahrscheinlichkeit dafür, daß irgendein Treffer vom Schützen B erzielt wurde?

1. 0,04; 2. 0,84; 3. 0,48; 4. a) 0,73; b) 0,27.

Aufgabe 11:

In einem Betrieb seien 96 % aller Erzeugnisse normgerecht. Bei der Überwachung wird ein Kontrollsystem verwendet, daß 98 % der normgerechten Erzeugnisse als normgerecht und 95 % der nicht normgerechten Erzeugnisse als nicht normgerecht erkennt. Um eine größere Genauigkeit zu erzielen, werden alle Erzeugnisse nach dem obigen Verfahren doppelt geprüft.

a) Wie groß ist die Wahrscheinlichkeit, daß ein beliebiges Erzeugnis die doppelte Kontrolle besteht?

b) Wie groß ist die Wahrscheinlichkeit dafür, daß ein bei der doppelten Kontrolle als normgerecht ausgewiesenes Erzeugnis in der Tat der Norm genügt?

a) 0,922084; b) 0,99989.

Aufgabe 12:

Eine Fahrschule XYZ weiß aus Erfahrung, daß 70 % der männlichen und 75 % der weiblichen Prüflinge die Führerscheinprüfung erfolgreich absolvieren. Der Anteil der männlichen Prüflinge an der Gesamtzahl aller Prüflinge beträgt 60 %.

Wie groß ist die Wahrscheinlichkeit, daß eine aus der Gesamtzahl aller Prüflinge zufällig ausgewählte Person

a) die Prüfung nicht bestanden hat?

b) weiblich ist, wenn man weiß, daß die Person die Prüfung bestanden hat?

c) männlich ist und die Prüfung nicht bestanden hat?

d) Sind die beiden Ereignisse

- {eine zufällig ausgewählte Person ist weiblich} und
- {eine zufällig ausgewählte Person hat die Prüfung bestanden}

voneinander stochastisch unabhängig?

a) 0,28; b) 0,4167; c) 0,18.

Aufgabe 13:

Für die Herstellung von synthetischem Benzin wird von zwei Firmen unabhängig voneinander an einer technisch realisierbaren Lösung geforscht. Die Wahrscheinlichkeit, daß die Firma A die Lösung findet, betrage 0,8, daß die Firma B sie findet, 0,7.

Mit welcher Wahrscheinlichkeit wird das Problem ungelöst bleiben? Berechnen Sie zunächst die Wahrscheinlichkeit, daß das Problem von wenigstens einer Firma gelöst wird.

0,94; 0,06.

Aufgabe 14:

Bei einem Multiple–Choice–Test werden vier Aufgaben gestellt. Für jede Aufgabe werden drei Lösungen zur Auswahl gestellt, von denen aber nur eine richtig ist. Die Prüfung ist bestanden, wenn mindestens zwei Aufgaben richtig gelöst worden sind.

Ein Prüfungsteilnehmer versucht, die richtigen Lösungen zu finden, indem er bei jeder Aufgabe mit geschlossenen Augen auf eine der drei gegebenen Antworten tippt.

a) Berechnen Sie die Wahrscheinlichkeit dafür, daß er alle vier Aufgaben richtig löst.

b) Berechnen Sie die Wahrscheinlichkeit dafür, daß er keine Aufgabe richtig löst.

c) Wie groß ist die Wahrscheinlichkeit, daß er die Prüfung besteht?

a) 1/81; b) 16/81; c) 33/81.

Aufgabe 15:

Eine Urne enthält drei weiße und fünf schwarze Kugeln. Es werden nacheinander zufällig drei Kugeln **mit** Zurücklegen aus der Urne gezogen. Gleichzeitig wird mit jeder zurückgelegten Kugel zusätzlich eine Kugel der gleichen Farbe hineingelegt.

Mit welcher Wahrscheinlichkeit treten die folgenden Ereignisse ein:

a) "Alle drei entnommenen Kugeln sind schwarz".

b) "Die als zweite entnommene Kugel ist weiß".

Hinweis: Betrachten Sie bei a) die Ereignisse

A : "die i–te Kugel ist schwarz" für i = 1,2,3, und bei b)

B_1: "die erste Kugel ist weiß"
B_2: "die erste Kugel ist schwarz" und
C : "die zweite Kugel ist weiß".

a) 0,29167; b) 0,375.

Aufgabe 16:

Von sieben Kugeln in einer Urne sind vier weiß und drei rot. Man zieht zufällig nacheinander 3 Kugeln, **ohne** sie wieder in die Urne zurückzulegen.
Wie groß ist die Wahrscheinlichkeit, daß unter den gezogenen Kugeln

a) keine,

b) eine,

c) zwei oder

d) drei rote Kugeln sind?

a) 0,11428; b) 0,51428; c) 0,34286; d) 0,0286.

Aufgabe 17:

Aus einem gut gemischten Kartenspiel von 52 Karten werden zufällig fünf Karten gezogen. Bestimmen Sie die Wahrscheinlichkeiten, daß unter den gezogenen Karten

a) vier Asse,

b) vier Asse und ein König oder

c) drei Zehnen und zwei Buben sind?

a) $0{,}1847 \cdot 10^{-4}$; b) $0{,}1539 \cdot 10^{-5}$; c) $0{,}92345 \cdot 10^{-5}$.

13. Zufallsvariable und Wahrscheinlichkeitsverteilungen

13.1 Begriff der Zufallsvariablen

Eine der wichtigsten Begriffe der Wahrscheinlichkeitsrechnung ist der Begriff der Zufallsvariablen. Dazu werde ein Zufallsexperiment betrachtet, dessen Realisationen reelle Zahlen sind.

Beispiel 13.1:

Beim Würfeln mit einem idealen Würfel kann als Realisation eine ganze Zahl zwischen 1 und 6 auftreten. Welche ganze Zahl im Einzelversuch tatsächlich realisiert wird, hängt vom Zufall ab. Man spricht daher von einer Zufallsvariablen.

Man unterscheidet zwischen einer **Zufallsvariablen** und den **Zahlenwerten**, die diese Zufallsvariable bei den einzelnen **Realisationen** annehmen kann. Die Zufallsvariablen bezeichnet man durch große lateinische Buchstaben X, Y, Z, ... und die Zahlenwerte, die sich als Realisationen des Zufallsexperimentes ergeben, mit kleinen lateinischen Buchstaben x, y, z, ...

Definition (vorläufig):

Sind die möglichen Ergebnisse eines Zufallsexperimentes reelle Zahlen, so lassen sich diese durch eine Zufallsvariable X beschreiben. Die Menge der Werte, die die Zufallsvariable bei der Realisation des Zufallsexperiments annehmen kann, nennt man den Wertebereich R_X dieser Zufallsvariablen.

Beispiel 13.2 (Beispiele von Zufallsvariablen):

Zufallsexperiment	Zufallsvariable
1. Verkauf einer Zeitung an einem Kiosk,	Anzahl der täglich verkauften Exemplare,
2. Werfen mit einem Würfel,	geworfene Augenzahl,
3. Wägungskontrolle von abgepackten Konserven,	Abweichung vom Sollgewicht,

4. Werfen mit einem Würfel, bis eine "6" geworfen wird,	Anzahl der benötigten Würfe,
5. Bedienung von Kunden an einem Schalter,	Warte- bzw. Bedienungszeit eines Kunden.

Diese - vorläufige - Definition der Zufallsvariablen als Zahlenwert eines Zufallsexperimentes ist aber noch nicht völlig befriedigend. Selbst wenn das Zufallsexperiment ein quantitatives Ergebnis besitzt, liegt dieses oft nicht unmittelbar als Zahlenwert vor. Erst ein Zähl- oder Meßvorgang liefert im Anschluß an das Zufallsexperiment eine quantitative Charakterisierung des Ergebnisses.

Beispiel 13.3:

Eine Münze wird dreimal geworfen. Die Grundgesamtheit G dieses Zufallsexperimentes besteht aus den acht Elementarereignissen

$$G = \{(Z,Z,Z); (Z,Z,W); (Z,W,Z); (W,Z,Z); (Z,W,W); (W,Z,W); (W,W,Z); (W,W,W)\}.$$

Man interessiert sich für die Anzahl der Ergebnisse {Wappen}, die bei diesen drei Würfen auftreten können. Durch Zählen der in den Elementarereignissen auftretenden Anzahl von Wappen ordnet man ihnen Zahlen aus dem Wertebereich $R_X = \{0,1,2,3\}$ zu, nämlich

G		$x_i \in R_X$
(Z,Z,Z)	$\longrightarrow$	0
(Z,Z,W) (Z,W,Z) (W,Z,Z)	$\longrightarrow$	1
(Z,W,W) (W,Z,W) (W,W,Z)	$\longrightarrow$	2
(W,W,W)	$\longrightarrow$	3

Schaubild zum Beispiel 13.3

Durch diese Zuordnung werden die Elementarereignisse der Grundgesamtheit G auf die Menge R_X abgebildet. Es liegt nun nahe, **diese Abbildung als Zufallsvariable X** aufzufassen.

Definition: Es sei ein Zufallsexperiment mit der Grundgesamtheit G gegeben. Eine Funktion (oder Abbildung) X, die jedem Elementarereignis $E_i \in G$ eine reelle Zahl

$$X(E_i) \in R_X$$

zuordnet, heißt **Zufallsvariable**.
Die reelle Zahl $x_i = X(E_i)$ nennt man **Realisierung** der Zufallsvariablen X.

Aus dem Beispiel wird ersichtlich, daß die Abbildung der Elementarereignisse in die Menge der reellen Zahlen in der Regel eindeutig ist.

Mit Hilfe der Abbildung X kann man Ereignisse auch in anderer Form ausdrücken, als durch Aufzählen ihrer Elementarereignisse. Das Ereignis A, Auftreten **eines** {Wappens} beim dreimaligen Werfen einer idealen Münze, wird definiert durch die Menge

$$A = \{(Z,Z,W); (Z,W,Z); (W,Z,Z)\}.$$

Das Schaubild des Beispieles 13.3 zeigt, daß dieses Ereignis identisch ist mit der Menge aller Elementarereignisse, die auf die Zahl "1" abgebildet werden. Man kann daher das Ereignis A auch wie folgt definieren

$$A = \{E_i | X(E_i) = 1 \text{ (oder kurz: } X = 1)\}.$$

Besonders wenn das Ergebnis eines Zufallsexperimentes unmittelbar als Zahl vorliegt (etwa bei einer Längen- oder Gewichtsmessung), bereitet es erfahrungsgemäß Schwierigkeiten, den Abbildungscharakter einer Zufallsvariablen einzusehen. Wie unterscheidet man in solchen Fällen die beiden Mengen G und R_X?

Man kann

a) entweder die Grundgesamtheit G vergessen und sofort mit der Menge R_X arbeiten oder

b) man kann die beiden Mengen gleichsetzen. Dies ist die Idee der ersten Definition der Zufallsvariablen. Als Abbildung wird dann die identische Abbildung gewählt, die G auf sich selbst abbildet, d.h.

$$X(E_i) = E_i.$$

Man unterscheidet zwei wichtige Arten von Zufallsvariablen, nämlich

1. die **diskreten** (oder diskontinuierlichen) **Zufallsvariablen** und

2. die **stetigen** (oder kontinuierlichen) **Zufallsvariablen**.

> **Definition:** Eine **diskrete Zufallsvariable X** liegt dann vor, wenn ihr Wertebereich nur endlich oder abzählbar unendlich viele Werte $x_1, x_2, \ldots, x_n$ annehmen kann.

Beispiele für eine diskrete Zufallsvariable X sind die fehlerhaften Stücke einer Warensendung, die Registrierung der Zahl der Kunden, die an einem Tag eine bestimmte Ware kaufen, oder die Erfassung der Maschinenausfälle in einem bestimmten Zeitraum.

> **Definition:** Eine **stetige Zufallsvariable X** liegt dann vor, wenn ihr Wertebereich jeden beliebigen Zahlenwert $x_i \in R_R$ eines vorgegebenen endlichen oder unendlichen Intervalls der reellen Zahlengeraden annehmen kann.

Beispiele für eine stetige Zufallsvariable X sind die Zerreißfestigkeit von Stoffen, Temperaturen, Bearbeitungszeiten, Körpergrößen usw., vorausgesetzt, die Meßgenauigkeit läßt sich beliebig verbessern.

13.2 Wahrscheinlichkeitsverteilungen

Will man eine Zufallsvariable X untersuchen, so genügt es nicht, die Werte zu kennen, die X bei den einzelnen Realisationen annehmen kann. Man muß auch wissen, wie oft, d.h. mit welcher Wahrscheinlichkeit, die Zufallsvariable X die einzelnen Realisationen x_i annimmt. Diese Wahrscheinlichkeiten hängen auch davon ab, ob es sich um eine diskrete oder eine stetige Zufallsvariable handelt. Um sie darzustellen, bedient man sich in der Wahrscheinlichkeitsrechnung des Begriffes der **Verteilungsfunktion** einer Zufallsvariablen.

13.2.1 Die Verteilungsfunktion F(x)

Für jede Zufallsvariable X ist $\{X \leq x\}$ ein Ereignis, dem sich eine Wahrscheinlichkeit zuordnen läßt.

> **Definition:** Die **Verteilungsfunktion F(x)** einer Zufallsvariablen X ist gegeben durch
>
> (13.1) $$F(x) = \text{Prob}\{X \leq x\}.$$

Sie gibt die Wahrscheinlichkeit dafür an, daß die Zufallsvariable X Realisationen annimmt, die kleiner oder gleich der reellen Zahl x sind. Dieser Begriffsbildung entspricht in der beschreibenden Statistik **die empirische Verteilungsfunktion**. Allerdings stellen die Funktionswerte **jetzt Wahrscheinlichkeiten dar und nicht relative Häufigkeiten** wie bei der empirischen Verteilungsfunktion.

Beispiel 13.4 (diskrete Zufallsvariable):

Eine ideale Münze werde dreimal geworfen. Man bestimme die Verteilungsfunktion der Zufallsvariablen

$$X = \{\text{Anzahl der geworfenen Wappen}\}.$$

Die Grundgesamtheit besteht aus acht Elementarereignissen. Somit wird jedem Elementarereignis nach Laplace die Wahrscheinlichkeit 1/8 zugeordnet. Man erhält

$$\begin{aligned}
A &= \{(Z,Z,Z)\} &&= \{X = 0\};\ \text{Prob}\{X = 0\} = 1/8,\\
B &= \{(Z,Z,W);\ (Z,W,Z);\ (W,Z,Z)\} &&= \{X = 1\};\ \text{Prob}\{X = 1\} = 3/8,\\
C &= \{(Z,W,W);\ (W,Z,W);\ (W,W,Z)\} &&= \{X = 2\};\ \text{Prob}\{X = 2\} = 3/8,\\
D &= \{W,W,W\} &&= \{X = 3\};\ \text{Prob}\{X = 3\} = 1/8.
\end{aligned}$$

Für die Funktionswerte der Verteilungsfunktion ergeben sich somit die Werte

$$F(-1) = 0;\ F(0) = 1/8;\ F(1) = 4/8;\ F(2) = 7/8;\ F(3) = 1;\ F(4) = 1.$$

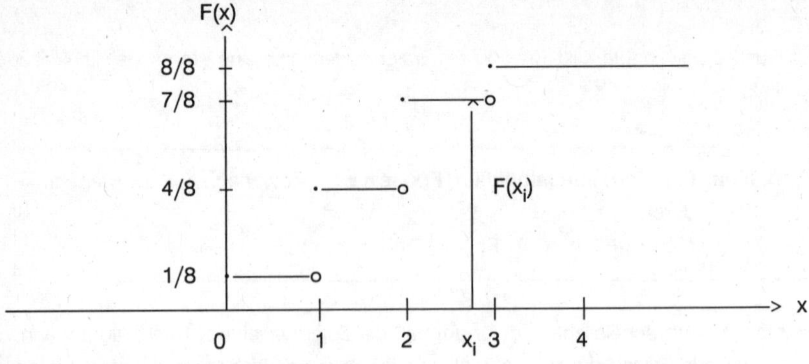

Abb. 13.1: Verteilungsfunktion einer diskreten Zufallsvariablen

Für eine diskrete Zufallsvariable X wird die Verteilungsfunktion F(x) graphisch durch eine Stufen- (Treppen-)funktion dargestellt. Man beachte, daß an den Sprungstellen der Funktionswert an der oberen Stufenkante gewählt werden muß.

Beispiel 13.5 (stetige Zufallsvariable):

In einem Supermarkt wurde die Abfertigungsdauer der Kunden an den Ladenkassen beobachtet. Die Zufallsvariable

$$X = \{\text{Abfertigungsdauer eines Kunden}\}$$

wurde dabei als stetig angenommen und ihre Realisierung in Sekunden gemessen. Die sich ergebende Verteilungsfunktion F(x) wird dann durch eine stetige Funktion dargestellt, deren Schaubild in Abb. 13.2 dargestellt ist.

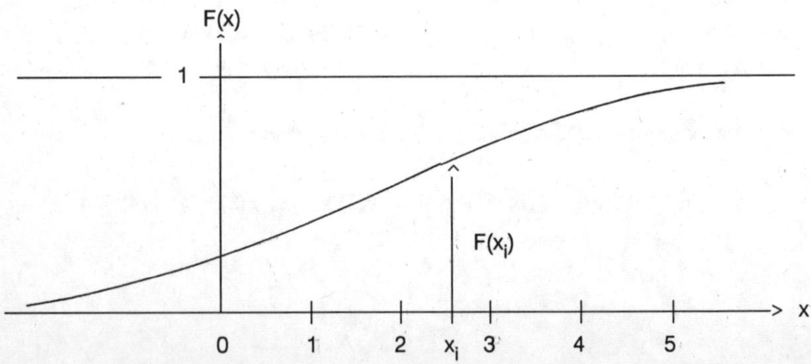

Abb. 13.2: Verteilungsfunktion einer stetigen Zufallsvariablen

Man kann eine Zufallsvariable auch mit Hilfe des Begriffes der Verteilungsfunktion definieren.

Definition: Die **Zufallsvariable X** ist eine Größe, deren Wert vom Zufall abhängt und für die eine **Verteilungsfunktion F(x)** mit

(13.1) $$F(x) = \text{Prob}\{X \leq x\}$$

existiert.

Aus der Definition der Wahrscheinlichkeit und der Verteilungsfunktion ergeben sich einige wichtige Eigenschaften, die später benötigt werden und hier ohne Beweis angegeben werden sollen.

1. Eigenschaft:

Für $x_1 < x_2$ gilt

(13.2) $$\text{Prob}\{x_1 < X \leq x_2\} = F(x_2) - F(x_1),$$

d.h. die Wahrscheinlichkeit dafür, daß die Zufallsvariable X einen Wert aus dem Intervall $(x_1,x_2]$ annimmt, ist gleich der Differenz der Funktionswerte der Verteilungsfunktion an den Endpunkten des Intervalles.

2. Eigenschaft:

Wenn $x_1 \leq x_2$ ist, dann gilt

(13.3) $$F(x_1) \leq F(x_2),$$

d.h. die Verteilungsfunktion F(x) einer Zufallsvariablen X ist stets eine **monoton nichtfallende** Funktion.

3. Eigenschaft:

Für beliebige x genügt die Verteilungsfunktion F(x) der Ungleichung

(13.4) $$0 \leq F(x) \leq 1.$$

4. Eigenschaft:

$$\lim_{x \to -\infty} F(x) = F(-\infty) = 0,$$ **unmögliches** Ereignis,

$$\lim_{x \to +\infty} F(x) = F(+\infty) = 1,$$ **sicheres** Ereignis.

13.2.2 Die Wahrscheinlichkeitsfunktion p(x)

Im folgenden werden **nur diskrete Zufallsvariable X** betrachtet, die endlich oder abzählbar unendlich viele verschiedene Werte $x_1, x_2, \ldots, x_n, \ldots$ annehmen können. Die Wahrscheinlichkeiten, mit denen diese Werte angenommen werden, sollen mit $p_1, p_2, \ldots, p_n, \ldots$ [oder $p(x_1), p(x_2), \ldots, p(x_n), \ldots$] bezeichnet werden.

Es gilt dann

$$\text{Prob}\{X = x_i\} = p_i, \quad i = 1,2,\ldots,n,\ldots .$$

Definition: Nimmt die **diskrete Zufallsvariable X** den Wert x_i mit der Wahrscheinlichkeit p_i an, dann bezeichnet man die Beziehung

(13.5) $$\text{Prob}\{X = x_i\} = p_i$$

als die **Wahrscheinlichkeitsfunktion** p_i [oder $p(x_i)$] der diskreten Zufallsvariablen X.

Die Wahrscheinlichkeitsfunktion hat folgende Eigenschaften:

1. Sind die Realisierungen einer diskreten Zufallsvariablen **unabhängige Zufallsereignisse**, dann gelten die Beziehungen

(13.6) $$\text{Prob}\{X = x_k \ \underline{\text{oder}}\ X = x_j\} = p_k + p_j$$

(13.7) $$\text{Prob}\{X = x_k \ \underline{\text{und}}\ X = x_j\} = p_k \cdot p_j$$

für $x_k, x_j \in R_X$, mit $k \neq j$.

2. Es gilt

(13.8) $$\sum_i p_i = 1,$$

d.h. die diskrete Zufallsvariable X nimmt mit Sicherheit eine Realisierung an.

Die graphische Darstellung der Wahrscheinlichkeitsfunktion erfolgt durch ein Stabdiagramm (vgl. Abb. 13.3).

Beispiel 13.6:

Es soll die Wahrscheinlichkeitsfunktion der diskreten Zufallsvariablen

$$X = \{\text{Anzahl der Wappen, beim dreimaligen Werfen einer idealen Münze}\}$$

dargestellt werden. Man kann die Wahrscheinlichkeiten für die Werte x_i in einer Tabelle wie folgt darstellen:

a) allgemein:

$X = x_i$	x_1	x_2	x_3	. . . .	x_n	. . . .
$\text{Prob}\{X = x_i\} = p_i$	p_1	p_2	p_3	. . . .	p_n	. . . .

b) speziell:

$X = x_i$	0	1	2	3
$\text{Prob}\{X = x_i\} = p_i$	1/8	3/8	3/8	1/8

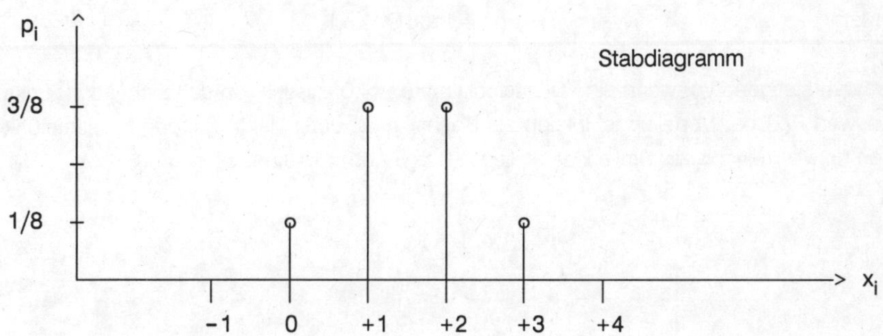

Abb. 13.3: Wahrscheinlichkeitsfunktion einer diskreten Zufallsvariablen

Zwischen der Wahrscheinlichkeitsfunktion p_i und der Verteilungsfunktion F(x) einer diskreten Zufallsvariablen besteht der folgende Zusammenhang

(13.9) $$F(x) = \text{Prob}\{X \le x\} = \sum_{x_i \le x} \text{Prob}\{X = x_i\} = \sum_{x_i \le x} p_i.$$

Kann eine diskrete Zufallsvariable nur die endlich vielen Werte $x_1, x_2, \ldots, x_n$ annehmen, dann gilt für die Verteilungsfunktion

$$F(x) = \text{Prob}\{X \leq x\} = \sum_{x_i \leq x} \text{Prob}\{X = x_i\} = \begin{cases} 0 & \text{für } x < x_1, \\ \sum_{i=1}^{k} p_i & \text{für } x_k \leq x < x_{k+1}, \\ & (k = 1,2,\ldots,n-1) \\ 1 & \text{für } x \geq x_n. \end{cases}$$

13.2.3 Die Wahrscheinlichkeitsdichte oder Dichtefunktion f(x)

Als Gegenstück zur Wahrscheinlichkeitsfunktion wird für **stetige Zufallsvariable** die **Wahrscheinlichkeitsdichte** [oder kurz **Dichtefunktion**] **f(x)** eingeführt.

Der Wertebereich R_X einer stetigen Zufallsvariablen X besteht aus allen reellen Zahlen eines vorgegebenen Intervalls

$$a \leq x \leq b,$$

wobei a auch gleich $-\infty$ und b gleich $+\infty$ sein können. Man sagt, eine Verteilungsfunktion

(13.1) $$F(x) = \text{Prob}\{X \leq x\}$$

ist vom stetigen Typ, wenn eine Dichtefunktion $f(x) \geq 0$ existiert, so daß sich jeder Funktionswert F(x) der Verteilungsfunktion als Flächeninhalt unter der zugehörigen Dichtefunktion f(x) von $-\infty$ bis zur Stelle x darstellen läßt (vgl. Abb. 13.4a und b).

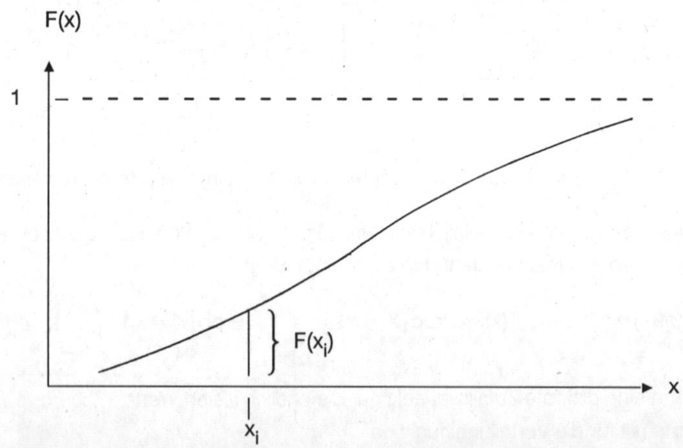

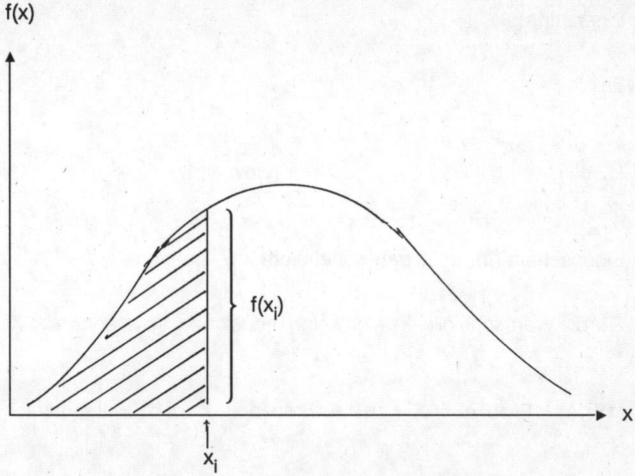

Abb. 13.4b: Verteilungsfunktion einer stetigen Zufallvariablen

Diese Darstellung von F(x) als Flächeninhalt läßt sich mit Hilfe der Integralrechnung wie folgt darstellen

(13.10) $$F(x) = \int_{-\infty}^{x} f(y)dy.$$

Die Dichtefunktion f(x) und die stetige Verteilungsfunktion F(x) besitzen folgende Eigenschaften:

1. Eigenschaft:

   Falls F(x) eine **differenzierbare Funktion** ist, gilt

   (13.11) $$f(x) = \frac{d}{dx} F(x) = F'(x).$$

   Dies bedeutet graphisch, daß die Dichtefunktion in einem Punkt x_i die Steigung der Verteilungsfunktion im gleichen Punkt angibt.

2. Eigenschaft:

   Da F(x) eine im Intervall [0,1] **monoton nicht-fallende stetige Funktion** ist, gilt

   (13.12) $$f(x) \geq 0.$$

3. Eigenschaft:

Es gilt

(13.13)
$$\int_{-\infty}^{\infty} f(y)dy = 1.$$

4. Eigenschaft: (**Intervallwahrscheinlichkeit**)

Für die Wahrscheinlichkeit, daß eine Realisierung im Intervall $a < X \leq b$ liegt, gilt

(13.14)
$$\text{Prob}\{a < X \leq b\} = \text{Prob}\{a \leq X \leq b\} = \int_{a}^{b} f(y)dy$$

$$= \int_{-\infty}^{b} f(y)dy - \int_{-\infty}^{a} f(y)dy = F(b) - F(a),$$

d.h. die Wahrscheinlichkeit ist gleich dem Flächeninhalt zwischen der Kurve $y = f(x)$ und der Abszissenachse, die durch die Geraden $x = a$ und $x = b$ begrenzt wird (vgl. Abb. 13.5).

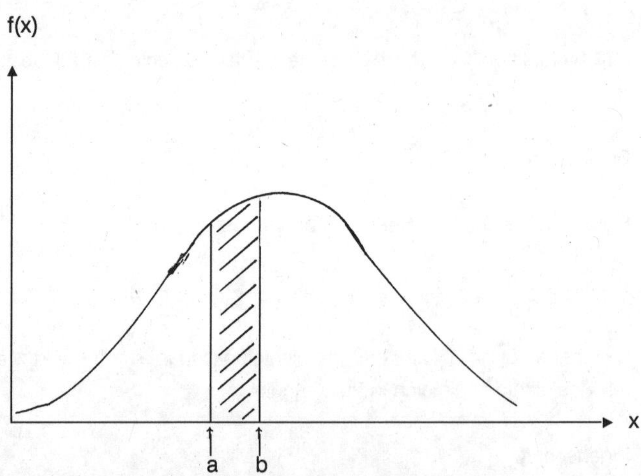

Abb. 13.5: Zur Intervallwahrscheinlichkeit $\text{Prob}\{a \leq X \leq b\}$

5. Eigenschaft: (**Punktwahrscheinlichkeit**)

Es ist

$$(13.15)\quad \text{Prob}\{X = a\} = \text{Prob}\{a \le X \le a\} = \int_a^a f(y)dy = F(a) - F(a) = 0,$$

d.h. bei einer stetigen Verteilungsfunktion wird dem einzelnen Ereignis X = a die Wahrscheinlichkeit Null zugeordnet. Dies bedeutet jedoch nicht, daß das Ereignis X = a ein **unmögliches Ereignis** ist. Bei stetigen Zufallsvariablen ist daher immer nur die Angabe von Wahrscheinlichkeiten für endliche Intervalle von Realisierungen sinnvoll.

Beispiel 13.7:

Die stetige Zufallsvariable X sei die in Minuten gemessene Verspätung einer Straßenbahn an einer bestimmten Haltestelle und habe die folgende Dichtefunktion

$$f(x) = \begin{cases} \frac{1}{2} - \frac{1}{8}x & \text{für } 0 \le x \le 4, \\ 0 & \text{für alle übrigen x.} \end{cases}$$

1. Zunächst soll gezeigt werden, daß f(x) eine Dichtefunktion ist.
   Es gilt

   a) $f(x) \ge 0$ für alle x,

   b) $\int_{-\infty}^{+\infty} f(x)dx = \int_{-\infty}^{+\infty} \left(\frac{1}{2} - \frac{1}{8}x\right) dx = \left[\frac{1}{2}x - \frac{1}{16}x^2\right]_0^4 = 2 - 1 = 1.$

2. Die Wahrscheinlichkeit, daß X einen Wert zwischen 1 und 2 annimmt, beträgt beispielsweise

$$\text{Prob}\{1 \le X \le 2\} = \int_1^2 f(x)dx = \int_1^2 \left(\frac{1}{2} - \frac{1}{8}x\right) dx$$

$$= \left[\frac{1}{2}x - \frac{1}{16}x^2\right]_1^2 = 1 - \frac{4}{16} - \left(\frac{1}{2} - \frac{1}{16}\right) = \frac{5}{16} = 0{,}3125.$$

3. Die Verteilungsfunktion F(x) erhält man zu

$$F(x) = \int_{-\infty}^{x} f(v)dv = \int_{0}^{x} \left(\frac{1}{2} - \frac{1}{8} v\right) dv = \left[\frac{1}{2} v - \frac{1}{16} v^2\right]_0^x$$

$$= \frac{1}{2} x - \frac{1}{16} x^2.$$

Es ist also

$$F(x) = \begin{cases} 0 & \text{für } x < 0, \\ \frac{1}{2} x - \frac{1}{16} x^2 & \text{für } 0 \leq x \leq 4, \\ 1 & \text{für } x > 4. \end{cases}$$

Die gesuchte Wahrscheinlichkeit Prob$\{1 \leq x \leq 2\}$ findet man auch unter Verwendung der Verteilungsfunktion zu

$$\text{Prob}\{1 \leq x \leq 2\} = F(2) - F(1) = 0{,}75 - 0{,}4375 = 0{,}3125.$$

13.3 Momente von Wahrscheinlichkeitsverteilungen

Man kann die Wahrscheinlichkeiten der einzelnen Realisationen x einer Zufallsvariablen X quantitativ vollständig beschreiben durch die Angabe der Wahrscheinlichkeits-, und Verteilungsfunktion im diskreten bzw. durch die Angabe der Dichte- und Verteilungsfunktion im stetigen Fall. Damit verfügt man aber über weit mehr Information als zur praktischen Lösung von statistischen Problemen oft benötigt wird. Man versucht daher, die wichtigsten Eigenschaften einer Wahrscheinlichkeitsverteilung durch einige wenige Maßzahlen (Parameter) auszudrücken.

Beispiel 13.8:

Die Anzahl der von einem Händler verkauften Exemplare einer Tageszeitung wird durch die Zufallsvariable X beschrieben. Die täglichen Absatzmengen x_i stellen die Realisationen dieser Zufallsvariablen dar. Allerdings wird der Zeitungshändler nicht so sehr an den Werten der einzelnen Realisationen x_i interessiert sein. Für seine Einkaufsentscheidung ist die durchschnittliche Anzahl der in einem bestimmten Zeitraum verkauften Exemplare (etwa in einem Monat) wichtiger.

Beispiel 13.9:

Bei einem Glücksspiel interessiert die Bestimmung des fairen Wetteinsatzes. Angenommen, ein Bankhalter verpflichtet sich, denjenigen Geldbetrag auszuzahlen, der durch die Augenzahl eines vom Spieler geworfenen Würfels bestimmt wird. Um den fairen Wetteinsatz zu bestimmen, fragt man zunächst, welchen Betrag der Bankhalter im Durchschnitt pro Spiel auszuzahlen hat. Diesen Wert wird man als fairen Wetteinsatz für das Spiel ansehen. Natürlich wird der Bankhalter noch einen Zuschlag zu diesem fairen Wetteinsatz verlangen, um einen Gewinn zu erzielen. Dieser Gewinn wird jedoch im Mittel erst "auf lange Sicht" verwirklicht, d.h. nach einer hinreichend großen Zahl von durchgeführten Spielen.

13.3.1 Der Erwartungswert

Diese Idee der "durchschnittlichen Zahlung auf lange Sicht" kann mittels des arithmetischen Mittels und der Häufigkeitsdefinition der Wahrscheinlichkeit präzisiert werden.

Mit den n Realisierungen eines Zufallsexperimentes seien Zahlungen verbunden, die die Werte $x_1, x_2, \ldots, x_n$ (k < n) annehmen können. Die n Realisierungen bilden eine endliche Grundgesamtheit mit den Merkmalsausprägungen x_i. Die beobachteten Realisierungen können in der folgenden Tabellenform dargestellt werden:

Merkmals-ausprägung	absolute Häufigkeit	relative Häufigleit
x_1	n_1	$h(x_1)$
x_2	n_2	$h(x_2)$
.	.	.
.	.	.
.	.	.
.	.	.
x_k	n_k	$h(x_k)$
Summe	n	1

Das arithmetische Mittel der Zahlungen ergibt sich zu

$$\bar{x}(n) = \frac{1}{n}\,(n_1x_1 + n_2x_2 + \ldots + n_kx_k)$$

$$= h(x_1)x_1 + h(x_2)x_2 + \ldots + h(x_k)x_k = \sum_{i=1}^{k} h(x_i)x_i.$$

Wendet man die Häufigkeitsdefinition der Wahrscheinlichkeit

$$\lim_{n \to \infty} \frac{n_i}{n} = \lim_{n \to \infty} h(x_i) = p_i$$

auf $\bar{x}(n)$ an, dann erhält man

$$\lim_{n \to \infty} \bar{x}(n) = \lim_{n \to \infty} \sum_{i=1}^{k} x_i \cdot h(x_i) = \sum_{i=1}^{k} x_i \cdot \lim_{n \to \infty} h(x_i) = \sum_{i=1}^{k} x_i \cdot p_i .$$

Dieser Grenzwert gibt Anlaß, den Erwartungswert einer diskreten Zufallsvariablen, der mit dem Symbol E{X} oder μ_X bezeichnet wird, wie folgt zu definieren

Definition: Es sei X eine **diskrete Zufallsvariable** mit den k Merkmalsausprägungen x_i, $i = 1,2,....,k$. Der **Erwartungswert E{X}** dieser Zufallsvariablen wird definiert als

$$(13.16) \quad E\{X\} = \mu_X = \sum_{i=1}^{k} x_i \cdot \text{Prob}\{X = x_i\} = \sum_{i=1}^{k} x_i \cdot p_i .$$

In der beschreibenden Statistik wurde das arithmetische Mittel $\bar{x}$ einer Häufigkeitsverteilung mittels der relativen Häufigkeit $h(x_i)$ der Realisierung x_i berechnet. Jetzt tritt an die Stelle der relativen Häufigkeit die Wahrscheinlichkeit p_i der Realisation x_i. Dies bedeutet, daß durch das Rechnen mit Durchschnitten ein stochastisches Problem wie ein deterministisches behandelt wird, wobei anstatt der gesamten Wahrscheinlichkeitsverteilung nur ihr Erwartungswert in der Rechnung berücksichtigt wird.

Beispiel 13.10:

Bei einem Würfelspiel wird die vom Spieler gewürfelte Augenzahl als Gewinn ausgezahlt, höchstens jedoch 4 Geldeinheiten. Wie groß ist der Erwartungswert der ausgesetzten Gewinnsumme? Die Zufallsvariable sei X = {ausgezahlte Gewinnsumme}. Ihr Definitionsbereich ergibt sich aus der Menge G der Elementarereignisse und Ihr Wertebereich R_X durch die folgende Zuordnungsvorschrift

$G \longrightarrow x_i \in R_X$	p_i	$x_i p_i$
(1) $\longrightarrow$ 1	1/6	1/6
(2) $\longrightarrow$ 2	1/6	2/6
(3) $\longrightarrow$ 3	1/6	3/6
(4),(5),(6) $\longrightarrow$ 4	3/6	12/6
Summe	1	18/6 = 3

Somit $$E\{X\} = \mu_X = \sum_{i=1}^{4} x_i \cdot p_i = 3,$$

d.h. "auf lange Sicht" werden bei diesem Würfelspiel im Durchschnitt 3 Geldeinheiten pro Spiel als Gewinnsumme ausgezahlt.

Ist die Zufallsvariable X **stetig**, dann wird zur Definition des Erwartungswertes die **Dichtefunktion** verwendet. An die Stelle der Summe tritt das Integral und man erhält

Definition: Es sei X eine **stetige** Zufallsvariable, deren Wahrscheinlichkeitsverteilung eine Dichtefunktion f(x) besitzt.
Der **Erwartungswert E{X}** dieser Zufallsvariablen wird definiert als

(13.17) $$E\{X\} = \mu_X = \int_{-\infty}^{+\infty} x \cdot f(x)dx.$$

Beispiel 13.7:

Wenn die Realisationen der Zufallsvariablen X nur aus dem endlichen Intervall (a,b) stammen können, erstreckt sich die Integration auch nur über dieses Intervall, d.h.

$$E\{X\} = \mu_X = \int_a^b x \cdot f(x)dx = \int_{x_u}^{x_0} x \cdot f(x)dx = \int_0^4 x \cdot \left[\frac{1}{2} - \frac{1}{8}x\right] dx$$

$$= \int_0^4 \left(\frac{1}{2} \cdot x - \frac{1}{8} \cdot x^2\right) dx = \left[\frac{1}{4} \cdot x^2 - \frac{1}{24} \cdot x^3\right]_0^4$$

$$= (4 - 2\tfrac{2}{3}) - 0 = 1\tfrac{1}{3} \text{ [Min]}.$$

Im Mittel beträgt die Verspätung der Straßenbahn 1,33 Minuten.

13.3.2 Die Varianz

Der Erwartungswert allein reicht oft nicht aus, um die Eigenschaften einer Wahrscheinlichkeitsverteilung zu beschreiben. Ein weiterer wichtiger Parameter ist die Streuung der Werte der Realisierungen um den Erwartungswert. Während der Erwartungswert das mittlere Niveau der von einer Zufallsvariablen angenommenen Realisierungswerte kennzeichnet, charakterisiert die Varianz die Streuung der einzelnen Werte um den Mittelwert der Wahrscheinlichkeitsverteilung. Man definiert die **Varianz** als den Erwartungswert des Abweichungsquadrates der Zufallsvariablen von ihrem Erwartungswert. Man spricht daher auch von der **mittleren quadratischen Abweichung** oder **Dispersion** und bezeichnet sie mit den Symbolen Var{X}, $D^2(X)$ oder σ_X^2.

Definition: Es sei X eine Zufallsvariable. Ihre **Varianz** wird definiert als

(13.18) $$\mathrm{Var}\{X\} = \sigma_X^2 = E\left\{[X - E\{X\}]^2\right\}$$

$$= \begin{cases} \sum_{i=1}^{k} (x_i - \mu)^2 \cdot p_i, & \textbf{falls X diskret,} \\ \int_{-\infty}^{+\infty} (x - \mu)^2 \cdot f(x)dx, & \textbf{falls X stetig.} \end{cases}$$

Die numerische Berechnung der Varianz σ^2 wird oft durch den **Streuungsverschiebungssatz** erleichtert. Dieser besagt

(13.19) $$\mathrm{Var}\{X\} = \sigma_X^2 = E\left\{[X - E\{X\}]^2\right\} = E\{X^2\} - \mu^2$$

$$= \begin{cases} \sum_{i=1}^{k} x_i^2 \cdot p_i - \mu^2, & \textbf{falls X diskret,} \\ \int_{-\infty}^{+\infty} x^2 \cdot f(x)dx - \mu^2, & \textbf{falls X stetig.} \end{cases}$$

Dieser Streuungsverschiebungssatz läßt sich leicht beweisen, es gilt nämlich

$$\mathrm{Var}\{X\} = \sigma_X^2 = E\left\{[X - E\{X\}]^2\right\} = E\left\{X^2 - 2X \cdot E\{X\} + [E\{X\}]^2\right\}$$

$$= E\{X^2\} - 2[E\{X\}]^2 + [E\{X\}]^2$$

(13.20) $$= E\{X^2\} - \mu^2 .$$

Bei vielen Problemen besitzt die positive Quadratwurzel aus der Varianz,

$$+\sqrt{\sigma_X^2} = \sigma_X,$$

eine größere Bedeutung. Man bezeichnet sie als **Standardabweichung**.

Beispiel 13.12:

a) diskrete Zufallsvariable

Für das Würfelspiel aus Beispiel 13.10 soll die Varianz bestimmt werden. Man erhält

$$\textbf{1.}\quad \sum_{i=1}^{4} (x_i - \mu)^2 \cdot p_i = \sum_{i=1}^{4} (x_i - 3)^2 \cdot p_i$$

$$= (1-3)^2 \cdot 1/6 + (2-3)^2 \cdot 1/6 + (3-3)^2 \cdot 1/6 + (4-3)^2 \cdot 3/6$$

$$= 4/6 + 1/6 + 0 + 3/6 = 1\tfrac{1}{3}.$$

$$\textbf{2.}\quad \sum_{i=1}^{4} x_i^2 \cdot p_i - \mu^2 = 1/6 + 4/6 + 9/6 + 48/6 - 9$$

$$= 10\tfrac{1}{3} - 9 = 1\tfrac{1}{3}.$$

b) stetige Zufallsvariable

Für die Zufallsvariable X des Beispieles 13.7 soll die Varianz bestimmt werden. Man erhält

$$\textbf{1. Var\{X\}} = \int_{x_u}^{x_o} (x - \mu)^2 \cdot f(x)dx = \int_0^4 \left(x - \frac{4}{3}\right)^2 \cdot \left(\frac{1}{2} - \frac{1}{8}\,x\right)dx$$

$$= \int_0^4 \left(x^2 - \frac{8}{3}\,x + \frac{16}{9}\right) \cdot \left(\frac{1}{2} - \frac{1}{8}\,x\right)dx$$

$$= \int_0^4 \left(-\frac{1}{8}\,x^3 + \frac{5}{6}\,x^2 - \frac{14}{9}\,x + \frac{8}{9}\right)dx$$

$$= \left[-\frac{1}{32}\,x^4 + \frac{5}{18}\,x^3 - \frac{7}{9}\,x^2 + \frac{8}{9}\,x\right]_0^4$$

$$= -\frac{256}{32} + \frac{320}{18} - \frac{112}{9} + \frac{32}{9} = -\frac{256}{32} + \frac{80}{9}$$

$$= \frac{-\ 2\,304 + 2\,560}{288} = \frac{256}{288} = \frac{8}{9}\ .$$

$$2.\ \mathbf{Var\{X\}} = \int_{x_u}^{x_o} x^2 \cdot f(x)dx - \mu^2 = \int_0^4 x^2 \left(\frac{1}{2} - \frac{1}{8}x\right)dx - \left(\frac{4}{3}\right)^2$$

$$= \int_0^4 \left(\frac{1}{2}x^2 - \frac{1}{8}x^3\right)dx - \left(\frac{4}{3}\right)^2 = \left[\frac{1}{6}x^3 - \frac{1}{32}x^4\right]_0^4 - \left(\frac{4}{3}\right)^2$$

$$= 10\tfrac{2}{3} - 8 - 1\tfrac{7}{9} = \frac{8}{9}\ [\text{Minuten}^2].$$

13.3.3 Das Konzept der Momente von Wahrscheinlichkeitsverteilungen

Wie in der deskriptiven Statistik bei der Darstellung von empirischen Häufigkeitsverteilungen kann man auch in der Wahrscheinlichkeitsrechnung den **Erwartungswert** und die **Varianz** einer Zufallsvariablen als **spezielle Momente** dieser Zufallsvariablen auffassen. Um eine deutliche Abgrenzung gegenüber den Momenten der empirischen Häufigkeitsverteilungen zu besitzen, benutzt man in der Wahrscheinlichkeitsrechnung griechische Buchstaben zur Kennzeichnung der Momente, die in der Wahrscheinlichkeitsrechnung und der mathematischen Statistik eine große Bedeutung besitzen. Man kann nämlich die Form der Wahrscheinlichkeitsverteilung durch die Angabe einiger spezieller Momente hinreichend genau beschreiben.

Betrachtet man die **Potenzfunktion** der Zufallsvariablen X, die von der Form

$$Y = (X - a)^k, \qquad k = 1,2,\ldots.$$

sind, wobei a eine beliebige Konstante darstellt, dann bezeichnet man den Erwartungswert dieser neuen Zufallsvariable Y

$$E\{Y\} = E\{(X - a)^k\}$$

als **Moment**.

Definition: Das **k-te Moment** einer Zufallsvariablen X in Bezug auf die Konstante a ist der Erwartungswert

(13.21) $$E\{Y\} = E\{(X - a)^k\} = \begin{cases} \sum\limits_i (x_i - a)^k \cdot p_i, & \textbf{falls X diskret,} \\ \int\limits_{-\infty}^{+\infty} (x - a)^k \cdot f(x)dx, & \textbf{falls X stetig.} \end{cases}$$

Analog der Darstellung in der deskriptiven Statistik unterscheidet man zwei Spezialfälle, je nachdem, welchen Wert die Konstante a annimmt.

Falls $a = 0$ ist, spricht man von einem **gewöhnlichen Moment k-ter Ordnung**, μ_k', und definiert

Definition: Das **gewöhnliche Moment k-ter Ordnung der Zufallsvariable X** lautet

(13.22) $$E\{X^k\} = \mu_k' = \begin{cases} \sum\limits_i x_i^k \cdot p_i, & \textbf{falls X diskret,} \\ \int\limits_{-\infty}^{+\infty} x^k \cdot f(x)dx, & \textbf{falls X stetig.} \end{cases}$$

Das gewöhnliche Moment k-ter Ordnung kann somit als gewogenes arithmetisches Mittel der k-ten Potenzen der Realisierungen der Zufallsvariablen X aufgefaßt werden. Man erkennt sofort, daß der Erwartungswert das gewöhnliche Moment 1-ter Ordnung ist, d.h.

$$E\{X\} = \mu_1' = \mu.$$

Diese gewöhnlichen Momente reichen aber oft noch nicht aus, um die Eigenschaften einer Wahrscheinlichkeitsverteilung hinreichend genau darzustellen. Man definiert daher auch noch gewogene arithmetische Mittel, die sich auf das gewöhnliche Moment erster Ordnung, den Erwartungswert, beziehen. Diese Momente, bei denen die Konstante a den Wert

$$a = \mu_1' = E\{X\} = \mu$$

annimmt, bezeichnet man als **zentrale Momente k-ter Ordnung** μ_k.

Definition: Das **zentrale Moment k-ter Ordnung der Zufallsvariablen X** lautet

(13.23) $$E\{[X - E\{X\}]^k\} = \mu_k = \begin{cases} \sum_i (x_i - \mu)^k \cdot p_i, & \textbf{falls X diskret,} \\ \int_{-\infty}^{+\infty} (x - \mu)^k \cdot f(x)dx, & \textbf{falls X stetig.} \end{cases}$$

Man erkennt, daß das zentrale Moment 2-ter Ordnung die Varianz der Zufallsvariablen X darstellt, d.h.

$$Var\{X\} = \mu_2 = \sigma^2.$$

Wie in der deskriptiven Statistik dienen die zentralen Momente dritter Ordnung, μ_3, zur Darstellung der **Asymmetrie** (Schiefe) einer Wahrscheinlichkeitsverteilung. Die zentralen Momente vierter Ordnung, μ_4, stellen ein approximatives Maß zur Beurteilung der Abflachung der Kurve der Dichtefunktion f(x) dar. Die zentralen Momente μ_k lassen sich aus den gewöhnlichen Momenten μ_k' berechnen, wodurch ihre praktische numerische Berechnung oft wesentlich erleichtert wird. Von besonderer Bedeutung ist dabei die Beziehung

(13.24) $$\mu_2 = \mu_2' - (\mu_1')^2,$$

die früher bereits als sog. **Verschiebungssatz** in der Form

(13.20) $$Var\{X\} = \sigma^2 = E\{X^2\} - \mu^2$$

angegeben wurde.

13.4 Zweidimensionale Wahrscheinlichkeitsverteilungen

Bisher wurden Probleme mit nur einer Zufallsvariablen behandelt. In der Praxis sind allerdings Probleme, bei denen zwei und mehr Zufallsvariable gleichzeitig betrachtet werden müssen, wesentlich häufiger, etwa das gleichzeitige Würfeln mit zwei Würfeln oder die Bestimmung von Körpergröße und -umfang einer Person zur Feststellung der Konfektionsgröße.

Um eine Theorie für mehrere Zufallsvariable zu entwickeln, kann man sich vorstellen,

a) daß man in einer konkreten Situation mehrere Beobachtungen anstellt und somit Merkmalswerte von mehreren Zufallsvariablen erhält, oder

b) daß man dem Ergebnis eines Zufallsexperimentes ein Zahlenpaar oder ein Zahlen n-tupel zuordnet.

Die Realisierungen eines solchen Systems von mehreren Zufallsvariablen lassen sich als Punkte in einem euklidischen Raum darstellen, dessen Dimension gleich der Anzahl der Zufallsvariablen ist. Man spricht daher von einer mehrdimensionalen Zufallsvariablen.

Im folgenden wollen wir uns auf die Untersuchung der Wahrscheinlichkeitsverteilungen von zweidimensionalen Zufallsvariablen beschränken.

13.4.1 Wahrscheinlichkeitsverteilungen

Bei der Untersuchung zweidimensionaler Zufallsvariablen unterscheidet man wieder zwischen **diskreten** und **stetigen** Variablen, deren Definition eine unmittelbare Verallgemeinerung der Definition der eindimensionalen Zufallsvariablen X darstellt. Man sagt, die zweidimensionale Zufallsvariable (X,Y) sei **diskret**, wenn die einzelnen Zufallsvariablen X und Y beide diskrete Zufallsvariable sind. Sind dagegen die beiden Zufallsvariablen X und Y beide stetig, so ist auch die zweidimensionale Zufallsvariable (X,Y) **stetig**. Bei praktischen Problemen findet man häufig auch **gemischte Zufallsvariable**, bei denen eine Variable stetig und die andere diskret ist.

Als Wahrscheinlichkeitsfunktion der **diskreten** zweidimensionalen Zufallsvariablen (X,Y) bezeichnet man die Funktion, die die Wahrscheinlichkeit angibt, daß die Zufallsvariable einen bestimmten Wert (x_i,y_j) mit der Wahrscheinlichkeit p_{ij} annimmt, d.h.

(13.25) $$\text{Prob}\{X = x_i \ \underline{\textbf{und}}\ Y = y_j\} = p(x_i,y_j) = p_{ij}.$$

Für jede zweidimensionale diskrete Zufallsvariable gilt die Beziehung

$$\sum_i \sum_j p_{ij} = 1,$$

wobei über alle möglichen Realisierungen x_i und y_j summiert wird.

Bei zweidimensionalen Zufallsvariablen lassen sich, analog zur beschreibenden Statistik, verschiedene Arten von Wahrscheinlichkeitsverteilungen angeben, nämlich

(i) die **gemeinsame Verteilung F(x,y)**,
(ii) die **Randverteilung $F_X(y)$ oder $F_Y(x)$** und
(iii) die **bedingten Verteilungen f(x| y) oder f(y| x).**

(i) Die **gemeinsame Verteilungsfunktion F(x,y)** einer stetigen oder diskreten zweidimensionalen Zufallsvariablen (X,Y) gibt die Wahrscheinlichkeit an, daß **sowohl** $X \leq x$ **als auch** $Y \leq y$ ist, d.h.

(13.26) $$F(x,y) = \text{Prob}\{X \leq x \ \underline{\textbf{und}}\ Y \leq y\}.$$

Für diese Verteilungsfunktion gelten folgende Eigenschaften:

$$0 \leq F(x,y) \leq 1, \lim_{\substack{x \to +\infty \\ y \to +\infty}} F(x,y) = 1, \text{ sowie } \lim_{y \to -\infty} F(x,y) = \lim_{x \to -\infty} F(x,y) = 0.$$

Die Wahrscheinlichkeit, daß die zweidimensionale Zufallsvariable (X,Y) im Intervall $(x_1 < X \leq x_2; y_1 < Y \leq y_2)$ liegt, läßt sich wie folgt berechnen (vgl. Abb. 13.6)

$$\text{Prob}\{x_1 < X \leq x_2; y_1 < Y \leq y_2\} =$$

$$= \text{Prob}\{X \leq x_2; Y \leq y_2\} - \text{Prob}\{X \leq x_2; Y \leq y_1\} -$$

$$- \text{Prob}\{X \leq x_1; Y \leq y_2\} + \text{Prob}\{X \leq x_1; Y \leq y_1\}$$

$$= F(x_2,y_2) - F(x_2,y_1) - F(x_1,y_2) + F(x_1,y_1).$$

Für eine diskrete Zufallsvariable (X,Y) ergibt sich die gemeinsame Verteilungsfunktion zu

$$F(x,y) = \sum_{i=-\infty}^{x} \sum_{j=-\infty}^{y} p_{ij}.$$

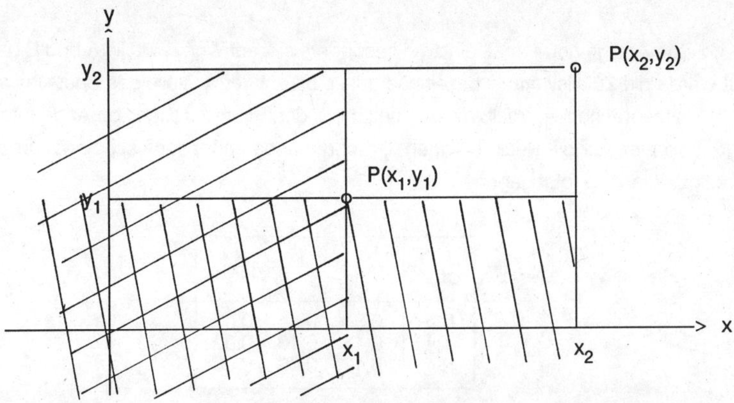

Abb. 13.6: Intervallwahrscheinlichkeit einer zweidimensionalen Zufallsvariablen

Existiert in allen Punkten (x,y) des zweidimensionalen euklidischen Raumes der Grenzwert

$$\lim_{\substack{\Delta x \to 0 \\ \Delta y \to 0}} \frac{\text{Prob}\{x < X \leq x + \Delta x;\ y < Y \leq y + \Delta y\}}{\Delta x \cdot \Delta y} = \frac{\partial^2 F(x,y)}{\partial x \partial y} = f(x,y) \geq 0,$$

so heißt die zweidimensionale Zufallsvariable (X,Y) **stetig**. Die Funktion f(x,y) nennt man die Dichtefunktion der zweidimensionalen stetigen Zufallsvariablen (X,Y). Es gelten die folgenden beiden Beziehungen

$$(13.28) \qquad \int_{-\infty}^{+\infty} \int_{-\infty}^{+\infty} f(x,y)dxdy = 1 \quad \text{und} \quad F(x,y) = \int_{-\infty}^{y} \int_{-\infty}^{x} f(u,v)dvdu.$$

Können die **stetigen** Zufallsvariablen X und Y Realisationen in den Intervallen $[x_1,x_2]$ und $[y_1,y_2]$ annehmen, so ergibt sich die Wahrscheinlichkeit, daß $x_1 \leq X \leq x_2$ und $y_1 \leq Y \leq y_2$ ist, zu

$$\text{Prob}\{x_1 < X \leq x_2; y_1 < Y \leq y_2\} = \text{Prob}\{x_1 \leq X \leq x_2; y_1 \leq Y \leq y_2\}$$

$$(13.29) \qquad = \int_{x_1}^{x_2} \int_{y_1}^{y_2} f(u,v)dvdu.$$

Beispiel 13.13:

Es wird eine Anlage betrachtet, die zwei besonders störanfällige Bauteile A und B besitzt. Mit X werde die Zufallsvariable bezeichnet, die die Zahl der Ausfälle des Bauteiles A und mit Y die entsprechende Zufallsvariable bezüglich des Bauteiles B angibt. Angenommen, X und Y können nur die Realisierungen 0, 1 und 2 annehmen, dann sei die Wahrscheinlichkeitsfunktion wie folgt gegeben

X \ Y	0	1	2
0	0,30	0,14	0,02
1	0,18	0,10	0,02
2	0,12	0,06	0,06

Die gemeinsame Wahrscheinlichkeitsfunktion

$$\text{Prob}\{X = x_i \textbf{ und } Y = y_j\} = p(x_i,y_j) = p_{ij}$$

lautet beispielsweise

$$\text{Prob}\{X = 1 \textbf{ und } Y = 0\} = p(1,0) = 0{,}18.$$

Die gemeinsame Verteilungsfunktion ist definiert als

$$F(x,y) = \sum_{i=1}^{x} \sum_{j=1}^{y} p_{ij}.$$

Ihre Werte sind in dem folgenden Tableau dargestellt

X \ Y	0	1	2
0	0,30	0,44	0,46
1	0,48	0,72	0,76
2	0,60	0,90	1,00

Zwischen der gemeinsamen Verteilungsfunktion und der gemeinsamen Wahrscheinlichkeitsfunktion gilt die rekursive Beziehung

$$F(x_i,y_j) = F(x_i,y_{j-1}) + F(x_{i-1},y_j) - F(x_{i-1},y_{j-1}) + p(x_i,y_j).$$

Beispielsweise F(1,1) = 0,72, nämlich

$$F(1,1) = F(1,0) + F(0,1) - F(0,0) + p(1,1) = 0{,}48 + 0{,}44 - 0{,}30 + 0{,}10 = 0{,}72.$$

Beispiel 13.14:

Ein technisches Gerät besteht aus zwei Systemelementen. Das Gerät fällt aus, wenn beide Systemelemente unabhängig voneinander und gleichzeitig ausfallen. Die Lebensdauer jedes Elementes sei eine Zufallsvariable, die mit X bzw. mit Y bezeichnet wird. Die Wahrscheinlichkeit, daß das erste Element eine Lebensdauer kleiner als x besitzt, d.h. vorher ausfällt, wird gegeben durch

$$\text{Prob}\{X \le x\} = F(x) = 1 - e^{-\lambda_1 x}.$$

Analog ergibt sich für das zweite Element

$$\text{Prob}\{Y \le y\} = F(y) = 1 - e^{-\lambda_2 y}.$$

Die **gemeinsame** Verteilungsfunktion der Zufallsvariablen X und Y ergibt dann die Wahrscheinlichkeit, daß das Gerät ausfällt. Wegen der **stochastischen Unabhängigkeit** von X und Y erhält man

$$\text{Prob}\{X \le x \text{ und } Y \le y\} = F(x,y) = F(x) \cdot F(y) =$$

$$= (1 - e^{-\lambda_1 x}) \cdot (1 - e^{-\lambda_2 y}) = 1 - e^{-\lambda_1 x} - e^{-\lambda_2 y} + e^{-\lambda_1 x - \lambda_2 y}.$$

Es handelt sich hierbei um die Verteilungsfunktion der Ausfallwahrscheinlichkeit des Gerätes.

(ii) Bei praktischen Problemen wird oft die zweidimensionale Verteilung F(x,y) **gegeben** und die Verteilung einer einzelnen Zufallsvariablen (beispielsweise X) **gesucht**, unabhängig davon, welche Werte die andere Variable (hier dann Y) angenommen hat. Analog zur beschreibenden Statistik spricht man von der **Randverteilung** der Zufallsvariablen X. $F_Y(x)$ bezeichnet die Wahrscheinlichkeitsverteilung der Zufallsvariablen X, unabhängig davon, welche Werte die Zufallsvariable Y angenommen hat. Sie ist definiert als

$$(13.30)\quad \text{Prob}\{X \le x | Y\} = F_Y(x) = \begin{cases} \sum\limits_{j=-\infty}^{+\infty} \sum\limits_{i=-\infty}^{x} p(x_i, y_j), & \textbf{falls X diskret}, \\ \int\limits_{-\infty}^{+\infty} \int\limits_{-\infty}^{x} f(u,v)\, du dv, & \textbf{falls X stetig}. \end{cases}$$

Analog kann man eine Randverteilung der Zufallsvariablen Y einführen.

Die **Randdichtefunktionen** bei **stetigen** Zufallswahrscheinlichkeiten $f_Y(x)$ bzw. $f_X(y)$ lassen sich analog aus der gemeinsamen Dichtefunktion f(x,y) bestimmen

(13.31)
$$f_Y(x) = \frac{dF_Y(x)}{dx} = \int_{-\infty}^{+\infty} f(x,y)dy \quad \text{und}$$
$$f_X(y) = \frac{dF_X(y)}{dy} = \int_{-\infty}^{+\infty} f(x,y)dx.$$

Die entsprechenden **Wahrscheinlichkeitsfunktionen** der **diskreten** Zufallsvariablen lauten

(13.32)
$$p_Y(x) = \sum_{j=-\infty}^{+\infty} p(x,y_j) \quad \text{und} \quad P_X(y) = \sum_{i=-\infty}^{+\infty} p(x_i,y).$$

Randverteilung für das Beispiel 13.13:

Die beiden Randwahrscheinlichkeitsfunktionen lassen sich aus der Tabelle der gemeinsamen Wahrscheinlichkeitsfunktion durch Bilden der Zeilen- bzw. Spaltensumme ableiten. Man erhält

x \ y	0	1	2	$p_Y(x)$
0	0,30	0,14	0,02	0,46
1	0,18	0,10	0,02	0,30
2	0,12	0,06	0,06	0,24
$p_X(y)$	0,60	0,30	0,10	1,00

Die zugehörigen Randverteilungsfunktionen erhält man durch Summation

$F_X(y_j)$ = Prob$\{-\infty < X < +\infty; Y \leq y_j\}$ und $F_Y(x_i)$ = Prob$\{X \leq x_i; -\infty < Y < +\infty\}$.

Sie lauten

x \ y	0	1	2	$F_Y(x)$
0	0,30	0,44	0,46	0,46
1	0,48	0,72	0,76	0,76
2	0,60	0,90	1,00	1,00
$F_X(y)$	0,60	0,90	1,00	1,00

Randverteilung für das Beispiel 13.14:

Fragt man nach der Wahrscheinlichkeit, daß das **erste Element eine beliebige Lebensdauer** erreicht und das **zweite Element vor Erreichen eines vorgegebenen Alters** ausfällt, dann läßt sich diese mit Hilfe der folgenden Verteilungsfunktion bestimmen

$$F_X(y) = \int_{-\infty}^{y} \int_{-\infty}^{+\infty} f(u,v)dudv = \lambda_1\lambda_2 \cdot \int_0^y \int_0^{+\infty} e^{-\lambda_1 u} e^{-\lambda_2 v} dudv$$

$$= \lambda_1\lambda_2 \cdot \int_0^y \left[\int_0^\infty e^{-\lambda_1 u} du \right] e^{-\lambda_2 v} dv = \lambda_1\lambda_2 \cdot \int_0^y \left[-\frac{1}{\lambda_1} e^{-\lambda_1 u} \right]_0^\infty e^{-\lambda_2 v} dv$$

$$= \lambda_2 \cdot \int_0^y e^{-\lambda_2 v} dv = \lambda_2 \left[-\frac{1}{\lambda_2} e^{-\lambda_2 v} \right]_0^y = 1 - e^{-\lambda_2 y} .$$

Die Randdichte ergibt sich zu

a) $$f_X(y) = \int_{-\infty}^{+\infty} f(x,y)dx = \lambda_1\lambda_2 \int_0^{+\infty} e^{-\lambda_1 x - \lambda_2 y} dx = \lambda_1\lambda_2 \cdot e^{-\lambda_2 y} \int_0^{+\infty} e^{-\lambda_1 x} dx$$

$$= \lambda_1\lambda_2 \cdot e^{-\lambda_2 y} \left[-\frac{1}{\lambda_1} e^{-\lambda_1 x} \right]_0^\infty = \lambda_2 \cdot e^{-\lambda_2 y} .$$

b) $$f_X(y) = \frac{dF_X(y)}{dy} = \lambda_2 \cdot e^{-\lambda_2 y} .$$

(iii) Große Bedeutung besitzt der Begriff der **bedingten Verteilung**. Darunter versteht man die Verteilung einer Zufallsvariablen, etwa X, unter der Voraussetzung, daß die andere Zufallsvariable, hier Y, einen bestimmten festen Wert, etwa Y = y, angenommen hat. Man spricht dann von der bedingten Verteilung der Zufallsvariablen X unter der Bedingung, daß die Zufallsvaribale Y die Realisation y angenommen hat. Die Dichtefunktion dieser **bedingten** Verteilung für eine **stetige** Zufallsvariable bestimmt man mittels der Beziehungen

(13.33) $$f(x|\,y) = \frac{f(x,y)}{f_X(y)} \quad \text{bzw.} \quad f(y|\,x) = \frac{f(x,y)}{f_Y(x)} .$$

Bei **diskreten** Zufallsvariablen bestimmt man die entsprechende Wahrscheinlichkeitsfunktion der bedingten Verteilungen durch

(13.34) $$p(x|\,y) = \frac{p(x,y)}{p_X(y)} \quad \text{bzw.} \quad p(y|\,x) = \frac{p(x,y)}{p_Y(x)}.$$

$$\text{Prob}\{X = x_i|\,Y = y_j\} = \frac{\text{Prob}\{X = x_i \text{ und } Y = y_j\}}{\text{Prob}\{Y = y_j\}} = \frac{p(x_i, y_j)}{p_X(y_j)} = p(x_i|\,y_j),$$

$$\text{Prob}\{Y = y_j|\,X = x_i\} = \frac{\text{Prob}\{Y = y_j \text{ und } X = x_i\}}{\text{Prob}\{X = x_i\}} = \frac{p(x_i, y_j)}{p_Y(x_i)} = p(y_j|\,x_i).$$

Die bedingten Verteilungsfunktionen ergeben sich anlog dazu

(13.35)
$$F(x|\,y) = \frac{F(x,y)}{F_X(y)} = \begin{cases} \int_{-\infty}^{x}\int_{-\infty}^{y} f(u,v)dvdu \Big/ \int_{-\infty}^{+\infty}\int_{-\infty}^{y} f(u,v)dvdu, & \textbf{falls X stetig}, \\ \sum_{i=-\infty}^{x}\sum_{j=-\infty}^{y} p(x_i,y_j) \Big/ \sum_{i=-\infty}^{+\infty}\sum_{j=-\infty}^{y} p(x_i,y_j), & \textbf{falls X diskret}. \end{cases}$$

Bedingte Verteilung für das Beispiel 13.13:

a) Bedingung Y = 0 soll eingetreten sein:

Die bedingte Verteilung einer Zufallsvariablen X ergibt dann mit $p_X(0) = 0{,}60$ zu

$$p(x|\,0) = \frac{p(x,0)}{p_X(0)}$$

x	p(x,0)	p(x| 0)
0	0,30	0,50
1	0,18	0,30
2	0,12	0,20
Σ	0,60	1,00

b) Bedingung X = 2 soll eingetreten sein:

Die bedingte Verteilung der Zufallsvariablen Y ergibt dann mit $p_Y(2) = 0{,}24$ zu

$$p(y|\,2) = \frac{p(2,y)}{p_Y(2)}$$

y	p(2,y)	p(y| 2)
0	0,12	0,50
1	0,06	0,25
2	0,06	0,25
Σ	0,24	1,00

Bedingte Verteilung für das Beispiel 13.14:

Fragt man nach der Wahrscheinlichkeit, daß das zweite Element vor Erreichen eines **vorgegebenen Alters** ausfällt, unter der Bedingung, daß das erste Element vor Erreichen eines bestimmten Alters bereits ausgefallen ist, so ergibt sich diese mit Hilfe der bedingten Verteilung

$$f(y|x) = \frac{f(x,y)}{f_Y(x)} = \lambda_2 e^{-\lambda_2 y}.$$

Viele Methoden der analytischen Statistik basieren auf der Annahme **von stochastisch unabhängigen Zufallsvariablen**. Man bezeichnet die beiden Zufallsvariablen X und Y der zweidimensionalen Zufallsvariablen (X,Y) als voneinander stochastisch unabhängig, wenn für alle Realisierungen x_i und y_j gilt

(13.36) $$\text{Prob}\{X \leq x_i \text{ und } Y \leq y_j\} = \text{Prob}\{X \leq x_i\} \cdot \text{Prob}\{Y \leq y_j\}$$

Daraus folgt, daß zwei **diskrete** Zufallsvariable dann und nur dann stochastisch unabhängig sind, wenn gilt

(13.37) $$p(x,y) = p_Y(x) \cdot p_X(y)$$

und bei **stetigen** Zufallsvariablen

(13.38) $$f(x,y) = f_Y(x) \cdot f_X(y).$$

Überprüfung der stochastischen Unabhängigkeit für das Beispiel 13.13:

$$p(x_i,y_j) = p_Y(x_i) \cdot p_X(y_j).$$

a) $$p(1,1) = p_Y(x=1) \cdot p_X(y=1),$$

$$0{,}10 \neq 0{,}30 \cdot 0{,}30 \ (= 0{,}09).$$

b) $p(0,2) = p_Y(x=0) \cdot p_X(y=2),$

$$0{,}02 \neq 0{,}46 \cdot 0{,}10 \; (= 0{,}046).$$

Folglich sind die beiden Zufallsvariablen X und Y **stochastisch abhängig**.

Überprüfung der stochastischen Unabhängigkeit für das Beispiel 13.14:

Wie man leicht sieht, sind in diesem Beispiel die beiden Zufallsvariablen X und Y stochastisch unabhängig, denn es gilt

$$f(x,y) = f_Y(x) \cdot f_X(y),$$

$$\lambda_1\lambda_2 \cdot e^{-\lambda_1 x - \lambda_2 y} = \lambda_1 \cdot e^{-\lambda_1 x} \cdot \lambda_2 \cdot e^{-\lambda_2 y}.$$

13.4.2 Momente der gemeinsamen Verteilung und der Randverteilungen

Wie bei den eindimensionalen Zufallsvariablen werden zur Charakterisierung der Wahrscheinlichkeitsverteilungen von zweidimensionalen Zufallsvariablen ebenfalls die Momente der Verteilung benutzt.

Als Moment der Ordnung (r+s) der zweidimensionalen Zufallsvariablen (X,Y) definiert man den Erwartungswert

(13.39) $$E\{(X - a)^r \cdot (Y - b)^s\}.$$

Für $a = 0$ und $b = 0$ erhält man das **gewöhnliche Moment der Ordnung (r+s)**

(13.40) $$\mu_{rs}' = E\{X^r \cdot Y^s\}$$

und wenn man als Bezugsgrößen die Erwartungswerte wählt, d.h. $a = \mu_X$ und $b = \mu_Y$, dann erhält man das **zentrale Moment der Ordnung (r+s)**

(13.41) $$\mu_{rs} = E\{(X - \mu_X)^r \cdot (Y - \mu_Y)^s\}.$$

Setzt man r = 0, so stellen die erhaltenen Momente μ_{0s}' und μ_{0s} die Momente der Randverteilung der Zufallsvariablen Y dar. Setzt man s = 0, so stellen die erhaltenen Momente μ_{r0}' und μ_{r0} die Momente der Randverteilung der Variablen X dar. Speziell erhält man demnach

$$\mu_{10}' = E\{X\} = \mu_X \quad \text{und} \quad \mu_{01}' = E\{Y\} = \mu_Y.$$

Von großer Bedeutung für die Messung der Abhängigkeit der beiden Zufallsvariablen X und Y ist das zentrale Moment der Ordnung (1 + 1), die sog. **Kovarianz**

(13.42) $\quad Cov\{X,Y\} = \mu_{11} = E\{[X - E\{X\}]\cdot[Y - E\{Y\}]\} = E\{X\cdot Y\} - E\{X\}\cdot E\{Y\}.$

Es gilt der wichtige Satz:

Wenn die beiden Zufallsvariablen X und Y voneinander stochastisch unabhängig sind, dann ist ihre Kovarianz gleich Null.

Aus dieser Aussage kann gefolgert werden, daß die Kovarianz als eine Art Maßzahl für den Grad der stochastischen Abhängigkeit von zwei Zufallsvariablen verwendet werden kann. Wenn die beiden Zufallsvariablen stochastisch unabhängig sind, dann ist die Kovarianz Null. Ist sie ungleich Null, dann besteht zwischen den beiden Zufallsvariablen eine Abhängigkeit. Allerdings sollte man beachten, daß die Umkehrung des obigen Satzes nicht immer gilt, d.h. wenn die Kovarianz zwischen zwei Zufallsvariablen Null ist, kann man daraus nicht schließen, daß die beiden Zufallsvariablen stochastisch unabhängig sind.

Es erweist sich jedoch als zweckmäßig, als Maßgröße für die Abhängigkeit zwischen zwei Zufallsvariablen ein normiertes Maß zu verwenden, das nur Werte aus einem endlichen Intervall annehmen kann. Als eine solche Maßgröße hat sich der **Korrelationskoeffizient** ρ erwiesen, der wie folgt definiert ist

(13.43) $$\rho = \frac{Cov(X,Y)}{\sqrt{Var\{X\}\cdot Var\{Y\}}}.$$

Es gilt dann die Aussage:

Sind die beiden Zufallsvariablen X und Y stochastisch unabhängig, dann ist der Korrelationskoeffizient ρ gleich Null.

Auch diese Aussage ist leider nicht umkehrbar. Wenn der Korrelationskoeffizient ungleich Null ist, so weiß man, daß die beiden Zufallsvariablen stochastisch abhängig sind. Ist dagegen der Korrelationskoeffizient gleich Null, so kann man daraus nicht auf die stochastische Unabhängigkeit der beiden Zufallsvariablen schließen. **Man spricht in einem solchen Fall davon, daß die beiden Zufallsvariablen X und Y unkorreliert seien**. Zwei abhängige Zufallsvariable sind immer auch korreliert, dagegen können zwei unkorrelierte Zufallsvariable auch voneinander abhängig sein.

Dies bedeutet, daß es relativ leicht ist, festzustellen, ob zwei Zufallsvariable unkorreliert sind, daß es jedoch im allgemeinen wesentlich schwieriger ist, nachzuprüfen, ob die beiden Zufallsvariablen auch stochastisch unabhängig sind. Letzteres erfordert die genaue Kenntnis der zweidimensionalen Wahrscheinlichkeitsverteilung (Dichtefunktion) der beiden Zufallsvariablen X und Y.

13.4.3 Berechnung des Erwartungswertes und der Varianz für die lineare Verknüpfungen von zwei Zufallsvariablen

Mit $Z_1 = X + Y$ werde die additive Verknüpfung zweier eindimensionaler Zufallsvariablen und mit $Z_2 = X \cdot Y$ ihre multiplikative Verknüpfung bezeichnet. Dagegen bezeichne das Paar (X,Y) die entsprechende zweidimensionale Zufallsvariable. Es werden die beiden eindimensionalen Zufallsvariablen X und Y mit ihren Erwartungswerten

$$E\{X\} = \mu_X \text{ und } E\{Y\} = \mu_Y$$

sowie den Varianzen

$$Var\{X\} = \sigma_X^2 \text{ und } Var\{Y\} = \sigma_Y^2$$

betrachtet.

Bezüglich des Erwartungswertes gelten die folgenden Aussagen:

1. Wenn a eine Konstante ist, dann gilt

(13.44) $$E\{aX\} = a \cdot E\{X\}.$$

2. Für den Erwartungswert der Summe und der Differenz gilt

(13.45) $$E\{X + Y\} = E\{X\} + E\{Y\},$$
$$E\{X - Y\} = E\{X\} - E\{Y\}.$$

3. Für den Erwartungswert des Produktes der beiden Zufallsvariablen gilt

$$(13.46)\quad E(X\cdot Y) = \begin{cases} E\{X\} \cdot E\{Y\}, & \textbf{wenn X und Y stochastisch unabhängig sind,} \\ E\{X\} \cdot E\{Y\} + Cov\{X,Y\}, & \textbf{wenn X und Y stochastisch abhängig sind.} \end{cases}$$

Bezüglich der Interpretation der Größe $E\{X\cdot Y\}$ sei folgendes Beispiel gebracht: Angenommen, es bezeichne die Zufallsvariable X die Zahl der Krankmeldungen pro Jahr in einem bestimmten Betrieb und die Zufallsvariable Y die Dauer der Krankmeldung in Tagen in demselben Betrieb. Dann bezeichnet $E\{X\cdot Y\}$ die zu erwartende Anzahl der insgesamt wegen Krankheit ausfallenden Tage pro Jahr in diesem Betrieb.

Bezüglich der Varianz gelten folgende Aussagen:

1. Wenn a eine Konstante ist, dann gilt

$$(13.47)\qquad Var\{aX\} = a^2 Var\{X\}.$$

2. Sind a und b Konstante, dann gilt für die Varianz der gewichteten Summe

$$(13.48)\quad Var\{aX \pm bY\} = \begin{cases} a^2 Var\{X\} + b^2 Var\{Y\}, & \textbf{wenn X und Y stochastisch unabhängig sind,} \\ a^2 Var\{X\} + b^2 Var\{Y\} \pm 2ab\cdot Cov\{X,Y\}, & \textbf{wenn X und Y stochastisch abhängig sind.} \end{cases}$$

3. Für die Varianz der gewichteten Summe von drei Zufallsvariablen erhält man

$$(13.49)\quad Var\{aX + bY + cZ\} = \begin{cases} a^2 Var\{X\} + b^2 Var\{Y\} + c^2 Var\{Z\}, \\ \qquad \textbf{wenn X,Y und Z stochastisch unabhängig sind,} \\ a^2 Var\{X\} + b^2 Var\{Y\} + c^2 Var\{Z\} + \\ + 2ab\cdot Cov\{X,Y\} + 2ac\cdot Cov\{X,Z\} + 2bc\cdot Cov\{Y,Z\}, \\ \qquad \textbf{wenn X,Y und Z stochastisch abhängig sind.} \end{cases}$$

4. Für die Varianz des Produktes der beiden Zufallsvariablen X und Y gilt

(13.50)

$$\mathrm{Var}\{X\cdot Y\} = \begin{cases} E\{X^2\} \cdot E\{Y^2\} - [E\{X\cdot Y\}]^2, & \textbf{wenn X und Y stochastisch unabhängig sind,} \\ E\{(X\cdot Y)^2\} - [E\{X\cdot Y\}]^2, & \textbf{wenn X und Y stochastisch abhängig sind.} \end{cases}$$

Beispiel 13.13:

Erwartungswerte, Varianz und Kovarianz ergeben sich zu

$$E\{X\} = \sum_{i=1}^{3} x_i \cdot p_Y(x_i) = 0 \cdot 0{,}46 + 1 \cdot 0{,}30 + 2 \cdot 0{,}24 = 0{,}78,$$

$$E\{Y\} = \sum_{j=1}^{3} y_j \cdot p_X(y_j) = 0 \cdot 0{,}60 + 1 \cdot 0{,}30 + 2 \cdot 0{,}10 = 0{,}50.$$

$$\mathrm{Var}\{X\} = \sum_{i=1}^{3} x_i^2 \cdot p_Y(x_i) - [E\{X\}]^2$$
$$= 0 \cdot 0{,}46 + 1 \cdot 0{,}30 + 4 \cdot 0{,}24 - (0{,}78)^2 = 0{,}6516,$$

$$\mathrm{Var}\{Y\} = \sum_{j=1}^{3} y_j^2 \cdot p_X(y_j) - [E\{Y\}]^2$$
$$= 0 \cdot 0{,}60 + 1 \cdot 0{,}30 + 4 \cdot 0{,}10 - (0{,}50)^2 = 0{,}45.$$

$$\mathrm{Cov}\{X,Y\} = E\{[X - E\{X\}] \cdot [Y - E\{Y\}]\}$$
$$= \sum_{i=1}^{3} \sum_{j=1}^{3} [x_i - E\{X\}] \cdot [y_j - E\{Y\}] \cdot p(x_i,y_j)$$
$$= \sum_{i=1}^{3} \sum_{j=1}^{3} x_i y_j p(x_i,y_j) - E\{X\} \cdot E\{Y\} = E\{X\cdot Y\} - E\{X\} \cdot E\{Y\}.$$

$$E\{X\cdot Y\} = \sum_{i=1}^{3} \sum_{j=1}^{3} x_i y_j \cdot p(x_i,y_j)$$
$$= 0 \cdot 0 \cdot 0{,}30 + 0 \cdot 1 \cdot 0{,}14 + 0 \cdot 2 \cdot 0{,}02$$
$$+ 1 \cdot 0 \cdot 0{,}18 + 1 \cdot 1 \cdot 0{,}10 + 1 \cdot 2 \cdot 0{,}02$$
$$+ 2 \cdot 0 \cdot 0{,}12 + 2 \cdot 1 \cdot 0{,}06 + 2 \cdot 2 \cdot 0{,}06 = 0{,}50.$$

Somit

$$\mathrm{Cov}\{X,Y\} = 0{,}50 - 0{,}78 \cdot 0{,}50 = 0{,}11.$$

Für den Korrelationskoeffizienten erhält man

$$\rho(X,Y) = \frac{\text{Cov}(X,Y)}{\sqrt{\text{Var}\{X\}\cdot\text{Var}\{Y\}}} = \frac{0{,}11}{\sqrt{0{,}6516\cdot 0{,}45}} = 0{,}2031.$$

Beispiel 13.14:

Bei **stochastischer Unabhängigkeit** gilt für die Kovarianz

$$\text{Cov}\{X,Y\} = E\{X\cdot Y\} - E\{X\}\cdot E\{Y\} = E\{X\}\cdot E\{Y\} - E\{X\}\cdot E\{Y\} = 0.$$

Mittels partieller Integration erhält man für den Erwartungswert

$$E\{(X\cdot Y)\} = E\{X\}\cdot E\{Y\}$$

$$= \left[\int_0^\infty x\cdot f(x)dx\right]\cdot\left[\int_0^\infty y\cdot f(y)dy\right]$$

$$= \left[\lambda_1\int_0^\infty x\cdot e^{-\lambda_1 x}dx\right]\cdot\left[\lambda_2\int_0^\infty y\cdot e^{-\lambda_2 y}dy\right]$$

$$= \lambda_1\left[-\frac{x}{\lambda_1}e^{-\lambda_1 x} - \frac{1}{\lambda_1^2}e^{-\lambda_1 x}\right]_0^\infty\cdot\lambda_2\left[-\frac{y}{\lambda_2}e^{-\lambda_2 y} - \frac{1}{\lambda_2^2}e^{-\lambda_2 y}\right]_0^\infty$$

$$= \frac{1}{\lambda_1}\cdot\frac{1}{\lambda_2}$$

und für die Varianz

$$\text{Var}\{X\cdot Y\} = E\{(X\cdot Y)^2\} - [E\{X\cdot Y\}]^2 = E\{X^2\}\cdot E\{Y^2\} - [E\{X\cdot Y\}]^2$$

$$= \lambda_1\int_0^\infty x^2\cdot e^{-\lambda_1 x}dx\cdot\lambda_2\int_0^\infty y^2\cdot e^{-\lambda_2 y}dy - \frac{1}{\lambda_1^2\cdot\lambda_1^2}$$

$$= \frac{2}{\lambda_1^2}\cdot\frac{2}{\lambda_2^2} - \frac{1}{\lambda_1^2\cdot\lambda_2^2} = \frac{3}{\lambda_1^2\cdot\lambda_2^2}$$

und für die Kovarianz

$$\text{Cov}\{X,Y\} = E\{X\cdot Y\} - E\{X\}\cdot E\{Y\} = \frac{1}{\lambda_1}\cdot\frac{1}{\lambda_2} - \frac{1}{\lambda_1}\cdot\frac{1}{\lambda_2} = 0.$$

Übungsaufgaben zu Kapitel 13

Aufgabe 1:

Das Statistische Amt einer Gemeinde erhob am 31. 3. eines Jahres die Zahl ihrer Einwohner und die Höhe ihres monatlichen Einkommens.

Die festgestellten 10 000 Einwohner der Gemeinde verteilten sich dabei auf die folgenden Einkommensklassen:

Höhe des monatl. Einkommens in DM	Zahl der Einwohner
(0 - 500]	800
(500 - 1 000]	1 000
(1 000 - 1 500]	1 500
(1 500 - 2 500]	4 500
(2 500 - 4 000]	2 200
	Σ 10 000

Es wird eine Person zufällig herausgegriffen.

a) Berechnen Sie die Wahrscheinlichkeitsverteilung für die Zufallsvariable X (= Höhe des Einkommens).

Erläutern Sie den Begriff der Zufallsvariablen.

b) Wie groß ist die Wahrscheinlichkeit, daß ein zufällig ausgewählter Einwohner

- weniger als 1 500 DM,
- mehr als 1 000 DM,
- mehr als 500 DM aber weniger oder gleich 2 500 DM

monatlich verdient?

c) Bestimmen Sie die Wahrscheinlichkeit, beim 2. Zug einen Einwohner zu erhalten, der in die Einkommensklasse (1 000 - 1 500] DM fällt, wenn im 1. Zug ein Einwohner von 1 000 DM oder weniger herausgegriffen wurde (Ziehen mit Zurücklegen).

d) Ermitteln Sie das durchschnittliche monatliche Einkommen und seine Standardabweichung in dieser Gemeinde.
Welche Annahme treffen Sie dabei?

a) 0,08; 0,18; 0,33; 0,78; 1,00. b) 0,33; 0,82; 0,70. c) 0,15. d) 1 897,5; 904,91.

Aufgabe 2:

Bei einem Würfelspiel (Werfen mit zwei Würfeln) erhält man für das Würfeln einer "12" 5 DM, für eine "11" 2 DM und für eine "10" 1 DM als Gewinn ausgezahlt. Der Einsatz pro Spiel beträgt 0,50 DM.

a) Berechnen Sie die Wahrscheinlichkeit für das Würfeln einer zweistelligen Augenzahl.
b) Wie hoch ist langfristig der durchschnittliche Reingewinn des Veranstalters pro Spiel.
c) Ermitteln Sie die Standardabweichung des Reingewinnes des Veranstalters pro Spiel.
d) Wie würden sich die unter b) und c) erhaltenen Ergebnisse ändern, wenn man sowohl den Einsatz als auch die Gewinne verdoppeln würde?

a) 1/6. b) 1/6. c) 0,986.

Aufgabe 3:

Es sei X eine diskrete Zufallsvariable mit der Wahrscheinlichkeitsfunktion p(x).
Beweisen Sie die folgenden Behauptungen:

a) $E\{aX\} = aE\{X\}$,
b) $E\{aX + b\} = aE\{X\} + b$,
c) $E\{x - \mu\} = 0$,
d) $E\{(X - \mu)^2\} = E\{X^2\} - \mu^2$,
e) $E\{(X - x_0)^2\}$ nimmt für $x_0 = \mu$ sein Minimum an.

Aufgabe 4:

Erläutern Sie, welcher Zusammenhang zwischen dem Erwartungswert einer Zufallsvariablen X mit der Wahrscheinlichkeitsfunktion p(x) und dem arithmetischen Mittel eines Stichprobenbefundes besteht.

Aufgabe 5:

In einer Schachtel liegen 10 Dichtungen, darunter 4 defekte. Es werden 2 Dichtungen nacheinander zufällig ohne Zurücklegen entnommen.

Man betrachtet die beiden Zufallsvariablen

X_1 = Anzahl der beim 1. Zug erhaltenen defekten Dichtungen,
X_2 = Anzahl der beim 2. Zug erhaltenen defekten Dichtungen.

a) Geben Sie die zweidimensionale Wahrscheinlichkeitsfunktion der Zufallsvariablen (X_1,X_2) an.
b) Wie groß ist die Wahrscheinlichkeit, beim 2. Zug eine defekte Dichtung zu ziehen, wenn im 1. Zug
   - eine defekte Dichtung
   - keine defekte Dichtung

   gezogen wurde?
c) Bestimmen Sie die Randverteilungen und interpretieren Sie die errechneten Werte.
d) Erläutern Sie den Begriff der stochastischen Unabhängigkeit und geben Sie an, ob die beiden Variablen X_1 und X_2 stochastisch unabhängig sind.

   Wie würde sich die Aussage ändern, wenn die Dichtungen mit Zurücklegen entnommen würden?

a) 1/3; 4/15; 4/15; 2/15. b) 1/3; 4/9. c) 0,6; 0,6; 0,4; 0,4.

Aufgabe 6:

Die störungsfreie Laufzeit einer Stanzmaschine in einem Betrieb der eisenverarbeitenden Industrie besitzt die Dichtefunktion $f(x) = a \cdot e^{-ax}$ für $x \geq 0$ und $a = 0{,}02$.

a) Bestimmen Sie die Verteilungsfunktion F(x) und geben Sie an, wie groß die Wahrscheinlichkeit ist, daß die Maschinen 40 Stunden oder weniger ohne Störung läuft.
b) Wie groß ist die Wahrscheinlichkeit, daß die Maschine mindestens 30 Stunden aber höchstens 60 Stunden ohne Störung läuft?
c) Berechnen Sie die durchschnittliche störungsfreie Laufzeit der Maschine und ihre Standardabweichung.
d) Halten Sie es für sinnvoll, die Dichtefunktion für den Bereich $x < 0$ zu definieren?

a) 0,55. b) 0,25. c) 50; 50.

Aufgabe 7:

Der Vermögensberater einer Bank schlägt Ihnen vor, Ihr Vermögen in den drei Wertpapieren der Firmen A, B und C anzulegen. Als Maß der Gewinnträchtigkeit einer Aktienanlage gilt allgemein der zu erwartenden Kurswert E{X} und als Maß des Risikos die Varianz σ^2. Die Berechnungen des Beraters ergaben folgende Parameter für die Wertpapiere

$$E\{X_A\} = 100, \quad \sigma_A^2 = 25,$$
$$E\{X_B\} = 180, \quad \sigma_B^2 = 4,$$
$$E\{X_C\} = 200, \quad \sigma_C^2 = 49.$$

Außerdem teilt er er Ihnen mit, daß die Kurse der Wertpapiere nicht voneinander unabhängig sind, sondern mit den Korrelationskoeffizienten

$$r_{AB} = -1, \quad r_{AC} = +1, \quad r_{BC} = -0{,}1$$

miteinander korrelieren.

a) Berechnen Sie den Erwartungswert und die Varianz der Wertpapiermischung, wenn Sie erstens Ihr Vermögen zu gleichen Teilen nur in die Papiere A und C investieren oder zweitens Ihr Vermögen zu gleichen Teilen in alle drei Papiere investieren.
b) Interpretieren Sie die unter Punkt a) berechneten Ergebnisse und begünden Sie welche der beiden Wertpapiermischungen Sie unter ökonomischen Gesichtspunkten vorziehen würden.

a) 150; 36; 160; 13,91.

Aufgabe 8:

Die Instandsetzungszeit für das Steuerwerk einer elektronischen Datenverarbeitungsanlage besteht aus der Zeit für die Fehlersuche X_1 und der Reparaturzeit X_2.
Die gemeinsame Verteilungsfunktion von (X_1,X_2) lautet

$$F(x_1,x_2) = 1 - e^{-a_1x_1} - e^{-a_2x_2} + e^{-a_1x_1-a_2x_2} ,$$

mit $a_1 = 0{,}5$ und $a_2 = 0{,}2$.
a) Geben Sie an, ob die Zeit für Fehlersuche und die Reparaturzeit voneinander stochastisch unabhängige Zufallsvariable sind. Welche Aussage gilt dann bezüglich der Varianz der Zufallsvariablen für die Instandsetzungszeit?
b) Berechnen Sie den Wert der gemeinsamen Wahrscheinlichkeitsdichte für den Fall, daß die Reparatur genau 3 Stunden und die Fehlersuche genau 1 Stunde dauert.
c) Berechnen Sie aus der Randverteilung und der dazugehörigen Randdichte für die Zufallsvariable X_2 die Werte $F_{X_1}(3)$, $f_{X_1}(3)$ und erläutern Sie ihre Bedeutung.

d) Wie groß ist die Wahrscheinlichkeit, daß die Reparaturzeit höchstens 5 Stunden beträgt, wenn die Fehlersuche 2 Stunden oder weniger betragen hat?

e) Bestimmen Sie den durchschnittlichen Zeitaufwand für die Fehlersuche μ_1 und die mittlere Reparaturzeit μ^2 sowie die gesamte durchschnittliche Zeit des Instandhaltungsvorganges.

b) 0,03. c) 0,45; 0,11. d) 0,632. e) 2; 5; 7.

Aufgabe 9:

Bei einer Feuerwehrsirene älterer Bauart des Dorfes A entstehen Lautstärkewerte zwischen 80 und 120 Phon, die noch innerhalb zufällig schwankender Entfernungen X (in km) hörbar sind. In einer Entfernung von 2 km vom Standort der Anlage beginnt ein Waldstück, das die Ausbreitung des Schalles behindert.

Die Zufallsvariable X sei wie folgt verteilt

$$f(x) = \begin{cases} 0{,}2 & \text{für } 0 \leq x < 2, \\ \frac{8}{30} - \frac{1}{30}x & \text{für } 2 \leq x \leq 8, \\ 0 & \text{sonst.} \end{cases}$$

a) Bestimmen Sie den Erwartungswert und die Varianz.

b) Bestimmen Sie die Verteilungsfunktion.

c) Wie groß ist die Wahrscheinlichkeit, daß die Feuerwehrsirene von der Feuerwehr des Nachbardorfes, das 7 km vom Standort der Sirene entfernt liegt, gehört wird?

d) Wie groß ist die Wahrscheinlichkeit, daß man die Feuerwehrsirene mindestens 6 km weiter hören kann, als dies im Mittel zu erwarten ist?

a) 2,8; 3,4933. c) 0,0167. d) 0.

Aufgabe 10:

Ein Bäcker stellt nach jahrelanger Erfahrung fest, daß sich sein Brotumsatz (in 100 Pfund pro Tag) recht gut durch die Zufallsvariable X mit der folgenden Funktion f beschreiben läßt:

$$f(x) = \begin{cases} 0 & \text{für } x < 0, \\ a \cdot x & \text{für } 0 \leq x < 2, \\ a \cdot (4 - x) & \text{für } 2 \leq x < 4, \\ 0 & \text{für } x > 4. \end{cases}$$

a) Für welchen Wert von a wird die Funktion f(x) zu einer Dichtefunktion? Begründung.

b) Bestimmen Sie die Verteilungsfunktion von X, wobei Sie Ihr Resultat aus a) verwenden.
c) Berechnen Sie den Erwartungswert und die Varianz der Zufallsvariablen X.
d) Bestimmen Sie die folgenden Wahrscheinlichkeiten:

$$\text{Prob}\{0 < X < 1{,}5\};\quad \text{Prob}\{X < 2\};\quad \text{Prob}\{X = 2\};\quad \text{und}\quad \text{Prob}\{1{,}5 < X < 2{,}5\}.$$

a) 0,25; c) $E\{X\} = 2$; $Var\{X\} = 0{,}66$; d) 0,28125; 0,5; 0; 0,4375.

Aufgabe 11:

Ein homogener Würfel wird geworfen, wobei für die Zufallsvariablen X und Y gelte:
X ordnet jedem Wurf das Quadrat der gewürfelten Augenzahl zu,
Y nimmt den Wert 0 bei ungerader Augenzahl und den Wert 1 bei gerader Augenzahl an.

a) Bestimmen Sie die Verteilungsfunktion von (X + Y).
b) Bestimmen Sie den Erwartungswert und die Varianz von (X + Y).

b) 15,667, 152,8783.

14. Einige spezielle Wahrscheinlichkeitsverteilungen

Bisher wurden nur allgemeine Wahrscheinlichkeitsverteilungen betrachtet. Bei vielen Anwendungen der statistischen Methodenlehre, etwa im Bereich der Stichprobentheorie, werden oftmals nur einige wenige spezielle Wahrscheinlichkeitsverteilungen benötigt. Die Kunst bei der Anwendung besteht dann häufig darin zu erkennen, welche typischen Situationen vorliegen. So läßt sich zum Beispiel das Ziehen einer Stichprobe aus einer Grundgesamtheit recht übersichtlich am Beispiel des Ziehens von Kugeln aus einer Urne darstellen. Dabei wird unterstellt, daß die Kugeln so beschaffen sind, daß nach gründlichem Mischen des Urneninhaltes keine der Kugeln beim Ziehen bevorzugt werden kann. Dadurch wird die Annahme des Gleichwahrscheinlichkeitsmodells erfüllt.

Man spricht von einer **Zufallsstichprobe**, wenn jedes Element der Grundgesamtheit dieselbe Wahrscheinlichkeit besitzt, in die Stichprobe zu gelangen. Bezogen auf das Urnenmodell bedeutet dies, daß jede Kugel dieselbe Wahrscheinlichkeit besitzt, gezogen zu werden. Legt man nach jedem Zug die gezogene Kugel wieder in die Urne zurück und stellt durch gründliches Mischen den Gleichgewichtszustand wieder her, so spricht man von einer **Stichprobe mit Zurücklegen**. Legt man dagegen die gezogene Kugel vor dem nächsten Zug nicht zurück, so spricht man von einer **Stichprobe ohne Zurücklegen**.

Diese Unterscheidung wird sich noch als grundlegend und wichtig herausstellen. Beim Ziehen einer Zufallsstichprobe **mit Zurücklegen** ändert sich der Urneninhalt vor den einzelnen Zügen eines Auswahlprozesses nicht. Befinden sich N Kugeln in der Urne, so besitzt jede Kugel wegen des Gleichmöglichkeitszustandes die gleiche Wahrscheinlichkeit von 1/N, bei einem bestimmten Zug gezogen zu werden.

Man könnte nun vermuten, daß die einzelnen Kugeln bei einer Stichprobenziehung **ohne** Zurücklegen verschiedene Auswahlwahrscheinlichkeiten besitzen. Es läßt sich jedoch zeigen, daß die Wahrscheinlichkeit, eine **bestimmte** Kugel bei einem **bestimmten** Zug zu ziehen, ebenfalls 1/N beträgt. Als Beispiel soll die Wahrscheinlichkeit berechnet werden, daß man die i-te Kugel beim zweiten Zug zieht. Man erhält

$$P_2(i) = \frac{N-1}{N} \cdot \frac{1}{N-1} = \frac{1}{N},$$

Dabei gibt der erste Faktor (N−1)/N die Wahrscheinlichkeit an, daß beim ersten Zug eine beliebige Kugel, ausgenommen die i-te, gezogen wird. Der zweite Faktor gibt die Wahrscheinlichkeit an, beim zweiten Zug aus den verbleibenden N−1 Kugeln genau die i-te zu ziehen. Dabei sollte jedoch der folgende Unterschied beachtet werden:

Bei der **Stichprobe mit Zurücklegen** handelt es sich um die Wahrscheinlichkeit, eine **beliebige** Kugel bei einem **beliebigen** Zug zu ziehen.

Bei der **Stichprobe ohne Zurücklegen** handelt es sich dagegen um die Wahrscheinlichkeit, eine **bestimmte** Kugel bei einem **bestimmten** Zug zu ziehen.

Die Wahrscheinlichkeitsverteilungen lassen sich einteilen in die beiden Gruppen der **diskreten** und der **stetigen** Verteilungen, je nachdem, ob die zugrundeliegende Zufallsvariable nur endlich viele oder abzählbar unendlich viele Realisationen annehmen kann oder ob alle Realisationen $x \in R$ möglich sind. Die wichtigsten diskreten Verteilungen, die im folgenden behandelt werden, sind

1) die **Binomialverteilung (BV)**, die von der Idee einer **Stichprobe mit Zurücklegen** ausgeht,

2) die **hypergeometrische Verteilung (HV)**, die von der Idee einer **Stichprobe ohne Zurücklegen** ausgeht, und

3) die **Poissonverteilung (PV)**.

Von den stetigen Verteilungen sollen ebenfalls die wichtigsten behandelt werden, nämlich

4) die **Normalverteilung (NV)**,

5) die χ^2**-Verteilung**,

6) die **F-Verteilung** und

7) die **t-Verteilung**.

14.1 Die Binomialverteilung (BV)

14.1.1 Wahrscheinlichkeitsfunktion und -verteilung

Es wird ein Zufallsexperiment betrachtet, das nur die **beiden** Elementarereignisse E_0 und E_1 aufweist. Die Grundgesamtheit G ist dann die Menge $G = \{E_0, E_1\}$. Man definiert nun eine **diskrete Zufallsvariable Y**, die dem Elementarereignis E_0 und E_1 die reelle Zahl $Y(E_0) = 0$ bzw. $Y(E_1) = 1$ zuordnet. Die Wahrscheinlichkeit, daß die Zufallsvariable Y den Wert 1 annimmt, soll mit $\text{Prob}\{Y = 1\} = p$ bezeichnet werden. Nach den Axiomen von Kolmogorov gilt:

1. $\text{Prob}\{G\} = 1$ und

2. $\text{Prob}\{G\} = \text{Prob}\{E_0 \cup E_1\} = \text{Prob}\{E_0\} + \text{Prob}\{E_1\}$.

Dann folgt

$$\text{Prob}\{E_0\} = \text{Prob}\{Y = 0\} = \text{Prob}\{G\} - \text{Prob}\{E_1\} = 1-p = q.$$

Die Wahrscheinlichkeitsfunktion der Zufallsvariablen Y, man spricht von einer **Bernoulli-verteilten** Zufallsvariablen, einem sog. **Bernoulli-Versuch** oder auch **Bernoulli-Experiment**, wird somit gegeben durch

Y	$Y(E_1) = 1$	$Y(E_0) = 0$
$\text{Prob}\{Y = Y(E_i)\} = f\{Y(E_i)\}$	p	$1-p = q$

Als Zufallsexperiment könnte man beispielsweise die Auswahl einer Person aus der Wohnbevölkerung der BRD betrachten, deren Geschlecht bestimmt werden soll. E_1 gibt dann das Ereignis an, daß die betreffende Person männlich ist, und E_0, daß sie weiblich ist. Die Zufallsvariable Y ist in diesem Falle das Geschlecht. Ist die Geschlechterproportion der Wohnbevölkerung bekannt, dann kann man nach der Wahrscheinlichkeit fragen, daß eine beliebige ausgewählte Person männlich ist. Diese wird durch $\text{Prob}\{Y = 1\} = p$ gegeben.

Man kann diesen Auswahlvorgang wiederholen und nacheinander n beliebige Personen auf zufällige Weise aus der Grundgesamtheit herausgreifen, wobei jede Person vor der nächsten Auswahl zurückgelegt wird. Für jeden Zug i kann man eine Zufallsvariable Y_i definieren, welche die Werte 0 oder 1 mit der Wahrscheinlichkeit $Prob\{Y_i = 1\} = p$ bzw. $Prob\{Y_i = 0\} = 1-p = q$ annehmen kann. Man fragt dann nach der Wahrscheinlichkeit, mit der genau x aus den n herausgegriffenen Personen männlich sind.

Diese Fragestellung führt zur **Definition einer neuen Zufallsvariablen X**, die die Anzahl der männlichen Personen angibt (**Anzahl** der Realisationen, die den Wert 1 annehmen) und damit zur Binomialverteilung führt. Ebenfalls kann man nach dem **Anteil** der männlichen Personen in der Stichprobe fragen. Dies führt auf die **Definition der Zufallsvariablen** $P = X/n$.

Die Wahrscheinlichkeiten der Zufallsvariablen X sollen nun mit Hilfe eines Urnenmodells abgeleitet werden. Eine Urne enthalte insgesamt N Kugeln, von denen N_1 weiß und $N - N_1$ schwarz sind.

Aus dieser Urne wird eine Stichprobe vom Umfang n mit Zurücklegen gezogen.

Wir betrachten einen **beliebigen Zug** einer Kugel aus dieser Urne **mit Zurücklegen**, etwa den i-ten Zug. Für diesen existieren die beiden Elementarereignisse W_i (die gezogene Kugel ist weiß) und S_i (die gezogene Kugel ist schwarz). Die Funktion Y_i, die den beiden Elementarereignissen W_i und S_i die reellen Zahlen $Y(W_i) = Y_i = 1$ und $Y(S_i) = Y_i = 0$ zuordnet, stellt in diesem Fall die Zufallsvariable dar. Die beiden reellen Zahlen y_i stellen die Realisation der Zufallsvariablen Y_i dar. Für jeden einzelnen Zug existiert nun eine solche Zufallsvariable, d.h. für eine Zufallsstichprobe vom Umfang n erhält man den Vektor $\underline{Y}$ von Zufallsvariablen

$$\underline{Y}' = (Y_1, Y_2, \ldots, Y_i, \ldots, Y_n).$$

Da bei einer Zufallsstichprobe mit Zurücklegen der Urneninhalt bei jedem Zug unverändert gleich N ist, sind die Realisationen der einzelnen Züge voneinander unabhängig und besitzen alle die gleiche Wahrscheinlichkeitsfunktion

Y	$y_i = 1$	$y_i = 0$
$f(y_i)$	$p = \frac{N_1}{N}$	$1-p = q = \frac{N - N_1}{N}$

Man kann nun für eine Zufallsstichprobe vom Umfang n eine neue diskrete Zufallsvariable X wie folgt definieren:

$$X = \{\text{Anzahl der weißen Kugeln in der Stichprobe vom Umfang } n\}.$$

Diese Zufallsvariable X ist damit durch die Summe

$$X = Y_1 + Y_2 + Y_3 + \ldots + Y_i + \ldots + Y_n$$

gegeben. Sie kann die Werte $x \in \{0,1,2,\ldots,n\}$ annehmen.

Unter der Annahme, daß die Zufallsvariablen Y_i voneinander stochastisch unabhängig sind, liefern die Wahrscheinlichkeiten der Ereignisse

$$\text{Prob}\{X = 0\}, \text{Prob}\{X = 1\}, \ldots, \text{Prob}\{X = k\}, \ldots, \text{Prob}\{X = n\}$$

die **Wahrscheinlichkeitsfunktion** der diskreten Zufallsvariablen X. Man bezeichnet diese mit dem Symbol

(14.1) $$\text{Prob}\{X = k\} = f_{BV}(x_k) = f_{BV}(x_k;n,p).$$

Ihre zugehörige **Wahrscheinlichkeitsverteilung** nennt man **Binomialverteilung** und bezeichnet sie mit dem Symbol

(14.2) $$\text{Prob}\{X \leq k\} = F_{BV}(x_k) = F_{BV}(x_k;n,p).$$

Es gibt verschiedene Möglichkeiten, Realisationen der Zufallsvariablen X = k, nämlich k weiße Kugeln in der Stichprobe, zu erhalten. Sie kann z.B. dadurch zustande kommen, daß die ersten k Zufallsvariablen den Wert 1 und die restlichen (n−k) den Wert 0 annehmen, d.h.

$$\{Y_1 = 1, Y_2 = 1, \ldots, Y_k = 1; Y_{k+1} = 0, \ldots, Y_n = 0\}.$$

Sodann muß die Wahrscheinlichkeit für diese Stichprobe berechnet werden. Wegen des Multiplikationssatzes für stochastisch unabhängige Zufallsvariable folgt

$$\text{Prob}\{Y_1 = 1, Y_2 = 1, \ldots, Y_k = 1; Y_{k+1} = 0, \ldots, Y_n = 0\}$$

$$= \text{Prob}\{Y_1 = 1\} \cdot \text{Prob}\{Y_2 = 1\} \cdot \ldots \cdot \text{Prob}\{Y_k = 1\} \cdot \text{Prob}\{Y_{k+1} = 0\} \cdot \ldots \cdot \text{Prob}\{Y_n = 0\}$$

$$= \prod_{i=1}^{k} \text{Prob}\{Y_i = 1\} \cdot \prod_{i=k+1}^{n} \text{Prob}\{Y_i = 0\} = \prod_{i=1}^{k} p \cdot \prod_{i=k+1}^{n} (1-p) = p^k \cdot (1-p)^{n-k}.$$

Dies ist die Wahrscheinlichkeit für das Eintreffen dieser **speziellen** Stichprobe. Nun gibt es aber verschiedene Möglichkeiten für die Anordnung der Zufallsvariablen Y_i, um die Bedingung $X = k$, d.h. die Stichprobe enthalte genau k weiße Kugeln, zu erfüllen. Jede dieser Möglichkeiten besitzt die gleiche Wahrscheinlichkeit und da sich die Möglichkeiten gegenseitig ausschließen, addieren sich ihre Wahrscheinlichkeiten. Man muß daher die Zahl der Möglichkeiten für die Anordnung von k weißen Kugeln unter insgesamt n Kugeln bestimmen.

Aus der Kombinatorik ist die folgende Aussage bekannt:

Satz: Die Anzahl der verschiedenen Möglichkeiten, k Elemente unter n anzuordnen, beträgt genau

(14.3)
$$\frac{n!}{k! \cdot (n-k)!} = \binom{n}{k},$$

die sich gegenseitig ausschließen.

Die in diesem Satz auftretenden Größen werden wie folgt definiert:

1. Definition: Es sei n eine nichtnegative ganze Zahl. Die Funktion n! (lies: n-Fakultät) ist gegeben durch

$$0! = 1,$$

$$n! = n \cdot (n-1) \cdot (n-2) \cdot \ldots \cdot 2 \cdot 1 \quad \text{für } n \geq 1.$$

2. Definition: Es seien n und k nichtnegative ganze Zahlen, mit $k \leq n$. Der Binomialkoeffizient $\binom{n}{k}$ (lies: n über k) ist gegeben durch

$$\binom{n}{k} = \frac{n!}{k! \cdot (n-k)!}, \quad \text{mit} \quad \binom{n}{n} = 1.$$

Der Binomialkoeffizient läßt sich auch in der folgenden Form schreiben

$$\binom{n}{k} = \frac{n \cdot (n-1) \cdot \ \ldots \ \cdot (n-k+1)}{1 \cdot 2 \cdot \ \ldots \ \cdot k}.$$

Die im obigen Satz aufgestellte Behauptung aus dem Bereich der Kombinatorik soll hier nicht bewiesen werden. Ihre Gültigkeit soll nur anhand eines Zahlenbeispiels gezeigt werden.

Beispiel 14.1:

Es soll eine Stichprobe vom Umfang n = 5 gezogen werden, die aus k = 2 weißen und (n−k) = 3 schwarzen Kugeln bestehen soll.

Wieviele Möglichkeiten gibt es, eine solche Stichprobe zu erhalten?

Der obige Satz liefert als Ergebnis

$$\binom{n}{k} = \binom{5}{2} = \frac{5 \cdot 4}{1 \cdot 2} = 10 \text{ Möglichkeiten.}$$

Diese lauten:

1) (W,W,S,S,S);	6) (S,W,S,W,S);
2) (W,S,W,S,S);	7) (S,W,S,S,W);
3) (W,S,S,W,S);	8) (S,S,W,W,S);
4) (W,S,S,S,W);	9) (S,S,W,S,W);
5) (S,W,W,S,S);	10) (S,S,S,W,W).

Unter den folgenden Bedingungen:

1. Die Auswahl der n Stichprobenelemente erfolgt **mit** Zurücklegen,

2. jede **diskrete Zufallsvariable** Y_i kann **nur** die Werte 0 oder 1 annehmen,

3. die Zufallsvariablen Y_i sind **voneinander stochastisch unabhängig** und besitzen alle die **gleiche** Wahrscheinlichkeitsfunktion,

ist die Zufallsvariable X **binomialverteilt** mit der **Wahrscheinlichkeitsfunktion**

$$(14.1)\quad \text{Prob}\{X = k\} = f_{BV}(x_k) = f_{BV}(x_k;n,p) = \begin{cases} \binom{n}{k} p^k \cdot (1-p)^{n-k} & \text{für } k \geq 0, \\ 0 & \text{für } k < 0 \end{cases}$$

und der **Wahrscheinlichkeitsverteilung**

(14.2) $\text{Prob}\{X \leq k\} = F_{BV}(x_k) = F_{BV}(x_k;n,p) = \begin{cases} \sum_{i=0}^{x_k} \binom{n}{i} p^i \cdot (1-p)^{n-i} & \text{für } k \geq 0, \\ 0 & \text{für } k < 0. \end{cases}$

Die beiden Größen

n, der **Umfang der Stichprobe**, und

p, die **Erfolgswahrscheinlichkeit** des Ereignisses,

sind die **Parameter der Binomialverteilung**. Durch ihre Angabe wird eine Binomialverteilung vollständig beschrieben. Man erhält alle Binomialverteilungen, wenn die Zahl n alle positiven ganzen Zahlen und p alle Zahlen aus dem Intervall (0,1) durchläuft, d.h. $n \in \mathbb{N}$ und $p \in (0,1)$. Damit bilden die Binomialverteilungen eine **zweiparametrige Schar**.

Um die gewünschten Wahrscheinlichkeiten numerisch zu bestimmen, kann man die angegebenen Formeln verwenden. Wegen der oft mühsamen Berechnung der Binomialkoeffizienten ist dies jedoch recht umständlich. Daher ist die Binomialverteilung für eine Reihe von Erfolgswahrscheinlichkeiten $p \leq 0{,}5$ tabelliert worden. Für Werte $p > 0{,}5$ findet man den gesuchten Wert der Binomialverteilung über die Beziehung

$$F_{BV}(x_k;n,p) = 1 - F_{BV}(n-x_k-1;n,1-p).$$

14.1.2 Graphische Darstellung

Da die Binomialverteilung eine diskrete Verteilung ist, erfolgt die graphische Darstellung der Wahrscheinlichkeitsfunktion als ein Stabdiagramm und die der Wahrscheinlichkeitsverteilung als Treppenfunktion. Die Darstellung hängt von den numerischen Werten der beiden Parameter ab. Dies soll anhand des folgenden Beispiels deutlich gemacht werden.

Beispiel 14.2:

Tabelle 14.1: Darstellung der Binomialverteilung für n = 6 und p = 0,1; 0,5 sowie 0,9.

	p = 0,1		p = 0,5		p = 0,9	
x	$f_{BV}(x)$	$F_{BV}(x)$	$f_{BV}(x)$	$F_{BV}(x)$	$f_{BV}(x)$	$F_{BV}(x)$
0	0,5314	0,5314	0,0156	0,0156	0,0000	0,0000
1	0,3543	0,8857	0,0938	0,1094	0,0001	0,0001
2	0,0984	0,9841	0,2344	0,3438	0,0012	0,0013
3	0,0146	0,9987	0,3125	0,6563	0,0146	0,0159
4	0,0012	0,9999	0,2343	0,8906	0,0984	0,1143
5	0,0001	1,0000	0,0938	0,9844	0,3543	0,4686
6	0,0000	1,0000	0,0156	1,0000	0,5314	1,0000

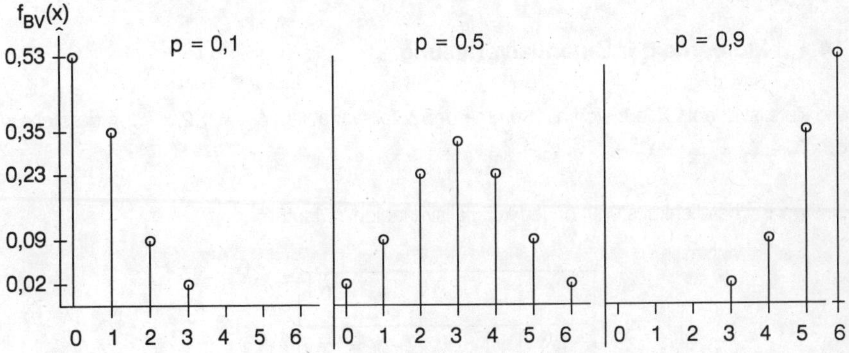

Abb. 14.1: Wahrscheinlichkeitsfunktionen

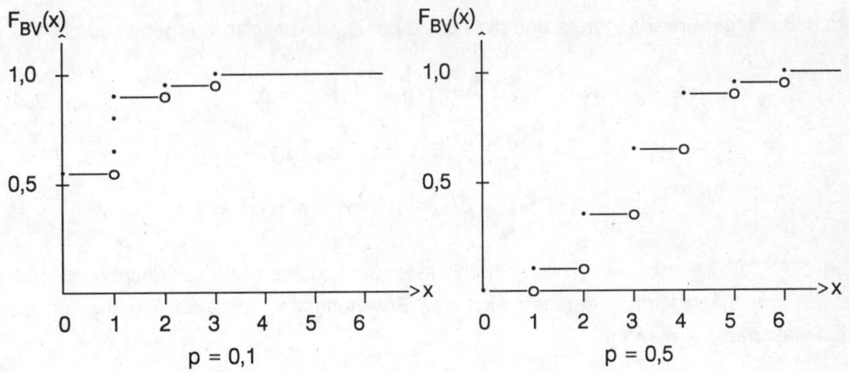

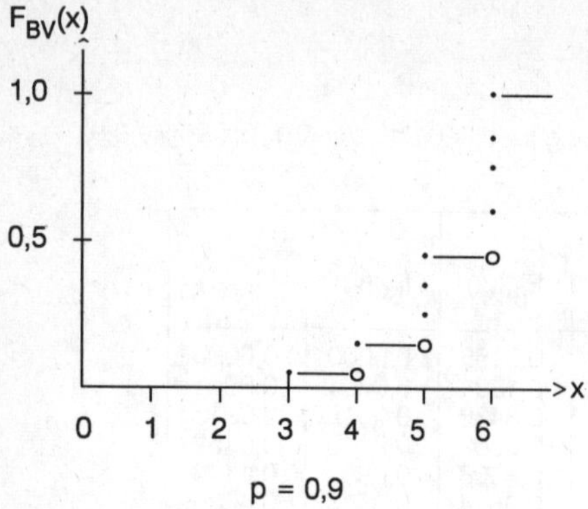

Abb. 14.2: Verteilungsfunktionen

14.1.3 Momente der Binomialverteilung

Die Zufallsvariable X läßt sich als Summe der Zufallsvariablen Y_i, i = 1,2,. . . . ,n darstellen, d.h. $X = Y_1 + Y_2 + Y_3 + \ldots + Y_n$.

Die Wahrscheinlichkeitsfunktion jeder Zufallsvariablen Y_i lautet

Y	$y_i = 1$	$y_i = 0$
$f(y_i)$	p	$1-p = q$

,

so daß sich der Erwartungswert und die Varianz der Zufallsvariablen Y_i ergeben durch

$$E\{Y_i\} = \mu_{Y_i} = \Sigma\, y \cdot f(y) = 1 \cdot p + 0 \cdot (1-p) = p,$$

$$Var\{Y_i\} = \sigma_{Y_i}^2 = E\{Y_i^2\} - [E\{Y_i\}]^2 = \Sigma\, y^2 \cdot f(y) - [E\{Y_i\}]^2$$

$$= 1^2 \cdot p + 0^2 \cdot (1-p) - p^2 = p \cdot (1-p) = p \cdot q.$$

Da die Y_i alle die gleiche Wahrscheinlichkeitsfunktion besitzen und voneinander stochastisch unabhängig sind, ergeben sich der Erwartungswert und die Varianz für die **Zufallsvariable X** wie folgt

(14.4) $$E\{X\} = \mu_X = E\{Y_1 + Y_2 + \ldots + Y_n\}$$

$$= E\{Y_1\} + E\{Y_2\} + \ldots. + E\{Y_n\}$$

$$= \; p \; + \; p \; + \ldots. + \; p \; = n \cdot p,$$

(14.5) $$\mathrm{Var}\{X\} = \sigma_X^2 = \mathrm{Var}\{Y_1 + Y_2 + \ldots. + Y_n\}$$

$$= \mathrm{Var}\{Y_1\} + \mathrm{Var}\{Y_2\} + \ldots. + \mathrm{Var}\{Y_2\}$$

$$= p \cdot q \; + p \cdot q \; + \cdots\cdot + p \cdot q \; = n \cdot p \cdot q.$$

Betrachtet man nun die **Zufallsvariable P = X/n**, die den **Anteilswert** angibt, so gilt

$$P = \frac{X}{n} = \frac{Y_1}{n} + \frac{Y_2}{n} + \ldots. + \frac{Y_n}{n}, \quad \text{mit}$$

$\frac{Y}{n}$	$\frac{Y_i}{n} = \frac{1}{n}$	$\frac{Y_i}{n} = \frac{0}{n}$
$f(\frac{Y}{n})$	$\frac{p}{n}$	$\frac{1-p}{n} = \frac{q}{n}$

Für die **Erwartungswerte** erhält man

$$E\left\{\frac{Y_i}{n}\right\} = \frac{1}{n}\,E\{Y_i\} = \frac{1}{n} \cdot p,$$

$$E\{P\} = E\left\{\frac{X}{n}\right\} = \frac{1}{n}\,E\{X\} = \frac{1}{n} \cdot n \cdot p = p$$

und für die **Varianzen** wegen (13.47)

$$\mathrm{Var}\left\{\frac{Y_i}{n}\right\} = \frac{1}{n^2}\,\mathrm{Var}\{Y_i\} = \frac{1}{n^2} \cdot p \cdot q,$$

$$\mathrm{Var}\{P\} = \mathrm{Var}\left\{\frac{X}{n}\right\} = \frac{1}{n^2}\,\mathrm{Var}\{X\} = \frac{1}{n^2} \cdot n \cdot p \cdot q = \frac{p \cdot q}{n}.$$

14.1.4 Anwendungen der Binomialverteilung

1. Zur Fertigung eines Werkstückes stehen acht Maschinen zur Verfügung. Durch Beobachtung über einen längeren Zeitraum wurde festgestellt, daß die einzelnen Maschinen unabhängig voneinander mit einer Wahrscheinlichkeit von $p = 0{,}8$ arbeiten. Wieviel Maschinen arbeiten langfristig im Durchschnitt, und wie groß ist die mittlere quadratische Abweichung (= Varianz)?

   Parameter der Binomialverteilung: $n = 8$ und $p = 0{,}8$.

   Antwort: $E\{X\} = \mu_X = n \cdot p = 8 \cdot 0{,}8 = 6{,}4,$

   $$\mathrm{Var}\{X\} = \sigma_X{}^2 = n \cdot p \cdot q = 8 \cdot 0{,}8 \cdot 0{,}2 = 1{,}28,$$

   $$\sigma_X = 1{,}13.$$

2. In einem Konstruktionsbüro arbeiten fünf Personen, die unabhängig voneinander für ihre Tätigkeit eine elektronische Rechenmaschine benötigen und zwar jeder durchschnittlich etwa 6 Minuten pro Stunde mit Unterbrechungen.

   Wie groß ist die Wahrscheinlichkeit, daß Wartezeiten auftreten, wenn man 1 (oder 2) Rechenmaschinen für das gesamte Büro zur Verfügung stellt?

   Es bezeichnen:

   E_1 : {Benutzung einer Rechenmaschine durch eine Person während einer Stunde},
   $\mathrm{Prob}\{E_1\} = p = 0{,}1,$

   E_0 : {Nichtbenutzung einer Rechenmaschine durch eine Person während einer Stunde},
   $\mathrm{Prob}\{E_0\} = q = 0{,}9,$

   X = {Anzahl der Personen, die eine Rechenmaschine **gleichzeitig** benötigen}.

   Parameter der Binomialverteilung: $n = 5$ und $p = 0{,}1$.

$$\text{Prob}\{X = 0\} = \binom{5}{0} \cdot (0{,}1)^0 \cdot (0{,}9)^5 = 1 \cdot 1 \cdot 0{,}5905 = 0{,}5905,$$

$$\text{Prob}\{X = 1\} = \binom{5}{1} \cdot (0{,}1)^1 \cdot (0{,}9)^4 = 5 \cdot 0{,}1 \cdot 0{,}6561 = 0{,}3280,$$

$$\text{Prob}\{X = 2\} = \binom{5}{2} \cdot (0{,}1)^2 \cdot (0{,}9)^3 = 10 \cdot 0{,}01 \cdot 0{,}7290 = 0{,}07290,$$

$$\text{Prob}\{X \leq 1\} = 0{,}9185, \qquad \text{Prob}\{X \leq 2\} = 0{,}9914,$$

$$1 - \text{Prob}\{X \leq 1\} = 0{,}0815, \qquad 1 - \text{Prob}\{X \leq 2\} = 0{,}0086.$$

Die Wahrscheinlichkeit, daß höchstens eine Person eine Rechenmaschine benötigt, beträgt 91,8 %, während sie sich für höchstens zwei Personen auf 99,1 % erhöht. Stellt man somit dem Büro eine Rechenmaschine zur Verfügung, beträgt die Wahrscheinlichkeit für das Auftreten von Wartezeiten 8,2 %. Diese verringert sich bei zwei zur Verfügung stehenden Rechenmaschinen auf 0,9 %.

14.2 Die Hypergeometrische Verteilung (HV)

14.2.1 Wahrscheinlichkeitsfunktion und -verteilung

Bei der im Abschnitt 14.1 behandelten Binomialverteilung wurde die Unabhängigkeit der einzelnen Ereignisse vorausgesetzt. Dies bedeutet, daß die Wahrscheinlichkeit $\text{Prob}\{E_0\}$ für das Eintreten des Ereignisses E_0 bei jeder Realisation konstant sein muß. Dies wurde durch die Bedingung des Ziehens einer Stichprobe mit Zurücklegen erreicht.

Diese Bedingung des Zurücklegens der gezogenen Einheit wird bei der Hypergeometrischen Verteilung nicht mehr vorausgesetzt. Dafür muß jetzt der Umfang der Grundgesamtheit berücksichtigt werden, da sich dieser vor jeder Realisation ändert.

Dazu werde folgendes Urnenmodell betrachtet:

In einer Urne befinden sich N Kugeln, von denen wieder N_1 weiß und $N-N_1$ schwarz sind. Aus dieser Urne werden n Kugeln gezogen, wobei die gezogenen Kugeln nicht wieder zurückgelegt werden (einfache Stichprobe ohne Zurücklegen).

Es werde die folgende Zufallsvariable X definiert:

$$X := \{\text{Anzahl der weißen Kugeln in einer Stichprobe vom Umfang } n\}.$$

Es werde dann nach der Wahrscheinlichkeit des Ereignisses $\{X = k\}$ gefragt, d.h.

$$\text{Prob}\{X = k\},$$

d.h. mit welcher Wahrscheinlichkeit befinden sich genau k weiße Kugeln in einer Stichprobe vom Umfang n.

Bei der Binomialverteilung war bereits ausgeführt worden, daß es genau

$$\binom{N}{n}$$

Möglichkeiten gibt, aus einer Grundgesamtheit vom Umfang N eine Stichprobe von n Elementen zu ziehen. Nach Voraussetzung sind alle diese Stichproben gleichmöglich. Beim Ziehen einer Stichprobe ohne Zurücklegen sind nur diejenigen günstige Ereignisse, die genau k weiße Kugeln enthalten. Dazu müssen zunächst k weiße Kugeln aus den insgesamt N_1 weißen herausgegriffen werden, dies kann auf

$$\binom{N_1}{k}$$

verschiedene Möglichkeiten geschehen. Daneben müssen noch (n–k) schwarze Kugeln aus den restlichen $(N-N_1)$ schwarzen Kugeln entnommen werden. Dies kann auf

$$\binom{N-N_1}{n-k}$$

verschiedene Möglichkeiten erfolgen. Jede der Möglichkeiten für die weißen Kugeln läßt sich mit jeder der Möglichkeiten für die schwarzen Kugeln verbinden.

Die **Laplace-Definition** für die Wahrscheinlichkeit ergibt somit

$$\text{Prob}\{X = k\} = \frac{\binom{N_1}{k} \cdot \binom{N-N_1}{n-k}}{\binom{N}{n}} .$$

Eine diskrete Zufallsvariable X, deren Wahrscheinlichkeiten sich nach diesem Bildungsgesetz berechnen lassen, nennt man hypergeometrisch-verteilt. Die Hypergeometrische Verteilung wird durch drei Parameter, nämlich die Größen n, N und N_1, bestimmt. Man kann die Wahrscheinlichkeitsfunktion durch das Symbol $f_{HV}(x_k;n,N,N_1)$ darstellen, sie lautet

$$\text{Prob}\{X = k\} = f_{HV}(x_k) = f_{HV}(x_k;n,N,N_1)$$

$$(14.6) \quad = \begin{cases} \dfrac{\binom{N_1}{k} \cdot \binom{N - N_1}{n - k}}{\binom{N}{n}} & \text{für } k = 0,1,\ldots,n, \\ 0 & \text{sonst.} \end{cases}$$

Die Verteilungsfunktion einer hypergeometrisch-verteilten Zufallsvariablen X lautet dann

$$\text{Prob}\{X \le k\} = F_{HV}(x_k) = F_{HV}(x_k;n,N,N_1)$$

$$(14.7) \quad = \begin{cases} \sum\limits_{i=0}^{k} \dfrac{\binom{N_1}{i} \cdot \binom{N - N_1}{n - i}}{\binom{N}{n}} & \text{für } k = 0,1,\ldots,n, \\ 0 & \text{sonst.} \end{cases}$$

14.2.2 Momente der Hypergeometrischen Verteilung

Der Erwartungswert und die Varianz einer mit den Parametern n, N und N_1 hypergeometrisch-verteilten Zufallsvariablen X seien ohne Beweis angegeben. Sie lauten

$$(14.8) \quad E\{X\} = \mu_X = n \cdot \frac{N_1}{N} = n \cdot p \text{ und}$$

$$(14.9) \quad Var\{X\} = \sigma_X^2 = \frac{N-n}{N-1} \cdot n \cdot \frac{N_1}{N} \cdot \left(1 - \frac{N_1}{N}\right) = \frac{N-n}{N-1} \cdot n \cdot p \cdot q.$$

14.2.3 Vergleich der Hypergeometrischen Verteilung mit der Binomialverteilung

Die numerische Berechnung der Wahrscheinlichkeiten einer hypergeometrisch-verteilten Zufallsvariablen erweist sich meist als recht mühsam. Daher sind Tabellenwerke erstellt worden, um diese Wahrscheinlichkeiten aus ihnen ablesen zu können. Da es sich jedoch um eine dreiparametrige Verteilung handelt, muß eine solche Tabellierung recht umfangreich sein. Eine andere Möglichkeit besteht darin, die Hypergeometrische Verteilung durch andere Verteilungen zu approximieren, es sei denn, man berechnet die Wahrscheinlichkeitswerte mittels eines Computers.

Man kann zeigen, daß sich für große N, N_1 und $N-N_1$ und ein im Vergleich dazu kleines n die Hypergeometrische Verteilung bei gegebenem p recht gut durch die Binomialverteilung approximieren läßt.

Beispiel 14.3:

Die beiden Verteilungen sollen für die Parameterwerte $N = 200$, $N_1 = 100$, $n = 10$ und somit $p = N_1/N = 0{,}5$ miteinander verglichen werden.

Tabelle 14.2:

x	$f_{HV}(x)$	$F_{HV}(x)$	$f_{BV}(x)$	$F_{BV}(x)$
0	0,0008	0,0008	0,0010	0,0010
1	0,0085	0,0093	0,0087	0,0097
2	0,0410	0,0503	0,0440	0,0537
3	0,1153	0,1656	0,1172	0,1709
4	0,2082	0,3738	0,2051	0,3760
5	0,2525	0,6263	0,2460	0,6220
6	0,2082	0,8345	0,2051	0,8271
7	0,1153	0,9498	0,1172	0,9443
8	0,0410	0,9908	0,0440	0,9883
9	0,0085	0,9993	0,0097	0,9980
10	0,0008	1,0000	0,0010	0,9990

Als Regel für die praktische Anwendung kann man bei Parameterwerten von $N \geq 2\,000$ und $n/N \leq 0{,}1$ eine Übereinstimmung beider Verteilungen in der dritten und vierten Stelle nach dem Komma erreichen.

Auch wenn die Approximationsbedingungen erfüllt sind, müssen die Verteilungsparameter nach den Formeln für die Hypergeometrische Verteilung berechnet werden.

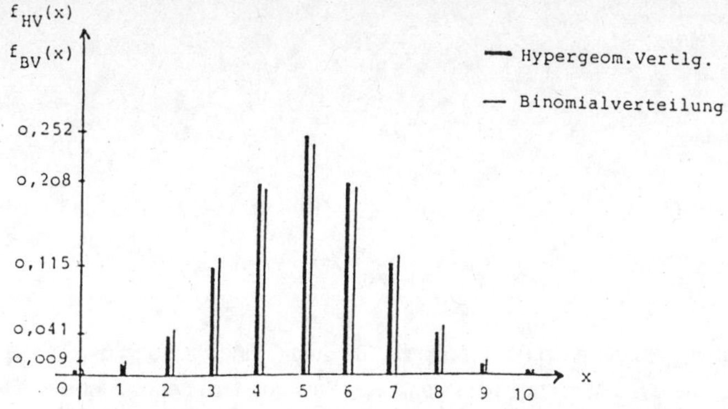

Abb. 14.3: Wahrscheinlichkeitsfunktion der Hypergeometrischen Verteilung und der Binomialverteilung

14.2.4 Beispiele für die Anwendung der Hypergeometrischen Verteilung

1. In einer Sendung von 50 Bildröhren für Fernsehapparate befinden sich 5 defekte Röhren. Es wird eine Stichprobe von 10 Bildröhren herausgegriffen und untersucht. Wie groß ist die Wahrscheinlichkeit, daß sich X = 2 defekte Röhren in der Stichprobe befinden?

   Parameter der Verteilung: Grundgesamtheit $N = 50$, $N_1 = 5$,

   Stichprobe $n = 10$; gesucht: $\text{Prob}\{X = 2\}$.

$$\text{Prob}\{X = 2\} = f_{HV}(2) = \frac{\binom{5}{2} \cdot \binom{45}{8}}{\binom{50}{10}} = \frac{5 \cdot 9 \cdot 13 \cdot 19}{23 \cdot 47 \cdot 49} = 0{,}2098,$$

   d.h. die Wahrscheinlichkeit beträgt rund 21 %.

   Hätte man nicht die Hypergeometrische Verteilung, sondern die Binomialverteilung der Berechnung zugrundegelegt, so würde sich ergeben:

   Parameter der Verteilung: $n = 10$ und $p = 5/50 = 0{,}10$.

$$\text{Prob}\{X = 2\} = f_{NV}(2) = \binom{10}{2} \cdot (0{,}10)^2 \cdot (0{,}90)^8 = 45 \cdot 0{,}01 \cdot 0{,}04304 = 0{,}1937.$$

   Will man wissen, wieviel defekte Bildröhren sich langfristig im Mittel einer Stichprobe vom Umfang n = 10 befinden, muß man den Erwartungswert bestimmen. Man erhält

$$E\{X\} = n \cdot p = 10 \cdot 0{,}1 = 1,$$

und für die Varianz

$$Var\{X\} = \frac{N-n}{N-1} \cdot n \cdot p \cdot q = \frac{40}{49} \cdot 10 \cdot 0{,}1 \cdot 0{,}9 = 0{,}7347,$$

$$\sigma = 0{,}8571.$$

2. Eine Firma liefert Dichtungen in Packungen zu 100 Stück. Eine Packung darf laut Liefervertrag höchstens 10 % Ausschuß enthalten. Jede Packung wird geprüft, indem man 10 Stück zufällig und ohne Zurücklegen entnimmt. Sind diese 10 Stück alle einwandfrei, wird die Packung angenommen, anderenfalls wird sie zurückgewiesen. Wie groß ist bei diesem Prüfverfahren die Wahrscheinlichkeit ungerechtfertigter Reklamationen, indem eine Packung zurückgewiesen wird, obwohl sie den Lieferbedingungen entspricht?

Parameter der Verteilung: Grundgesamtheit: $N = 100$, $N_1 = 10$; Stichprobe: $n = 10$,

gesucht: $1 - Prob\{X=0\} = Prob\{X=1,2,....,10\}$.

$$Prob\{X = 0\} = f_{HV}(0) = \frac{\binom{10}{0} \cdot \binom{100-10}{10}}{\binom{100}{10}} = \frac{\binom{90}{10}}{\binom{100}{10}} = \frac{90!}{10! \cdot 80!} \cdot \frac{10! \cdot 90!}{100!}$$

$$= \frac{81 \cdot 82 \cdot 83 \cdot 84 \cdot 85 \cdot 86 \cdot 87 \cdot 88 \cdot 89 \cdot 90}{91 \cdot 92 \cdot 93 \cdot 94 \cdot 95 \cdot 96 \cdot 97 \cdot 98 \cdot 99 \cdot 100}$$

$$= 0{,}3305,$$

$$1 - Prob\{X = 0\} = 1 - 0{,}3305 = 0{,}6695.$$

Die Wahrscheinlichkeit für unberechtigte Reklamationen beträgt somit 66,95 %.

Approximation durch die Binomialverteilung würde ergeben:

$$n = 10,\ p = N_1/N = 0{,}1$$

$$Prob\{X = 0\} = \binom{10}{0} \cdot (0{,}1)^0 \cdot (0{,}9)^{10} = 0{,}3487,$$

$$1 - Prob\{X = 0\} = 1 - 0{,}3487 = 0{,}6513, \text{ d.h. } 65{,}13\ \%.$$

14.3 Die Poissonverteilung (PV)

14.3.1 Wahrscheinlichkeitsfunktion und -verteilung

Aus der graphischen Darstellung der Binomialverteilung (vgl. Abb. 14.1 und 14.2) erkennt man, daß sich für kleine Werte der Erfolgswahrscheinlichkeit, etwa $p < 0{,}1$, stark linkssteile (rechtsschiefe) Verteilungskurven ergeben. Wird nun bei wachsendem n der Wert für die Erfolgswahrscheinlichkeit kleiner, und zwar so, daß der Mittelwert der Verteilung, $\mu = n \cdot p$, endlich bleibt, dann geht die Binomialverteilung in eine sog. Poissonverteilung über. Diese Poissonverteilung spielt dann eine Rolle, wenn punktuelle Ereignisse im Zeitablauf betrachtet werden, etwa Geburten, Sterbefälle, vorbeifahrende Autos, Bedarfsmeldungen von Ersatzteilen, Telefonanrufe usw. Betrachtet man dieses Geschehen im Zeitablauf, dann spricht man von der Realisierung eines sog. Punktprozesses. Dabei müssen folgende Bedingungen erfüllt sein:

1. Die Zeitpunkte des Eintreffens eines Ereignisses sollen unabhängig sein, d.h. die Wahrscheinlichkeit, daß in einem festen Zeitintervall Ereignisse eintreten, soll unabhängig davon sein, was sich vor dem Beginn dieses Zeitintervalles abgespielt hat.

2. Die Intensität des "Stromes" der eintretenden Ereignisse soll im Zeitablauf konstant sein, d.h. verschiebt man ein Intervall fester Länge auf der Zeitachse, so soll die mittlere Anzahl der in das Intervall fallenden Ereignisse unabhängig von der Lage des Intervalles auf der Zeitachse sein.

Sind für einen Punktprozeß diese Eigenschaften erfüllt, so spricht man von einem Poissonprozeß.

Beispiel 14.4:

Die Bedingung für die Unabhängigkeit der eintreffenden Ereignisse muß jeweils genau überprüft werden. Man betrachte etwa die an einer Beobachtungsstelle einer Autobahn vorbeifahrenden Autos. Bei mäßigem Verkehr sind die Bedingungen für das Zustandekommen eines Poissonprozesses in etwa erfüllt. Bei dichtem Verkehr werden sich jedoch wegen der Notwendigkeit von Überholvorgängen gewisse Anhäufungen von Fahrzeugen bilden, durch deren Existenz die Bedingung der "Regellosigkeit des Verkehrsablaufes" zum Teil aufgehoben werden.

Es wird nun eine Folge von unabhängigen Ereignissen betrachtet, die einen Poissonprozeß bilden. In einem Zeitintervall fester Länge sollen im Durchschnitt λ Einheiten eintreffen. Die Zufallsvariable X bezeichnet die in einem solchen Zeitintervall fester Länge auftretenden Ereignisse. Dann gilt:

In einem Poissonprozeß besitzt die Zufallsvariable X die Wahrscheinlichkeitsfunktion

(14.10) $$\text{Prob}\{X = k\} = f_{PV}(x_k; \lambda) = \frac{\lambda^k}{k!} \cdot e^{-\lambda}, \quad \text{für } k = 0,1,2,\ldots \quad \text{mit } e = 2{,}71828\ldots$$

Diese Wahrscheinlichkeit hängt von der Konstanten λ ab, es handelt sich somit um eine einparametrige Wahrscheinlichkeitsverteilung. Eine Zufallsvariable X heißt Poisson-verteilt, wenn sie der Verteilungsfunktion

$$\text{Prob}\{X \le k\} = F_{PV}(x_k; \lambda) = \begin{cases} \sum_{i=0}^{k} \frac{\lambda^i}{i!} e^{-\lambda} & \text{für } k \ge 0, \\ 0 & \text{für } k < 0 \end{cases}$$

genügt. Natürlich gilt für die Wahrscheinlichkeitsfunktion

$$\sum_{k=0}^{\infty} f_{PV}(x_k; \lambda) = \sum_{k=0}^{\infty} \frac{\lambda^k}{k!} e^{-\lambda} = 1.$$

Für die Momente einer Poisson-verteilten Zufallsvariablen X gilt

(14.12) $$E\{X\} = \mu_X = \lambda = n \cdot p,$$

(14.13) $$\text{Var}\{X\} = \sigma_X^2 = \lambda = n \cdot p.$$

Beispiel 14.5:

Tabelle 14.3: Darstellung der Poissonverteilung für $\lambda = 1$ und $\lambda = 2$

x	$\lambda = 1$ $f_{PV}(x)$	$F_{PV}(x)$	$\lambda = 2$ $f_{PV}(x)$	$F_{PV}(x)$
0	0,3679	0,3679	0,1353	0,1353
1	0,3679	0,7358	0,2707	0,4060
2	0,1839	0,9197	0,2707	0,6767
3	0,0613	0,9810	0,1804	0,8571
4	0,0153	0,9963	0,0902	0,9473
5	0,0031	0,9994	0,0361	0,9834

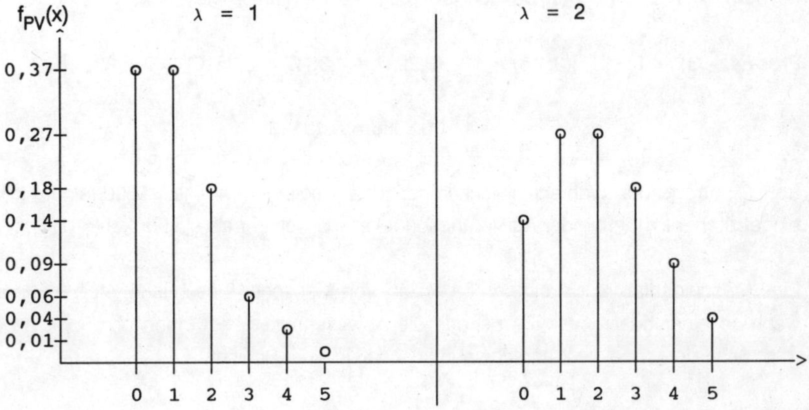

Abb. 14.4: Wahrscheinlichkeitsfunktion der Poissonverteilung

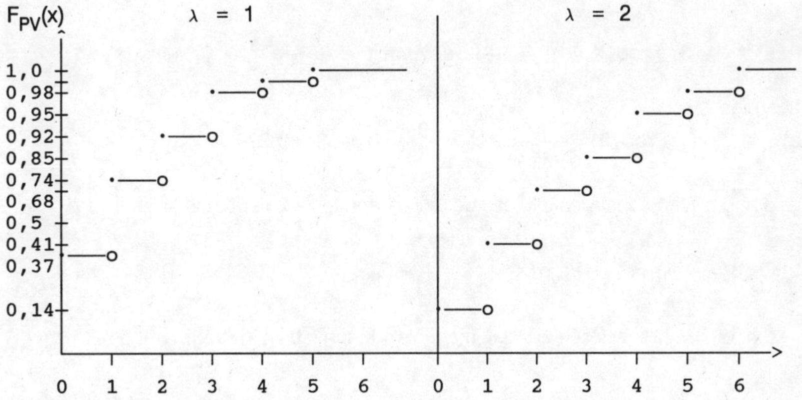

Abb. 14.5: Verteilungsfunktion der Poissonverteilung

14.3.2 Anwendungen der Poissonverteilung

1. In einer Großstadt wurden bisher im langjährigen Durchschnitt 3 unaufgeklärte Mordfälle pro Jahr registriert. Von den Polizeibehörden wurde berichtet, daß man durch verstärkte und intensivierte Verbrechensbekämpfung diese jährliche Rate auf die Hälfte zu drücken hoffe. Unterstellt man, daß diese Behauptung zutreffen würde, wie groß ist dann die Wahrscheinlichkeit, daß in Zukunft scheinbar kein Erfolg bei der Bekämpfung registriert wird, d.h. daß weiterhin 3 oder mehr unaufgeklärte Morde registriert werden?

   Die unaufgeklärten Mordfälle bilden pro Jahr eine Zufallsgröße, die Poisson-verteilt ist, mit dem Parameter $\lambda = 1{,}5$. Gesucht ist $\text{Prob}\{X \geq 3\}$. Man orhält

   $$\text{Prob}\{X \geq 3\} = 1 - F_{PV}(2;1{,}5) = 1 - (0{,}2231 + 0{,}3347 + 0{,}2510)$$

   $$= 1 - 0{,}8088 = 0{,}1912.$$

   Somit beträgt die Wahrscheinlichkeit für das Registrieren eines Mißerfolges trotz eingetretener Erhöhung der Aufklärungsquote etwas weniger als ein Fünftel (< 1/5).

2. Eine Maschinenfabrik, die eine große Anzahl von Menschen beschäftigt, stellt fest, daß während einer bestimmten Zeitperiode die Abwesenheitsrate 3 Mann pro Schicht beträgt. Man berechne die Wahrscheinlichkeit, daß in einer Schicht

   a) genau 2 Mann fehlen,
   b) mehr als 4 Mann fehlen.

   Es ist $\lambda = 3$. $\text{Prob}\{X = k\} = \frac{\lambda^k}{k!} e^{-\lambda}$, mit $e^{-\lambda} = e^{-3} = 0{,}0498$.

   Lösung:

   a) $$\text{Prob}\{2\} = \frac{\lambda^2}{2!} e^{-\lambda} = \frac{9}{2} \cdot 0{,}0498 = 0{,}2241,$$

   d.h. die Wahrscheinlichkeit, daß genau 2 Mann fehlen, beträgt 22,4 %.

   b) $\text{Prob}\{X > 4\} = 1 - \text{Prob}\{X \leq 4\} = 1 - F_{PV}(4) = 1 - 0{,}8153 = 0{,}1847,$

   d.h. die Wahrscheinlichkeit, daß mehr als 4 Mann fehlen, beträgt $\approx$ 18,5 %.

14.3.3 Vergleich der Poissonverteilung mit der Binomialverteilung

Der französische Mathematiker Poisson (1781 - 1840) leitete die Poissonverteilung durch eine Grenzwertbetrachtung aus der Binomialverteilung ab. Man kann sein Ergebnis wie folgt formulieren:

Satz: Ist die mittlere Anzahl der Erfolge bei einer Folge von Zufallsvariablen Y_k, die nur die Werte 0 oder 1 annehmen können, eine Konstante λ, so gilt

$$(14.14) \quad \lim_{n \to \infty} f_{BV}(x_k;n,p) = \lim_{n \to \infty} \binom{n}{k} p^k q^{n-k} = \frac{\lambda^k}{k!} e^{-\lambda} = f_{PV}(x_k;\lambda) .$$

Interpretation:

Gegeben sei eine feste Erfolgswahrscheinlichkeit p. Läßt man nun die Länge der Versuchsserie n sehr groß werden, dann wird $f_{BV}(x_k;n,p)$ immer kleiner. Dies ist einleuchtend, denn nun wächst auch die mittlere Anzahl der Erfolge $n \cdot p$ proportional mit n und "kleine" Erfolgszahlen k werden immer unwahrscheinlicher. Kompensiert man das Wachstum von n durch eine gleichzeitige Verkleinerung von p derart, daß die mittlere Erfolgszahl $n \cdot p$ konstant bleibt, dann kann man einen nichttrivialen Grenzwert erwarten.

Der Anwendungsbereich der Poissonverteilung läßt sich daher erweitern:

Ist λ klein gegenüber $\sqrt{n}$, so kann die Binomialverteilung durch die einfachere Poissonverteilung approximiert werden. Faustregeln für diese Approximation können etwa sein:

a) $n \geq 100$ und $p \leq 0{,}05$ oder
b) $n \geq 50$, $p \leq 0{,}25$ und $n \cdot p \leq 5$.

Beispiel 14.6:

Wie groß ist die Wahrscheinlichkeit, daß unter den 250 Hörern einer Statistikvorlesung k = 0,1 oder 2 Hörer am 1. Januar Geburtstag haben?

Zunächst trifft die Binomialverteilung zu, denn jeder Student repräsentiert ein Zufallsexperiment mit den Ereignissen

E_0: Geburtstag am 1. Januar; $\text{Prob}\{E_0\} = 1/365$

$$E_1\text{: Geburtstag sonst; Prob}\{E_1\} = 364/365.$$

Somit p = 1/365, q = 364/365, n = 250. Man müßte nun $F_{BV}(x_k;250,1/365)$ berechnen.

Mit n = 250 > 50, p = 1/365 < 0,25 und n· p = 250· (1/365) = 0,6849 < 5 kann die Berechnung durch eine Poissonverteilung approximiert werden mit dem Parameter λ = n· p = 250 · 1/365 = 0,6849. Man erhält

$$\text{Prob}\{X = 0\} = e^{-0,6849} = 0,5041,$$

$$\text{Prob}\{X = 1\} = 0,6849 \cdot e^{-0,6849} = 0,3453,$$

$$\text{Prob}\{X = 2\} = (1/2) \cdot (0,6849)^2 \cdot e^{-0,6849} = 0,1183.$$

Zum Vergleich die ungefähren Werte der Binomialverteilung

$$f_{BV}(0;250,1/365) \approx 0,5037,$$

$$f_{BV}(1;250,1/365) \approx 0,3459,$$

$$f_{BV}(2;250,1/365) \approx 0,1183.$$

Beispiel 14.7:

Aus einer Grundgesamtheit, die 2 % defekte Stücke enthält, wird eine Zufallstichprobe vom Umfang n = 50 gezogen. Wie groß ist die Wahrscheinlichkeit, daß die Stichprobe weniger als drei defekte Stücke enthält?

Es ist n = 50, p = 0,02. Somit $\lambda = n \cdot p = 50 \cdot 0,02 = 1$ und $e^{-\lambda} = e^{-1} = 0,3679$.

Rekursive Berechnung der Wahrscheinlichkeiten:

$$\text{Prob}\{0\} = \frac{\lambda^0}{0!} e^{-\lambda} = e^{-\lambda},$$

$$\text{Prob}\{1\} = \frac{\lambda^1}{1!} e^{-\lambda} = \lambda \cdot e^{-\lambda} = \lambda \cdot \text{Prob}\{0\},$$

$$\text{Prob}\{2\} = \frac{\lambda^2}{2!} e^{-\lambda} = \frac{\lambda}{2} \cdot \frac{\lambda \cdot e^{-\lambda}}{1!} = \frac{\lambda}{2} \cdot \text{Prob}\{1\},$$

$$\text{Prob}\{3\} = \frac{\lambda^3}{3!} e^{-\lambda} = \frac{\lambda}{3} \cdot \frac{\lambda^2 \cdot e^{-\lambda}}{2!} = \frac{\lambda}{3} \cdot \text{Prob}\{2\}, \text{ u.s.w.}$$

$$\text{Prob}\{0\} = e^{-\lambda} = 0{,}3679,$$

$$\text{Prob}\{1\} = \lambda \cdot \text{Prob}\{0\} = 0{,}3679,$$

$$\text{Prob}\{2\} = \frac{\lambda}{2} \cdot \text{Prob}\{1\} = 0{,}18395,$$

$$\text{Prob}\{0\} + \text{Prob}\{1\} + \text{Prob}\{2\} = 0{,}91975,$$

d.h. die Wahrscheinlichkeit, daß die Stichprobe weniger als 3 fehlerhafte Stücke aufweist, beträgt 91,975 %, also rund ≈ 92 %. (Exakte Berechnung mittels der Binomialverteilung hätte 0,9216, d.h. rund ≈ 92,2 % ergeben).

14.4 Die Normalverteilung (NV)

Die bis jetzt betrachteten Verteilungen bezogen sich auf Zufallsvariable, deren Realisierungen durch diskrete Zahlenwerte dargestellt wurden. Die Normalverteilung bezieht sich dagegen auf Zufallsvariable, deren Realisierungen jeden Wert aus der Menge der reellen Zahlen annehmen kann. Sie stellt den für die statistische Praxis wichtigsten stetigen Verteilungstyp dar. Außerdem kann sie sehr oft zur Approximation anderer Verteilungen benutzt werden.

Historisch gesehen ist die Normalverteilung mit Namen wie "**Glockenkurve**", "**Fehlergesetz**" oder "**Gauß-Verteilung**" verbunden. Es zeigte sich nämlich, daß viele in der Natur vorkommende Größen, z.B. das Gewicht von Eiern, die Körpergröße von Menschen, die Durchmesser von Kugellagern u.a., Verteilungen aufweisen, die alle ungefähr die gleiche Form besitzen. Diese Form ist glockenförmig (vgl. Abb. 14.6). Mathematisch wird sie durch den Grundtyp e^{-x^2} dargestellt.

Wissenschaften, die sich mit Präzisionsmessungen beschäftigen, wie etwa die Astronomie oder die Geodäsie, stellten bereits früh fest, daß keine vollständig genauen Messungen möglich sind. Bei mehrmaligen Wiederholungen der gleichen Messung ergaben sich verschiedene Resultate, die sich alle um einen Mittelwert μ wie folgt gruppierten

tatsächlicher Meßwert	=	"wahrer Wert"	+	Meßfehler
X	=	μ	+	U.

Dabei ist der Meßfehler U per definitionem eine Zufallsvariable mit dem Erwartungswert $E\{U\} = 0$. Die graphische Darstellung der tatsächlichen Meßwerte X ergab eine Verteilung, deren Form durch eine Glockenkurve dargestellt wird.

Summiert man eine genügend große Zahl von Zufallsvariablen - es kann sich hierbei um stetige oder diskrete handeln - so zeigt sich, daß sich mit wachsender Summandenzahl die Form der Verteilung der Summe einer Glockenkurve nähert, die sich auch für die Verteilung der Meßfehler ergab. Diese Betrachtung legt es nahe, das gemeinsame Auftreten ein und derselben Verteilungsform durch eine gemeinsame Ursache zu erklären, nämlich als Ergebnis der Summierung vieler kleiner "Elementarfehler" bzw. "Störungen". Theoretisch wird diese Vermutung gestützt durch die Aussage des zentralen Grenzwertsatzes, auf den noch eingegangen wird.

14.4.1 Die zweiparametrige Schar von Normalverteilungen, die standardisierte Normalverteilung

Viele Situationen im Bereich der statistischen Anwendungen lassen sich durch eine stetige Zufallsvariable X beschreiben, deren Wahrscheinlichkeitsverteilung sich durch folgende Beziehungen beschreiben läßt:

a) Wahrscheinlichkeitsdichte

$$\text{(14.15)} \qquad \text{Prob}\{X = x\} = f_{NV}(x;\mu;\sigma^2) = \frac{1}{\sigma\sqrt{2\pi}}\, e^{-\frac{(x-\mu)^2}{2\sigma^2}} ,$$

mit $e = 2{,}71828\ldots$ und $\pi = 3{,}14159\ldots$

b) Verteilungsfunktion

(14.16) $$\text{Prob}\{X \leq x\} = F_{NV}(x;\mu;\sigma^2) = \frac{1}{\sigma\sqrt{2\pi}} \int_{-\infty}^{x} e^{-\frac{(v-\mu)^2}{2\sigma^2}} dv.$$

Eine Zufallsvariable X, die diesen Verteilungsgesetzen gehorcht, wird als **normalverteilte Zufallsvariable** bezeichnet. Das Verteilungsgesetz bezeichnet man als Normalverteilung $N(\mu;\sigma^2)$. Die beiden Größen μ und σ^2 stellen die Parameter der Verteilung dar.

Dies bedeutet, daß die Menge **aller** Normalverteilungen $N(\mu;\sigma^2)$ eine **zweiparametrige Schar** darstellt.

Man kann zeigen, daß diese Parameter gerade den **Erwartungswert** und die **Varianz** der Zufallsvariablen X darstellen. Es gilt nämlich

c) Momente der Verteilung

(14.17) $$E\{X\} = \mu \text{ und}$$

(14.18) $$\text{Var}\{X\} = \sigma^2.$$

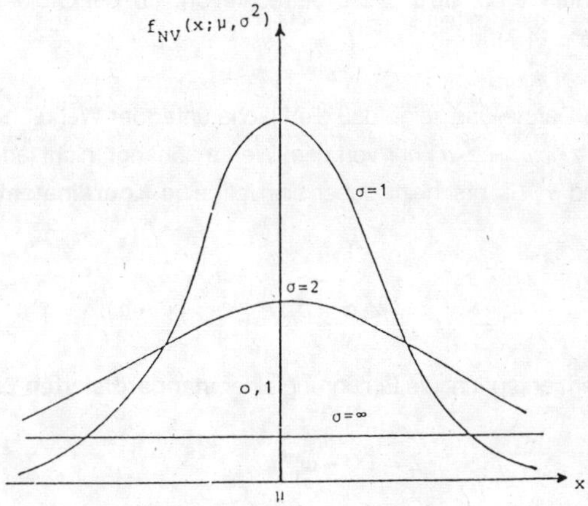

Abb. 14.6: Wahrscheinlichkeitsdichten der Normalverteilung bei konstantem Mittelwert und verschiedenen Werten für die Varianz

Aus der Graphik der Wahrscheinlichkeitsdichte der Normalverteilung (Abb. 14.6) kann man unmittelbar folgende Eigenschaften der Normalverteilung erkennen:

1. Die Normalverteilung ist **symmetrisch**.

2. Das **Maximum** liegt stets an der Stelle $x = \mu$.

3. Je kleiner σ, desto stärker konzentrieren sich die Werte um μ.

4. Die **Wendepunkte** der Verteilung sind um $\pm\ \sigma$ von μ entfernt.

5. Die Verteilung nähert sich auf beiden Seiten asymptotisch der x-Achse.

6. Durch Veränderung von μ verschiebt sich die komplette Kurve ohne Veränderung ihrer Gestalt.

7. Durch Vergrößerung bzw. Verkleinerung von σ wird sie jedoch auseinandergezogen bzw. zusammengedrückt, gleichzeitig steigt bzw. sinkt das Maximum.

Man kann nun zeigen, daß die graphische Form der Wahrscheinlichkeitsdichte $f_{NV}(x;\mu;\sigma^2)$ und der Verteilungsfunktion $F_{NV}(x;\mu;\sigma^2)$ vollständig beschrieben werden kann, wenn man auf der x-Achse nur die Punkte $\mu \pm z \cdot \sigma$ betrachtet und auf der Ordinatenachse die Einheit σ^{-1} wählt (vgl. Abb. 14.7).

Diese graphische Darstellung zeigt, daß die Fläche unter der Wahrscheinlichkeitsdichte für ein Intervall $[\mu + z \cdot \sigma; \mu - z \cdot \sigma]$ nur von dem Wert z abhängt, nicht jedoch von den beiden Parametern μ und σ. Es erscheint daher sinnvoll, eine **Koordinatentransformation** von der Form

$$x = \mu + z \cdot \sigma \quad \text{bzw.} \quad z = (x - \mu)/\sigma$$

vorzunehmen. Dem entspricht die Einführung einer **standardisierten Zufallsvariablen Z**

(14.19) $$Z = (X - \mu)/\sigma.$$

Die Zufallsvariable Z gibt also die Werte der Zufallsvariablen X als Abweichungen von ihrem Mittelwert in Einheiten der Standardabweichungen an.

Sei X eine Zufallsvariable, die $N(\mu;\sigma^2)$-verteilt ist, dann erhält man durch die Transformation $Z = (X - \mu)/\sigma$ ebenfalls eine normalverteilte Zufallsvariable, die N(0,1)-verteilt ist, d.h. mit dem Mittelwert 0 und der Varianz 1.

Man spricht von einer **standardnormalverteilten Zufallsvariablen** Z und sagt, Z sei N(0,1)-verteilt. Es gelten die Beziehungen:

a) **Wahrscheinlichkeitsdichte** einer N(0,1)-verteilten Zufallsvariablen Z

$$(14.20) \qquad f_{NV}(z;0,1) = \frac{1}{\sqrt{2\pi}}\, e^{-\frac{z^2}{2}},$$

b) **Verteilungsfunktion** einer N(0,1)-verteilten Zufallsvariablen Z

$$(14.21) \qquad F_{NV}(z;0,1) = \text{Prob}\{Z \leq z\} = \frac{1}{\sqrt{2\pi}} \int_{-\infty}^{z} e^{-\frac{v^2}{2}}\, dv.$$

Die Parameter $\mu;\sigma^2$ bzw. 0;1 zur Unterscheidung einer normalverteilten Zufallsvariablen X von einer standardnormalverteilten Zufallsvariablen Z werden weggelassen, wenn keine Verwechslungen möglich sind.

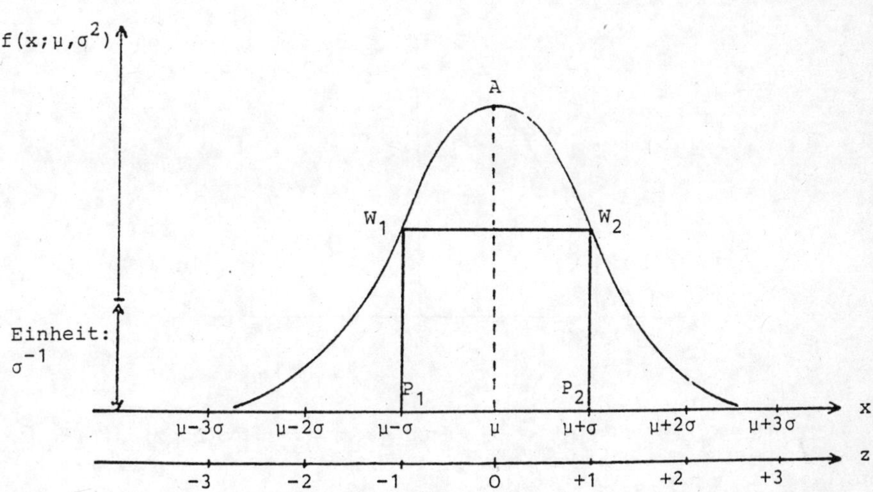

Abb. 14.7: Wahrscheinlichkeitsdichte der Normalverteilung

14.4.2 Das Rechnen mit normalverteilten Zufallszahlen

Die numerische Berechnung der Wahrscheinlichkeitswerte von normalverteilten Zufallsgrößen erweist sich als äußerst schwierig, da das in der Wahrscheinlichkeitsverteilung auftretende Integral nicht mit elementaren Methoden ausgewertet werden kann. Durch die Transformation auf eine standardnormalverteilte Zufallsvariable Z gelingt es, die Wahrscheinlichkeitswerte zu berechnen, wobei die Verteilungsfunktion $F_{NV}(z;0,1)$ in Tabellenform vorliegt. Diese Tabellen umfassen in der Regel nur die Werte $z \geq 0$, da man wegen der Symmetrie der Normalverteilung die Verteilungswerte für negative Werte aus der Beziehung

(14.22) $$F_{NV}(-z) = 1 - F_{NV}(z)$$

bestimmen kann (vgl. Abb. 14.8).

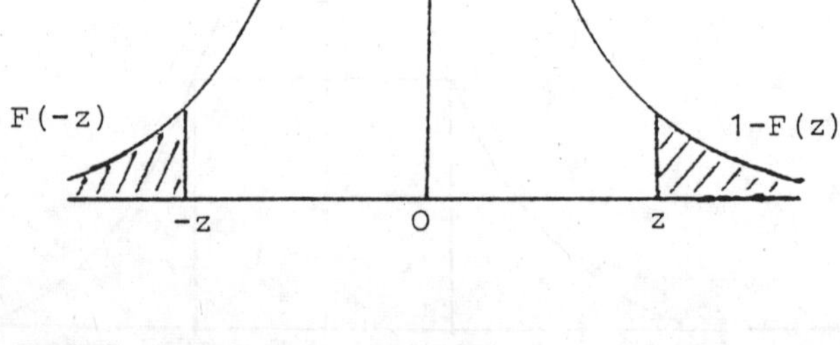

Abb. 14.8: $F_{NV}(-z) = \text{Prob}\{Z \leq -z\} = \text{Prob}\{Z > z\} = 1 - \text{Prob}\{Z \leq z\} = 1 - F_{NV}(z)$

Das Berechnen der Wahrscheinlichkeitswerte mit Hilfe der Tabelle soll anhand von sechs Grundaufgaben für eine nach N(0,1)-verteilte Zufallsgröße Z gezeigt werden:

1) $\text{Prob}\{Z \leq 0{,}9455\} = F(0{,}9455) = F(0.945) + 0{,}5 \cdot [F(0{,}946) - F(0{,}945)]$
$= 0{,}8277 + 0{,}5 \cdot [0{,}8279 - 0{,}8277] = 0{,}8277 + 0{,}0001 = 0{,}8278.$

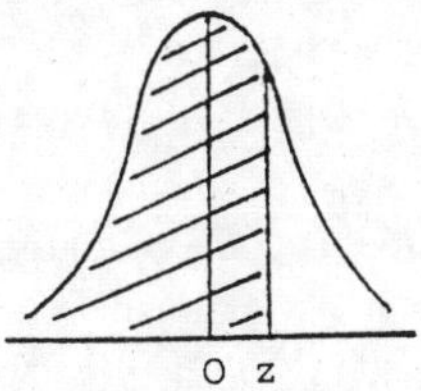

2) $\text{Prob}\{Z \geq 2\} = 1 - F(2) = 1 - 0{,}9773 = 0{,}0227.$

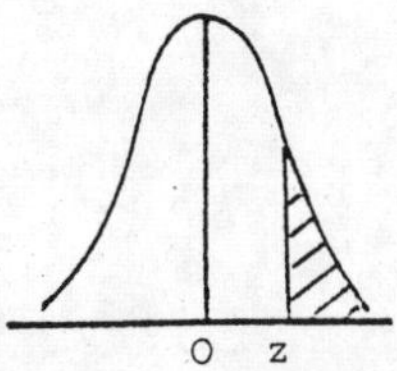

3) $\text{Prob}\{Z \leq -1{,}72\} = 1 - F(1{,}72) = 1 - 0{,}9573 = 0{,}0427.$

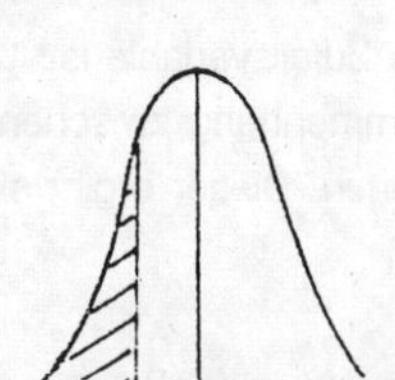

4) $\text{Prob}\{Z \geq -0{,}48\} = 1 - \text{Prob}\{Z \leq -0{,}48\} = 1 - [1 - F(0{,}48)] = F(0{,}48) = 0{,}6844.$

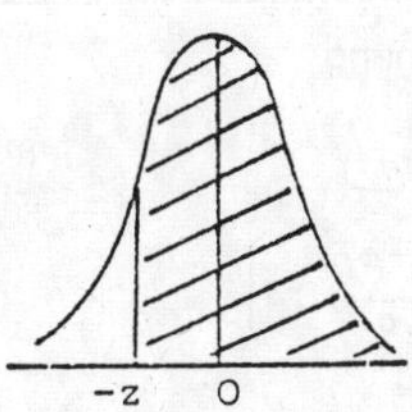

5) $\text{Prob}\{-2{,}7 \le Z \le 2{,}7\} = \text{Prob}\{Z \le 2{,}7\} - \text{Prob}\{Z \le -2{,}7\}$
$= F(2{,}7) - [1 - F(2{,}7)] = 2 \cdot F(2{,}7) - 1 = 2 \cdot 0{,}9965 - 1$
$= 0{,}9930.$

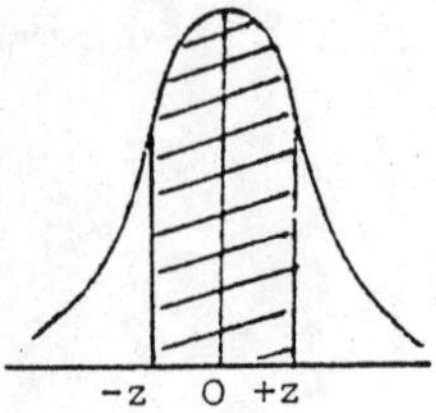

6) $\text{Prob}\{-1{,}2 \le Z \le -0{,}3\} = F(-0{,}3) - F(-1{,}2) = 1 - F(0{,}3) - [1 - F(1{,}2)]$
$= F(1{,}2) - F(0{,}3) = 0{,}8849 - 0{,}6179 = 0{,}2670.$

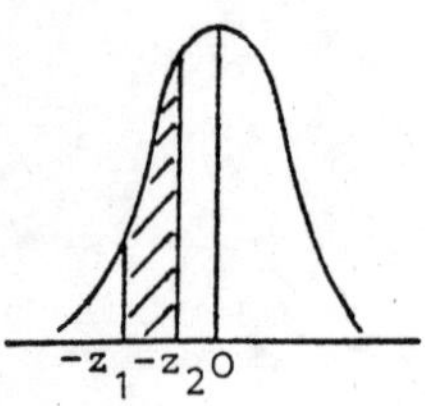

Es wird nun der Fall betrachtet, daß X eine nach $N(\mu;\sigma^2)$-verteilte Zufallsvariable ist. Um ihre Wahrscheinlichkeitswerte zu bestimmen, muß man den Zusammenhang zwischen X und der zugehörigen standardnormalverteilten Zufallsgröße Z kennen. Dieser ergibt sich durch

(14.13) $\quad F_{NV}(x;\mu;\sigma^2) = \text{Prob}\{X \le x\} = \text{Prob}\{Z \le (x-\mu)/\sigma\} = F_{NV}\{(x-\mu)/\sigma;0;1\}.$

Diese Beziehung erlaubt es, die Berechnung der Wahrscheinlichkeiten von beliebigen normalverteilten Zufallsvariablen mit Hilfe der Tabellen für die standardnormalverteilte Zufallsvariable vorzunehmen. Für einen endlichen Bereich lautet die Beziehung

$$\begin{aligned}\text{Prob}\{x_1 \le X \le x_2\} &= F_{NV}(x_2;\mu;\sigma^2) - F_{NV}(x_1;\mu;\sigma^2)\\ &= F_{NV}\left(\frac{x_2-\mu}{\sigma};0;1\right) - F_{NV}\left(\frac{x_1-\mu}{\sigma};0;1\right)\\ &= F_{NV}(z_2) - F_{NV}(z_1).\end{aligned}$$

Beispiel 14.8:

Angenommen, das Gewicht von Briefumschlägen sei normalverteilt mit dem Mittelwert $\mu = 0{,}8$ g und der Varianz $\sigma^2 = 0{,}0025$.

Wie viele Briefumschläge unter 10 000 Stück werden mehr als 0,95 g wiegen?

Es sind $\mu = 0{,}8$ und $\sigma = 0{,}05$.

Gesucht: Prob$\{X \geq 0{,}95\}$.

Antwort: $\text{Prob}\{X \geq 0{,}95\} = \text{Prob}\{Z \geq \frac{0{,}95 - 0{,}80}{0{,}05}\}$

$= \text{Prob}\{Z \geq 3\} = 1 - F(3)$

$= 1 - 0{,}9987 = 0{,}0013,$

d.h. 0,13 % oder 13 Briefumschläge unter 10 000 Stück werden mehr als 0,95 g wiegen.

Bisher wurde bei einer $N(\mu;\sigma^2)$-verteilten Zufallsvariablen X nach der Wahrscheinlichkeit gefragt, mit der sie in einem vorgegebenen Intervall $[x_1,x_2]$ liegt. Nun kann diese Fragestellung umgekehrt werden. Man kann einen Wert für die Wahrscheinlichkeit, er möge mit δ bezeichnet werden, vorgeben. Es soll dann ein Bereich bestimmt werden, in dem die Zufallsvariable X mit dieser vorgegebenen Wahrscheinlichkeit liegen wird. Allerdings hat diese Umkehraufgabe keine eindeutige Lösung (vgl. Abb. 14.9). Selbst wenn man den Bereich als zusammenhängend voraussetzt, kann man durch Verschieben eine kontinuierliche Menge von Bereichen zu einer vorgegebenen Wahrscheinlichkeit δ konstruieren. Eine eindeutige Lösung dieser Umkehraufgabe läßt sich **nur** erreichen, wenn man eine bestimmte Form für den gesuchten Bereich vorschreibt.

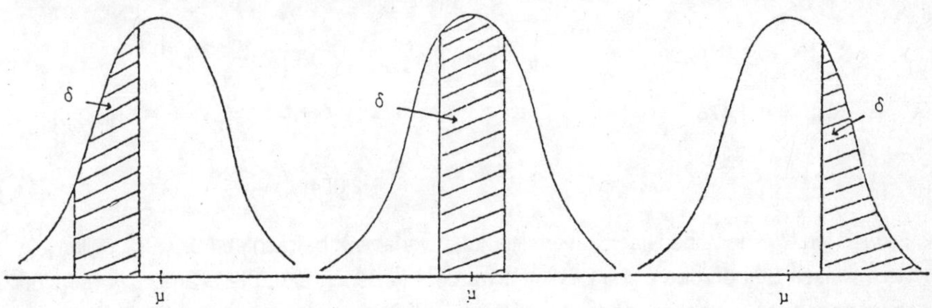

Abb. 14.9: Verschiedene Bereiche zu einer bestimmten Wahrscheinlichkeit δ

Zunächst soll die Lösung dieser Umkehraufgabe für die standardisierte Zufallsvariable Z gezeigt werden:

Gegeben sei eine reelle Zahl δ mit $0 < \delta < 1$. Es soll die Gleichung $F(z) = \delta$ nach z aufgelöst werden. Da die Funktion F(z) als stetige Verteilungsfunktion streng monoton ist, existiert eine eindeutige Lösung $z = F^{-1}(\delta)$. Diese besagt, daß die standardisierte Zufallsvariable Z mit der Wahrscheinlichkeit δ in dem Bereich $(-\infty, F^{-1}(\delta)]$ liegt.

Aus den Tabellen für die standardisierte Normalverteilung läßt sich aber nur die obere Bereichsgrenze $F^{-1}(\delta)$ für die Werte $\delta \geq 0{,}5$ ablesen. Für die Werte $\delta < 0{,}5$ muß man wieder die Eigenschaft $F(-z) = 1 - F(z)$ verwenden. Aus $F(z) = \delta$ folgt

$$1 - F(z) = 1 - \delta,$$

$$F(-z) = 1 - \delta,$$

$$-z = F^{-1}(1 - \delta),$$

(14.25)
$$z = -F^{-1}(1 - \delta).$$

Um zu diesem Ergebnis zu gelangen, ging man von der Gleichung $F(z) = \delta$ aus. Damit müssen die beiden Ergebnisse, sowohl $z = F^{-1}(\delta)$ als auch $z = -F^{-1}(1 - \delta)$, übereinstimmen, d.h. es gilt

(14.26)
$$F^{-1}(\delta) = -F^{-1}(1 - \delta).$$

Beispiel 14.9:

Es soll die Gleichung $F(z) = \delta$ gelöst werden für

a) $\delta = 0{,}93$, und b) $\delta = 0{,}02$.

a)

$$F(z) = 0{,}93,$$

$$z = F^{-1}(0{,}93),$$

$$z = 1{,}476.$$

b)

$$F(z) = 0{,}02,$$

$$z = F^{-1}(0{,}02),$$

$$z = -F^{-1}(1-0{,}02) = -F^{-1}(0{,}98),$$

$$z = -2{,}054.$$

Es wird jetzt wieder eine $N(\mu;\sigma^2)$-verteilte Zufallsvariable X betrachtet. Für diese sollen wieder gewisse Standardbereiche bestimmt werden, in denen die Zufallsvariable X mit einer vorgegebenen Wahrscheinlichkeit δ liegt. Die folgenden vier Standardbereiche werden betrachtet:

1. links-offener Bereich:

$$\mathrm{Prob}\{X \le x\} = \delta,$$

$$\mathrm{Prob}\{Z \le (x-\mu)/\sigma\} = \delta,$$

$$(x-\mu)/\sigma = F^{-1}(\delta),$$

$$x = \mu + \sigma \cdot F^{-1}(\delta).$$

2. rechts-offener Bereich:

$$\mathrm{Prob}\{X \ge x\} = \delta,$$

$$\mathrm{Prob}\{Z \ge (x-\mu)/\sigma\} = \delta,$$

$$1 - F([x-\mu]/\sigma) = \delta,$$

$$F([x-\mu]/\sigma) = 1 - \delta,$$

$$(x-\mu)/\sigma = F^{-1}(1-\delta) = - F^{-1}(\delta),$$

$$x = \mu - \sigma \cdot F^{-1}(\delta).$$

3. Symmetrischer Bereich um den Erwartungswert

$$\mathrm{Prob}\{\mu-h \le X \le \mu+h\} = \delta,$$

$$\mathrm{Prob}\{- h/\sigma \le Z \le h/\sigma\} = \delta,$$

$$\mathrm{Prob}\{Z \le h/\sigma\} - \mathrm{Prob}\{- h/\sigma \le Z\} = \delta,$$

$$\mathrm{Prob}\{Z \le h/\sigma\} - [1 - \mathrm{Prob}\{Z \le h/\sigma\}] = \delta,$$

$$2 \cdot \mathrm{Prob}\{Z \le h/\sigma\} - 1 = 2 \cdot F\{h/\sigma\} - 1 = \delta,$$

$$F\{h/\sigma\} = (1 + \delta)/2,$$

$$h/\sigma = F^{-1}\{(1+\delta)/2\},$$

$$h = \sigma \cdot F^{-1}\{(1+\delta)/2\}.$$

Die beiden Bereichsgrenzen x_u und x_o ergeben sich somit zu

$$x_u = \mu - \sigma \cdot F^{-1}\{(1+\delta)/2\} \text{ und}$$

$$x_o = \mu + \sigma \cdot F^{-1}\{(1+\delta)/2\}.$$

4. Beidseitig abgeschlossener Bereich, dessen untere Bereichsgrenze durch x_u vorgegeben ist

$$\text{Prob}\{x_u \leq X \leq x\} = \delta$$

$$\text{Prob}\{(x_u-\mu)/\sigma \leq Z \leq (x-\mu)/\sigma\} = \delta$$

$$F([x-\mu]/\sigma) - F([x_u-\mu]/\sigma) = \delta$$

$$F([x-\mu]/\sigma) = \delta + F([x_u-\mu]/\sigma),$$

$$(x-\mu)/\sigma = F^{-1}[\delta + F([x_u-\mu]/\sigma),$$

$$x = \mu + \sigma \cdot F^{-1}[\delta + F([x_u-\mu]/\sigma)].$$

Beispiel 14.10:

Eine Großhandlung muß einem Kunden nach Eintreffen seiner Bestellung die Ware binnen 60 Minuten ausgeliefert haben. Der Kunde kann entweder über die Autobahn oder über eine Landstraße mit vielen Ortsdurchfahrten angefahren werden. Die Fahrzeiten X seien normal-verteilte Zufallsvariablen mit den Verteilungen

Autobahn	: N(26;9) – verteilt,
Landstraße	: N(20;100)– verteilt.

Da die Zusammenstellung des Auftrages im Lager eine gewisse Zeit benötigt, stehen dem Fahrer zur Auslieferung nicht mehr die vollen 60 Minuten zur Verfügung. Angenommen, ihm stehen nur noch 28 (bzw. 29) Minuten zur Verfügung. Welche Route soll er wählen, um die Wahrscheinlichkeit einer verspäteten Anlieferung so gering wie möglich zu halten? Welche Route würde man für die Rückfahrt vorschlagen, damit der Wagen mit größerer Wahrscheinlichkeit früher wieder zum Lager zurückkommt?

1. Fahrt auf der Landstraße, d.h. X ist N(20;100)-verteilt:

a) $\text{Prob}\{X \geq 28\} = \text{Prob}\{Z \geq (28 - 20)/10\} = \text{Prob}\{Z \geq 0{,}8\}$

$= 1 - F(0{,}8) = 1 - 0{,}79 = 0{,}21,$

d.h. die Wahrscheinlichkeit einer Verspätung beträgt 21 %.

b) $\text{Prob}\{X \geq 29\} = \text{Prob}\{Z \geq (29 - 20)/10\} = \text{Prob}\{Z \geq 0{,}9\}$

$= 1 - F(0{,}9) = 1 - 0{,}82 = 0{,}18,$

d.h. die Wahrscheinlichkeit einer Verspätung beträgt 18 %.

2. Fahrt auf der Autobahn, d.h. X ist N(26;9)-verteilt:

a) $\text{Prob}\{X \geq 28\} = \text{Prob}\{Z \geq (28 - 26)/3\} = \text{Prob}\{Z \geq 2/3\}$

$= 1 - F(0{,}67) = 1 - 0{,}75 = 0{,}25,$

d.h. die Wahrscheinlichkeit einer Verspätung beträgt 25 %.

b) $\text{Prob}\{X \geq 29\} = \text{Prob}\{Z \geq (29 - 26)/3\} = \text{Prob}\{Z \geq 1\}$

$= 1 - F(1) = 1 - 0{,}84 = 0{,}16,$

d.h. die Wahrscheinlichkeit einer Verspätung beträgt 16 %.

Daraus folgt, daß der Fahrer die Autobahn wählen sollte, wenn ihm 29 Minuten (oder mehr) für die Fahrt zur Verfügung stehen. Hat er dagegen nur 28 Minuten (oder weniger) Zeit für die Fahrt, dann sollte er die Route auf der Landstraße wählen.

Für die Rückfahrt ist wegen der fehlenden Zeitbeschränkung auf jeden Fall die Autobahnroute zu wählen. Bekanntlich liegen bei einer normalverteilten Zufallsvariablen X rund 84 % der Realisationen x im Intervall $(-\infty; \mu+\sigma]$. Dies bedeutet, daß man in rund 84 % aller Fälle das Lager über die Autobahn nach 29 Minuten, über die Landstraße jedoch erst nach 30 Minuten erreichen würde.

Beispiel 14.11:

Es sei X eine nach N(5;2,25)-verteilte Zufallsvariable.

1. Man bestimme einen symmetrischen Bereich um den Mittelwert, so daß 99 % der Realisationen von X in diesem Bereich liegen..

2. Man bestimme eine Zahl x so, daß 10 % der Realisationen in einem Bereich liegen, dessen untere Begrenzung durch $x_u = 6{,}5$ gegeben wird.

Lösungen:

1. Es ist $\mu = 5$, $\sigma = 1{,}5$, $\delta = 0{,}99$ und $(1+\delta)/2 = 0{,}995$.

   Somit ergeben sich die beiden Bereichsgrenzen zu

   $$x_u = \mu - \sigma \cdot F^{-1}([1+\delta]/2) = 5 - 1{,}5 \cdot F^{-1}(0{,}995) = 5 - 1{,}5 \cdot 2{,}575$$

   $$= 5 - 3{,}8625 = 1{,}1375,$$

   $$x_o = \mu + \sigma \cdot F^{-1}([1+\delta]/2) = 5 + 3{,}8625 = 8{,}8625.$$

   Mit einer Wahrscheinlichkeit von 99 % liegt die Zufallsvariable X im Bereich [1,136 ; 8,864].

2. $\text{Prob}\{6{,}5 \leq X \leq x\} = 0{,}1,$

   $$\text{Prob}\{(6{,}5-5)/1{,}5 \leq Z \leq (x-5)/1{,}5\} = 0{,}1,$$

   $$F([x-5]/1{,}5) - F(1) = 0{,}1,$$

   $$F([x-5]/1{,}5 = 0{,}1 + F(1) = 0{,}9413,$$

$$(x-5)/1{,}5 = F^{-1}(0{,}9413) = 1{,}566,$$

$$x = 5 + 2{,}349 = 7{,}349.$$

Mit einer Wahrscheinlichkeit von 10 % liegt die Zufallsvariable X im Bereich [6,5 ; 7,349].

14.4.3 Die Normalverteilung als Näherungslösung für bestimmte Verteilungstypen

Für große Werte gewisser Parameter nähert sich die Form vieler, durch ein bestimmtes Gesetz gegebener Typen von Verteilungsfunktionen der Form der "**Glockenkurve**" an. Dies gilt insbesondere für folgende diskrete Verteilungen:

a) Binomialverteilung für große Werte von $n \cdot p$.

b) Hypergeometrische Verteilung für große Werte von N, N_1 und kleines n.

c) Poissonverteilung für große Werte von λ.

Es läßt sich dabei folgendes Schema für die Übergänge zwischen den einzelnen Verteilungen aufstellen:

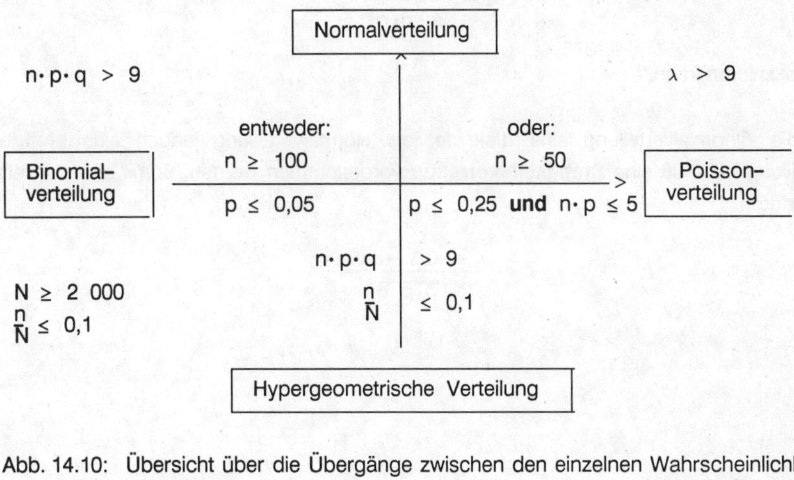

Abb. 14.10: Übersicht über die Übergänge zwischen den einzelnen Wahrscheinlichkeitsverteilungen

14.4.3.1 Approximation der Binomialverteilung durch die Normalverteilung

Für große Werte von n sind der Binomialkoeffizient $\binom{n}{k}$ sowie die Potenzen p^k und q^{n-k} in der Formel für die Binomialverteilung numerisch sehr mühsam zu berechnen. Es wurde bereits gezeigt, daß für kleine Werte der Erfolgswahrscheinlichkeit p die Poissonverteilung als Approximation verwendet werden kann. Nun möchte man aber auch für solche Werte von p, bei denen die Poissonverteilung als Approximation nicht geeignet ist, eine brauchbare Näherungslösung besitzen. Man kann zur Approximation einer Binomialverteilung die Normalverteilung benutzen. Je näher die Erfolgswahrscheinlichkeit p der Binomialverteilung bei 0,5 liegt, desto symmetrischer ist die Verteilung, und um so besser wird ihre Approximation durch die Normalverteilung. Ein kleiner Wert für p bedingt eine größere Schiefe der Binomialverteilung. Um eine brauchbare Approximation zu erzielen, benötigt man deshalb ein größeres n zum Erzielen einer brauchbaren Näherung. Als Faustregel für eine hinreichende Genauigkeit der Approximation benutzt man die folgende Ungleichung

$$n > \frac{9}{p(1 - p)} \quad .$$

Diese besagt, daß man für $n \cdot p \cdot q > 9$ eine Binomialverteilung durch eine Normalverteilung mit der standardisierten Zufallsvariablen

$$\hat{Z} = \frac{X - n \cdot p}{\sqrt{n \cdot p \cdot q}}$$

approximieren kann.

Da die Binomialverteilung eine **diskrete**, die Normalverteilung jedoch eine **stetige** Verteilung ist, muß eine **Stetigkeitskorrektur** vorgenommen werden. Somit approximiert man durch

$$\hat{Z} = \frac{X + 0{,}5 - n \cdot p}{\sqrt{n \cdot p \cdot q}} \quad .$$

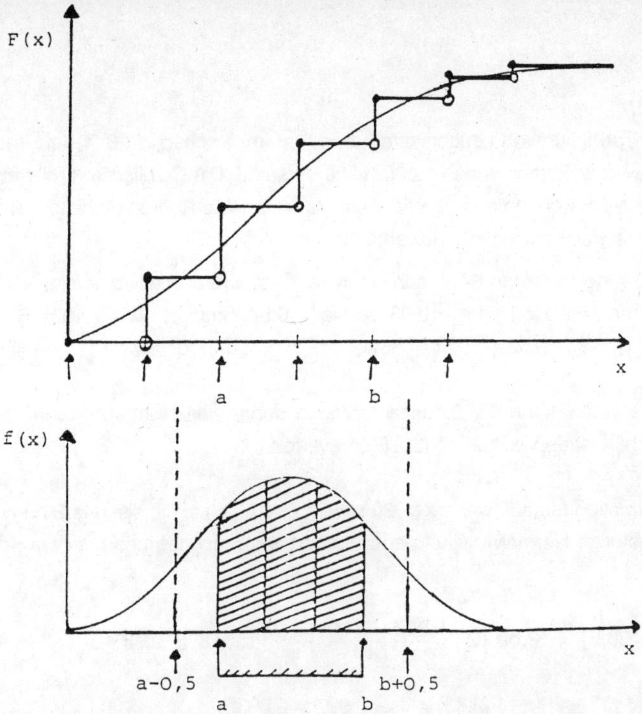

Abb. 14.11: Zur Anwendung der Stetigkeitskorrektur bei der Approximation einer diskreten durch eine stetige Verteilungsfunktion

Bei der Berechnung der Intervallwahrscheinlichkeit Prob{a ≤ X ≤ b} muß die Stetigkeitskorrektur an beiden Intervallgrenzen berücksichtigt werden. Dabei wird das Intervall "aufgebläht", um sicher zu sein, daß die beiden diskreten Punkte a und b vom Intervall "überdeckt" werden. Man ersetzt daher das Intervall der diskreten Zufallsvariablen (a ≤ X ≤ b) durch das Intervall der stetigen Zufallsvariablen (a − 0,5 ≤ Z ≤ b + 0,5), d.h.

$$\text{Prob}\{x_a < X_{diskret} \leq x_b\} = \text{Prob}\{x_a - 0{,}5 \leq X_{stetig} \leq x_b + 0{,}5\}$$

$$= \text{Prob}\left(\frac{x_a - 0{,}5 - n \cdot p}{\sqrt{n \cdot p \cdot q}} \leq Z \leq \frac{x_b + 0{,}5 - n \cdot p}{\sqrt{n \cdot p \cdot q}}\right).$$

Beispiel 14.12:

Bei einer Produktion von Leuchtstoffröhren fallen im Durchschnitt 6 % defekte Röhren an. Die Ware wird in Partien von je 1 000 Stück versandt. Die Qualitätskontrolle eines Abnehmers reklamiert, wenn in einer Partie mehr als 80 defekte Röhren enthalten sind. Wie groß ist die Wahrscheinlichkeit einer Reklamation?

Die Anzahl X der defekten Röhren in einer Partie ist approximativ binomial-verteilt mit den Parametern $n = 1\,000$ und $p = 0{,}06$ bzw. $q = 0{,}94$. Somit ist $\mu = n \cdot p = 60$, und $\sigma^2 = n \cdot p \cdot q = 1\,000 \cdot 0{,}06 \cdot 0{,}94 = 56{,}4$, und $\sigma = \sqrt{n \cdot p \cdot q} = 7{,}51$.

Weil $56{,}4 > 9$ ist, kann die Binomialverteilung durch eine Normalverteilung approximiert werden, d.h. X ist approximativ $N(60; 56{,}4)$-verteilt.

Eine Reklamation tritt auf, wenn $X > 80$ bzw. $X \geq 81$ ist. Da die diskrete Binomialverteilung durch die stetige Normalverteilung approximiert wird, rechnet man mit dem Korrekturwert $X = 80{,}5$.

$$\text{Prob}\{X \geq 80{,}5\} = \text{Prob}\left\{Z \geq \frac{80{,}5 - 60}{7{,}51}\right\} = \text{Prob}\{Z \geq 2{,}73\}$$

$$= 1 - F(2{,}73) = 1 - 0{,}997 = 0{,}003,$$

d.h. die gesuchte Wahrscheinlichkeit beträgt 0,3 %.

14.4.3.2 Approximation der Poissonverteilung durch die Normalverteilung

Auch die Poissonverteilung läßt sich für große Werte des Parameters λ durch eine Normalverteilung approximieren. Dieser Approximationsfehler wird kleiner als 0,01 wenn $\lambda \geq 100$ ist. Für die Praxis brauchbare Resultate der Approximation erreicht man aber bereits für $\lambda > 9$. Gilt für eine Poisson-verteilte Zufallsvariable X: $\lambda > 9$, dann ist X approximativ normalverteilt mit den beiden Parametern $\mu = \lambda$ und $\sigma = \sqrt{\lambda}$.

Eine anschauliche Darstellung der Approximation einer diskreten Poissonverteilung mit $\lambda = 4$ durch eine stetige Normalverteilung wird für den Bereich $0 \leq x \leq 9$ in der Abbildung 14.12 gezeigt.

Tabelle 14.4: Approximation der Poissonverteilung durch die Normalverteilung

x	$F_{PV}(x;\lambda=4)$	$F_{NV}\left(\frac{x-4}{2}\right)$	$F_{NV}\left(\frac{x+0,5-4}{2}\right)$	(2) - (3)	(2) - (4)
(1)	(2)	(3)	(4)	(5)	(6)
0	0,0183	0,0228	0,0401	- 0,0045	- 0,0218
1	0,0916	0,0668	0,1057	0,0248	- 0,0141
2	0,2381	0,1587	0,2266	0,0794	0,0115
3	0,4335	0,3085	0,4013	0,1250	0,0322
4	0,6228	0,5000	0,5987	0,1228	0,0241
5	0,7851	0,6915	0,7734	0,0936	0,0117
6	0,8893	0,8413	0,8944	0,0480	0,0051
7	0,9489	0,9332	0,9599	0,0157	- 0,0011
8	0,9786	0,9773	0,9878	0,0013	- 0,0092
9	0,9919	0,9938	0,9970	- 0,0019	- 0,0051

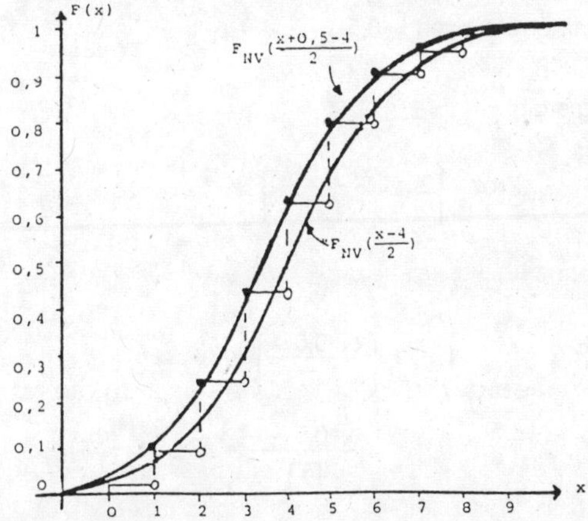

Abb. 14.12: Approximation der $F_{PV}(x;\ \lambda=4)$ durch die Normalverteilung

Beispiel 14.13:

Aus einem Ersatzteillager werden durchschnittlich pro Woche 12 Austauschmotoren benötigt. Es soll der Anfangsbestand einer Woche so bemessen werden, daß man durchschnittlich

a) höchstens zweimal im Jahr und

b) höchstens einmal in zwei Jahren

mit den gelagerten Ersatzteilen während einer Woche nicht auskommt.

Der Wochenbedarf ist eine Zufallsvariable, die mit X bezeichnet wird, und von der man annimmt, daß sie Poisson-verteilt mit $\lambda = 12$ ist. Dazu muß allerdings gefordert werden, daß die Ersatzteile einzeln und nicht gruppenweise benötigt werden. Die Angaben über die durchschnittliche Häufigkeit des Überschreitens des Lagerbestandes sollen mit Hilfe der Häufigkeitsinterpretation als Wahrscheinlichkeiten gedeutet werden. Man erhält

$$\text{a) } \delta = 2/52 = 0{,}0385 \text{ und b) } \delta = 1/104 = 0{,}0096.$$

Die gesuchte Stückzahl des Lagerbestandes sei x. Dann muß gelten

$$\text{Prob}\{X > x\} = \delta \text{ bzw. } \text{Prob}\{X \geq x+1\} = \delta.$$

Da die diskrete Poissonverteilung durch die stetige Normalverteilung approximiert wird, rechnet man mit dem Korrekturwert x+0,5.

Die Standardisierung ergibt

$$\text{Prob}\left(Z \geq \frac{x+0{,}5-\lambda}{\sqrt{\lambda}}\right) = \delta.$$

Somit erhält man

$$1 - F\left(\frac{x+0{,}5-\lambda}{\sqrt{\lambda}}\right) = \delta,$$

$$\frac{x+0{,}5-\lambda}{\sqrt{\lambda}} = F^{-1}(1-\delta),$$

$$x = \lambda - 0{,}5 + \sqrt{\lambda}\cdot F^{-1}(1-\delta).$$

Durch Einsetzen der numerischen Werte erhält man

a) $1 - \delta = 0{,}962$; $F^{-1}(1-\delta) = 1{,}774$; $\lambda = 12$; $\sqrt{12} = 3{,}46$;

$x = 12 - 0{,}5 + 3{,}46 \cdot 1{,}774 = 17{,}6498.$

b) $1 - \delta = 0{,}990$; $F^{-1}(1-\delta) = 2{,}3265$; $\lambda = 12$; $\sqrt{12} = 3{,}46$;

$x = 12 - 0{,}5 + 3{,}46 \cdot 2{,}3265 = 19{,}5497.$

Da es sich hier um diskrete Größen handelt, rundet man auf die nächstgrößere ganze Zahl auf. Es ist üblich, den Lagerbestand wie folgt zu zerlegen:

Lagerbestand = durchschnittlicher Bedarf plus Sicherheitsbestand.

Somit lautet das Ergebnis:

a) $x = 18 = 12 + 6$, d.h. ein Sicherheitsbestand von 6 Einheiten garantiert, daß man durchschnittlich höchstens zweimal im Jahr während einer Woche mit dem Anfangsbestand nicht auskommt.

b) $x = 20 = 12 + 8$, d.h. ein Sicherheitsbestand von 8 Einheiten garantiert, daß man durchschnittlich höchstens einmal in zwei Jahren während einer Woche mit dem Anfangsbestand nicht auskommt.

14.4.3.3 Approximation der Hypergeometrischen Verteilung durch die Normalverteilung

Falls die beiden Bedingungen $n \cdot p \cdot q > 9$ **und** $n/N \leq 0{,}1$ erfüllt sind, kann man die Hypergeometrische Verteilung (für den Fall des Ziehens einer Stichprobe **ohne** Zurücklegen) durch die tabelliert vorliegende Standardnormalverteilung approximieren.

Für den Erwartungswert und die Varianz der approximierenden Normalverteilung verwendet man die entsprechenden Werte der Hypergeometrischen Verteilung

(14.8) $$E\{X\} = \mu_X = n \cdot \frac{N_1}{N} = n \cdot p \text{ und}$$

(14.9) $$Var\{X\} = \sigma_X^2 = \frac{N-n}{N-1} \cdot n \cdot \frac{N_1}{N} \cdot \left(1 - \frac{N_1}{N}\right) = \frac{N-n}{N-1} \cdot n \cdot p \cdot q.$$

Wie bei der Poisson- und Binomialverteilung ist auch die Hypergeometrische eine diskrete Verteilung, sodaß bei der Approximation durch die stetige Normalverteilung wieder eine Stetigkeitskorrektur vorgenommen werden muß.

$$\hat{Z} = \frac{X + 0{,}5 - n \cdot p}{\sqrt{n \cdot p \cdot q}} \cdot \sqrt{\frac{N-1}{N-n}} \,.$$

Beispiel 14.14:

In einer Grundgesamtheit vom Umfang N = 500 Kugeln befinden sich N_1 = 150 schwarze Kugeln. Wie groß ist die Wahrscheinlichkeit, in einer Zufallsstichprobe vom Umfang n = 50 beim Ziehen ohne Zurücklegen mindestens 20 schwarze Kugeln zu finden?

Lösung: Es sind $N = 500$; $N_1 = 150$; $n = 50$; $p = N_1/N = 150/500 = 0{,}3$;

$\mu = n \cdot p = 50 \cdot 0{,}3 = 15$;

$\sigma^2 = (N-n)/(N-1) \cdot n \cdot p \cdot q = (450/499) \cdot 50 \cdot 0{,}3 \cdot 0{,}7 = 9{,}4689$;

$\sigma = 3{,}0772$.

Wegen $n \cdot p \cdot q = 50 \cdot 0{,}3 \cdot 0{,}7 = 10{,}5 > 9$ und $n/N = 50/500 \leq 0{,}1$ kann die Hypergeometrische Verteilung durch die Normalverteilung approximiert werden.

Somit

$$\text{Prob}\{x \geq 20\} = 1 - \text{Prob}\{x < 20\} = 1 - \text{Prob}\{x \leq 19{,}5\}$$
$$= 1 - \text{Prob}\{z \leq (19{,}5 - 15)/3{,}0772\} = 1 - \text{Prob}\{1{,}4624\} = 1 - F_{NV}(1{,}4624)$$
$$= 1 - 0{,}9282 = 0{,}0718.$$

Mit einer Wahrscheinlichkeit von 7,18 % werden sich mindestens 20 schwarze Kugeln in der Stichprobe befinden.

14.4.4 Lineare Funktionen mehrerer normalverteilter Zufallsvariablen

Ohne Beweis werde der folgende Satz angeführt:

> **Satz:** Eine Linearform, gebildet als lineare Funktion aus voneinander unabhängigen normalverteilten Zufallsvariablen, ist ebenfalls normalverteilt.

Die Anwendung dieses Satzes soll an einigen Beispielen gezeigt werden:

1. Es seien

X_1: nach $N(\mu_1; \sigma_1^2)$-verteilt und

X_2: nach $N(\mu_2; \sigma_2^2)$-verteilt.

Dann ist

$$X_1 + X_2: \text{ nach } N(\mu_1 + \mu_2; \sigma_1^2 + \sigma_2^2)\text{-verteilt, und}$$

$$X_1 - X_2: \text{ nach } N(\mu_1 - \mu_2; \sigma_1^2 + \sigma_2^2)\text{-verteilt.}$$

2. Es seien X_1 und X_2 beide nach $N(\mu; \sigma^2)$-verteilt.

Dann ist

$$X_1 + X_2: \text{ nach } N(2\mu; 2\sigma^2)\text{-verteilt und}$$

$$X_1 - X_2: \text{ nach } N(0; 2\sigma^2)\text{-verteilt.}$$

3. Es seien $X_1, X_2, \ldots, X_n$ nach $N(\mu; \sigma^2)$-verteilt.

Dann ist

$$S_n = \sum_{i=1}^{n} X_i \quad \text{nach } N(n\mu; n\sigma^2)\text{-verteilt.}$$

Da für für das arithmetische Mittel $\overline{X} = \frac{1}{n} \cdot S_n$ gilt ,folgt, daß

$$\overline{X} \text{ nach } N(\mu; \frac{\sigma^2}{n})\text{-verteilt ist.}$$

Beispiel 14.15:

Eine Verpackungsmaschine füllt Butterpakete ab. Diese Packungen werden in Kartons zu je 50 Stück versandt. Die Gewichte von Füllung, Verpackung und Karton seien normalverteilt mit den folgenden Erwartungswerten und Standardabweichungen:

	Erwartungswert	Standardabweichung
Füllung	$\mu_f = 250g$,	$\sigma_f = 10g$,
Verpackung	$\mu_p = 10g$,	$\sigma_p = 2g$,
Karton (leer)	$\mu_l = 200g$,	$\sigma_l = 20g$.

1. Man vergleiche Erwartungswert und Standardabweichung einer **gefüllten Packung** und eines **vollgepackten Kartons.**

Zunächst führt man folgende Bezeichnungen ein:

X_i : Füllgewicht der i-ten Packung,

V_i : Gewicht der i-ten leeren Packung,

R : Gewicht des leeren Kartons,

G_i : Gewicht der i-ten gefüllten Packung,

K : Gewicht des vollgepackten Kartons,

jeweils für i = 1,2, ..., 100.

Es wird

$$E\{X_i\} = \mu_{if}, \qquad E\{V_i\} = \mu_{ip}, \qquad E\{K\} = \mu_K,$$

$$Var\{X_i\} = \sigma_{if}^2, \qquad Var\{V_i\} = \sigma_{ip}^2, \qquad Var\{K\} = \sigma_K^2.$$

X_i, V_i, und R können als unabhängige Zufallsvariablen aufgefaßt werden.

Dann gilt

$$G_i = X_i + V_i,$$

$$E\{G_i\} = \mu_u = \mu_{if} + \mu_{ip} = 250 + 10 = 260,$$

$$Var\{G_i\} = \sigma_u^2 = \sigma_{if}^2 + \sigma_{ip}^2 = 10^2 + 2^2 = 104.$$

Damit ist G_i nach N(260; 104)-verteilt.

$$K = \sum_{i=1}^{50} X_i + \sum_{i=1}^{50} V_i + R,$$

$$E\{K\} = \mu_k = \sum_{i=1}^{50} \mu_{if} + \sum_{i=1}^{50} \mu_{ip} + \mu_l$$

$$= 50 \cdot 250 + 50 \cdot 10 + 200 = 13\,200,$$

$$Var\{K\} = \sigma_k^2 = \sum_{i=1}^{50} \sigma_{if}^2 + \sum_{i=1}^{50} \sigma_{ip}^2 + \sigma_l^2$$

$$= 50 \cdot 10^2 + 50 \cdot 2^2 + 20^2 = 5\,600.$$

Damit ist K nach N(13 200;5 600)-verteilt, und man erhält das Ergebnis

	Erwartungswert	Standardabweichung
gefüllte Packung	260 g	10,20 g,
gefüllter Karton	13 200 g	74,83 g.

2. Wie groß ist die Wahrscheinlichkeit, daß das Gewicht des vollgepackten Kartons in den Grenzen ± 1 % des Normalgewichtes liegt?

Die Zufallsvariable K = (Gewicht des vollgepackten Kartons) ist nach N(13 200; 5 600)-verteilt. Als "Normalgewicht" von K werde μ_K = 13 200 g aufgefaßt.

Der geforderte Bereich wird dann durch das Intervall

$$(13\,200 - 132;\ 13\,200 + 132)$$

gegeben. Zu berechnen ist somit

$$Prob\{13\,200 - 132 \leq K \leq 13\,200 + 132\}.$$

Nach Übergang zu standardisierten Variablen erhält man

$$Prob\{-\ 132/74{,}83 \leq Z \leq 132/74{,}83\} =$$
$$Prob\{-\ 1{,}76 \leq Z \leq 1{,}76\} = 2 \cdot F(1{,}76) - 1 = 2 \cdot 0{,}9608 - 1 = 0{,}9216,$$

d.h. die Wahrscheinlichkeit, daß das Gewicht eines vollgepackten Kartons in den Grenzen ± 1 % des Normalgewichtes liegt, beträgt 92,16 %.

14.4.5 Der Zentrale Grenzwertsatz

Die Aussage des vorigen Abschnittes, daß die Summe (und damit auch das arithmetische Mittel) von n unabhängigen normalverteilten Zufallsvariablen ebenfalls normalverteilt ist, läßt sich noch etwas abschwächen. Besitzt man eine große Zahl von "Summanden", dann kann man auf die Bedingung, daß diese normalverteilt sein müssen, verzichten. Es gilt nämlich der folgende Satz, der als **Grenzwertsatz** bezeichnet wird:

Satz: Es sei eine Folge von n unabhängigen Zufallsvariablen $X_1, X_2, \ldots, X_n$ mit der gleichen unbekannnten Wahrscheinlichkeitsdichte f(x) gegeben. Erwartungswert $E\{X_i\} = \mu$ und Varianz $Var\{X_i\} = \sigma^2$ mögen existieren. Für die aus den beiden Zufallsvariablen

$$S_n = \sum_{i=1}^{n} X_i \text{ und } \bar{X}_n = \frac{1}{n} \sum_{i=1}^{n} X_i = \frac{1}{n} S_n$$

gewonnenen standardisierten Zufallsvariablen gilt dann

$$\text{(4.27)} \quad \lim_{n \to \infty} \text{Prob} \left(\frac{S_n - n\mu}{\sigma \sqrt{n}} \leq z \right) = \lim_{n \to \infty} \text{Prob} \left(\frac{\bar{X}_n - \mu}{\sigma / \sqrt{n}} \leq z \right) = F_{NV}(z; 0;1)$$

Verbal besagt dies, daß für ein hinreichend großes n die Zufallsvariable S_n approximativ nach $N(n\mu; n\sigma^2)$-verteilt und die Zufallsvariable $\bar{X}_n$ approximativ nach $N(\mu; \sigma^2/n)$-verteilt sind.

Der Zentrale Grenzwertsatz ist für die praktischen Anwendungen der Statistik von großer Bedeutung. Er besagt u.a., daß bei hinreichend großem Stichprobenumfang n das arithmetische Mittel der Stichprobenwerte $\bar{X}$ approximativ normalverteilt ist, unabhängig von der Verteilung der Zufallsvariablen X in der Grundgesamtheit. Für die praktische Anwendung unterstellt man, daß bei einem Stichprobenumfang **n ≥ 100** die Approximation **hinreichend genau** ist.

14.5 Die Chi-Quadrat Verteilung

Man kann in der Statistik zwei Klassen von Wahrscheinlichkeitsverteilungen unterscheiden:

1. Verteilungen, die im Zusammenhang mit mathematischen Modellen von Zufallsexperimenten auftreten. Beispiele sind die bereits behandelte Hypergeometrische, die Binomial- und die Poissonverteilung.

2. Testverteilungen. Dies sind Verteilungen, die die Grundlage von statistischen Tests bilden, d.h. Verteilungen, die im Zusammenhang mit Prüfverfahren entwickelt wurden.

Die bereits behandelte Normalverteilung kann man beiden Klassen zuordnen. Im folgenden sollen nun die drei wichtigsten Testverteilungen besprochen werden.

Gegeben seien n voneinander stochastisch unabhängige, standard-normalverteilte Zufallsvariablen $Z_1, Z_2, \ldots, Z_n$. Bildet man die Quadratsumme dieser n Zufallsvariablen, so erhält man eine neue Zufallsvariable, die mit W^2 bezeichnet werden soll. d.h.

$$W^2 = Z_1^2 + Z_2^2 + \ldots + Z_n^2 = \sum_{i=1}^{n} Z_i^2.$$

Dabei bezeichnet n eine positive ganze Zahl. Die Verteilung dieser neuen Zufallsvariablen W^2 heißt **Chi-Quadrat** (χ^2)-**Verteilung** und die Form ihrer Wahrscheinlichkeitsdichte hängt von der Zahl n ab. Für n = 1 und n = 2 fällt die Dichtefunktion der χ^2-Verteilung monoton, und für kleine Werte von n ist die χ^2-Verteilung eine schiefsymmetrische, linkssteile Verteilung, die für wachsende Werte von n gegen die Form einer Normalverteilung strebt. Die Zahl n ist der Parameter dieser Verteilung, man spricht auch von der Anzahl der Freiheitsgrade ν dieser Verteilung, wobei ν = n ist. Die χ^2-Verteilung liegt tabelliert vor, so daß die recht umständlichen Formeln zur Berechnung der Dichtefunktion und der Wahrscheinlichkeitsverteilung in der Praxis nicht benötigt werden.

Für Erwartungswert und Varianz der χ^2-Verteilung gilt

$$E\{W^2\} = \nu = n, \quad \text{und}$$

$$Var\{W^2\} = 2\nu = 2n.$$

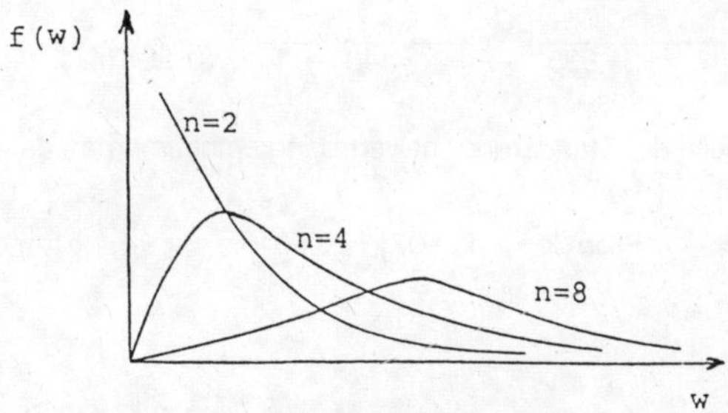

Abb. 14.13: Wahrscheinlichkeitsdichte der χ_n^2-Verteilung

Mit wachsenden Werten von ν nähert sich die χ^2-Verteilung einer Normalverteilung mit den Parametern μ = n und σ^2 = 2n. Die Zufallsvariable

$$Z = \frac{W^2 - n}{\sqrt{2n}}$$

ist somit approximativ standardnormalverteilt, d.h.

$$F(W^2) = F_{NV}\{(W^2 - n)/\sqrt{2n}\}.$$

Ebenfalls eine asymptotisch normalverteilte Zufallsvariable erhält man in der Form $\sqrt{2 \cdot W^2}$, mit dem Erwartungswert $\sqrt{2n-1}$ und der Varianz 1. Eine bessere Approximation erhält man mittels der Zufallsvariablen

$$Z^* = \sqrt{2 \cdot W^2} - \sqrt{2n - 1},$$

die bereits für Freiheitsgrade ν > 50 recht gut mit der Standardnormalverteilung übereinstimmt.

Beispiel 14.16:

Es sei W^2 eine χ^2-verteilte Zufallsvariable, mit ν = 40. Aus einer Tabelle der χ^2-Verteilung entnimmt man den Wert

$$\text{Prob}\{W^2 \leq 51{,}805\} = 0{,}90.$$

Angenommen, man hätte keine χ^2-Tabelle zur Verfügung, dann könnte man eine Approximation mittels der standardnormalverteilten Zufallsvariablen

$$Z^* = \sqrt{2 \cdot 51{,}805} - \sqrt{2 \cdot 40 - 1} = 1{,}2907$$

berechnen. Aus der Tabelle der Standardnormalverteilung entnimmt man dann den Wert

$$\text{Prob}\{Z^* \leq 1{,}2907\} = 0{,}9016.$$

Die χ^2-Verteilung wird u.a. benötigt, wenn man ein Konfidenzintervall für die Varianz einer normalverteilten Grundgesamtheit bestimmen will. In der Testtheorie wird sie beispielsweise benötigt beim χ^2-Anpassungstest, dem χ^2-Unabhängigkeitstest und dem χ^2-Homogenitätstest.

14.6 Die Studentverteilung (t-Verteilung)

Der Name dieser Verteilung stammt von dem Engländer W.S. Gosset, der diese Verteilung 1908 unter dem Pseudonym "Student" veröffentlicht hat. Eine andere Bezeichnung lautet t-Verteilung.

Diese Verteilung wird u.a. benötigt, wenn man ein Konfidenzintervall für den Erwartungswert einer Grundgesamtheit bei unbekannter Varianz σ^2 berechnen will.

Man geht aus von zwei voneinander stochastisch unabhängigen Zufallsvariablen Z und W^2, wobei Z standardnormalverteilt und W Chi-Quadrat verteilt ist, mit ν = n Freiheitsgraden. Bildet man als neue Zufallsvariable T den Quotienten

$$T = \frac{Z}{\sqrt{W^2/n}} = \frac{Z}{W} \cdot \sqrt{n},$$

so erhält man eine Zufallsvariable, von der Gosset gezeigt hat, daß sie einer Wahrscheinlichkeitsverteilung gehorcht, deren Dichtefunktion von dem Parameter n abhängt, den man wieder als Freiheitsgrad ν bezeichnet. Die Dichtefunktion besitzt eine symmetrische Glokkenform zum Erwartungswert μ wie die Normalverteilung, und man kann zeigen, daß für wachsende Zahl der Freiheitsgrade ν die Wahrscheinlichkeitsdichte gegen die der Standardnormalverteilung strebt. Für n > 1 ergibt sich

$$E\{T\} = 0$$

und für $n \geq 3$

$$Var\{T\} = \frac{n}{n-2} .$$

Für n = 1 besitzt die t-Verteilung keinen Erwartungswert und für $n \leq 2$ keine Varianz. Da sowohl die Verteilungs- als auch die Dichtefunktion relativ mühsam zu berechnen sind, liegen diese Werte für verschiedene Freiheitsgrade tabelliert vor.

Für $n \geq 100$ läßt sich die Studentverteilung hinreichend gut durch die Werte der Normalverteilung approximieren.

Um ein Konfidenzintervall für den Erwartungswert μ einer normalverteilten Zufallsvariablen bei unbekannter Varianz σ^2 und kleinem Stichprobenumfang n aufstellen zu können, benötigt man den folgenden Sachverhalt:

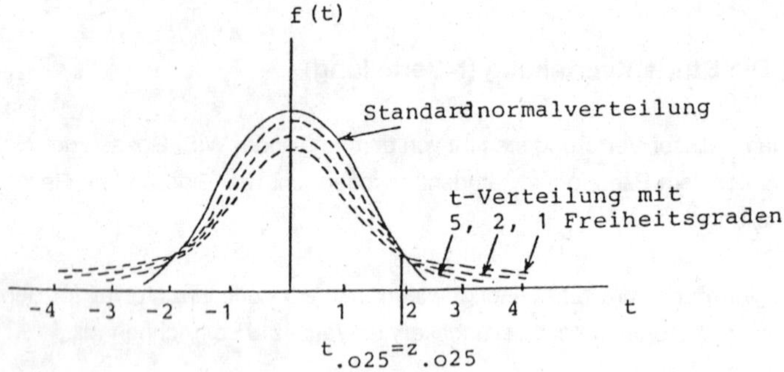

Abb. 14.14: Vergleich der Dichtefunktion der Standardnormalverteilung mit der t-Verteilung für verschiedene Freiheitsgrade

Es sei $(X_1, X_2, \ldots, X_n)$ eine Stichprobe vom Umfang n aus einer normalverteilten Grundgesamtheit mit den beiden Parametern μ und σ^2. Man bildet die beiden Zufallsvariablen

$$\bar{X} = \frac{1}{n} \sum_{i=1}^{n} X_i \quad \text{und} \quad S^2 = \frac{1}{n-1} \sum_{i=1}^{n} (X_i - \bar{X})^2.$$

Es ist nun bekannt, daß die Zufallsvariable $\bar{X}$ nach $N(\mu;\, \sigma^2/n)$-verteilt ist. Die Zufallsvariable $(n-1) \cdot S^2$ ist nach χ^2_{n-1}-verteilt. An dieser Verteilung ändert sich nichts, wenn man diese Zufallsvariable durch die Konstante $(n-1) \cdot \sigma^2$ dividiert, d.h.

$$W^2 = \frac{S^2}{\sigma^2} \quad \text{ist nach } \chi^2_{n-1}\text{-verteilt.}$$

Bildet man nun die standardnormalverteilte Zufallsvariable

$$Z = \frac{\bar{X} - \mu}{\sigma / \sqrt{n}}$$

und dividiert diese Größe durch W, dann erhält man eine t-verteilte Zufallsvariable, nämlich

$$T = \frac{Z}{W} = \frac{\bar{X} - \mu}{\sigma / \sqrt{n}} \cdot \frac{\sigma}{S} = \frac{(\bar{X} - \mu)\sqrt{n}}{S},$$

mit $\nu = n-1$ Freiheitsgraden.

14.7 Die F-Verteilung

Man betrachtet zwei verschiedene Grundgesamtheiten und in jeder werde eine Zufallsvariable, etwa X und Y, betrachtet. Diese seien jeweils normalverteilt mit den Parametern $(\mu_X; \sigma_X^2)$ in der einen und $(\mu_Y; \sigma_Y^2)$ in der anderen Grundgesamtheit. Man zieht aus beiden Grundgesamtheiten jeweils eine Zufallsstichprobe vom Umfang n_X bzw. n_Y. Bildet man nun die beiden Zufallsvariablen

$$W_X^2 = \frac{(n_X - 1)S^2(\bar{X})}{\sigma_X^2} \quad \text{und} \quad W_Y^2 = \frac{(n_Y - 1)S^2(\bar{Y})}{\sigma_Y^2},$$

dann ist bekannt, daß diese beiden Zufallsvariablen jeweils χ^2-verteilt sind, und zwar mit $\nu_X = n_X - 1$ bzw. mit $\nu_Y = n_Y - 1$ Freiheitsgraden. R.A. Fisher [1924] hat nun gezeigt, daß der Quotient aus diesen beiden Zufallsvariablen jeweils dividiert durch ihre Anzahl der Freiheitsgrade, d.h.

$$F = \frac{W_X^2 / \nu_X}{W_Y^2 / \nu_Y}$$

wieder eine Zufallsvariable bildet, die einer sog. F-Verteilung genügt, mit den beiden Freiheitsgraden ν_X und ν_Y.

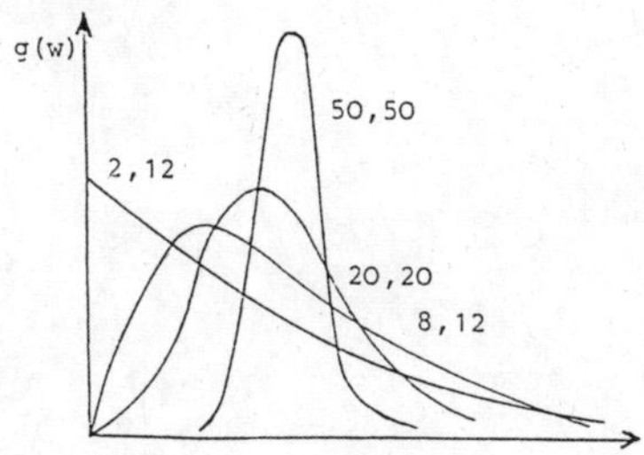

Abb. 14.15: Wahrscheinlichkeitsdichte der F-Verteilung für (ν_X, ν_Y) Freiheitsgrade

Auch diese Verteilung liegt tabelliert vor, da ihre numerische Berechnung recht mühsam ist. Weil jedoch diese Verteilung von zwei Freiheitsgraden abhängt, wird die tabellarische Darstellung recht aufwendig und man würde für ihre Wiedergabe umfangreiche Tabellenwerke benötigen. Man begnügt sich daher damit, die Werte der Verteilungsfunktion nur für einige häufig benötigte Wahrscheinlichkeitswerte anzugeben. Für kleine Werte von ν_X und ν_Y stellt die F-Verteilung keine symmetrische Verteilung dar. Erst für große Werte beider Freiheitsgrade nähert sie sich einer Normalverteilung.

Es gilt für die F-Verteilung die sog. **reziproke Symmetrie**. Diese lautet

$$F_{1-\alpha}(\nu_X, \nu_Y) = \frac{1}{F_\alpha(\nu_Y, \nu_X)} \; .$$

Man beachte, daß sich beim Übergang von der Wahrscheinlichkeit $1-\alpha$ zum reziproken Wert für die Wahrscheinlichkeit α die beiden Freiheitsgrade ebenfalls vertauschen. Mit Hilfe der reziproken Symmetrie läßt sich beispielsweise die Wahrscheinlichkeit für $\alpha = 0{,}05$ leicht aus derjenigen für $1-\alpha = 0{,}95$ ermitteln.

Beispiel 14.17:

Für $\nu_X = 12$ und $\nu_Y = 8$ ergibt sich für $1-\alpha = 0{,}99$ der Wert $F_{0,99}(12,8) = 5{,}6668$.

Der Wert für $F_{0,01}(12,8)$ ergibt sich nun über $F_{0,99}(8,12) = 4{,}4994$ zu

$$F_{0,01}(12,8) = \frac{1}{F_{0,99}(8,12)} = \frac{1}{4{,}4994} = 0{,}2223.$$

Übungsaufgaben zu Kapitel 14

Aufgabe 1:

Ein Fragebogen zu Prüfungszwecken enthält 20 Fragen. Zu jeder Frage werden 5 Antwortmöglichkeiten angeboten, von denen jeweils nur eine richtig ist.

a) Wie groß ist die Wahrscheinlichkeit, durch von Sachkenntnis unbeeinflußtes Raten mindestens 10 Fragen richtig zu beantworten?

b) Wie viele Fragen werden mit der Wahrscheinlichkeit $p = 0{,}05$ mindestens richtig erraten? $\text{Prob}\{X \geq k\} = 0{,}05$.

c) Wie viele richtige Antworten sind im Durchschnitt zu erwarten?

a) 0,0026. b) 7. c) 4.

Aufgabe 2:

Ein Schraubenhersteller liefert Schrauben in Packungen zu je 100 Stück. Die Ausschußquote beträgt 10%. Ein Kunde prüft den Inhalt einer Packung, indem er ihr 10 Schrauben zufällig und ohne Zurücklegen entnimmt und diese kontrolliert.

a) Welches ist die in diesem Fall interessierende Zufallsvariable und welche Werte kann sie annehmen?

b) Berechnen Sie den Erwartungswert und die Varianz dieser Zufallsvariable.

c) Wie groß ist die Wahrscheinlichkeit, daß genau 2 fehlerhafte Schrauben in die Stichprobe gelangen?

d) Wie groß ist die Wahrscheinlichkeit, daß mehr als eine Schraube fehlerhaft ist?

e) Aus fertigungstechnischen Gründen werden in Zukunft nur noch Packungen zu je 2 000 Schrauben geliefert. Der Kunde entnimmt diesen Packungen 20 Schrauben zufällig und ohne Zurücklegen. Berechnen Sie die Wahrscheinlichkeit dafür, daß höchstens 3 der in die Stichprobe gelangten Schrauben fehlerhaft sind.

b) 1; 0,8182. c) 0,2015. d) 0,2615. e) 0,8670.

Aufgabe 3:

Bei einer Untersuchung wurde festgestellt, daß 1983 60 % aller Haushalte in der BRD eine Feuerversicherung besaßen.

Eine Versicherungsgesellschaft führte im folgenden Jahr eine Stichprobe vom Umfang $n = 20$ durch, von denen 14 Haushalte eine Feuerversicherung hatten.

a) Wie groß ist die Wahrscheinlichkeit, daß in einer Stichprobe vom Umfang $n = 20$ mehr als 15 Haushalte mit einer Feuerversicherung erfaßt werden, wenn der Anteil der Haushalte, die eine Feuerversicherung abgeschlossen haben, sich nicht verändert hat?

b) Können Sie mit einer Irrtumswahrscheinlichkeit von 8 % aus dem Ergebnis der Stichprobe schließen, daß sich die Anzahl der Haushalte mit einer Feuerversicherung gegenüber 1983 erhöht hat?

c) Bei einer weiteren Stichprobe vom Umfang $n = 100$ wurden 70 Haushalte festgestellt, die eine Feuerversicherung abgeschlossen hatten. Wie groß ist die Wahrscheinlichkeit, daß die Zahl der Haushalte mit einer Feuerversicherung größer oder gleich 70 ist?

a) 0,0510. c) 0,0263.

Aufgabe 4:

Bei einer Radarkontrolle für Kraftfahrzeuge auf einer Autobahn werden in einer Stunde durchschnittlich 5 Fahrzeuge mit zu hoher Geschwindigkeit registriert.

a) Wie groß ist die Wahrscheinlichkeit, daß in einer Stunde kein Fahrzeug mit zu hoher Geschwindigkeit registriert wird?

b) Mit welcher Wahrscheinlichkeit wird in 3 Stunden kein Kraftfahrzeug mit zu hoher Geschwindigkeit erfaßt?

c) Wie viele Kraftfahrzeuge werden mit einer Wahrscheinlichkeit von 0,08 höchstens registriert, wenn sich die durchschnittliche Zahl der Fahrzeuge mit zu hoher Geschwindigkeit auf 7 erhöht hat?

d) Welche Annahme treffen Sie bei diesen Berechnungen?

a) 0,0067. b) $0{,}3008 \cdot 10^{-6}$. c) 3.

Aufgabe 5:

Von den 10 000 Haushalten einer Stadt sind 2 000 mit einem Videorecorder ausgestattet.

Wie groß ist die Wahrscheinlichkeit, daß von 20 zufällig ausgewählten Haushalten

a) 4 Haushalte im Besitz eines Videogerätes sind?

b) mehr als 6 Haushalte einen Videorecorder besitzen?

c) mindestens 4 mit einem Videorecorder ausgestattete Haushalte in die Stichprobe gelangen?

d) höchstens 14 Haushalte keinen Videorecorder besitzen?

e) zwischen 8 und 12 Haushalte, die keinen Videorecorder besitzen, in die Stichprobe gelangen?

a) 0,2182. b) 0,0867. c) 0,5886. d) 0,1958. e) 0,0321.

Aufgabe 6:

Ein Hersteller von Metallstiften garantiert seinen Abnehmern, daß im Durchschnitt nur jeder 20. Metallstift von der vorgeschriebenen Norm abweicht. Die Metallstifte werden in Packungen zu je 100 Stück geliefert.

a) Zur Kontrolle einer Lieferung entnimmt ein Abnehmer aus einer Packung zufällig und "ohne Zurücklegen" 20 Metallstifte.

1. Mit wieviel defekten Metallstiften muß er im Durchschnitt in dieser Stichprobe rechnen?

2. Wie groß ist die Standardabweichung der interessierenden Zufallsvariablen?

3. Wie groß ist die Wahrscheinlichkeit für

   - genau 2
   - höchstens 3

   defekte Metallstifte in der Stichprobe?

b) Nach Eingang verschiedener Reklamationen überprüft der Hersteller die Metallstifte, indem er aus der laufenden Produktion 20 Metallstifte zufällig entnimmt.

   Wie groß ist die Wahrscheinlichkeit dafür, daß

   - keiner
   - genau 2
   - höchstens 3
   - mindestens 3

   der in die Stichprobe gelangten Metallstifte fehlerhaft sind?

c) Mit einer neuen Maschine kann der Ausschußanteil auf 2 % gesenkt werden. Weiter werden die Metallstifte nur noch in Packungen zu je 2 000 Stück geliefert.

   Wie groß ist dann die Wahrscheinlichkeit dafür, daß ein Kunde in einer Stichprobe von 100 Metallstiften mehr als 2 fehlerhafte Metallstifte findet?

a) 1; 0,8762; 0,2073; 0,9946.
b) 0,3585; 0,1887; 0,9841; 0,0755.
c) 0,3233.

Aufgabe 7:

Auf einer Hobelmaschine werden Platten hergestellt. Es fallen jedoch nicht alle Stücke gleich aus, so daß die Plattendicke X verschiedene Werte annehmen kann.

Die Zufallsvariable X sei normalverteilt, mit dem Mittelwert μ = 10 mm und der Standardabweichung σ = 0,02 mm.

a) Wieviel Prozent Ausschuß sind zu erwarten, wenn die Platten mindestens 9,97 mm stark sein sollen?

b) Wie sind die Toleranzgrenzen festzulegen, wenn sie nach oben und unten insgesamt höchstens mit einer Wahrscheinlichkeit von 5 % überschritten werden dürfen?

c) Wie ändert sich der Ausschußprozentsatz für die unter b) bestimmten Toleranzgrenzen, wenn sich μ nach 10,01 mm verschiebt?

a) 0,0668. b) 9,9608; 10,0392. c) 7,9 %.

Aufgabe 8:

Eine Baufirma verfügt in ihrem Lagerbestand über Stahlrohre unterschiedlicher Länge, die aus verschiedenen, voneinander unabhängigen Produktionen stammen.

Die Länge der Rohre sei normalverteilt; die folgenden Daten seien bekannt:

Produktion	mittlere Länge	Varianz
A	$\mu_A = 10$ m	$\sigma_A{}^2 = 2$ mm,
B	$\mu_B = 20$ m	$\sigma_B{}^2 = 3$ mm,
C	$\mu_C = 30$ m	$\sigma_C{}^2 = 3{,}5$ mm.

a) Berechnen Sie den Mittelwert der Rohrleitung bei Verlegung

1. einer Rohrleitung X, die aus 10 Rohren der Produktion A und 10 Rohren der Produktion B besteht,

2. einer Rohrleitung Y, die aus 18 Rohren der Produktion A und 4 Rohren der Produktion C besteht.

b) Ist bei Verlegung einer Rohrleitung von 300 m Länge deren Standardabweichung ein Kriterium für eine Entscheidung zwischen den Kombinationen a)1. oder a)2.?

a) 300; 300. b) 50; 50.

Aufgabe 9:

Bei der Herstellung eines Produktes A werden Zwischenprodukte benötigt, die nacheinander hergestellt werden müssen. Die Fertigungszeiten der einzelnen Produkte U, V und W sind voneinander unabhängig normalverteilte Zufallsvariablen mit den Mittelwerten μ_U = 20 Min, μ_V = 40 Min, μ_W = 25 Min und den Standardabweichungen σ_U = 1 Min, $\sigma_V = \sigma_W$ = 2 Min.

Zur Herstellung des Endproduktes werden 5 Einheiten von U, 10 Einheiten von V und 2 Einheiten von W verwendet.

a) Bestimmen Sie die durchschnittliche Fertigungszeit für das Produkt A.

b) Ein Abnehmer bestellt 50 Einheiten des Produktes A. Wie groß ist die durchschnittliche Fertigungszeit für diesen Auftrag?

c) Wie groß ist die Wahrscheinlichkeit, daß die Fertigungszeit für A höchstens um 10 Min von ihrem Mittelwert abweicht?

a) 550. b) 27 500. c) 0,8306.

Aufgabe 10:

Die Wahrscheinlichkeit für die Geburt eines Knaben beträgt approximativ 0,513.

a) Ermitteln Sie die Wahrscheinlichkeitsfunktion und die Verteilungsfunktion für die Geschlechtskombination der Kinder einer Drei-Kinder-Familie.

b) Berechnen Sie den Mittelwert und die Varianz für dieses Ereignis.

a) 0,1155; 0,3650; 0,3845; 0,1350; 0,1155; 0,4805; 0,8650; 1.
b) 1,539; 0,7495.

Aufgabe 11:

Ein großes Lebensmittelgeschäft bietet an einem Tag 1000 Tüten Milch an, wovon jedoch 200 unverkauft bleiben. Am nächsten Tag werden der Molkerei nur 800 frische Tüten abgenommen und die 200 Tüten vom Vortag werden zufällig unter die Frischmilchtüten verteilt. Eine Hausfrau kauft 4 Tüten. Wie groß ist die Wahrscheinlichkeit, daß

a) . . . sie genau eine Tüte vom Vortag erhält?

b) . . . sie mindestens eine Tüte vom Vortag erhält?

a) 0,4105; b) 0,591.

Aufgabe 12:

8 studentische Hilfskräfte eines Instituts, die alle genauso oft zu Hause wie im Institut arbeiten, haben ein gemeinsames Zimmer. Wieviele Schreibtische müssen im Institutszimmer stehen, damit jede Hilfskraft mindestens 90 % der Zeit im Institut einen davon zur Verfügung hat?

6 Stück.

Aufgabe 13:

Einen beschrankten Bahnübergang passieren durchschnittlich 2 Fahrzeuge pro Minute. Das Verkehrsaufkommen ist im Tagesablauf konstant. Ohne den Verkehr einer Querstraße zu behindern, haben 4 Fahrzeuge vor dem geschlossenen Bahnübergang Platz.
Wie groß ist die Wahrscheinlichkeit, daß mehr als 4 Fahrzeuge warten, wenn die Schließdauer der Schranke 1 Minute beträgt?

0,0527.

15. Einführung in die Schätztheorie

Die bisherige Betrachtungsweise ging von einer Grundgesamtheit aus, deren stochastische Eigenschaften bezüglich eines oder mehrerer Merkmale als bekannt vorausgesetzt wurden. Aus dieser Grundgesamtheit wird nach dem Zufallsprinzip eine Stichprobe vom Umfang n gezogen. Man kann dann die Wahrscheinlichkeit bestimmen, mit der gewisse Stichprobenresultate eintreten. Diese Vorgehensweise bezeichnet man als den **deduktiven (oder direkten) Schluß** in der Statistik. Er bietet die Möglichkeit, theoretisch interessante Probleme zu behandeln. Für die praktische Anwendung der Statistik ist jedoch die umgekehrte Vorgehensweise wichtiger. Man geht von einem Stichprobenbefund aus und möchte Aussagen machen über die unbekannten Eigenschaften der Grundgesamtheit, aus der die Stichprobe gezogen wurde. Man spricht vom **induktiven (oder indirekten) Schluß** in der Statistik. Dabei muß man zwei zentrale Aufgabenstellungen der induktiven Schlußweise der Statistik unterscheiden. Man kann aufgrund des Stichprobenergebnisses unbekannte Parameter der Wahrscheinlichkeitsverteilungen in der Grundgesamtheit schätzen und ferner Vertrauensbereiche für diese Schätzungen berechnen. Zum anderen kann man fragen, ob die Ergebnisse einer Stichprobenerhebung Entscheidungen bezüglich gewisser Hypothesen über bestimmte Eigenschaften der Grundgesamtheit erlauben. Entsprechend dieser beiden Aufgabenstellungen der induktiven Schlußweise der Statistik unterscheidet man zwischen **Schätz- und Testtheorie**. Eine Einführung in die Schätztheorie wird in diesem und eine in die Testtheorie im nächsten Kapitel gegeben.

Allgemein beinhaltet die induktive Schlußweise immer die Gefahr von Fehlern oder von Fehlurteilen, da durch die Stichprobe nur ein Teil der Grundgesamtheit überdeckt wird. Diese Gefahr verringert sich, wenn der Stichprobenumfang vergrößert wird, sie verschwindet jedoch niemals, es sei denn, aus der Stichprobenerhebung wird eine Totalerhebung. Man muß daher bei einer Stichprobenerhebung versuchen, eine Wahrscheinlichkeitsaussage über die Richtigkeit der Schätz- bzw. Testergebnisse zu erhalten. Auf diese Weise bekommt sowohl das Schätzen von Parameterwerten als auch das Prüfen von Hypothesen einen wahrscheinlichkeitstheoretischen Charakter. Um jedoch von Stichprobenergebnissen auf die unbekannte Grundgesamtheit zu schließen, reichen die Begriffe der Wahrscheinlichkeitsrechnung allein nicht aus. Um beispielsweise eine Stichprobenfunktion zu finden, die eine möglichst gute Schätzung des Parameters der Grundgesamtheit erlaubt, benötigt man zusätzliche Regeln und Vorschriften, die nicht direkt aus der Wahrscheinlichkeitsrechnung folgen.

Die Theorie des statistischen Schätzens umfaßt zwei grundlegende Aufgabenstellungen: Die **Punktschätzung** und die **Intervallschätzung**. Die Aufgabe der Punktschätzung besteht darin, aufgrund eines Stichprobenergebnisses eine möglichst genaue Schätzung für den unbekannten Parameter der Grundgesamtheit zu bestimmen. Man kann dazu aus einer Reihe von Schätzfunktionen diejenige auswählen, die unter Berücksichtigung bestimmter Kriterien den besten Schätzwert liefert. Aber dieser stimmt bei einer Stichprobenerhebung niemals mit dem exakten Parameterwert der Grundgesamtheit überein. Man möchte daher noch eine Aussage darüber erhalten, mit welcher Wahrscheinlichkeit der Schätzwert in der Nähe des gesuchten unbekannten Parameters liegt. Diese Überlegung führt dazu, zwei weitere Gesichtspunkte bei der Schätzung zu berücksichtigen, nämlich die **Genauigkeit** und die **Sicherheit** der Schätzung. Beide Begriffe können berücksichtigt werden, wenn man anstelle einer Punktschätzung für den unbekannten Parameter eine Intervallschätzung vornimmt. Ein solches Intervall heißt **Konfidenz- (oder Vertrauens-)intervall**. Die **Genauigkeit der Schätzung** kann durch die **Länge des Intervalls** und die **Sicherheit** durch die **Wahrscheinlichkeit** ausgedrückt werden, mit der das Intervall den unbekannten Parameter enthält.

15.1 Grundlagen der Punktschätzung

15.1.1 Der Begriff der Schätzfunktion (Stichprobenfunktion)

Die Aufgabe der Schätztheorie besteht darin, bestimmte Eigenschaften der Wahrscheinlichkeitsverteilung einer Zufallsvariablen X in der Grundgesamtheit aufgrund von Stichprobenrealisationen zu bestimmen. Beispielsweise kann es sich hierbei um eine **Parameterschätzung** handeln. Dabei werde der zu schätzende Parameter mit Δ bezeichnet. Zu diesem Zweck wird eine **Zufallsstichprobe vom Umfang n** betrachtet, die die **Realisierungen** $x_1, x_2, \ldots, x_n$ für die Zufallsvariable X liefert. Jede eindeutig bestimmte Funktion der Realisierungen der Zufallsvariablen X, die einen Wert für den unbekannten Parameter Δ liefert, heißt **Schätzfunktion** $\hat{\Delta}$ für Δ. Der von dieser Funktion konkret angenommene Wert $\hat{\delta}$ heißt **Schätzwert** für den Parameter Δ.

Beispiel 15.1:

Angenommen, eine uns interessierende Zufallsvariable X sei in einer Grundgesamtheit normalverteilt, d.h. $N(\mu;\sigma^2)$-verteilt. Man möchte möglichst genau die beiden Parameter μ und σ^2 schätzen.

Dazu entnimmt man der Grundgesamtheit eine Zufallsstichprobe vom Umfang n, die die Realisationen $x_1, x_2, \ldots, x_n$ liefert. Es erhebt sich nun die Frage, welche Funktionen der Realisierungen x_i man als beste Schätzung für die Parameter μ und σ^2 verwenden sollte. Folgende Möglichkeiten bieten sich an:

a) Mögliche Schätzfunktionen für den Erwartungswert μ:

1. Das arithmetische Mittel $\bar{X}$

(6.3) $$\bar{X} = \frac{1}{n} \sum_{i=1}^{n} X_i.$$

2. Der Median

(6.1) $$Z = \begin{cases} X_{\left(\frac{n+1}{2}\right)} & \text{falls n ungerade,} \\ \frac{1}{2} \cdot \left[X_{\left(\frac{n}{2}\right)} + X_{\left(\frac{n}{2}+1\right)}\right] & \text{falls n gerade.} \end{cases}$$

b) Mögliche Schätzfunktionen für die Varianz σ^2:

1. Die "**gewöhnliche**" Stichprobenvarianz

(15.1) $$S_1^2(\mu) = \frac{1}{n} \sum_{i=1}^{n} (X_i - \mu)^2$$ bei **bekanntem** μ,

(15.2) $$S_1^2(\bar{X}) = \frac{1}{n} \sum_{i=1}^{n} (X_i - \bar{X})^2$$ bei **unbekanntem** μ.

2. Die "**modifizierte**" Stichprobenvarianz

(15.3) $$S_X^2 = \frac{1}{n-1} \sum_{i=1}^{n} (X_i - \bar{X})^2.$$

3. Die **Spannweite R**, versehen mit einem geeigneten Korrekturfaktor c_n

(15.4) $$S_R^2 = c_n R = c_n \left[X_{max} - X_{min}\right].$$

Man erkennt, daß es im allgemeinen verschiedene Möglichkeiten gibt, Schätzfunktionen für ein und denselben Grundgesamtheitsparameter zu konstruieren. Ferner sind diese Schätzfunktionen Funktionen der Realisierungen $x_1, x_2, \ldots, x_n$. Diese Realisierungen hängen aber von der Wahl der Stichprobe ab, d.h. für verschiedene Stichproben erhält man auch verschiedene Realisierungen. Dies bedeutet, daß die **Schätzfunktionen selbst Zufallsvariable** sind, die je nach Stichprobenrealisation zu anderen Schätzwerten führen.

Man kann daher eine Wahrscheinlichkeitsverteilung der Schätzfunktion $\hat{\Delta}$ bestimmen und ihre Momente, etwa Erwartungswert und Varianz, berechnen. Diese Wahrscheinlichkeitsverteilung hängt natürlich von der Verteilung der Zufallsvariablen X in der Grundgesamtheit und von der gewählten Schätzfunktion ab. Bei wiederholter Durchführung der Stichprobenerhebung wird man verschiedene Realisierungen und damit auch verschiedene Schätzwerte $\hat{\delta}$ erhalten, die sich irgendwie um den "wahren" Parameterwert der Grundgesamtheit gruppieren. Man wird daher bemüht sein, nur solche Schätzfunktionen zuzulassen, die noch näher zu definierende **optimale Eigenschaften** besitzen.

Als **Schätzfehler** bezeichnet man die Differenz zwischen dem Schätzwert und dem wirklichen Parameterwert, also die Größe $\hat{\delta}-\Delta$. Die Wahl der besten Schätzfunktion ist das **Grundproblem der Punktschätzung**. Um allerdings die beste Schätzfunktion auswählen zu können, muß die Schätzfunktion bestimmte Grundeigenschaften aufweisen und nach diesen Eigenschaften auch klassifizierbar sein. Im folgenden soll daher kurz auf diese "**wünschenswerten**" Eigenschaften der Schätzfunktionen eingegangen werden.

15.1.2 Wünschenswerte Eigenschaften von Schätzfunktionen

15.1.2.1 Die Erwartungstreue (Unverfälschtheit, unbiasedness)

Definition: Eine Schätzfunktion $\hat{\Delta}(X_1, X_2, \ldots, X_n)$ für den unbekannten Parameter Δ heißt erwartungstreu, wenn der Erwartungswert $E\{\hat{\Delta}\}$ existiert und mit Δ übereinstimmt, d.h.

(15.5) $$E\{\hat{\Delta}\} = \Delta.$$

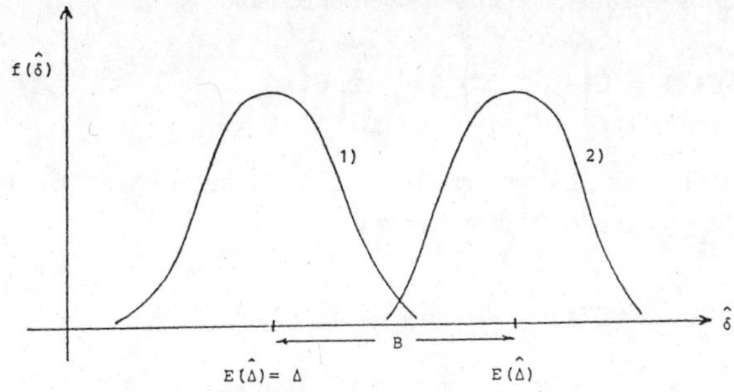

Abb. 15.1: Erwartungstreue (1) und nicht-erwartungstreue (2) Schätzfunktion

Eine Schätzfunktion heißt somit erwartungstreu, wenn der Erwartungswert der Schätzfunktion gleich dem tatsächlichen Parameterwert ist. Die Erwartungstreue ist eine Minimalforderung an eine Schätzfunktion. Ist eine Schätzfunktion erwartungstreu, dann werden sich bei einer hinreichend großen Zahl von Stichproben die Schätzfehler für die sich ergebenden Schätzwerte zu Null addieren, da sich die positiven und negativen Schätzfehler der einzelnen Stichproben gegenseitig aufheben. Eine erwartungstreue Schätzfunktion liefert also "im Durchschnitt" eine exakte Schätzung des gesuchten, unbekannten Parameters. Es erweist sich als vorteilhaft, erwartungstreue Schätzfunktionen zu verwenden, doch ist die Erwartungstreue nicht das einzige Kriterium für eine gute Schätzfunktion. Die Differenz zwischen dem Erwartungswert der Schätzfunktion und dem wirklichen Parameter wird als **Verzerrung (Diskrepanz oder Bias)** bezeichnet, d.h.

(15.6) $$B = E\{\Delta\} - \hat{\Delta}.$$

Eine erwartungstreue Schätzfunktion läßt sich somit auch als eine Schätzfunktion mit der Verzerrung Null auffassen.

Beispiel 15.2:

Der Stichprobenmittelwert

$$\bar{X} = \frac{1}{n} \sum_{i=1}^{n} X_i$$

ist eine **erwartungstreue** Schätzfunktion für den Erwartungswert μ einer Grundgesamtheit.

Bildet man den Erwartungswert des Stichprobenmittelwertes, so erhält man

$$E\{\overline{X}\} = E\left\{\frac{1}{n}\sum_{i=1}^{n} X_i\right\} = \frac{1}{n}\sum_{i=1}^{n} E\{X_i\}.$$

Wegen der Annahme, daß in der Grundgesamtheit alle Zufallsvariablen X_i den Erwartungswert μ besitzen, gilt $E\{X_i\} = \mu$, und somit erhält man

$$E\{\overline{X}\} = \frac{1}{n} \cdot n\mu = \mu.$$

Beispiel 15.3:

Als mögliche Schätzfunktionen für die Varianz einer normalverteilten Grundgesamtheit bieten sich die folgenden drei Funktionen an:

a) $$S_1^2(\mu) = \frac{1}{n}\sum_{i=1}^{n} (X_i - \mu)^2,$$

b) $$S_1^2(\overline{X}) = \frac{1}{n}\sum_{i=1}^{n} (X_i - \overline{X})^2,$$

c) $$S^2(\overline{X}) = \frac{1}{n-1}\sum_{i=1}^{n} (X_i - \overline{X})^2 := S^2.$$

Es soll untersucht werden, ob diese Schätzfunktionen erwartungstreu sind.

a) Nach (13.18) lautet die Definition der Varianz einer Zufallsvariablen X_i mit dem Erwartungswert μ

$$\text{Var}\{X_i\} = E\left\{(X_i - \mu)^2\right\} = \sigma^2.$$

Somit erhält man

$$E\left\{S_1^2(\mu)\right\} = E\left\{\frac{1}{n}\sum_{i=1}^{n} (X_i - \mu)^2\right\} = \frac{1}{n}\sum_{i=1}^{n} E\left\{(X_i - \mu)^2\right\}$$
$$= \frac{1}{n} \cdot n \cdot \sigma^2 = \sigma^2,$$

d.h. $S_1^2(\mu)$ ist eine **erwartungstreue** Schätzfunktion für σ^2.

b) Zunächst muß die Varianz des Stichprobenmittelwertes $\overline{X}$ bestimmt werden. Man erhält

$$\begin{aligned}\mathrm{Var}\{\overline{X}\} &= E\left\{(\overline{X} - \mu)^2\right\} = E\left\{(\frac{1}{n} \cdot \Sigma X_i - \mu)^2\right\} \\ &= E\left\{\left(\frac{\Sigma X_i - n\mu}{n}\right)^2\right\} = \frac{1}{n^2} \cdot E\left\{(\Sigma X_i - n\mu)^2\right\} \\ &= \frac{1}{n^2} \cdot n \cdot \sigma^2 = \frac{\sigma^2}{n}.\end{aligned}$$

Die Streuungsverschiebungsformel (13.20) lautete

$$\sigma_X{}^2 = \mathrm{Var}\{X_i\} = E\{X_i^2\} - [E\{X_i\}]^2.$$

Die Auflösung dieser Beziehung nach $E\{X_i^2\}$ ergibt

$$E\{X_i^2\} = \mathrm{Var}\{X_i\} + [E\{X_i\}]^2 = \sigma_X{}^2 + \mu_X{}^2,$$

und Anwendung auf $\overline{X}^2$ ergibt

$$E\{\overline{X}^2\} = \mathrm{Var}\{\overline{X}\} + [E\{\overline{X}\}]^2 = \frac{\sigma_X{}^2}{n} + \mu_X{}^2.$$

Einsetzen dieser beiden Beziehungen in die Gleichung für $S_1{}^2(\overline{X})$ ergibt

$$\begin{aligned}E\left\{S_1{}^2(\overline{X})\right\} &= \frac{1}{n}\, E\left\{\sum_{i=1}^{n} (X_i - \overline{X})^2\right\} = \frac{1}{n} \sum_{i=1}^{n} E\{X_i^2\} - E\{\overline{X}^2\} \\ &= \frac{1}{n} \sum_{i=1}^{n} (\sigma^2 + \mu^2) - \left(\frac{\sigma^2}{n} + \mu^2\right) \\ &= \sigma^2 + \mu^2 - \frac{\sigma^2}{n} - \mu^2 = \frac{n-1}{n}\,\sigma^2,\end{aligned}$$

d.h. die gewöhnliche Stichprobenvarianz bei unbekanntem μ; $S_1{}^2(\overline{X})$; ist **keine erwartungstreue** Schätzfunktion für die Varianz der Grundgesamtheit σ^2.

c) Zunächst beachte man, daß

$$S^2(\overline{X}) = \frac{n}{n-1} \cdot \frac{1}{n} \sum_{i=1}^{n} (X_i - \overline{X})^2 := S^2$$

gilt. Damit erhält man

$$E\{S^2(\bar{X})\} = \frac{n}{n-1} \cdot E\left\{\frac{1}{n} \sum_{i=1}^{n} (X_i - \bar{X})^2\right\}$$

$$= \frac{n}{n-1} \cdot \frac{n-1}{n} \cdot \sigma^2 = \sigma^2.$$

Mit Hilfe des Quotienten n/(n−1), der auch als **Besselsche Korrektur** bezeichnet wird, erhält man aus der gewöhnlichen Stichprobenvarianz die sogenannte modifizierte Stichprobenvarianz. Diese stellt dann eine erwartungstreue Schätzfunktion für die unbekannte Varianz der Grundgesamtheit σ^2 dar.

Zur Vereinfachung der Schreibweise werde diese erwartungstreue Schätzfunktion als S^2 abgekürzt. Eine Unterscheidung bezüglich der Zufallsvariablen, etwa X oder Y, auf die sich die Schätzfunktion bezieht, werde dann durch einen Subindex, etwa S_X^2 oder S_Y^2, angezeigt.

15.1.2.2 Die asymptotische Erwartungstreue

In der Praxis müssen oft nicht erwartungstreue Schätzfunktionen verwendet werden, die allerdings oft nur eine kleine Verzerrung besitzen. Es fragt sich nun, welche zusätzlichen Bedingungen diese Schätzfunktionen aufweisen müssen, damit auch sie brauchbare Schätzwerte liefern, d.h. große Schätzfehler (Verzerrungen) nur mit geringer Wahrscheinlichkeit auftreten. Dazu betrachtet man die gewöhnliche Stichprobenvarianz als Schätzfunktion für die Varianz der Grundgesamtheit. Um diese nicht erwartungstreue Schätzfunktion in eine erwartungstreue umzuwandeln, mußte mit dem Faktor n/(n−1) multipliziert werden. Der Wert dieses Korrekturfaktors hängt von der Größe des Stichprobenumfanges n ab. Je größer n ist, um so mehr nähert sich der Wert dieses Korrekturfaktors dem Wert eins. Dies bedeutet aber, daß die Verzerrung für hinreichend große n nahezu verschwindet. Damit eine nicht erwartungstreue Schätzfunktion brauchbar wird, muß man daher sinnvollerweise verlangen, daß die vom Stichprobenumfang n abhängige Verzerrung B_n mit wachsendem n verschwindet, d.h. es muß gelten

(15.7) $$\lim_{n \to N} B_n = \lim_{n \to N} \left\{E\{\hat{\Delta}\} - \Delta\right\} = 0.$$

Man bezeichnet eine Schätzfunktion, die diese Eigenschaft besitzt, als **asymptotisch erwartungstreu**.

15.1.2.3 Die absolute Effizienz

Zusätzlich muß aber auch berücksichtigt werden, daß jede Schätzfunktion neben dem Erwartungswert auch noch eine Varianz besitzt, die mit Var ($\hat{\Delta}$) bezeichnet werden soll. Die Eigenschaft dieser Varianz hat nun wesentliche Bedeutung für die Güte einer Schätzfunktion. Je größer die Varianz ist, um so größer ist die Wahrscheinlichkeit, große Schätzfehler zu begehen. Man wird daher solche Schätzfunktionen bevorzugen, die eine kleine Varianz besitzen. Dies ist allerdings nur dann sinnvoll, wenn es sich um eine erwartungstreue Schätzfunktion handelt, da eine nicht-erwartungstreue Schätzfunktion selbst bei einer Varianz von Null im Mittel nicht den wahren Parameter der Grundgesamtheit liefert (vgl. Abb. 15.2).

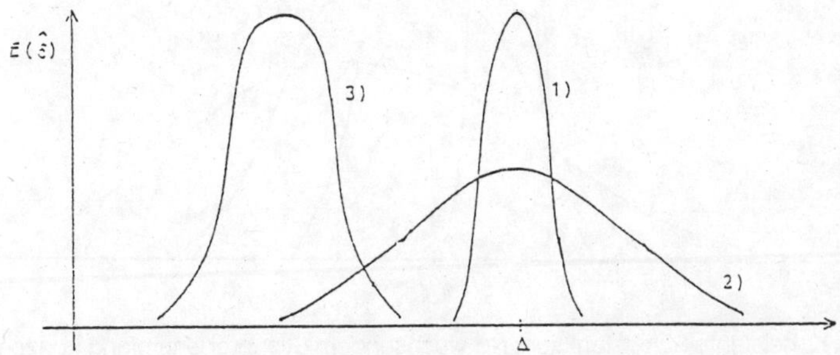

Abb. 15.2: Nicht-erwartungstreue Schätzfunktion (3). Erwartungstreue Schätzfunktion mit absoluter (1) und mit nicht-absoluter Effizienz (2).

Unter allen **erwartungstreuen** Schätzfunktionen wird man dann diejenige Schätzfunktion auswählen, die die **kleinste Varianz** besitzt. Dies führt zu der folgenden Definition:

Definition: Eine erwartungstreue Schätzfunktion $\hat{\Delta}$ heißt **absolut effizient**, wenn ihre Varianz $E\{\hat{\Delta} - \Delta\}^2$ minimal ist im Vergleich zur Varianz **jeder anderen erwartungstreuen** Schätzfunktion.

Eine erwartungstreue Schätzfunktion $\hat{\Delta}$ heißt **relativ effizient** gegenüber einer anderen erwartungstreuen Schätzfunktion $\hat{\Delta}_1$, wenn die Varianz von $\hat{\Delta}$ kleiner ist als die von $\hat{\Delta}_1$.

15.1.2.4 Die Konsistenz

Oft hängt die Größe der Varianz ebenfalls vom Stichprobenumfang n ab. Man wird daher Schätzfunktionen wünschen, für die mit wachsendem Stichprobenumfang n die Varianz kleiner wird. Schätzfunktionen, die asymptotisch erwartungstreu sind und deren Varianz mit wachsendem Stichprobenumfang n kleiner wird, nennt man **konsistent** (vgl. Abb. 15.3).

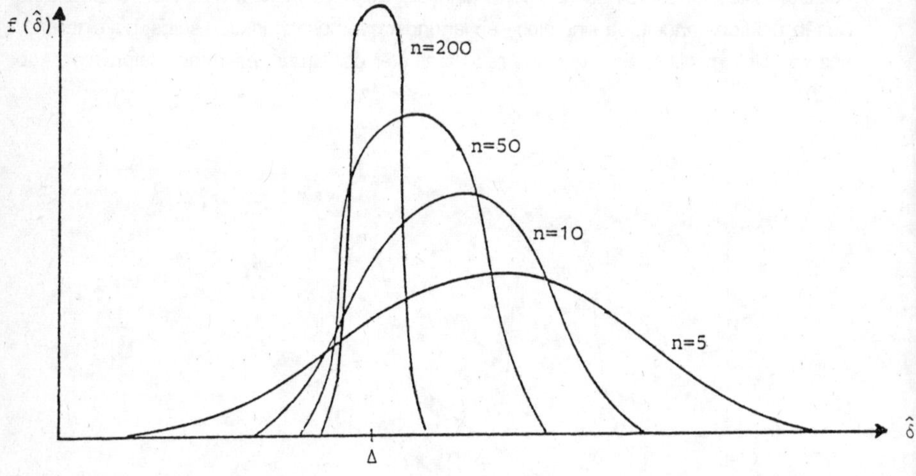

Abb. 15.3: Konsistente Schätzfunktion: mit wachsendem Stichprobenumfang konzentriert sich die Verteilung von $\hat{\Delta}$ um den Wert Δ.

Definition: Eine Schätzfunktion $\hat{\Delta}$ für den Parameter Δ heißt **konsistent**, wenn Verzerrung **und** Varianz mit wachsendem Stichprobenumfang n gegen Null streben, d.h. wenn gilt

(15.8)
$$\lim_{n \to N} B_n = \lim_{n \to N} \left[E\{\hat{\Delta}\} - \Delta\right] = 0, \textbf{ und}$$

$$\lim_{n \to N} \mathrm{Var}\{\hat{\Delta}\} = \lim_{n \to N} \left\{E\{\hat{\Delta} - \Delta\}^2\right\} = 0.$$

Beispiel 15.4:

Es soll untersucht werden, ob das arithmetische Mittel $\overline{X}$ einer Stichprobe eine konsistente Schätzfunktion für den Erwartungswert μ einer Grundgesamtheit ist.

Da die Schätzfunktion erwartungstreu ist, gilt $E\{\overline{X}\} = \mu$, d.h. die erste Forderung

$$\lim_{n \to N} B_n = 0$$

ist automatisch erfüllt. Wegen $Var\{\overline{X}\} = \sigma^2/n$ ist aber auch die zweite Forderung wegen

$$\lim_{n \to N} \sigma^2/n = 0$$

erfüllt.

Wenn die Stichprobe aus unabhängigen Realisierungen besteht, so ist das Stichprobenmittel $\overline{X}$ eine konsistente Schätzfunktion für das arithmetische Mittel μ der Grundgesamtheit.

15.1.2.5 Die Suffizienz

Eine Schätzfunktion $\hat{\Delta}$ heißt **suffizient** (erschöpfend), wenn sie sämtliche in der Stichprobe enthaltenen Informationen über den zu schätzenden Parameter Δ ausschöpft.

Beispielsweise ist der Median Z einer Stichprobe mit den Realisierungen $x_1, x_2, \ldots, x_n$ **keine** suffiziente Schätzfunktion für den Erwartungswert, da zur Bestimmung des Medians nicht die Werte aller Realisierungen herangezogen werden, sondern lediglich ein Wert, nämlich der "in der Mitte" der nach der Größe geordneten Realisierungen, verwendet wird.

15.1.2.6 Die Robustheit

Man nennt ein Schätzverfahren **robust**, wenn sich seine Effizienz auch bei Verletzung der Verteilungsannahmen bezüglich der Grundgesamtheit (z.B. Normalverteilungsannahme) nicht vermindert.

15.1.3 Methoden zur Konstruktion von Schätzfunktionen

Bisher wurden die Eigenschaften von Schätzfunktionen behandelt. Im folgenden sollen Methoden zur Bestimmung von Schätzfunktionen entwickelt werden. Dabei werden vor allem solche Methoden bevorzugt, die im Hinblick auf die wünschenswerten Eigenschaften gute Schätzfunktionen liefern.

15.1.3.1 Die Momentenmethode

Das älteste Verfahren zur Bestimmung von Schätzfunktionen für die Punktschätzung ist die Momentenmethode. Sie beruht auf der Überlegung, daß die Parameter einer Verteilung häufig die Momente selbst oder einfache Funktionen dieser Momente sind. Es liegt deshalb nahe, zur **Schätzung der Parameter** die Momente der Grundgesamtheit durch **die entsprechenden Momente der Stichprobe** zu approximieren. So wird beispielsweise zur Schätzung des Erwartungswertes der Grundgesamtheit der Stichprobenmittelwert und zur Schätzung der Varianz die Stichprobenvarianz verwendet.

Beispiel: Die Parameter μ und σ^2 einer normalverteilten Grundgesamtheit seien zu schätzen:

a) $m_1' = \frac{1}{n} \sum_{i=1}^{n} x_i = \bar{x}$ der Stichprobe wird als Momenten-Schätzwert für den Erwartungswert $E\{X\} = \mu_X$ verwendet.

b) $m_2 = m_2' - (m_1')^2 = \frac{1}{n} \sum_{i=1}^{n} x_i^2 - \bar{x}^2$ der Stichprobe wird als Momenten-Schätzwert für die Varianz $Var\{X\} = \sigma^2_X$ verwendet.

Seit der Kritik von R.A. Fisher bezüglich der wünschenswerten Eigenschaften wird diese Methode in der praktischen Statistik allerdings fast nicht mehr angewandt.

Die nach der Momentenmethode gewonnenen Schätzfunktionen sind **konsistent** und **asymptotisch normalverteilt**, da die Stichprobenmomente sich mit wachsendem Stichprobenumfang n immer mehr den Grundgesamtheitsmomenten nähern. Dies hat zur Folge, daß sie ebenfalls **asymptotisch erwartungstreu** sind. Im allgemeinen sind sie jedoch **nicht erwartungstreu** und **weder effizient noch suffizient**. Dafür hat dieses Verfahren den Vorteil, daß die **Verteilungsfunktion** der Zufallsvariablen **nicht bekannt sein muß**.

15.1.3.2 Die Maximum-Likelihood Methode

Diese Methode besitzt eine große Bedeutung, da sie im allgemeinen Schätzfunktionen liefert, die viele der wünschenswerten Eigenschaften besitzen. So erhält man durch sie eine **konsistente Schätzfunktion**, vorausgesetzt, eine solche existiert. Allerdings benötigt dieses Verfahren zur Anwendung die Voraussetzung, daß die Verteilung der Zufallsvariablen X in der Grundgesamtheit **bekannt** sein muß. In der Praxis wird häufig Normalverteilung der Zufallsvariablen verlangt.

Der Grundgedanke der Maximum-Likelihood Methode soll an dem folgenden Beispiel erläutert werden:

Beispiel 15.5:

Es sei ein Lagerbestand (Grundgesamtheit) von N = 10 000 Stahlseilen gegeben. Wenn die Stahlseile einen vorgegebenen Durchmesser überschreiten, werden sie als Ausschuß deklariert, da sie dann unbrauchbar sind. Zur Vereinfachung werde angenommen, daß die Grundgesamtheit entweder

1. 10 % oder
2. 20 %

Ausschuß enthalte. Aufgrund einer Stichprobe vom Umfang n = 10 soll entschieden werden, welcher Ausschußanteil in der Grundgesamtheit vorhanden ist.

Aus der Wahrscheinlichkeitsrechnung (deduktive Schlußweise) ist bekannt, daß die Zahl der unbrauchbaren Stücke X in der Stichprobe binomialverteilt ist. Somit ergeben sich die folgenden Binomialverteilungen für die Stichprobe:

x	0	1	2	3	4
$f_{BV}(x;10;0,1)$	0,3487	0,3874	0,1937	0,0574	0,0112
$f_{BV}(x;10;0,2)$	0,1074	0,2684	0,3020	0,2013	0,0881
$F_{BV}(x;10;0,1)$	0,3487	0,7361	0,9298	0,9872	0,9984
$F_{BV}(x;10;0,2)$	0,1074	0,3758	0,6778	0,8791	0,9672

Kennt man diese beiden Verteilungen, dann ist es nicht schwer, eine Entscheidung aufgrund des Stichprobenergebnisses zu treffen. Man wird sich nämlich jeweils für diejenige Grundgesamtheit entscheiden, die bei einem bestimmten, beobachteten Stichprobenergebnis die größere Wahrscheinlichkeit besitzt. Wird man etwa x = 1 unbrauchbare Stücke beobachten, dann entstammt diese Stichprobe mit einer größeren Wahrscheinlichkeit (nämlich 39 % zu 27 %) aus einer Grundgesamtheit mit p = 0,1, d.h. 10 % Ausschußanteil. Beobachtet man dagegen ein Stichprobenergebnis von $x \geq 2$ unbrauchbaren Stücken, so entstammt ein solches Ergebnis mit einer größeren Wahrscheinlichkeit (nämlich 62,42 % zu 26,39 %) aus einer Grundgesamtheit mit p = 0,2, d.h. 20 % Ausschußanteil.

Dieses Problem läßt sich zwar **auch als Testproblem** auffassen, wir wollen uns aber hier zunächst für das **Schätzproblem** interessieren. Dies bedeutet, daß wir aufgrund eines Stichprobenergebnisses den unbekannten Parameter P in der Grundgesamtheit schätzen wollen. In diesem speziellen Fall würde man sich bei einem Stichprobenergebnis von $x \leq 1$ für den Schätzwert $\hat{p} = 0{,}1$ und bei einem Stichprobenergebnis von $x \geq 2$ für den Schätzwert $\hat{p} = 0{,}2$ entscheiden.

Aus diesem Prinzip kann man eine Methode (Verfahren) entwickeln, die es erlaubt, Schätzfunktionen bzw. Schätzwerte in der Statistik zu bestimmen. **Man wählt nämlich diejenige Schätzung, für die das beobachtete Stichprobenergebnis am wahrscheinlichsten ist**. Dies bedeutet, daß man denjenigen Parameterwert als Schätzung für den unbekannten Parameterwert der Grundgesamtheit wählt, der das Stichprobenergebnis am wahrscheinlichsten erscheinen läßt. Diese Schätzung nennt man die **MAXIMUM-LIKELIHOOD Schätzung.**

Es wird jetzt allgemein angenommen, daß die Verteilung einer Zufallsvariablen X in der Grundgesamtheit einer einparametrigen Dichtefunktion, etwa $f(x; \Delta)$, genügt. Aus dieser Grundgesamtheit wird eine Zufallsstichprobe vom Umfang n

$$X_1, X_2, \ldots, X_n$$

gezogen. Es wird vorausgesetzt, daß diese n Zufallsvariablen, die in die Stichprobe gelangen, **voneinander stochastisch unabhängig** sind. Aufgrund dieser Annahme läßt sich die Wahrscheinlichkeit, die Realisierung $(x_1, x_2, \ldots, x_n)$ zu erhalten, durch das Produkt

$$f(x_1, x_2, \ldots, x_n; \Delta) = f(x_1; \Delta) \cdot f(x_2; \Delta) \cdot \ldots \cdot f(x_n; \Delta)$$

berechnen.

Der Wert dieses Produktes hängt nicht nur von den einzelnen Realisierungen $x_1, x_2, \ldots, x_n$, sondern auch von dem Parameter Δ ab.

Es wird nun die Stichprobenrealisierung fest vorgegeben. Dann hängt der Wert des Produktes nur noch von dem Parameter Δ ab. Man nennt das Produkt "**Likelihood-Funktion**" und bezeichnet es mit $L(\Delta)$.

Somit erhält man

$$L(\Delta) = L(x_1, x_2, \ldots, x_n; \Delta) = f(x_1; \Delta) \cdot f(x_2; \Delta) \cdot \ldots \cdot f(x_n; \Delta)$$

$$(15.9) \qquad = \prod_{i=1}^{n} f(x_i;\, \Delta).$$

Die Maximum-Likelihood-Schätzung besteht nun darin, daß man als Schätzung für den unbekannten Parameter Δ denjenigen Wert wählt, der die Funktion $L(\Delta)$ maximiert. Unter gewissen Regularitätsvoraussetzungen besitzt die Likelihood-Funktion $L(\Delta)$ genau ein Maximum. Es wird angenommen, daß diese Bedingungen erfüllt sind. Ferner sei $L(\Delta)$ eine in Δ differenzierbare Funktion.

Eine notwendige Bedingung dafür, daß $L(\Delta)$ als differenzierbare Funktion in Δ ein Maximum besitzt, ist das Verschwinden der ersten Ableitung nach Δ, d.h.

$$\frac{\partial L}{\partial \Delta} = 0.$$

Hier wurde die partielle Ableitung benutzt. $L(x;\, \Delta)$ hängt auch noch von der Stichprobenrealisation $\underline{x} = (x_1, x_2, \,....\, x_n)$ ab, eine Größe, die bei der Lösung unseres Problems als konstant angenommen wurde.

Da $f(x;\, \Delta)$ nicht negativ ist, ist auch $L(x;\, \Delta)$ an der Stelle seines Maximums im allgemeinen positiv. Da der natürliche Logarithmus $\ln L(\Delta)$ eine monotone Funktion von $L(\Delta)$ ist, besitzt $\ln L(\Delta)$ genau an der Stelle sein Maximum, an der auch $L(\Delta)$ sein Maximum besitzt. Man kann daher $L(\Delta)$ durch $\ln L(\Delta)$ ersetzen und erhält als Bestimmungsgleichung für dieses Maximum die Beziehung

$$\frac{\partial \ln L}{\partial \Delta} = 0.$$

Unter gewissen Voraussetzungen über die Verteilungsfunktion der Zufallsvariablen X sind die Maximum-Likelihood Schätzfunktionen konsistent, asymptotisch effizient, asymptotisch erwartungstreu und asymptotisch normalverteilt. Man spricht auch von **b**esten **a**symptotisch **n**ormalverteilten, sog. **BAN-Schätzfunktionen**.

Wenn für einen Parameter Δ einer Verteilung eine effiziente Schätzfunktion existiert, so ist diese gleich der Maximum-Likelihood Schätzfunktion, die dann auch stets suffizient ist.

15.1.3.3 Anwendung der Maximum-Likelihood Methode

a) Schätzfunktion für den Parameter P der Binomialverteilung

Es wird jetzt angenommen, daß die Zufallsvariable X in der Grundgesamtheit mit dem unbekannten Parameter P binomialverteilt sei. Eine Zufallsstichprobe vom Umfang n liefere die Realisationen $(x_1, x_2, \ldots, x_n)$. Die Summe dieser Realisationen werde mit y abgekürzt, d.h.

$$y = \sum_{i=1}^{n} x_i .$$

Unter der Annahme, daß bei den Realisationen y-mal der Wert 1 und (n-y)-mal der Wert 0 vorkommt, erhält man für die Likelihood-Funktion

$$L(y;p) = \prod_{i=1}^{n} f(x_i;p) = \binom{n}{y} \cdot p^y \cdot (1-p)^{n-y} .$$

Logarithmieren ergibt

$$\ln L(y;p) = \ln \binom{n}{y} + y \cdot \ln p + (n-y) \cdot \ln(1-p).$$

Partielle Differentiation nach p ergibt

$$\frac{\partial \ln L}{\partial p} = y \cdot \frac{1}{p} + (n-y) \cdot \frac{-1}{1-p} .$$

Nullsetzen der partiellen Ableitung ergibt den Schätzwert

$$\frac{\partial \ln L}{\partial p} = 0 \quad \Longrightarrow \quad \frac{y}{\hat{p}} - \frac{n-y}{1-\hat{p}} = 0$$

und somit

$$\hat{p} = \frac{y}{n} .$$

Wegen $y = \sum_{i=1}^{n} x_i$ erhält man

(15.10) $$\hat{p} = \frac{1}{n} \sum_{i=1}^{n} x_i = \bar{x}.$$

Die Maximum-Likelihood Schätzung liefert also als Schätzwert für den unbekannten Parameter P der Grundgesamtheit den Stichprobenmittelwert $\bar{x}$.

Wäre man nicht von der Realisierung $(x_1, x_2, \ldots, x_n)$, sondern von den Zufallsvariablen $(X_1, X_2, \ldots, X_n)$ ausgegangen, dann hätte man als Maximum-Likelihood Schätzfunktion die Zufallsvariable

(15.11) $$\hat{P} = \bar{X}$$

erhalten.

Beispiel 15.6:

In einer Stichprobe von n = 100 Stahlseilen sind 58 unbrauchbare Stahlseile ermittelt worden.

Es werde die Zufallsvariable

$$Y = \{\text{Anzahl der unbrauchbaren Stahlseile in der Stichprobe}\}$$

betrachtet. Da in der Stichprobe 58 unbrauchbare Stahlseile beobachtet wurden, erhält man

$$y = \sum_{i=1}^{100} x_i = 58.$$

Der Maximum-Likelihood Schätzwert für den Parameter P der Grundgesamtheit lautet daher

$$\hat{p} = \frac{y}{n} = \frac{58}{100} = 0{,}58.$$

b) Schätzfunktion für die Parameter μ und σ^2 der Normalverteilung

Jetzt wird angenommen, daß die Zufallsvariable X in der Grundgesamtheit $N(\mu;\sigma^2)$-verteilt sei. Die beiden Parameter μ und σ^2 seien unbekannt und sollen aufgrund einer Zufallsstichprobe vom Umfang n geschätzt werden. Die Realisationen der Zufallsvariablen X_i in der Stichprobe werden wieder mit $(x_1, x_2, \ldots, x_n)$ bezeichnet.

Da die Dichtefunktion der Normalverteilung

$$f(x;\mu;\sigma^2) = \frac{1}{\sigma\sqrt{2\pi}} \exp\left[-\frac{(x-\mu)^2}{2\sigma^2}\right]$$

beträgt, erhält man für die Likelihood-Funktion

$$L(x;\mu;\sigma^2) = f(x_1;\mu;\sigma^2) \cdot f(x_2;\mu;\sigma^2) \cdot \ldots \cdot f(x_n;\mu;\sigma^2)$$

$$= \prod_{i=1}^{n} \frac{1}{\sigma\sqrt{2\pi}} \exp\left[-\frac{(x_i-\mu)^2}{2\sigma^2}\right]$$

$$= \left(\frac{1}{\sigma\sqrt{2\pi}}\right)^n \cdot \exp\left[-\frac{1}{2\sigma^2} \cdot \sum_{i=1}^{n} (x_i-\mu)^2\right].$$

Logarithmieren ergibt

$$\ln L(x;\mu:\sigma^2) = -\frac{n}{2} \cdot \ln 2\pi - \frac{n}{2} \cdot \ln \sigma^2 - \frac{1}{2\sigma^2} \cdot \sum_{i=1}^{n} (x_i-\mu)^2.$$

Partielle Differentiation nach μ und Nullsetzen der Ableitung ergibt

$$\frac{\partial \ln L}{\partial \mu} = \frac{2 \cdot \sum_{i=1}^{n} (x_i-\mu)}{2\sigma^2},$$

$$\sum_{i=1}^{n} (x_i - \hat{\mu}) = 0,$$

(15.12)
$$\hat{\mu} = \frac{1}{n} \sum_{i=1}^{n} x_i = \bar{x}.$$

Wenn man nicht von der Realisierung $(x_1, x_2, \ldots, x_n)$, sondern von den Zufallsvariablen $(X_1, X_2, \ldots, X_n)$ ausgeht, erhält man als Maximum-Likelihood Schätzfunktion die Zufallsvariable $\hat{M} = \bar{X}$.

Partielle Differentiation nach σ^2 und Nullsetzen der Ableitung ergibt

$$\frac{\partial \ln L}{\partial \sigma^2} = -\frac{n}{2} \cdot \frac{1}{\sigma^2} + \frac{\sum\limits_{i=1}^{n} (x_i - \mu)^2}{2\left(\sigma^2\right)^2},$$

$$-\frac{n}{2} \cdot \frac{1}{\tilde{\sigma}^2} + \frac{\sum\limits_{i=1}^{n} (x_i - \mu)^2}{2\left(\tilde{\sigma}^2\right)^2} = 0,$$

$$\frac{n}{2} \cdot \frac{1}{\tilde{\sigma}^2} = \frac{\sum\limits_{i=1}^{n} (x_i - \mu)^2}{2\left(\tilde{\sigma}^2\right)^2},$$

$$\tilde{\sigma}^2 = \frac{1}{n} \sum_{i=1}^{n} (x_i - \mu)^2 \text{ bzw.}$$

(15.13) $$\tilde{\sigma}^2 = \frac{1}{n} \sum_{i=1}^{n} (x_i - \bar{x})^2.$$

Dieser Schätzwert $\tilde{\sigma}^2$ stimmt mit der Stichprobenvarianz $s_1^2(\bar{x})$ bei **unbekanntem** Erwartungswert μ der Grundgesamtheit überein. Wäre man nicht von der Realisierung $(x_1,x_2,\ldots,x_n)$, sondern von den Zufallsvariablen $(X_1,X_2,\ldots,X_n)$ ausgegangen, dann hätte man als Maximum-Likelihood Schätzfunktion die Zufallsvariable $S_1^2(\bar{X})$ erhalten.

Von dieser war bereits früher gezeigt worden, daß sie nicht erwartungstreu ist. Man sieht daran, daß Maximum-Likelihood-Schätzfunktionen nicht notwendig erwartungstreu sein müssen; dafür sind sie aber konsistent. Ferner kann man zeigen: Wenn eine konsistente Schätzfunktion für den zu schätzenden Parameter existiert, so wird diese durch die Maximum-Likelihood Methode geliefert.

15.1.3.4 Kleinst-Quadrate Methode

Diese Methode geht auf C.F. Gauss zurück. Sie wird vorzugsweise zur Schätzung der Parameter in Regressionsmodellen angewandt. Eigentlich handelt es sich dabei nicht um ein Schätzverfahren im eigentlichen Sinne, sondern um ein mathematisches Ausgleichsverfahren.

Gegeben sei eine Zufallsstichprobe vom Umfang n, bestehend aus voneinander unabhängigen Zufallsvariablen $X_1,\ldots,X_n$. Die gesuchten Parameter seien $\Delta_1, \Delta_2,\ldots, \Delta_r$. Die Erwartungswerte der Zufallsvariablen $E\{X_i\}$ seien bekannte Funktionen der zu schätzenden Parameter $g(\Delta_1, \Delta_2,\ldots, \Delta_r)$. Man kann dann Schätzfunktionen für die unbekannten Parameter so bestimmen, daß die Quadratsumme der euklidischen Abstände zwischen Schätzfunktion und Parameterwert minimal wird, d.h.

$$\sum_{i=1}^{n} (X_i - E\{X_i\})^2 \leq \sum_{i=1}^{n} [X_i - g(\Delta_1, \Delta_2, \ldots, \Delta_r)]^2 \rightarrow \text{Min.}$$

gilt.

Beispiel 15.7:

Die bekannteste Anwendung erfolgt bei der Schätzung von Regressionskoeffizienten. Es seien zwei Zufallsvariable X und Y gegeben, zwischen denen die lineare Regressionsbeziehung $E\{Y\} = b_0 + b_1X$ besteht.

Man betrachtet eine Zufallsstichprobe mit den voneinander unabhängigen Paaren von Zufallsvariablen $(X_1,Y_1), (X_2,Y_2),\ldots,(X_n,Y_n)$.

Aus den Realisierungen dieser Stichprobenvariablen bildet man die Quadratsumme der folgenden Abweichungen

$$\sum_{i=1}^{n} e_i^2 = \sum_{i=1}^{n} (Y_i - E\{Y_i\})^2 = \sum_{i=1}^{n} (Y_i - b_0 - b_1X_i)^2.$$

Diese Quadratsumme wird bezüglich b_0 und b_1 minimiert. Es ergeben sich folgende Schätzfunktionen

$$\hat{b}_0 = \bar{Y} - \hat{b}_1\bar{X} \quad \text{und}$$

$$\hat{b}_1 = \frac{\Sigma(X_i \cdot Y_i) - \frac{1}{n}\,\Sigma X_i \cdot \Sigma Y_i}{\Sigma X_i^2 - \frac{1}{n}\left(\Sigma X_i\right)^2}$$

$$= \frac{\Sigma(X_i - \bar{X})\cdot(Y_i - \bar{Y})}{\Sigma(X_i - \bar{X})^2} = \frac{\Sigma X_i^*\cdot Y_i^*}{\left(\Sigma X_i^*\right)^2},$$

mit $X_i^* = X_i - \bar{X}$ und $Y_i^* = Y_i - \bar{Y}$ als sog. "**zentrierte**" Koordinatenwerte.

15.2 Grundlagen der Intervallschätzung

Zweck: Um Angaben über die Genauigkeit und Sicherheit einer Punktschätzung für einen unbekannten Parameter der Grundgesamtheit zu geben, konstruiert man zu einer vorgegebenen Sicherheitswahrscheinlichkeit $1-\alpha$ ein Intervall um den Wert der Punktschätzung, ein sog. **Konfidenz-** (oder Vertrauens)-**intervall (induktive Schlußweise der Statistik**). Die Grenzen eines solchen Konfidenzintervalles sind Zufallsvariable, deren Realisierung von dem speziellen Stichprobenergebnis abhängt (vgl. Abb. 15.4).

Die Genauigkeit der Schätzung wird durch die Länge des Intervalls, ihre Sicherheit durch die Wahrscheinlichkeit ausgedrückt, mit der das Intervall den unbekannten Parameter Δ überdeckt. Allerdings stehen bei einer solchen Schätzung die Begriffe Genauigkeit und Sicherheit in einem Widerspruch zueinander. Erhöht man nämlich die Genauigkeit, d.h. verkleinert man das Intervall, dann wird dadurch automatisch die Sicherheit verringert. Umgekehrt kann man eine größere Sicherheit nur durch eine kleinere Genauigkeit erkaufen, d.h. durch Verbreiterung des Intervalls.

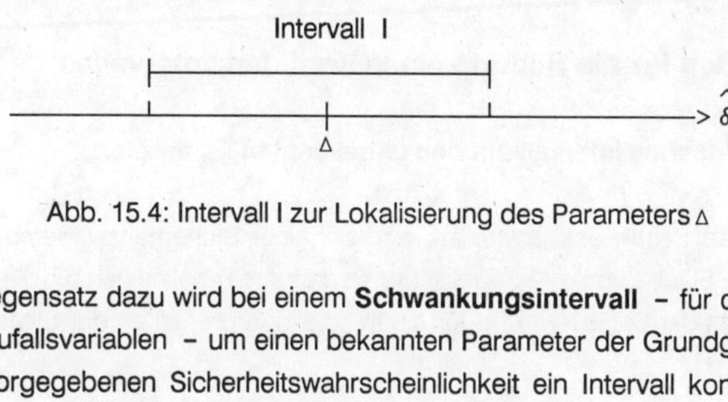

Abb. 15.4: Intervall I zur Lokalisierung des Parameters Δ

Im Gegensatz dazu wird bei einem **Schwankungsintervall** - für die Realisationen von Zufallsvariablen - um einen bekannten Parameter der Grundgesamtheit zu einer vorgegebenen Sicherheitswahrscheinlichkeit ein Intervall konstruiert, dessen Grenzen Konstante sind (**deduktive Schlußweise der Statistik**).

a) Konstruktionsprinzip eines (symmetrischen) Schwankungsintervalles:

bekannter Parameter der Grundgesamtheit minus/plus ein Vielfaches der Standardabweichung der Zufallsvariablen

Beispiel:

$$\mu - z_{1-\alpha/2} \cdot \sigma_{\bar{X}} \leq \bar{X} \leq \mu + z_{1-\alpha/2} \cdot \sigma_{\bar{X}}$$

b) Konstruktionsprinzip eines (symmetrischen) Konfidenzintervalles:

Punktschätzung für den unbekannten Parameter minus/plus ein Vielfaches der Standardabweichung dieses Schätzwertes

Beispiel:

$$\bar{X} - z_{1-\alpha/2} \cdot \sigma_{\bar{X}} \leq \mu \leq \bar{X} + z_{1-\alpha/2} \cdot \sigma_{\bar{X}}$$

Um dieses Vielfache der Standardabweichung des Schätzwertes zu bestimmen, benötigt man eine Verteilungsaussage für den Schätzwert. Wenn diese bekannt ist, kann man das Vielfache zu der vorgegebenen Irrtumswahrscheinlichkeit $1-\alpha$ aus der Tabelle der betreffenden Verteilung ablesen.

c) Möglichkeiten für die Bildung eines Konfidenzintervalles:

c_1) symmetrisches Intervall um den unbekannten Parameter:

An beiden Seiten des Intervalles wird bei einer Sicherheitswahrscheinlichkeit von $1-\alpha$ eine Fläche von $\alpha/2$ abgetrennt, so daß der Tabellenwert für die Intervalluntergrenze an der Stelle $\alpha/2$ und für die Intervallobergrenze an der Stelle $1-\alpha/2$ abgelesen wird.

c_2) halbseitig (entweder links- oder rechsseitig) offenes Intervall um den unbekannten Parameter:

Bei einer Sicherheitswahrscheinlichkeit von $1-\alpha$ wird nur an einer Seite des Intervalles eine Fläche von α abgetrennt. Der entsprechende Tabellenwert wird bei einem linksseitig offenen Intervall an der Stelle $1-\alpha$ und bei einem rechtsseitig offenen Intervall an der Stelle α abgelesen.

15.2.1 Schwankungsintervall für den Mittelwert $\bar{X}$

Zunächst werde nochmals der deduktive Schluß der Statistik (von der bekannten Grundgesamtheit auf die daraus gezogene Stichprobe) betrachtet. Man geht davon aus, daß eine Zufallsvariable X in der Grundgesamtheit $N(\mu;\sigma^2)$-verteilt sei. Zu einer vorgegebenen **Sicherheitswahrscheinlichkeit 1-α** konnte ein symmetrisches Intervall um den Erwartungswert μ mit der Breite 2h so konstruiert werden, daß die Zufallsvariable X mit der Wahrscheinlichkeit $1-\alpha$ in diesem Intervall liegt, nämlich

$$\text{Prob}\{\mu - h \leq X \leq \mu + h\} = 1 - \alpha.$$

Bezeichnet man den Abstand h der Intervallgrenzen vom Erwartungswert in Einheiten der Standardabweichung σ, so lautet dieses Intervall

(15.14) $$\text{Prob}\{\mu - z\cdot\sigma \leq X \leq \mu + z\cdot\sigma\} = 1 - \alpha,$$

wobei die Konstante z von der Sicherheitswahrscheinlichkeit $1-\alpha$ abhängt. Für einige spezielle ganzzahlige Werte der Konstanten z ergaben sich folgende Intervalle

$$\text{Prob}\{\mu - 1\cdot\sigma \leq X \leq \mu + 1\cdot\sigma\} = 0{,}6827,$$

$$\text{Prob}\{\mu - 2\cdot\sigma \leq X \leq \mu + 2\cdot\sigma\} = 0{,}9545,$$

$$\text{Prob}\{\mu - 3\cdot\sigma \leq X \leq \mu + 3\cdot\sigma\} = 0{,}9973.$$

Ein solches Intervall wird ein z-faches zentrales **Schwankungsintervall** für die Zufallsvariable X genannt. Seine Berechnung ist allerdings nur dann möglich, wenn die Parameter μ und σ der Grundgesamtheit bekannt sind; seine Grenzen sind dann **bekannte** Größen.

Jetzt wird aber aus der Grundgesamtheit eine Zufallsstichprobe vom Umfang n gezogen und das arithmetische Mittel $\bar{x}$ dieser Stichprobe berechnet. Es ist bekannt, daß $\bar{X}$ eine Zufallsvariable ist, die $N(\mu, \sigma^2/n)$-verteilt ist. Diese Verteilungsaussage gilt, da die Grundgesamtheit als $N(\mu, \sigma^2)$-verteilt angenommen wurde. Falls der Stichprobenumfang hinreichend groß ist (etwa $n \geq 100$), gilt diese Verteilungsaussage auch dann, wenn die Zufallsvariable X in der Grundgesamtheit einer beliebigen Verteilung gehorchte, die den Erwartungswert μ und die Varianz σ^2 besitzt.

Bei Kenntnis der beiden Parameter μ und σ kann man nun ebenfalls ein z-faches Schwankungsintervall für die Zufallsvariable X berechnen. Zu einer vorgegebenen Sicherheitswahrscheinlichkeit $1-\alpha$ erhält man

$$\text{Prob}\left\{\mu - z_{1-\alpha/2} \cdot \sigma_{\bar{X}} \le \bar{X} \le \mu + z_{1-\alpha/2} \cdot \sigma_{\bar{X}}\right\} = 1 - \alpha,$$

$$\text{Prob}\left\{\mu - z_{1-\alpha/2} \cdot \frac{\sigma}{\sqrt{n}} \le \bar{X} \le \mu + z_{1-\alpha/2} \cdot \frac{\sigma}{\sqrt{n}}\right\} = 1 - \alpha.$$

Diese Beziehung läßt sich wie folgt umformen

$$\text{Prob}\left\{- z_{1-\alpha/2} \cdot \frac{\sigma}{\sqrt{n}} \le \bar{X} - \mu \le + z_{1-\alpha/2} \cdot \frac{\sigma}{\sqrt{n}}\right\} = 1 - \alpha.$$

(15.15) $$\text{Prob}\left\{- z_{1-\alpha/2} \le \frac{\bar{X} - \mu}{\sigma/\sqrt{n}} \le + z_{1-\alpha/2}\right\} = 1 - \alpha.$$

Auf diese Weise hat man ein Schwankungsintervall für die standardnormal-verteilte Zufallsvariable

$$\frac{\bar{X} - \mu}{\sigma/\sqrt{n}} \quad : \text{N(0,1) - verteilt}$$

erhalten.

Man beachte, daß sich nach Vorgabe einer Sicherheitswahrscheinlichkeit von $1-\alpha$ bei Kenntnis der Parameterwerte μ und σ ein **Schwankungsintervall** berechnen läßt, **dessen Intervallgrenzen konstant sind**.

Man betrachte die standardnormal-verteilte Zufallsvariable

$$\frac{\bar{X} - \mu}{\sigma/\sqrt{n}} .$$

Das Schwankungsintervall für eine Sicherheitswahrscheinlichkeit von 95 % ergibt sich zu

$$\text{Prob}\left\{- z_{1-\alpha/2} \le \frac{\bar{X} - \mu}{\sigma/\sqrt{n}} \le + z_{1-\alpha/2}\right\} = 0{,}95.$$

Diese Beziehung wird verwendet, um z zu bestimmen. Man erhält

$$F(z_{1-\alpha/2}) - F(- z_{1-\alpha/2}) = 0{,}95,$$

$$F(z_{1-\alpha/2}) - [1 - F(z_{1-\alpha/2})] = 0{,}95,$$

$$2 \cdot F(z_{1-\alpha/2}) - 1 = 0{,}95,$$

$$F(z_{1-\alpha/2}) = 0{,}975,$$

$$z_{1-\alpha/2} = F^{-1}(0{,}975) = 1{,}96.$$

Dieser Zusammenhang zwischen z und $F^{-1}(1-\alpha)$ bei einer normalverteilten Zufallsvariablen muß nun nicht jedesmal auf diese etwas mühsame Weise bestimmt werden. Da in der Praxis nur wenige Werte für die Sicherheitswahrscheinlichkeit $1-\alpha$ interessieren, kann man die wichtigsten Werte in Tabellen erfassen.

Tabelle 15.1: Symmetrisches Intervall um den Erwartungswert μ

$1-\alpha$	0,90	0,95	0,99	0,9545	0,9973
$1-\alpha/2$	0,95	0,975	0,995	0,9772	0,9987
z	1,645	1,960	2,575	2,0	3,0

Tabelle 15.2: Halbseitig offene Intervalle um den Erwartungswert μ

$1-\alpha$	0,90	0,95	0,99	0,9772	0,9987
z	1,281	1,645	2,326	2,0	3,0

15.2.2 Konfidenzintervall für den Erwartungswert μ einer Normalverteilung bei großem Stichprobenumfang n

Das Problem bei einer Intervallschätzung ist aber ein anderes. Jetzt sind die Parameter der Grundgesamtheit μ und σ **nicht mehr beide bekannt**, sondern ein unbekannter Parameter soll geschätzt werden. Angenommen, der Erwartungswert μ sei unbekannt. Als Punktschätzung wird das arithmetische Mittel $\bar{x}$ einer Zufallsstichprobe vom Umfang n verwendet.

Es soll nun eine Wahrscheinlichkeitsaussage darüber getroffen werden, wie groß ein Intervall um das arithmetische Mittel $\bar{x}$ der Stichprobe sein muß, damit der wahre Erwartungswert μ der Grundgesamtheit mit einer bestimmten Wahrscheinlichkeit davon überdeckt wird. Dazu geht man vom z-fachen **Schwankungsintervall** für die N(0,1)-verteilte Zufallsvariable

$$\frac{\bar{X} - \mu}{\sigma/\sqrt{n}} \text{ aus.}$$

Dieses lautet für eine Sicherheitswahrscheinlichkeit von 1−α

$$\text{(15.15)} \qquad \text{Prob}\left\{- z_{1-\alpha/2} \leq \frac{\bar{X} - \mu}{\sigma/\sqrt{n}} \leq + z_{1-\alpha/2}\right\} = 1 - \alpha.$$

Durch die folgenden Umformungen kann man nun daraus ein **Konfidenzintervall** für den unbekannten Parameter μ erhalten, nämlich

$$\text{Prob}\left\{- z_{1-\alpha/2} \cdot \sigma/\sqrt{n} \leq \bar{X} - \mu \leq + z_{1-\alpha/2} \cdot \sigma/\sqrt{n}\right\} = 1 - \alpha.$$

$$\text{Prob}\left\{- z_{1-\alpha/2} \cdot \sigma/\sqrt{n} - \bar{X} \leq - \mu \leq + z_{1-\alpha/2} \cdot \sigma/\sqrt{n} - \bar{X}\right\} = 1 - \alpha.$$

Multiplikation der Ungleichung in der Klammer mit −1 ergibt

$$\text{Prob}\left\{z_{1-\alpha/2} \cdot \sigma/\sqrt{n} + \bar{X} \geq \mu \geq - z_{1-\alpha/2} \cdot \sigma/\sqrt{n} + \bar{X}\right\} = 1 - \alpha.$$

$$\text{(15.16)} \quad \text{Prob}\left\{\bar{X} - z_{1-\alpha/2} \cdot \sigma/\sqrt{n} \leq \mu \leq \bar{X} + z_{1-\alpha/2} \cdot \sigma/\sqrt{n}\right\} = 1 - \alpha.$$

Auf diese Weise erhält man eine Aussage über ein Intervall, in dem der unbekannte Parameter mit der vorgegebenen Sicherheitswahrscheinlichkeit 1−α liegt. **Dabei sind die Intervallgrenzen jetzt Funktionen des Stichprobenmittelwertes $\bar{X}$.** Da dieser aber eine Zufallsvariable ist, sind auch die **Intervallgrenzen Zufallsvariable**, deren beobachteter Wert mit der Stichprobenrealisation variiert. Ein solches Intervall heißt **Konfidenz-** (oder **Vertrauens-)intervall**. Die Realisationen eines solchen Konfidenzintervalles aus verschiedenen Stichproben lassen sich durch die Abb. 15.5 anschaulich darstellen.

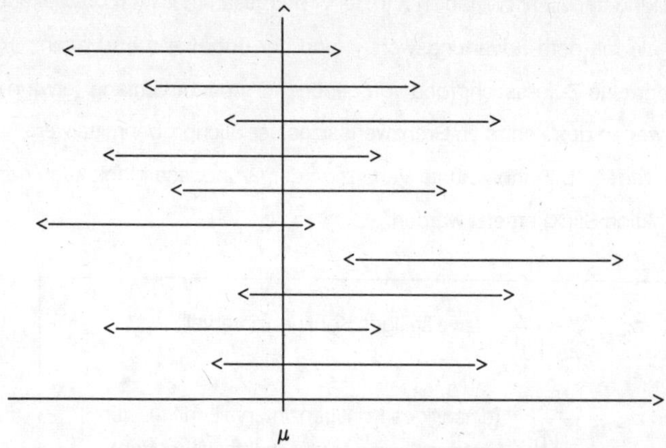

Abb. 15.5: Lage verschiedener Konfidenzintervalle für den Erwartungswert μ

Man interpretiert ein Konfidenzintervall wie folgt:

Das Intervall überdeckt mit einer Wahrscheinlichkeit von $1-\alpha$ den unbekannten Parameter μ der Grundgesamtheit, d.h. bei mehrmaligen, häufigen Wiederholungen der Stichprobenerhebung werden $(1-\alpha)$% der Intervalle den Parameter μ überdecken. Nachteilig bei der Berechnung eines solchen Konfidenzintervalles wirkt sich allerdings die Tatsache aus, daß zu seiner Berechnung der Parameter σ der Grundgesamtheit benötigt wird. Daher kann diese Intervallschätzung für den unbekannten Parameter μ **nur in zwei Fällen** angewendet werden:

1. Die Grundgesamtheit ist **normalverteilt** mit **bekannter** Varianz. Dann kann das Konfidenzintervall aufgrund einer Stichprobe beliebigen Umfangs (auch eines kleinen) berechnet werden.

$$\bar{x} \pm z_{1-\alpha/2} \cdot \frac{\sigma}{\sqrt{n}} \quad \text{(zweiseitiges Konfidenzintervall)}$$

$$\bar{x} + z_{1-\alpha} \cdot \frac{\sigma}{\sqrt{n}} \quad \text{(linksseitig offenes Konfidenzintervall)}$$

$$\bar{x} - z_{1-\alpha} \cdot \frac{\sigma}{\sqrt{n}} \quad \text{(rechtsseitig offenes Konfidenzintervall)}$$

2. Die Verteilung der Zufallsvariablen X in der Grundgesamtheit ist **nicht** bekannt, man weiß nur, daß sie mit dem Erwartungswert μ und der **unbekannten** Varianz σ^2 verteilt ist. Ferner liegt eine Zufallsstichprobe von genügend großem Umfang (etwa $n \geq 100$) vor. Dann ist wegen des Zentralen Grenzwertsatzes der Stichprobenmittelwert $\bar{X}$ approximativ normalverteilt. Die unbekannte Varianz σ^2 der Grundgesamtheit kann dann durch die Schätzfunktion $S^2(\bar{X})$ ersetzt werden.

$$\bar{x} \pm z_{1-\alpha/2} \cdot \frac{s_X}{\sqrt{n}}$$ (zweiseitiges Konfidenzintervall)

$$\bar{x} \pm z_{1-\alpha} \cdot \frac{s_X}{\sqrt{n}}$$ (einseitiges Konfidenzintervall, mit "+" für linksseitig und "–" für rechtsseitig offen)

Beispiel 15.8:

Aus der laufenden Produktion von Glühlampen wird eine Zufallsstichprobe vom Umfang $n = 100$ entnommen und in einer zerstörenden Prüfung die Brenndauer jeder Glühbirne bestimmt. Das arithmetische Mittel für die Brenndauer ergab $\bar{x} = 1\,300$ Stunden und für die Stichprobenvarianz $s^2 = 15\,625$. Mit einer Sicherheitswahrscheinlichkeit von 95 % bestimme man ein symmetrisches Konfidenzintervall für den Erwartungswert μ der Brenndauer der Gesamtproduktion.

Das gesuchte Konfidenzintervall, das den unbekannten Parameter μ mit einer Sicherheitswahrscheinlichkeit von 95 % enthält, ergibt sich somit zu

$$\text{Prob}\left\{\bar{x} - 1{,}96 \cdot \frac{s}{\sqrt{n}} \leq \mu \leq \bar{x} + 1{,}96 \cdot \frac{s}{\sqrt{n}}\right\} = 0{,}95.$$

Einsetzen der Zahlenwerte ergibt

$$\text{Prob}\left\{1\,300 - 1{,}96 \cdot \frac{125}{10} \leq \mu \leq 1\,300 + 1{,}96 \cdot \frac{125}{10}\right\} = 0{,}95,$$

$$\text{Prob}\{1\,300 - 24{,}5 \leq \mu \leq 1\,300 + 24{,}5\} = 0{,}95.$$

Für den unbekannten Erwartungswert μ der Gesamtproduktion ergibt sich somit bei einer Sicherheitswahrscheinlichkeit von 95 % die Beziehung

$$\mu \in [1\,275; 1\,325].$$

Man beachte, daß die Intervallgrenzen auf ganze Zahlen gerundet wurden. Wenn dies geschieht, muß man darauf achten, daß man immer auf der "**sicheren Seite**" des Intervalls bleibt.

Das Intervall [1 275; 1 325] überdeckt mit einer Sicherheitswahrscheinlichkeit von mindestens 95 % den unbekannten Parameter μ der Grundgesamtheit. Dies bedeutet, daß bei einer häufigen Wiederholung der Stichprobenerhebung 95 % der erhaltenen Konfidenzintervalle den Parameter μ überdecken.

Vom Standpunkt des Produzenten aus erscheint es nicht immer sinnvoll, den unbekannten Erwartungswert nach beiden Seiten abzugrenzen. Ein Produzent wird vor allem daran interessiert sein, daß seine Glühlampen eine bestimmte Mindestbrenndauer aufweisen. Dies bedeutet, daß der unbekannte Erwartungswert nach unten abgegrenzt wird. Man wird daher fragen: In welchem nach links abgeschlossenen und nach rechts offenen Intervall liegt der unbekannte Erwartungswert μ mit einer Sicherheitswahrscheinlichkeit von 95 %?

$$\text{Prob}\left\{\mu \geq \bar{x} - z_{1-\alpha} \cdot \frac{s}{\sqrt{n}}\right\} = 1 - \alpha,$$

$$\text{Prob}\left\{\mu \geq \bar{x} - 1{,}645 \cdot \frac{s}{\sqrt{n}}\right\} = 1 - \alpha.$$

Einsetzen der Zahlenwerte ergibt

$$\text{Prob}\left\{\mu \geq 1\,300 - 1{,}645 \cdot \frac{125}{10}\right\} = 0{,}95,$$

$$\text{Prob}\{\mu \geq 1\,300 - 20{,}5625\} = 0{,}95.$$

Das **einseitige Konfidenzintervall** für den unbekannten Erwartungswert der Gesamtproduktion lautet somit bei einer Sicherheitswahrscheinlichkeit von 95 %

$$\mu > 1279 \text{ bzw. } \mu \in [1\,279, \infty].$$

Einen graphischen Vergleich der beiden Konfidenzintervalle verdeutlicht Abb. 15.6.

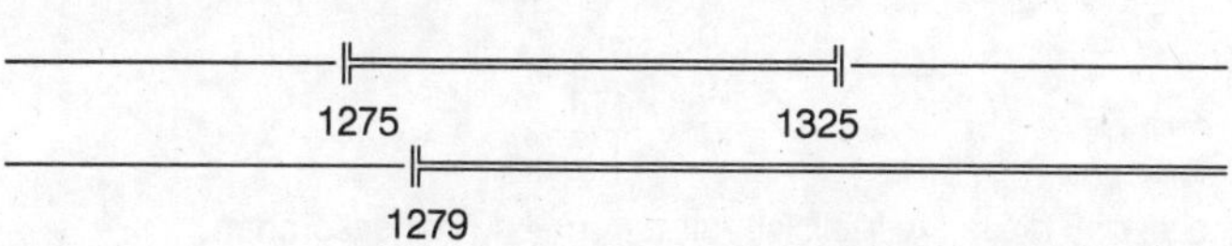

Abb. 15.6: Vergleich der beiden Konfidenzintervalle

15.2.3 Konfidenzintervall für den Erwartungswert μ bei unbekannter Varianz σ^2 und kleinem Stichprobenumfang n

Die Bestimmung eines Konfidenzintervalles wird erschwert, wenn die Varianz σ^2 der Grundgesamtheit **nicht bekannt** ist, was bei der praktischen Anwendung sehr häufig der Fall ist, oder wenn der Stichprobenumfang $n < 100$ ist und somit die Voraussetzung für die Anwendung des "Zentralen Grenzwertsatzes" nicht mehr erfüllt ist. Denn nun kann nicht mehr gefolgert werden, daß der Stichprobenmittelwert $\bar{X}$ approximativ normalverteilt ist.

In der standardnormal-verteilten Zufallsvariable

$$Z = \frac{\bar{X} - \mu}{\sigma_{\bar{X}}} = \frac{\bar{X} - \mu}{\sigma / \sqrt{n}}$$

muß die **unbekannte** Varianz σ^2 durch ihre **erwartungstreue** Schätzfunktion

$$\hat{\sigma}^2 = S_X^2 = \frac{1}{n-1} \sum_{i=1}^{n} (X_i - \bar{X})^2$$

ersetzt werden. Man erhält eine **neue** Zufallsvariable

$$T = \frac{\bar{X} - \mu}{S_X / \sqrt{n}}.$$

Diese Zufallsvariable ist allerdings nicht mehr standardnormalverteilt. Ihre Verteilung weist eine größere Varianz als die standardnormal-verteilte Zufallsvariable Z auf, da die Schätzfunktion S_X als Zufallsvariable ebenfalls eine bestimmte Varianz besitzt, womit ein weiterer Unsicherheitsfaktor hinzukommt. Wir wollen diese neue Zufallsvariable mit T bezeichnen.

Wir betrachten die Zufallsvariable

$$T = \frac{\bar{X} - \mu}{S_X / \sqrt{n}} .$$

Wir wissen bereits, daß diese t-verteilt ist, mit $\nu = n - 1$ Freiheitsgraden.

Bezeichnet man mit $t^{\nu}_{\alpha/2}$ bzw. $t^{\nu}_{1-\alpha/2}$ die Punkte, bei denen die Verteilungsfunktion der t-Verteilung mit ν Freiheitsgraden die Werte $\alpha/2$ bzw. $1-\alpha/2$ besitzt, dann erhält man ein **Schwankungsintervall** zu

$$\text{Prob}\left\{t^{\nu}_{\alpha/2} \le \frac{\bar{X} - \mu}{S_X/\sqrt{n}} \le t^{\nu}_{1-\alpha/2}\right\} = 1 - \alpha.$$

Wegen der Symmetrie der Studentverteilung gilt

$$t^{\nu}_{\alpha/2} = - t^{\nu}_{1-\alpha/2},$$

und somit hat das **Konfidenzintervall** für den Erwartungswert μ der Grundgesamtheit die Form

$$\text{Prob}\left\{\bar{X} - t^{\nu}_{1-\alpha/2} \cdot S_X/\sqrt{n} \le \mu \le \bar{X} + t^{\nu}_{1-\alpha/2} \cdot S_X/\sqrt{n}\right\} = 1 - \alpha.$$

Allgemein:

$$\bar{X} \pm t^{\nu}_{1-\alpha/2} \cdot \frac{s_X}{\sqrt{n}}$$ (zweiseitiges Konfidenzintervall), für $\nu = n-1$ Freiheitsgraden.

$$\bar{X} \pm t^{\nu}_{1-\alpha} \cdot \frac{s_X}{\sqrt{n}}$$ (einseitiges Konfidenzintervall, mit "+" für linksseitig und "−" für rechtsseitig offen) jeweils für $\nu = n-1$ Freiheitsgraden mit der erwartungstreuen Schätzfunktion

$$\hat{\sigma}_X^2 = S_X^2 = \frac{1}{n-1} \sum_{i=1}^{n} (X_i - \bar{X})^2.$$

Beispiel 15.9:

Angenommen, die Zahl der einer zerstörenden Prüfung unterzogenen Glühbirnen betrug aus Kostenersparnis nur $n = 20$ Stück. Es ergab sich wiederum eine mittlere Brenndauer von $\bar{x} = 1\,300$ Stunden und eine Stichprobenvarianz von $s^2 = 15\,625$. Wie groß ist jetzt das Konfidenzintervall für μ mit einer Sicherheitswahrscheinlichkeit von 95 %?

Aus einer Tabelle der t-Verteilung entnimmt man den Wert

$$t^{n-1}_{1-\alpha/2} = t^{19}_{0,975} = 2{,}093.$$

Damit lautet das **Konfidenzintervall**

$$\text{Prob}\left\{1\ 300 - 2{,}093 \cdot \frac{125}{\sqrt{20}} \leq \mu \leq 1\ 300 + 2{,}093 \cdot \frac{125}{\sqrt{20}}\right\} = 0{,}95,$$

$$\text{Prob}\{1\ 300 - 58{,}5011 \leq \mu \leq 1\ 300 + 58{,}5011\} = 0{,}95.$$

Der unbekannte Erwartungswert μ liegt jetzt mit 95 %iger Sicherheitswahrscheinlichkeit in dem Intervall

$$\mu \in [1\ 241{,}50;\ 1\ 358{,}50].$$

Bei Rundung auf **ganze** Zahlen erhält man

$$\mu \in [1\ 241;\ 1\ 359].$$

Beim Vergleich mit dem Ergebnis von Beispiel 15.8 erkennt man, daß der kleinere Stichprobenumfang ein größeres Konfidenzintervall ergibt, ein Resultat, das nicht völlig überraschend ist.

15.2.4 Konfidenzintervall für den Anteilswert P einer binomialverteilten Zufallsvariablen X

Die Schätzfunktion $\hat{P}$ für den **Anteilswert P = X/n** einer binomialverteilten Zufallsvariablen ist bei Erfüllung der Approximationsregel $n \cdot p \cdot q > 9$ näherungsweise

$$\hat{P} \approx N\left(\hat{p}; \frac{\hat{p}(1-\hat{p})}{n}\right) \text{ - verteilt,}$$

wobei $\hat{p} = x/n$ den realisierten Schätzwert der Stichprobe darstellt. Ein **Konfidenzintervall** für den Anteilswert P erhält man zu einer vorgegebenen Sicherheitswahrscheinlichkeit $1-\alpha$ nach dem **Prinzip**:

$$\hat{p} \pm \left(z_{1-\alpha/2} \cdot \sqrt{\frac{\hat{p}(1-\hat{p})}{n}} + \frac{1}{2n} \right) \quad \text{(zweiseitiges Konfidenzintervall)}$$

Die Größe 1/2n hat dabei die Bedeutung einer **Stetigkeitskorrektur**. Sie vergrößert das Konfidenzintervall, da die Ausgangswerte diskrete Variable sind, für die das Konfidenzintervall mittels einer stetigen, normalverteilten Variablen berechnet wird.

Somit lautet das **Konfidenzintervall**

$$\text{Prob}\left\{ \hat{p} - \frac{1}{2n} - z_{1-\alpha/2} \cdot \sqrt{\frac{\hat{p}(1-\hat{p})}{n}} \leq P \leq \hat{p} + \frac{1}{2n} + z_{1-\alpha/2} \cdot \sqrt{\frac{\hat{p}(1-\hat{p})}{n}} \right\} = 1-\alpha.$$

Beispiel 15.10:

Eine Umfrage unter 200 Hausfrauen ergab, daß 63 von ihnen das Waschmittel XYZ kannten. Dies sind 31,5 % der befragten Hausfrauen. Es wird mit einer Sicherheitswahrscheinlichkeit von 99 % nach dem prozentualen Anteil derjenigen Hausfrauen in der Grundgesamtheit gefragt, die das Waschmittel XYZ kennen.

Die Punktschätzung für den Parameter p der Binomialverteilung liefert den Wert

$$\hat{p} = \frac{x}{n} = 0{,}315.$$

Die Größe $n \cdot \hat{p} \cdot \hat{q} = 200 \cdot 0{,}315 \cdot 0{,}685 = 43{,}16 > 9$ erlaubt die Annahme, daß die Schätzfunktion $\hat{p}$ approximativ normalverteilt ist, mit $E\{P\} = \hat{p}$ und $Var\{P\} = [\hat{p}(1-\hat{p})]/n$. Die Tabelle 15.1 liefert den Wert

$$z_{1-\alpha/2} = z_{0{,}995} = 2{,}575.$$

Damit ergibt sich das gesuchte Konfidenzintervall für den unbekannten Anteilswert P der Grundgesamtheit aller Hausfrauen zu

$$\text{Prob}\left\{ \hat{p} - \frac{1}{2n} - 2{,}575 \cdot \sqrt{\frac{\hat{p}(1-\hat{p})}{n}} \leq P \leq \hat{p} + \frac{1}{2n} + 2{,}575 \cdot \sqrt{\frac{\hat{p}(1-\hat{p})}{n}} \right\} = 1-\alpha.$$

Einsetzen der Zahlenwerte des Beispieles ergibt

$$\text{Prob}\left\{0{,}3125 - 2{,}575 \cdot \sqrt{\frac{0{,}315 \cdot 0{,}685}{200}} \le P \le 0{,}3175 + 2{,}575 \cdot \sqrt{\frac{0{,}315 \cdot 0{,}685}{200}}\right\} = 0{,}99,$$

$$\text{Prob}\{0{,}3125 - 0{,}0846 \le P \le 0{,}3175 + 0{,}0846\} = 0{,}99,$$

$$\text{Prob}\{0{,}2279 \le P \le 0{,}4021\} = 0{,}99.$$

Damit liegt der Anteil der Hausfrauen, die das Waschmittel XYZ kennen, mit einer Sicherheitswahrscheinlichkeit von 99 % zwischen 22,79 % und 40,21 %, bzw. das Konfidenzintervall [0,2279;0,4021] enthält mit 99 %iger Sicherheitswahrscheinlichkeit den "wahren" Parameterwert der Grundgesamtheit.

15.2.5 Konfidenzintervall für den Anteilswert P einer hypergeometrisch verteilten Zufallsvariablen X

Beruht die Bestimmung des Schätzwertes $\hat{p} = x/n$ auf einer Stichprobe **ohne** Zurücklegen, so ist die Zufallsvariable X **hypergeometrisch** verteilt.

Gegenüber dem Fall 15.2.4 müssen jetzt die folgenden Änderungen (= Endlichkeitskorrektur) berücksichtigt werden:

$$E\{\hat{p}\} = \frac{x}{n}; \quad \text{Var}\{\hat{p}\} = \frac{\hat{p}(1-\hat{p})}{n} \cdot \frac{N-n}{N-1}.$$

Damit eine Approximation durch die Normalverteilung vorgenommen werden kann, müssen jetzt die beiden Bedingungen $n \cdot p \cdot q > 9$ **und** $n/N \le 0{,}1$ erfüllt sein.

Damit bestimmt sich das **Konfidenzintervall** für p zu

$$\text{Prob}\left\{\hat{p} - \frac{1}{2n} - z_{1-\alpha/2} \cdot \sqrt{\frac{\hat{p}(1-\hat{p})}{n} \cdot \frac{N-n}{N-1}} \le P \le\right.$$

$$\left.\le \hat{p} + \frac{1}{2n} + z_{1-\alpha/2} \cdot \sqrt{\frac{\hat{p}(1-\hat{p})}{n} \cdot \frac{N-n}{N-1}}\right\} = 1-\alpha.$$

15.2.6 Übersicht zur Berechnung von symmetrischen Konfidenzintervallen zur Sicherheitswahrscheinlichkeit von 1-α für den Erwartungswert μ_X einer Zufallsvariablen X:

1. Zufallsvariable X ist in der Grundgesamtheit normalverteilt:

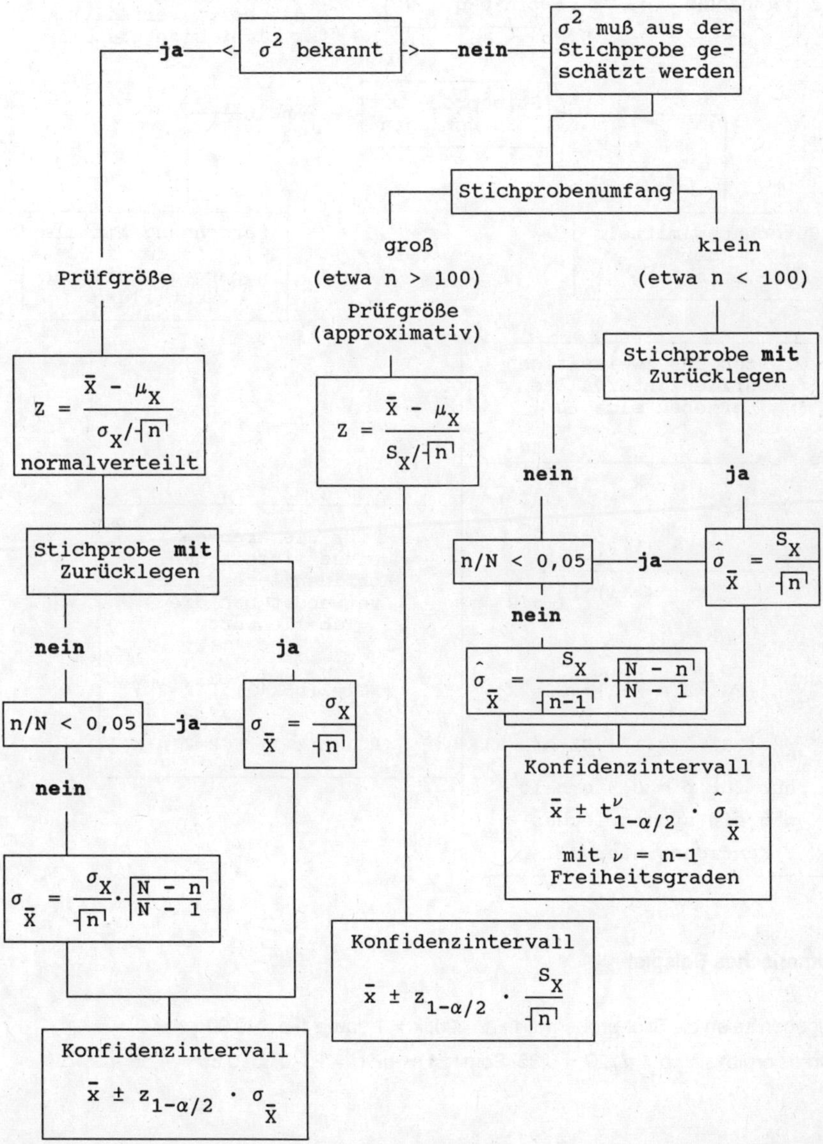

2. Die Zufallsvariable X ist in der Grundgesamtheit Bernoulliverteilt, mit dem Anteilswert P:

2.1: Annahme

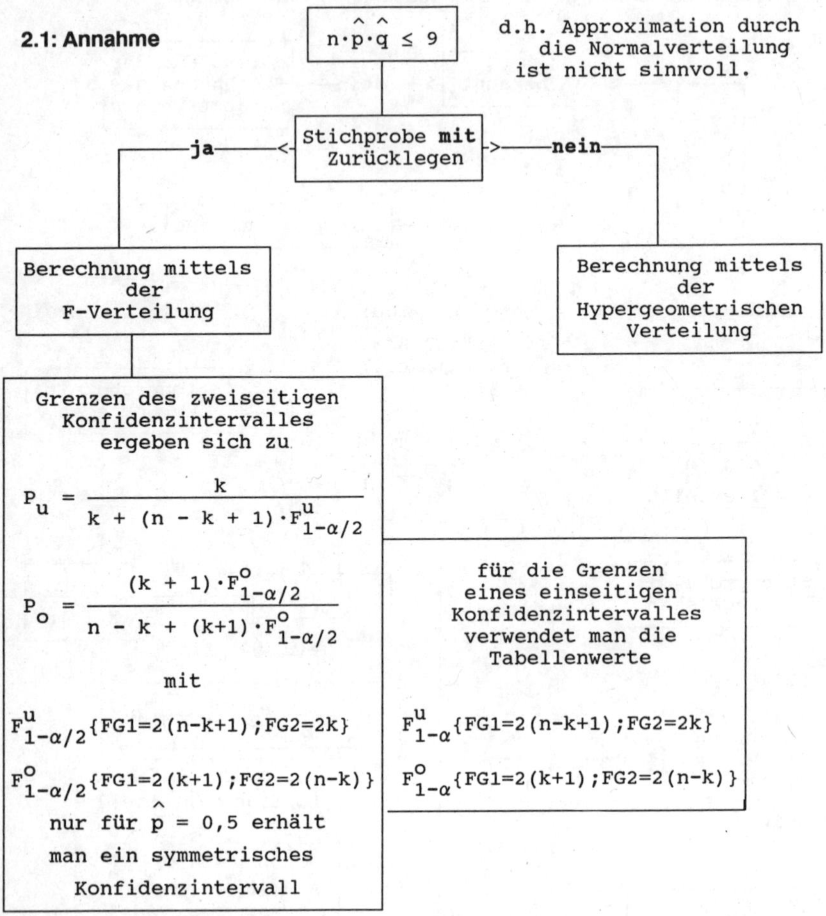

Numerisches Beispiel:

Gegeben seien die Stichprobenwerte n = 20, k = 7 sowie 1-α = 0,90.
Daraus ergibt sich $\hat{p} = 7/20 = 0,35$. Somit ist $n \cdot \hat{p} \cdot \hat{q} = 20 \cdot 0,35 \cdot 0,65 = 4,55 < 9$.

Aus einer Tabelle der F-Verteilung entnimmt man die Werte

$$F^{u}_{0,95}(28;14) = 2{,}3199 \text{ und } F^{o}_{0,95}(16;26) = 2{,}0518.$$

Damit berechnen sich die Grenzen des zweiseitigen Konfidenzintervalles zu

$$P_u = \frac{7}{7 + (20 - 7 + 1) \cdot 2{,}3199} = 0{,}1773 \text{ und}$$

$$P_o = \frac{(7 + 1) \cdot 2{,}0518}{20 - 7 + (7 + 1) \cdot 2{,}0518} = 0{,}5580,$$

d.h. $0{,}1773 \leq P \leq 0{,}5580$.

Dies bedeutet, daß der Anteilswert P mit einer Sicherheitswahrscheinlichkeit von 90 % zwischen 17,73 % und 55,80 % liegt.

Es sollen jetzt einseitige Konfidenzintervalle für die gleichen Werte berechnet werden.

Aus einer F-Tabelle entnimmt man folgende Werte:

$$F^{u}_{0,90}(28;14) = 1{,}9194 \text{ und } F^{o}_{0,90}(16;26) = 1{,}7466.$$

Damit berechnen sich die Grenzen der **einseitigen Konfidenzintervalle** zu

$$P_u = \frac{7}{7 + (20 - 7 + 1) \cdot 1{,}9194} = 0{,}2067 \text{ und}$$

$$P_o = \frac{(7 + 1) \cdot 1{,}7466}{20 - 7 + (7 + 1) \cdot 1{,}7466} = 0{,}5180,$$

Damit lautet das **rechtsseitige Konfidenzintervall**

$$0{,}2067 \leq P \leq 1,$$

d.h. der Anteilswert ist also mit 90 %-iger Sicherheitswahrscheinlichkeit größer als 20,67 %, bzw. beim linksseitigen Konfidenzintervall

$$0 \leq P \leq 0{,}5180.$$

übersteigt der Anteilswert mit 90 %-iger Sicherheitswahrscheinlichkeit den Wert von 51,80 % nicht.

2.2: Annahme $n \cdot \hat{p} \cdot \hat{q} > 9$

d.h. Approximation durch die Normalverteilung ist möglich, somit ist die Prüfgröße

$$\frac{P - \hat{P}}{\sqrt{\frac{\hat{P}(1 - \hat{P})}{n}}}$$ approximativ N(0,1)-verteilt.

Durch Quadrieren und Umformen erhält man aus dieser Prüfgröße die folgende Aussage

Grenzen des zweiseitigen Konfidenzintervalles

$$P_u = \frac{1}{n+z^2_{1-\alpha/2}} \cdot \left\{ n\hat{p} + \frac{z^2_{1-\alpha/2}}{2} - z_{1-\alpha/2} \cdot \sqrt{n\hat{p}(1-\hat{p}) + \frac{z^2_{1-\alpha/2}}{4}} \right\}$$

$$P_o = \frac{1}{n+z^2_{1-\alpha/2}} \cdot \left\{ n\hat{p} + \frac{z^2_{1-\alpha/2}}{2} + z_{1-\alpha/2} \cdot \sqrt{n\hat{p}(1-\hat{p}) + \frac{z^2_{1-\alpha/2}}{4}} \right\}$$

Numerisches Beispiel zur **exakten** Berechnung:

A. Gegeben seien die Werte n = 40, k = 18 sowie $1-\alpha = 0{,}90$.

Daraus ergibt sich $\hat{p} = 18/40 = 0{,}45$. Somit ist $n \cdot \hat{p} \cdot \hat{q} = 40 \cdot 0{,}45 \cdot 0{,}55 = 9{,}9 > 9$.

Die Grenzen des **Konfidenzintervalles** erhält man zu

$$P_u = \frac{1}{42{,}706} \left\{ 18 + 1{,}353 - 1{,}645 \cdot \sqrt{9{,}9 + \frac{2{,}706}{4}} \right\} = 0{,}3279,$$

$$P_o = \frac{1}{42{,}706} \left\{ 18 + 1{,}353 + 1{,}645 \cdot \sqrt{9{,}9 + \frac{2{,}706}{4}} \right\} = 0{,}5784,$$

d.h. $0{,}3279 \leq P \leq 0{,}5784$.

B. Gegeben seien die Werte n = 225, k = 45 sowie $1-\alpha = 0{,}90$.

Daraus ergibt sich $\hat{p} = 45/225 = 0{,}2$. Somit ist $n \cdot \hat{p} \cdot \hat{q} = 225 \cdot 0{,}2 \cdot 0{,}8 = 36 > 9$.

Die Grenzen des Konfidenzintervalles erhält man zu

$$P_u = 0{,}0044 \cdot \left(45 + 1{,}353 - 1{,}645 \cdot \sqrt{36 + \frac{2{,}706}{4}}\right) = 0{,}1797,$$

$$P_o = 0{,}0044 \cdot \left(45 + 1{,}353 + 1{,}645 \cdot \sqrt{36 + \frac{2{,}706}{4}}\right) = 0{,}2302,$$

d.h. $0{,}1797 \leq P \leq 0{,}2302.$

Da die Berechnung der Grenzen dieser Konfidenzintervalle (von Hand) etwas mühsam ist, zieht man die folgende **approximative** Berechnung vor:

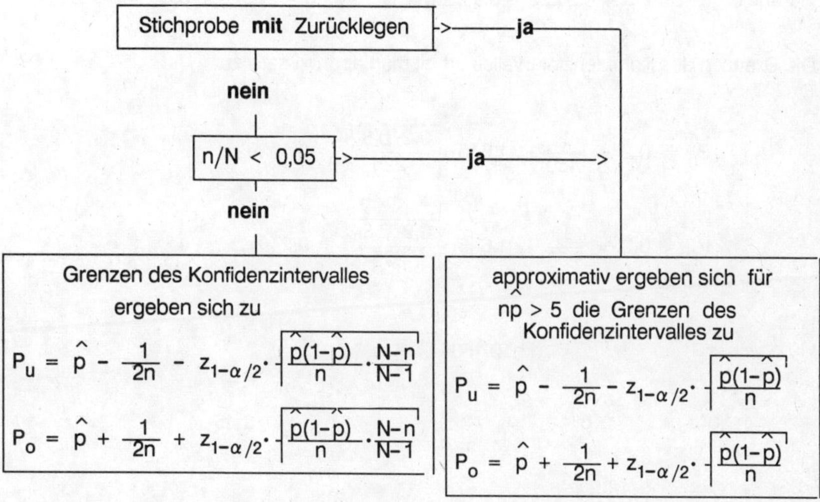

Numerisches Beispiel zur **approximativen** Berechnung:

Für den Fall des Ziehens einer Stichprobe **mit** Zurücklegen werden erneut die Werte der exakten Berechnung betrachtet:

A. Gegeben seien die Werte $n = 40$, $k = 18$ sowie $1-\alpha = 0{,}90$.

Daraus ergibt sich $\hat{p} = 18/40 = 0{,}45$. Somit ist $n \cdot \hat{p} \cdot \hat{q} = 40 \cdot 0{,}45 \cdot 0{,}55 = 9{,}9 > 9$.

Die Grenzen des Konfidenzintervalles erhält man approximativ zu

$$P_u = 0{,}45 - \frac{1}{80} - 1{,}645 \cdot \sqrt{\frac{0{,}45 \cdot 0{,}55}{40}} = 0{,}3080,$$

$$P_o = 0{,}45 + \frac{1}{80} + 1{,}645 \cdot \sqrt{\frac{0{,}25 \cdot 0{,}55}{40}} = 0{,}5920,$$

d.h. $0{,}3080 \leq P \leq 0{,}5920$.

B. Gegeben seien die Werte $n = 225$, $k = 45$ sowie $1-\alpha = 0{,}90$.

Daraus ergibt sich $\hat{p} = 45/225 = 0{,}2$. Somit ist $n \cdot \hat{p} \cdot \hat{q} = 225 \cdot 0{,}2 \cdot 0{,}8 = 36 > 9$.

Die Grenzen des Konfidenzintervalles erhält man approximativ zu

$$P_u = 0{,}2 - \frac{1}{450} - 1{,}645 \cdot \sqrt{\frac{0{,}2 \cdot 0{,}8}{225}} = 0{,}1539,$$

$$P_o = 0{,}2 + \frac{1}{450} + 1{,}645 \cdot \sqrt{\frac{0{,}2 \cdot 0{,}8}{225}} = 0{,}2461,$$

d.h. $0{,}1539 \leq P \leq 0{,}2461$.

3. Die Zufallsvariable X ist in der Grundgesamtheit beliebig verteilt, jedoch nicht normal- oder Bernoulli-verteilt:

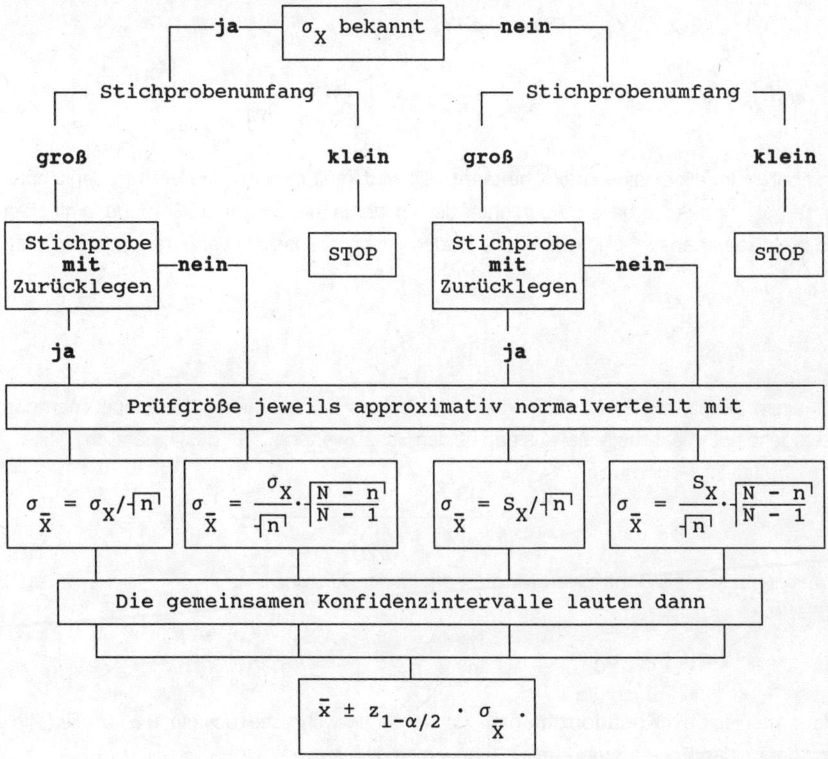

15.2.7 Konfidenzintervall für die Differenz zweier Erwartungswerte

Gegeben seien **zwei normalverteilte Grundgesamtheiten GG1 und GG2**. In der Grundgesamtheit GG1 werde eine Zufallsvariable X und in GG2 eine Zufallsvariable Y betrachtet, mit den Erwartungswerten μ_X und μ_Y, wobei $\mu_X \neq \mu_Y$ sein kann. Beide Zufallsvariablen mögen die **gleiche Varianz** besitzen, d.h. $\text{Var}\{X\} = \text{Var}\{Y\} = \sigma^2$. Aus jeder der beiden Grundgesamtheiten werde eine Stichprobe gezogen, jeweils mit dem Stichprobenumfang n_X bzw. n_Y.

Da X und Y normalverteilt sind, ist auch die Zufallsvariable $D = \bar{X} - \bar{Y}$ normalverteilt, mit

$$E\{D\} = E\{\bar{X} - \bar{Y}\} = E\{\bar{X}\} - E\{\bar{Y}\} = \mu_X - \mu_Y,$$

$$Var\{D\} = Var\{\bar{X} - \bar{Y}\} = \frac{\sigma^2}{n_X} + \frac{\sigma^2}{n_Y} = \sigma^2\left(\frac{1}{n_X} + \frac{1}{n_Y}\right) = \sigma^2\left(\frac{n_X + n_Y}{n_X \cdot n_Y}\right).$$

Da aber σ^2 im allgemeinen **nicht bekannt** sein wird, muß man mit den Stichprobenschätzwerten S_X^2 und S_Y^2 arbeiten. Auch unter der Annahme, daß in beiden Grundgesamtheiten die **gleiche** Varianz σ^2 gilt, können die beiden Stichprobenschätzwerte **verschieden** sein, d.h.

$$S_X^2 \neq S_Y^2.$$

Um einen Schätzwert S^2 für die gemeinsame Varianz σ^2 zu erhalten, berechnet man das gewogene arithmetische Mittel aus den beiden Schätzwerten S_X^2 und S_Y^2, nämlich

$$S^2 = \frac{(n_X - 1)S_X^2 + (n_Y - 1)S_Y^2}{n_X + n_Y - 2}.$$

Damit ergibt sich als **Schätzwert für die Varianz** der Differenz D

$$Var\{D\} = S_D^2 = \frac{(n_X - 1)S_X^2 + (n_Y - 1)S_Y^2}{n_X + n_Y - 2} \cdot \frac{n_X + n_Y}{n_X \cdot n_Y}.$$

Bildet man jetzt ein **Konfidenzintervall** zur Sicherheitswahrscheinlichkeit $1-\alpha$ für die Differenz der beiden Erwartungswerte $\mu_X - \mu_Y$, so erhält man

$$Prob\left\{(\bar{X} - \bar{Y}) \pm \text{Vielfaches von } S_D\right\} = 1 - \alpha.$$

Um das Vielfache von S_D berechnen zu können, benötigt man die **Wahrscheinlichkeitsverteilung** von S_D. Von der Zufallsvariablen

$$Z = \frac{(\bar{X} - \bar{Y}) - (\mu_X - \mu_Y)}{\sigma \cdot \sqrt{\frac{1}{n_X} + \frac{1}{n_Y}}} = \frac{(\bar{X} - \bar{Y}) - (\mu_X - \mu_Y)}{\sigma \cdot \sqrt{\frac{n_X + n_Y}{n_X \cdot n_Y}}}$$

ist bekannt, daß diese Größe standardnormal-verteilt ist.

Bildet man die Zufallsvariablen

$$W_X^2 = \frac{(n_X-1)S_X^2}{\sigma^2} \quad \text{und} \quad W_Y^2 = \frac{(n_Y-1)S_Y^2}{\sigma^2},$$

dann sind diese χ^2-verteilt, mit jeweils $\nu_X = n_X - 1$ bzw. $\nu_Y = n_Y - 1$ Freiheitsgraden. Da die Summe zweier χ^2-verteilter Größen wieder χ^2-verteilt ist, ergibt sich somit für die Summe der Zufallsvariablen W_X^2 und W_Y^2, daß auch die Zufallsvariable

$$W^2 = W_X^2 + W_Y^2 = \frac{(n_X - 1)S_X^2 + (n_Y - 1)S_Y^2}{\sigma^2}$$

χ^2-verteilt ist mit $\nu = \nu_X + \nu_X = n_X + n_Y - 2$ Freiheitsgraden.

Bildet man nun die neue Zufallsvariable

$$T = \frac{Z}{\sqrt{W^2/\nu}} = \frac{(\bar{X} - \bar{Y}) - (\mu_X - \mu_Y)}{\sqrt{(n_X - 1)S_X^2 + (n_Y - 1)S_Y^2}} \cdot \sqrt{\frac{n_X n_Y (n_X + n_Y - 2)}{n_X + n_Y}},$$

so weiß man, daß diese t-verteilt ist mit $\nu = n_X + n_Y - 2$ Freiheitsgraden.

Damit ergibt sich für das **Konfidenzintervall** zu

$$\text{Prob}\left\{(\bar{X} - \bar{Y}) \pm t^{\nu}_{1-\alpha/2} \cdot \sqrt{\frac{(n_X - 1)S_X^2 + (n_Y - 1)S_Y^2}{n_X n_Y (n_X + n_Y - 2)/(n_X + n_Y)}}\right\} = 1 - \alpha.$$

Beispiel 15.11:

Zwei Studentengruppen sind von zwei verschiedenen Tutoren auf eine abschließende Klausur vorbereitet worden. Bei dieser erreichten die Teilnehmer des Tutors A bei n = 15 Teilnehmern ein durchschnittliches Ergebnis von $\bar{x}_A = 84$ Punkten bei einer Standardabweichung von $s_A = 6$ Punkten. Die $n_B = 10$ Teilnehmer des Tutors B erreichten im Durchschnitt $\bar{x}_B = 90$ Punkte bei einer Standardabweichung von $s_B = 8$ Punkten.

Unter der Annahme, daß die erzielten Punktzahlen in beiden Tutorengruppen normalverteilt sind, soll ein 95 %iges Konfidenzintervall für die Differenz der Grundgesamtheitserwartungswerte $\mu_A - \mu_B$ bestimmt werden.

Es ist $\nu = n_A + n_B - 2 = 23$ und somit $t^{\nu}_{1-\alpha/2} = t^{23}_{0,975} = 2,069$.

Damit ergibt sich das Konfidenzintervall zu

$$\text{Prob}\left\{(84 - 90) \pm 2{,}069 \cdot \sqrt{\frac{14 \cdot 36 + 9 \cdot 64}{10 \cdot 15 \cdot 23/25}}\right\} = 0{,}95,$$

$$\text{Prob}\left\{- 6 \pm 2{,}069 \cdot \sqrt{7{,}8261}\right\} = 0{,}95.$$

Daraus folgt, daß die Differenz $\mu_A - \mu_B$ mit einer 95 %igen Sicherheit im Konfidenzintervall

$$[- 0{,}2119; - 11{,}7881]$$

liegt. Ferner folgt, da der Wert Null nicht im Konfidenzintervall enthalten ist, daß ein Unterschied zwischen den Klausuren der Studenten in den beiden Tutorengruppen besteht.

Beispiel 15.12:

Der Mittelwert der Größe von 15 zufällig ausgewählten Bewohnern der Stadt A ergab sich zu $\bar{x}_A = 174{,}9$ cm. In der Stadt B errechnete man von ebenfalls 15 zufällig ausgewählten Bewohnern dieser Stadt einen Größenmittelwert von $\bar{x}_B = 171{,}3$ cm. Die Varianzen der Grundgesamtheit seien unbekannt, aber als gleich vorausgesetzt. Für die Schätzwerte der Varianzen ergab sich $s_A^2 = 6{,}0$ und $s_B^2 = 6{,}7$. Welche Grenzen hat unter diesen Bedingungen das 95 %-ige Konfidenzintervall für die Differenz der beiden arithmetischen Mittel der Grundgesamtheit?

Unter der Annahme von normalverteilten Grundgesamtheiten ergibt sich $\nu = n_A + n_B - 2 = 28$ und $t^{\nu}_{1-\alpha/2} = t^{28}_{0{,}975} = 2{,}048$. Somit erhält man für das Konfidenzintervall

$$\text{Prob}\left\{(174{,}9 - 171{,}3) \pm 2{,}048 \cdot \sqrt{\frac{14 \cdot 6{,}0 + 14 \cdot 6{,}7}{15 \cdot 15 \cdot 28/30}}\right\} = 0{,}95,$$

$$\text{Prob}\left\{3{,}6 \pm 2{,}048 \cdot \sqrt{0{,}8467}\right\} = 0{,}95.$$

Das bedeutet, daß die Differenz $\mu_A - \mu_B$ mit einer 95 %igen Sicherheit im Intervall

$$[1{,}7155 \; ; \; 5{,}4845]$$

liegt. Man kann also folgern, daß mit dieser Sicherheitswahrscheinlichkeit ein signifikanter Unterschied zwischen den durchschnittlichen Größen der Bewohner der beiden Städte existiert.

15.2.8 Konfidenzintervall für die Varianz einer normalverteilten Grundgesamtheit

Wenn die Varianz σ^2 einer normalverteilten Grundgesamtheit **unbekannt** ist, lautet die erwartungstreue Schätzfunktion aus einer Stichprobe vom Umfang n

$$S_X^2 = \frac{1}{n-1} \sum_{i=1}^{n} (X_i - \bar{X})^2.$$

Bildet man jetzt die Zufallsvariable

$$W^2 = \frac{(n-1)S_X^2}{\sigma^2},$$

dann ist bekannt, daß diese Größe χ^2-verteilt ist mit $\nu = n-1$ Freiheitsgraden.

Zur Sicherheitswahrscheinlichkeit $1-\alpha$ besitzt ein Schwankungsintervall für diese Zufallsvariable die Form

$$\text{Prob}\left\{\chi^2(\nu;\alpha/2) \leq \frac{(n-1)S_X^2}{\sigma^2} \leq \chi^2(\nu;1-\alpha/2)\right\} = 1 - \alpha.$$

Man beachte, daß die beiden Intervallgrenzen **nicht mehr symmetrisch** zur Zufallsvariablen W^2 liegen, da die χ^2-Verteilung keine symmetrische Verteilung ist. Durch entsprechende Umformungen erhält man aus diesem Schwankungsintervall ein Konfidenzintervall für den Grundgesamtheitsparameter σ^2. Dieses lautet

$$\text{Prob}\left\{\frac{(n-1)S_X^2}{\chi^2(\nu;1-\alpha/2)} \leq \sigma^2 \leq \frac{(n-1)S_X^2}{\chi^2(\nu;\alpha/2)}\right\} = 1 - \alpha.$$

Beispiel 15.13:

Es werde angenommen, daß die Lebensdauer von Glühlampen normalverteilt sei. Man möchte ein zweiseitiges Konfidenzintervall zur Sicherheitswahrscheinlichkeit $1-\alpha = 0{,}95$ für die Varianz σ^2 der Gesamtproduktion bestimmen. Dazu betrachtet man eine Stichprobe vom Umfang $n = 25$ und erhält für die Schätzfunktion S_X^2 die Realisation $s_X^2 = 196$. Aus der Tabelle der χ^2-Verteilung entnimmt man die Werte

$$\chi^2(24; 0{,}025) = 12{,}401; \quad \chi^2(24; 0{,}975) = 39{,}364.$$

Damit ergibt sich das zweiseitige Konfidenzintervall zu

$$\text{Prob}\left\{\frac{24 \cdot 196}{39{,}364} \leq \sigma^2 \leq \frac{24 \cdot 196}{12{,}401}\right\} = 0{,}95, \text{ d.h.}$$

$$\sigma^2 \in [119{,}50\,;\, 379{,}33].$$

15.2.9 Konfidenzintervall für den Quotienten zweier Varianzen aus normalverteilten Grundgesamtheiten

Es werden wieder zwei normalverteilte Grundgesamtheiten mit ihren Zufallsvariablen X bzw. Y betrachtet. Die Erwartungswerte μ_X bzw. μ_Y seien bekannt, während die beiden Varianzen $\sigma_X{}^2$ bzw. $\sigma_Y{}^2$ unbekannt sind. Aus den beiden Grundgesamtheiten wird nun jeweils eine Zufallsstichprobe vom Umfang n_X bzw. n_Y gezogen, um eine Wahrscheinlichkeitsaussage über die Unterschiedlichkeit der beiden unbekannten Varianzen treffen zu können. Bei den Erwartungswerten konstruierte man zu diesem Zweck ein Konfidenzintervall für die Differenz $\mu_X - \mu_Y$. Für den Varianzvergleich hat es sich jedoch als zweckmäßiger erwiesen, nicht die Differenz, sondern den Quotienten $\sigma_X{}^2/\sigma_Y{}^2$ zu betrachten. Dazu geht man wieder aus von den beiden Zufallsvariablen

$$W_X{}^2 = \frac{(n_X-1)S_X{}^2}{\sigma^2} \quad \text{und} \quad W_Y{}^2 = \frac{(n_Y-1)S_Y{}^2}{\sigma^2},$$

Von diesen ist bekannt, daß sie χ^2-verteilt sind mit $\nu_X = n_X-1$ bzw. $\nu_Y = n_Y-1$ Freiheitsgraden.

Man bildet nun die neue Zufallsvariable

$$F = \frac{W_X{}^2/\nu_X}{W_Y{}^2/\nu_Y} = \frac{(n_X-1)S_X{}^2}{(n_Y-1)S_Y{}^2} \cdot \frac{\sigma_Y{}^2}{\sigma_X{}^2} \cdot \frac{(n_Y-1)}{(n_X-1)} = \frac{S_X{}^2/\sigma_X{}^2}{S_Y{}^2/\sigma_Y{}^2}.$$

Diese Zufallsvariable ist als Quotient zweier χ^2-verteilten Zufallsvariablen F-verteilt mit den beiden Freiheitsgraden $(\nu_X; \nu_Y) = (n_{X-1}; n_{Y-1})$.

Man kann nun zur Sicherheitswahrscheinlichkeit $1-\alpha$ ein **Schwankungsintervall** wie folgt bestimmen

$$\text{Prob}\left\{F_{\alpha/2}(\nu_X;\nu_Y) \leq \frac{S_X^2/\sigma_X^2}{S_Y^2/\sigma_Y^2} \leq F_{1-\alpha/2}(\nu_X;\nu_Y)\right\} = 1 - \alpha.$$

Durch entsprechende Umformung erhält man daraus ein **Konfidenzintervall** für σ_Y^2/σ_X^2 in der Form

$$\text{Prob}\left\{\frac{S_Y^2}{S_X^2} \cdot F_{\alpha/2}(\nu_X;\nu_Y) \leq \frac{\sigma_Y^2}{\sigma_X^2} \leq \frac{S_Y^2}{S_X^2} \cdot F_{1-\alpha/2}(\nu_X;\nu_Y)\right\} = 1 - \alpha.$$

Beispiel 15.14:

Es werden zwei Produkte A und B, mit μ_A und μ_B, hergestellt. Mit Hilfe von unabhängigen Stichproben vom Umfang $n_A = 31$ und $n_B = 21$ soll mit der Sicherheitswahrscheinlichkeit $1-\alpha = 0{,}98$ geprüft werden, ob die beiden Varianzen $\sigma_A^2 = \sigma_B^2$ der beiden Produkte gleich sind, d.h. $\sigma_A^2/\sigma_B^2 = 1$. Die beiden Stichprobenschätzwerte für die Varianzen ergeben sich zu $s_A^2 = 6\ 400$ und $s_B^2 = 10\ 000$. Aus einer Tabelle der F-Verteilung entnimmt man den Wert

$$F_{1-\alpha/2} = F_{0,99}(30;20) = 2{,}7785.$$

Wegen der reziproken Symmetrie der F-Verteilung berechnet sich der Wert für die andere Grenze zu

$$F_{\alpha/2}(\nu_A;\nu_B) = \frac{1}{F_{1-\alpha/2}(\nu_B;\nu_A)} = \frac{1}{F_{0,99}(20{,}30)} = \frac{1}{2{,}5487} = 0{,}3924.$$

Somit erhält man für das **Konfidenzintervall**

$$\text{Prob}\left\{\frac{6\ 400}{10\ 000} \cdot F_{0,01}(20;30) \leq \frac{\sigma_A^2}{\sigma_B^2} \leq \frac{6\ 400}{10\ 000} \cdot F_{0,99}(20;30)\right\} = 0{,}98.$$

Mit $F_{0,99}(20;30) = 2{,}5487$ und

$$F_{0,01}(20;30) = \frac{1}{F_{0,99}(30;20)} = \frac{1}{2{,}7785} = 0{,}3599$$

erhält man

$$\text{Prob}\left\{0{,}64 \cdot 0{,}3599 \le \frac{\sigma_A^2}{\sigma_B^2} \le 0{,}64 \cdot 2{,}5487\right\} = 0{,}98,$$

$$\text{Prob}\left\{0{,}2303 \le \frac{\sigma_A^2}{\sigma_B^2} \le 1{,}6312\right\} = 0{,}98,$$

$$\frac{\sigma_A^2}{\sigma_B^2} \in [0{,}2303\,;\,1{,}6312].$$

Analog ergibt sich für den Quotienten σ_B^2/σ_A^2 das Konfidenzintervall zu

$$\text{Prob}\left\{\frac{10\ 000}{6\ 400}\cdot F_{0,01}(30;20) \le \frac{\sigma_B^2}{\sigma_A^2} \le \frac{10\ 000}{6\ 400}\cdot F_{0,99}(30;20)\right\} = 0{,}98.$$

Mit $F_{0,99}(30;20) = 2{,}7785$ und

$$F_{0,01}(30;20) = \frac{1}{F_{0,99}(20;30)} = \frac{1}{2{,}5487} = 0{,}3924$$

erhält man

$$\text{Prob}\left\{1{,}5625 \cdot 0{,}3924 \le \frac{\sigma_B^2}{\sigma_A^2} \le 1{,}5625 \cdot 2{,}7785\right\} = 0{,}98,$$

$$\text{Prob}\left\{0{,}6131 \le \frac{\sigma_B^2}{\sigma_A^2} \le 4{,}3414\right\} = 0{,}98,$$

$$\frac{\sigma_B^2}{\sigma_A^2} \in [0{,}6131\,;\,4{,}3414].$$

15.3 Der Stichprobenumfang

Es leuchtet ein, daß die Größe des Konfidenzintervalls nicht nur von der vorgegebenen Sicherheitswahrscheinlichkeit, sondern auch vom Stichprobenumfang n abhängt. Bei den bisherigen Überlegungen war immer angenommen worden, daß der Stichprobenumfang n fest vorgegeben war. In der Praxis wird jedoch oft auch die umgekehrte Situation vorkommen. Man gibt die Breite des Konfidenzintervalles sowie die gewünschte Sicherheitswahrscheinlichkeit $1-\alpha$ vor und fragt nach der Größe des Stichprobenumfanges n, der gewählt werden muß, um die geforderten Bedingungen zu erfüllen. Diese Problemstellung soll an zwei Beispielen erläutert werden.

Beispiel 15.15:

Der Glühlampenproduzent möchte wissen, mit welchem Stichprobenumfang n er seine Produktion testen muß, wenn er

a) mit einer 95 %-igen Sicherheitswahrscheinlichkeit

b) mit einer 99 %-igen Sicherheitswahrscheinlichkeit

garantieren will, daß die mittlere Brenndauer seiner Glühlampen im Intervall [1 275;1 325] liegt.

Um die Aufgabe zu lösen, muß man eine maximale Abweichung A des Stichprobenmittelwertes $\bar{X}$ vom Erwartungswert μ der Grundgesamtheit bestimmen, die mit der vorgegebenen Sicherheitswahrscheinlichkeit $1-\alpha$ nicht überschritten wird, d.h.

$$\text{Prob}\{|\bar{X} - \mu| \leq A\} = 1 - \alpha.$$

Dieser Ausdruck wird umgeformt in

$$\text{Prob}\{\mu - A \leq \bar{X} \leq \mu + A\} = 1 - \alpha.$$

Unter der Annahme, daß der Stichprobenmittelwert $\bar{X}$ approximativ $N(\mu;\sigma^2/n)$-verteilt ist, kann man für die Abweichung A

$$A = z_{1-\alpha/2} \cdot \frac{\sigma}{\sqrt{n}}$$

schreiben. Falls σ **nicht bekannt** ist, kann man es bei hinreichend großem Stichprobenumfang ($n \geq 100$) durch die Schätzfunktion S_X^2 ersetzen. Damit ist in der obigen Beziehung nur der Stichprobenumfang n **unbekannt**. Durch Auflösen nach n erhält man

(15.17) $$n = \frac{z^2_{1-\alpha/2} \cdot S_X^2}{A^2}.$$

In unserem Beispiel beträgt die Intervallbreite 50 Stunden, d.h. die Abweichung vom Mittelwert ± 25 Stunden, da es sich um ein symmetrisches Intervall handelt. Der Wert von z kann aus der Tabelle 15.1 entnommen werden. Man erhält

a) $1 - \alpha/2 = 0{,}975;\ z = 1{,}96,$

b) $1 - \alpha/2 = 0{,}995;\ z = 2{,}575.$

Einsetzen der Zahlenwerte ergibt für die Lösung

a) $$n = \frac{1{,}96^2 \cdot 15\ 625}{25^2} = 96{,}04,$$

d.h. wenn eine Sicherheitswahrscheinlichkeit von 95 % gewünscht wird, muß eine Stichprobe vom Umfang n = 97 gezogen werden.

b) $$n = \frac{2{,}575^2 \cdot 15\ 625}{25^2} \approx 165{,}77,$$

d.h. wenn eine Sicherheitswahrscheinlichkeit von 99 % gewünscht wird, muß eine Stichprobe vom Umfang n = 166 gezogen werden. **Man beachte, daß die Approximation durch eine Normalverteilung bei der Lösung des Problems nur dann zulässig ist, wenn sich als Lösung ein Stichprobenumfang ergibt, für den $n \geq 100$ gilt.**

Beispiel 15.16:

Wie groß muß der Stichprobenumfang n gewählt werden, wenn man mit einer Sicherheitswahrscheinlichkeit von 99 % wissen will, daß der Anteil der Hausfrauen, die das Waschmittel XYZ kennen, in einem symmetrischen Intervall der Breite von 10 % um den Anteilswert P liegt?

Zur Lösung der Aufgabe wird unterstellt, daß der Anteilswert der Grundgesamtheit P = 0,315 **bekannt** ist. Es sei A = 0,05. Man geht aus von dem Intervall

$$\text{Prob}\{|\hat{P} - P| \leq A\} = 1 - \alpha.$$

Umformung ergibt

$$\text{Prob}\{P - A \leq \hat{P} \leq P + A\} = 1 - \alpha .$$

Unter der Annahme, daß $\hat{P}$ approximativ $N\{P;P(1-P)/n\}$-verteilt ist, läßt sich die Abweichung A in der Form schreiben

$$A = z_{1-\alpha/2} \cdot \sqrt{\frac{P(1-P)}{n}} .$$

Auflösen dieser Beziehung nach n ergibt

(15.18) $$n = \frac{z^2_{1-\alpha/2} \cdot P \cdot (1-P)}{A^2} .$$

Einsetzen der Zahlenwerte liefert

$$n = \frac{2{,}575^2 \cdot 0{,}315 \cdot 0{,}685}{0{,}05^2} \approx 572{,}29.$$

Es müßten also insgesamt 573 Hausfrauen befragt werden, um die gewünschte Genauigkeit und Sicherheit zu erhalten.

Sollte man den benötigten Stichprobenumfang n aus praktischen Gründen nicht realisieren können, dann muß man entweder die Anforderungen an die statistische Sicherheit herabsetzen oder aber die Breite des Konfidenzintervalles vergrößern.

Um n zu bestimmen, benötigt man in diesem Beispiel den Parameter P der Grundgesamtheit. Wenn dieser unbekannt ist und man sich keine Information über seinen Wert beschaffen kann, gibt es folgende Näherungsmöglichkeit. Das Produkt $P \cdot (1-P)$ ist eine Funktion in P, die im Intervall [0,1] definiert ist, d.h.

$$F(P) = P \cdot (1-P).$$

Um ihr Maximum in P zu bestimmen, muß man die erste Ableitung gleich Null setzen. Man erhält

$$F'(P) = P \cdot (-1) + (1-P) \cdot 1 = 1 - 2 \cdot P.$$

Aus F'(P) = 0 ergibt sich

$$1 - 2 \cdot \hat{P} = 0, \text{ d.h. } \hat{P} = 0{,}5.$$

Das Produkt erreicht somit für $\hat{P} = 0{,}5$ sein Maximum. Man kann diesen Wert als grobe Näherung annehmen. In unserem Beispiel würde sich dadurch der benötigte Stichprobenumfang auf n = 664 erhöhen.

Übungsaufgaben zu Kapitel 15

Aufgabe 1:

Zeigen Sie, daß

a) der Stichprobenmittelwert

$$\bar{X} = \frac{1}{n} \sum_{i=1}^{n} X_i$$

eine erwartungstreue Schätzfunktion für den Erwartungswert μ einer Grundgesamtheit ist,

b) die Varianz

$$S_1^2(\bar{X}) = \frac{1}{n} \sum_{i=1}^{n} (X_i - \bar{X})^2$$

nur eine asymptotisch erwartungstreue Schätzfunktion für die Varianz σ^2 der Grundgesamtheit ist,

c) die Schätzfunktion $\hat{P} = Y/n$ einer binomialverteilten Zufallsvariablen X erwartungstreu und konsistent ist,

d) die lineare Stichprobenfunktion

$$\tilde{X} = \sum_{i=1}^{n} c_i X_i \quad \text{mit } c_i \geq 0 \text{ und } \sum_{i=1}^{n} c_i = 1 \text{ für } \sum_{i=1}^{n} c_i^2 > \frac{1}{n}$$

nicht effizienter ist als die unter a) angegebene Schätzfunktion.

<u>Aufgabe 2</u>:

Nehmen Sie an, Sie befragen 10 zufällig ausgewählte Bundesbürger nach ihren Reiseplänen. Vier davon geben an, bereits eine Urlaubsreise gebucht zu haben.

a) Wie groß ist die Wahrscheinlichkeit, daß Sie ein solches Stichprobenergebnis erhalten, wenn 10 % (20 %, 30 %, 40 %, 50 % 60 %, 70 %, 80 %, 90 %, 100 %) der Bundesbürger bereits eine Urlaubsreise gebucht haben?

b) Von welchem Anteilswert für die Grundgesamtheit würden Sie bei Kenntnis des Stichprobenergebnisses ausgehen?

a) 0,0112; 0,0881; 0,2001; 0,2508; 0,2051; 0,1115; 0,0368; 0,0055; 0,0001; 0,0.

b) 0,4.

Aufgabe 3:

In einem Unternehmen mit 20 000 Beschäftigten, von denen 20 % Angestellte und 80 % Arbeiter sind, soll auf der Grundlage einer Zufallsstichprobe die Einstellung der Beschäftigten zur betrieblichen Sozialpolitik erforscht werden.

a) In welchem symmetrischen Bereich um den Erwartungswert wird der Anteil der Angestellten in der Stichprobe bei einem Sicherheitsgrad von 99 % liegen, wenn 1 225 Beschäftigte zufällig ausgewählt werden?

b) Wieviele Beschäftigte müssen befragt werden, wenn der Anteil der Angestellten in der Stichprobe bei einem Sicherheitsgrad von 95 % zwischen 18 % und 22 % liegen soll?

a) 0,1706; 0,2294. b) 1 537.

Aufgabe 4:

Bei der Herstellung von Stahlrohren auf einer bestimmten Produktionsanlage treten Abweichungen des Radius vom Sollwert μ_0 = 200 mm auf. Eine Untersuchung von 23 Rohren ergab eine Varianz von s^2 = 0,81.

a) Welches Intervall überdeckt den unbekannten Parameter σ^2 der normalverteilten Grundgesamtheit mit einem Sicherheitsgrad von 99 %?

b) In welchem symmetrischen Bereich um den Erwartungswert μ liegt der Radius der Stahlrohre mit einer Wahrscheinlichkeit von 95%?

c) Wie groß ist die Wahrscheinlichkeit, daß der mittlere Radius der Stahlrohre größer als 200,5 mm ist?

d) In welchem symmetrischen Bereich um den Erwartungswert μ kann der durchschnittliche Radius der Stahlrohre mit einer Wahrscheinlichkeit von 95 % erwartet werden, wenn man aus der Produktion eine Stichprobe vom Umfang n = 100 entnimmt?

a) 0,4163; 2,0618. b) 199,6107; 200,3893. c) 0,0075. d) 199,8236; 200,1764.

Aufgabe 5:

In einer Klinik wurden bei 400 Geburten 208 Knabengeburten registriert (ohne Mehrlingsgeburten).

a) Wie groß ist der Maximum-Likelihood-Schätzwert $\tilde{p}$ für den Anteil P aller Knabengeburten?

b) Bestimmen Sie das 95 % Konfidenzintervall für den Anteil P der Knabengeburten in der Grundgesamtheit.

c) Für die 400 Neugeborenen wurde ein durchschnittliches Gewicht von 3,2 kg festgestellt, wobei die Stichprobenvarianz s^2 = 0,81 betrug. In welchem symmetrischen Intervall kann der Erwartungswert μ der Grundgesamtheit mit einer Sicherheit von 99 % erwartet werden?

a) 0,52. b) 0,4710; 0,5690. c) 3,0841; 3,3159.

Aufgabe 6:

Ein Hersteller von Textilien will mit Hilfe einer Stichprobe aus einem Lagerbestand von 10 000 Stück feststellen, wieviel Prozent seiner hergestellten Waren einen Webfehler aufweisen. Nehmen Sie an, er wüßte bereits, daß entweder 5 % oder 15 % einen Webfehler aufweisen können.

Anhand einer Stichprobe vom Umfang n = 4 (**ohne** Zurücklegen) soll nun entschieden werden, welcher dieser Anteilswerte richtig ist.

a) 1. Bestimmen Sie die Wahrscheinlichkeiten für die möglichen Stichprobenergebnisse.

2. Angenommen, in der Stichprobe ist kein fehlerhaftes Stück enthalten. Für welchen Anteilswert in der Grundgesamtheit würden Sie sich entscheiden?

3. Erklären Sie anhand dieses Beispiels, was Sie unter dem "Maximum-Likelihood-Schätzprinzip" verstehen, und bestimmen Sie allgemein den Maximum-Likelihood-Schätzwert für P.

4. Zeigen Sie, daß die zugehörige Schätzfunktion erwartungstreu ist.

b) 1. Bestimmen Sie das 95 %ige Konfidenzintervall für den Anteil der fehlerhaften Stücke in der Grundgesamtheit, wenn der Hersteller nun 400 Stück zufällig auswählt und davon 40 Stück einen Webfehler besitzen.

2. Wie groß muß der Stichprobenumfang n gewählt werden, damit

$$\text{Prob}\{|\hat{p} - P| \leq 0{,}01\} = 0{,}90$$

ist, wenn der Hersteller keine Information über den wahren Anteilswert in der Grundgesamtheit besitzt?

3. Geben Sie an, wie sich das Konfidenzintervall verändert, wenn man bei gegebener Sicherheitswahrscheinlichkeit den Stichprobenumfang n erhöht.

a) 1. 0,8145; 0,1715; 0,0135; 0,0005; 0,0; 0,5220; 0,3685; 0,0975; 0,0115; 0,0005.
2. 0,05.
b) 1. 0,0706; 0,1294. 2. 6766.

Aufgabe 7:

Es sei X eine poissonverteilte Zufallsvariable. Bestimmen Sie mit Hilfe einer Stichprobe $x_1, x_2, \ldots x_n$ einen Schätzwert für den Parameter λ.

Aufgabe 8:

In einer Zufallsstichprobe bei 400 hessischen Industriearbeitern mit abgeschlossener Lehre wurde ein durchschnittlicher Wochenlohn in Höhe von 525 DM festgestellt. Die Standardabweichung der Stichprobe betrage s = 80 DM.

a) Bestimmen Sie das 95 %ige Konfidenzintervall für den durchschnittlichen Wochenlohn aller hessischen Industriearbeiter.

b) Wie hoch dürfte bei einem Sicherheitsgrad von 90 % der durchschnittliche Wochenlohn aller hessischen Industriearbeiter mindestens sein?

c) Wie groß ist das 95 %ige Konfidenzintervall, wenn bei der Befragung von 1 600 Industriearbeitern ein durchschnittlicher Wochenlohn von 525 DM festgestellt worden wäre?

d) Wie groß muß der Stichprobenumfang n mindestens sein, wenn gelten soll:

$$\text{Prob}\{|\bar{X} - \mu| \leq 6\} = 0{,}90?$$

e) Bei einer weiteren Stichprobe wurde bei 500 hessischen Industriearbeitern ohne abgeschlossene Lehre ein durchschnittlicher Wochenlohn in Höhe von 400 DM mit einer Standardabweichung von 40 DM festgestellt. Bestimmen Sie das 95 %ige Konfidenzintervall für die Differenz der beiden durchschnittlichen Wochenlöhne.

a) 517,16; 532,84. b) 519,874. c) 521,08; 528,92. d) 482. e) 116,9465; 133,0536.

Aufgabe 9:

In einem Land A gibt es 1 Million landwirtschaftliche Betriebe. Durch eine Stichprobenerhebung soll die durchschnittliche Betriebsgröße ermittelt werden.

a) In welchem Bereich ist bei einem Sicherheitsgrad von 99 % die durchschnittliche Betriebsgröße aller landwirtschaftlichen Betriebe zu vermuten, wenn für 10 000 zufällig ausgewählte landwirtschaftliche Betriebe eine durchschnittliche Betriebsgröße von 15 ha und eine mittlere quadratische Abweichung von $s^2 = 25$ festgestellt wurde?

b) Innerhalb welcher Grenzen kann die Gesamtfläche aller landwirtschaftlichen Betriebe im Land A bei einem Sicherheitsgrad von 99 % erwartet werden?

a) 14,871; 15,129. b) 14 871 000; 15 129 000.

Aufgabe 10:

Eine Werbeagentur möchte überprüfen, wie stark sie die Leser einer Zeitung in der Stadt A mit einer Auflage von 10 000 Exemplaren durch ihre Anzeige angesprochen hat. Dazu werden 50 verschiedene, zufällig ausgewählte Leser befragt, ob sie die Anzeige gelesen hätten.

a) Bestimmen Sie den Maximum-Likelihood-Schätzwert für den unbekannten Anteil der Leser, die die Anzeige gelesen haben, wenn 15 der Befragten angeben, sie haben die Anzeige gelesen. Innerhalb welcher Grenzen liegt der unbekannte Anteil der Anzeigenleser der Grundgesamtheit bei einer Sicherheitswahrscheinlichkeit von 95 %?

b) Aufgrund des sehr geringen Stichprobenumfanges entschließt sich die Werbeagentur, eine zweite Stichprobe von 400 Personen zu befragen.

   Bestimmen Sie das 95 %ige Konfidenzintervall für den unbekannten Anteil der Leser in der Grundgesamtheit, die die Anzeige gelesen haben, wenn 30 % der Befragten angeben, die Anzeige gelesen zu haben.

   Vergleichen Sie die Ergebnisse der beiden Konfidenzintervalle, und erläutern Sie die Unterschiede.

c) Wie groß hätte der Stichprobenumfang gewählt werden müssen, wenn mit einer 97 %igen Sicherheit der Anteil der Leser, die die Anzeige gelesen haben, in einem symmetrischen Intervall der Breite von 6 % um den Anteilswert P liegen soll, wenn man keine Informationen über den Wert dieses Parameters besitzt?

d) Die Werbeagentur führt in der Stadt B ebenfalls eine Stichprobenbefragung von 400 Personen durch, von denen 25 % angeben, die Anzeige gelesen zu haben. Wie lautet das 99 %ige Konfidenzintervall für die Differenz der Anteilswerte der beiden Grundgesamtheiten? Interpretieren Sie das Ergebnis.

a) 0,3; 0,1697; 0,4303. b) 0,255; 0,345. c) 1 309. d) – 0,0312; 0,1312.

Aufgabe 11:

Die Arbeitsstätte eines Angestellten ist 50 km entfernt. Er fährt jeden Tag mit dem Auto hin und zurück und erwägt jetzt, auf öffentliche Verkehrsmittel umzusteigen. Um einen Kostenvergleich anzustellen, mißt er 5 Tage lang den Benzinverbrauch in Litern:

8.41; 7.71; 8.21; 8.41; 7.81

Nehmen Sie an, die Höhe des Benzinverbrauchs sei eine normalverteilte Zufallsvariable und schätzen Sie ein 95 %-iges Konfidenzintervall für den wahren Benzinverbrauch!

$\text{Prob}\{7{,}69 \leq \mu \leq 8{,}51\} = 0{,}95.$

Aufgabe 12:

Im Herbst dieses Jahres finden in den USA Präsidentschaftswahlen statt. Um ihre Chancen abschätzen zu können, läßt die republikanische Partei eine Meinungsumfrage durchführen. Es werden 256 Wähler befragt. Sie ergab, daß der Anteil der Wähler, die für die Republikaner stimmen, in dem Konfidenzintervall [0,5812;0,6988] liegt.

a) Welche Sicherheitswahrscheinlichkeit liegt der Berechnung zugrunde?

b) Erklären Sie den Zusammenhang zwischen Sicherheit und Genauigkeit einer Schätzung!

c) Erklären Sie den Unterschied zwischen einem Konfidenz- und einem Schwankungsintervall!

a) 95 %.

16. Einführung in die Testtheorie

Die Aufgabe der statistischen Schätztheorie besteht u.a. darin, für unbekannte Verteilungsparameter einer Grundgesamtheit aufgrund von Stichprobenergebnissen einen numerischen Wert zu schätzen, bzw. ein Intervall anzugeben, das den "wahren" Wert mit einer vorgegebenen Sicherheitswahrscheinlichkeit $1-\alpha$ enthält.

Wir wollen uns jetzt mit der Frage beschäftigen, ob **Annahmen über die numerischen Parameterwerte einer Verteilung** oder **Annahmen über eine Verteilungsform von Zufallsvariablen** in einer Grundgesamtheit durch ein Stichprobenergebnis mit einer vorgegebenen Irrtumswahrscheinlichkeit α abgelehnt werden müssen oder nicht. Es handelt sich dabei um Problemstellungen, die in das Gebiet der Testtheorie einzuordnen sind, dem zweiten wichtigen Zweig der induktiven Schlußweise der Statistik.

16.1 Grundbegriffe der Testtheorie

Zunächst sollen einige wichtige Begriffe der Testtheorie erläutert werden.

16.1.1 Die statistische Hypothese

Unter einer statistischen Hypothese versteht man Annahmen über den Typ der Wahrscheinlichkeitsverteilung einer Zufallsvariablen X oder deren numerische Parameterwerte in der Grundgesamtheit. Solche Hypothesen werden aufgrund theoretischer Überlegungen, früherer Beobachtungen oder Erfahrungen aufgestellt. Man kann etwa fragen, ob ein beobachteter Stichprobenmittelwert $\bar{x}$ einem angenommenen Mittelwert μ einer Grundgesamtheit widerspricht bzw. ob eine Hypothese über die Form einer Verteilung in der Grundgesamtheit aufgrund eines Stichprobenergebnisses abzulehnen ist.

16.1.2 Formen der statistischen Hypothesen

Man kann die statistischen Tests entsprechend der aufgestellten Hypothesen klassifizieren. Bisher war davon ausgegangen worden, daß eine einzige Hypothese aufgestellt worden war. Diese wollen wir als **Nullhypothese H_0** bezeichnen. Es soll lediglich geprüft werden, ob diese "nicht falsch" ist, d.h. man entscheidet nur zwischen "Ablehnung" und "Nicht-Ablehnung" einer einzigen Hypothese. Derartige Entscheidungen werden als **Signifikanztests** bezeichnet.

Statistische Hypothesen, die nur die Parameterwerte der Verteilung von Zufallsvariablen festlegen, heißen **Parametertests**. Ordnet die Parameterhypothese dem unbekannten Parameter einen bestimmten Wert zu, etwa H_0: $\mu = \mu_0$, dann spricht man von einer **einfachen Hypothese**. Besagt die Hypothese jedoch, daß der unbekannte Parameterwert einer bestimmten Menge angehört, etwa H_0: $\mu < \mu_0$, dann spricht man von einer **zusammengesetzten Hypothese**.

Eine andere Möglichkeit der Klassifizierung ergibt sich aus der Fragestellung, ob Abweichungen zwischen Realisierung und Sollwert der Grundgesamtheit in beiden oder nur in einer Richtung interessieren. Entsprechend spricht man von **zweiseitigen bzw. einseitigen Tests**.

Angenommen, es werde nach Abweichungen des Mittelwertes μ einer Grundgesamtheit von einem gegebenen Sollwert μ_0 gefragt, dann sind folgende Fragestellungen möglich:

a) **zweiseitiger Test** $H_0: \mu = \mu_0$, $H_a: \mu \neq \mu_0$. (16.1)

b) **einseitiger Test** 1. $H_0: \mu \leq \mu_0$, $H_a: \mu > \mu_0$, rechtsseitig (16.2)
2. $H_0: \mu \geq \mu_0$, $H_a: \mu < \mu_0$. linksseitig (16.3)

Bei einem einseitigen Test spricht man von einem **rechtsseitigen Test**, wenn signifikante Abweichungen von der Nullhypothese **nach rechts ausgeschlossen** werden sollen. Entsprechendes gilt für einen linksseitigen Test.

Bei vielen praktischen Problemen sind aber neben der Nullhypothese H_0 noch weitere Hypothesen denkbar, die als **Alternativhypothesen** H_a bezeichnet werden sollen. Beschränkt man sich auf den Fall einer einzigen Alternativhypothese H_a, die dann oft auch mit H_1 bezeichnet wird, dann kann man die Verfahren, die zwischen den beiden Hypothesen H_0 und H_a entscheiden, auch als **Alternativtests** bezeichnen.

Neben dem Parametertest, bei dem die Hypothese einen Wert für den unbekannten Parameter festlegt, unterscheidet man noch die sog. **Anpassungstests**. Bei diesen wird gefragt, ob der Stichprobenbefund eine Entscheidung erlaubt, daß die Verteilung einer interessierenden Zufallsvariablen in der Grundgesamtheit einer bestimmten theoretischen Verteilung, etwa der Normalverteilung, entspricht.

16.1.3 Der statistische Test

Als statistischen Test bezeichnet man eine eindeutig bestimmte Vorschrift, die Bedingungen angibt, unter denen eine aufgestellte Hypothese **abgelehnt** bzw. **nicht abgelehnt** werden muß. Zu diesem Zweck wird nach Vorgabe einer Irrtumswahrscheinlichkeit α ein sog. **kritischer Bereich K_α** bestimmt. Liegt die beobachtete Stichprobenrealisation in diesem kritischen Bereich, dann folgert man, daß die aufgestellte Hypothese dadurch widerlegt sei. Die Überlegungen, die der Prüfung von statistischen Hypothesen zugrunde liegen, basieren darauf, daß eine einzige widersprechende Beobachtung (Realisation) genügt, um eine aufgestellte Hypothese zu widerlegen. Um sie allerdings zu bestätigen, würden noch so viele Beobachtungen (Realisationen) nicht ausreichen.

16.2 Fehlermöglichkeiten bei statistischen Tests

Da die Entscheidungen eines statistischen Testes auf stochastischen Ergebnissen basieren, nämlich auf Stichprobenrealisierungen, besteht immer ein gewisses Risiko einer Fehlentscheidung. Allerdings läßt sich für den langfristigen Durchschnitt die Wahrscheinlichkeit solcher Fehlentscheidungen berechnen. **Dazu unterstellt man, daß die Nullhypothese H_0 richtig sei**. Man wählt dann eine Stichprobenfunktion, deren Verteilung von H_0 abhängt. Unter der Bedingung, daß H_0 gilt, bezeichnet man mit $Prob\{E|\, H_0\}$ die Wahrscheinlichkeit, daß das Ereignis E eintrifft. Man interessiert sich nun für solche Ereignisse E, deren Wahrscheinlichkeit für ihr Eintreffens klein ist. Diese Wahrscheinlichkeit bezeichnet man mit α, d.h. es gelte $Prob\{E|\, H_0\} \leq \alpha$. Beobachtet man nun bei einer Stichprobenerhebung das Eintreffen eines Ereignisses E*, das gegen H_0 zu sprechen scheint, so ist es vernünftiger, diese Hypothese H_0 abzulehnen, als bei einer einzigen Stichprobenerhebung die Realisation eines relativ seltenen Ereignisses zu erwarten.

Aus der Beobachtung eines zur Nullhypothese H_0 anscheinend widersprüchlichen Ereignisses E*, für das $Prob\{E^* \mid H_0\} \leq \alpha$ gilt, folgert man also, daß H_0 **praktisch widerlegt** sei. Eine solche Entscheidung ist zwar nicht logisch zwingend, aber sie ist empirisch fast sicher. Diese Größe $Prob\{E^* \mid H_0\}$ stellt somit eine **Maßgröße für die Zuverlässigkeit der Entscheidung** dar. Je kleiner $Prob\{E^* \mid H_0\}$ ist, um so überzeugter wird man bei Eintreffen von E* die Nullhypothese H_0 verwerfen. Tritt dagegen ein Ereignis E ein, das mit der Wahrscheinlichkeit $Prob\{E|\, H_0\} > \alpha$ zu H_0 nicht im Widerspruch steht, so lehnt man H_0 **nicht** ab. Man hat dann aber lediglich etwas beobachtet, das unter der Voraussetzung von H_0 nicht selten zu erwarten war und daher auch nur wenig über H_0 aussagt. Wenn die Realisierungen einer Hypothese H_0 nicht widersprechen, so sagt man "**H_0 sei nicht falsch**". Dies bedeutet **nicht**, daß H_0 richtig sein **muß**, da ja noch andere Hypothesen außer H_0 nicht falsch sein können.

Daraus folgt eine wichtige praktische Konsequenz:

Man kann eine Arbeitshypothese H nie direkt bestätigen.

Man wird daher versuchen, die Hypothese H_0 als Gegenhypothese zu H aufzustellen, um diese dann zu widerlegen. Damit würde man die Arbeitshypothese H dann indirekt bestätigen. Dieses Verfahren ist aber nur dann schlüssig, wenn die Hypothese H_0 die **einzige mögliche Gegenhypothese zu H** ist.

Bei der Prüfung einer statistischen Hypothese zerlegt man die Menge der möglichen Realisierungen von Stichprobenresultaten in zwei zueinander disjunkte Teilmengen, die mit K_α und $\bar{K}_\alpha$ bezeichnet werden sollen. Diejenigen Ereignisse E, für die nach Vorgabe einer **Irrtumswahrscheinlichkeit** α die Beziehung $\text{Prob}\{E|\,H_0\} > \alpha$ gilt, zählt man zur Menge $\bar{K}_\alpha$, und diejenigen, für die $\text{Prob}\{E|\,H_0\} \leq \alpha$ gilt, zählt man zur Menge K_α. Die Menge K_α bezeichnet man als den **kritischen Bereich** des entsprechenden Testes. Wenn die Stichprobenrealisation in den kritischen Bereich K_α fällt, wird die Nullhypothese H_0 abgelehnt. Die Größe α gibt somit den Anteil an, mit dem im Durchschnitt die Nullhypothese H_0 abgelehnt wird, obwohl sie richtig ist. Man bezeichnet α auch als **Signifikanzniveau des Testes**. Der komplementäre Wert $1-\alpha$ gibt nun **nicht** an, wieviele Entscheidungen, die aufgrund des Testes gefällt werden, im Durchschnitt richtig sind. **Eine solche Auslegung ist falsch!** Man kann lediglich sagen, daß man im Durchschnitt höchstens den Anteil α richtiger Hypothesen H_0 irrtümlich ablehnt.

Die Wahl des Signifikanzniveaus (Irrtumswahrscheinlichkeit) α ist an sich willkürlich und hängt von der jeweiligen Problemstellung ab. Grundsätzlich läßt sich sagen, je kleiner man α wählt, um so vorsichtiger ist man bei der Ablehnung von H_0. Bei kleinem α spricht man von einer hohen, bei großem α von einer niedrigen Signifikanzstufe. Eine Hypothese, die bei einem Wert von $\alpha = 0{,}05$ bereits abgelehnt wird, kann bei einem Wert von $\alpha = 0{,}01$ durchaus noch "nicht abgelehnt" werden.

Es haben sich in der Praxis verschiedene Werte für die Irrtumswahrscheinlichkeit α eingebürgert, die wichtigsten sind:

1. Man gibt eine Irrtumswahrscheinlichkeit von $\alpha = 0{,}05$ vor, was einem Prozentsatz von 5 % entspricht. Dabei wird das Risiko einkalkuliert, daß man im Durchschnitt bei 5 von 100 Fällen ein Fehlurteil riskiert, d.h. eine richtige Hypothese irrtümlich ablehnt.

2. Man gibt eine Irrtumswahrscheinlichkeit von $\alpha = 0{,}01$ vor, was einem Prozentsatz von 1 % entspricht. In diesem Fall werden schon wesentlich höhere Ansprüche an die Zuver-

lässigkeit des Untersuchungsergebnisses gestellt. Jetzt erlaubt man im Durchschnitt nur eine falsche Entscheidung unter 100 Fällen.

3. Bei Untersuchungen von besonderer Wichtigkeit wählt man eine Irrtumswahrscheinlichkeit von $\alpha = 0{,}001$, was einem Prozentsatz von einem Promille entspricht. Jetzt erlaubt man nur noch das Risiko einer Fehlentscheidung unter 1 000 Fällen.

Je kleiner der Wert von α ist, um so später wird ein Test reale Abweichungen von der Hypothese H_0 aufdecken. Dies gilt besonders dann, wenn die Abweichungen gering und der Stichprobenumfang n klein ist. Ob eine bestehende Abweichung von der Hypothese H_0 erkannt wird, hängt nämlich außer von α auch noch vom Stichprobenumfang n ab. Bei genügend kleinem Stichprobenumfang liefern die meisten statistischen Tests bezüglich fast aller Hypothesen H_0 als Resultat die Nicht-Ablehnung. Daher muß man auch die Konsequenzen der Entscheidung eines statistischen Tests bei seiner Beurteilung berücksichtigen.

Dazu muß man die Fehlermöglichkeiten untersuchen, die bei der Prüfung statistischer Hypothesen auftreten können. Diese lassen sich in zwei Gruppen unterteilen:

1. Die Nullhypothese H_0 wird verworfen, obwohl sie richtig war. Dieser Fehler heißt **Fehler erster Art**. Seine Wahrscheinlichkeit wird durch die Irrtumswahrscheinlichkeit (bzw. das Signifikanzniveau) α bestimmt.

2. Die Nullhypothese H_0 wird nicht verworfen, obwohl sie falsch ist. Dieser Fehler wird als **Fehler zweiter Art** bezeichnet. Die Wahrscheinlichkeit für diesen Fehler soll mit **ß** bezeichnet werden.

Schematisch werden die vier möglichen Entscheidungen bei einem statistischen Test in der Tabelle 16.1 dargestellt:

Tabelle 16.1: Entscheidungsmöglichkeiten bei einem statistischen Test

Entscheidung des Testes	Zustand der Wirklichkeit	
	H_0 gilt	H_0 ist falsch
H_0 abgelehnt	**Fehler 1. Art Wahrscheinlichkeit α**	richtige Entscheidung
H_0 nicht abgelehnt	richtige Entscheidung	**Fehler 2. Art Wahrscheinlichkeit ß**

Beispiel 16.1:

Von Katharina II. von Rußland wird überliefert, daß sie einmal gesagt haben soll: "Es ist besser, 10 Schuldige freizusprechen, als einen Unschuldigen zu hängen".

Unter dem Gesichtspunkt eines statistischen Testes lassen sich die Fehlermöglichkeiten bei dieser Entscheidung wie folgt darstellen:

Entscheidung von Katharina II.	tatsächlicher "Zustand": der Angeklagte ist schuldig	nicht schuldig
Freispruch	**Fehler 1. Art**	richtige Entscheidung
Hinrichtung	richtige Entscheidung	**Fehler 2. Art**

Bei diesem "statistischen Test" erlaubte also Katharina II. eine zehnmal so große Wahrscheinlichkeit für den Fehler 1. Art als für den Fehler 2. Art.

Verändert man bei konstantem Stichprobenumfang n die Irrtumswahrscheinlichkeit α, so ändert sich dadurch die Wahrscheinlichkeit ß für den Fehler 2. Art im entgegengesetzten Sinn. Bei einer Verkleinerung der Irrtumswahrscheinlichkeit α vergrößert man damit die Wahrscheinlichkeit ß für den Fehler 2. Art. Nur wenn der Stichprobenumfang n beliebig vergrößert werden darf, lassen sich α und ß beliebig klein machen. In der Praxis läßt sich der Stichprobenumfang n aber meist nicht beliebig vergrößern.

16.3 Das Prinzip eines statistischen Testes

Das Prinzip eines statistischen Testes soll anhand der folgenden Geschichte erläutert werden, die von R.A. Fisher stammt:

Bei einer Gesellschaft behauptet eine Dame X: Setze man ihr eine Tasse Tee vor, der etwas Milch beigegeben wurde, so könne sie im allgemeinen einwandfrei schmecken, ob zuerst Tee oder ob zuerst Milch eingegossen worden sei. Wie prüft man diese Behauptung?

Sicher nicht so: Zwei äußerlich völlig gleichartige Tassen vorsetzen, wobei in die erste zuerst Milch und dann Tee (Reihenfolge MT) und in die zweite zuerst Tee und dann Milch (TM) eingegossen wurde. Würde man jetzt die Dame wählen lassen, so hätte sie offenbar eine Chance von 50 % die richtige Antwort zu geben, auch wenn ihre Behauptung falsch ist.

Besser ist folgendes Vorgehen: Acht äußerlich gleiche Tassen werden der Dame vorgesetzt. Davon sind vier in der Reihenfolge TM, die anderen vier in der Reihenfolge MT gefüllt worden. Die Tassen werden zufällig über den Tisch verteilt und danach die Dame herbeigerufen. Man teilt ihr mit, daß von den Tassen je vier vom Typ TM bzw. MT seien. Ihre Aufgabe bestehe darin, die vier TM Tassen herauszufinden. Jetzt ist die Wahrscheinlichkeit, ohne Sonderbegabung die richtigen vier Tassen zu finden, sehr gering geworden. Aus 8 Tassen kann man nämlich auf

$$\binom{8}{4} = \frac{8\cdot 7\cdot 6\cdot 5}{4\cdot 3\cdot 2} = 70 \text{ verschiedene Möglichkeiten 4 auswählen.}$$

Von diesen 70 Kombinationen ist aber nur eine einzige die Richtige. Die Wahrscheinlichkeit ohne Sonderbegabung, also zufällig, die richtige Kombination zu treffen, beträgt daher nach Laplace 1/70 = 0,0143 oder etwa 1,4 %, sie ist also sehr gering. Wählt die Dame nun wirklich die vier richtigen Tassen aus, so wird man die Nullhypothese – H_0: die Dame besitzt diese Sonderbegabung nicht – verwerfen und ihr diese besondere Fähigkeit zuerkennen. Dabei nimmt man eine Irrtumswahrscheinlichkeit von 1,4 % in Kauf. Natürlich könnte man diese Irrtumswahrscheinlichkeit dadurch verringern, daß man die Anzahl der Tassen erhöhen würde, z.B. auf 12, wobei wieder die Hälfte nach TM bzw. MT gefüllt wäre. In diesem Fall würde die Irrtumswahrscheinlichkeit auf $\alpha \approx 0{,}1$ % sinken.

Charakteristisch für dieses Vorgehen ist:

Man stellt zunächst eine Nullhypothese auf und verwirft diese genau dann, wenn man ein Ergebnis beobachtet, das bei Gültigkeit dieser Nullhypothese unwahrscheinlich ist.

Stellt man eine Nullhypothese auf, die mit statistischen Methoden geprüft werden soll, so interessiert, ob eine vorliegende Stichprobe diese Hypothese stützt oder nicht. Im Teetassen-Beispiel würde man die Nullhypothese verwerfen, wenn die Dame die vier TM-Tassen richtig auswählt. In jedem anderen Fall hält man an der Nullhypothese fest. Man muß also bei jeder möglichen Stichprobe eine Entscheidung treffen. In diesem Beispiel könnte man auch die Entscheidung vertreten, daß die Nullhypothese zu verwerfen sei, wenn die Dame mindestens drei richtig gefüllte TM-Tassen herausfindet.

Um der Schwierigkeit zu entgehen, sich in jedem konkreten Fall die Entscheidung vorher überlegen zu müssen, sucht man nach einem Verfahren, das eine solche Entscheidung stets herbeiführt. Ein solches Verfahren, das für jede Stichprobe die Entscheidung liefert, ob das Stichprobenergebnis die aufgestellte Hypothese stützt oder nicht, heißt **statistischer Test**.

In der "klassischen" Statistik setzt man in der Regel voraus, daß die Zufallsvariablen in der Grundgesamtheit normalverteilt sind. Diese Voraussetzung bleibt selbst nach einem **nicht verworfenen Anpassungstest** wegen des nicht kontrollierbaren Fehlers 2. Art **problematisch**.

Beginnend mit den 30-er Jahren dieses Jahrhunderts wurden daher Verfahren entwickelt, die ohne diese Verteilungsvoraussetzung auskommen. Sie wurden mit dem Begriff "**verteilungsfreie Testverfahren**" bezeichnet. Ursprünglich wurden damit Verfahren benannt, die nur für die statistische Verarbeitung von nicht-normal verteilten Beobachtungswerten entwickelt wurden. Heute werden mit diesem Begriff alle Verfahren des Häufigkeitsvergleichs von Beobachtungswerten erfaßt, also auch die "klassischen" Chi-Quadrat Techniken, und jene, die sich auf Rangdaten und qualitative Merkmale beziehen.

Weitgehend gleichbedeutend mit dem Begriff "**verteilungsfrei**" ist der Begriff "**nichtparametrisch**". Damit wird zum Ausdruck gebracht, daß die Kenntnis der die Häufigkeitsverteilung beschreibenden Maßzahlen, nämlich der Verteilungsparameter, nicht notwendig ist.

Im Gegensatz dazu spricht man von "**verteilungsgebundenen (oder parametrischen) Testverfahren**", wenn die klassische Annahme der Normalverteilung gefordert wird.

A. Verteilungsgebundene Testverfahren

Die verteilungsgebundenen Testverfahren lassen sich unterteilen in

a) Lokationstests,
b) Variabilitätstests und
c) Verteilungstests.

Von einem **Lokationstest** spricht man, wenn man die Lage der Stichprobenwerte, etwa die des Mittelwertes, gegen die entsprechende Lage der Zufallsvariablen in der Grundgesamtheit prüfen will.

Bei einem **Variabilitätstest** prüft man die Abweichungen der Stichprobenwerte von einem Lageparameter, etwa die Varianz, gegen die entsprechende Abweichung der Zufallsvariablen in der Grundgesamtheit.

Lokations- und Variabilitätstest werden oft unter der Bezeichnung **Parametertests** zusammengefaßt.

Bei einem **Verteilungstest** ohne Parameterspezifikation wird nur die Verteilung der Zufallsvariablen betrachtet, ohne Spezifikationen für ihre Parameterwerte in der Nullhypothese zu treffen.

Andererseits kann man auch Verteilungstests mit teilweiser oder vollständiger Parameterspezifikation durchführen. Im Falle der Verwerfung der Nullhypothese läßt sich dann allerdings nicht feststellen, worauf diese zurückzuführen ist, ob auf Lokations-, Variabilitäts- oder Verteilungsunterschiede. Bei einem umfassenden Test, der neben der Verteilungshypothese gleichzeitig alle Parameterwerte überprüft, spricht man von einem **voll spezifizierten Test**. Ein solcher Test reagiert besonders sensitiv gegenüber jeglicher Art von Abweichungen zwischen Stichprobenbefund und theoretisch geforderter Verteilung, man spricht auch von einem sog. **Omnibus-Test**.

Nach der Art der zur Prüfung der Hypothese verwendeten Stichprobe unterscheidet man die folgende Fälle:

1. Der Ein-Stichproben Fall:

Bei diesem wird mit Hilfe **einer** Zufallsstichprobe vom Umfang n bezüglich **einer** Zufallsvariable eine Hypothese, die verschiedene Aussagen umfassen kann, geprüft.

2. Der Zwei-Stichproben Fall:

a) Mit Hilfe von **zwei unabhängigen** Zufallsstichproben soll ein Vergleich der Verteilungen von zwei Zufallsvariablen erfolgen. Die Bezeichnung "unabhängige Stichproben" bezieht sich darauf, daß die n Beobachtungswerte in den beiden Stichproben von **verschiedenen** Merkmalsträgern stammen.

b) Man spricht von **abhängigen (oder verbundenen)** Stichproben, wenn die Beobachtungswerte an demselben Merkmalsträger beobachtet wurden. Genau genommen liegt in diesem Fall nur **eine** Stichprobe vor, wobei an **jedem** Merkmalsträger dieser Stichprobe die Realisationen **zweier** Zufallsvariablen, etwa (x_i,y_i), beobachtet wurden.

Analog kann man von einem **k-Stichproben Fall bei unabhängigen Stichproben** und einem **k-Stichproben Fall bei verbundenen Stichproben** sprechen, wenn man die obigen Ausführungen auf den Fall von k Zufallsvariablen überträgt.

16.4 Parametertests

Als Parametertests bezeichnet man Lokations- und Variabilitätstests.

Man kann die Vorgehensweise bei einem Parametertest in den folgenden Schritten zusammenfassen:

1. Festlegung der Zufallsvariablen in der Grundgesamtheit (quantitatives Merkmal) und deren Verteilung.

2. Formulierung der Nullhypothese H_0.

3. Bestimmung der Stichprobenfunktion (**Prüfvariable**), deren Verteilung (**Prüfverteilung**) und Berechnung ihrer Realisation (**Prüfwert**) aus den Stichprobenwerten.

4. Vorgabe der Irrtumswahrscheinlichkeit (bzw. des Signifikanzniveaus) α.

5. Bestimmung des **kritischen Bereiches** K_α (durch **kritische Werte** bzw. **Annahmekennzahlen**).

6. Festlegung der **Testentscheidung**.

Ohne Kenntnis der Wahrscheinlichkeitsverteilung der Prüfvariablen ist es **nicht möglich**, den kritischen Bereich und damit die Annahmekennzahlen für einen Test zu bestimmen.

Bei den Parameterhypothesen spricht man von einer **einfachen Hypothese**, wenn sie für **jeden** unbekannten Parameter der Grundgesamtheit genau einen exakten Wert vorschreibt, anderenfalls spricht man von einer **zusammengesetzten Hypothese**.

Eine zusammengesetzte Hypothese kann man weiter untergliedern nach den möglichen Abweichungen zwischen Realisation und Sollwert des Parameters. Werden Abweichungen in beiden Richtungen vom Sollwert zugelassen, dann spricht man von einer **zweiseitigen Hypothese**. Interessieren dagegen nur Abweichungen in einer Richtung, dann spricht man von einer **einseitigen Hypothese**.

Die meisten statistischen Tests werden mit Hilfe eines **Prüfwertes** (pr) entschieden. Dieser Prüfwert wird nach einer bestimmten Vorschrift aus einer gegebenen Stichprobe berechnet. Der Test besteht dann darin, daß dieser Prüfwert – nach Vorgabe einer Irrtumswahrscheinlichkeit α – mit einem **kritischen Wert** (kr) verglichen wird. Dieser Vergleich liefert dann eine Entscheidung, ob die aufgestellte Nullhypothese verworfen werden muß oder nicht.

Entscheidungsmöglichkeiten bei einem ein- bzw. zweiseitigen Test:

1. einseitiger Test:

Bei einem **einseitigen** Test entnimmt man, wenn die Prüfvariablen symmetrischen Testverteilungen genügen, den kritischen Wert an der Stelle α oder $1-\alpha$ der betreffenden Tabelle und vergleicht mit dem Prüfwert.

Die **Entscheidung** lautet dann:

Man verwirft die aufgestellte Nullhypothese bei der vorgegebenen Irrtumswahrscheinlichkeit α,

a) bei einem linksseitigen Test H_0: $\mu_X \geq \mu_0$,

wenn der Prüfwert $\leq$ dem kritischen Wert an der Stelle α

oder

b) bei einem rechtsseitigen Test H_0: $\mu_X \leq \mu_0$,

wenn der Prüfwert $\geq$ dem kritischen Wert an der Stelle $1-\alpha$ ausfällt,

d.h. der Stichprobenwert (Prüfwert) im kritischen Bereich liegt.

2. zweiseitiger Test:

Nach Vorgabe einer Irrtumswahrscheinlichkeit α entnimmt man für einen **zweiseitigen** Test der Hypothese H_0: $\mu_X = \mu_0$ an den Stellen $\alpha/2$ und $1-\alpha/2$ der Tabelle der Verteilung der Prüfvariablen den kritischen Wert und vergleicht ihn mit dem Prüfwert aus der Stichprobe.

Die **Entscheidung** lautet dann:

> Man verwirft die aufgestellte Nullhypothese bei der vorgegebenen Irrtumswahrscheinlichkeit α, wenn **entweder**
>
> der Prüfwert kleiner als der kritische Wert an der Stelle $\alpha/2$ ist,
>
> **oder** wenn
>
> der Prüfwert größer als der kritische Wert an der Stelle $1-\alpha/2$ ausfällt.

Genügt die Prüfvariable einer symmetrischen Wahrscheinlichkeitsverteilung, dann wählt man den Absolutbetrag des Prüfwertes an der Stelle $1-\alpha/2$ und **verwirft** die Nullhypothese wenn dieser Absolutbetrag größer als der kritische Wert ist.

16.4.1 Signifikanztest für den Erwartungswert μ_X bei großem Stichprobenumfang n

Die Problemstellung eines solchen Signifikanztestes werde an dem folgenden Beispiel erläutert:

In einem Unternehmen wird Wein maschinell abgefüllt. Die Abfüllmaschine ist auf einen Sollwert von 700 ccm pro Flasche eingestellt worden. Nach einer gewissen Laufzeit möchte man wissen, ob die Maschine diesen Sollwert noch einhält oder nicht. Zu diesem Zweck wird eine Zufallsstichprobe vom Umfang n = 100 Flaschen aus der Produktion entnommen und auf ihren Inhalt geprüft. Es ergab sich ein Stichprobenmittelwert von $\bar{x}$ = 699,2 ccm pro Flasche.

Man fragt nun: Ist diese beobachtete Abweichung vom Sollwert rein zufällig zustande gekommen, d.h. sind die Flaschen, die in die Stichprobe gelangten, rein zufällig zu schlecht gefüllt, oder ist diese Abweichung signifikant, d.h. deutet sie auf eine fehlerhafte Einstellung der Maschine hin?

In diesem Fall lautet die Nullhypothese

$$H_0\colon \mu = \mu_0 = 700 \text{ ccm.}$$

Als Alternativhypothese H_0 wählt man jetzt alle möglichen Abweichungen von dem Wert $\mu_0 = 700$, d.h.

$$H_a\colon \mu = \mu_1 \neq 700 \text{ ccm}.$$

Nach unserer Terminologie handelt es sich hierbei um einen zweiseitigen Signifikanztest. Die Nullhypothese H_0 wird verworfen, wenn die Stichprobenrealisation $\bar{x}$ in den kritischen Bereich K_α fällt. Es muß daher zunächst dieser kritische Bereich für eine vorgegebene Irrtumswahrscheinlichkeit α konstruiert werden.

Man unterstellt nun, daß die Füllmenge X, die von der Verpackungsmaschine abgefüllt wird, eine Zufallsvariable sei, die mit den beiden Parametern $E\{X\} = \mu$ und $Var\{X\} = \sigma^2$ verteilt ist. Als Stichprobenfunktion wird das arithmetische Mittel $\bar{X}$ der Stichprobe gewählt. Wegen des großen Stichprobenumfanges n kann der "Zentrale Grenzwertsatz" angewandt werden. Man folgert daher, daß $\bar{X}$ approximativ nach $N(\mu, \sigma^2/n)$-verteilt ist. Diese Verteilung ist in Abb. 16.1 skizziert.

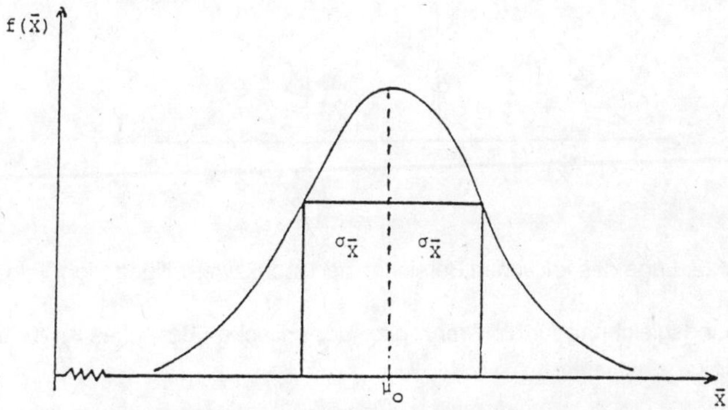

Abb. 16.1: Wahrscheinlichkeitsdichte der Zufallsvariablen $\bar{X}$

Um die Nullhypothese H_0 zu testen, muß die Stichprobenfunktion $\bar{X}$ so normiert werden, daß man eine N(0,1)-verteilte Zufallsvariable Z erhält, die als Prüfvariable bezeichnet wird. Dies erfolgt durch die Transformation

$$Z = \frac{\bar{X} - \mu_0}{\sigma/\sqrt{n}} \quad : \quad N(0,1)\text{-verteilt.}$$

Man wird nun die Nullhypothese H_0 verwerfen, wenn der Absolutbetrag der Stichprobenrealisation dieser normierten Zufallsvariablen

(16.4) $$|Z_{pr}| = \left| \frac{\bar{X} - \mu_0}{\sigma / \sqrt{n}} \right|$$

in einem kritischen Bereich K_α liegt, der symmetrisch um den Mittelwert μ der Grundgesamtheit so konstruiert wird, daß dies nur mit einer vorgegebenen Irrtumswahrscheinlichkeit α eintreffen wird, falls die Nullhypothese H_0 gilt (vgl. Abb. 16.2).

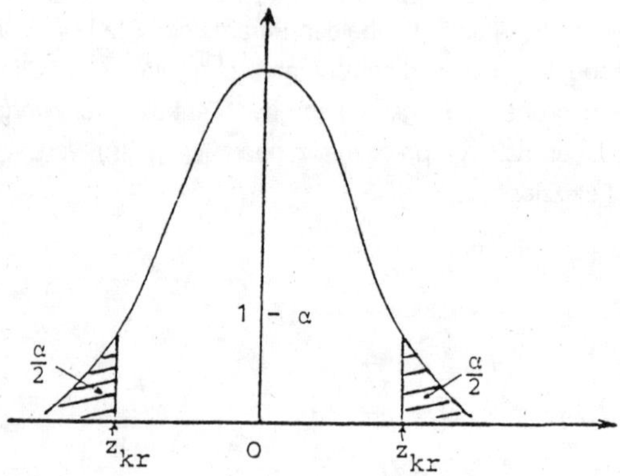

Abb. 16.2: Lage des kritischen Bereiches bei einem zweiseitigen Signifikanztest

Die Bestimmungsgleichung für die Grenzen z_{kr} des kritischen Bereiches K_α für einen zweiseitigen Signifikanztest lautet

(16.5) $$\text{Prob}\{|Z| \geq z_{kr} | H_0\} = \alpha.$$

Dabei bezeichnet $\text{Prob}\{|Z| \geq z_{kr}| H_0\} = \alpha$ die Wahrscheinlichkeit, daß $|Z| \geq z_{kr}$ ist, falls die Nullhypothese H_0 gilt. Aus Abb. 16.2 erkennt man, daß die Nullhypothese H_0 mit der Irrtumswahrscheinlichkeit α abgelehnt wird, falls $Z \leq z_{\alpha/2}$ oder $Z \geq z_{1-\alpha/2}$ ist.

Wegen der Symmetrie der Normalverteilung gilt $-z_{\alpha/2} = z_{1-\alpha/2}$.

Damit wird die Nullhypothese H_0 abgelehnt, falls

$$|Z| \geq z_{kr} = z_{1-\alpha/2}$$

ist.

Für unser Beispiel wird jetzt zunächst angenommen, daß die Varianz der Grundgesamtheit mit $\sigma^2 = 16$ **bekannt** sei. Nach Vorgabe einer Irrtumswahrscheinlichkeit $\alpha = 0{,}05$ entnimmt man einer Tabelle der Standardnormalverteilung den kritischen Wert

$$z_{kr} = z_{1-\alpha/2} = z_{0,975} = 1{,}960.$$

Aus dem Stichprobenmittelwert $\bar{x} = 699{,}2$ erhält man den standardisierten Prüfwert

$$z_{pr} = \frac{\bar{x} - \mu_0}{\sigma/\sqrt{n}} = \frac{699{,}2 - 700}{4/\sqrt{100}} = -\frac{0{,}8}{0{,}4} = -2{,}0.$$

Damit erhält man

$$|z_{pr}| \geq z_{kr}, \text{ nämlich } 2{,}0 \geq 1{,}960,$$

d.h. die Nullhypothese, daß der Mittelwert 700 ccm beträgt, wird mit einer Irrtumswahrscheinlichkeit von 5 % verworfen.

Hätte man dagegen als Irrtumswahrscheinlichkeit den Wert $\alpha = 0{,}01$ gewählt, würde sich der kritische Wert zu

$$z_{kr} = z_{1-\alpha/2} = z_{0,995} = 2{,}576.$$

ergeben. Damit erhält man aber

$$|z_{pr}| < z_{kr}, \text{ nämlich } 2{,}0 < 2{,}576.$$

Dies bedeutet, daß die Nullhypothese mit einer Irrtumswahrscheinlichkeit von 1 % **nicht** verworfen werden kann.

Die bisherigen Überlegungen setzten immer voraus, daß die Varianz σ^2 der Grundgesamtheit **bekannt** ist. Falls dies nicht sein sollte, wird sie durch die erwartungstreue Schätzfunktion

$$S^2 = \frac{1}{n-1} \sum_{i=1}^{n} (X_i - \bar{X})^2$$

geschätzt. Die Testvariable lautet dann

$$Z = \frac{\bar{X} - \mu_0}{S/\sqrt{n}}.$$

Von dieser Prüfvariablen weiß man aber, daß sie wegen des großen Stichprobenumfanges (Gültigkeit des zentralen Grenzwertsatzes) approximativ normal-verteilt ist. Daher können auch in diesem Fall die Grenzen für den kritischen Bereich K_α des zweiseitigen Signifikanztestes mit Hilfe der normal-verteilten Größe

$$\text{Prob}\{|Z| \geq z_{kr} | H_0\} = \alpha$$

bestimmt werden.

Für den Fall einer **unbekannten** Varianz σ^2 der Grundgesamtheit kann somit bei einem Stichprobenumfang von $n \geq 100$ der kritische Wert ebenfalls einer Normalverteilungstabelle entnommen werden.

Es soll jetzt der Fall eines einseitigen Signifikanztestes betrachtet werden, bei dem gefragt wird, ob der Mittelwert μ der Flaschenfüllung mindestens 700 ccm beträgt. Dies bedeutet, daß man die einseitige (linksseitige) Nullhypothese

$$H_0\colon \mu \geq \mu_0 = 700 \text{ ccm}$$

gegen die Alternativhypothese

$$H_a\colon \mu < \mu_0 = 700 \text{ ccm}$$

testet. Der kritische Bereich K_α wird jetzt durch die Beziehung

(16.6) $$\text{Prob}\{Z \leq z_{kr} | H_0\} = \alpha \quad \text{bestimmt.}$$

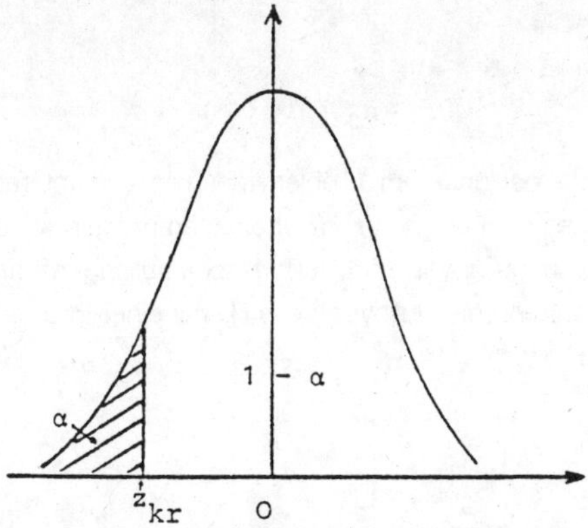

Abb. 16.3: Lage des kritischen Bereiches bei einem einseitigen (**linksseitigen**) Signifikanztest

Aus Abb. 16.3 erkennt man, daß die Nullhypothese H_0 abgelehnt wird, falls $Z \leq z_{kr} = z_\alpha = -z_{1-\alpha}$ ist.

Aus dem Stichprobenmittelwert $\bar{x} = 699{,}2$ ergab sich der standardisierte Prüfwert $z_{pr} = -2{,}0$. Nach Vorgabe einer Irrtumswahrscheinlichkeit α kann man z_{kr} bestimmen:

a) $\alpha = 0{,}05$

$$z_{kr} = z_\alpha = -z_{1-\alpha} = -z_{0,95} = -1{,}645.$$

b) $\alpha = 0{,}01$

$$z_{kr} = z_\alpha = -z_{1-\alpha} = -z_{0,99} = -2{,}326.$$

Die Nullhypothese H_0 wird **verworfen**, wenn $Z = z_{pr} \leq z_{kr} = -z_{1-\alpha}$ ist, d.h.

a) $-2{,}0 \leq -1{,}645$

H_0 wird verworfen;

b) $-2{,}0 > -2{,}326$

H_0 wird nicht verworfen.

Man erkennt, daß auch hier die Nullhypothese H_0 bei einer Irrtumswahrscheinlichkeit von 5 % **verworfen**, aber bei einer solchen von 1 % **nicht verworfen** werden muß.

Es werde noch der Fall betrachtet, bei dem der Mittelwert einen vorgegebenen Sollwert μ_0 nicht überschreiten soll. In diesem Fall lautet die einseitige (rechtsseitige) Nullhypothese

$$H_0\colon \mu \leq \mu_0 = 700 \text{ ccm}$$

gegen die Alternativhypothese

$$H_a\colon \mu > \mu_0 = 700 \text{ ccm}.$$

Diese Fragestellung könnte bei unserem Problem deshalb von Interesse sein, weil ein Überschreiten des Sollwertes die Flaschen zum Überlaufen bringen würde. Angenommen, bei einer Stichprobenuntersuchung von n = 100 Flaschenfüllungen habe sich der Mittelwert $\bar{x}$ = 701 ccm ergeben. Kann die Nullhypothese H_0 mit einer Irrtumswahrscheinlichkeit von 1 % verworfen werden?

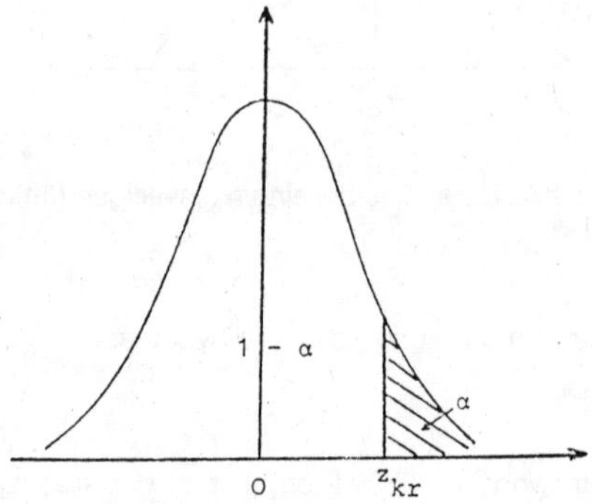

Abb. 16.4: Lage des kritischen Bereiches bei einem einseitigen (**rechtsseitigen**) Signifikanztest

Zunächst muß der kritische Bereich K_α für diesen Test festgelegt werden. Seine Bestimmungsgleichung lautet

(16.7) $$\text{Prob}\{Z \geq z_{kr} | H_0\} = \alpha.$$

Aus der Abb. 16.4 erkennt man, daß die Nullhypothese H_0 abgelehnt werden muß, falls $Z \geq z_{kr} = z_{1-\alpha}$ ausfällt.

Mit dem Stichprobenmittelwert $\bar{x}$ = 701 erhält man für den standardisierten Prüfwert

$$z_{pr} = \frac{\bar{x} - \mu_0}{\sigma/\sqrt{n}} = \frac{701 - 700}{4/\sqrt{100}} = \frac{1}{0,4} = 2,5.$$

Für α = 0,01 entnimmt man der Tabelle den Wert

$$z_{kr} = z_{1-\alpha} = z_{0,99} = 2,326.$$

Damit erhält man

$$2{,}5 = z_{pr} \geq z_{kr} = 2{,}326,$$

und die Nullhypothese, H_0: $\mu \leq \mu_0 = 700$ ccm, muß mit einer Irrtumswahrscheinlichkeit von 1 % verworfen werden.

Eine zusammenfassende Übersicht über diese Entscheidungen findet man in der Tabelle 16.2.

16.4.2 Signifikanztest für den Erwartungswert μ_X bei kleinem Stichprobenumfang n

Es soll jetzt unterstellt werden, daß es nur möglich ist, Zufallsstichproben aus der Grundgesamtheit zu ziehen, deren Umfang $n < 100$ ist. Unter dieser Bedingung ist der "Zentrale Grenzwertsatz" **nicht mehr** anwendbar. Um zu garantieren, daß die Stichprobenfunktion $\bar{X}$ normalverteilt ist, muß bei bekannter Varianz σ^2 der Grundgesamtheit gefordert werden, daß die Zufallsvariable X in der Grundgesamtheit $N(\mu, \sigma^2)$-verteilt ist. Dann folgt, daß

$$\bar{X}\text{:}\quad N\left(\mu, \frac{\sigma^2}{n}\right)\text{-verteilt}$$

ist, und man kann die kritischen Werte für den Test wieder einer Tabelle der Standardnormalverteilung entnehmen.

Ist die Varianz σ^2 der Grundgesamtheit **nicht bekannt** und muß sie durch die Stichprobenfunktion S^2 geschätzt werden, dann kann man bei **normalverteiltem** X nur zeigen, daß die Prüfvariable

$$T = \frac{\bar{X} - \mu}{S/\sqrt{n}}$$

t-verteilt ist mit $\nu = n-1$ Freiheitsgraden. Die kritischen Werte für die Testentscheidung müssen dann einer Tabelle der t-Verteilung entnommen werden.

16.4.3 Übersicht über die Testverfahren für den Erwartungswert μ_X einer normalverteilten Zufallsvariablen X:

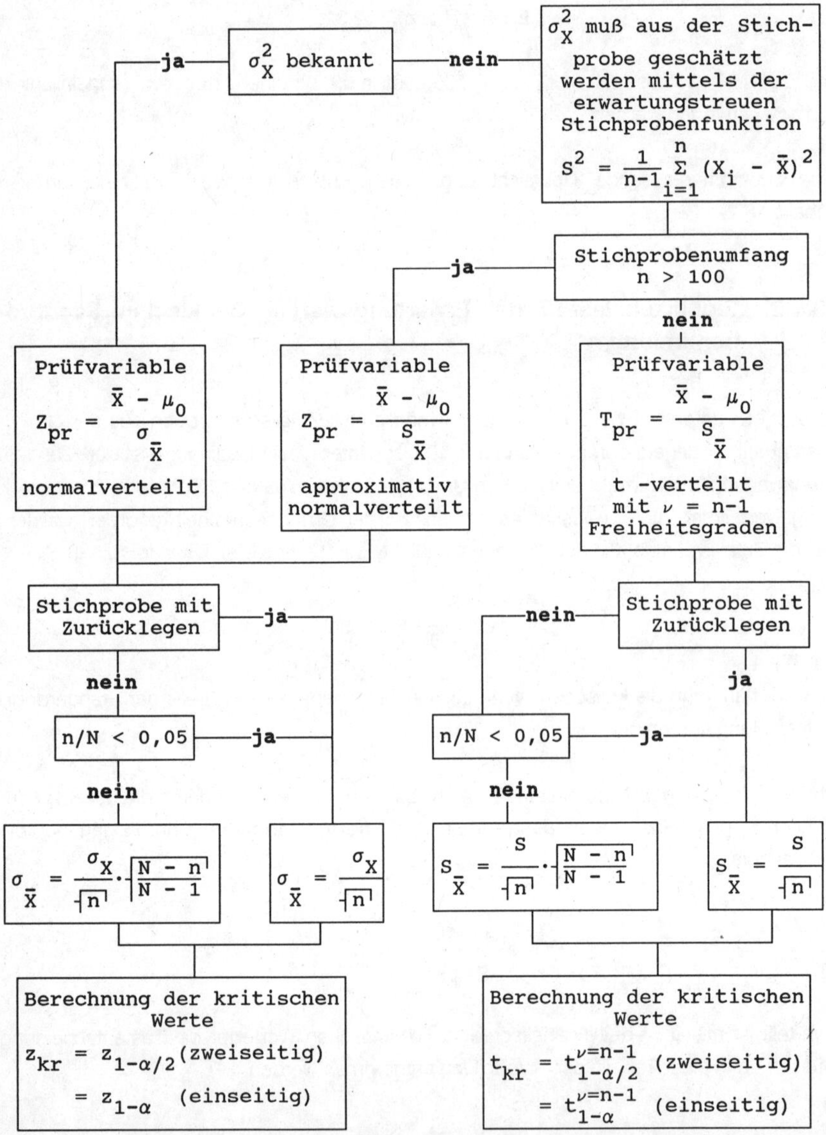

Tabelle 16.2: Übersicht über die kritischen Bereiche und die Entscheidungsregeln bei Signifikanztests für den Mittelwert μ_X bei großen Stichprobenumfängen und/oder bekannter Varianz σ^2

Nullhypothese H_0:	kritischer Bereich K_α:	H_0 wird abgelehnt, falls
$\mu = \mu_0$	$\text{Prob}\{\lvert Z\rvert \geq z_{kr} \mid H_0\} = \alpha$	$\lvert z_{pr}\rvert \geq z_{1-\alpha/2}$
$\mu \geq \mu_0$	$\text{Prob}\{Z \leq z_{kr} \mid H_0\} = \alpha$	$z_{pr} \leq z_\alpha = -z_{1-\alpha}$
$\mu \leq \mu_0$	$\text{Prob}\{Z \geq z_{kr} \mid H_0\} = \alpha$	$z_{pr} \geq z_{1-\alpha}$

Ist die Varianz σ^2 **unbekannt**, wird bei kleinem Stichprobenumfang n ($n \leq 100$) jeweils Z durch T bzw. z durch $t^\nu = t^{n-1}$ ersetzt.

Beispiel 16.2:

Getestet werden soll für eine normal-verteilte Zufallsvariable X bei einer Irrtumswahrscheinlichkeit von $\alpha = 0{,}01$ die

$$\text{Nullhypothese } H_0\text{: } \mu = \mu_0 = 700 \text{ gegen } H_a\text{: } \mu \neq \mu_0.$$

Gegeben sei eine Stichprobe vom Umfang $n = 36$ mit dem Stichprobenmittelwert $\bar{x} = 669{,}2$.

1. Die Varianz $\sigma_X^2 = 16$ in der Grundgesamtheit **ist bekannt**.

Die Prüfvariable lautet

$$Z_{pr} = \frac{\bar{X} - \mu_0}{\sigma_X / \sqrt{n}}.$$

Diese Größe ist standard-normalverteilt.

Aus einer Normalverteilungstabelle entnimmt man den kritischen Wert

$$z_{kr} = z_{1-\alpha/2} = z_{0{,}995} = 2{,}576.$$

Aus der Stichprobe berechnet sich die Realisation der Prüfvariablen zu

$$z_{pr} = \frac{\bar{x} - \mu_0}{\sigma/\sqrt{n}} = \frac{699{,}2 - 700}{4/\sqrt{36}} = -\ 1{,}2.$$

Testentscheidung:

Wegen $|z_{pr}| = 1{,}2 < z_{kr} = 2{,}576$ kann die Nullhypothese mit einer Irrtumswahrscheinlichkeit von 1 % **nicht** verworfen werden.

2. Die Varianz σ^2 in der Grundgesamtheit ist **nicht bekannt**.

In diesem Fall muß sie durch die Stichprobenvarianz geschätzt werden. Angenommen, der Stichprobenschätzwert betrage $s_X^2 = 15{,}625$.
Die Prüfvariable lautet

$$T_{pr} = \frac{\bar{X} - \mu_0}{S_X/\sqrt{n}}.$$

Diese Größe ist t-verteilt mit $\nu = n-1$ Freiheitsgraden. Durch Einsetzen der Stichprobenwerte erhält man den Prüfwert $t_{pr} = -\ 1{,}2$.

Aus einer T-Tabelle entnimmt man dann den kritischen Wert zu

$$t_{kr} = t^{n-1}_{1-\alpha/2} = t^{35}_{0{,}995} = 2{,}7238.$$

Testentscheidung:

Wegen $|t_{pr}| = 1{,}2 < t_{kr} = 2{,}7238$ kann die Nullhypothese mit einer Irrtumswahrscheinlichkeit von 1 % **nicht** verworfen werden.

16.4.4 Signifikanztest für den Anteilswert P

Unterstellt man eine binomialverteilte Zufallsvariable in der Grundgesamtheit, dann kann man mittels einer Zufallsstichprobe, deren Umfang die Approximationsbedingung $n \cdot p \cdot q > 9$ erfüllt, die Hypothese testen, daß ihr Anteilswert kleiner oder gleich einem vorgegebenen Wert p_0 sein soll, d.h.

$$H_0\colon P \leq p_0 \text{ gegen } H_a\colon P > p_0.$$

Es handelt sich um eine einseitige (rechtsseitige) Hypothese.

Nach Vorgabe einer Irrtumswahrscheinlichkeit α kann mit dem Anteilswert der Nullhypothese p_0 ein kritischer Bereich in der Form

$$\text{Prob}\{\hat{p} > c_\alpha \mid H_0\} = \alpha,$$

$$1 - \text{Prob}\{\hat{p} \leq c_\alpha \mid H_0\} = \alpha,$$

$$\text{Prob}\{\hat{p} \leq c_\alpha \mid H_0\} = 1 - \alpha,$$

konstruiert werden. Wegen des "Zentralen Grenzwertsatzes" ist der Schätzwert $\hat{p}$ bei großen Stichprobenumfängen approximativ normal-verteilt mit den Parametern $E\{\hat{p}\} = p_0$ und $Var\{\hat{p}\} = p_0(1-p_0)/n$. Aus der Beziehung für den kritischen Bereich wird nun die Begrenzungsgröße c_α unter Berücksichtigung der Stetigkeitskorrektur wie folgt bestimmt:

$$\text{Prob}\left\{\frac{\hat{p}-p_0 \pm 1/(2n)}{\sigma_{\hat{p}}} \leq \frac{c_\alpha - p_0}{\sigma_{\hat{p}}}\right\} = 1-\alpha,$$

$$\text{Prob}\left\{Z \leq \frac{c_\alpha - p_0}{\sigma_{\hat{p}}}\right\} = 1-\alpha,$$

$$F_{NV}\left\{\frac{c_\alpha - p_0}{\sigma_{\hat{p}}}\right\} = 1-\alpha,$$

$$c_\alpha = p_0 + \sigma_{\hat{p}} \cdot F_{NV}^{-1}(1-\alpha)$$

$$= p_0 + \sqrt{\frac{p_0(1-p_0)}{n}} \cdot F_{NV}^{-1}(1-\alpha).$$

Die Entscheidung des Testes lautet dann:

Wenn $\hat{p} \geq c_\alpha$ ist, **muß** H_0 **verworfen** werden,
bei $\hat{p} < c_\alpha$ **kann** H_0 **nicht verworfen** werden.

Beispiel 16.3:

Einem Versandhaus ist bekannt, daß 15 % seiner Kunden innerhalb von drei Monaten nach Erscheinen eines neuen Kataloges eine Bestellung aufgeben. Um den Umsatz zu erhöhen, plant das Versandhaus, jede Bestellung durch ein kleines Werbegeschenk zu ergänzen. Eine solche Aktion würde sich allerdings nur dann rentieren, wenn dadurch die Bestellquote von 15 % auf 20 % angehoben werden könnte. Bevor die Werbeaktion gestartet wird, soll anhand einer Zufallsstichprobe vom Umfang n = 2 000 die Erfolgsaussicht getestet werden.

Innerhalb der 3-monatigen Werbeaktion gaben 424 Kunden aus der Zufallsstichprobe eine Bestellung auf.

Kann mit einer Irrtumswahrscheinlichkeit von $\alpha = 0{,}01$ die Erfolgsaussicht der Werbeaktion garantiert werden? Mit $\alpha = 0{,}01$ soll die einseitige (rechtsseitige) Nullhypothese

$$H_0\colon p = p_0 < 0{,}2 \text{ gegen}$$

$$H_a\colon p = p_0 \geq 0{,}2$$

getestet werden. Der Stichprobenvariablen X_i wird genau dann der Wert 1 zugeordnet, wenn der Kunde i innerhalb von drei Monaten bestellt hat, anderenfalls nimmt sie den Wert Null an. Wegen des "Zentralen Grenzwertsatzes" ist die Zufallsvariable

$$U = \sum_{i=1}^{2\,000} X_i$$

approximativ normalverteilt mit den Parametern $E\{U\} = 2\,000 \cdot p_0$ und $Var\{U\} = 2\,000 \cdot p_0 \cdot (1-p_0)$. Die Bestimmung des kritischen Bereiches erfolgt mittels der Beziehung

$$\text{Prob}\{U \leq c_\alpha \mid H_0\} = 1-\alpha,$$

$$\text{Prob}\left\{Z \leq \frac{c_\alpha - np_0}{\sqrt{np_0(1-p_0)}}\right\} = 1-\alpha,$$

$$F_{NV}\left\{\frac{c_\alpha - np_0}{\sqrt{np_0(1-p_0)}}\right\} = 1-\alpha,$$

$$c_\alpha = n \cdot p_0 + \sqrt{np_0(1-p_0)} \cdot F_{NV}^{-1}(1-\alpha),$$

$$\begin{aligned} c_\alpha &= 2\,000 \cdot 0{,}2 + \sqrt{2\,000 \cdot 0{,}2 \cdot 0{,}8} \cdot F_{NV}^{-1}(0{,}99), \\ &= 400 + 17{,}889 \cdot 2{,}326, \\ &= 441{,}61. \end{aligned}$$

Folglich ergibt sich für den **kritischen Bereich** (= **Ablehnungsbereich**) des Testes

$$K_{\alpha} \in [442 \; ; \; 2\,000].$$

Da das Stichprobenergebnis **nicht** in diesen kritischen Bereich fällt, kann die Nullhypothese **nicht** verworfen werden, d.h. ein Erfolg der Werbeaktion kann mit einer Irrtumswahrscheinlichkeit von 1 % **nicht** garantiert werden.

Für den Anteilswert P einer hypergeometrisch verteilten Zufallsvariablen unterscheidet sich das Vorgehen in zweierlei Hinsicht:

- Für eine Approximation durch die Normalverteilung sind jetzt die **beiden** Bedingungen $n \cdot p \cdot q > 9$ **und** $n/N \leq 0{,}1$ zu prüfen.
- Als Schätzwert für die Varianz verwendet man $Var\{P\} = (1/n) \cdot (p \cdot q) \cdot (N-n)/(N-1)$.

16.4.5 Übersicht über die Testverfahren für den Erwartungswert μ_X einer Bernoulli-verteilten Zufallsvariablen X, mit dem Anteilswert P:

a. Annahme: $n \cdot P \cdot Q \leq 9$ d.h. **Approximation** durch die Normalverteilung ist **nicht sinnvoll**.

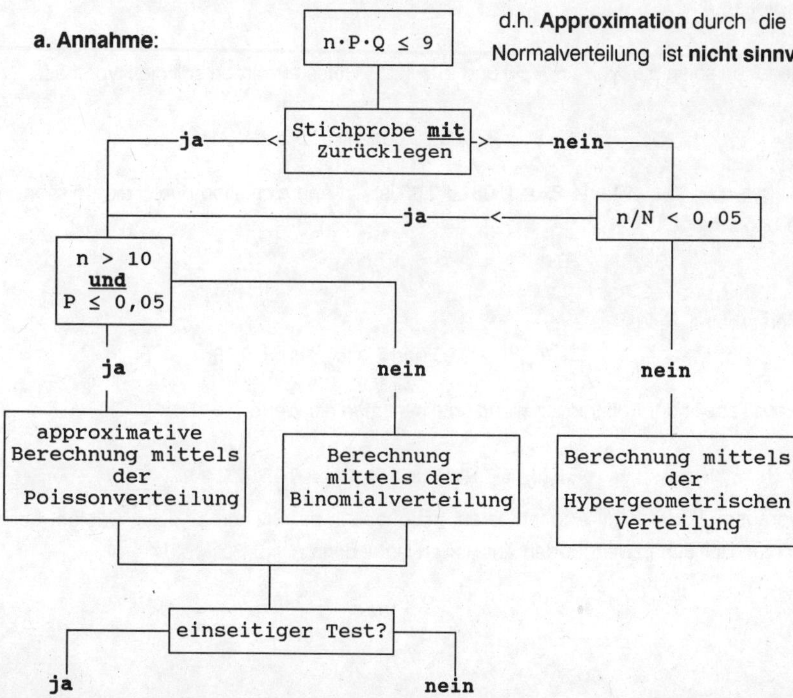

$H_0: P \geq P_0$ oder $H_0: P \leq P_0$	$H_0: P = P_0$
Berechnung der kritischen Werte, mit c_{kr}^u und c_{kr}^o **ganze Zahlen**	Berechnung der kritischen Werte, mit c_{kr}^u und c_{kr}^o **ganze Zahlen**
c_{kr}^u: $F_{BV/PV}(c_{kr}^u - 1) \leq \alpha$ und $F_{BV/PV}(c_{kr}^u) > \alpha$	c_{kr}^u: $F_{BV/PV}(c_{kr}^u - 1) \leq \alpha/2$ und $F_{BV/PV}(c_{kr}^u) > \alpha/2$
oder	und
c_{kr}^o: $F_{BV/PV}(c_{kr}^o) \geq 1-\alpha$ und $F_{BV/PV}(c_{kr}^o - 1) < 1-\alpha$	c_{kr}^o: $F_{BV/PV}(c_{kr}^o) \geq 1-\alpha/2$ und $F_{BV/PV}(c_{kr}^o - 1) < 1-\alpha/2$

Entscheidungsregel: Man verwirft die Nullhypothese, wenn entweder $x < c_{kr}{}^u$ oder wenn $x \geq c_{kr}{}^o$ ausfällt.

Beispiel 16.4:

1. Gegeben seien die Werte n = 50 und α = 0,05. Getestet werden soll die Hypothese

$$H_0: P \leq P_0 = 0{,}03 \text{ gegen } H_a: P > P_0.$$

Wegen n = 50 > 10 und P_0 = 0,03 ≤ 0,05 ist die Approximation durch die Poissonverteilung erlaubt.

Man erhält $c_{kr}{}^o$ aus:

$$F_{PV}(c_{kr}{}^o) \geq 0{,}95 \text{ und } F_{PV}(c_{kr}{}^o - 1) < 0{,}95.$$

Einer Tabelle der Poissonverteilung entnimmt man die Werte

$$F_{PV}(3) = 0{,}9344 \text{ und } F_{PV}(4) = 0{,}9814,$$

woraus $c_{kr}{}^o$ = 4 folgt. Angenommen, man habe in der Stichprobe zwei "Erfolge" beobachtet. Der Schätzwert für den Anteilswert lautet dann $\hat{p}$ = 2/50 = 0,04.

Testentscheidung: Wegen

$$x = 2 < 4 = c_{kr}^{o}$$

kann die Nullhypothese mit einer Irrtumswahrscheinlichkeit von 5 % **nicht** verworfen werden.

2. Gegeben seien die Werte n = 10, und $\alpha = 0{,}05$. Getestet werden soll die Hypothese

$$H_0\text{: } P = P_0 = 0{,}5 \text{ gegen } H_a\text{: } P \neq P_0.$$

Man erhält c_{kr}^{u} aus:

$$F_{BV}(c_{kr}^{u} - 1) \leq 0{,}025 \text{ und } F_{BV}(c_{kr}^{u}) > 0{,}025$$

und c_{kr}^{o} aus:

$$F_{BV}(c_{kr}^{o}) \geq 0{,}975 \text{ und } F_{BV}(c_{kr}^{o} - 1) < 0{,}975.$$

Einer Tabelle der Binomialverteilung entnimmt man für n = 10 und p = 0,5 die Werte

$$F_{BV}(2) = 0{,}0547 > 0{,}025,\ F_{BV}(1) = 0{,}0107 \leq 0{,}025, \text{ und}$$

$$F_{BV}(8) = 0{,}9893 \geq 0{,}975,\ F_{BV}(7) = 0{,}9453 < 0{,}975,$$

woraus $c_{kr}^{u} = 2$ und $c_{kr}^{o} = 8$ folgt.

Angenommen, man habe in der Stichprobe 7 "Erfolge" beobachtet.
Der Schätzwert für den Anteilswert lautet dann $\hat{p} = 7/10 = 0{,}7$.

Testentscheidung: Wegen

$$2 = c_{kr}^{u} \leq x = 7 < 8 = c_{kr}^{o}$$

kann die Nullhypothese mit einer Irrtumswahrscheinlichkeit von 5 % **nicht verworfen** werden.

b. Annahme: $n \cdot P \cdot Q > 9$ d.h. **Approximation** durch die Normalverteilung ist **sinnvoll**.

Zufallsvariable X bzw. Anteilswert P ist approximativ normal-verteilt mit $E\{X\} = n \cdot P$ bzw. $E\{P\} = P$

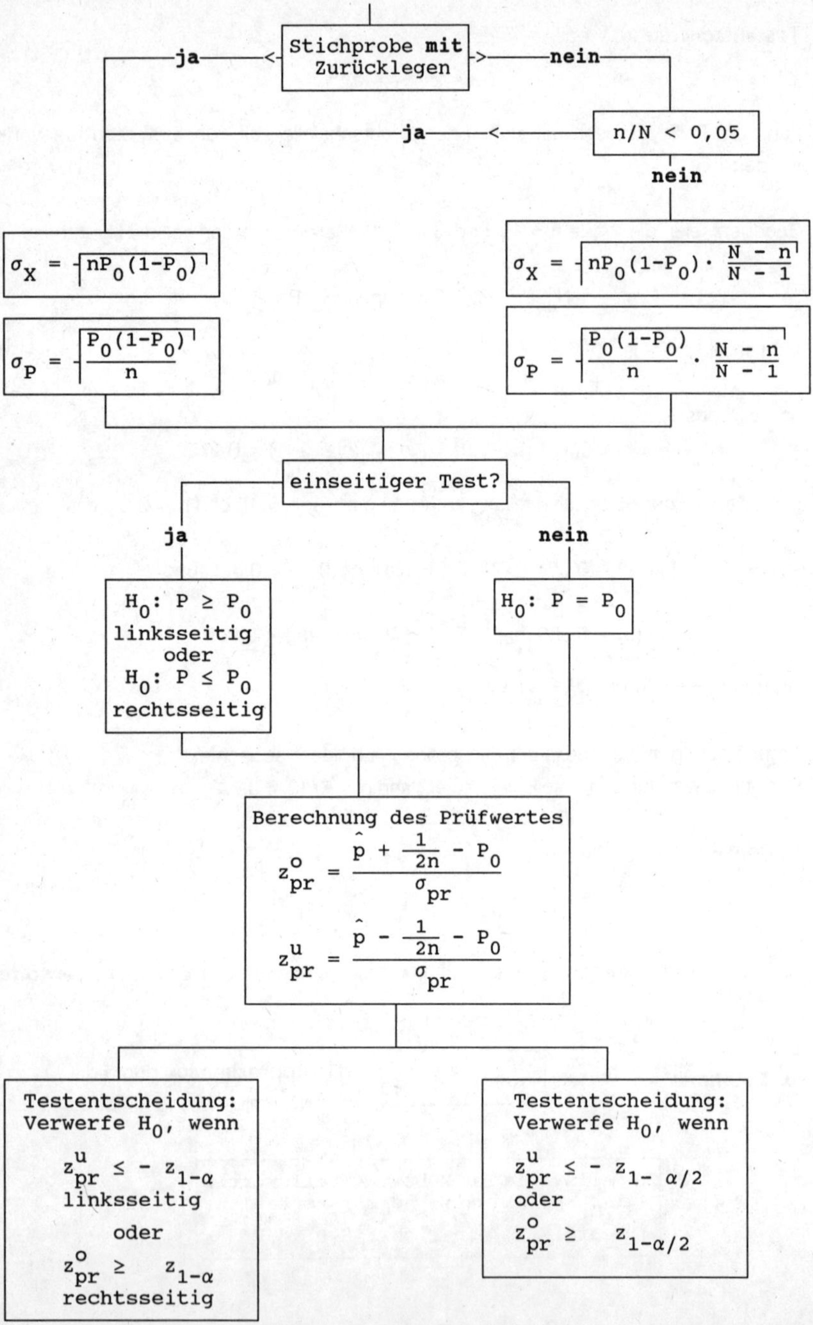

Stichprobe mit Zurücklegen
ja
nein
$n/N < 0,05$
ja
nein
$\sigma_X = \sqrt{nP_0(1-P_0)}$
$\sigma_P = \sqrt{\frac{P_0(1-P_0)}{n}}$
$\sigma_X = \sqrt{nP_0(1-P_0) \cdot \frac{N-n}{N-1}}$
$\sigma_P = \sqrt{\frac{P_0(1-P_0)}{n} \cdot \frac{N-n}{N-1}}$
einseitiger Test?
ja
nein
$H_0: P \geq P_0$ linksseitig oder $H_0: P \leq P_0$ rechtsseitig
$H_0: P = P_0$
Berechnung des Prüfwertes
$z^o_{pr} = \frac{\hat{p} + \frac{1}{2n} - P_0}{\sigma_{pr}}$
$z^u_{pr} = \frac{\hat{p} - \frac{1}{2n} - P_0}{\sigma_{pr}}$
Testentscheidung: Verwerfe H_0, wenn $z^u_{pr} \leq - z_{1-\alpha}$ linksseitig oder $z^o_{pr} \geq z_{1-\alpha}$ rechtsseitig
Testentscheidung: Verwerfe H_0, wenn $z^u_{pr} \leq - z_{1-\alpha/2}$ oder $z^o_{pr} \geq z_{1-\alpha/2}$

Beispiel 16.5:

Es seien die Stichprobenwerte $n = 144$ und $\hat{p} = 0{,}8$ gegeben.

Es soll die einseitige (linksseitige) Hypothese H_0: $P \geq P_0 = 0{,}9$ gegen H_a: $P < P_0$ bei einer Irrtumswahrscheinlichkeit von $\alpha = 0{,}05$ getestet werden.

Es handelt sich um einen linksseitigen Test, somit lautet der kritische Wert

$$z_{kr} = -z_{0{,}95} = -1{,}645.$$

Der Prüfwert berechnet sich zu

$$z_{pr}{}^{u} = \frac{\hat{p} + \frac{1}{2n} - P_0}{\sqrt{\frac{P_0(1 - P_0)}{n}}} = \frac{0{,}8 + \frac{1}{288} - 0{,}9}{\sqrt{\frac{0{,}9 \cdot 0{,}1}{144}}} = -3{,}86.$$

Somit lautet die **Testentscheidung**:

$$z_{pr}{}^{u} = -3{,}86 < z_{kr} = -1{,}645,$$

d.h. bei einer Irrtumswahrscheinlichkeit von 5 % **muß** die Nullhypothese **verworfen** werden.

16.4.6 Signifikanztest für die Varianz σ^2

Angenommen, man besitzt eine Grundgesamtheit, in der die Zufallsvariable X entweder exakt oder approximativ: $N(\mu, \sigma^2)$-verteilt sei. Bezeichnet s^2 den erwartungstreuen Schätzwert für die Stichprobenvarianz aus einer Zufallsstichprobe von beliebigem Umfang n, dann ist bekannt, daß die Zufallsvariable

$$\chi^2 = \frac{(n-1)s^2}{\sigma^2}$$

Chi-Quadrat-verteilt ist, mit $\nu = n-1$ Freiheitsgraden.

Die möglichen Hypothesen lauten

a) **zweiseitig**: H_0: $\sigma^2 = \sigma_0^2$ gegen H_a: $\sigma^2 \neq \sigma_0^2$

b) **einseitig**: H_0: $\sigma^2 \geq \sigma_0^2$ gegen H_a: $\sigma^2 < \sigma_0^2$ (linksseitig) oder

H_0: $\sigma^2 \leq \sigma_0^2$ gegen H_a: $\sigma^2 > \sigma_0^2$ (rechtsseitig).

Die Prüfvariable lautet

$$\chi^2_{pr} = \frac{(n-1) \cdot S^2}{\sigma_0^2} \quad \text{mit} \quad S^2 = \frac{1}{n-1} \sum_{i=1}^{n} (X_i - \bar{X})^2,$$

und ist χ^2-verteilt mit $\nu = n-1$ Freiheitsgraden.

Will man die **zweiseitige** Hypothese testen, dann muß man, da die χ^2-Verteilung **keine** symmetrische Verteilung ist, der Verteilungstabelle zwei kritische Werte entnehmen, nämlich einen unteren und einen oberen kritischen Wert

$$\chi^2_{unten}(\nu;\alpha/2) \quad \text{und} \quad \chi^2_{oben}(\nu;1-\alpha/2).$$

Wenn

$$\chi^2_{pr} \leq \chi^2_{unten} \quad \text{oder} \quad \chi^2_{pr} \geq \chi^2_{oben}$$

ausfällt, dann **muß** man mit der vorgegebenen Irrtumswahrscheinlichkeit α die aufgestellte Nullhypothese H_0 **verwerfen**.

Will man die **einseitige** Hypothese testen, dann entnimmt man den kritischen Wert χ^2_{kr} nach Vorgabe einer Irrtumswahrscheinlichkeit α einer Chi-Quadrat Tabelle, und zwar für die **rechtsseitige** Hypothese den Wert $\chi^2_{kr} = \chi^2(\nu, 1-\alpha)$ und für die **linksseitige** Hypothese den Wert $\chi^2_{kr} = \chi^2(\nu, \alpha)$ und vergleicht ihn mit dem Prüfwert

$$\chi^2_{pr} = \frac{(n-1)s^2}{\sigma_0^2}.$$

Wenn im Falle der **rechtsseitigen** Hypothese $\chi^2_{pr} \geq \chi^2_{kr}$, bzw. im Falle der **linksseitigen** Hypothese $\chi^2_{pr} \leq \chi^2_{kr}$ ausfallen sollte, dann **muß** die aufgestellte Nullhypothese H_0 mit der vorgegebenen Irrtumswahrscheinlichkeit **verworfen** werden.

Beispiel 16.6:

Die automatisch arbeitende Weinabfüllanlage des Abschnitts 16.4.1 ist vom Hersteller überholt und neu justiert worden. Es soll mit einer Irrtumswahrscheinlichkeit von $\alpha = 0{,}01$ getestet werden, ob der bisherige Sollwert der Varianz $\sigma^2 = 16$ noch eingehalten wird oder ob er sich vergrößert hat, d.h. H_0: $\sigma^2 \leq 16$ gegen H_a: $\sigma^2 > 16$ (einseitige, rechtsseitige Hypothese).

Aus einer Stichprobenerhebung vom Umfang n = 20 ergab sich eine empirische Stichprobenvarianz von $s^2 = 17{,}25$.

Aus einer Chi-Quadrat Tabelle entnimmt man den kritischen Wert

$$\chi^2_{kr} = \chi^2(19;0{,}99) = 36{,}191.$$

Der Prüfwert ergibt sich zu

$$\chi^2_{pr} = \frac{19 \cdot 17{,}25}{16} = 20{,}484.$$

Wegen

$$\chi^2_{pr} = 20{,}48 < 36{,}191 = \chi^2_{kr}$$

kann die Nullhypothese **nicht** verworfen werden, d.h. man schließt daraus, daß die Abfüllanlage weiterhin mit der alten Varianz arbeitet.

Beispiel 16.7:

Mit einer Irrtumswahrscheinlichkeit von $\alpha = 0{,}01$ soll die zweiseitige Nullhypothese

$$H_0 : \sigma_X^2 = \sigma_0^2 = 16 \quad \text{gegen} \quad H_a = \sigma_X^2 \neq \sigma_0^2$$

überprüft werden.

Eine Stichprobe vom Umfang n = 20 ergab für die Varianz den Stichprobenschätzwert $S^2 = 17{,}25$ und damit den Prüfwert

$$\chi^2_{pr} = \frac{19 \cdot 17{,}25}{16} = 20{,}484.$$

Die kritischen Werte ergeben sich zu

$$\chi^2_{unten} = \chi^2(19;0{,}005) = 6{,}844,$$

$$\chi^2_{oben} = \chi^2(19;0{,}995) = 38{,}582.$$

Die Testentscheidung lautet: Da wegen

$$6{,}844 = \chi^2_{unten} < \chi^2_{pr} = 20{,}484 < \chi^2_{oben} = 30{,}8656,$$

der Prüfwert **nicht** in den kritischen Bereich fällt, kann die Nullhypothese mit einer Irrtumswahrscheinlichkeit von 1 % **nicht verworfen** werden.

16.4.7 Signifikanztest für die Differenz zweier Erwartungswerte $\mu_X - \mu_Y$

Bei den Anwendungen von statistischen Verfahren wird häufig die Aufgabe gestellt, die Mittelwerte zweier Zufallsvariablen X und Y miteinander zu vergleichen. Es seien zwei unabhängige Zufallsstichproben vom Umfang n_X und n_Y gegeben.

Es soll die Hypothese

$$H_0\colon \mu_X = \mu_Y \text{ gegen } H_a\colon \mu_X \neq \mu_Y$$

getestet werden. Sind die beiden Varianzen σ_X^2 und σ_Y^2 **bekannt**, dann kann der Test der Nullhypothese darauf aufgebaut werden, daß die Differenz der beiden Stichprobenmittelwerte $\overline{X} - \overline{Y}$ normalverteilt ist mit den beiden Parametern

$$E\{\overline{X} - \overline{Y}\} = \mu_X - \mu_Y \text{ und } Var\{\overline{X} - \overline{Y}\} = \frac{\sigma_X^2}{n_X} + \frac{\sigma_Y^2}{n_Y}.$$

Dies setzt entweder normalverteilte Grundgesamtheiten oder große Stichprobenumfänge voraus. Als Prüfwert berechnet man die Größe

$$z_{pr} = \frac{(\overline{x}-\overline{y}) - (\mu_X-\mu_Y)}{\sigma_{(\overline{X}-\overline{Y})}} = \frac{\overline{x} - \overline{y}}{\sigma_{(\overline{X}-\overline{Y})}} = \frac{\overline{x} - \overline{y}}{\sqrt{\dfrac{\sigma_X^2}{n_X} + \dfrac{\sigma_Y^2}{n_Y}}},$$

die N(0,1)-verteilt ist. Den kritischen Wert entnimmt man zu einer vorgegebenen Irrtumswahrscheinlichkeit α gemäß der Gleichung für den kritischen Bereich

$$\text{Prob}\{|z_{pr}| \geq z_{kr}| H_0\} = \alpha$$

einer Normalverteilungstabelle.

Sind die beiden Varianzen σ_X^2 und σ_Y^2 **unbekannt**, dann liegt das bis heute nur approximativ lösbare sog. **"Behrens-Fisher" Problem** vor.

Bei großen Stichprobenumfängen kann mit Hilfe des Zentralen Grenzwertsatzes wieder ein standardnormalverteilter Prüfwert bestimmt werden. Dabei sind jeweils die unbekannten Varianzen σ_X^2 bzw. σ_Y^2 durch ihre Stichprobenvarianzen s_X^2 bzw. s_Y^2 zu schätzen.

Oft kann man jedoch unterstellen, daß beide Streuungen gleich groß sind, d.h. $\sigma_X^2 = \sigma_Y^2$.

Für beliebige Stichprobenumfänge aus normalverteilten Grundgesamtheiten läßt sich zeigen, daß die Zufallsvariable

$$T = \frac{(\bar{X} - \bar{Y}) - (\mu_X - \mu_Y)}{\sqrt{(n_X - 1)S_X^2 + (n_Y - 1)S_Y^2}} \cdot \sqrt{\frac{n_X n_Y (n_X + n_Y - 2)}{n_X + n_Y}}$$

$$= \frac{(\bar{X} - \bar{Y})}{\sqrt{\frac{(n_X - 1)S_X^2 + (n_Y - 1)S_Y^2}{(n_X + n_Y - 2)} \cdot \frac{n_X + n_Y}{n_X \cdot n_Y}}}$$

t-verteilt ist mit $\nu = n_X + n_Y - 2$ Freiheitsgraden. Man verwendet diese Größe als Prüfwert und vergleicht sie mit dem Wert $t_{kr} = t^{\nu}_{1-\alpha/2}$, den man zu einer Irrtumswahrscheinlichkeit α einer t-Tabelle entnommen hat.

Beispiel 16.8:

Es existieren zwei Herstellungsverfahren 1 und 2 zur Produktion eines bestimmten Erzeugnisses. Um festzustellen, ob beide den gleichen Materialaufwand erfordern, wurden Stichprobenerhebungen für den Materialaufwand pro Einheit Fertigprodukt erhoben. Es ergaben sich folgende Werte:

Verfahren 1: 2,0; 2,7; 2,5; 2,9; 2,3; 2,6; $n_1 = 6$.
Verfahren 2: 2,5; 3,2; 3,5; 3,8; 3,5; $n_2 = 5$.

Unter der Annahme $\sigma_1^2 = \sigma_2^2$ soll die Hypothese

$$H_0: \mu_1 - \mu_2 = 0 \text{ gegen } H_a: \mu_1 - \mu_2 \neq 0$$

bei einer Irrtumswahrscheinlichkeit von $\alpha = 0{,}05$ getestet werden. Man erhält

$$\bar{x}_1 = 2{,}5;\ (n_1-1)s_1^2 = 0{,}50;\ \bar{x}_2 = 3{,}3;\ (n_2-1)s_2^2 = 0{,}98.$$

Aus einer t-Tabelle entnimmt man für den zentralen kritischen Bereich die Größe

$$t_{kr} = t^9_{0{,}975} = 2{,}262.$$

Für den Prüfwert erhält man

$$t_{pr} = \frac{2{,}5 - 3{,}3}{\sqrt{\frac{0{,}50 + 0{,}98}{6 + 5 - 2} \cdot \left(\frac{1}{5} + \frac{1}{6}\right)}} = -\ 3{,}2584.$$

Da

$$|t_{pr}| = 3{,}2584 > 2{,}262 = t_{kr}$$

ist, muß die Nullhypothese verworfen werden. Da $-\ 3{,}2584$ unterhalb von $-\ 2{,}262$ liegt und $\bar{x}_1 < \bar{x}_2$ beobachtet wurde, kann weiter gefolgert werden, daß beim Verfahren 1 weniger Material benötigt wird als beim Verfahren 2.

16.4.8 Übersicht über die Testverfahren für die Differenz zweier Erwartungswerte $\mu_X - \mu_Y$:

Die Hypothesen lauten:

a) zweiseitig: $H_0: \mu_X = \mu_Y$ gegen $H_a: \mu_X \neq \mu_Y$

b) einseitig: $H_0: \mu_X \geq \mu_Y$ gegen $H_a: \mu_X < \mu_Y$ bzw.
$H_0: \mu_X \leq \mu_Y$ gegen $H_a: \mu_X > \mu_Y$.

Als Prüffunktion betrachtet man $D = \bar{X} - \bar{Y}$ mit $E\{D\} = \mu_X - \mu_Y$.

Die Prüfvariable lautet somit $(\bar{X} - \bar{Y})/\sigma_D$.

Voraussetzung:

Aus zwei Grundgesamtheiten mit den Zufallsvariablen X und Y liege je eine Stichprobe vom Umfang n_X und n_Y vor. Diese beiden Stichproben seien voneinander stochastisch unabhängig und liefern die Stichprobenmittelwerte $\overline{x}$ und $\overline{y}$.

Achtung:

Wenn beim Ziehen der Stichprobe **ohne** Zurücklegen die Bedingung $n/N < 0{,}05$ **nicht** erfüllt ist, müssen die Varianzen bzw. deren Stichprobenwerte für die Zufallsvariable X mit dem Korrekturfaktor $(N_X - n_X)/(N_X - 1)$ und für die Zufallsvariable Y mit dem Korrekturfaktor $(N_Y - n_Y)/(N_Y - 1)$ multipliziert werden (sog. **Endlichkeitskorrektur**).

1. Die beiden Zufallsvariablen X und Y seien normalverteilt:

Sind die beiden Varianzen $\sigma_X^2, \; \sigma_Y^2$ bekannt? — **ja** / — **nein**

ja:

Prüfvariable ist normalverteilt mit

$$\sigma_D = \sqrt{\frac{\sigma_X^2}{n_X} + \frac{\sigma_Y^2}{n_Y}}$$

nein:

gilt $\sigma_X^2 = \sigma_Y^2$? — **ja** / — **nein**

ja:

Prüfvariable ist t-verteilt mit $\nu = n_X + n_Y - 2$ Freiheitsgraden und

$$\sigma_D = \sqrt{\frac{(n_X-1)S_X^2 + (n_Y-1)S_Y^2}{n_X + n_Y - 2} \cdot \frac{n_X+n_Y}{n_X \cdot n_Y}}$$

nein:

sog. **Behrens-Fisher Problem**

nicht exakt lösbar. Für praktische Zwecke geeignet ist der Ansatz mit der Prüfvariablen

$$T_{pr} = \frac{\bar{X} - \bar{Y}}{\sqrt{\frac{S_X^2}{n_X} + \frac{S_Y^2}{n_Y}}},$$

die t-verteilt ist, mit

$$\nu = \frac{\left(\frac{S_X^2}{n_X} + \frac{S_Y^2}{n_Y}\right)^2}{\frac{\left(\frac{S_X^2}{n_X}\right)^2}{n_X - 1} + \frac{\left(\frac{S_Y^2}{n_Y}\right)^2}{n_Y - 1}}$$

Freiheitsgraden, dabei wird ν auf eine ganze Zahl gerundet.

Beispiel 16.9 zum Behrens-Fisher Problem:

Gegeben seien die Stichprobenwerte:

$n_X = 15; \bar{x} = 84; s_X^2 = 24$ und $n_Y = 10; \bar{y} = 90; s_Y^2 = 121$.

Es soll die zweiseitige Hypothese

$$H_0: \mu_X = \mu_Y \quad \text{gegen} \quad H_a: \mu_X \neq \mu_Y$$

getestet werden.

Zunächst muß allerdings mittels eines F-Testes die Nullhypothese

$$H_0: \sigma_X^2 = \sigma_Y^2$$

geprüft werden.

Im Abschnitt 15.2.9 wurde gezeigt, daß die Zufallsvariable

$$F = \frac{W_X^2/\nu_X}{W_Y^2/\nu_Y}$$

als Quotient zweier χ^2-verteilter Zufallsvariablen F-verteilt ist, mit den beiden Freiheitsgraden $(\nu_X; \nu_Y) = (n_X-1; n_Y-1)$.

Die Prüfvariable läßt sich wie folgt umformen

$$F_{pr} = \frac{W_X^2/\nu_X}{W_Y^2/\nu_Y} = \frac{(n_X-1)s_X^2}{\sigma_X^2} \cdot \frac{\sigma_Y^2}{(n_Y-1)s_Y^2} \cdot \frac{\nu_Y}{\nu_X}.$$

Unter der Nullhypothese vereinfacht sich dieser Ausdruck zu

$$F_{pr} = S_X^2/S_Y^2.$$

Man erhält den Prüfwert

$$F_{pr} = \frac{s_Y^2}{s_X^2} = \frac{121}{24} = 5{,}0417.$$

Für eine Irrtumswahrscheinlichkeit von $\alpha = 0{,}02$ erhält man den kritischen Wert

$$F_{kr} = F(1-\alpha/2; \nu_Z, \nu_N) = F(0{,}99;9{,}14) = 4{,}0297.$$

Somit ist $F_{pr} > F_{kr}$ und die **Testentscheidung** lautet: H_0 muß mit einer Irrtumswahrscheinlichkeit von 2 % **verworfen** werden.

Somit liegt das **Behrens-Fisher Problem** vor.

Man kann also jetzt die ursprüngliche zweiseitige Hypothese

$$H_0: \mu_X = \mu_Y \text{ gegen } H_a: \mu_X \neq \mu_Y$$

testen. Dazu wird der Prüfwert t_{pr} berechnet. Man erhält

$$t_{pr} = \frac{84 - 90}{\sqrt{\frac{24}{15} + \frac{121}{10}}} = \frac{-6}{\sqrt{1{,}6 + 12{,}1}} = -1{,}6210,$$

mit den Freiheitsgraden

$$\nu = \frac{\left(\frac{24}{15} + \frac{121}{10}\right)^2}{\frac{\left(\frac{24}{15}\right)^2}{14} + \frac{\left(\frac{121}{10}\right)^2}{9}} = \frac{(1{,}6 + 12{,}1)^2}{\frac{1{,}6^2}{14} + \frac{12{,}1^2}{9}} = \frac{187{,}69}{0{,}18 + 16{,}27} = 11{,}409.$$

Für eine Irrtumswahrscheinlichkeit von $\alpha = 0{,}01$ ergibt sich somit $t_{kr} = t^{11}_{0{,}995} = 3{,}1058$. Dies hat zur Folge, daß gilt

$$1{,}6210 = |t_{pr}| < t_{kr} = 2{,}7181,$$

und die ursprüngliche Nullhypothese, $H_0: \mu_x = \mu_y$, kann **nicht verworfen** werden.

Beispiel 16.10 für den Fall gleicher Varianzen:

Gegeben seien die Stichprobenwerte:

$n_X = 15; \overline{x} = 174{,}9; s_X^2 = 6{,}0$ und $n_Y = 15; \overline{y} = 171{,}3; s_Y^2 = 6{,}7.$

Es soll wieder die Nullhypothese, H_0: $\mu_x = \mu_y$, mit einer Irrtumswahrscheinlichkeit von 2 % geprüft werden.

Zunächst muß mittels eines F-Testes die Nullhypothese

$$H_0: \sigma_X{}^2 = \sigma_Y{}^2$$

geprüft werden. Man erhält für den Prüfwert

$$F_{pr} = \frac{s_Y{}^2}{s_X{}^2} = \frac{6,7}{6,0} = 1,1167.$$

Für eine Irrtumswahrscheinlichkeit von $\alpha = 0,02$ erhält man

$$F_{kr} = F(1-\alpha/2; \nu_Z, \nu_N) = F(0,99;14,14) = 3,6975.$$

Somit ist $F_{pr} < F_{kr}$ und die Testentscheidung lautet: H_0 kann bei einer Irrtumswahrscheinlichkeit von 2 % **nicht verworfen** werden. Es liegt somit der Fall gleicher Varianzen in der Grundgesamtheit vor.

Es werde jetzt wieder die ursprüngliche Nullhypothese H_0: $\mu_x = \mu_y$ betrachtet.

Die Prüfvariable lautet $T_{pr} = (\bar{X} - \bar{Y})/\sigma_D$. Daraus wird der Prüfwert t_{pr} berechnet. Man erhält

$$t_{pr} = \frac{174,9 - 171,3}{\sigma_D} = \frac{3,6}{\sigma_D},$$

mit

$$\sigma_D = \sqrt{\frac{14 \cdot 6,0 + 14 \cdot 6,7}{15 + 15 - 2} \cdot \frac{15 + 15}{15 \cdot 15}} = \sqrt{\frac{177,8 \cdot 30}{28 \cdot 225}} = 0,9201.$$

Somit

$$t_{pr} = \frac{3,6}{0,9201} = 3,9126.$$

Für eine Irrtumswahrscheinlichkeit von $\alpha = 0,05$ entnimmt man einer T-Tabelle den Wert

$$t^{\nu}{}_{1-\alpha/2} = t^{28}{}_{0,975} = 2,0484.$$

Wegen

$$3,9126 = |t_{pr}| > t_{kr} = 2,0484$$

muß daher die Nullhypothese, H_0: $\mu_x = \mu_y$, bei einer Irrtumswahrscheinlichkeit von 5 % **verworfen** werden.

Beispiel 16.11 für den Fall bekannter Varianzen:

Gegeben seien die Stichprobenwerte

$n_X = 15; \overline{x} = 152{,}5; \sigma_X^2 = 2{,}56$ und $n_Y = 12; \overline{y} = 153{,}9; \sigma_Y^2 = 1{,}44.$

Man bestimmt zunächst

$$\sigma_D = \sqrt{\frac{2{,}56}{15} + \frac{1{,}44}{12}} = \sqrt{0{,}1706 + 0{,}12} = 0{,}5391.$$

Damit ergibt sich der Prüfwert

$$z_{pr} = \frac{152{,}5 - 153{,}9}{0{,}5391} = \frac{-1{,}4}{0{,}5391} = -\ 2{,}5969.$$

Wegen $|z_{pr}| > z_{kr} = 1{,}96$ muß die Nullhypothese bei einer Irrtumswahrscheinlichkeit von $\alpha = 5\ \%$ **verworfen** werden.

2. Die beiden Zufallsvariablen X und Y seien beliebig verteilt:

Voraussetzung: Der Stichprobenumfang n ist so groß, daß der **Zentrale Grenzwertsatz** angewandt werden kann.

a) σ_X^2, σ_Y^2 **seien bekannt**: mit $D = \overline{X} - \overline{Y}$ lautet die

$$\text{Prüfvariable} \quad \frac{\overline{X} - \overline{Y}}{\sigma_D} \quad \text{mit} \quad \sigma_D = \sqrt{\frac{\sigma_X^2}{n_X} + \frac{\sigma_Y^2}{n_Y}}\ .$$

b) σ_X^2, σ_Y^2 **seien unbekannt**: mit $\sigma_X^2 = \sigma_Y^2$ lautet die

$$\text{Prüfvariable} \quad \frac{\overline{X} - \overline{Y}}{S_D} \quad \text{mit} \quad S_D = \sqrt{\frac{(n_X-1)S_X^2 + (n_Y-1)S_Y^2}{n_X + n_Y - 2} \cdot \left(\frac{1}{n_X} + \frac{1}{n_Y}\right)}\ .$$

c) σ_X^2, σ_Y^2 **seien unbekannt**: mit $\sigma_X^2 \neq \sigma_Y^2$.

Es handelt sich um das sog. **Behrens-Fisher Problem**, von dem gesagt worden ist, das es nur approximativ lösbar ist.

16.4.9 Signifikanztest für die Differenz zweier binomialverteilter Anteilswerte $P_X - P_Y$

Es soll jetzt der Unterschied zweier binomialverteilter Anteilswerte der beiden Zufallsvariablen X und Y aus **zwei unabhängigen** Zufallsstichproben vom Umfang n_X und n_Y überprüft werden. Dazu formuliert man die Hypothesen:

1) **zweiseitig**: H_0: $P_X = P_Y$ gegen H_a: $P_X \neq P_Y$,

2) **einseitig**: H_0: $P_X \leq P_Y$ gegen H_a: $P_X > P_Y$ bzw. H_0: $P_X \geq P_Y$ gegen H_a: $P_X < P_Y$,

Als Prüffunktion betrachtet man die Differenz $D = P_X - P_Y$.

Unter der Voraussetzung. daß die Stichprobenumfänge n_X und n_Y die beiden Bedingungen $n_X \cdot p_X \cdot q_X > 9$ und $n_Y \cdot p_Y \cdot q_Y > 9$ erfüllen, können die beiden einzelnen Stichprobenanteilswerte p_X und p_Y als approximativ normalverteilt angesehen werden. Somit ist die Differenz $D = P_X - P_Y$ ebenfalls approximativ normalverteilt mit den beiden Parametern

$$E\{D\} = E\{P_X - P_Y\} = E\{P_X\} - E\{P_Y\} = P_X - P_Y \quad \text{und}$$

$$Var\{D\} = Var\{P_X - P_Y\} = Var\{P_X\} + Var\{P_Y\} = \frac{P_X(1-P_X)}{n_X} + \frac{P_Y(1-P_Y)}{n_Y}.$$

Als Prüfwert bestimmt man den Ausdruck

$$z_{pr} = \frac{(\hat{p}_X - \hat{p}_Y) - (p_X - p_Y)}{\sigma_{(P_X - P_Y)}} \quad ,$$

von dem bekannt ist, daß er ebenfalls asymptotisch N(0,1)-verteilt ist.

Der Einfachheit halber beschränkt man sich häufig auf den Fall, daß die beiden Grundgesamtheitsanteilswerte gleich sind, d.h. $P_X = P_Y = P$. Der Prüfwert vereinfacht sich dann zu

$$z_{pr} = \frac{\hat{p}_X - \hat{p}_Y}{\sqrt{\frac{\hat{p}(1-\hat{p})}{n_X} + \frac{\hat{p}(1-\hat{p})}{n_Y}}} = \frac{\hat{p}_X - \hat{p}_Y}{\sqrt{\hat{p}(1-\hat{p}) \cdot \frac{n_X + n_Y}{n_X n_Y}}} \quad .$$

Ist der Parameter P unbekannt, dann erhält man einen Schätzwert mittels der Schätzfunktion

$$\hat{P} = \frac{n_X \hat{P}_X + n_Y \hat{P}_Y}{n_X + n_Y} .$$

Beispiel 16.12:

Ein Unternehmen läßt durch zwei Zufallsstichprobenerhebungen vom jeweiligen Umfang n = 200 feststellen, daß der Bekanntheitsgrad eines bestimmten Artikels im Absatzgebiet X 26 % und im Absatzgebiet Y 20 % beträgt. Mit einer Irrtumswahrscheinlichkeit von α = 0,05 soll überprüft werden, ob sich der Bekanntheitsgrad in beiden Absatzgebieten signifikant unterscheidet.

Wegen $n \cdot p_X \cdot q_X = 38{,}48 > 9$ und $n \cdot p_Y \cdot q_Y = 32 > 9$ ist der Prüfwert approximativ normalverteilt.

Mit Hilfe des Schätzwertes $\hat{p} = (40 + 52)/400 = 0{,}23$ berechnet sich der Prüfwert zu

$$z_{pr} = \frac{\hat{p}_X - \hat{p}_Y}{\sqrt{\hat{p}(1-\hat{p}) \cdot \frac{n_X + n_Y}{n_X \cdot n_Y}}} = \frac{0{,}06}{\sqrt{0{,}23 \cdot 0{,}77 \cdot 0{,}01}} = 1{,}4257.$$

Der kritische Wert ergibt sich aus einer Tabelle der Normalverteilung zu

$$z_{kr} = z_{1-\alpha/2} = z_{0,975} = 1{,}96.$$

Wegen

$$1{,}4257 = z_{pr} < z_{kr} = 1{,}96$$

kann die Nullhypothese **nicht verworfen** werden, d.h. man muß aufgrund der Stichprobenerhebung mit einer Irrtumswahrscheinlichkeit von 5 % davon ausgehen, daß sich der Bekanntheitsgrad in beiden Absatzgebieten **nicht signifikant** unterscheidet.

Im folgenden werde der Fall betrachtet, bei dem die Varianzen der beiden Zufallsvariablen X und Y **unbekannt** sind. Angenommen, sie seien bekannt, dann könnte man wegen der Beziehung $\sigma_X{}^2 = P_X(1 - P_X)$ bzw. $\sigma_Y{}^2 = P_Y(1 - P_Y)$ aus ihnen die gesuchten Anteilswerte P_X bzw. P_Y stimmen.

Somit müssen die Varianzen σ_X^2 bzw. σ_Y^2 aus den Stichprobenwerten geschätzt werden. Dabei ist es zweckmäßig zwischen den folgenden beiden Fällen zu unterscheiden:

$$1)\ H_0\text{: } P_{X-Y} = P_X - P_Y \neq 0 \text{ gegen } 2)\ H_0\text{: } P_{X-Y} = P_X - P_Y = 0.$$

1) In diesem Fall müssen die beiden Varianzen der Grundgesamtheit σ_X^2 bzw. σ_Y^2 durch ihre Stichprobenfunktionen S_X^2 bzw. S_Y^2 geschätzt werden. Erwartungstreue Schätzfunktionen ergeben sich zu

$$S_X^2 = \frac{n_X}{n_X-1} \cdot P_X(1-P_X) \text{ und } S_Y^2 = \frac{n_Y}{n_Y-1} \cdot P_Y(1-P_Y).$$

Damit ist die Prüffunktion $D = P_X - P_Y$ approximativ normalverteilt mit der Varianz

$$\operatorname{Var}\{D\} = \frac{P_X(1 - P_X)}{n_X - 1} + \frac{P_Y(1 - P_Y)}{n_Y - 1}.$$

Bei **praktischen Anwendungen** wird oft statt n_X-1 bzw. n_Y-1 **nur** n_X bzw. n_Y verwendet, wobei man allerdings auf die **Erwartungstreue der Schätzfunktion verzichtet**.

2) Die Nullhypothese sagt aus, daß $P_X = P_Y$ ist. Da für die Varianz einer Bernoulli-verteilten Zufallsvariablen X gilt: $\operatorname{Var}\{X\} = P(1-P)$, folgt für den Fall der Gültigkeit der Nullhypothese, daß auch die beiden Varianzen gleich sind, d.h. $\sigma_X^2 = \sigma_Y^2 = \sigma^2$.

Man erhält daher für die Varianz von $D = P_X - P_Y$ den Wert

$$\operatorname{Var}\{D\} = \operatorname{Var}\{P_X - P_Y\} = \sigma^2 \left(\frac{1}{n_X} + \frac{1}{n_Y}\right).$$

Es muß noch ein Schätzwert für die Größe σ^2 bestimmt werden.

Den gemeinsamen Anteilswert aus den beiden "gepoolten" Stichproben erhält man zu

$$P = \frac{n_X P_X + n_Y P_Y}{n_X + n_Y}.$$

Somit ergibt sich die Schätzfunktion für σ^2 zu

$$S^2 = \frac{n_X + n_Y}{n_X + n_Y - 1} \cdot P(1-P).$$

Wegen der Voraussetzungen ist diese Prüffunktion $D = P_X - P_Y$ appproximativ normalverteilt mit der Varianz

$$\mathrm{Var}\{D\} = \frac{n_X + n_Y}{n_X + n_Y - 1} \cdot P(1-P) \cdot \left(\frac{1}{n_X} + \frac{1}{n_Y}\right).$$

Der Korrekturfaktor $(n_X + n_Y)/(n_X + n_Y - 1)$ (**Bessel'sche Korrektur**), der die Erwartungstreue der Schätzfunktion garantiert, wird bei praktischen Anwendungen allerdings oft vernachlässigt.

Beispiel 16.13:

Es sollen die beiden Hypothesen getestet werden:

$$H_0\colon\ P_X = P_Y \quad \text{gegen} \quad H_a\colon\ P_X \neq P_Y.$$

Die folgenden Stichprobenwerte seien beobachtet worden:

$$n_X = 144;\ \hat{p}_X = 0{,}8 \text{ und } n_Y = 100;\ \hat{p}_Y = 0{,}7.$$

Daraus berechnet sich der Schätzwert für den gemeinsamen Anteilswert zu

$$\hat{p} = \frac{144 \cdot 0{,}8 + 100 \cdot 0{,}7}{244} = 0{,}7590.$$

Als Schätzwert für die Varianz von $D = P_X - P_Y$ erhält man

$$\hat{\sigma}_D^2 = \frac{144 + 100}{144 + 100 - 1} \cdot 0{,}759 \cdot (1 - 0{,}759) \cdot \left(\frac{1}{144} + \frac{1}{100}\right) = 0{,}0031,$$

und somit für die Standardabweichung

$$\hat{\sigma}_D = 0{,}0558.$$

Somit berechnet sich der Prüfwert zu

$$z_{pr} = \frac{0{,}8 - 0{,}7}{0{,}0558} = 1{,}7921.$$

Für eine Irrtumswahrscheinlichkeit von $\alpha = 0{,}05$ ergibt sich der kritische Wert aus einer Normalverteilungstabelle zu $z_{kr} = 1{,}96$.

Die Testentscheidung lautet: Wegen

$$1{,}7921 = z_{pr} < z_{kr} = 1{,}96$$

kann die Nullhypothese bei einer Irrtumswahrscheinlichkeit von 5 % **nicht verworfen** werden.

16.4.10 Signifikanztest für den Quotienten zweier Varianzen σ_X^2/σ_Y^2 aus normalverteilten Grundgesamtheiten

Die beiden Zufallsvariablen X und Y seien in der Grundgesamtheit approximativ normalverteilt. Ferner seien die beiden Stichproben voneinander stochastisch unabhängig. Es handelt sich um ein Testverfahren für die Gleichheit von Varianzen zweier normalverteilter Grundgesamtheiten

Die Hypothese lautet

$$H_0\text{:}\ \sigma_X^2 = \sigma_Y^2,$$

gegen die Alternativhypothese:

$$H_a\text{:}\ \sigma_X^2 \neq \sigma_Y^2.$$

Im Abschnitt 15.2.9 wurde gezeigt, daß die Zufallsvariable

$$F = \frac{W_X^2/\nu_X}{W_Y^2/\nu_Y}$$

als Quotient zweier χ^2-verteilter Zufallsvariablen F-verteilt ist, mit den beiden Freiheitsgraden $(\nu_X; \nu_Y) = (n_X-1; n_Y-1)$. Ferner gilt

$$S_X^2 = \frac{1}{n-1}\sum_{i=1}^{n}(X_i - \bar{X})^2 \text{ und } S_Y^2 = \frac{1}{n-1}\sum_{i=1}^{n}(Y_i - \bar{Y})^2.$$

Es handelt sich um einen zweiseitigen Test. Die Prüfvariable für diesen Test lautet

$$F_{pr} = \frac{W_X^2/\nu_X}{W_Y^2/\nu_Y} = \frac{(n_X-1)S_X^2}{\sigma_X^2} \cdot \frac{\sigma_Y^2}{(n_Y-1)S_Y^2} \cdot \frac{\nu_Y}{\nu_X}.$$

Unter der Nullhypothese vereinfacht sich dieser Ausdruck zu dem Prüfwert $F_{pr} = s_X^2/s_Y^2$.

Zu einer vorgegebenen Irrtumswahrscheinlichkeit α wird der kritische Bereich nach unten durch den Wert $F(\alpha/2; n_X-1, n_Y-1)$ und nach oben durch $F(1-\alpha/2; n_X-1, n_Y-1)$ abgegrenzt.

Daraus folgt, daß die Nullhypothese **verworfen** wird, wenn

$$F_{pr} = \frac{s_X^2}{s_Y^2} < F_{kr} = F(\alpha/2; n_X-1, n_Y-1)$$

oder wenn

$$F_{pr} = \frac{s_X^2}{s_Y^2} > F_{kr} = F(1-\alpha/2; n_X-1, n_Y-1)$$

ausfällt.

Man beachte, wenn eine Tabelle der F-Verteilung für die 99 %-Quantile vorliegt, kann man mit einer solchen Tabelle bei zweiseitigen Fragestellungen, wie im vorliegenden Beispiel, nur ein Signifikanzniveau von $\alpha = 0{,}02$ realisieren und zunächst nur den oberen kritischen Wert ablesen. Man kann nun die folgenden beiden Alternativen wählen, um den zweiseitigen Signifikanztest zu entscheiden:

1. Wenn s_X^2/s_Y^2 größer als eins ist, vergleicht man diesen Prüfwert mit dem oberen kritischen Wert

$$F_{kr} = F(1-\alpha/2; n_X-1, n_Y-1).$$

Ist der Prüfwert größer als dieser kritische Wert, lehnt man die Nullhypothese ab, anderenfalls nicht.

Wenn s_X^2/s_Y^2 kleiner als eins ist, vergleicht man mit dem unteren kritischen Wert, der sich aufgrund der reziproken Symmetrie der F-Verteilung zu

$$F_{kr} = F(\alpha/2; n_X-1, n_Y-1) = 1/F(1-\alpha/2; n_Y-1, n_X-1)$$

ergibt. Man lehnt H_0 ab, wenn der Prüfwert kleiner ist als dieser kritische Wert, anderenfalls nicht.

2. Eine andere Alternative geht von vornherein von demjenigen Prüfwert aus, dessen Varianzenquotient größer als eins ist.

Angenommen, es sei s_X^2/s_Y^2 größer als eins, dann vergleicht man diesen Prüfwert mit dem kritischen Wert

$$F_{kr} = F(1-\alpha/2; n_X-1, n_Y-1)$$

und lehnt die Nullhypothese ab, wenn der Prüfwert größer als der kritische Wert ist.

Ist dagegen s_Y^2/s_X^2 größer als eins, dann vergleicht man mit

$$F_{kr} = F(1-\alpha/2; n_Y-1, n_X-1)$$

und lehnt die Nullhypothese ab, wenn

$$F_{pr} > F_{kr}$$

ist.

Beispiel 16.14:

Es werden die Daten des Beispiels 15.11 betrachtet. Diese lauten

$$n_X = 15, \quad \bar{x} = 84, \quad s_X^2 = 36;$$

$$n_Y = 10, \quad \bar{y} = 90, \quad s_Y^2 = 64.$$

Bei einer Irrtumswahrscheinlichkeit von $\alpha = 0{,}02$ soll die Nullhypothese

$$H_0\colon \sigma_X^2 = \sigma_Y^2$$

getestet werden. Es ergibt sich der Prüfwert

$$F_{pr} = s_X^2/s_Y^2 = 36/64 = 0{,}5625.$$

Da dieser Wert kleiner als eins ist, wird der Prüfwert

$$F_{pr} = s_Y^2/s_X^2 = 64/36 = 1{,}7778$$

betrachtet. Diese wird mit dem kritischen Wert

$$F_{kr} = F(0{,}99; 9{,}14) = 4{,}0297$$

verglichen. Da $F_{pr} < F_{kr}$ ist, kann die Nullhypothese bei einer Irrtumswahrscheinlichkeit von $\alpha = 0{,}02$ **nicht verworfen** werden.

Tabelle 16.3: Übersicht über die behandelten Signifikanztests

Parameter	Grundgesamtheit	Stichprobenumfang	Testvariable
Mittelwert μ	beliebig-verteilt	$n \geq 100$	σ^2 bekannt: Z
			σ^2 unbekannt: Z
	normal-verteilt	$n < 100$	σ^2 bekannt: Z
			σ^2 unbekannt: T
Anteilswert P	binomialverteilt	$n \cdot p \cdot q > 9$	Z
	beliebig-verteilt	$n \geq 100$	Z
Varianz σ^2	normalverteilt	n beliebig	χ^2
Differenz von zwei Mittelwerten $\mu_X - \mu_Y$	normalverteilt	$n_X, n_Y < 100$	σ_X^2, σ_Y^2 bekannt: Z
			σ_X^2, σ_Y^2 unbekannt: $\sigma_X^2 \neq \sigma_Y^2$, sog. **Behrens-Fisher Problem**
			σ_X^2, σ_Y^2 unbekannt, $\sigma_X^2 = \sigma_Y^2$: T
	beliebig-verteilt	$n_X, n_Y \geq 100$	σ_X^2, σ_Y^2 bekannt: Z
			σ_X^2, σ_Y^2 unbekannt, $\sigma_X^2 \neq \sigma_Y^2$: Z
Differenz von $P_X - P_Y$	binomial-verteilt	$n_X \cdot p_X \cdot q_X > 9$ **und** $n_Y \cdot p_Y \cdot q_Y > 9$	Z
Quotient σ_X^2/σ_Y^2	normalverteilt	$n_X, n_Y < 100$	$F_{pr} = s_X^2/s_Y^2$

16.5 Alternativtest

Es sind auch Problemstellungen denkbar, bei denen zwischen einer **einfachen Nullhypothese H_0** und einer **einfachen Alternativhypothese H_a** entschieden werden muß.

Dabei muß allerdings unterstellt werden, daß in der Realität nur diese beiden Alternativen möglich sind. Daher ist bei der Formulierung der Hypothesen streng darauf zu achten, daß wirklich nur diese beiden formulierten Alternativen möglich sind.

Das **Komplement** zum **kritischen Bereich** wird bei einem solchen Alternativtest auch als **Annahmebereich** bezeichnet.

Diese Problemstellung eines Alternativtestes soll an dem folgenden Beispiel erläutert werden.

Beispiel 16.16:

Eine automatisch arbeitende Abfüllmaschine packt Butterpakete mit 250 g Inhalt ab. Die Einhaltung des Füllgewichtes soll überprüft werden. Dazu wird eine Stichprobe von $n = 100$ Paketen willkürlich ausgewählt. Das arithmetische Mittel der Füllgewichte dieser Pakete ergab $\bar{x} = 253$ g. Kann man annehmen, daß sich das mittlere Füllgewicht auf 255 g erhöht hat, so daß die Anlage neu justiert werden muß, um keine Butter zu "verschenken"?

In diesem Fall soll die Nullhypothese

$$H_0\colon \mu = \mu_0 = 250$$

gegen die Alternativhypothese

$$H_a\colon \mu = \mu_a = 255$$

getestet werden.

Lehnt man aufgrund des Stichprobenergebnisses die Nullhypothese H_0 ab, so bedeutet dies gleichzeitig, daß man die Alternativhypothese H_a annimmt und umgekehrt. Man spricht daher von einem **Alternativtest**.

Es wird jetzt unterstellt, daß die Packungsgewichte der Abfüllmaschine normalverteilte Zufallsvariablen seien, deren Varianz $\sigma^2 = 225$ betrage. Gilt die Nullhypothese H_0, dann sind die Gewichte nach N(250,225)-verteilt, und wenn die Alternativhypothese H_a gilt, dann sind die Gewichte nach N(255,225)-verteilt. Der Verlauf der Dichtefunktionen der beiden Verteilungen ist in Abb. 16.6 wiedergegeben.

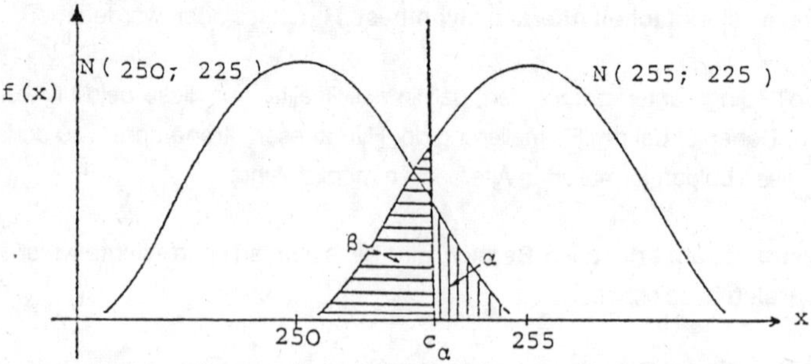

Abb. 16.6: Lage der kritischen Bereiche bei einem Alternativtest

Nach Vorgabe einer Irrtumswahrscheinlichkeit α läßt sich dann ein kritischer Wert c_α bestimmen. Wenn die Stichprobenrealisation diesen kritischen Wert überschreitet, bedeutet dies, daß man die Nullhypothese ablehnt, somit die Alternativhypothese annimmt und die Abfüllmaschine neu justieren muß. Die Bestimmung dieses kritischen Wertes c_α erfolgt über eine standardnormalverteilte Zufallsvariable aus der Beziehung

$$\frac{c_\alpha - \mu_0}{\sigma/\sqrt{n}} = z_{kr} = z_{1-\alpha}.$$

Man erhält daraus

(16.8) $$c_\alpha = \mu_0 + z_{1-\alpha} \cdot \frac{\sigma}{\sqrt{n}}.$$

Für unser Beispiel erhält man für vorgegebene Irrtumswahrscheinlichkeiten von 5 % bzw. 1 %:

1. $\alpha = 0{,}05$: $c_\alpha = 250 + z_{0,95} \cdot \frac{15}{\sqrt{100}} = 250 + 1{,}645 \cdot 1{,}5 = 252{,}47.$

2. $\alpha = 0{,}01$: $c_\alpha = 250 + z_{0,99} \cdot \frac{15}{\sqrt{100}} = 250 + 2{,}326 \cdot 1{,}5 = 253{,}489.$

Damit lautet die **Testentscheidung**:

Bei einer Irrtumswahrscheinlichkeit von 5 % muß die aufgestellte Nullhypothese **verworfen** werden. Dagegen kann sie bei einer Irrtumswahrscheinlichkeit von 1 % noch **nicht verworfen** werden.

Fassen wir noch einmal zusammen:

Der kritische Bereich K_α für diesen Test wird durch die Beziehung

(16.9) $$\text{Prob}\{\bar{X} \leq c_\alpha \mid H_0\} = \alpha,$$

bestimmt. Ergibt sich nun ein Wert für die Stichprobenrealisation, der in diesen kritischen Bereich K_α fällt, so wird die Nullhypothese als unverträglich mit dem Stichprobenbefund abgelehnt. Damit ist allerdings nicht bewiesen, daß die Nullhypothese falsch ist. Man kann lediglich sagen, daß der beobachtete Stichprobenbefund mit einer Irrtumswahrscheinlichkeit, die höchstens gleich α ist, auf einen statistisch gesicherten Unterschied bzw. auf eine signifikante Abweichung von der Nullhypothese hinweist.

Das Komplement zum kritischen Bereich wird bei einem solchen Alternativtest auch **Annahmebereich** genannt. Die Tatsache, daß ein Stichprobenergebnis im Annahmebereich liegt, kann aber nicht als Beweis für die Richtigkeit der Nullhypothese aufgefaßt werden. Ein solches Ergebnis deutet lediglich darauf hin, daß der beobachtete Stichprobenbefund für die gewählte Irrtumswahrscheinlichkeit α nicht im Widerspruch zur Nullhypothese steht.

Analog zu den Ausführungen bei den Signifikanztests ergeben sich vier Entscheidungsmöglichkeiten. Von diesen sind, je nach dem Zustand in der Grundgesamtheit, zwei korrekt und die beiden anderen falsch.

Tabelle 16.4: Entscheidungsmöglichkeiten bei einem **statistischen Alternativtest**

Entscheidung des Testes (Stichprobenergebnis)	Zustand der Wirklichkeit (Grundgesamtheit)	
	H_0 ist richtig (H_a ist falsch)	H_0 ist falsch (H_a ist richtig)
H_0 wird verworfen H_a wird angenommen	**Fehler 1. Art** Wahrscheinlichkeit α	richtige Entscheidung Wahrscheinlichkeit $1 - \beta$
H_0 wird angenommen H_a wird verworfen	richtige Entscheidung Wahrscheinlichkeit $1-\alpha$	**Fehler 2. Art** Wahrscheinlichkeit β

Beispiel 16.17:

Das monatliche Durchschnittseinkommen der Bauern eines Landes wird von der Regierung mit 1 100 Rechnungseinheiten (RE) angegeben. Der Bauernverband geht dagegen bei seinen Forderungen von einem Durchschnittseinkommen von 1 000 Rechnungseinheiten aus. Beide Parteien sind bereit, den Streit durch eine Testentscheidung aufgrund einer Zufallsstichprobe von $n = 100$ Befragten zu klären. Die Standardabweichung des monatlichen Einkommens wird von beiden Seiten mit $\sigma = 200$ RE angenommen. Die Zufallsstichprobe liefert das Ergebnis $\bar{x} = 1\,051$ RE. Welche der beiden Parteien fühlt sich in ihrer Argumentation durch dieses Ergebnis bestätigt?

Lösung:

a) Die Regierung habe zu einer Irrtumswahrscheinlichkeit von $\alpha = 0{,}005$ den folgenden Alternativtest formuliert:

$$H_0\colon \mu_0 = 1\,100 \text{ RE}$$
$$H_a\colon \mu_a = 1\,000 \text{ RE}$$

Es ist bekannt, daß X normalverteilt ist. Man bestimmt daher zur gegebenen Irrtumswahrscheinlichkeit α die Trenngröße c_α, durch die beide Bereiche abgegrenzt werden, mittels der Beziehung:

$$\text{Prob}\{\bar{X} \le c_\alpha \mid H_0\} = \alpha,$$

$$\text{Prob}\left\{\frac{\bar{X} - \mu_0}{\sigma/\sqrt{n}} \le \frac{c_\alpha - \mu_0}{\sigma/\sqrt{n}}\right\} = \alpha,$$

$$\text{Prob}\left\{Z \le \frac{c_\alpha - 1\,100}{20}\right\} = 0{,}005,$$

$$F_{NV}\left(\frac{c_\alpha - 1\,100}{20}\right) = 0{,}005.$$

$$\begin{aligned} c_\alpha &= 1\,100 + 20\cdot F_{NV}^{-1}(0{,}005) \\ &= 1\,100 + 20\cdot(-\,2{,}575) \\ &= 1\,048{,}5. \end{aligned}$$

b) Der Bauernverband habe dagegen mit einer Irrtumswahrscheinlichkeit von $\alpha = 0{,}005$ den folgenden Alternativtest formuliert:

$$H_0\colon \mu_0 = 1\,000 \text{ RE}$$
$$H_a\colon \mu_a = 1\,100 \text{ RE}$$

Die Trenngröße c_α bestimmt sich jetzt wie folgt:

$$\text{Prob}\{\bar{X} \ge c_\alpha \mid H_0\} = \alpha,$$

$$1 - \text{Prob}\{\bar{X} < c_\alpha \mid H_0\} = \alpha,$$

$$\text{Prob}\{\bar{X} < c_\alpha \mid H_0\} = 1-\alpha,$$

$$\text{Prob}\left\{\frac{\bar{X} - \mu_0}{\sigma/\sqrt{n}} < \frac{c_\alpha - \mu_0}{\sigma/\sqrt{n}}\right\} = 1-\alpha,$$

$$\text{Prob}\left\{Z < \frac{c_\alpha - 1\,000}{20}\right\} = 0{,}995,$$

Da

$$\bar{x} = 1\,051 > 1\,048{,}5 = c_\alpha$$

ist, wird von der Regierung die Nullhypothese $\mu = 1\,100$ RE **nicht verworfen**, d.h. sie schließt auf die Gültigkeit der Annahme eines Einkommens von 1 100 RE und **verwirft** die Alternativhypothese $\mu = 1\,000$ RE.

$$F_{NV}\left(\frac{c_\alpha - 1\,000}{20}\right) = 0{,}995.$$

$$c_\alpha = 1\,000 + 20 \cdot F_{NV}^{-1}(0{,}995)$$

$$= 1\,000 + 20 \cdot 2{,}575$$

$$= 1051{,}5.$$

Für die Testentscheidung ergibt sich somit

$$\bar{x} = 1051 < 1051{,}5 = c_\alpha.$$

Somit kommt der Bauernverband zu der Schlußfolgerung, seine Nullhypothese

$$H_0: \mu_0 = 1\,000 \text{ RE}$$

nicht zu verwerfen.

Er schließt also auf die Gültigkeit seiner Annahme das Durchschnittseinkommen seiner Mitglieder liege bei 1 000 RE.

Wie läßt sich nun erklären, daß beide Parteien bei gleicher Irrtumswahrscheinlichkeit zu **unterschiedlichen** Schlußfolgerungen kommen, die jeweils ihre aufgestellte Hypothese stützen?

Beide Parteien formulierten die Hypothesen so, daß der für sie vermeintlich nachteiligere Fehler 1. Art ($= \alpha$) vorgegeben wird. Dabei lassen sie allerdings den Fehler 2. Art ($= \beta$) unberücksichtigt. Daher soll zunächst der Fehler 2. Art berechnet werden.

a) für die Regierung:

$$\beta = \text{Prob}\{\bar{X} \geq c_\alpha = 1\,048{,}5 | H_a\}$$

$$= \text{Prob}\{\frac{\bar{X} - 1\,000}{20} \geq \frac{1\,048{,}5 - 1\,000}{20}\}$$

$$= \text{Prob}\{Z \geq 2{,}425\}$$

$$= 1 - \text{Prob}\{Z \leq 2{,}425\}$$

$$= 1 - 0{,}9923 = 0{,}0077,$$

d.h. 0,77 %.

b) für den Bauernverband:

$$\beta = \text{Prob}\{\bar{X} \leq c_\alpha = 1\,051{,}5 | H_a\}$$

$$= \text{Prob}\{\frac{\bar{X} - 1\,100}{20} \leq \frac{1\,051{,}5 - 1\,100}{20}\}$$

$$= \text{Prob}\{Z \leq -2{,}425\}$$

$$= 1 - \text{Prob}\{Z \leq 2{,}425\}$$

$$= 1 - 0{,}9923 = 0{,}0077,$$

d.h. 0,77 %.

Für beide Parteien ergab sich somit für den Fehler 2. Art der gleiche Wert, nämlich $\beta = 0{,}0077$, d.h. 0,77 %. Um den Widerspruch, daß man trotz gleicher Voraussetzungen ein widersprüchliches Ergebnis erhalten hat, zu erklären, sollte man sich das folgende Tableau anschauen, in dem die einzelnen Fehlerarten nochmals übersichtlich zusammengefaßt wurden:

	Fehler 1. Art ($\alpha = 0{,}005$)	**Fehler 2. Art ($\beta = 0{,}0077$)**
Regierung	Testentscheidung für 1 000 RE, obwohl 1 100 RE richtig ist **(a)**	Testentscheidung für 1 100 RE, obwohl 1 000 RE richtig **(b)**
Bauernverband	Testentscheidung für 1 100 RE, obwohl 1 000 RE richtig ist **(b)**	Testentscheidung für 1 000 RE, obwohl 1 100 RE richtig **(a)**

Man erkennt, daß der Fehler 1. Art der Regierung **(a)** identisch ist mit dem Fehler 2. Art der Bauern **(a)**. Allerdings besitzen beide eine andere Fehlerwahrscheinlichkeit. Der Unterschied zwischen beiden Tests besteht also darin, daß für die **gleiche Situation unterschiedliche Fehlerwahrscheinlichkeiten** vorgegeben wurden. Die Form der aufgestellten Hypothesen wäre aber nur dann für das Testergebnis unerheblich, wenn man c_α so gewählt hätte, daß die Wahrscheinlichkeit für einen Fehler 1. Art ($= \alpha$) gleich der Wahrscheinlichkeit für einen Fehler 2. Art ($= \beta$) wäre.

a) Regierung:

$\alpha = \text{Prob}\{\bar{X} \le c_\alpha \mid H_0\} =$

$= \text{Prob}\{Z \le (c_\alpha - 1\,100)/20\}.$

$z_\alpha = (c_\alpha - 1\,100)/20.$

$\beta = \text{Prob}\{\bar{X} \ge c_\alpha \mid H_a\} =$

$= \text{Prob}\{Z \ge (c_\alpha - 1\,000)/20\}.$

$1 - \beta = \text{Prob}\{Z \le (c_\alpha - 1\,000)/20\}.$

$z_{1-\beta} = (c_\alpha - 1\,000)/20.$

Wegen $z_\alpha = -z_{1-\beta}$ folgt

$(c_\alpha - 1\,100)/20 = -(c_\alpha - 1\,000)/20$

$c_\alpha - 1\,100 = -c_\alpha + 1\,000$

$2c_\alpha = 2\,100$

$c_\alpha = 1\,050.$

b) Bauernverband:

$\alpha = \text{Prob}\{\bar{X} \ge c_\alpha \mid H_0\} =$

$= \text{Prob}\{Z \ge (c_\alpha - 1\,000)/20\}.$

$1 - \alpha = \text{Prob}\{Z \le (c_\alpha - 1\,000)/20\}.$

$z_{1-\alpha} = (c_\alpha - 1\,000)/20.$

$\beta = \text{Prob}\{\bar{X} \le c_\alpha \mid H_a\} =$

$= \text{Prob}\{Z \le (c_\alpha - 1\,100)/20\}.$

$z_\beta = (c_\alpha - 1\,100)/20.$

Wegen $z_\beta = -z_{1-\alpha}$ folgt

$(c_\alpha - 1\,100)/20 = -(c_\alpha - 1\,000)/20$

$c_\alpha - 1\,100 = -c_\alpha + 1\,000$

$2c_\alpha = 2\,100$

$c_\alpha = 1\,050.$

Somit ergeben sich jetzt im Fall $\alpha = \beta$ für beide Parteien gleiche Grenzen des kritischen Bereiches, nämlich $c_\alpha = 1\,050$ RE.

Für die Regierung bedeutet dies jetzt, da $\bar{x} > c_\alpha$ ist, daß der Prüfwert **nicht** im kritischen Bereich liegt. Somit akzeptiert sie ihre Nullhypothese mit einem Einkommen von 1 100 RE.

Für den Bauernverband gilt jetzt ebenfalls $\bar{x} > c_\alpha$, d.h. der Prüfwert liegt im kritischen Bereich und somit akzeptiert er seine Alternativhypothese ebenfalls mit einem Einkommen von 1 100 RE.

Damit löst sich der scheinbare Widerspruch in der Argumentation beider Parteien auf, wenn man beachtet, daß die beiden Fehlerarten 1. Art ($= \alpha$) und 2. Art ($= \beta$) gleich sein müssen.

16.6 Die Gütefunktion eines statistischen Testes

Für die praktische Anwendung sind die Konsequenzen der Entscheidung eines statistischen Testes für seine Beurteilung von großer Bedeutung. Durch die Vorgabe der Irrtumswahrscheinlichkeit α wird die Wahrscheinlichkeit für den Fehler 1. Art festgelegt. Danach läßt sich auch die Wahrscheinlichkeit für einen Fehler 2. Art bestimmen.

Für das Beispiel 16.16 soll die Wahrscheinlichkeit ß für einen Fehler 2. Art bei einer Irrtumswahrscheinlichkeit von $\alpha = 0{,}05$ bestimmt werden. Diese Wahrscheinlichkeit bestimmt sich aus

$$(16.10) \qquad \mathrm{Prob}\{\bar{X} \leq c_\alpha \mid H_a\} = \beta \quad \text{bzw.}$$

$$\mathrm{Prob}\{\bar{X} \leq 252{,}47 \mid \mu_1 = 255\} = \beta.$$

Damit lautet die Bestimmungsgleichung für ß

$$(16.11) \qquad \beta = \mathrm{Prob}\left\{\frac{\bar{X} - \mu_1}{\sigma/\sqrt{n}} \leq \frac{c_\alpha - \mu_1}{\sigma/\sqrt{n}}\right\}$$

$$= \mathrm{Prob}\left\{\frac{\bar{X} - \mu_1}{\sigma/\sqrt{n}} \leq \frac{252{,}47 - 255}{15/\sqrt{100}}\right\}$$

$$= \mathrm{Prob}\{Z \leq -1{,}687\} = F(-1{,}687)$$

$$= 1 - F(1{,}687) = 1 - 0{,}9542 = 0{,}0458.$$

Aus der Tabelle der Verteilungsfunktion der standardisierten Normalverteilung liest man dann ab

$$\beta = 0{,}0458.$$

Das Ergebnis besagt, daß man bei diesem statistischen Test im Durchschnitt bei 4,6 % der Entscheidungen einen Fehler 2. Art begeht, d.h. im Durchschnitt wird bei 20 Entscheidungen die Nullhypothese H_0 einmal irrtümlich nicht verworfen, obwohl sie falsch ist.

Verringert man die Irrtumswahrscheinlichkeit auf $\alpha = 0{,}01$, d.h. läßt man im Durchschnitt nur noch bei einer Entscheidung unter 100 die Möglichkeit eines Fehlers 1. Art zu, dann erhöht sich dadurch, wie man leicht nachrechnen kann, die Wahrscheinlichkeit für den Fehler 2. Art auf $\beta = 0{,}158$. Dies bedeutet, daß im Durchschnitt bei fast jeder sechsten Entscheidung die Nullhypothese H_0 nicht verworfen wird, obwohl sie falsch ist.

Dieses Beispiel zeigt, daß die Güte eines statistischen Testes nicht durch eine geringe Wahrscheinlichkeit für den Fehler 1. Art ausgedrückt werden kann. Bei konstantem Stichprobenumfang n bedeutet eine kleinere Wahrscheinlichkeit für den Fehler 1. Art automatisch eine größere Wahrscheinlichkeit für den Fehler 2. Art.

Die Größe des Fehlers 2. Art hängt von der Wahl des Fehlers 1. Art ab, und zwar sowohl von dessen Größe als auch von der Lage des kritischen Bereiches K_α. Dieser Zusammenhang soll am folgenden Beispiel 16.18 gezeigt werden.

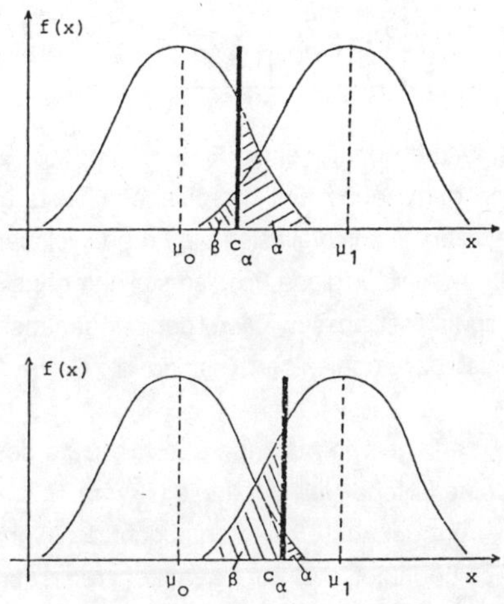

Abb. 16.7: Zusammenhang zwischen den Wahrscheinlichkeiten für die Fehler 1. Art und 2. Art

Beispiel 16.18:

Die Verteilungsfunktionen F(x) einer diskreten Zufallsvariablen X unter den beiden Hypothesen H_0 und H_a sind in der folgenden Tabelle gegeben:

x	1	2	3	4	5	6	7	Σ
$F(x\| H_0)$	0,01	0,02	0,03	0,05	0,05	0,07	0,77	1,00
$F(x\| H_a)$	0,03	0,09	0,10	0,10	0,20	0,18	0,30	1,00

Es soll ein Hypothesentest mit einem Fehler 1. Art von $\alpha = 0{,}10$ durchgeführt werden. Dann lassen sich die folgenden kritischen Bereiche bilden, die alle einen Fehler 1. Art von $\alpha = 0{,}10$ aufweisen, aber unterschiedliche Fehler 2. Art:

Kritischer Bereich	α	ß	1-ß	
(2,3,4)	0,10	0,71	0,29	
(2,3,5)	0,10	0,61	0,39	<==== **Max**
(4,5)	0,10	0,70	0,30	
(3,6)	0,10	0,72	0,28	
(1,2,6)	0,10	0,70	0,30	

Es ist also bei diesem Beispiel möglich, für einen Fehler 1. Art von $\alpha = 0{,}10$ fünf verschiedene kritische Bereiche und damit auch fünf verschiedene Tests aufzustellen, die unterschiedliche Fehler 2. Art besitzen. Damit stellt sich die Frage, welchen dieser kritischen Bereiche man auswählen soll, um den für diese Problemstellung günstigsten Test zu bestimmen. Es liegt nahe, denjenigen Test auszuwählen, der bei gegebenem Fehler 1. Art den kleinsten Fehler 2. Art aufweist, bzw. denjenigen Test, der die Größe 1-ß maximiert.

Bei gegebenem Fehler 1. Art erfolgt eine Aussage über die Güte des Testes aufgrund der Wahrscheinlichkeit, mit der eine falsche Nullhypothese H_0 vom Test als falsch erkannt wird. Diese Wahrscheinlichkeit beträgt genau 1-ß und entspricht der Wahrscheinlichkeit, keinen Fehler 2. Art zu machen. Dies bedeutet, daß bei einem konkreten statistischen Test das Signifikanzniveau (Irrtumswahrscheinlichkeit) α nicht die entscheidende Rolle spielt, die man zunächst vermuten könnte. Wichtiger ist es, die Wahrscheinlichkeit ß, einen Fehler 2. Art zu machen, zu minimieren bzw. die Wahrscheinlichkeit 1-ß zu maximieren.

Man bezeichnet die Größe 1-ß als **Gütefunktion** (auch Macht) eines statistischen Testes

$$G(H_a) = 1 - \beta = \text{Prob}\{Z \in K_\alpha \mid H_a\}, \qquad (16.12)$$

und kürzt sie mit G ab. Sie bezeichnet die Wahrscheinlichkeit, **keinen Fehler 2. Art zu begehen.**

Die Wahrscheinlichkeit, daß eine falsche Nullhypothese H_0 abgelehnt wird, hängt natürlich von der tatsächlich gültigen Hypothese ab. Dies hat zur Folge, daß der Wert der Gütefunktion eines Testes eine Funktion der tatsächlich gültigen Parameter ist.
Es werde der einseitige Signifikanztest

$$H_0\colon \mu \leq \mu_0 = 700 \text{ ccm}$$

betrachtet. Die Gütefunktion $G(\mu)$ ist jetzt eine Funktion des Parameters μ, dem wahren Wert des Erwartungswertes in der Grundgesamtheit. Der Wert der Gütefunktion wird für Werte von μ nahe dem hypothetischen Wert μ_0 sehr klein sein und mit wachsendem Abstand des wahren Wertes μ vom hypothetischen Wert μ_0 zunehmen.

Beispiel 16.19:

Es soll die Gütefunktion $G(\mu)$ für eine Irrtumswahrscheinlichkeit von 5 % bestimmt werden. Die Nullhypothese (H_0: $\mu \leq \mu_0$; H_a: $\mu > \mu_0$) wird abgelehnt, wenn

$$Z = \frac{\bar{X} - \mu_0}{\sigma/\sqrt{n}} \geq z_{1-\alpha} = z_{0,95} = 1{,}645$$

ausfällt. Damit erhält man für die Gütefunktion

$$G(\mu) = 1 - \beta = \text{Prob}\left\{\frac{\bar{X} - \mu_0}{\sigma/\sqrt{n}} \geq 1{,}645 \,|\, \mu > \mu_0\right\}.$$

Um $G(\mu)$ zu bestimmen, werden folgende Umformungen vorgenommen

$$G(\mu) = \text{Prob}\left\{\frac{\bar{X} - \mu + \mu - \mu_0}{\sigma/\sqrt{n}} \geq 1{,}645\right\}$$

$$= \text{Prob}\left\{\frac{\bar{X} - \mu}{\sigma/\sqrt{n}} \geq 1{,}645 - \frac{\mu - \mu_0}{\sigma/\sqrt{n}}\right\}$$

$$= 1 - \text{Prob}\left\{\frac{\bar{X} - \mu}{\sigma/\sqrt{n}} \leq 1{,}645 - \frac{\mu - \mu_0}{\sigma/\sqrt{n}}\right\}.$$

Da die Größe $Z = \frac{\bar{X} - \mu}{\sigma/\sqrt{n}}$ nach N(0,1)-verteilt ist, erhält man

$$G(\mu) = 1 - F_{NV}\left(1{,}645 - \frac{\mu - \mu_0}{\sigma/\sqrt{n}}\right).$$

Setzt man speziell $\mu = \mu_0$, so erhält man

$$G(\mu_0) = 1 - F_{NV}\left(1{,}645 - \frac{\mu_0 - \mu_0}{\sigma/\sqrt{n}}\right) = 1 - F_{NV}(1{,}645) = 0{,}05.$$

Dies bedeutet, daß im Fall der Gültigkeit der Nullhypothese die Wahrscheinlichkeit für ihre Ablehnung genau der vorgegebenen Irrtumswahrscheinlichkeit α, d.h. dem Fehler 1. Art, entspricht. In diesem und nur in diesem Fall ist der Wert der Gütefunktion unabhängig vom Stichprobenumfang n. Für $\mu \neq \mu_0$ dagegen ist der Wert der Gütefunktion vom Stichprobenumfang n abhängig. Für die beiden Stichprobenumfänge n = 9 und n = 25 ist der Verlauf der Gütefunktion in der Abb. 16.8 skizziert.

Tabelle 16.5: Wertetabelle der Gütefunktion für den einseitigen Signifikanztest

μ		700	701	702	703	704	705	706
$G(\mu)$	n = 9	0,05	0,19	0,44	0,73	0,91	0,98	1,00
	n = 25	0,05	0,34	0,80	0,98	1,00		

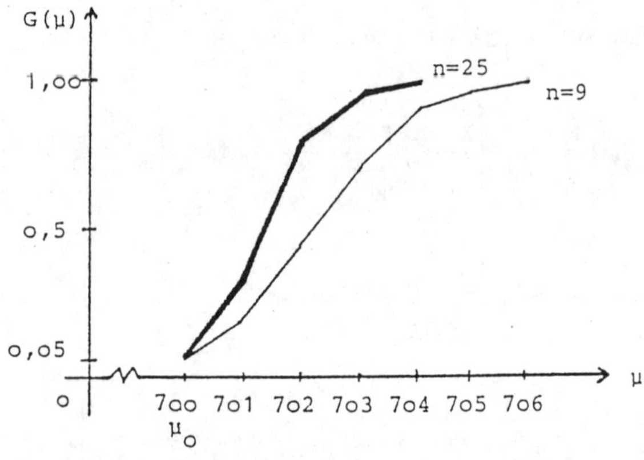

Abb.16.8: Verlauf der Gütefunktion $G(\mu)$ für den einseitigen Signifikanztest

Beispiel 16.20:

Es werde die Gütefunktion für den zweiseitigen Signifikanztest

$$H_0\colon \mu = \mu_0 = 700 \text{ ccm gegen}$$

$$H_a\colon \mu \neq \mu_0$$

berechnet.

Die Gütefunktion $G(\mu)$ soll für eine Irrtumswahrscheinlichkeit $\alpha = 0{,}05$ bestimmt werden. Die Nullhypothese wird abgelehnt, wenn

$$\left| \frac{\bar{X} - \mu_0}{\sigma/\sqrt{n}} \right| \geq z_{1-\alpha/2} = z_{0{,}975} = 1{,}96$$

ausfällt. Damit lautet die Gütefunktion

$$G(\mu) = 1 - \beta = \text{Prob}\left\{ \left| \frac{\bar{X} - \mu_0}{\sigma/\sqrt{n}} \right| \geq 1{,}96 \,\middle|\, \mu \neq \mu_0 \right\}$$

$$= \text{Prob}\left\{ \frac{\mu_0 - \bar{X}}{\sigma/\sqrt{n}} \leq -1{,}96 \,\middle|\, \mu \neq \mu_0 \right\}$$

$$+ \text{Prob}\left\{ \frac{\bar{X} - \mu_0}{\sigma/\sqrt{n}} \geq 1{,}96 \,\middle|\, \mu \neq \mu_0 \right\}$$

$$= \text{Prob}\left\{ -\frac{\bar{X} - \mu}{\sigma/\sqrt{n}} \leq -1{,}96 + \frac{\mu - \mu_0}{\sigma/\sqrt{n}} \right\}$$

$$+ \text{Prob}\left\{ \frac{\bar{X} - \mu}{\sigma/\sqrt{n}} \geq 1{,}96 - \frac{\mu - \mu_0}{\sigma/\sqrt{n}} \right\}$$

$$= F_{NV}\left(-1{,}96 + \frac{\mu - \mu_0}{\sigma/\sqrt{n}} \right) + 1 - F_{NV}\left(1{,}96 - \frac{\mu - \mu_0}{\sigma/\sqrt{n}} \right).$$

$$= 1 - F_{NV}\left(1{,}96 - \frac{\mu - \mu_0}{\sigma/\sqrt{n}} \right) + 1 - F_{NV}\left(1{,}96 - \frac{\mu - \mu_0}{\sigma/\sqrt{n}} \right).$$

$$= 2 \cdot \left[1 - F_{NV}\left(1{,}96 - \frac{\mu - \mu_0}{\sigma/\sqrt{n}} \right) \right].$$

Für $\mu \neq \mu_0$ wird der Verlauf der Gütefunktion für die beiden Stichprobenumfänge n = 9 und n = 25 in der Abbildung 16.9 skizziert.

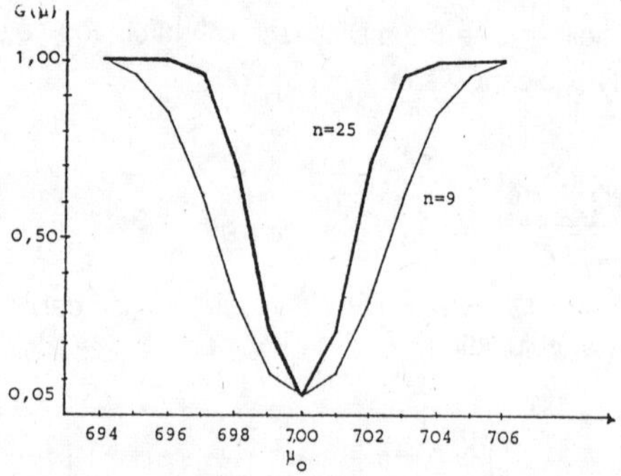

Abb. 16.9: Verlauf der Gütefunktion für den zweiseitigen Signifikanztest

Tabelle 16.6: Wertetabelle der Gütefunktion für den zweiseitigen Signifikanztest

μ		694	695	696	697	698	699	700
$G(\mu)$;	n = 9	0,9941	0,9633	0,8508	0,6141	0,3231	0,1165	0,05
	n = 25		1,00	0,9988	0,9625	0,7054	0,2396	0,05

μ		701	702	703	704	705	706
$G(\mu)$;	n = 9	0,1165	0,3231	0,6141	0,8508	0,9633	0,9941
	n = 25	0,2396	0,7054	0,9625	0,9988	1,00	

Aus dem Verlauf der Gütefunktion erkennt man, daß diese umso steiler verläuft, je größer der Stichprobenumfang n ist. Die größere Steilheit der Gütefunktion bedeutet aber, daß der betreffende Test um so besser zwischen μ und μ_0 unterscheiden kann. Daher ist die richtige Wahl des Stichprobenumfanges n für eine erfolgreiche praktische Anwendung von statistischen Tests von großer Bedeutung. Der Stichprobenumfang n sollte so gewählt werden, daß alle praktisch relevanten Abweichungen zwischen μ und μ_0 auch tatsächlich erkannt werden. Andererseits sollte der Stichprobenumfang nicht größer als nötig gewählt werden, denn es ist sinnlos, praktisch unbedeutende Unterschiede als statistisch signifikant nachzuweisen.

Beim Vergleich der beiden Gütefunktionen erkennt man ferner, daß die Steilheit dieser Funktion beim einseitigen Signifikanztest größer ist als beim zweiseitigen Test. Daraus folgt, daß ein einseitiger Test unter sonst gleichen Bedingungen trennschärfer ist als ein zweiseitiger Test.

In einigen Anwendungsbereichen der Statistik, etwa in der statistischen Qualitätskontrolle, wird nicht die Gütefunktion zur Beurteilung eines Testverfahrens verwendet, sondern die **Operationscharakteristik (OC-Kurve)**. Diese ist definiert als die zur Gütefunktion komplementäre Wahrscheinlichkeit, d.h.

$$OC(\mu) = 1 - G(\mu) = \beta.$$

Die Operationscharakteristik stellt somit die Wahrscheinlichkeit dar, einen Fehler 2. Art zu begehen, d.h. die Wahrscheinlichkeit, die Nullhypothese nicht abzulehnen, obwohl sie falsch ist.

B. Verteilungsfreie Testverfahren

1. Nichtparametrisch oder verteilungsfrei?

Beide Bezeichnungen werden in der Literatur oft synonym gebraucht, obwohl sie nicht genau das gleiche bezeichnen. Durch ihre undifferenzierte Verwendung bezeichnen sie daher manchmal auch etwas Falsches. Ausgangspunkt für diesen Mißbrauch ist wohl zum einen der Begriff des "Parameters" und zum anderen der der "Verteilung". Daher sollen zunächst diese beiden Begriffe näher betrachtet werden.

Bezeichnet man mit dem Begriff "**Parameter**" **jede** Kennzahl einer Wahrscheinlichkeitsverteilung, dann ist es sicher falsch, die Berechnung eines Konfidenzintervalles für den Median einer Verteilung zu den nichtparametrischen Verfahren zu zählen. Bezeichnet man jedoch mit dem Begriff "Parameter" nur diejenigen Größen, die explizit zur **Spezifikation des Verteilungstyps** einer Zufallsvariablen benötigt werden (etwa Erwartungswert und Varianz bei der Normalverteilung oder Stichprobenumfang und Erfolgswahrscheinlichkeit bei einer Binomial-Verteilung), dann ist die Zuweisung eines Verfahrens, bei dem der Median als Kennzahl eine Rolle spielt, zu den nichtparametrischen Verfahren gerechtfertigt.

Parameter in diesem engeren Sinne sind aber nur für metrisch-skalierte Merkmale sinnvoll. Somit ist bei **klassifikatorischen** (nominal-skalierten) und **komparativen** (ordinal-skalierten) Merkmalen eine genaue Charakterisierung des Aspektes, auf den sich die Prüfung bezieht, nicht möglich. In diesem Fall helfen nichtparametrische Verfahren weiter, denn bei diesen ist es gleichgültig, ob es sich bei den Merkmalsausprägungen um **Meßwerte** (metrisch-skalierte), **Rangdaten** (ordinal-skalierte) oder **klassifizierende** (nominal-skalierte) Informationen handelt.

Auch der Begriff "**verteilungsfrei**" ist mit ähnlicher Problematik behaftet. Alle statistischen Prüfverfahren basieren immer auf einer Verteilung und können somit nie "verteilungsfrei" sein. Daher muß zunächst der Begriff der Verteilung näher spezifiziert werden. Grundsätzlich kann man bei statistischen Prüfverfahren drei Verteilungstypen unterscheiden:

1. Die Verteilung der Merkmalsausprägungen an den beobachteten Objekten in der Stichprobe (= **Stichprobenverteilung**),

2. die Verteilung der Prüfvariablen (= **Prüfverteilung**) und

3. die Verteilung der Merkmalsausprägungen an den Objekten in der Grundgesamtheit (= **Grundgesamtheitsverteilung**).

Spricht man von einem "verteilungsfreien" Prüfverfahren, dann meint man damit die Tatsache, daß das Verfahren frei bzw. unabhängig von der **Grundgesamtheitsverteilung** ist.

Aber auch diese Freiheit ist nur eine relative, da man nicht auf jegliche stochastische Annahme in der Grundgesamtheit verzichten kann. So erfordern die verteilungsfreien Verfahren Angaben über Typ oder Figur der Verteilung in der Grundgesamtheit. Diejenigen verteilungsfreien Verfahren, die sich auf **nominal-skalierte Daten**, d.h. Häufigkeitsziffern bzw. Kategorien beziehen, erfordern in der Regel eine spezifizierte Annahme über die Grundgesamtheitsverteilung. Bei zwei alternativen Kategorien erfordern sie das Vorliegen einer Binomialverteilung in der Grundgesamtheit bzw. bei $k > 2$ Kategorien eine Polynomialverteilung. Bei **ordinal-skalierten Merkmalen** liegen die Beobachtungswerte in einer Rangskala vor. Man fordert in diesem Fall eine strenge Rangordnung, die in der Regel durch eine **stetige Grundgesamtheitsverteilung** gesichert ist. Treten jedoch Bindungen, - d.h. gleiche Beobachtungswerte (engl. "ties") - auf, was durch Meßungenauigkeiten bedingt sein kann, dann erfordert die Anwendung der Testverfahren zusätzliche Annahmen. Diese können etwa derart sein, daß die Stichproben aus Grundgesamtheiten mit gleicher zentraler Tendenz oder gleicher Streuung stammen müssen.

Es gibt in der Literatur Bestrebungen, die unpräzise Ausdrucksweise "verteilungsfrei/nichtparametrisch" zu umgehen, indem man eine neue Terminologie einführt. In Anlehung an Ury [1967] kann man von "**voraussetzungsärmeren Verfahren**" sprechen.

Kendall und Sundrum [1953] haben zwischen "**nichtparametrischen Hypothesen**" und "**verteilungsfreien Testverfahren**" unterschieden. Die beiden Autoren argumentieren, daß ein Prüfverfahren weder nichtparametrisch noch parametrisch sein kann, diese Unterscheidung könne sich bestenfalls auf die Hypothesen beziehen, die getestet werden sollen. Dagegen sei das Prüfverfahren entweder verteilungsfrei oder verteilungsgebunden. Somit ist **nichtparametrisch** ein Attribut des Problems, während sich **verteilungsfrei** auf die Lösungsmethode bezieht.

Man kann somit "nichtparametrische" bzw. "verteilungsfreie" statistische Prüfverfahren als Verfahren interpretieren, die

1. bereits auf dem nominalen oder ordinalen Skalenniveau angewendet werden können und
2. die bezüglich der Grundgesamtheitsverteilung keine strengen Annahmen fordern.

Damit sind die Hauptanwendungsbereiche der nichtparametrischen anstelle der klassischen parametrischen Verfahren angegeben. Zum einen, wenn die einschränkenden Verteilungsannahmen auch nicht approximativ erfüllt sind, wie dies sehr häufig bei den Problemen der Realwissenschaften der Fall ist. Dies gilt besonders bei kleinen Stichprobenumfängen, wenn der Zentrale Grenzwertsatz nicht angewendet werden kann. Zum anderen, wenn die Möglichkeit der statistischen Verarbeitung von Rangplätzen und reinen Häufigkeitsinformationen bei nominal- und ordinal-skaliert erhobenen Daten notwendig werden. In diesen Fällen besitzen die nichtparametrischen Testverfahren eindeutige Vorteile gegenüber den klassischen Verfahren.

Irrelevant erscheint der Einwand, daß nichtparametrische Verfahren eine geringere Teststärke als die klassischen Verfahren besitzen. Falls die Voraussetzungen zur Anwendung von parametrischen Verfahren gegeben sind, sollten diese auch angewendet werden, anderenfalls verschenkt man Informationen. Sind die Voraussetzungen für die Anwendung parametrischer Verfahren nicht gegeben, dann ist es auch sinnlos, über ihre größere Teststärke zu diskutieren.

Allgemein kann man sagen:

Je mehr Voraussetzungen ein Test fordert, desto trennschärfer (effizienter) ist er unter sonst gleichen Bedingungen.

Sind die Voraussetzungen für die Anwendung eines parametrischen Testverfahren nicht erfüllt, dann sollte man, bevor man ein nichtparametrisches Verfahren anwendet, zunächst prüfen, ob die parametrische Alternative nicht **robust** genug ist, um dennoch angewandt werden zu können. Unter **Robustheit eines Verfahrens** versteht man dessen Eigenschaft, trotz Abweichungen des verwendeten Datenmaterials von den Voraussetzungen gültige Entscheidungen zu liefern. Robustheit bedeutet somit relative Unabhängigkeit von den Modellvoraussetzungen. Somit steht die Forderung nach Robustheit eines Test- (oder Prüf-)verfahrens im Gegensatz zur Forderung nach Genauigkeit. Ein robuster statistischer Test wird in der Regel nicht der beste Test sein. Eine Entscheidungsregel zwischen der Anwendung eines robusten parametrischen Tests oder eines nichtparametrischen Tests läßt sich allgemein nicht formulieren, sondern wird immer eine Frage des Abwägens im konkreten Einzelfall bleiben.

Eine weitere Möglichkeit, parametrische Testverfahren auf nicht-normalverteilte Daten anzuwenden, besteht darin, daß man versucht, durch geeignete Transformationen das Datenmaterial zu "normalisieren". Nichtnormalverteilte Stichprobenbeobachtungswerte werden dabei rechnerisch so umgeformt, daß sie einer Normalverteilung genügen. Gegen ein solches Vorgehen lassen sich allerdings eine Reihe von Kritikpunkten einwenden. Einmal kann durch ein solches Vorgehen die Skala der Beobachtungswerte stark und vor allem unübersichtlich verzerrt werden. Zum anderen spricht gegen solche Transformationen die Tatsache, daß die Daten nach der "Normalisierung" nicht mehr voneinander stochastisch unabhängig sind. Damit verlieren aber die Daten eine für die Anwendung der Verfahren wichtige Voraussetzung.

Viele verteilungsfreie Tests gehen von dem sog. **Homomeritätspostulat** aus. Damit bezeichnet man die Forderung, daß die zu vergleichenden Stichproben aus Grundgesamtheiten stammen, deren Verteilungsform bis auf den zu überprüfenden Sachverhalt entweder gleich ist oder vom gleichen Typ stammt [Lubin, 1962]. Eine Ausnahme davon bilden die sog. **Omnibustests**, die gleichzeitig gegen mehrere Alternativhypothesen prüfen. Bei diesen dürfen sich die Verteilungen der Grundgesamtheit beliebig voneinander unterscheiden.

Bei den parametrischen Testverfahren auf Gleichheit der zentralen Tendenz (t-Test) wird gefordert, daß die Varianzen gleich sind. Da in diesem Fall Normalverteilung in der Grundgesamtheit vorausgesetzt wird, ist somit die Forderung nach Varianzhomogenität ein Spezialfall des Homomeritätspostulats, da sich Normalverteilungen nur bezüglich der zentralen Tendenz (Lokation) **und** der Streuung (Dispersion) unterscheiden können.

Liegt Streuungsheterogenität vor, dann kann man ein parametrisches Testverfahren nur dann anwenden, wenn man vorher durch geeignete Transformationen die "Stabilität" der Dispersion gesichert hat. Die parametrische Testtheorie besitzt keine Möglichkeit des gleichzeitigen (simultanen) Prüfens gegen mehrere Alternativhypothesen (etwa Lokations- und Dispersionsunterschiede). Dagegen existieren nicht-parametrische Prüfverfahren, die gleichzeitig Lokations- und auch Dispersionsunterschiede prüfen (= **Omnibustests**).

Verteilungsfreie (nichtparametrische oder parameterfreie) Testverfahren dienen der Überprüfung von Hypothesen, die keine Annahmen über die Parameter der Grundgesamtheitsverteilung treffen. Dies bedeutet allerdings nicht, daß man auf jegliche Verteilungsannahmen verzichtet. Besonders strukturelle Voraussetzungen wie etwa Unabhängigkeit der Zufallsvariablen oder eine stetige Verteilung der Zufallsvariablen werden auch bei den nichtparametrischen Verfahren zugrundegelegt. Doch handelt es sich hierbei um weniger und um schwächere Voraussetzungen als bei den parametrischen Tests.

Auch verlangen nichtparametrische Tests kein so hohes Meßniveau wie die parametrischen Tests. Sie lassen sich auf Daten von ordinalem und manche sogar auf solche von nominalem Meßniveau anwenden, während parametrische Tests immer mindestens ein intervallskaliertes Meßniveau der Daten verlangen.

Nichtparametrische Tests dienen dazu, Unterschiede in den Lage-, den Streuungsparametern oder der Form der Wahrscheinlichkeitsverteilung zu prüfen. Sie sind wegen ihrer relativ bescheidenen Annahmen bezüglich der Testvoraussetzungen häufiger einsetzbar.

Ferner sind sie auch für kleinere Stichprobenumfänge geeignet. Der Rechenaufwand bei ihrer Anwendung ist relativ gering, weshalb sie oft auch als "Schnelltests" bezeichnet werden und zuweilen auch dann angewandt werden, wenn die Voraussetzugen für ein "klassisches", d.h. parametrisches Verfahren erfüllt sind. Allerdings besitzen die verteilungsfreien Testverfahren auch einige Nachteile gegenüber den parametrischen Verfahren, wobei besonders ihre Effizienz bzw. Teststärke erwähnt werden muß, die geringer ist als bei einem entsprechenden parametrischen Verfahren, vorausgesetzt, ein solches existiert für die vorliegenden Annahmen.

Anpassungstests vergleichen die empirische Verteilung einer Stichprobe mit der in der Nullhypothese geforderten theoretischen Verteilung in der Grundgesamtheit (Ein-Stichproben Fall).

Homogenitätstests vergleichen die Verteilungen zweier Stichproben miteinander, um zu prüfen, ob beide aus der gleichen Grundgesamtheit stammen (Zwei-Stichproben Fall).

Unabhängigkeitstests prüfen die empirischen Verteilungen zweier Zufallsvariablen auf stochastische Unabhängigkeit in den Grundgesamtheiten (Ein-Stichproben Fall).

Einige Testverfahren gehen davon aus, daß zwei **unabhängige Stichproben** betrachtet werden. Darunter versteht man Stichproben, deren Elemente voneinander unabhängig erhoben wurden. Durch eine solche Auswahlvorschrift wird gewährleistet, daß die Einheiten der Grundgesamtheit, die in eine Stichprobe gelangen, keinen Einfluß auf die Auswahl der Elemente besitzen, die in die andere Stichprobe gelangen.

Bei anderen Testverfahren kann es aufgrund der Fragestellung notwendig sein, zwei Stichproben miteinander zu vergleichen, deren Elemente jeweils paarweise einander zugeordnet sind. Man spricht in diesem Fall von **abhängigen Stichproben**. Typisches Beispiel dafür sind die sog. **parallelisierten Stichproben (matched samples)**, bei denen die Elemente in den beiden Stichproben nach einem sinnvollen Kriterium paarweise einander zugeordnet sind.

Von abhängigen Stichproben spricht man auch, wenn an **einer** Stichprobe nacheinander **zwei** Messungen durchführt werden (Meßwiederholung). Typische Beispiele hierfür sind Untersuchungen über die Kaufbereitschaft von Kunden **vor** und **nach** einer Werbekampagne.

2. Die Güte bzw. Effizienz dieser Verfahren

Möchte man ein verteilungsfreies Testverfahren mit dem entsprechenden "klassischen", d.h. auf der Normalverteilung oder einer daraus abgeleiteten Verteilung basierenden Testverfahren vergleichen, so benötigt man eine **Maßgröße für die Effizienz** der beiden Testverfahren. Ein solcher Effizienz-Vergleich erfolgt anhand des Auftretens eines Fehlers 2. Art.

Es soll eine Nullhypothese H_0 gegen eine Alternativhypothese H_a bei vorgegebenem Signifikanzniveau α getestet werden. Dazu mögen zwei Testverfahren A bzw. B zur Verfügung stehen. Für einen Stichprobenumfang n_A des Testes A werde der Wert der Gütefunktion an der Stelle der Alternativhypothese H_a für dieses Testverfahren bestimmt. Danach ermittelt man für das Testverfahren B denjenigen Stichprobenumfang n_B, bei dem unter sonst gleichen Bedingungen die Gütefunktion denselben Wert annimmt.

Der Quotient n_A/n_B stellt dann die **relative Effizienz** des Testes B gegenüber dem Test A dar. Er bezeichnet die relative Stärke der beiden Testverfahren unter den Bedingungen H_0, H_a, α und n_A. Ergibt sich ein Wert größer als eins, dann ist der Test B in dieser speziellen Situation dem Test A vorzuziehen.

Dieses Kriterium der relativen Effizienz zweier Tests hat den schwerwiegenden Nachteil, daß es nur auf die ganz spezielle Testsituation zugeschnitten ist. Um dies zu vermeiden, kann man den von Pitman [1948] eingeführten Begriff der "**asymptotischen relativen Effizienz**" verwenden. Dabei unterstellt man konsistente Testverfahren und bezeichnet als asymptotische relative Effizienz den Grenzwert des Quotienten beider Stichprobenumfänge $E = n_B/n_A$, vorausgesetzt dieser existiert.

Bezeichnet man mit A ein parametrisches und mit B das entsprechende nicht-parametrische Testverfahren, so gibt der Index E an, wie leistungsfähig das verteilungsfreie Testverfahren ist, wenn man es statt des klassischen parametrischen Testverfahrens anwendet.

Allerdings ist dieses Vergleichskriterium nur im Fall "großer" Stichprobenumfänge anwendbar und auch nur für die Fälle, in denen Null- und Alternativhypothese nahe beieinander liegen.

Beispielsweise bedeutet ein Wert von $E = 0{,}95$: Wendet man auf der gleichen Signifikanzstufe einen nicht-parametrischen Test mit dem Stichprobenumfang $n = 100$ an, so würde man bei dem entsprechenden parametrischen Test unter sonst gleichen Bedingungen im Durchschnitt nur einen Stichprobenumfang von $n = 95$ benötigen.

16.7 Anpassungstests (Ein-Stichproben Fall)

Als Anpassungstests bezeichnet man Testverfahren, bei denen die Güte der "Anpassung" einer beobachteten **empirischen** an eine **theoretische** Verteilung im Mittelpunkt steht. Sie dienen dazu, Annahmen über die unbekannte Verteilungsform $F_0(x)$ einer Zufallsvariablen X in der Grundgesamtheit zu überprüfen. Man vergleicht dazu die in **einer** Zufallsstichprobe beobachtete Häufigkeitsverteilung F(x) mit der angenommenen theoretischen Wahrscheinlichkeitsverteilung in der Grundgesamtheit und prüft, inwieweit sich beide unterscheiden.

Hypothesen:

Die zu prüfende Hypothese kann in Form der Verteilungs- oder der Dichtefunktion der Zufallsvariablen X formuliert werden:

$$H_0: F(x) = F_0(x) \text{ für alle } x \in R \text{ gegen}$$

$$H_a: F(x) \neq F_0(x) \text{ für mindestens ein } x \in R,$$

bzw.

$$H_0: f(x) = f_0(x) \text{ für alle } x \in R \text{ gegen}$$

$$H_a: f(x) \neq f_0(x) \text{ für mindestens ein } x \in R.$$

Man testet also die Hypothese, daß eine Grundgesamtheitsverteilung durch eine beobachtete empirische Häufigkeitsverteilung beschrieben werden kann. Die Nullhypothese wird **verworfen**, wenn die Abweichungen zwischen der hypothetischen Verteilung der Grundgesamtheit und der beobachteten empirischen Stichprobenverteilung so groß wird, daß sie nicht mehr als zufällig interpretiert werden können. Dazu benötigt man sowohl eine Maßgröße für diese Abweichungen, die sog. Prüfvariable, als auch die Kenntnis der Wahrscheinlichkeitsverteilung dieser Prüfvariablen.

Beispiele von Anpassungstests sind der Chi-Quadrat und der Kolmogorov-Smirnov Test, die beide im folgenden besprochen werden.

16.7.1 Der Chi-Quadrat-Anpassungstest

Voraussetzung:

Für eine Anwendung des Chi-Quadrat-Anpassungstests muß das beobachtete Stichprobenmaterial in **gruppierter Form** vorliegen und ist bei einer **diskreten** Verteilung des Merkmals in der Grundgesamtheit anwendbar.

Bei **ungruppiertem Datenmaterial** bietet sich der Kolmogorov-Smirnov Test an. Dieser basiert auf der Annahme einer **stetigen** Verteilung des Merkmals in der Grundgesamtheit.

Hypothesen:

$$H_0 : F(x) = F_0(x) \text{ für alle } x \in R \text{ gegen } H_a : F(x) \neq F_0(x) \text{ für mindestens ein } x \in R,$$

Vorgehensweise:

Mit $n_i = n(A_i)$ bezeichnet man die absolute Häufigkeit der Beobachtungswerte in der i-ten Gruppe der Stichprobe.

Sei $p_i = \text{Prob}\{X \in A_i | H_0\}$ die theoretische Wahrscheinlichkeit, daß die Zufallsvariable X einen Wert annimmt, der in die i-te Gruppe fällt, falls H_0 gilt.

Die Anzahl der Beobachtungswerte n und deren theoretische Wahrscheinlichkeit dürfen pro Gruppe nicht zu klein ausfallen. Als Faustregel für die Anwendung gilt die Bedingung:

$$n \cdot p_i \geq 5 \text{ für alle k Gruppen.}$$

Sollte diese Bedingung nicht erfüllt sein, dann muß man benachbarte Gruppen solange zusammenfassen, bis sie erfüllt ist.

Prüfvariable:

Die Prüfvariable

$$\chi^2_{pr} = \sum_{i=1}^{k} \frac{(n_i - np_i)^2}{np_i}$$

bzw. falls $\sum_{i=1}^{k} p_i = 1$ erfüllt ist

$$\chi^2_{pr} = \frac{1}{n} \sum_{i=1}^{k} \frac{n_i^2}{p_i} - n$$

ist approximativ Chi-Quadrat-verteilt mit ν = k-m-1 Freiheitsgraden, wobei k die Anzahl der Gruppen und m die Zahl der aus der Stichprobe geschätzten Verteilungsparameter darstellt.

Kritischer Wert:

Zu einer vorgegebenen Irrtumswahrscheinlichkeit α wird der einseitige Verwerfungsbereich durch den kritischen Wert

$$\chi_{kr}^2 = \chi^2(\nu;1-\alpha)$$

mit ν = k-m-1 bestimmt.

Da die Prüfvariable **diskret**, der kritische Wert jedoch **stetig** ist, muß eine Stetigkeitskorrektur vorgenommen werden. In der Praxis verwendet man jedoch nur bei einem Freiheitsgrad (ν = 1) die sog. **Yates-Stetigkeitskorrektur** [Bleymüller, Gehlert, Gülicher, 1988, S. 128]. Die so korrigierte Prüfgröße lautet

$$\chi^2_{korr} = \sum_{i=1}^{k} \frac{(| n_i - np_i| - 0,5)^2}{np_i} .$$

Testentscheidung:

Wenn $\chi_{pr}^2 > \chi_{kr}^2$ ausfällt, wird die aufgestellte Nullhypothese bei der gewählten Irrtumswahrscheinlichkeit α **verworfen**.

Beispiel 16.21:

Für die in der Tabelle 16.7 gegebenen gruppierten Werte der empirisch beobachteten Verteilung einer Zufallsvariablen X soll mit einer Irrtumswahrscheinlichkeit α von 5 % die folgende Nullhypothese geprüft werden:

H_0: Die beobachtete empirische Verteilung genügt einer Normalverteilung

Tabelle 16.7: Empirische Verteilung der Zufallsvariablen X:

x_i	x_i^m	$(x_i^m)^2$	n_i	$n_i x_i^m$	$n_i (x_i^m)^2$
[3,0 - 3,6)	3,3	10,89	2	6,6	21,78
[3,6 - 4,2)	3,9	15,21	8	31,2	121,68
[4,2 - 4,8)	4,5	20,25	35	157,5	708,75
[4,8 - 5,4)	5,1	26,01	43	219,3	1 118,43
[5,4 - 6,0)	5,7	32,49	22	125,4	714,78
[6,0 - 6,6)	6,3	39,69	15	94,5	595,35
[6,6 - 7,2)	6,9	47,61	5	34,5	238,05
			n = 130	669,0	3 518,82

Zunächst müssen die beiden Parameter μ und σ^2 der Normalverteilung aus der Stichprobe geschätzt werden. Erwartungstreue Schätzfunktionen sind bekanntlich der Mittelwert $\bar{X}$ und die Varianz S_X^2. Man erhält die Schätzwerte

$$\bar{x} = \frac{1}{n} \Sigma\ n_i x_i^m = \frac{669,0}{130} = 5,1462.$$

$$s_X^2 = \frac{1}{n-1} \Sigma\ n_i (x_i^m)^2 - \frac{n}{n-1} \cdot \bar{x}^2 = \frac{3\ 518,82}{129} - \frac{130}{129} \cdot (5,1462)^2 = 0,5890,$$

$$s_X = {}^{+}\sqrt{s_X^2} = 0,7675.$$

Um die theoretischen Werte np_i zu berechnen, benötigt man die Wahrscheinlichkeiten p_i. Die Werte p_i geben an, mit welcher Wahrscheinlichkeit eine N(5,1462;0,5890)-verteilte Zufallsvariable X einen Wert annimmt, der einer der vorgegebenen Klassen angehört.

Für das dritte Intervall ergibt sich beispielsweise die folgende Berechnung:

$$p_3 = \text{Prob}\{4,2 \leq X < 4,8\} = \text{Prob}\left\{\frac{4,2 - 5,1462}{0,7675} \leq Z < \frac{4,8 - 5,1462}{0,7675}\right\}$$

$$= \text{Prob}\{-\ 1,2328 \leq Z < -\ 0,4511\} = F(-\ 0,4511) - F(-\ 1,2328)$$

$$= 0,3260 - 0,1088 = 0,2172.$$

Insgesamt erhält man die folgenden Werte

i	1	2	3	4	5	6	7
n_i	2	8	35	43	22	15	5
p_i	0,0194	0,0868	0,2172	0,2922	0,2488	0,1039	0,0253
np_i	2,522	11,284	28,236	37,986	32,344	13,507	3,289

Da für die beiden äußeren Intervalle die Voraussetzung $np_i \geq 5$ verletzt ist, müssen benachbarte Klassen zusammengefaßt werden. Man erhält

i	1'	3	4	5	6'
n_i	10	35	43	22	20
p_i	0,1062	0,2172	0,2922	0,2488	0,1292
np_i	13,806	28,236	37,986	32,344	16,796

Die Anzahl der Klassen reduziert sich dabei ebenfalls, nämlich auf

$$k^* = k - 2 = 7 - 2 = 5.$$

Der **Prüfwert** nimmt nunmehr den Wert

$$\chi^2_{pr} = \sum_{i=1}^{5} \frac{(n_i - np_i)^2}{np_i} = 7{,}2506$$

an. Da die beiden Parameter μ und σ^2 durch die Stichprobenwerte $\bar{x}$ und s_X^2 geschätzt wurden, ist $m = 2$, und die Zahl der Freiheitsgrade reduziert sich auf

$$\nu = k^* - m - 1 = 5 - 2 - 1 = 2.$$

Kritischer Wert:

Aus einer Tabelle der Chi-Quadrat Verteilung entnimmt man den kritischen Wert zu

$$\chi^2_{kr} = \chi^2(2;0{,}950) = 5{,}991.$$

Wegen

$$\chi^2_{pr} = 7{,}2506 > 5{,}991 = \chi^2_{kr}$$

lautet die **Testentscheidung**:

Die aufgestellte Nullhypothese muß mit einer Irrtumswahrscheinlichkeit von 5 % **verworfen** werden.

16.7.2 Kolmogorov-Smirnov Anpassungstest

Wie der Chi-Quadrat Test ist auch dieser Test ein Beurteilungskriterium für die Güte der Anpassung einer beobachteten empirischen Wahrscheinlichkeitsverteilung an eine angenommene theoretische Wahrscheinlichkeitsverteilung. Man bezeichnet die in der Grundgesamtheit angenommene theoretische Verteilungsfunktion mit $F^{th}(x)$ und die in der Stichprobe beobachtete empirische mit $F^{e}(x)$.

Voraussetzung:

Im Gegensatz zum Chi-Quadrat Anpassungstest kann er auch schon bei **kleinen Stichprobenumfängen** angewandt werden, unterstellt aber, daß die theoretische Verteilung **stetig** ist und **vollständig spezifiziert** vorliegt, d.h. kein Verteilungsparameter darf aus der Stichprobe geschätzt werden. Beobachtungswerte der Stichprobe müssen in **ungruppierter Form** vorliegen und sollten der Größe nach geordnet sein, d.h. $x_{(1)} < x_{(2)} < \ldots < x_{(n)}$.

Hypothesen:

Die zu prüfende Nullhypothese lautet:

$$H_0: F^{e}(x) = F^{th}(x) \text{ für alle } x$$

gegen die Alternativhypothese

$$H_a: F^{e}(x) \neq F^{th}(x) \text{ für mindestens einen Wert von } x.$$

Prüfwert:

Als Prüfwert betrachtet man die maximale absolute Abweichung zwischen der theoretischen (hypothetischen) Verteilungsfunktion $F^{th}(x)$ und der beobachteten empirischen Häufigkeitsverteilung $F^e(x)$, d.h.

$$D_{pr} = \underset{x}{\text{Max}} \{| F^{th}(x) - F^e(x)| \}.$$

Kritischer Wert:

Die kritischen Werte entnimmt man für eine vorgegebene Irrtumswahrscheinlichkeit α und einem Stichprobenumfang n den **Tabellen 16.8** oder **16.9** zu

$$D_{kr} = D(n;\ \alpha).$$

Die **Testentscheidung** lautet:

Die Nullhypothese wird **verworfen**, wenn $D_{pr} > D_{kr}$ ausfällt.

Tabelle 16.8: Annahmekennzahlen des Kolmogorov-Smirnov Anpassungstestes für n < 40 [Sachs, 1984, Seite 257]

n	α = 0,10	α = 0,05	n	α = 0,10	α = 0,05	n	α = 0,10	α = 0,05
			14	0,314	0,349	27	0,229	0,254
			15	0,304	0,338	28	0,225	0,250
3	0,636	0,708	16	0,295	0,327	29	0,221	0,246
4	0,565	0,624	17	0,286	0,318	30	0,218	0,242
5	0,509	0,563	18	0,287	0,309	31	0,214	0,238
6	0,468	0,519	19	0,271	0,309	32	0,211	0,234
7	0,436	0,483	20	0,265	0,294	33	0,208	0,231
8	0,410	0,454	21	0,259	0,287	34	0,205	0,227
9	0,387	0,430	22	0,253	0,281	35	0,202	0,224
10	0,369	0,409	23	0,247	0,275	36	0,199	0,221
11	0,352	0,391	24	0,242	0,269	37	0,196	0,218
12	0,388	0,375	25	0,238	0,264	38	0,194	0,215
13	0,325	0,361	26	0,233	0,259	39	0,191	0,213
						40	0,189	0,210

Beispiel 16.22:

Gegeben seien die folgenden n = 16 Beobachtungswerte

25; 25; 29; 35; 36; 40; 44; 44; 49; 55; 55; 56; 57; 60; 61; 63;

sowie die Parameter einer Normalverteilung zu $\mu = 50$ und $\sigma = 10$.

Es soll mit einer Irrtumswahrscheinlichkeit von 10 % geprüft werden, ob die beobachteten Stichprobenwerte aus einer normalverteilten Grundgesamtheit mit den angegebenen Parametern stammen.

Die Beobachtungswerte der Stichprobe liegen bereits der Größe nach geordnet vor. Aus einer Tabelle der Standardnormalverteilung entnimmt man zu den standardisierten Größen $z_i = (x_i - \mu)/\sigma$ die Werte der theoretischen Häufigkeitsverteilung.

Um die maximale Differenz zwischen der empirischen Häufigkeitsverteilung (diskret) und der theoretischen Verteilungsfunktion (stetig) zu bestimmen, muß man die maximale absolute Abweichung beider Verteilungen an den Sprungstellen x_i betrachten.

Dabei sind die beiden Differenzen $a_1 = |F_0(x_i) - F(x_{i-1})|$ an der unteren und $a_2 = |F_0(x_i) - F(x_i)|$ an der oberen Sprungstelle zu bilden.

Man erhält

Nr.	Beobach-tungswert x_i	empirische Verteilung $F(x_i)$	standardi-sierter Wert z_i	theoretische Verteilung $F_0(z_i)$	a_1	a_2
1;2	25	0,125	- 2,5	0,0062	0,0062	0,1188
3	29	0,1875	- 2,1	0,0174	0,1076	0,1701
4	35	0,25	- 1,5	0,0668	0,1207	0,1832
5	36	0,3125	- 1,4	0,0808	0,1692	**0,2317**
6	40	0,375	- 1,0	0,1587	0,1538	0,2163
7;8	44	0,5	- 0,6	0,2743	0,1007	0,2257
9	49	0,5625	- 0,1	0,4602	0,0398	0,1023
10;11	55	0,6875	0,5	0,6915	0,1290	0,0040
12	56	0,75	0,6	0,7257	0,0382	0,0243
13	57	0,8125	0,7	0,7580	0,0080	0,0545
14	60	0,875	1,0	0,8413	0,0288	0,0337
15	61	0,9375	1,1	0,8643	0,0107	0,0732
16	63	1,0	1,3	0,9032	0,0343	0,0968
Σ	610					

Als maximale Abweichung und somit als Prüfwert ergibt sich

$$D_{pr} = 0{,}2317.$$

Für kleine Stichprobenumfänge entnimmt man die Annahmekennzahlen für den Kolmogorov-Smirnov Test der **Tabelle 16.8**.

Somit lautet die **Testentscheidung**:

Wegen

$$D_{pr} = 0{,}2317 \leq 0{,}295 = D_{kr}(n = 16;\ \alpha = 0{,}10)$$

kann bei einer Irrtumswahrscheinlichkeit von $\alpha = 0{,}10$ die aufgestellte Nullhypothese **nicht verworfen** werden.
Etwa für n > 40, kann man die kritischen Werte für den Kolmogorov-Smirnov Test approximativ der **Tabelle 16.9** entnehmen.

Tabelle 16.9: Annahmekennzahlen des Kolmogorov-Smirnov Anpassungstestes für n > 40 [Sachs, 1984, Seite 257]

zweiseitige Irrtumswahrscheinlichkeit α	0,20	0,15	0,10	0,05	0,02	0,01	0,001
D_{kr}	$\frac{1{,}073}{\sqrt{n}}$	$\frac{1{,}138}{\sqrt{n}}$	$\frac{1{,}224}{\sqrt{n}}$	$\frac{1{,}358}{\sqrt{n}}$	$\frac{1{,}52}{\sqrt{n}}$	$\frac{1{,}628}{\sqrt{n}}$	$\frac{1{,}949}{\sqrt{n}}$

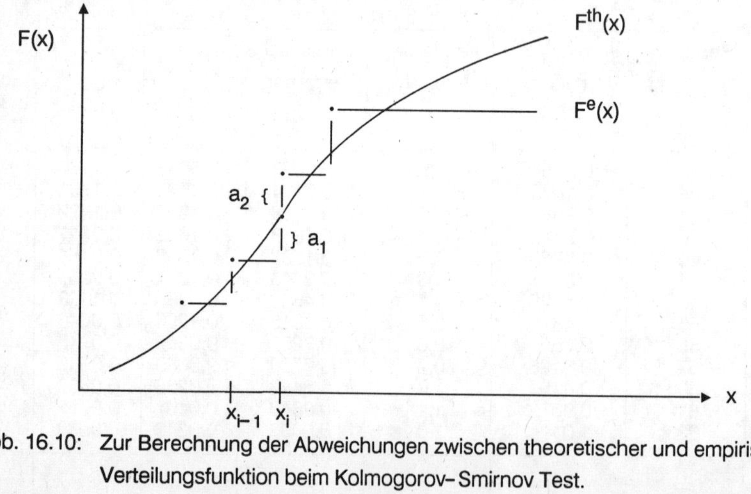

Abb. 16.10: Zur Berechnung der Abweichungen zwischen theoretischer und empirischer Verteilungsfunktion beim Kolmogorov-Smirnov Test.

16.8 Unabhängigkeitstests (Ein-Stichproben Fall)

Ein Unabhängigkeitstest beantwortet die Frage, ob die mit einer Stichprobe beliebig-skaliert erhobenen Zufallsvariablen B und G voneinander stochastisch unabhängig sind.

Beispiel 16.23:

Angenommen, man betrachte in einer Stichprobe die beiden Merkmale

$$B := \{\text{Benutzung eines öffentlichen Verkehrsmittels}\} \text{ und}$$

$$G := \{\text{Geschlecht des Benutzers}\}.$$

Man kann dann fragen, ob die Merkmale der beiden Zufallsvariablen in der Stichprobe voneinander stochastisch unabhängig sind. Dies bedeutet: aufgrund der Kenntnis des Geschlechtes eines Verkehrsteilnehmers lassen sich keine Aussagen darüber treffen, ob er Benutzer eines öffentlichen Verkehrsmittels ist oder den eigenen Wagen benutzt.

16.8.1 Der Chi-Quadrat Unabhängigkeitstest

Zweck:

Dieser Test soll die stochastische Unabhängigkeit zweier Zufallsvariablen X und Y prüfen. Der Chi-Quadrat Unabhängigkeitstest sollte nur für Stichprobenumfänge von $n \geq 40$ angewandt werden.

Hypothesen:

$$H_0: F(x,y) = F_Y(x) \cdot F_X(y) \quad \text{für alle } (x,y) \in R^2$$

$$H_a: F(x,y) \neq F_Y(x) \cdot F_X(y) \quad \text{für mindestens ein } (x,y) \in R^2.$$

Vorgehensweise:

Die Behauptung, daß die beiden Zufallsvariablen X und Y stochastisch unabhängig sind, ist gleichbedeutend damit, daß die gemeinsame Verteilungsfunktion sich als Produkt der beiden Einzelverteilungsfunktionen darstellen läßt. Dazu wird der Wertebereich W_X der Zufallsvariablen X in r zueinander **disjunkte** und **nicht-leere** Klassen (Gruppen) A_i $(i = 1,2,\ldots,r)$ unterteilt. Analog wird der Wertebereich W_Y der Zufallsvariablen Y in s **disjunkte, nicht-leere** Klassen B_j $(j = 1,2,\ldots, s)$ unterteilt.

Diese Klasseneinteilung muß so vorgenommen werden, daß

$$n \cdot p_{ij} = \frac{1}{n} \cdot \sum_{i=1}^{r} n_{ij} \cdot \sum_{j=1}^{s} n_{ij} \geq 5 \text{ für alle } i \text{ und } j$$

gilt.

Dann wird eine zweidimensionale Zufallsstichprobe $[(X_1,Y_1),(X_2,Y_2),\ldots,(X_n,Y_n)]$ gezogen. Mit $n_{ij} = n(A_i \cap B_j), 1 \leq i \leq r, 1 \leq j \leq s)$ wird die absolute Häufigkeit der Beobachtungswerte der Stichprobe in der Klasse (A_i,B_j) bezeichnet, und mit $n \cdot p_{ij}$ die unter der Nullhypothese berechneten theoretischen Wahrscheinlichkeiten.

Prüfwert:

Der Prüfwert für diesen Test lautet

$$\chi^2_{pr} = \sum_{i=1}^{r} \sum_{j=1}^{s} \frac{(n_{ij} - n \cdot p_{ij})^2}{n \cdot p_{ij}},$$

$$\text{mit } p_{ij} = p_i \cdot p_j = \frac{n_{i\cdot}}{n} \cdot \frac{n_{\cdot j}}{n} = \frac{1}{n^2} \sum_{j=1}^{s} n_{ij} \cdot \sum_{i=1}^{r} n_{ij}.$$

Etwa für $n \geq 60$ ist die zugrundeliegende Zufallsvariable unter der Nullhypothese approximativ χ^2-verteilt, mit $\nu = (s-1) \cdot (r-1)$ Freiheitsgraden.

Bei einem Stichprobenumfang von $20 < n < 60$ sollte zusätzlich die Yates-Stetigkeitskorrektur verwendet werden.

Cochran [1954] zeigte allerdings, daß es für $n \leq 40$ besser ist, den "exakten" Fisher-Yates Test anzuwenden.

Kritischer Wert:

Zu einer vorgegebenen Irrtumswahrscheinlichkeit α erhält man bei einer zweiseitigen Fragestellung die Annahmekennzahl (kritischer Wert) aus einer Tabelle der χ^2-Verteilung zu

$$c_0 = \chi_{kr}^2[1-\alpha;(r-1) \cdot (s-1)].$$

Testentscheidung:

Wenn $\quad \chi_{pr}^2 > \chi_{kr}^2 = c_0$

ausfällt, dann wird die Nullhypothese **verworfen**.

Beispiel 16.24: [Clauß–Ebner, 1989, Seite 252ff]

Bei einer Befragung nach den Reisewünschen von 210 Jugendlichen äußerten sich Mädchen und Jungen wie folgt:

Reisewunsch	Jungen	Mädchen	Summe
vorhanden	32	44	76
nicht vorhanden	80	54	134
Summe	112	98	210

Es soll die Nullhypothese H_0: "Die Wahrscheinlichkeit des Reisewunsches ist unabhängig vom Geschlecht" bei einer Irrtumswahrscheinlichkeit von 5 % geprüft werden.

Dazu müssen die beobachteten mit den theoretisch erwarteten Häufigkeiten verglichen werden. Zunächst berechnet man die Größen

$$n \cdot p_{ij} = n \cdot \frac{n_{i \cdot}}{n} \cdot \frac{n_{\cdot j}}{n} = \frac{n_{i \cdot} \cdot n_{\cdot j}}{n} \qquad \text{für } 1 \leq i \leq r \text{ und } 1 \leq j \leq s$$

und erhält

$$\frac{76 \cdot 98}{210} = 35{,}5; \quad \frac{76 \cdot 112}{210} = 40{,}5; \quad \frac{134 \cdot 98}{210} = 62{,}5; \quad \frac{134 \cdot 112}{210} = 71{,}5.$$

Damit ist man in der Lage, den Prüfwert zu berechnen. Wegen $\nu = (r-1) \cdot (s-1) = 1$ sollte man die Yates–Stetigkeitskorrektur berücksichtigen. Man erhält

$$\chi^2_{pr} = \frac{(|44 - 35{,}5| - 0{,}5)^2}{35{,}5} + \frac{(|32 - 40{,}5| - 0{,}5)^2}{40{,}5} +$$

$$+ \frac{(|54 - 62{,}5| - 0{,}5)^2}{62{,}5} + \frac{(|80 - 71{,}5| - 0{,}5)^2}{71{,}5}$$

$$= 1{,}8028 + 1{,}5802 + 1{,}024 + 0{,}8951 = 5{,}3021.$$

Den zugehörigen kritischen Wert erhält man für $\nu = (r-1) \cdot (s-1) = 1$ Freiheitsgraden bei einer zweiseitigen Fragestellung zu

$$\chi^2_{kr} = \chi^2[0{,}95;1] = 3{,}84.$$

Somit lautet die **Testentscheidung:**
Wegen

$$\chi^2_{pr} = 5{,}3021 > 3{,}84 = \chi^2_{kr}$$

muß die Nullhypothese, daß der Reisewunsch geschlechtsunabhängig ist, **verworfen** werden.

16.9 Homogenitätstests (Zwei-Stichproben Fall)

Zweck:
Ein Homogenitätstest beantwortet die Frage, ob die Wahrscheinlichkeitsverteilung **einer** Zufallsvariablen, deren Realisationen mittels **zweier (oder mehrerer**) voneinander **unabhängiger** Stichproben gewonnen wurden, in der Grundgesamtheit übereinstimmen. Diese **Hypothese der totalen Übereinstimmung** von Wahrscheinlichkeitsverteilungen kann wieder mittels eines χ^2-Testes oder eines Kolmogorov-Smirnov Testes durchgeführt werden.

Hypothesen:

Für den Fall von r Stichproben lauten die **Hypothesen**:

H_0: $F_1(x) = \ldots = F_r(x)$ für alle Werte der Zufallsvariablen X und

H_a: $F_i(x) \neq F_j(x)$ für mindestens ein Stichprobenpaar (i,j) der Zufallsvariablen, mit $i,j = 1,2,\ldots,r$ und $i \neq j$.

Die Verteilungsfunktionen der Grundgesamtheit müssen für den Test **nicht** genau spezifiziert sein.

Beispiel 16.25:

Man betrachtet wieder die beiden Merkmale

B: = {Benutzung eines öffentlichen Verkehrsmittels} und

G: = {Geschlecht des Benutzers}

und zieht für beide Ausprägungen des Merkmals G je eine Zufallsstichprobe. Dabei seien die beiden Stichprobenumfänge so gewählt, daß sie dem Geschlechteranteil in der Grundgesamtheit (etwa der Gesamtbevölkerung) entsprechen. Man kann dann fragen, ob die Gewohnheit, ein öffentliches Verkehrsmittel zu benutzen, in beiden Stichproben die gleiche ist. Man fragt also, ob der Anteil der Benutzer von öffentlichen Verkehrsmitteln unter den Männern der gleiche ist wie unter den Frauen. Diese Fragestellung führt zum Begriff der **Homogenität**.

Während beim Unabhängigkeitstest die beiden Merkmale B und G **erhoben** wurden, stellt jetzt das Merkmal G ein **Unterscheidungsmerkmal** dar.

16.9.1 Der Chi-Quadrat Homogenitätstest

Zweck:

In einer beliebigen Zahl r von unabhängigen Stichproben werde eine Zufallsvariable X mit ihren Ausprägungen $x_1, x_2, \ldots, x_s$ erhoben. Mit n_{ij} bezeichnet man die Anzahl, mit der die Ausprägung x_j in der i-ten Stichprobe auftritt.

Man prüft die Nullhypothese, daß die Verteilung der Zufallsvariablen X in den Stichproben die gleiche ist:

Hypothesen:

Die Hypothesen lauten:

H_0: $F_1(x) = \ldots = F_r(x)$ für alle $x \in R$ gegen

H_a: $F_i(x) \neq F_j(x)$ für mindestens ein Stichprobenpaar (i,j) und ein $x \in R$.

Diese Klasseneinteilung muß wieder so vorgenommen werden, daß

$$n \cdot p_{ij} = \frac{1}{n} \cdot \sum_{i=1}^{r} n_{ij} \cdot \sum_{j=1}^{s} n_{ij} \geq 5 \text{ für alle } i \text{ und } j$$

gilt.

Prüfwert:

Als Prüfwert wählt man die Größe

$$\chi^2_{pr} = \sum_{i=1}^{r} \sum_{j=1}^{s} \frac{(n_{ij} - n \cdot p_{ij})^2}{n \cdot p_{ij}}, \text{ mit}$$

$$\hat{p}_{ij} = \hat{p}_i \cdot \hat{p}_j = \frac{n_{i \cdot}}{n} \cdot \frac{n_{\cdot j}}{n} = \frac{1}{n^2} \sum_{j=1}^{s} n_{ij} \cdot \sum_{i=1}^{r} n_{ij},$$

deren zugrundeliegende Zufallsvariable asymptotisch χ^2-verteilt ist, mit $\nu = (r-1) \cdot (s-1)$ Freiheitsgraden.

Beispiel 16.26:

Beobachtet worden sei die folgende Häufigkeitsverteilung des Merkmals X in den unabhängigen Stichproben A_i, $1 \leq i \leq 5$:

Stichprobe A_i r Klassen ($1 \leq i \leq r$)	Zufallsvariable X s Klassen ($1 \leq j \leq s$) 1	 2	 3	 4	$n_{i \cdot}$
1	2	8	40	150	200
2	6	12	44	138	200
3	10	15	52	123	200
4	8	10	38	144	200
5	3	7	55	135	200
$n_{\cdot j}$	29	52	229	690	1 000
$\frac{n_{\cdot j} \cdot n_{i \cdot}}{n}$	5,8	10,4	45,8	138	

Damit erhält man als Prüfwert

$$\chi^2_{pr} = \frac{(2 - 5{,}8)^2}{5{,}8} + \frac{(8 - 10{,}4)^2}{10{,}4} + \ldots + \frac{(135 - 138)^2}{138} = 19{,}5060.$$

Kritischer Wert:

Für eine Irrtumswahrscheinlichkeit $\alpha = 0{,}05$ ergibt sich die kritische Größe zu

$$\chi_{kr}^2[0{,}95;12] = 21{,}026.$$

Wegen

$$19{,}5060 = \chi_{pr}^2 < \chi_{kr}^2 = 21{,}026$$

lautet die **Testentscheidung:**

Bei einer Irrtumswahrscheinlichkeit von 5 % kann die Nullhypothese, die beiden Stichproben stammen aus der gleichen Grundgesamtheit, **nicht verworfen** werden.

16.9.2 Der Kolmogorov-Smirnov Homogenitätstest

Voraussetzung:

Die **stetige Zufallsvariable** X sei mit zwei unabhängigen Stichproben A und B von den Umfängen n_A und n_B erhoben worden.

Hypothesen:

Man prüft die Hypothese

$$H_0: F_A(x) = F_B(x) \text{ für alle } x \in R \text{ gegen}$$

$$H_a: F_A(x) \neq F_B(x) \text{ für mindestens ein } x \in R.$$

Prüfwert:

Als Prüfwert bestimmt man die maximale Differenz der empirischen Verteilungen

$$D_{pr} = D(n_A, n_B) = \underset{x}{\text{Max}} \left| F_A^e(x) - F_B^e(x) \right| .$$

Bei einem zweiseitigen Test wird der Verwerfungsbereich durch die Beziehung

$$D_{kr} = D(n_A, n_B) = K(\alpha) \cdot \sqrt{\frac{n_A + n_B}{n_A \cdot n_B}}$$

bestimmt, wobei die Werte für $K(\alpha)$ der **Tabelle 16.10** entnommen werden.

Tabelle 16.10: Werte von K(α) für den Kolmogorov-Smirnov HomogenitätsTest bei zweiseitiger Fragestellung [Sachs, 1984, Seite 228]

α	0,20	0,15	0,10	0,05	0,025	0,01	0,005	0,001
K(α)	1,07	1,14	1,22	1,36	1,48	1,63	1,73	1,95

Beispiel 16.27:

Gegeben seien die beiden unabhängigen und gruppierten Stichproben A und B mit den Umfängen n_A = 101 und n_B = 42 sowie den Realisationen:

	Bereiche:					
	0,0 - 0,9	1,0 - 1,9	2,0 - 2,9	3,0 - 3,9	4,0 - 4,9	5,0 - 5,9
A:	2	15	34	43	7	0
B:	0	1	9	17	14	1

Bestimmung der Summenhäufigkeit ergibt die kumulierten absoluten Häufigkeiten

A:	2	17	51	94	101	101
B:	0	1	10	27	41	42

Man dividiert durch den Stichprobenumfang und erhält als empirische Verteilungsfunktion die kumulierten relativen Häufigkeiten

A:	0,020	0,168	0,505	0,931	1,000	1,000
B:	0,000	0,024	0,238	0,643	0,976	1,000

Im nächsten Schritt bildet man die Hilfsgrößen

$F_A^e(x) - F_B^e(x)$: 0,020; 0,144; 0,267; 0,288; 0,024; 0,000.

Man erhält D_{pr} = 0,288 und aus der **Tabelle 16.10** entnimmt man für α = 0,05 den Wert K(0,05) = 1,36. Für eine zweiseitige Fragestellung ergibt sich somit der kritische Wert zu

$$D_{kr} = 1{,}36 \cdot \sqrt{\frac{101 + 42}{101 \cdot 42}} = 0{,}2497.$$

Wegen $D_{pr} > D_{kr}$ muß bei $\alpha = 0{,}05$ die Nullhypothese **verworfen werden**, d.h. die beiden Stichproben stammen nicht aus der gleichen Grundgesamtheit.

16.10 Der Vorzeichentest (oder kurz: **Zeichentest**)

Der Vorzeichentest dient **im Ein-Stichproben Fall** zur Überprüfung von signifikanten Abweichungen der Verteilung einer Zufallsvariablen X von einem Lokationsparameter (beispielsweise bei einer metrisch-skalierten Zufallsvariablen dem Erwartungswert μ oder bei einer nicht-metrisch skalierten Zufallsvariablen dem Median $x_{0,50}$) und **im Zwei-Stichproben Fall** zur Prüfung von Unterschieden zwischen den Verteilungen zweier Zufallsvariablen X und Y mittels **abhängigen Stichproben**.

Der Grundgedanke besteht darin, daß bei identischen Verteilungen von X und Y

$$\text{Prob}\{X < Y\} = \text{Prob}\{X > Y\} = 0{,}5$$

gelten muß.

Voraussetzungen:

Der Vorzeichentest kommt **ohne** Verteilungsannahmen bezüglich der Grundgesamtheit aus. Er ist zudem besonders für **kleine Stichprobenumfänge n** geeignet. Bei großen Stichprobenumfängen (wenn die Binomialverteilung der Prüfvariablen durch die Normalverteilung approximiert werden kann) sollten andere Tests vorgezogen werden, da der Vorzeichentest stets **nur die Richtung der Abweichungen nicht aber ihre Größe** berücksichtigt.

Wegen seines geringen rechnerischen Aufwandes wird dieser Test oft als sog. "**Schnelltest**" herangezogen, um schnell eine Aussage über die Unterschiedlichkeit zweier Verteilungen zu erhalten.

Die Effizienz des Vorzeichentestes bezogen auf den t-Test beträgt bei normalverteilten Zufallsvariablen für n = 6 etwa 95 %. Diese Effizienz nimmt mit wachsendem Stichprobenumfang ab. Seine asymptotische relative Effizient beträgt $2/\pi \approx 64$ %.

Hypothesen:

Im einzelnen sind folgende Paare von Hypothesen möglich:

a) zweiseitiger Test:

$$H_0\text{: Prob}\{X > Y\} = \text{Prob}\{X < Y) \text{ gegen } H_a\text{: Prob}\{X > Y\} \neq \text{Prob}\{X < Y\}$$

b) einseitige Tests:

$$H_0\text{: Prob}\{X > Y\} \geq \text{Prob}\{X < Y) \text{ gegen } H_a\text{: Prob}\{X > Y\} < \text{Prob}\{X < Y\}$$

$$H_0\text{: Prob}\{X > Y\} \leq \text{Prob}\{X < Y) \text{ gegen } H_a\text{: Prob}\{X > Y\} > \text{Prob}\{X < Y\}$$

Vorgehensweise:

Im **Ein-Stichproben Fall** bestimmt man aus den Realisierungen x_i der n Stichprobenwerte die Abweichungen von ihrem Median Z

$$d_i = \left\{ \begin{array}{l} 1 \text{ falls } x_i - Z > 0 \\ 0 \text{ sonst} \end{array} \right\} \text{ für alle i.}$$

Im **Zwei-Stichproben Fall** beobachtet man für **verbundene Stichproben** vom Umfang n die Realisationen (x_i, y_i) $(1 \leq i \leq n)$. Aus diesen bestimmt man die Größe

$$d_i = \left\{ \begin{array}{l} 1 \text{ falls } x_i - y_i > 0 \\ 0 \text{ falls } x_i - y_i < 0 \end{array} \right\} \text{ für alle i.}$$

Falls $x_i = y_i$ auftritt, läßt man diese Wertepaare unberücksichtigt, reduziert aber den Stichprobenumfang n um die entsprechende Anzahl.

Prüfwert:

Man bildet für beide Fälle die **Prüfvariable**

$$D_{pr} = \sum_{i=1}^{n} d_i .$$

Falls die Nullhypothese gilt, ist die Prüfvariable D_{pr} binomialverteilt mit p = 0,5.

Kritischer Wert:

Zu einer vorgegebenen Irrtumswahrscheinlichkeit α kann man somit die kritischen Werte $c_{kr}^{u,o}$ für einen **zweiseitigen** Test aus einer Tabelle der Binomialverteilung entnehmen:

c_{kr}^u: $F_{BV}(c_{kr}^u - 1) \leq \frac{\alpha}{2}$ und $F_{BV}(c_{kr}^u) > \frac{\alpha}{2}$

c_{kr}^o: $F_{BV}(c_{kr}^o) \geq 1 - \frac{\alpha}{2}$ und $F_{BV}(c_{kr}^o - 1) < 1 - \frac{\alpha}{2}$.

Bei einem **einseitigen** Test verwendet man α an Stelle von $\alpha/2$.

Testentscheidung:

Man **verwirft** die Nullhypothese, wenn entweder $D_{pr} < c_{kr}^u$ oder wenn $D_{pr} > c_{kr}^o$ ausfällt.

Falls die Approximationsbedingung $n \cdot p \cdot q > 9$ (Faustregel) erfüllt ist, kann man die Binomialverteilung durch die Normalverteilung ersetzen. Dann ist die Prüfvariable approximativ normalverteilt nach $N(n/2; \sqrt{n/4})$ und man kann in diesen Fällen die Annahmekennzahlen der Normalverteilungstabelle entnehmen.

Der Prüfwert lautet für den Approximationsfall

$$z_{pr} = (2D_{pr} - n)/\sqrt{n/4} \text{ bzw mit Stetigkeitskorrektur } z_{pr} = [2D_{pr} - n + 0{,}5]/\sqrt{n/4}.$$

Nach Pfanzagl [Band II, 1974, Seite 116] kann man auch über die F-Verteilung testen, mit

$$F_{pr} = \frac{(n - D_{pr})}{(D_{pr} + 1)}, \text{ mit } \nu_Z = 2(D_{pr}+1) \text{ und } \nu_N = 2(n-D_{pr}) \text{ Freiheitsgraden.}$$

Beispiel 16.28:

1. Für den Ein-Stichproben Fall:

Der Median einer Verteilung sei Z = 40,0. Zur Überprüfung dieser Aussage werde eine Stichprobe vom Umfang n = 30 betrachtet, deren Realisation 19 Werte unterhalb von 40,0 liefert. Bei einem Signifikanzniveau von 5 % soll die Nullhypothese H_0: Z = 40,0 getestet werden.

Da $n \cdot p \cdot q = 30 \cdot 0{,}5 \cdot 0{,}5 = 7{,}5 < 9$ ist, müssen die Annahmekennzahlen aus einer Tabelle der Binomialverteilung für BV(30;0,5) bestimmt werden.

Man erhält $c_{kr}^u = 9$ und $c_{kr}^o = 20$. Da

$$9 = c_{kr}^u < D_{pr} = 11 < 20 = c_{kr}^o$$

gilt, kann die Nullhypothese, daß die Beobachtungswerte einer Grundgesamtheit mit dem Median Z = 40,0 entstammen, **nicht verworfen** werden.

2. Zwei-Stichproben Fall **mit abhängigen (verbundenen) Stichproben**:

Mit abhängigen Stichproben vom Umfang n = 20 werden die beiden Zufallsvariablen X und Y erhoben und die folgenden Differenzen beobachtet

$$2;\ 9;\ 1;\ 2;\ 7;\ -1;\ 4;\ 2;\ -1;\ -2;\ 8;\ 5;\ 3;\ 2;\ -3;\ 5;\ 1;\ 2;\ 2;\ 10.$$

Es soll bei einer Irrtumswahrscheinlichkeit von 5 % die Nullhypothese

$$H_0\colon \mathrm{Prob}\{X > Y\} = \mathrm{Prob}\{X < Y\} = 0{,}5$$

getestet werden.

Man bildet die Prüfvariable, d.h. die Summe der positiven Differenzen, und erhält $D_{pr} = 16$.

Wegen $n \cdot p \cdot q = 20 \cdot 0{,}5 \cdot 0{,}5 = 5 < 9$ müssen die Annahmekennzahlen aus der Tabelle der Binomialverteilung für BV(20;0,5) bestimmt werden. Man erhält

$$c_{kr}{}^{u} = 6 \text{ und } c_{kr}{}^{o} = 14.$$

Wegen

$$D_{pr} = 16 > 14 = c_{kr}{}^{o}$$

muß die Nullhypothese bei $\alpha = 0{,}05$ **abgelehnt** werden.

Treten Nulldifferenzen auf, d.h. $d_i = 0$, bietet sich folgenden Verfahren an [Bortz, 1990, Seite 257]:

1. Man ordnet per Münzenwurf jeder Nulldifferenz ein Vorzeichen zu, oder
2. man ignoriert die Nulldifferenzen und verringert entsprechend den Stichprobenumfang auf n', oder
3. man versieht die Nulldifferenzen so mit einem Vorzeichen, daß die Verwerfung der Nullhypothese erschwert wird, d.h. man ordnet ihnen das "seltenere" Vorzeichen zu, oder
4. wenn die Zahl der Nulldifferenzen geradzahlig ist, ordnet man der einen Hälfte das Vorzeichen "plus", der anderen Hälfte das Vorzeichen "minus" zu. Bei einer ungeraden Anzahl läßt man ein Vorzeichen unberücksichtigt, reduziert den Stichprobenumfang von n auf n-1 und verfährt wie angegeben.

Laut Bortz ist die Variante 4 vorzuziehen.

16.11 Der Vorzeichen-Rang Test (nach Wilcoxon)

[1945, 1947], (Ein- und Zwei-Stichproben Fall)

Zweck:

Mit diesem Test kann eine Hypothese über das Symmetrieverhalten einer Grundgesamtheit anhand von **Rangzahlen** getestet werden, die den Beobachtungsdaten zugeordnet werden. Daher auch der Name "**Rangsummentest**". Es liegt im Grunde die gleiche Problemstellung wie beim Vorzeichentest vor.

16.11.1 Ein-Stichproben Fall:

Stammen die Beobachtungswerte **einer Stichprobe** für eine Zufallsvariable X aus einer Grundgesamtheit mit der stetigen Verteilungsfunktion F(x), so kann getestet werden, ob diese Verteilung symmetrisch um einen Wert, etwa den Median Z, verteilt ist, d.h.

$$H_0\text{: } F(Z - x) = 1 - F(Z + x) \text{ für alle } x.$$

Hypothesen:

Die möglichen Hypothesen lauten:

a) H_0: Prob{X > Z} = Prob{X < Z} (zweiseitiger Test)
   H_a: Prob{X > Z} ≠ Prob{X < Z}

b) H_0: Prob{X > Z} ≥ Prob{X < Z} (einseitiger Test)
   H_a: Prob{X > Z} < Prob{X < Z}

c) H_0: Prob{X > Z} ≤ Prob{X < Z} (einseitiger Test)
   H_a: Prob{X > Z} > Prob{X < Z}

Prüfvariable:

Die Berechnung der Prüfvariablen für den Vorzeichen-Rang Test erfolgt in mehreren Schritten:

1. Zunächst werden - wie beim Vorzeichentest - die Differenzen der Beobachtungswerte zum Symmetriezentrum Z gebildet

$$x_i' = x_i - Z$$

Falls $x_i' = 0$ gilt, so wird der zugehörige Beobachtungswert eliminiert und bei den weiteren Berechnungen nicht mehr berücksichtigt.

2. Den absoluten Beträgen der Differenzen $|x_i'|$ werden Rangziffern R_i zugeordnet. Dazu ordnet man die absoluten Beträge der Differenzen der Größe nach und numeriert sie mit 1 beginnend fortlaufend durch. Ist der Betrag für mehrere Differenzen gleich, so wird diesen der Mittelwert der zugeordneten Rangziffern zugeordnet.

3. Im nächsten Schritt wird die Summe der Rangziffern für die positiven und für die negativen Differenzen getrennt gebildet

$$R^+(n) = \sum_{x_i - Z > 0} R_i \quad \text{und} \quad R^-(n) = \sum_{x_i - Z < 0} R_i.$$

Kontrollrechnung: Wegen der Gauß'schen Summenformel muß

$$R^+(n) + R^-(n) = \frac{n(n+1)}{2} \text{ erfüllt sein.}$$

4. Als **Prüfvariable** verwendet man das Minimum dieser beiden Summen

$$R_{pr}(n) = \text{Min}\{R^+(n); R^-(n)\}.$$

Dieser Prüfwert besitzt als mögliche Realisationen die Menge der ganzen Zahlen zwischen Null und $n(n+1)/2$. Ihre Verteilung ist symmetrisch und unter der Nullhypothese gilt

$$\text{Prob}\{R_{pr}(n) = k\} = \text{Prob}\{R_{pr}(n) = n(n+1)/2 - k\},$$

wobei k eine nicht-negative ganze Zahl ist.

5. Zur Bestimmung des **kritischen Wertes** muß man zwei Fälle unterscheiden:

a) Falls der Stichprobenumfang n klein ist (etwa für $n \leq 30$):

Die Verteilung der Prüfvariable kann **nicht** explizit angegeben werden. Die Annahmekennzahlen müssen der **Tabelle 16.11** entnommen werden.

b) Falls der Stichprobenumfang n groß ist (etwa für $n > 30$):

In diesem Fall sind $R^+(n)$ und $R^-(n)$ approximativ normalverteilt mit den Parametern

$$\mu_R = \frac{1}{4}\, n(n+1) \text{ und } \sigma^2_R = \frac{1}{24}\, n(n+1)(2n+1).$$

In diesem Fall lautet die Annahmekennzahl $c_{kr}{}^u = \mu_R - z_\alpha \cdot \sigma_R$.

6. Die **Testentscheidung** lautet dann:

Die Nullhypothese wird **verworfen**, wenn

$$R_{pr}(n) \leq c_{kr}{}^u$$

ausfällt.

Bei diesem Test ist nur ein Vergleich mit dem unteren kritischen Wert nötig, da $R_{pr}(n)$ das Minimum der beiden Rangsummen darstellt. Wenn etwa $R^-(n)$ unter $c_{kr}{}^u$ liegt, so liegt gleichzeitig $R^+(n)$ über $c_{kr}{}^o$ und umgekehrt.

Tabelle 16.11: Werte für den Vorzeichen-Rang Test nach Wilcoxon.
[Conover, 1980, Tabelle A 13, Seite 460]

Tabelliert sind für verschiedene Signifikanzniveaus α die Quantile der Prüfverteilungsfunktion $R_{pr}(n)$. Die Prüfverteilung ist symmetrisch. Die Quantile für $\alpha \geq 0{,}6$ können mittels der Beziehung

$$\text{Prob}\{\alpha\} = n(n+1)/2 - \text{Prob}\{1-\alpha\}$$

berechnet werden.

Für die **zweiseitige Fragestellung** muß der entsprechende kritische Wert bei $\alpha/2$ entnommen werden.

n	Irrtumswahrscheinlichkeit α (einseitige Fragestellung) 0,005	0,01	0,025	0,05	0,10	0,20	0,30	0,40	$\frac{n(n+1)}{2}$
4	0	0	0	0	0	2	2	3	10
5	0	0	0	0	2	3	4	4	15
6	0	0	0	2	3	5	7	8	21
7	0	0	2	3	5	8	10	11	28
8	0	1	3	5	8	11	13	15	36
9	1	3	5	8	10	14	17	19	45
10	3	5	8	10	14	18	21	24	55
11	5	7	10	13	17	22	26	29	66
12	7	9	13	17	21	27	31	35	78
13	9	12	17	21	26	32	37	41	91
14	12	15	21	25	31	38	43	47	105
15	15	19	25	30	36	44	50	54	120
16	19	23	29	35	42	50	57	62	136
17	23	27	34	41	48	57	64	70	153
18	27	32	40	47	55	65	72	79	171
19	32	37	46	53	62	73	81	88	190
20	37	43	52	60	69	81	90	97	210
21	43	49	58	67	77	90	99	107	231
21	43	49	58	67	77	90	99	107	231
22	48	55	66	75	86	99	109	118	253
23	54	62	73	83	94	109	119	129	276
24	61	69	81	91	104	119	130	140	300
25	68	76	89	100	113	130	142	152	325
26	75	84	98	110	124	141	154	164	351
27	83	93	107	119	134	153	166	177	378
28	91	101	116	130	145	165	179	191	406
29	100	110	126	140	157	177	192	205	435
30	109	120	137	151	169	190	206	219	465

16.11.2 Zwei-Stichproben Fall:

Dieser Test kann auch auf **zwei abhängige Stichproben** angewendet werden. Angenommen, es liegen n Beobachtungspaare (x_i,y_i) $(1 \leq i \leq n)$ für zwei stetige Zufallsvariable X und Y vor. Es soll die Nullhypothese H_0 überprüft werden, ob beide Zufallsvariablen aus der gleichen Verteilung entstammen, gegenüber der Alternativhypothese H_a bei **zweiseitiger Fragestellung**, daß sich beide Verteilungen bezüglich ihrer zentralen Tendenz unterscheiden.

Voraussetzung: Zwei **abhängige** Stichproben.

Hypothesen:

Die möglichen Hypothesen lauten:

a) H_0: Prob{X > Y} = Prob{X < Y} (zweiseitiger Test)
   H_a: Prob{X > Y} $\neq$ Prob{X < Y}

b) H_0: Prob{X > Y} $\geq$ Prob{X < Y} (einseitiger Test)
   H_a: Prob{X > Y} < Prob{X < Y}

c) H_0: Prob{X > Y} $\leq$ Prob{X < Y} (einseitiger Test)
   H_a: Prob{X > Y} > Prob{X < Y}

Prüfwert:

Die Berechnung der **Prüfvariablen** erfolgt analog zum Ein-Stichproben Fall, nur werden jetzt nicht die Differenzen zum Symmetriezentrum Z berechnet, sondern die zwischen den einzelnen Stichprobenwerten bestimmt, d.h. $d_i = x_i - y_i$.

Die Bestimmung der Rangzahlen sowie der Prüfwerte erfolgt dann analog zum Ein-Stichproben Fall.

Beispiel 16.29:

1. **Ein-Stichproben Fall** zur Prüfung des Medians (Erwartungswertes) einer symmetrischen Verteilung:

Für eine **stetige und symmetrisch** verteilte Zufallsvariable X soll bei einer Irrtumswahrscheinlichkeit von $\alpha = 0{,}05$ die Nullhypothese H_0: Z = 20 gegen die Alternativhypothese H_a: $Z \neq 20$ getestet werden (**zweiseitige Fragestellung**). Es werde eine Stichprobe vom Umfang n = 10 betrachtet. Diese liefere die folgenden Realisationen [Schaich, Hamerle, 1984, Seite 107]:

x_i	16,8	22,5	27,3	19,9	21,5	18,2	25,4	20,3	22,6	18,7
$x_i - Z$	−3,2	+2,5	+7,3	−0,1	+1,5	−1,8	+5,4	+0,3	+2,6	−1,3
$\lvert x_i - Z\rvert$	3,2	2,5	7,3	0,1	1,5	1,8	5,4	0,3	2,6	1,3
R_i	8	6	10	1	4	5	9	2	7	3

Bestimmung der Summe der Rangziffern für die positiven und negativen Differenzen ergibt

$$R^-(n) = 17 \text{ und } R^+(n) = 38.$$

Kontrollrechnung:

$$\text{Es ist } R^+(n) + R^-(n) = 38 + 17 = 55 = n(n+1)/2.$$

Als **Prüfvariable** erhält man

$$R_{pr}(n) = \text{Min}\{R^+(n); R^-(n)\} = 17.$$

Da $5 \leq n \leq 30$ erfüllt ist, entnimmt man für die zweiseitige Fragestellung aus der **Tabelle 16.8** den unteren kritischen Wert zum Niveau $\alpha/2 = 0{,}025$ bei n = 10 als $c_{kr}{}^u = 8$.

Die **Testentscheidung** lautet: Wegen

$$R_{pr} = 17 > 8 = c_{kr}{}^u$$

kann bei einer Irrtumswahrscheinlichkeit von $\alpha = 0{,}05$ die Nullhypothese **nicht verworfen** werden (**zweiseitige Fragestellung**).

2. **Zwei-Stichproben Fall** zur Prüfung des Medians (Erwartungswertes) mittels einer **verbundenen Stichprobe**:

Für zwei stetige und symmetrisch verteilte Zufallsvariablen X und Y soll bei einer Irrtumswahrscheinlichkeit von $\alpha = 0{,}05$ getestet werden, ob deren Verteilungen voneinander verschieden sind (zweiseitige Fragestellung).

Eine verbundene Stichprobe vom Umfang n = 12 habe die folgenden Beobachtungswerte geliefert:

i	1	2	3	4	5	6	7	8	9	10	11	12
x_i	46,1	47,7	50,1	46,3	38,6	31,1	28,5	27,0	27,0	32,5	27,0	28,0
y_i	44,4	49,9	48,6	46,3	42,0	28,0	28,5	22,5	31,0	33,7	25,5	26,3
d_i	1,7	−2,2	1,5	0	−3,4	3,1	0	4,5	−4,0	−1,2	1,5	1,7
R_i	4,5	6	2,5		8	7		10	9	1	2,5	4,5

Enthält die Stichprobe Paare mit gleichen Werten, also solche mit der Differenz $d_i = 0$, dann werden diese Wertepaare bei der weiteren Analyse **nicht** berücksichtigt und man arbeitet mit dem entsprechend kleineren Stichprobenumfang n' weiter.

Bestimmung der Rangziffern für die positiven und negativen Differenzen ergibt

$$R^+(n' = 10) = 31 \text{ und } R^-(n' = 10) = 24.$$

Kontrollrechnung: Es ist

$$R^+(n' = 10) + R^-(n' = 10) = 21 + 34 = 55 = \frac{n(n+1)}{2} = \frac{10 \cdot 11}{2} = 55.$$

Als Prüfvariable erhält man

$$R_{pr}(n' = 10) = \text{Min}\{R^+(n' = 10); R^-(n' = 10)\} = 24.$$

Aus der **Tabelle 16.11** entnimmt man, wie im Ein-Stichproben Fall, für die zweiseitige Fragestellung den Wert

$$c_{kr}^{\,u}\,(n' = 10) = 8$$

Die **Testentscheidung** lautet:

Wegen $c_{kr}^{\,u}(10) = 8 < 24 = R_{pr}(n')$ kann die Nullhypothese **nicht verworfen** werden.

16.12 Der U-Test von Mann und Whitney (Zwei-Stichproben Fall)

Es sollen **zwei unabhängige Stichproben** bezüglich der mindestens ordinal-skalierten Zufallsvariablen A und B aus zwei Grundgesamtheiten dahingehend überprüft werden, ob ihre Verteilungen in den beiden Grundgesamtheiten bezüglich der zentralen Tendenz übereinstimmen.

Der Rangtest, der diese Prüfung erlaubt, wurde von Mann und Whitney [1947] entwickelt und geht auf eine Arbeit von Wilcoxon [1945] zurück. Grundlage dieses Testes ist die Überlegung, daß bei identischen Verteilungen die Wahrscheinlichkeit, eine Merkmalsausprägung $a < b$ zu beobachten, gleich der Wahrscheinlichkeit sein muß, eine Merkmalsausprägung $b < a$ zu beobachten, mit $a \in A$ und $b \in B$, d.h.

$$\text{Prob}\{a < b\} = \text{Prob}\{b < a\}.$$

Es handelt sich bei diesem Test um das verteilungsunabhängige Gegenstück zum parametrischen t-Test für den Vergleich zweier Mittelwerte stetiger Verteilungen: Mit dessen Voraussetzung von Normalverteilungen mit gleicher Varianz in beiden Grundgesamtheiten prüft man mit der Gleichheit der Erwartungswerte implizit die Gleichheit der Verteilungen. Die asymptotische Effizienz des Mann-Whitney Testes gegenüber dem t-Test liegt bei etwa 95 %, d.h. wendet man den U-Test auf 100 Beobachtungswerte an, dann besitzt er die gleiche Teststärke wie der t-Test, angewandt auf 95 Beobachtungswerte, vorausgesetzt es würden die Bedingungen für die Anwendung des t-Testes vorliegen.

Stammen beide Stichproben aus derselben Grundgesamtheit, dann ist die Wahrscheinlichkeit dafür, daß eine Realisation $a \in A$ größer ist als eine Realisation $b \in B$, gerade genau so groß wie die für den umgekehrten Fall. Mit dieser Überlegung lassen sich die Hypothesen für den **zweiseitigen Fall** formulieren als

$$H_0\text{: Prob}\{a < b\} = 0{,}5 \text{ gegen } H_a\text{: Prob}\{a < b\} \neq 0{,}5.$$

Bei einer **einseitigen Fragestellung** lautet die Nullhypothese je nach Richtung der Fragestellung entweder

$$H_0\text{: Prob}\{a < b\} \leq 0{,}5 \text{ gegen } H_a\text{: Prob}\{a < b\} > 0{,}5 \text{ (linksseitig)}$$

oder

$$H_0\text{: Prob}\{a < b\} \geq 0{,}5 \text{ gegen } H_a\text{: Prob}\{a < b\} < 0{,}5 \text{ (rechtsseitig).}$$

Der U-Test von Mann-Whitney reagiert empfindlich auf Medianunterschiede, nicht so sehr auf unterschiedliche Schiefen und ist relativ unempfindlich gegenüber Varianzunterschieden in den Verteilungen [Sachs, 1984, Seite 230].

Vorgehensweise:

Man betrachtet eine Stichprobe vom Umfang n_A aus der Grundgesamtheit A und eine zweite, davon unabhängige, Stichprobe vom Umfang n_B aus der Grundgesamtheit B. Im folgenden wird davon ausgegangen: der Umfang der Stichprobe aus A sei nicht größer als derjenige aus der Stichprobe B, d.h. $n_A \leq n_B$. Um einen Prüfwert U_{pr} zu berechnen, faßt man beide Stichproben zu einer gemeinsamen Stichprobe vom Umfang $n = n_A + n_B$ zusammen und ordnet die Elemente entsprechend ihrer Merkmalsausprägungen in eine Rangfolge, die man bei 1 beginnend bis n durchnumeriert. Dabei muß man bei jedem Element vermerken, aus welcher der beiden Stichproben es stammt.

Unter der Nullhypothese müßten die Beobachtungswerte aus beiden Stichproben über den gesamten Wertebereich gleichmäßig verteilt sein. Die Nullhypothese wird **verworfen**, wenn die Unterschiede zwischen den Rangsummen beider Stichproben "zu groß" sind.

Ausgehend von dieser Überlegung hat Wilcoxon die Summe der Rangzahlen der ersten (kleineren) Stichprobe als **Prüfvariable** verwendet

$$U_{pr}(W) = \sum_{i=1}^{n_A} R_i.$$

Unter der Bedingung, daß die Nullhypothese gilt, besitzt jede Folge von Realisationen der Rangzahlen

$$R_1,\ R_2, \ldots,\ R_{n_A},\ R_{n_A+1}, \ldots,\ R_{n_A+n_B}$$

der gemeinsamen Stichprobe die gleiche Wahrscheinlichkeit, nämlich

$$\text{Prob}\{R_1 = r_1; \ldots; R_{n_A+n_B} = r_{n_A+n_B}\} = \frac{1}{(n_A+n_B)!}.$$

Für diese Wilcoxonsche Prüfvariable gilt, wenn die Nullhypothese erfüllt ist

$$E\left\{U_{pr}(W)\right\} = E\left\{\sum_{i=1}^{n_A} R_i\right\} = \frac{n_A \cdot (n+1)}{2} \quad \text{sowie}$$

$$\text{Var}\left\{U_{pr}(W)\right\} = \text{Var}\left\{\sum_{i=1}^{n_A} R_i\right\} = \frac{n_A \cdot n_B \cdot (n + 1)}{12} .$$

Mann und Whitney haben dagegen eine **andere** Prüfvariable konstruiert, die im folgenden verwendet werden soll, da sie auch beim Siegel-Tukey Test, der hier nicht behandelt wird, verwendet werden kann:

Man spricht von einer **Inversion** in der gemeinsamen geordneten Stichprobe, wenn ein Element aus der Stichprobe B "größer" ist als ein Element aus der Stichprobe A. Die Summe dieser Inversionen bildet dann die Prüfvariable U_{pr}. Sie kann Werte zwischen Null, wenn alle Elemente der Stichprobe B "kleiner" sind als alle Elemente der Stichprobe A, und maximal $n_A \cdot n_B$ annehmen, wenn alle Elemente der Stichprobe B "größer" sind als alle Elemente der Stichprobe A:

Bezeichnet man mit U_A (bzw. U_B) die Summe der Inversionen, bei der ein Wert aus B (bzw. A) "größer ist" als ein Wert aus A (bzw. B), dann ist ihre Summe gleich der Gesamtzahl der möglichen Inversionen, d.h. $U_A + U_B = n_A \cdot n_B$.

1. $U_A = n_A \cdot n_B$:

Beobachtungswert	$a_{(1)} < a_{(2)} < \ldots < a_{(n_A)} < b_{(1)} < b_{(2)} < \ldots < b_{(n_B)}$
Rangwert	1 2 n_A n_A+1 n_A+2 n_A+n_B

2. $U_A = 0$:

Beobachtungswert	$b_{(1)} < b_{(2)} < \ldots < b_{(n_B)} < a_{(1)} < a_{(2)} < \ldots < a_{(n_A)}$
Rangwert	1 2 n_B n_B+1 n_B+2 n_A+n_B

Beispiel 16.30:

Angenommen, die Stichprobe A umfasse zwei Elemente und die Stichprobe B drei Elemente. Bei Kombination der beiden Stichproben zu einer gemeinsamen Stichprobe ergeben sich die beiden folgenden extremen Anordnungen:

a) die Anordnung a, a, b, b, b mit $U_A = n_A \cdot n_B = 2 \cdot 3 = 6$ und
b) die Anordnung b, b, b, a, a mit $U_A = 0$.

Bei kleinen Werten von n_A und n_B kann man entweder U_A oder U_B durch "Abzählen" bestimmen.

Für größere Stichprobenumfänge verwendet man die Formeln

$$U_A = n_A \cdot n_B + \frac{n_A(n_A + 1)}{2} - \Sigma\, r_A$$

oder

$$U_B = n_A \cdot n_B + \frac{n_B(n_B + 1)}{2} - \Sigma\, r_B,$$

wobei $\Sigma\, r_i$ die Summe der Rangzahlen aus der Stichprobe i (i = A,B) bezeichnet.
Zur Kontrolle der Rechnung prüft man, ob

$$U_A + U_B = n_A \cdot n_B$$

erfüllt ist.

Für das Beispiel erhält man

a) $$U_A = 2 \cdot 3 + \frac{2 \cdot 3}{2} - (1 + 2) = 6 + 3 - 3 = 6.$$

b) $$U_A = 2 \cdot 3 + \frac{2 \cdot 3}{2} - (4 + 5) = 6 + 3 - 9 = 0.$$

Als **Prüfvariable** wählt man bei einer zweiseitigen Fragestellung

$$U_{pr}(MW) = \mathrm{Min}\{U_A; U_B\}.$$

Für die beiden Prüfvariablen nach Wilcoxon (W) und Mann-Whitney (MW) gilt folgender linearer Zusammenhang

$$U_{pr}(MW) = U_{pr}(W) - \frac{1}{2} \cdot n_A \cdot (n_A + 1).$$

A. Für kleine Stichprobenumfänge entnimmt man die kritischen Werte für U den **Tabellen 16.12**. Diese Tabellen enthalten für ein- und zweiseitige Fragestellungen bei verschiedenen Irrtumswahrscheinlichkeiten die kritischen Werte U_{pr} für die Prüfvariable U.

Tabelle 16.12: Kritische Werte für den U-Test von Mann-Whitney und den Siegel-Tukey Test [Sprent, 1989, Tabelle A 6, Seite 236]

Werte **oberhalb** der Hauptdiagonalen beziehen sich auf ein **5 %-iges Signifikanzniveau**,

unterhalb der Hauptdiagonalen auf ein **1 %-iges Signifikanzniveau**

auf der Hauptdiagonalen befinden sich für Stichproben gleichen Umfangs die Werte für ein **1 % \ 5 %-iges Signifikanzniveau**

1.) bei einseitiger Fragestellung

n_A / n_B	5	6	7	8	9	10	11	12	13	14	15	16	17	18	19	20
5	1\4	5	6	8	9	11	12	13	15	16	18	19	20	22	23	25
6	2	3\7	8	10	12	14	16	17	19	21	23	25	26	28	30	32
7	3	4	6\11	13	15	17	19	21	24	26	28	30	33	35	37	39
8	4	6	7	9\15	18	20	23	26	28	31	33	36	39	41	44	47
9	5	7	9	11	14\21	24	27	30	33	36	39	42	45	48	51	54
10	6	8	11	13	16	19\27	31	34	37	41	44	48	51	55	58	62
11	7	9	12	15	18	22	25\34	38	42	46	50	54	57	61	65	69
12	8	11	14	17	21	24	28	31\42	47	51	55	60	64	68	72	77
13	9	12	16	20	23	27	31	35	39\51	56	61	65	70	75	80	84
14	10	13	17	22	26	30	34	38	43	47\61	66	71	77	82	87	92
15	11	15	19	24	28	33	37	42	47	51	56\72	77	83	88	94	100
16	12	16	21	26	31	36	41	46	51	56	61	66\83	89	95	101	107
17	13	18	23	28	33	38	44	49	55	60	66	71	77\96	102	109	115
18	14	19	24	30	36	41	47	53	59	65	70	76	82	88\109	116	123
19	15	20	26	32	38	44	50	56	63	69	75	82	88	94	101\123	130
20	16	22	28	34	40	47	53	60	67	73	80	87	93	100	107	104\138

2.) bei zweiseitiger Fragestellung

n_A / n_B	5	6	7	8	9	10	11	12	13	14	15	16	17	18	19	20
5	0\2	3	5	6	7	8	9	11	12	13	14	15	17	18	19	20
6	1	2\5	6	8	10	11	13	14	16	17	19	21	22	24	25	27
7	1	3	4\8	10	12	14	16	18	20	22	24	26	28	30	32	34
8	2	4	6	7\13	15	17	19	22	24	26	29	31	34	36	38	41
9	3	5	7	9	11\17	20	23	26	28	31	34	37	39	42	45	48
10	4	6	9	11	13	16\23	26	29	33	36	39	42	45	48	52	55
11	5	7	10	13	16	18	21\30	33	37	40	44	47	51	55	58	62
12	6	9	12	15	18	21	24	27\37	41	45	49	53	57	61	65	69
13	7	10	13	17	20	24	27	31	34\45	50	54	59	63	67	72	76
14	7	11	15	18	22	26	30	34	38	42\55	59	64	69	74	78	83
15	8	12	16	20	24	29	33	37	42	46	51\64	70	75	80	85	90
16	9	13	18	22	27	31	36	41	45	50	55	60\75	81	86	92	98
17	10	15	19	24	29	34	39	44	49	54	60	65	70\87	93	99	105
18	11	16	21	26	31	37	42	47	53	58	64	70	75	81\99	106	112
19	12	17	22	28	33	39	45	51	57	63	69	74	81	87	93\113	119
20	13	18	24	30	36	42	48	54	60	67	73	79	86	92	99	105\127

Testentscheidung:

Wenn im Falle einer **zweiseitigen** Hypothese der beobachtete Wert U_{pr} kleiner oder gleich diesem kritischen Tabellenwert ausfällt, d.h. $U_{pr} \leq U_{kr}$, muß die aufgestellte Nullhypothese **verworfen** werden.

Im Falle einer **einseitigen**, **linksseitigen** Hypothese muß die aufgestellte Nullhypothese verworfen werden, wenn $U_{pr} = n_A \cdot n_B - U_A \leq U_{kr}$ ausfällt.

Im Falle einer **einseitigen**, **rechtsseitigen** Hypothese muß die aufgestellte Nullhypothese verworfen werden, wenn $U_{pr} = U_A \leq U_{kr}$ ausfällt.

Beispiel 16.31:

Angenommen, folgende Stichprobenwerte seien beobachtet worden:

	Stichprobe A mit $n_A = 5$:
Stichprobenwerte:	45; 64; **75**; 78; 82.

	Stichprobe B mit $n_B = 7$:
Stichprobenwerte:	48; 51; 53; **70**; 79; 85; 110.

gemeinsame Stichprobe mit $n = 5 + 7 = 12$												
Stichprobenwert:	45	48	51	53	64	70	75	78	79	82	85	110
Stichprobe:	A	B	B	B	A	B	A	A	B	A	B	B
Rangzahl:	1	2	3	4	5	6	7	8	9	10	11	12

Es soll die zweiseitige Nullhypothese H_0: $Z_A = Z_B$ gegen die Alternativhypothese H_a: $Z_A \neq Z_B$ getestet werden.

Man erhält die Summen der Rangwerte der gemeinsamen Stichprobe zu

$$\Sigma\, r_A = 31 \text{ und } \Sigma\, r_B = 47.$$

Die **Kontrollrechnung** ergibt

$$\Sigma\ r_A + \Sigma\ r_B = \frac{n(n+1)}{2}$$

$$78 = 31 + 47 = \frac{12 \cdot 13}{2} = 78.$$

Sodann berechnet man die beiden U-Werte

$$U_A = n_A \cdot n_B + \frac{n_A(n_A+1)}{2} - \Sigma\ r_A = 7 \cdot 5 + \frac{5 \cdot 6}{2} - 31 = 19,$$

$$U_B = n_A \cdot n_B + \frac{n_B(n_B+1)}{2} - \Sigma\ r_B = 7 \cdot 5 + \frac{7 \cdot 8}{2} - 47 = 16.$$

Zur Kontrolle prüft man

$$U_A + U_B = n_A \cdot n_B$$

$$35 = 19 + 16 = 5 \cdot 7 = 35.$$

Somit erhält man für die Prüfvariable den Wert

$$U_{pr}(MW) = \mathrm{Min}\{U_A, U_B\} = U_B = 16.$$

Aus den **Tabellen 16.12** entnimmt man für eine Irrtumswahrscheinlichkeit von 5 % bei einer **zweiseitigen Fragestellung** den kritischen Wert

$$U_{pr} = 5.$$

Wegen

$$U_{pr}(MW) = 16 > 5 = U_{pr}(0{,}05)$$

wird die Nullhypothese bei einer Irrtumswahrscheinlichkeit von 5 % gegenüber der Alternativhypothese **nicht verworfen**.

Im Fall der **einseitigen, linksseitigen** Nullhypothese

$$H_0: Z_A \geq Z_B \text{ gegen } H_a: Z_A < Z_B$$

lautet für eine Irrtumswahrscheinlichkeit von 5 % der kritische Wert $U_{kr} = 6$. Wegen $U_{pr} = 35 - 19 = 16 > 6 = U_{kr}$ kann diese Nullhypothese **nicht** verworfen werden.

Im Fall der **einseitigen, rechtsseitigen** Nullhypothese

$$H_0: Z_A \leq Z_B \text{ gegen } H_a: Z_A > Z_B$$

lautet für eine Irrtumswahrscheinlichkeit von 5 % der kritische Wert $U_{kr} = 6$. Wegen $U_{pr} = 19 > 6 = U_{kr}$ kann diese Nullhypothese **nicht** verworfen werden.

B. Von der Mann–Whitney Prüfvariablen kann man zeigen, daß sie für größeren Stichprobenumfang (etwa $n_B > 20$) approximativ normalverteilt ist, mit [vgl. Schaich und Hamerle, 1984, Seite 119]

$$\hat{\mu}_U = \frac{n_A \cdot n_B}{2} \quad \text{und} \quad \hat{\sigma}_U^2 = \frac{n_A \cdot n_B(n_A + n_B + 1)}{12}.$$

Als Faustregel für die Anwendung dieser Approximation findet man in der Literatur unterschiedliche Angaben, etwa

n_A, n_B	> 8	bei Sachs [Seite 231] oder
	> 10	bei Lienert [Seite 117] bzw.
n_B	> 20	bei Sprent [Seite 93], bei Clauß–Ebner [Seite 230] und bei Siegel [Seite 117].

Eine standard–normalverteilte Prüfvariable erhält man zu

$$Z_{pr} = \frac{U_{pr} - \hat{\mu}_U}{\hat{\sigma}_U}.$$

Den kritischen Wert entnimmt man dann einer Tabelle der Standard-Normalverteilung.

Da die Prüfvariable U_{pr} diskret–, die Testvariable Z_{kr} jedoch stetig–verteilt ist, empfiehlt sich bei kleinen Stichprobenumfängen (etwa für $20 \leq n_B \leq 60$) oder bei sehr ungleichen Umfängen zwischen den Stichproben A und B die Verwendung einer Stetigkeitskorrektur. Unter Berücksichtigung dieser Stetigkeitskorrektur von Yates lautet die Prüfvariable für die **zweiseitige Fragestellung**

$$Z_{pr} = \frac{|U_{pr} - (n_A \cdot n_B)/2| - 0{,}5}{\sqrt{n_A \cdot n_B \cdot (n + 1)/12}} .$$

Bei einer **einseitigen Fragestellung** muß die Stetigkeitskorrektur wie folgt modifiziert werden

$$Z_{pr} = \begin{cases} \dfrac{U_{pr} - \hat{\mu}_U - 0{,}5}{\hat{\sigma}_U} & \text{für } U_{pr} \geq \hat{\mu}_U, \\ \dfrac{U_{pr} - \hat{\mu}_U + 0{,}5}{\hat{\sigma}_U} & \text{für } U_{pr} < \hat{\mu}_U. \end{cases}$$

Beispiel 16.32 (ohne Verbundwerte):

Angenommen es wurden zwei Stichproben A und B mit den folgenden ordinal-skaliert erhobenen Werten beobachtet:

	Stichprobe A mit $n_A = 11$:
Stichprobenwerte:	3; 4; 7; 9; 11; **13**; 14; 15; 26; 28; 32.

	Stichprobe B mit $n_B = 13$:
Stichprobenwerte:	6; 10; 17; 18; 20; 22; **25**; 29; 30; 31; 34; 36; 37.

gemeinsame Stichprobe mit n = 11 + 13 = 24												
Stichprobenwert:	3	4	6	7	9	10	11	13	14	15	17	18
Stichprobe:	A	A	B	A	A	B	A	A	A	A	B	B
Rangzahl:	1	2	3	4	5	6	7	8	9	10	11	12
Stichprobenwert:	20	22	25	26	28	29	30	31	32	34	36	37
Stichprobe:	B	B	B	A	A	B	B	B	A	B	B	B
Rangzahl:	13	14	15	16	17	18	19	20	21	22	23	24

Es soll die Nullhypothese H_0: $Z_B = Z_A$ gegen die Alternativhypothese H_a: $Z_B \neq Z_A$ getestet werden (zweiseitige Fragestellung).

Man erhält die Summen der Rangwerte der gemeinsamen Stichprobe zu

$$\Sigma\, r_A = 100 \text{ und } \Sigma\, r_B = 200.$$

Die **Kontrollrechnung** ergibt

$$\Sigma\, r_A + \Sigma\, r_B = \frac{n(n+1)}{2}$$

$$300 = 100 + 200 = \frac{24 \cdot 25}{2} = 300.$$

Als nächstes bestimmt man die Werte U_A und U_B und erhält

$$U_A = n_A \cdot n_B + \frac{n_A(n_A + 1)}{2} - \Sigma\, r_A = 11 \cdot 13 + \frac{11 \cdot 12}{2} - 100 = 109,$$

$$U_B = n_A \cdot n_B + \frac{n_B(n_B + 1)}{2} - \Sigma\, r_B = 11 \cdot 13 + \frac{13 \cdot 14}{2} - 200 = 34.$$

Die **Kontrollrechnung** ergibt

$$U_A + U_B = n_A \cdot n_B$$

$$143 = 109 + 34 = 11 \cdot 13 = 143.$$

Als **Prüfwert** wählt man

$$U_{pr}(MW) = \text{Min}\{109;34\} = 34.$$

Deren Standardisierung für eine **zweiseitige** Fragestellung ergibt

$$z_{pr} = \frac{U_{pr} - \hat{\mu}_U + 0{,}5}{\hat{\sigma}_U} = \frac{U_{pr} - \frac{n_A \cdot n_B}{2} + 0{,}5}{\sqrt{\frac{n_A \cdot n_B \cdot (n+1)}{12}}} = \frac{34 - 71{,}5 + 0{,}5}{\sqrt{297{,}9167}} =$$

$$= \frac{-37}{17{,}26} = -2{,}1437.$$

Als **Testentscheidung** erhält man:

Bei einer Irrtumswahrscheinlichkeit von $\alpha = 0{,}05$ lautet die Entscheidung für die zweiseitige Fragestellung:

$$|z_{pr}| = 2{,}14 > z_{0{,}95} = 1{,}645.$$

Damit wird die Nullhypothese **verworfen**, d.h. zwischen beiden Stichproben existiert auf dem 5 % Niveau ein signifikanter Lokationsunterschied.

Beispiel 16.33 (mit Verbundwerten):

Die folgenden Zahlen wurden als Stichproben A und B aus zwei stetigen Grundgesamtheiten beobachtet:

Stichprobe A mit $n_A = 9$:
Stichprobenwerte: 15; 16; 18; 19; **25**; 27; 28; 30; 32.

Stichprobe B mit $n_B = 11$:
Stichprobenwerte: 15; 16; 17; 18; 23; **25**; 27; 28; 31; 32; 33.

Es soll die Nullhypothese H_0: $Z_A = Z_B$ gegen die Alternativhypothese H_a: $Z_A \neq Z_B$ getestet werden (zweiseitige Fragestellung).

Wegen der Meßungenauigkeit kommen, obwohl eine stetige Verteilung unterstellt worden war, sog. Verbundwerte vor. Darunter versteht man Meßwerte, die mehrfach auftreten. Dann erhalten in der gemeinsamen Stichprobe numerisch gleich große Einzelwerte die mittlere Rangzahl zugeordnet.

gemeinsame Stichprobe mit n = 9 + 11 = 20										
Stichprobenwert:	15	15	16	16	17	18	18	19	23	25
Stichprobe:	A	B	A	B	B	A	B	A	B	A
Rangzahl:	1,5	1,5	3,5	3,5	5	6,5	6,5	8	9	10,5
Stichprobenwert:	25	27	27	28	28	30	31	32	32	33
Stichprobe:	B	A	B	A	B	A	B	A	B	B
Rangzahl:	10,5	12,5	12,5	14,5	14,5	16	17	18,5	18,5	20

Man erhält die Summen für die gemeinsamen Rangwerte zu

$$\Sigma\, r_A = 91{,}5 \text{ und } \Sigma\, r_B = 118{,}5.$$

Die folgenden Verbundwerte wurden beobachtet:

Skalenwert 15 kommt 2-mal vor,
Skalenwert 16 kommt 2-mal vor,
Skalenwert 18 kommt 2-mal vor,
Skalenwert 25 kommt 2-mal vor,
Skalenwert 27 kommt 2-mal vor,
Skalenwert 28 kommt 2-mal vor,
Skalenwert 32 kommt 2-mal vor.

Verbundwerte beeinflussen den Wert von U nur dann, wenn sie zwischen den beiden Stichproben auftreten, nicht aber, wenn sie innerhalb einer oder innerhalb beider Stichproben vorkommen. Sind solche Bindungen vorhanden, muß die Formel zur Berechnung der Varianz korrigiert werden. Dieses Korrekturglied lautet

$$\sum_{i=1}^{r} (t_i^3 - t_i)/12,$$

wobei r die Anzahl der Bindungen bedeutet und t_i angibt, aus wievielen Werten die i-te Bindung besteht.

Somit lautet die Formel zur Berechnung der Varianz

$$\hat{\sigma}_U^2 = \frac{n_A \cdot n_B}{n(n-1)} \cdot \left(\frac{n^3 - n}{12} - \Sigma \frac{t_i^3 - t_i}{12} \right).$$

In unserem Beispiel erhält man für das Korrekturglied den Wert

$$\sum_{i=1}^{7} \frac{t_i^3 - t_i}{12} = 7 \cdot \frac{2^3 - 2}{12} = 3{,}5.$$

Man berechnet die beiden U-Werte

$$U_A = n_A \cdot n_B + \frac{n_A(n_A+1)}{2} - \Sigma r_A = 9 \cdot 11 + \frac{9 \cdot 10}{2} - 91{,}5 = 52{,}5,$$

$$U_B = n_A \cdot n_B + \frac{n_B(n_B+1)}{2} - \Sigma r_B = 9 \cdot 11 + \frac{11 \cdot 12}{2} - 118{,}5 = 46{,}5.$$

Zur Kontrolle berechnet man

$$U_A + U_B = n_A \cdot n_B$$

$$99 = 52{,}5 + 46{,}5 = 9 \cdot 11 = 99.$$

Man erhält somit für den Prüfwert

$$U_{pr}(MW) = \mathrm{Min}\{U_A, U_B\} = U_B = 46{,}5.$$

Daraus ergibt sich die stetigkeitskorrigierte, standard-normalverteilte Prüfvariable zu

$$Z_{pr} = \frac{U_{pr} - \hat{\mu}_U + 0{,}5}{\hat{\sigma}_U} = \frac{U_{pr} - \frac{n_A \cdot n_B}{2} + 0{,}5}{\sqrt{\frac{n_A \cdot n_B}{n \cdot (n-1)} \cdot \left(\frac{n^3 - n}{12} - \Sigma \frac{t_i^3 - t_i}{12}\right)}}.$$

Als Realisation erhält man daraus für das Beispiel den Prüfwert

$$z_{pr} = \frac{46{,}5 - \frac{9 \cdot 11}{2} + 0{,}5}{\sqrt{\frac{9 \cdot 11}{20 \cdot (20-1)} \cdot \left(\frac{20^3 - 20}{12} - 3{,}5\right)}} = \frac{46{,}5 - 49{,}5 + 0{,}5}{\sqrt{172{,}3382}} = -\,0{,}2666.$$

Für eine Irrtumswahrscheinlichkeit von 5 % entnimmt man bei einer zweiseitigen Fragestellung einer Normalverteilungstabelle den kritischen Wert zu $z_{kr} = -\,1{,}96$.

Wegen

$$|z_{pr}| = 0{,}2666 < 1{,}96 = |z_{kr}|$$

kann die Nullhypothese H_0: $\mu_A = \mu_B$ bei einer zweiseitigen Fragestellung **nicht verworfen** werden.

Übungsaufgaben zu Kapitel 16

Aufgabe 1:

In einem pharmazeutischen Betrieb wird automatisch ein bestimmter Wirkstoff, der sich aus zwei Komponenten, Pyridon und Aceton, zusammensetzt, mit dem durchschnittlichen Mischungsanteil von 120 mg und 140 mg je Einheit produziert. Um gesundheitliche Schäden auszuschließen, darf die Standardabweichung jeder einzelnen Komponente nicht mehr als 20 mg betragen.

Aus einer Testreihe wurde eine Stichprobe vom Umfang n = 100 gezogen und für Pyridon ein durchschnittlicher Mischungsanteil von 114 mg, für Aceton von 146 mg festgestellt.

a) Testen Sie mit einer Irrtumswahrscheinlichkeit von 1 %, ob sich der durchschnittliche Mischungsanteil von Pyridon verändert hat.

b) Für Aceton wird angenommen, daß sich der durchschnittliche Mischungsanteil auf 148 mg erhöht hat.

Formulieren Sie mit einer Irrtumswahrscheinlichkeit von $\alpha = 0{,}02$ einen geeigneten Test.

Nach welchen Kriterien bestimmen Sie den Fehler 1. Art und wie lautet aufgrund des Stichprobenergebnisses für Aceton Ihre Entscheidung?

Bestimmen Sie außerdem die Wahrscheinlichkeit für den Fehler 2. Art und die Wahrscheinlichkeit, mit der eine Nullhypothese für Aceton als richtig erkannt wird.

c) Bei einer zusätzlichen Stichprobe vom Umfang n = 350 lag der durchschnittliche Mischungsanteil des Pyridons um 8 mg niedriger. Formulieren Sie auch hier einen Test mit einer Irrtumswahrscheinlichkeit von $\alpha = 0{,}05$.

Wie entscheiden Sie sich in diesem Fall, wenn Sie das Stichprobenergebnis der Testreihe für Pyridon betrachten?

Bestimmen Sie des weiteren den Fehler 2. Art und geben Sie an, wie man diesen verringern kann.

a) – 3. b) 144,107; 0,0258. c) 118,24; 0,001.

Aufgabe 2:

Ein Hersteller von Bildröhren für Fernsehgeräte garantiert seinen Kunden eine mittlere Lebensdauer der von ihm hergestellten Röhren von 1 400 Betriebsstunden. Die Standardabweichung betrage 60 Stunden. Zur Überprüfung der vom Hersteller garantierten mittleren Lebensdauer entnimmt ein Kunde einer sehr großen Lieferung eine Stichprobe von 100 Röhren, für die eine mittlere Lebensdauer von 1 388 Stunden festgestellt wird.

a) Wird der Kunde aufgrund der Stichprobe die Lieferung bei einer Irrtumswahrscheinlichkeit von 5 % ablehnen oder nicht?

b) Welche Entscheidung wird der Kunde bei einer Irrtumswahrscheinlichkeit von 1 % treffen?

a) - 2,0. b) - 2,0.

Aufgabe 3:

Ein Unternehmen beabsichtigt durch eine Änderung des Produktionsverfahrens die Brenndauer seiner hergestellten Taschenlampenbatterien zu erhöhen. Aus Testversuchen weiß man, daß bisher eine durchschnittliche Brenndauer von 250 Stunden bei einer Standardabweichung von 18 Stunden erreicht wurde. Die Geschäftsleitung führt versuchsweise für einen Monat die Herstellung nach einem neuen Verfahren durch, um durch einen statistischen Test zu entscheiden, ob das neue Produktionsverfahren vorteilhaft ist, d.h. eine höhere durchschnittliche Brenndauer gewährleistet ist. Es wird dabei eine Stichprobe vom Umfang $n = 100$ zugrunde gelegt.

a) Der Produktionsleiter der Firma will das neue Verfahren zurückweisen, wenn sich mit einer Irrtumswahrscheinlichkeit von 5 % die durchschnittliche Brenndauer der Batterien nicht erhöht hat. Formulieren Sie hierzu eine geeignete Nullhypothese und bestimmen Sie den kritischen Bereich.

b) Die Forschungsabteilung des Unternehmens will schon dann das Verfahren annehmen, wenn mit einer Irrtumswahrscheinlichkeit von 5 % gesagt werden kann, daß sich die durchschnittliche Brenndauer der neuen Batterien nicht verringert hat. Formulieren Sie hierzu einen Test und bestimmen Sie den kritischen Bereich.

c) Vergleichen Sie die Ergebnisse aus a) und b) miteinander. Ergibt sich immer eine eindeutige Entscheidung? Läßt sich aus dem Testaufbau unter a) und b) ein Rückschluß auf die Interessenlage von Produktionsleiter und Forschungsabteilung ableiten?

d) Erläutern Sie den Begriff der Gütefunktion. Welche Möglichkeit gibt es, die Güte eines Testes zu verbessern?

a) 252,961. b) 247,039.

Aufgabe 4:

Ein Gummiproduzent gibt an, daß die Lebensdauer der von ihm hergestellten Reifen eine normalverteilte Zufallsvariable sei mit dem Mittelwert $\mu = 40\ 000$ km und einer Standardabweichung von $\sigma = 6\ 000$ km.

a) Zur Prüfung dieser Angabe werden 400 Reifen ausgewählt. Es ergab sich eine durchschnittliche Lebensdauer von 39 600 km. Prüfen Sie mit einer Irrtumswahrscheinlichkeit von 5 %, ob aufgrund dieses Stichprobenergebnisses geschlossen werden kann, daß sich die durchschnittliche Lebensdauer verringert hat.

b) Durch die Anwendung eines neuen Produktionsverfahrens soll sich die durchschnittliche Lebensdauer um 1 000 km erhöht haben.

Eine Stichprobe von 400 Reifen ergab jetzt eine durchschnittliche Lebensdauer von 40 800 km.

1. Testen Sie mit einer Irrtumswahrscheinlichkeit von 1 % die Hypothese, daß sich die durchschnittliche Lebensdauer der Reifen nicht erhöht hat.

2. Berechnen Sie den Fehler 2. Art.

3. Erläutern Sie die Fehlermöglichkeiten eines statistischen Tests.

a) – 1,333. b) 1. 40,698, 2. 0,1587.

Aufgabe 5:

Auf einer Drehbank wurden in der Vergangenheit Wellen hergestellt, die im Durchschnitt einen Durchmesser von 140 mm hatten. Die Standardabweichung ist aus langjähriger Erfahrung bekannt und beträgt $\sigma = 4$ mm. Zur Überprüfung der Arbeitsgenauigkeit der Maschine wurden aus der laufenden Produktion 144 Wellen zufällig ausgewählt. Die in die Stichprobe gelangten Wellen hatten einen durchschnittlichen Durchmesser von $x = 139{,}2$ mm.

a) Testen Sie die Hypothese H_0: $\mu = \mu_0 = 140$ mm gegen die Alternativhypothese $\mu \neq \mu_0$ bei einer Irrtumswahrscheinlichkeit von 5 %.

Wie ist die Arbeitsgenauigkeit der Maschine aufgrund des Testes zu beurteilen?

b) Ist es in diesem Fall sinnvoll, einen zweiseitigen Test vorzunehmen?

a) - 2,4.

Aufgabe 6:

Nach Ansicht eines Fabrikanten von Kunststoffolien ist die Wahrscheinlichkeit, daß eine Folie schadhaft ist, $p = 0{,}05$.

Bei Kontrollen der laufenden Produktion werden in längeren Abständen Stichproben vom Umfang $n = 200$ gezogen.

a) Der Fabrikant hält eine Korrektur des Produktionsprozesses für notwendig, wenn 13 oder mehr Folien in einer Stichprobe Mängel aufweisen. Wie groß ist die Wahrscheinlichkeit, daß unter der Hypothese des Fabrikanten 13 oder mehr Folien schadhaft sind?

b) Nach verstärkten Reklamationen hält es der Fabrikant für notwendig zu überprüfen, ob er die Hypothese H_0: $p_0 = 0{,}05$ für das Auftreten schadhafter Folien nicht zu Gunsten der Alternativhypothese H_a: $p_1 = 0{,}1$ verwerfen sollte, wenn 13 oder mehr Folien in einer Stichprobe Mängel aufweisen. Berechnen Sie die Größe des Fehlers 1. Art und des Fehlers 2. Art.

c) x sei die Anzahl der schadhaften Folien in einer Stichprobe vom Umfang n = 200. Welchen kritischen Bereich würden Sie wählen, wenn die Wahrscheinlichkeit für den Fehler 1. Art höchstens $\alpha = 0{,}1$ sein soll?

Wie groß ist für diesen kritischen Bereich der Fehler 2. Art? Welche Möglichkeiten gibt es, den Fehler 2. Art zu verringern?

d) Testen Sie die Hypothese H_0: $p_0 \leq 0{,}05$ gegen die Alternativhypothese H_a: $p_1 > 0{,}05$ mit der Irrtumswahrscheinlichkeit $\alpha = 0{,}1$.

Bestimmen Sie den kritischen Bereich und $ß_{max}$.

a) 0,2087. b) 0,0385. c) 14,4498; 0,0974. d) 13,9498; 0,9.

Aufgabe 7:

Eine Füllmaschine produziert Waschmittelpakete, deren Gewicht normalverteilt ist mit $\mu = 2\,500$ g und $\sigma = 10$ g.

a) Der Produktionsprozeß wird unterbrochen, wenn eine Stichprobe von 4 Packungen ein $\bar{x}$ von mindestens 2 510 g liefert. Durch einen Defekt eines Teiles der Maschine wird von Zeit zu Zeit ein durchschnittliches Füllgewicht von 2 518 g erzielt.

Formulieren Sie die beiden Hypothesen. Wie ist in diesem Fall der kritische Bereich definiert? Berechnen und interpretieren Sie den Fehler 1. und 2. Art.

b) Nach welchen Kriterien sollten der Fehler 1. Art und der Fehler 2. Art festgelegt werden?

c) Wann ist es sinnvoll, den kritischen Bereich eines Testes anhand eines vorgegebenen Fehlers 1. Art zu bestimmen? Ist es sinnvoll, bei Ablehnung von H_0 den Wert von α nachträglich noch zu verkleinern, damit H_0 angenommen werden kann?

d) Formulieren Sie einen Test der Hypothese H_0: $\mu_0 = 2\,500$ g gegen die Alternativhypothese, daß das Füllgewicht größer als 2 500 g ist, bei einem Fehler 1. Art von 0,02. Dabei soll eine Stichprobe vom Umfang n = 25 gezogen werden.

e) Formulieren Sie einen Test für die Hypothese H_0: μ_0 = 2 500 g gegen die Alternativhypothese H_a: $\mu_1 \neq$ 2 500 g mit einem Fehler 1. Art von 0,10 (für n = 25). Wie groß ist der maximale Fehler 2. Art in diesem Fall? In welcher Richtung wird der kritische Bereich festgelegt und warum?

f) Erläutern Sie den Begriff der Operations-Charakteristik und bestimmen Sie die OC-Kurve für den Mittelwert μ der Grundgesamtheit mit einer Abweichung von ± 10 g.

a) 0,0228; 0,0548. d) 2504,1. e) 2503,29; 2496,71.

f) 0; 0,0021; 0,0095; 0,0318; 0,0877; 0,1963; 0,3613; 0,5568; 0,7365; 0,8579; 0,9; 0,8579; 0,7365; 0,5568; 0,3613; 0,1963; 0,0877; 0,0318; 0,0095; 0,0021; 0.

Aufgabe 8:

Auf einer vollautomatisch arbeitenden Verpackungsmaschine werden Mehlpakete mit einem durchschnittlichen Füllgewicht von 2 000 g abgefüllt. Aufgrund einer Stichprobe vom Umfang n = 30 soll überprüft werden, ob sich das durchschnittliche Füllgewicht der Mehlpakete auf 2 020 g erhöht hat. Wegen der dadurch entstehenden Verluste von 20 g pro Packung müßte die Anlage vorübergehend stillgelegt und neu justiert werden. Die Stichprobenstandardabweichung beträgt 25 g.

a) Geben Sie einen Test an, aufgrund dessen bei einer Irrtumswahrscheinlichkeit von 1 % entschieden werden kann, ob die Maschine neu justiert werden muß, oder ob ohne Überprüfung der Anlage weiterproduziert werden kann.

b) Erläutern Sie an diesem Beispiel, was man unter einem Fehler 1. Art und einem Fehler 2. Art versteht.

c) Wie groß ist im vorliegenden Fall die Wahrscheinlichkeit, einen Fehler 1. Art zu machen?

d) Wie groß ist die Wahrscheinlichkeit für einen Fehler 2. Art?

e) Wie groß wäre die Wahrscheinlichkeit für einen Fehler 1. Art bei einem kritischen Wert von c = 2 006 g?

f) Auf welche Weise lassen sich der Fehler 1. Art und der Fehler 2. Art gleichzeitig verringern?

g) Der Hersteller der Verpackungsmaschine garantierte eine Standardabweichung vom Sollwert von 20 g. Überprüfen Sie mit einer Irrtumswahrscheinlichkeit von 1 % anhand der Stichprobe, ob sich diese mittlere Abweichung erhöht hat.

a) 2 011,237. c) 0,01. d) 0,0324. e) 0,0995. g) 45,313.

Aufgabe 9:

Im Rahmen einer Qualitätskontrolle wurde die Zugfestigkeit von 200 Drähten geprüft. Es ergab sich folgende Verteilung:

Zugfestigkeit in kg X	n_i
[0, 50)	7
[50, 60)	17
[60, 70)	38
[70, 80)	53
[80, 90)	45
[90, 100)	27
[100, 200)	13
Σ	200

mit $\bar{x}$ = 79,5 und s = 23,6.

Testen Sie mit einer Sicherheitswahrscheinlichkeit von 99,9 % die Behauptung, daß die durchschnittliche Zugfestigkeit der Drähte aus einer normalverteilten Grundgesamtheit stammt.

47,2240.

Aufgabe 10:

Gemäß einer gesetzlichen Verordnung darf die Emission von Schwefeldioxid (SO_2) maximal 60 Mikrogramm pro Kubikmeter Luft betragen. Das Umweltministerium wirft dem Unternehmen U vor, daß dessen SO_2-Werte über dem angegebenen Grenzwert bei 61 Mikrogramm liegen. Nach eigenen Berechnungen des Unternehmens liegt der entsprechende Wert jedoch nur bei 59 Mikrogramm.

Beide Seiten einigen sich, aufgrund einer Stichprobe vom Umfang 144 zu entscheiden. Die Stichprobe liefert einen Mittelwert von 58 Mikrogramm.

Es ist bekannt, daß die SO_2-Emission normalverteilt ist, mit der Varianz 40.

a) Zugunsten welcher Partei spricht das Stichprobenergebnis? Zeigen Sie die einzelnen Lösungsschritte auf, wobei Sie eine Irrtumswahrscheinlichkeit von 5 % verwenden!

b) Berechnen Sie den Fehler 2. Art und erläutern Sie ihn!

a) H_0: $\mu_0 = 61$, H_a: $\mu_a = 59$. Wegen $z_{pr} = 58 < 60{,}1329 = z_{kr}$ wird H_0 verworfen;
b) 0,0158.

Aufgabe 11:

Nehmen Sie an, Aktienkurse seien normalverteilt. Ein Anleger besitzt Aktienpakete von 2 Unternehmen A und B. Da er in Liquiditätsschwierigkeiten ist, muß er einen Teil seines Vermögens verkaufen: Um diejenigen Aktien abzustoßen, die das größte Kursrisiko beinhalten, vergleicht er die Varianzen der ZV "Kurswert A" bzw. "Kurswert B" in den letzten 20 Tagen.

Die Stichprobe ergibt:

$$m_A = m_B = 20, \quad \bar{x}_A = 280, \quad \bar{x}_B = 360, \quad s_A^2 = 35.2, \quad s_B^2 = 37.4.$$

Testen Sie bei einer Irrtumswahrscheinlichkeit von 10 % auf Gleichheit der Varianzen in der Grundgesamtheit!

Antwort: Wegen $0{,}4612 < F_{pr} = 1{,}0625 < 2{,}1683$ wird H_0 **nicht** verworfen.

Aufgabe 12:

Ein Lehrstuhl möchte untersuchen, ob der zunehmende Einsatz von Textverarbeitungssystemen bei der Erstellung von Seminararbeiten eine Veränderung der durchschnittlichen Seitenzahl bewirkt hat. Dabei werden jeweils 10 Arbeiten aus den Zeiträumen A: SS 84 - SS 85 und B: SS 86 - SS 87 betrachtet.

Man erhält:

$$\bar{x}_A = 15.5, \qquad \bar{x}_B = 16.2$$

Man weiß, daß die GG eine Varianz von $\sigma^2 = 6.25 = 2.5^2$ besitzt.

Testen Sie bei einer Irrtumswahrscheinlichkeit von 5 % die Nullhypothese

$$H_0 : \mu_A - \mu_B = 0.$$

Wegen $1{,}965 > z_{pr} = -0{,}6261 > -1{,}965$ wird H_0 **nicht** verworfen.

ANHANG

1. BINOMIALVERTEILUNG

$$f_{BV}(x_k | n;p) = \sum_{i=0}^{k} \binom{n}{i} p^i (1-p)^{n-i} \quad \text{für } k \geq 0; \; (0 < p < 1).$$

Für $p > 0{,}5$ findet man den gesuchten Wert über die Beziehung

$$F_{BV}(x_k | n;p) = 1 - F_{BV}(n - x_k - 1 | n; 1-p).$$

		ERFOLGSWAHRSCHEINLICHKEIT P							
n	x	0,01	0,05	0,10	0,15	0,20	0,30	0,40	0,50
1	0	0,9900	0,9500	0,9000	0,8500	0,8000	0,7000	0,6000	0,5000
	1	1,0000	1,0000	1,0000	1,0000	1,0000	1,0000	1,0000	1,0000
2	0	0,9801	0,9025	0,8100	0,7225	0,6400	0,4900	0,3600	0,2500
	1	0,9999	0,9975	0,9900	0,9775	0,9600	0,9100	0,8400	0,7500
	2	1,0000	1,0000	1,0000	1,0000	1,0000	1,0000	1,0000	1,0000
3	0	0,9703	0,8574	0,7290	0,6141	0,5120	0,3430	0,2160	0,1250
	1	0,9997	0,9927	0,9720	0,9393	0,8960	0,7840	0,6480	0,5000
	2	1,0000	0,9999	0,9990	0,9966	0,9920	0,9730	0,9360	0,8750
	3	1,0000	1,0000	1,0000	1,0000	1,0000	1,0000	1,0000	1,0000
4	0	0,9606	0,8145	0,6561	0,5220	0,4096	0,2401	0,1296	0,0625
	1	0,9994	0,9860	0,9477	0,8905	0,8192	0,6517	0,4752	0,3125
	2	1,0000	0,9995	0,9963	0,9880	0,9728	0,9163	0,8208	0,6875
	3	1,0000	1,0000	0,9999	0,9995	0,9984	0,9919	0,9744	0,9375
	4	1,0000	1,0000	1,0000	1,0000	1,0000	1,0000	1,0000	1,0000
5	0	0,9510	0,7738	0,5905	0,4437	0,3277	0,1681	0,0778	0,0313
	1	0,9990	0,9774	0,9185	0,8352	0,7373	0,5282	0,3370	0,1875
	2	1,0000	0,9988	0,9914	0,9734	0,9421	0,8369	0,6826	0,5000
	3	1,0000	1,0000	0,9995	0,9978	0,9933	0,9692	0,9130	0,8125
	4	1,0000	1,0000	1,0000	0,9999	0,9997	0,9976	0,9898	0,9688
	5	1,0000	1,0000	1,0000	1,0000	1,0000	1,0000	1,0000	1,0000
6	0	0,9415	0,7351	0,5314	0,3771	0,2621	0,1176	0,0467	0,0156
	1	0,9985	0,9672	0,8857	0,7765	0,6554	0,4202	0,2333	0,1094
	2	1,0000	0,9978	0,9841	0,9527	0,9011	0,7443	0,5443	0,3438
	3	1,0000	0,9999	0,9987	0,9941	0,9830	0,9295	0,8208	0,6563
	4	1,0000	1,0000	0,9999	0,9996	0,9984	0,9891	0,9590	0,8906
	5	1,0000	1,0000	1,0000	1,0000	0,9999	0,9993	0,9959	0,9844
	6	1,0000	1,0000	1,0000	1,0000	1,0000	1,0000	1,0000	1,0000
7	0	0,9321	0,6983	0,4783	0,3206	0,2097	0,0824	0,0280	0,0078
	1	0,9980	0,9556	0,8503	0,7166	0,5767	0,3294	0,1586	0,0625
	2	1,0000	0,9962	0,9743	0,9262	0,8520	0,6471	0,4199	0,2266
	3	1,0000	0,9998	0,9973	0,9879	0,9667	0,8740	0,7102	0,5000
	4	1,0000	1,0000	0,9998	0,9988	0,9953	0,9712	0,9037	0,7734
	5	1,0000	1,0000	1,0000	0,9999	0,9996	0,9962	0,9812	0,9375
	6	1,0000	1,0000	1,0000	1,0000	1,0000	0,9998	0,9984	0,9922
	7	1,0000	1,0000	1,0000	1,0000	1,0000	1,0000	1,0000	1,0000

1. BINOMIALVERTEILUNG

		ERFOLGSWAHRSCHEINLICHKEIT P							
n	x	0,01	0,05	0,10	0,15	0,20	0,30	0,40	0,50
8	0	0,9227	0,6634	0,4305	0,2725	0,1678	0,0576	0,0168	0,0039
	1	0,9973	0,9428	0,8131	0,6572	0,5033	0,2553	0,1064	0,0352
	2	0,9999	0,9942	0,9619	0,8948	0,7969	0,5518	0,3154	0,1445
	3	1,0000	0,9996	0,9950	0,9786	0,9437	0,8059	0,5941	0,3633
	4	1,0000	1,0000	0,9996	0,9971	0,9896	0,9420	0,8263	0,6367
	5	1,0000	1,0000	1,0000	0,9998	0,9988	0,9887	0,9502	0,8555
	6	1,0000	1,0000	1,0000	1,0000	0,9999	0,9987	0,9915	0,9648
	7	1,0000	1,0000	1,0000	1,0000	1,0000	0,9999	0,9993	0,9961
	8	1,0000	1,0000	1,0000	1,0000	1,0000	1,0000	1,0000	1,0000
9	0	0,9135	0,6302	0,3874	0,2316	0,1342	0,0404	0,0101	0,0020
	1	0,9966	0,9288	0,7748	0,5995	0,4362	0,1960	0,0705	0,0195
	2	0,9999	0,9916	0,9470	0,8591	0,7382	0,4628	0,2318	0,0898
	3	1,0000	0,9994	0,9917	0,9661	0,9144	0,7297	0,4826	0,2539
	4	1,0000	1,0000	0,9991	0,9944	0,9804	0,9012	0,7334	0,5000
	5	1,0000	1,0000	0,9999	0,9994	0,9969	0,9747	0,9006	0,7461
	6	1,0000	1,0000	1,0000	1,0000	0,9997	0,9957	0,9750	0,9102
	7	1,0000	1,0000	1,0000	1,0000	1,0000	0,9996	0,9962	0,9805
	8	1,0000	1,0000	1,0000	1,0000	1,0000	1,0000	0,9997	0,9980
	9	1,0000	1,0000	1,0000	1,0000	1,0000	1,0000	1,0000	1,0000
10	0	0,9044	0,5987	0,3487	0,1969	0,1074	0,0282	0,0060	0,0010
	1	0,9957	0,9139	0,7361	0,5443	0,3758	0,1493	0,0464	0,0107
	2	0,9999	0,9885	0,9298	0,8202	0,6778	0,3828	0,1673	0,0547
	3	1,0000	0,9990	0,9872	0,9500	0,8791	0,6496	0,3823	0,1719
	4	1,0000	0,9999	0,9984	0,9901	0,9672	0,8497	0,6331	0,3770
	5	1,0000	1,0000	0,9999	0,9986	0,9936	0,9527	0,8338	0,6230
	6	1,0000	1,0000	1,0000	0,9999	0,9991	0,9894	0,9452	0,8281
	7	1,0000	1,0000	1,0000	1,0000	0,9999	0,9984	0,9877	0,9453
	8	1,0000	1,0000	1,0000	1,0000	1,0000	0,9999	0,9983	0,9893
	9	1,0000	1,0000	1,0000	1,0000	1,0000	1,0000	0,9999	0,9990
	10	1,0000	1,0000	1,0000	1,0000	1,0000	1,0000	1,0000	1,0000
11	0	0,8953	0,5688	0,3138	0,1673	0,0859	0,0198	0,0036	0,0005
	1	0,9948	0,8981	0,6974	0,4922	0,3221	0,1130	0,0302	0,0059
	2	0,9998	0,9848	0,9104	0,7788	0,6174	0,3127	0,1189	0,0327
	3	1,0000	0,9984	0,9815	0,9306	0,8389	0,5696	0,2963	0,1133
	4	1,0000	0,9999	0,9972	0,9841	0,9496	0,7897	0,5328	0,2744
	5	1,0000	1,0000	0,9997	0,9973	0,9883	0,9218	0,7535	0,5000
	6	1,0000	1,0000	1,0000	0,9997	0,9980	0,9784	0,9006	0,7256
	7	1,0000	1,0000	1,0000	1,0000	0,9998	0,9957	0,9707	0,8867
	8	1,0000	1,0000	1,0000	1,0000	1,0000	0,9994	0,9941	0,9673
	9	1,0000	1,0000	1,0000	1,0000	1,0000	1,0000	0,9993	0,9941
	10	1,0000	1,0000	1,0000	1,0000	1,0000	1,0000	1,0000	0,9995
	11	1,0000	1,0000	1,0000	1,0000	1,0000	1,0000	1,0000	1,0000

1. BINOMIALVERTEILUNG

		ERFOLGSWAHRSCHEINLICHKEIT P							
n	x	0,01	0,05	0,10	0,15	0,20	0,30	0,40	0,50
12	0	0,8864	0,5404	0,2824	0,1422	0,0687	0,0138	0,0022	0,0002
	1	0,9938	0,8816	0,6590	0,4435	0,2749	0,0850	0,0196	0,0032
	2	0,9998	0,9804	0,8891	0,7358	0,5583	0,2528	0,0834	0,0193
	3	1,0000	0,9978	0,9744	0,9078	0,7946	0,4925	0,2253	0,0730
	4	1,0000	0,9998	0,9957	0,9761	0,9274	0,7237	0,4382	0,1938
	5	1,0000	1,0000	0,9995	0,9954	0,9806	0,8822	0,6652	0,3872
	6	1,0000	1,0000	0,9999	0,9993	0,9961	0,9614	0,8418	0,6128
	7	1,0000	1,0000	1,0000	0,9999	0,9994	0,9905	0,9427	0,8062
	8	1,0000	1,0000	1,0000	1,0000	0,9999	0,9983	0,9847	0,9270
	9	1,0000	1,0000	1,0000	1,0000	1,0000	0,9998	0,9972	0,9807
	10	1,0000	1,0000	1,0000	1,0000	1,0000	1,0000	0,9997	0,9968
	11	1,0000	1,0000	1,0000	1,0000	1,0000	1,0000	1,0000	0,9998
	12	1,0000	1,0000	1,0000	1,0000	1,0000	1,0000	1,0000	1,0000
13	0	0,8775	0,5133	0,2542	0,1209	0,0550	0,0097	0,0013	0,0001
	1	0,9928	0,8646	0,6213	0,3983	0,2336	0,0637	0,0126	0,0017
	2	0,9997	0,9755	0,8661	0,6920	0,5017	0,2025	0,0579	0,0112
	3	1,0000	0,9969	0,9658	0,8820	0,7473	0,4206	0,1686	0,0461
	4	1,0000	0,9997	0,9935	0,9658	0,9009	0,6543	0,3530	0,1334
	5	1,0000	1,0000	0,9991	0,9925	0,9700	0,8346	0,5744	0,2905
	6	1,0000	1,0000	0,9999	0,9987	0,9930	0,9376	0,7712	0,5000
	7	1,0000	1,0000	1,0000	0,9998	0,9988	0,9818	0,9023	0,7095
	8	1,0000	1,0000	1,0000	1,0000	0,9998	0,9960	0,9679	0,8666
	9	1,0000	1,0000	1,0000	1,0000	1,0000	0,9993	0,9922	0,9539
	10	1,0000	1,0000	1,0000	1,0000	1,0000	0,9999	0,9987	0,9888
	11	1,0000	1,0000	1,0000	1,0000	1,0000	1,0000	0,9999	0,9983
	12	1,0000	1,0000	1,0000	1,0000	1,0000	1,0000	1,0000	0,9999
	13	1,0000	1,0000	1,0000	1,0000	1,0000	1,0000	1,0000	1,0000
14	0	0,8687	0,4877	0,2288	0,1028	0,0440	0,0068	0,0008	0,0001
	1	0,9916	0,8470	0,5846	0,3567	0,1979	0,0475	0,0081	0,0009
	2	0,9997	0,9699	0,8416	0,6479	0,4481	0,1608	0,0398	0,0065
	3	1,0000	0,9958	0,9559	0,8535	0,6982	0,3552	0,1243	0,0287
	4	1,0000	0,9996	0,9908	0,9533	0,8702	0,5842	0,2793	0,0898
	5	1,0000	1,0000	0,9985	0,9885	0,9561	0,7805	0,4859	0,2120
	6	1,0000	1,0000	0,9998	0,9978	0,9884	0,9067	0,6925	0,3953
	7	1,0000	1,0000	1,0000	0,9997	0,9976	0,9685	0,8499	0,6047
	8	1,0000	1,0000	1,0000	1,0000	0,9996	0,9917	0,9417	0,7880
	9	1,0000	1,0000	1,0000	1,0000	1,0000	0,9983	0,9825	0,9102
	10	1,0000	1,0000	1,0000	1,0000	1,0000	0,9998	0,9961	0,9713
	11	1,0000	1,0000	1,0000	1,0000	1,0000	1,0000	0,9994	0,9935
	12	1,0000	1,0000	1,0000	1,0000	1,0000	1,0000	0,9999	0,9991
	13	1,0000	1,0000	1,0000	1,0000	1,0000	1,0000	1,0000	0,9999
	14	1,0000	1,0000	1,0000	1,0000	1,0000	1,0000	1,0000	1,0000

1. BINOMIALVERTEILUNG

		ERFOLGSWAHRSCHEINLICHKEIT P							
n	x	0,01	0,05	0,10	0,15	0,20	0,30	0,40	0,50
15	0	0,8601	0,4633	0,2059	0,0874	0,0352	0,0047	0,0005	0,0000
	1	0,9904	0,8290	0,5490	0,3186	0,1671	0,0353	0,0052	0,0005
	2	0,9996	0,9638	0,8159	0,6042	0,3980	0,1268	0,0271	0,0037
	3	1,0000	0,9945	0,9444	0,8227	0,6482	0,2969	0,0905	0,0176
	4	1,0000	0,9994	0,9873	0,9383	0,8358	0,5155	0,2173	0,0592
	5	1,0000	0,9999	0,9977	0,9832	0,9389	0,7216	0,4032	0,1509
	6	1,0000	1,0000	0,9997	0,9964	0,9819	0,8689	0,6098	0,3036
	7	1,0000	1,0000	1,0000	0,9994	0,9958	0,9500	0,7869	0,5000
	8	1,0000	1,0000	1,0000	0,9999	0,9992	0,9848	0,9050	0,6964
	9	1,0000	1,0000	1,0000	1,0000	0,9999	0,9963	0,9662	0,8491
	10	1,0000	1,0000	1,0000	1,0000	1,0000	0,9993	0,9907	0,9408
	11	1,0000	1,0000	1,0000	1,0000	1,0000	0,9999	0,9981	0,9824
	12	1,0000	1,0000	1,0000	1,0000	1,0000	1,0000	0,9997	0,9963
	13	1,0000	1,0000	1,0000	1,0000	1,0000	1,0000	1,0000	0,9995
	14	1,0000	1,0000	1,0000	1,0000	1,0000	1,0000	1,0000	1,0000
16	0	0,8515	0,4401	0,1853	0,0743	0,0281	0,0033	0,0003	0,0000
	1	0,9891	0,8108	0,5147	0,2839	0,1407	0,0261	0,0033	0,0003
	2	0,9995	0,9571	0,7892	0,5614	0,3518	0,0994	0,0183	0,0021
	3	1,0000	0,9930	0,9316	0,7899	0,5981	0,2459	0,0651	0,0106
	4	1,0000	0,9991	0,9830	0,9209	0,7982	0,4499	0,1666	0,0384
	5	1,0000	0,9999	0,9967	0,9765	0,9183	0,6598	0,3288	0,1051
	6	1,0000	1,0000	0,9995	0,9944	0,9733	0,8247	0,5272	0,2272
	7	1,0000	1,0000	0,9999	0,9989	0,9930	0,9256	0,7161	0,4018
	8	1,0000	1,0000	1,0000	0,9998	0,9985	0,9743	0,8577	0,5982
	9	1,0000	1,0000	1,0000	1,0000	0,9998	0,9929	0,9417	0,7728
	10	1,0000	1,0000	1,0000	1,0000	1,0000	0,9984	0,9809	0,8949
	11	1,0000	1,0000	1,0000	1,0000	1,0000	0,9997	0,9951	0,9616
	12	1,0000	1,0000	1,0000	1,0000	1,0000	1,0000	0,9991	0,9894
	13	1,0000	1,0000	1,0000	1,0000	1,0000	1,0000	0,9999	0,9979
	14	1,0000	1,0000	1,0000	1,0000	1,0000	1,0000	1,0000	0,9997
	15	1,0000	1,0000	1,0000	1,0000	1,0000	1,0000	1,0000	1,0000
17	0	0,8429	0,4181	0,1668	0,0631	0,0225	0,0023	0,0002	0,0000
	1	0,9877	0,7922	0,4818	0,2525	0,1182	0,0193	0,0021	0,0001
	2	0,9994	0,9497	0,7618	0,5198	0,3096	0,0774	0,0123	0,0012
	3	1,0000	0,9912	0,9174	0,7556	0,5489	0,2019	0,0464	0,0064
	4	1,0000	0,9988	0,9779	0,9013	0,7582	0,3887	0,1260	0,0245
	5	1,0000	0,9999	0,9953	0,9681	0,8943	0,5968	0,2639	0,0717
	6	1,0000	1,0000	0,9992	0,9917	0,9623	0,7752	0,4478	0,1662
	7	1,0000	1,0000	0,9999	0,9983	0,9891	0,8954	0,6405	0,3145
	8	1,0000	1,0000	1,0000	0,9997	0,9974	0,9597	0,8011	0,5000
	9	1,0000	1,0000	1,0000	1,0000	0,9995	0,9873	0,9081	0,6855
	10	1,0000	1,0000	1,0000	1,0000	0,9999	0,9968	0,9652	0,8338
	11	1,0000	1,0000	1,0000	1,0000	1,0000	0,9993	0,9894	0,9283
	12	1,0000	1,0000	1,0000	1,0000	1,0000	0,9999	0,9975	0,9755
	13	1,0000	1,0000	1,0000	1,0000	1,0000	1,0000	0,9995	0,9936
	14	1,0000	1,0000	1,0000	1,0000	1,0000	1,0000	0,9999	0,9988
	15	1,0000	1,0000	1,0000	1,0000	1,0000	1,0000	1,0000	0,9999
	16	1,0000	1,0000	1,0000	1,0000	1,0000	1,0000	1,0000	1,0000

1. BINOMIALVERTEILUNG

		ERFOLGSWAHRSCHEINLICHKEIT P							
n	x	0,01	0,05	0,10	0,15	0,20	0,30	0,40	0,50
18	0	0,8345	0,3972	0,1501	0,0536	0,0180	0,0016	0,0001	0,0000
	1	0,9862	0,7735	0,4503	0,2241	0,0991	0,0142	0,0013	0,0001
	2	0,9993	0,9419	0,7338	0,4797	0,2713	0,0600	0,0082	0,0007
	3	1,0000	0,9891	0,9018	0,7202	0,5010	0,1646	0,0328	0,0038
	4	1,0000	0,9985	0,9718	0,8794	0,7164	0,3327	0,0942	0,0154
	5	1,0000	0,9998	0,9936	0,9581	0,8671	0,5344	0,2088	0,0481
	6	1,0000	1,0000	0,9988	0,9882	0,9487	0,7217	0,3743	0,1189
	7	1,0000	1,0000	0,9998	0,9973	0,9837	0,8593	0,5634	0,2403
	8	1,0000	1,0000	1,0000	0,9995	0,9957	0,9404	0,7368	0,4073
	9	1,0000	1,0000	1,0000	0,9999	0,9991	0,9790	0,8653	0,5927
	10	1,0000	1,0000	1,0000	1,0000	0,9998	0,9939	0,9424	0,7597
	11	1,0000	1,0000	1,0000	1,0000	1,0000	0,9986	0,9797	0,8811
	12	1,0000	1,0000	1,0000	1,0000	1,0000	0,9997	0,9942	0,9519
	13	1,0000	1,0000	1,0000	1,0000	1,0000	1,0000	0,9987	0,9846
	14	1,0000	1,0000	1,0000	1,0000	1,0000	1,0000	0,9998	0,9962
	15	1,0000	1,0000	1,0000	1,0000	1,0000	1,0000	1,0000	0,9993
	16	1,0000	1,0000	1,0000	1,0000	1,0000	1,0000	1,0000	0,9999
	17	1,0000	1,0000	1,0000	1,0000	1,0000	1,0000	1,0000	1,0000
19	0	0,8262	0,3774	0,1351	0,0456	0,0144	0,0011	0,0001	0,0000
	1	0,9847	0,7547	0,4203	0,1985	0,0829	0,0104	0,0008	0,0000
	2	0,9991	0,9335	0,7054	0,4413	0,2369	0,0462	0,0055	0,0000
	3	1,0000	0,9868	0,8850	0,6841	0,4551	0,1332	0,0230	0,0004
	4	1,0000	0,9980	0,9648	0,8556	0,6733	0,2822	0,0696	0,0022
	5	1,0000	0,9998	0,9914	0,9463	0,8369	0,4739	0,1629	0,0096
	6	1,0000	1,0000	0,9983	0,9837	0,9324	0,6655	0,3081	0,0318
	7	1,0000	1,0000	0,9997	0,9959	0,9767	0,8180	0,4878	0,0835
	8	1,0000	1,0000	1,0000	0,9992	0,9933	0,9161	0,6675	0,1796
	9	1,0000	1,0000	1,0000	0,9999	0,9984	0,9674	0,8139	0,3238
	10	1,0000	1,0000	1,0000	1,0000	0,9997	0,9895	0,9115	0,5000
	11	1,0000	1,0000	1,0000	1,0000	0,9999	0,9972	0,9648	0,6762
	12	1,0000	1,0000	1,0000	1,0000	1,0000	0,9994	0,9884	0,8204
	13	1,0000	1,0000	1,0000	1,0000	1,0000	0,9999	0,9969	0,9165
	14	1,0000	1,0000	1,0000	1,0000	1,0000	1,0000	0,9994	0,9904
	15	1,0000	1,0000	1,0000	1,0000	1,0000	1,0000	0,9999	0,9978
	16	1,0000	1,0000	1,0000	1,0000	1,0000	1,0000	1,0000	0,9996
	17	1,0000	1,0000	1,0000	1,0000	1,0000	1,0000	1,0000	1,0000
20	0	0,8179	0,3585	0,1216	0,0388	0,0115	0,0008	0,0000	0,0000
	1	0,9831	0,7358	0,3917	0,1756	0,0629	0,0076	0,0005	0,0000
	2	0,9990	0,9245	0,6769	0,4049	0,2061	0,0355	0,0036	0,0002
	3	1,0000	0,9841	0,8670	0,6477	0,4114	0,1071	0,0160	0,0013
	4	1,0000	0,9974	0,9568	0,8298	0,6296	0,2375	0,0510	0,0059
	5	1,0000	0,9997	0,9887	0,9327	0,8042	0,4164	0,1256	0,0207
	6	1,0000	1,0000	0,9976	0,9781	0,9133	0,6080	0,2500	0,0577
	7	1,0000	1,0000	0,9996	0,9941	0,9679	0,7723	0,4159	0,1316
	8	1,0000	1,0000	0,9999	0,9987	0,9900	0,8867	0,5956	0,2517
	9	1,0000	1,0000	1,0000	0,9998	0,9974	0,9520	0,7553	0,4119
	10	1,0000	1,0000	1,0000	1,0000	0,9994	0,9829	0,8725	0,5881
	11	1,0000	1,0000	1,0000	1,0000	0,9999	0,9949	0,9435	0,7483
	12	1,0000	1,0000	1,0000	1,0000	1,0000	0,9987	0,9790	0,8684
	13	1,0000	1,0000	1,0000	1,0000	1,0000	0,9997	0,9935	0,9423
	14	1,0000	1,0000	1,0000	1,0000	1,0000	1,0000	0,9984	0,9793
	15	1,0000	1,0000	1,0000	1,0000	1,0000	1,0000	0,9997	0,9941
	16	1,0000	1,0000	1,0000	1,0000	1,0000	1,0000	1,0000	0,9987
	17	1,0000	1,0000	1,0000	1,0000	1,0000	1,0000	1,0000	0,9998
	18	1,0000	1,0000	1,0000	1,0000	1,0000	1,0000	1,0000	1,0000

1. BINOMIALVERTEILUNG

		ERFOLGSWAHRSCHEINLICHKEIT P							
n	x	0,01	0,05	0,10	0,15	0,20	0,30	0,40	0,50
25	0	0,7778	0,2774	0,0718	0,0172	0,0038	0,0001	0,0000	0,0000
	1	0,9742	0,6424	0,2712	0,0931	0,0274	0,0016	0,0001	0,0000
	2	0,9980	0,8729	0,5371	0,2537	0,0982	0,0090	0,0004	0,0000
	3	0,9999	0,9659	0,7636	0,4711	0,2340	0,0332	0,0024	0,0001
	4	1,0000	0,9928	0,9020	0,6821	0,4207	0,0905	0,0095	0,0005
	5	1,0000	0,9988	0,9666	0,8385	0,6167	0,1935	0,0294	0,0020
	6	1,0000	0,9998	0,9905	0,9305	0,7800	0,3407	0,0736	0,0073
	7	1,0000	1,0000	0,9977	0,9745	0,8909	0,5118	0,1536	0,0216
	8	1,0000	1,0000	0,9995	0,9920	0,9532	0,6769	0,2735	0,0539
	9	1,0000	1,0000	0,9999	0,9979	0,9827	0,8106	0,4246	0,1148
	10	1,0000	1,0000	1,0000	0,9995	0,9944	0,9022	0,5858	0,2122
	11	1,0000	1,0000	1,0000	0,9999	0,9985	0,9558	0,7323	0,3450
	12	1,0000	1,0000	1,0000	1,0000	0,9996	0,9825	0,8462	0,5000
	13	1,0000	1,0000	1,0000	1,0000	0,9999	0,9940	0,9222	0,6550
	14	1,0000	1,0000	1,0000	1,0000	1,0000	0,9982	0,9656	0,7878
	15	1,0000	1,0000	1,0000	1,0000	1,0000	0,9995	0,9868	0,8852
	16	1,0000	1,0000	1,0000	1,0000	1,0000	0,9999	0,9957	0,9461
	17	1,0000	1,0000	1,0000	1,0000	1,0000	1,0000	0,9988	0,9784
	18	1,0000	1,0000	1,0000	1,0000	1,0000	1,0000	0,9997	0,9927
	19	1,0000	1,0000	1,0000	1,0000	1,0000	1,0000	0,9999	0,9980
	20	1,0000	1,0000	1,0000	1,0000	1,0000	1,0000	1,0000	0,9995
	21	1,0000	1,0000	1,0000	1,0000	1,0000	1,0000	1,0000	0,9999
	22	1,0000	1,0000	1,0000	1,0000	1,0000	1,0000	1,0000	1,0000
30	0	0,7397	0,2146	0,0424	0,0076	0,0012	0,0000	0,0000	0,0000
	1	0,9639	0,5535	0,1837	0,0480	0,0105	0,0003	0,0000	0,0000
	2	0,9967	0,8122	0,4114	0,1514	0,0442	0,0021	0,0000	0,0000
	3	0,9998	0,9392	0,6474	0,3217	0,1227	0,0093	0,0003	0,0000
	4	1,0000	0,9844	0,8245	0,5245	0,2552	0,0302	0,0015	0,0000
	5	1,0000	0,9967	0,9268	0,7106	0,4275	0,0766	0,0057	0,0002
	6	1,0000	0,9994	0,9742	0,8474	0,6070	0,1595	0,0172	0,0007
	7	1,0000	0,9999	0,9922	0,9302	0,7608	0,2814	0,0435	0,0026
	8	1,0000	1,0000	0,9980	0,9722	0,8713	0,4315	0,0940	0,0081
	9	1,0000	1,0000	0,9995	0,9903	0,9389	0,5888	0,1763	0,0214
	10	1,0000	1,0000	0,9999	0,9971	0,9744	0,7304	0,2915	0,0494
	11	1,0000	1,0000	1,0000	0,9992	0,9905	0,8407	0,4311	0,1002
	12	1,0000	1,0000	1,0000	0,9998	0,9969	0,9155	0,5785	0,1808
	13	1,0000	1,0000	1,0000	1,0000	0,9991	0,9599	0,7145	0,2923
	14	1,0000	1,0000	1,0000	1,0000	0,9998	0,9831	0,8246	0,4278
	15	1,0000	1,0000	1,0000	1,0000	0,9998	0,9936	0,9029	0,5722
	16	1,0000	1,0000	1,0000	1,0000	1,0000	0,9979	0,9519	0,7077
	17	1,0000	1,0000	1,0000	1,0000	1,0000	0,9994	0,9788	0,8192
	18	1,0000	1,0000	1,0000	1,0000	1,0000	0,9998	0,9917	0,8998
	19	1,0000	1,0000	1,0000	1,0000	1,0000	1,0000	0,9971	0,9506
	20	1,0000	1,0000	1,0000	1,0000	1,0000	1,0000	0,9991	0,9786
	21	1,0000	1,0000	1,0000	1,0000	1,0000	1,0000	0,9998	0,9919
	22	1,0000	1,0000	1,0000	1,0000	1,0000	1,0000	1,0000	0,9974
	23	1,0000	1,0000	1,0000	1,0000	1,0000	1,0000	1,0000	0,9993
	24	1,0000	1,0000	1,0000	1,0000	1,0000	1,0000	1,0000	0,9998
	25	1,0000	1,0000	1,0000	1,0000	1,0000	1,0000	1,0000	1,0000

2. POISSONVERTEILUNG

$$F_{PV}(x_k;\lambda) = \sum_{i=0}^{k} \frac{\lambda^i}{i!} e^{-\lambda} \quad \text{für } k \geq 0 \quad (\text{mit } e = 2{,}71828....)$$

	ERWARTUNGSWERT λ						
x	0,005	0,010	0,020	0,030	0,040	0,050	0,060
0	0,9950	0,9900	0,9802	0,9704	0,9608	0,9512	0,9418
1	1,0000	1,0000	0,9998	0,9996	0,9992	0,9988	0,9983
2	1,0000	1,0000	1,0000	1,0000	1,0000	1,0000	1,0000

	ERWARTUNGSWERT λ						
x	0,070	0,080	0,090	0,100	0,110	0,120	0,130
0	0,9324	0,9231	0,9139	0,9048	0,8958	0,8869	0,8781
1	0,9977	0,9970	0,9962	0,9953	0,9944	0,9934	0,9922
2	0,9999	0,9999	0,9999	0,9998	0,9998	0,9997	0,9997
3	1,0000	1,0000	1,0000	1,0000	1,0000	1,0000	1,0000

	ERWARTUNGSWERT λ						
x	0,140	0,150	0,160	0,170	0,180	0,190	0,200
0	0,8694	0,8607	0,8521	0,8437	0,8353	0,8270	0,8187
1	0,9911	0,9898	0,9885	0,9871	0,9856	0,9841	0,9852
2	0,9996	0,9995	0,9994	0,9993	0,9992	0,9990	0,9989
3	0,9999	1,0000	1,0000	1,0000	1,0000	1,0000	0,9999
4	1,0000	1,0000	1,0000	1,0000	1,0000	1,0000	1,0000

	ERWARTUNGSWERT λ						
x	0,300	0,400	0,500	0,600	0,700	0,800	0,900
0	0,7408	0,6703	0,6065	0,5488	0,4966	0,4493	0,4066
1	0,9631	0,9384	0,9098	0,8781	0,8442	0,8088	0,7725
2	0,9964	0,9921	0,9856	0,9769	0,9659	0,9526	0,9371
3	0,9997	0,9992	0,9982	0,9966	0,9942	0,9909	0,9865
4	0,9999	0,9999	0,9998	0,9996	0,9992	0,9986	0,9977
5	1,0000	1,0000	1,0000	1,0000	0,9999	0,9998	0,9997
6	1,0000	1,0000	1,0000	1,0000	1,0000	1,0000	1,0000

2. POISSONVERTEILUNG

	ERWARTUNGSWERT λ						
x	1,000	1,100	1,200	1,300	1,400	1,500	1,600
0	0,3679	0,3329	0,3012	0,2725	0,2466	0,2231	0,2019
1	0,7358	0,6990	0,6626	0,6268	0,5918	0,5578	0,5249
2	0,9197	0,9004	0,8795	0,8571	0,8335	0,8088	0,7834
3	0,9810	0,9743	0,9662	0,9569	0,9463	0,9344	0,9212
4	0,9963	0,9946	0,9923	0,9893	0,9857	0,9814	0,9763
5	0,9994	0,9990	0,9985	0,9978	0,9968	0,9955	0,9940
6	0,9999	0,9999	0,9997	0,9996	0,9994	0,9991	0,9987
7	1,0000	1,0000	1,0000	0,9999	0,9999	0,9998	0,9997
8	1,0000	1,0000	1,0000	1,0000	1,0000	1,0000	1,0000

	ERWARTUNGSWERT λ						
x	1,700	1,800	1,900	2,000	2,100	2,200	2,300
0	0,1827	0,1653	0,1496	0,1353	0,1225	0,1108	0,1003
1	0,4932	0,4628	0,4337	0,4060	0,3796	0,3546	0,3309
2	0,7572	0,7306	0,7037	0,6767	0,6496	0,6227	0,5960
3	0,9068	0,8913	0,8747	0,8571	0,8286	0,8194	0,7993
4	0,9704	0,9636	0,9559	0,9473	0,9379	0,9275	0,9162
5	0,9920	0,9896	0,9868	0,9834	0,9796	0,9751	0,9700
6	0,9981	0,9974	0,9966	0,9955	0,9941	0,9925	0,9906
7	0,9996	0,9994	0,9992	0,9989	0,9985	0,9980	0,9974
8	0,9999	0,9999	0,9998	0,9998	0,9997	0,9995	0,9994
9	1,0000	1,0000	1,0000	1,0000	0,9999	0,9999	0,9999
10	1,0000	1,0000	1,0000	1,0000	1,0000	1,0000	1,0000

	ERWARTUNGSWERT λ						
x	2,400	2,500	2,600	2,700	2,800	2,900	3,000
0	0,0907	0,0821	0,0743	0,0672	0,0608	0,0550	0,0498
1	0,3084	0,2873	0,2674	0,2487	0,2311	0,2146	0,1991
2	0,5697	0,5438	0,5184	0,4936	0,4695	0,4460	0,4232
3	0,7787	0,7576	0,7360	0,7141	0,6919	0,6696	0,6472
4	0,9041	0,8912	0,8774	0,8629	0,8477	0,8318	0,8153
5	0,9643	0,9580	0,9510	0,9433	0,9349	0,9258	0,9161
6	0,9884	0,9858	0,9828	0,9794	0,9756	0,9713	0,9665
7	0,9967	0,9989	0,9947	0,9934	0,9919	0,9901	0,9881
8	0,9991	0,9997	0,9985	0,9981	0,9976	0,9969	0,9962
9	1,9998	0,9999	0,9996	0,9995	0,9993	0,9991	0,9989
10	1,0000	1,0000	0,9999	0,9999	0,9998	0,9998	0,9997
11	1,0000	1,0000	1,0000	1,0000	1,0000	0,9999	0,9999
12	1,0000	1,0000	1,0000	1,0000	1,0000	1,0000	1,0000

2. POISSONVERTEILUNG

	ERWARTUNGSWERT λ						
x	3,500	4,000	4,500	5,000	5,500	6,000	6,500
0	0,0302	0,0183	0,0111	0,0067	0,0041	0,0025	0,0015
1	0,1359	0,0916	0,0611	0,0404	0,0266	0,0174	0,0113
2	0,3208	0,2381	0,1736	0,1247	0,0884	0,0620	0,0430
3	0,5366	0,4335	0,3423	0,2650	0,2017	0,1512	0,1118
4	0,7254	0,6288	0,5321	0,4405	0,3575	0,2851	0,2237
5	0,8576	0,7851	0,7029	0,6160	0,5289	0,4457	0,3690
6	0,9347	0,8893	0,8311	0,7622	0,6860	0,6063	0,5265
7	0,9733	0,9489	0,9134	0,8666	0,8095	0,7440	0,6728
8	0,9901	0,9786	0,9597	0,9319	0,8944	0,8472	0,7916
9	0,9967	0,9919	0,9829	0,9682	0,9462	0,9161	0,8774
10	0,9990	0,9972	0,9933	0,9863	0,9747	0,9574	0,9332
11	0,9997	0,9991	0,9976	0,9945	0,9890	0,9799	0,9661
12	0,9999	0,9997	0,9992	0,9980	0,9955	0,9912	0,9840
13	1,0000	0,9999	0,9997	0,9993	0,9983	0,9964	0,9929
14	1,0000	1,0000	0,9999	0,9998	0,9994	0,9986	0,9970
15	1,0000	1,0000	1,0000	0,9999	0,9998	0,9995	0,9988
16	1,0000	1,0000	1,0000	1,0000	0,9999	0,9998	0,9996
17	1,0000	1,0000	1,0000	1,0000	1,0000	0,9999	0,9998
18	1,0000	1,0000	1,0000	1,0000	1,0000	0,9999	0,9999
19	1,0000	1,0000	1,0000	1,0000	1,0000	1,0000	1,0000

	ERWARTUNGSWERT λ						
x	7,000	7,500	8,000	8,500	9,000	9,500	10,000
0	0,0009	0,0006	0,0003	0,0002	0,0001	0,0001	0,0000
1	0,0073	0,0047	0,0030	0,0019	0,0012	0,0008	0,0005
2	0,0296	0,0203	0,0138	0,0093	0,0062	0,0042	0,0028
3	0,0818	0,0591	0,0424	0,0301	0,0212	0,0149	0,0103
4	0,1730	0,1321	0,0996	0,0744	0,0550	0,0403	0,0293
5	0,3007	0,2414	0,1912	0,1496	0,1157	0,0885	0,0671
6	0,4497	0,3782	0,3134	0,2562	0,2068	0,1649	0,1301
7	0,5987	0,5246	0,4530	0,3856	0,3239	0,2687	0,2202
8	0,7291	0,6620	0,5925	0,5231	0,4557	0,3918	0,3328
9	0,8305	0,7764	0,7166	0,6530	0,5874	0,5218	0,4579
10	0,9015	0,8622	0,8159	0,7634	0,7060	0,6453	0,5830
11	0,9467	0,9208	0,8881	0,8487	0,8030	0,7520	0,6968
12	0,9730	0,9573	0,9362	0,9091	0,8758	0,8364	0,7916
13	0,9872	0,9784	0,9658	0,9486	0,9261	0,8981	0,8645
14	0,9943	0,9897	0,9827	0,9726	0,9585	0,9400	0,9165
15	0,9976	0,9954	0,9918	0,9862	0,9780	0,9665	0,9513
16	0,9990	0,9980	0,9963	0,9934	0,9889	0,9823	0,9730
17	0,9996	0,9992	0,9984	0,9970	0,9947	0,9911	0,9857
18	0,9999	0,9997	0,9993	0,9987	0,9976	0,9957	0,9928
19	1,0000	0,9999	0,9997	0,9995	0,9989	0,9980	0,9965
20	1,0000	1,0000	0,9999	0,9998	0,9996	0,9991	0,9984
21	1,0000	1,0000	1,0000	0,9999	0,9998	0,9996	0,9993
22	1,0000	1,0000	1,0000	1,0000	0,9999	0,9999	0,9997
23	1,0000	1,0000	1,0000	1,0000	1,0000	0,9999	0,9999
24	1,0000	1,0000	1,0000	1,0000	1,0000	1,0000	1,0000

3. STANDARD - NORMALVERTEILUNG

$$F_{NV}(z) = \frac{1}{\sqrt{2\pi}} \int_{-\infty}^{z} e^{-\frac{1}{2}u^2} du \quad \text{mit } p = 3{,}14159\ldots \text{ und } e = 2{,}71828\ldots$$

Ferner gilt $F_{NV}(-z) = 1 - F_{NV}(z)$.

Z	0	1	2	3	4	5	6	7	8	9
0,00	,5000	,5004	,5008	,5012	,5016	,5020	,5024	,5028	,5032	,5036
0,01	,5040	,5044	,5048	,5052	,5056	,5060	,5064	,5068	,5072	,5076
0,02	,5080	,5084	,5088	,5092	,5096	,5100	,5104	,5108	,5112	,5116
0,03	,5120	,5124	,5128	,5132	,5136	,5140	,5144	,5148	,5152	,5156
0,04	,5160	,5164	,5168	,5171	,5175	,5179	,5183	,5187	,5191	,5195
0,05	,5199	,5203	,5207	,5211	,5215	,5219	,5223	,5227	,5231	,5235
0,06	,5239	,5243	,5247	,5251	,5255	,5259	,5263	,5267	,5271	,5275
0,07	,5279	,5283	,5287	,5291	,5295	,5299	,5303	,5307	,5311	,5315
0,08	,5319	,5323	,5327	,5331	,5335	,5339	,5343	,5347	,5351	,5355
0,09	,5359	,5363	,5367	,5370	,5374	,5378	,5382	,5386	,5390	,5394
0,10	,5398	,5402	,5406	,5410	,5414	,5418	,5422	,5426	,5430	,5434
0,11	,5438	,5442	,5446	,5450	,5454	,5458	,5462	,5466	,5470	,5474
0,12	,5478	,5482	,5486	,5489	,5493	,5497	,5501	,5505	,5509	,5513
0,13	,5517	,5521	,5525	,5529	,5533	,5537	,5541	,5545	,5549	,5553
0,14	,5557	,5561	,5565	,5569	,5572	,5576	,5580	,5584	,5588	,5592
0,15	,5596	,5600	,5604	,5608	,5612	,5616	,5620	,5624	,5628	,5632
0,16	,5636	,5640	,5643	,5647	,5651	,5655	,5659	,5663	,5667	,5671
0,17	,5675	,5679	,5683	,5687	,5691	,5695	,5699	,5702	,5706	,5710
0,18	,5714	,5718	,5722	,5726	,5730	,5734	,5738	,5742	,5746	,5750
0,19	,5753	,5757	,5761	,5765	,5769	,5773	,5777	,5781	,5785	,5789
0,20	,5793	,5797	,5800	,5804	,5808	,5812	,5816	,5820	,5824	,5828
0,21	,5832	,5836	,5839	,5843	,5847	,5851	,5855	,5859	,5863	,5867
0,22	,5871	,5875	,5878	,5882	,5886	,5890	,5894	,5898	,5902	,5906
0,23	,5910	,5913	,5917	,5921	,5925	,5929	,5933	,5937	,5941	,5944
0,24	,5948	,5952	,5956	,5960	,5964	,5958	,5972	,5975	,5979	,5983
0,25	,5987	,5991	,5995	,5999	,6003	,6006	,6010	,6014	,6018	,6022
0,26	,6026	,6030	,6033	,6037	,6041	,6045	,6049	,6053	,6057	,6060
0,27	,6064	,6068	,6072	,6076	,6080	,6083	,6087	,6091	,6095	,6099
0,28	,6103	,6106	,6110	,6114	,6118	,6122	,6126	,6129	,6133	,6137
0,29	,6141	,6145	,6149	,6152	,6156	,6160	,6164	,6168	,6171	,6175
0,30	,6179	,6183	,6187	,6191	,6194	,6198	,6202	,6206	,6210	,6213
0,31	,6217	,6221	,6225	,6229	,6232	,6236	,6240	,6244	,6248	,6251
0,32	,6255	,6259	,6263	,6267	,6270	,6274	,6278	,6282	,6285	,6289
0,33	,6293	,6297	,6301	,6304	,6308	,6312	,6316	,6319	,6323	,6327
0,34	,6331	,6334	,6338	,6342	,6346	,6350	,6353	,6357	,6361	,6365
0,35	,6368	,6372	,6376	,6380	,6383	,6387	,6391	,6395	,6398	,6402
0,36	,6406	,6409	,6413	,6417	,6421	,6424	,6428	,6432	,6436	,6439
0,37	,6443	,6447	,6451	,6454	,6458	,6462	,6465	,6469	,6473	,6477
0,38	,6480	,6484	,6488	,6491	,6495	,6499	,6503	,6506	,6510	,6514
0,39	,6517	,6521	,6525	,6528	,6532	,6536	,6539	,6543	,6547	,6551

3. STANDARD - NORMALVERTEILUNG

Z	0	1	2	3	4	5	6	7	8	9
0,40	,6554	,6558	,6562	,6565	,6569	,6573	,6576	,6580	,6584	,6587
0,41	,6591	,6595	,6598	,6602	,6606	,6609	,6613	,6617	,6620	,6624
0,42	,6628	,6631	,6635	,6639	,6642	,6646	,6649	,6653	,6657	,6660
0,43	,6664	,6668	,6671	,6675	,6679	,6682	,6686	,6689	,6693	,6697
0,44	,6700	,6704	,6708	,6711	,6715	,6718	,6722	,6726	,6729	,6733
0,45	,6736	,6740	,6744	,6747	,6751	,6754	,6758	,6762	,6765	,6769
0,46	,6772	,6776	,6780	,6783	,6787	,6790	,6794	,6797	,6801	,6805
0,47	,6808	,6812	,6815	,6819	,6822	,6826	,6833	,6833	,6837	,6840
0,48	,6844	,6847	,6851	,6855	,6858	,6862	,6869	,6869	,6872	,6876
0,49	,6879	,6883	,6886	,6890	,6893	,6897	,6904	,6904	,6908	,6911
0,50	,6915	,6918	,6922	,6925	,6929	,6932	,6936	,6939	,6943	,6946
0,51	,6950	,6953	,6957	,6960	,6964	,6967	,6971	,6974	,6978	,6981
0,52	,6985	,6988	,6992	,6995	,6999	,7002	,7006	,7009	,7012	,7016
0,53	,7019	,7023	,7026	,7030	,7033	,7037	,7040	,7044	,7047	,7051
0,54	,7054	,7057	,7061	,7064	,7068	,7071	,7075	,7078	,7082	,7085
0,55	,7088	,7092	,7095	,7099	,7102	,7106	,7109	,7112	,7116	,7119
0,56	,7123	,7126	,7129	,7133	,7136	,7140	,7143	,7146	,7150	,7153
0,57	,7157	,7160	,7163	,7167	,7170	,7174	,7177	,7180	,7184	,7187
0,58	,7190	,7194	,7197	,7201	,7204	,7207	,7211	,7214	,7217	,7221
0,59	,7224	,7227	,7231	,7234	,7237	,7241	,7244	,7247	,7251	,7254
0,60	,7257	,7261	,7264	,7267	,7271	,7274	,7277	,7281	,7284	,7287
0,61	,7291	,7294	,7297	,7301	,7304	,7307	,7311	,7314	,7317	,7320
0,62	,7324	,7327	,7330	,7334	,7337	,7340	,7343	,7347	,7350	,7353
0,63	,7357	,7360	,7363	,7366	,7370	,7373	,7376	,7379	,7383	,7386
0,64	,7389	,7392	,7396	,7399	,7402	,7405	,7409	,7412	,7415	,7418
0,65	,7422	,7425	,7428	,7431	,7434	,7438	,7441	,7444	,7447	,7451
0,66	,7454	,7457	,7460	,7463	,7467	,7470	,7473	,7476	,7479	,7483
0,67	,7486	,7489	,7492	,7495	,7498	,7502	,7505	,7508	,7511	,7514
0,68	,7517	,7521	,7524	,7527	,7530	,7533	,7536	,7540	,7543	,7546
0,69	,7549	,7552	,7555	,7558	,7562	,7565	,7568	,7571	,7574	,7577
0,70	,7580	,7583	,7587	,7590	,7593	,7596	,7599	,7602	,7605	,7608
0,71	,7611	,7615	,7618	,7621	,7624	,7627	,7630	,7633	,7636	,7639
0,72	,7642	,7645	,7649	,7652	,7655	,7658	,7661	,7664	,7667	,7760
0,73	,7673	,7676	,7679	,7682	,7686	,7688	,7691	,7694	,7697	,7700
0,74	,7703	,7707	,7710	,7713	,7716	,7719	,7722	,7725	,7728	,7731
0,75	,7734	,7737	,7740	,7743	,7746	,7749	,7752	,7755	,7758	,7761
0,76	,7764	,7767	,7770	,7773	,7776	,7779	,7782	,7785	,7788	,7791
0,77	,7793	,7796	,7799	,7802	,7805	,7808	,7811	,7814	,7817	,7820
0,78	,7823	,7826	,7829	,7832	,7835	,7838	,7841	,7844	,7847	,7849
0,79	,7852	,7855	,7858	,7861	,7864	,7867	,7870	,7873	,7876	,7879
0,80	,7881	,7884	,7887	,7890	,7893	,7896	,7899	,7902	,7905	,7907
0,81	,7910	,7913	,7916	,7919	,7922	,7925	,7927	,7930	,7933	,7936
0,82	,7939	,7942	,7945	,7947	,7950	,7953	,7956	,7959	,7962	,7964
0,83	,7967	,7970	,7973	,7976	,7979	,7981	,7984	,7987	,7990	,7993
0,84	,7995	,7998	,8001	,8004	,8007	,8009	,8012	,8015	,8018	,8021

3. STANDARD - NORMALVERTEILUNG

Z	0	1	2	3	4	5	6	7	8	9
0,85	,8023	,8026	,8029	,8032	,8034	,8037	,8040	,8043	,8046	,8048
0,86	,8051	,8054	,8057	,8059	,8062	,8065	,8068	,8070	,8073	,8076
0,87	,8078	,8081	,8084	,8087	,8089	,8092	,8095	,8098	,8100	,8103
0,88	,8106	,8108	,8111	,8114	,8117	,8119	,8122	,8125	,8127	,8130
0,89	,8133	,8135	,8138	,8141	,8143	,8146	,8149	,8151	,8154	,8157
0,90	,8159	,8162	,8165	,8167	,8170	,8173	,8175	,8178	,8181	,8183
0,91	,8186	,8189	,8191	,8194	,8196	,8199	,8202	,8204	,8207	,8210
0,92	,8212	,8215	,8217	,8220	,8223	,8225	,8228	,8230	,8233	,8236
0,93	,8238	,8241	,8243	,8246	,8248	,8251	,8254	,8256	,8259	,8261
0,94	,8264	,8266	,8269	,8272	,8274	,8277	,8279	,8282	,8284	,8287
0,95	,8289	,8292	,8295	,8297	,8300	,8302	,8305	,8307	,8310	,8312
0,96	,8315	,8317	,8320	,8322	,8325	,8327	,8330	,8332	,8335	,8337
0,97	,8340	,8342	,8345	,8347	,8350	,8352	,8355	,8357	,8360	,8362
0,98	,8365	,8367	,8369	,8372	,8374	,8377	,8379	,8382	,8384	,8387
0,99	,8389	,8392	,8394	,8396	,8399	,8401	,8404	,8406	,8409	,8411
1,00	,8413	,8416	,8418	,8421	,8423	,8426	,8428	,8430	,8433	,8435
1,01	,8438	,8440	,8442	,8445	,8447	,8449	,8452	,8454	,8457	,8459
1,02	,8461	,8464	,8466	,8468	,8471	,8473	,8476	,8478	,8480	,8483
1,03	,8485	,8487	,8490	,8492	,8494	,8497	,8499	,8501	,8504	,8506
1,04	,8508	,8511	,8513	,8515	,8518	,8520	,8522	,8525	,8527	,8529
1,05	,8531	,8534	,8536	,8538	,8541	,8543	,8545	,8547	,8550	,8552
1,06	,8554	,8557	,8559	,8561	,8563	,8566	,8568	,8570	,8572	,8575
1,07	,8577	,8579	,8581	,8584	,8586	,8588	,8590	,8593	,8595	,8597
1,08	,8599	,8602	,8604	,8606	,8608	,8610	,8613	,8615	,8617	,8619
1,09	,8621	,8624	,8626	,8628	,8630	,8632	,8635	,8637	,8639	,8641
1,10	,8643	,8646	,8648	,8650	,8652	,8654	,8656	,8659	,8661	,8663
1,11	,8665	,8667	,8669	,8671	,8674	,8676	,8678	,8680	,8682	,8684
1,12	,8686	,8689	,8691	,8693	,8695	,8697	,8699	,8701	,8703	,8706
1,13	,8708	,8710	,8712	,8714	,8716	,8718	,8720	,8722	,8724	,8726
1,14	,8729	,8731	,8733	,8735	,8737	,8739	,8741	,8743	,8745	,8747
1,15	,8749	,8751	,8753	,8755	,8758	,8760	,8762	,8764	,8766	,8768
1,16	,8770	,8772	,8774	,8776	,8778	,8780	,8782	,8784	,8786	,8788
1,17	,8790	,8792	,8794	,8796	,8798	,8800	,8802	,8804	,8806	,8808
1,18	,8810	,8812	,8814	,8816	,8818	,8820	,8822	,8824	,8826	,8828
1,19	,8830	,8832	,8834	,8836	,8838	,8840	,8842	,8843	,8845	,8847
1,20	,8849	,8851	,8853	,8855	,8857	,8859	,8861	,8863	,8865	,8867
1,21	,8869	,8871	,8872	,8874	,8876	,8878	,8880	,8882	,8884	,8886
1,22	,8888	,8890	,8891	,8893	,8895	,8897	,8899	,8901	,8903	,8905
1,23	,8907	,8908	,8910	,8912	,8914	,8916	,8918	,8920	,8921	,8923
1,24	,8925	,8927	,8929	,8931	,8933	,8934	,8936	,8938	,8940	,8942
1,25	,8944	,8945	,8947	,8949	,8951	,8953	,8954	,8956	,8958	,8960
1,26	,8962	,8963	,8965	,8967	,8969	,8971	,8972	,8974	,8976	,8978
1,27	,8980	,8981	,8983	,8985	,8987	,8988	,8990	,8992	,8994	,8996
1,28	,8997	,8999	,9001	,9003	,9004	,9006	,9008	,9010	,9011	,9013
1,29	,9015	,9017	,9018	,9020	,9022	,9023	,9025	,9027	,9029	,9030

3. STANDARD - NORMALVERTEILUNG

Z	0	1	2	3	4	5	6	7	8	9
1,30	,9032	,9034	,9035	,9037	,9039	,9041	,9042	,9044	,9046	,9047
1,31	,9049	,9051	,9052	,9054	,9056	,9057	,9059	,9061	,9062	,9064
1,32	,9066	,9067	,9069	,9071	,9072	,9074	,9076	,9077	,9079	,9081
1,33	,9082	,9084	,9086	,9087	,9089	,9091	,9092	,9094	,9096	,9097
1,34	,9099	,9100	,9102	,9104	,9105	,9107	,9108	,9110	,9112	,9113
1,35	,9115	,9117	,9118	,9120	,9121	,9123	,9125	,9126	,9128	,9129
1,36	,9131	,9132	,9134	,9136	,9137	,9139	,9140	,9142	,9143	,9145
1,37	,9147	,9148	,9150	,9151	,9153	,9154	,9156	,9157	,9159	,9161
1,38	,9162	,9164	,9165	,9167	,9168	,9170	,9171	,9173	,9174	,9176
1,39	,9177	,9179	,9180	,9182	,9183	,9185	,9186	,9188	,9189	,9191
1,40	,9192	,9194	,9195	,9197	,9198	,9200	,9201	,9203	,9204	,9206
1,41	,9207	,9209	,9210	,9212	,9213	,9215	,9216	,9218	,9219	,9221
1,42	,9222	,9223	,9225	,9226	,9228	,9229	,9231	,9232	,9234	,9235
1,43	,9236	,9238	,9239	,9241	,9242	,9244	,9245	,9246	,9248	,9249
1,44	,9251	,9252	,9253	,9255	,9256	,9258	,9259	,9261	,9262	,9263
1,45	,9265	,9266	,9268	,9269	,9270	,9272	,9273	,9274	,9276	,9277
1,46	,9279	,9280	,9281	,9283	,9284	,9285	,9287	,9288	,9289	,9291
1,47	,9292	,9294	,9295	,9296	,9298	,9299	,9300	,9302	,9303	,9304
1,48	,9306	,9307	,9308	,9310	,9311	,9312	,9314	,9315	,9316	,9318
1,49	,9319	,9320	,9322	,9323	,9324	,9325	,9327	,9328	,9329	,9331
1,50	,9332	,9333	,9335	,9336	,9337	,9338	,9340	,9341	,9342	,9344
1,51	,9345	,9346	,9347	,9349	,9350	,9351	,9352	,9354	,9355	,9356
1,52	,9357	,9359	,9360	,9361	,9362	,9364	,9365	,9366	,9367	,9369
1,53	,9370	,9371	,9372	,9374	,9375	,9376	,9377	,9379	,9380	,9381
1,54	,9382	,9383	,9385	,9386	,9387	,9388	,9389	,9391	,9392	,9393
1,55	,9394	,9396	,9397	,9398	,9399	,9400	,9401	,9403	,9404	,9405
1,56	,9406	,9407	,9409	,9410	,9411	,9412	,9413	,9414	,9416	,9417
1,57	,9418	,9419	,9420	,9421	,9423	,9424	,9425	,9426	,9427	,9428
1,58	,9429	,9431	,9432	,9433	,9434	,9435	,9436	,9437	,9439	,9440
1,59	,9441	,9442	,9443	,9444	,9445	,9446	,9448	,9449	,9450	,9451
1,60	,9452	,9453	,9454	,9455	,9456	,9458	,9459	,9460	,9461	,9462
1,61	,9463	,9464	,9465	,9466	,9467	,9468	,9470	,9471	,9472	,9473
1,62	,9474	,9475	,9476	,9477	,9478	,9479	,9480	,9481	,9482	,9483
1,63	,9485	,9486	,9487	,9488	,9489	,9490	,9491	,9492	,9493	,9494
1,64	,9495	,9496	,9497	,9498	,9499	,9500	,9501	,9503	,9503	,9504
1,65	,9505	,9506	,9507	,9508	,9509	,9510	,9511	,9513	,9513	,9514
1,66	,9515	,9516	,9517	,9518	,9519	,9520	,9521	,9523	,9523	,9524
1,67	,9525	,9526	,9527	,9528	,9529	,9530	,9531	,9533	,9533	,9534
1,68	,9535	,9536	,9537	,9538	,9539	,9540	,9541	,9543	,9543	,9544
1,69	,9545	,9546	,9547	,9548	,9549	,9550	,9551	,9552	,9552	,9553
1,70	,9554	,9555	,9556	,9557	,9558	,9559	,9560	,9562	,9562	,9563
1,71	,9564	,9565	,9566	,9566	,9567	,9568	,9569	,9571	,9571	,9572
1,72	,9573	,9574	,9575	,9576	,9576	,9577	,9578	,9580	,9580	,9581
1,73	,9582	,9583	,9584	,9585	,9585	,9586	,9587	,9589	,9589	,9590
1,74	,9591	,9592	,9592	,9593	,9594	,9595	,9596	,9598	,9598	,9599

3. STANDARD - NORMALVERTEILUNG

Z	0	1	2	3	4	5	6	7	8	9
1,75	,9599	,9600	,9601	,9602	,9603	,9604	,9605	,9605	,9606	,9607
1,76	,9608	,9609	,9610	,9610	,9611	,9612	,9613	,9614	,9615	,9616
1,77	,9616	,9617	,9618	,9619	,9620	,9621	,9621	,9622	,9623	,9624
1,78	,9625	,9625	,9626	,9627	,9628	,9629	,9630	,9630	,9631	,9632
1,79	,9633	,9634	,9634	,9635	,9636	,9637	,9638	,9638	,9639	,9640
1,80	,9641	,9641	,9642	,9643	,9644	,9645	,9645	,9646	,9647	,9648
1,81	,9649	,9649	,9650	,9651	,9652	,9652	,9653	,9654	,9655	,9655
1,82	,9656	,9657	,9658	,9658	,9659	,9660	,9661	,9662	,9662	,9663
1,83	,9664	,9665	,9665	,9666	,9667	,9667	,9668	,9669	,9670	,9670
1,84	,9671	,9672	,9673	,9673	,9674	,9675	,9676	,9676	,9677	,9678
1,85	,9678	,9679	,9680	,9681	,9681	,9682	,9683	,9683	,9684	,9685
1,86	,9686	,9686	,9687	,9688	,9688	,9689	,9690	,9690	,9691	,9692
1,87	,9693	,9693	,9694	,9695	,9695	,9696	,9697	,9697	,9698	,9699
1,88	,9699	,9700	,9701	,9702	,9702	,9703	,9704	,9704	,9705	,9706
1,89	,9706	,9707	,9708	,9708	,9709	,9710	,9710	,9711	,9712	,9712
1,90	,9713	,9713	,9714	,9715	,9715	,9716	,9717	,9717	,9718	,9719
1,91	,9719	,9720	,9721	,9721	,9722	,9723	,9723	,9724	,9724	,9725
1,92	,9726	,9726	,9727	,9728	,9728	,9729	,9729	,9730	,9731	,9731
1,93	,9732	,9733	,9733	,9734	,9734	,9735	,9736	,9736	,9737	,9737
1,94	,9738	,9739	,9739	,9740	,9741	,9741	,9742	,9742	,9743	,9744
1,95	,9744	,9745	,9745	,9746	,9747	,9747	,9748	,9748	,9749	,9749
1,96	,9750	,9751	,9751	,9752	,9752	,9753	,9754	,9754	,9755	,9755
1,97	,9756	,9756	,9757	,9758	,9758	,9759	,9759	,9760	,9760	,9761
1,98	,9761	,9762	,9763	,9763	,9764	,9764	,9765	,9765	,9766	,9767
1,99	,9767	,9768	,9768	,9769	,9769	,9770	,9770	,9771	,9771	,9772
2,00	,9773	,9773	,9774	,9774	,9775	,9775	,9776	,9776	,9777	,9777
2,01	,9778	,9778	,9779	,9779	,9780	,9780	,9781	,9782	,9782	,9782
2,02	,9783	,9784	,9784	,9785	,9785	,9785	,9786	,9787	,9787	,9787
2,03	,9788	,9789	,9789	,9790	,9790	,9791	,9791	,9792	,9792	,9792
2,04	,9793	,9794	,9794	,9795	,9795	,9796	,9796	,9797	,9797	,9797
2,05	,9798	,9799	,9799	,9800	,9800	,9801	,9801	,9802	,9802	,9803
2,06	,9803	,9803	,9804	,9804	,9805	,9805	,9806	,9806	,9807	,9807
2,07	,9808	,9808	,9809	,9809	,9809	,9810	,9811	,9811	,9811	,9812
2,08	,9812	,9813	,9813	,9814	,9814	,9815	,9815	,9816	,9816	,9816
2,09	,9817	,9817	,9818	,9818	,9819	,9819	,9820	,9820	,9820	,9821
2,10	,9821	,9822	,9822	,9823	,9823	,9824	,9824	,9824	,9825	,9825
2,11	,9826	,9826	,9827	,9827	,9827	,9828	,9828	,9829	,9829	,9830
2,12	,9830	,9830	,9831	,9831	,9832	,9832	,9832	,9833	,9833	,9834
2,13	,9834	,9835	,9835	,9835	,9836	,9836	,9837	,9837	,9837	,9838
2,14	,9838	,9839	,9839	,9839	,9840	,9840	,9841	,9841	,9841	,9842
2,15	,9842	,9843	,9843	,9843	,9844	,9844	,9845	,9845	,9845	,9846
2,16	,9846	,9847	,9847	,9847	,9848	,9848	,9848	,9849	,9849	,9850
2,17	,9850	,9850	,9851	,9851	,9851	,9852	,9852	,9853	,9853	,9853
2,18	,9854	,9854	,9854	,9855	,9855	,9856	,9856	,9856	,9857	,9857
2,19	,9857	,9858	,9858	,9858	,9859	,9860	,9860	,9880	,9860	,9861

3. STANDARD - NORMALVERTEILUNG

Z	0	1	2	3	4	5	6	7	8	9
2,20	,9861	,9861	,9862	,9862	,9862	,9863	,9863	,9863	,9864	,9864
2,21	,9864	,9865	,9865	,9866	,9866	,9866	,9867	,9867	,9867	,9868
2,22	,9868	,9868	,9869	,9869	,9869	,9870	,9870	,9870	,9871	,9871
2,23	,9871	,9872	,9872	,9872	,9873	,9873	,9873	,9874	,9874	,9874
2,24	,9875	,9875	,9875	,9876	,9876	,9876	,9876	,9877	,9877	,9877
2,25	,9878	,9878	,9878	,9879	,9879	,9879	,9880	,9880	,9880	,9881
2,26	,9881	,9881	,9882	,9882	,9882	,9882	,9883	,9883	,9883	,9884
2,27	,9884	,9884	,9885	,9885	,9885	,9885	,9886	,9886	,9886	,9887
2,28	,9887	,9887	,9888	,9888	,9888	,9888	,9889	,9889	,9889	,9890
2,29	,9890	,9890	,9890	,9891	,9891	,9891	,9892	,9892	,9892	,9892
2,30	,9893	,9893	,9893	,9894	,9894	,9894	,9894	,9895	,9895	,9895
2,31	,9896	,9896	,9896	,9896	,9896	,9897	,9897	,9897	,9898	,9898
2,32	,9898	,9899	,9899	,9899	,9899	,9900	,9900	,9900	,9900	,9901
2,33	,9901	,9901	,9901	,9902	,9902	,9902	,9903	,9903	,9903	,9903
2,34	,9904	,9904	,9904	,9904	,9905	,9905	,9905	,9905	,9906	,9906
2,35	,9906	,9906	,9907	,9907	,9907	,9907	,9908	,9908	,9908	,9908
2,36	,9909	,9909	,9909	,9909	,9910	,9910	,9910	,9910	,9911	,9911
2,37	,9911	,9911	,9912	,9912	,9912	,9912	,9912	,9913	,9913	,9913
2,38	,9913	,9914	,9914	,9914	,9914	,9915	,9915	,9915	,9915	,9916
2,39	,9916	,9916	,9916	,9916	,9917	,9917	,9917	,9917	,9918	,9918
2,40	,9918	,9918	,9918	,9919	,9919	,9919	,9919	,9920	,9920	,9920
2,41	,9920	,9920	,9921	,9921	,9921	,9921	,9922	,9922	,9922	,9922
2,42	,9922	,9923	,9923	,9923	,9923	,9923	,9924	,9924	,9924	,9924
2,43	,9925	,9925	,9925	,9925	,9925	,9926	,9926	,9926	,9926	,9926
2,44	,9927	,9927	,9927	,9927	,9927	,9928	,9928	,9928	,9928	,9928
2,45	,9929	,9929	,9929	,9929	,9929	,9930	,9930	,9930	,9930	,9930
2,46	,9931	,9931	,9931	,9931	,9931	,9931	,9932	,9932	,9932	,9932
2,47	,9932	,9933	,9933	,9933	,9933	,9933	,9934	,9934	,9934	,9934
2,48	,9934	,9934	,9935	,9935	,9935	,9935	,9935	,9936	,9936	,9936
2,49	,9936	,9936	,9936	,9937	,9937	,9937	,9937	,9937	,9938	,9938
2,5	,9938	,9940	,9941	,9943	,9945	,9946	,9948	,9949	,9951	,9952
2,6	,9953	,9955	,9956	,9957	,9959	,9960	,9961	,9962	,9963	,9964
2,7	,9964	,9966	,9967	,9968	,9969	,9970	,9971	,9972	,9973	,9974
2,8	,9974	,9975	,9976	,9977	,9977	,9978	,9979	,9979	,9980	,9981
2,9	,9981	,9982	,9982	,9983	,9984	,9984	,9985	,9985	,9986	,9986
3,0	,9987	,9987	,9987	,9988	,9988	,9989	,9989	,9989	,9990	,9990
3,1	,9990	,9991	,9991	,9991	,9992	,9992	,9992	,9992	,9993	,9993
3,2	,9993	,9993	,9994	,9994	,9994	,9994	,9994	,9995	,9995	,9995
3,3	,9995	,9995	,9995	,9996	,9996	,9996	,9996	,9996	,9996	,9997
3,4	,9997	,9997	,9997	,9997	,9997	,9997	,9997	,9997	,9997	,9998

4. CHI-QUADRAT - VERTEILUNG

Tabelliert sind die χ^2–Werte, für die gilt $\text{Prob}\{0 < u \le \chi^2\} = F_{CH}(\chi^2|\nu) = 1-\alpha$.

	1 − α						
ν	0,001	0,005	0,010	0,015	0,020	0,025	0,030
1	0,0000	0,0001	0,0002	0,0003	0,0006	0,0010	0,0014
2	0,0020	0,0100	0,0201	0,0302	0,0404	0,0506	0,0609
3	0,0243	0,0717	0,1148	0,1516	0,1848	0,2158	0,2451
4	0,0908	0,2070	0,2971	0,3682	0,4394	0,4844	0,5351
5	0,2102	0,4117	0,5543	0,6618	0,7519	0,8312	0,9031
6	0,3811	0,6757	0,8721	1,0160	1,1344	1,2373	1,3296
7	0,5985	0,9893	1,2390	1,4184	1,5643	1,6899	1,8016
8	0,8571	1,3444	1,6465	1,8603	2,0325	2,1797	2,3101
9	1,1520	1,7349	2,0879	2,3349	2,5324	2,7004	2,8485
10	1,4788	2,1559	2,5582	2,8372	3,0591	3,2470	3,4121
11	1,8339	2,6032	3,0535	3,3634	3,6087	3,8157	3,9972
12	2,2142	3,0738	3,5706	3,9104	4,1783	4,4038	4,6009
13	2,6172	3,5650	4,1069	4,4757	4,7654	5,0087	5,2210
14	3,0407	4,0747	4,6604	5,0572	5,3682	5,6287	5,8556
15	3,4827	4,6009	5,2293	5,6534	5,9849	6,2621	6,5032
16	3,9417	5,1422	5,8122	6,2628	6,6142	6,9077	7,1625
17	4,4161	5,6972	6,4078	6,8842	7,2550	7,5642	7,8324
18	4,9049	6,2648	7,0149	7,5165	7,9062	8,2307	8,5120
19	5,4069	6,8339	7,6327	8,1588	8,5670	8,9065	9,2004
20	5,9211	7,4339	8,2604	8,8105	9,2367	9,5908	9,8971
21	6,4467	8,0334	8,8972	9,4708	9,9146	10,2829	10,6013
22	6,9830	8,6427	9,5425	10,1390	10,6000	10,9823	11,3125
23	7,5293	9,2604	10,1957	10,8147	11,2926	11,6885	12,0303
24	8,0849	9,8862	10,8564	11,4974	11,9918	12,4011	12,7543
25	8,6494	10,5197	11,5240	12,1867	12,6973	13,1197	13,4839
26	9,2222	11,1603	12,1981	12,8821	13,4084	13,8439	14,2190
27	9,8028	11,8076	12,8785	13,5833	14,1254	14,5734	14,9592
28	10,3909	12,4613	13,5647	14,2900	14,8475	15,3079	15,7042
29	10,9861	13,1211	14,2564	15,0019	15,5745	16,0471	16,4538
30	11,5880	13,7867	14,9535	15,7188	16,3062	16,7908	17,2076
31	12,1963	14,4578	15,6554	16,4403	17,0423	17,5387	17,9656
32	12,8107	15,1340	16,3622	17,1663	17,7827	18,2908	18,7275
33	13,4309	15,8153	17,0735	17,8966	18,5271	19,0466	19,4931
34	14,0568	16,5013	17,7892	18,6309	19,2754	19,8063	20,2622
35	14,6879	17,1918	18,5089	19,3691	20,0274	20,5694	21,0348
36	15,3242	17,8867	19,2327	20,1110	20,7829	21,3359	21,8106
37	15,9654	18,5858	19,9602	20,8565	21,5419	22,1056	22,5895
38	16,6113	19,2889	20,6914	21,6054	22,3040	22,8785	23,3714
39	17,2617	19,9959	21,4262	22,3576	23,0693	23,6543	24,1562
40	17,9165	20,7065	22,1643	23,1130	23,8376	24,4330	24,9437

4. CHI-QUADRAT - VERTEILUNG

	1 − α						
ν	0,035	0,040	0,050	0,075	0,100	0,200	0,300
1	0,0019	0,0025	0,0039	0,0088	0,0157	0,0639	0,1479
2	0,0713	0,0816	0,1026	0,1559	0,2107	0,4463	0,7133
3	0,2731	0,3002	0,3518	0,4720	0,5844	1,0052	1,4237
4	0,5824	0,6271	0,7107	0,8969	1,0636	1,6488	2,1947
5	0,9693	1,0313	1,1455	1,3937	1,6103	2,3425	2,9999
6	1,4140	1,4924	1,6354	1,9415	2,2041	3,0701	3,8276
7	1,9033	1,9971	2,1674	2,5277	2,8331	3,8223	4,6713
8	2,4281	2,5366	2,7326	3,1440	3,4895	4,5936	5,5274
9	2,9821	3,1047	3,3251	3,7847	4,1682	5,3801	6,3933
10	3,5606	3,6965	3,9403	4,4459	4,8652	6,1791	7,2672
11	4,1600	4,3087	4,5748	5,1243	5,5778	6,9887	8,1479
12	4,7775	4,9385	5,2260	5,8175	6,3038	7,8073	9,0343
13	5,4109	5,5838	5,8919	6,5238	7,0415	8,6339	9,9257
14	6,0583	6,2426	6,5706	7,2415	7,7895	9,4673	10,8215
15	6,7183	6,9137	7,2609	7,9695	8,5468	10,3070	11,7212
16	7,3896	7,5958	7,9616	8,7067	9,3122	11,1521	12,6243
17	8,0712	8,2878	8,6718	9,4522	10,0852	12,0023	13,5307
18	8,7622	8,9889	9,3905	10,2053	10,8649	12,8570	14,4399
19	9,4617	9,6983	10,1170	10,9653	11,6509	13,7158	15,3517
20	10,1692	10,4154	10,8508	10,7317	12,4426	14,5784	16,2659
21	10,8839	11,1395	11,5913	12,5041	13,2396	15,4446	17,1823
22	11,6055	11,8703	12,3380	13,2819	14,0415	16,3140	18,1007
23	12,3334	12,6072	13,0905	14,0648	14,8480	17,1865	19,0211
24	13,0672	13,3498	13,8484	14,8525	15,6587	18,0618	19,9432
25	13,8066	14,0978	14,6114	15,6447	16,4734	18,9397	20,8670
26	14,5512	14,8509	15,3792	16,4410	17,2919	19,8202	21,7924
27	15,3007	15,6087	16,1514	17,2414	18,1139	20,7030	22,7192
28	16,0549	16,3711	16,9279	18,0454	18,9392	21,5880	23,6475
29	16,8134	17,1377	17,7084	18,8530	19,7677	22,4750	24,5770
30	17,5761	17,9083	18,4927	19,6639	20,5992	23,3641	25,5078
31	18,3428	18,6827	19,2806	20,4780	21,4336	24,2551	26,4397
32	19,1133	19,4608	20,0719	21,2951	22,2706	25,1478	27,3728
33	19,8873	20,2424	20,8665	22,1151	23,1102	26,0422	28,3069
34	20,6648	21,0273	21,6643	22,9379	23,9523	26,9383	29,2421
35	21,4456	21,8154	21,4650	23,7633	24,7967	27,8359	30,1782
36	22,2295	22,6065	23,2686	24,5912	25,6433	28,7350	31,1152
37	23,0164	23,4005	24,0749	25,4214	26,4921	29,6355	32,0532
38	23,8062	24,1973	24,8839	26,2541	27,3430	30,5374	32,9920
39	24,5987	24,9968	25,6954	27,0889	28,1958	31,4405	33,9315
40	25,3940	25,7989	26,5093	27,9258	29,0505	32,3450	34,8719

4. CHI-QUADRAT - VERTEILUNG

	1 − α						
ν	0,400	0,500	0,600	0,700	0,800	0,900	0,950
1	0,2743	0,4541	0,7074	1,0733	1,6416	2,7048	3,8405
2	1,0217	1,3863	1,8326	2,4079	3,2189	4,6052	5,9915
3	1,8692	2,3660	2,9462	3,6649	4,6416	6,2514	7,8147
4	2,7528	3,3567	4,0446	4,8784	5,9886	7,7794	9,4877
5	3,6555	4,3515	5,1319	6,0644	7,2893	9,2364	11,0705
6	4,5702	5,3481	6,2108	7,2311	8,5581	10,6446	12,5916
7	5,4932	6,3458	7,2832	8,3834	9,8033	12,0170	14,0671
8	6,4226	7,3441	8,3505	9,5245	11,0301	13,3616	15,5073
9	7,3570	8,3428	9,4136	10,6564	12,2421	14,6837	16,9190
10	8,2955	9,3418	10,4732	11,7807	13,4420	15,9872	18,3070
11	9,2373	10,3410	11,5298	12,8987	14,6314	17,2750	19,6751
12	10,1820	11,3403	12,5838	14,0111	15,8120	18,5494	21,0260
13	11,1291	12,3398	13,6356	15,1187	16,9848	19,8119	22,3620
14	12,0785	13,3393	14,6853	16,2221	18,1508	21,0642	23,6848
15	13,0297	14,3389	15,7332	17,3217	19,3107	22,3072	24,9959
16	13,9827	15,3385	16,7795	18,4179	20,4651	23,5418	26,2962
17	14,9373	16,3382	17,8244	19,5110	21,6146	24,7691	27,5870
18	15,8932	17,3379	18,8679	20,6014	22,7596	25,9894	28,8694
19	16,8504	18,3377	19,9102	21,6891	23,9004	27,2036	30,1436
20	17,8088	19,3374	20,9514	22,7745	25,0375	28,4120	31,4105
21	18,7683	20,3372	21,9915	23,8578	26,1711	29,6151	32,6706
22	19,7288	21,3371	23,0307	24,9390	27,3015	30,8132	33,9245
23	20,6902	22,3369	24,0689	26,0184	28,4288	32,0069	35,1721
24	21,6525	23,3368	25,1064	27,0960	29,5534	33,1963	36,4151
25	22,6156	24,3366	26,1430	28,1719	30,6752	34,3815	37,6524
26	23,5794	25,3365	27,1789	29,2463	31,7947	35,5633	38,8851
27	24,5440	26,3363	28,2141	30,3192	32,9116	36,7413	40,1134
28	25,5093	27,3363	29,2486	31,3909	34,0267	37,9161	41,3373
29	26,4751	28,3361	30,2826	32,4611	35,1394	39,0875	42,5569
30	27,4416	29,3360	31,3159	33,5302	36,2503	40,2562	43,7729
31	28,4087	30,3359	32,3486	34,5982	37,3590	41,4215	44,9851
32	29,3763	31,3359	33,3809	35,6650	38,4664	42,5848	46,1947
33	30,3444	32,3357	34,4126	36,7306	39,5717	43,7452	47,3996
34	31,3130	33,3357	35,4439	37,7954	40,6757	44,9033	48,6024
35	32,2821	34,3356	36,4746	38,8592	41,7779	46,0587	49,8016
36	33,2515	35,3355	37,5050	39,9220	42,8789	47,2122	50,9985
37	34,2216	36,3355	38,5349	40,9839	43,9781	48,3630	52,1918
38	35,1920	37,3355	39,5644	42,0451	45,0763	49,5128	53,3389
39	36,1628	38,3354	40,5934	43,1054	46,1730	50,6597	54,5727
40	37,1340	39,3354	41,6222	44,1649	47,2886	51,8054	55,7586

4. CHI-QUADRAT - VERTEILUNG

	1 − α						
ν	0,960	0,970	0,975	0,980	0,990	0,995	0,999
1	4,2169	4,7081	5,0225	5,4103	6,6327	7,8764	10,8223
2	6,4378	7,0131	7,3778	7,8240	9,2103	10,5966	13,8155
3	8,3112	8,9473	9,3484	9,8374	11,3448	12,8380	16,2653
4	10,0255	10,7119	11,1433	11,6679	13,2767	14,8606	18,4672
5	11,6443	12,3746	12,8326	13,3883	15,0862	16,7497	20,5158
6	13,1978	13,9677	14,4494	15,0333	16,8119	18,5477	22,4600
7	14,7031	15,5091	16,0128	16,6224	18,4751	20,2777	24,3219
8	16,1708	17,0105	17,5345	18,1683	20,0903	21,9549	26,1254
9	17,6083	18,4796	19,0228	19,6791	21,6662	23,5892	27,8782
10	19,0208	19,9219	20,4832	21,1608	23,2096	25,1881	29,5875
11	20,4121	21,3416	21,9201	22,6181	24,7253	26,7565	31,2669
12	21,7851	22,7418	23,3367	24,0539	26,2169	28,2995	32,9044
13	23,1423	24,1250	24,7357	25,4712	27,6877	29,8198	34,5288
14	24,4855	25,4932	26,1190	26,8727	29,1416	30,3192	36,1188
15	25,8162	26,8479	27,4883	28,2596	30,5781	31,8011	37,6985
16	27,1356	28,1908	28,8453	29,6332	32,0001	34,2671	39,2512
17	28,4450	29,5228	30,1911	30,9953	33,4089	35,7184	40,7899
18	29,7451	30,8448	32,5264	32,3461	34,8057	37,1561	42,3086
19	31,0367	32,1576	33,8525	33,6875	36,1912	38,5824	43,8267
20	32,3207	33,4628	35,1697	35,0195	37,5665	39,9978	45,3212
21	33,5971	34,7591	35,4788	36,3440	38,9322	41,4016	46,7959
22	34,8673	36,0490	36,7805	37,6598	40,2902	42,7967	48,2716
23	36,1312	37,3326	38,0759	38,9681	41,6379	44,1823	49,7343
24	37,3893	38,6094	39,3642	40,2705	42,9801	45,5584	51,1833
25	38,6416	39,8798	40,6464	41,5656	44,3139	46,9276	52,6268
26	39,8897	41,1457	41,9237	42,8561	45,6429	48,2910	54,0659
27	41,1316	42,4064	43,1945	44,1397	46,9624	49,6440	55,4636
28	42,3703	43,6627	44,4606	45,4185	48,2790	50,9953	56,8982
29	43,6035	44,9130	45,7220	46,6924	49,5879	52,3377	58,2964
30	44,8334	46,1595	46,9801	47,9624	50,8940	53,6717	59,6966
31	46,0600	47,4024	48,2318	49,2269	52,1905	55,0029	61,0968
32	47,2817	48,6408	49,4803	50,4859	53,4872	56,3289	62,4823
33	48,5003	49,8755	50,7246	51,7423	54,7753	57,6478	63,8718
34	49,7159	51,1072	51,9661	52,9958	56,0623	58,9640	65,2417
35	50,9275	52,3353	53,2028	54,2434	57,3417	60,2704	66,6160
36	52,1374	53,5600	54,4374	55,4896	58,6197	61,5842	68,0048
37	53,3431	54,7815	55,6677	56,7302	59,8922	62,8832	69,3397
38	54,5474	56,0002	56,8963	57,9697	61,1643	64,1827	70,7133
39	55,7473	57,2150	58,1196	59,2016	62,4270	65,4741	72,0407
40	56,9462	58,4277	59,3422	60,4366	63,6925	66,7713	73,3971

5. t - VERTEILUNG

Tabelliert sind die Werte von t, für die gilt $Prob\{-\infty < T \leq t\} = F_S(t;\nu) = 1-\alpha$.
Ferner gilt $F_S(-t;\nu) = 1 - F_S(t;\nu)$.

	1 - α						
ν	0,550	0,600	0,650	0,700	0,750	0,800	0,850
1	0,1584	0,3250	0,5095	0,7266	1,0000	1,3764	1,9626
2	0,1421	0,2886	0,4447	0,6173	0,8165	1,0607	1,3863
3	0,1367	0,2766	0,4241	0,5844	0,7649	0,9785	1,2498
4	0,1338	0,2707	0,4141	0,5687	0,7407	0,9410	1,1896
5	0,1323	0,2672	0,4083	0,5595	0,7267	0,9196	1,1558
6	0,1311	0,2648	0,4044	0,5534	0,7176	0,9057	1,1342
7	0,1304	0,2632	0,4015	0,5491	0,7111	0,8960	1,1192
8	0,1296	0,2619	0,3995	0,5459	0,7064	0,8889	1,1082
9	0,1292	0,2610	0,3979	0,5435	0,7027	0,8834	1,0997
10	0,1288	0,2602	0,3966	0,5416	0,6998	0,8790	1,0931
11	0,1285	0,2596	0,3956	0,5399	0,6974	0,8756	1,0877
12	0,1285	0,2590	0,3947	0,5386	0,6955	0,8726	1,0832
13	0,1281	0,2587	0,3940	0,5375	0,6938	0,8702	1,0795
14	0,1281	0,2583	0,3933	0,5366	0,6924	0,8680	1,0763
15	0,1277	0,2579	0,3928	0,5357	0,6912	0,8663	1,0735
16	0,1277	0,2577	0,3923	0,5350	0,6901	0,8646	1,0711
17	0,1277	0,2573	0,3919	0,5344	0,6892	0,8633	1,0690
18	0,1273	0,2571	0,3915	0,5339	0,6883	0,8620	1,0672
19	0,1273	0,2569	0,3912	0,5333	0,6876	0,8609	1,0655
20	0,1273	0,2567	0,3909	0,5328	0,6869	0,8599	1,0640
21	0,1273	0,2565	0,3906	0,5324	0,6864	0,8591	1,0627
22	0,1273	0,2565	0,3904	0,5321	0,6858	0,8583	1,0615
23	0,1269	0,2563	0,3901	0,5318	0,6853	0,8576	1,0603
24	0,1269	0,2561	0,3900	0,5314	0,6848	0,8569	1,0593
25	0,1269	0,2561	0,3897	0,5311	0,6844	0,8562	1,0584
26	0,1269	0,2559	0,3896	0,5308	0,6840	0,8557	1,0575
27	0,1269	0,2559	0,3895	0,5307	0,6837	0,8552	1,0567
28	0,1269	0,2557	0,3894	0,5304	0,6834	0,8546	1,0560
29	0,1269	0,2557	0,3891	0,5302	0,6830	0,8542	1,0553
30	0,1269	0,2555	0,3890	0,5300	0,6828	0,8538	1,0547
31	0,1269	0,2555	0,3890	0,5298	0,6825	0,8533	1,0541
32	0,1265	0,2555	0,3888	0,5296	0,6822	0,8530	1,0535
33	0,1265	0,2553	0,3887	0,5295	0,6820	0,8526	1,0530
34	0,1265	0,2553	0,3886	0,5293	0,6818	0,8523	1,0525
35	0,1265	0,2553	0,3885	0,5292	0,6815	0,8520	1,0520
36	0,1265	0,2551	0,3885	0,5291	0,6814	0,8517	1,0516
37	0,1265	0,2551	0,3883	0,5290	0,6812	0,8515	1,0511
38	0,1265	0,2551	0,3882	0,5289	0,6810	0,8512	1,0508
39	0,1265	0,2551	0,3882	0,5287	0,6808	0,8509	1,0504
40	0,1265	0,2550	0,3881	0,5286	0,6807	0,8507	1,0500

5. t - VERTEILUNG

	1 − α						
ν	0,900	0,950	0,975	0,990	0,995	0,998	0,999
1	3,0777	6,3138	12,7062	31,8206	63,6569	159,156	318,315
2	1,8856	2,9200	4,3027	6,9646	9,9248	15,7640	22,3274
3	1,6377	2,3534	3,1825	4,5407	5,8409	8,0527	10,2147
4	1,5332	2,1319	2,7764	3,7469	4,6041	5,9514	7,1732
5	1,4759	2,0150	2,5706	3,3649	4,0321	5,0303	5,8935
6	1,4398	1,9432	2,4469	3,1427	3,7074	4,5241	5,2076
7	1,4149	1,8946	2,3646	2,9979	3,4995	4,2071	4,7853
8	1,3968	1,8595	2,3060	2,8965	3,3554	3,9910	4,5008
9	1,3830	1,8331	2,2622	2,8214	3,2498	3,8345	4,2968
10	1,3722	1,8125	2,2281	2,7638	3,1693	3,7162	4,1437
11	1,3634	1,7959	2,2010	2,7181	3,1058	3,6238	4,0247
12	1,3562	1,7823	2,1788	2,6810	3,0545	3,5495	3,9297
13	1,3502	1,7709	2,1604	2,6503	3,0123	3,4887	3,8520
14	1,3450	1,7613	2,1448	2,6245	2,9768	3,4379	3,7874
15	1,3406	1,7531	2,1315	2,6025	2,9467	3,3948	3,7329
16	1,3367	1,7459	2,1199	2,5835	2,9208	3,3579	3,6862
17	1,3334	1,7396	2,1098	2,5669	2,8982	3,3259	3,6458
18	1,3304	1,7341	2,1009	2,5524	2,8784	3,2979	3,6105
19	1,3277	1,7291	2,0930	2,5395	2,8609	3,2732	3,5794
20	1,3253	1,7247	2,0860	2,5280	2,8453	3,2512	3,5518
21	1,3232	1,7208	2,0796	2,5177	2,8314	3,2315	3,5272
22	1,3212	1,7171	2,0739	2,5083	2,8188	3,2138	3,5050
23	1,3195	1,7139	2,0686	2,4999	2,8073	3,1978	3,4850
24	1,3178	1,7109	2,0639	2,4922	2,7969	3,1832	3,4668
25	1,3164	1,7081	2,0595	2,4851	2,7874	3,1699	3,4502
26	1,3150	1,7056	2,0555	2,4786	2,7787	3,1577	3,4350
27	1,3137	1,7033	2,0518	2,4727	2,7707	3,1465	3,4211
28	1,3125	1,7011	2,0484	2,4671	2,7633	3,1362	3,4082
29	1,3114	1,6991	2,0452	2,4620	2,7564	3,1266	3,3962
30	1,3104	1,6973	2,0423	2,4573	2,7500	3,1177	3,3852
31	1,3095	1,6955	2,0395	2,4528	2,7440	3,1094	3,3749
32	1,3086	1,6939	2,0369	2,4487	2,7385	3,1017	3,3653
33	1,3077	1,6924	2,0345	2,4448	2,7333	3,0944	3,3563
34	1,3069	1,6909	2,0322	2,4411	2,7284	3,0877	3,3479
35	1,3062	1,6896	2,0301	2,4377	2,7238	3,0813	3,3401
36	1,3055	1,6883	2,0281	2,4345	2,7195	3,0753	3,3326
37	1,3048	1,6871	2,0262	2,4314	2,7154	3,0697	3,3257
38	1,3042	1,6859	2,0244	2,4286	2,7116	3,0643	3,3190
39	1,3036	1,6849	2,0227	2,4258	2,7079	3,0593	3,3128
40	1,3031	1,6839	2,0211	2,4233	2,7045	3,0545	3,3069

6. F - VERTEILUNG für 1 - ALPHA = 0,90

Es bedeuten: ν_Z: Freiheitsgrad des Zählers und ν_N: Freiheitsgrad des Nenners

Tabelliert sind die Werte F_C, für die gilt $Prob\{0 < F \le F_C\} = F_F(F_C | \nu_Z, \nu_N) = 1-\alpha$.

Ferner gilt die Beziehung der reziproken Symmetrie $F(\alpha; \nu_Z, \nu_N) = \frac{1}{F(1-\alpha; \nu_N, \nu_Z)}$.

	ν_Z						
ν_N	1	2	3	4	5	6	7
1	39,8635	49,5000	53,5934	55,8330	57,2401	58,2044	58,9060
2	8,5263	9,0000	9,1618	9,2434	9,2926	9,3255	9,3491
3	5,5383	5,4624	5,3908	5,3426	5,3092	5,2847	5,2662
4	4,5448	4,3246	4,1909	4,1072	4,0506	4,0097	3,9790
5	4,0604	3,7797	3,6195	3,5202	3,4530	3,4045	3,3679
6	3,7759	3,4633	3,2888	3,1808	3,1075	3,0545	3,0145
7	3,5894	3,2574	3,0741	2,9605	2,8833	2,8274	2,7849
8	3,4579	3,1131	2,9238	2,8064	2,7264	2,6683	2,6241
9	3,3603	3,0065	2,8129	2,6927	2,6106	2,5509	2,5053
10	3,2850	2,2945	2,7277	2,6053	2,5216	2,4606	2,4140
11	3,2252	2,8595	2,6602	2,5362	2,4512	2,3891	2,3416
12	3,1765	2,8068	2,6055	2,4801	2,3940	2,3310	2,2828
13	3,1362	2,7632	2,5603	2,4337	2,3467	2,2830	2,2341
14	3,1022	2,7265	2,5222	2,3947	2,3069	2,2426	2,1931
15	3,0732	2,6952	2,4898	2,3614	2,2730	2,2081	2,1582
16	3,0481	2,6682	2,4618	2,3327	2,2438	2,1783	2,1280
17	3,0262	2,6446	2,4374	2,3077	2,2183	2,1524	2,1017
18	3,0070	2,6239	2,4160	2,2858	2,1958	2,1296	2,0785
19	2,9899	2,6056	2,3970	2,2663	2,1760	2,1094	2,0580
20	2,9747	2,5893	2,3801	2,2489	2,1582	2,0913	2,0397
21	2,9610	2,5746	2,3649	2,2333	2,1423	2,0751	2,0233
22	2,9486	2,5613	2,3512	2,2193	2,1279	2,0605	2,0084
23	2,9374	2,5493	2,3387	2,2065	2,1149	2,0472	1,9949
24	2,9271	2,5383	2,3274	2,1949	2,1030	2,0351	1,9826
25	2,9177	2,5283	2,3170	2,1842	2,0922	2,0241	1,9714
26	2,9091	2,5191	2,3075	2,1745	2,0822	2,0139	1,9610
27	2,9012	2,5106	2,2987	2,1655	2,0730	2,0045	1,9515
28	2,8938	2,5028	2,2906	2,1571	2,0645	1,9959	1,9427
29	2,8870	2,4955	2,2831	2,1494	2,0566	1,9878	1,9345
30	2,8807	2,4887	2,2761	2,1422	2,0492	1,9803	1,9269
40	2,8354	2,4404	2,2261	2,0910	1,9968	1,9269	1,8725
50	2,8087	2,4120	2,1967	2,0608	1,9660	1,8954	1,8405
60	2,7911	2,3933	2,1774	2,0410	1,9457	1,8747	1,8194
70	2,7786	2,3800	2,1637	2,0269	1,9313	1,8600	1,8044
80	2,7693	2,3701	2,1535	2,0165	1,9206	1,8491	1,7933

6. F - VERTEILUNG für 1 - ALPHA = 0,90

Es bedeuten: ν_Z: Freiheitsgrad des Zählers und ν_N: Freiheitsgrad des Nenners

	ν_Z						
ν_N	8	9	10	11	12	13	14
1	59,4389	59,8576	60,1950	60,4727	60,7051	60,9028	61,0726
2	9,3668	9,3805	9,3916	9,4006	9,4081	9,4145	9,4200
3	5,2517	5,2400	5,2304	5,2224	5,2156	5,2098	5,2047
4	3,9549	3,9357	3,9199	3,9067	3,8955	3,8859	3,8776
5	3,3393	3,3163	3,2974	3,2816	3,2682	3,2567	3,2468
6	2,9830	2,9577	2,9369	2,9195	2,9047	2,8920	2,8809
7	2,7516	2,7247	2,7025	2,6839	2,6681	2,6545	2,6426
8	2,5893	2,5612	2,5380	2,5186	2,5020	2,4876	2,4752
9	2,4694	2,4403	2,4163	2,3961	2,3789	2,3640	2,3510
10	2,3772	2,3473	2,3226	2,3018	2,2841	2,2687	2,2553
11	2,3040	2,2735	2,2482	2,2269	2,2087	2,1930	2,1792
12	2,2446	2,2135	2,1878	2,1660	2,1474	2,1313	2,1173
13	2,1953	2,1638	2,1376	2,1155	2,0966	2,0802	2,0658
14	2,1539	2,1220	2,0954	2,0729	2,0537	2,0370	2,0224
15	2,1185	2,0862	2,0593	2,0366	2,0171	2,0001	1,9853
16	2,0880	2,0553	2,0281	2,0051	1,9854	1,9682	1,9532
17	2,0613	2,0284	2,0009	1,9777	1,9577	1,9404	1,9252
18	2,0379	2,0047	1,9770	1,9535	1,9333	1,9158	1,9004
19	2,0171	1,9836	1,9557	1,9321	1,9117	1,8940	1,8785
20	1,9985	1,9649	1,9367	1,9129	1,8924	1,8745	1,8588
21	1,9819	1,9480	1,9197	1,8956	1,8750	1,8570	1,8412
22	1,9668	1,9327	1,9043	1,8801	1,8593	1,8411	1,8252
23	1,9531	1,9189	1,8903	1,8659	1,8450	1,8267	1,8107
24	1,9407	1,9063	1,8775	1,8530	1,8319	1,8136	1,7974
25	1,9292	1,8947	1,8658	1,8412	1,8200	1,8015	1,7853
26	1,9188	1,8841	1,8550	1,8303	1,8090	1,7904	1,7741
27	1,9091	1,8743	1,8451	1,8203	1,7989	1,7802	1,7638
28	1,9001	1,8652	1,8359	1,8110	1,7895	1,7708	1,7542
29	1,8918	1,8568	1,8274	1,8024	1,7808	1,7620	1,7454
30	1,8841	1,8490	1,8195	1,7944	1,7727	1,7538	1,7371
40	1,8289	1,7929	1,7627	1,7369	1,7146	1,6950	1,6778
50	1,7963	1,7598	1,7292	1,7029	1,6802	1,6602	1,6426
60	1,7748	1,7380	1,7070	1,6805	1,6574	1,6372	1,6193
70	1,7596	1,7225	1,6913	1,6645	1,6413	1,6209	1,6028
80	1,7483	1,7110	1,6796	1,6526	1,6292	1,6086	1,5904

6. F - VERTEILUNG für 1 - ALPHA = 0,90

Es bedeuten: ν_Z: Freiheitsgrad des Zählers und ν_N: Freiheitsgrad des Nenners

	ν_Z						
ν_N	15	16	17	18	19	20	21
1	61,2203	61,3498	61,4645	61,5664	61,6581	61,7402	61,8151
2	9,4247	9,4288	9,4325	9,4358	9,4387	9,4414	9,4437
3	5,2003	5,1964	5,1929	5,1898	5,1870	5,1845	5,1822
4	3,8704	3,8639	3,8582	3,8531	3,8485	3,8443	3,8406
5	3,2380	3,2303	3,2234	3,2172	3,2117	3,2067	3,2021
6	2,8712	2,8626	2,8550	2,8481	2,8419	2,8363	2,8312
7	2,6322	2,6230	2,6148	2,6074	2,6008	2,5947	2,5892
8	2,4642	2,4545	2,4458	2,4380	2,4310	2,4246	2,4188
9	2,3396	2,3295	2,3205	2,3123	2,3050	2,2983	2,2922
10	2,2435	2,2330	2,2237	2,2153	2,2077	2,2007	2,1944
11	2,1671	2,1563	2,1467	2,1380	2,1302	2,1230	2,1165
12	2,1049	2,0938	2,0839	2,0750	2,0670	2,0597	2,0530
13	2,0532	2,0419	2,0318	2,0227	2,0145	2,0070	2,0001
14	2,0095	1,9981	1,9878	1,9785	1,9701	1,9625	1,9555
15	1,9722	1,9605	1,9501	1,9407	1,9321	1,9243	1,9172
16	1,9399	1,9281	1,9175	1,9079	1,8992	1,8913	1,8840
17	1,9117	1,8997	1,8889	1,8792	1,8704	1,8624	1,8550
18	1,8868	1,8747	1,8638	1,8539	1,8450	1,8368	1,8294
19	1,8647	1,8524	1,8414	1,8314	1,8224	1,8142	1,8066
20	1,8449	1,8325	1,8214	1,8113	1,8022	1,7938	1,7862
21	1,8271	1,8146	1,8034	1,7932	1,7840	1,7756	1,7678
22	1,8111	1,7984	1,7871	1,7768	1,7675	1,7590	1,7512
23	1,7964	1,7837	1,7723	1,7619	1,7525	1,7439	1,7360
24	1,7831	1,7703	1,7587	1,7483	1,7388	1,7302	1,7222
25	1,7708	1,7579	1,7463	1,7358	1,7263	1,7175	1,7095
26	1,7596	1,7466	1,7349	1,7243	1,7147	1,7059	1,6978
27	1,7492	1,7361	1,7243	1,7137	1,7040	1,6951	1,6870
28	1,7395	1,7264	1,7146	1,7039	1,6941	1,6852	1,6770
29	1,7306	1,7174	1,7055	1,6947	1,6849	1,6759	1,6677
30	1,7223	1,7090	1,6970	1,6862	1,6763	1,6673	1,6590
40	1,6624	1,6486	1,6362	1,6249	1,6146	1,6146	1,5965
50	1,6269	1,6128	1,6000	1,5884	1,5778	1,5778	1,5592
60	1,6034	1,5890	1,5760	1,5642	1,5534	1,5534	1,5343
70	1,5866	1,5721	1,5589	1,5470	1,5360	1,5360	1,5166
80	1,5741	1,5594	1,5461	1,5340	1,5230	1,5230	1,5034

6. F - VERTEILUNG für 1 - ALPHA = 0,90

Es bedeuten: ν_Z: Freiheitsgrad des Zählers und ν_N: Freiheitsgrad des Nenners

	ν_Z						
ν_N	22	23	24	25	26	27	28
1	61,8829	61,9451	62,0020	62,0547	62,1030	62,1481	62,1896
2	9,4459	9,4478	9,4496	9,4513	9,4528	9,4543	9,4556
3	5,1801	5,1781	5,1764	5,1747	5,1732	5,1718	5,1705
4	3,8371	3,8339	3,8310	3,8283	3,8258	3,8235	3,8213
5	3,1979	3,1941	3,1905	3,1873	3,1842	3,1814	3,1788
6	2,8266	2,8223	2,8183	2,8147	2,8113	2,8082	2,8053
7	2,5842	2,5796	2,5753	2,5714	2,5677	2,5643	2,5612
8	2,4135	2,4086	2,4041	2,3999	2,3961	2,3925	2,3891
9	2,2867	2,2816	2,2768	2,2725	2,2684	2,2646	2,2611
10	2,1887	2,1833	2,1784	2,1739	2,1697	2,1657	2,1621
11	2,1106	2,1051	2,1000	2,0953	2,0909	2,0869	2,0831
12	2,0469	2,0412	2,0360	2,0312	2,0267	2,0225	2,0186
13	1,9939	1,9881	1,9827	1,9778	1,9732	1,9689	1,9649
14	1,9490	1,9431	1,9377	1,9326	1,9279	1,9235	1,9194
15	1,9106	1,9046	1,8990	1,8939	1,8891	1,8846	1,8804
16	1,8774	1,8712	1,8656	1,8603	1,8554	1,8508	1,8466
17	1,8482	1,8420	1,8362	1,8309	1,8259	1,8213	1,8169
18	1,8225	1,8162	1,8103	1,8049	1,7999	1,7951	1,7907
19	1,7997	1,7932	1,7873	1,7818	1,7767	1,7719	1,7674
20	1,7792	1,7727	1,7667	1,7611	1,7559	1,7510	1,7465
21	1,7607	1,7541	1,7481	1,7424	1,7372	1,7322	1,7276
22	1,7440	1,7374	1,7312	1,7255	1,7202	1,7152	1,7106
23	1,7288	1,7221	1,7159	1,7101	1,7047	1,6997	1,6950
24	1,7149	1,7081	1,7019	1,6960	1,6906	1,6855	1,6808
25	1,7021	1,6953	1,6890	1,6831	1,6776	1,6725	1,6677
26	1,6904	1,6835	1,6771	1,6712	1,6657	1,6605	1,6556
27	1,6795	1,6726	1,6662	1,6602	1,6546	1,6494	1,6445
28	1,6695	1,6625	1,6560	1,6500	1,6444	1,6391	1,6342
29	1,6601	1,6531	1,6465	1,6405	1,6348	1,6295	1,6246
30	1,6514	1,6443	1,6377	1,6316	1,6259	1,6206	1,6156
40	1,5884	1,5810	1,5741	1,5677	1,5617	1,5560	1,5507
50	1,5509	1,5432	1,5361	1,5294	1,5232	1,5173	1,5118
60	1,5259	1,5180	1,5107	1,5039	1,4975	1,4915	1,4859
70	1,5080	1,5000	1,4926	1,4857	1,4791	1,4730	1,4673
80	1,4947	1,4866	1,4790	1,4720	1,4653	1,4591	1,4533

6. F - VERTEILUNG für 1 - ALPHA = 0,90

Es bedeuten: ν_Z: Freiheitsgrad des Zählers und ν_N: Freiheitsgrad des Nenners

	ν_Z						
ν_N	29	30	40	50	60	70	80
1	62,2287	62,2650	62,5290	62,6880	62,7941	62,8702	62,9273
2	9,4568	9,4579	9,4663	9,4712	9,4745	9,4770	9,4788
3	5,1693	5,1681	5,1597	5,1546	5,1512	5,1487	5,1469
4	3,8193	3,8174	3,8036	3,7952	3,7896	3,7855	3,7825
5	3,1764	3,1741	3,1573	3,1471	3,1402	3,1353	3,1316
6	2,8025	2,8000	2,7812	2,7697	2,7620	2,7564	2,7522
7	2,5582	2,5555	2,5351	2,5226	2,5142	2,5082	2,5036
8	2,3860	2,3830	2,3614	2,3481	2,3391	2,3326	2,3277
9	2,2578	2,2547	2,2320	2,2180	2,2085	2,2017	2,1965
10	2,1586	2,1554	2,1317	2,1171	2,1072	2,1000	2,0946
11	2,0795	2,0762	2,0516	2,0364	2,0261	2,0187	2,0130
12	2,0149	2,0115	1,9861	1,9704	1,9597	1,9520	1,9461
13	1,9611	1,9576	1,9315	1,9153	1,9043	1,8963	1,8903
14	1,9155	1,9119	1,8852	1,8626	1,8572	1,8490	1,8428
15	1,8765	1,8728	1,8454	1,8284	1,8168	1,8083	1,8019
16	1,8426	1,8388	1,8108	1,7934	1,7816	1,7729	1,7664
17	1,8128	1,8090	1,7805	1,7628	1,7506	1,7418	1,7351
18	1,7866	1,7827	1,7537	1,7356	1,7232	1,7142	1,7073
19	1,7632	1,7592	1,7298	1,7114	1,6988	1,6896	1,6826
20	1,7422	1,7382	1,7083	1,6896	1,6768	1,6674	1,6603
21	1,7233	1,7193	1,6890	1,6700	1,6569	1,6474	1,6401
22	1,7062	1,7021	1,6714	1,6521	1,6389	1,6292	1,6218
23	1,6906	1,6864	1,6554	1,6358	1,6224	1,6125	1,6051
24	1,6763	1,6721	1,6407	1,6209	1,6073	1,5973	1,5897
25	1,6632	1,6589	1,6272	1,6072	1,5933	1,5833	1,5755
26	1,6511	1,6468	1,6147	1,5945	1,5805	1,5703	1,5625
27	1,6399	1,6356	1,6032	1,5827	1,5686	1,5582	1,5503
28	1,6295	1,6252	1,5925	1,5718	1,5575	1,5471	1,5390
29	1,6199	1,6155	1,5825	1,5617	1,5472	1,5366	1,5285
30	1,6109	1,6065	1,5732	1,5522	1,5376	1,5269	1,5187
40	1,5458	1,5411	1,5056	1,4830	1,4672	1,4555	1,4465
50	1,5067	1,5018	1,4648	1,4409	1,4242	1,4119	1,4023
60	1,4806	1,4755	1,4373	1,4126	1,3953	1,3823	1,3723
70	1,4618	1,4567	1,4176	1,3922	1,3742	1,3608	1,3504
80	1,4478	1,4426	1,4027	1,3767	1,3583	1,3445	1,3337

7. F - VERTEILUNG für 1 - ALPHA = 0,95

Es bedeuten: ν_Z: Freiheitsgrad des Zählers und ν_N: Freiheitsgrad des Nenners

Tabelliert sind die Werte F_C, für die gilt $\text{Prob}\{0 < F \leq F_C\} = F_F(F_C | \nu_Z, \nu_N) = 1-\alpha$.

Ferner gilt die Beziehung der reziproken Symmetrie $F(\alpha; \nu_Z, \nu_N) = \dfrac{1}{F(1-\alpha; \nu_N, \nu_Z)}$.

	ν_Z						
ν_N	1	2	3	4	5	6	7
1	161,4477	199,5000	215,7081	224,5831	230,1622	233,9858	236,7690
2	18,5128	19,0000	19,1643	19,2468	19,2964	19,3296	19,3532
3	10,1280	9,5521	9,2766	9,1172	9,0135	8,9406	8,8868
4	7,7086	6,9443	6,5914	6,3882	6,2561	6,1631	6,0942
5	6,6079	5,7861	5,4095	5,1922	5,0503	4,9503	4,8759
6	5,9874	5,1433	4,7571	4,5337	4,3874	4,2839	4,2057
7	5,5915	4,7374	4,3468	4,1203	3,9715	3,8660	3,7870
8	5,3177	4,4590	4,0662	3,8379	3,6875	3,5806	3,5005
9	5,1174	4,2565	3,8625	3,6331	3,4817	3,3738	3,2927
10	4,9646	4,1028	3,7083	3,4781	3,3258	3,2172	3,1355
11	4,8443	3,9823	3,5874	3,3567	3,2039	3,0946	3,0123
12	4,7472	3,8853	3,4903	3,2592	3,1059	2,9961	2,9134
13	4,6672	3,8056	3,4105	3,1791	3,0254	2,9153	2,8321
14	4,6001	3,7389	3,3439	3,1122	2,9582	2,8477	2,7642
15	4,5431	3,6823	3,2874	3,0556	2,9013	2,7905	2,7066
16	4,4940	3,6337	3,2389	3,0069	2,8524	2,7413	2,6572
17	4,4513	3,5915	3,1968	2,9647	2,8100	2,6987	2,6143
18	4,4139	3,5546	3,1599	2,9277	2,7729	2,6613	2,5767
19	4,3808	3,5219	3,1273	2,8951	2,7401	2,6283	2,5435
20	4,3512	3,4928	3,0984	2,8661	2,7109	2,5990	2,5140
21	4,3248	3,4668	3,0725	2,8401	2,6848	2,5727	2,4876
22	4,3010	3,4434	3,0491	2,8167	2,6613	2,5491	2,4638
23	4,2793	3,4221	3,0280	2,7955	2,6400	2,5277	2,4422
24	4,2597	3,4028	3,0088	2,7763	2,6207	2,5082	2,4226
25	4,2417	3,3852	2,9912	2,7587	2,6030	2,4904	2,4047
26	4,2252	3,3690	2,9752	2,7426	2,5868	2,4741	2,3883
27	4,2100	3,3541	2,9604	2,7278	2,5719	2,4591	2,3732
28	4,1960	3,3404	2,9467	2,7141	2,5581	2,4453	2,3593
29	4,1830	3,3277	2,9340	2,7014	2,5454	2,4324	2,3463
30	4,1709	3,3158	2,9223	2,6896	2,5336	2,4205	2,3343
40	4,0847	3,2317	2,8387	2,6060	2,4495	2,3359	2,2490
50	4,0343	3,1826	2,7900	2,5572	2,4004	2,2864	2,1991
60	4,0012	3,1504	2,7581	2,5252	2,3683	2,2541	2,1665
70	3,9778	3,1277	2,7355	2,5027	2,3456	2,2312	2,1435
80	3,9604	3,1108	2,7188	2,4859	2,3287	2,2142	2,1263

7. F - VERTEILUNG für 1 - ALPHA = 0,95

Es bedeuten: ν_Z: Freiheitsgrad des Zählers und ν_N: Freiheitsgrad des Nenners

	ν_Z						
ν_N	8	9	10	11	12	13	14
1	238,8827	240,5437	241,8816	242,9844	243,9062	244,6908	245,3640
2	19,3710	19,3848	19,3959	19,4049	19,4126	19,4190	19,4245
3	8,8452	8,8123	8,7855	8,7633	8,7446	8,7287	8,7149
4	6,0411	5,9988	5,9644	5,9358	5,9117	5,8911	5,8733
5	4,8183	4,7725	4,7351	4,7040	4,6777	4,6552	4,6358
6	4,1468	4,0990	4,0600	4,0274	3,9999	3,9764	3,9559
7	3,7257	3,6767	3,6365	3,6030	3,5747	3,5503	3,5292
8	3,4381	3,3881	3,3472	3,3129	3,2839	3,2590	3,2374
9	3,2296	3,1789	3,1373	3,1025	3,0729	3,0476	3,0255
10	3,0717	3,0204	2,9782	2,9430	2,9130	2,8872	2,8647
11	2,9480	2,8962	2,8536	2,8179	2,7876	2,7614	2,7386
12	2,8486	2,7964	2,7534	2,7173	2,6866	2,6602	2,6371
13	2,7669	2,7144	2,6710	2,6347	2,6037	2,5769	2,5536
14	2,6987	2,6458	2,6022	2,5655	2,5342	2,5073	2,4837
15	2,6408	2,5876	2,5437	2,5068	2,4753	2,4481	2,4244
16	2,5911	2,5377	2,4935	2,4564	2,4247	2,3973	2,3733
17	2,5480	2,4943	2,4499	2,4126	2,3807	2,3531	2,3290
18	2,5102	2,4563	2,4117	2,3742	2,3421	2,3143	2,2900
19	2,4768	2,4227	2,3779	2,3402	2,3080	2,2800	2,2556
20	2,4471	2,3928	2,3479	2,3100	2,2776	2,2495	2,2250
21	2,4205	2,3660	2,3210	2,2829	2,2504	2,2222	2,1975
22	2,3965	2,3419	2,2967	2,2585	2,2258	2,1975	2,1727
23	2,3748	2,3201	2,2747	2,2036	2,2036	2,1752	2,1502
24	2,3551	2,3002	2,2547	2,1834	2,1834	2,1548	2,1298
25	2,3371	2,2821	2,2365	2,1649	2,1649	2,1362	2,1111
26	2,3205	2,2655	2,2197	2,1479	2,1479	2,1192	2,0939
27	2,3053	2,2501	2,2043	2,1323	2,1323	2,1035	2,0781
28	2,2913	2,2360	2,1900	2,1179	2,1179	2,0889	2,0635
29	2,2783	2,2229	2,1768	2,1045	2,1045	2,0755	2,0500
30	2,2662	2,2107	2,1646	2,0921	2,0921	2,0630	2,0374
40	2,1802	2,1240	2,0772	2,0035	2,0035	1,9738	1,9476
50	2,1299	2,0734	2,0261	1,9515	1,9515	1,9214	1,8949
60	2,0970	2,0401	1,9926	1,9174	1,9174	1,8870	1,8602
70	2,0737	2,0166	1,9689	1,8932	1,8932	1,8627	1,8357
80	2,0564	1,9918	1,9512	1,8753	1,8753	1,8445	1,8174

7. F - VERTEILUNG für 1 - ALPHA = 0,95

Es bedeuten: ν_Z: Freiheitsgrad des Zählers und ν_N: Freiheitsgrad des Nenners

	ν_Z						
ν_N	15	16	17	18	19	20	21
1	245,9506	246,4641	246,9199	247,3231	247,6862	248,0134	248,3094
2	19,4293	19,4334	19,4370	19,4402	19,4433	19,4458	19,4482
3	8,7029	8,6923	8,6829	8,6745	8,6670	8,6602	8,6540
4	5,8587	5,8441	5,8320	5,8211	5,8114	5,8025	5,7945
5	4,6188	4,6038	4,5904	4,5785	4,5678	4,5581	4,5493
6	3,9381	3,9223	3,9083	3,8957	3,8844	3,8742	3,8649
7	3,5107	3,4944	3,4799	3,4669	3,4551	3,4445	3,4349
8	3,2184	3,2016	3,1867	3,1733	3,1613	3,1503	3,1404
9	3,0061	2,9890	2,9737	2,9600	2,9477	2,9365	2,9263
10	2,8450	2,8276	2,8120	2,7980	2,7854	2,7740	2,7636
11	2,7186	2,7009	2,6851	2,6709	2,6581	2,6464	2,6358
12	2,6169	2,5989	2,5828	2,5684	2,5554	2,5436	2,5328
13	2,5331	2,5149	2,4987	2,4841	2,4709	2,4589	2,4479
14	2,4630	2,4446	2,4282	2,4134	2,4000	2,3879	2,3768
15	2,4034	2,3849	2,3683	2,3533	2,3398	2,3275	2,3163
16	2,3522	2,3335	2,3167	2,3016	2,2880	2,2756	2,2642
17	2,3077	2,2888	2,2719	2,2567	2,2429	2,2304	2,2189
18	2,2686	2,2496	2,2325	2,2172	2,2033	2,1906	2,1791
19	2,2341	2,2149	2,1977	2,1823	2,1683	2,1555	2,1438
20	2,2033	2,1840	2,1667	2,1511	2,1370	2,1242	2,1124
21	2,1757	2,1563	2,1389	2,1232	2,1090	2,0960	2,0842
22	2,1508	2,1313	2,1138	2,0980	2,0837	2,0707	2,0587
23	2,1282	2,1086	2,0910	2,0751	2,0608	2,0476	2,0356
24	2,1077	2,0880	2,0703	2,0543	2,0399	2,0267	2,0146
25	2,0889	2,0691	2,0513	2,0353	2,0207	2,0075	1,9953
26	2,0716	2,0518	2,0339	2,0178	2,0032	1,9898	1,9776
27	2,0558	2,0358	2,0179	2,0017	1,9870	1,9736	1,9613
28	2,0411	2,0210	2,0030	1,9868	1,9720	1,9586	1,9462
29	2,0275	2,0073	1,9893	1,9730	1,9581	1,9446	1,9322
30	2,0148	1,9946	1,9765	1,9601	1,9452	1,9317	1,9192
40	1,9245	1,9038	1,8851	1,8682	1,8529	1,8389	1,8260
50	1,8714	1,8503	1,8313	1,8141	1,7985	1,7841	1,7709
60	1,8364	1,8151	1,7959	1,7784	1,7625	1,7480	1,7346
70	1,8117	1,7902	1,7708	1,7531	1,7371	1,7223	1,7088
80	1,7932	1,7716	1,7520	1,7342	1,7180	1,7032	1,6895

7. F - VERTEILUNG für 1 - ALPHA = 0,95

Es bedeuten: ν_Z: Freiheitsgrad des Zählers und ν_N: Freiheitsgrad des Nenners

	ν_Z						
ν_N	22	23	24	25	26	27	28
1	248,5787	248,8266	249,0517	249,2618	249,4523	249,6311	249,7965
2	19,4503	19,4522	19,4540	19,4558	19,4574	19,4589	19,4601
3	8,6484	8,6433	8,6385	8,6342	8,6301	8,6264	8,6229
4	5,7872	5,7805	5,7744	5,7687	5,7635	5,7856	5,7541
5	4,5413	4,5339	4,5272	4,5209	4,5151	4,5098	4,5047
6	3,8564	3,8486	3,8415	3,8348	3,8287	3,8230	3,8177
7	3,4260	3,4179	3,4105	3,4036	3,3972	3,3913	3,3858
8	3,1313	3,1229	3,1152	3,1081	3,1016	3,0954	3,0897
9	2,9169	2,9084	2,9005	2,8932	2,8864	2,8801	2,8743
10	2,7541	2,7453	2,7372	2,7298	2,7229	2,7164	2,7104
11	2,6261	2,6172	2,6090	2,6014	2,5943	2,5877	2,5816
12	2,5229	2,5139	2,5055	2,4977	2,4905	2,4838	2,4776
13	2,4379	2,4287	2,4202	2,4123	2,4050	2,3982	2,3918
14	2,3667	2,3573	2,3487	2,3407	2,3330	2,3264	2,3199
15	2,3060	2,2966	2,2878	2,2797	2,2722	2,2652	2,2587
16	2,2538	2,2442	2,2354	2,2272	2,2196	2,2125	2,2059
17	2,2084	2,1987	2,1898	2,1815	2,1738	2,1666	2,1599
18	2,1685	2,1587	2,1497	2,1413	2,1335	2,1262	2,1195
19	2,1331	2,1233	2,1141	2,1057	2,0978	2,0905	2,0836
20	2,1016	2,0917	2,0825	2,0739	2,0660	2,0586	2,0517
21	2,0733	2,0633	2,0540	2,0454	2,0374	2,0299	2,0229
22	2,0478	2,0377	2,0283	2,0196	2,0116	2,0040	1,9970
23	2,0246	2,0144	2,0050	1,9963	1,9881	1,9805	1,9734
24	2,0035	1,9932	1,9838	1,9750	1,9668	1,9591	1,9520
25	1,9842	1,9738	1,9643	1,9554	1,9472	1,9395	1,9323
26	1,9664	1,9560	1,9464	1,9375	1,9292	1,9215	1,9142
27	1,9500	1,9396	1,9299	1,9210	1,9126	1,9048	1,8975
28	1,9349	1,9244	1,9147	1,9057	1,8973	1,8894	1,8821
29	1,9208	1,9103	1,9005	1,8915	1,8830	1,8751	1,8677
30	1,9077	1,8972	1,8874	1,8782	1,8698	1,8618	1,8544
40	1,8141	1,8031	1,7929	1,7835	1,7746	1,7663	1,7586
50	1,7588	1,7475	1,7371	1,7273	1,7183	1,7097	1,7018
60	1,7222	1,7108	1,7001	1,6902	1,6809	1,6722	1,6641
70	1,6962	1,6846	1,6738	1,6638	1,6543	1,6455	1,6372
80	1,6768	1,6651	1,6542	1,6440	1,6345	1,6255	1,6171

7. F - VERTEILUNG für 1 - ALPHA = 0,95

Es bedeuten: ν_Z: Freiheitsgrad des Zählers und ν_N: Freiheitsgrad des Nenners

	ν_Z						
ν_N	29	30	40	50	60	70	80
1	249,9526	250,0953	251,1431	251,7739	252,1957	252,4970	252,7236
2	19,4612	19,4624	19,4709	19,4760	19,4787	19,4810	19,4833
3	8,6196	8,6166	8,5944	8,5810	8,5720	8,5656	8,5607
4	5,7498	5,7459	5,7170	5,6995	5,6878	5,6793	5,6730
5	4,5001	4,4957	4,4638	4,4444	4,4314	4,4220	4,4150
6	3,8128	3,8082	3,7743	3,7537	3,7398	3,7298	3,7223
7	3,3806	3,3758	3,3404	3,3189	3,3043	3,2939	3,2860
8	3,0844	3,0794	3,0428	3,0204	3,0053	2,9945	2,9862
9	2,8688	2,8637	2,8259	2,8028	2,7872	2,7760	2,7675
10	2,7048	2,6996	2,6609	2,6371	2,6211	2,6095	2,6008
11	2,5759	2,5705	2,5309	2,5066	2,4901	2,4782	2,4692
12	2,4718	2,4663	2,4259	2,4010	2,3842	2,3720	2,3628
13	2,3859	2,3803	2,3392	2,3138	2,2966	2,2841	2,2747
14	2,3139	2,3082	2,2664	2,2405	2,2230	2,2102	2,2006
15	2,2525	2,2468	2,2043	2,1780	2,1601	2,1472	2,1373
16	2,1997	2,1938	2,1507	2,1240	2,1058	2,0926	2,0826
17	2,1536	2,1477	2,1040	2,0769	2,0584	2,0450	2,0348
18	2,1131	2,1071	2,0629	2,0354	2,0166	2,0030	1,9927
19	2,0772	2,0712	2,0264	1,9986	1,9795	1,9657	1,9552
20	2,0452	2,0391	1,9938	1,9656	1,9464	1,9323	1,9217
21	2,0164	2,0102	1,9645	1,9360	1,9165	1,9023	1,8915
22	1,9904	1,9842	1,9380	1,9092	1,8894	1,8751	1,8641
23	1,9668	1,9605	1,9139	1,8848	1,8648	1,8503	1,8392
24	1,9453	1,9390	1,8920	1,8625	1,8424	1,8276	1,8164
25	1,9255	1,9192	1,8718	1,8421	1,8217	1,8069	1,7955
26	1,9074	1,9010	1,8533	1,8233	1,8027	1,7877	1,7762
27	1,8907	1,8842	1,8361	1,8059	1,7851	1,7700	1,7584
28	1,8752	1,8687	1,8203	1,7898	1,7689	1,7535	1,7418
29	1,8608	1,8543	1,8055	1,7748	1,7537	1,7382	1,7264
30	1,8474	1,8409	1,7918	1,7609	1,7396	1,7240	1,7121
40	1,7513	1,7444	1,6928	1,6600	1,6373	1,6205	1,6077
50	1,6942	1,6872	1,6337	1,5995	1,5757	1,5580	1,5448
60	1,6564	1,6491	1,5943	1,5590	1,5345	1,5162	1,5021
70	1,6294	1,6220	1,5661	1,5300	1,5047	1,4858	1,4712
80	1,6092	1,6017	1,5449	1,5082	1,4822	1,4629	1,4479

8. F - VERTEILUNG für 1 - ALPHA = 0,99

Es bedeuten: ν_Z: Freiheitsgrad des Zählers und ν_N: Freiheitsgrad des Nenners

Tabelliert sind die Werte F_C, für die gilt $\mathrm{Prob}\{0 < F \leq F_C\} = F_F(F_C | \nu_Z, \nu_N) = 1-\alpha$.

Ferner gilt die Beziehung der reziproken Symmetrie $F(\alpha; \nu_Z, \nu_N) = \dfrac{1}{F(1-\alpha; \nu_N, \nu_Z)}$.

	ν_Z						
ν_N	1	2	3	4	5	6	7
1	4052,205	4999,514	5403,446	5624,620	5763,692	5859,033	5928,490
2	98,5026	98,9999	99,1663	99,2497	99,2993	99,3338	99,3567
3	34,1164	30,8166	29,4568	28,7100	28,2373	27,9107	27,6718
4	21,1977	18,0000	16,6944	15,9770	15,5219	15,2069	14,9759
5	16,2582	13,2739	12,0600	11,3919	10,9670	10,6723	10,4556
6	13,7450	10,9248	9,7796	9,1483	8,7459	8,4661	8,2600
7	12,2464	9,5466	8,4513	7,8466	7,4604	7,1914	6,9928
8	11,2587	8,6491	7,5910	7,0061	6,6318	6,3707	6,1776
9	10,5615	8,0215	6,9919	6,4221	6,0569	5,8018	5,6129
10	10,0443	7,5594	6,5523	5,9943	5,6363	5,3858	5,2001
11	9,6460	7,2057	6,2167	5,6683	5,3160	5,0692	4,8861
12	9,3302	6,9266	5,9525	5,4119	5,0643	4,8206	4,6395
13	9,0739	6,7010	5,7394	5,2053	4,8616	4,6204	4,4410
14	8,8616	6,5149	5,5639	5,0354	4,6950	4,4558	4,2779
15	8,6832	6,3589	5,4170	4,8932	4,5556	4,3183	4,1416
16	8,5310	6,2262	5,2922	4,7726	4,4374	4,2016	4,0259
17	8,3998	6,1121	5,1850	4,6690	4,3359	4,1015	3,9267
18	8,2854	6,0129	5,0919	4,5790	4,2479	4,0146	3,8406
19	8,1850	5,9259	5,0103	4,5003	4,1708	3,9386	3,7653
20	8,0959	5,8489	4,9382	4,4307	4,1027	3,8714	3,6987
21	8,0166	5,7804	4,8740	4,3688	4,0422	3,8117	3,6396
22	7,9454	5,7190	4,8166	4,3134	3,9880	3,7583	3,5867
23	7,8812	5,6637	4,7649	4,2636	3,9392	3,7102	3,5390
24	7,8229	5,6136	4,7181	4,2184	3,8951	3,6667	3,4959
25	7,7698	5,5680	4,6755	4,1774	3,8550	3,6272	3,4568
26	7,7213	5,5263	4,6366	4,1400	3,8183	3,5911	3,4210
27	7,6767	5,4881	4,6009	4,1056	3,7848	3,5580	3,3882
28	7,6356	5,4529	4,5681	4,0740	3,7539	3,5276	3,3581
29	7,5977	5,4204	4,5378	4,0449	3,7254	3,4995	3,3303
30	7,5625	5,3904	4,5097	4,0179	3,6990	3,4735	3,3045
40	7,3141	5,1785	4,3126	3,8283	3,5138	3,2910	3,1238
50	7,1706	5,0566	4,1993	3,7195	3,4077	3,1864	3,0202
60	7,0771	4,9774	4,1259	3,6491	3,3389	3,1187	2,9530
70	7,0114	4,9219	4,0744	3,5997	3,2907	3,0712	2,9060
80	6,9627	4,8808	4,0363	3,5631	3,2551	3,0361	2,8713

8. F - VERTEILUNG für 1 - ALPHA = 0,99

Es bedeuten: ν_Z: Freiheitsgrad des Zählers und ν_N: Freiheitsgrad des Nenners

	ν_Z						
ν_N	8	9	10	11	12	13	14
1	5981,079	6022,519	6055,900	6083,389	6106,297	6126,018	6142,696
2	99,3750	99,3879	99,3992	99,4105	99,4157	99,4228	99,4311
3	27,4892	27,3453	27,2288	27,1328	27,0518	26,9833	26,9238
4	14,7989	14,6591	14,5459	14,4524	14,3737	14,3065	14,2487
5	10,2893	10,1578	10,0510	9,9627	9,8883	9,8248	9,7700
6	8,1017	7,9761	7,8741	7,7896	7,7183	7,6575	7,6049
7	6,8400	6,7188	6,6201	6,5382	6,4691	6,4101	6,3590
8	6,0289	5,9106	5,8143	5,7343	5,6667	5,6089	5,5589
9	5,4671	5,3511	5,2565	5,1779	5,1114	5,0545	5,0052
10	5,0567	4,9424	4,8492	4,7715	4,7059	4,6496	4,6008
11	4,7445	4,6316	4,5393	4,4624	4,3974	4,3416	4,2932
12	4,4994	4,3875	4,2961	4,2198	4,1553	4,0999	4,0518
13	4,3021	4,1911	4,1003	4,0245	3,9603	3,9052	3,8573
14	4,1399	4,0297	3,9394	3,8640	3,8001	3,7452	3,6975
15	4,0045	3,8948	3,8049	3,7299	3,6662	3,6115	3,5639
16	3,8896	3,7804	3,6909	3,6162	3,5527	3,4981	3,4506
17	3,7910	3,6823	3,5931	3,5185	3,4552	3,4007	3,3533
18	3,7054	3,5971	3,5082	3,4338	3,3706	3,3162	3,2689
19	3,6305	3,5225	3,4338	3,3596	3,2965	3,2422	3,1949
20	3,5644	3,4567	3,3682	3,2941	3,2311	3,1769	3,1296
21	3,5056	3,3982	3,3098	3,2359	3,1730	3,1187	3,0715
22	3,4530	3,3458	3,2576	3,1837	3,1209	3,0667	3,0195
23	3,4057	3,2986	3,2106	3,1368	3,0740	3,0199	2,9727
24	3,3629	3,2560	3,1681	3,0944	3,0316	2,9775	2,9303
25	3,3239	3,2172	3,1294	3,0558	2,9931	2,9390	2,8917
26	3,2884	3,1818	3,0941	3,0205	2,9578	2,9038	2,8566
27	3,2558	3,1494	3,0618	2,9882	2,9256	2,8715	2,8243
28	3,2259	3,1195	3,0320	2,9585	2,8959	2,8418	2,7946
29	3,1982	3,0920	3,0045	2,9311	2,8685	2,8144	2,7672
30	3,1726	3,0665	2,9791	2,9057	2,8431	2,7890	2,7418
40	2,9930	2,8876	2,8005	2,7274	2,6648	2,6107	2,5634
50	2,8900	2,7850	2,6981	2,6250	2,5625	2,5083	2,4609
60	2,8233	2,7185	2,6318	2,5587	2,4961	2,4419	2,3944
70	2,7765	2,6719	2,5852	2,5122	2,4496	2,3953	2,3477
80	2,7420	2,6374	2,5508	2,4778	2,4151	2,3608	2,3131

8. F - VERTEILUNG für 1 - ALPHA = 0,99

Es bedeuten: ν_Z: Freiheitsgrad des Zählers und ν_N: Freiheitsgrad des Nenners

	ν_Z						
ν_N	15	16	17	18	19	20	21
1	6157,342	6170,148	6181,721	6191,554	6200,748	6208,733	6216,336
2	99,4341	99,4373	99,4414	99,4439	99,4493	99,4529	99,4565
3	26,8724	26,8269	26,7869	26,7509	26,7187	26,6899	26,6638
4	14,1982	14,1539	14,1146	14,0796	14,0482	14,0196	13,9938
5	9,7222	9,6802	9,6429	9,6096	9,5797	9,5526	9,5281
6	7,5590	7,5186	7,4828	7,4507	7,4218	7,3959	7,3723
7	6,3144	6,2750	6,2401	6,2089	6,1808	6,1554	6,1324
8	5,5151	5,4766	5,4423	5,4116	5,3840	5,3591	5,3364
9	4,9621	4,9240	4,8902	4,8599	3,8327	4,8080	4,7856
10	4,5581	4,5204	4,4869	4,4569	4,4299	4,4054	4,3831
11	4,2509	4,2134	4,1801	4,1503	4,1234	4,0990	4,0769
12	4,0096	3,9724	3,9392	3,9095	3,8827	3,8584	3,8363
13	3,8154	3,7783	3,7452	3,7156	3,6888	3,6646	3,6426
14	3,6557	3,6187	3,5857	3,5561	3,5294	3,5052	3,4832
15	3,5222	3,4852	3,4523	3,4228	3,3961	3,3719	3,3499
16	3,4090	3,3720	3,3392	3,3096	3,2829	3,2588	3,2367
17	3,3117	3,2748	3,2419	3,2124	3,1857	3,1615	3,1394
18	3,2273	3,1904	3,1575	3,1280	3,1013	3,0771	3,0550
19	3,1533	3,1165	3,0836	3,0541	3,0274	3,0031	2,9810
20	3,0880	3,0512	3,0183	2,9887	2,9620	2,9377	2,9156
21	3,0300	2,9931	2,9602	2,9306	2,9039	2,8796	2,8574
22	2,9779	2,9411	2,9082	2,8786	2,8518	2,8275	2,8052
23	2,9311	2,8943	2,8613	2,8317	2,8049	2,7805	2,7583
24	2,8887	2,8519	2,8189	2,7892	2,7624	2,7380	2,7157
25	2,8502	2,8133	2,7803	2,7506	2,7238	2,6993	2,6770
26	2,8150	2,7781	2,7451	2,7153	2,6885	2,6640	2,6416
27	2,7827	2,7458	2,7127	2,6830	2,6561	2,6316	2,6092
28	2,7530	2,7160	2,6830	2,6532	2,6263	2,6017	2,5793
29	2,7256	2,6886	2,6555	2,6257	2,5987	2,5742	2,5517
30	2,7002	2,6632	2,6301	2,6003	2,5733	2,5487	2,5262
40	2,5216	2,4844	2,4511	2,4210	2,3938	2,3689	2,3461
50	2,4190	2,3816	2,3481	2,3178	2,2903	2,2653	2,2423
60	2,3523	2,3148	2,2811	2,2507	2,2231	2,1978	2,1747
70	2,3055	2,2679	2,2341	2,2036	2,1758	2,1504	2,1271
80	2,2709	2,2332	2,1993	2,1686	2,1408	2,1153	2,0919

8. F - VERTEILUNG für 1 - ALPHA = 0,99

Es bedeuten: ν_Z: Freiheitsgrad des Zählers und ν_N: Freiheitsgrad des Nenners

ν_N	ν_Z 22	23	24	25	26	27	28
1	6222,864	6229,232	6234,642	6239,971	6244,658	6249,134	6253,239
2	99,4539	99,4588	99,4620	99,4639	99,4638	99,4606	99,4666
3	26,6395	26,6181	26,5976	26,5791	26,5619	26,5465	26,5312
4	13,9704	13,9489	13,9290	13,9109	13,8941	13,8783	13,8639
5	9,5058	9,4853	9,4665	9,4491	9,4331	9,4182	9,4043
6	7,3507	7,3308	7,3128	7,2960	7,2805	7,2661	7,2527
7	6,1113	6,0921	6,0743	6,0580	6,0428	6,0288	6,0157
8	5,3157	5,2967	5,2793	5,2632	5,2482	5,2344	5,2214
9	4,7651	4,7463	4,7290	4,7130	4,6982	4,6845	4,6717
10	4,3628	4,3441	4,3269	4,3110	4,2963	4,2827	4,2700
11	4,0566	4,0380	4,0209	4,0051	3,9904	3,9768	3,9641
12	3,8161	3,7976	3,7805	3,7647	3,7500	3,7364	3,7238
13	3,6224	3,6038	3,5868	3,5710	3,5563	3,5427	3,5300
14	3,4630	3,4445	3,4274	3,4116	3,3969	3,3833	3,3706
15	3,3297	3,3111	3,2940	3,2782	3,2635	3,2499	3,2372
16	3,2165	3,1979	3,1808	3,1650	3,1503	3,1366	3,1239
17	3,1192	3,1007	3,0835	3,0676	3,0529	3,0392	3,0264
18	3,0348	3,0162	2,9990	2,9831	2,9683	2,9546	2,9417
19	2,9607	2,9421	2,9249	2,9089	2,8941	2,8804	2,8675
20	2,8953	2,8766	2,8594	2,8434	2,8286	2,8184	2,8019
21	2,8370	2,8183	2,8010	2,7851	2,7702	2,7563	2,7434
22	2,7849	2,7661	2,7488	2,7328	2,7179	2,7040	2,6910
23	2,7379	2,7191	2,7017	2,6857	2,6707	2,6568	2,6438
24	2,6953	2,6764	2,6591	2,6430	2,6280	2,6140	2,6010
25	2,6565	2,6377	2,6203	2,6041	2,5891	2,5751	2,5620
26	2,6211	2,6022	2,5848	2,5686	2,5536	2,5395	2,5264
27	2,5887	2,5697	2,5522	2,5360	2,5209	2,5069	2,4937
28	2,5588	2,5398	2,5223	2,5060	2,4909	2,4768	2,4636
29	2,5311	2,5121	2,4946	2,4783	2,4631	2,4490	2,4358
30	2,5055	2,4865	2,4689	2,4526	2,4374	2,4233	2,4100
40	2,3252	2,3059	2,2880	2,2714	2,2559	2,2415	2,2280
50	2,2211	2,2016	2,1835	2,1667	2,1510	2,1363	2,1226
60	2,1533	2,1336	2,1154	2,0984	2,0825	2,0677	2,0538
70	2,1057	2,0858	2,0674	2,0503	2,0343	2,0194	2,0054
80	2,0703	2,0504	2,0319	2,0146	1,9985	1,9835	1,9693

8. F - VERTEILUNG für 1 - ALPHA = 0,99

Es bedeuten: ν_Z: Freiheitsgrad des Zählers und ν_N: Freiheitsgrad des Nenners

	ν_Z						
ν_N	29	30	40	50	60	70	80
1	6257,256	6260,640	6286,779	6302,527	6313,080	6320,602	6326,244
2	99,4642	99,4669	99,4856	99,4863	99,4924	99,4785	99,4858
3	26,5176	26,5046	26,4109	26,3542	26,3165	26,2893	26,2689
4	13,8504	13,8377	13,7455	13,6898	13,6523	13,6258	13,6054
5	9,3915	9,3793	9,2912	9,2378	9,2020	9,1764	9,1570
6	7,2402	7,2285	7,1432	7,0914	7,0567	7,0319	7,0132
7	6,0035	5,9920	5,9084	5,8577	5,8236	5,7991	5,7806
8	5,2094	5,1982	5,1156	5,0654	5,0317	5,0073	4,9891
9	4,6598	4,6486	4,5666	4,5167	4,4831	4,4589	4,4407
10	4,2580	4,2470	4,1653	4,1155	4,0819	4,0577	4,0394
11	3,9523	3,9411	3,8596	3,8097	3,7761	3,7518	3,7335
12	3,7119	3,7008	3,6192	3,5692	3,5355	3,5111	3,4928
13	3,5182	3,5070	3,4253	3,3752	3,3413	3,3168	3,2984
14	3,3587	3,3476	3,2657	3,2153	3,1813	3,1567	3,1381
15	3,2253	3,2141	3,1319	3,0814	3,0471	3,0224	3,0037
16	3,1119	3,1007	3,0182	2,9675	2,9331	2,9082	2,8893
17	3,0145	3,0032	2,9205	2,8694	2,8348	2,8098	2,7908
18	2,9298	2,9185	2,8354	2,7842	2,7494	2,7241	2,7050
19	2,8555	2,8442	2,7608	2,7093	2,6742	2,6488	2,6296
20	2,7898	2,7785	2,6948	2,6430	2,6077	2,5822	2,5628
21	2,7313	2,7200	2,6359	2,5838	2,5484	2,5227	2,5032
22	2,6789	2,6675	2,5831	2,5308	2,4952	2,4693	2,4496
23	2,6316	2,6202	2,5355	2,4829	2,4471	2,4210	2,4013
24	2,5888	2,5773	2,4923	2,4395	2,4034	2,3773	2,3574
25	2,5498	2,5383	2,4530	2,4530	2,3637	2,3373	2,3173
26	2,5142	2,5026	2,4170	2,4170	2,3273	2,3008	2,2806
27	2,4814	2,4699	2,3840	2,3840	2,2938	2,2672	2,2469
28	2,4513	2,4397	2,3535	2,3535	2,2629	2,2361	2,2157
29	2,4234	2,4118	2,3253	2,3253	2,2344	2,2074	2,1869
30	2,3976	2,3860	2,2992	2,2992	2,2079	2,1808	2,1601
40	2,2153	2,2034	2,1142	2,0581	2,0194	1,9911	1,9694
50	2,1097	2,0976	2,0066	1,9490	1,9090	1,8797	1,8577
60	2,0408	2,0285	1,9360	1,8772	1,8366	1,8064	1,7832
70	1,9922	1,9798	1,8861	1,8263	1,7848	1,7539	1,7301
80	1,9560	1,9435	1,8489	1,7885	1,7461	1,7146	1,6903

Einschub zu Kapitel 16:

Allgemeine Hinweise zur Formulierung von Hypothesen

Beim Testen von Hypothesen können grundsätzlich zwei verschiedene Fehlerarten auftreten: Wenn die Nullhypothese H_0 **korrekt** ist, jedoch **verworfen** wird, spricht man von einem **Fehler 1. Art**, dem a priori die Wahrscheinlichkeit α zugewiesen wird. Je kleiner nun α gewählt wird, desto schwieriger wird es, diese Nullhypothese zu verwerfen.

Wird die aufgestellte Nullhypothese H_0 dagegen **nicht verworfen**, obwohl sie tatsächlich **falsch** ist, spricht man von einem **Fehler 2. Art**, dessen Wahscheinlichkeit mit ß bezeichnet wird.

Während die Wahrscheinlichkeit für den Fehler 1. Art (sog. **α-Fehler**) explizit vor dem Test festgelegt werden muß, ergibt sich die Wahrscheinlichkeit ß für den Fehler 2. Art (sog. **ß-Fehler**) unter sonst gleichen Bedingungen implizit aus der festgelegten Wahrscheinlichkeit α für den Fehler 1. Art.

Daraus folgt unmittelbar: Wird die Wahrscheinlichkeit für den Fehler 1. Art so gewählt, daß sie von der Wahrscheinlichkeit für den Fehler 2. Art abweicht, dann hat die Art der Formulierung der Nullhypothese H_0 einen Einfluß auf das Testergebnis.

Zur Erläuterung kann man das Beispiel 16.17 aus dem Kapitel 16, Seite 622 heranziehen:

Da hier die Wahrscheinlichkeit für den α-Fehler 0,5 %, die Wahrscheinlichkeit für den ß-Fehler jedoch 0,77 % beträgt, kann der Test - je nachdem welche Nullhypothese H_0 gewählt wird -, zu einem unterschiedlichen Testergebnis führen. Werden die Hypothesen der Regierung umgekehrt formuliert, und wird gleichzeitig der α-Fehler mit dem ß-Fehler vertaucht (d.h. α = 0,0077 und ß = 0,005), dann erhält man als kritischen Wert ebenfalls c_α = 1 048,5; womit die gleiche Entscheidung getroffen werden muß wie in der Ausgangshypothese. Diese "umgedrehte" Hypothese kann man aber nun direkt mit der Hypothese des Bauernverbandes vergleichen und man erkennt unmittelbar den Grund für das abweichende c_α = 1 051,1:

Während die Regierung eine Irrtumswahrscheinlichkeit von α = 0,0077 (= 0,77 %) vorgegeben hat, wählt der Bauernverband ein α von 0,005 (= 0,5 %), wodurch sich natürlich die Ablehnungsschwelle "erhöht" hat. Das gleiche Ergebnis erhält man selbstverständlich auch, wenn man die Nullhypothese des Bauernverbandes adäquat umformt und dann erneut miteinander vergleicht.

Für das Formulieren von Hypothesen folgt daraus:

Da der α-Fehler explizit vorgegeben wird, mithin also "kontrolliert" werden kann, sollte die Nullhypothese so formuliert werden, daß der gravierende, folgenreichere Fehler der α-Fehler ist. Welcher Fehler gravierender ist, muß natürlich von Fall zu Fall aufgrund sachlogischer Erwägungen entschieden werden.

Drei Beispiele mögen dies verdeutlichen:

Soll eine Hypothese, der eine neue - von den bisherigen Erfahrungen abweichende - Erkenntnis zugrundeliegt, überprüft werden, dann sollte die bewährte Hypothese stets als Nullhypothese formuliert werden. In diesem Fall kann der Fehler 1. Art - nämlich eine ungerechtfertigterr Annahme der neuen Hypothese - kontrolliert werden. Dieser Fehler 1. Art muß aus folgendem Grund als der schwerwiegendere angesehen werden: Da eine Hypothese generell nicht verifiziert werden kann, seien auch noch so viele Beobachtungen gemacht worden, die ihr nicht widersprechen, besteht die einzige Möglichkeit einer empirischen Überprüfung theoretischer Hypothesen in dem Versuch diese zu falsifizieren. Kann eine Hypothese nicht falsifiziert werden, muß sie als gültig angesehen werden.

Ferner gilt: Eine Hypothese hat einen umso größeren Bewährungsgrad, je geringer die Wahrscheinlichkeit ist, daß sie nicht **verworfen** werden kann, obwohl sie falsch ist. Dies entspricht folgender Aussage: Von zwei Hypothesen, die nicht falsifiziert werden können, hat diejenige einen größeren Bewährungsgrad, die mit einer größeren Wahrscheinlichkeit verworfen wird, unter der Voraussetzung, daß beide tatsächlich falsch sind. Da allgemein das Ziel verfolgt wird, möglichst bewährte Hypothesen zu erhalten, muß eine neue Hypothese stets so formuliert werden, daß die oben erwähnte Wahrscheinlichkeit gleich $1-\alpha$ ist und folglich explizit festgesetzt werden kann.

Soll eine Hypothesentest zur Grundlage einer Gerichtsentscheidung gemacht werden, wird man in der Regel die ungerechtfertigte Verurteilung des Angeklagten als den gravierenderen Fehler betrachten, also in der Nullhypothese von der Unschuld des Angeklagten ausgehen.

Können sich in einem Streitfall, wie etwa im Beispiel 16.17, die Parteien nicht über den schwerwiegenderen Fehler einigen, sollten beide Wahrscheinlichkeiten etwa gleich groß gewählt werden.

Literaturverzeichnis

A. Standardwerke zur Methodenlehre der Statistik

Anderson,O.; Popp,W.; Schaffranek,M.; Stenger,H; Szameitat,K.
"Grundlagen der Statistik", Springer-Verlag, Berlin 1988

Anderson,O.; Popp,W.; Schaffranek,M.; Steinmetz,D.; Stenger,H.
"Schätzen und Testen", Springer-Verlag, Berlin 1976

Bamberg, Günter; Baur,Franz
"Statistik", R.Oldenbourg-Verlag, 8. Auflage München 1993

Bartel, Hans
"Statistik I" und "Statistik II"
UTB Taschenbücher, Gustav Fischer-Verlag, Stuttgart, Band I: 1983, Band II: 1976

Basler, Herbert
"Grundbegriffe der Wahrscheinlichkeitsrechnung und statistische Methodenlehre",
Physica-Verlag, 10. Auflage Heidelberg 1989

Bennighaus, Hans
"Deskriptive Statistik"
B.G. Teubner, Stuttgart 1985

Billeter-Frey, Ernst; Vlach, Vladimir
"Grundlagen der statistischen Methodenlehre"
UTB Taschenbücher, Gustav Fischer-Verlag, Stuttgart 1982

Bleymüller, Josef; Gehlert, Günter; Gülicher, Herbert
"Statistik für Wirtschaftswissenschaftler", Verlag Franz Vahlen, 9. Auflage München 1994

Bohley, Peter
"Statistik - Einführendes Lehrbuch für Wirtschafts- und Sozialwissenschaftler"
R. Oldenbourg-Verlag, 5. Auflage München 1992

Bomsdorf, Eckart
"Deskriptive Statistik", Verlag Josef Eul, 8. Auflage Bergisch Gladbach- Köln 1994

Bomsdorf, Eckart
"Induktive Statistik - Eine Einführung",
Verlag Josef Eul, 6. Auflage Bergisch Gladbach- Köln 1995

Bosch, Karl
"Angewandte mathematische Statistik"
Rowohlt Taschenbuch Verlag, Reinbeck/Hamburg, 1976

Bosch, Karl
"Elementare Einführung in die Wahrscheinlichkeitsrechnung"
Friedr. Vieweg & Sohn Verlag, 5. Auflage Braunschweig 1986

Buttler, Günter; Reinhold Stroh
"Einführung in die Statistik"
RoRoRo- Sachbuch, Reinbek 1992

Clauß, Günter; Ebner, Heinz
"Grundlagen der Statistik", Verlag Harri Deutsch, 6. Auflage Frankfurt/Main 1989

Clauß, Günter; Finze Falk- Rüdiger,; Partzsch, Lothar
"Statistik für Soziologen, Pädagogen, Psychologen und Mediziner - Grundlagen"
Verlag Harri Deutsch, Frankfurt/Main 1994

Diehl, Jorg M.; Heinz U. Kohr
"Deskriptive Statistik",
Fachbuchhandlung für Psychologie, Eschborn bei Frankfurt/Main 1987

Dillmann, Roland
"Statistik I: Grundlagen der Wahrscheinlichkeitstheorie"
"Statistik II: Induktive Statistik"
Physica- Verlag, Heidelberg 1990

Elpelt, Bärbel; Hartung, Joachim
"Grundkurs Statistik: Lehr- und Übungsbuch der angewandten Statistik"
R. Oldenbourg- Verlag, 2. Auflage München 1992

Ferschl, Franz
"Deskriptive Statistik",
Physica-Verlag, 3. Auflage Würzburg 1985

Fischbach, Rainer; Erst Unsinn
"Betriebliche Statistik" - Statistik als Entscheidungshilfe für das Managemnet
Expert Verlag, Grafenau
Taylorix - Fachverlag, 5. Auflage Stuttgart 1992

Grohmann, Heinz
"Statistik - Allgemeine Methodenlehre I", dipa-Verlag, Frankfurt/Main 1985

Hackl, Peter; Katzenbeisser, Walter; Panny, Walter
"Statistik für Sozial- und Wirtschaftswissenschaften: Lehrbuch mit Übungsaufgaben",
R. Oldenbourg-Verlag, 9. Auflage München 1994

Hartung, Joachim
"Statistik", Lehr- und Handbuch der angewandten Statistik,
R. Oldenbourg-Verlag, 10. Auflage München 1995

Hansen, Gerd
"Methodenlehre der Statistik", Verlag Franz Vahlen, 3. Auflage München 1985

Hellmund, Uwe; Klitzsch, Walter; Schumann, Klaus
"Grundlagen der Statistik"
Verlag moderne Industrie, Landsberg/Lech 1992

Henn, Rudolf; Kischka, Peter
"Statistik: Theorie und Anwendungen in den Wirtschaftswissenschaften"
Athenäum-Verlag, Königstein, Teil 1: 1979; Teil 2: 1981

Hippmann, Hans D.
"Statistik für Wirtschafts- und Sozialwissenschaftler"
UTB-Taschenbücher Große Reihe 8084 Schäffer-Poeschl Verlag, Stuttgart 1994

Isenbart, Fritz
"Statistik für Betriebswirte"
Lehr- und Arbeitsbuch der beschreibenden Statistik mit praktischen Beispielen
Gabler-Verlag, Wiesbaden 1977

Kellerer, Hans
"Statistik im modernen Wirtschafts- und Sozialleben"
Rowohlt Taschenbücher, Hamburg 1966

Kraft,Manfed; Thomas Landes; Klaus Braun
"Statistische Methoden", Physica-Verlag, 2. Auflage Würzburg 1992

Kreyszig, Erwin
"Statistische Methoden und ihre Anwendungen"
Vandenhoeck & Ruprecht, 7. Auflage Göttingen 1979; 4. Nachdruck der 7. Auflage 1991

Leiner, Bernd
"Einführung in die Statistik", R. Oldenbourg-Verlag, 6. Auflage München 1992

Leiner, Bernd
"Grundlagen statistischer Methoden", R. Oldenbourg-Verlag, München 1995

Linder, Arthur; Bechtold, Willi
"Statistische Methoden I: Elementare Statistische Methoden"
UTB Taschenbücher, Birkhäuser-Verlag, Basel 1979

Linhart, Heinz; Walter Zucchini
"Statistik Eins"
Birkhäuser-Verlag, Basel 1991

Linhart, Heinz; Walter Zucchini
"Statistik Zwei"
UTB-Taschenbücher, Birkhäuser-Verlag, Basel 1982

Maaß, Siegfried
"Statistik für Wirtschafts- und Sozialwissenschaftler I: Wahrscheinlichkeitstheorie"
Springer-Verlag, Berlin, Heidelberg 1983

Maaß, Siegfried; Mürdter, Heinz; Rieß, Hugo Christian
"Statistik für Wirtschafts- und Sozialwissenschaftler II: Induktive Statistik"
Springer-Verlag, Berlin, Heidelberg 1983

Mayer, Horst

"Beschreibende Statistik", Carl Hanser-Verlag, München 1981

Polasek, Wolfgang

"EDA: Explorative Daten-Analyse, Einführung in die deskripitve Statistik", Springer-Verlag, Berlin 1988

Neubauer, Werner

"Statistische Methoden"
Ausgewählte Kapitel für Wirtschaftswissenschaftler
Verlag Franz Vahlen, München 1994

Pfanzagl, Johann

"Allgemeine Methodenlehre der Statistik"
Walter de Gruyter-Verlag, Berlin, Teil I: 1972, Teil II: 1974

Piesch, Walter

"Statistik: Formelsammlung", Verlag für Wirtschaft und Datenverarbeitung, Stuttgart 1989

Pinnekamp, Heinz-Jürgen; Siegmann, Frank

"Deskriptive Statistik: Einführung in die statistische Methodenlehre"
R. Oldenbourg-Verlag, 2. Auflage München 1990

Pokropp, Fritz

"Einführung in die Statistik"
Vandenhoeck & Ruprecht, 2. Auflage Göttingen 1990

Reichardt, Helmut

"Statistische Methodenlehre für Wirtschaftswissenschaftler"
Gabler-Verlag, Wiesbaden 1976

Rinne, Horst; Günter Ickler

"Grundstudium Statistik", Verlag für Wirtschaftsskripten, 2. Auflage München 1986

Röhr, M.; Lohse, H.; Ludwig, R.

"Statistik für Soziologen, Pädagogen, Psychologen und Mediziner - Statistische Verfahren",
Verlag Harri Deutsch, Frankfurt/Main 1983

Rüger, Bernhard
"Induktive Statistik: Einführung für Wirtschafts- und Sozialwissenschaftler"
R. Oldenbourg-Verlag, 2. Auflage München 1988

Sachs, Lothar
"Statistische Methoden: Planung und Auswertung"
Springer-Verlag, 6. Auflage Berlin-Heidelberg 1970

Sahner, Heinz
"Schließende Statistik"
B.G. Teubner, Stuttgart 1982

Schaich, E.; Köhle,D.; Schreiber W.; Wagner,F.
"Statistik", Verlag Franz Vahlen, München,
Band I: 3. Auflage 1987, Band II: 2. Auflage 1982

Schaich, E.
"Schätz- und Testmethoden für Sozialwissenschaftler"
Verlag Franz Vahlen, München 1977

Schneider, Wolfgang; Joachim Kornrumpf; Walter Mohr
"Statistische Methodenlehre - Definitions- und Formelsammlung zur deskriptiven und induktiven Statistik", 2. Auflage, R. Oldenbourg-Verlag, München 1995

Schlittgen, Rainer
"Einführung in die Statistik: Analyse und Modellierung von Daten"
R. Oldenbourg-Verlag, 5. Auflage München 1995

Streck, Bernhard H.
"Grundlagen der Statistik" - Eine praxisorientierte Einführung mit Fallbeispielen
Verlag W. Kohlhammer, Stuttgart-Wien-Köln 1991

Schulze, Peter M.
"Beschreibende Statistik", R. Oldenbourg-Verlag, 2. Auflage München 1994

Schwarze, Jochen
"Grundlagen der Statistik - Beschreibende Verfahren"
Verlag Neue Wirtschafts-Briefe, Herne/Berlin 6. Auflage 1992

Schwarze, Jochen
"Grundlagen der Statistik II - Wahrscheinlichkeitsrechung und induktive Statistik"
Verlag Neue Wirtschafts-Briefe, Herne/Berlin 4. Auflage 1991

Uebe, Götz; Martin Schäfer
"Einführung in die Statistik für Wirtschaftswissenschaftler"
R.Oldenbourg-Verlag, München 1991

Ulrich, Erhard; Rainer Fischbach; Hans Weiler und Karl Kehrle
"Praktisches Lehrbuch Statistik"
Verlag moderne Industrie, 4. Auflage Landsberg/Lech 1992

Urban, Klaus
"Statistik - Einführung in die statistische Methodenlehre"
R.Oldenbourg-Verlag, 3. Auflage München 1992

Wallis, W. Allen; Roberts, Harry V.
"Methoden der Statistik", Rudolf Haufe-Verlag, Freiburg 1969

Wetzel, Wolfgang
"Statistische Grundausbildung für Wirtschaftwissenschaftler"
Walter de Gruyter-Verlag, Berlin, Teil I: 1971, Teil II: 1973

Wiedling, Hartmut
"Statistische Verfahren", Band 1: Beschreibende Statistik
"Statistische Verfahren", Band 2: Schließende Statistik
Deutscher Betriebswirte-Verlag, Gernsbach, 1978/79

Yamane, Taro
"Statistik, ein einführendes Lehrbuch"
Fischer Taschenbuch Verlag, Frankfurt, Teil I und II, 1976

B. Einige Lehrbücher über spezielle Bereiche der Statistik

Anderson,O.; Schaffranek,M.; Stenger,H.; Szameitat,K.
"Bevölkerungs- und Wirtschaftsstatistik", Springer-Verlag, Berlin 1983

Bortz, Jürgen
"Lehrbuch der Statistik für Sozialwissenschaftler", Springer-Verlag, Berlin 1985

Bortz, Jürgen; Gustav A. Lienert; Klaus Boehnke
"Verteilungsfreie Methoden in der Biostatistik", Springer-Verlag, Berlin 1990

Esenwein-Rothe, Ingeborg
"Die Methoden der Wirtschaftsstatistik", Vandenhoeck & Ruprecht, Göttingen
UTB Taschenbücher Band I Nr. 559; Band 2 Nr. 560, 1976

Feichtinger, Gustav
"Bevölkerungsstatistik", Walter de Gruyter-Verlag, Berlin 1973

Gerß, Wolfgang
"Elementare Stichprobenmodelle", Verlag Harri Deutsch, Frankfurt/Main 1987

Grohmann, Heinz
"Statistik - Bevölkerungs- und Wirtschaftsstatistik", dipa-Verlag, Frankfurt/Main 1985

Hartung, Joachim; Elpelt, Bärbel
"Multivariate Statistik", R. Oldenbourg-Verlag, 4. Auflage München 1992

Hartung, Joachim; Elpelt, Bärbel; Klösener, Karl-Heinz
"Statistik - Lehr- und Handbuch der angewandten Statistik"
R. Oldenbourg-Verlag, 3. Auflage München 1989

Hochstädter, Dieter; Kaiser, Ulrike
"Varianz- und Kovarianzanalyse", Verlag Harri Deutsch, Frankfurt/Main 1988

Kobelt, Helmut
"Wirtschaftsstatistik für Studium und Praxis",
Verlag Schäffer-Peschl, Stuttgart 5. Auflage 1992

Krug, Walter; Nourney, Martin; Schmidt, Jürgen
"Wirtschafts- und Sozialstatistik: Gewinnung von Daten",
R. Oldenbourg-Verlag, 3. Auflage München 1994

Leiner, Bernd
"Stichprobentheorie, R. Oldenbourg-Verlag, 3. Auflage München 1994

Leiner, Bernd
"Einführung in die Zeitreihenanalyse", R. Oldenbourg-Verlag, 3. Auflage München 1991

Leiner, Bernd
"Statistik-Programme in BASIC", R. Oldenbourg-Verlag, München 1988

Linder, Arthur; Berchtold, Willi
"Statistische Methoden II: Varianzanalyse und Regressionsrechnung"
"Statistische Methoden III: Multivariate Verfahren"
UTB Taschenbücher, Birkhäuser-Verlag, Basel 1982

Lippe von der, Peter
"Wirtschaftsstatistik", UTB Taschenbücher, Gustav Fischer-Verlag,
4. Auflage Stuttgart 1990

Lippe von der, Peter
"Deskriptive Statistik" UTB Taschenbücher, Gustav Fischer-Verlag, Stuttgart 1993

Lohse, Heinz; Ludwig, Rolf
"Prüfstatistik - Ein programmierter Lehrgang" VEB Fachbuchverlag Leipzig 1982

Marinell, Gerhard
"Multivariate Verfahren", R. Oldenbourg-Verlag, 3. Auflage München 1990

Marinell, Gerhard
"Statistik", R. Oldenbourg-Verlag, 2. Auflage München 1987

Marinell, Gerhard
"Statistische Auswertung", R. Oldenbourg-Verlag, 3. Auflage München 1986

Marinell, Gerhard; Seeber, Gilg
"Angewandte Statistik: Entscheidungsorientierte Methoden",
R. Oldenbourg-Verlag, 3. Auflage München 1993

Marinell, Gerhard; Steckel-Berger, Gabriele
"Einführung in die Bayes-Statistik: Optimaler Stichprobenumfang",
R. Oldenbourg-Verlag, München 1995

Precht, Manfred; Roland Kraft
"Bio-Statistik 1: Beschreibende und explorative Statistik "
R. Oldenbourg-Verlag, 5. Auflage München 1992

Precht, Manfred; Roland Kraft
"Bio-Statistik 2: Hypothesentest - Varianzanalyse - Nichtparametrische Statistik"
R. Oldenbourg-Verlag, 5. Auflage München 1993

Pokropp, Fritz
"Lineare Regression und Varianzanalyse"
R. Oldenbourg-Verlag, München 1994

Pokropp, Fritz
"Stichproben: Theorie und Verfahren", Athenäum-Verlag, Königstein/Ts. 1980

Rasch, Dieter
"Biometrie - Einführung in die Biostatistik"
Verlag Harri Deutsch, Thun 1987

Rinne, Horst
"Wirtschafts- und Bevölkerungsstatistik",
R. Oldenbourg-Verlag, München 1994

Sachs, Lothar
"Angewandte Statistik - Anwendung statistischer Methoden"
Springer-Verlag, Berlin 1984

Schaich, Eberhard; Schweitzer, Walter
"Ausgewählte Methoden der Wirtschaftsstatistik"
Verlag Franz Vahlen, München 1995

Scharnbacher, Kurt
"Statistik im Betrieb, Lehrbuch mit praktischen Beispielen"
Gabler-Verlag, Wiesbaden, 9. Auflage 1992

Scharnbacher, Kurt
"Statistikfälle im Betrieb", Gabler-Verlag, Wiesbaden 10. Auflage 1994

Schlittgen, Rainer; Streitberg, Bernd H.J.
"Zeitreihenanalyse", R. Oldenbourg-Verlag, 6. Auflage München 1995

Tiede, Manfred
"Statistik - Regressions- und Korrelationsanalyse"
R. Oldenbourg-Verlag, München 1987

Voß, Werner
"Statistische Methoden und PC-Einsatz"
UTB-Taschenbücher, Verlag Leske und Buderich, Opladen 1988

Weber, Erna
"Grundriß der biologischen Statistik"
Gustav Fischer-Verlag, 8. Auflage Stuttgart 1980

Zöfel, Peter
"Statistik in der Praxis"
UTB Taschenbücher, Gustav Fischer-Verlag, 3. Auflage Stuttgart 1993

Zöfel, Peter
"Univariate Varianzanalysen"
UTB Taschenbücher, Gustav Fischer-Verlag, Stuttgart 1992

Zwer, Rainer
Einführung in die Wirtschfts- und Sozialstatistik"
R. Oldenbourg-Verlag, München 1985

C. Bücher mit Übungsaufgaben

Bamberg, Günter; Baur Franz
"Statistik-Arbeitsbuch - Übungsaufgaben-Fallstudien-Lösungen",
R. Oldenbourg-Verlag, 4. Auflage München 1994üs

Basler, Herbert
"Aufgabensammlung zur statistischen Methodenlehre und Wahrscheinlichkeitsrechnung"
Physica-Verlag, Würzburg 1984

Bihn, W.R.; Schäffer K.A.
"Übungsaufgaben zur Grundausbildung in Statistik für Wirtschaftswissenschaftler"
J.C. Witsch Nachf., Köln 1986

Deutler, Tilmann; Schaffranek, Manfred; Steinmetz, Dieter
"Statistik-Übungen im wirtschaftswissenschaftlichen Grundstudium"
Springer-Verlag, Berlin 1984

Gerß, Wolfgang
"Klausuraufgaben zur Statistik", Verlag Harri Deutsch, Frankfurt/Main 1988

Hartung, Joachim; Heine, Barbara
"Statistik-Übungen: Deskriptive Statistik",
R. Oldenbourg-Verlag, 3. Auflage München 1990

Hartung, Joachim; Heine, Barbara
"Statistik-Übungen: Induktive Statistik", R. Oldenbourg-Verlag, 2. Auflage München 1990

Hochstädter, Dieter
"Aufgaben mit Lösungen zur statistischen Methodenlehre",
Verlag Harri Deutsch, 2. Auflage Frankfurt/Main 1993

Lippe von der, Peter
"Klausurtraining in Statistik", R. Oldenbourg-Verlag, 4. Auflage München 1992

Missong, Marin
"Aufgabensammlung zur deskripiven Statistik"
R. Oldenbourg-Verlag, München 1993

Piesch, Walter; Albrecht Ungerer; Andreas Maurer
"Statistik: Aufgabensammlung",
Verlag für Wirtschaft und Datenverarbeitung, Stuttgart 1989

Reichardt, Agnes
"Übungsprogramm zur statistischen Methodenlehre",
Gabler-Verlag, Wiesbaden 3. Auflage 1992

Vogel, Friedrich
"Beschreibende und schließende Statistik - Aufgaben und Beispiele"
R. Oldenbourg-Verlag, München 5. Auflage 1995

D. Formel- und Tabellenwerke

Bleymüller, Josef; Gehlert, Günther
"Statistische Formeln, Tabellen und Programme"
Verlag Franz Vahlen, München 7. Auflage 1994

Bihn, W. R.; Schäffer K.A.
"Formeln und Tabellen zur Grundausbildung in Statistik für Wirtschaftswissenschaftler"
J.C.Witsch Nachf., Köln 5. Auflage 1990

Bohley, Peter
"Formeln, Rechenregeln und Tabellen zur Statistik"
R. Oldenbourg-Verlag, 5. Auflage München 1992

Bosch, Karl
"Statistik-Taschenbuch"
R. Oldenbourg-Verlag, 2. Auflage München 1993

Rinne, Horst
"Statistische Formelsammlung", Verlag Harri Deutsch, 3. Auflage Frankfurt/Main 1992

Rönz, Gerhard; Strohe, Bernd (Hrsgb.)
"Lexikon Statistik", Gabler-Verlag, Wiesbaden 1994

Vogel, Friedrich
"Beschreibende und schließende Statistik - Formeln, Definitionen, Erläuterungen, Stichwörter und Tabellen"
R. Oldenbourg-Verlag, 8. Auflage München 1995

E. Arbeiten im Zusammenhang mit verteilungsfreien Testverfahren

Bortz, Jürgen; Gustav A. Lienert und Klaus Boehnke
"Verteilungsfreie Methoden in der Biostatistik"
Springer-Verlag, Berlin-Heidelberg-New York, 1990

Büning, H. und G. Trenkler
"Nichtparametrische statistische Methoden"
Walter de Gruyter-Verlag, Berlin-New York, 1978

Kendall, Maurice G. und R.M. Sundrum
"Distribution-free methods and order properties"
Review of the International Statistical Institute,
vol. 3, 1953, pp 124-134

Lubin, Ardie
"Statistics"
Annual review of psychology,
(edited by Paul R. Farnsworth),
vol. 13, Palo Alto, Cal., 1962, pp 345-370

Pitman, E.J.G.
"Lecture Notes on non-parametric inference"
University of North Carolina, 1948, mimeographed,
zitiert nach Schaich-Hamerle, 1984, Seite 47

Renn, Heinz
"Nichtparametrische Statistik"
Statistik für Soziologen
B.G. Teubner, Stuttgart 1975

Schaich, E. und A.Hamerle
"Verteilungsfreie statistische Prüfverfahren" - Eine anwendungsorientierte Darstellung
Springer-Verlag, Berlin 1984

Siegel,Sidney
"Nichtparametrische Statistische Methoden"
Methoden in der Psychologie, Band 4
Fachbuchhandlung für Psychologie, Eschborn, 3. unveränderte Auflage 1987
Übersetzung aus dem Amerikanischen von
S. Siegel "Nonparametric Statistics for the Behavioral Sciences",
McGraw-Hill, New York 1956

Ury, Hans
"In response to Noether's letter 'Needed - a new name'"
The American Statistician, vol. 21, 1967, page 53

Stichwortverzeichnis

Abgangsziffer 241
Abschneideverfahren 7
Abweichung
durchschnittliche absolute (MAD) 76
erklärte, unerklärte 134, 136
quadratische 136
Adäquationsproblem 15
Additionssatz
für nicht-disjunkte Ereignisse 375
für Mittelwerte 62
Alternativhypothese 569
Alternativmerkmal 18
Alternativtest 569,619ff
Alterspyramiden 252ff
Annahmebereich 619
Anpassungstest 572,578,638ff
Chi-Quadrat- 640ff
Kolmogorov-Smirnov- 645ff
Anteilswerte, Berechnung von 42,53
Approximation von Wahrscheinlichkeitsverteilungen 462,486ff,488ff,491ff
arithmetisches Mittel (AM) 61ff,86
Assoziationsmaße 128ff
Aufbereitung, statistische 26ff
Auswahl, bewußte 7
zufallsgesteuerte 7
-verfahren 338ff
Axiomensystem der Wahrscheinlichkeitsrechnung von Kolmogorov 373ff

BAN-Schätzfunktionen 523
Bayes, Satz von 389ff
Becker'sche Schema 235
Behrens-Fisher Problem 603,606
Bereich, kritischer 573, 591
Bertrand'sches Paradoxon 364
Besselsche Korrektur 518
Bestand, durchschnittlicher 241
-sfortschreibung 16,238ff
-smasse 16,235,246ff
Bestimmtheitsmaß B 136ff
Zusammenhang mit dem Korrelationskoeffizienten r 137
Bevölkerungspyramide 252ff
Bevölkerungsstruktur, zeitliche Veränderung 262ff
Bewegungsmasse 16,235,262ff
Beziehungszahlen 175ff
spezifische 177
Bias (Verzerrung) 513
Binomialkoeffizient 452
Binomialverteilung 449ff
Anwendungen der 458
Approximation durch die NV 486ff
Momente der BV 456ff
biseriale Koeffizienten 147ff

Census Value Added (CVA) 214
Chi-Quadrat Anpassungstest 641ff
Chi-Quadrat Homogenitätstest 653ff
Chi-Quadrat Unabhängigkeitstest 649ff
Chi-Quadrat Verteilung 496ff

Deflationierung 206ff
demographische Struktur 248ff
nach dem Geschlecht 248ff
nach dem Alter 252ff
nach der Erwerbsbeteiligung 258ff
Deskription, statistische 6
Dichtefunktion 412ff
Differenzentest 608ff,613ff

Diskordanz 150, 158ff
Durchschnittbestand 175ff

Effizienz 517
Einheit, statistische 14
Elementarereignis 355ff
Entscheidungsmöglichkeiten bei
einem Alternativtest 621
Entscheidungsmöglichkeiten bei
einem statistischen Test 575,581
Entsprechungszahlen 175
Ereignis, zufälliges 353ff
stochastisch unabhängiges 380ff
Erhebung, statistische 22ff
Erhebungsmerkmal 15,16,18
Ersatzwerteigenschaft des AM 62
Erwartungstreue 512ff
asymptotische 516ff
Erwartungswert 417ff
Erwerbslose 259
Erwerbspersonen 258
Erwerbsquote 259
Erwerbstätige 259
Exponentielle Glättung 302ff
Exportquote 173

F-Verteilung 500ff
Faktorumkehrprobe 198
Fehler, erster Art 575ff,621,665
Fehler, zweiter Art 575ff,621,665
Fortschreibungsmodell 238ff
Fortschreibungsreihen 216

Gauß'sches Fehlergesetz 470
Geburtenziffer 175
Ginisches Konzentrationsverhältnis 89
gleichmöglich 273
gleitende Durchschnitte 224
gewichtete Durchschnitte 228
Gliederungszahlen 172ff
Gliedzifferverfahren 247ff
Grenzwertsatz, zentraler 495
Grundgesamtheit 337
Gruppenbildung 29ff
Gütefunktion eines
statistischen Tests 664ff

Häufigkeit
absolute 35ff,
kumulierte 40
relative 36ff,
Häufigkeitsdichte 45ff
Häufigkeitspolygon 48
Häufigkeitsfunktion
eindimensionale 39ff,
quantitativer Merkmale 46ff
zweidimensionale 79ff
Häufigkeitstabelle 35,40,50
Histogramm 51ff,
Homogenitätstest 642ff
Chi-Quadrat- 653ff
Kolmogorov-Smirnov- 655ff
Hypergeometrische Verteilung 459ff
Anwendungen der 463ff
Approximation durch die NV 491
Momente der 461ff
Vergleich mit der BV 461
Hypothese, einfache 450
statistische 449
zusammengesetze 450

Index
Mengen- 147ff
nach Laspeyres 137
nach Lowe 138
nach Paasche 138
Nettoproduktion 146ff

Preis- 192ff, 203ff
Preis- für die
Lebenshaltungskosten 196ff
Umsatz- 208ff
Volumen- 209ff
-zahlen 181ff
Inferenz, statistische 6
Intervallschätzung 512, 531ff
Intervallwahrscheinlichkeit 414
Intervallskala 19
Irrtumswahrscheinlichkeit 571

Kettenmeßziffer 181,326ff
Klasse, modale 61
Klassenbildung 44ff
Klasseneinteilung, disjunkte 17
Kleinste-Quadrate-Methode 529ff
Klumpenstichprobe 350ff
Kohorte 246,250,264ff
Kolmogorov, Axiomensystem von 373ff
Komponenten einer Zeitreihe 285ff
horizontale 305ff
Rest- 286,316
saisonale 286ff
zyklische 286ff
Konfidenzintervall 532ff
für den Anteilswert 542ff
für den Erwartungswert 535ff,540ff
für die Differenz
zweier Erwartungswerte 551ff
für den Quotienten
zweier Varianzen 556ff
für die Varianz 555ff
Konkordanz 150ff
Konsistenz 520ff
Kontingenzmaße 103,112
Kontingenzkoeffizient C
nach Pearson 143ff
Konzentration einer Verteilung 88ff
Konzentrationsmaß, Ginisches 89
Konzentrationsaussage 87
Korrelationskoeffizient 435
empirischer 101ff,108
rechnung 103,112,131ff
r nach Bravais-Pearson 131ff
Zusammenhang mit dem
Bestimmtheitsmaß 137
Korrelationsmaße 128ff
Kovarianz 343
Kreisdiagramm 37
Kritischer Bereich 452

Lageparameter 57ff
Längsschnittanalyse 246ff,265
Lebenserwartung, durchschnittliche 270
Likelihood-Funktion 522
Linearformen von
Zufallsvariablen (ZV) 436ff
normalverteilten ZV 491ff
Lorenzkurve 87ff
Lokationstest 575
Masse
Abgangs- 235
geschlossene 237
offene 237
statistische 4,13,14ff
Zugangs- 235
Maßgrößen für den Zusammenhang
zweier Merkmale 128
Tabellarische Übersicht 130
Maximum-Likelihood Methode 518, 520ff
Anwendungen der - 524ff
Median (Zentralwert) 21, 58ff
Mengenindex 208, 229ff
Merkmal 14ff
Alternativ- 18
-ausprägung 7, 15ff
approximativ-stetig 20 43

demographisches 178
diskretes 20
Erhebungs- 15ff
extensives 61
für beliebige Ereignisse 382
für unabhängige Ereignisse 384
häufbar 19
nicht-häufbar 19
qualitatives 18,
quantitatives 18,32,39,43
räumliches 6,15,18
-sausprägung 7,15,16
stetiges 19
Unterscheidungs- 13
Meßniveau 19ff
Meßziffer 172,178ff
Meßziffernreihen 179ff
Methode der
exponentiellen Glättung 302ff
gewichteten gleitenden Durchschnitte 301ff
gleitenden Durchschnitte 295ff
kleinsten Quadrate 117ff,289ff
Mikrozensus 247
Mittel
arithmetisches 61ff
geometrisches 67ff
harmonisches 69ff
Mittelwerte
Additionssatz für 62
bedingte
Modalwert (Modus) 60ff
Momente
der gemeinsamen Verteilung 434
der Randverteilung 434
gewöhnliches 85ff,423
Konzept der - 85ff, 422ff
von Verteilungen 64ff,416ff, 422ff
zentrales 86ff, 424
Momentenmethode 520
Multiplikationssatz 382ff

Nettoproduktionsindex 210ff
Niveau-Progression 151
Nominalskala 18,20
Normalverteilung 470ff
standardisierte 471
Rechnen mit normalverteilten ZV 476ff
als Näherungslösung 485ff
Nullhypothese 568

Omnibus-Test 575
Operationscharakteristik 670
Ordinalskala 19,20

Parametertest 575ff
Phasendurchschnittsverfahren 315,322ff
Phi-Koeffizient (Φ) 138ff
Poissonverteilung 465ff
Anwendungen der 468
Approximation durch die NV 486ff
Vergleich mit der BV 469
P-Quantile 73ff
Preisindex
für die Lebenshaltung 199ff
für Kaufkraftparitäten 205
nach Laspeyres 194,196
nach Paasche 196
Prinzip vom unzureichenden Grund 273
Produktionsindex
des Produzierenden Gewerbes 210ff
nach fachlichen Unternehmensteilen 211ff
nach Unternehmen 211,224
punktbiserialer Koeffizient r_{pbis} 147ff

Punktschätzung 582ff
Punktwahrscheinlichkeit 415

Quantile 74ff
Quartilsabstand (QA) 74ff
Querschnittsanalysen 246
Quotenverfahren 339

Randverteilung 109ff,434ff
range (Spannweite) 73
Rangkorrelationskoeffizienten
  allgemeine Diskussion 152ff
  biserialer r_{rbis} 161ff
  R nach Spearman 152ff
  τ nach Kendall 158ff
Realisation 353
Regression, lineare 113ff
Regressionsrechnung für
    gruppiertes Material 121ff
    ungruppiertes Material 112ff
Reststreuung 136ff
Robustheit 521ff
Rundprobe 197

Saisonindexziffern 240,245
Saisonbereinigung von Zeitreihen 313ff
  bei additiver Verknüpfung 315ff
  bei mulitplikativer Verknüpfung 322ff
Schätzfunktion 512ff
  asymptotisch erwartungstreue 518ff
  BAN - Schätzfunktion 525
  effiziente 519ff
  erwartungstreue 514ff
  konsistente 520ff
  Methoden zur Konstruktion einer 521ff
Schätzung
  Intervall- 531ff
  Punkt- 512ff
  Maximum-Likelihood- 522ff
Schätztheorie 509ff
Schätzwert 510
Schichtenbildung 347ff
Schiefe einer Verteilung 86
Schlußweise
  induktive 352ff,509
  deduktive 352ff,509
Schwankungsintervall 529ff
Sexualproportion 249ff
Sicherheitswahrscheinlichkeit 531
Signifikanzniveau eines Testes 574

Signifikanztest 571ff
  einseitiger 572ff
  zweiseitiger 572ff
  für den Anteilswert 592ff
  für die Differenz
    von Anteilswerten 611ff
    von Erwartungswerten 602ff
  für den Erwartungswert 590ff
  für die Varianz 599ff
  für den Quotienten
    zweier Varianzen 615
Skalentypen
  (von Merkmalsausprägungen) 21
Spannweite (range) 73ff
Stabdiagramm 37,41
Standardabweichung 421
  empirische 78
Standardisierung 184ff
Standardnormalverteilung 471ff
Statistik
  amtliche 8ff
  beschreibende 5
  deduktive 352ff,509
  induktive 352ff,509
  nicht-amtliche 3
  schließende 5

Sterbetafel, Generationen- 266
Sterbetafel, Perioden- 267ff
Sterbewahrscheinlichkeit
altersspezifische 268
Sterbeziffer
allgemeine 188
altersspezifische 188,264,267
rohe 263
standardisierte 191
Stetigkeitskorrektur 486
von Yates 642
Stichprobe
-nerhebung 343ff,
Klumpen- 347
mit Zurücklegen 447
ohne Zurücklegen 447
abhängige 638
parallelisierte 638
unabhängige 638
-numfang 556ff
Stichprobenverfahren
(-erhebungen)
einfaches 343ff
geschichtetes 347
mehrstufiges 351
Stochastische
Unabhängigkeit 380ff,384,435
Streuung 71,77
externe 81
interne 80
Streuungs-
-aussage 87
-parameter 71ff,77ff
-verschiebungssatz 84,420,424,420
-zerlegung 79ff
Struktur, demographische 249ff
nach dem Geschlecht 249ff
nach dem Alter 252ff
nach dem Erwerbskonzept 258ff
Student (t-)-Verteilung 498ff
Subjektive a priori Wahrscheinlichkeit 368
Suffizienz 519
Symmetrie
der Normalverteilung 475
reziproke der F-Verteilung 501
Systematik 18,27

Tabellentechnik 28ff
Teilerhebung 7,13,22ff,259ff
Test
Alternativ- 572,619ff
Chi-Quadrat Anpassungs- 641ff
Fehlermöglichkeiten bei einem - 573fff
Kolmogorov-Smirnov-Anpassungs- 645
Prinzip eines Testes 576ff
Signifikanz- für den Erwartungswert
bei großem Umfang 582ff
bei kleinem Umfang 589ff
für die Varianz 599ff
für die Differenz zweier Erwartungswerte 602ff
für die Differenz zweier Anteilswerte 611ff
für den Quotienten zweier Varianzen 615
Testtheorie 567ff
Testverfahren, verteilungsfreie 634ff
Testverfahren, verteilungsgebundene 578ff
Totalerhebung 13,23,259ff
Trendparameter 234ff

Umbasierung 181f
Umschlagziffer 243
Unabhängigkeit,
statistische 108ff
stochastische 383ff
Unabhängigkeitstest 638,644ff
Chi-Quadrat- 645ff
Unternehmensteil, fachlicher 210ff
Unterscheidungsmerkmal 13,15ff,18

Unverzerrtheit (Erwartungstreue) 514ff
U-Test von Mann und Whitney 668ff
Urmaterial 13,25

Variabilitätstest 578
Varianz 420ff
empirische 78ff
Variationskoeffizient 84ff
Verhältnisskala 19ff
Verhältniszahlen 172ff
erwartungsgemäße 190
standardisierte 190
Verkettung 182
Verteilung- (Wahrscheinlichkeits-)
bedingte 108ff,431ff
Binomial- 449ff
Chi-Quadrat- 496ff
sfreie Testverfahren 634ff
F- 500ff
gemeinsame 426ff
Hypergeometrische 458ff
marginale 107
Normal- 471ff
Poisson- 465ff
Rand- 107,429ff
-sfunktion F(x) 407ff
Student- (t-) 499ff
zweidimensionale 424ff

Verteilungsmaßzahlen 57ff
Verteilungsfunktion
eindimensionale 35ff,39ff,43ff
zweidimensionale 424ff
Verteilungstest 575
Verursachungszahlen 175
Verzerrung (bias) 515
Volkszählung 246ff
Volumenindizes 208ff
Vorzeichentest 657ff,661ff

Wahrscheinlichkeit
a posteriori 284
a priori 284
bedingte 380ff
empirische Bestimmung 283ff
geometrische 279
logische Bestimmung 284
nach Kolmogorov 285,290ff
klassische nach Laplace 274
nach v. Mises 283
objektive 283
subjektive 284
totale (vollständige) 385ff
Wahrscheinlichkeits-
dichte f(x) 412ff
funktion p(x) 410ff,334
bedingte 340
Wirtschaftsstatistik 2
Wirtschaftszweige, Systematk der 27

Zentraler Grenzwertsatz 495
Zeitmengenbestand 239
Zeitreihenanalyse 285ff
Zeitumkehrprobe 198
Ziffer
Abgangs- 241
Sterbe- 263ff
Verweildauer- 241
Zufallsexperiment 353ff,403
Zufallszahlen 341
Zufallsvariable 403ff
Definition einer 405
diskrete 406
standardnormalverteilte 474
stetige 406
Verteilungsfunktion 406

Vorzeichen-Rang Test
(nach Wilcoxon) 661ff

Zugangsziffer 241
Zusammenhang zwischen
nominal-skalierten Merkmalen 150ff
Zweizeilenkoeffizient r_{pbis} 147ff

Zufallsvariable
zweidimensionale 333

Aus unserem Verlagsprogramm

W. Dück , H. Körth ,
W. Runge u.a.

Taschenbuch der Wirtschaftsmathematik

2. Auflage 1988, 181 Seiten, kart.,
DM 19,80 öS 147,- sFr 19,80
ISBN 3-87144-692-0

Das kleine, handliche Werk enthält in Kurzform die wichtigsten Formeln der Wirtschaftsmathematik. Es ist eine ausgezeichnete Ergänzung zu jedem Lehrbuch und es ist als reine Formelzusammenstellung auch in Klausuren einsetzbar.

Wörterbuch der Mathematik

von G. Eisenreich, R. Sube
Englisch - Deutsch
2. Auflage 1994, 466 Seiten, 34.000 Fachbegriffe, kart.,
DM 59,80 öS 443,- sFr 58,-
ISBN 3-87144-939-3

Fachlexikon ABC Mathematik

Herausgeber W. Gellert,
H. Kästner, S. Neuber
Ein alphabetisches Nachschlagewerk.
1978, 624 Seiten,
etwa 700 Abbildungen,
6.000 Stichwörter, Lexikon-Format,
Leinen mit Schutzumschlag,
DM 68,- öS 503,- sFr 65,-
ISBN 3-87144-336-0

Mit diesem umfangreichen Nachschlagewerk können Informationen über mathematische Begriffe vom Wort her, ohne die Voraussetzung der Kenntnisse mathematischer Systematik, aufgefunden werden. Das Lexikon richtet sich an Schüler, Studenten und Ingenieure. Auch Studenten mathematischer Disziplinen vermittelt es einen Überblick über ein noch nicht beherrschtes Gebiet.

Irrtümer und Preisänderungen vorbehalten